Marcus Cesar Cardoso
Edna Frazillio

Autodesk® AutoCAD Civil 3D 2016

Recursos e Aplicações para Projetos de Infraestrutura

1ª Edição

érica | Saraiva

SOMOS EDUCAÇÃO | Editora Saraiva

Av. das Nações Unidas, 7221, 1º Andar, Setor B
Pinheiros – São Paulo – SP – CEP: 05425-902

SAC | 0800-0117875
De 2ª a 6ª, das 8h00 às 18h00
www.editorasaraiva.com.br/contato

Vice-presidente Cláudio Lensing
Gestora do ensino técnico: Alini Dal Magro
Assistente editorial Raquel F. Abranches
Produtora editorial Rosana Ap. Alves dos Santos
Assistente de produção Graziele Liborni
Produção gráfica Marli Rampim

Edição Beatriz M. Carneiro
Paula Craveiro
Raquel F. Abranches
Diagramação ERJ Composição Editorial
Capa Marcelo Brandão
Impressão e acabamento Intergraf Ind. Gráfica Eireli

ISBN 978-85-365-1481-9

DADOS INTERNACIONAIS DE CATALOGAÇÃO NA PUBLICAÇÃO (CIP)
ANGÉLICA ILACQUA CRB-8/7057

Cardoso, Marcus Cesar
Autodesk AutoCAD Civil 3D 2016 : recursos e aplicações para projetos de infraestrutura / Marcus Cesar Cardoso, Edna Frazillio. – São Paulo : Érica, 2015.

Bibliografia
ISBN 978-85-365-1481-9

1. AutoCAD Civil 3D (Programa de computador) 2. Sistema AutoCAD 3. Computação gráfica I. Título II. Frazillio, Edna

15-0728 CDD-006.68
CDU 004.4

Índices para catálogo sistemático:
1. AutoCAD Civil 3D : programa de computador

1ª edição
2ª tiragem: 2016

Os Autores e a Editora acreditam que todas as informações aqui apresentadas estão corretas e podem ser utilizadas para qualquer fim legal. Entretanto, não existe qualquer garantia, explícita ou implícita, de que o uso de tais informações conduzirá sempre ao resultado desejado. Os nomes de sites e empresas, porventura mencionados, foram utilizados apenas para ilustrar os exemplos, não tendo vínculo nenhum com o livro, não garantindo a sua existência nem divulgação. Eventuais erratas estarão disponíveis para download no site da Editora Saraiva.

A Ilustração de capa e algumas imagens de miolo foram retiradas de <www.shutterstock.com>, empresa com a qual se mantém contrato ativo na data de publicação do livro. Outras foram obtidas da Coleção MasterClips/MasterPhotos© da IMSI, 100 Rowland Way, 3rd floor Novato, CA 94945, USA, e do CorelDRAW X5 e X6, Corel Gallery e Corel Corporation Samples. Corel Corporation e seus licenciadores. Todos os direitos reservados.

Todos os esforços foram feitos para creditar devidamente os detentores dos direitos das imagens utilizadas neste livro. Eventuais omissões de crédito e copyright não são intencionais e serão devidamente solucionadas nas próximas edições, bastando que seus proprietários contatem os editores.

CL 641189 CAE 572741

Fabricante

Produto: **Autodesk® AutoCAD Civil 3D 2016**

Fabricante: **Autodesc, Inc.**

Site: **www.autodesk.com**

Endereço no Brasil:

Autodesk do Brasil Ltda.

Rua James Joule, 65 - 4º andar - cj. 41

CEP: 04576-080 - São Paulo - SP

Fone: (11) 5501-2500

Requisitos de Hardware e de Software

AutoCAD Civil 3D 2016 (versão em Inglês)

Requisitos básicos (plataforma 64 bits)

- **Sistema operacional:** Microsoft® Windows 8/8.1 Pro ou Enterprise; Microsoft® Windows 7 Enterprise, Ultimate, Professional ou Home Premium.
- **Processadores:** Intel® Pentium 4 ou AMD Athlon™ 64 (mínimo).
- **Memória:** mínimo de 4 GB RAM (recomendado 8 GB).
- **Disco Rígido:** 10 GB de espaço livre para download e instalação, 6 GB para a instalação dos arquivos do programa.
- **Placa gráfica:** adaptador de vídeo com suporte a resolução de 1280 x 1024 true color (mínimo), (recomendado 1.600 x 1.200 com true color e suporte a múltiplos monitores).
- **Point device:** dispositivo compatível com MS-Mouse.
- **Navegador:** Microsoft® Internet Explorer 9.0 ou superior.
- Microsoft® .NET Framework versão 4.5.
- **Leitor de DVD:** para instalação a partir do DVD.
- Conexão com a Internet para registro do software.

Requisitos adicionais para modelagem 3D

- **Processadores:** Pentium 4 ou Athlon 3.0 GHz ou superior, Intel ou AMD dual-core 2.0 GHz ou superior.
- **Memória:** 8 GB de RAM ou mais.
- **Espaço em disco:** 6 GB de espaço livre disponível em disco, não incluindo os requisitos de instalação.
- **Placa gráfica:** Adaptador de vídeo 1280 x 1024 true color 128 MB ou superior, Pixel Shader 3.0 ou superior, placa gráfica classe Workstation com capacidade para Direct3D® (recomendado 1600 x 1200 com true color, suporte a múltiplos monitores).

DICA

- A instalação do Autodesk® AutoCAD Civil 3D 2016 está disponível apenas para o sistema de 64 bits.
- Os requisitos básicos do Autodesk® AutoCAD Civil 3D 2016 atendem aos requisitos para instalação do *Autodesk® Subassembly Composer, Autodesk® StormandSanitaryAnalysis, Autodesk® Geotechnical Module, Autodesk® Bridge Modeler, Autodesk AutoCAD Raster Design e Autodesk VehicleTracking.*
- O Autodesk AutoCAD Civil 3D 2016 está presente nas suítes de infraestrutura da Autodesk (*Infrastructure Design Suite - Premium* e *Ultimate*). Consultar os requisitos necessários para a instalação dos demais produtos das suítes.

Agradecimentos

Primeiramente, gostaríamos de agradecer a nossa família, Mônica Cardoso e Carlos Martins, pelo apoio e pela compreensão durante o tempo dedicado à preparação deste livro.

Agradecemos também à Frazillio & Ferroni e aos seus colaboradores, por proporcionarem todo o conhecimento e experiência utilizados para preparar este material.

Nosso agradecimento especial ao engenheiro Carlos Martins, pelo apoio técnico sobre os diversos tipos de projetos de infraestrutura que auxiliaram na preparação do livro, e à equipe de Via Permanente do Metrô de São Paulo, pela amizade estabelecida e pela troca de experiências que possibilitou o enriquecimento desta obra.

E, finalmente, não poderíamos nos esquecer de prestar nossos agradecimentos aos profissionais da Autodesk do Brasil, pelo apoio técnico fornecido.

Marcus e Edna

Sobre os autores

Marcus César Cardoso é tecnólogo em Construção de Edifícios. Trabalhou como desenhista e projetista nas áreas de projetos viários e saneamento por 18 anos, atuando em empresas projetistas e fiscalizadoras de obras de infraestrutura.

Autor do livro *Autodesk® AutoCAD Civil 3D 2014 – Conceitos e Aplicações*, hoje atua como consultor na empresa Frazillio & Ferroni Informática, especializada em soluções para infraestrutura, além de ser centro de treinamento e de certificação Autodesk. Especialista no AutoCAD Civil 3D desde 2006, ministra treinamentos e provê consultorias customizadas para atender às necessidades das empresas de Engenharia Civil.

Participa, com a Autodesk, no desenvolvimento do pacote *Brazil Content*, que tem como objetivo formatar as documentações dos projetos elaborados com o AutoCAD Civil 3D para atender aos principais padrões nacionais. Foi palestrante na Autodesk University e recebeu os prêmios Engineer of Application of the Year FY08, Destaque Técnico FY09 e Destaque Técnico FY10, concedidos pela Autodesk aos seus representantes como forma de reconhecimento pelo seu trabalho técnico de alto valor agregado.

Edna Frazillio é engenheira civil graduada pela Escola de Engenharia de Lins (EEL), em 1980. Durante os dois anos seguintes, fez pós-graduação em Estrutura pela Universidade de São Paulo (USP). De 1983 a 1985, deu continuidade aos estudos de pós-graduação em Lisboa, em Portugal, no Instituto Superior Técnico (IST), e fez estágio de especialização no Laboratório Nacional de Engenharia Civil (LNEC), onde desenvolveu um trabalho relacionado a modelos matemáticos de elementos fronteira aplicados a obras subterrâneas de centrais hidrelétricas e escavações mineiras.

Trabalhou durante 14 anos na Maubertec Engenharia, onde exerceu atividades nas áreas de estruturas, de projetos viários e como gerente de Tecnologia da Informação.

Desde 1995 é diretora da Frazillio & Ferroni Informática, empresa especializada em soluções para Arquitetura, Engenharia Civil e Construção (AEC), Sistemas de Informações Geográficas (GIS) e plantas industriais, atuando em grandes projetistas, construtoras e órgãos governamentais. É, ainda, autora do livro *Autodesk® AutoCAD Civil 3D 2014 – Conceitos e Aplicações* e responsável por implantações BIM para projetos de infraestrutura, aplicadas em todas as fases do empreendimento, desde planejamento e projeto até construção e gestão.

Sumário

Prefácio

É um privilégio poder escrever sobre o Marcus e a Edna. Sempre solícito e disposto a ajudar quem tenha dificuldades com os comandos do AutoCAD Civil 3D, ou quem queira desenvolver alguma aplicação, o Marcus coleciona amigos e parceiros, compartilhando generosamente seu conhecimento. Com visão a frente de seu tempo, a Edna tem capacidade de criar um ambiente propício ao crescimento intelectual e profissional de todos aqueles que dela se aproximam. A união destes dois profissionais só poderia resultar em uma obra tão completa e didática sobre o Civil 3D, indispensável para quem atua na área de Infraestrutura. Este é o "livro de escrivaninha" dos projetistas de geometria e superestrutura de vias.

Daniel Mozarte Saccomano

Supervisor II – Via Permanente do Metrô de São Paulo

Minha transição do AutoCAD para o AutoCAD Civil 3D ocorreu juntamente com minha transição profissional de Projetos de Saneamento Básico para Projetos Metroferroviários. Foi um processo repentino e, confesso, na época fiquei preocupado, pois tinha ouvido que o Civil 3D era um software completo e complexo. Meu primeiro contato com o software foi com uma das apostilas do Marcus, aberta ao lado do teclado, e ali já ficava evidente o perfil didático de sua escrita. Desde então, tive o privilégio de compartilhar de sua experiência, treinamentos e consultoria.

Neste curto período, meu aprendizado foi grande. Encontrei no Marcus e na Edna não somente o referencial teórico, mas a palavra amiga e de incentivo. Foi nesta energia que hoje, mais do que dominar a ferramenta para minha atividade profissional, obtivemos sucesso em desenvolver o template para os projetos de Via Permanente do Metrô de São Paulo.

Este livro dará a você, profissional iniciante ou experiente no Civil 3D, uma abordagem completa e didática, fruto da experiência e do amor com os quais o Marcus e a Edna trabalham e vão colecionando alunos, parceiros e amigos. A Engenharia nacional agradece.

Boa leitura.

Eng. Ricardo Ventura

Coordenadoria de Via Permanente do Metrô de São Paulo

Certificação em AutoCAD Civil 3D

Este livro auxilia o profissional que deseja se preparar para os exames de certificações da Autodesk.

Essas certificações são credenciais reconhecidas pelo setor, as quais podem ajudá-lo a ser bem-sucedido em sua carreira de projetista, proporcionando benefícios a você e ao seu empregador.

As certificações oferecidas pela Autodesk em seus principais softwares são uma validação de suas habilidades e de seus conhecimentos, que podem levar a um desenvolvimento profissional acelerado, com maior produtividade e credibilidade.

Os exames são oferecidos pelos centros de Certificação Autorizados da Autodesk e são realizados através de um computador conectado ao sistema da Autodesk, em um ambiente fiscalizado. Você pode encontrar os endereços dos centros de Certificação da Autodesk e todas as informações no link <http:// autodesk.starttest.com>.

A seguir, relacionam-se os tópicos do exame de certificação e os capítulos correspondentes do livro, para que você consiga organizar seu estudo e preparar-se para a prova. Também é aconselhável procurar um centro de Treinamento Autorizado Autodesk (ATC) e fazer um treinamento antes de realizar a prova.

Tópico	Objetivo do exame	Capítulo correspondente
Styles	Configuração dos estilos de representação dos objetos	4
Line and Curves	Definição de geometrias	7
Points	Criação e manipulação de pontos	5.4
Surfaces	Criação, manipulação e análises em modelos de superfícies	8
Parcels	Manipulação de lotes	16
Alignments	Definição e manipulação de alinhamento horizontal	9
Profile Views	Configuração do gráfico do perfil longitudinal	10
Profiles	Criação e edição do alinhamento vertical	11
Corridors	Definição e manipulação do modelo do projeto	13
Section; Section Views	Criação das seções transversais do projeto	14
Pipe Networks	Configuração e criação de redes de tubulações	18
Grading	Definição e manipulação do modelo de terraplenagem	17
Managing/Sharing Data	Colaboração dos dados do projeto	19
PlanProduction	Configuração das folhas de documentação do projeto	20
Survey	Gerenciamento dos dados do levantamento de campo	5

Apresentação

O Autodesk AutoCAD Civil 3D é uma solução desenvolvida para atender a projetos de engenharia civil e se integra a fluxos de trabalho de Modelagem de Informação da Construção (BIM). Suas ferramentas e seus recursos auxiliam topógrafos, projetistas, engenheiros civis e arquitetos urbanistas a desenvolver estudos e projetos de terraplenagem, loteamentos, rodovias, ferrovias, barragens, saneamento, entre outros. Esta obra descreve as principais ferramentas do Autodesk AutoCAD Civil 3D 2016 aplicadas aos diversos fluxos de desenvolvimento de projetos para infraestrutura, abrangendo os recursos para a elaboração de estudos, análises, definição e documentação do projeto, inclusive os principais fluxos requisitados nas etapas de planejamento e construção de empreendimentos de infraestrutura.

A estrutura do livro está organizada de modo a descrever as ferramentas do Autodesk AutoCAD Civil 3D, apresentar exemplos das principais ferramentas utilizadas, aplicar exercícios práticos para a fixação das ferramentas e dos recursos. Os exercícios estão ordenados com o objetivo de atender a um fluxo para o desenvolvimento de projetos de infraestrutura, abrangendo a importação e os tratamentos de dados provenientes de levantamentos de campo, a criação e as análises de modelos de superfícies, o desenvolvimento da sequência para projetar a geometria de uma via urbana com a extração de seções transversais e seus quantitativos, os procedimentos para a divisão de lotes, a elaboração de um projeto para um platô com acesso às informações volumétricas, a construção de redes de infraestrutura, a colaboração dos dados projetados e a criação da documentação do projeto viário.

Uma vez concluídos os exemplos e os exercícios práticos, os usuários estão fundamentados e aptos a desenvolver diversos tipos de projetos de Engenharia Civil, como rodovias, ferrovias, aeroportos, canalizações, redes de infraestrutura, urbanizações, projetos que envolvam terraplenagem, barragens, diques e ensecadeiras, bem como demais projetos do segmento de infraestrutura.

Os arquivos de templates contendo a configuração da representação dos objetos e os modelos de relatórios de saída apresentados neste livro estão relacionados ao pacote regionalizado denominado *Brazil Content*, que pode ser obtido durante o processo de instalação do software ou, posteriormente, pelo site de suporte do Autodesk AutoCAD Civil 3D 2016. Os arquivos aplicados nos exemplos e dos exercícios práticos estão disponíveis no site da Editora Érica, assim como os arquivos concluídos dos exercícios para eventuais consultas e verificação dos resultados.

Os autores

1 Processo BIM (Building Information Modeling) para Infraestrutura

Para compreender o funcionamento do processo **BIM**, devemos salientar que a maioria dos processos utilizados até hoje, em grande parte das empresas de engenharia, baseia-se na elaboração de desenhos 2D com o AutoCAD para a representação da documentação dos projetos na forma de pranchas de desenho, processos que, por sua vez, foram elaborados em décadas passadas para atender às demandas da época.

A engenharia civil vive uma nova era, rica em projetos e obras de infraestrutura ao longo de todo o país. O crescimento dessa indústria deixou seus profissionais diante da necessidade de processos mais modernos que atendam às demandas atuais. Aproveitando a evolução tecnológica de ferramentas específicas para o desenvolvimento de projetos, pode-se utilizar o potencial dessas ferramentas para a aplicação do processo mais atual, denominado **BIM**, que permite interação com o modelo do projeto de um empreendimento proposto envolvendo todas as suas disciplinas e fases, facilitando os processos de validação e execução de um empreendimento desde seu planejamento, passando pelas etapas de projetos e revisões, e ainda envolvendo sua construção e sua gestão (Figura 1.1).

O mecanismo do processo **BIM** consiste basicamente na elaboração do modelo 3D inteligente do empreendimento por intermédio de ferramentas apropriadas. Dessa forma, será possível acessar as informações técnicas do modelo do projeto, como quantidade e custo. Esse processo permite compatibilizar as disciplinas envolvidas no projeto, possibilitando a identificação prévia de eventuais interferências entre os objetos do modelo. Assim, engenheiros, arquitetos e demais profissionais da indústria poderão analisar e simular o modelo virtual do empreendimento antes mesmo de sua construção física, sendo possível minimizar eventuais despesas imprevistas durante a construção e a manutenção do empreendimento.

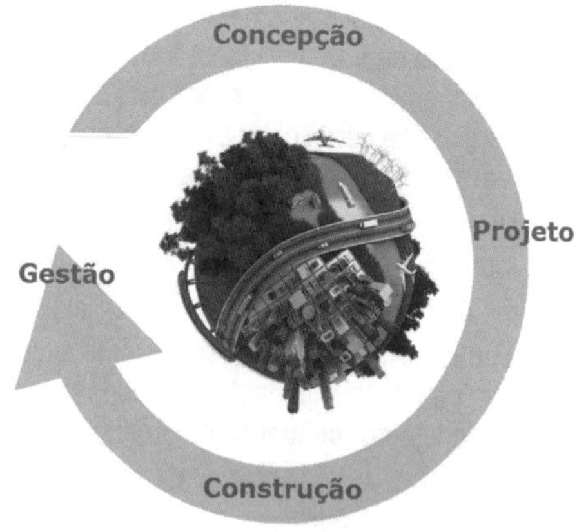

Figura 1.1 Abrangência do processo BIM.

Além da manipulação do modelo tridimensional do empreendimento e do acesso às informações pertinentes ao projeto, o processo **BIM** fornece, ainda, os benefícios para transportarmos o modelo para soluções específicas de elaboração de análises, visualização e documentação do projeto (Figura 1.2).

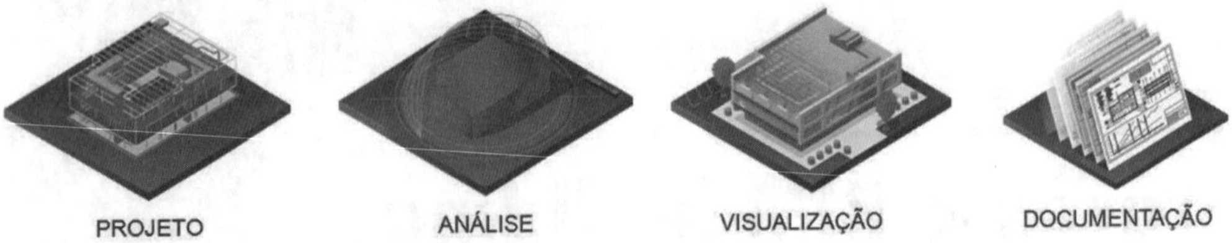

Figura 1.2 Fases presentes no processo BIM.

O Autodesk AutoCAD Civil 3D pode ser utilizado como parte do processo **BIM**, pois seus objetos trabalham de forma correlacionada, permitindo o dinamismo no modelo do projeto. Esse conceito fornece resposta imediata durante todas as etapas do projeto e, principalmente, durante suas desgastantes revisões.

A diferença passa a ser enorme quando comparamos as ferramentas de elaboração de desenhos com as soluções de desenvolvimento de projetos. Nas ferramentas de desenho, como o fantástico Autodesk AutoCAD, criamos as representações gráficas dos projetos em 2D ou 3D, na forma de desenhos, sendo que esse processo fornece apenas as informações de desenho, como geometrias e tipos de entidades de CAD. Já as soluções de projeto, como o Autodesk Revit ou o Autodesk AutoCAD Civil 3D, auxiliam na elaboração do modelo 3D do projeto para visualização, permitindo, ainda, a execução de análises e estudos no modelo, além de acesso às informações de volumes, quantidades e custos para facilitar a construção e gestão do empreendimento.

1.1 Fluxo para projetos de infraestrutura

O fluxo apropriado entre as fases de concepção de estudos e elaboração dos projetos pode diferenciar a eficiência da empresa durante as tomadas de decisões importantes, como nas escolhas das alternativas e das propostas relevantes para prosseguir com a alternativa adequada ao desenvolvimento do projeto.

A ideia de um fluxo de trabalho bem-definido também pode melhorar a qualidade das informações apresentadas e impactar diretamente nos prazos de entrega dos projetos de infraestrutura. Hoje, é possível imaginar um fluxo de trabalho idealizando o modelo conceitual das propostas de alternativas para os projetos e, ainda, aproveitar os dados empregados nesses modelos para a execução do projeto propriamente dito. Nesse processo, não há perda de informações ou dados incoerentes, tampouco a necessidade de recriar o projeto do ponto zero na ocorrência de mudanças de seu escopo ou na substituição da alternativa escolhida para projeto.

Uma proposta para um fluxo de trabalho moderno e eficiente objetivando atender às demandas do mercado atual no desenvolvimento de projetos de infraestrutura pode utilizar as soluções presentes no pacote da suíte de infraestrutura da Autodesk (Figura 1.3).

Concepção – Autodesk InfraWorks 360: solução utilizada para a concepção de alternativas para o projeto proposto; permite a importação de dados topográficos, geoespaciais e modelos 3D, além de auxiliar na criação do **modelo conceitual** do empreendimento.

GIS – Autodesk AutoCAD Map 3D: solução para a importação e a manipulação de dados geoespaciais, elaboração de mapas analíticos do local do empreendimento, e assim recriar e analisar as condições da região de intervenção do projeto.

Projeto – Autodesk ReCap: solução que permite a importação e o tratamento de dados de nuvem de pontos, que por sua vez são provenientes de levantamentos efetuados com equipamentos de escaneamento a laser.

Projeto, análise e documentação – Autodesk AutoCAD Civil 3D: solução que fornece diversas ferramentas para a elaboração do projeto, extração das informações volumétricas, elaboração de diversos tipos de análises sobre o modelo projetado, além da extração da documentação do projeto. É possível importar os dados das propostas confeccionadas no Autodesk InfraWorks para o desenvolvimento do projeto proposto, e posteriormente exportar o modelo projetado para as etapas seguintes do fluxo de trabalho, como a compatibilização do projeto por meio do Autodesk Navisworks, e para a elaboração de animações no Autodesk 3ds Max.

Algumas soluções podem ser agregadas ao AutoCAD Civil 3D, adquiridas na forma de aplicativos e extensões, e permitirão complementar o fluxo de trabalho nas etapas de projeto e análises nos componentes presentes no modelo projetado:

Figura 1.3 Pacote de soluções BIM da Autodesk para infraestrutura.

- **Autodesk Geotechnical Module – subscription:** solução utilizada para a importação de dados de sondagens e elaboração das camadas geológicas para exibição na planta e no gráfico do perfil longitudinal.
- **Autodesk Subassembly Composer:** solução que permite programar componentes transversais para os projetos de infraestrutura na forma de objetos Subassemblies do AutoCAD Civil 3D.
- **Autodesk Bridge Modeler – subscription:** módulo utilizado para a elaboração do modelo tridimensional de pontes ao longo do modelo do corredor, possibilitando a leitura do modelo da ponte no Autodesk Revit.
- **Autodesk VehicleTracking:** solução que permite o desenvolvimento de projetos de parques de estacionamentos, rotatórias e elaboração de análise de giro de veículos sobre a geometria projetada no AutoCAD Civil 3D.
- **Autodesk Storm and Sanitary Analysis (SSA):** solução utilizada na elaboração de análises e simulação nas redes projetadas no AutoCAD Civil 3D.
- **Autodesk River & Flood Analysis – subscription:** solução para a elaboração de análises hidrológicas nos modelos de superfícies presentes no AutoCAD Civil 3D.
- **Autodesk AutoCAD Raster Design:** solução para a manipulação de imagens no ambiente de projeto; permite a edição direta nos dados das imagens raster, criação do arquivo de correlação para o georreferenciamento das imagens, além de poderosas ferramentas de vetorização para a transformação de dados raster em objetos de AutoCAD; pode-se converter cartas topográficas escaneadas em base de terrenos com curvas de nível elevadas, possibilitando assim a criação do modelo de superfície no AutoCAD Civil 3D.

Visualização – Autodesk 3ds Max: solução utilizada na criação de imagens realísticas e no desenvolvimento de animações do modelo projetado.

Gestão – Autodesk Navisworks Manage: solução que permite a importação do modelo projetado com o objetivo de efetuar a compatibilização do projeto, por meio de verificação de interferências entre os objetos projetados elaborados entre as diversas disciplinas. Possibilita ainda a extração da quantificação, além da simulação da sequência construtiva do empreendimento proposto.

2 Visão Geral do Autodesk AutoCAD Civil 3D

O Autodesk AutoCAD Civil 3D é uma das principais soluções do mercado, desenvolvida para atender às demandas e às necessidades atuais da engenharia civil; suas ferramentas e seus recursos auxiliam os profissionais de infraestrutura durante o ciclo de desenvolvimento de estudos e projetos para terraplenagem, transporte, loteamentos, redes de infra, entre outros.

O principal benefício fornecido pelo Autodesk AutoCAD Civil 3D está na elaboração e na manipulação do modelo dinâmico do empreendimento projetado: um relacionamento inteligente é estabelecido entre seus objetos, como superfícies, alinhamentos e anotações, permitindo atualizações automáticas na ocorrência de modificações. Esse sistema fornece resposta instantânea durante as etapas de estudos e viabilidades, bem como em todo o ciclo de desenvolvimento dos projetos de infraestrutura (Figura 2.1).

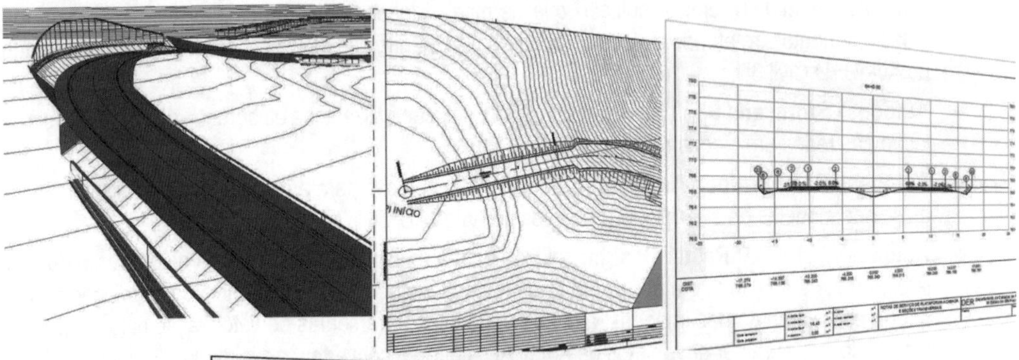

VOLUME TOTAL							
Estaca	Área de Corte (m²)	Área de Aterro (m²)	Volume de Corte (m3)	Volume de Aterro (m3)	Volum. Corte Acum. (m3)	Volum Aterro Acum. (m3)	Volume Líquido (m3)
0+0,00	4,25	0,01	0.00	0,00	0,00	0,00	0,00
1+0,00	0,00	27,02	42.53	270,25	42,53	270,25	-227,73
2+0,00	0,00	65,38	0.00	923,94	42,53	1194,20	-1151,67
3+0,00	0,00	77,89	0.00	1432,70	42,53	2626,90	-2584,37
4+0,00	0,00	79,71	0.00	1576,08	42,53	4202,98	-4160,45

Figura 2.1 Modelo e documentação do projeto.

O Autodesk AutoCAD Civil 3D trabalha sobre a plataforma do AutoCAD, sendo possível utilizar as ferramentas de desenho para complementar o processo de elaboração da documentação dos projetos.

Os recursos de geoprocessamento do AutoCAD Map 3D também estão presentes no AutoCAD Civil 3D; dessa forma, os profissionais de geoprocessamento poderão manipular dados espaciais juntamente com as informações do modelo do projeto.

Diferentemente do AutoCAD ou do Autodesk Land Desktop, o Autodesk AutoCAD Civil 3D trabalha com o modelo dinâmico do projeto e possui objetos distintos denominados **AECC Objects**, como superfícies, alinhamentos e corredores. A representação dos objetos criados no AutoCAD Civil 3D é controlada por seus estilos e deverá ser previamente configurada, de preferência em arquivos de templates com a extensão **DWT**.

2.1 Desenhos para o AutoCAD

Durante o desenvolvimento ou no término do projeto, na maioria das vezes, é necessário criar as pranchas de desenhos como parte da documentação do projeto, exportar os arquivos elaborados no Autodesk AutoCAD Civil 3D para os demais profissionais da equipe ou, ainda, fornecer esses arquivos para os clientes analisarem e verificarem o projeto pelo AutoCAD. Nesses casos, quando necessitamos enviar os desenhos a profissionais que não possuem o Autodesk AutoCAD Civil 3D, é preciso instalar os respectivos plug-ins no AutoCAD desses profissionais, para que eles possam navegar e imprimir o modelo do projeto criado com o Autodesk AutoCAD Civil 3D.

Esses aplicativos são denominados **Object Enablers** e adquiridos gratuitamente no site da Autodesk ou instalados por meio das mídias de instalação do Autodesk AutoCAD Civil 3D. Os Object Enablers possuem versões respectivas para cada solução da Autodesk (Figura 2.2).

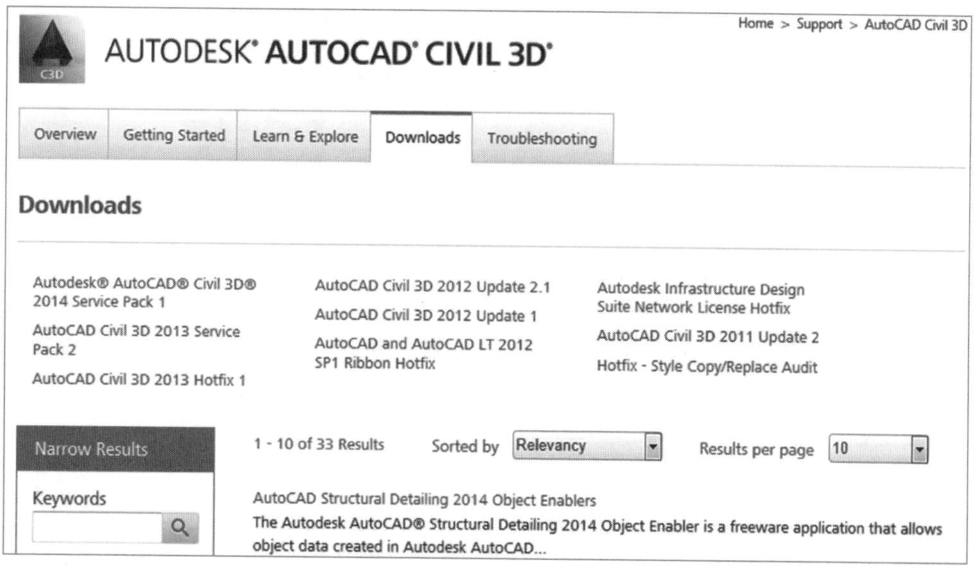

Figura 2.2 Site de suporte da Autodesk para aquisição do Object Enabler.

Outra forma para trabalhar com os desenhos elaborados no Autodesk AutoCAD Civil 3D para leitura no AutoCAD é a criação de uma versão DWG exportada, por meio do menu principal **C3D → Export → Export Civil 3D Drawing**. Pode-se ainda acessar a ferramenta pela Ribbon **Output → Export → Export Civil 3D Drawing** (Figura 2.3).

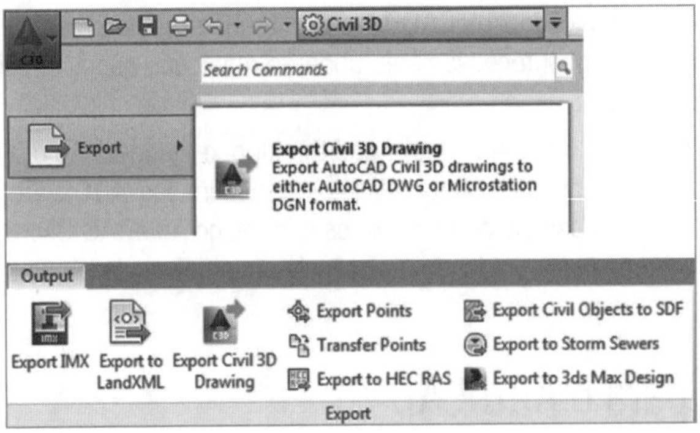

Figura 2.3 Exportação dos desenhos para o AutoCAD.

A caixa de diálogo **Export AutoCAD Civil 3D Drawing** permite configurar as opções de exportação de desenhos para o AutoCAD; entre essas opções pode-se escolher o formato, versão, local e nome para o arquivo, seleção de conjunto de desenhos, além de permitir gravar desenhos separados presentes no **Model** e **Layout** (Figura 2.4).

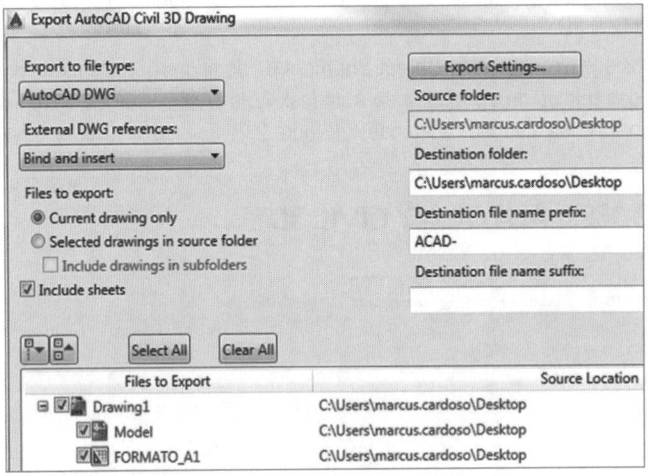

Figura 2.4 Interface da caixa de exportação de desenhos para o AutoCAD.

2.2 Brazil Content

Durante o processo de instalação do Autodesk AutoCAD Civil 3D, é possível escolher instalar pacotes de conteúdos personalizados preparados com padrões de projetos utilizados em diversos países, inclusive para o Brasil.

Por meio da caixa de diálogo do assistente de instalação do Autodesk AutoCAD Civil 3D, é possível acessar as opções de instalação de **Content Pack** e selecionar o pacote **Brazil Content** (Figura 2.5).

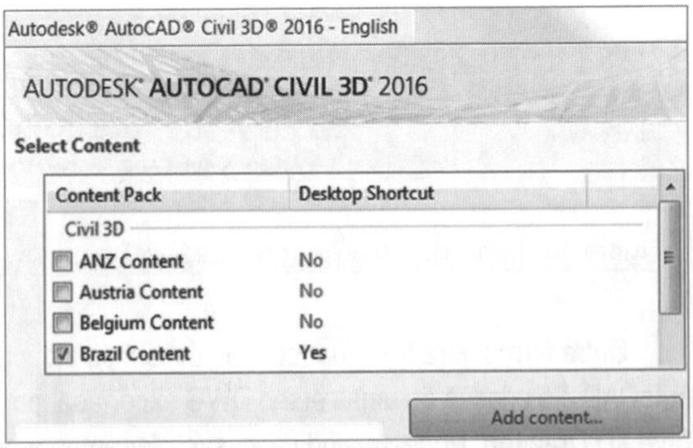

Figura 2.5 Conteúdos de pacotes regionalizados.

O pacote Brazil Content fornece os arquivos de templates **_AutoCAD Civil 3D 2016_BRA (DER).DWT**, **_AutoCAD Civil 3D 2016_BRA (DNIT).DWT** e **AutoCAD Civil 3D 2016_BRA (METRO-Via_Permanente). DWT** que disponibiliza os principais estilos de objetos e *layers* configurados para auxiliar na representação de desenhos e critérios geométricos para projetos no padrões do DER, DNIT e de via permanente.

Além dos arquivos de templates fornecidos para o desenvolvimento de projetos, a instalação do Brazil Content disponibiliza os arquivos **Civil 3D 2016_BRA-(DER)-Planta Perfil** e **Secao.DWT, Civil 3D 2016_BRA -(DNIT)-Planta Perfil** e **Secao.DWT** e **Civil 3D 2016_BRA (METRO-Projeto_Basico).dwt** utilizado para a criação automatizada das folhas dos desenhos da documentação dos projetos por meio dos recursos de **Plan Production**.

A aba Toolbox da Toolspace acessa os relatórios de saída de dados dos projetos elaborados no Autodesk AutoCAD Civil 3D, cuja categoria **Relatórios** permite a criação de relatórios para alinhamentos horizontais e verticais, superfícies, lotes, pontos, redes de infra e notas de serviço. A categoria recursos adicionais dispõe de ferramentas para a elevação de curvas de nível, geração de malha de coordenadas, impressão das seções de notas de serviço e exportação da geometria do modelo do corredor (Figura 2.6).

A aba **BRASIL** da **Tool Palettes** fornecida na instalação do pacote Brazil Content disponibiliza exemplos de assemblies, além de assemblies exclusivos para a aplicação em projetos de infraestrutura. A documentação do pacote Brazil Content pode ser acessada em Autodesk Infra-Brasil Blog (Figura 2.7).

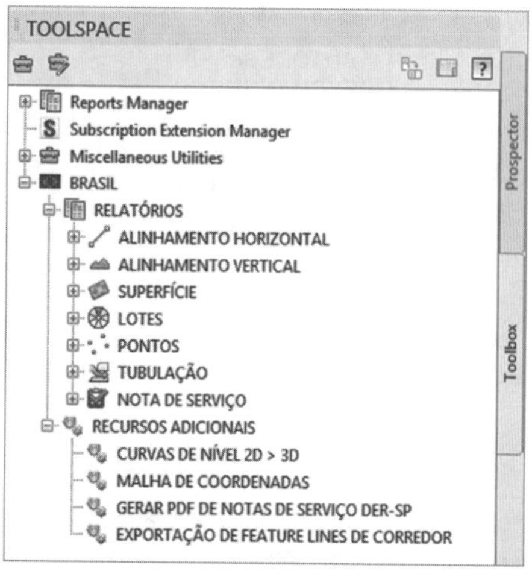

Figura 2.6 Relatórios e recursos adicionais fornecidos pela instalação do Brazil Content.

Figura 2.7 Aba Brasil da Tool Palettes disponível após a instalação do Brazil Content.

3 Interface do Usuário

A interface do Autodesk AutoCAD Civil 3D é intuitiva e organizada de acordo com o fluxo apropriado para o desenvolvimento de projetos de infraestrutura. É possível personalizar a interface do usuário para organizar suas ferramentas por meio de interfaces diferentes, menus, botões de comandos e janelas (Figura 3.1).

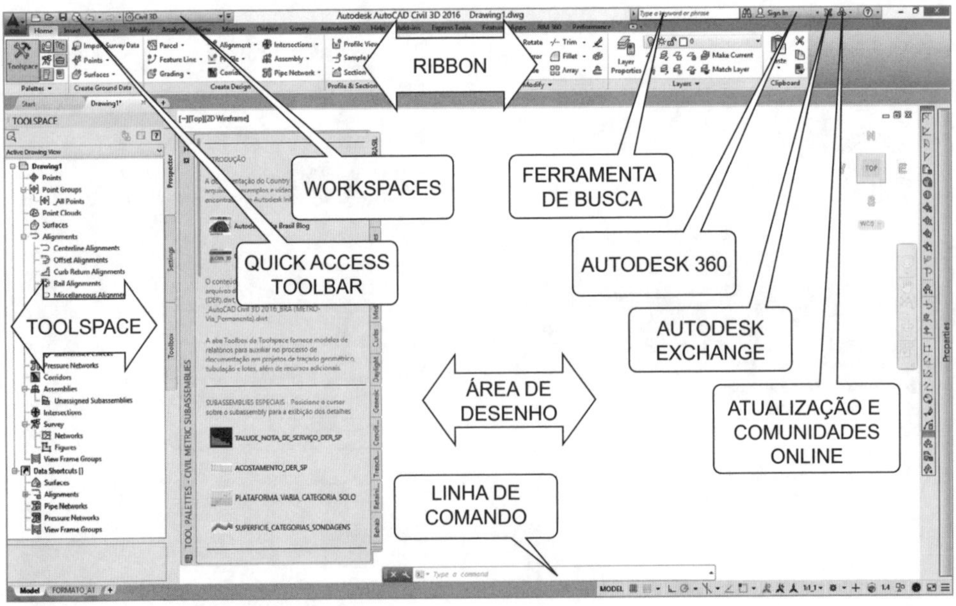

Figura 3.1 Interface do usuário.

Por meio da personalização das workspaces, pode-se organizar a disposição dos comandos, das barras de ferramentas, dos menus de atalhos, dos botões do mouse e das teclas de atalhos, apropriando a interface do programa de acordo com as necessidades durante o desenvolvimento dos projetos.

Informações adicionais sobre os recursos de interface do usuário poderão ser obtidas no capítulo "*The User Interface*", do Guia do Usuário, disponível na documentação AutoCAD.

3.1 Workspaces

As workspaces são conjuntos de ferramentas personalizáveis na interface do usuário, por meio das quais fica possível configurar as abas e os painéis da ribbon, as barras de ferramentas, os menus e os menus de atalhos, os botões do mouse e as teclas de atalhos, apropriando a interface do programa de acordo com as necessidades durante o desenvolvimento ou as fases dos projetos (Figura 3.2).

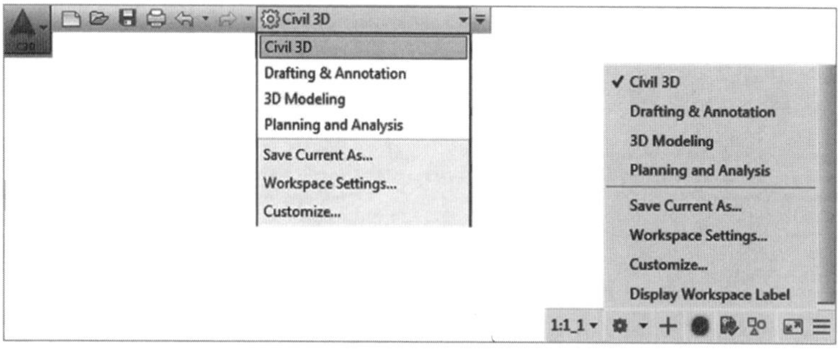

Figura 3.2 Workspaces disponíveis no Autodesk AutoCAD Civil 3D.

As workspaces disponíveis no Autodesk AutoCAD Civil 3D estão organizadas em:

- **Civil 3D**: interface que apresenta as ferramentas para a elaboração de projetos de infraestrutura disponíveis pelos recursos do Autodesk AutoCAD Civil 3D.
- **2D Drafting & Annotation:** interface com as ferramentas para a criação de desenhos 2D para a documentação dos projetos por meio dos recursos do AutoCAD.
- **3D Modeling:** interface que exibe as ferramentas para a elaboração de desenhos conceituais em 3D por meio dos recursos do AutoCAD.
- **Planning and Analysis:** interface que apresenta os recursos do AutoCAD Map 3D e suas ferramentas para geoprocessamento.

Agora, estude o exemplo a seguir:

1. Inicie o Autodesk AutoCAD Civil 3D.
2. No quadro de workspaces, selecione **2D Drafiting & Annotation** para visualizar as ferramentas do AutoCAD.
3. Selecione a workspace **Planning and Analysis** e navegue pelas ferramentas de geoprocessamento.
4. Retorne para a workspace **Civil 3D**.

3.2 Disposição das ferramentas – ribbon

A ribbon é um conjunto de ferramentas distribuídas na forma de paleta que permite acessar de forma intuitiva os recursos do Autodesk AutoCAD Civil 3D. As ribbons são constituídas por grupos de abas divididas por painéis organizados por tarefas, e sua disposição está relacionada com cada workspace selecionada.

O conceito da ribbon está baseado não apenas na execução do comando, mas na tarefa a ser executada, em que se pode identificar a ferramenta desejada por intermédio das tarefas descritas no título de cada aba da ribbon. Por exemplo, as ferramentas para a inserção e a manipulação de blocos ou de referências externas estão vinculadas à tarefa de inserção de objetos no desenho, em que será possível localizá-la na aba **Insert** da ribbon, ou, se a necessidade está na impressão dos documentos, pode-se localizar a ferramenta **Plot** na tarefa de saída de documentos por meio da aba **Output** da ribbon (Figura 3.3).

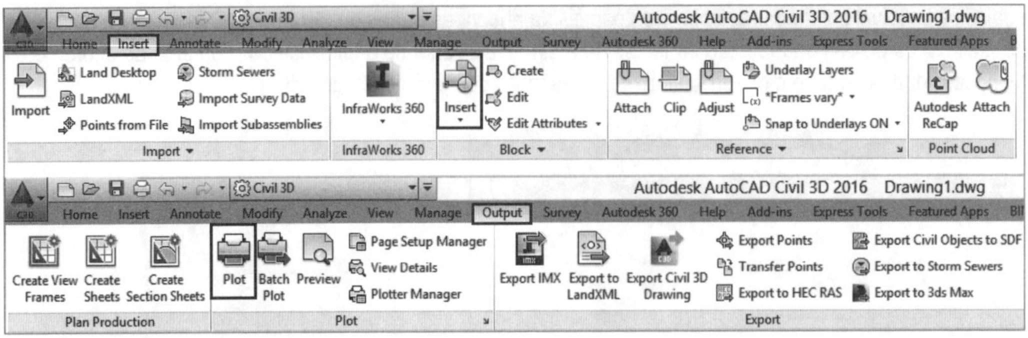

Figura 3.3 Ferramentas dispostas nas ribbons Insert e Output.

Pode-se ligar ou desligar a ribbon digitando o comando Ribbon (para ligar) ou Ribbon **close** (para desligar). Também é possível auto-ocultar a ribbon ou minimizá-la junto aos títulos das **Tabs** (guias) clicando no ícone ▣, que se encontra ao lado direito das abas (Figura 3.4).

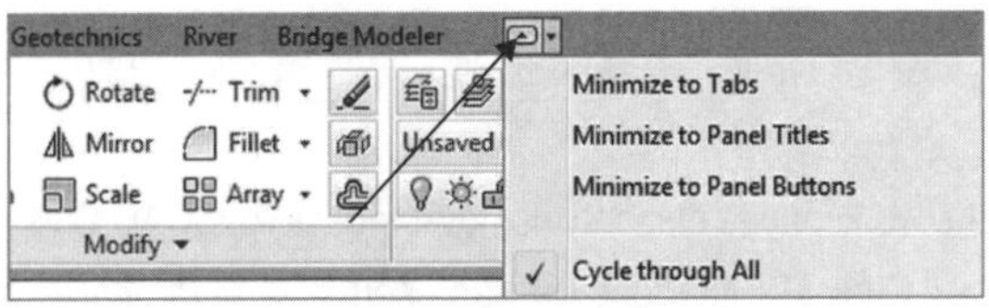

Figura 3.4 Opções de visualização da ribbon.

3.3 Ribbon Home

A aba Home da ribbon exibe os painéis divididos em grupos de tarefas utilizados para a criação de objetos pertinentes aos projetos de infraestrutura desenvolvidos no Autodesk AutoCAD Civil 3D (Figura 3.5).

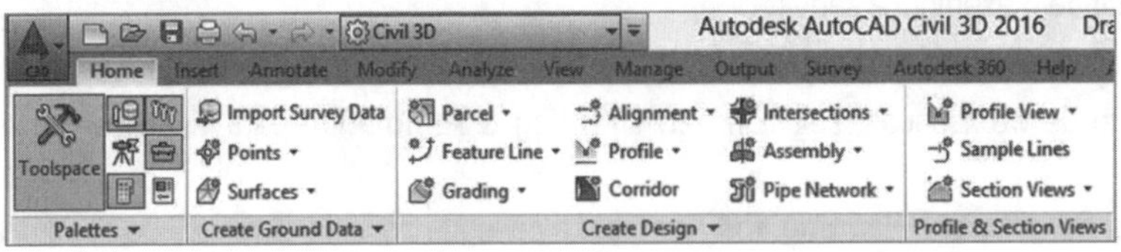

Figura 3.5 Aba Home da ribbon.

3.3.1 Palettes

Painel da aba **Home** da ribbon que permite ligar ou desligar as **Palettes** do AutoCAD, como **Properties** e **Layer Properties Manager**, além das **Palettes** do Autodesk AutoCAD Civil 3D, com destaque para a janela **Toolspace** e suas abas **Prospector**, **Settings**, **Survey** e **Toolbox** (Figura 3.6).

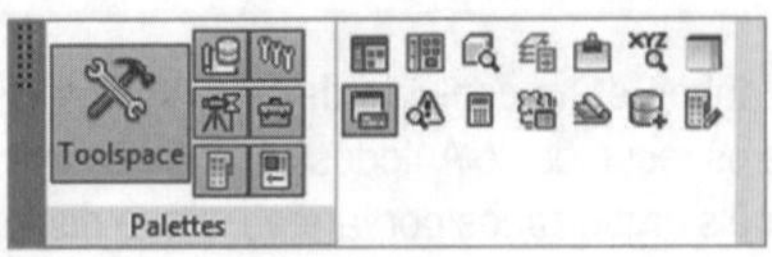

Figura 3.6 Painel Palettes.

Agora, estude o exemplo a seguir:

1. Inicie o Autodesk AutoCAD Civil 3D.
2. Ative a janela **Toolspace** por meio da ribbon **Home → Palettes → Toolspace**.
3. Habilite a ferramenta da ribbon **Home → Palettes → Settings** para adicionar os recursos de configuração na janela **Toolspace**.
4. Ligue o botão da ribbon **Home → Palettes → Survey** para exibir as ferramentas de topografia na **Toolspace**.
5. Acione a ferramenta da ribbon **Home → Palettes → Toolbox** para acessar os modelos de relatórios na janela **Toolspace**.
6. Observar que as janelas ativas exibem os seus respectivos botões em azul na ribbon.

3.3.2 Create Ground Data

Painel com as ferramentas de manipulação dos dados do levantamento de campo. O painel **Create Ground Data** permite a criação e a manipulação de pontos e modelos de superfícies nos desenhos dos projetos (Figura 3.7).

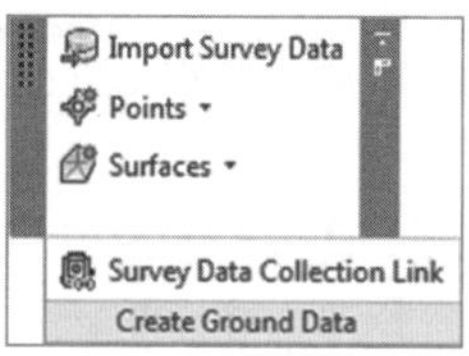

Figura 3.7 Painel Create Ground Data.

Import Survey Data: assistente com recursos para a importação de dados do levantamento de campo, por meio de arquivos nos formatos *Field Book (FBK), Land XML (XML),* arquivos de pontos *(TXT, CSV, PNT)* ou ainda selecionando pontos existentes no desenho.

Points: conjunto de ferramentas utilizadas na importação, na criação e na manipulação de pontos. Destaque para a barra de ferramentas **Point Creation Tools**, utilizada no processo de criação de pontos.

Surfaces: ferramentas utilizadas durante a criação e a manipulação de modelos digitais de terrenos *(MDT)* por meio dos objetos **Surfaces** do Autodesk AutoCAD Civil 3D.

Survey Data Collection Link: abre o aplicativo **Survey Link DC** para a conexão direta com equipamentos de levantamento de campo. Sua interface permite, ainda, a conversão dos dados do levantamento para leitura no Autodesk AutoCAD Civil 3D.

3.3.3 Create Design

O painel **Create Design** possui as ferramentas utilizadas para a criação de objetos utilizados no desenvolvimento de projetos com o Autodesk AutoCAD Civil 3D. Quando expandido, esse painel exibe as ferramentas para a transformação de objetos e a seleção de catálogos (Figura 3.8).

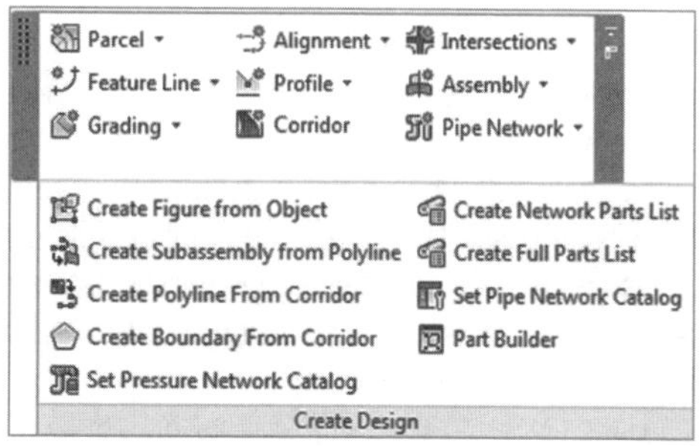

Figura 3.8 Painel Create Design utilizado durante o desenvolvimento dos projetos.

Parcel: ferramentas para o desenvolvimento de projetos de loteamento.

Feature line: conjunto de ferramentas para a criação e a manipulação de objetos *feature lines*, no qual é possível controlar as elevações de seus vértices, além das inclinações de suas rampas, e, dessa forma, utilizar os objetos *feature lines* no desenvolvimento de projetos de terraplenagem e principalmente nos modelos de superfícies.

Grading: ferramentas utilizadas na criação de taludes e platôs usados na elaboração de projetos de terraplenagem.

Alignment: conjunto de ferramentas para a elaboração e a manipulação de alinhamentos horizontais utilizados em projetos geométricos.

Profile: assistente utilizado na criação do perfil longitudinal das superfícies existentes no desenho. As ferramentas de **Profile** permitem, ainda, a criação de alinhamentos verticais dos projetos por meio da barra de ferramentas **Profile Creation Tools**.

Assembly: ferramentas utilizadas no desenvolvimento de seções típicas do modelo do projeto. O objeto **assembly** possui um grupo de *subassemblies* que representam os componentes que formam o projeto transversal. Os *assemblies* são utilizados para representar a seção típica transversal de rodovias, barragens, canais, ensecadeiras, entre outros modelos de infraestrutura.

Corridor: ferramenta utilizada para a criação do modelo do projeto. O objeto **corridor** aplicará as geometrias transversais dos *assemblies,* obedecendo à geometria do traçado geométrico horizontal, e seguirá as elevações do alinhamento vertical para criar o modelo tridimensional do projeto.

Intersections: conjunto de ferramentas para auxiliar no desenvolvimento de interseções entre os alinhamentos presentes no projeto. A ferramenta **Create Intersection** possibilita a criação de modelos de corredores nas regiões das interseções por meio de seu assistente. A ferramenta *Create Roun about* auxilia na elaboração de rotatórias no projeto.

Pipe Network: o grupo de ferramentas **Pipe Network** auxilia na elaboração de projetos de redes de tubulação. A barra de ferramentas **Pipe Network Creation Tools** auxilia no desenvolvimento de projetos de redes por gravidade, como redes de esgoto sanitário e drenagem. A ferramenta **Pressure Network Creation Tools** disponibiliza recursos para a elaboração de redes pressurizadas como redes de abastecimento de água.

Create Figure From Object: ferramenta para a criação de figuras topográficas selecionando polígonos no desenho. Os objetos **Figures** dos recursos de *survey* ficam armazenados no banco de dados local de topografia e constituem as características geométricas de área de terrenos, como quadras, lotes e edificações provenientes do levantamento de campo.

Create Subassembly From Polyline: recurso que permite a criação de objetos *subassemblies* por meio da seleção de *polylines* existentes no desenho.

Create Polyline From Corridor: ferramenta utilizada para a criação de *polylines* por meio das *feature lines* longitudinais do modelo do corredor.

Create Boundary From Corridor: auxilia na criação de objetos boundaries selecionando regiões do modelo do corredor existente no desenho.

Set Pressure Network Catalog: recurso para a seleção do catálogo de peças e equipamentos para aplicação nos projetos de redes de abastecimento de água.

Create Network Parts List: ferramenta para a criação de **parts list**, utilizada na configuração de conjunto de estilos, critérios e componentes que serão utilizados nas redes projetadas.

Create Full Parts List: ferramenta para a criação de **parts list** utilizando todos os tubos e os dispositivos disponíveis no catálogo selecionado.

Set Pipe Network Catalog: recurso para a seleção do catálogo de peças e equipamentos para aplicação nos projetos de redes de esgoto sanitário e drenagem.

Part Builder: aplicativo para auxiliar na criação de dispositivos para a utilização nas redes de drenagem e esgoto. Sua interface permite criar componentes paramétricos, como caixas, poços de visita, entre outros.

Agora, estude o exemplo a seguir:

1. Inicie o Autodesk AutoCAD Civil 3D.
2. Clique no título do painel da ribbon **Home → Create Design,** para expandir o painel com as ferramentas de projeto.
3. Selecione a ferramenta da ribbon **Home → Create Design → Set Pipe Network Catalog**.
4. Na caixa de diálogo **Pipe Network Catalog Settings,** selecione os catálogos de sistema métrico nos quadros e clique no botão **OK**.

3.3.4 Profile & Section Views

Painel com ferramentas para a criação das representações dos perfis longitudinais e das seções transversais utilizados na documentação dos projetos (Figura 3.9).

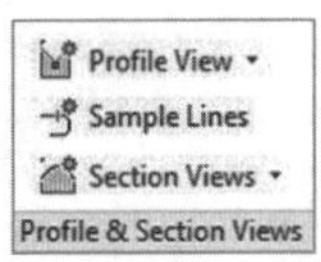

Figura 3.9 Painel Profile & Section View.

Profile Views: conjunto de ferramentas para a criação dos gráficos dos perfis longitudinais no desenho, utilizado para a documentação do projeto e para auxiliar na criação do alinhamento vertical. A ferramenta **Project Objects To Profile View:** permite adicionar a projeção de objetos selecionados na planta para a visualização no perfil longitudinal.

Sample Lines: recurso utilizado para auxiliar na definição da locação das seções transversais na vista em planta ao longo do alinhamento horizontal selecionado.

Section Views: conjunto de ferramentas para a criação dos gráficos das seções transversais no desenho, que poderão ser utilizadas na documentação do projeto. A ferramenta **Project Objects To Section View** permite adicionar a projeção de objetos selecionados na planta para a visualização nas seções transversais.

3.4 Ribbon Insert

A aba **Insert** da ribbon exibe os painéis **Import** e **InfraWorks 360** utilizadas na importação de dados para a utilização em projetos de infraestrutura desenvolvidos no Autodesk AutoCAD Civil 3D (Figura 3.10).

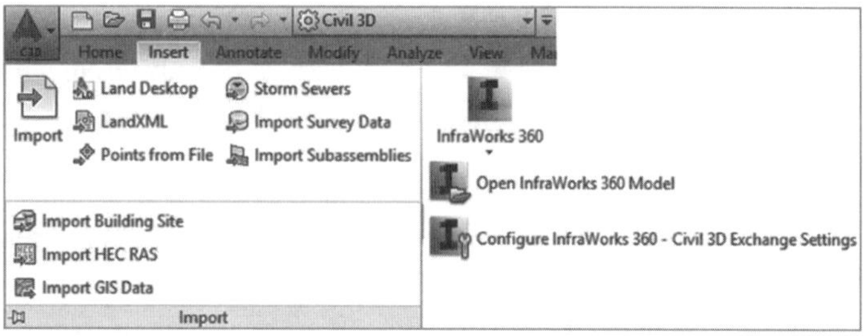

Figura 3.10 Ferramentas de importação de dados presentes na ribbon Insert.

Import: ferramenta utilizada na importação de arquivos de formatos de desenhos e modelos como *3DS, SAT, FBX, IGES, WMF* e *DGN*.

Land Desktop: ferramenta que permite a importação de dados de projetos desenvolvidos no Autodesk AutoCAD Land Desktop.

LandXML: recurso para a importação de arquivos no formato *XML*, utilizado para importação de dados provenientes de outras fontes de projeto.

Import Survey Data: assistente com recursos para a importação de dados do levantamento de campo, por meio de arquivos nos formatos **Field Book (FBK), Land XML (XML)** e arquivos de pontos (*TXT, CSV, PNT*) ou, ainda, selecionando pontos existentes no desenho. Esse recurso manipula os dados do levantamento de campo no formato de banco de dados local.

Points From File: ferramenta que permite a importação de arquivos de pontos de diversos formatos, como *TXT, CSV, XYX, AUF*, entre outros.

Storm Sewer: ferramenta que permite a importação de arquivos de formato *STM* provenientes da ferramenta Autodesk Hydraflow Storm Sewer, de análise e dimensionamento hidráulico.

Import Subassemblies: recurso para a importação de *subassemblies* por meio de arquivos de formato *PKT*. A ferramenta Autodesk Subassembly Composer permite programar modelos de seções típicas transversais e gravá-los no formato *PKT*.

Import Building Site: ferramenta de importação de edificações desenvolvidas com o Autodesk Revit e exportadas no formato *ADSK*.

Import HEC RAS: ferramenta utilizada na importação de arquivos de dados para a execução de análises de inundação provenientes de sistemas baseados em *HEC-RAS*, por meio de arquivos de formato *SDF*.

Import GIS Data: assistente que auxilia na importação de dados de geoprocessamento por meio de arquivos de formato *SHP* (*Shape File*).

InfraWorks 360 → Open InfraWorks 360 Model: ferramenta para a importação de arquivos de formato *IMX* provenientes de estudos e planejamentos de empreendimentos de infraestrutura elaborados no Autodesk Infraworks 360. É possível importar terrenos, eixos viários, áreas e diversos tipos de objetos de urbanização, e, assim, desenvolver os projetos utilizando o Autodesk AutoCAD Civil 3D.

InfraWorks 360 → Configure InfraWorks 360 – Civil 3D Exchange Settings: recurso que permite controlar os parâmetros de configuração dos dados a serem importados da solução Autodesk InfraWorks 360. Pode-se configurar quais objetos serão importados e seus estilos de representação, além de determinar quais os *layers* que serão utilizados para os objetos importados.

Agora, estude o exemplo a seguir:

1. Inicie o Autodesk AutoCAD Civil 3D.
2. Selecione a ferramenta da ribbon **Insert → Import → Import**.
3. Na caixa de diálogo **Import File**, verifique a lista de formatos disponíveis no quadro **Files of Type**.
4. Clique no botão **Cancel**.

3.4.1 Point Cloud

O painel **Point Cloud** da ribbon **Insert** permite a importação e manipulação de arquivos de nuvem de pontos provenientes de equipamentos de escâner laser (Figura 3.11).

Figura 3.11 Painel Point Cloud.

Autodesk ReCap: ferramenta de acesso ao aplicativo Autodesk ReCap utilizado na manipulação de arquivos de nuvem de pontos. O Autodesk ReCap permite a importação, limpeza, registro, análise e exportação de levantamentos elaborados a partir de escâner laser.

Attach: ferramenta de importação de arquivos de nuvem de pontos previamente tratados no aplicativo Autodesk ReCap, por meio dos formatos **RCP** (projeto de nuvem de pontos) e **RCS** (escâner de nuvem de pontos).

3.4.2 Location

O painel **Location** da ribbon **Insert** disponibiliza a ferramenta **Set Location** utilizada para o posicionamento georreferenciado de imagem do bing na área de desenho (Figura 3.12).

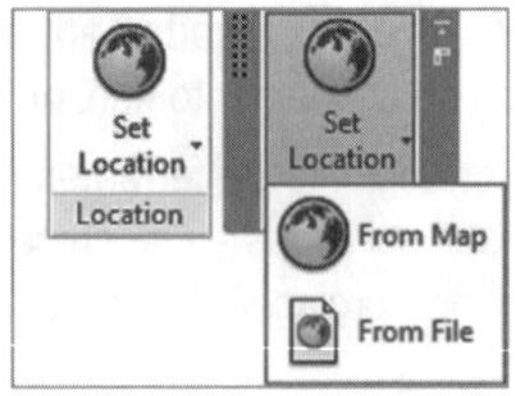

Figura 3.12 Painel Location.

From Map: ferramenta de acesso à caixa de diálogo **Geographic Location** utilizada para o posicionamento geográfico do desenho do projeto por meio do mapa bing.

From File: ferramenta que permite o posicionamento geográfico do desenho sobre o mapa bing por meio de arquivos *KML* e *KMZ*.

3.5 Ribbon Annotate

A aba **Annotate** da ribbon exibe o painel **Labels & Tables** utilizado na inserção de rótulos nos objetos dos projetos (Figura 3.13).

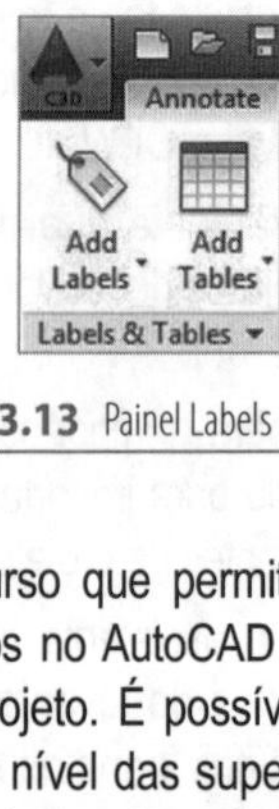

Figura 3.13 Painel Labels & Tables.

Add Labels: recurso que permite adicionar rótulos nos objetos criados no AutoCAD Civil 3D existentes no desenho do projeto. É possível adicionar rótulos para as curvas de nível das superfícies, rótulos para as estacas dos alinhamentos, rótulos com as cotas da tubulação para as redes de drenagem, entre outros.

Add Tables: recurso utilizado na criação de tabelas na área de desenho exibindo informações dos objetos do projeto. É possível criar tabelas de legendas para superfícies como áreas de bacias e declividades, tabelas de pontos, tabelas de curvas do alinhamento horizontal, tabelas de áreas dos lotes, tabelas de dispositivos das redes, tabela de volumes e de geometrias do desenho.

Agora, estude o exemplo a seguir:

1. Inicie o Autodesk AutoCAD Civil 3D.
2. Selecione a ferramenta da ribbon **Annotate** → **Labels & Tables** → **Add Labels**.
3. Verifique as configurações dos tipos de rótulos existentes no quadro **Feature** da caixa **Add Labels**.
4. Clique no botão **Close**.

3.6 Ribbon Modify

A aba **Modify** da ribbon permite a edição e a manipulação dos objetos dos projetos existentes no desenho, e seus painéis disponibilizam ferramentas para manipular pontos, superfícies, alinhamentos, perfis, corredores, *feature lines*, entre outros objetos (Figura 3.14).

Painel Ground Data: disponibiliza diversas ferramentas para a edição de pontos, dados topográficos, superfícies e nuvem de pontos importados no desenho.

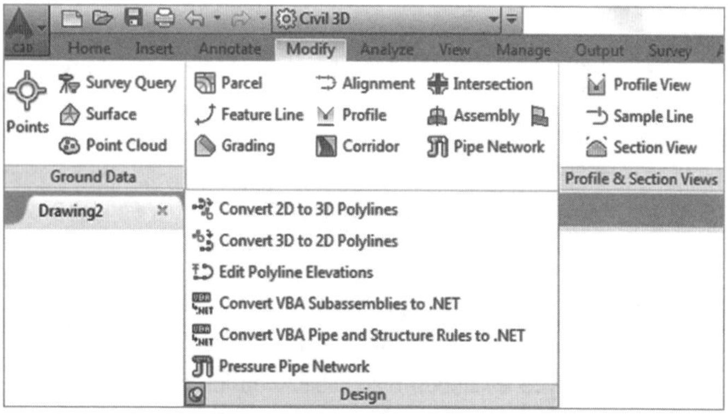

Figura 3.14 Ferramentas presentes na ribbon Modify.

A ribbon contextual **Modify** é exibida ao selecionar um objeto presente na área de desenho.

É possível expandir o painel **Design** para acessar as ferramentas auxiliares (Figura 3.15):

Convert 2D to 3D Polyline: ferramenta utilizada para converter objetos *polylines 2D* para 3D. Dessa forma, as elevações de cada vértice da *polyline 3D* convertida podem ser manipuladas.

Convert 3D to 2D Polylines: ferramenta para a transformação de *polylines 3D* para 2D. A elevação do ponto inicial da *polyline 3D* será aplicada para os demais vértices da nova *polyline.*

Edit Polyline Elevations: ferramenta para a edição das cotas das *polylines 2D* digitando o valor diretamente na linha de comando. Ferramenta muito útil na edição das cotas das *polylines* que representam curvas de nível de um terreno.

Convert VBA Subassembliesto .NET: recurso que localiza referências de seções típicas transversais (*subassemblies*) baseadas em *VBA* para conversão em *.NET*.

Convert VBA Pipe and Structure Rules to .NET: recurso que localiza referências de critérios de tubulação (*pipenet work rules*) baseadas em *VBA* para conversão em *.NET*.

Pressure Pipe Network: ferramenta que exibe a ribbon contextual para manipulação dos objetos de redes de abastecimento.

Painel Profile & Section Views: conjunto de ferramentas utilizadas na manipulação de perfis longitudinais e seções transversais do projeto.

Painel Edit Geometry: ferramentas para efetuar edições na geometria horizontal de objetos *feature lines*, *survey figures*, linhas de lotes (*parcel lines*), *polylines* e *polylines 3D* existentes no desenho.

Painel Edit Elevations: conjunto de ferramentas para a edição nas cotas dos vértices de objetos *feature lines*, *survey figures*, linhas de lotes (*parcel lines*) e *polylines 3D* existentes no desenho.

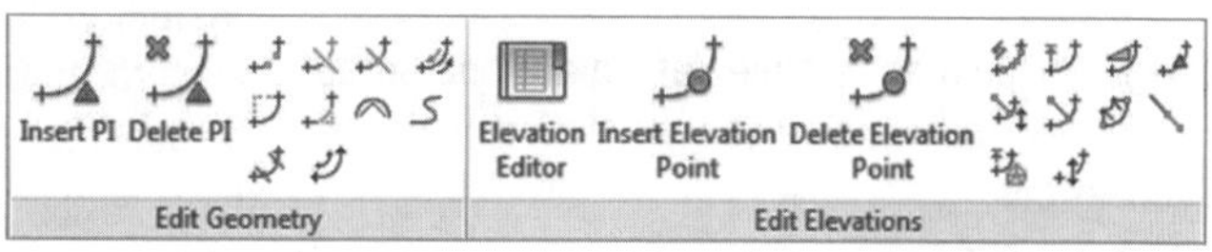

Figura 3.15 Ferramentas disponíveis para a manipulação de geometrias lineares.

Agora, estude o exemplo a seguir:

1. Inicie o Autodesk AutoCAD Civil 3D.
2. Desenhe algumas *polylines* na área de desenho para representar as curvas de nível.
3. Acesse a ferramenta da ribbon **Modify → Design → Edit Polyline Elevations**.
4. Selecione uma das *polylines* criadas na área de desenho.
5. Digite a cota desejada na linha de comando e pressione a tecla **Enter**.
6. Repita os procedimentos para adicionar as elevações nas demais *polylines* presentes no desenho.
7. Pressione a tecla **Enter** para finalizar.

3.7 Ribbon Analyze

A aba **Analyze** da ribbon disponibiliza as ferramentas para e execução de análises nos elementos dos projetos distribuídos em painéis por tipo de análises. É possível elaborar diversas análises nos modelos das superfícies topográficas e projetadas, verificar as geometrias projetadas e efetuar a simulação nas redes propostas.

3.7.1 Ground Data

O painel **Ground Data** da ribbon **Analyze** possui as ferramentas para a elaboração de análises nos objetos do levantamento e nos modelos de superfícies presentes no desenho (Figura 3.16).

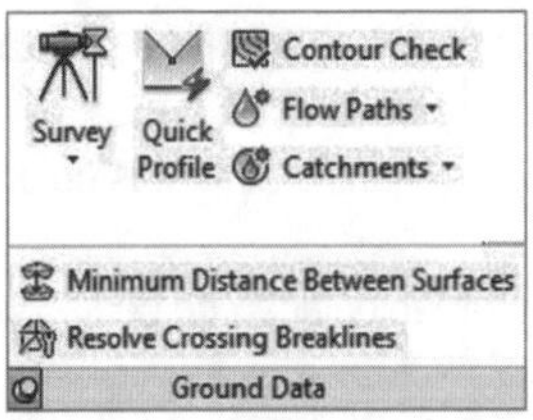

Figura 3.16 Painel Ground Data: análises nos dados topográficos.

Survey: conjunto de ferramentas para a análise de dados do levantamento de campo, além de cálculos de geodésicos.

Quick Profile: ferramenta muito utilizada na criação de perfis temporários de superfícies por meio da seleção de objetos como linhas, *polylines* e *feature lines* desenhadas na planta. O **QuickPorfile** cria o perfil temporário que permanecerá até o momento da gravação do arquivo.

Contour Check: ferramenta para verificar a existência de áreas que possuam curvas de nível inválidas no modelo da superfície do desenho.

Flow Paths: ferramentas para a identificação do fluxo do escoamento de água no modelo da superfície.

Catchments: ferramentas utilizadas para a identificação de áreas de captação de água presentes no modelo da superfície.

Minimum Distance Between Surfaces: ferramenta que identifica o(s) ponto(s) ou a(s) área(s) da menor distância vertical entre duas superfícies selecionadas no desenho.

Resolve Crossing Breaklines: ferramenta utilizada para identificar e corrigir eventuais irregularidades nas elevações entre interseções de *breaklines* no desenho.

3.7.2 Design

O painel **Design** da ribbon **Analyze** possui as ferramentas para a elaboração de análises nos alinhamentos, nos modelos de superfícies e nas redes projetadas no desenho (Figura 3.17).

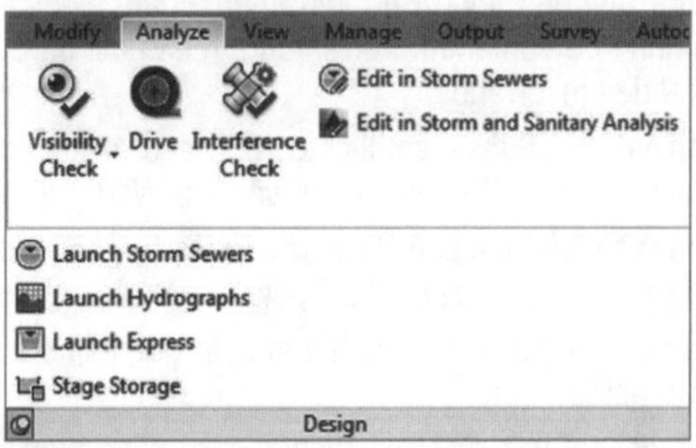

Figura 3.17 Painel Design com as ferramentas para análises no projeto.

Visibility Check: conjunto de ferramentas para a elaboração de análises de visibilidade nos modelos de superfícies e corredores do desenho.

Drive: exibe a interface para o modo de simulação visual ao longo de um caminho ou alinhamento para a visualização dos objetos presentes no modelo do projeto.

Interference Check: ferramenta para a verificação de interferências entre os dispositivos das redes com sistema por gravidade, projetadas no desenho. É possível identificar as colisões físicas ou por proximidade entre os componentes dos modelos das redes.

Edit in Storm Sewers: ferramenta para a exportação das redes do desenho para análises e edições no aplicativo **Storm Sewers** por meio do formato de arquivo *STM*.

Edit in Storm and Sanitary Analysis: inicia o aplicativo **Storm and Sanitary Analysis** (SSA), utilizado na análise e simulação de redes por gravidade projetadas no desenho.

Launch Storm Sewers: inicia o aplicativo **Hydraflow Storm Sewers**.

Launch Hydrographs: aciona o aplicativo **Hydraflow Hydrographs** para análises hidrográficas.

Lauch Express: inicia o aplicativo **Hydraflow Express** para análises de dimensionamento dos dispositivos de drenagem das redes projetadas.

Stage Storage: ferramenta para calcular o volume acumulado ou parcial de bacias do modelo das superfícies do desenho.

Agora, estude o exemplo a seguir:

1. Inicie o Autodesk AutoCAD Civil 3D.
2. Acesse a ferramenta da ribbon **Analyze → Design → Launch Express**.
3. Verifique a interface do aplicativo **Hydraflow Express**.
4. Feche o aplicativo **Hydraflow Express**.
5. Acesse a ferramenta da ribbon **Analyze → Design → Launch Storm Sewer.**
6. Navegue na interface do aplicativo **Hydraflow Storm Sewers**.

3.7.3 Volumes and Materials

O painel **Volumes and Materials** da ribbon **Analyze** contém as ferramentas para a elaboração de análises volumétricas do modelo do projeto (Figura 3.18).

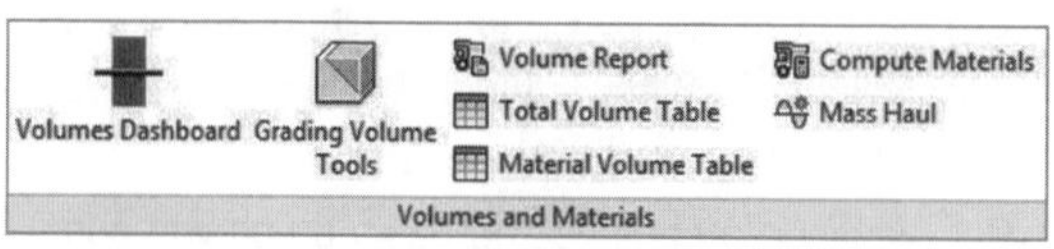

Figura 3.18 Ferramentas para análises volumétricas do painel Volumes and Materials.

Volumes Dashboard: acessa a janela **Panorama,** contendo a aba **Volumes Dashboard,** para auxiliar na elaboração do cálculo dos volumes de corte e aterro de várias superfícies do desenho, além de gráficos e relatórios com as informações volumétricas do projeto.

Grading Volume Tools: habilita a barra de ferramentas **Grading Volume Tools** para a elaboração do balanceamento volumétrico de superfícies provenientes de grupos de *grading* projetadas no desenho.

Volume Report: ferramenta para a criação de relatórios de volumes calculados pelas informações obtidas das seções transversais ao longo das estacas dos alinhamentos dos projetos.

Total Volume Table: ferramenta para a criação de tabelas de volume de terraplenagem dos projetos.

Material Volume Table: ferramenta utilizada na criação de tabelas de volumes e áreas de materiais definidos nos projetos.

Compute Materials: ferramenta para calcular os volumes por seções transversais definidas ao longo das estacas dos alinhamentos presentes no projeto.

Mass Haul: ferramenta que permite a criação do gráfico de diagrama de massa para projetos lineares.

Agora, estude o exemplo a seguir:

1. Inicie o Autodesk AutoCAD Civil 3D.
2. Selecione a ferramenta da ribbon **Analyze → Volumes and Materials → Volumes Dashboard**.
3. Na janela **Volumes Dashboard**, verifique os nomes das colunas utilizadas durante o processo de extração dos dados volumétricos dos projetos de infraestrutura.

3.7.4 QTO

O painel **QTO** da ribbon **Analyze** exibe as ferramentas para a elaboração de quantitativos dos projetos. O recurso **QuantityTakeoff** trabalha com um arquivo externo no formato *CSV*, contendo as informações dos componentes que formam a composição quantitativa (Figura 3.19).

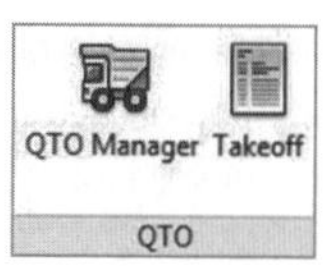

Figura 3.19 Painel QTO para extração de quantitativos.

QTO Manager: abre a janela **Panorama**, que, por meio da aba **QTO Manager,** permite a importação de arquivo de composição de itens do projeto. Essa aba possibilita a visualização dos itens e das categorias importados, e assinalar os itens da lista de composição aos objetos presentes no projeto.

Take off: ferramenta utilizada para efetuar o cálculo do quantitativo do projeto por meio da caixa de diálogo **Compute Quantity Take off**.

Agora, estude o exemplo a seguir:

1. Inicie o Autodesk AutoCAD Civil 3D.
2. Selecione a ferramenta da ribbon **Analyze → QTO → QTO Manager**.
3. Na aba **QTO Manager** da janela **Panorama**, clique no botão **Open Pay Item File**.
4. Na caixa de diálogo **Open Pay Item File**, clique no botão **Open** do quadro **Pay Item File**.
5. Localize o arquivo **TPU-DER_SP(BRA)-AGUA.CSV**, disponível no site da Editora Érica, e clique no botão **Open**.
6. Clique no botão **OK,** na caixa **Open Pay Item File**.
7. Verifique a lista de composição dos quantitativos na janela **Panorama**.

3.8 Ribbon Manage

A ribbon **Manage** possui as ferramentas para auxiliar no gerenciamento nos dados de objetos presentes no modelo dos projetos por intermédio do painel **Data Shortcuts**. O painel **Style** permite gerenciar os estilos de representação dos objetos presentes nos desenhos dos projetos.

3.8.1 Data Shortcuts

O painel **Data Shortcuts** da ribbon **Manage** exibe as ferramentas para o gerenciamento dos principais objetos dos projetos. O recurso de **Data Shortcuts** permite compartilhar os objetos superfícies, alinhamentos e perfis, redes e articulação de folhas entre os profissionais envolvidos no desenvolvimento dos projetos (Figura 3.20).

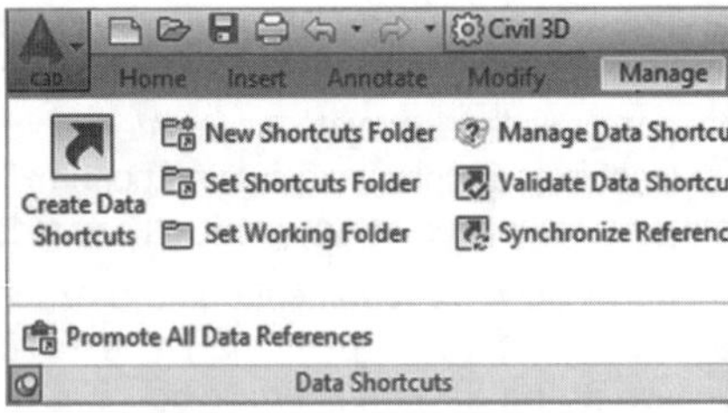

Figura 3.20 Ferramentas para compartilhamento dos dados do projeto.

New Shortcuts Folder: ferramenta para a criação de uma nova pasta de projeto para reposição dos dados dos objetos do projeto.

Set Shortcuts Folder: ferramenta utilizada para selecionar a pasta de projeto atual.

Set Working Folder: ferramenta de seleção da pasta principal de trabalho, na qual serão alocadas as subpastas de projetos.

Manage Data Shortcuts: ferramenta utilizada para reparar eventuais irregularidades no caminho dos arquivos de desenhos utilizados como referências nas pastas dos projetos.

Validate Data Shortcuts: ferramenta que verifica se o caminho das pastas de projetos e os arquivos de origem dos objetos estão funcionando.

Synchronize References: ferramenta para atualizar os objetos referenciados nas pastas dos projetos com o desenho atual.

Promote All Data References: ferramenta que substitui os dados referenciados dos projetos criando cópias deles e permitindo a edição em seus objetos.

Create Data Shortcuts: ferramenta que permite adicionar os objetos do desenho atual para as pastas de projetos.

Agora, estude o exemplo a seguir:

1. Selecione a ferramenta da ribbon **Manage → Data Shortcuts → Set Working Folder**.
2. Na caixa de diálogo **Procurar Pasta,** localize a pasta **C:/Civil 3D Projects**, para definir a localização do projeto compartilhado.
3. Clique no botão **OK**.
4. Verifique a presença da pasta do projeto compartilhado na categoria **Data Shortcuts** na aba **Prospector** da **Toolspace**.

3.8.2 Styles

O painel **Styles** da ribbon **Manage** contém as ferramentas para o gerenciamento dos estilos de objetos presentes nos desenhos dos projetos (Figura 3.21).

Figura 3.21 Painel Styles para gerenciamento dos estilos.

Import: ferramenta que permite importar estilos de objetos e suas respectivas configurações de um desenho ou template existente para o desenho atual.

Purge: ferramenta que auxilia na limpeza de estilos não utilizados no desenho atual.

Agora, estude o exemplo a seguir:

1. Inicie o Autodesk AutoCAD Civil 3D.
2. Selecione a ferramenta da ribbon **Manage → Styles → Purge**.
3. Na caixa de diálogo **Style Purge Confirmation,** selecione os estilos que serão removidos.
4. Clique no botão **OK**.

3.9 Ribbon Output

A ribbon **Output** exibe as ferramentas para auxiliar na criação automatizada das folhas para a documentação dos projetos, além de recursos para a exportação de dados dos projetos para vários tipos de formatos de arquivos.

3.9.1 Plan Production

O painel **Plan Production** da ribbon **Output** apresenta os recursos para auxiliar na criação automatizada das folhas de documentação dos projetos (Figura 3.22).

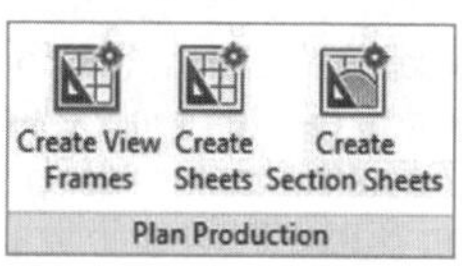

Figura 3.22 Painel Plan Production utilizado na documentação do projeto.

Create View Frames: assistente para auxiliar na elaboração da malha de articulação das folhas de documentação dos projetos ao longo dos alinhamentos existentes no desenho.

Create Sheets: acessa o assistente para a criação das folhas de plantas e perfis para a documentação dos projetos nas abas de *layouts* do Autodesk AutoCAD Civil 3D.

Create Section Sheets: assistente para a criação das folhas de documentação das seções transversais dos projetos nas abas de *layouts*.

3.9.2 Export

O painel **Export,** da ribbon **Output,** exibe os recursos para a exportação de dados dos projetos para diversos formatos de arquivos (Figura 3.23).

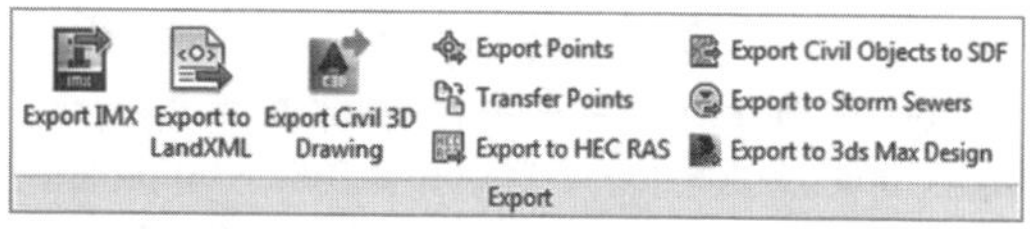

Figura 3.23 Ferramentas do painel Export utilizadas na exportação dos dados dos projetos.

Export IMX: ferramenta para a exportação dos objetos dos projetos elaborados no Autodesk AutoCAD Civil 3D para o formato *IMX*. Dessa forma, fica possível transferir os dados dos projetos para a ferramenta de planejamento **Autodesk Infraworks**.

Export To LandXML: ferramenta para a exportação dos dados dos objetos do Autodesk AutoCAD Civil 3D para o formato *XML*, permitindo a leitura dos dados em outros aplicativos.

Export Civil 3D Drawing: ferramenta de exportação de desenhos para o AutoCAD; pode-se exportar os desenhos presentes no Model e dos Layouts.

Export Points: ferramenta utilizada para a exportação dos pontos presentes no desenho para formatos de arquivos externos.

Transfer Points: ferramenta que permite converter um formato de um arquivo de pontos existente para outro formato de arquivo de pontos desejado.

Agora, estude o exemplo a seguir:

1. Inicie o Autodesk AutoCAD Civil 3D.
2. Selecione a ferramenta da ribbon **Output → Export → Transfer Points**.

3. Na caixa de diálogo **Transfer Points**, verifique o campo **Format** do quadro **Source,** que permite selecionar o formato dos dados presentes no arquivo de ponto desejado para a conversão.
4. Selecione o formato de destino dos dados dos pontos convertidos no campo **Format** do quadro **Destination**.
5. O botão **Manage** auxilia no gerenciamento dos formatos de arquivos de pontos.
6. Clique no botão **Cancel**.

ExportTo HEC RAS: ferramenta de exportação dos objetos superfícies, alinhamentos, grupos de *samplelines* e sites presentes no desenho atual para arquivos de formato *GEO*, permitindo sua leitura em aplicativos baseados em *HEC-RAS* para análises de inundações.

Export Civil Objects To SDF: ferramenta que permite a exportação dos dados dos objetos dos projetos para o formato *SDF*, utilizado em geoprocessamento.

Export To Storm Swers: ferramenta para a exportação dos objetos que compõem as redes do projeto para o formato de arquivo *STM*. Dessa forma, é possível utilizar os dados do projeto no aplicativo **Hydraflow Storm Sewers** e realizar o dimensionamento das redes projetadas.

Export To 3ds Max: ferramenta utilizada para exportar os objetos do modelo do projeto para o arquivo de formato VSP3D e leitura no Autodesk 3ds Max para a criação de imagens realísticas e animações do projeto.

Agora, estude o exemplo a seguir:

1. Inicie o Autodesk AutoCAD Civil 3D.
2. Abra o arquivo **3-MODELO-CIVIL.DWG**, disponível no site da Editora Érica.
3. Selecione a ferramenta da ribbon **Output → Export → Export to 3ds Max.**
4. Na caixa de diálogo **Exportto Civil View for 7 3ds Max**, verifique os objetos selecionados no quadro esquerdo, digite **TOPO** no quadro **Link Code Filter** e clique no botão **Export**.
5. Na caixa **Select Civil View Export File**, defina o nome e o local do arquivo, e clique no botão **Salvar**.
6. Aguarde o término do processo de exportação e clique no botão **Close**.
7. O arquivo criado poderá ser importado para a solução do Autodesk 3ds Max por intermédio dos recursos do Civil View.
8. Inicie o Autodesk 3ds Max Design e habilite a ferramenta do menu **Civil View → Geometry Import → Civil 3D (VSP3D) File.**
9. Na caixa de diálogo **Civil 3D Import Panel**, clique em **Open** e localize o arquivo VSP3D criado anteriormente, selecione todos os objetos presentes no quadro principal, exceto as superfícies e clique no botão **OK**.
10. Confirme o posicionamento do modelo com **Yes** nas caixas de informação.Aguarde o término da importação e verifique o modelo do corredor importado.
11. Pode-se posicionar objetos como veículos, árvores e sinalização ao longo do modelo e criar animações. Selecione a ferramenta do menu **Civil View → Civil View → Object Placement Style Editor**.
12. Na caixa de diálogo **Object Placement Style (OPS) Editor**, clique no botão **Open Style** para abrir o arquivo **3-MODELO-CIVIL.ops** ao clicar em **Import File**. Este arquivo é um exemplo de configuração de posicionamento de objetos e está disponível no site da Editora Érica.
13. Clique no botão **Parent Shape** e selecione o eixo do modelo do corredor presente na área de desenho. Clique no botão **Parent Surface** e clique na pista do modelo na área de desenho.
14. Verifique a configuração com a disposição de veículos e árvores distribuídas no modelo, observe os quadros de afastamento, velocidade e quantidade. Clique no botão **Apply** e em aguarde o término do posicionamento dos objetos no modelo.
15. Clique no botão **Play Animation** localizando na parte inferior da interface para verificar a movimentação dos veículos no modelo.

3.10 Ribbon Survey

A ribbon **Survey,** por meio de seus painéis, possui os recursos para a manipulação dos dados e dos objetos do levantamento de campo importados para o banco de dados local,por intermédio das funcionalidades de **Survey** do Autodesk AutoCAD Civil 3D.

O painel **Labels & Tables** da ribbon **Survey** permite a inserção de rótulos nos objetos e a criação de tabelas dos objetos topográficos presentes no desenho. As ferramentas do painel **General Tools** da ribbon **Survey** disponibiliza as ferramentas auxiliares para a visualização e a configuração dos objetos do levantamento de campo presentes no desenho (Figura 3.24).

O painel **Analyse** da ribbon **Survey** auxilia na elaboração de análises no desenho por meio de suas ferramentas (Figura 3.25).

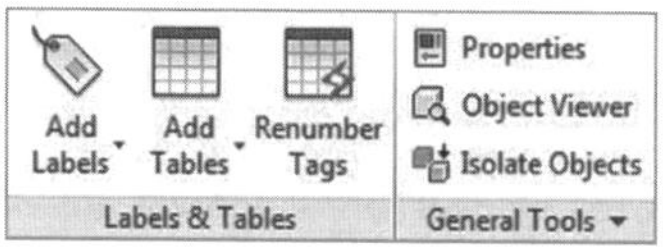

Figura 3.24 Painéis Labels & Tables e General Tools da ribbon Survey.

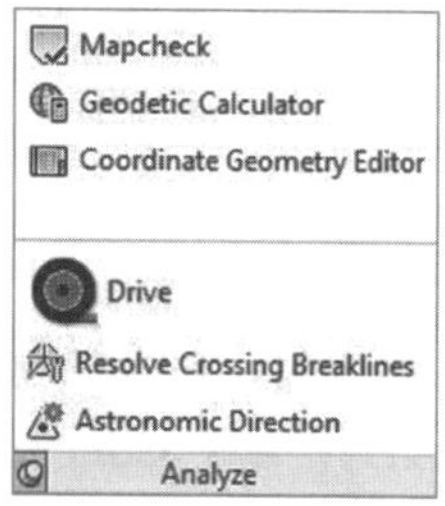

Figura 3.25 Ferramentas do painel Analyze da ribbon Survey.

O painel **Modify,** da ribbon **Survey,** apresenta as ferramentas para a configuração e a manipulação dos objetos de levantamento de campo importados no desenho (Figura 3.26).

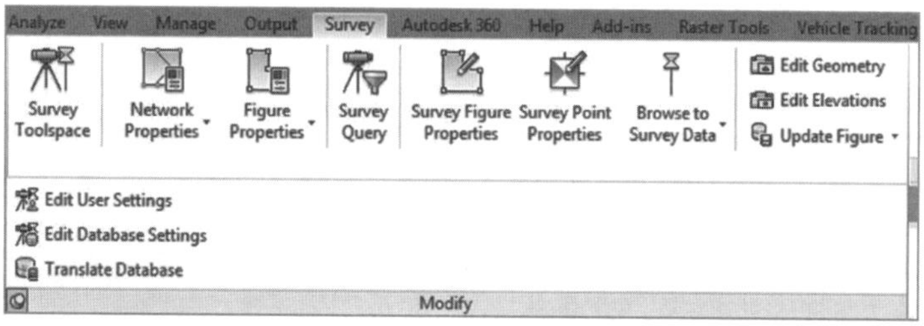

Figura 3.26 Ferramentas para topografia do painel Modify da aba Survey da ribbon.

Survey Toolspace: habilita a aba **Survey** na **Toolspace** do Autodesk AutoCAD Civil 3D.

Network Properties: acessa a caixa de propriedades ou de estilos de objetos topográficos (*networks)* presentes no desenho.

Figure Properties: acessa a caixa de propriedades ou de estilos de figuras topográficas (*survey figures)* que representam as geometrias de construções existentes do levantamento de campo; permite a edição do nome ou substituição do estilo da geometria selecionada.

Survey Query: habilita a ribbon contextual **Survey Query,** utilizada na elaboração de pesquisas nos elementos do levantamento de campo presentes no desenho.

Survey Figure Properties: permite a edição das propriedades de uma figura topográfica (*figure*) selecionada no desenho.

Survey Point Properties: ferramenta para o acesso e a edição nas propriedades de objeto ponto do levantamento (*point*) selecionado no desenho.

Browse to Survey Data: ferramenta para auxiliar na localização de pontos de estações (*points*), figuras topográficas (*survey figures*) e objetos topográficos (*networks*) presentes no desenho.

Edit Geometry: habilita o painel **Edit Geometry** na ribbon **Survey,** exibindo as ferramentas para a edição nas geometrias dos objetos do levantamento existentes no desenho.

Edit Elevations: ativa o painel **Edit Elevations** na ribbon **Survey,** apresentando as ferramentas para a edição nas cotas dos objetos do levantamento presentes no desenho.

Update Figure: ferramenta para a atualização entre dados presentes no desenho com o banco de dados local.

Edit User Settings: abre a caixa de diálogo **Survey User Settings** para a configuração de preferências dos recursos de *survey*.

Edit Database Settings: conjunto de configurações para o banco de dados local de *survey* como unidades, precisão e métodos de análises.

Translate Database: assistente para efetuar eventuais alterações na referência da base de dados do levantamento topográfico.

O painel **Launch Pad** da ribbon **Survey** permite a criação de perfis temporários por meio da ferramenta **Quick Profile** e da criação de superfícies com a ferramenta **Create Surface**, além de recursos de terraplenagem pela barra de ferramentas **Grading Creation Tools.**

Agora, estude o exemplo a seguir:

1. Inicie o Autodesk AutoCAD Civil 3D.
2. Acesse a ferramenta da ribbon **Survey** → **Modify** → **Edit User Settings**.
3. Na caixa **Survey User Settings**, verifique as configurações de locação do banco de dados local, de equipamentos topográficos, figuras topográficas, entre outras configurações.
4. Clique no botão **OK**.

3.11 Ribbon Autodesk 360

Autodesk 360 é o recurso que permite que os usuários cadastrados no sistema de armazenamento em nuvem (*cloud*) da Autodesk utilizem as ferramentas para conectar, sincronizar, gerenciar e compartilhar os documentos presentes no serviço de nuvem. Acesse o site <https://360.autodesk.com/landing> para cadastro e acesso ao serviço de armazenamento da Autodesk (Figura 3.27).

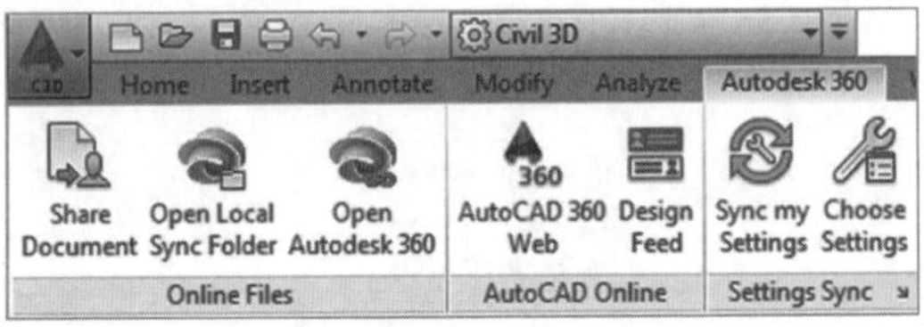

Figura 3.27 Painéis da ribbon Autodesk 360 para acesso aosserviços de nuvem da Autodesk.

O painel **Access** da ribbon **Autodesk 360** possui as ferramentas para o acesso e o gerenciamento dos documentos presentes no serviço de nuvem da Autodesk.

Manage Documents: acessa o gerenciador de documentos.

Launch Website: acessa o site **Autodesk 360**.

Online Options: ferramenta para configurar as opções do serviço de armazenamento on-line.

No painel **Customization Sync** da ribbon **Autodesk 360** estão dispostos os recursos de configurações de sincronização dos documentos presentes no serviço de armazenamento.

Syncmy Settings: acessa as configurações de sincronização dos documentos.

Choose Settings: define as configurações de sincronização de documentos.

O painel **Share & Collaborate** da ribbon **Autodesk 360** disponibiliza as ferramentas de compartilhamento de documentos presentes no serviço de armazenamento.

Share Document: ferramenta para o compartilhamento do documento entre usuários.

Collaborate Now: ferramenta para acesso simultâneo de vários usuários ao documento desejado.

Design Feed: janela acessada para a colaboração de informações entre os usuários.

Agora, estude o exemplo a seguir:

1. Inicie o Autodesk AutoCAD Civil 3D.
2. Selecione a ferramenta da ribbon **Autodesk 360** → **Access** → **Launch Website**.
3. No site **Autodesk 360**, crie uma conta ou acesse uma conta já cadastrada para ingressar no serviço de armazenamento da Autodesk.

3.12 Ribbon Help

A ribbon **Help** exibe os painéis com as ferramentas e os recursos para auxiliar os usuários no desenvolvimento de projetos utilizando o Autodesk AutoCAD Civil 3D, como vídeos, tutoriais e acesso às páginas de comunidades de usuários, desenvolvedores e grupos de discussão (Figura 3.28).

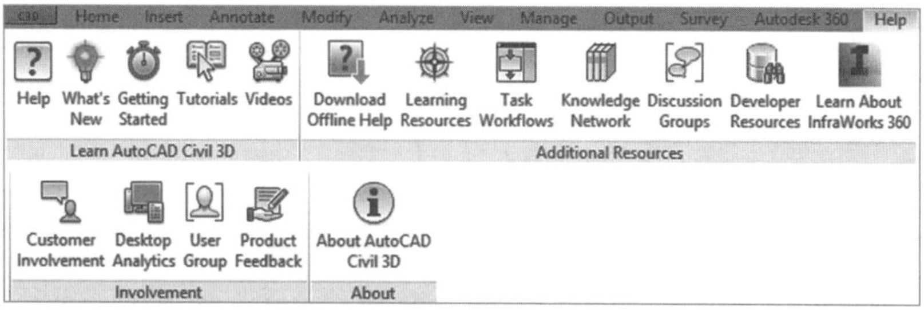

Figura 3.28 Ribbon Help e seus painéis com ferramentas para auxílio aos usuários.

Agora, estude o exemplo a seguir:

1. Inicie o Autodesk AutoCAD Civil 3D.
2. Acesse a ferramenta da ribbon **Help → Learn AutoCAD Civil 3D → Help**.
3. Navegue na aba **Contents** para familiarizar-se com a interface da caixa **Help.**
4. Selecione o recurso da ribbon **Help → Additional Resources → Learning Resources**.
5. Na caixa **AutoCAD Civil 3D 2016 – Help**, acesse os recursos de aprendizagem em vídeos e tutoriais.

3.13 Ribbon Geotechnical Module

A ribbon **Geotechnical Module** fornece diversos recursos para a importação de dados de furos de sondagens para o desenho. Suas ferramentas permitem o posicionamento dos furos (*locations*) na planta e a criação do perfil longitudinal, além do gerenciamento das informações para a criação das camadas geológicas (Figura 3.29).

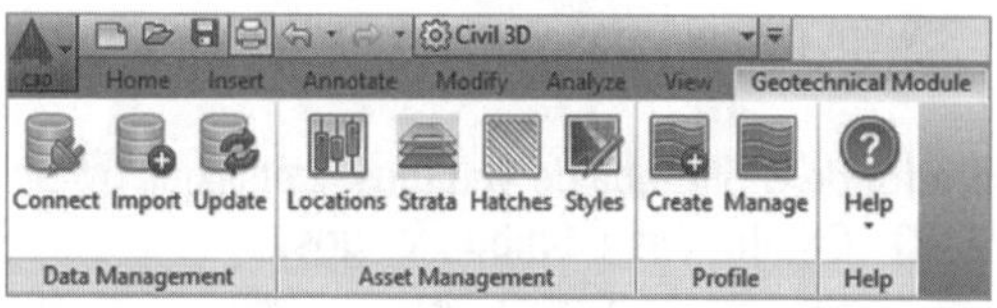

Figura 3.29 Ferramentas para a manipulação dos dados dos furos de sondagens.

O painel **Data Management** auxilia no processo de importação dos dados dos furos de sondagens (*bore holes*). O recurso **Asset Management** gerencia as camadas geológicas importadas. O painel **Profile** habilita o assistente para a criação do perfil longitudinal, apresentando as camadas importadas.

Informações adicionais sobre os recursos da ribbon **Geotechnical Module** poderão ser encontradas na documentação do aplicativo por meio do botão **Help**.

Agora, estude o exemplo a seguir:

1. Inicie o Autodesk AutoCAD Civil 3D.
2. Acesse a ferramenta da ribbon **Geotechnical Module → Help → Help**.
3. Navegue no conteúdo do Autodesk Geotechnical Module.

3.14 Ribbon River

A ribbon **River** oferece diversas ferramentas baseadas no mo método do HEC-RAS para a elaboração de análises hidrográficas, como cálculo do nível de água (NA) do rio, definição de seções transversais ao longo do rio e apresentação do perfil longitudinal do fundo de vale (Figura 3.30).

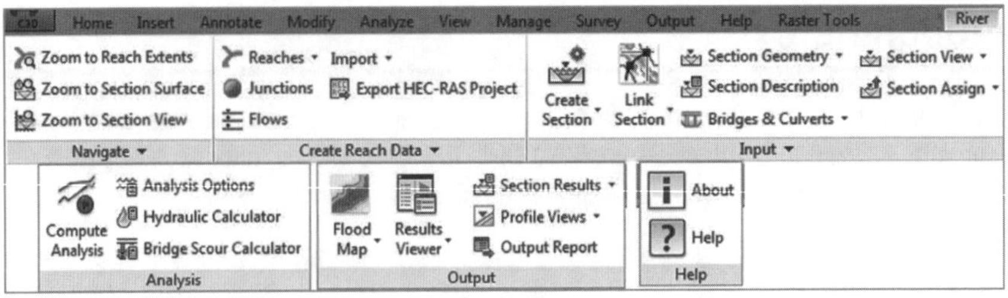

Figura 3.30 Ferramentas para a elaboração de análises hidrográficas.

3.15 Ribbon Vehicle Tracking

A ribbon **Vehicle Tracking** disponibiliza um conjunto de ferramentas utilizadas para a elaboração de estudos de giros de veículos e dispõe de uma vasta biblioteca de carros de passeios, caminhões, aeronaves e composições ferroviárias, além de permitir animações em 3D. O aplicativo **Vehicle Tracking** auxilia no desenvolvimento de projetos de estacionamentos e de rotatórias (Figura 3.31).

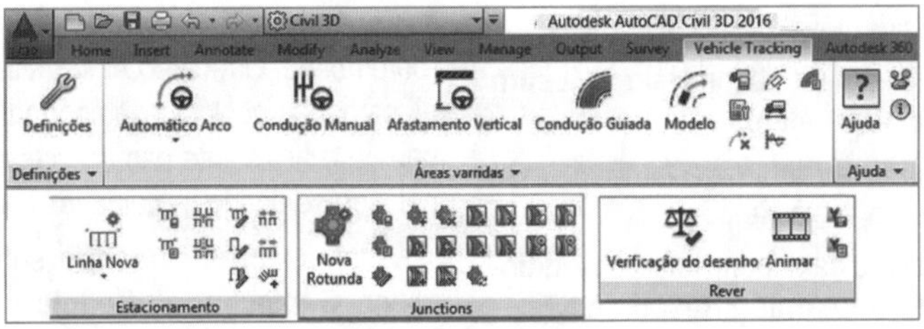

Figura 3.31 Ferramentas para a elaboração de análises de giro de veículos.

Definições/Settings: painel com ferramentas para efetuar as configurações de unidades do sistema e do desenho.

Áreas varridas/Swept paths: painel que exibe as ferramentas para a elaboração de estudos e análises de giro de veículos.

Estacionamento/Parking: painel que disponibiliza as ferramentas utilizadas para o desenvolvimento de projetos de estacionamentos.

Junctions: painel de ferramentas que auxiliam na elaboração de projetos de rotatórias com ou sem sinalização.

Rever/Review: painel com ferramentas para verificação do desenho e auxiliar na elaboração de animações 3D.

Agora, estude o exemplo a seguir:

1. Inicie o Autodesk AutoCAD Civil 3D.
2. Acesse a ferramenta da ribbon **Vehicle Tracking** → **Swept paths/Áreas varridas** → **Vehicle Library Explorer/Explorador de Veículos**.
3. Na caixa de diálogo **Vehicle Library Explorer/Explorador de Biblioteca de Veículos**, identifique o item **Brazilian Design Vehicles** → **DNIT IPR-740 2010** → **O - Caminhões e ônibus longos**.
4. Verifique as dimensões do veículo selecionado na caixa de diálogo **Vehicle Diagram/Diagrama do Veículo** (Figura 3.32).

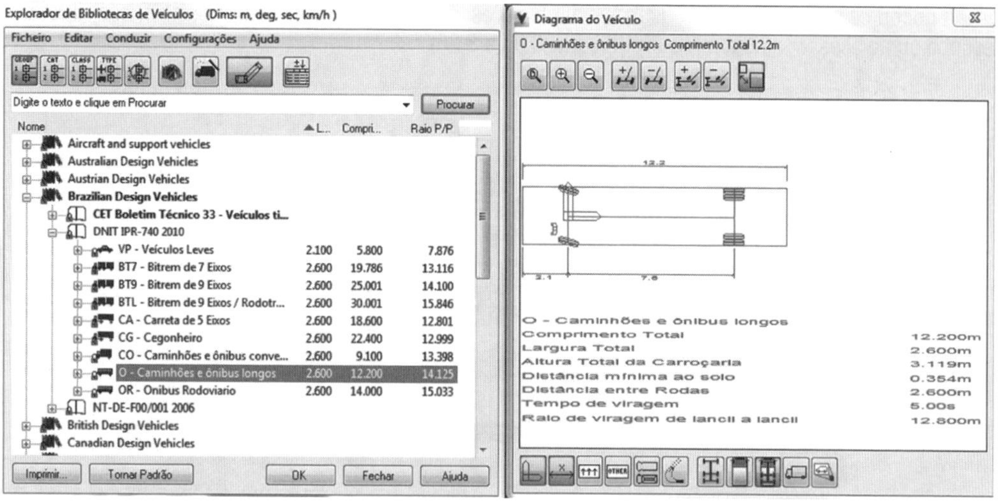

Figura 3.32 Caixa de diálogo do Explorador de Biblioteca de Veículos.

3.16 Ribbon Geolocation

A ribbon **Geolocation** exibe as ferramentas para o posicionamento geográfico do desenho com o objetivo de sobreposição de imagem do bing. Pode-se escolher entre imagens rodoviárias ou de satélite, além da ferramenta **Capture Area** utilizada para a captura definitiva da imagem sobre o desenho (Figura 3.33).

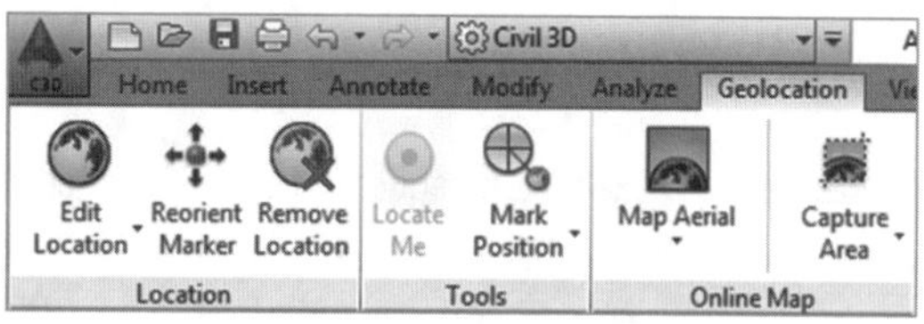

Figura 3.33 Ribbon Geolocation utilizada para o posicionamento de imagens no desenho.

3.17 Ribbon contextual

A ribbon contextual é uma palheta que contém as ferramentas e os recursos de edição e acesso às propriedades de um objeto selecionado na área de desenho. Para cada objeto selecionado na área de desenho, uma ribbon personalizada exibirá as ferramentas para a manipulação do objeto desejado. O uso efetivo da ribbon contextual fornecerá maior produtividade durante o desenvolvimento de projetos no Autodesk AutoCAD Civil 3D (Figura 3.34).

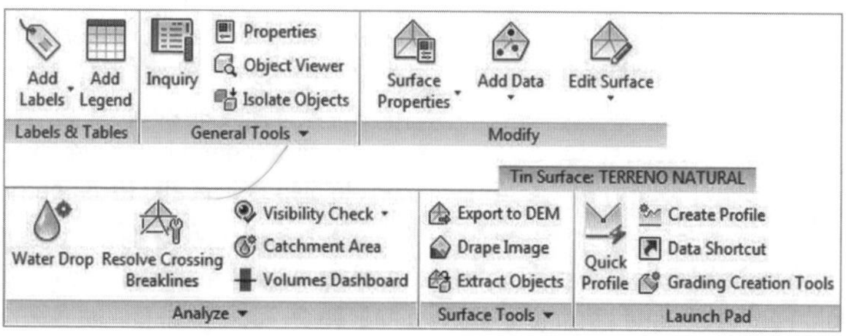

Figura 3.34 Ribbon contextual de superfície.

A ribbon contextual é ativada quando um objeto específico de Civil 3D estiver selecionado na área de desenho ou ao acessar a ribbon **Modify** (Figuras 3.35 e 3.36).

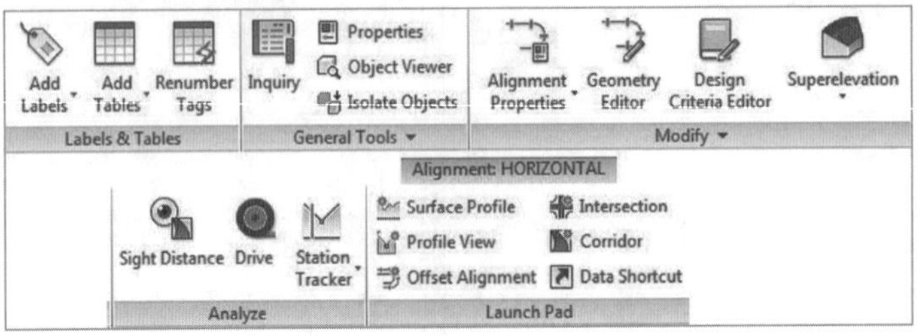

Figura 3.35 Ribbon contextual de alinhamento horizontal.

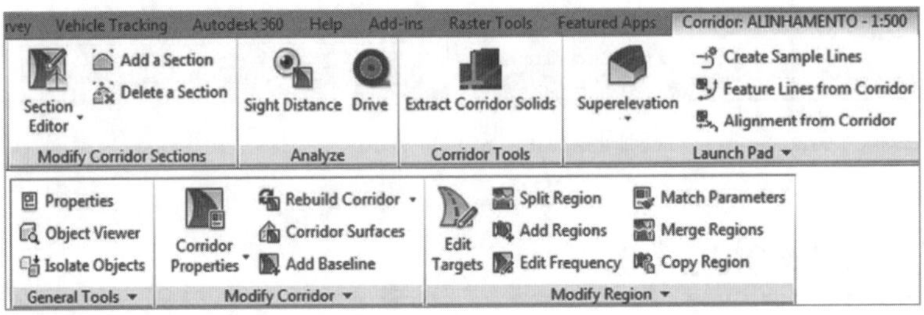

Figura 3.36 Ribbon contextual de corredor.

Agora, estude o exemplo a seguir:

1. Inicie o Autodesk AutoCAD Civil 3D.
2. Abra o arquivo **3-MODELO-CIVIL.DWG**, disponível no site da Editora Érica.
3. Selecione a superfície da topografia na área de desenho.
4. Verifique a exibição da ribbon contextual **Tin Surface: Terreno Natural**. Pressione a tecla **Esc**.
5. Selecione um dos gráficos do perfil longitudinal presentes na área de desenho.
6. Navegue na ribbon contextual **Profile View** e verifique a disposição das ferramentas. Pressione **Esc**.
7. Selecioneoutros objetos na área de desenho para navegar nas diversas ribbons.

3.18 Toolspace

Toolspace é uma paleta do Autodesk AutoCAD Civil 3D subdividida em abas, que permite gerenciar as informações e controlar as configurações dos objetos presentes no arquivo do projeto. Por meio do painel **Palettes,** da ribbon **Home,** é possível ligar a **Toolspace** e habilitar suas abas **Prospector**, **Settings**, **Survey** e **Toolbox**.

3.18.1 Prospector

A aba **Prospector** da **Toolspace** exibe os objetos criados no desenho do projeto. Por intermédio de sua estrutura, é possível gerenciar os elementos que compõem o modelo do projeto, como superfícies, alinhamentos, pontos, entre outros. É possível acessar a caixa de propriedades e a configuração do estilo, e aplicar **Zoom** para cada objeto desejado, ao clicar com o botão direito do mouse sobre o objeto disposto na aba **Prospector** (Figura 3.37).

Na parte superior da aba **Prospector,** é possível alternar entre os modos de exibição dos itens na estruturação da **Toolspace** (Figura 3.38).

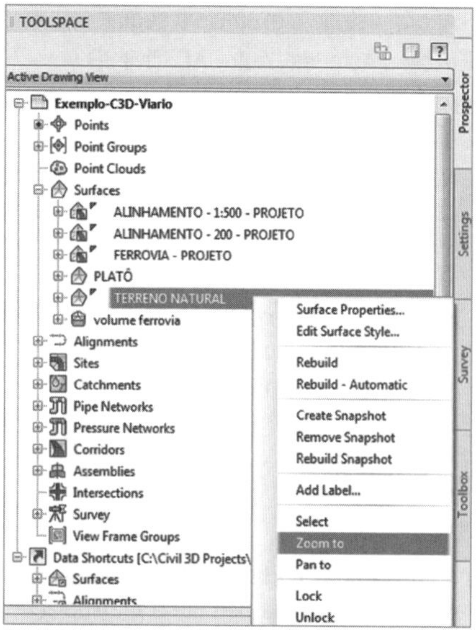

Figura 3.37 Acesso aos objetos do projeto por meio da aba Prospector.

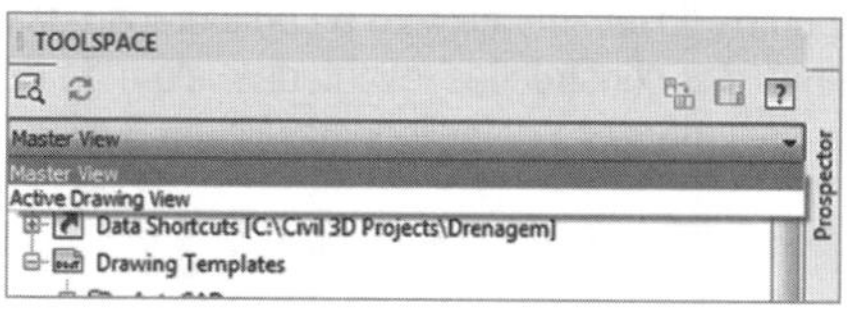

Figura 3.38 Seleção de métodos de exibição das informações na aba Prospector.

Master View: modo que exibe os itens dos desenhos abertos eos recursos de **Data Shortcuts**, além dos arquivos de templates disponíveis no sistema. O nome do arquivo de desenho corrente fica em destaque. É possível criar novos desenhos selecionando um dos modelos de templates por meio desse modo de exibição (Figura 3.39).

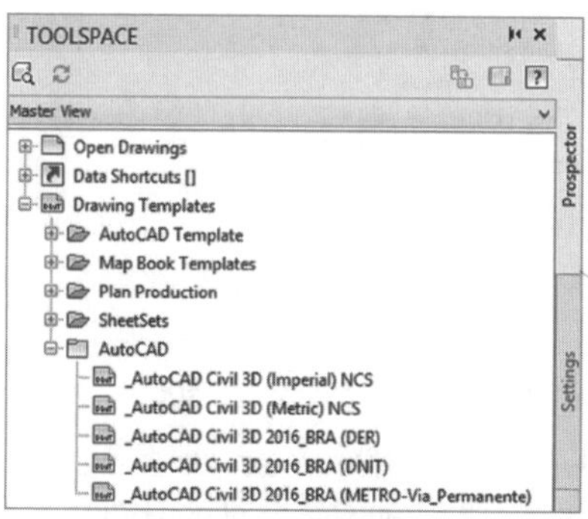

Figura 3.39 Templates acessados pela aba Prospector.

Nesse modo de exibição, é possível acessar os documentos de projeto quando instalado o Autodesk Vault Collaboration, utilizado para o gerenciamento dos documentos dos projetos.

Active Drawing View: esse modo exibe apenas os itens do desenho corrente no sistema e os recursos de **Data Shortcuts** para compartilhamento de objetos dos desenhos entre as equipes envolvidas nos projetos (Figura 3.40).

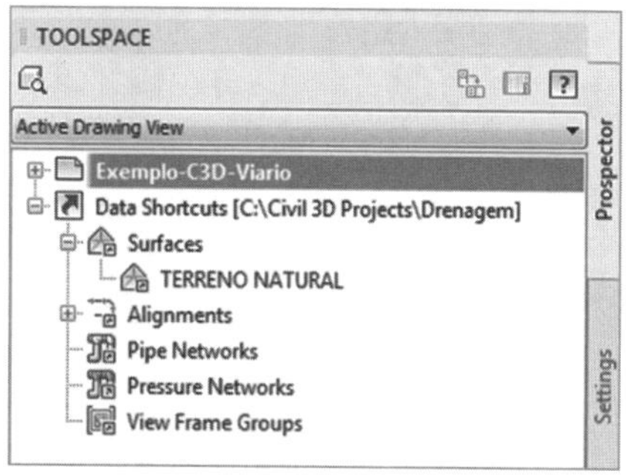

Figura 3.40 Ferramentas de colaboração dos objetos.

Agora, estude o exemplo a seguir:

1. Inicie o Autodesk AutoCAD Civil 3D.
2. Abra o arquivo **3-MODELO-CIVIL.DWG**, disponível no site da Editora Érica.
3. Na aba **Prospector** da **Toolspace,** expanda a categoria **Surfaces** para acessar as superfícies presentes no desenho.
4. Na aba **Prospector** da **Toolspace,** expanda a categoria **Corridors** e identifique o modelo de corredor existente no desenho.

3.18.2 Settings

A aba **Settings** da **Toolspace** acessa as configurações que controlam o comportamento dos recursos do Autodesk AutoCAD Civil 3D, além das configurações de representação dos objetos presentes no desenho por intermédio de seus estilos (Figura 3.41).

A composição da estrutura da aba **Settings** é baseada nos tipos de objetos, o que permite controlar as representações e os comandos para cada tipo de objeto presente no arquivo de desenho. As categorias são organizadas por tipo de objeto; é possível controlar a representação de objetos (*object styles*), rótulos (*label styles*), tabelas (*table styles*), comandos, entre outros recursos, dependendo do tipo de objeto.

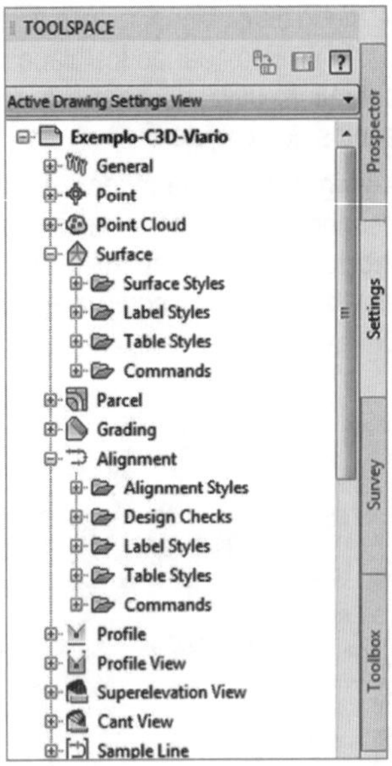

Figura 3.41 Aba Settings da Toolspace.

Por meio das configurações presentes na aba **Settings**, pode-se configurar a representação de todos os objetos presentes no projeto. Dessa forma, é possível atender aos padrões de desenho de clientes e companhias. É altamente recomendada a criação de arquivos de templates com essas configurações previamente estabelecidas, para automatizar a utilização dos recursos do AutoCAD Civil 3D.

Para o desenvolvimento de projetos viários baseados nos padrões de desenho do DER-SP, pode-se utilizar o arquivo de template disponibilizado pela instalação do pacote **Brazil Content**.

A categoria **Commands** permite configurar o comportamento dos estilos de objetos, rótulos e tabelas por comando disponível na criação e na manipulação dos objetos do desenho (Figura 3.42).

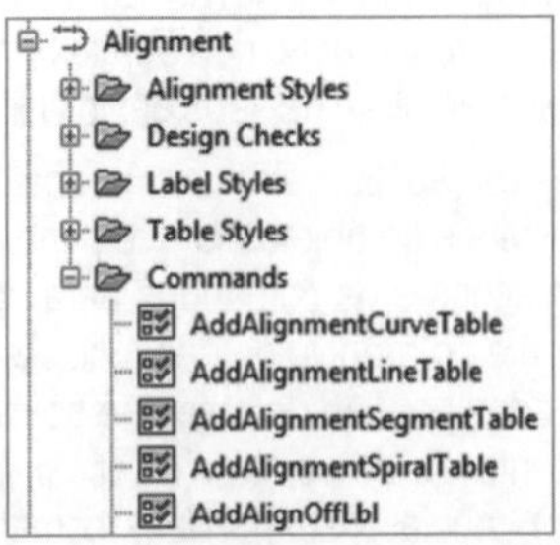

Figura 3.42 Configurações dos comandos para tabelas.

Agora, estude o exemplo a seguir:

1. Inicie o Autodesk AutoCAD Civil 3D.
2. Abra o arquivo **3-MODELO-CIVIL.DWG**, disponível no site da Editora Érica.
3. Na aba **Settings** da **Toolspace** expanda a categoria **Surfaces** → **Surfaces Styles** para acessar os estilos de representação de modelos de superfícies presentes no desenho.
4. Expanda a categoria **Surfaces** → **Label Styles** → **Contour** para identificar os estilos dos rótulos de curvas de nível.

3.18.3 Survey

A aba **Survey** da **Toolspace** auxilia na manipulação dos dados do levantamento de campo. Por sua estrutura, essa aba permite a manipulação das informações do levantamento por meio da criação de um banco de dados local.

Os recursos de **Survey** permitem a manipulação dos pontos do levantamento e a configuração das geometrias das construções levantadas, além da definição e da verificação de poligonais (Figura 3.43).

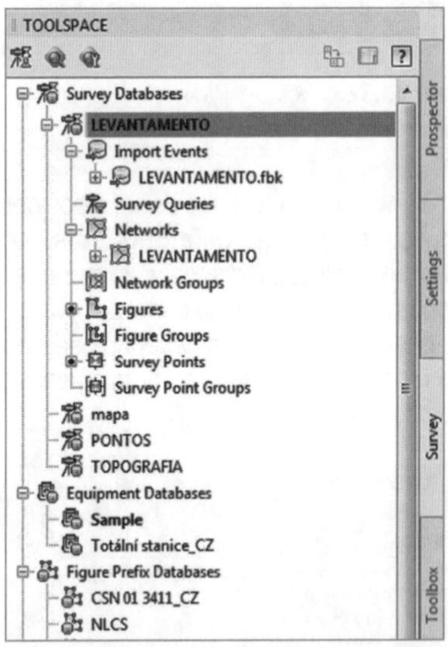

Figura 3.43 Ferramentas de topografia disponíveis na aba Survey.

Agora, estude o exemplo a seguir:

1. Inicie o Autodesk AutoCAD Civil 3D.
2. Habilite a ferramenta da ribbon **Home** → **Palettes** → **Survey**.

3. Acesse a aba **Survey** da **Toolspace** e expanda a categoria **Equipment Databases**.
4. Clique com o botão direito do mouse sobre a configuração **Sample** e selecione a opção **Manage Equipment Database**.
5. Na caixa **Equipment Database Manage - Sample**, verifique as opções para a configuração de equipamentos de levantamento de campo.
6. Clique no botão **OK**.

3.18.4 Toolbox

A aba **Toolbox** exibe os modelos de relatórios de saída disponíveis no Autodesk AutoCAD Civil 3D. Esses relatórios apresentam os dados dos objetos presentes no projeto, permitindo a escolha dos tipos de formatos de arquivos de saída. Além dos relatórios, a aba **Toolbox** também poderá exibir as ferramentas adicionais oferecidas para os assinantes de *Subscription* da Autodesk (Figura 3.44).

Agora, estude o exemplo a seguir:

1. Inicie o Autodesk AutoCAD Civil 3D.
2. Abra o arquivo **3-MODELO-CIVIL.DWG**, disponível no site da Editora Érica.
3. Na aba **Toolbox** da **Toolspace** expanda a categoria **Relatórios** → **Nota de Serviço** para acessar os modelos de relatórios.
4. Clique com o botão direito do mouse sobre **Seções Transversais** e selecione a opção **Execute**.
5. Na caixa de diálogo, selecione o alinhamento, o corredor e o link desejado; clique no botão **+** para adicionar as informações na lista.
6. Determine o nome e o local para o relatório e clique no botão **Criar Relatório** (Figura 3.45).

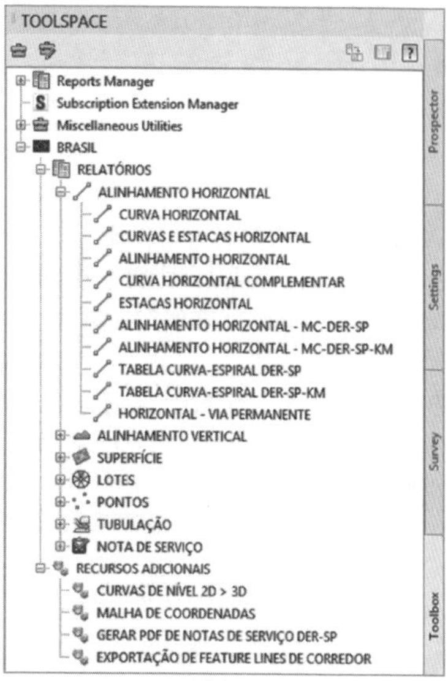

Figura 3.44 Relatórios da aba Toolbox.

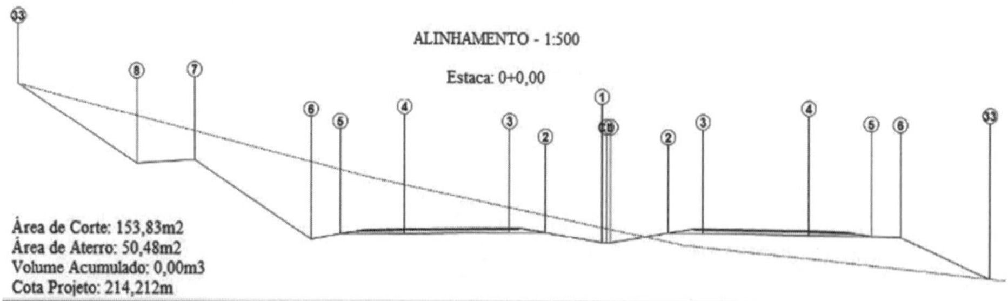

PLATAFORMA ACABADA LADO ESQUERDO	PTO	1	2	3	4	5	6	7	8	33
	DIST	0,300	4,200	6,600	13,800	18,157	20,157	28,157	32,157	40,242
	COTA	212,787m	213,762m	213,762m	213,618m	213,531m	213,031m	221,031m	220,631m	228,716m

PLATAFORMA ACABADA LADO DIREITO	PTO	1	2	3	4	5	6	33
	DIST	0,300m	4,200m	6,600m	13,800m	18,157m	20,157m	26,333m
	COTA	212,787m	213,762m	213,762m	213,618m	213,531m	213,431m	209,313m

Figura 3.45 Modelo de relatório de seções transversais.

Configurações e Estilos

A visualização dos objetos criados no Autodesk AutoCAD Civil 3D é controlada por estilos que deverão ser previamente configurados preferencialmente em um arquivo de extensão *DWT*, para a utilização por meio dos recursos de templates, conceito procedente do AutoCAD.

Para aproveitar de forma produtiva o potencial das ferramentas fornecidas pelo Autodesk AutoCAD Civil 3D, é primordial a elaboração prévia do arquivo de modelo template, que deverá conter todas as configurações de unidades, precisão e criação dos estilos visualização dos objetos (*objects*), rótulos (*labels*) e tabelas (*tables*) do Autodesk AutoCAD Civil 3D, além das configurações pertinentes ao AutoCAD, como *layers*, estilos de textos e dimensões (Figura 4.1).

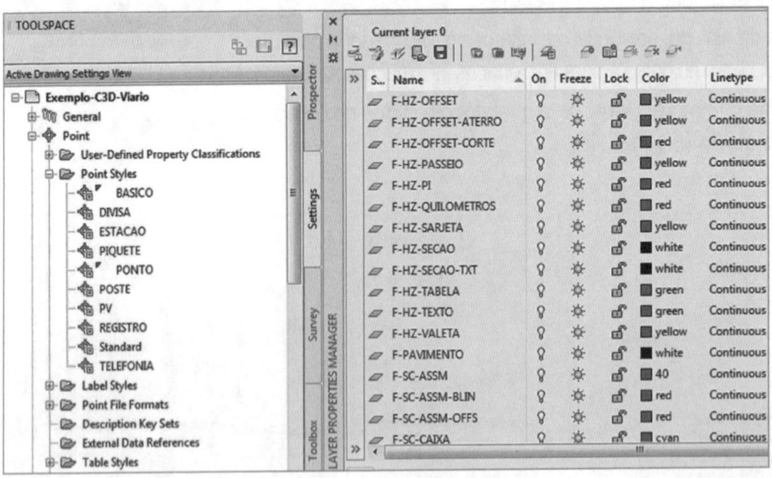

Figura 4.1 Estilos exibidos na aba Settings.

Depois de estabelecidas as configurações nos arquivos de templates, esses modelos poderão ser utilizados sempre que um novo projeto for iniciado. Dessa forma, além da diminuição no consumo de tempo gasto nas configurações iniciais para cada projeto, a utilização do recurso de templates auxilia no processo de padronização dos arquivos de desenhos entre os usuários envolvidos nos projetos.

4.1 Caixa de diálogo Drawing Settings

As abas da caixa de diálogo **Drawing Settings** permitem efetuar diversas configurações de unidades e escalas, transformação de sistemas de coordenadas, *layers* para os objetos, abreviações para os pontos notáveis das geometrias, precisão, entre outras configurações.

Os parâmetros presentes nas abas da caixa de diálogo **Drawing Settings** são fundamentais para beneficiar o uso do Autodesk AutoCAD Civil 3D e poderão estar previamente definidos nos arquivos de templates para reutilização em projetos futuros (Figura 4.2).

A aba **Units and Zones** auxilia na escolha da escala para exibiros rótulos e as tabelas presentes no desenho, determinar as unidades e o método para uma eventual conversão de unidades, e especificar o sistema de coordenadas que será utilizado no desenho. Na lista de sistema de coordenadas, está disponível o sistema-padrão com o *Datum SIRGAS 2000.*

A aba **Transformation** permite configurar a transformação de sistemas de coordenadas do desenho. Em **ObjectLayers,** é possível determinar os *layers* para os objetos do projeto. As abreviaturas para os pontos notáveis do projeto geométrico podem ser configuradas por meio da aba **Abbreviations,** além de ser possível controlar as unidades e as precisões do projeto por intermédio das opções da aba **Ambient Settings**.

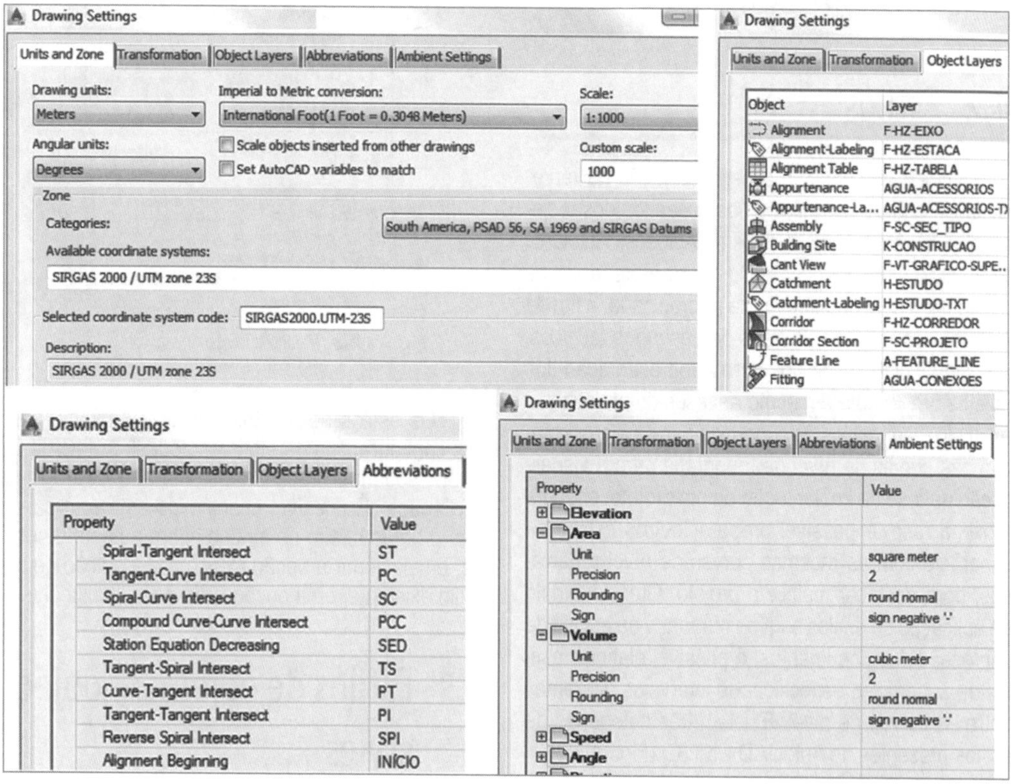

Figura 4.2 Abas da caixa de diálogo Drawing Settings utilizadasnas configurações iniciais.

Agora, estude o exemplo a seguir:

1. Inicie o Autodesk AutoCAD Civil 3D.
2. Abra o arquivo **3-MODELO-CIVIL.DWG**, disponível no site da Editora Érica.
3. Na aba **Settings** da **Toolspace**, clique com o botão direito do mouse sobre o nome **3-MODELO-CIVIL** e selecione a opção **EditDrawing Settings**.
4. Na aba **Units and Zones** da caixa **Drawing Settings,** selecione a categoria **South America, PSDA 56, SA 1969 and SIRGAS Datums** na lista **Categories**.
5. No quadro **Available Coordinate Systems,** selecione o sistema **SIRGAS 2000/UTM, Zone 23S**, da lista de sistemas de coordenadas disponíveis.
6. Clique no botão **OK** para concluir a configuração do sistema de coordenadas.

4.2 Estilos

Os estilos permitem a personalização da representação gráfica dos objetos nos desenhos dos projetos de infraestrutura elaborados no Autodesk AutoCAD Civil 3D. É possível criar estilos para representar os objetos nos desenhos de forma padronizada, a fim de atender aos diversos padrões de desenhos técnicos. É possível elaborar estilos para a representação dos objetos prevendo até mesmo as fases do projeto; por exemplo, criar estilos de superfície para a representação das curvas de nível da topografia para a visualização na fase de implantação de um projeto; em uma próxima fase, é possível preparar outros estilos de superfície com as mesmas curvas de nível rebaixadas, para destacar melhor o projeto. Outro exemplo de aplicação de estilos está na mudança da escala de impressão dos documentos; é possível elaborar estilos de superfícies especificando intervalos diferentes entre as curvas de nível. Existem três categorias de estilos presentes no AutoCAD Civil 3D (Figura 4.3):

Estilos de objetos *(object styles)*: configuração para a representação gráfica dos objetos do AutoCAD Civil 3D, como superfícies e alinhamentos.

Estilo de rótulos *(label styles)*: configuração da representação dos rótulos dinâmicos para os objetos do AutoCAD Civil 3D. Essa configuração controla quais informações serão exibidas no desenho, respeitando o tipo de objeto, como os valores para estacas e coordenadas.

Estilos de tabelas *(table styles)*: configurações para controlar a representação de tabelas do AutoCAD Civil 3D. Essa configuração permite selecionar quais informações serão exibidas nas células das colunas nas tabelas, como os números dos pontos e as cotas.

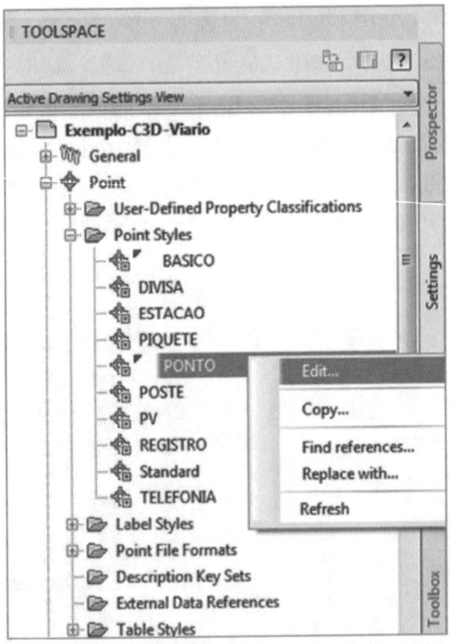

Figura 4.3 Manipulação de estilos de pontos.

Os estilos de objetos, rótulos e tabelas, além das configurações gerais do Autodesk AutoCAD Civil 3D, podem ser acessados pela aba **Settings** da **Toolspace**. É possível criar novos estilos, clicando com o botão direito do mouse sobre a pasta de estilos, e selecionar a opção **New**, para a edição de um estilo existente, ou a opção **Edit**, para modificá-lo.

4.3 Estilos de objetos – object styles

A representação dos objetos elaborados no Autodesk AutoCAD Civil 3D é controlada pela configuração de seus estilos; por exemplo, controlar a exibição de pontos para a representação de postes, caixas e árvores, assim como é possível controlar a representação dos intervalos das curvas de nível de modelos de superfícies (Figura 4.4).

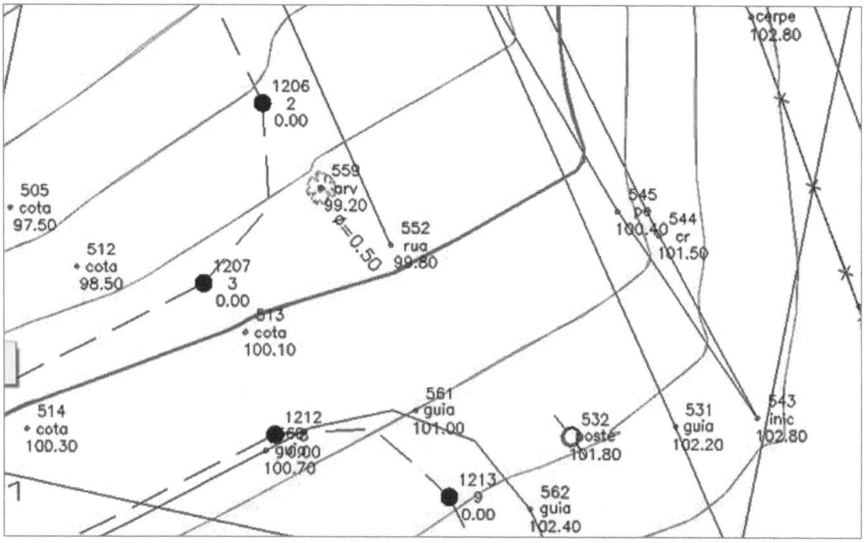

Figura 4.4 Estilos para a representação de pontos e curvas de nível da superfície.

As caixas de diálogo de estilos de objeto, **Point Style, Surface Style, Profile Style,** entre outras, possuem diversas abas exibidas de acordo com o tipo de objeto. As abas **Information**, **Display** e **Summary** são comuns e exibidas em todas as caixas de estilos de objetos.

A aba **Information** da caixa de diálogo **Point Style** permite determinar o nome e a descrição para o estilo, além de exibir o nome do usuário que criou e alterou o estilo, bem como suas respectivas datas (Figura 4.5).

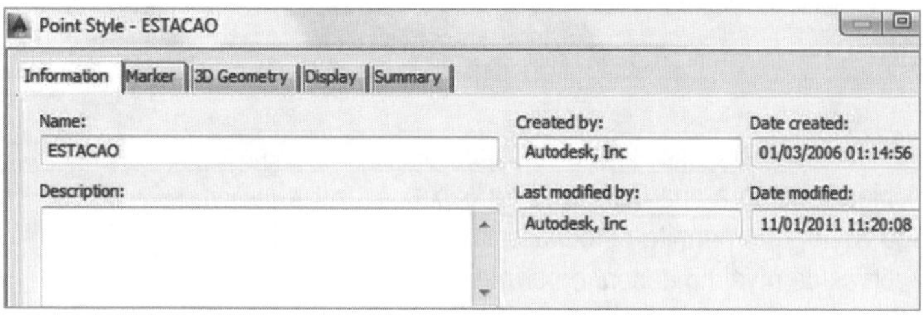

Figura 4.5 Caixa de diálogo Point Style.

A aba **Display** da caixa de diálogo **Surface Style** permite escolher os componentes desejados dos objetos para a visualização no desenho. O campo **View Direction** possibilita a configuração de representações diferentes para os objetos, dependendo da vista selecionada na área de desenho; por exemplo, configurar um estilo de superfície para visualizar as curvas de nível na planta e apresentar os seus triângulos quando a mesma superfície for visualizada em vistas tridimensionais (Figura 4.6).

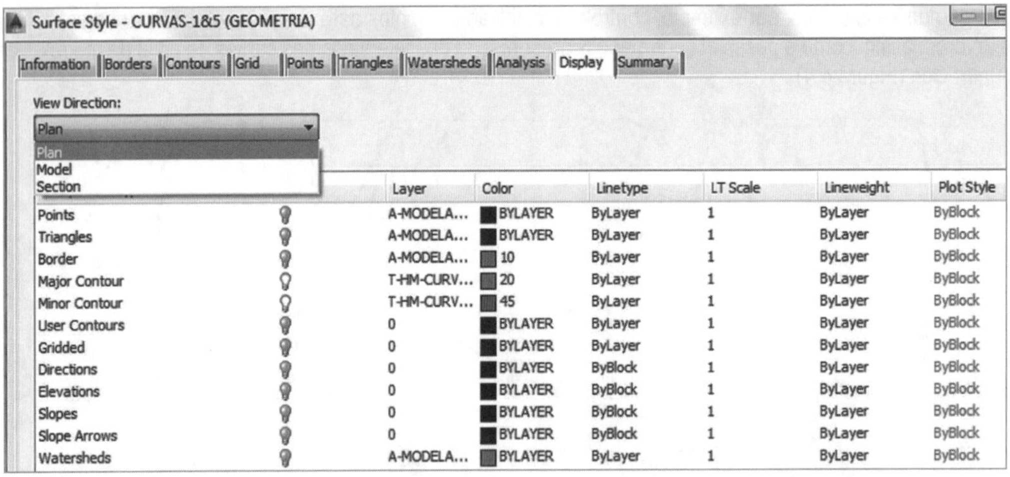

Figura 4.6 Aba Display da caixa de diálogo Surface Style.

A aba **Summary** lista o resumo das configurações estabelecidas na caixa de diálogo **Surface Style**, além de possibilitar a alteração dessas configurações (Figura 4.7).

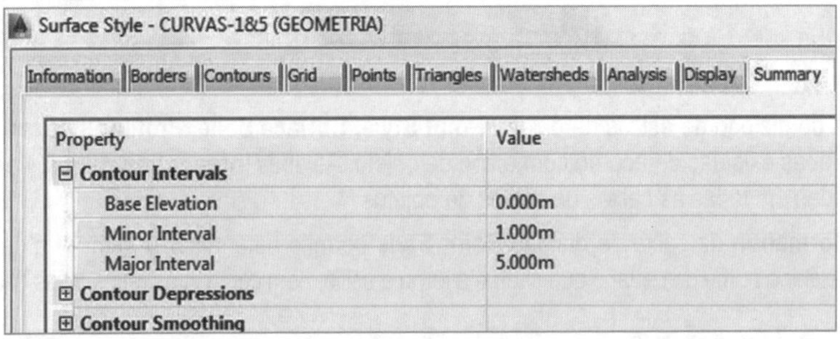

Figura 4.7 Aba Summary da caixa de diálogo Surface Style.

Algumas das abas são específicas para configurar a visualização dos objetos, como a aba **Contours** da caixa de diálogo **Surface Style,** que permite personalizar a representação das curvas de nível no desenho por meio do quadro **Property** (Figura 4.8).

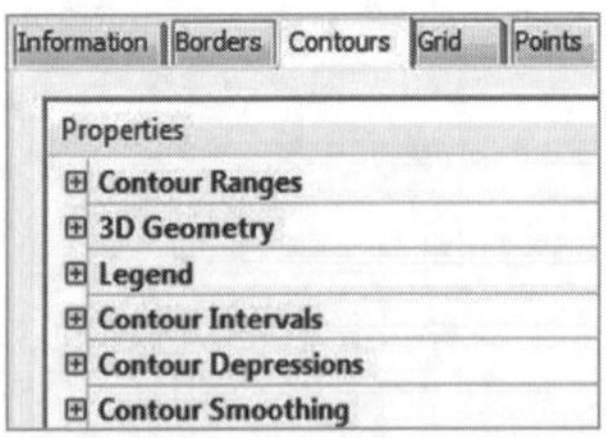

Figura 4.8 Aba Contours da caixa Surface Style.

Contour Ranges: propriedade que auxilia na definição do esquema de distribuição das curvas de nível na visualização do modelo da superfície no desenho.

3D Geometry: propriedade que configura o comportamento das elevações do modelo da superfície no desenho. A opção **Use Surface Elevation** posiciona o modelo da superfície em sua respectiva elevação. **Flatten Elevation** posiciona o modelo da superfície em uma elevação plana na área de desenho. A opção **Exaggerate Elevation** controla um fator de escala nas cotas do modelo para a aplicação do exagero vertical.

Legend: propriedade que seleciona um estilo de legenda para as curvas de nível.

Contour Intervals: propriedade para controlar a apresentação dos intervalos das curvas de nível do modelo da superfície, em que **Minor Interval** especifica o intervalo das curvas intermediárias e **Major Interval** determina o valor do intervalo entre as curvas de nível principais.

Contour Depression: propriedade que permite adicionar uma marcação na presença de depressões no modelo da superfície.

Contour Smoothing: propriedade que controla os métodos de suavização das curvas de nível no modelo da superfície. É possível selecionar entre os tipos **Add Vertices** para adicionar vértices entre os vértices existentes e **Spline Curve** para suavizar com *splines* os vértices das curvas de nível existentes.

IMPORTANTE

As configurações de estilos para qualquer tipo de objeto desenvolvido no Autodesk AutoCAD Civil 3D é baseado apenas no controle da representação dos objetos no desenho, ou seja, os estilos de objetos não alteram a geometria ou interferem na extração de informações dos objetos ou de modelos presentes nos desenhos.

A preparação dos arquivos de templates, em conjunto com a manipulação de estilos, pode fazer parte de processos de padronização de desenhos para empresas de projetos.

Agora, estude o exemplo a seguir:

1. Inicie o Autodesk AutoCAD Civil 3D.
2. Crie um novo desenho utilizando o arquivo de template_**AutoCAD Civil 3D 2016_BRA (DER).DWT**, fornecido com a instalação do pacote *Brazil Content*.
3. Habilite a janela **Toolspace** do AutoCAD Civil 3D por meio da ribbon **Home → Palettes → Toolspace**.
4. Pela aba **Settings** da **Toolspace**, navegue até os estilos de superfícies (*surface styles*). Clique com o botão direito do mouse sobre o estilo **CURVAS-1&5 (GEOMETRIA)** e selecione a opção **Copy** para criar um novo estilo de superfície baseado no estilo selecionado.
5. Na aba **Information** da caixa de diálogo **Surface Style**, digite **CURVAS-5&25 (GEOMETRIA)** no campo **Name** para especificar o nome do novo estilo de superfície.
6. Na aba **Contours** da caixa de diálogo **Surface Style**, expanda a propriedade **Contour Intervals,** digite **5.00m** para **Minor Interval** e **25.00m** para **Major Interval**. Essas opções controlam o espaçamento dos intervalos entre as curvas de nível da superfície.
7. Na aba **Display** da caixa de diálogo **Surface Style**, selecione a vista **Plan** do quadro **View Direction**. No campo **Component Display,** altere as cores de todos os componentes para **BYLAYER**.
8. Clique no botão **OK** para fechar a caixa de diálogo **Surface Style**.
9. É possível gravar o arquivo como um novo modelo template; especifique um novo nome e o local do arquivo *DWT*.

A representação da geometria dos pontos pode ser controlada por meio da aba **Marker** da caixa de diálogo **Point Style** (Figura 4.9).

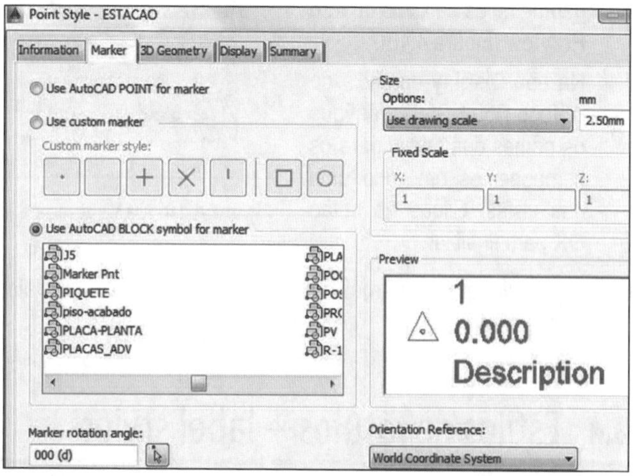

Figura 4.9 Aba Marker da caixa de diálogo Point Style.

Use AutoCAD POINT for Marker: opção que utiliza os pontos do AutoCAD para representar os objetos pontos de Civil 3D na área de desenho.

Use Custom Marker: opção que configura a representação dos pontos utilizando a combinação de marcadores disponível no sistema.

Use AutoCAD BLOCK Symbol for Marker: opção que permite a utilização de um bloco (*block*) de AutoCAD existente no desenho para a representação do objeto ponto de Civil 3D.

Marker Rotation Angle: campo que determina o ângulo de rotação do ponto nos desenhos.

Size: quadro que define as opções de escalas para a representação dos pontos nos desenhos.

Orientation Reference: quadro que define o tipo de orientação dos pontos nos desenhos. Essa orientação pode ser definida para sistema de coordenadas, objeto ou pela vista de uma *viewport*.

Agora, estude o exemplo a seguir:

1. Inicie um novo desenho utilizando o arquivo de template_**AutoCAD Civil 3D 2016_BRA (DER).DWT**, fornecido com a instalação do pacote *Brazil Content*.
2. Pela aba **Settings** da janela **Toolspace**, navegue até os estilos de pontos (*point styles*). Clique com o botão direito do mouse sobre o estilo **Ponto** e selecione a opção **Copy,** para criar um novo estilo de ponto para a representação de caixa de passagem aproveitando um estilo existente no arquivo.
3. Na aba **Information** da caixa de diálogo **Point Style**, digite **CAIXA** no campo **Name** para especificar o nome do estilo.
4. Na aba **Marker** da caixa de diálogo **Point Style**, habilite a opção **Use AutoCAD BLOCK symbol for marker,** para selecionar um bloco existente no desenho.
5. Selecione o bloco **BOUND** presente na lista e verifique sua geometria no quadro **Preview**.
6. No quadro **Size,** selecione a opção **Use drawing scale** para aproveitar a escala do desenho na representação do tamanho da caixa. Digite **2.00** no quadro **mm** para definir o tamanho da caixa; verifique a geometria da caixa no quadro **Preview** (Figura 4.10).
7. Na aba **Display** da caixa de diálogo **Point Style**, verifique os nomes dos *layers* para os componentes em cada uma das vistas. Clique no botão **OK** para finalizar.

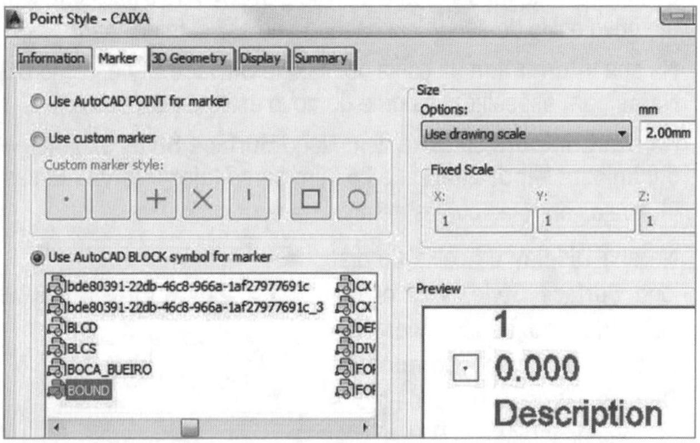

Figura 4.10 Aba Marker controla a representação da geometria do estilo de ponto.

8. É possível gravar o arquivo como um novo modelo template; especifique um novo nome e o local do arquivo *DWT*.

4.4 Estilos de rótulos – label styles

Os estilos de rótulos (*label styles*) controlam quais informações serão exibidas com os objetos do AutoCAD Civil 3D. Por meio dos estilos de rótulos, é possível controlar a fonte do texto, a altura, seu *layer* e principalmente os dados que serão exibidos; por exemplo, a cota de cada ponto, sua descrição, as coordenadas, as estacas de os alinhamentos, entre outras informações disponíveis no sistema.

Os estilos de rótulos de pontos estão disponíveis na aba **Settings** da **Toolspace** do AutoCAD Civil 3D, em **Point → Label Styles** (Figura 4.11).

A aba **Information** da caixa de diálogo **Label Style Composer** permite determinar o nome e a descrição do estilo, além de permitir a visualização do usuário que criou e alterou o estilo com suas respectivas datas (Figura 4.12).

Figura 4.11 Estilos de rótulos de pontos.

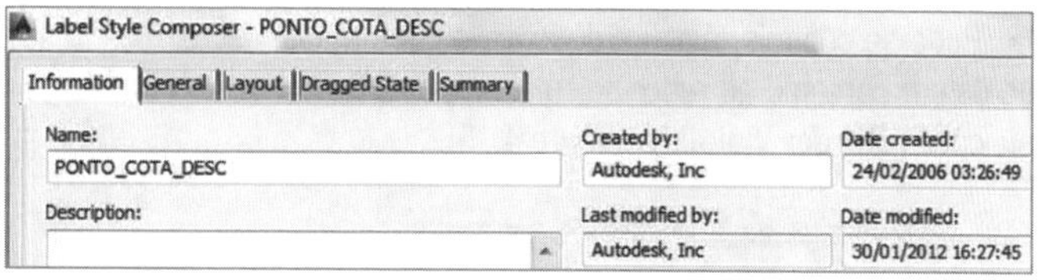

Figura 4.12 Aba Information da caixa de diálogo LabelStyle Composer.

A aba **Summary** da caixa de diálogo **Label Style Composer** exibe o resumo com as configurações estabelecidas para o estilo do rótulo. É possível editar as configurações por essa aba (Figura 4.13).

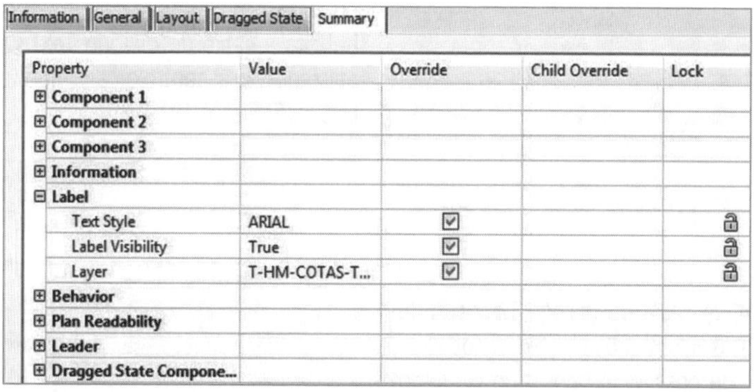

Property	Value	Override	Child Override	Lock
⊞ Component 1				
⊞ Component 2				
⊞ Component 3				
⊞ Information				
⊟ Label				
Text Style	ARIAL	☑		🔒
Label Visibility	True	☑		🔒
Layer	T-HM-COTAS-T...	☑		🔒
⊞ Behavior				
⊞ Plan Readability				
⊞ Leader				
⊞ Dragged State Compone...				

Figura 4.13 Aba Summary da caixa de diálogo LabelStyle Composer.

A aba **General** da caixa de diálogo **Label Style Composer** disponibiliza diversas opções para a representação dos rótulos, em que (Figura 4.14):

Label: propriedade que permite selecionar o estilo de texto do rótulo e sua visibilidade, bem como escolher o *layer*.

Behavior: propriedade que controla a orientação do rótulo, além de selecionar um ponto como referência, um sistema de coordenadas ou a vista da *viewport* como orientação para os rótulos.

Plan Readability: propriedade que configura o ângulo que determina o sentido de leitura dos rótulos.

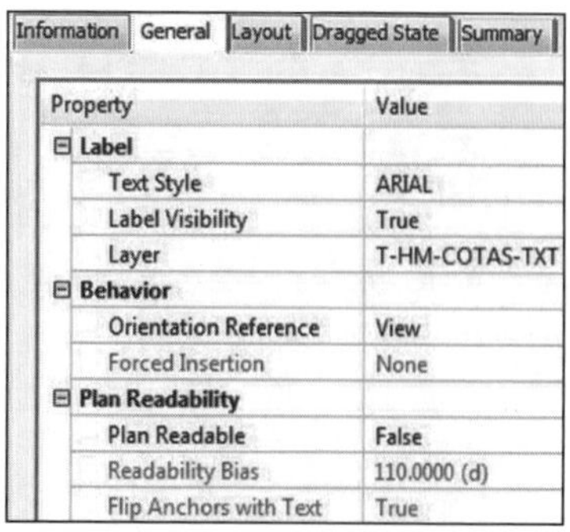

Property	Value
⊟ Label	
Text Style	ARIAL
Label Visibility	True
Layer	T-HM-COTAS-TXT
⊟ Behavior	
Orientation Reference	View
Forced Insertion	None
⊟ Plan Readability	
Plan Readable	False
Readability Bias	110.0000 (d)
Flip Anchors with Text	True

Figura 4.14 Opções da aba General.

A aba **Dragged State** da caixa de diálogo **Label Style Composer** configura o comportamento dos rótulos quando eles forem reposicionados por meio de seus *grips* na área de desenho. A configuração dessa aba poderá auxiliar quando os rótulos estiverem sobrepostos no desenho, permitindo que o usuário reposicione individualmente cada rótulo sobreposto na área de desenho.

A propriedade **Leader** permite configurar a linha de chamada e sua seta para o rótulo reposicionado. **Dragged State Components** configura o comportamento dos rótulos quando reposicionados no desenho. Pode-se controlar a altura do texto, a cor e a adição de um contorno ao redor do rótulo reposicionado pela opção **Border Visibility** (Figura 4.15).

Figura 4.15 A aba Dragged State controla a aparência dos rótulos quando reposicionados no desenho.

A aba **Layout** da caixa de diálogo **Label Style Composer** controla as informações exibidas nos rótulos, além da altura, da posição, da cor e do contorno (Figura 4.16).

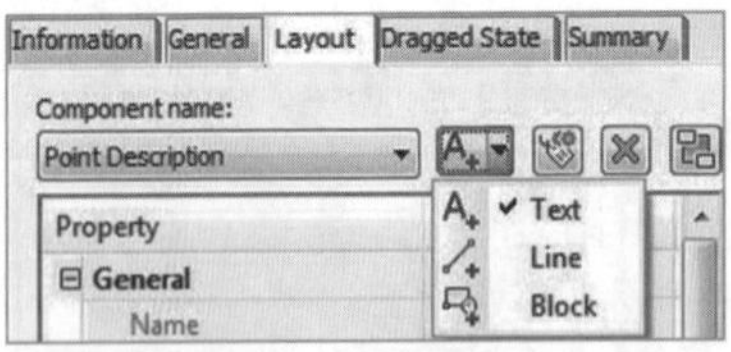

Figura 4.16 Aba Layout utilizada na configuração das informações exibidas nos rótulos.

A parte superior da aba **Layout** fornece as ferramentas para a inserção e a manipulação de textos, blocos e linhas ao estilo do rótulo. É possível adicionar vários componentes para compor a configuração desejada para o rótulo.

A propriedade **General** permite determinar o nome de cada componente adicionado ao estilo do rótulo, além de permitir sua visibilidade e seu posicionamento (Figura 4.17).

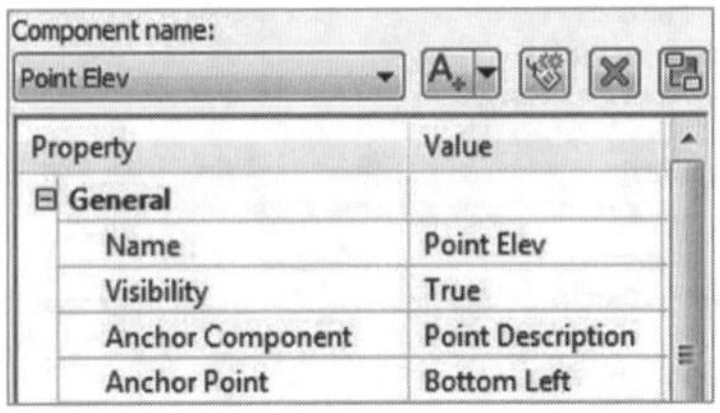

Figura 4.17 Propriedades do campo General da caixa de estilo de rótulos.

A propriedade **Text** configura a altura, a cor e o posicionamento do texto do rótulo, entretanto a principal configuração está na opção **Contents**, que habilita a caixa de diálogo **Text Component Editor** utilizada para controlar as informações exibidas no rótulo (Figura 4.18).

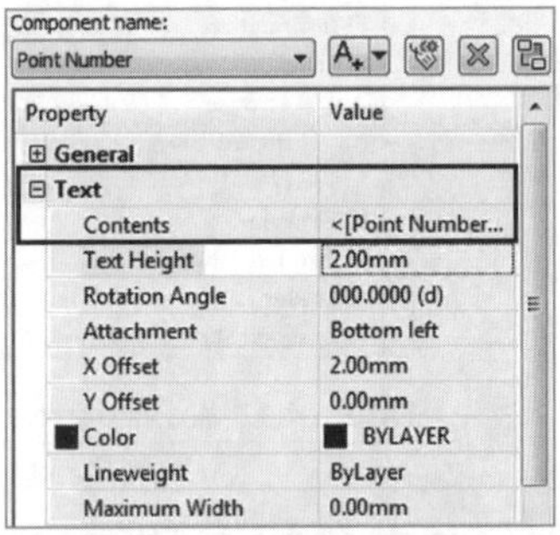

Figura 4.18 Propriedade Text da caixa de estilo de rótulo.

A caixa de diálogo **Text Component Editor - Contents** auxilia na escolha e na configuração das informações que serão exibidas no estilo do rótulo. A aba **Format** controla a aparência do rótulo e a aba **Properties** configura as informações (Figura 4.19).

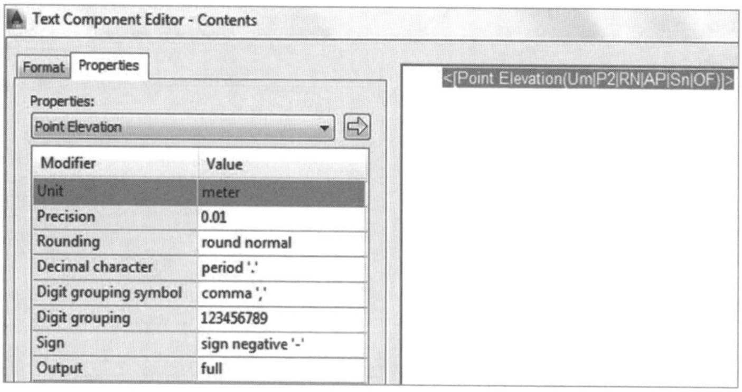

Figura 4.19 Caixa Text Component Editor, para a configuração das informações dos rótulos.

O campo **Properties** da caixa de diálogo **Text Component Editor - Contents** permite selecionar o tipo de informação que será exibido nos rótulos. É possível selecionar os valores de coordenadas, a descrição, a cota, entre outras informações disponíveis, dependendo do tipo de objeto (Figura 4.20).

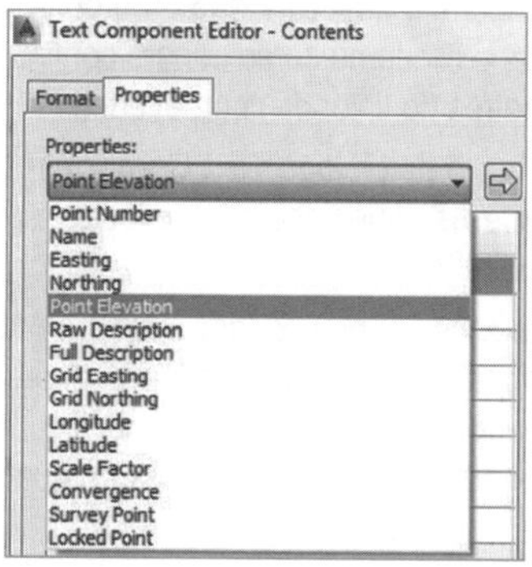

Figura 4.20 Quadro Properties, para a seleção do tipo de informação para o rótulo.

Além da escolha do tipo de informação, a aba **Properties** da caixa **Text Component Editor - Contents** auxilia na configuração das unidades e na precisão dos valores que serão exibidos nos textos dos estilos de rótulos (Figura 4.21).

Unit: opções de configuração da unidade: metros, polegadas etc.

Precision: configura a precisão decimal.

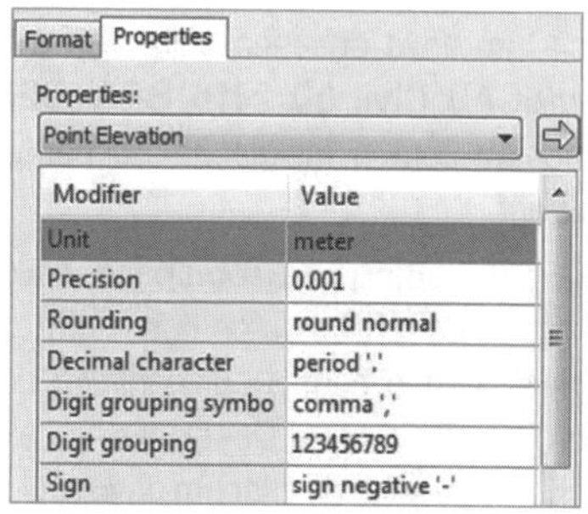

Figura 4.21 Propriedades para configuração da cota de rótulo de ponto.

Rounding: configura os parâmetros do arredondamento das casas decimais.

Decimal character: escolhe o símbolo para a representação do separador decimal (*comma* = vírgula; *period* = ponto).

Digit grouping symbol: controla o símbolo para os separadores de milhares.

Digit grouping: configuração de seleção do modelo de representação dos separadores de milhares.

Sign: configuração da representação dos valores negativos.

Output: controla a representação do valor, esquerda ou direita do caractere decimal.

Para aplicar a configuração durante a criação ou a edição das propriedades de rótulos, será necessário adicionar tais configurações no quadro direito por meio do botão da seta (Figura 4.22).

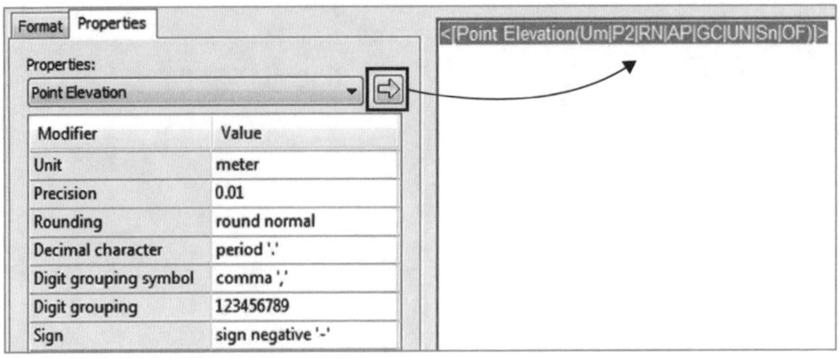

Figura 4.22 Aplicação dos parâmetros selecionados na caixa Text Component Editor.

Agora, estude o exemplo a seguir a fim de criar um estilo de rótulo para a exibição das coordenadas do ponto:

1. Inicie um novo desenho utilizando o template **_AutoCAD Civil 3D 2016_BRA (DER).DWT**, fornecido com a instalação do pacote *Brazil Content*.
2. Pela aba **Settings** da **Toolspace**, navegue até os estilos de rótulos de pontos (**Point → Label Styles**). Clique com o botão direito do mouse sobre o estilo **Cota e Descrição,** e selecione a opção **Copy** a fim de criar um novo estilo de rótulo para a exibição das coordenadas dos pontos.
3. Na aba **Information** da caixa de diálogo **Label Style Composer**, digite **Coordenadas** no campo **Name** para especificar o nome do novo estilo de rótulo de ponto.
4. Na aba **Layout** da caixa **Label Style Composer,** selecione o componente **Point Description** no campo **Component Name**. Renomeie o componente para **Norte** no campo **Name** da propriedade **General**.
5. Selecione a opção **Feature** no campo **Anchor Component**. Selecione a opção **Top Right** no campo **Anchor Point**. Clique no quadro **Value** da propriedade **Contents** e selecione o botão **...** para configurar a informação da coordenada norte.
6. Na caixa de diálogo **Text Component Editor – Contents,** selecione o texto presente no quadro direito e substituir por **N=**.
7. Selecione a propriedade **Northing** no campo **Properties**, verifique a unidade, a precisão e o separador decimal. Clique no botão da seta para adicionar as informações no quadro direito e no botão **OK** para concluir.
8. Na aba **Layout** da caixa **Label Style Composer,** clique no botão **Copy Component** para configurar o rótulo para a coordenada **Este**. Renomeie o componente criado **Norte (Copy)** para **Este**. Altere a propriedade **Anchor Component** para **Bottom Right**.
9. Selecione o quadro **Value** da propriedade **Contents** e clique no botão **...** para configurar os parâmetros do valor da coordenada.
10. Na caixa de diálogo **Text Component Editor – Contents**, selecione o texto localizado no quadro direito e alterar para **E=**.
11. Selecione a propriedade **Easting** no campo **Properties**, verifique a unidade, a precisão e o separador decimal. Clique no botão da seta para adicionar as informações no quadro direito e no botão **OK** para concluir.
12. Selecione o componente **Point Elev** e remova-o por meio do botão **Delet Component**.
13. Clique no botão **OK** na caixa **Label Style Composer** para finalizar a criação do novo estilo de rótulo de ponto.

Os dados disponíveis para a configuração dos estilos de rótulos estão previamente estabelecidos para cada tipo de objeto do Autodesk AutoCAD Civil 3D, entretanto é possível criar expressões contendo fórmulas para o cálculo de informações adicionais dos objetos. Por meio da **Toolspace → Settings → Point → Label Styles → Expressions**, fica possível definir fórmulas para a criação de novas expressões (Figura 4.23).

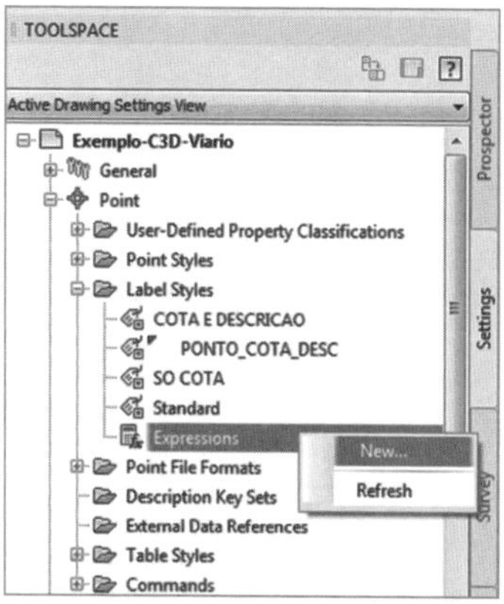

Figura 4.23 Definição de fórmulas por meio do recurso Expressions.

As expressões criadas poderão ser utilizadas em estilos de rótulos e tabelas posteriormente (Figura 4.24).

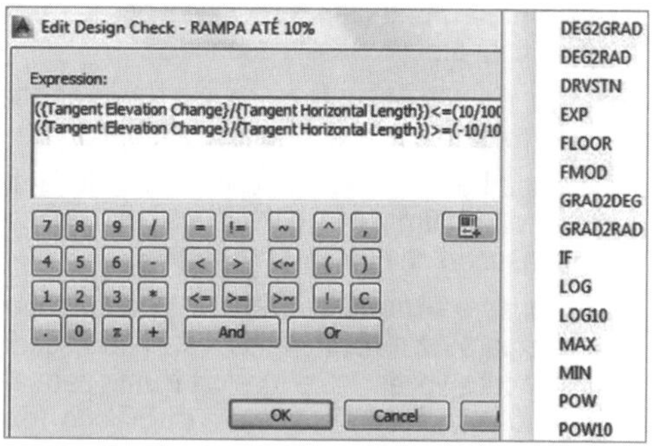

Figura 4.24 Caixa de diálogo Edit Design Check utilizada na definição de fórmulas.

Agora, estude o exemplo a seguir:

1. Inicie um novo desenho utilizando o arquivo de template **_AutoCAD Civil 3D 2016_BRA (DER).DWT**, fornecido com a instalação do pacote *Brazil Content*.
2. Pela aba **Settings** da **Toolspace**, navegue até a categoria **Profile → Design Check Sets → Line** e averigue as expressões utilizadas para a verificação de rampas máximas de projeto geométrico vertical.
3. Clique com o botão direito do mouse sobre o critério **Rampa até 10%** e selecione a opção **Edit**.
4. Na caixa de diálogo **Edit Design Check - Rampa até 10%,** localize a expressão configurada para a verificação de rampas até 10%.
5. Clique no botão **Cancel**.

4.5 Estilos de tabelas – table styles

As tabelas elaboradas no Autodesk AutoCAD Civil 3D podem permanecer correlacionadas com os objetos do projeto.Dessa forma, quando os objetos forem alterados no desenho, os rótulos presentes nas tabelas serão atualizados automaticamente, fornecendo maior produtividade durante o desenvolvimento dos projetos.

A aba **Information** exibe as informações do nome e a descrição, além das informações do usuário e das datas de criação e modificação do estilo. A aba **Summary** disponibiliza o resumo com as configurações estabelecidas no estilo de tabela.

A aba **Display** da caixa de diálogo **Table Style** permite configurar quais componentes serão exibidos na tabela, além da seleção de *layers*, cores e tipos de linhas para cada um de seus componentes. Essas configurações podem ser diferenciadas para a vista em planta e 3D (Figura 4.25).

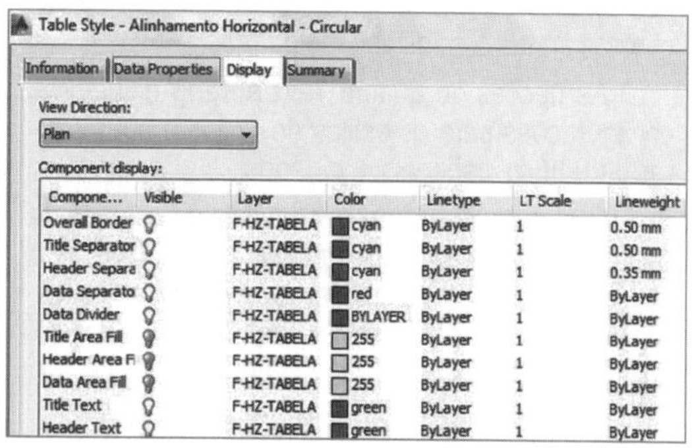

Figura 4.25 Aba Display da caixa Table Style para o controle dos componentes da tabela.

A aba **Data Properties** da caixa de diálogo **Table Style** controla as alturas e os estilos dos textos, a orientação e a ordenação dos componentes, além de personalizar as colunas da tabela (Figura 4.26).

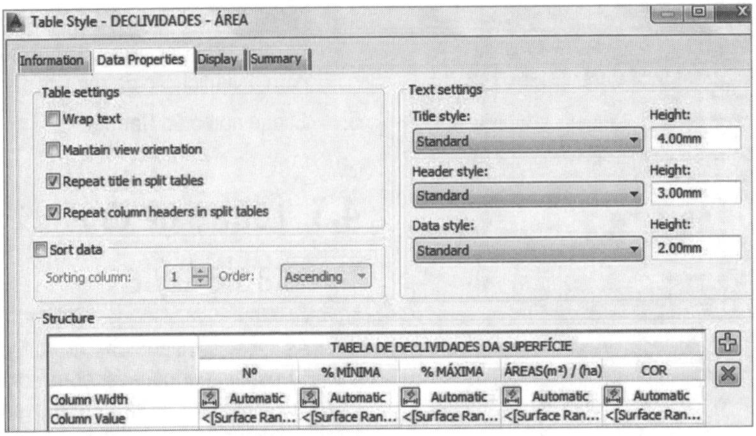

Figura 4.26 Aba Data Properties para a configuração das colunas de dados das tabelas.

É possível configurar quais informações serão exibidas nas tabelas clicando duas vezes sobre as células da linha **Column Value,** para habilitar a caixa de diálogo **Text Component Editor**.

O quadro **Table settings** permite configurar a opção de orientação da tabela em **Maintain view orientation**, além das opções de repetição das linhas de títulos e cabeçalhos quando as tabelas forem inseridas com quebras nos desenhos, habilitando as opções **Repeat title in split tables** e **Repeat column headers in split tables.**

No quadro **Sort data,** pode-se configurar qual das colunas servirá como referência para a ordenação das linhas com os valores da tabela.

As opções do quadro **Text setting** exibem as configurações para os estilos de textos e suas alturas para título, cabeçalhos e dados.

O quadro **Structure** personaliza as colunas de dados que serão exibidas na tabela. Os botões e permitem adicionar ou remover colunas. Ao clicar duas vezes sobre a célula desejada, é possível determinar nomes de títulos e cabeçalhos da tabela.

O próximo exemplo mostra como criar um estilo de tabela para segmentos de linhas ou de lotes aproveitando as configurações de um estilo de tabela existente no arquivo.

Agora, estude o exemplo a seguir:

1. Inicie um novo desenho utilizando o arquivo de template **_AutoCAD Civil 3D 2016_BRA (DER).DWT**, fornecido com a instalação do pacote *Brazil Content*.
2. Pela aba **Settings** da **Toolspace**, navegue até a categoria **Parcel** → **Table Styles** → **Line**, clique com o botão direito do mouse sobre o estilo **Rumo-Distância** e selecione a opção **Copy** para criar um novo estilo de tabela.
3. Digite o nome **Azimute** no campo **Name** da aba **Information** da caixa de diálogo **Table Style**.
4. Na aba **Data Properties,** configure a altura do texto em **2.50mm** para o título (*title*) e o cabeçalho (*header*) no quadro **Text settings**.
5. No quadro **Structure,** altere o texto do cabeçalho para **Azimute.**Para isso, será necessário clicar duas vezes sobre a célula **Rumo** para alterar o texto por meio da caixa de diálogo **Text Component Editor**.
6. No quadro **Structure**, clique duas vezes na célula localizada na linha **Column Value** da coluna **AZIMUTE** para configurar as informações para o azimute.
7. Na caixa de diálogo **Text Component Editor**, selecione o texto inteiro do quadro no lado direito da caixa. Altere a opção em **Measurement Type** para **North Azimuth** do quadro **Properties**. Clique na seta para adicionar a nova configuração no quadro de texto à direita e no botão **OK** para fechar a caixa de diálogo.
8. Verifique a nova composição para o azimute no quadro **Structure** da aba **Data Properties** da caixa de diálogo **TableStyle** (Figura 4.27).
9. Selecione os *layers* e as cores para os componentes da tabela por meio da aba **Display**. Clique no botão **OK** para finalizar.
10. Grave o arquivo com o nome **Modelo.DWT**.

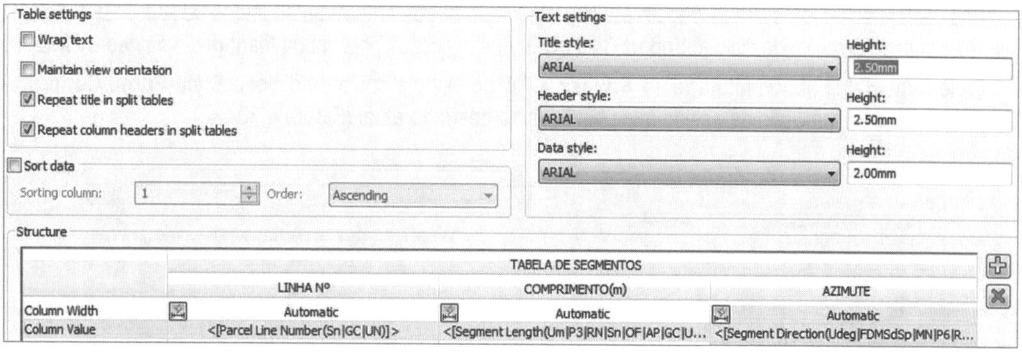

Figura 4.27 Estilo de tabela para segmentos de linhas.

4.6 Commands

É possível controlar a aplicação dos estilos e dos parâmetros por tipo de objeto por meio da categoria **Commands,** presente na aba **Settings** da **Toolspace** do Autodesk AutoCAD Civil 3D. Essas configurações têm como finalidade aprimorar a utilização da solução, aplicando os estilos previamente configurados, e auxiliar na padronização dos desenhos dos projetos (Figura 4.28).

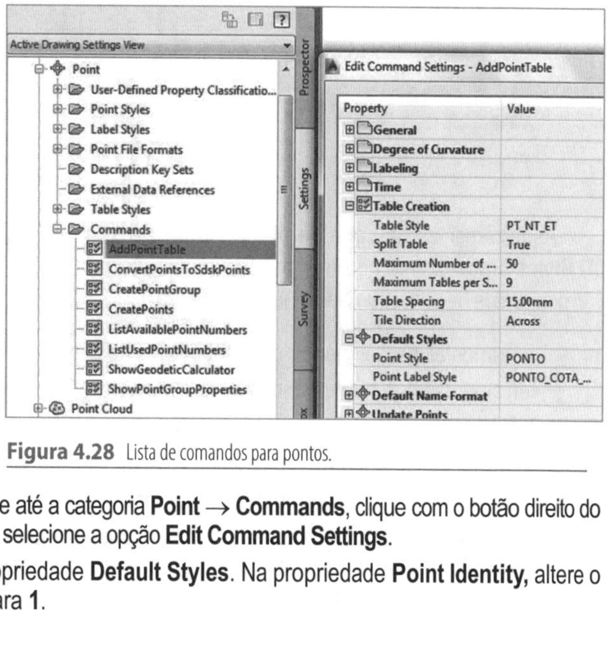

Figura 4.28 Lista de comandos para pontos.

Agora, estude o exemplo a seguir:

1. Inicie um novo desenho utilizando o arquivo de template **_AutoCAD Civil 3D 2016_BRA (DER).DWT**, fornecido com a instalação do pacote *Brazil Content*, ou utilize o arquivo *Modelo. DWT*criado anteriormente.
2. Pela aba **Settings** da **Toolspace**, navegue até a categoria **Point** → **Commands**, clique com o botão direito do mouse sobre o comando **Create Points** e selecione a opção **Edit Command Settings**.
3. Verifique os estilos configurados na propriedade **Default Styles**. Na propriedade **Point Identity,** altere o valor do campo **Next Point Number** para **1**.
4. Clique no botão **OK** para concluir.

4.7 Ferramentas para o gerenciamento dos estilos

A preparação dos arquivos de templates em conjunto com a manipulação de estilos pode fazer parte de processos de padronização de desenhos para empresas de projetos. Os recursos de gerenciamento de estilos do Autodesk AutoCAD Civil 3D auxiliam na manipulação de configurações e estilos entre os arquivos. Dessa forma, será possível organizar e padronizar os desenhos e os templates para a aplicação em diversos tipos de projetos (Figura 4.29).

Figura 4.29 Painel Styles para o gerenciamento de estilos.

As configurações e os estilos podem ser importados de outros arquivos elaborados no Autodesk AutoCAD Civil 3D, por meio da caixa de diálogo **Import Civil 3D Styles** acessada pela ribbon **Manage** → **Styles** → **Import**.

A ferramenta da ribbon **Manage** → **Styles** → **Purge** exibe a caixa de diálogo **Style Purge Confirmation,** que auxilia na remoção de estilos não utilizados no desenho atual (Figura 4.30).

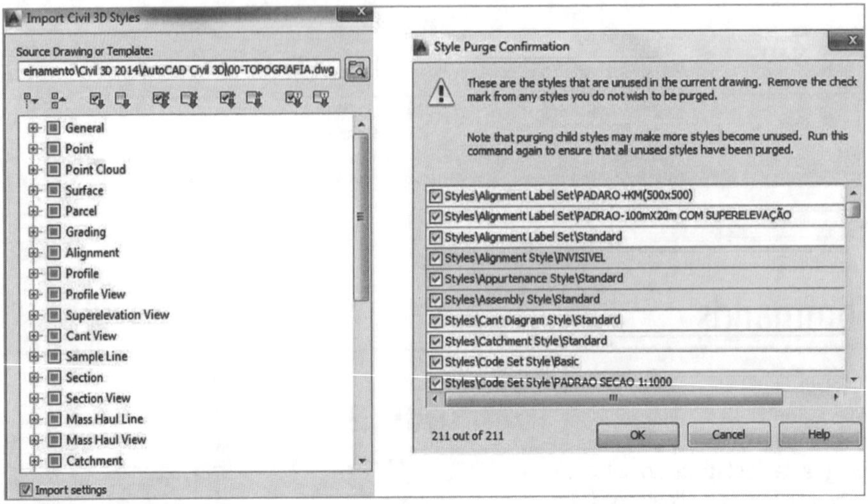

Figura 4.30 As caixas Import Civil 3D Styles e Style Purge Confirmation, utilizadas no gerenciamento de estilos.

As ferramentas da caixa de diálogo **Import Civil 3D Styles** funcionam como filtros para controlar a seleção dos estilos de um arquivo selecionado (Figura 4.31).

Figura 4.31 Filtros para seleção de estilos.

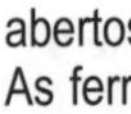: ferramentas para expandir ou fechar todos os itens.

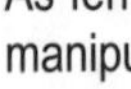: ferramentas que permitem marcar ou desmarcar todos os itens.

: ferramentas para marcar ou desmarcar todos os itens que serão removidos.

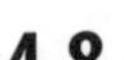: ferramentas para marcar ou desmarcar todos os itens que serão adicionados.

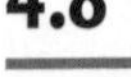: ferramentas para marcar ou desmarcar todos os itens que possuem conflitos.

O gerenciamento das configurações também pode ser efetuado arrastando os estilos entre os desenhos abertos por meio da aba **Settings** da **Toolspace**; entretanto, esse processo pode demandar tempo excessivo. As ferramentas de gerenciamento de estilos da ribbon **Manage** → **Styles** → **Import** ou **Purge** permitem a manipulação de estilos de configurações de forma mais produtiva.

4.8 Exercício – gerenciamento de estilos

O seguinte exercício ilustra os procedimentos para a importação de estilos presentes em diferentes desenhos e tem como objetivo desenvolver um novo arquivo de template. Execute os procedimentos a seguir para concluir o exercício:

1. Inicie um novo desenho utilizando o arquivo de template **_AutoCAD Civil 3D 2016_BRA (DER).DWT**, fornecido com a instalação do pacote *Brazil Content*.
2. Grave o arquivo com o nome **Padrão-Civil-3D.DWT**. Na caixa Template **Options**, clique no botão **OK** para confirmar a descrição e o sistema de unidades do template.

3. Selecione a ferramenta da ribbon **Manage → Styles → Import**.
4. Na caixa de diálogo **Source Drawing or Template**, localize o arquivo **Modelo.DWT**, disponível no site da Editora Érica. Clique no botão **Open** para prosseguir.
5. Desmarque a opção **Import Settings** na caixa de diálogo **Import Civil 3D Styles**, a qual permite importar as configurações, além dos estilos do arquivo selecionado.
6. Clique no botão **Uncheck All** para desmarcar todos os estilos da lista.
7. Selecione o estilo **AZIMUTE** em **Parcel → Table Styles → Line**. Clique no botão **OK** para importar o estilo de tabela selecionado (Figura 4.32).

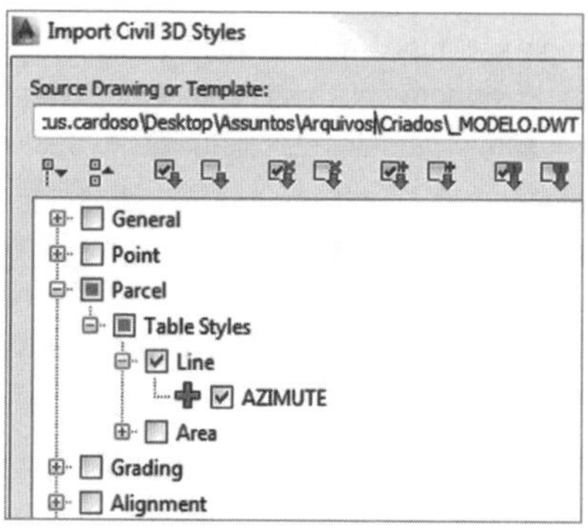

Figura 4.32 Importação do estilo de tabela de segmentos.

8. Clique no botão **OK** da caixa informativa para concluir.
9. Verifique o estilo de tabela **AZIMUTE** importado pela aba **Settings** em **Parcel → Table Styles → Line** (Figura 4.33).

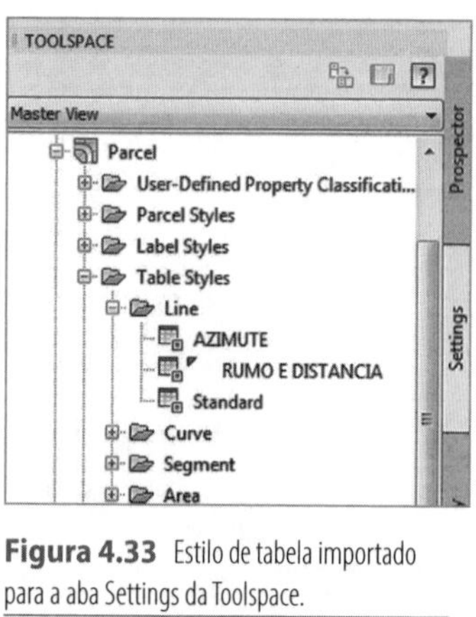

Figura 4.33 Estilo de tabela importado para a aba Settings da Toolspace.

10. Grave o arquivo.
11. Selecione a ferramenta da ribbon **Manage → Styles → Import**.
12. Na caixa de diálogo **Source Drawingor** Template, localize o arquivo **4_ESTILOS.DWG**, disponível no site da Editora Érica. Clique no botão **Open** para prosseguir.
13. Desmarque a opção **Import Settings** na caixa de diálogo **Import Civil 3D Styles**.
14. Clique no botão **Uncheck All** para desmarcar todos os estilos da lista.
15. Selecione o estilo **ARVORE** em **Point → Point Styles**. Clique no botão **OK** para importar o estilo de ponto de representação de árvores.
16. Clique no botão **OK** da caixa informativa para concluir (Figura 4.34).

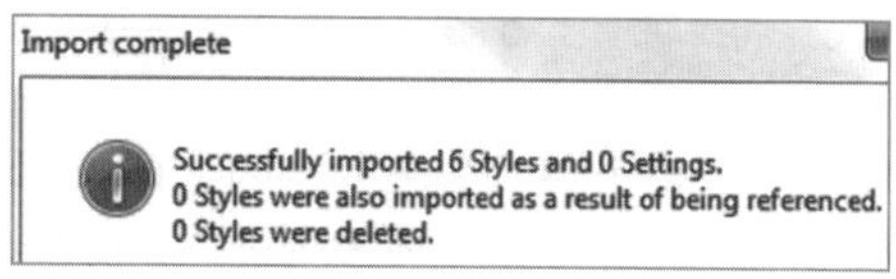

Figura 4.34 Caixa de mensagem exibida no final do processo de importação de estilos.

17. Verifique o estilo de ponto **ARVORE** importado para a aba **Settings** em **Point → Point Styles** (Figura 4.35).

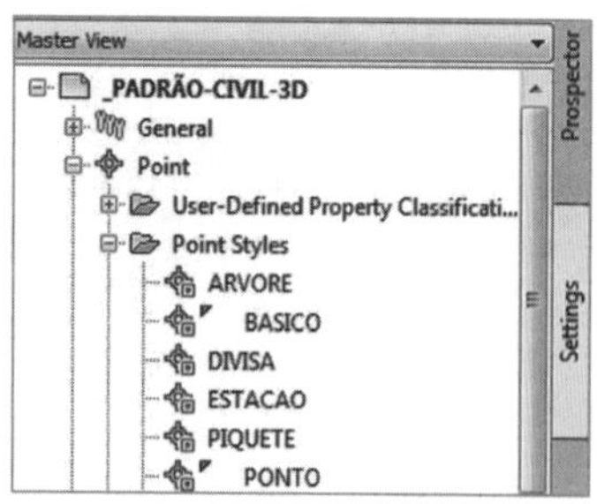

Figura 4.35 Estilo de ponto para a representação de árvores importado.

18. Grave e feche o arquivo.

5 Topografia

Os dados com as informações do levantamento de campo são fundamentais para a elaboração do modelo digital do terreno para a reprodução do terreno existente. Posteriormente, esses modelos poderão ser utilizados na elaboração de estudos e propostas, bem como no desenvolvimento de projetos de infraestrutura.

Essas medições realizadas pelos profissionais de topografia poderão ser importadas e trabalhadas utilizando a interface do Autodesk AutoCAD Civil 3D. É possível trabalhar com vários tipos de formato de arquivos de dados provenientes dos levantamentos, cujo exemplo mais comum é o arquivo *DWG* com as informações das geometrias do terreno levantado. Entretanto, arquivos de texto contendo as informações dos pontos levantados em campo também podem ser importados para o desenho (Figura 5.1).

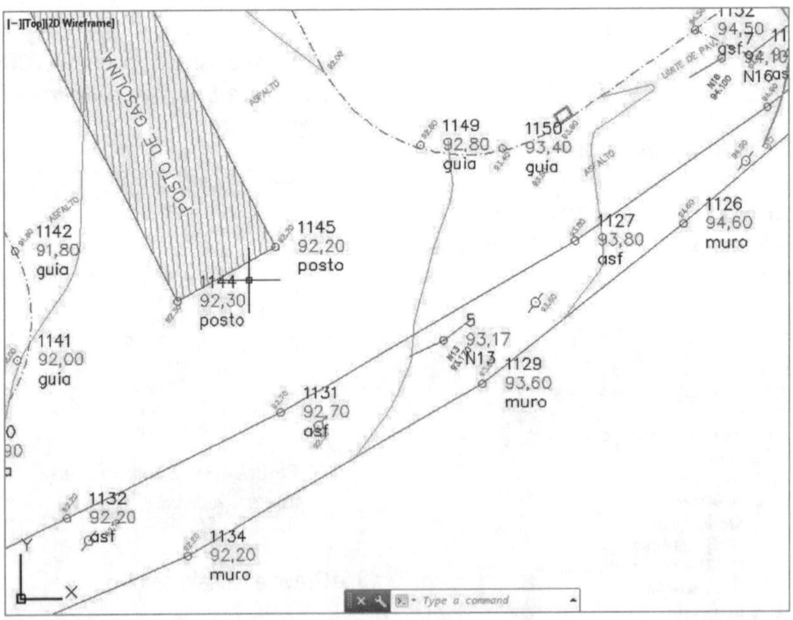

Figura 5.1 Dados provenientes do levantamento de campo.

Para trabalhar com as informações topográficas contidas em arquivos *DWG*, é necessário verificar se os objetos do desenho possuem suas respectivas elevações, como pontos cotados e curvas de nível. Nos casos de arquivos de texto contendo as informações de posicionamento e descrições dos pontos levantados, devemos verificar a formatação desses arquivos fornecidos.

É possível trabalhar com os dados do levantamento de campo diretamente no arquivo de desenho ou ainda utilizar os recursos de *survey* do Autodesk AutoCAD Civil 3D para manipular essas informações em banco de dados.

5.1 Recursos para importação de dados topográficos

Na maioria dos casos, os dados do levantamento de campo são descarregados e manipulados utilizando ferramentas fornecidas pelos fabricantes de equipamentos. Em seguida, essas informações são processadas e transformadas em arquivos de desenhos ou de texto com os dados levantados. Esse processo tradicional é muito utilizado e funciona de maneira satisfatória quando importamos esses dados para o Autodesk AutoCAD Civil 3D (Figura 5.2).

Figura 5.2 Formatos de arquivos de levantamento de campo.

Por meio da ribbon **Home → CreateGround Data → Survey Data Collection Link**, é possível acessar a interface da ferramenta **Survey Link DC 7.5.5**, utilizada para conexão com os principais modelos de equipamentos de levantamento de campo, que permite a importação e a conversão dos dados do campo para formatos legíveis no Autodesk AutoCAD Civil 3D (Figura 5.3).

O aplicativo **Survey Link DC 7.5.5** permite a importação, a visualização, a transferência e a conversão dos dados dos equipamentos de levantamento de campo, além de ferramentas para cálculos geodésicos. Consulte o **Help** para obter informações adicionais sobre o aplicativo.

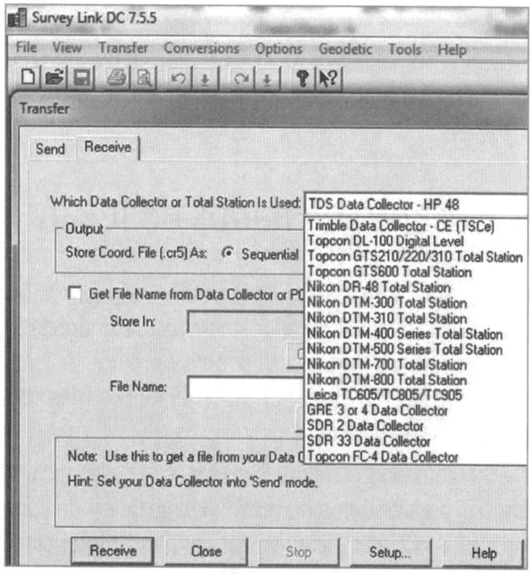

Figura 5.3 Interface do aplicativo Survey Link DC 7.5.5.

O exemplo a seguir ilustra os procedimentos para leitura dos dados de um levantamento fornecido em formato *CR5* para conversão no formato *DXF*, utilizando o aplicativo **Survey Link DC**.

Agora, estude o exemplo a seguir:

1. Inicie um novo desenho utilizando o arquivo de template_**AutoCAD Civil 3D 2016_BRA (DER).DWT**, fornecido com a instalação do pacote *Brazil Content*.
2. Acesse a ferramenta da ribbon **Home → Create Ground Data → Survey Data Collection Link**.
3. No aplicativo **Survey Link DC,** selecione a ferramenta do menu **Conversions → Convert File Format**.
4. Na caixa de diálogo **Convert**:
   - Habilite a opção **Coordinate File** no quadro **Input**.
   - Selecione a opção **TDS Coordinates** no campo **Input Type**.
   - Clique no botão **Choose File** e localize o arquivo **Pontos.CR5**, disponível no site da Editora Érica. Clique no botão **Abrir**.
   - No quadro **Output**, selecione o tipo **AutoCAD DXF** no campo **Output Type**.

- Clique em **Choose File** no quadro **Output** para determinar o local e o nome do arquivo *DXF*.
- Clique no botão **Convert** para iniciar o processo de conversão.
- Clique em **Close** para finalizar a caixa **Convert**.
- Feche o aplicativo **Survey Link DC**.

5. No Autodesk AutoCAD Civil 3D, clique em **Open** e abra o arquivo criado no formato *DXF*.
6. Aplique **Zoom** e verifique os dados dos pontos do levantamento.

5.2 Banco de dados do levantamento de campo

Os recursos de *survey* permitem a importação e a manipulação dos dados do levantamento de campo utilizando um banco de dados com as informações topográficas. O conceito dos recursos de *survey* é baseado na manipulação de alguns tipos de formatos de arquivos de levantamento de campo, como *TXT*, *LandXML* e pontos do AutoCAD, e, principalmente, por meio de arquivos denominados caderneta de campo (*field book*) com a extensão *FBK*.

Trabalhando com as informações em banco de dados local, os recursos de *survey* do Autodesk AutoCAD Civil 3D possibilitam a elaboração simultânea de vários arquivos de desenhos. Dessa forma, os profissionais de topografia poderão desenvolver cenários diferenciados utilizando as mesmas informações do banco de dados, por exemplo, desenhos com diferentes sistemas de coordenadas ou, ainda, a criação de desenhos com representações distintas utilizando arquivos de templates com configurações diferentes.

É possível manipular as informações do banco de dados dos arquivos importados do levantamento de campo por meio da aba **Survey** da **Toolspace** ou pela ribbon **Survey** (Figura 5.4).

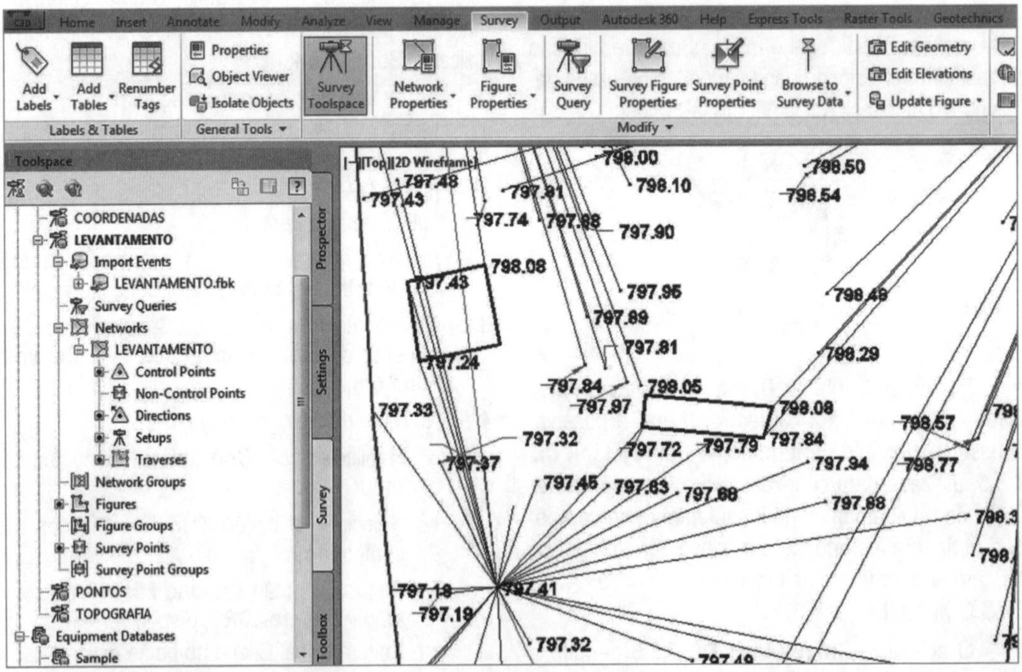

Figura 5.4 Recursos de survey para a manipulação de dados topográficos.

Os recursos de *survey* trabalham com três tipos de objetos:

Survey Network: conjunto de informações e dados conectados importados do levantamento, como estações, rés, direções, poligonais e pontos. A representação dos objetos **Network** é controlada pela configuração de seus estilos **Network Styles**.

Survey Figures: objetos que representam as geometrias das figuras topográficas levantadas no campo. Essas figuras podem ser criadas automaticamente durante a importação dos dados e quando configurados seus códigos nos equipamentos de campo. A representação de sua geometria e de seus rótulos é controlada por seus estilos.

Survey Point: objetos que representam a locação dos pontos levantados. Esses objetos, conhecidos como **COGO points**, possuem propriedades específicas, como ângulo, distância, altura do prisma e demais informações estabelecidas pelos equipamentos de campo.

5.2.1 Formatos de arquivos de levantamento de campo

É possível trabalhar com diversos tipos de formatos de arquivos contendo os dados topográficos. Isso dependerá dos modelos de equipamentos e aplicativos que os criaram. Por meio dos recursos de *survey*, é possível importar os seguintes tipos de arquivos:

Field Book: formato tradicional muito utilizado nas versões do *Land Desktop;* pode ser tratado como um arquivo digital da caderneta de campo. Gerado pelos equipamentos de campo, esse formato de arquivo (*FBK*) contém as informações do levantamento, como as locações das estações e as distâncias e os ângulos dos pontos levantados. A Figura 6.5 exibe um modelo de arquivo *Field Book* (*FBK*), conforme apresentado pela Figura 5.5.

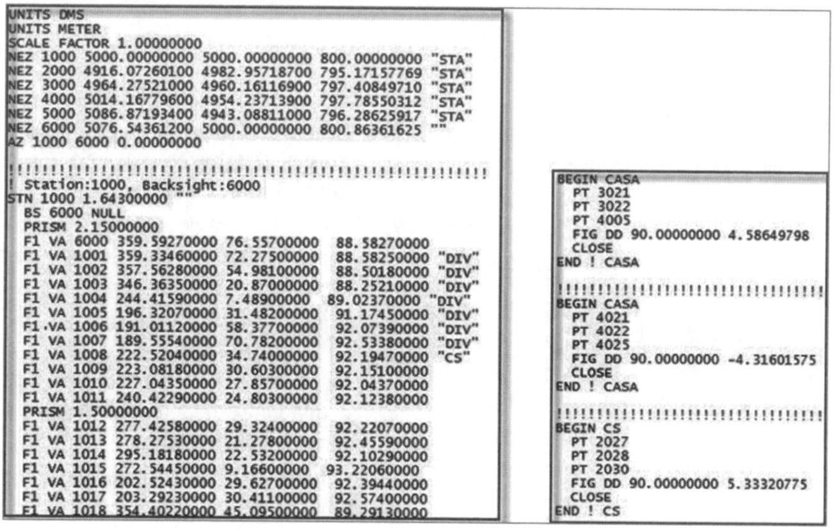

```
UNITS DMS
UNITS METER
SCALE FACTOR 1.00000000
NEZ 1000 5000.00000000 5000.00000000 800.00000000 "STA"
NEZ 2000 4916.07260100 4982.95718700 795.17157769 "STA"
NEZ 3000 4964.27521000 4960.16116900 797.40849710 "STA"
NEZ 4000 5014.16779600 4954.23713900 797.78550312 "STA"
NEZ 5000 5086.87193400 4943.08811000 796.28625917 "STA"
NEZ 6000 5076.54361200 5000.00000000 800.86361625 ""
AZ 1000 6000 0.00000000

!!!!!!!!!!!!!!!!!!!!!!!!!!!!!!!!!!!!!!!!!!!!!!!!!!!!!!!!!!!!
! Station:1000, Backsight:6000
STN 1000 1.64300000 ""
  BS 6000 NULL
  PRISM 2.15000000
  F1 VA 6000 359.59270000 76.55700000  88.58270000
  F1 VA 1001 359.33460000 72.27500000  88.58250000 "DIV"
  F1 VA 1002 357.56280000 54.98100000  88.50180000 "DIV"
  F1 VA 1003 346.36350000 20.87000000  88.25210000 "DIV"
  F1 VA 1004 244.41590000 7.48900000  89.02370000 "DIV"
  F1 VA 1005 196.32070000 31.48200000  91.17450000 "DIV"
  F1 VA 1006 191.01120000 58.37700000  92.07390000 "DIV"
  F1 VA 1007 189.55540000 70.78200000  92.53380000 "DIV"
  F1 VA 1008 222.52040000 34.74000000  92.19470000 "CS"
  F1 VA 1009 223.08180000 30.60300000  92.15100000
  F1 VA 1010 227.04350000 27.85700000  92.04370000
  F1 VA 1011 240.42290000 24.80300000  92.12380000
  PRISM 1.50000000
  F1 VA 1012 277.42580000 29.32400000  92.22070000
  F1 VA 1013 278.27530000 21.27800000  92.45590000
  F1 VA 1014 295.18180000 22.53200000  92.10290000
  F1 VA 1015 272.54450000 9.16600000  93.22060000
  F1 VA 1016 202.52430000 29.62700000  92.39440000
  F1 VA 1017 203.29230000 30.41100000  92.57400000
  F1 VA 1018 354.40220000 45.09500000  89.29130000
```

```
BEGIN CASA
  PT 3021
  PT 3022
  PT 4005
  FIG DD 90.00000000 4.58649798
  CLOSE
END ! CASA

!!!!!!!!!!!!!!!!!!!!!!!!!!!!!!!!
BEGIN CASA
  PT 4021
  PT 4022
  PT 4025
  FIG DD 90.00000000 -4.31601575
  CLOSE
END ! CASA

!!!!!!!!!!!!!!!!!!!!!!!!!!!!!!!!
BEGIN CS
  PT 2027
  PT 2028
  PT 2030
  FIG DD 90.00000000 5.33320775
  CLOSE
END ! CS
```

Figura 5.5 Modelo de arquivo Field Book com os dados do levantamento.

Land XML: formato de arquivo *Land XML* utilizado como formato livre para a transferência de dados entre diferentes plataformas. O AutoCAD Civil 3D permite a importação e a exportação de dados de campo e projeto por meio desse tipo de formato.

Point file: formato de arquivo de pontos constituído por textos que contêm as locações dos pontos levantados no campo. Esse formato é muito utilizado, pois a maioria dos aplicativos e dos equipamentos de campo exporta para diversos formatos de arquivos de textos (Figura 5.6).

Point From Drawings: outra fonte de dados que pode ser manipulada na base de dados de *survey* são os objetos pontos presentes em arquivos de desenhos. Essa opção torna-se muito eficaz durante a criação do banco de dados topográfico, pois a grande parte das informações de campo é fornecida por arquivos de desenhos contendo pontos, blocos e curvas de nível (Figura 5.7).

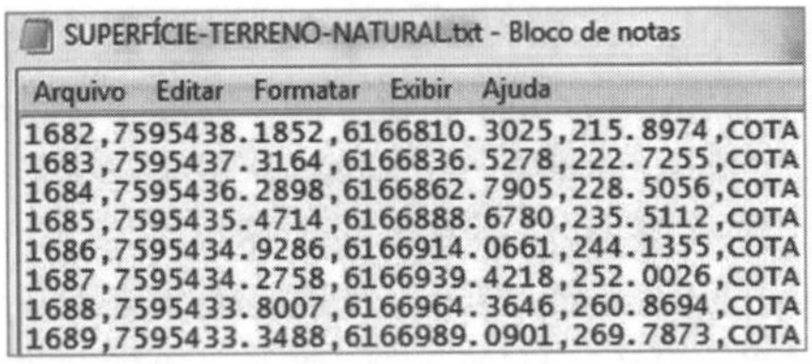
SUPERFÍCIE-TERRENO-NATURAL.txt - Bloco de notas

Arquivo Editar Formatar Exibir Ajuda

```
1682,7595438.1852,6166810.3025,215.8974,COTA
1683,7595437.3164,6166836.5278,222.7255,COTA
1684,7595436.2898,6166862.7905,228.5056,COTA
1685,7595435.4714,6166888.6780,235.5112,COTA
1686,7595434.9286,6166914.0661,244.1355,COTA
1687,7595434.2758,6166939.4218,252.0026,COTA
1688,7595433.8007,6166964.3646,260.8694,COTA
1689,7595433.3488,6166989.0901,269.7873,COTA
```

Figura 5.6 Modelo de arquivo TXT com a locação dos pontos levantados.

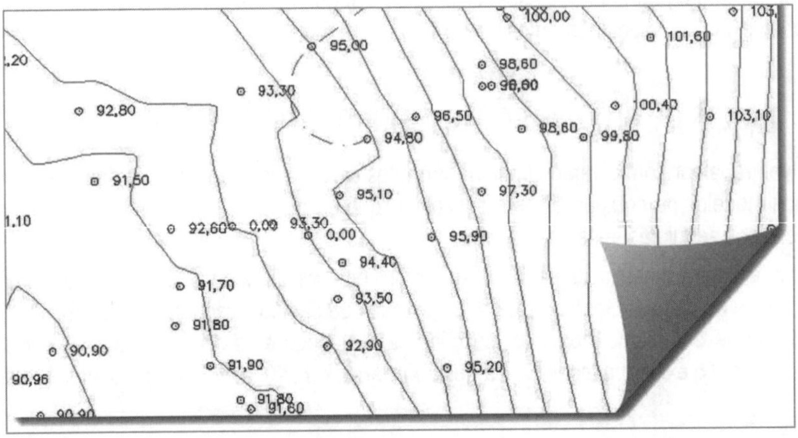

Figura 5.7 Modelo de desenho proveniente do levantamento de campo.

A primeira etapa da manipulação dos dados de campo para a criação do banco de dados topográfico está na definição da pasta de trabalho para armazenamento das informações. Agora, estude o exemplo a seguir para acessar as configurações do banco de dados de *survey*.

1. Inicie o Autodesk AutoCAD Civil 3D.
2. Inicie um novo desenho utilizando o arquivo de template_**AutoCAD Civil 3D 2016_BRA (DER).DWT**, fornecido com a instalação do pacote *Brazil Content*. Se preferir, utilize o arquivo **_MODELO.DWT,** criado anteriormente.
3. Habilite a janela **Toolspace** do AutoCAD Civil 3D por meio da ribbon **Home → Palettes → Toolspace**.
4. Pela aba **Survey** da **Toolspace**, clique com o botão direito do mouse sobre **Survey Databases** e selecione a opção **Set Working Folder,** para determinar a pasta de trabalho.
5. Selecione a pasta **C:\Civil 3D Projects** na caixa de diálogo e clique em **OK** para concluir.
6. Clique com o botão direito do mouse sobre **Survey Databases** e selecione a opção **New Local Survey Database**.
7. Na caixa de diálogo **New Local Survey Database,** digite **Topografia,** para definir o nome do banco de dados, e clique em **OK** para concluir.
8. Agora, é possível verificar a existência do banco de dados **Topografia** criado na aba **Survey** da **Toolspace**. Uma pasta com o nome **Topografia** também foi criada na pasta de trabalho definida anteriormente.

O banco de dados topográfico é composto pelos seguintes itens (Figura 5.8):

Import Events: eventos de importação.

Survey Queries: pesquisas de dados da topografia.

Networks: redes da topografia.

Network Groups: grupos de redes.

Figures: figuras topográficas.

Figure Groups: grupos de figuras topográficas.

Survey Points: pontos da topografia.

Survey Point Group: grupo de pontos da topografia.

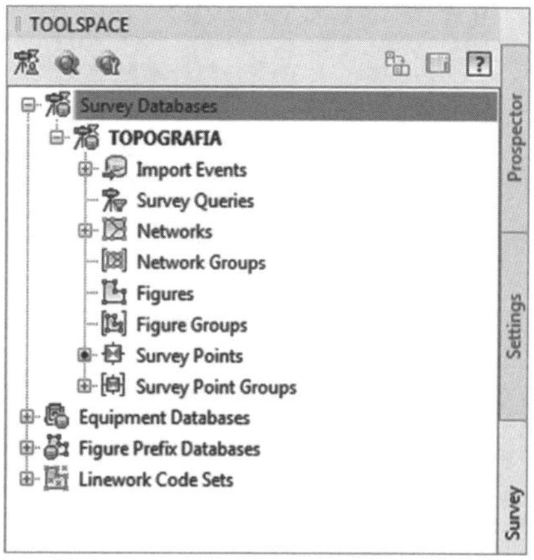

Figura 5.8 Ferramentas e objetos presentes no banco de dados da aba Survey.

Para configurar as unidades, precisão, métodos de análises e tolerâncias nos resultados dos dados topográficos, é necessário acessar a caixa de diálogo **Survey Database Settings**.

9. Clique com o botão direito do mouse sobre o banco de dados **Topografia** e selecione a opção **Edit Survey Database Settings**.
10. Na caixa de diálogo **Survey Database Settings**, selecione o sistema de coordenadas, unidades e precisão e verifique as demais propriedades do banco de dados. Clique em **OK** para finalizar (Figura 5.9).

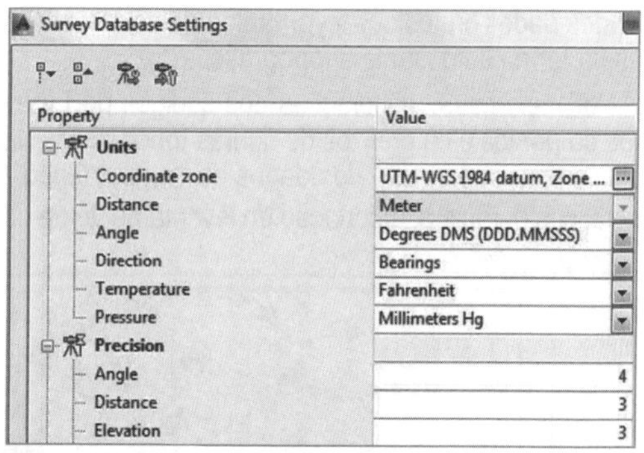

Figura 5.9 Caixa Survey Data base Settings com as configurações do banco de dados.

A próxima etapa é caracterizada pela importação dos dados brutos para o banco de dados topográfico. A sequência do próximo exemplo mostra como importar os dados de um arquivo *TXT*. Esse tipo de arquivo também permite a importação para um banco de dados de *survey* ou, ainda, importar os pontos diretamente para o desenho sem a necessidade de do banco de dados.

11. Selecione pela ribbon **Insert → Import → Import Survey Data**. É possível acessar o comando por meio da aba **Survey** da **Toolspace**. Clique com o botão direito do mouse sobre **Import Events** e selecione a opção **Import Survey Data**.
12. Na caixa **Import Survey Data – Specify Database** selecione a base de dados **Topografia** e clique em **Next**.
13. Selecione o tipo de arquivo **Point File** no quadro **Data source type** da caixa de diálogo. No campo **Select Files**, clique no botão **+** para selecionar o arquivo de texto.
14. Na caixa de diálogo **Select Source File,** localize o arquivo **Pontos.TXT**, disponível no site da Editora Érica, e clique no botão **Open**.
15. No quadro **Specify point file format** da caixa de diálogo **Import Survey Data – Specify Data Source**, selecione o formato **PNEZD (comma delimited)**, composto pela sequência número do ponto, coordenada norte, coordenada leste, cota e descrição, separada por vírgula. Verifique a exibição do exemplo no quadro **Preview**. Clique em **Next** para prosseguir (Figura 5.10).

16. Clique em **Next** na caixa **Import Survey Data - Specify Network**.
17. Verifique as opções da caixa de diálogo **Import Survey Data - Import Options**. Ligue a opção **Process Linework During Import**, para visualizar a criação das linhas de trabalho durante a importação. Ligue também a opção **Insert Survey Points**, para inserir os pontos importados no desenho após a importação do arquivo. Clique em **Finish** para concluir.

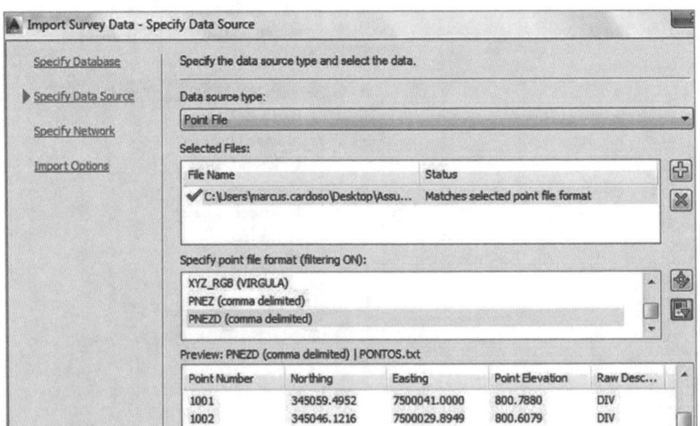

Figura 5.10 Caixa Import Survey Data utilizada durante a importação dos dados do levantamento.

18. Verifique os pontos importados e inseridos na área de desenho.

5.3 Configurações para topografia

Os recursos de *survey* oferecem diversas ferramentas que permitem automatizar o processo para importação dos dados brutos dos levantamentos de campo, além do tratamento dessas informações para representá-las na forma de desenhos topográficos.

Por meio das configurações dos códigos de **Linework Code Set** para definir as linhas de conexão, os estilos de pontos e os prefixos de figuras topográficas (*figure prefix database)*, é possível estabelecer uma metodologia para importação dos dados do campo, tendo como principal objetivo a criação natural de desenhos topográficos durante a importação do levantamento de campo (Figura 5.11).

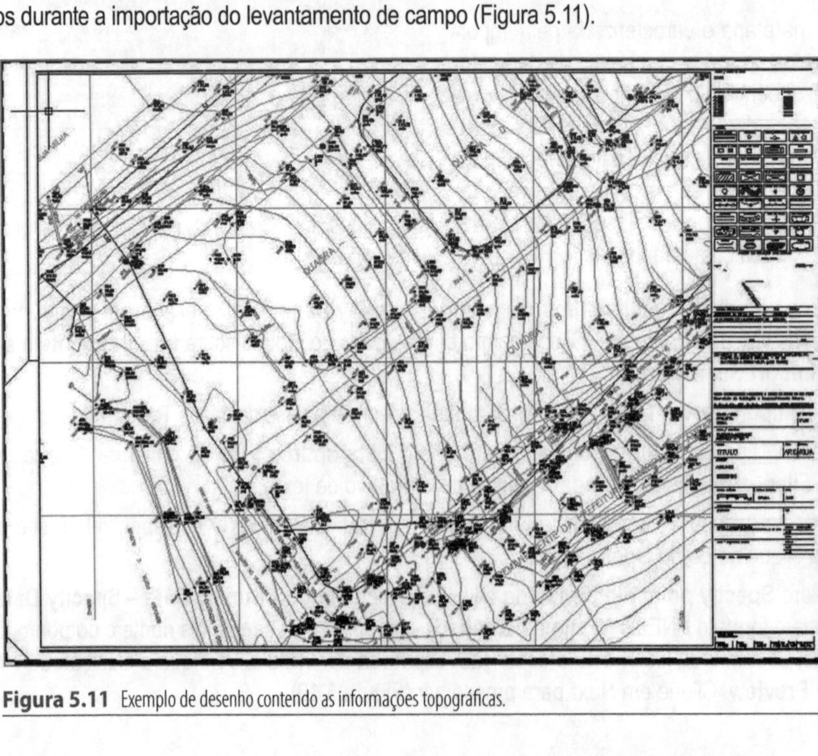

Figura 5.11 Exemplo de desenho contendo as informações topográficas.

5.3.1 Linework Code Set

As equipes de campo e do escritório poderão trabalhar de forma interativa para facilitar o processo de uniformização das entradas e das saídas dos dados topográficos. Os recursos de **Linework Code Set** permitem configurar os códigos presentes nos arquivos do levantamento de campo, provavelmente gerados pelos equipamentos de levantamento. Dessa forma, os códigos dos arquivos de dados dos levantamentos poderão ser interpretados e traduzidos para leitura padronizada nos desenhos topográficos.

A configuração dos códigos de arquivos topográficos é efetuada por meio da aba **Survey** da **Toolspace** do AutoCAD Civil 3D. Ao clicar com o botão direito do mouse sobre **Linework Code Sets,** é possível estabelecer novas regras de códigos ou editar configurações existentes (Figura 5.12).

A Tabela 5.1 exibe as descrições dos principais comandos utilizados na elaboração de arquivos *Field Book*.

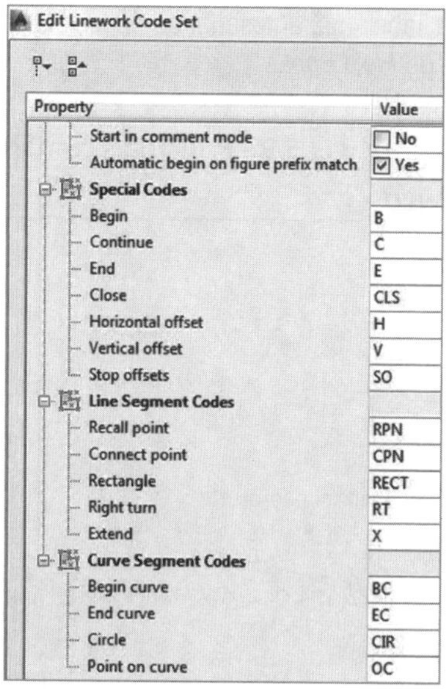

Figura 5.12 Caixa Edit Linework Code Set, para a configuração dos códigos do levantamento de campo.

Tabela 5.1 – Principais comandos para a configuração dos códigos de arquivos de levantamento de campo	
AD (ponto) [ângulo] [distância] (descrição)	F2 VA (ponto) [ângulo] [distância] [ângulo vertical] (descrição)
AD VA (ponto) [ângulo] [distância] [ângulo vertical] (descrição)	F1 VD (ponto) [ângulo] [distância] [distância vertical] (descrição)
AD VD (ponto) [ângulo] [distância] [distância vertical] (descrição)	LAT LONG (ponto) [latitude] [longitude] (descrição)
AP ON (ponto)	NE (ponto) [norte] [leste] (descrição)
AP OFF	NE SS (ponto) [norte] [leste] [elevação] (descrição)
BD VA (ponto) [rumo] [quadrante] [distância] [ângulo vertical] (descrição)	NEZ (ponto) [norte] [leste] [elevação] (descrição)
BD VD (ponto) [rumo] [quadrante] [distância] [distância vertical] (descrição)	PRISM [altura]
DD (ponto) [ângulo] [distância] [ângulo vertical] (descrição)	PT OFFSET (ponto) [afastamento] [vante] (descrição)
DD VA (ponto) [ângulo] [distância] [distância vertical] (descrição)	SKIP
F1 (ponto) [ângulo] [distância] (descrição)	STADIA (ponto) [ângulo] [distância] [rod] [ângulo vertical] (descrição)
F1 VA (ponto) [ângulo] [distância] [ângulo vertical] (descrição)	ZD (ponto) [azimute] [distância] (descrição)
F1 VD (ponto) [ângulo] [distância] [distância vertical] (descrição)	ZD VA (ponto) [azimute] [distância] [ângulo vertical] (descrição)
F2 (ponto) [ângulo] [distância] (descrição)	ZD VD (ponto) [azimute] [distância] [distância vertical] (descrição)

A Tabela 5.2 apresenta os principais comandos para a criação de figuras topográficas por meio de arquivos de *Field Book*.

Tabela 5.2 - Principais comandos para a definição de figuras topográficas

COMANDO	DESCRIÇÃO
AREA [figura]	Lista a área e o perímetro de uma figura.
BEG [figura]	Inicia uma nova figura topográfica.
C3	Desenha uma curva de três pontos.
CLOSE	Fecha uma figura.
CLOSE BLD	Fecha uma figura.
CLOSE RECT [afastamento]	Fecha uma figura.
CONT [figura]	Continua uma figura adicionando vértices.
CRV [DELTA, LENGTH, DEFL, MID, TAN, CHORD] [raio] [valor]	Cria uma curva na figura atual.
DEL FIG [figura]	Apaga a figura do desenho.
DISP FIGS	Exibe os nomes de todas as figuras presentes no desenho atual.
END	Indica o final de uma figura.
FIG AD [ângulo] [distância]	Cria um vértice na figura especificando um ângulo e distância.
FIG DD [deflexão] [distância]	Cria um vértice na figura determinando o ângulo de deflexão e a distância.
FIG ZD [azimute] [distância]	Cria um vértice na figura determinando o azimute e a distância.
FIG BD [rumo] [quadrante] [distância]	Cria um vértice na figura determinando o rumo e a distância.
FIG NE [norte] [leste]	Cria um vértice na figura especificando coordenadas.
ID FIG	Identifica uma figura.
INVERSE FIG [figura]	Exibe a informação de fechamento (inverse) para a figura.
MCS	Inicia uma curva de múltiplos pontos em uma figura ativa.
MCE	Finaliza uma curva de múltiplos pontos em uma figura ativa.
MAPCHECK [figura]	Visualiza as informações de uma figura.
OFFSET [figura] [distância]	Cria afastamentos na figura.
PC	Determina que o próximo ponto é um ponto de curvatura.
POINT [figura]	Seleciona um ponto existente para ser utilizado como o próximo vértice em uma figura.
RT [distância]	Define o giro à direita (rightturn) em uma figura.
SET (ponto)	Cria um ponto na locação atual de uma figura.
START [figura]	Estende a figura ao ponto inicial.
XC ZD (BULB) [raio] [corda do azimute] [distância da corda]	Cria uma curva utilizando a corda do azimute.

Tabela 5.2 - Principais comandos para a definição de figuras topográficas (cont.)

COMANDO	DESCRIÇÃO
XC BD (BULB) [raio] [corda do rumo] [quadrante] [distância da corda]	Cria uma curva utilizando a corda do rumo.
XC AD (BULB) [raio] [ângulo da corda] [distância da corda]	Cria uma curva não tangencial.
XC DD (BULB) [raio] [deflexão da corda] [distância da corda]	Cria uma curva utilizando a deflexão da corda.
XC C3 [ponto na curva] [ponto final]	Cria uma curva utilizando um ponto na curva.
XC PTS [raio] [ponto do raio] [ponto final]	Cria uma curva definindo um ponto para o raio.

Agora, execute os procedimentos a seguir para acessar o arquivo de formato *FBK* e identificar os comandos e códigos utilizados pelos recursos de *survey*.

1. Abra o explorador de arquivos do sistema operacional.
2. Navegue até a pasta dos arquivos dos exercícios, disponível no site da Editora Érica.
3. Localize e abra o arquivo **Levantamento.FBK** com o aplicativo **Bloco de Notas** ou qualquer outro aplicativo de edição de textos.
4. Nas primeiras linhas do arquivo, verifique os dados do posicionamento do equipamento descritos por *STA*.
5. Os valores da descrição *PRISM* indicam a altura do prisma do equipamento.
6. Alguns pontos do arquivo apresentam sua descrição como *DIV*, *CS* e *ARV*.
7. Nas listas finais do arquivo, estão posicionadas as figuras topográficas iniciadas com os comandos *BEGIN CASA*, *BEGIN DIV* e *BEGIN GUIA*.
8. Feche o arquivo e o editor de textos.

5.3.2 Configuração dos prefixos para as figuras topográficas

As figuras topográficas (*survey figures*) são as ligações entre os pontos do levantamento quando organizados por seus códigos (Figura 5.13). Elas podem representar os alinhamentos de ruas, bordos de guias e demais geometrias do levantamento de campo, como edificações e lotes. A aba **Survey** da **Toolspace** do Autodesk AutoCAD Civil 3D controla o comportamento das figuras topográficas por meio de seus códigos descritos nos arquivos com os dados dos levantamentos.

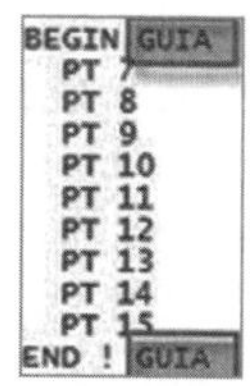

Figura 5.13 Códigos de definição de figuras topográficas.

A definição para as regras de nomenclaturas e prefixos das figuras topográficas poderá ser previamente alinhada entre as equipes de campo e escritório, o que poderá facilitar o processo de importação e saída dos dados. As configurações de prefixos para as figuras topográficas ficarão disponíveis na base de dados topográficos por meio da categoria **Figure Prefix Databases,** na aba **Survey** da **Toolspace**.

A caixa de diálogo **Figure Prefix Database Manager** é exibida quando editamos ou criamos uma nova configuração (Figura 5.14). Com o botão direito do mouse sobre **Figure Prefix Databases** e selecionando a opção **New,** pode-se criar uma nova configuração. Para editar uma configuração existente, clique com o botão direito do mouse sobre a configuração desejada e selecione a opção **Manage Figure Prefix Database**.

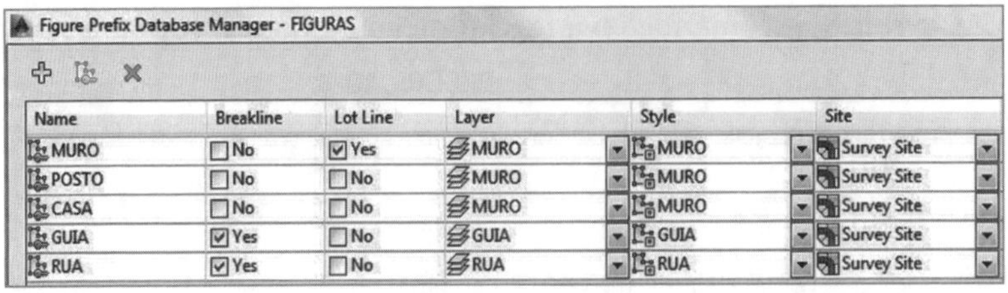

Figura 5.14 Caixa de diálogo do gerenciador de figuras topográficas.

A caixa de diálogo **Figure Prefix Database Manager** exibe as configurações para as figuras topográficas por meio de suas colunas, em que:

Name: coluna que especifica o nome da figura utilizando o prefixo do arquivo do levantamento.

Breakline: coluna utilizada para determinar se a figura será utilizada como linha obrigatória na definição do modelo da superfície durante a sua criação.

Lot Line: coluna que especifica se o segmento da figura criada tratada como um segmento de *parcel* para a manipulação de lotes.

Layer: coluna para a definição do *layer* para a figura durante sua criação.

Style: coluna de escolha do estilo de representação para os segmentos da figura, como estilos para guias, muros e cercas.

Site: coluna que especifica a pasta de localização da figura no desenho. O recurso de **Sites** permite gerenciar estruturas de pastas para organização dos objetos dentro dos desenhos.

O próximo exemplo mostra como criar as configurações para três figuras topográficas presentes no arquivo *Levantamento.FBK*. Será necessário personalizar os estilos para a representação dessas figuras topográficas.

Agora, estude o exemplo a seguir:

1. Inicie um novo desenho utilizando o arquivo de template_**AutoCAD Civil 3D 2016_BRA (DER).DWT**, fornecido com a instalação do pacote *BrazilContent*. Se preferir, utilize o arquivo **_MODELO.DWT,** criado anteriormente.
2. Na aba **Settings** da **Toolspace,** crie os estilos de figuras **CASA**, **DIVISA** e **GUIA** na categoria **Survey → Figures → Figure Styles**; selecione os *layers* e as cores apropriadas (Figura 5.15).

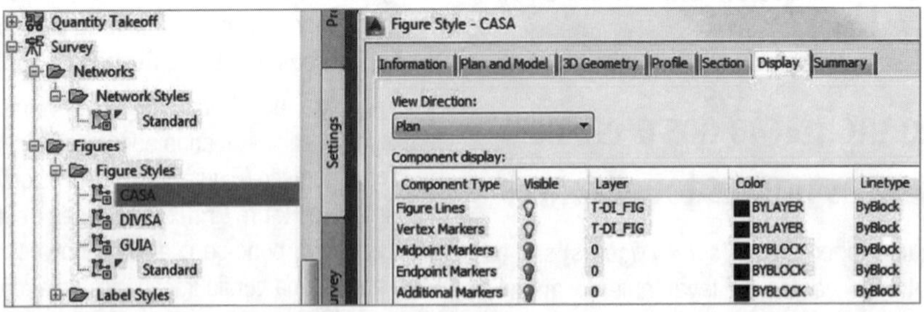

Figura 5.15 Aba Setting com as figuras topográficas configuradas.

3. Pela aba **Survey**, clique com o botão direito do mouse sobre **Figure Prefix Database** e selecione a opção **New**.
4. Na caixa de diálogo **New Figure Prefix Database**, digite **Figuras** para definir o nome da configuração e clique em **OK**.

5. Clique com o botão direito sobre **Figuras** e selecione a opção **Manage Figure Prefix Database** para definir sua configuração.
6. Na caixa de diálogo **Figure Prefix Database Manager**, clique no botão **+** para criar as figuras topográficas (Figura 5.16). Clique em **OK** para finalizar.

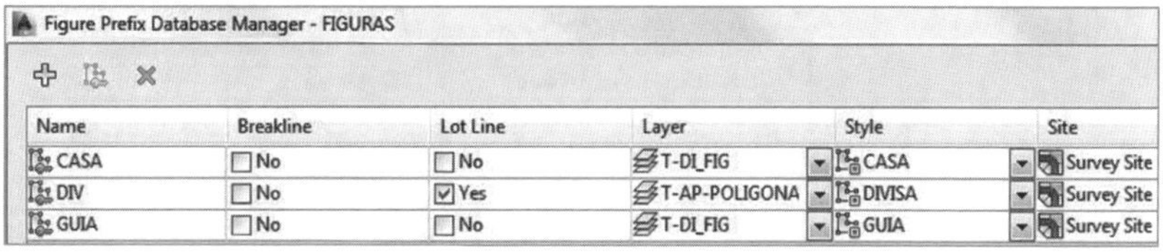

Figura 5.16 Gerenciador de figuras topográficas - Figure Prefix Database Manager.

7. Na aba **Survey,** clique com o botão direito do mouse sobre **Figuras** e selecione a opção **Make current** para aplicar as configurações.
8. Grave o arquivo template como _**Padrão-Civil-3D.DWT**.

A próxima etapa é caracterizada pela importação dos dados brutos para o banco de dados topográfico. O exemplo a seguir mostra como importar os dados de um arquivo *FBK*; com esse tipo de arquivo, tornam-se possíveis a criação redes (*networks*) e a adição das figuras topográficas, além da possibilidade de elaboração de análises nos dados topográficos.

Agora, estude o exemplo a seguir:

1. Inicie um novo desenho utilizando o arquivo de template_**Padrão-Civil-3D.DWT** criado anteriormente.
2. Na aba **Survey** da **Toolspace,** clique com o botão direito do mouse sobre **Survey Databases** e selecione a opção **New Local Survey Database** para criar um novo banco de dados topográficos (*survey databases*) com o nome **Levantamento**; clique no botão **OK**.
3. Na aba **Survey** da **Toolspace,** expanda **Survey Databases** → **Levantamento**, clique com o botão direito do mouse sobre **Import Events** e selecione a opção **Import Survey Data**.
4. Na aba **Specify Data Source** da caixa de diálogo **Import Survey Data**, altere o tipo de arquivo no campo **Data source type** para **Field Book File**. Selecione o arquivo **Levantamento.FBK** eclique em **Next** (Figura 5.17).

Figura 5.17 A aba Specify Data Source permite selecionar o arquivo do levantamento de campo.

5. Na aba **Specify Network**, clique em **Create New Network** para criar uma rede com o nome **Levantamento**. Clique em **Next** para prosseguir.
6. Na aba **Import Options**, selecione **FIGURAS** no campo **Current figure prefixdata base**. Habilite a opção **Show interactive graphics** para visualizar a animação sequencial do levantamento durante o processo de importação. Habilite,também, a opção **Insert network object** para inserir a rede (*network*). Clique em **Finish** para importar os dados (Figura 5.18)

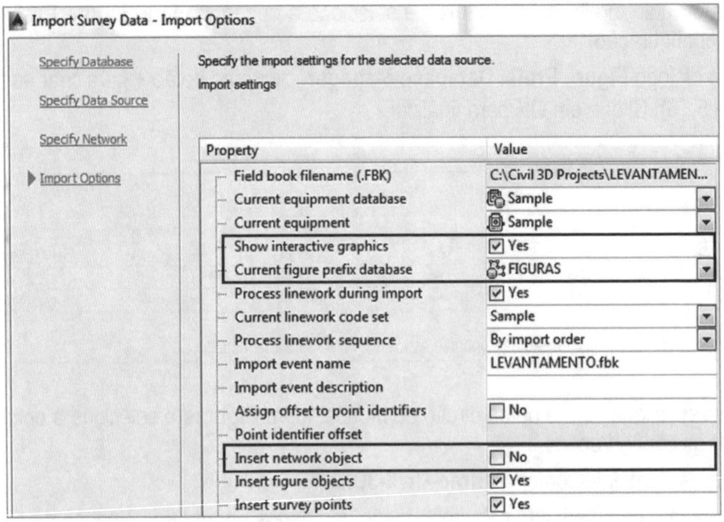

Figura 5.18 Aba ImportOptions para configuração dos parâmetros de importação do arquivo do levantamento.

Por meio do arquivo de formato **Field Book** (*FBK*), pode-se observar a inserção dos dados topográficos na mesma ordem sequencial do arquivo.

Esse exemplo ilustrou de forma simples que o processo para a importação dos dados do levantamento pode ser automatizado pelas configurações dos prefixos para as figuras topográficas e dos códigos de *linework*, além da definição de estilos de representação dos pontos e das figuras, beneficiando a criação automatizada dos desenhos topográficos.

1. Verifique os dados importados na área de desenho. Por meio da aba **Survey,** observe os objetos pontos, figuras e *network* importados do arquivo *Field Book*.
2. Grave o arquivo como **Levantamento.DWG**.

As figuras topográficas, assim como os pontos importados, podem ser manipuladas pela ribbon contextual **Survey** exibida quando selecionamos um objeto desejado na área de desenho. A ribbon contextual de figuras possibilita acessar a caixa de propriedades, editar a geometria horizontal e verificar as elevações dos vértices das figuras selecionadas, além de possibilitar de atualizar o banco de dados com as novas correções ou, ainda, importar novamente os objetos do banco de dados para o desenho atual.

Dependendo da quantidade de informação presente no arquivo dos levantamentos de campo, é possível criar grupos de redes (*network groups*), grupos de figuras (*figure groups*) e grupos de pontos do banco de dados (*survey point groups*). Dessa forma, podem-se organizar os objetos do levantamento e facilitar a sua seleção.

Outro recurso de *survey* disponível são os objetos **traverses,** que possibilitam a criação manual ou automática de poligonais na região do levantamento. Diversas análises podem ser executadas nos objetos **traverses** para a correção e o fechamento das poligonais. A ferramenta está disponível ao clicar com o botão direito do mouse sobre **Traverses** e selecionar a opção **Traverse Analysis** (Figura 5.19).

Figura 5.19 Recurso Traverses para a manipulação de poligonais.

A caixa de diálogo **Traverse Analysis** permite configurar os parâmetros e selecionar um dos métodos disponíveis para a execução da análise de fechamento de poligonais por meio dos campos **Horizontal adjustment method** e **Vertical adjustment method**. Verifique no manual de usuário as fórmulas para os métodos de ajustes de poligonais (Figura 5.20).

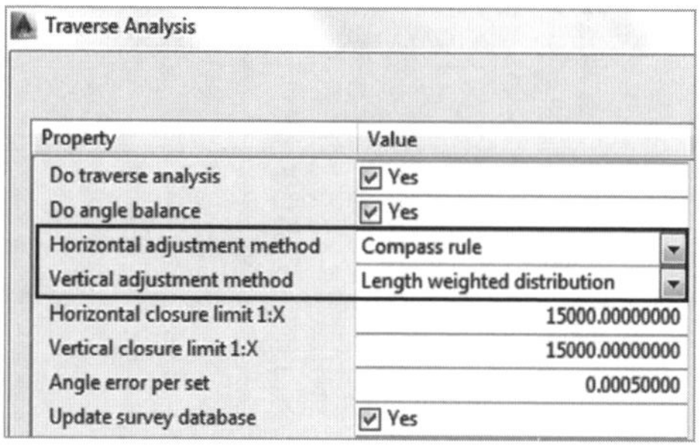

Figura 5.20 Caixa Traverse Analysis para execução de análises nas poligonais.

Agora, estude o exemplo a seguir para criar a poligonal do levantamento de campo.

1. Abra o arquivo **Levantamento.DWG**.
2. Na aba **Survey** da **Toolspace**, clique com o botão direito do mouse sobre **Levantamento** e selecione a opção **Open for Edit**.
3. Na aba **Survey** da **Toolspace,** expanda **Survey Databases → Levantamento → Networks → Levantamento → Traverses**.
4. Clique com o botão direito do mouse sobre **Traverses** e selecione a opção **New**.
5. Na caixa **New Traverse,** no campo **Name,** digite **Poligonal** e, no campo **Initial Station,** digite **1000**, para determinar o ponto inicial da poligonal. Clique no botão **OK**.
6. Clique na categoria **Traverses** para exibir a poligonal criada na parte inferior da aba **Survey** da **Toolspace;** com o botão direito do mouse, clique sobre **Poligonal** e selecione a opção **Edit Traverse**.
7. Na aba **Traverse e Editor** da janela **Panorama,** verifique os dados da poligonal criada.
8. Feche a janela **Panorama**. Clique com o botão direito do mouse sobre **Poligonal** e selecione a opção **Traverse Analysis**.
9. Na caixa de diálogo **Traverse e Analysis,** verifique as configurações e os métodos de análises, e clique no botão **OK** para processar as análises.
10. Os resultados das análises são exibidos por meio do aplicativo Bloco de Notas.

5.4 Pontos do levantamento

A manipulação de pontos é, na maioria das vezes, a parte fundamental do processo de tratamento dos dados provenientes dos levantamentos de campo. Na maior parte dos projetos, os pontos são utilizados para identificar características da região de um levantamento, como postes, árvores, limites de propriedades e demais peculiaridades topográficas.

Os pontos podem ser importados, convertidos e criados diretamente na área de desenho. Dessa forma, são gerados objetos pontos do AutoCAD Civil 3D, em que os aspectos gráficos podem ser controlados por meio de estilos e interagir com outros objetos do AutoCAD Civil 3D, como superfícies e tabelas, determinando, assim, a interação inteligente no modelo do projeto.

Sabemos que é possível manipular os pontos importados no banco de dados topográficos por meio dos recursos de *survey*, mas é possível, ainda, trabalhar com os pontos sem a necessidade de importá-los para o banco de dados, ou seja, importá-los e manipulá-los diretamente no arquivo de desenho (Figura 5.21).

Cabe ao usuário decidir qual o caminho a seguir, o que poderá depender da quantidade de dados, do tipo de arquivos de dados ou, ainda, da necessidade de compartilhar os dados de campo com outros profissionais envolvidos nos projetos. Devemos considerar, ainda, que os dados de pontos importados para um desenho ficam exclusivamente no arquivo *DWG e*, dessa forma, algumas restrições poderão ocorrer no compartilhamento dos dados, enquanto, ao utilizar as funcionalidades de banco de dados de *survey*, as informações poderão ser compartilhadas de maneira mais segura e eficaz.

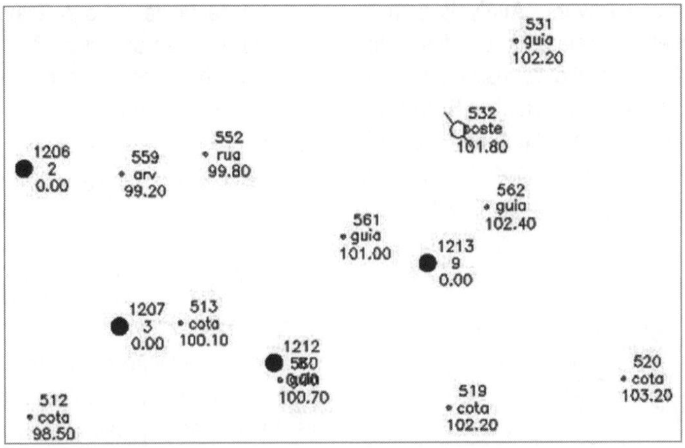

Figura 5.21 Pontos importados do arquivo do levantamento de campo.

5.4.1 Grupos de pontos

A elaboração de grupos de pontos permite efetuar a classificação dos pontos levantados para organizar e controlar as suas representações nos desenhos. Pode-se trabalhar com inúmeros grupos de pontos para representá-los em categorias diferentes no desenho; por exemplo, um grupo de pontos denominado **Postes** poderá filtrar todos os pontos que possuírem a descrição **Poste** e organizá-los em um único grupo. Dessa forma, todos os pontos desse grupo poderão ser representados com uma simbologia específica, assim como os grupos de pontos árvores, caixas e outros (Figura 5.22).

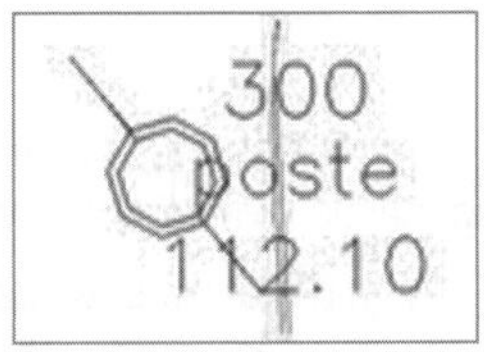

Figura 5.22 Estilo de ponto para a representação de poste.

A caixa de diálogo **Point Group Properties** é utilizada durante o processo de criação ou edição dos grupos de pontos no desenho e pode ser acessada pela ribbon **Home → Create Ground Data → Points → Create Point Group** ou pela aba **Prospector** da **Toolspace,** ao clicar com o botão direito do mouse sobre **Point Groups** e selecionar a opção **New**.

A aba **Information** da caixa de diálogo **Point Group Properties** define o nome para o grupo de pontos, além de selecionar os estilos para representar o símbolo e os rótulos a todos os pontos pertencentes ao grupo (Figura 5.23).

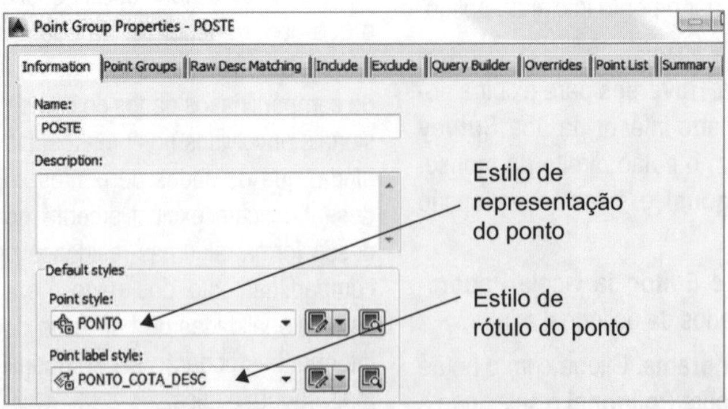

Figura 5.23 Caixa de diálogo Point Group Properties, para a organização dos pontos do levantamento.

A aba **Point Groups** da caixa de diálogo **Point GroupProperties** possibilita agregar grupos de pontos existentes no desenho ao grupo atual (Figura 5.24).

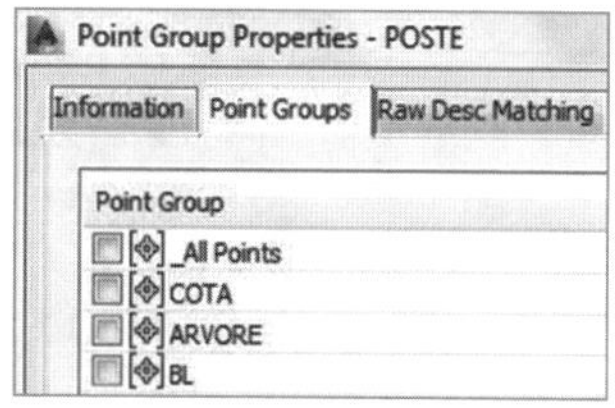

Figura 5.24 Aba Point Groups para a escolha de grupos de pontos existentes no desenho.

A aba **Raw Desc Matching** da caixa de diálogo **Point Group Properties** permite selecionar as chaves de descrição (*description keys*) configuradas previamente, as quais auxiliam no processo de classificação dos pontos para os grupos de pontos.

A aba **Include** da caixa de diálogo **Point Group Properties** controla a definição de filtros para seleção dos pontos existentes no desenho. É possível filtrar pontos por sequência numérica, faixas de elevações, nomes e descrições dos pontos presentes no arquivo (Figura 5.25).

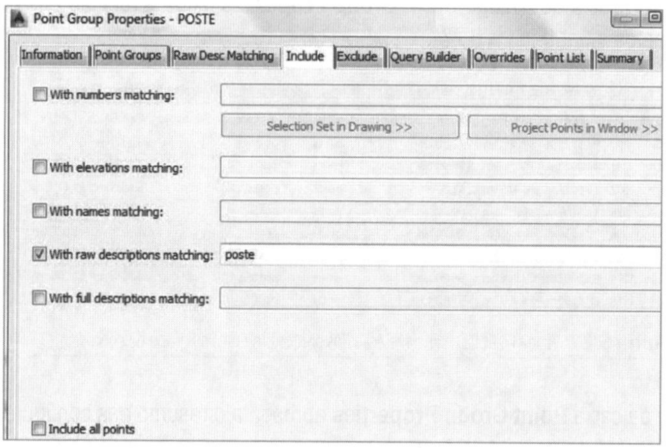

Figura 5.25 Aba Include da caixa Point Group Properties utilizada na aplicação de filtros para os pontos.

With numbers matching: recurso para a definição de filtros de pontos existentes no desenho por meio de sequências numéricas.

With elevation matching: recurso que configura filtros de pontos do desenho por meio das elevações dos pontos.

With names matching: recurso para a criação de filtros de pontos pela identificação de nomes dos pontos presentes no desenho.

With raw description matching: recurso que permite a definição de filtros de pontos por critérios das descrições dos pontos existentes no desenho. Essa opção é muito utilizada para filtrar partes das descrições dos pontos.

With full description matching: recurso que define filtros de pontos por intermédio das descrições dos pontos presentes no desenho.

Include allpoints: recurso para adicionar todos os pontos existentes no desenho ao grupo de pontos atual.

A aba **Exclude** da caixa de diálogo possui as mesmas opções da aba **Include**, entretanto, suas configurações são utilizadas como filtros para a remoção de pontos indesejados do grupo de pontos atual.

A aba **Query Builder** da caixa de diálogo **Point Group Properties** permite a elaboração de fórmulas para auxiliar nos filtros de pontos do desenho (Figura 5.26).

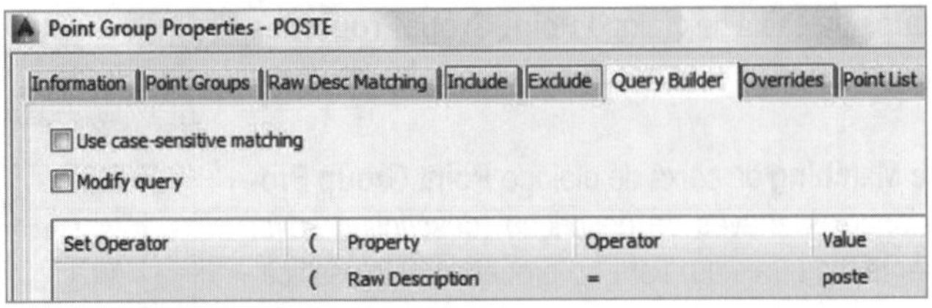

Figura 5.26 Aba Query Builder utilizada na elaboração de fórmulas para filtrar pontos do desenho.

A aba **Overrides** da caixa **Point Group Properties** controla a substituição de estilos e rótulos dos pontos presentes no grupo de pontos atual, por meio de regras por elevações e descrições dos pontos filtrados.

A aba **Point List** da caixa de diálogo **Point Group Properties** exibe a relação dos pontos filtrados presentes no grupo de pontos atual (Figura 5.27).

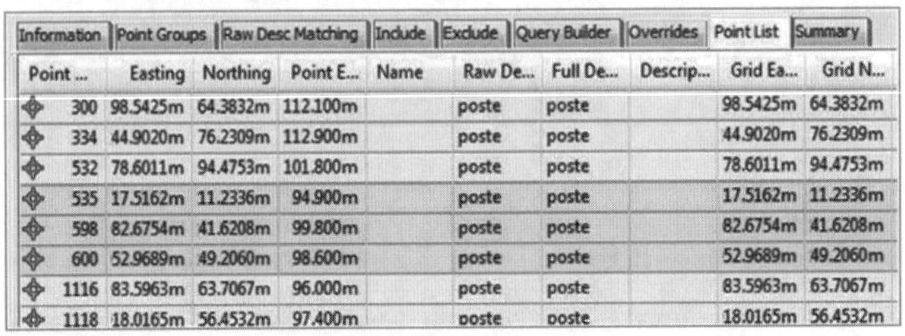

Figura 5.27 A aba Point List exibe a relação dos pontos presentes no grupo de pontos.

A aba **Summary** da caixa **Point Group Properties** apresenta o resumo das configurações presentes no grupo de pontos atual, além de permitir efetuar alterações nas configurações estabelecidas para o grupo de pontos (Figura 5.28).

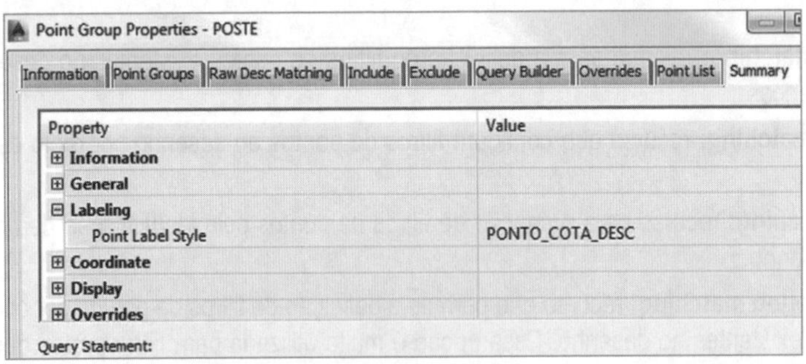

Figura 5.28 Aba Summary apresenta o resumo das configurações aplicadas ao grupo de pontos.

A criação dos grupos de pontos pode ser desenvolvida em qualquer momento durante o ciclo de elaboração do projeto; entretanto, é possível prever essas configurações desde a preparação do arquivo de template para a padronização dos desenhos, como ilustrado no próximo exemplo.

Agora, estude o exemplo a seguir:

1. Inicie um novo desenho utilizando o arquivo de template_**Padrão-Civil-3D.DWT** criado anteriormente. É possível trabalhar com qualquer outro template no sistema métrico, inclusive com o arquivo *_AutoCAD Civil 3D 2016_BRA (DER).DWT*.

2. Selecione pela ribbon **Home → Create Ground Data → Points → Create Point Group**.
3. Na aba **Information** da caixa de diálogo **Point Group Properties**, digite **poste** no campo **Name**. Selecione o estilo **Poste** no campo **Point Styles** para definir o estilo de representação dos pontos para esse grupo. Selecione o estilo **Ponto_Cota_Desc** para definir os rótulos para os pontos por meio do campo **Point Label Style**.
4. Na aba **Include**, habilite a opção **With raw descriptions matching** e digite **poste** no quadro ao lado.
5. Clique no botão **OK** para concluir a criação do grupo de pontos para os postes.
6. Execute os passos anteriores para criar outros grupos de pontos para estação, PV, registro e outros.
7. Grave o arquivo como um novo template. Como boa prática, pode ser interessante sobrescrever o arquivo **Padrão-Civil-3D.DWT** para atualizar esse arquivo de template.

5.4.2 Chaves de descrição de pontos

As chaves de descrição, ou *description keys,* são ferramentas auxiliares que permitem controlar automaticamente a representação dos pontos, aplicando critérios conhecidos nos pontos presentes no desenho ou durante o processo de importação dos pontos. Diferentemente dos grupos de pontos, nos quais o controle é aplicado automaticamente a todos os pontos pertencentes ao grupo, as chaves de descrição possibilitam o controle individual dos pontos presentes no desenho.

Pela aba **Settings** da **Toolspace** do Autodesk AutoCAD Civil 3D, é possível criar diversas chaves de descrição acessando **Point → Description Key Sets** (Figura 5.29).

Após definir o nome de um conjunto de chaves de descrição (*description key sets*), é possível editar as suas configurações por meio da aba **Desc. Key Editor** da janela **Panorama** (Figura 5.30).

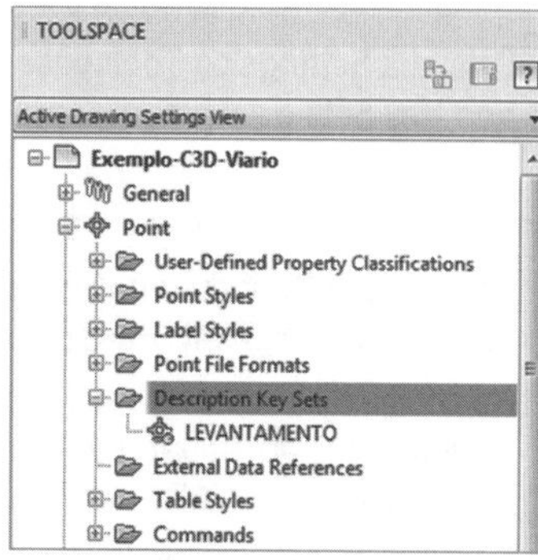

Figura 5.29 Chaves de descrição presentes na aba Settings da Toolspace.

Figura 5.30 Aba DescKey da janela Panorama, utilizada na definição de chaves de descrição de pontos.

A coluna **Code** permite a entrada com a descrição para filtrar os pontos desejados e utilizar os caracteres *wildcards* para auxiliar na filtragem das descrições originais dos pontos.

A coluna **Style** permite selecionar o estilo de representação para os pontos, assim como a coluna **Point Label Style,** que possibilita a escolha de estilos para os rótulos.

Por intermédio da coluna **Format,** é possível configurar os caracteres que serão exibidos na descrição dos pontos selecionados, recurso utilizado na tradução dos códigos originais, exibindo-os com a nova descrição desejada. O exemplo da Figura 5.30 demonstra que os pontos que possuírem a descrição **Arv** passarão a ter sua nova descrição convertida para **ARVORE**. A utilização da expressão **$*** indica que será aplicada a mesma descrição original dos pontos.

A aba **Desc. Key Editor** da janela **Panorama** permite, ainda, especificar *layers*, escalas, entre outras configurações para os pontos.

O exemplo a seguir mostra como criar um conjunto de chaves de descrição com base nas informações contidas no arquivo *Pontos.TXT*. Para a compreensão do recurso, é recomendado abrir esse arquivo de texto com o aplicativo Bloco de Notas, para verificar a formatação dos dados e os conteúdos das descrições dos pontos levantados.

Agora, estude o exemplo a seguir:

1. Inicie um novo desenho utilizando o arquivo de template_**Padrão-Civil-3D.DWT** criado anteriormente. É possível trabalhar com qualquer outro template no sistema métrico, inclusive o arquivo *_AutoCAD Civil 3D 2016_BRA (DER).DWT*.
2. Como procedimento opcional, pode-se importar um estilo de ponto (**point style**) de um arquivo existente para a representação das árvores. Acesse a ribbon **Manage** → **Styles** → **Import**. Na caixa de diálogo, localize o arquivo **_AutoCAD Civil 3D (Metric) NCS.DWT,** presente na pasta de templates do sistema, e importe apenas o estilo de ponto denominado **Tree**.
3. Pela aba **Settings** da **Toolspace**, expanda **Point**, clique com o botão direito do mouse sobre **Description Key Sets** e selecione a opção **New**.
4. Na caixa de diálogo **Description Key Set**, digite **Levantamento** no campo **Name** e clique em **OK** para criar um novo conjunto de chaves de descrição.
5. Na categoria **Description Key Set** da aba **Settings**, clique com o botão direito sobre **Levantamento** e selecione a opção **Edit Keys** para configurar as chaves de descrição.
6. Na coluna **Code** da aba **Desc. Key Editor** da janela **Panorama,** é possível digitar os códigos conforme as descrições do arquivo *Levantamento.TXT,* disponível no site da Editora Érica. Na primeira célula da coluna **Code,** digite **AR*** para filtrar as descrições AR e ARV presentes no arquivo de texto.
7. Escolha um estilo para representar as árvores na coluna **Style** e selecione o estilo de rótulo **Ponto_Cota_Desc** na coluna **Point Label Style**.
8. Digite **ARVORE** na coluna **Format** para alterar as descrições originais das árvores (AR e ARV) e especifique um *layer* para os pontos de árvores pela coluna **Layer**.
9. Clique com o botão direito do mouse sobre a chave **AR*** criada e selecione a opção **New** para criar novas chaves. Crie as chaves para as descrições STA, DIV e CS, especificando estilos e *layers*.
10. A maior parte dos pontos presentes no arquivo de texto não possui descrição, então é possível aproveitar o recurso de chaves de descrição para adicionar a descrição **Cota** a esses pontos.
11. Crie uma nova chave sem adicionar texto na coluna **Code** e selecione os estilos e o *layer* para os pontos dessa chave. Na coluna **Format,** digite **Cota** para determinar sua nova descrição.
12. Determine as configurações para as chaves criadas na aba **Desckey Editor** da janela **Panorama** (Figura 5.31).

Figura 5.31 Exemplo de configuração de chaves de descrição para os pontos.

13. Feche a janela **Panorama** e grave o arquivo como **Padrão-Civil-3D.DWT**.

5.4.3 Importação de arquivos de pontos

A importação de arquivos de pontos é uma das formas mais utilizadas de obtenção dos dados no formato de textos provenientes dos levantamentos de campos para dentro dos desenhos dos projetos. A ferramenta de importação de arquivos de pontos está localizada na ribbon **Insert → Import → Points From File**. O recurso de importação de pontos não trabalha com o banco de dados topográficos (*survey*); dessa forma, os pontos importados pela ferramenta **Points From File** são inseridos diretamente do arquivo de texto para o desenho.

A caixa de diálogo **Import Point** permite selecionar diversos formatos de arquivos de pontos por meio do botão **+** no quadro **Selected Files**. No campo **Specify Point File Format,** é possível selecionar o formato dos arquivos de pontos, observando a ordenação das informações de posicionamento dos pontos no arquivo de texto original. O quadro **Preview** exibe as configurações efetuadas no arquivo de pontos selecionado (Figura 5.32).

A opção **Add Points to Point Group** da caixa **Import Points** possibilita adicionar os pontos que serão importados para um grupo específico de pontos no desenho. O quadro **Advanced options** exibe as opções para ajustes de elevações e transformação de coordenadas, quando desejada.

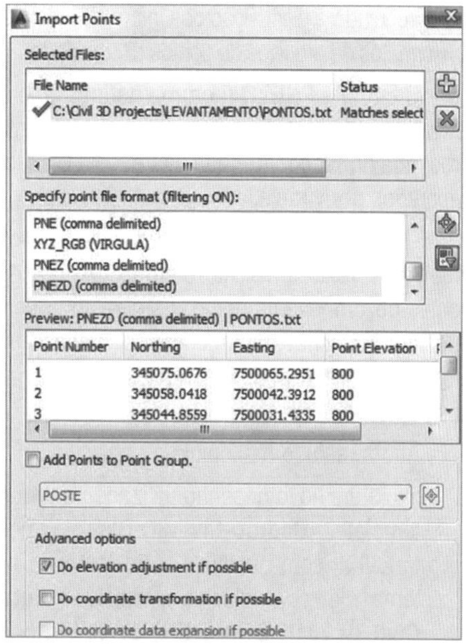

Figura 5.32 Interface da caixa Import Points para a importação de arquivos de pontos.

Para garantir a boa utilização durante o processo de importação de dados de pontos, é recomendada a prévia visualização dos dados recebidos para a compreensão do formato do arquivo de pontos. Os formatos disponíveis no Autodesk AutoCAD Civil 3D atendem a maioria dos formatos de arquivos de pontos existentes no mercado; entretanto, é possível receber formatos de arquivos de pontos diferenciados; para esses casos, será necessário utilizar o recurso de gerenciador de formatos para desenvolver novos formatos de entrada de dados.

O quadro **Specify Point File Format** da caixa de diálogo **Import Points** disponibiliza a ferramenta **Manage Formats**, que acessa a caixa de diálogo **Point File Format,** permitindo a criação e o gerenciamento de novos formatos para obedecer à ordem das informações presentes nos arquivos de pontos diferenciados, muitas vezes gerados de aplicativos ou equipamentos de campo (Figura 5.33).

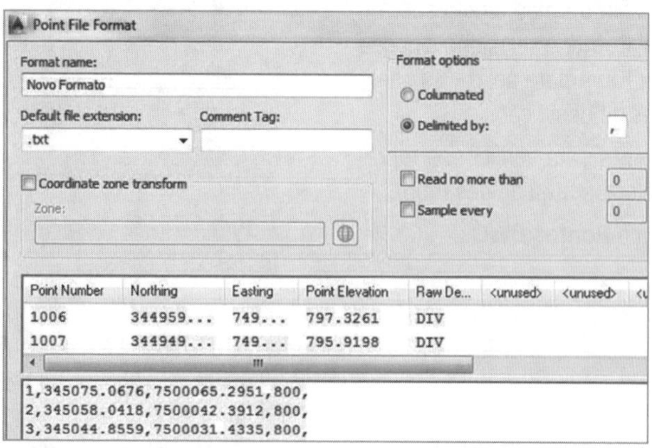

Figura 5.33 A caixa Point File Format permite a elaboração de formatos de arquivos de pontos.

Por meio da tabela na parte inferior da caixa de diálogo **Point File Format**, é possível personalizar as colunas seguindo a disposição das informações presentes em formatos de arquivos de pontos diferenciados.

O formato **PNEZD (comma delimited)** é caracterizado pela seguinte ordem: número do ponto, coordenada norte, coordenada oeste, cota e descrição, separados por vírgula.

O exemplo a seguir ilustra como importar o arquivo de texto fornecido com as informações de pontos de um levantamento, aproveitando as configurações das chaves de descrição criadas anteriormente para a aplicação das representações gráficas aos pontos importados.

Agora, estude o exemplo a seguir:

1. Inicie um novo desenho utilizando o arquivo de template **_Padrão-Civil-3D.DWT**. É possível trabalhar com qualquer outro template no sistema métrico, inclusive o arquivo **_AutoCAD Civil 3D 2016_BRA (DER).DWT.**
2. Pela ribbon **Manage**, selecione a ferramenta **Import → Points From File**.
3. Na caixa de diálogo **Import Points**, clique no botão **+** e selecione o arquivo **Pontos.TXT**, disponível no site da Editora Érica.
4. No quadro **Specify Point File Format**, selecione o formato **PNEZD (comma delimited)**. Verifique as informações no quadro **Preview** e clique no botão **OK** para iniciar a importação do arquivo de pontos selecionado.
5. Expanda **Point Groups** na aba **Prospector** da **Toolspace**, clique com o botão direito sobre o grupo de pontos **All Points** e selecione a opção **Apply Description Keys** para aplicar as configurações de chaves de descrição.
6. Aplique **Zoom Extents** para verificar as representações dos pontos na área de desenho.
7. Graveo arquivo como **Pontos.DWG**.

5.4.4 Criação e manipulação de pontos

Durante a manipulação nos dados da topografia e até mesmo ao longo do desenvolvimento do projeto, poderá ocorrer a necessidade de criação e manipulação de pontos no desenho para complementar algumas características de um terreno levantado ou, ainda, de adicionar pontos em projetos para a complementação das informações técnicas nos desenhos de infraestrutura.

As ferramentas para a elaboração e a manipulação de pontos nos desenhos estão organizadas em categorias e disponíveis pela ribbon **Home → Create Ground Data → Points** (Figura 5.34).

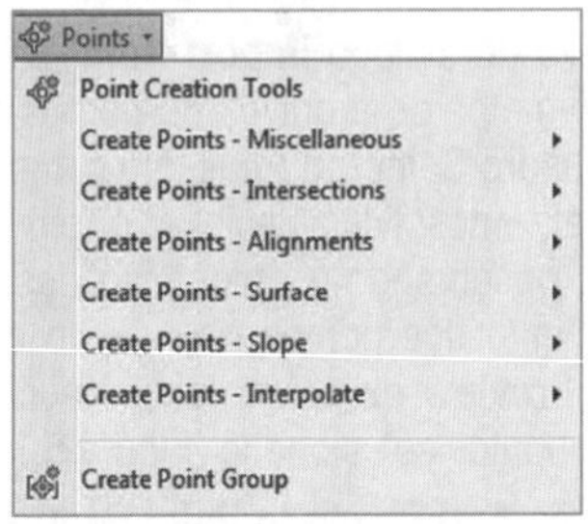

Figura 5.34 Ferramentas para a manipulação de pontos.

O recurso **Point Creation Tools** habilita a barra de ferramentas **Create Points** utilizada na criação de pontos no desenho. Assim como a lista de ferramentas presentes na ribbon de pontos, a barra de ferramentas **Create Points** está organizada em categorias e disponibiliza diversos recursos para a criação e a manipulação de pontos (Figura 5.35).

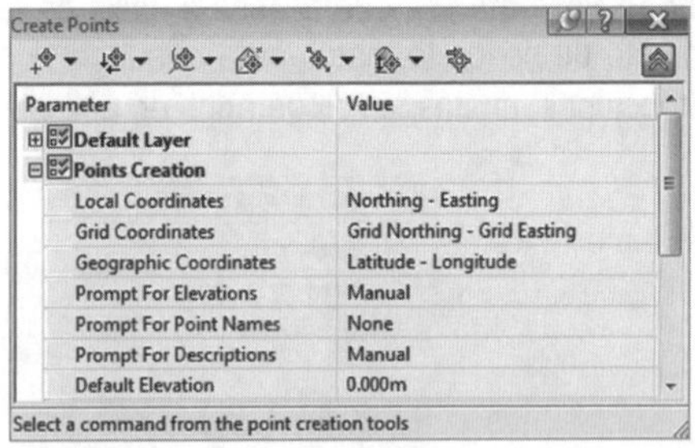

Figura 5.35 Barra de ferramentas Create Points utilizada para a criação de pontos.

Categoria Create Points - Miscellaneous: categoria baseada na criação manual de pontos no desenho (Figura 5.36).

- **Manual:** ferramenta para a criação de pontos determinando sua posição no desenho atual.

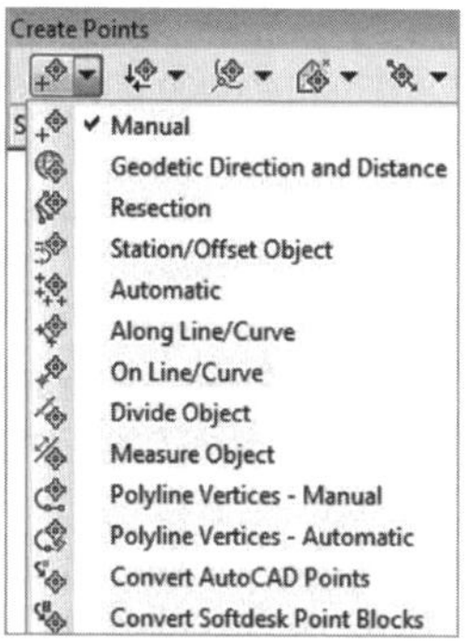

Figura 5.36 Ferramentas da categoria Miscellaneous para a criação de pontos.

- **Geodetic Direction and Distance:** ferramenta que cria pontos especificando direção geodésica e distância.
- **Resection:** ferramenta para criar pontos em uma posição calculada por meio de ângulos entre três pontos conhecidos.
- **Station/Offset Object:** ferramenta para a criação de pontos em um estaqueamento fornecendo a distância de afastamento de um arco, uma linha, uma *feature line* ou uma *lot line*.
- **Automatic:** ferramenta que cria pontos automaticamente nas extremidades de linhas, *feature lines* ou *lot lines*, além de pontos nas extremidades de arcos.
- **Along Line/Curve:** ferramenta para criar pontos ao longo de uma linha, uma *feature line*, uma *lot line* ou um arco, fornecendo a distância de intervalos entre os pontos.
- **On-Line/Curve:** ferramenta para criação de pontos nas extremidades de uma linha, uma *feature line*, uma *lot line* ou um arco e no ponto de interseção PI de arcos.
- **Divide Object:** ferramenta que cria determinada quantidade de pontos equidistantes ao longo de uma linha, uma *feature line*, uma *lot line* ou um arco.
- **Measure Object:** ferramenta que permite criar pontos determinando uma distância ao longo de uma linha, uma *feature line*, uma *lot line* ou um arco.
- **PolylineVertices-Manual:** ferramenta que cria pontos nos vértices de uma *polyline* selecionada, determinando a elevação de cada ponto.
- **PolylineVertices-Automatic:** ferramenta para criar pontos em todos os vértices de uma *polyline* selecionada.
- **Convert AutoCAD Points:** ferramenta que permite converter os pontos de AutoCAD em objetos pontos de Civil 3D.
- **Convert Softdesk Point Block:** ferramenta utilizada para converter blocos de pontos topográficos em objetos pontos do Civil 3D.

Categoria Create Points - Intersections: categoria baseada na criação de pontos utilizando interseções entre diversos tipos de objetos (Figura 5.37).

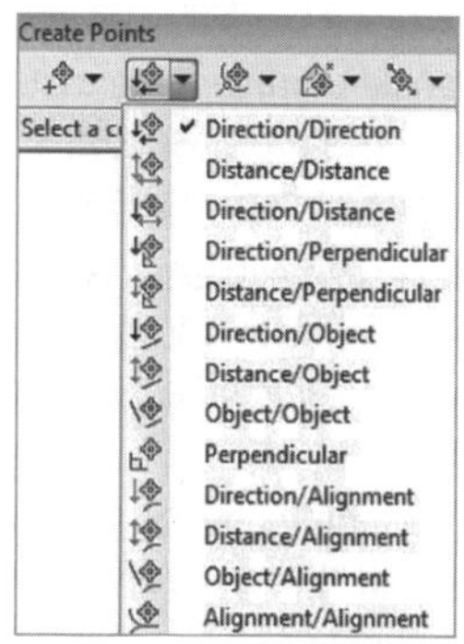

Figura 5.37 Ferramentas de criação de pontos da categoria Intersections.

- **Direction/Direction:** ferramenta que cria um ponto na interseção entre duas direções definidas por dois pontos, um rumo ou um azimute.
- **Distance/Distance:** ferramenta para criar um ponto na interseção entre duas distâncias definidas pelos comprimentos dos raios.
- **Direction/Distance:** ferramenta que cria um ponto na interseção de uma direção (linha) e uma distância (raio).
- **Direction/Perpendicular:** ferramenta para criar um ponto que está na direção de uma linha e perpendicular a um ponto selecionado.
- **Distance/Perpendicular:** ferramenta que cria um ponto que está na radial entre um círculo e um ponto selecionado.

- **Direction/Object:** ferramenta para criar pontos na interseção de um objeto linha, curva ou espiral e a direção de uma linha.
- **Distance/Object:** ferramenta que cria pontos na interseção de um objeto e uma distância radial.
- **Object/Object:** ferramenta que cria um ponto na interseção de linhas, arcos, *lot lines* e *feature lines*.
- **Perpendicular:** ferramenta para criar pontos afastados a uma determinada distância ao longo de uma linha, uma curva, uma *feature line* ou uma *lot line*.
- **Direction/Alignment:** ferramenta para a criação de pontos entre a interseção de direção de uma linha e um alinhamento ou em um ponto afastado de uma interseção.
- **Distance/Alignment:** ferramenta que cria pontos entre a interseção de uma direção de uma linha e um alinhamento.
- **Object/Alignment:** ferramenta para criar pontos entre a interseção de qualquer objeto e um alinhamento ou em um afastamento de uma interseção.
- **Alignment/Alignment:** ferramenta que cria pontos na interseção entre dois alinhamentos ou uma distância deslocada entre dois alinhamentos.

Categoria Create Points – Alignments: categoria baseada na criação de pontos utilizando alinhamentos (Figura 5.38).

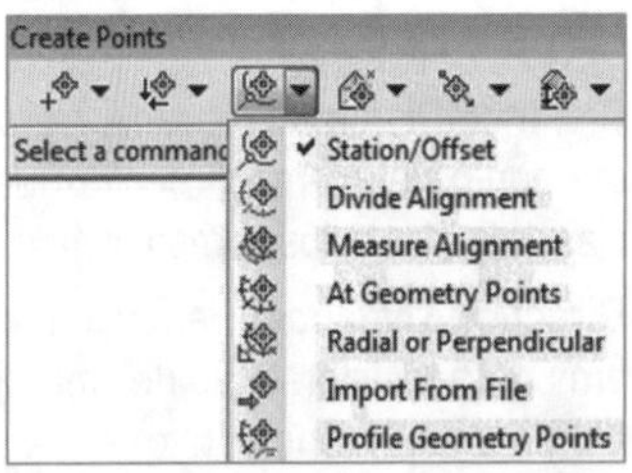

Figura 5.38 Ferramentas de pontos da categoria Alignments.

- **Station/Offset:** ferramenta de criação de pontos afastados do estaqueamento de um alinhamento.
- **Divide Alignment:** ferramenta para criar pontos determinando uma distância ao longo de um alinhamento.
- **MeasureAlignment:** ferramenta de criação de pontos equidistantes ao longo de determinado alinhamento.
- **At Geometry Points:** ferramenta para criar pontos em todos os pontos notáveis de um alinhamento.
- **Radial or Perpendicular:** ferramenta que cria um ponto em um alinhamento radial ou perpendicular a um ponto selecionado.
- **Import From File:** ferramenta para criar pontos ao longo de um alinhamento por meio da importação de um arquivo de texto *ASCII* que contém informações de estaca, afastamento e elevação.
- **Profile Geometry Points:** ferramenta de criação de pontos no alinhamento absorvendo as informações dos pontos notáveis da geometria de seu alinhamento vertical.

Categoria Create Points – Surfaces: categoria baseada na criação de pontos utilizando referências de modelos de superfícies (Figura 5.39).

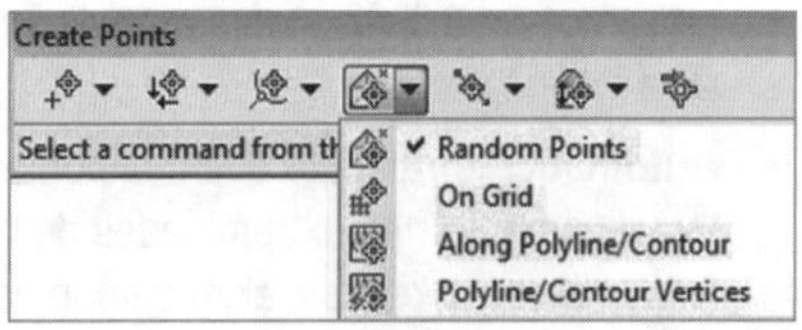

Figura 5.39 Ferramentas de pontos presentes na categoria Surfaces.

- **Random Points:** ferramenta que cria pontos obtendo a elevação por meio de uma superfície selecionada no desenho.
- **On Grid:** ferramenta para criar uma grade de pontos que capturam automaticamente as elevações de uma superfície selecionada.
- **Along Polyline/Contour:** ferramenta utilizada para criar pontos especificando distâncias ao longo de um objeto *polyline* ou uma curva de nível de determinada superfície.
- **Polyline/Contour Vertices:** ferramenta para auxiliar na criação de pontos obedecendo aos vértices de objetos *polylines* ou curvas de nível existentes no desenho.

Categoria Create Points - Interpolate: categoria que utiliza diversos tipos de interpolação para a criação de pontos no desenho (Figura 5.40).

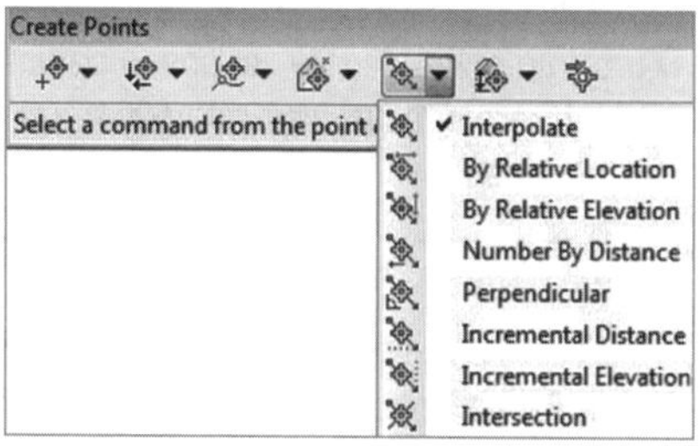

Figura 5.40 Ferramentas de criação de pontos da categoria Interpolate.

- **Interpolate:** ferramenta utilizada para criar pontos interpolados entre dois pontos selecionados.
- **By Relative Location:** ferramenta que cria pontos interpolados entre dois pontos selecionados por meio da aplicação de uma distância.
- **By Relative Elevation:** ferramenta para criar um ponto com uma elevação por meio da interpolação de dois pontos selecionados.
- **Number By Distance:** ferramenta que cria pontos interpolados utilizando uma distância determinada.
- **Perpendicular:** ferramenta que cria pontos automaticamente nas extremidades de linhas, *feature lines*, *lot lines* e centros de arcos.
- **Incremental Distance:** ferramenta para criar pontos interpolados utilizando incrementos de distância.
- **Incremental Elevation:** ferramenta que cria uma série de pontos interpolados determinando o valor de um incremento de elevação ao longo de um trecho de uma linha.
- **Intersection:** ferramenta para a criação de pontos na interseção entre entidades ou onde determinada entidade cruzar com a projeção de uma linha.

Categoria Create Points – Slope: disponibiliza ferramentas para a criação de pontos utilizando declividades (Figura 5.41).

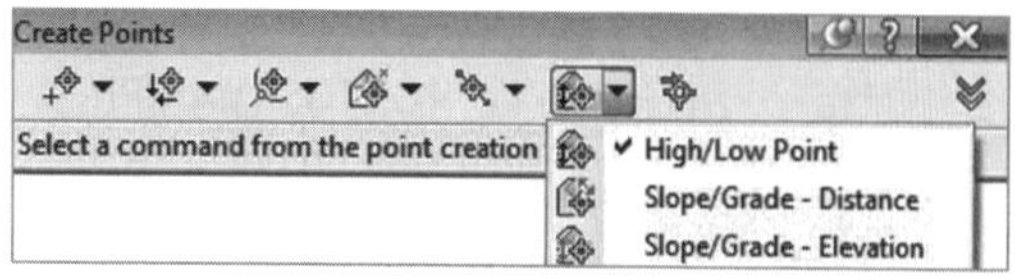

Figura 5.41 Ferramentas de pontos da categoria Slope.

- **High/Low Point:** ferramenta que cria pontos na interseção entre duas inclinações.
- **Slope/Grade Distance:** ferramenta para criar pontos determinando uma inclinação e a distância.
- **Slope/Grade Elevation:** ferramenta que cria pontos com base em uma inclinação do final de uma elevação para criar os dados do terreno acabado.

Import Points: botão que exibe a caixa de diálogo **Import Points** utilizada durante o processo de importação de arquivos de pontos (Figura 5.42).

Figura 5.42 Ferramenta Import Points.

O botão [ícone] da barra de ferramentas **Create Points** exibe as configurações complementares para a criação de pontos no desenho, como configurações para *layer*, além da definição de regras para os nomes e numeração dos novos pontos (Figura 5.43).

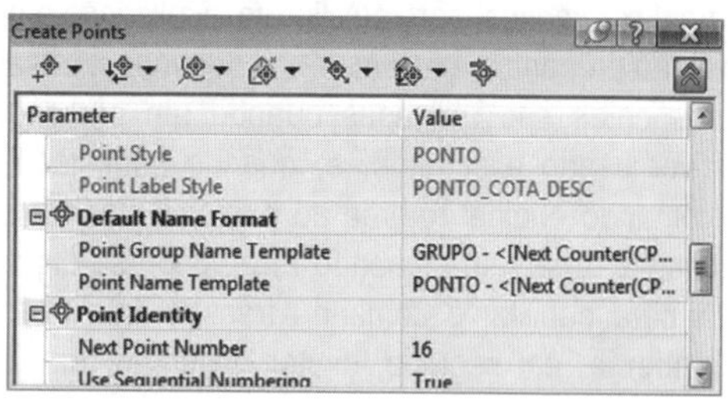

Figura 5.43 Interface expandida da barra de ferramentas Create Points.

O exemplo a seguir mostra a definição de pontos para representar um lote de determinado terreno. Alguns pontos existentes serão utilizados como referência para fechar a geometria do lote.

Agora, estude o exemplo a seguir:

1. Abra o arquivo **5-4-4_PONTOS_MANIPULAÇÃO.DWG**, disponível no site da Editora Érica.
2. Crie um novo grupo de pontos com o nome **Lote** e selecione o estilo **Standard** para o ponto e **PONTO_COTA_DESC** para o seu rótulo. Configure a descrição **Lote** no campo **With raw descriptions matching** da aba **Include** da caixa de propriedades para esse novo grupo. A criação do grupo de pontos **Lote** filtrará as descrições dos novos pontos que serão criados a seguir.
3. Pela ribbon **Home**, selecione a ferramenta **Create Ground Data → Points → Create Points – Interpolate → Interpolate**.
4. Selecione os pontos **5058** e **5059** na área de desenho. Digite **1** na linha de comando para definir a quantidade de pontos que será adicionada entre os pontos selecionados. Pressione a tecla **Enter** para confirmar **0.00m** para o afastamento (*offset*).
5. Digite **Lote** na linha de comando para definir a descrição para o ponto e pressione **Enter**. Tecle **Esc** para finalizar.
6. Na aba **Prospector** da **Toolspace,** clique com o botão direito sobre o grupo de pontos **Lote** e selecione a opção **Update**. Identifique o ponto 16 criado na área de desenho localizado entre os pontos 5058 e 5059.

É possível utilizar as ferramentas complementares denominadas comandos transparentes (*transparent commands*) para auxiliar na localização e na seleção de pontos existentes nos desenhos. Essas ferramentas são utilizadas quando um comando estiver sendo executado, e, quando canceladas, o comando original retorna ao primeiro plano. Por exemplo, durante o comando **Line**, pode-se digitar **'PN** para habilitar o comando transparente **Point Number** e, em seguida, digitar o número de um ponto desejado.

Existem três ferramentas de comandos transparentes para pontos:

Point Number ('PN): ferramenta que permite digitar o(s) número(s) do(s) ponto(s) desejado(s) na linha de comando. Essa ferramenta localiza um ou vários pontos no desenho.

Point Object ('PO): ferramenta para selecionar os pontos desejados diretamente na área de desenho.

Point Name ('PA): ferramenta que localiza um ou vários pontos digitando o nome do ponto na linha de comando.

7. O próximo ponto deverá ser criado partindo do ponto 16 em direção ao ponto 5091, entretanto, obedecendo à distância de 33.50 metros do ponto 16. Selecione pela ribbon **Home → Create Ground Data → Points → Create Points – Interpolate → By Relative Location**.
8. Digite **'PN** na linha de comando para habilitar o comando transparente **Point Number**. Verifique na linha de comando a solicitação de número do ponto, digite **16** e pressione **Enter**. Pressione novamente a tecla **Enter** para confirmar a cota do ponto de partida.
9. Digite o número do ponto **5091** e confirme com **Enter** sua elevação. Para a distância,especifique **33.50m**, e, para afastamento (*offset*), confirme o valor de **0.00m**. Digite **Lote** para definir a descrição do novo ponto e pressione **Enter**.
10. O comando **By Relative Location** permanece ativo, solicitando uma nova distância. Pressione **Esc** para finalizar. Aplique a ferramenta **Update** no grupo de pontos **Lote** e verifique a existência do ponto 17 no desenho.
11. O ponto 18 deverá ser criado partindo do ponto **5000** com **30.00m** em direção ao ponto **5040**. Utilize novamente a ferramenta da ribbon **Home → Create Ground Data → Points → Create Points – Interpolate → By Relative Location** para criar esse ponto.
12. O ponto 19 deverá ser criado pela projeção do ponto 17 com o ponto 18, obedecendo às distâncias de **30.00** e **55.00** metros, respectivamente. Selecione a ferramenta da ribbon **Home → Create Ground Data → Points → Create Points – Intersections → Distance/Distance**.
13. Digite **'PN** na linha de comando para habilitar o comando **Point Number** e digite o ponto número **17**; defina o raio de **30.00m**.
14. Digite o ponto número **18** para determinar o segundo ponto e especifique a distância de **55.00m**.
15. Na área de desenho, foram posicionadas duas situações possíveis marcadas em verde. Clique

na posição inferior próxima do ponto 5085. Definao ponto com a cota **800.00m** e a descrição **Lote**. Pressione a tecla **Esc** para concluir.

16. Verifique a disposição dos pontos 16, 17, 18 e 19 criados no desenho (Figura 5.44).

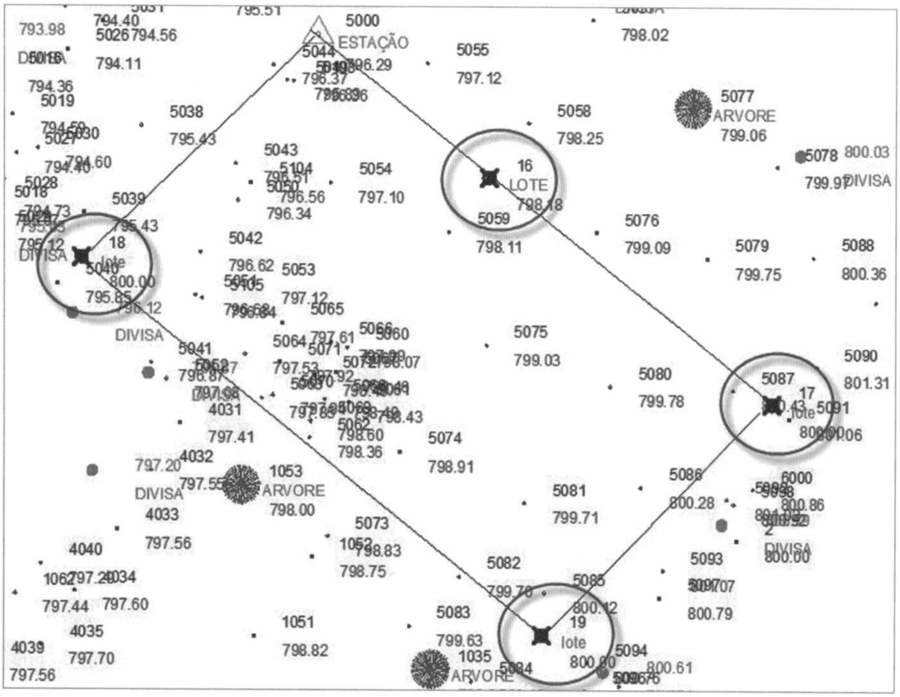

Figura 5.44 Pontos criados para a definição do lote.

17. Grave o arquivo como **Pontos_01.DWG**.

5.4.5 Conversão e exportação de pontos

Em determinadas situações, principalmente quando recebemos ou trabalhamos com desenhos topográficos antigos, poderá haver a necessidade transformar ou converter alguns tipos de objetos do AutoCAD para o AutoCAD Civil 3D.

Na maioria dos projetos, converter e exportar os pontos topográficos são consideradas práticas comuns, e até mesmo os pontos contendo os dados projetados poderão ser exportados para a utilização em outros aplicativos de tratamento ou análises do projeto. A atividade de exportação de pontos ou dos dados do projeto permite transportar as informações do modelo projetado para a sua locação em campo.

Pela ribbon **Home → Create Ground Data → Points,** é possível utilizar as ferramentas de criação de novos pontos ou de transformação de pontos existentes no desenho para o formato de objetos pontos do Autodesk AutoCAD Civil 3D (Figura 5.45).

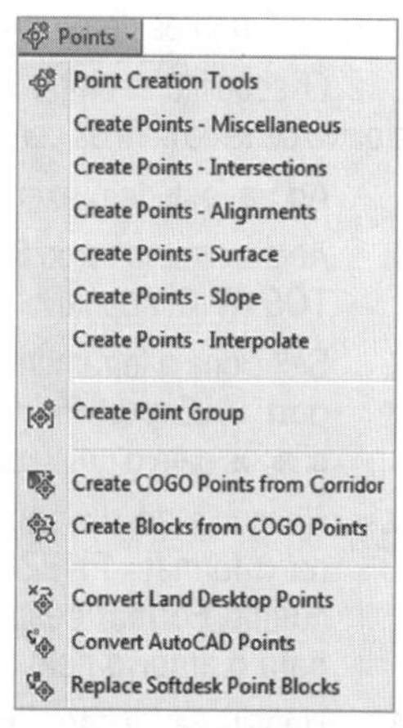

Figura 5.45 Ferramentas para a criação ou a transformação de pontos.

Create COGO Points From Corridor: ferramenta que permite extrair os pontos do modelo do objeto corridor existente no desenho.

Create Blocks From COGO Points: ferramenta que converte os pontos de Civil 3D (*COGO points*) existentes no desenho em objetos blocos.

Convert Land Desktop Points: ferramenta que converte pontos provenientes do Autodesk Land Desktop.

Convert AutoCAD Points: ferramenta que converte os objetos pontos de AutoCAD para objetos pontos do Civil 3D.

Replace Softdesk Point Block: ferramenta que converte objetos blocos do AutoCAD para objetos pontos do Civil 3D.

Todos os pontos presentes no desenho ou apenas os grupos de pontos selecionados poderão ser exportados para arquivos externos pela ribbon **Output** → **Export** → **Export Points**. O recurso presente na ribbon **Output** → **Export** → **Transfer Points** auxilia no processo de conversão de arquivos de pontos entre os formatos existentes no sistema (Figura 5.46).

Figura 5.46 Ferramentas para a exportação e a transformação de arquivos de pontos.

Export Points: botão que acessa a caixa de diálogo **Export Points** utilizada no processo de exportação dos pontos para arquivos externos em formatos de texto, como *TXT*, *PNT* e *CSV*.

Transfer Points: botão que abre a caixa de diálogo **Transfer Points** para auxiliar na transformação entre os formatos de arquivos de pontos.

O seguinte exemplo mostra como exportar um arquivo de texto com os pontos do grupo de pontos lote.

Agora, estude o exemplo a seguir:

1. Abra o arquivo como **5-4-5_EXPORTAÇÃO_PONTOS.DWG**, disponível no site da Editora Érica.
2. Selecione a ferramenta da ribbon **Output** → **Export** → **Export Points** para exportar os pontos criados para o grupo de pontos **Lote**.
3. Na caixa de diálogo **Export Points**, selecione o formato **PNEZD (comma delimited)** no campo **Format** eespecifique o local e o nome para o arquivo pelo quadro **Destination File**.
4. Habilite a opção **Limit to Points in Point Group** e selecione o grupo de pontos **Lote**. Clique no botão **OK** para concluir.

5.4.6 Tabelas e relatórios de pontos

As tabelas de pontos são inseridas nos desenhos para a exibição tabular das informações de locação dos pontos. Os dados dessas tabelas podem ser personalizados por meio dos estilos tabelas de pontos (*point table style*) e apresentar as informações dos pontos de forma dinâmica pela opção **Dynamic**. Dessa forma, quando um ponto do desenho sofrer alterações, os dados das tabelas serão atualizados automaticamente no desenho; entretanto, essas informações ficam restritas ao arquivo de desenho.

Diferentemente das tabelas, os relatórios disponíveis no Autodesk AutoCAD Civil 3D auxiliam na apresentação dos dados dos objetos presentes no modelo por meio de saídas externas com formatação previamente estabelecida, bem como na apresentação dos dados projetados para os clientes como parte do processo da documentação. É possível exportar os relatórios para formatos de arquivos que permitam efetuar edições, como *DOC*, *XLS* e *TXT*, e, dessa forma, personalizar a apresentação dos dados.

Pela ribbon **Annotate** → **Labels & Tables** → **Add Labels** → **Add Point Tables,** é possível inserir tabelas de pontos na área de desenho (Figura 5.47).

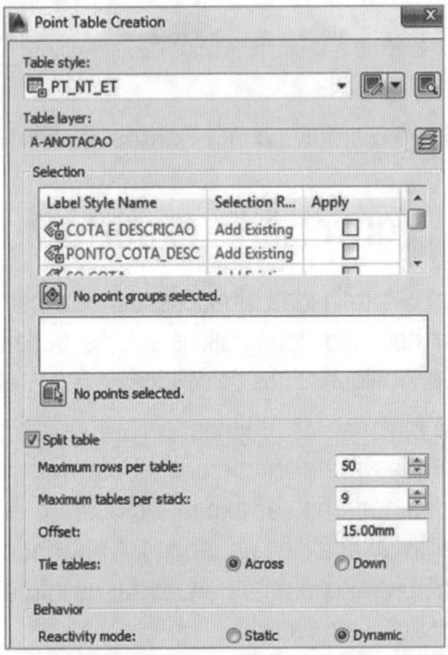

Figura 5.47 Interface da caixa PointTableCreation.

Por meio da caixa de diálogo **Point Table Creation,** é possível selecionar o estilo de representação da tabela, o *layer* e quais pontos ou grupos de pontos (*point groups*) estarão presentes na tabela.

A opção **Split table** permite dividir as tabelas, separando-as por quantidade de linhas pela opção **Maximum rows per table**. O quadro **Offset** regula o espaçamento entre as tabelas divididas.

A opção **Title tables** seleciona a posição dos títulos das tabelas: **Across** posiciona o título na parte superior da tabela e **Down** posiciona o título na parte inferior.

O quadro **Behavior** controla o dinamismo das tabelas no momento da atualização das informações; **Static** não atualiza as informações da tabela, exibindo as mesmas informações desde a sua criação, e **Dynamic** atualiza dinamicamente as informações das tabelas durante eventuais revisões nos objetos dos projetos.

Os relatórios estão disponíveis na aba **Toolbox** da **Toolspace** do Autodesk AutoCAD Civil 3D e são organizados em categorias. Em **Reports Manager,** é possível utilizar a categoria **Points** para gerar relatórios de pontos presentes nos desenho. Com o pacote *Brazil Content* instalado, pode-se acessar a categoria **Relatórios** → **Pontos** com modelos de relatórios de pontos. A criação dos relatórios é iniciada ao clicar com o botão direito do mouse sobre um modelo de relatório desejado e ao selecionar a opção **Execute** (Figura 5.48).

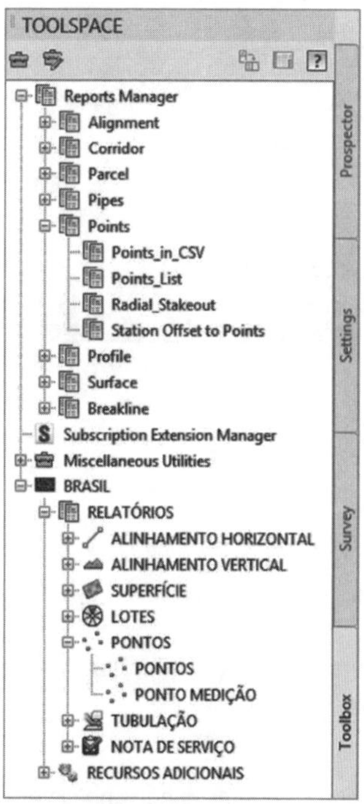

Figura 5.48 Relatórios de pontos disponíveis na aba Toolbox da Toolspace.

Durante o processo de criação dos relatórios e dependendo do tipo de relatório, será necessário especificar alguns parâmetros ou identificar quais dos objetos existentes no modelo serão utilizados na criação dos relatórios (Figura 5.49).

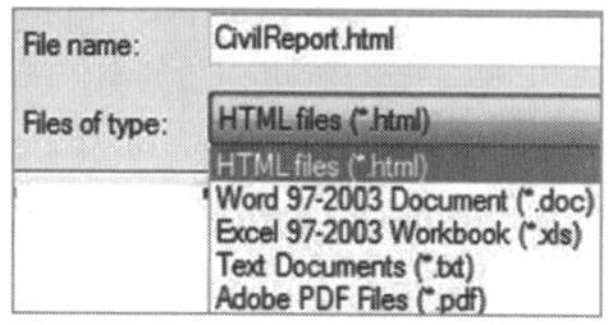

Figura 5.49 Formatos de saídas de relatórios.

Os formatos disponíveis para a criação dos relatórios são exibidos pela caixa de diálogo de gravação do arquivo do relatório (*Save as*), que permite, ainda, especificar o local e o nome para o arquivo do relatório (Figura 5.50).

PONTOS MEDIÇÃO
PROJETO:

NOME	DESCRIÇÃO	NORTE	ESTE	COTA
2	S/ DESCR.	5071.859	5001.434	0.000
1000	STA	5000.000	5000.000	800.000
1001	DIV	5072.261	4999.460	800.788
1002	DIV	5054.935	4998.034	800.608
1003	DIV	5020.296	4995.172	800.068
1004	DIV	4996.801	4993.230	799.618
1005	DIV	4969.829	4991.038	798.781
1006	DIV	4942.741	4988.840	797.326
1007	DIV	4930.370	4987.796	795.919
1008	CS	4974.563	4976.382	798.081

Figura 5.50 Exemplo de relatório de pontos.

O próximo exemplo mostra como acessar a ferramenta para a criação da tabela com os dados dos pontos pertencentes do grupo lote, além do recurso de extração do relatório de saída para os pontos.

Agora, estude o exemplo a seguir:

1. Abra o arquivo como **5-4-6_PONTOS_TABELAS.DWG**, disponível no site da Editora Érica.
2. Selecione a ferramenta da ribbon **Annotate** → **Labels & Tables** → **Add Tables** → **Add Point Label** para adicionar a tabela de pontos no desenho.
3. Na caixa de diálogo **Point Table Creation,** selecione o estilo **PT_NT_ET** no campo **Table Style**. Selecione o grupo de pontos **Lote** por meio do botão **Select Point Grops**. Clique no botão **OK** para continuar.
4. Insira a tabela determinando sua posição na área de desenho. Verifique as informações exibidas

na tabela inserida no desenho. É possível editar o estilo de tabela PT_NT_ET para manter a altura do texto proporcional aos textos dos pontos do desenho.

5. Por meio da aba **Toolbox** da **Toolspace,** expanda **Relatórios** → **Pontos**, clique com o botão direito sobre o relatório **Pontos** e selecione a opção **Execute**.
6. Na caixa de diálogo **Exportto XML Report**, habilite somente o grupo de pontos **Lote** e clique no botão **OK** para continuar.
7. Na caixa de diálogo **Save As**, especifique o local e o nome para o arquivo. Escolha o formato desejado no quadro **Files of Type** e clique em **Save** para criar o relatório.
8. Verifique as informações presentes no relatório.

5.5 Exercício – exportação dos pontos do projeto para locação em campo

Para a execução da obra do empreendimento, será necessário transportar os pontos projetados para a locação em campo. O arquivo do próximo exercício contém o projeto de um sistema viário, com diversos trechos com muros de contenção. A equipe presente na obra está solicitando um arquivo de texto contendo as coordenadas apenas dos muros projetados para a sua locação na obra.

O exercício a seguir ilustra os procedimentos para a extração dos pontos dos muros projetados no sistema viário e a exportação das coordenadas desses pontos para um arquivo de texto que auxiliará a equipe de campo durante o processo de locação da obra.

Execute os procedimentos a seguir para concluir o exercício:

1. Abra o arquivo **5-5-1_Exportação-Pontos. DWG**, disponível no site da Editora Érica.
2. Na área de desenho, selecione o modelo do corredor viário e acesse a ferramenta da ribbon contextual **Corridor** → **Launch Pad** → **Points from Corridor** (Figura 5.51).

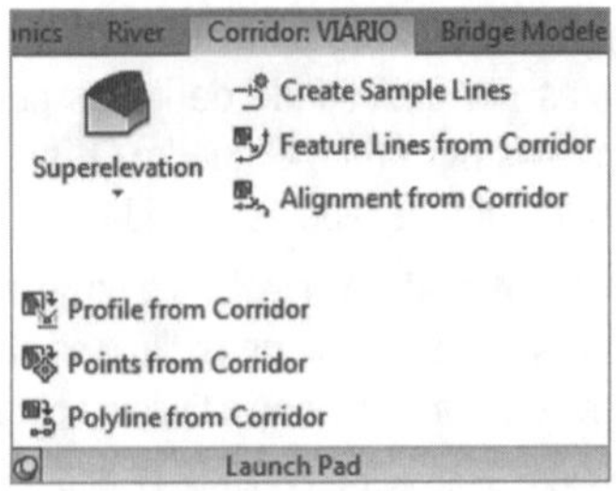

Figura 5.51 Acesso à ferramenta Points from Corridor.

3. Configure, na caixa de diálogo **Create COGO Points** (Figura 5.52):
   - Habilite a opção **For entire corridor range** para utilizar toda a extensão do modelo do corredor.
   - Digite **VIÁRIO** no quadro **New point groupname** para definir o nome para o grupo de pontos.
   - Selecione todos os códigos no quadro **Select point codes to create**.
   - Clique no botão **OK**.

Figura 5.52 Opção para a criação de pontos da geometria do projeto viário.

4. Verifique os pontos criados no sistema viário ao longo do modelo do corredor (Figura 5.53).

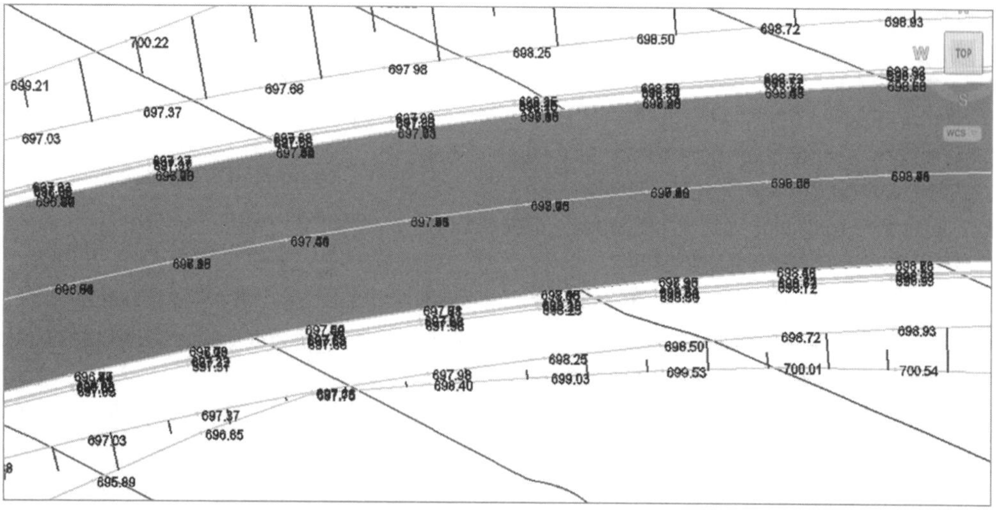

Figura 5.53 Grupo de pontos criados ao longo da geometria do modelo viário.

5. Acesse a ferramenta da ribbon **Home → Create Ground Data → Points → Point Creation Tools** (Figura 5.54).

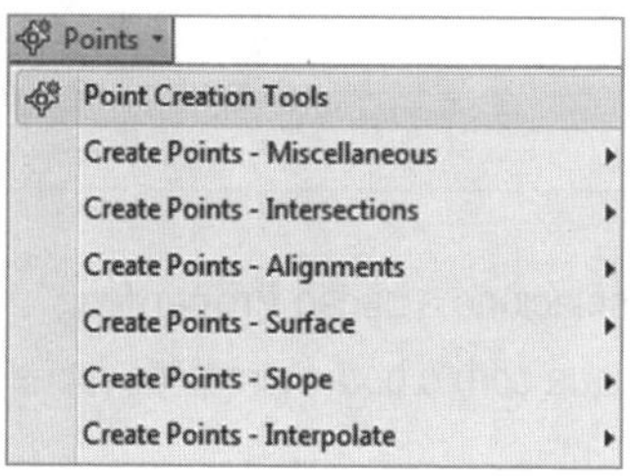

Figura 5.54 Ferramentas de criação de pontos.

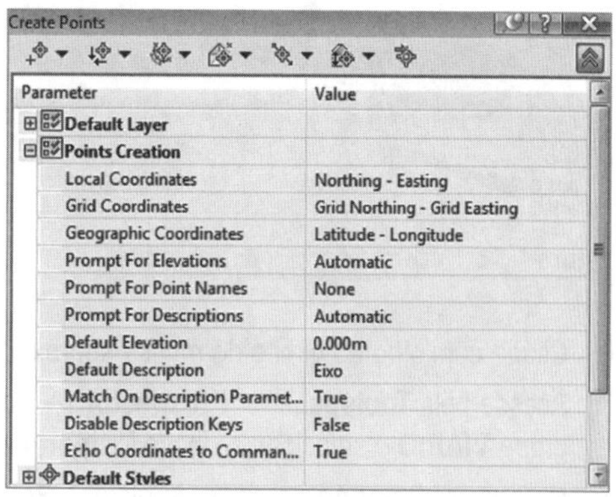

Figura 5.55 Configuração dos parâmetros de criação de pontos.

6. Na barra de ferramentas **Create Points**, clique na seta para expandir as opções de criação de pontos.
7. Configure, no quadro **Parameters** da barra de ferramentas **Create Points**:
   - Expanda o parâmetro **Points Creation**.
   - No campo **Prompt for Elevations,** selecione a opção **Automatic**.
   - No campo **Prompt for Descriptions,** selecione a opção **Automatic**.
   - No campo **Default Description,** digite **Eixo** (Figura 5.55).
8. Na barra de ferramentas **Create Points,** selecione a ferramenta **Alignment → Measure-Alignment** (Figura 5.56).

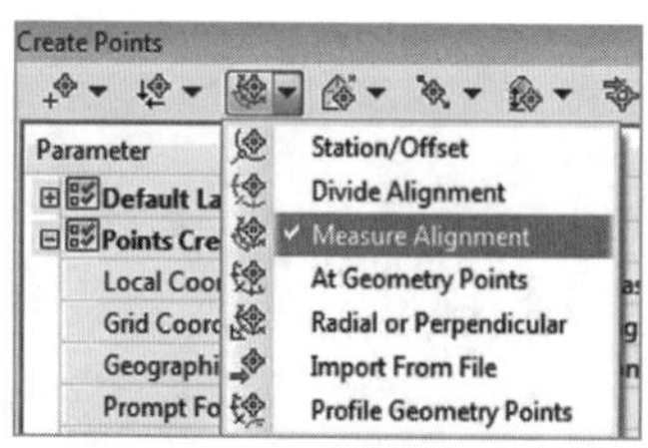

Figura 5.56 Acesso à ferramenta Measure Alignment.

9. Selecione o alinhamento na área de desenho.
10. Na caixa **Select a profile for HORIZONTAL**, selecione o perfil **VERTICAL**no quadro para fornecer as cotas dos pontos e clique no botão **OK** (Figura 5.57).
11. Pressione a tecla **Enter** para confirmar a estaca inicial <0+000.00> exibida na linha de comando.
12. Na linha de comando, digite **1112.00m** para determinar a estaca final; confirme com a tecla **Enter**.

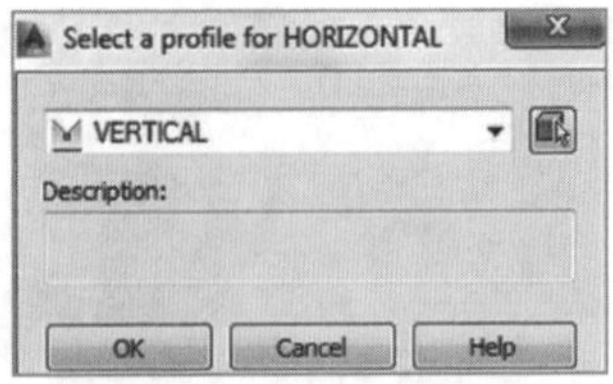

Figura 5.57 Caixa de seleção do perfil para fornecer as elevações para os pontos do alinhamento.

13. Na linha de comando, pressione a tecla **Enter** para aceitar o afastamento (*offset*) de <0.00m>.
14. Na linha de comando, digite **20.00m** para determinar o intervalo de criação dos pontos com base no valor do padrão de estacas. Pressione a tecla **Enter**.
15. Aplique o comando **Regen** para exibir os pontos criados ao longo do alinhamento horizontal na área de desenho (Figura 5.58).

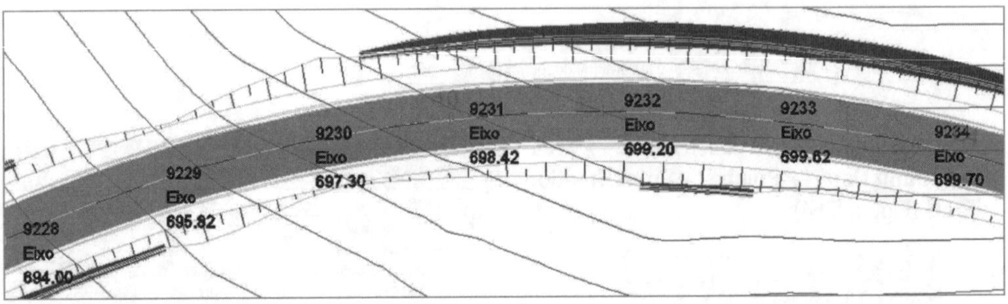

Figura 5.58 Pontos criados ao longo do alinhamento.

16. Clique com o botão direito do mouse sobre o grupo **Viário** e selecione a opção **Properties**.
17. Acesse pela **Toolspace** → **Prospector** → **Point Groups**, clique com o botão direito do mouse sobre o grupo **VIÁRIO** e selecione a opção **Properties** (Figura 5.59).
18. Na aba **Information** da caixa de diálogo **Point Group Properties** → **VIÁRIO**, substitua os estilos do ponto e do rótulo para **<none>** nos campos **Point style** e **Point label style**. Clique no botão **OK** para ocultar a exibição dos pontos presentes no desenho (Figura 5.60).

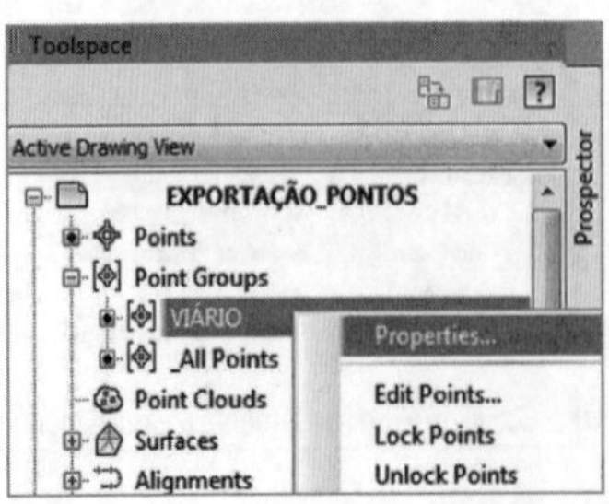

Figura 5.59 Acesso às propriedades do grupo de ponto viário.

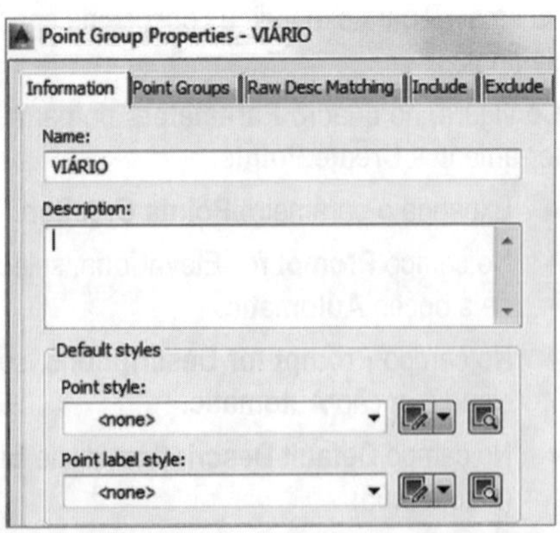

Figura 5.60 Opções de exibição dos pontos presentes no grupo.

19. Na aba **Prospector** da **Tool space**, clique com o botão direito do mouse sobre **Point Groups** e selecione a opção **New** para criar um novo grupo de pontos.
20. Configure, na aba **Information** da caixa de diálogo **Point Group Properties**:
    - Digite **MURO E ESTACAS** no quadro **Name**.
    - Selecione o estilo **PONTO** no campo **Point style**.
    - Selecione o estilo de rótulo **COTA E DESCRIÇÃO** no campo **Point label style** (Figura 5.61).
21. Configure na aba **Include** da caixa **Point Group Properties**:
    - Habilite a opção **With raw descriptions matching**.
    - No quadro ao lado, digite **Eixo,*Muro***.
    - Clique no botão **OK** (Figura 5.62).

Figura 5.61 Definição do grupo de pontos da geometria dos muros e das estacas do eixo principal.

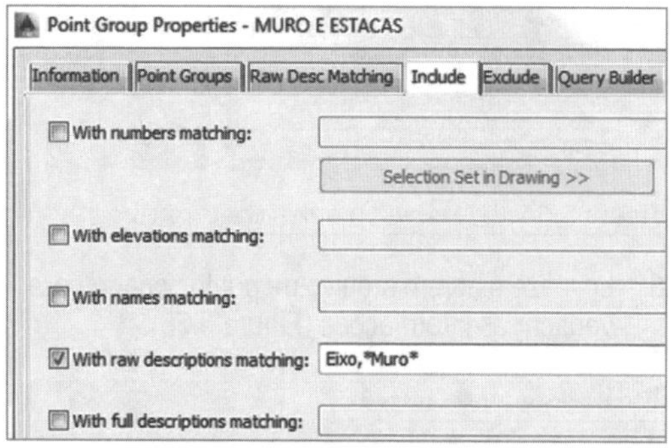

Figura 5.62 Configuração para filtrar os pontos do eixo e do muro presentes no desenho.

22. Aplique o comando **Regen** para visualizar os pontos do grupo criados para as estruturas dos muros e das estacas do alinhamento.
23. Acesse pela **Toolspace → Prospector → Point Groups**, clique com o botão direito do mouse sobre o grupo **MURO E ESTACAS** e selecione a opção **Properties**.

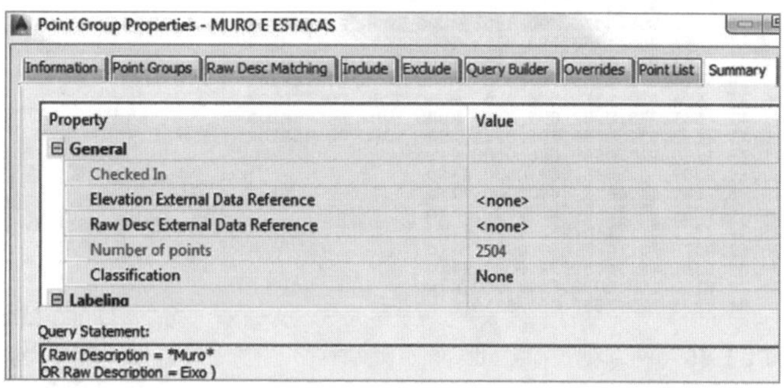

Figura 5.63 A aba Summary do grupo de pontos exibe o número de pontos filtrados para o grupo.

24. Na aba **Summary,** da caixa de diálogo **Point Group Properties**, expanda a categoria **General** e localize a propriedade **Number of points,** para observar a quantidade de pontos filtrados para o eixo e o muro do projeto viário (Figura 5.63).
25. Clique no botão **OK** para concluir. Nesse momento, será possível exportar os pontos do grupo **MURO E ESTACAS** para o arquivo de texto e permitir a locação dos pontos na obra.
26. Selecione a ferramenta da ribbon **Output → Export → Export Points**.
27. Configure, na caixa de diálogo **Export Points**:

- Selecione o formato **PNEZD (comma delimited)** no campo **Format**.
- Determine o local e nome do arquivo no campo **Destination File**.
- Habilite a opção **Limit to Point in Point Group** para selecionar apenas os pontos presentes no grupo de pontos desejado.
- Selecione o grupo de pontos **MURO E ESTACAS**.
- Clique no botão **OK** (Figura 5.64).

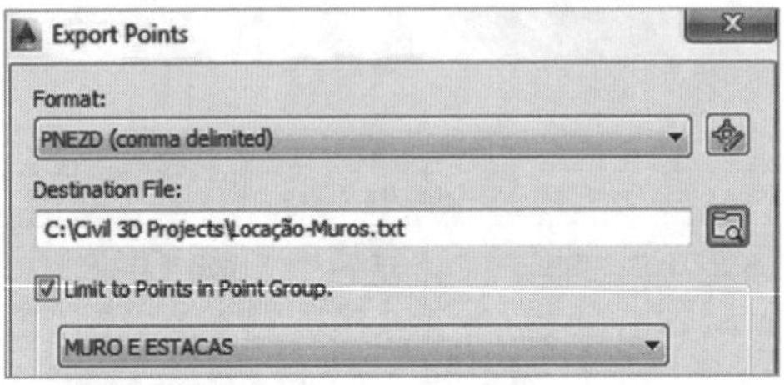

Figura 5.64 Opções de exportação do arquivo de pontos.

28. Localize e abra o arquivo de pontos criado para verificar as informações (Figura 5.65).

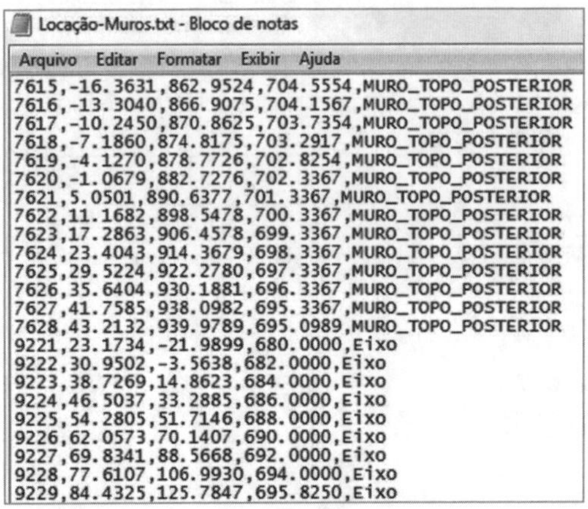

Locação-Muros.txt - Bloco de notas

Arquivo Editar Formatar Exibir Ajuda

```
7615,-16.3631,862.9524,704.5554,MURO_TOPO_POSTERIOR
7616,-13.3040,866.9075,704.1567,MURO_TOPO_POSTERIOR
7617,-10.2450,870.8625,703.7354,MURO_TOPO_POSTERIOR
7618,-7.1860,874.8175,703.2917,MURO_TOPO_POSTERIOR
7619,-4.1270,878.7726,702.8254,MURO_TOPO_POSTERIOR
7620,-1.0679,882.7276,702.3367,MURO_TOPO_POSTERIOR
7621,5.0501,890.6377,701.3367,MURO_TOPO_POSTERIOR
7622,11.1682,898.5478,700.3367,MURO_TOPO_POSTERIOR
7623,17.2863,906.4578,699.3367,MURO_TOPO_POSTERIOR
7624,23.4043,914.3679,698.3367,MURO_TOPO_POSTERIOR
7625,29.5224,922.2780,697.3367,MURO_TOPO_POSTERIOR
7626,35.6404,930.1881,696.3367,MURO_TOPO_POSTERIOR
7627,41.7585,938.0982,695.3367,MURO_TOPO_POSTERIOR
7628,43.2132,939.9789,695.0989,MURO_TOPO_POSTERIOR
9221,23.1734,-21.9899,680.0000,Eixo
9222,30.9502,-3.5638,682.0000,Eixo
9223,38.7269,14.8623,684.0000,Eixo
9224,46.5037,33.2885,686.0000,Eixo
9225,54.2805,51.7146,688.0000,Eixo
9226,62.0573,70.1407,690.0000,Eixo
9227,69.8341,88.5668,692.0000,Eixo
9228,77.6107,106.9930,694.0000,Eixo
9229,84.4325,125.7847,695.8250,Eixo
```

Figura 5.65 Informações de locação dos pontos presentes no arquivo criado.

29. Feche o arquivo.

5.6 Exercício – manipulação dos dados topográficos

O exercício a seguir ilustra os procedimentos para a configuração do banco de dados topográfico, a importação e tratamento dos dados do levantamento de campo, além das principais ferramentas do AutoCAD Map 3D para a importação de imagens georreferenciadas.

Execute os procedimentos a seguir para concluir o exercício:

1. Inicie um novo desenho utilizando o arquivo de template **_AutoCAD Civil 3D 2016_BRA (DER).DWT**, fornecido com a instalação do pacote *Brazil Content*.
2. Grave o arquivo com o nome **Levantamento.DWG**.
3. Na aba **Settings** da **Toolspace**, clique com o botão direito do mouse sobre **Levantamento** e selecione a opção **Edit Drawing Settings**.
4. Na aba **Units and Zone** da caixa **Drawing Settings - Levantamento**, selecione a categoria **Brasil** no campo **Categories**, selecione o sistema de coordenadas **SAD69/UTM zone 23S** disponível no campo **Available coordinate systems** e clique no botão **OK**.
5. Na aba **Survey** da **Toolspace**, clique com o botão direito do mouse sobre **Survey Database** e selecione a opção **New local survey database** (Figura 5.66).

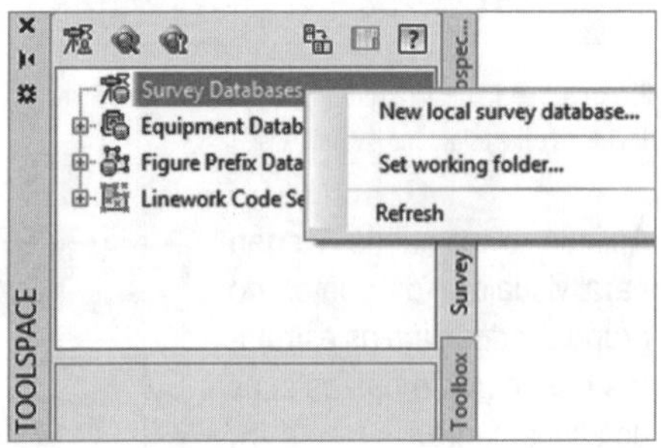

Figura 5.66 Comando de criação do banco de dados topográfico.

6. Digite **Levantamento** no quadro da caixa **New Local Survey Database** e clique em **OK** (Figura 5.67).

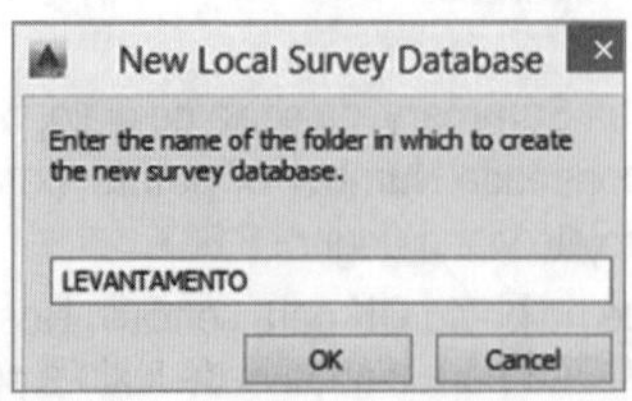

Figura 5.67 Definição do nome para o banco de dados topográfico.

7. Na aba **Survey** da **Toolspace**, clique com o botão direito do mouse sobre o banco de dados topográfico **Levantamento** e selecione a opção **Edit survey database settings**.
8. Na caixa de diálogo **Survey Database Settings**, selecione o sistema de coordenadas **SAD69/ UTM zone 23S** disponível na categoria Brasil no campo **Coordinate Zone**. Selecione o sistema **Meter** no campo **Distance**, verifique os demais parâmetros e clique no botão **OK** (Figura 5.68).
9. Na aba **Survey** da **Toolspace**, clique com o botão direito do mouse sobre Levantamento e selecione a opção **Import → Import Survey Data.**
10. Na aba **Specify Database** da caixa de diálogo **Import Survey Database**, selecione o banco de dados **Levantamento** e clique em **Next**.

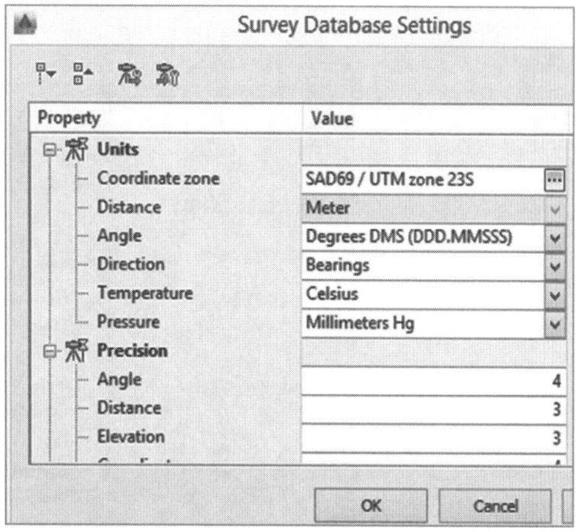

Figura 5.68 Configurações para a definição do sistema de coordenadas e unidades.

11. Na aba **Specify Data Source** da caixa **Import Survey Data**, selecione o tipo **Field Book File** no campo **Data Source Type**. No quadro **Selected File** localize o arquivo **Levantamento.FBK**, disponível no site da Editora Érica, e clique em **Next** (Figura 5.69).

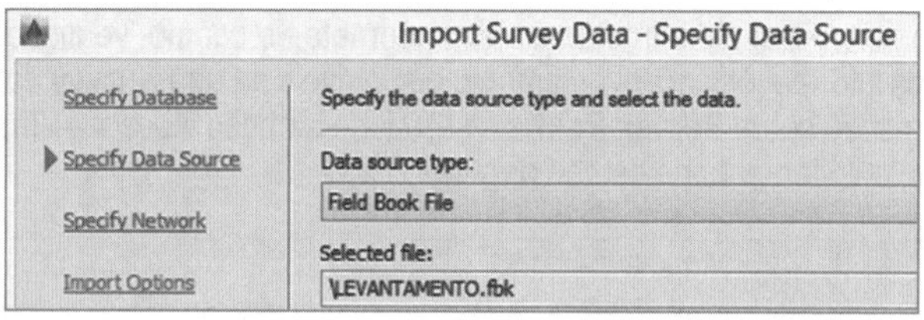

Figura 5.69 Seleção do arquivo de caderneta de campo para importação.

12. Na aba **Specify Network** da caixa de diálogo **Import Survey Database**, clique no botão **Create New Network** para definir uma nova rede topográfica (Figura 5.70). Na caixa de diálogo **New Network** digite **Levantamento** no campo **Name** e clique no botão **OK**. Clique em **Next**.

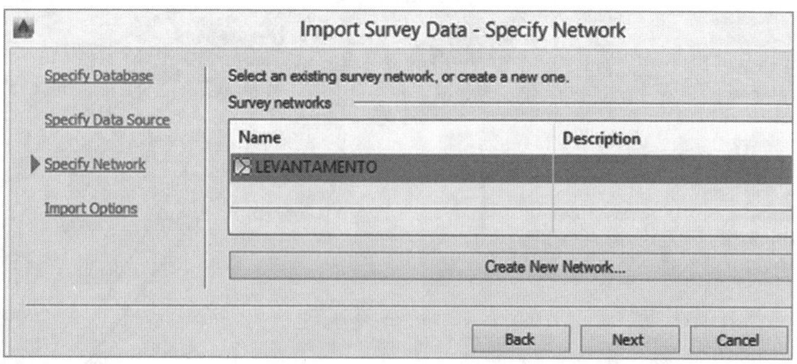

Figura 5.70 Definição da rede de dados topográficos.

13. Na aba **Import Options** da caixa de diálogo **Import Survey Data**, verifique as opções de importação dos dados da caderneta de campo e clique no botão **Finish** (Figura 5.71).

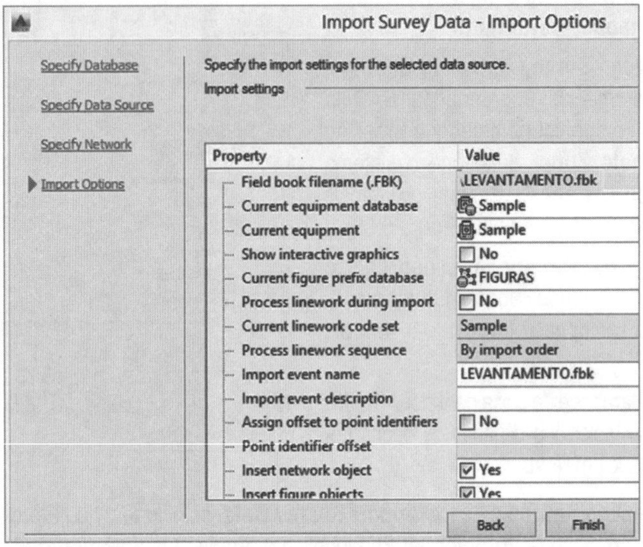

Figura 5.71 Opções de importação dos dados da caderneta de campo.

14. Aguarde o término do processo de importação da caderneta de campo, verifique as geometrias presentes no desenho e as informações do levantamento disponíveis na aba **Survey** da Toolspace. Clique com o botão direito do mouse sobre **Survey Points** e selecione a opção **Points** → **Insert into Drawing** para exibir os pontos do levantamento de campo (Figura 5.72).

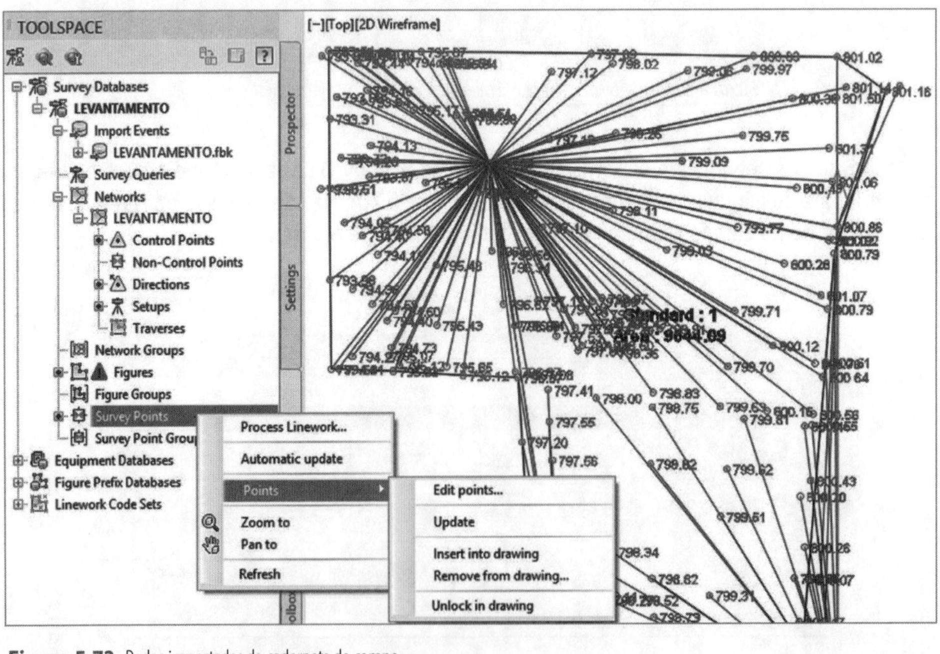

Figura 5.72 Dados importados da caderneta de campo.

15. Na aba **Survey** da **Toolspace**, clique com o botão direito do mouse sobre o banco de dados topográfico **Levantamento** e selecione a opção **Translate Survey Database** para efetuar a transposição do sistema de coordenadas local para UTM.
16. Na aba **Base Point** da caixa de diálogo **Translate Survey Database**, digite **1000** no campo **Number** para determinar o ponto que será utilizado como base da transposição. Verifique as informações exibidas do ponto 1000 e clique em **Avançar**. O botão **Pick In Drawing** permite determinar um ponto diretamente na área de desenho para utilização como ponto base para a transposição.

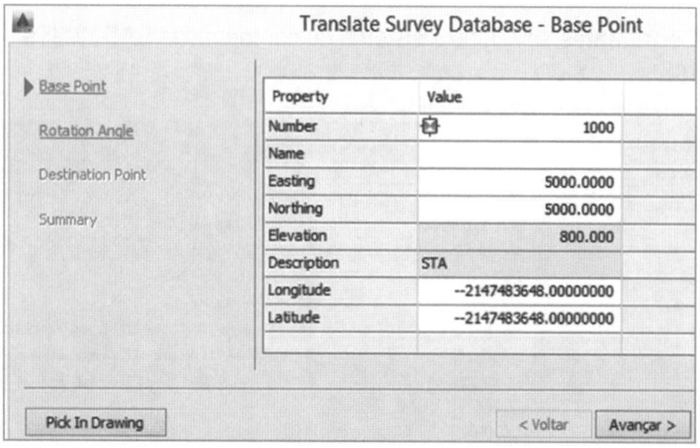

Figura 5.73 Informações do ponto base.

17. Na aba **Rotation Angle** da caixa de diálogo **Translate Survey Database**, digite **0** no campo **Rotation Angle** para determinar o ângulo de rotação da base de dados e clique em **Avançar**.
18. Na aba **Destination Point** da caixa de diálogo **Translate Survey Database**, digite a coordenada **318400.6460** no campo **Easting**, digite a coordenada **7390747.8840** no campo **Northing** para determinar o ponto de destino da base topográfica. Clique em **Avançar** (Figura 5.74).

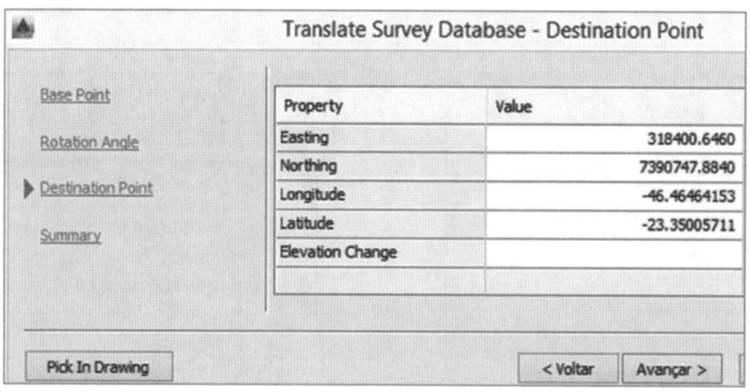

Figura 5.74 Informações do ponto de destino.

19. Verifique as informações exibidas na aba **Summary** da caixa de diálogo **Translate Survey Database** e clique em **Finish**.
20. Aguarde o término do processo e aplique a ferramenta **Zoom Extents** para exibir as geometrias do levantamento de campo na área de desenho. Identifique o novo posicionamento do levantamento.
21. Selecione a Workspace **Planning and Analysis** para exibição dos recursos do Autodesk AutoCAD Map 3D.
22. Selecione a ferramenta da ribbon **Analyze** → **Geo Tools** → **Coordinate Track** (Figura 5.75).

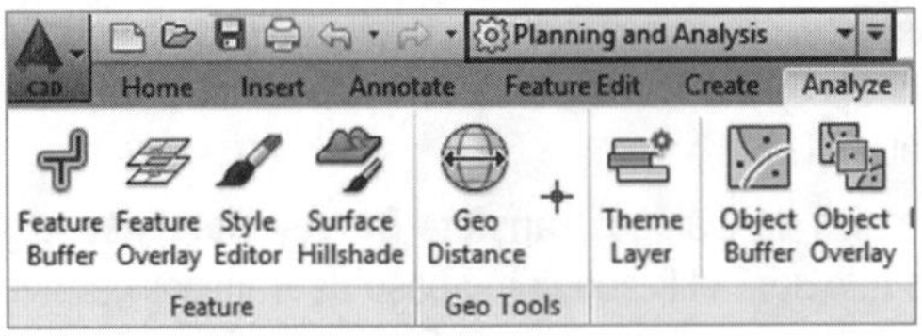

Figura 5.75 Acesso ao recurso Coordinate Track da Workspace Planning and Analysis.

23. Na paleta **Track Coordinates** selecione o sistema de coordenadas **SAD69/UTM zone 23S** da categoria **Brasil** (Figura 5.76).

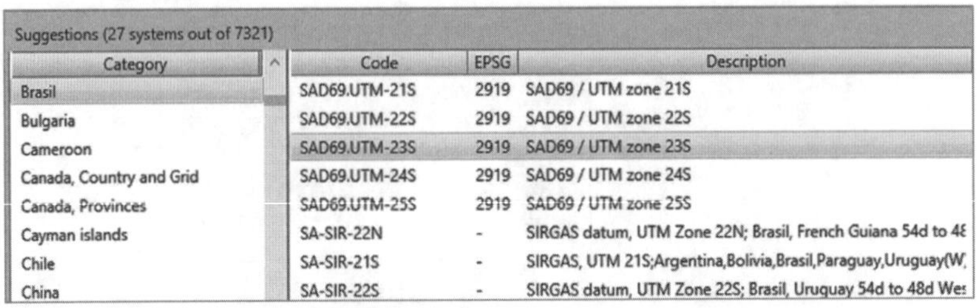

Figura 5.76 Lista de sistemas de coordenadas disponíveis na paleta Track Coordinates.

24. Na paleta **Track Coordinates** selecione o botão **Clone this tracker and insert it below** e adicione o sistema Corrego.UTM-23S. Repita o procedimento para adicionar os sistemas de coordenados desejados. Movimente o cursor do mouse na área de desenho para verificar o rastreamento das coordenadas na paleta (Figura 5.77).
25. Habilite a paleta de tarefas do Map 3D por meio da ferramenta da ribbon **View → Palettes → Map Task Pane.**
26. Na aba **Display Manager** da paleta **Task Pane**, selecione a ferramenta **Data → Connect to Data** (Figura 5.78).

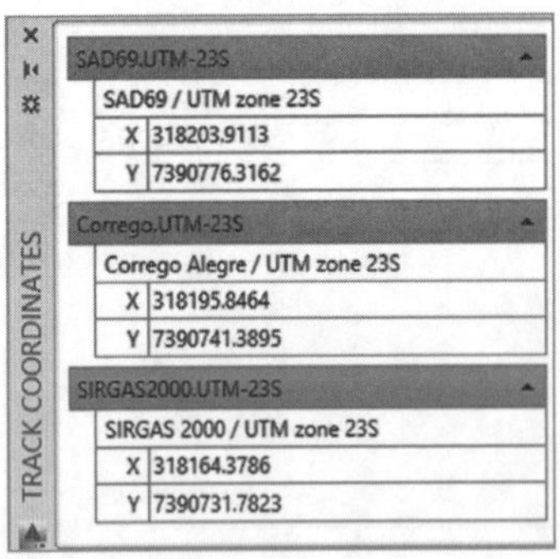

Figura 5.77 Coordenadas rastreadas na paleta Track Coordinates.

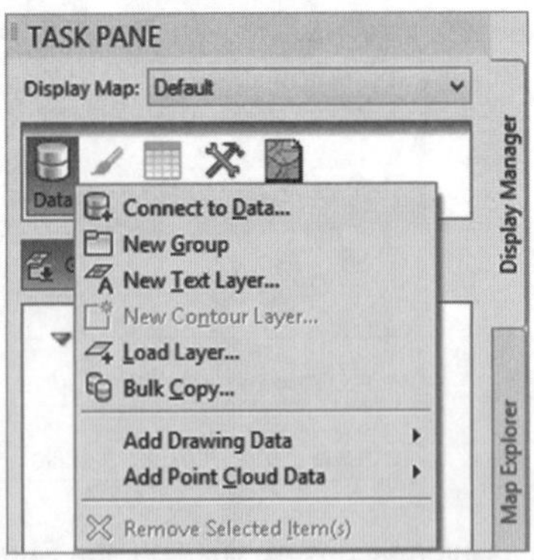

Figura 5.78 Acesso ao recurso de conexão de dados.

27. Na paleta **Data Connect** selecione a opção **Add Raster Image or Surface Connection**. No campo **Connection Name** digite **Divisa**. No campo **Source File or Folder**, selecione o arquivo de imagem **5-6_Divisa-Sirgas.TIF**, disponível no site da Editora Érica, e clique em **Connect** (Figura 5.79).

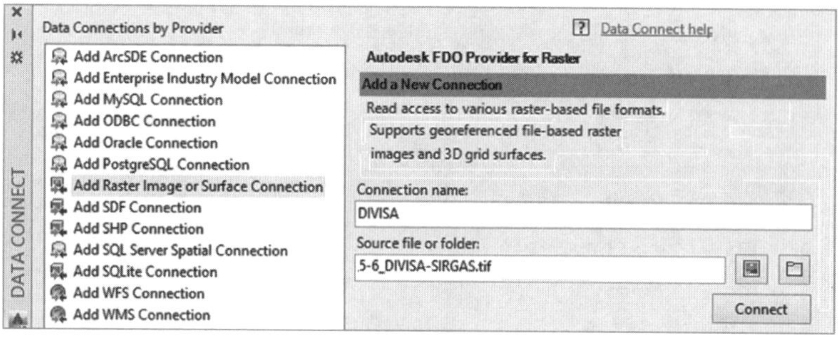

Figura 5.79 Recurso de conexão para a inserção de imagens.

Para a utilização desse recurso de conexão, a imagem necessita estar georreferenciada e possuir o seu respectivo arquivo de correlação, que contém as informações de posicionamento, escala e rotação da imagem (Figura 5.80).

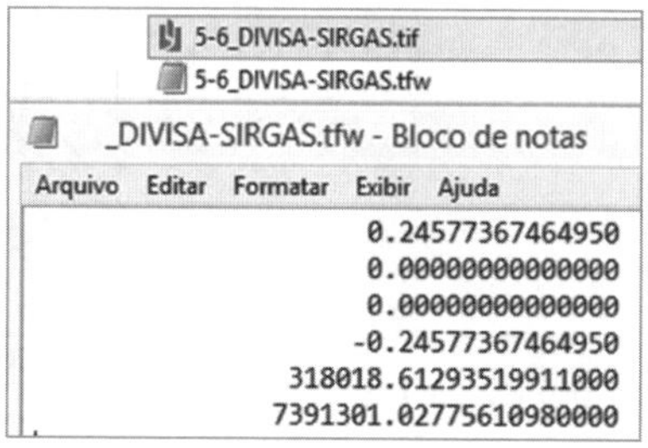

Figura 5.80 Arquivo de correlação da imagem com as informações de posicionamento.

28. Na paleta **Data Connect** clique no botão **Edit Coordinate Systems**. Na caixa **Edit Spatial Contexts**, selecione na linha **Default** e clique no botão **Edit**. Selecione o sistema de coordenadas **SAD69.UTM-23S** na lista e clique no botão **OK**. Clique no botão **Add to Map** para inserir a imagem no desenho.

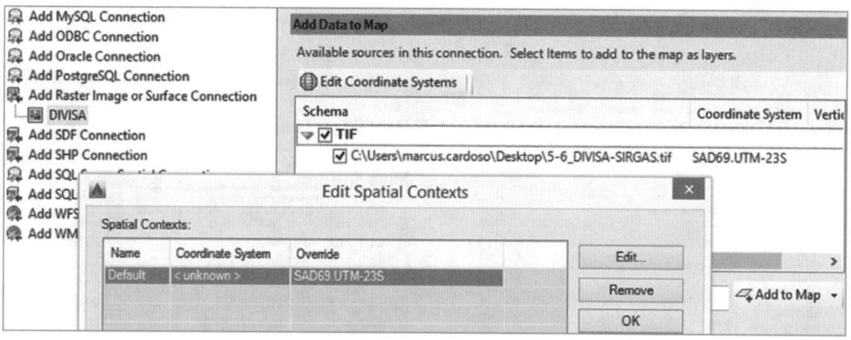

Figura 5.81 Configuração do sistema de coordenadas para a imagem.

29. A imagem foi criada em um diferente sistema de coordenadas, entretanto o procedimento anterior permitiu efetuar a transformação para o posicionamento adequado da imagem no desenho (Figura 5.82).

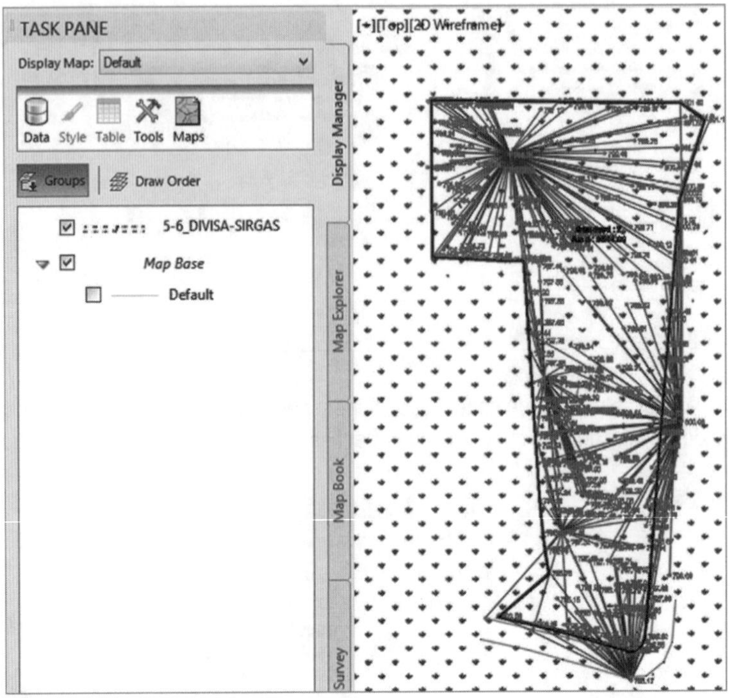

Figura 5.82 Imagem raster inserida sobre o desenho do levantamento.

30. Será necessário adicionar o arquivo que contém o limite do lote na área do levantamento, contudo esse arquivo de desenho foi criado no sistema de coordenadas córrego alegre, diferente do sistema SAD69 do desenho atual.
31. Na aba **Map Explorer** da paleta **Task Pane**, clique com o botão direito do mouse sobre **Drawings** e selecione a opção **Attach** (Figura 5.83).
32. Na caixa de diálogo **Select drawings to attatch** selecione o arquivo **5-6_Lote-Corrego-Alegre.DWG**, disponível no site da Editora Érica, e clique no botão **Add**. Clique em **OK** para concluir (Figura 5.84).

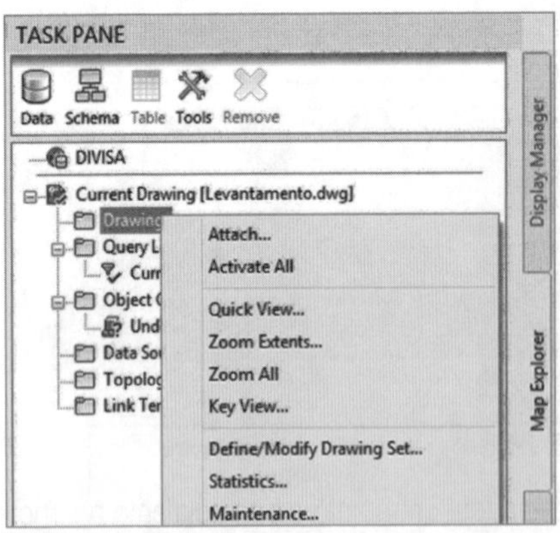

Figura 5.83 Recurso de conexão com desenhos de diferentes sistemas de coordenadas.

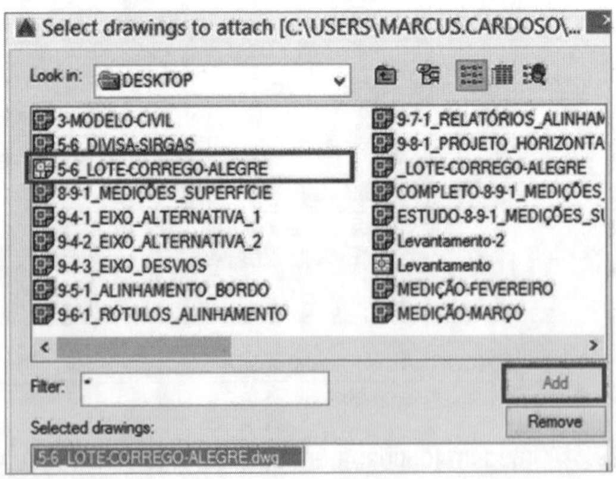

Figura 5.84 Seleção de arquivos para adição no desenho atual.

33. Na aba **Map Explorer** da paleta **Task Pane**, clique com o botão direito do mouse sobre o desenho anexado **5-6_Corrego-Alegre.DWG** e selecione a opção **Quick View** para efetuar uma prévia da geometria do lote na área de desenho.
34. Aplique o comando **Regen** para remover a geometria do lote.
35. Será necessário utilizar o recurso Query para adicionar a geometria do lote presente no desenho anexado. Na aba **Map Explorer** da paleta **Task Pane**, clique com o botão direito do mouse sobre **Current Query** e selecione a opção **Define** (Figura 5.85).
36. Na caixa de diálogo **Define Query of Attached Drawing(s)**, clique no botão **Location**. Na caixa **Location Condition**, selecione a opção **All** para selecionar todas as geometrias do desenho do lote e clique no botão **OK** (Figura 5.86).

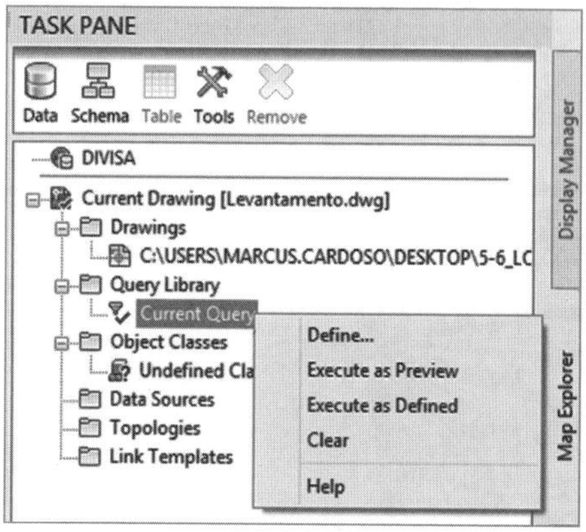

Figura 5.85 Acesso ao recurso Query.

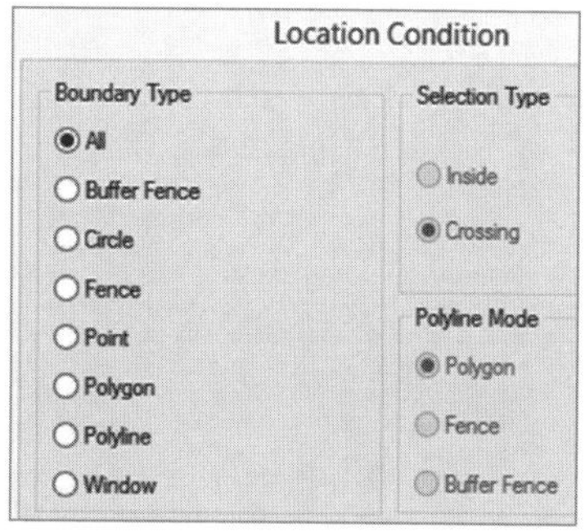

Figura 5.86 Opções de seleção de geometrias da caixa Location Condition.

37. Na caixa de diálogo **Define Query of Attached Drawing(s)**, habilite a opção **Draw** para desenhar a geometria proveniente do desenho do lote no desenho do levantamento. Clique no botão **Execute Query** para executar a pesquisa (Figura 5.87).

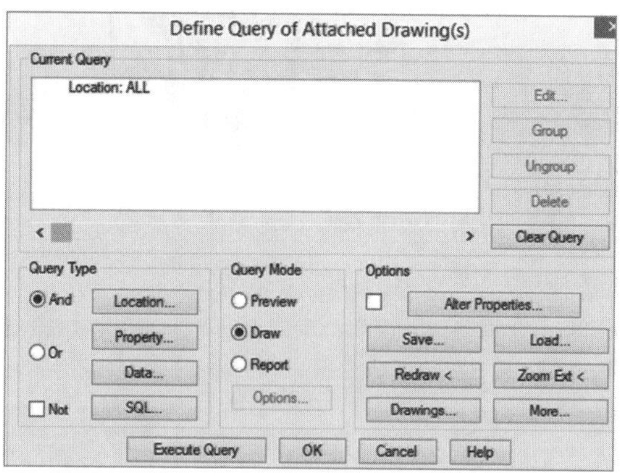

Figura 5.87 Caixa de definição de pesquisas em desenhos anexados.

38. Verifique a composição final do levantamento com todos os dados importados para o mesmo sistema de coordenadas (Figura 5.88).

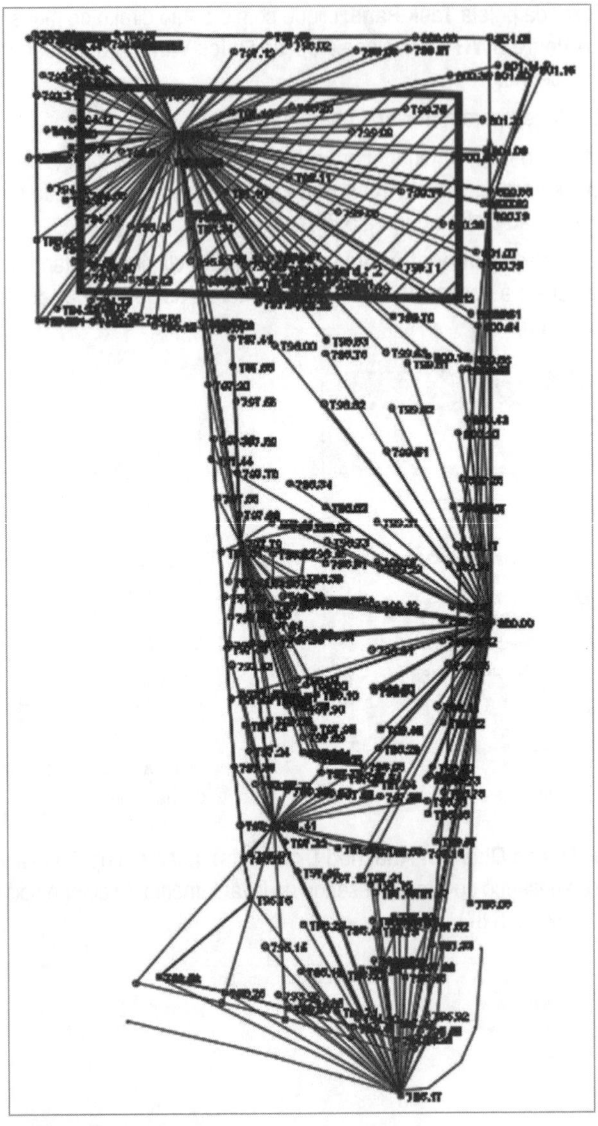

Figura 5.88 Desenho do levantamento de campo.

6 Levantamentos a Laser – Point Clouds

O mercado atual disponibiliza diversos tipos de equipamentos que trabalham com novas tecnologias para o levantamento das informações de campo, entre elas o *3D Laser Scanning*. O escaneamento 3D a laser é uma tecnologia óptica que executa uma varredura nas superfícies de objetos e terrenos, utilizando feixes de laser para a obtenção dos dados e a transformação para o formato de nuvens de pontos (*point clouds*), ou até mesmo capturando dados próximos da realidade (*reality capture*) com cores e imagens, dependendo do modelo do equipamento, que por sua vez poderá ser terrestre ou aéreo.

Os levantamentos obtidos por escaneamento a laser, além do menor tempo gasto, fornecem grande precisão nas informações das regiões medidas, capturando características detalhadas dos terrenos e das geometrias de construções existentes, como mostra a Figura 6.1.

Figura 6.1 Exemplo de levantamento a laser.

O processo de levantamento a laser fornece os dados tridimensionais de objetos ou regiões levantadas no formato de nuvem de pontos, que, por sua vez, podem ser utilizados para diversas finalidades, como visualização, animação e medição.

Hoje o recurso de escaneamento a laser é utilizado em vários segmentos, como agricultura, mineração e em alguns processos industriais. Além disso, os dados de nuvem de pontos podem ser considerados a porta de entrada para o ambiente BIM, uma vez que provê uma série de benefícios em várias especialidades da engenharia e da arquitetura, como em projetos de restauração e reconstrução de edificações.

Para os projetos de infraestrutura, podemos destacar a velocidade com que os levantamentos a laser serão obtidos, principalmente na precisão dos dados, que poderá ser fundamental em projetos de duplicações rodoferroviárias, que contam com as detalhadas estruturas de "obras de arte".

6.1 Importação e manipulação de nuvem de pontos

O recurso de point cloud do AutoCAD Civil 3D permite importar inúmeros formatos de arquivos de nuvem de pontos, e isso dependerá do formato do arquivo de saída do equipamento, principalmente do aplicativo que executou o tratamento e classificação dos pontos, como mostra a Figura 6.2.

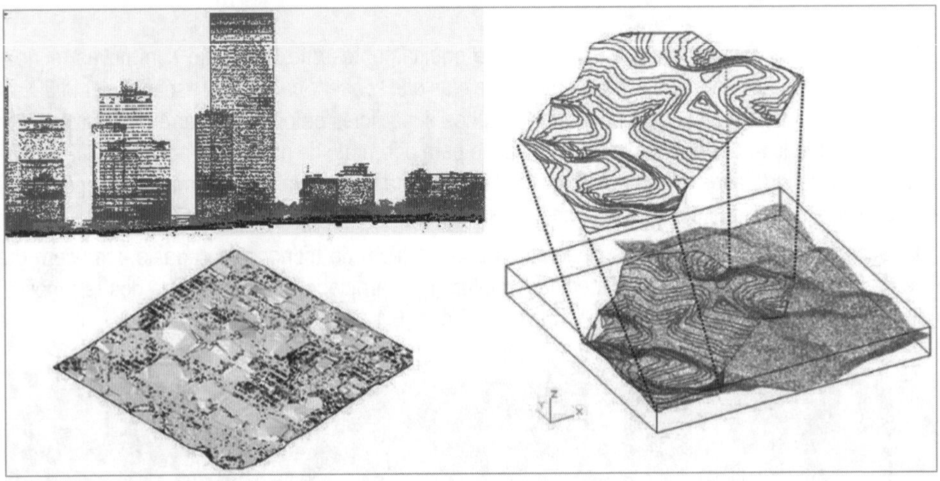

Figura 6.2 Exemplo de levantamento a laser.

A manipulação de nuvens de pontos no Autodesk AutoCAD Civil 3D requer o conhecimento dos tipos distintos de componentes de **point clouds**:

Bounding Box: componente que abrange a região total dos objetos *point clouds* presentes no desenho. Essa caixa depende exclusivamente das coordenadas mínimas e máximas de locação dos pontos.

Point Clouds Points: componentes que representam os objetos pontos da nuvem de pontos presentes no desenho. Pode-se controlar a representação dos pontos pela configuração de estilos *Point Cloud Styles*.

A importação de arquivos de nuvem de pontos é efetuada pela caixa de diálogo **Create Point Cloud**, acessada pela **Toolspace Prospector → Point Clouds**. Clique com o botão direito do mouse sobre **Point Clouds** e selecione a opção **Create Point Cloud.**

A caixa de diálogo **Create Point Cloud** está dividida em três abas, e a aba **Information** determina o nome para a nuvem de pontos, a seleção de *layer* e os estilos para a representação dos pontos no campo **Point Cloud Style**.

A aba **Source Data** apresenta os formatos disponíveis de arquivos de nuvem de pontos. O botão **+** permite selecionar os arquivos de nuvem de pontos desejados para importação. É possível utilizar uma base de dados de nuvem de pontos existentes para trabalhar por meio da opção **Use an existing point cloud database**, como na Figura 6.3.

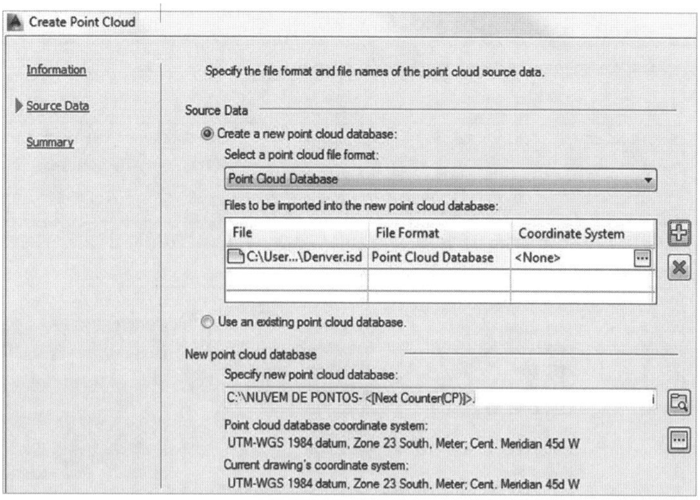

Figura 6.3 Aba Source Data para importação de arquivos de nuvem de pontos.

A parte inferior da aba **Source Data** da caixa de diálogo exibe as informações de sistemas de coordenadas do desenho atual e do arquivo de nuvem de pontos.

Os formatos de arquivos de nuvem de pontos são disponibilizados no quadro **Select a point cloud format** da aba **Source Data** da caixa de diálogo **Create Point Cloud**, utilizada para importação dos arquivos, como mostra a Figura 6.4.

É possível importar os formatos utilizados no mercado como *LAS*, além de formatos de imagens e arquivos de textos com as coordenadas dos pontos.

A opção **Point Cloud Database** é utilizada para a importação de arquivos de formatos ISD, que permite a criação de uma base de dados local dos pontos importados.

A aba **Summary** da caixa de diálogo **Create Point Cloud** exibe o resumo das configurações estabelecidas para a importação do arquivo de nuvem de pontos.

Durante esse processo de importação, será exibido o ícone de notificação no canto inferior direito da área de trabalho, como na Figura 6.5.

Após importar os dados de arquivos de nuvem de pontos para o desenho, pode-se acessar a caixa de propriedades do grupo de nuvem de pontos *(Point Cloud Properties)* para substituir e controlar o estilo de representação dos pontos, além de possibilitar a configuração das faixas de elevações para a criação de mapas temáticos pela aba **Elevation Ranges** da caixa de diálogo **Point Cloud Properties**, como na Figura 6.6.

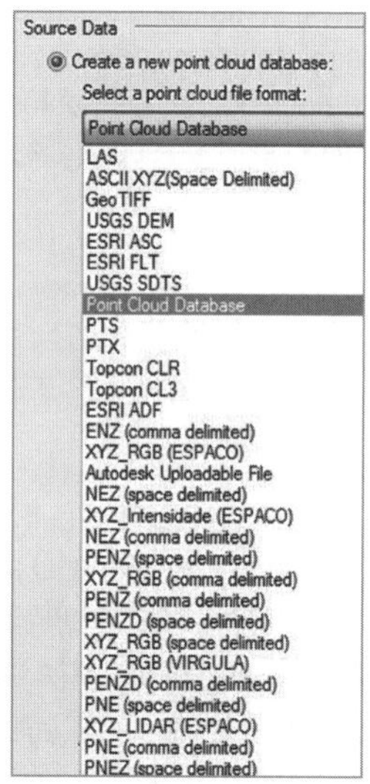

Figura 6.4 Formatos disponíveis para importação de arquivos de nuvem de pontos.

Figura 6.5 Mensagem de notificação de nuvem de pontos.

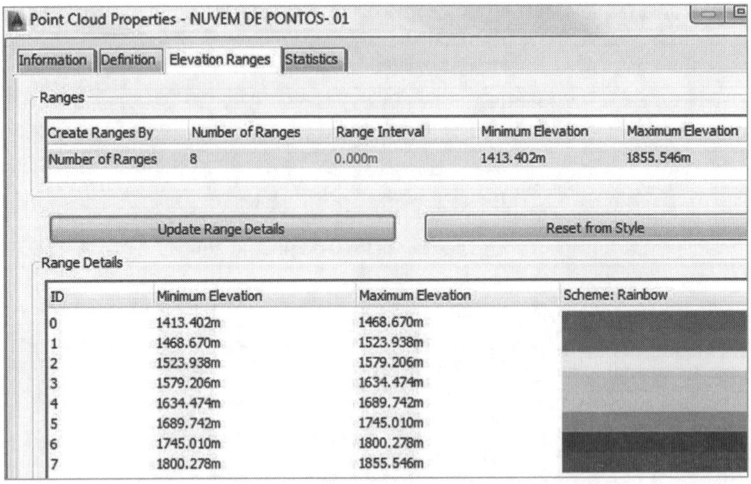

Figura 6.6 Aba Elevation Ranges da caixa Point Cloud Properties para a configuração da análise de elevações.

A ribbon contextual acessa as caixas de estilos e propriedades quando selecionamos objetos da nuvem de pontos existentes no desenho. A ribbon contextual **Point Cloud** permite efetuar revisões no modelo, como controle da densidade dos pontos, da criação de novos pontos, da importação de arquivos e da adição de pontos em modelos de superfícies (Figura 6.7).

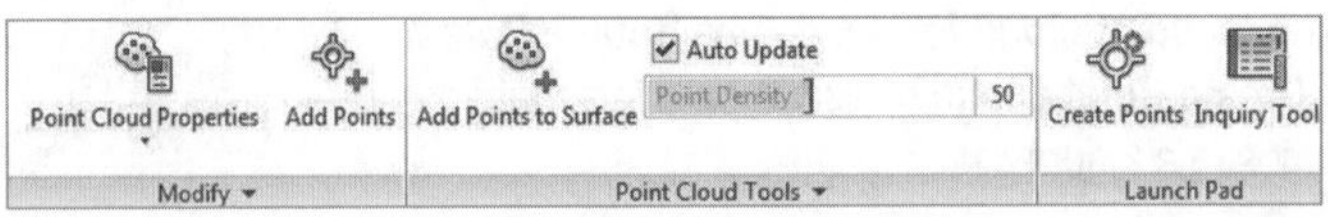

Figura 6.7 A ribbon contextual Point Cloud é exibida quando um ponto da nuvem de pontos estiver selecionado.

Os procedimentos a seguir mostram como importar um arquivo de nuvem de pontos e visualizar os dados do modelo no desenho. O arquivo de nuvem de pontos fornecido é um exemplo de formato *ISD* caracterizado de porte médio e composto por mais de 4 milhões de pontos.

Agora, estude o exemplo a seguir:

1. Inicie um novo desenho utilizando o arquivo de template_**AutoCAD Civil 3D 2016_BRA (DER).DWT**, fornecido com a instalação do pacote *Brazil Content*.
2. Na aba **Prospector** da **Toolspace**, clique com o botão direito do mouse sobre **Point Clouds** e selecione a opção **Create Point Cloud** para abrir o assistente de importação de arquivos de nuvem de pontos.
3. Na aba **Information** da caixa de diálogo **Create Point Cloud**, verifique o nome e o estilo, e clique em **Next** para continuar.
4. Na aba **Source Data**, selecione o formato **Point Cloud Database** no campo **Select a point cloud file format**. Clique no botão **+** para selecionar o arquivo de nuvem de pontos.
5. Na caixa de diálogo **Select File,** localize o arquivo **Pontos.ISD**, disponível no site da Editora Érica, e clique em **Open** para retornar à caixa de diálogo **Create Point Cloud**.
6. Verifique as descrições dos sistemas de coordenadas na parte inferior da aba **Source Data** e clique em **Next**.
7. Na aba **Summary,** verifique as configurações e clique no botão **Finish** para iniciar o processo de importação do arquivo de nuvem de pontos.

8. A caixa de diálogo informativa avisa que o processo será realizado em plano de fundo. Clique no botão **Fechar** para prosseguir.
9. O balão informativo aparece informando o término do processo. Clique na opção **Click here to zoom** para visualizar a nuvem de pontos importada.
10. Navegue no modelo para verificar os pontos. É possível utilizar as ferramentas de navegação em 3D para visualizar os pontos no desenho.
11. Selecione o modelo de nuvem de pontos por meio da aba **Prospector** ou da área de desenho para acessar a caixa de propriedades (**Point Cloud Properties**).
12. Na aba **Information** da caixa de propriedades, substitua o estilo no campo **Point Cloud Style** para **Elevações**. Na aba **Elevation Ranges,** clique no botão **Update Range Details** para aplicar a distribuição das faixas de elevações nos pontos da nuvem.
13. Clique no botão **OK** e verifique o comportamento da nuvem de pontos no desenho.
14. Repita o passo anterior para verificar o comportamento dos pontos, aplicando os demais estilos de nuvem de pontos presentes no desenho.

6.2 Tratamento dos dados de nuvem de pontos

Os arquivos de *point clouds* são gerados por equipamentos que possuem a tecnologia **LiDAR** (*Light Detection and Ranging*), formato de arquivo que salva diversos tipos de informações do levantamento, como classificação e posicionamento dos pontos.

A representação dos pontos é controlada pelos estilos de nuvem de pontos (*point cloud styles*), e, assim, filtram-se diversas informações desejadas para uma simples visualização no desenho ou para efetuar análises nos dados do modelo, como na Figura 6.8.

A aba **Settings** da **Toolspace** do Autodesk AutoCAD Civil 3D permite criar ou modificar estilos de point clouds. O campo **Assign color by** é uma propriedade da aba **Points** da caixa de diálogo **Point Cloud Style,** que permite selecionar os esquemas de cores disponíveis para a representação dos objetos da nuvem de pontos.

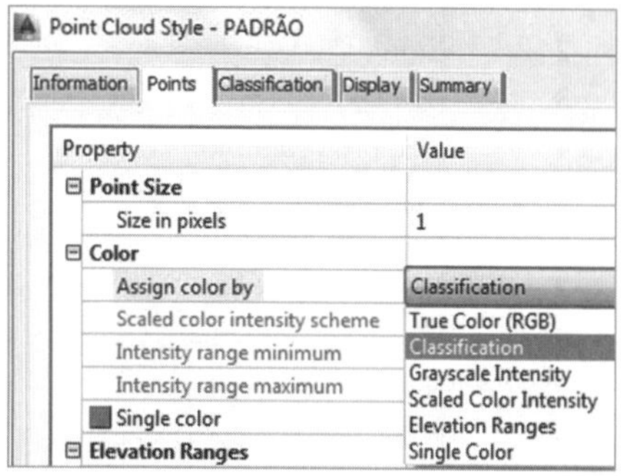

Figura 6.8 Os estilos de nuvem de pontos controlam a representação dos pontos no desenho.

A opção **Classification** da aba **Points** permite controlar como as informações serão exibidas no desenho. **Elevation Ranges** auxilia na criação de mapas temáticos por meio das elevações presentes nos pontos. A opção **Single Color** determina uma única cor em todos os pontos do modelo.

A aba **Classification** da caixa de diálogo **Point Cloud Style** exibe as categorias de objetos, permitindo o controle sobre as cores e os *layers* na representação de cada tipo de objeto (Figura 6.9).

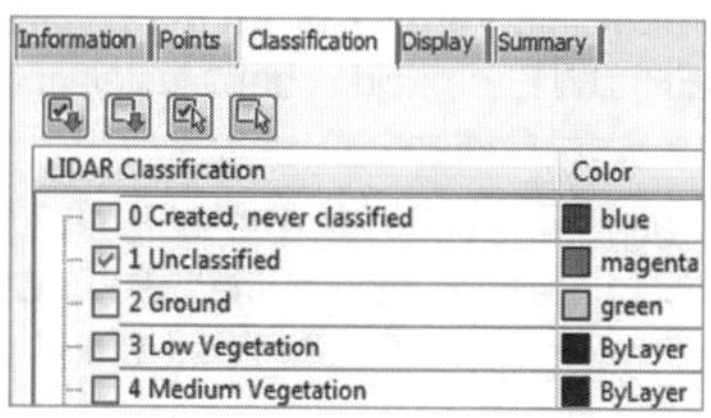

Figura 6.9 Aba Classification da caixa Point Cloud Style.

O quadro **LiDAR Classification** da caixa de diálogo **Point Cloud Style** apresenta o padrão estabelecido de códigos e descrições para as categorias de objetos. Esse padrão, conhecido como **LAS,** classifica os objetos presentes nos formatos de arquivos de nuvem de pontos. Dessa forma, pode-se controlar a exibição dos pontos. A Tabela 6.1 exibe as classes de objetos.

Tabela 6.1 – Códigos das classificações de nuvem de pontos

CÓDIGO	CLASSE	UTILIZAÇÃO
0	Created, never classified	Sem classificação
1	Unclassified	Sem classificação
2	Ground	Terreno
3	Low Vegetation	Vegetação rasteira
4	Medium Vegetation	Vegetação média, arbustos
5	High Vegetation	Árvores
6	Building	Construções
7	Low Point (Noise)	Ponto baixo
8	Model Key-Point (mass point)	Ponto de massa do modelo
9	Water	Rios, córregos e lagos
10	Reserved for ASPRS Definition	Reservado
11	Reserved for ASPRS Definition	Reservado
12	Overlap Points	Pontos sobrepostos
13 a 31	Reserved for ASPRS Definition	Reservado

DICA

É possível filtrar os pontos da classe 2- Ground presentes na nuvem de pontos para a criação ou a complementação de superfícies. Assim, é possível representar o modelo digital do terreno (MDT) de uma região levantada.

O próximo exemplo mostra como controlar a representação dos pontos por meio das categorias de **LiDAR Classification** da caixa de estilos de nuvem de pontos.

Agora, estude o exemplo a seguir:

1. Inicie um novo desenho utilizando o arquivo de template_**AutoCAD Civil 3D 2016_BRA (DER).DWT**, fornecido com a instalação do pacote *Brazil Content*.
2. Na aba **Prospector** da **Toolspace**, clique com o botão direito do mouse sobre **Point Clouds** e selecione a opção **Create Point Cloud** para importar o levantamento a laser do arquivo **Pontos.ISD**, disponível no site da Editora Érica.
3. Acesse a caixa de propriedades pela aba **Prospector** em **Point Clouds**, clique com o botão direito do mouse sobre **Nuvem de Pontos - 01** e selecione a opção **Point Cloud Properties**.
4. Na aba **Information** da caixa de diálogo **Point Cloud Properties**, edite o estilo Padrão selecionando a opção **Edit Current Selection** do quadro **Point Cloud Style**.
5. Na aba **Points** da caixa **Point Cloud Style - Padrão**, digite 1 no campo **Size in pixels** para definir a densidade dos pontos. Em **Assign color by,** selecione a opção **Classification** para permitir a configuração das classes de objetos presentes na nuvem de pontos.
6. Na aba **Classification** da caixa **Point Cloud Style**, habilite somente as classes **2 Ground** e **6 Building,** e escolha cores diferentes para cada classe. Clique no botão **OK** para fechar a caixa de estilos e retornar para a caixa de propriedades. Clique no botão **OK** para fechar a caixa de propriedades.
7. Verifique a exibição apenas dos pontos das edificações e do terreno no desenho.
8. Para trabalhar com modelos de superfícies, devemos utilizar somente os pontos da classe *2 ground*. Acesse a caixa de estilo (**Point Cloud Style - Padrão**) e habilite apenas a classe **2 Ground,** para a exibição dos pontos terreno.
9. Selecione um objeto ponto na área de desenho para a exibição da ribbon contextual **Point**

Cloud. Utilize a ferramenta em **Point Cloud Tools → Add Points to Surface** para criar o modelo digital do terreno com os pontos presentes no desenho.

10. Na caixa de diálogo **Add Points to Surface**, determine o nome e o estilo da superfície na aba **Surface Options**. Ligue a opção **Add Points to a New Surface** para criar uma nova superfície no desenho e clique em **Next** para prosseguir.
11. Na aba **Region Options** habilite a opção **Point Cloud Extents** para utilizar todos os pontos presentes na nuvem de pontos na definição do modelo da nova superfície. Clique em **Finish** para concluir.
12. Verifique a presença de curvas de nível que representam o modelo de superfície criado através dos pontos de terreno presentes na nuvem de pontos.
13. Selecione a superfície criada e acesse a ferramenta da ribbon contextual **Tin Surface → General Tools → Object Viewer** para navegar no modelo da superfície.

6.3 Fluxo de trabalho com nuvem de pontos – Autodesk ReCap

Os dados de levantamentos de campo para projetos de infraestrutura geralmente podem ser demasiadamente extensos, o que, por sua vez, ocasiona perda de desempenho nas principais plataformas de projeto existentes no mercado, incluindo o próprio AutoCAD Civil 3D.

Uma solução de um fluxo de trabalho produtivo poderá ser a chave para o desenvolvimento de projetos mais eficientes dentro do universo de trabalho concorrido. A ferramenta Autodesk ReCap permite importar, tratar, analisar e exportar os dados de nuvem de pontos de uma maneira simples e objetiva, para dessa forma obter maior rendimento durante a utilização dos dados de nuvem de pontos ao longo do desenvolvimento dos projetos na plataforma do AutoCAD Civil 3D (Figura 6.10).

Figura 6.10 Interface e ambiente de trabalho do Autodesk ReCap.

6.4 Exercício – Autodesk ReCap e AutoCAD Civil 3D

O exercício a seguir explica os procedimentos para um fluxo de trabalho entre a importação e o tratamento da nuvem de pontos por meio do Autodesk ReCap, além da importação e manipulação dos dados utilizando o AutoCAD Civil 3D, para assim elaborar o modelo da superfície do terreno primitivo. Os dados do levantamento a laser foram fornecidos por NZ Aerial Mapping Limited, da Nova Zelândia, por meio do site <www.nzam.com>.

Execute os procedimentos a seguir para concluir o exercício:

1. Inicie o Autodesk ReCap pelo sistema operacional, ou por meio da ferramenta presente na ribbon **Insert → Point Cloud → Autodesk ReCap.**
2. Clique no botão novo projeto.
3. Na caixa criar novo projeto, digite Estudo no quadro do nome. Defina o local do arquivo do projeto no quadro presente na parte inferior e clique em Continuar, como na Figura 6.11.

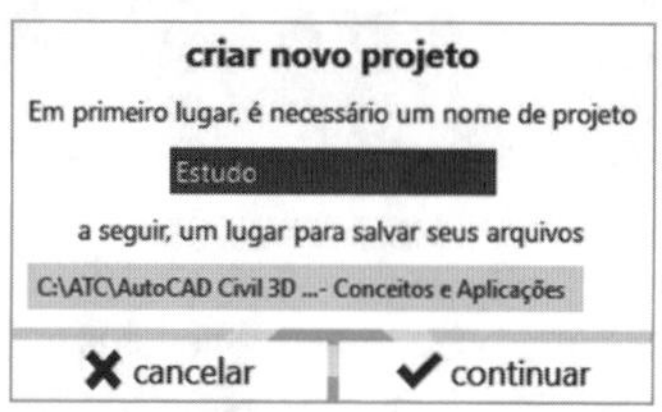

Figura 6.11 Caixa de diálogo criar novo projeto.

4. Na interface importar arquivos, clique na opção + selec. arq. a serem import, como mostra a Figura 6.12.

Figura 6.12 Interface de importação de arquivos de nuvem de pontos.

5. Selecione os arquivos **Scanner_Cobertura.laser Scanner_Terreno.las**, disponível no site da Editora Érica.
6. Clique no botão indexar escaneamentos e aguarde o término do processo de importação (Figura 6.13).
7. Ao término da importação, clique em iniciar projeto.
8. Navegue no modelo de nuvem de pontos por meio do botão direito do mouse para aplicar a função **Orbit**, e com o botão do meio para **Pan** e **Zoom**.
9. Utilize as setas de direção do teclado combinadas com o botão direito do mouse para sobrevoar o modelo.

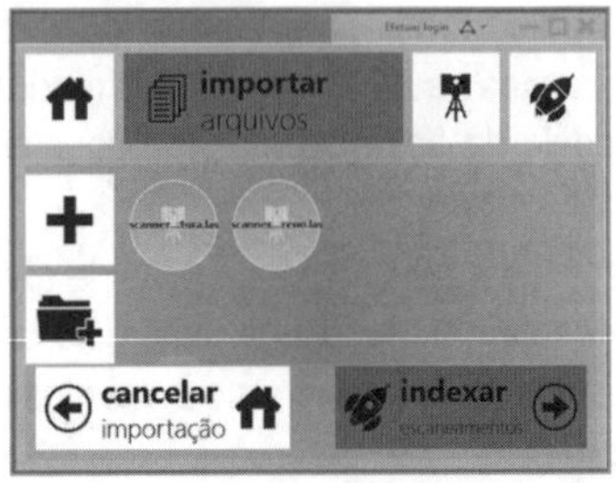

Figura 6.13 Interface de importação de arquivos de nuvem de pontos.

10. Acesse a ferramenta do painel lateral **Configurações de exibição → Modo de cor → Elevação para exibir a análise de elevação do modelo**, como na Figura 6.14.
11. No painel lateral que exibe a legenda com as faixas de elevações, clique na opção **Editar valores de gradiente** e navegue entre as opções de tonalidades disponíveis (Figura 6.15).

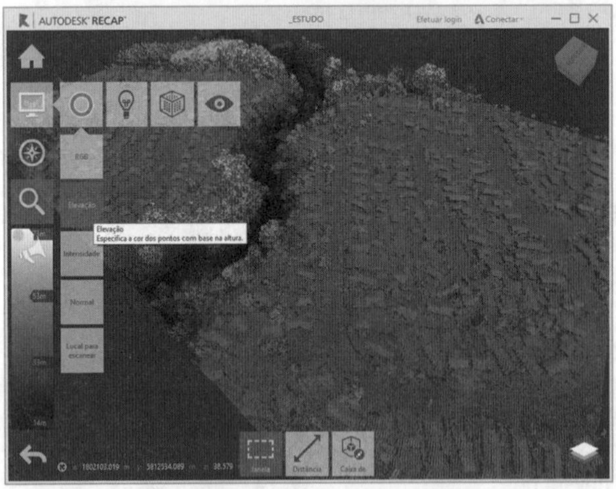

Figura 6.14 Ferramenta de exibição das elevações no modelo.

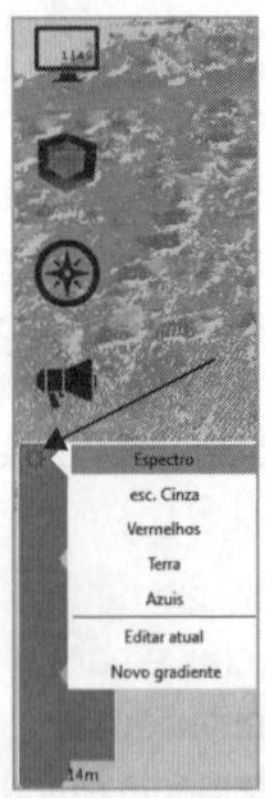

Figura 6.15 Opções de temas de cores, pode-se editar ou criar novos estilos.

12. Repita os procedimentos anteriores para exibir as análises de **Intensidade** e **Normal**.
13. As ferramentas do grupo **Janela** permitem selecionar regiões do modelo de nuvem de pontos (Figura 6.16).
    - **Janela:** define uma região por meio de um retângulo.

- **Cerca:** seleciona uma região definindo uma poligonal.
- **Plano:** permite definir um plano, como uma parede ou o terreno. Essa ferramenta solicita ao menos três pontos sobre o modelo de nuvem de pontos.

Figura 6.16 Ferramentas de definição de regiões no modelo de nuvem de pontos.

14. Depois de definir a região de interesse, as ferramentas de tratamento de regiões são exibidas na interface (Figura 6.17).

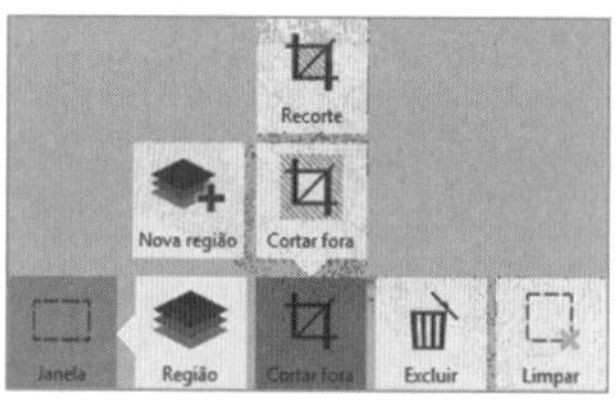

Figura 6.17 Ferramentas de manipulação de regiões no modelo de nuvem de pontos.

- **Nova região:** define o nome para gravar a região selecionada.
- **Cortar fora:** remove os pontos presentes fora da região selecionada.
- **Recorte:** remove os pontos presentes dentro da região selecionada.
- **Excluir:** exclui a região selecionada.
- **Limpar:** limpa a seleção atual.

15. Grave o arquivo **Estudo.rcp**.
16. Selecione a ferramenta **Navegador de projetos** .
17. O painel **Navegador de projetos** apresenta um grupo de ferramentas para a manipulação de vistas e exibição dos dados do modelo (Figura 6.18).

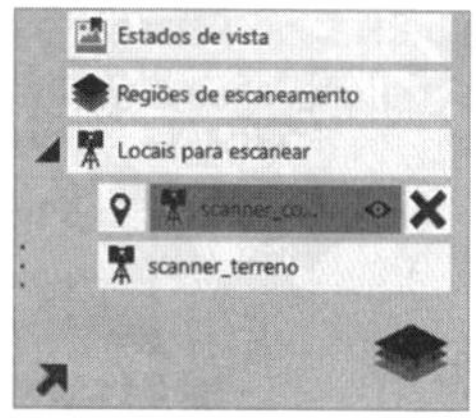

Figura 6.18 Ferramentas dispostas no painel Navegador de projetos.

- **Estados de vista:** ferramenta utilizada para a gravação da vista atual.
- **Regiões de escaneamento:** ferramenta de gravação de regiões selecionadas no modelo e que permite a escolha de uma cor para a região, além de possibilitar travar, ocultar ou remover a região selecionada.
- **Locais para escanear:** ferramenta que exibe os arquivos de nuvem de pontos importados para o modelo (locais de varredura), e permite ocultar ou remover os dados importados.

18. Pode-se ocultar ou remover escaneamentos para manter apenas os pontos do terreno.
19. Acesse a ferramenta localizada em **Início → Exportar para exportar apenas os dados do terreno** (Figura 6.19).

Figura 6.19 Ferramentas de menu Início.

20. Na caixa de diálogo, escolha a pasta de destino do arquivo, selecione o tipo de arquivo **Unified RCS (*.rcs)**, digite o nome **Levantamento** e clique no botão **Salvar.** Aguarde o término do processo de exportação do arquivo.
21. Inicie o Autodesk AutoCAD Civil 3D. Crie um novo desenho utilizando o arquivo de *template* **_AutoCAD Civil 3D 2016_BRA (DER).dwt**.
22. Grave o arquivo com o nome **6-5-Fluxo_Nuvem_Pontos.DWG**.
23. Acesse a ferramenta da ribbon **Insert → Point Cloud → Attach.** Na caixa de diálogo **Select Point Cloud File**, localize o arquivo **Levantamento.RCS** criado anteriormente e clique em **Open**.

24. Na caixa de diálogo **Attach Point Cloud**, desligue as opções de **Specify on-screen** para a escala e ponto de inserção, ligue a opção **Zoom to point clouds**. Clique no botão **OK** (Figura 6.20).

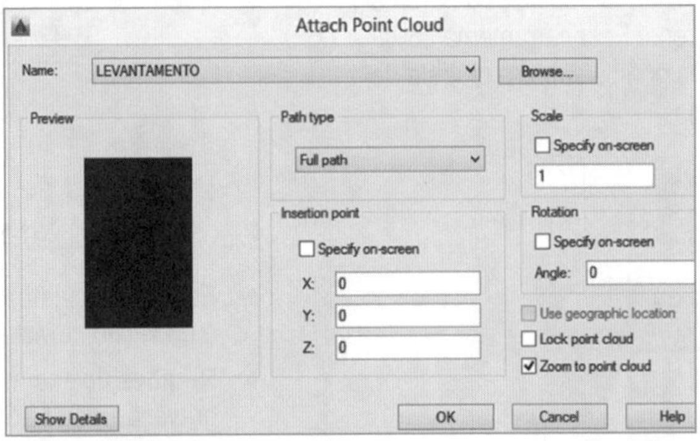

Figura 6.20 Caixa de posicionamento dos dados de nuvem de pontos.

25. Aplique as ferramentas **Zoom**, **Pan** e **Orbit** para navegar no modelo de nuvem de pontos importado para o desenho. Selecione o modelo de nuvem de pontos e observe as ferramentas dispostas na ribbon contextual **Point Cloud** (Figura 6.21).

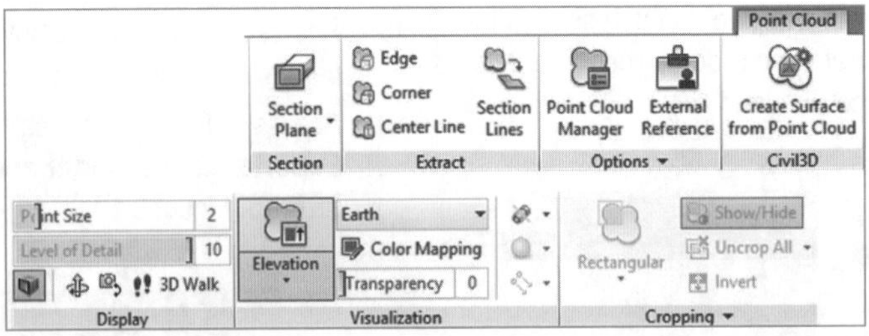

Figura 6.21 Ferramentas para a manipulação de modelos de nuvem de pontos.

As ferramentas para manipulação e controle do modelo de nuvem de pontos estão distribuídas em painéis presentes na ribbon contextual **Point Cloud**:

- **Display:** painel com diversas ferramentas para o controle de exibição do modelo de nuvem de pontos; pode-se controlar o tamanho dos pontos, o nível de detalhe do modelo, além das ferramentas de navegação **3D Orbit** e **3D Walk.**
- **Visualization:** painel com ferramentas de criação de temas visuais, como mapas de elevações ou de intensidade de pontos, transparência e iluminação.
- **Cropping:** painel com ferramentas para a delimitação do modelo de nuvem de pontos.
- **Section:** painel contendo a ferramenta **Section Plane** utilizada para a execução de seções no modelo de nuvem de pontos.
- **Extract:** painel que exibe as ferramentas de extração de geometrias do modelo de nuvem de pontos, como a criação da vista da seção estabelecida pela ferramenta **Section Plane**.
- **Options:** painel que disponibiliza as ferramentas de gerenciamento dos arquivos de referências das nuvens de pontos presentes no desenho.
- **Civil 3D:** painel que permite a criação do modelo da superfície utilizando os dados da nuvem de pontos presente no desenho.

26. Na área de desenho selecione a nuvem de pontos e acesse a ferramenta da ribbon contextual **Point Cloud → Visualization → Scan Colors → Elevation** para exibir o mapa de elevações do modelo de nuvem de pontos (Figura 6.22).

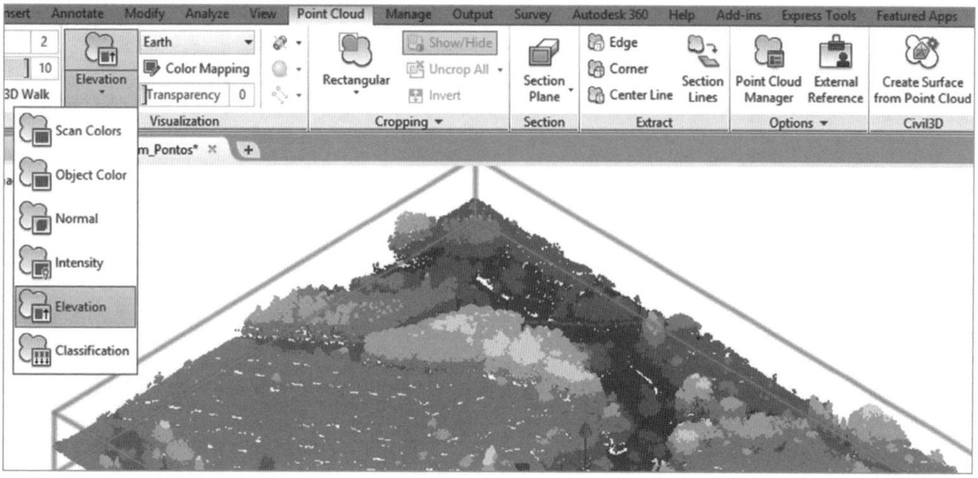

Figura 6.22 Ribbon contextual de nuvem de pontos.

27. Na área de desenho selecione a nuvem de pontos e acesse a ferramenta da ribbon contextual **Point Cloud → Civil 3D → Create Surface from Point Cloud** para abrir o assistente de criação do modelo de superfície.

28. Na página **General** da caixa de diálogo **Create TIN Surface from Point Cloud**, determine o nome da superfície no campo **Name**, escolha o estilo no campo **Style** e clique em **Next**, como mostra a Figura 6.23.

29. Na página **Point Cloud Selection** da caixa de diálogo **Create TIN Surface from Point Cloud**, verifique a porcentagem de importação na coluna **Percentage to Import** e a quantidade de pontos selecionados na coluna **Points Selected**. Pode-se adicionar ou remover regiões do modelo por meio das ferramentas presentes na parte superior da caixa de diálogo. Clique em **Next** (Figura 6.24).

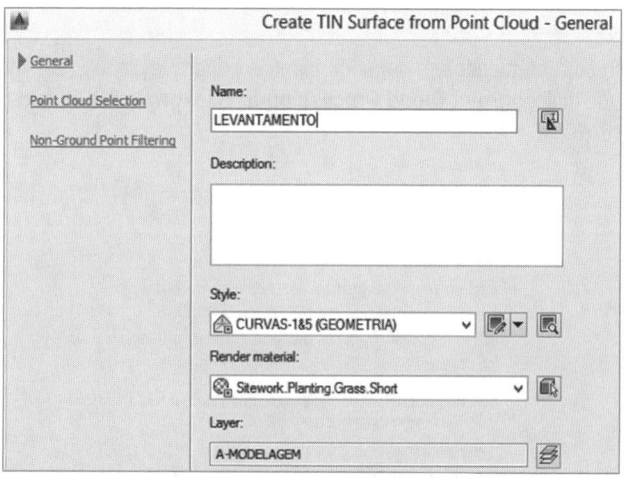

Figura 6.23 Página General do assistente de criação do modelo de superfície.

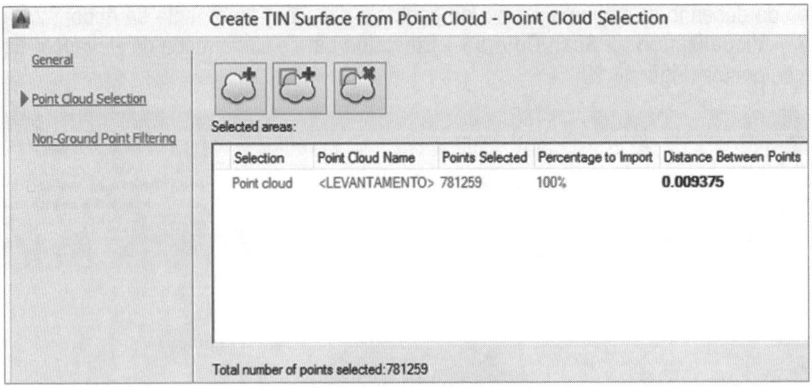

Figura 6.24 Página de seleção de pontos do assistente.

30. Na página **Non-Ground Point Filtering** da caixa de diálogo **Create TIN Surface from Point Cloud**, verifique os métodos disponíveis para efetuar o filtro de limpeza dos pontos que não serão utilizados na construção do modelo da superfície. Selecione o método **Kriging Interpolation** e clique no botão **Create Surface** (Figura 6.25).

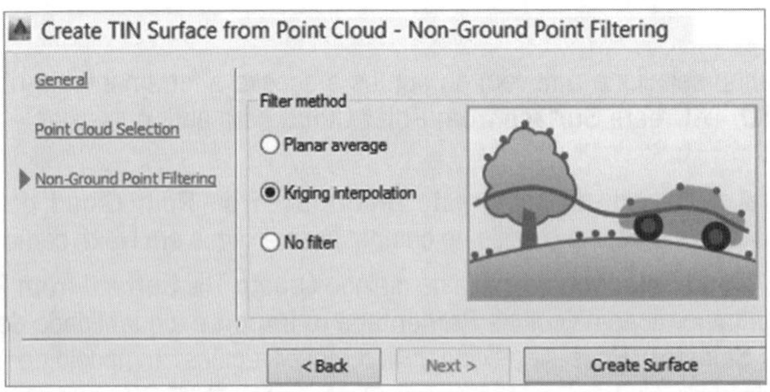

Figura 6.25 Métodos de filtro de pontos do assistente.

31. O processamento será efetuando em segundo plano e poderá levar alguns minutos. Clique no botão **Fechar** da caixa de diálogo **Point Cloud Processing in Background** e aguarde o término do processamento (Figura 6.26).

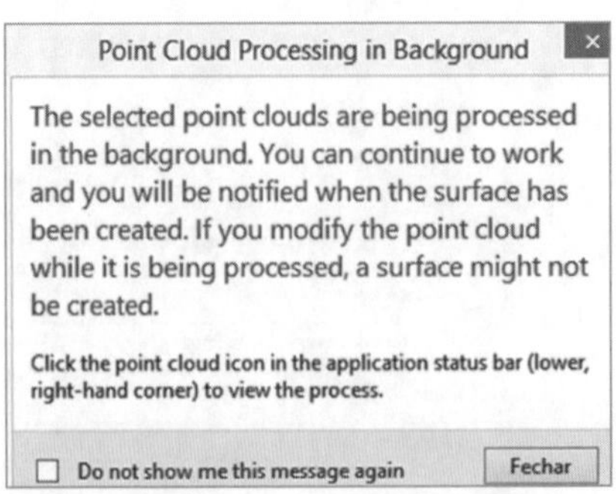

Figura 6.26 Mensagem de informação para processamento em segundo plano.

32. Aguarde a notificação de término do processamento da superfície exibida na parte inferior da interface e clique na opção **Click here to zoom** (Figura 6.27).

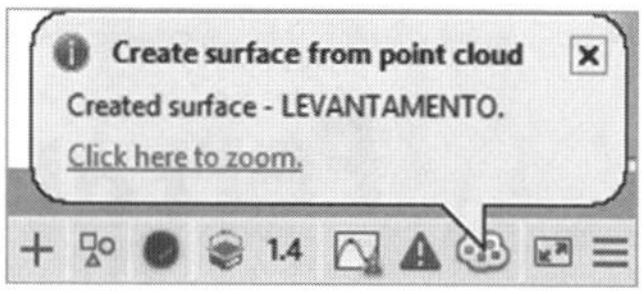

Figura 6.27 Notificação de término do processamento da superfície.

33. Verifique a superfície criada na área de desenho e posicionada em **Surfaces** da aba **Prospector** da **Toolspace** (Figura 6.28).

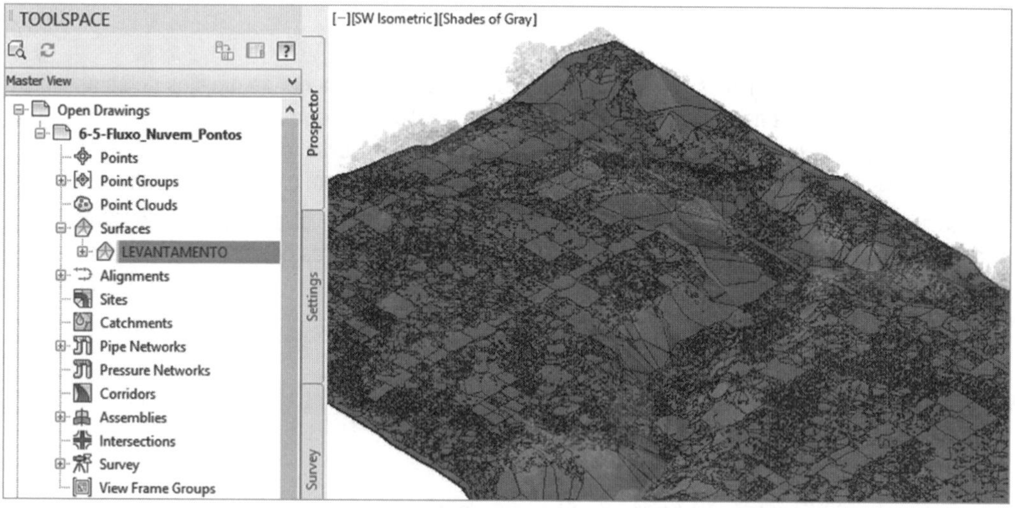

Figura 6.28 Superfície criada a partir dos dados da nuvem de pontos.

7 Ferramentas para Geometrias

A elaboração de geometrias é uma prática comum no desenvolvimento de projetos de infraestrutura. Há situações em que será necessário representar algumas condições topográficas, como edificações, guias, ruas e demais figuras para visualização nos desenhos dos projetos. Dessa forma, essas geometrias, assim como os demais dados topográficos, poderão ser utilizadas como base para o desenvolvimento dos projetos.

Seguindo adiante, no decorrer dos projetos, será necessário desenvolver diversas geometrias planas para representar suas características específicas, como eixos, pátios, obras de arte, estacionamentos, edificações, entre outras geometrias (Figura 7.1).

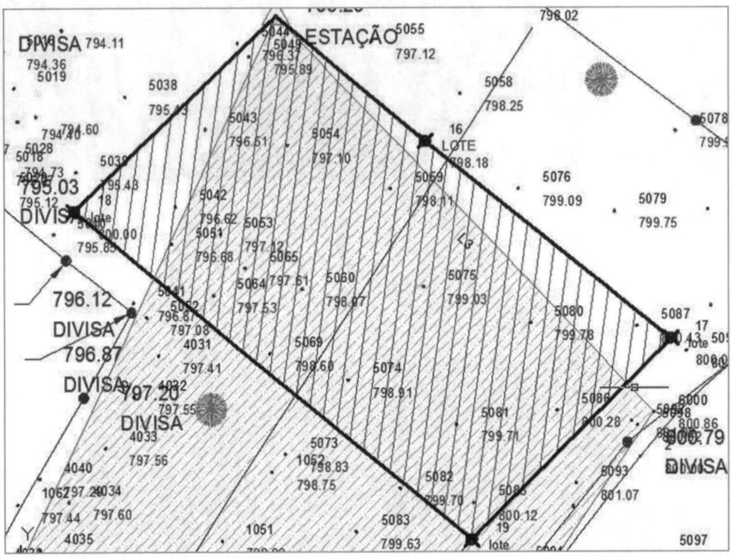

Figura 7.1 Geometrias presentes em arquivos topográficos.

O Autodesk AutoCAD Civil 3D disponibiliza um conjunto de ferramentas para a criação de linhas e curvas, além de comandos transparentes (*transparent commands*) para auxiliar na definição dessas geometrias planas. Essas ferramentas são acessadas pela ribbon **Home** → **Draw** e estão divididas em três categorias distintas:

Line: conjunto de ferramentas para a elaboração de tangentes. Agregadas aos recursos de comandos transparentes (*transparent commands*), permitem criar, de forma precisa, diversas tangentes, estabelecendo condições como ângulos e distâncias ou, ainda, utilizando objetos existentes como referência.

Best Fit: ferramentas poderosas para auxiliar no desenvolvimento de geometrias planas utilizando pontos de regressão. É permitido utilizar as geometrias existentes no desenho para orientar o processo de definição de novas geometrias.

Curves: grupo de ferramentas para a criação de curvas obedecendo a parâmetros e objetos, além da ferramenta auxiliar para cálculo de curvas circulares.

7.1 Ferramentas para tangentes

Create Line by Point # Range: ferramenta para a criação de tangentes digitando o número do ponto. É possível digitar individualmente o número do ponto para a definição da tangente ou, ainda, criar várias tangentes conectando diversos pontos digitando hífen entre os números dos pontos; por exemplo, 01-20 criará linhas conectando os pontos de número 01 a 20, passando por todos os pontos nesse intervalo. É possível digitar vírgula entre os pontos desejados para criar linhas somente entre eles; por exemplo, digitar 01,20 cria uma linha do ponto 01 até o ponto 20.

Create Line by Point Object: ferramenta para criar tangentes entre os pontos selecionados na área de desenho.

Create Line by (Grid) Northing/Easting: ferramenta para a definição de tangentes especificando suas coordenadas. Para utilizar essa opção, o desenho deverá estar com um sistema de coordenadas previamente definido.

Create Line by Latitude/Longitude: ferramenta que cria tangentes especificando suas coordenadas de latitude e longitude dos segmentos.

Create Line by Bearing: ferramenta para a criação de tangentes especificando o ponto inicial (1), o quadrante (2), o ângulo do rumo (3) e o comprimento do trecho (4), conforme Figura 7.2.

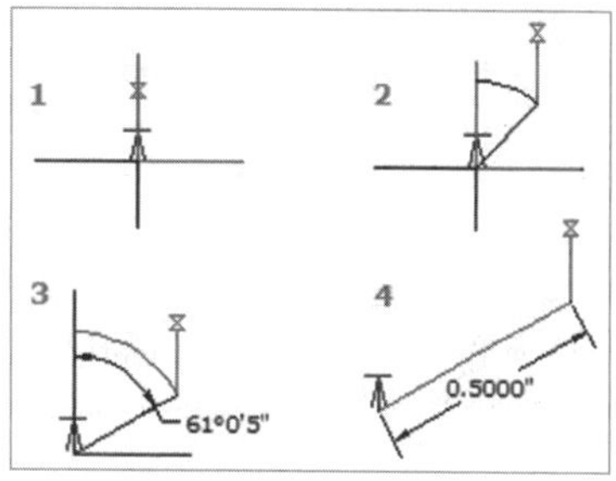

Figura 7.2 Sequência para a construção de tangentes por meio do valor do rumo.

Create Line by Azimuth: ferramenta para criar tangentes especificando o ponto de origem (1), o valor do azimute (2) e o comprimento da tangente (3).

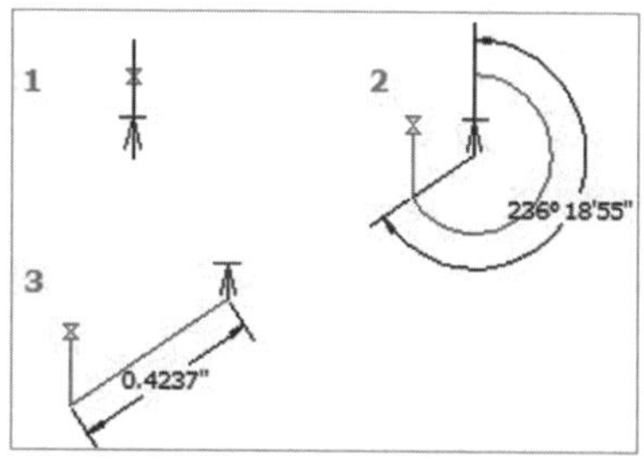

Figura 7.3 Sequência para a criação de tangentes definindo o valor do azimute.

Create Line by Angle: ferramenta de criação de tangentes determinando o valor do ângulo e a distância do segmento.

Create Line by Deflection: ferramenta para a definição de tangentes especificando o valor do ângulo de deflexão e o comprimento da tangente.

Create Line by Station/Offset: ferramenta de criação de tangentes baseadas nas estacas e nos afastamentos de um alinhamento de referência. Essa opção necessita de um objeto *alignment* do Civil 3D (Figura 7.4).

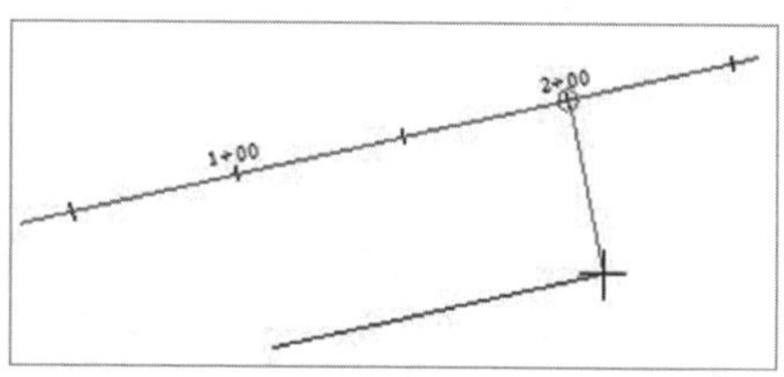

Figura 7.4 Definição de tangentes utilizando os valores de estacas e afastamentos de alinhamentos existentes.

Create Line by Side Shot: ferramenta para criar tangentes utilizando como referência o vértice de uma tangente existente no desenho, bem como controlando o ângulo e a distância para a criação das novas tangentes. A Figura 7.5 exibe o segmento (1-2) como a tangente de referência, o ponto (2) como o ponto de partida e os pontos (3, 4 e 5) como os pontos criados.

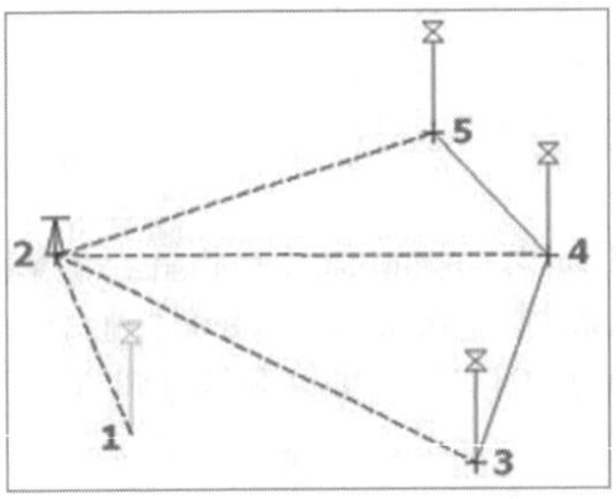

Figura 7.5 Definição de tangentes por meio dos vértices de linhas existentes.

Create Line by Extension: ferramenta que amplia ou diminui o comprimento de uma tangente existente no desenho, similar ao comando *Lengthen* do AutoCAD. Os dados da nova tangente criada são exibidos na linha de comando.

Create Line From End of Object: ferramenta para a criação de tangentes partindo de um vértice de uma linha ou um arco existente no desenho. Os novos dados da tangente são exibidos na linha de comando (Figura 7.6).

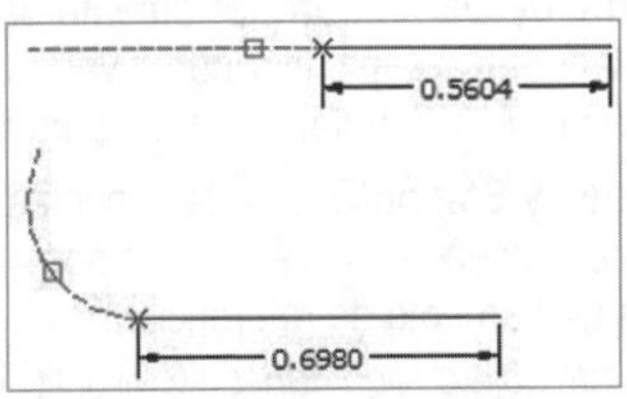

Figura 7.6 Utilização de vértices de geometrias existentes para definição de novas tangentes.

Create Line Tangent From Point: ferramenta que cria linhas tangenciando um ponto ou um vértice de um objeto selecionado no desenho. Os novos dados da tangente são exibidos na linha de comando (Figura 7.7).

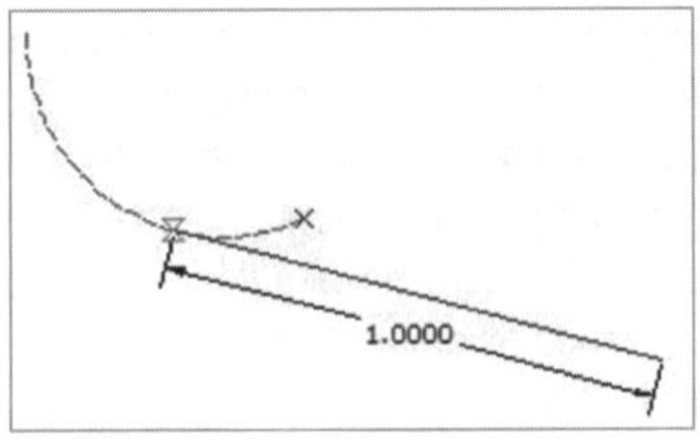

Figura 7.7 Definição de tangentes em geometria existente.

Create Line Perpendicular From Point: ferramenta para definir uma tangente perpendicular ou radial a um ponto definido de um objeto existente no desenho. Os dados da nova tangente criada são exibidos na linha de comando (Figura 7.8).

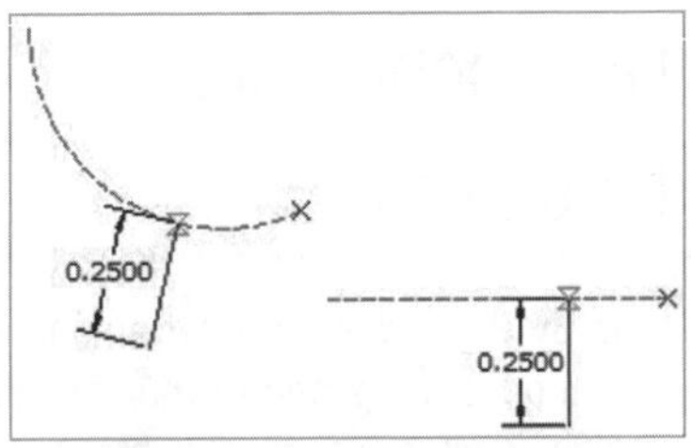

Figura 7.8 Criação de tangentes perpendicular ou radial.

O exemplo a seguir mostra algumas ferramentas para criar as tangentes obedecendo aos pontos criados no grupo de pontos para fechamento do lote, alinhamento da guia e poligonais.

Agora, estude o exemplo a seguir:

1. Abra o arquivo **7-1-1_TANGENTES.DWG**, disponível no site da Editora Érica.
2. Escolha um *layer* para desenhar a geometria do lote. Selecione a ferramenta da ribbon **Home → Draw → Create Line By Point # Range**.
3. Existem pelo menos duas maneiras de digitar os números dos pontos para criar as tangentes de fechamento do lote por meio do comando selecionado:
   - Digite na linha de comando o número do ponto desejado pressionando a tecla **Enter** entre cada ponto digitado. Digite **5000** e pressione a tecla **Enter**, em seguida digite os demais pontos (**16, 17, 18, 19** e **5000**), pressionando **Enter**.

- Ou digite de uma vez a sequência **5000,16,17,19,18,5000** e pressione **Enter** para finalizar.

4. Altere o *layer* atual para desenhar o alinhamento da guia. Selecione pela ribbon **Home → Draw → Create Line By Point # Range**. Digite os números dos pontos **7-15**. Verifique a geometria da guia na parte inferior do desenho.
5. Altere o *layer* atual para desenhar a poligonal de divisa. Selecione pela ribbon **Home → Draw → Create Line By Point Object.** Se houver a necessidade de criar *polylines* em vez de linhas, acione o comando *Pline* e confirme com *Enter*, em seguida, digite *'PO* para ativar o comando transparente *Point Object*.
6. Selecione os pontos com a descrição **Divisa** na área de desenho para a criação da poligonal de divisa.
7. Selecione pela ribbon **Home → Draw → Create Line By Bearing** para criar a poligonal do levantamento.
8. Selecione o ponto **5000** da estação. É possível ativar um comando transparente sobre outro em uso. Para esse caso, digite **'PN** e, em seguida, digite o ponto **5000**; pressione **Esc** apenas uma vez para retornar ao comando transparente de rumo (*Bearing*).
9. Clique no quadrante **3 - SW**. Digite o ângulo **26.165422** e pressione **Enter**. Digite a distância de **73.554** metros e pressione **Enter** para concluir esse segmento.
10. Digite **'BD** para reativar o comando para rumo e distância, a fim de prosseguir com a definição dos demais segmentos:
    - Quadrante = SW. Ângulo = 28.134338. Distância = 50.243 metros.
    - Quadrante = SW. Ângulo = 9.412213. Distância = 53.321 metros.
    - Quadrante = NE. Ângulo = 46.284353. Distância = 85.640 metros.
    - Quadrante = NE. Ângulo = 34.595991. Distância = 76.544 metros.
    - Quadrante = NW. Ângulo = 44.425044. Distância = 57.841 metros.
11. Grave o arquivo como **Geometria_01.DWG**.

7.2 Ferramentas para curvas

Create Curve Between Two Lines: ferramenta para a criação de curvas entre duas tangentes existentes no desenho. Essa ferramenta cria a curva desejada por meio dos parâmetros digitados, entretanto as tangentes utilizadas como referência podem ter seus comprimentos ajustados. Os dados da curva criada são exibidos na linha de comando (Figura 7.9).

```
-------------------------------------------------------------------------------
                                 ARC DATA
-------------------------------------------------------------------------------
Begin . . . . . North: 345028.0695m            East: 7500055.4784m
Radial Point. . North: 345023.1337m            East: 7500054.6794m
End . . . . . . North: 345019.5064m            East: 7500051.2380m
PI  . . . . . . North: 345030.6588m            East: 7500039.4831m
   Tangent: 16.203m          Chord: 9.555m           Course: 206° 20' 39.40"
Arc Length: 12.715m         Radius: 5.000m            Delta: 145.7021 (d)
```

Figura 7.9 Exibição das informações da curva circular criada.

Create Curve on Two Lines: ferramenta de criação de curvas entre duas tangentes existentes no desenho. Essa ferramenta não compromete a geometria das tangentes utilizadas como referência. Os dados da curva criada são exibidos na linha de comando (Figura 7.10).

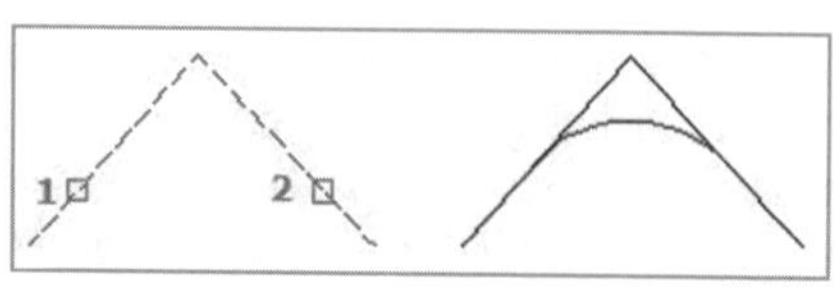

Figura 7.10 Criação de curva entre duas tangentes existentes.

Create Curve Through Point: ferramenta para criar curvas especificando um ponto entre duas tangentes selecionadas no desenho. As tangentes utilizadas sofrem ajustes e os dados da curva criada são exibidos na linha de comando.

Create Multiple Curves: ferramenta para a criação de várias curvas entre duas tangentes selecionadas no desenho; limite máximo de dez curvas. Os dados da curva criada são exibidos na linha de comando.

Create Curve from End of Object: ferramenta que cria curvas utilizando o vértice de um objeto especificando o raio e o desenvolvimento para a nova curva. Os dados da curva criada são exibidos na linha de comando (Figura 7.11).

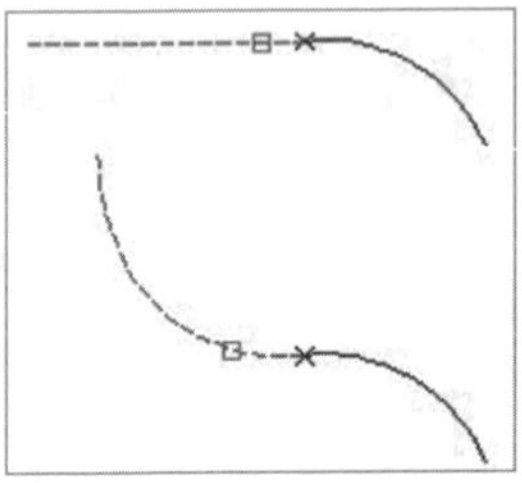

Figura 7.11 Ferramenta para a criação de curvas de geometrias existentes.

Create Reverse or Compound Curves: ferramenta de criação de curvas compostas ou reversas selecionando uma curva existente no desenho. Os dados da curva criada são exibidos na linha de comando (Figura 7.12).

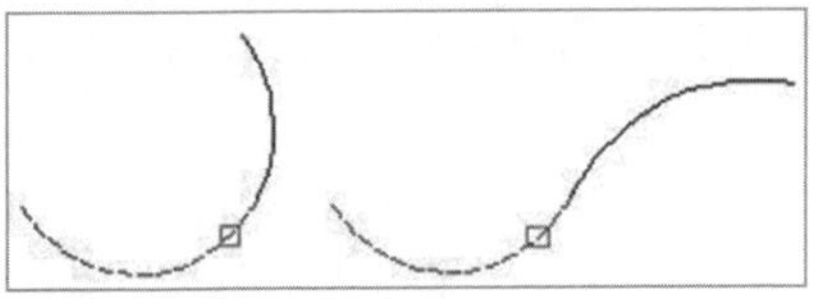

Figura 7.12 Ferramenta de criação de curvas compostas ou reversas.

Curve Calculator: ferramenta que acessa a caixa de diálogo para a execução de cálculos e a visualização dos dados de curvas (Figura 7.13).

A caixa de diálogo **Curve Calculator** permite editar os parâmetros geométricos de uma curva selecionada, além da possibilidade de edição nos valores da corda (*chord distance*), desenvolvimento (*arc distance*), raio (*radius*), flecha (*mid-ordinate distance*) e demais parâmetros disponíveis para as curvas.

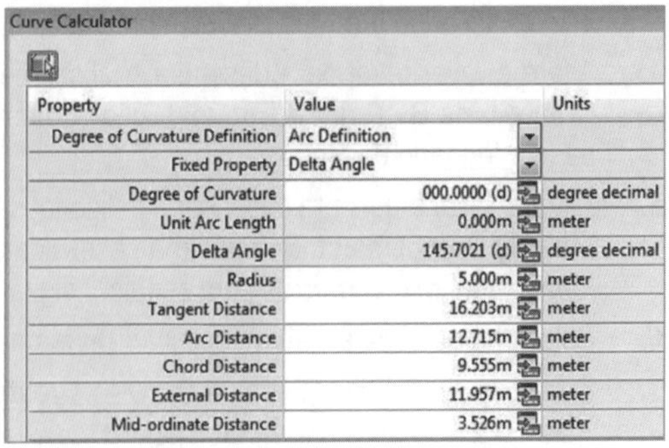
Curve Calculator

Property	Value	Units
Degree of Curvature Definition	Arc Definition	
Fixed Property	Delta Angle	
Degree of Curvature	000.0000 (d)	degree decimal
Unit Arc Length	0.000m	meter
Delta Angle	145.7021 (d)	degree decimal
Radius	5.000m	meter
Tangent Distance	16.203m	meter
Arc Distance	12.715m	meter
Chord Distance	9.555m	meter
External Distance	11.957m	meter
Mid-ordinate Distance	3.526m	meter

Figura 7.13 Caixa de diálogo Curve Calculator.

Pela ribbon **Home → Draw,** encontra-se a ferramenta **Attach Multiple**, que possibilita conectar diversas tangentes e curvas sequencialmente em geometrias existentes no desenho.

Agora, estude o exemplo a seguir:

1. Abra o arquivo **7-2-1_GEOMETRIA.DWG**, disponível no site da Editora Érica.
2. Selecione um *layer* desejado para desenhar as geometrias.
3. Selecione a ferramenta da ribbon **Home → Draw → Curves → Create Curve from End of Object**.
4. Selecione a tangente da guia criada anteriormente próximo ao ponto **7**.
5. Digite **200.00m** para definir o raio e **50.00m** para o desenvolvimento (*length*) da curva.
6. Verifique a geometria da curva criada na área de desenho e seus dados exibidos na linha de comando.
7. Pela ribbon **Home → Draw → Curves → Create Reverse or Compound Curve**, selecione a curva criada no passo anterior.
8. Na linha de comando, selecione a opção **Reverse** para criar uma curva reversa. Determine o raio de **50.00m** e desenvolvimento de **25.00m**.
9. Pela ribbon **Home → Draw → Attach Multiple**, selecione a última curva criada, digite **A** para criar uma nova curva e **P** para definir o ponto final da curva. Clique no ponto **2** do desenho para criar a curva ou utilize o comando transparente *'PN* para identificar o ponto 2.
10. Com o comando **Attach Multiple** ainda ativo, digite **L** para criar uma tangente com **3.00m** de comprimento. Em seguida, crie uma curva com a opção **Arc** até o ponto número **1** do desenho. Pressione a tecla **Enter** para finalizar.

11. Selecione pela ribbon **Home → Draw → Curves → Curve Calculator** para abrir a caixa de diálogo da calculadora de curvas.
12. Na caixa de diálogo **Curve Calculator**, clique no botão ▣ **(Select Arc Object in Drawing)** para selecionar uma das curvas criadas no desenho. Verifique os dados da curva selecionada. É possível alterar os valores para verificar os parâmetros e as propriedades da curva, entretanto essas modificações não são aplicadas para as curvas criadas no desenho.

7.3 Ferramentas Best Fit

Nem só de projetos novos vive a engenharia. Em grande parte dos casos, é necessário desenvolver projetos para restauração ou duplicação de infraestruturas existentes, os quais poderão atender às características específicas, como elaborar um alinhamento respeitando diversas geometrias existentes ou, ainda, desenvolver um novo traçado geométrico passando o mais próximo possível de traçados existentes no local (Figura 7.14).

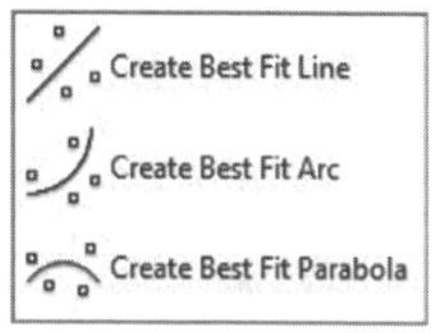

Figura 7.14 Ferramentas Best Fit da ribbon.

As ferramentas **Best Fit** auxiliam na elaboração de tangentes e curvas horizontais, respeitando geometrias e elementos locados no desenho, e estão disponíveis na ribbon **Home → Draw → Best Fit**. Existem três ferramentas disponíveis de **Best Fit**:

Create Best Fit Line: ferramenta para a construção de tangentes utilizando diversos pontos de regressão, como pontos de Civil 3D (From *COGO points*), pontos de AutoCAD (From *AutoCAD points*) e demais entidades do desenho (*From entities*). Pela caixa de diálogo **Line by Best Fit,** é possível, ainda, criar tangentes especificando os pontos de regressão diretamente na área de desenho, utilizando a opção **By clicking on the screen** (Figura 7.15).

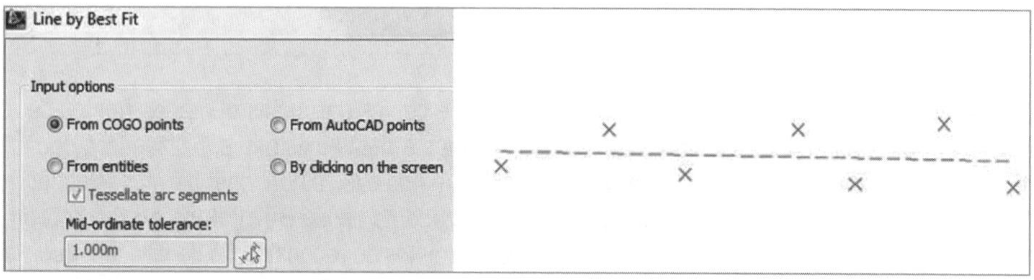

Figura 7.15 Opções da caixa Line by Best Fit.

Ao término da identificação dos pontos ou objetos, a janela **Panorama** é exibida com a aba **Regression Data** apresentando os dados de regressão dos pontos. Por meio dessa aba, é possível adicionar e excluir os pontos utilizados no cálculo da tangente criada, além de permitir a visualização do gráfico de regressão para análise e verificação (Figura 7.16).

Create Best Fit Arc: ferramenta para auxiliar na elaboração de curvas utilizando diversos pontos de regressão. Assim como a ferramenta para tangentes, a caixa de diálogo **Arc By Best Fit** dispõe das opções para seleção de pontos de Civil 3D, pontos de AutoCAD e entidades do desenho, além de permitir a locação de pontos diretamente na área de desenho pela opção **By clicking on the screen**. A janela **Panorama** é exibida disponibilizando as informações da curva criada (Figura 7.17).

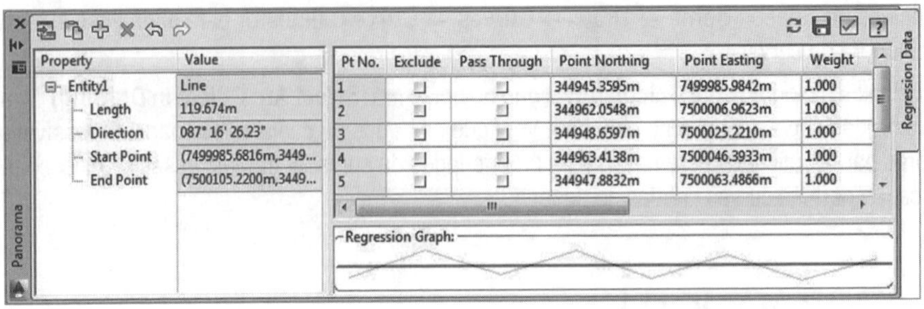

Figura 7.16 A aba Regression Data da janela Panorama exibe as informações da tangente.

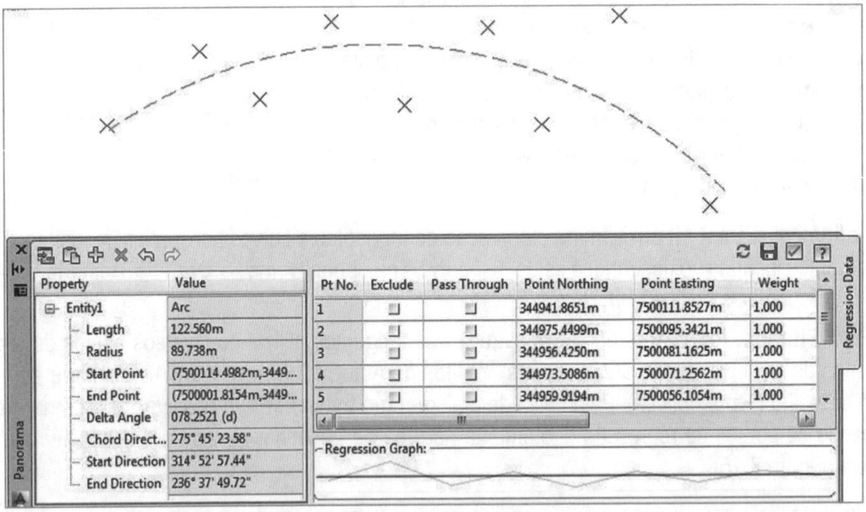

Figura 7.17 Aba Regression Data da janela Panorama com as informações da curva criada.

Create Best Fit Parabola: ferramenta para a criação de curvas parábolas utilizando pontos de regressão de diversos tipos de objetos, como linhas, arcos, *polylines* e perfis existentes, utilizando a opção **From entities**. Por meio da caixa de diálogo **Parabola by Best Fit**, é possível, ainda, criar parábolas especificando os pontos de regressão diretamente na área de desenho utilizando a opção **By clicking on the screen**. Essa ferramenta pode auxiliar na criação de curvas verticais para projetos de reconstrução de vias, em que o alinhamento do traçado vertical deverá passar o mais próximo possível do perfil do terreno existente (Figura 7.18).

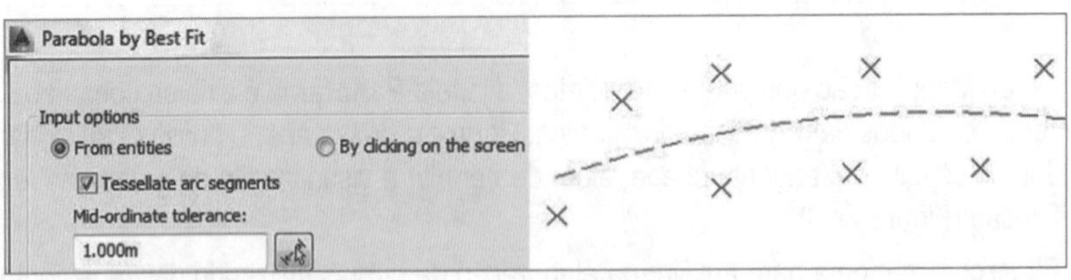

Figura 7.18 Caixa Parabola by Best Fit para criação de curvas parábolas.

A aba **Regression Data** da janela **Panorama** exibe os dados e o gráfico com os pontos de regressão utilizados na criação da parábola, e disponibiliza as ferramentas para adição e exclusão de pontos na construção da parábola na parte superior da janela (Figura 7.19).

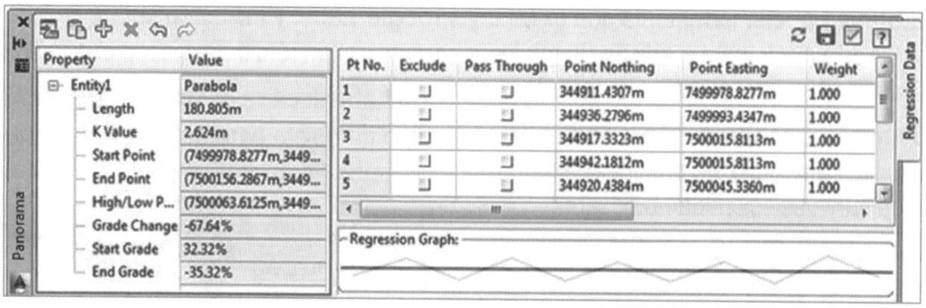

Figura 7.19 Aba Regression Data da janela Panorama com os dados da parábola.

A parábola criada no desenho é um objeto *spline* do AutoCAD. Dessa forma, é possível ativar a opção *Control Vertices* para reposicionar seus vértices na área de desenho por meio dos *grips*.

Agora, estude o exemplo a seguir para construir geometrias no desenho utilizando as ferramentas **Best Fit**:

1. Abra o arquivo **7-3-1_BEST_FIT.DWG**, disponível no site da Editora Érica.
2. Selecione pela ribbon **Home → Draw → Best Fit → Create Best Line** para criar uma tangente entre algumas árvores para um provável alinhamento no desenho.
3. Na caixa de diálogo **Line By Best Fit,** habilite a opção **From COGO points** e clique no botão **OK** para continuar.
4. Na linha de comando, selecione a opção **Numbers** para digitar os números dos pontos desejados.
5. Digite os pontos **12, 13, 3005, 3019, 1049, 1054, 1053, 1035, 5056** e **5077** e pressione **Enter**.
6. Na aba **Regression Data** da janela **Panorama**, verifique os dados da tangente e clique em [☑] para concluir ou em [💾] para finalizar a criação da tangente e manter a janela **Panorama** aberta. Identifique a tangente criada na área de desenho.
7. Selecione pela ribbon **Home → Draw → Best Fit → Create Best Fit Arc** para criar uma curva entre o ponto 2004 da divisa e o ponto 19 criado para o lote.
8. Na caixa **Arc By Best Fit,** habilite a opção **From COGO points** e clique no botão **OK**.
9. Selecione a opção **Number** na linha de comando e digite os números dos pontos **2004**, **2025**, **3007**, **1041**, **1037**, **5084** e **19**. Pressione **Enter** para continuar.
10. Na aba **Regression Data** da janela **Panorama**, habilite a opção **Exclude** para os pontos **3**, **4** e **5** da lista e removê-los do cálculo. Verifique o comportamento da projeção da curva na área de desenho.
11. Habilite a opção **Pass Through** para os pontos **1** e **7** da lista. Essa opção garante a utilização desses pontos no cálculo da geometria da curva.
12. Verifique o comportamento da projeção da curva e do gráfico conforme configuração dos pontos de regressão. Clique no botão [☑] (**Press to Dismiss this Vista)** para concluir e verificar a curva criada no desenho.

7.4 Rótulos e tabelas para tangentes e curvas

O processo de desenvolvimento de geometrias nos desenhos ocasiona a necessidade de acréscimo de rótulos, contendo as informações pertinentes para a construção dessas geometrias, como direções, raios e comprimentos.

Os rótulos são objetos labels dinâmicos do AutoCAD Civil 3D e acessados pela ribbon **Annotate → Labels & Tables → Add Labels → Add Line and Curve** (Figura 7.20).

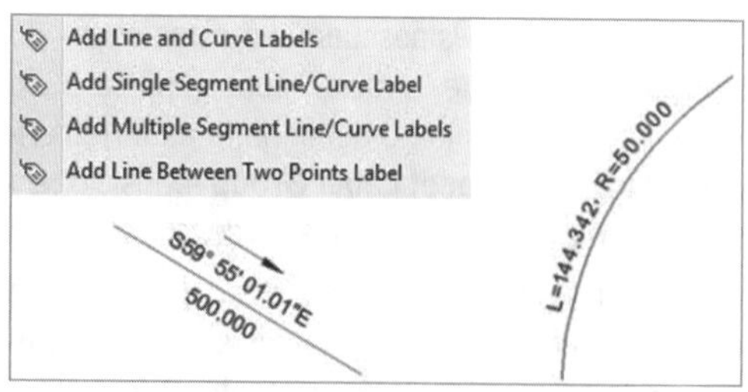

Figura 7.20 Ferramentas para aplicação de rótulos em geometrias do desenho.

Add Line and Curve Labels: ferramenta que exibe a caixa de diálogo **Add Labels** para a adição de rótulos em diversos tipos de objetos presentes no desenho.

Add Single Segment Line/Curve Label: ferramenta que permite adicionar um rótulo em um único segmento de tangente ou curva selecionada no desenho.

Add Multiple Segment Line/Curve Labels: ferramenta que adiciona rótulos simultaneamente em vários segmentos selecionados no desenho, em especial nos objetos *polylines*.

Add Line Between Two Points Label: com essa ferramenta, é possível criar um rótulo livre determinando dois pontos no desenho sem a necessidade de selecionar objetos.

Os rótulos criados nos objetos dos desenhos, além de permanecerem atualizados com suas respectivas geometrias, fornecem recursos específicos por meio da ribbon contextual **Labels,** quando selecionados na área de desenho (Figura 7.21).

Figura 7.21 Ferramentas auxiliares de rótulos.

Edit Label Text: ferramenta que permite editar o rótulo digitando um novo texto. Essa opção remove o recurso de dinamismo do rótulo editado.

Clear Label Text: ferramenta que remove o texto digitado no rótulo com a ferramenta **Edit Label Text,** aplicando os valores originais do rótulo.

Flip Label: ferramenta que inverte o posicionamento do rótulo.

Reverse Label: ferramenta utilizada em rótulos que contêm direção, por meio da qual se pode inverter a direção do azimute ou o rumo do rótulo selecionado no desenho.

Os objetos *labels* possuem o recurso chamado **Dragged,** que permite "arrastar" seus *grips* para um melhor posicionamento no desenho, e as ferramentas **Reset Label** e **Reset Label Group** reposicionam os rótulos nas posições originais no desenho.

Os rótulos possuem, ainda, o recurso **Tag,** que permite aplicar uma numeração sequencial nos rótulos quando criamos tabelas no desenho. A ferramenta **Renumber Tags** auxilia na organização dessa numeração.

Toogle Label Pin: ferramenta que fixa o posicionamento de um rótulo deslocado no desenho.

Add Labels: caixa de diálogo que permite selecionar o tipo de objeto para aplicação dos rótulos por meio do campo **Feature** (Figura 7.22).

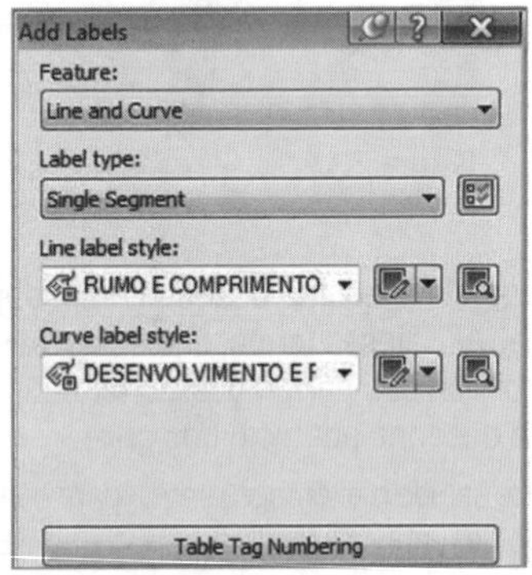

Figura 7.22 Caixa Add Labels utilizada para aplicação de rótulos nos objetos.

Label Type: quadro pelo qual é possível selecionar a ferramenta para aplicação dos rótulos em um (*single*) ou em vários (*multiple*) segmentos.

Line Label Style: quadro que permite selecionar o estilo de rótulo para as tangentes.

Curve Label Style: quadro que possibilita selecionar o estilo de rótulo para as curvas.

Table Tag Numbering: botão que aciona a caixa de diálogo para controlar a numeração para os rótulos dos segmentos.

Add: botão da caixa de diálogo **Add Labels** que aplica os rótulos configurados selecionando os objetos no desenho.

Assim como as tabelas vistas anteriormente para pontos, as tabelas de segmentos são úteis para exibir os dados das tangentes e das curvas presentes nos desenhos. Entretanto, para a criação das tabelas de segmentos, será necessário adicionar previamente os rótulos aos segmentos desejados. É comum utilizar os recursos de **tag** para substituir as informações existentes nos rótulos por numerações sequenciais após criar as tabelas nos desenhos.

A criação de tabelas com os dados das tangentes e das curvas presentes no desenho é feita pela ribbon **Annotate → Labels & Tables → Add Tables → Line and Curve.**

É possível criar tabelas com as informações somente para as tangentes (**Add Line Tables**) ou para as curvas (**Add Curve Tables**); a ferramenta **Add Segment Tables** permite criar uma tabela para vários segmentos selecionados no desenho (Figura 7.23).

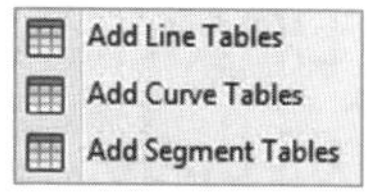

Figura 7.23 Tipos de tabelas para tangentes e curvas.

O quadro **Table style** da caixa de diálogo **Table Creation** seleciona o estilo de tabela desejado (Figura 7.24).

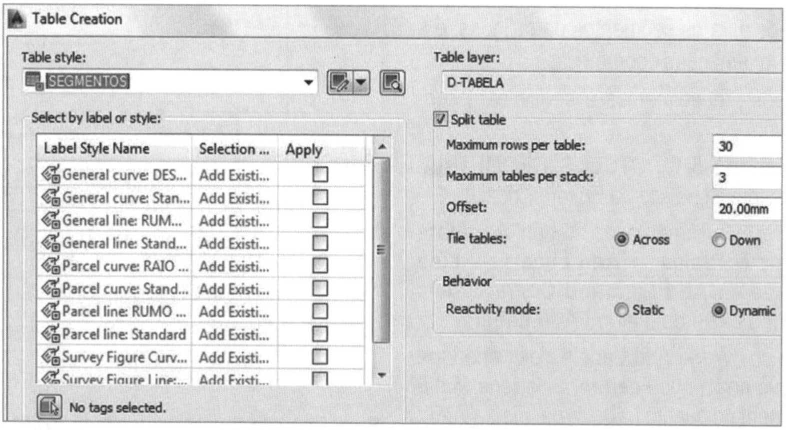

Figura 7.24 Caixa Table Creation utilizada na criação de tabelas.

O botão **Pick-On-Screen** permite selecionar os rótulos desejados na área de desenho para a criação da tabela.

É possível habilitar as caixas da coluna **Apply** do quadro **Select by label or style** para selecionar automaticamente os rótulos presentes no desenho por meio dos estilos utilizados.

O quadro **Split table** permite dividir a tabela separando-a por quantidade de linhas por meio da opção **Maximum rows per table**. O quadro **Offset** regula o espaçamento entre as tabelas divididas.

O campo **Tile tables** controla a posição dos títulos das tabelas. A opção **Across** posiciona o título na parte superior da tabela, e a opção **Down** posiciona o título na parte inferior.

As opções do quadro **Behavior** determinam o dinamismo das tabelas no momento da atualização das informações, em que **Static** não atualiza as informações da tabela durante as edições nas geometrias dos segmentos rotulados no desenho, e **Dynamic** deixa a tabela sempre atualizada no desenho durante a ocorrência de revisões nas geometrias do desenho (Figura 7.25).

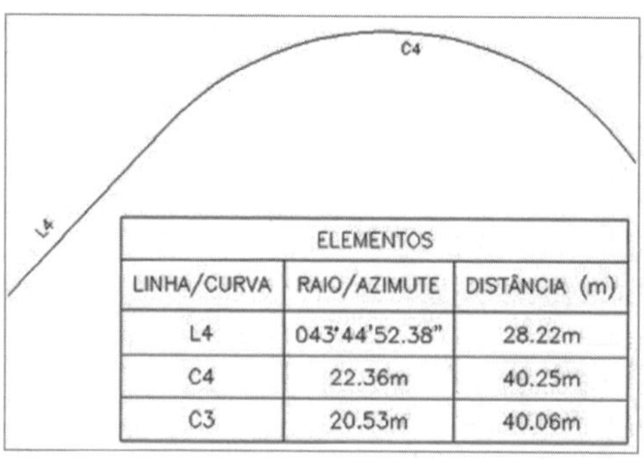

ELEMENTOS		
LINHA/CURVA	RAIO/AZIMUTE	DISTÂNCIA (m)
L4	043°44'52.38"	28.22m
C4	22.36m	40.25m
C3	20.53m	40.06m

Figura 7.25 Exemplo de rótulos e tabela de segmentos geométricos.

7.5 Exercício – tabela com os dados geométricos da poligonal

Os próximos procedimentos mostram como adicionar os rótulos para os segmentos da poligonal e a tabela com as informações geométricas no desenho.

Execute os procedimentos a seguir para concluir o exercício:

1. Abra o arquivo **7-5-1_RÓTULOS_GEOMETRIA.DWG**, disponível no site da Editora Érica.
2. Selecione a ferramenta da ribbon **Annotate → Labels & Tables → Add Labels → Line and Curve → Add Line and Curve Labels** para abrir a caixa de diálogo **Add Labels**.
3. Na caixa de diálogo **Add Labels**, selecione **Line and Curve** no campo **Feature**. Selecione **Multiple Segment** no quadro **Label type** (Figura 7.26).

Figura 7.26 Opções de rótulos para geometrias.

4. Altere as alturas dos textos de todos os componentes nos estilos dos rótulos de tangentes e curvas por meio da ferramenta **Edit Current Selection** (Figura 7.27).

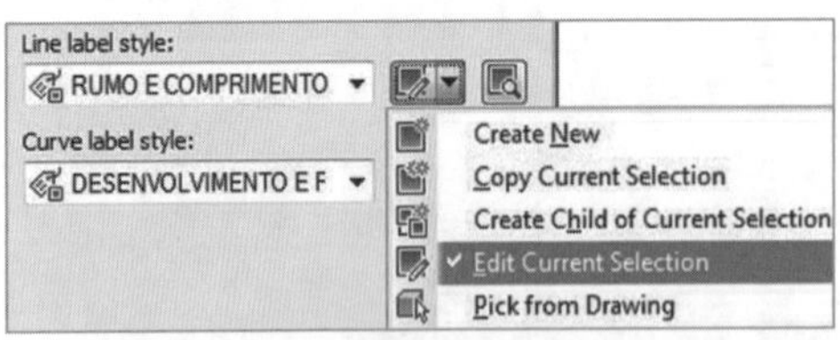

Figura 7.27 Edit Current Selection edita o estilo selecionado.

5. Pelo quadro **Text Height** da aba **Layout** da caixa de diálogo **Label Style Composer,** é possível configurar as alturas dos rótulos que compõem os estilos e controlar o seu deslocamento. É importante verificar e identificar os componentes presentes na lista **Component name** (Figura 7.28).

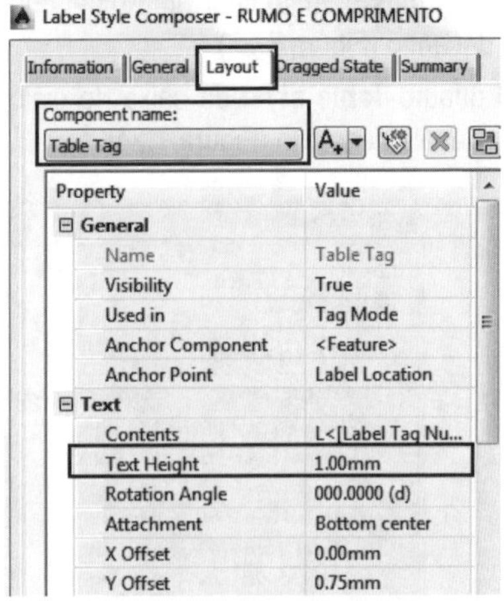

Figura 7.28 A aba Layout controla a altura e o posicionamento dos rótulos.

6. De volta à caixa de diálogo **Add Labels**, clique no botão **Add** e selecione a poligonal no desenho. Clique apenas uma vez na poligonal para evitar a duplicação de rótulos.
7. Verifique o posicionamento dos rótulos na poligonal e feche a caixa de diálogo **Add Labels**.
8. Selecione a ferramenta da ribbon **Annotate → Labels & Tables → Add Tables → Line and Curve → Add Line Tables** para criar a tabela com os dados das tangentes da poligonal (Figura 7.29).

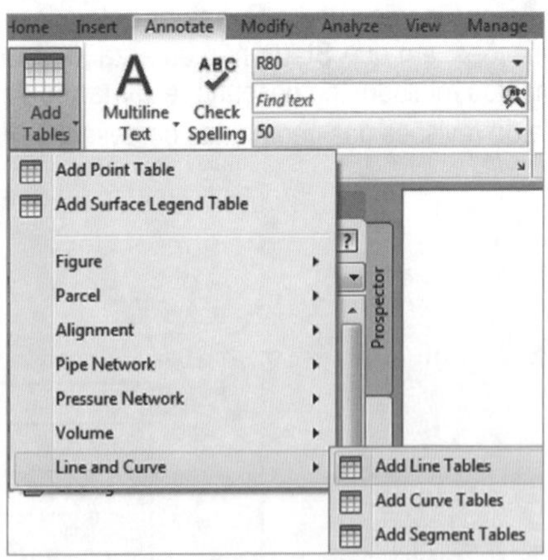

Figura 7.29 Acesso às ferramentas de criação de tabelas de segmentos geométricos.

9. Na caixa de diálogo **Table Creation,** selecione o estilo **RUMO E DISTANCIA** no campo **Table style**. Clique no botão **Pick-On-Screen** e selecione todos os rótulos existentes na área de desenho (Figura 7.30).
10. Clique no botão **OK** na caixa **Table Creation**.
11. Clique em **Convert all selected label styles to tag mode** na caixa de diálogo para converter os rótulos selecionados para o modo **tag** e aplicar a numeração sequencial (Figura 7.31).

Figura 7.30 Opções para a criação de tabelas de segmentos geométricos.

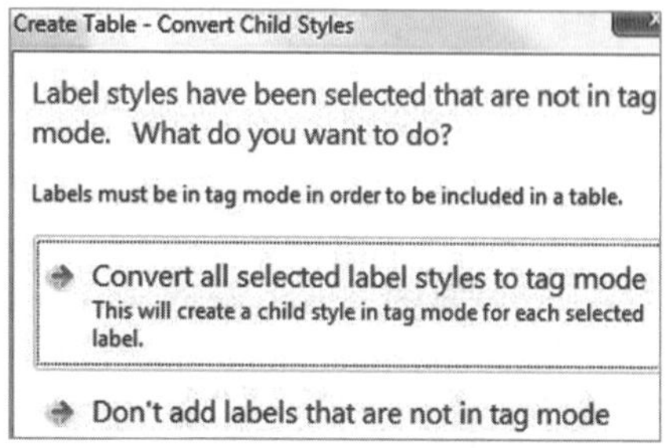

Figura 7.31 O modo tag permite substituir as informações dos rótulos por sequência numérica.

12. Clique no botão **OK** para fechar a caixa de diálogo **Table Creation**.
13. Clique na área de desenho para posicionar a tabela. Verifique o comportamento dos rótulos da poligonal.
14. É possível editar o estilo da tabela **RUMO E DISTANCIA**. Selecione a tabela na área de desenho e, por meio da ribbon contextual, selecione a ferramenta **Edit table style**.
15. Configure novas alturas para os textos dos rótulos pela aba **Data Properties**. Redefina *layers* e cores para os componentes da tabela pela aba **Display** da caixa de estilo **Table Style**. Clique no botão **OK** para finalizar (Figura 7.32).

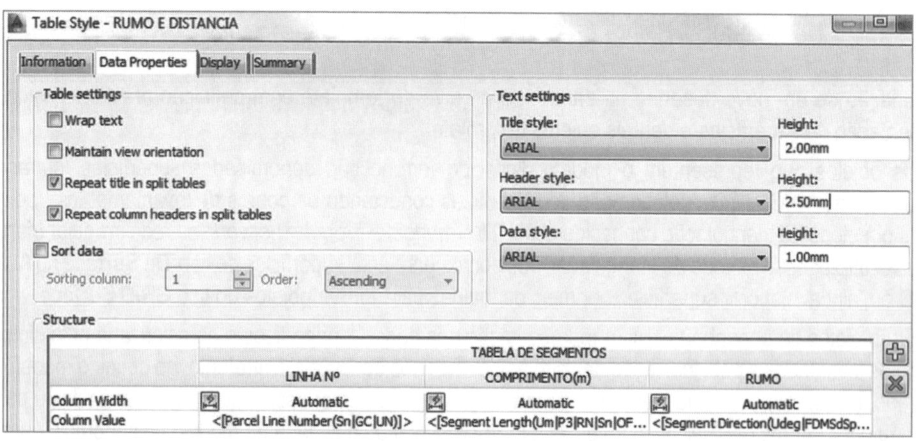

Figura 7.32 Opções de configuração da tabela de segmentos geométricos.

16. Verifique a nova representação da tabela das tangentes da poligonal.

8 Modelo Digital do Terreno – Superfície

O modelo digital do terreno, conhecido como *MDT*, é formado pela união de linhas por meio dos pontos obtidos pelos levantamentos de campo. Essas linhas agrupadas formam malhas triangulares ou quadriculadas para representar o modelo tridimensional de um terreno levantado. Após efetuar o tratamento dos dados do levantamento topográfico, será possível utilizar esses dados para elaborar o modelo digital do terreno.

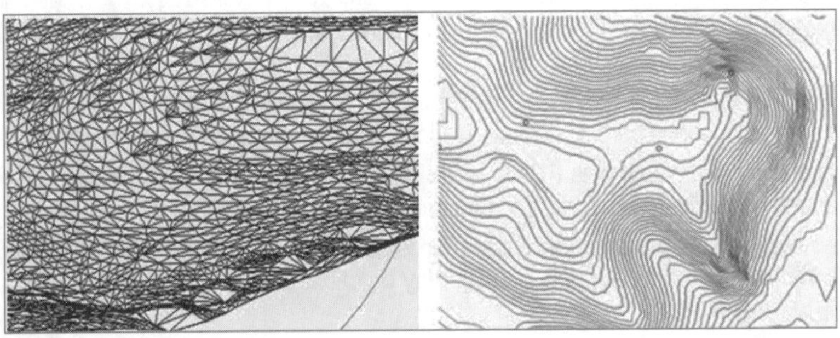

Figura 8.1 Exemplos de superfícies com representações diferentes.

Criação de um novo desenho utilizando um arquivo de template com definição prévia de estilos para representação de superfícies e demais objetos do projeto.

Os objetos que representam o modelo digital do terreno são denominados superfícies (*surfaces*) no Autodesk AutoCAD Civil 3D. A elaboração de superfícies conectando os pontos de levantamentos tradicionais utilizará o método de triangulação conhecido como *TIN (triangular irregular network,* ou rede irregular triangular). É possível utilizar esse método de triangulação dos pontos para criar superfícies do tipo **Tin Surface** no AutoCAD Civil 3D ou, ainda, elaborar superfícies por meio de malhas para formar objetos do tipo **GRID Surface**.

Em projetos de engenharia civil, a representação dos dados topográficos é caracterizada pela simbologia dos pontos levantados e pela indicação das curvas de nível nos desenhos. Entretanto, ao definir o modelo digital do terreno, cria-se o modelo tridimensional de uma região específica e, assim, aplicam-se os estilos e os recursos do Autodesk AutoCAD Civil 3D para escolher a representação desejada do modelo de superfície durante as etapas de elaboração de estudos, análises e projetos.

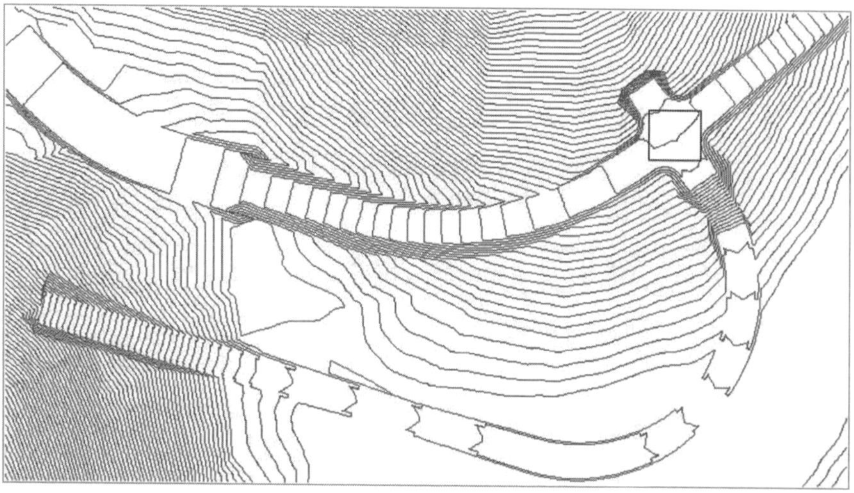

Figura 8.2 Modelo digital do terreno representado por curvas de nível.

8.1 Processo para a manipulação de superfícies

O processo para criação e manipulação de modelos de superfícies no Autodesk AutoCAD Civil 3D inicia-se com a utilização de arquivos de templates ou desenhos existentes, que deverão possuir as configurações predefinidas de estilos para a representação dos modelos de superfícies e os demais objetos dos projetos.

Após a escolha do arquivo de desenho ou de template, e principalmente para criação do modelo do terreno topográfico, será necessário criar uma nova superfície para a definição do nome e a seleção do estilo para a representação no desenho. Essa superfície criada permanecerá vazia e sem dados em sua definição, até o momento em que selecionaremos quais dados farão parte de sua definição por meio da aba Prospector da Toolspace.

A criação dos modelos de superfícies de levantamentos dependerá dos tipos de dados recebidos do campo. É possível utilizar dados de desenhos como pontos, blocos, linhas, malhas trianguladas e *polylines* que representam curvas de nível de um terreno existente, e até mesmo textos inseridos no desenho; todos esses objetos gráficos devem conter suas respectivas elevações. Outra possibilidade usual está na importação de arquivos de texto contendo as locações dos pontos levantados diretamente para o modelo de superfície ou selecionando os grupos de pontos desejados presentes no desenho.

Para a elaboração de modelos de superfícies dos projetos, utilizam-se os recursos de *corridor* e *grading* do AutoCAD Civil 3D, além das ferramentas de *breaklines*. Dessa forma, é possível desenvolver modelos de superfícies para a representação de sistemas viários, platôs, diques e diversos modelos de terraplenagem.

Os modelos de superfícies poderão ser compartilhados entre as equipes envolvidas nos projetos no ambiente de rede da empresa por meio dos recursos de *Data Shortcuts*. Além de modelos de superfícies, é possível compartilhar determinados tipos de objetos do AutoCAD Civil 3D, como alinhamentos e redes para a utilização em diversas disciplinas simultaneamente durante o desenvolvimento dos projetos.

Por fim, é possível efetuar análises nas superfícies para desenvolvimento de estudos e validação, exportar os dados das superfícies para locação, elaborar relatórios, além da possibilidade de união de superfícies para visualização geral do modelo projetado.

A sequência apresentada no Quadro 8.1 ilustra um fluxo de atividades para a elaboração e a manipulação de modelos de superfícies.

Quadro 8.1 Fluxo de atividades para a elaboração e a manipulação de modelos de superfícies

Criação de um novo desenho utilizando um arquivo de template com definição prévia de estilos para representação de superfícies e demais objetos do projeto.

↓

Importação dos dados de levantamento de campo com base em arquivos de desenhos ou de textos.

↓

Limpeza e tratamento nos dados gráficos presentes no desenho.

↓

Criação da superfície topográfica e escolha de seu estilo de representação.

↓

Adição de dados na definição do modelo da superfície, como pontos, curvas de nível, *breaklines*, entre outros objetos.

↓

Compartilhamento dos modelos de superfícies por meio das ferramentas de **Data Shortcuts**, permitindo a integração entre as equipes envolvidas no projeto.

↓

Elaboração de estudos e análises nos modelos de superfícies, como planta de bacias, mapas de declividades, análises volumétricas, entre outros tipos.

↓

Criação da superfície projetada por meio de objetos corridor ou grading. Exportação dos dados dos modelos para a emissão de relatórios de áreas e volumes. Exportação dos dados para arquivos externos (*Land XML, IMX, DEM*) para a elaboração de análises ou para a locação no campo (*TXT*).

8.2 Definição de superfícies

A aba **Prospector** da **Toolspace** permite a criação de modelos de superfícies e o acesso aos dados dos objetos criados no desenho. Após criar o modelo de superfície, pode-se expandir a categoria **Surfaces** para criar máscaras no campo **Masks**, acessar as informações de análises de bacias em **Watersheds** e controlar os dados de definição das superfícies por meio das opções presentes em **Definition** (Figura 8.3).

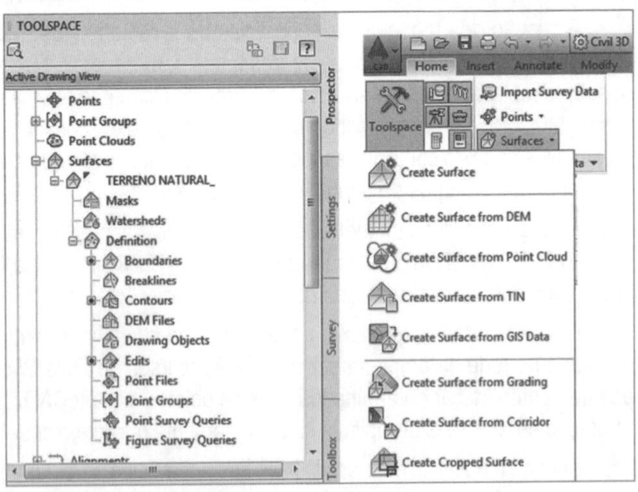

Figura 8.3 Recursos para a criação e manipulação de modelos de superfícies.

- **Create Surface:** recurso para a criação de modelos de superfícies.
- **Create Surface from Point Cloud:** recurso utilizado para a criação do modelo de superfície a partir de nuvem de pontos importados no desenho.
- **Create Surface from TIN:** recurso que permite a criação do modelo de superfície por meio de arquivos de triangulação.

- **Create Surface from GIS Data:** recurso para a criação de superfícies por meio da importação de dados geoespaciais.
- **Create Surface from Grading:** recurso que permite a criação de superfície proveniente da geometria de objetos grading utilizados no desenvolvimento de projetos de terraplenagem.
- **Create Surface from Corridor:** recurso utilizado para a criação do modelo de superfície a partir do modelo do corredor.
- **Create Cropped Surface:** recurso utilizado para a criação de uma superfície selecionando uma região de uma superfície existente no desenho, e que possibilita a exportação do novo modelo de superfície para um novo arquivo de desenho.
- **Boundaries:** recurso que permite eliminar regiões do modelo da superfície pela seleção de geometrias fechadas existentes no desenho. É muito utilizado para cortar os triângulos desnecessários presentes no modelo da superfície.
- **Breaklines:** recurso que possibilita a adição de linhas obrigatórias no modelo de superfície.
- **Contours:** recurso com o qual é possível adicionar *polilynes* que representam curvas de nível na definição da superfície. Essa opção cria a malha de triângulos sobre os vértices das *polylines* selecionadas.
- **DEM Files/Create Surface from DEM:** recurso que possibilita a importação de arquivos em formato *DEM* na definição da superfície.
- **Drawing Objects:** recurso que exibe a caixa de diálogo **Add Points From Drawing Objects,** para a adição de objetos de desenho, como pontos, blocos e *polifaces* na definição do modelo da superfície. Com o botão direito do mouse sobre a categoria **Edits** da aba **Prospector** da **Toolspace**, é possível acessar as ferramentas de edição de superfície, remover triângulos, adicionar pontos e minimizar áreas planas da triangulação do modelo da superfície.
- **Point Files:** recurso que permite a importação de arquivos de pontos diretamente para a definição dos triângulos do modelo da superfície.
- **Point Groups:** opção que possibilita a seleção de grupos de pontos existentes no desenho para o modelo da superfície.
- **Point Survey Queries** e **Figure Survey Queries:** recursos que possuem opções para selecionar pesquisas realizadas no banco de dados de *survey* para a adição de dados topográficos na definição do modelo de superfície.

A ribbon contextual **Tin Surface** é exibida ao selecionar uma superfície no desenho, além de permitir acesso aos dados do modelo, como suas propriedades e ferramentas do modelo da superfície selecionada (Figura 8.4).

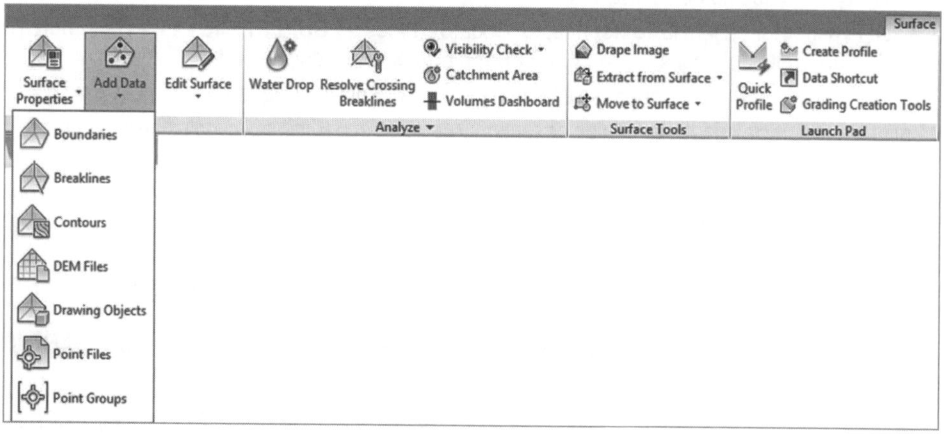

Figura 8.4 Ferramentas presentes na ribbon contextual Tin Surface.

8.2.1 Superfícies de pontos

Após a importação e o tratamento dos pontos provenientes de levantamentos, será possível elaborar os modelos de superfícies por meio da triangulação dos grupos de pontos existentes no desenho, ou utilizar os pontos do levantamento topográfico presentes no banco de dados de *survey*, na definição de modelos de superfícies (Figura 8.5).

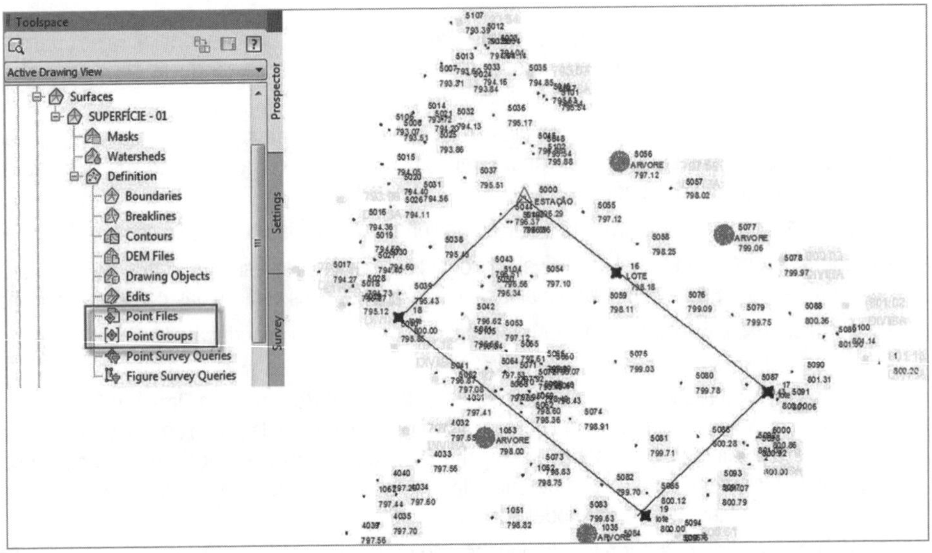

Figura 8.5 Point Files e Point Groups são ferramentas utilizadas na definição de superfícies por pontos.

A próxima sequência exibe os procedimentos para a criação de um modelo de superfície selecionando um grupo de pontos existentes no desenho.

Agora, estude o exemplo a seguir:

1. Abra o arquivo **8-2-1_GEOMETRIA_SUPERFÍCIE.DWG**, disponível no site da Editora Érica.
2. Selecione pela ribbon **Home → Create Ground Data → Surfaces → Create Surface**.
3. Digite **Superfície-1** no campo **Name** da caixa de diálogo **Create Surface**, verifique o estilo utilizado no campo **Style** e clique no botão **OK**.
4. Na aba **Prospector** da janela **Toolspace**, expanda **Surfaces → SUPERFÍCIE - 1 → Definition**. Clique com o botão direito do mouse sobre **Point Groups** e selecione a opção **Add**.
5. Na caixa de diálogo **Point Groups,** selecione o grupo **_All Points** e clique no botão **OK** para concluir.
6. Verifique a superfície criada na área de desenho. O estilo de superfície aplicado exibe as curvas de nível com intervalos de 1.00m entre elas.
7. Para alterar o estilo de representação da superfície e exibir os triângulos, selecione a superfície na área de desenho. A ribbon contextual **Tin Surface** exibe as ferramentas para manipulação do modelo de superfície selecionado.
8. Selecione a ferramenta da ribbon **Tin Surface → Modify → Surface Properties** (Figura 8.6).

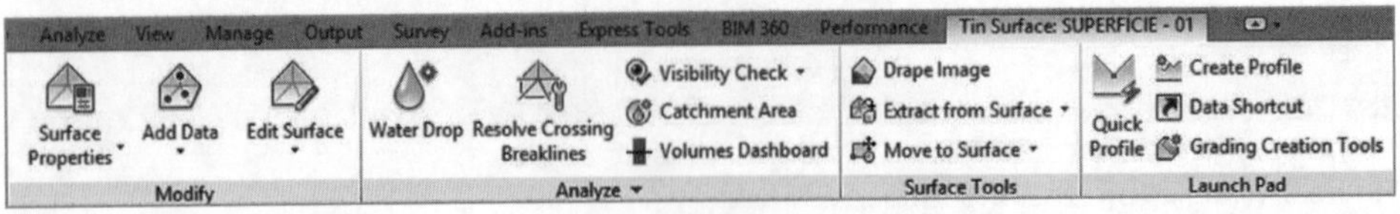

Figura 8.6 Ferramenta Surface Properties da ribbon contextual Tin Surface.

9. Na aba **Information** da caixa de diálogo **Surface Properties**, selecione o estilo **Triângulos e Curvas** no campo **Surface Style**. Clique no botão **OK** para concluir.
10. Verifique que, além das curvas de nível, os triângulos são exibidos no modelo da superfície. Acesse novamente a caixa **Surface Properties** para alterar a representação da superfície.

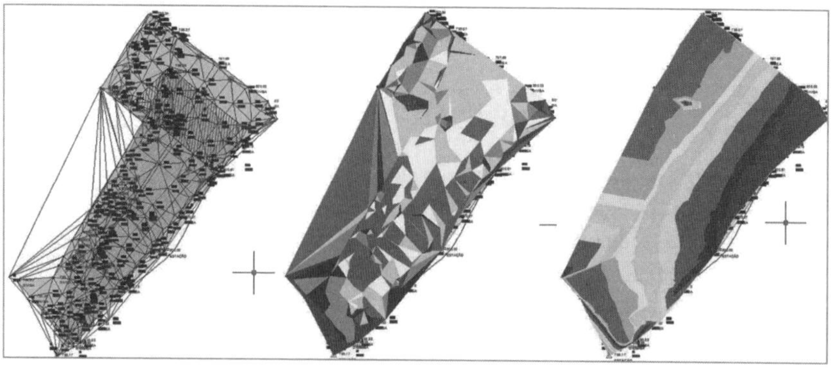

Figura 8.7 Superfície criada com diferentes estilos de representação.

11. A substituição dos estilos de superfície poderá auxiliar na elaboração de estudos e análises no modelo do terreno, como mapas de declividades, elevação e planta de bacias.

8.2.2 Superfícies de arquivos de pontos

Em geral, ao criar superfícies contendo áreas demasiadamente grandes, estamos elaborando o modelo triangulado dessas áreas. Dessa forma, poderá ocorrer alguma redução no desempenho durante a manipulação desses modelos matemáticos.

O recurso de importação de arquivos de pontos poderá beneficiar o desempenho durante a manipulação de modelos pesados. Principalmente quando não houver a necessidade de visualização dos pontos levantados no desenho, esse recurso poderá ser muito útil em arquivos de levantamentos com áreas extremamente grandes, em que a importação dos pontos será efetuada diretamente para o modelo de superfície no desenho.

Agora, estude o exemplo a seguir:

1. Inicie um novo desenho utilizando o arquivo de template **_AutoCAD Civil 3D 2016_BRA (DER).DWT**, fornecido com a instalação do pacote *Brazil Content*.
2. Selecione a ferramenta da ribbon **Home** → **Create Ground Data** → **Create Surface**.
3. Digite **SUPERFÍCIE - 2** no campo **Name** da caixa de diálogo **Create Surface**, verifique o estilo utilizado no campo **Style** e clique no botão **OK**.
4. Na aba **Prospector** da **Toolspace**, expanda **Surfaces** → **SUPERFÍCIE - 2** → **Definition**. Clique com o botão direito do mouse sobre **Point Files** e selecione a opção **Add**.

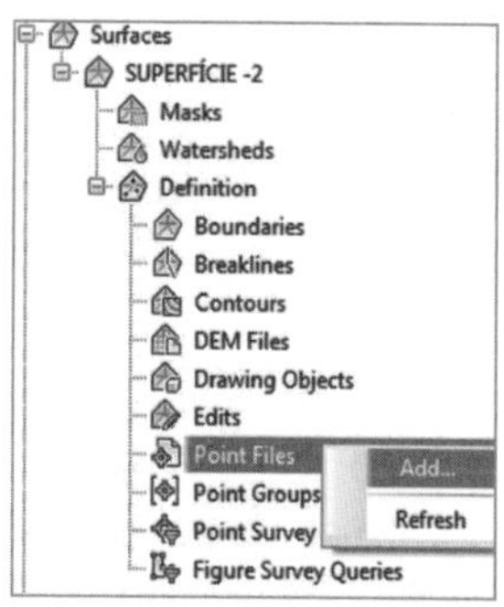

Figura 8.8 Ferramenta de importação de arquivos de pontos para a superfície.

5. Na caixa de diálogo **Add Point File**, clique no botão **+** para selecionar o arquivo de texto **Pontos.TXT**.
6. Selecione o formato **PNEZD (comma delimited)** no campo **Specify Point File Format**. Clique no botão **OK** para iniciar a importação.

7. Aplique **Zoom Extents** e verifique a superfície criada no desenho.
8. É possível navegar na superfície para análise visual por meio do comando *Orbit*. Entretanto, pode-se selecionar o modelo de superfície e a ferramenta da ribbon **Tin Surface** → **General Tools** → **Object Viewer** para navegar apenas pelos objetos selecionados no desenho.
9. A caixa de diálogo **Object Viewer** possui ferramentas de navegação 3D nos modelos selecionados.
10. Feche a caixa **Object Viewer** para retornar à área de desenho.

8.2.3 Superfícies de curvas de nível

Na maioria das vezes, os dados de levantamentos de campo são fornecidos na forma de arquivos de desenhos com as características geométricas de um terreno. Esses desenhos topográficos poderão conter a locação dos pontos levantados, de geometrias existentes e das curvas de nível na forma de objetos *polylines*. As *polylines* que representam as curvas de nível do terreno deverão possuir as suas respectivas elevações; assim, poderão ser utilizadas na elaboração dos modelos de superfícies por meio do recurso **Contours** do Autodesk AutoCAD Civil 3D.

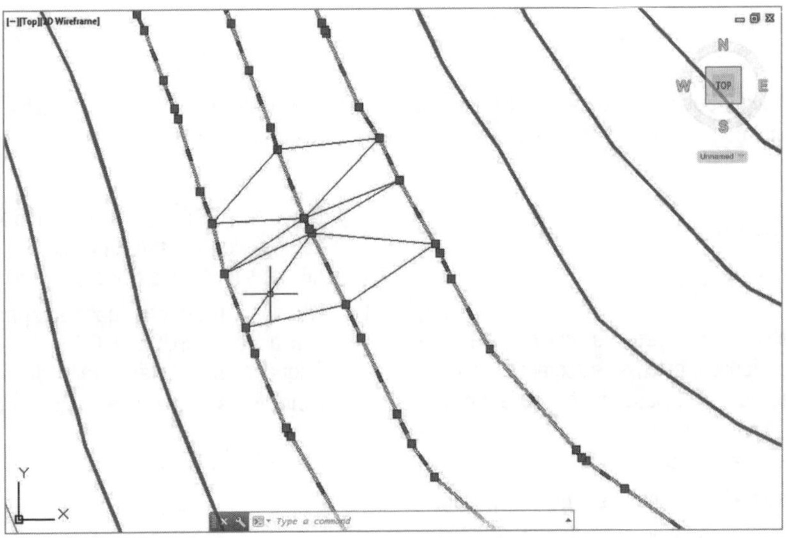

Figura 8.9 A triangulação de curvas de nível obedece aos vértices das polylines.

As *polylines* utilizadas terão seus vértices unidos por triângulos durante o processo de criação do modelo de superfície.

Os objetos *polylines* não poderão ser removidos do desenho, assim como qualquer outro tipo de objeto utilizado na elaboração dos modelos de superfícies deverá permanecer nos desenhos para funcionamento do dinamismo do AutoCAD Civil 3D, então é aconselhado o congelamento do *layer* das *polylines* e dos demais objetos utilizados para esse fim.

Uma boa prática que pode ser aplicada em situações nas quais as *polylines* de curvas de nível não possuem suas respectivas elevações está na utilização da ferramenta da ribbon **Modify** → **Design** → **Edit Polyline Elevations** para corrigir as elevações das *polylines* de forma ordenada.

O próximo exemplo ilustra os procedimentos para a elaboração de um modelo de superfície por meio de objetos *polylines* que representam curvas de nível e são provenientes do levantamento de campo.

Agora, estude o exemplo a seguir:

1. Inicie um novo desenho utilizando o arquivo de template **_AutoCAD Civil 3D 2016_BRA (DER).DWT** ou algum template criado anteriormente.
2. Insira o desenho **8-2-3_CURVAS_DE_NIVEL.DWG**, disponível no site da Editora Érica. Utilize o comando **Insert** para inserir o desenho das curvas de nível nas coordenadas **0,0** com escala de **01** unidade e rotação de **00;** habilite a opção **Explode** e clique no botão **OK**.
3. Aplique **Zoom Extents** para localizar as curvas de nível importadas e verifique as elevações das *polylines*.
4. Selecione a ferramenta pela ribbon **Home → Create Ground Data → Create Surface**.
5. Digite **SUPERFÍCIE - 3** no campo **Name** da caixa de diálogo **Create Surface**, selecione um estilo no campo **Style** e clique no botão **OK**.
6. Na aba **Prospector** da janela *Toolspace*, expanda **Surfaces → SUPERFÍCIE - 3 → Definition**. Clique com o botão direito do mouse sobre **Contours** e selecione a opção **Add**.
7. Na caixa de diálogo **Add Contour Data**, digite **CURVAS** no campo **Description** (Figura 8.10).

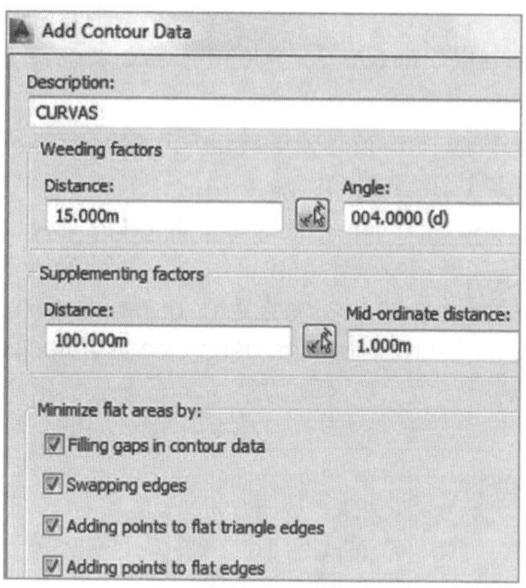

Figura 8.10 Interface da caixa Add Countor Data.

Além da descrição, a caixa de diálogo **Add Contour Data** fornece diversas ferramentas para a triangulação dos vértices das curvas de nível.

- A ferramenta **Weeding Factors** da caixa de diálogo **Add Contour Data** permite abandonar vértices excessivos localizados ao longo das *polylines*. Dessa forma, pode-se melhorar o desempenho do equipamento, além de diminuir a quantidade de dados no modelo da superfície e, consequentemente, no arquivo. Por meio da configuração de uma regra baseada na distância e no ângulo de deflexão entre os vértices, fica possível controlar a precisão desejada nos dados do modelo (Figura 8.11).

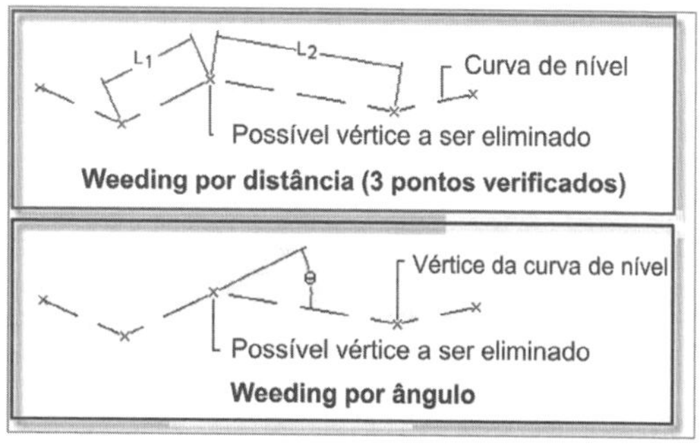

Figura 8.11 Weeding Factors controla os vértices das polylines que serão utilizados na superfície.

- A ferramenta **Supplementing Factors** da caixa de diálogo **Add Contour Data** controla a adição de vértices adicionais ao longo das *polylines* para aumentar a precisão nos triângulos do modelo da superfície, principalmente nos trechos que possuem grandes distâncias entre os vértices das *polylines*. Pelo fato de não existirem triângulos com arestas curvadas, é possível segmentar os trechos das *polylines* que possuírem geometrias em arcos por meio da configuração de uma distância e do comprimento da flecha do arco (Figura 8.12).

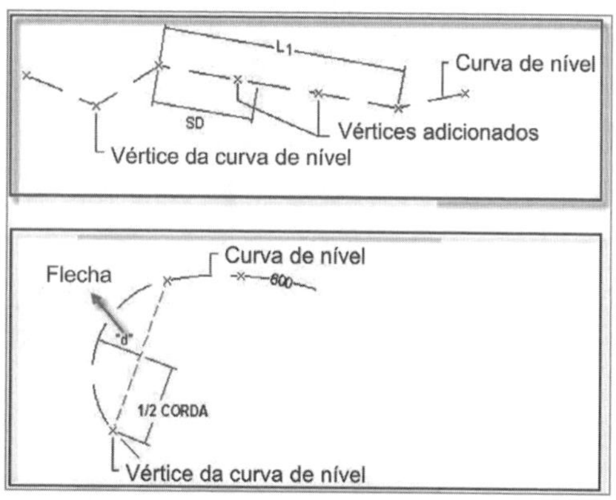

Figura 8.12 Opções de Supplementing Factors para adição de vértices de triângulos.

- As ferramentas do quadro **Minimize Flat Area By** podem minimizar as regiões de triângulos com áreas planas no modelo da superfície. Quando os vértices do triângulo possuírem a mesma cota, será criada uma região de área plana, prejudicando o modelo da superfície. O recurso **Swapping Edges** identifica essas regiões e tentará ajustar esses triângulos apontando as suas arestas para outro vértice (Figura 8.13).

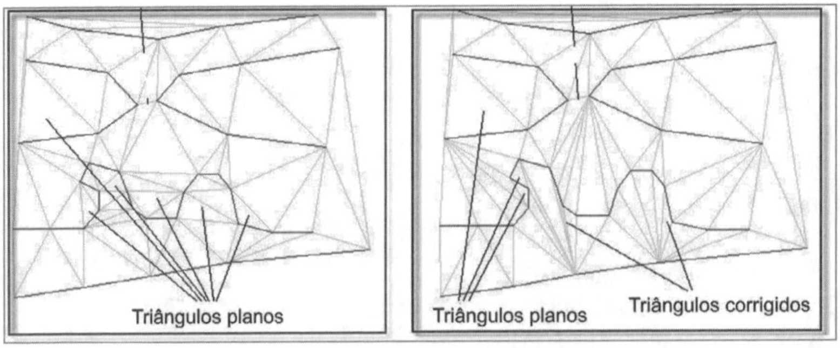

Figura 8.13 Opção Swapping Edges para minimizar áreas planas de triângulos na superfície.

8. Clique no botão **OK** da caixa de diálogo **Add Contour Data**. Selecione as curvas de nível na área de desenho e pressione a tecla **Enter** para concluir.
9. Congele ou desligue as *polylines* originais utilizadas na definição da superfície. Navegue no modelo da superfície criado.
10. Efetuar análises e estudos rápidos é uma prática muito utilizada para verificar o comportamento do terreno na forma de perfil longitudinal. Desenhe uma *polyline* com vários vértices sobre a superfície criada para simular um estudo de traçado horizontal.
11. Selecione a *polyline* do estudo de traçado, clique com o botão direito do mouse e selecione a opção **Quick Profile**.
12. Clique no botão **OK** da caixa de diálogo **Create Quick Profiles** para aceitar as configurações de estilos. Clique na área de desenho para posicionar o gráfico do perfil longitudinal.

A ferramenta **Quick Profile** é muito utilizada nas fases de estudos e viabilidades dos projetos; entretanto, após utilizá-la, a janela **Panorama** é exibida, informando que o perfil longitudinal criado com o **Quick Profile** está temporariamente no desenho e permanecerá até o próximo comando **Save** no arquivo. Para que um perfil longitudinal permaneça definitivamente no desenho, será necessário criar o projeto do alinhamento horizontal (Figura 8.14).

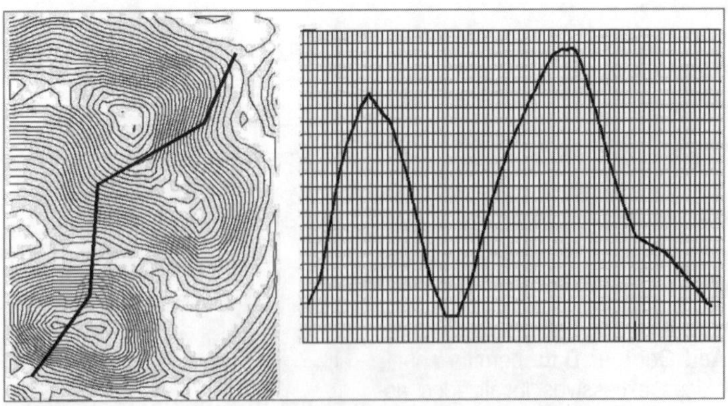

Figura 8.14 Perfil longitudinal do terreno criado com a ferramenta Quick Profile.

Apesar de sua presença temporária no desenho, o perfil longitudinal criado com a ferramenta **Quick Profile** interage dinamicamente com a *polyline* do traçado horizontal.

13. Altere o traçado horizontal reposicionando os *grips* da *polyline* e verifique o comportamento do perfil longitudinal.

8.2.4 Superfícies de objetos de desenho

Em algumas situações, os arquivos recebidos de levantamentos topográficos poderão conter algumas informações inconsistentes, como curvas de nível sem suas respectivas elevações, ou trabalhar em desenhos contendo somente objetos de AutoCAD, como blocos utilizados na representação dos pontos levantados, objetos points e até mesmo objetos textos com a informação das cotas de eventuais pontos levantados. Por meio da opção **Drawing Objects** da categoria **Definition** de superfície, será possível incorporar esses objetos de desenhos na definição de modelos de superfícies.

As ferramentas auxiliares ajudam na correção de eventuais irregularidades nas elevações dos blocos pela ribbon **Modify** → **Ground Data** → **Surface** para a exibição da ribbon contextual **Surface** (Figura 8.15). Por meio do painel **Surface Tools** da ribbon **Surface,** é possível corrigir as elevações de textos e blocos com atributos existentes no desenho, extrair sólidos, além da possibilidade de criação de novos modelos de superfícies selecionando regiões em superfícies existentes por intermédio da ferramenta **Crop Surface**.

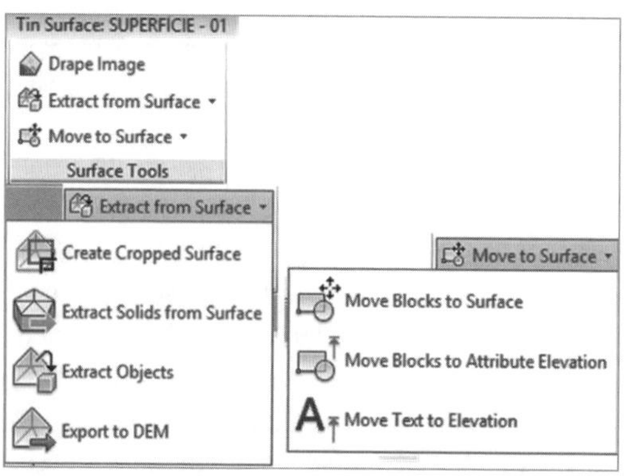

Figura 8.15 Ferramentas auxiliares de superfícies.

O próximo exemplo mostra como corrigir as elevações de blocos existentes em um arquivo de levantamento para a criação de superfícies por meio de objetos pontos e blocos do AutoCAD. Os pontos em magenta são objetos *points* do AutoCAD e representam a camada de rocha; já os objetos blocos representam os pontos de um levantamento topográfico, entretanto, será necessário corrigir suas elevações, obedecendo às cotas descritas nos atributos dos blocos.

Agora, estude o exemplo a seguir:

1. Abra o arquivo **8-2-4_OBJETOS_DESENHO.DWG**, disponível no site da Editora Érica.
2. Crie a superfície da camada de rocha por meio da ferramenta da ribbon **Home** → **Create Ground Data** → **Surfaces** → **Create Surface**.
3. Na caixa de diálogo **Create Surface,** digite **ROCHA** no campo **Name**, selecione o estilo desejado e clique no botão **OK**.
4. Pela aba **Prospector** da **Toolspace**, expanda **Surfaces** → **Rocha** → **Definition**. Clique com o botão direito do mouse sobre **Drawing Objects** e selecione a opção **Add**.
5. Selecione o objeto **Points** no campo **Object Type**, digite **Pontos** no campo **Description** da caixa de diálogo **Add Points From Drawing Objects** e clique no botão **OK** para prosseguir.
6. Selecione os pontos em **Magenta** na área de desenho e pressione **Enter** para concluir. Verifique a superfície rocha criada no desenho.
7. Selecione pela ribbon **Modify** → **Ground Data** → **Surface** para exibir a ribbon contextual **Surface**.
8. Selecione a ferramenta da ribbon **Contextual Surface** → **Surface Tools** → **Move Blocks to Attribute Elevation** para corrigir as elevações dos blocos dos pontos do levantamento.
9. Na caixa de diálogo **Move Blocks to Attribute Elevation,** selecione o bloco **POINT**. Selecione o tag **ELEV** no campo **Select elevation attribute tag** e clique no botão **OK** para concluir (Figura 8.16).

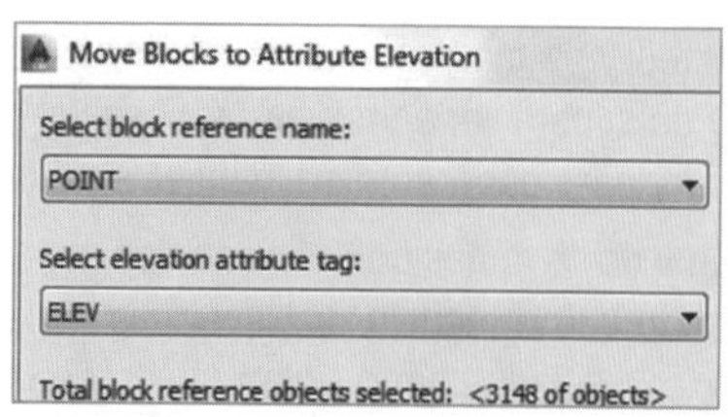

Figura 8.16 Caixa de seleção de bloco e atributo.

10. Verifique as elevações dos blocos de pontos existentes no desenho por meio da janela **Properties**.
11. Crie a superfície do levantamento topográfico. Selecione pela ribbon **Home** → **Create Ground Data** → **Surfaces** → **Create Surface**.
12. Na caixa de diálogo **Create Surface,** digite **Primitivo** no campo **Name**, selecione o estilo desejado e clique no botão **OK** para prosseguir.
13. Pela aba **Prospector** da **Toolspace**, expanda **Surfaces** → **Primitivo** → **Definition**. Clique com o botão direito do mouse sobre **Drawing Objects** e selecione a opção **Add**.
14. Na caixa de diálogo **Add Points From Drawing Objects**, selecione o tipo **Blocks** no campo **Object Type**, digite **Blocos** no campo **Description** e clique em **OK**.
15. Selecione os blocos dos pontos levantados existentes no desenho e pressione a tecle **Enter** para concluir.
16. Verifique o comportamento do modelo da superfície **Primitivo** na área de desenho.

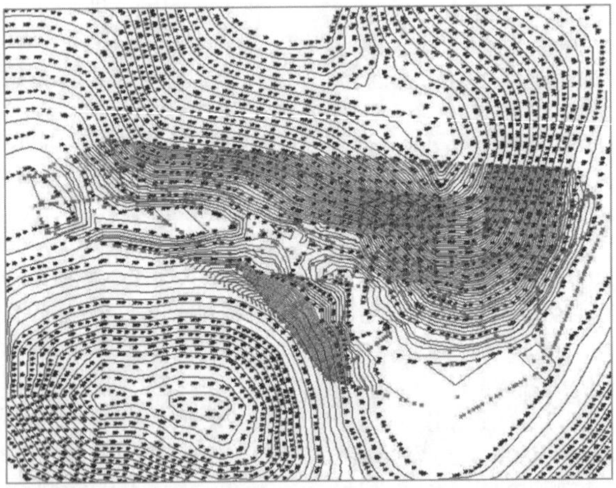

Figura 8.17 Superfícies criadas com objetos de desenho.

17. Utilize as ferramentas **Object Viewer** e **Quick Profile** para auxiliar na visualização das superfícies criadas no desenho.

8.3 Edições nos modelos de superfícies

As edições e os ajustes nos modelos de superfícies são práticas comuns no fluxo de trabalho durante o desenvolvimento de projetos de infraestrutura Essas edições podem ser efetuadas para corrigir eventuais irregularidades no modelo do terreno topográfico. Da mesma maneira, é possível executar ajustes de acabamentos para complementar as superfícies que representam os modelos de projetos de terraplenagem.

As edições mais relevantes são efetuadas nos triângulos e nos pontos de seus vértices presentes no modelo da superfície; entretanto, é possível modificar os dados da definição dos modelos quando adicionamos *boundaries* para remover triângulos ou *breaklines* para adicionar triângulos nos modelos de superfícies.

Quando os dados da definição das superfícies sofrerem edições, o símbolo (**Out-of-Date**) é exibido, informando que o modelo da superfície necessita ser atualizado. Para isso, basta clicar sobre o nome da superfície desejada com o botão direito do mouse na aba **Prospector** da **Toolspace** e selecionar a opção **Rebuild** ou, ainda, habilitar a opção **Rebuild - Automatic** para manter a superfície continuamente atualizada no desenho (Figura 8.18).

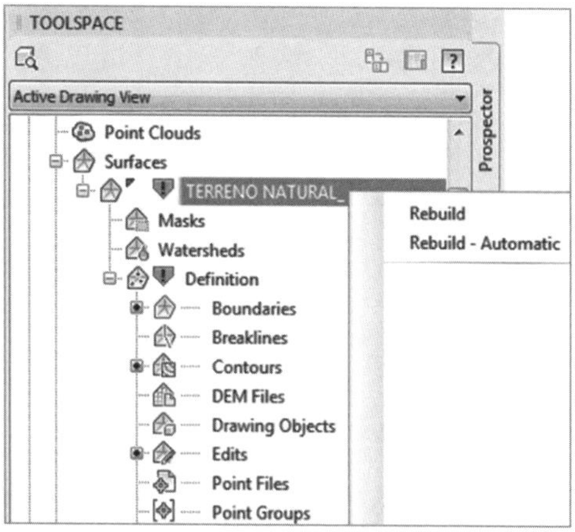

Figura 8.18 Ferramenta Rebuild para atualizar os modelos de superfícies.

As ferramentas de edição nos dados das superfícies podem ser acessadas ao clicar com o botão direito do mouse sobre a opção **Edits,** localizada na categoria **Definition** da superfície desejada localizada na aba **Prospector** da **Toolspace** (Figura 8.19).

As opções do menu de atalho **Edits** exibem as ferramentas para a edição nos dados das superfícies organizadas em categorias. As ferramentas para *line* modificam as arestas dos triângulos, e as opções para *point* manipulam os pontos dos vértices dos triângulos da superfície selecionada.

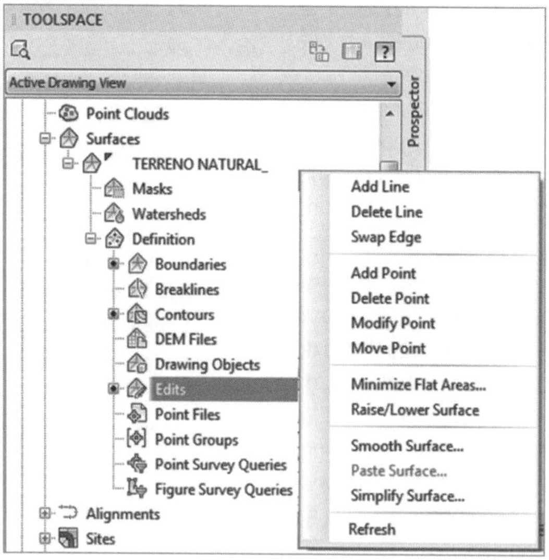

Figura 8.19 Conjunto de ferramentas para edições em superfícies.

Pela ribbon contextual **Surface**, exibida quando uma superfície está selecionada na área de desenho, também são exibidas as ferramentas de edição nos dados do modelo da superfície localizadas em **Edit Surface** do painel **Modify** (Figura 8.20).

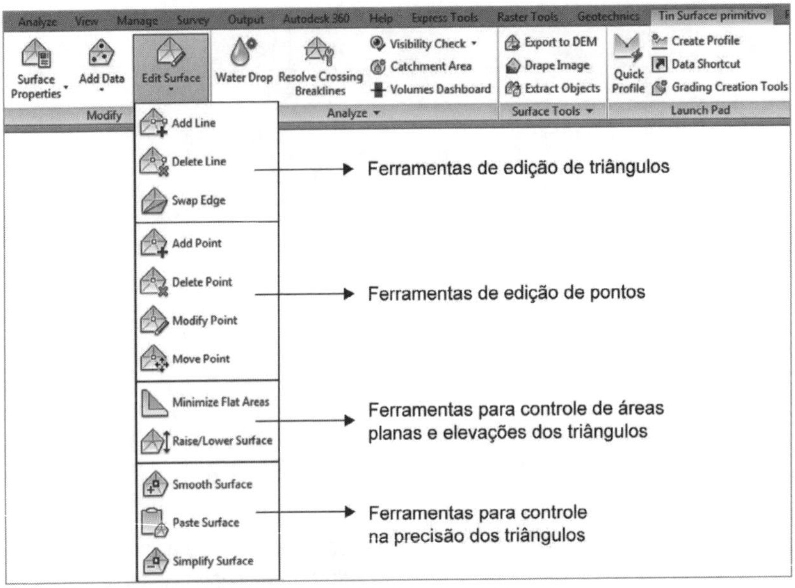

Figura 8.20 Disposição das ferramentas de edição em superfícies na ribbon Tin Surface.

Para editar os dados dos modelos de superfícies, devemos considerar o estilo de superfície utilizado no momento da edição. Para modificar as linhas dos triângulos do modelo, será necessário que a superfície a ser editada esteja com um estilo corrente que apresente seus triângulos, e, da mesma forma, quando a intenção for editar os pontos dos vértices dos triângulos, então um estilo de superfície que exiba os pontos do modelo deverá ser utilizado no momento das edições.

O seguinte exemplo utiliza as principais ferramentas de edição nos dados da superfície para corrigir os triângulos excedentes ao longo do contorno do modelo marcado com um polígono em magenta; na região do retângulo azul, é necessário inverter os lados dos triângulos, e o retângulo em ciano possui um ponto do modelo com a elevação irregular. É possível, ainda, melhorar o desempenho na manipulação de modelos de superfícies complexos.

Agora, estude o exemplo a seguir:

1. Abra o arquivo **8-3-1_EDIÇÃO_SUPERFÍCIE.DWG**, disponível no site da Editora Érica.
2. Selecione a superfície **Natural** na área de desenho e acesse a caixa de propriedades através da ribbon contextual **Tin Surface → Modify → Surface Properties**.
3. Na aba **Information** da caixa de diálogo **Surface Properties,** selecione o estilo **Triângulos** no campo **Surface Style** e clique no botão **OK**.
4. Selecione a superfície e acesse a ferramenta da ribbon contextual **Tin Surface → Modify → Edit Surface → Delete Line**.
5. Apague as linhas de triângulos excedentes na região do polígono em magenta. É possível selecionar várias linhas utilizando os recursos de seleção por **Crossing** e **Fence**. Pressione a tecla **Enter** para finalizar.
6. Acesse a ferramenta **Surface Properties** novamente, altere o estilo da superfície para **Triângulos e Curvas** por meio da aba **Information** da caixa de diálogo **Surface Properties**.
7. Aplique **Zoom** na região do retângulo azul para verificar a existência de triângulos invertidos comprometendo a suavização das curvas de nível.
8. Selecione a superfície e acesse a ferramenta da ribbon contextual **Tin Surface → Modify → Edit Surface → Swap Edge**.
9. Clique nas linhas dos triângulos marcados com a seta em azul. Pressione **Enter** para concluir e verifique o comportamento dos triângulos e das curvas de nível da superfície.

10. Altere o estilo da superfície para **TRI_PTO_BRD** por meio da caixa **Surface Properties**.
11. Verifique na região do retângulo em ciano a existência de um ponto com elevação na cota zero. Esse tipo de anomalia compromete o modelo da superfície e adiciona diversas curvas de nível ao redor do ponto. É possível visualizar essa anomalia em 3D com a ferramenta **Object Viewer**.
12. Selecione a superfície e acesse pela ribbon contextual **Tin Surface → Modify → Edit Surface → Modify Point**.
13. Selecione o símbolo do ponto localizado no centro do retângulo ciano na área de desenho e pressione a tecla **Enter**.
14. Digite a nova elevação de **25.20m** na linha de comando e finalize com a tecla **Enter**.

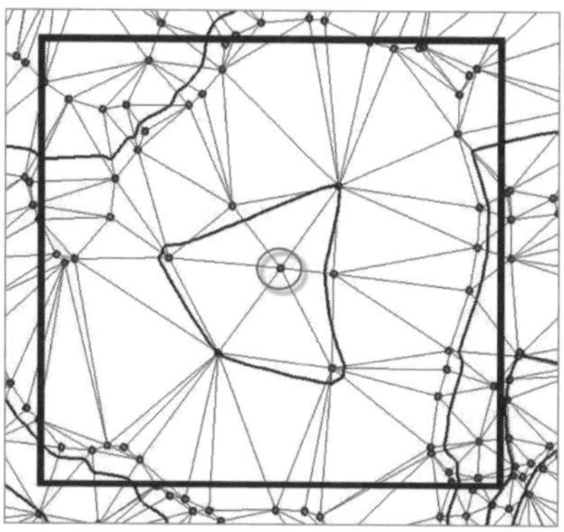

Figura 8.21 Ponto do vértice da superfície com sua elevação alterada.

15. Altere o estilo da superfície para **CURVAS-1&5 (Geometria)** por meio da caixa de diálogo **Surface Properties**. Navegue na superfície e verifique as correções efetuadas no modelo (Figura 8.22).

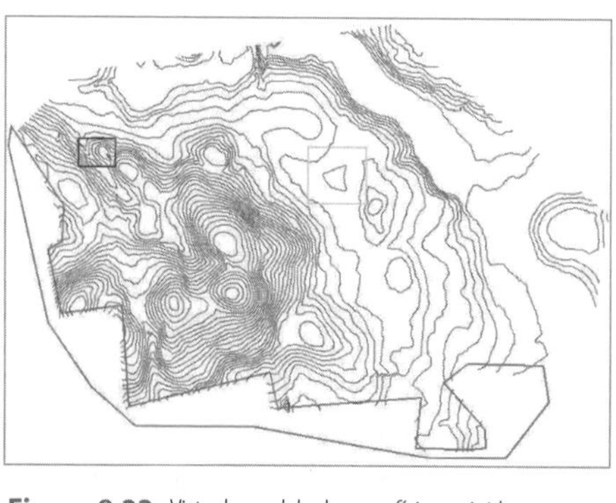

Figura 8.22 Vista do modelo da superfície corrigido.

16. É possível melhorar o desempenho para trabalhar com modelos complexos de superfícies pelo recurso da ribbon **View → Views → Level of Detail**. Aplique esse recurso para exibir apenas partes das curvas de nível e triângulos dos modelos de superfícies pelo fator de *zoom* aplicado na área de desenho.
17. As informações dos modelos de superfícies podem ser visualizadas pela aba **Statistics** da caixa de diálogo **Surface Properties**. Altere o estilo da superfície para **TRI_PTO_BRD** e acesse a aba **Statistics** para exibir as informações do modelo. Verifique as informações de áreas e quantidades de triângulos da superfície (Figura 8.23).

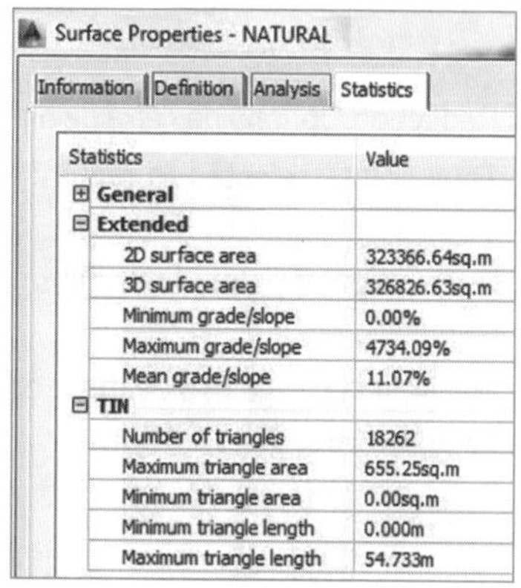

Figura 8.23 Informações da superfície disponíveis na aba Statistics da caixa Surface Properties.

18. Em superfícies complexas contendo excesso de informações, é possível aplicar a ferramenta **Simplify Surface**, com o objetivo de eliminar pontos e triângulos desnecessários do modelo e melhorar o desempenho durante a sua manipulação.
19. Selecione a superfície na área de desenho e acesse o recurso da ribbon contextual **Tin Surface → Modify → Edit Surface → Simplify Surface**.
20. Na aba **Simplify Methods** da caixa de diálogo **Simplify Surface**, selecione o método **Point Removal** para a remoção de pontos do modelo e clique em **Next** (Figura 8.24).
21. Em **Region Options** da caixa **Simplify Surface**, selecione a opção **Use existing surface border** para aplicar a ferramenta utilizando o limite existente da superfície. Em **Total points**

selected in region, localizado na parte inferior da caixa de diálogo, é exibida a quantidade de pontos que serão removidos da definição da superfície. Clique no botão **Next**.

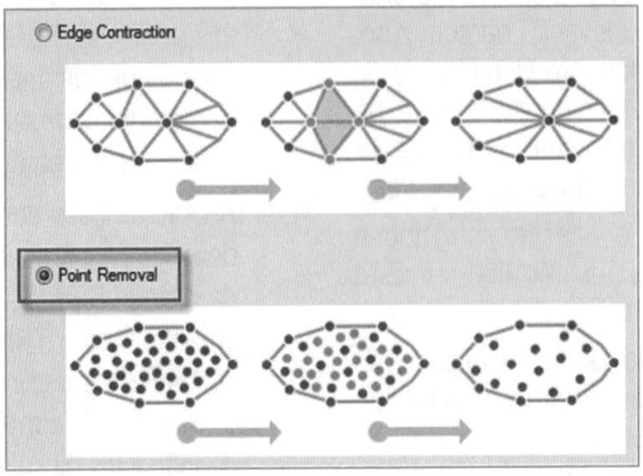

Figura 8.24 Opção de remoção de pontos do recurso Simplify Surface.

22. Em **Reduction Options** da caixa de diálogo **Simplify Surface**, verifique as opções (Figura 8.25):
    - **Total points selected in region:** opção que exibe a quantidade atual de pontos selecionados no modelo da superfície.
    - **Percentage of points to remove:** opção para configurar a porcentagem para a remoção de pontos do modelo.
    - **Maximum change in elevation:** opção que configura o valor máximo de diferença de elevação para a remoção dos pontos do modelo.
    - **Total points removed:** exibe a quantidade de pontos removidos do modelo da superfície.

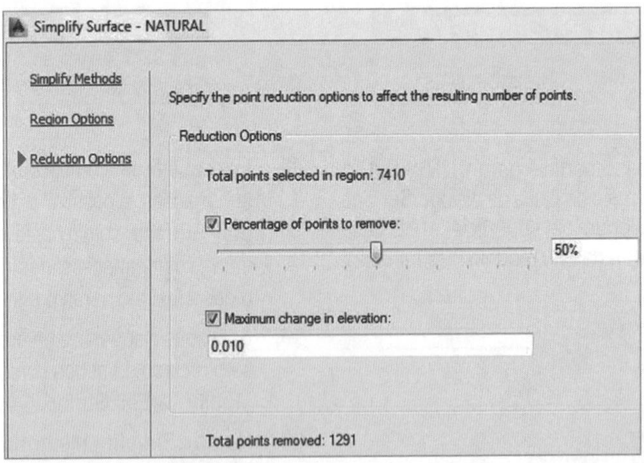

Figura 8.25 Opções de redução de pontos da caixa de diálogo Simplify Surface.

23. Clique no botão **Apply** para visualizar o número total de pontos removidos. Clique em **Finish** para concluir.
24. Selecione a superfície e acesse a ferramenta da ribbon **Tin Surface → Modify → Surface Properties**. Na aba **Statistics** da caixa de diálogo **Surface Properties,** verifique as novas informações do modelo modificado nas propriedades de quantidades de triângulos e pontos (Figura 8.26).

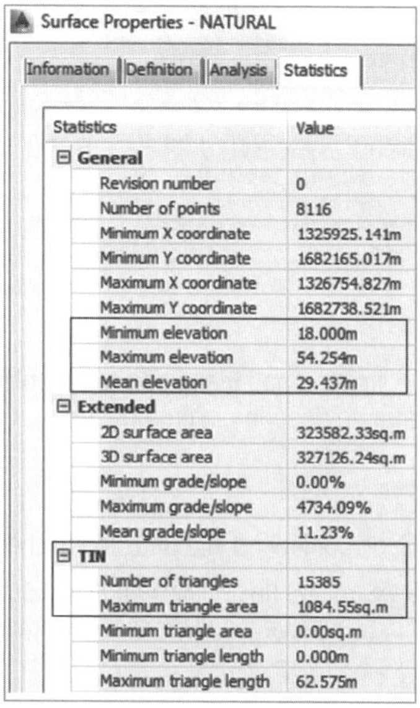

Figura 8.26 Informações de triângulos e elevações da superfície.

> **DICA**
>
> O recurso Simplify Surface deverá ser utilizado com extrema precaução, pois modifica a precisão do modelo de superfície.

25. Identifique as propriedades **Minimum elevation**, **Maximum elevation** e **Mean elevation** para observar que a superfície **Natural** está baseada em elevações arbitrárias.
26. Para corrigir as elevações do modelo, selecione a superfície e acesse a ferramenta da ribbon contextual **Tin Surface → Modify Surface → Edit Surface → Raise/Lower Surface**.
27. Digite **700.000m** na linha de comando para somar o valor na base de elevações do modelo da superfície e pressione **Enter** para finalizar.
28. Verifique as novas elevações aplicadas no modelo por meio da aba **Statistics** da caixa de diálogo **Surface Properties**.

8.3.1 Caixa de propriedades da superfície

A aba **Definition** da caixa de propriedades da superfície disponibiliza um conjunto de configurações que auxiliam na identificação e na correção automática de eventuais dados incoerentes presentes na definição dos modelos de superfícies. As configurações presentes no quadro **Definition Options** permitem eliminar os triângulos excedentes nos limites do levantamento topográfico, além de corrigirem eventuais pontos com elevações próximas ao nível 0.000m, presentes em alguns arquivos de levantamentos de campo (Figura 8.27).

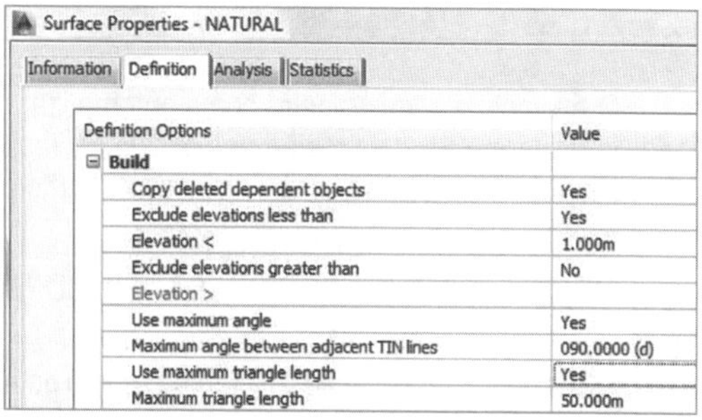

Figura 8.27 Opções para controle das definições do modelo da superfície.

As principais configurações da propriedade **Build** presentes na aba **Definition** da caixa de diálogo **Surface Properties** controlam:

Exclude elevations less than (Yes): ferramenta que permite abandonar as elevações inferiores a uma cota determinada presentes na definição do modelo da superfície por meio do campo **Elevation <**.

Exclude elevations greater than (Yes): ferramenta que elimina da definição do modelo da superfície as elevações superiores a uma elevação determinada no campo **Elevation >**.

Use maximum angle (Yes): ferramenta para remover as linhas dos triângulos do modelo da superfície que excederem a um ângulo especificado no campo **Maximum angle between adjacent TIN lines**.

Use maximum triangle length (Yes): ferramenta que remove as linhas de triângulos do modelo que excederem ao comprimento especificado no campo **Maximum triangle length**.

A aba **Definition** da caixa de diálogo **Surface Properties** disponibiliza, ainda, uma ferramenta de segurança por meio do quadro **Operation Type** (Figura 8.28). Esse recurso permite visualizar todas as operações de edição realizadas nos dados do modelo da superfície. Dessa forma, pode-se acessar o histórico do modelo e desmarcar os itens da lista para compor o estado original da superfície para a execução de análises e verificação nos dados do modelo.

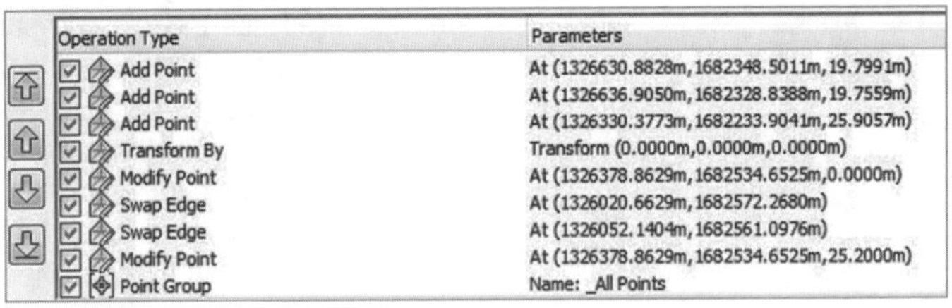

Figura 8.28 Lista das operações realizadas na superfície.

O exemplo a seguir mostra como automatizar o processo de limpeza nos triângulos excedentes da superfície evidenciados pela região da *polyline* destacada em magenta no desenho, além de corrigir o ponto de elevação 0.000m presente na definição da superfície.

Agora, estude o exemplo a seguir:

1. Abra o arquivo **8-3-2_PROPRIEDADES_SUPERFÍCIE.DWG**, disponível no site da Editora Érica.
2. Navegue no modelo da superfície para verificar os triângulos excedidos na região da *polyline* em magenta e o ponto na elevação 0.000m na região do retângulo ciano. É possível analisar essas irregularidades em 3D pela ferramenta **Object Viewer**.
3. Selecione a superfície **Natural** na área de desenho e acesse a caixa de propriedades pela ribbon contextual **Tin surface** → **Modify** → **Surface Properties**.
4. Na aba **Definition** da caixa **Surface Properties**, expanda a opção **Build** do quadro **Definition Options** e configure:
   - No campo **Exclude elevations less than,** selecione a opção **Yes**.
   - No campo **Elevation <,** digite **1.000m**.
   - Em **Use maximum triangle length,** selecione a opção **Yes**.
   - Digite **50.00m** no campo **Maximum triangle length**.
   - Clique no botão **OK**.
5. Na caixa de diálogo **Surface Properties - Rebuild Surface,** clique na opção **Rebuild the surface** para atualizar o modelo da superfície (Figura 8.29).

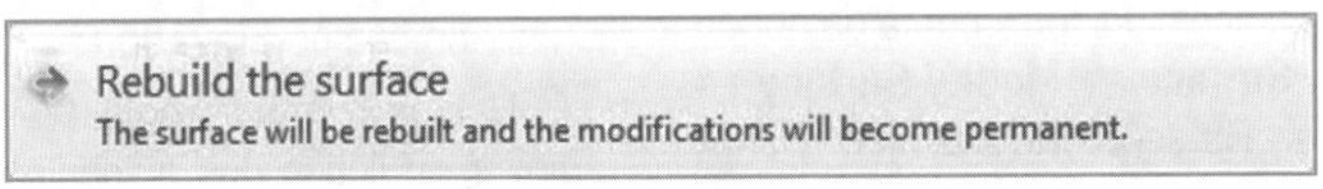

Figura 8.29 Mensagem para atualização dos dados da superfície.

6. Verifique o novo comportamento dos triângulos na região da *polyline* em magenta e a nova composição dos triângulos na região do retângulo ciano. A configuração da opção **Use maximum triangle length,** muitas vezes, pode ocasionar aberturas indesejadas no modelo da superfície, conforme ocorre na região do quadrado em vermelho.

A opção mais eficaz para evitar esse tipo de anomalia é a configuração utilizada para controlar o valor do ângulo máximo nas linhas dos triângulos do modelo (**Use maximum angle**), opção disponível na aba **Definition** da caixa de propriedades da superfície.

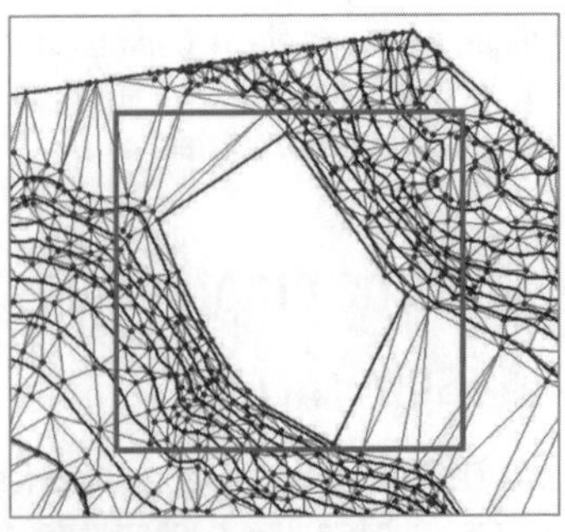

Figura 8.30 Região aberta na triangulação do modelo da superfície.

7. Acesse a aba **Definition** da caixa de diálogo **Surface Properties** e configure:
   - No campo **Exclude elevations less than** selecione a opção **Yes**.
   - No campo **Elevation <,** digite **1.000m**.
   - Em **Use maximum triangle length,** selecione a opção **No**.
   - No campo **Use maximum angle,** selecione **Yes**.
   - Digite **90.00 (d)** no campo **Maximum angle between adjacent TIN lines**.
8. Clique no botão **OK**.
9. Clique em **Rebuild the surface** para aplicar as configurações.
10. Verifique o novo comportamento dos triângulos do modelo da superfície.

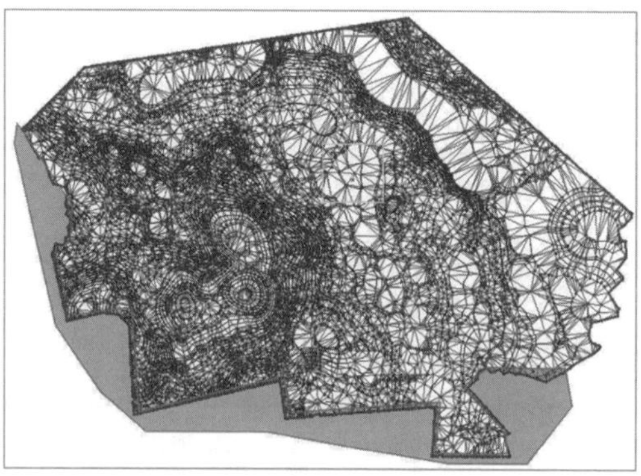

Figura 8.31 Superfície atualizada pelas ferramentas da aba Definition da caixa de propriedades.

11. Acesse a aba **Definition** da caixa de propriedades da superfície para visualizar o histórico de operações realizadas nos dados do modelo por meio do quadro **Operation Type**.

8.4 Boundaries e *breaklines*

Os recursos de **Boundaries** e **Breaklines** permitem adicionar dados na definição das superfícies para complementação ou representação de características específicas, como definir o limite do contorno da superfície, criar rebaixos de guias e definição de crista, e pé de taludes.

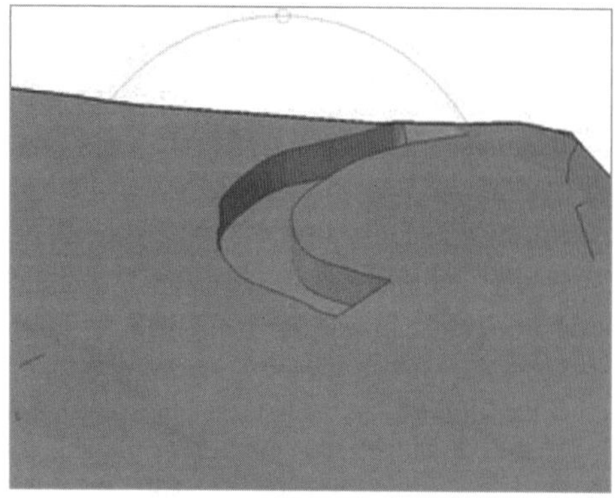

Figura 8.32 Superfície com triângulos rebaixados com *breakline* do tipo wall.

8.4.1 Boundaries

O recurso **Boundary** permite a definição de um contorno para limitar os triângulos da superfície. Dessa forma, é possível eliminar do modelo os triângulos desnecessários ou, ainda, eliminar regiões selecionadas para exibir apenas as áreas de interesse dos modelos de superfícies. Esse recurso é utilizado para recortar regiões indesejadas presentes no modelo da superfície.

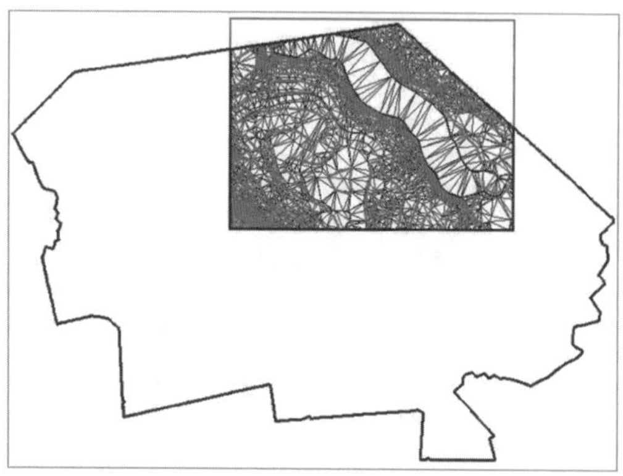

Figura 8.33 Limite da superfície criado com a ferramenta Boundary.

É possível remover as *boundaries* criadas pela aba **Prospector** da **Toolspace** em **Surfaces** → **Nome da superfície** → **Definition** → **Boundaries**. Selecione a *boundary* desejada com o botão direito do mouse e selecione a opção **Delete**; aplique a ferramenta **Rebuild** para atualizar o modelo da superfície.

As regiões para a definição de **boundaries** podem ser criadas por polígonos fechados, como *polylines*, objetos *parcels* e até mesmo por modelos de superfícies existentes no desenho. Os objetos selecionados para a criação das **boundaries** são adicionados na definição das superfícies, e os tipos de **boundaries** disponíveis são:

1. **Outer:** elimina os triângulos presentes fora da região do limite selecionado. Utilizado para limitar os triângulos da superfície para exibir apenas as regiões internas de polígonos selecionados no desenho.
2. **Hide:** utilizado para eliminar os triângulos dentro da região do limite selecionado no desenho. Recurso utilizado para criar regiões vazias ou "buracos" na superfície.
3. **Show:** exibe os triângulos internos de um polígono selecionado dentro de uma *boundary* do tipo *hide* existente na superfície.
4. **Data Clip:** permite limitar os triângulos da superfície pela seleção de objetos *polylines*, *feature lines*, figuras de *survey*, *parcels* e *círculos*. É possível adicionar mais de um limite de **Data Clip** na mesma superfície. Esse recurso não compromete a visibilidade da superfície; atua como filtro para impedir que dados de fora do limite interajam no modelo.

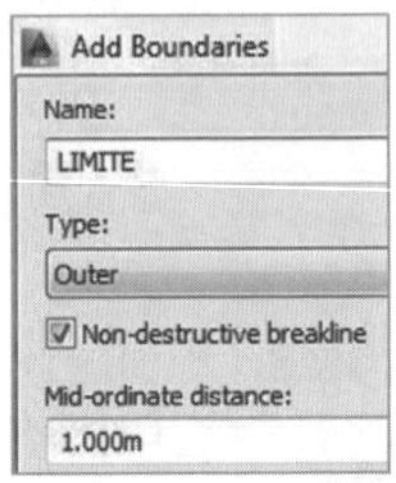

Figura 8.34 Opções da caixa Add Boundaries.

A opção **Non-Destructive Breakline** da caixa de diálogo **Add Boundaries** exibida durante a criação de *boundaries* limita os triângulos da superfície exatamente sobre os segmentos do contorno selecionado (Figura 8.35). Dessa forma, são criadas novas arestas de triângulos sobre a geometria do contorno selecionado.

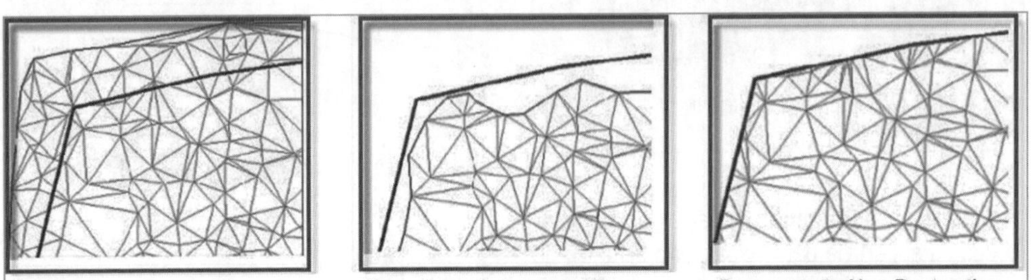

Polígono que representa o contorno de boundary proposto sobre os triângulos da superfície.

Boundary criada sem utilizar a opção Non-Destructive, somente os triângulos inteiros dentro do polígono selecionado permanecem do modelo

Com a opção Non-Destructive ligada, o contorno da Boundary permanece exatamente sobre a geometria do polígono selecionado

Figura 8.35 Opções de *breaklines* para boundaries.

8.4.2 *Breaklines*

As *breaklines*, também conhecidas como linhas obrigatórias, permitem aperfeiçoar as superfícies por meio da inserção de novas geometrias na definição da superfície. Assim, é possível adicionar novos vértices na interpolação dos modelos de superfícies *TIN*. A Figura 8.36 ilustra o efeito de *breaklines* sobre o modelo da superfície.

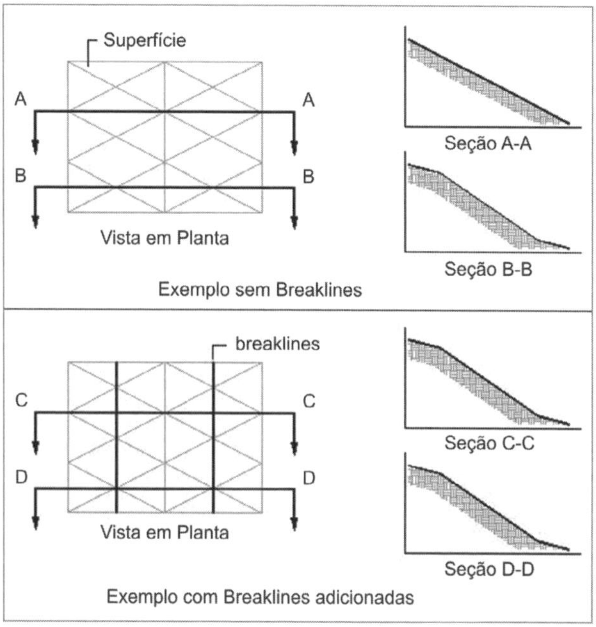

Figura 8.36 Efeito de *breaklines* sobre as superfícies.

8.4.2.1 Tipos de *breaklines*

Standard: utilizado para adicionar linhas ou *polylines 3D*, *splines* e objetos *feature lines* ao modelo da superfície. O objetivo desse tipo de *breakline* é obrigar os vértices dos triângulos a obedecerem às elevações dos vértices das geometrias dos objetos selecionados.

Proximity: adiciona objetos 2D como *polylines*, *splines* e *feature lines* na definição do modelo. O objetivo do tipo **proximity** é criar vértices no modelo triangulado, obedecendo à geometria dos objetos selecionados; entretanto, as elevações são capturadas dos pontos dos vértices existentes no modelo da superfície.

Wall: permite a criação de triângulos verticais ao longo da geometria de objetos selecionados no desenho, como *feature lines*, *splines*, linhas ou *polylines 3D*. Por meio desse tipo de *breakline*, é possível representar as paredes de canais, guias, muros, entre outras características verticais na triangulação do modelo da superfície.

Non-Destructive: definido pela seleção de objetos *feature lines* ou por objetos do AutoCAD; contudo a integridade dos triângulos presentes na superfície original permanece.

From File: criado pela importação de arquivos no formato *ASCII* com extensão (*FLT*); permite o vínculo do arquivo com as *breaklines* importadas para o modelo da superfície.

O exemplo seguinte mostra como adicionar contornos para limitar o modelo da superfície, a definição de *breaklines* tipo *wall* para a representação de paredes verticais e a criação de um novo modelo de superfície para estudos de terraplenagem utilizando as *breaklines* do tipo *standard*.

Agora, estude o exemplo a seguir:

1. Abra o arquivo **8-4-1_Breaklines.DWG**, disponível no site da Editora Érica.
2. Selecione a superfície **Natural** na área de desenho para remover os triângulos desnecessários do modelo.
3. Acesse a ferramenta da ribbon contextual **Tin Surface → Modify → Add Data → Boundaries**.
4. Na caixa de diálogo **Add Boundaries**, digite **LIMITE** no campo **Name**, selecione o tipo **Outer** e clique no botão **OK**.
5. Selecione o polígono externo da superfície de cor magenta para defini-lo como o novo limite

do modelo da superfície. Pressione a tecla **Enter** para concluir.

6. Verifique o comportamento dos triângulos da superfície.
7. A superfície apresenta uma área muito maior que a região da área de estudo desejada. Para aumentar o desempenho durante a manipulação do modelo, pode-se criar um novo limite somente na região de interesse.
8. Selecione novamente a superfície e repita os passos anteriores para criar uma nova **boundary** com o nome **Estudo** na região de interesse; selecione o retângulo vermelho existente no desenho (Figura 8.37).

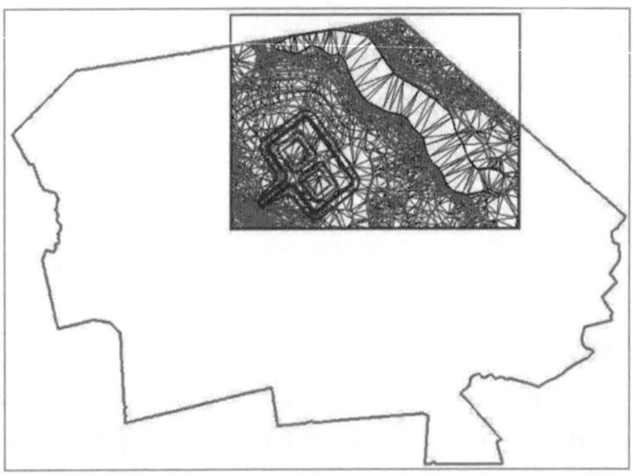

Figura 8.37 Modelo final da superfície trabalhada com duas *breaklines*.

As *polylines* brancas existentes no desenho representam as paredes de um canal. Os próximos procedimentos mostram como rebaixar os triângulos entre as paredes do canal em uma profundidade de 2 metros.

9. Desenhe uma linha transversal na região do canal para criar o perfil com a ferramenta **Quick Profile** e facilitar a visualização dos efeitos das *breaklines* sobre a superfície.
10. Selecione a superfície e acesse a ferramenta da ribbon contextual **Tin Surface → Modify → Add Data → Breaklines**.
11. Na caixa de diálogo **Add Breaklines,** digite **CANAL** no campo **Description**, selecione o tipo **Wall** no campo **Type** e clique em **OK** para prosseguir (Figura 8.38).

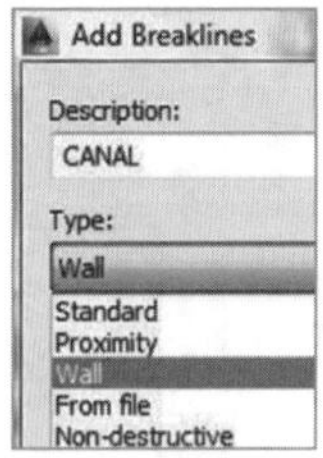

Figura 8.38 Caixa de definição de *breaklines*.

12. Selecione as duas *polylines* brancas na área de desenho, pressione a tecla **Enter** e configure:
    - Clique no lado interno entre as duas *polylines* que representam o canal no desenho, dentro do primeiro triângulo (do vértice solicitado) para determinar quais triângulos serão modificados.
    - Pressione **Enter** na linha de comando para aceitar a opção **ALL** e aplicar as modificações em todos os vértices da *polyline* simultaneamente.
    - Digite **-2.000m** para determinar a profundidade do rebaixo e pressione **Enter**.
    - Para a segunda *polyline,* clique no lado interno entre as duas *polylines* do canal, dentro do primeiro triângulo do vértice solicitado.
    - Pressione **Enter** na linha de comando para aceitar a opção **ALL** e aplicar as modificações em todos os vértices da *polyline* simultaneamente.
    - Digite **-2.000m** para determinar a profundidade do rebaixo e pressione **Enter**.
13. Verifique o novo comportamento da superfície no perfil criado com a ferramenta **Quick Profile**. Navegue no modelo para analisar os triângulos ao longo do caminhamento do canal por meio do recurso **Object Viewer**.

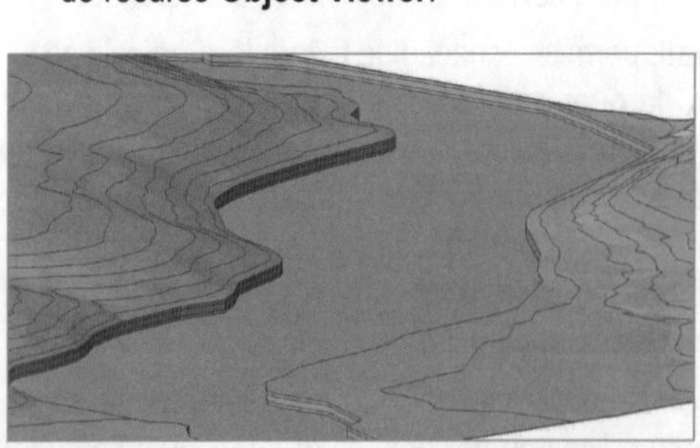

Figura 8.39 Rebaixos criados no modelo da superfície com *breaklines* do tipo wall.

As *polylines* em verde representam um arruamento existente no terreno, as quais deverão ser adicionadas na definição da superfície com *breaklines* do tipo *standard*.

14. Selecione a superfície e acesse a ferramenta da ribbon contextual **Tin Surface** → **Modify** → **Add Data** → **Breaklines**.
15. Na caixa de diálogo **Add Breaklines,** digite **RUA** no campo **Description**, selecione o tipo **Standard** no campo **Type** e clique no botão **OK**.
16. Selecione as duas *polylines* verdes na área de desenho e pressione a tecla **Enter** para concluir.
17. Verifique que novos vértices de triângulos foram adicionados no modelo; entretanto, os vértices existentes entre as *polylines* permanecem com suas elevações originais.
18. O recurso de *breaklines* também possibilita a criação de novas superfícies que poderão ser utilizadas para representar o modelo da superfície projetada, permitindo adicionar os objetos *feature lines* e *polylines* diretamente na definição da nova superfície proposta. Os próximos passos exibem como criar uma superfície e adicionar as geometrias existentes em azul no desenho como *breaklines* para a representação de uma superfície de terraplenagem projetada.
19. Crie uma nova superfície pela ribbon **Home** → **Create Ground Data** → **Surfaces** → **Create Surface**.
20. Na caixa de diálogo **Create Surface,** digite **TERRAPLENAGEM** no campo **Name**, selecione o estilo **Triângulos e Curvas** e clique no botão **OK**.
21. Pela aba **Prospector** da **Toolspace,** expanda **Surfaces** → **Terraplenagem** → **Definition**, clique com o botão direito do mouse sobre **Breaklines** e selecione a opção **Add**.
22. Na caixa de diálogo **Add Breaklines,** digite **PROJETO** no campo **Description** e selecione o tipo **Standard**. Habilite a opção **Distance** do quadro **Supplementing factors** para configurar o comportamento dos triângulos nas curvas das geometrias. Digite **1.000m** no quadro **Distance** e **0.100m** no quadro **Mid-ordinate distance**. Clique no botão **OK** (Figura 8.40).

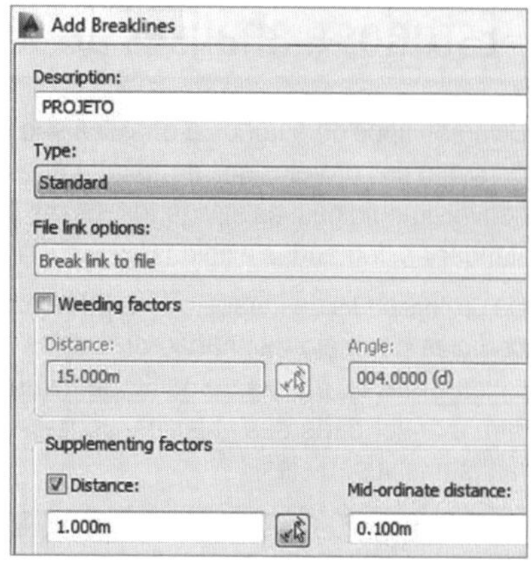

Figura 8.40 Configuração do campo Supplementing Factors.

23. Selecione os objetos de cor azul existentes no desenho e pressione a tecla **Enter** para concluir.

Verifique o comportamento da superfície **Terraplenagem** no desenho. Na região da rampa da superfície, existem diversos triângulos que deverão ser eliminados do modelo pelo recurso de *boundaries*.

24. Selecione a superfície **Terraplenagem** no desenho e acesse a ferramenta da ribbon contextual **Tin Surface** → **Modify** → **Add Data** → **Boundaries**.
25. Na caixa de diálogo **Add Boundaries,** digite **Limite** no campo **Name**, selecione o tipo **Outer** e clique no botão **OK**.
26. Selecione a *polyline* azul externa, que representa o talude da superfície **Terraplenagem**. Pressione a tecla **Enter** para finalizar.
27. Selecione a superfície **Terraplenagem** e acesse a ferramenta **Object Viewer** para navegar no modelo da superfície criada com *breaklines*.

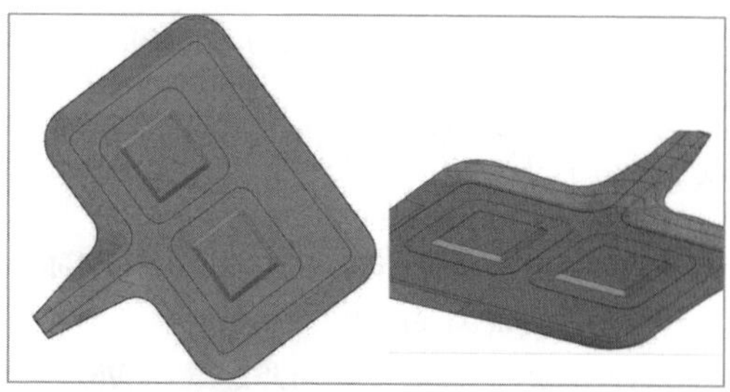

Figura 8.41 Modelo da superfície projetada criada com o recurso de *breaklines*.

8.5 Estudos e análises de superfícies

Diversos tipos de estudos e análises são efetuados nos modelos de superfícies durante as fases de desenvolvimento dos projetos de infraestrutura, e o Autodesk AutoCAD Civil 3D fornece ferramentas para auxiliar no desenvolvimento dessas atividades. Esses estudos poderão determinar as escolhas de opções adequadas para atender às demandas exigidas para cada tipo de projeto.

Os profissionais de infraestrutura poderão elaborar análises para estudar o comportamento dos modelos de superfícies por meio da criação de mapas temáticos. Dessa forma, será possível representar plantas de bacias hidrográficas, mapas de declividades, manchas de corte e aterro, zona de influência visual, entre outros. Para a maior parte das análises, pode-se inserir uma tabela no desenho com as legendas das análises elaboradas nas superfícies.

As principais análises de superfícies ficam marcadas pela definição de estilos de superfícies combinadas com as configurações da aba **Analysis** da caixa **Surface Properties**, na qual se pode escolher entre os principais tipos de análises disponíveis:

Elevations: análise para a exibição do mapa de elevações da superfície, em que é possível configurar as cores desejadas por faixas de altitudes presentes nos triângulos do modelo da superfície.

Slopes: análise de declividades existentes nos triângulos do modelo da superfície. Esse tipo de análise é utilizado na elaboração de mapas de inclinações do terreno (Figura 8.42).

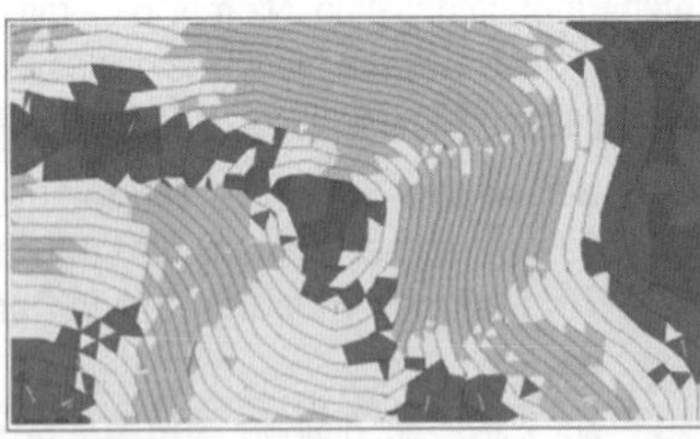

TABELA DE DECLIVIDADES DA SUPERFÍCIE			
Nº	DECLIVIDADE MÍNIMA	DECLIVIDADE MÁXIMA	COR
1	0.00%	10.00%	
2	10.00%	20.00%	
3	20.00%	30.00%	
4	30.00%	40.00%	
5	40.00%	50.00%	
6	50.00%	60.00%	
7	60.00%	70.00%	
8	70.00%	80.00%	

Figura 8.42 Representação das inclinações dos triângulos da superfície e sua legenda.

Watersheds: análise que exibe o limite do divisor de águas no modelo para a representação da planta de bacias da superfície.

Slope arrows: análise para elaborar o mapa de declividades da superfície; entretanto, sua apresentação é feita por setas indicando o sentido da inclinação dos triângulos do modelo. Essa análise permite a configuração de cores para as setas pelas faixas de declividades dos triângulos, assim como a análise *slopes*.

8.5.1 Análise de declividades da superfície

As análises *slopes* são utilizadas para representar o mapeamento das declividades dos triângulos presentes no modelo da superfície, sendo possível controlar a cor de preenchimento dos triângulos, dependendo de sua inclinação. Esse tipo de análise permite elaborar estudos com o objetivo de prever a movimentação de terra que os terrenos poderão sofrer durante a implantação de empreendimentos projetados.

Agora, estude o exemplo a seguir:

1. Abra o arquivo **8-5-1_ANÁLISE_DECLIVIDADES.DWG**, disponível no site da Editora Érica.
2. Selecione a superfície **Natural** na área de desenho e acesse a ferramenta da ribbon contextual **Tin Surface → Modify → Surface Properties**.

3. Na aba **Information** da caixa de diálogo **Surface Properties,** selecione o estilo **Declividades** no campo **Surface Style**. Na aba **Analysis,** configure:
   - No campo **Analysis type,** selecione **Slopes**.
   - Em **Legend,** selecione o estilo de tabela **DECLIVIDADES - ÁREA**.
   - No quadro **Ranges,** digite **8** no campo **Number** para determinar a quantidade de faixas de declividades.
   - Clique no botão (**Run Analysis)** para rodar a análise (Figura 8.43).
   - Configure os valores desejados para as declividades mínimas e máximas, e suas respectivas cores no quadro **Range Details**. Clique no botão **OK** para concluir.

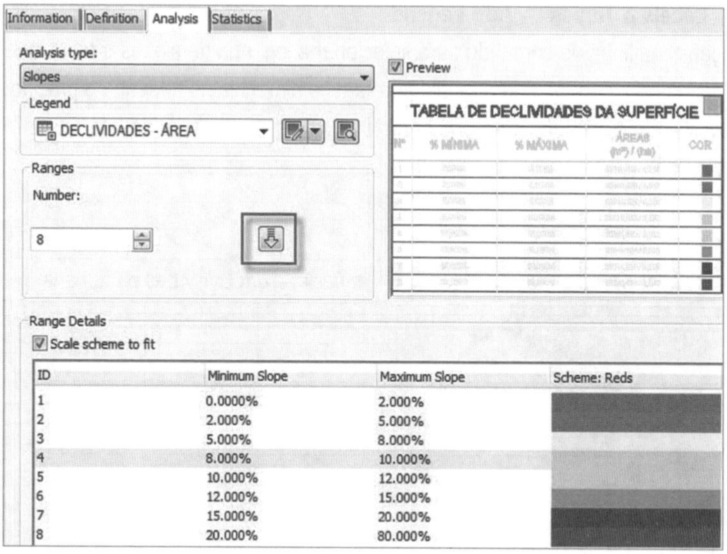

Figura 8.43 Configuração de valores e cores das faixas de declividades da superfície.

4. Navegue no modelo da superfície para visualizar o mapa de declividades criado.
5. Para criar a legenda com as cores das faixas de declividades, selecione a superfície **Natural** na área de desenho e acesse a ferramenta da ribbon contextual **Tin Surface → Labels & Tables → Add Legend**.
6. Digite a opção **S** na linha de comando para selecionar a legenda de *slopes* e pressione **Enter**.
7. Digite a opção **D** para permitir que a tabela permaneça dinâmica no desenho e pressione a tecla **Enter**.
8. Clique na área de desenho para posicionar a tabela de declividade total da superfície.

Em alguns casos, será necessário exibir o mapa de declividades da superfície apenas na região do estudo ou do projeto. É possível utilizar o recurso de *boundary* para delimitar a área de interesse de uma superfície.

A área de interesse da superfície natural deverá obedecer ao contorno da superfície terraplenagem. A próxima fase do exemplo mostra como extrair o contorno externo da superfície projetada por meio da ferramenta **Extract Objects** e como utilizar o contorno extraído para limitar a superfície do terreno.

Execute os procedimentos a seguir para concluir a sequência do exemplo.

9. Selecione a superfície **Terraplenagem** na área de desenho e acesse a ferramenta da ribbon contextual **Tin Surface → Modify → Surface Properties**.
10. Na caixa de diálogo **Surface Properties,** selecione o estilo **Standard** no campo **Style** e clique no botão **OK**.

11. Selecione o limite da área da superfície **Terraplenagem** na área de desenho e acesse a ferramenta da ribbon contextual **Tin Surface → Surface Tools → Extract Objects**.
12. Na caixa de diálogo **Extracts Objects from Surface**, selecione a opção **Border** e clique no botão **OK**.
13. Na área de desenho, identifique a presença de uma *polyline 3D* sobre a área da superfície terraplenagem.
14. Selecione a superfície **Natural** na área de desenho e acesse a ferramenta da ribbon contextual **Tin Surface → Modify → Add Data → Boundaries**.
15. Na caixa de diálogo **Add Boundaries**, digite **Estudo** no campo **Name**, selecione o tipo **Outer** no campo **Type** e clique no botão **OK**. Selecione a *polyline 3D* do limite do contorno do projeto na área de desenho.
16. Selecione a superfície **Natural** na área de desenho e acesse a ferramenta da ribbon contextual **Tin Surface → Labels & Tables → Add Legend**.
17. Digite a opção **S** na linha de comando para selecionar a legenda de *slopes* e pressione **Enter**.
18. Digite a opção **D** para permitir que a tabela permaneça dinâmica no desenho e pressione a tecla **Enter**.
19. Insira a nova tabela com a legenda das cores das faixas de declividades da superfície e verifique os valores das áreas.

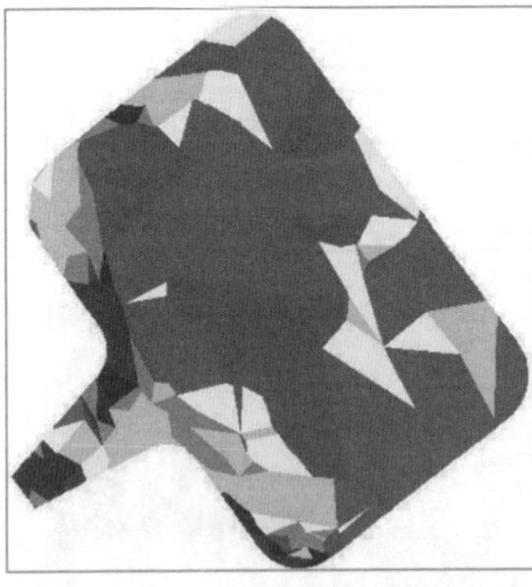

TABELA DE DECLIVIDADES DA SUPERFÍCIE				
Nº	% MÍNIMA	% MÁXIMA	ÁREAS (m²) / (ha)	COR
1	0,000%	2,000%	2339,264 / 0,234	
2	2,000%	5,000%	5020,635 / 0,502	
3	5,000%	8,000%	1395,314 / 0,140	
4	8,000%	10,000%	600,039 / 0,060	
5	10,000%	12,000%	885,665 / 0,089	
6	12,000%	15,000%	574,396 / 0,057	
7	15,000%	20,000%	360,125 / 0,036	
8	20,000%	80,000%	273,022 / 0,027	

Figura 8.44 Mapa e tabela de declividades apenas da área do projeto.

8.5.2 Análise de visibilidade

Com a ferramenta **Point to Point** da categoria **Visibility Check,** é possível executar análises em regiões críticas da superfície. Dessa forma, é possível examinar a visibilidade linear de ponto a ponto, com o objetivo de identificar eventuais pontos cegos no modelo da superfície, ou efetuar estudos de identificação do posicionamento ideal da sinalização necessária para auxiliar na travessia de veículos, ciclistas e pessoas em interseções de vias existentes ou projetadas. A ferramenta **Zone of Visual Inflence** elabora o mapa da zona de influência visual de uma região selecionada na superfície, determinando o ponto de visão, a altura e o raio de visibilidade (Figura 8.45).

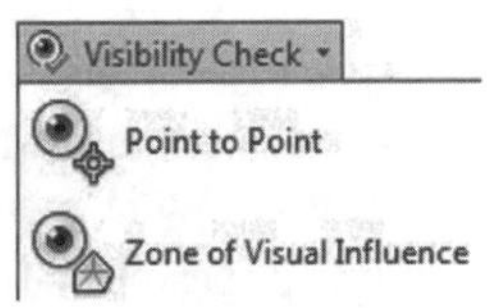

Figura 8.45 Ferramentas para análises de visibilidade na superfície.

Agora, estude o exemplo a seguir:

1. Inicie um novo desenho utilizando o template **_AutoCAD Civil 3D 2016_BRA (DER).DWT**, fornecido na instalação do pacote *Brazil Content*.
2. Importe o arquivo do tipo *LandXML* contendo os dados de um modelo *TIN*. Utilize a ferramenta da ribbon **Insert → Import → LandXML**.

3. Na caixa de diálogo **Import LandXML,** selecione o arquivo **VIARIO.XML**, disponível no site da Editora Érica e clique no botão **Open**. Clique em **OK** para confirmar a importação do modelo da superfície.
4. Aplique o comando **Zoom** e selecione a superfície **TOTAL,** que exibe o efeito de um sistema viário projetado sobre a base topográfica. Acesse a ferramenta da ribbon contextual **Tin Surface → Analyse → Visibility Check → Point to Point** para executar a análise de visibilidade.
5. Na linha de comando, digite **1.200m** para simular a altura de visão de um motorista e pressione a tecla **Enter**.
6. Na área de desenho, clique em uma posição na região da interseção. Digite **1.200m** na linha de comando para definir a altura de visibilidade do alvo. Pressione **Enter** para prosseguir.
7. Adicione vários pontos na região da interseção para identificar os pontos cegos no trecho. As setas criadas em verde indicam que os pontos de alvo estão visíveis do ponto de origem, já os pontos que não estão visíveis são marcados pelas setas vermelhas (Figura 8.46).

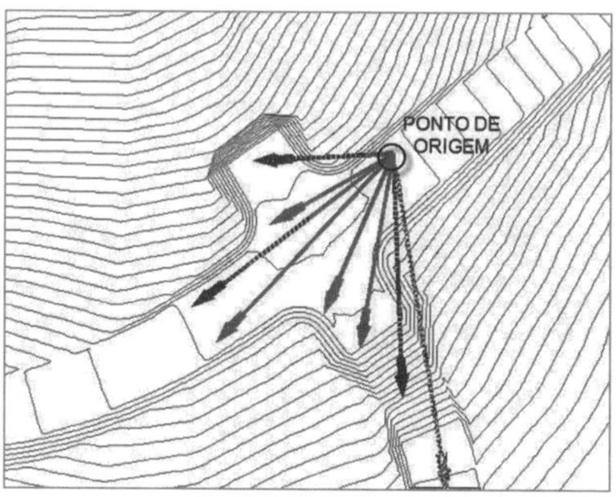

Figura 8.46 Análise de visibilidade linear no modelo da superfície.

8.5.3 Análise de bacias

A análise de bacias hidrográficas pode ser configurada entre os tipos **watersheds** e **slope arrows** combinados para a exibição dos limites dos divisores de águas e do posicionamento das setas de inclinação dos triângulos do modelo. É possível complementar os estudos de bacias por meio da ferramenta **Water Drop** para verificar o fluxo de escoamento das águas no modelo da superfície, além da ferramenta **Catchment Area,** para identificar a área de contribuição de um ponto desejado sobre o modelo da superfície.

As bacias (*watersheds*) são classificadas em:

Boundary point: esse tipo de bacia possui o ponto de drenagem localizado na extremidade da superfície e possui, também, a identificação de um ponto baixo que identifica para onde a água escoará.

Boundary segment: tipo de bacia em que não é identificado um ponto baixo; em vez disso, segmentos de retas são localizados, orientando-se pelos lados dos triângulos da superfície que delimitam seu contorno.

Depression: tipo de bacia constituído por um ponto baixo na região interna da superfície, impossibilitando o escoamento da água para fora da superfície.

Flat area: tipo de bacia localizado em regiões planas da superfície, sem a definição de uma direção preferencial do escoamento da água. Isso ocorre quando os triângulos dessa região possuem a mesma elevação.

Multi-drain: tipo de bacia criado na ocorrência de uma ambiguidade na determinação do escoamento correto da água.

Multi-drain notch: tipo de bacia estabelecido na ocorrência de áreas planas entre dois pontos em uma superfície, impossibilitando a definição precisa do escoamento da água.

Agora, estude o exemplo a seguir:

1. Inicie um novo desenho com o template **_AutoCAD Civil 3D 2016_BRA (DER).DWT**, fornecido na instalação do pacote *Brazil Content*.
2. Selecione a ferramenta da ribbon **Insert → Import → LandXML**. Na caixa de diálogo **Import LandXML,** selecione o arquivo **VIARIO.XML**, disponível no site da Editora Érica, e clique no botão **Open**. Clique em **OK** para confirmar a importação do modelo da superfície.
3. Selecione a superfície **TOTAL** na área de desenho para aplicar a análise de bacias. Acesse a ferramenta da ribbon contextual **Tin Surface → Modify → Surface Properties**.
4. Na aba **Information** da caixa **Surface Properties,** selecione o estilo **Bacias** no campo **Surface Style**. Na aba **Analysis** da caixa **Surface Properties**, configure:

- No campo **Analysis type,** selecione o tipo **Watersheds.**
- Em **Legend,** selecione o estilo de tabela **BACIAS.**
- Digite **1** no quadro **Watershed Parameters** e habilite a opção **Merge adjacent boundary watersheds** para agrupar bacias adjacentes.
- Clique no botão (**Run Analysis)** para executar a análise (Figura 8.47).

5. Clique no botão do quadro **Range Details** para visualizar os tipos de divisores de bacias.

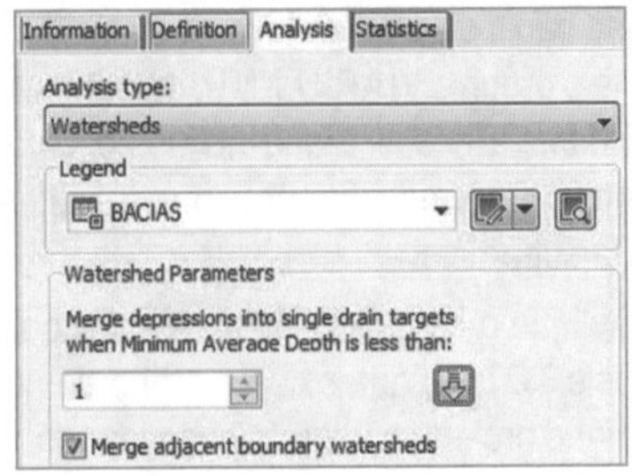

Figura 8.47 Configurações para análise de bacias.

6. Na caixa de diálogo **Watershed Display,** habilite somente os tipos **Depression** e **Flat Area**. Clique no botão **OK** para retornar à caixa de propriedades da superfície.
7. Na caixa de diálogo **Surface Properties,** clique no botão **OK** para aplicar as configurações.
8. Verifique os divisores de bacias criados no modelo da superfície.
9. Selecione a superfície **TOTAL** e acesse a ferramenta da ribbon contextual **Tin Surface → Labels & Tables → Add Legend** para adicionar a tabela com os dados das bacias da superfície selecionada.
10. Digite **W** na linha de comando para selecionar a opção **Watersheds** e pressione **Enter**.
11. Digite **D** para **Dynamic** e pressione **Enter**.
12. Posicione a tabela de bacias na área de desenho.
13. Selecione a superfície na área de desenho e acesse a ferramenta da ribbon contextual **Tin Surface → Analyze → Water Drop** para verificar o escoamento da água na superfície.
14. Na caixa de diálogo **Water Drop,** selecione o tipo de objeto e o *layer.* Clique no botão **OK**.
15. Clique em diversos pontos desejados na superfície para a exibição do escoamento da água.

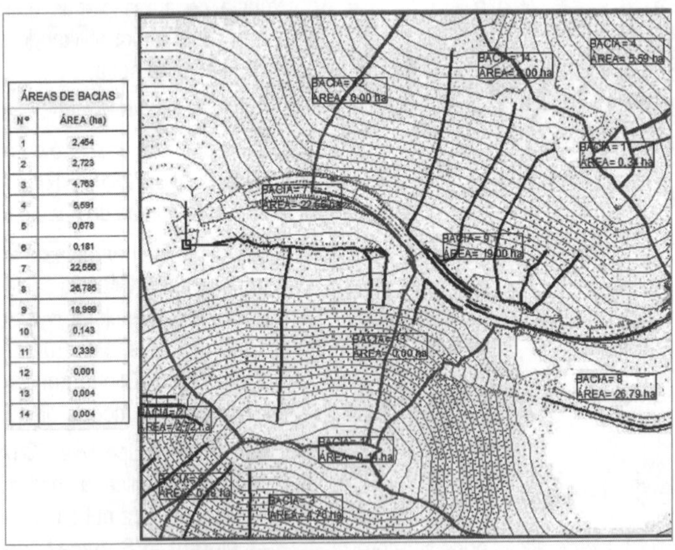

Figura 8.48 Análise de bacias e tabela de áreas das bacias.

16. Selecione a superfície na área de desenho e acesse a ferramenta da ribbon contextual **Tin Surface → Analyze → Catchment Area** para identificar bacias de contribuição pontual na superfície.

17. Na caixa de diálogo **Catchment,** selecione o tipo de objeto e o *layer*. Clique no botão **OK**.
18. Clique em diversos pontos na superfície para identificar as áreas das bacias de contribuição dos pontos fornecidos.
19. Observe os valores das áreas das bacias de contribuição exibidos na linha de comando.

8.6 Análises volumétricas entre os modelos de superfícies

A principal característica dos projetos de infraestrutura é a obtenção dos valores volumétricos de terraplenagem que envolvem a sua construção. Um empreendimento poderá ser inviabilizado dependendo da quantidade de material que será manipulado durante a execução da obra; quanto maior o volume de movimentação de terra, mais cara poderá ser a sua execução. É comum efetuar análises volumétricas entre os modelos de superfícies presentes no desenho, durante as fases de estudos e de projetos, para, dessa forma, eliminar ou minimizar eventuais riscos de surpresas indesejadas durante a execução da obra.

O fluxo do processo de balanço de volume envolve a modelagem das superfícies da topografia e das superfícies projetadas. Assim, é possível criar uma nova superfície, denominada superfície de volume (*TIN volume surface* ou *grid volume surface*) e acessar os dados volumétricos dos modelos. A superfície de volume apresenta o resultado de comparação entre duas superfícies selecionadas no desenho.

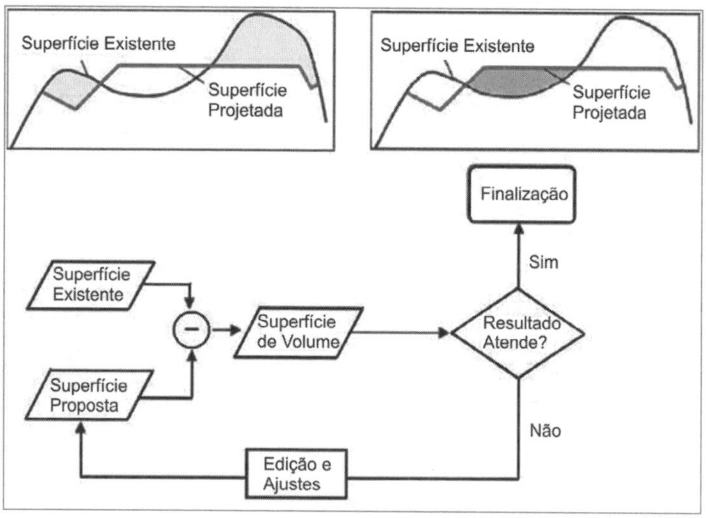

Figura 8.49 Fluxo do processo de análise volumétrica entre superfícies.

8.6.1 Superfície de volume

A superfície de volume é utilizada para calcular os volumes de corte (*cut*), aterro (*fill*) e a diferença entre eles (*net*). É possível criar superfícies de volume com base em triângulos (**TIN volume surface**) ou em malha (**Grid volume surface**). O quadro **Type** da caixa de diálogo **Create Surface** exibe os tipos de superfícies disponíveis no sistema (Figura 8.50).

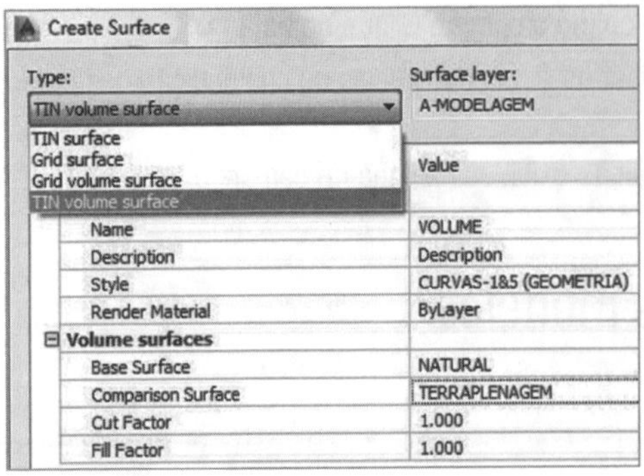

Figura 8.50 Tipos de superfícies exibidos na caixa Create Surface.

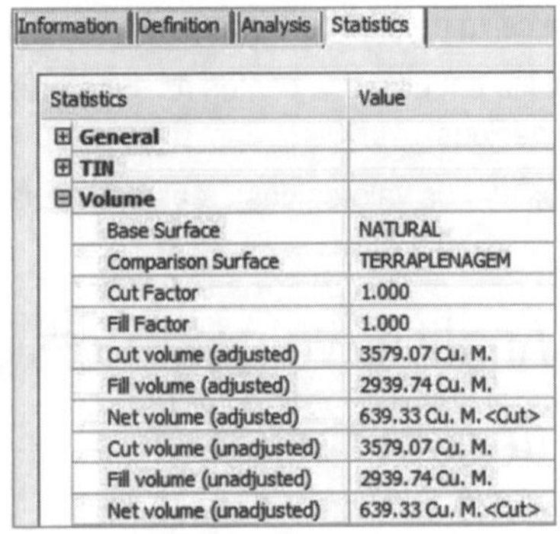

Figura 8.51 Valores volumétricos presentes na aba Statistics da caixa Surface Properties.

Durante a criação da superfície de volume, será necessário especificar quais superfícies serão utilizadas na composição dos volumes de corte e aterro, além de determinar os fatores de empolamento ou de compactação do solo por meio das opções do quadro **Volume Surfaces.**

Base Surface: opção para a escolha da superfície que servirá como base para o cálculo do volume, geralmente identificada pela superfície da topografia ou de camadas geológicas.

Comparison Surface: opção para a seleção da superfície de comparação para o cálculo volumétrico; a superfície projetada é identificada nesse campo.

Cut Factor: opção para configurar o fator de multiplicação do valor obtido para o corte.

Fill Factor: opção para a configuração do fator de multiplicação do valor obtido para o aterro.

Os volumes extraídos para o corte, o aterro e a diferença entre eles são calculados pelas geometrias definidas na triangulação dos modelos das superfícies comparadas, denominado volume geométrico.

Na ocorrência de eventuais edições na superfície da topografia ou de revisões no modelo da superfície projetada, a superfície de volume será atualizada automaticamente quando a opção **Rebuild Automatic** estiver habilitada, ou manualmente, por meio do recurso **Rebuild**.

O acesso aos dados volumétricos é efetuado pela aba **Statistics** da caixa de diálogo **Surface Properties** da superfície de volume selecionada (Figura 8.51).

Durante o fluxo de trabalho, poderá ocorrer a necessidade de agrupar diversos modelos de superfícies projetadas para a comparação com o modelo da superfície topográfica, além da necessidade de obtenção dos dados volumétricos do projeto. Dessa forma, a ferramenta **Paste Surface** poderá ser utilizada para unir diversos modelos de superfície (Figura 8.52).

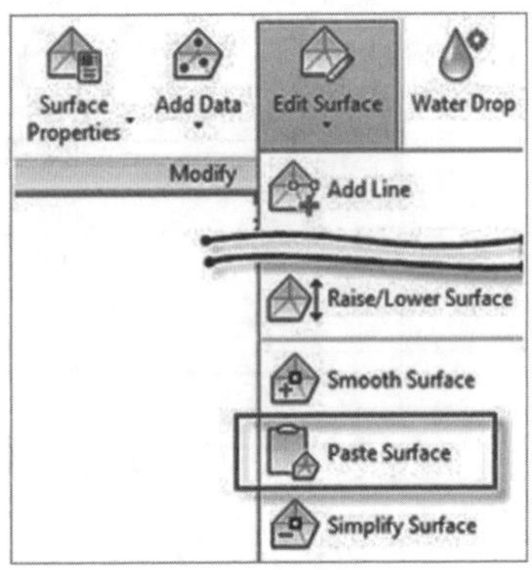

Figura 8.52 A ferramenta Paste Surface permite unir superfícies.

Este exemplo mostra como unir duas superfícies projetadas, **Acesso** e **Secundária**, para auxiliar no cálculo do volume de terraplenagem do projeto viário. As informações volumétricas são exibidas na aba **Statistics** da caixa de diálogo **Surface Properties** da superfície de volume selecionada no desenho.

Agora, estude o exemplo a seguir:

1. Abra o arquivo **8-6-1_SUPERFÍCIE_VOLUME. DWG**, disponível no site da Editora Érica.

2. Substitua os estilos das superfícies **Acesso--Projeto** e **Secundária-Projeto** para o estilo **Invisível** por meio da aba **Information** da caixa de diálogo **Surface Properties**.
3. Crie uma nova superfície pela ferramenta da ribbon **Home → Create Ground Data → Surfaces → Create Surface**. Essa superfície representará a união das superfícies projetadas.
4. Na caixa de diálogo **Create Surface,** digite o nome **TERRAPLENAGEM** no campo **Name**, selecione o estilo desejado e clique no botão **OK** para concluir.
5. Na **Toolspace,** selecione a aba **Prospector → Surfaces → TERRAPLENAGEM → Definition**, clique com o botão direito sobre **Edits** e selecione a opção **Paste Surface** (Figura 8.53).

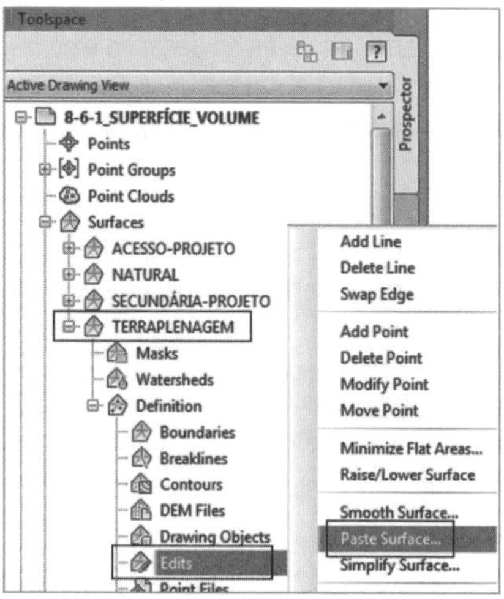

Figura 8.53 Acesso à ferramenta Paste Surface.

6. Na caixa de diálogo **Select Surface to Paste,** selecione as superfícies **Acesso-Projeto** e **Secundária-Projeto**. Clique no botão **OK** para concluir.
7. Na área de desenho, verifique a existência de apenas uma superfície do projeto de terraplenagem, resultado da união entre as demais superfícies projetadas.
8. Crie a superfície de volume por meio da ferramenta da ribbon **Home → Create Ground Data → Surfaces → Create Surface**.
9. Na caixa **Create Surface,** selecione o tipo **TIN volume surface** no campo **Type**. Selecione o estilo **MAPA DE ELEVAÇÕES** no campo **Style**; no campo **Base Surface,** selecione a superfície **NATURAL**; e no campo **Comparison Surface** selecione a superfície **TERRAPLENAGEM**. Digite **VOLUME** no campo **Name** e clique no botão **OK** (Figura 8.54).

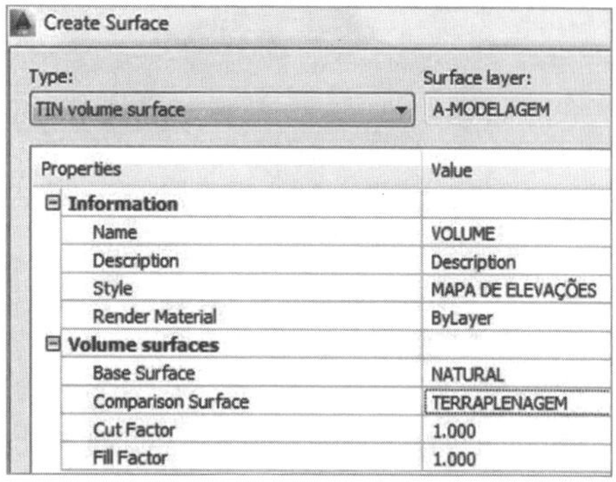

Figura 8.54 Definição da superfície de volume.

10. Selecione a superfície **Volume** na área de desenho e acesse a ferramenta da ribbon contextual **TIN volume surface → Modify → Surface Properties**.
11. Na aba **Statistics** da caixa de diálogo **Surface Properties,** expanda a opção **Volume** para acessar os valores volumétricos da superfície (Figura 8.55).

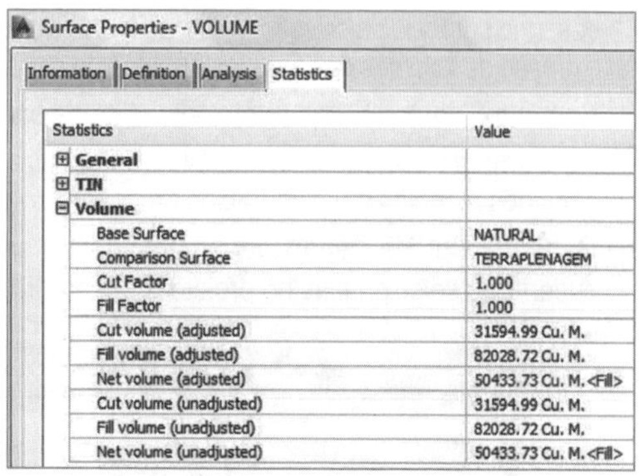

Figura 8.55 Informações volumétricas presentes na superfície de volume.

12. Clique no botão **OK** para fechar a caixa **Surface Properties**.

8.6.2 Recurso Volumes Dashboard

O recurso **Volumes Dashboard** permite analisar os dados volumétricos exibidos na janela **Pa-**

norama. Os volumes são extraídos por meio da comparação entre as superfícies presentes na superfície de volume. Sua interface exibe os dados dos volumes nas formas gráfica e tabular, para auxiliar nos estudos para o balanço de corte e aterro do projeto.

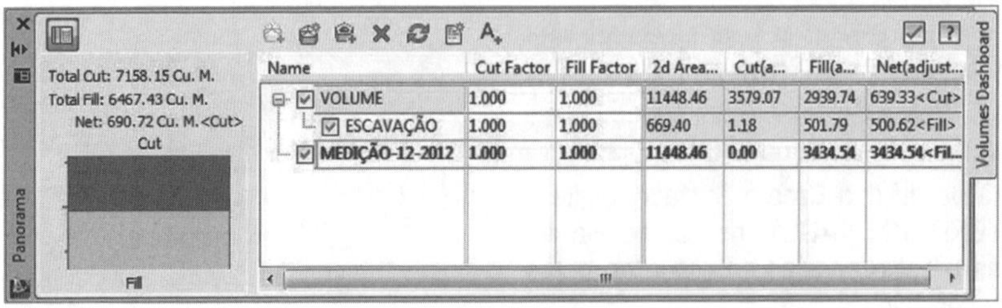

Figura 8.56 A aba Volumes Dashboard da janela Panorama permite a elaboração de análises volumétricas.

Pode-se utilizar o recurso **Volumes Dashboard** para analisar os volumes de todas as fases dos projetos ou para acompanhar a evolução volumétrica durante as medições levantadas no acompanhamento da obra.

O acesso aos recursos de **Volumes Dashboard** é efetuado pela ribbon **Analyze** ou pela aba **Analysis** da ribbon contextual **Tin Surface,** quando uma superfície está selecionada na área de desenho e suas ferramentas estão organizadas em:

- **Toogle Net Graph Panel:** ferramenta para habilitar o painel de exibição do gráfico com os volumes de corte e aterro da superfície de volume selecionada.
- **Add Volume Surface:** ferramenta que permite adicionar uma superfície de volume criada anteriormente para a exibição dos dados volumétricos.
- **Create New Volume Surface:** ferramenta para a criação de uma nova superfície de volume e exibição das informações de volumes de corte e aterro na lista.
- **Add Bounded Volume:** ferramenta que calcula o volume parcial de uma superfície de volume presente no desenho por meio da seleção de um polígono existente no desenho. Essa ferramenta pode ser utilizada para a extração de volumes de camadas distintas do projeto, como núcleos de barragens, ensecadeiras, entre outros.
- **Remove Selected Entry:** ferramenta utilizada para remover um item existente da lista da janela **Panorama**.
- **Re-Compute Volumes:** ferramenta que atualiza os valores volumétricos da janela na ocorrência de edições nos modelos das superfícies presentes no projeto.
- **Generate Cut/Fill Report:** ferramenta para a criação do relatório de volume das comparações entre as superfícies selecionadas no projeto (Figura 8.57).

Cut/Fill Report

By user: marcus.cardoso

Volume Summary

Name	Type	Cut Factor	Fill Factor	2d Area (sq.m)	Cut (Cu. M.)	Fill (Cu. M.)	Net (Cu. M.)
VOLUME	full	1.000	1.000	38813.84	22145.53	75343.65	53198.13<Fill>

Totals

	2d Area (sq.m)	Cut (Cu. M.)	Fill (Cu. M.)	Net (Cu. M.)
Total	38813.84	22145.53	75343.65	53198.13<Fill>

* Value adjusted by cut or fill factor other than 1.0

Figura 8.57 Relatório com as informações obtidas da análise volumétrica.

- **Insert Cut/Fill Summary:** ferramenta para a criação da tabela do resumo volumétrico na área de desenho (Figura 8.58).

Cut/Fill Summary

Name	Cut Factor	Fill Factor	2d Area	Cut	Fill	Net
VOLUME	1.000	1.000	38813.84sq.m	22145.53 Cu. M.	75343.65 Cu. M.	53198.13 Cu. M.<Fill>
Totals			38813.84sq.m	22145.53 Cu. M.	75343.65 Cu. M.	53198.13 Cu. M.<Fill>

Figura 8.58 Tabela de resumo volumétrico inserido no desenho.

Os dados volumétricos são obtidos por meio da geometria dos triângulos presentes nos modelos das superfícies, em que:

Cut: indica o volume do material que está presente na superfície-base, e não na superfície de comparação (material a remover).

Fill: informa o volume do material que está presente na superfície de comparação, e não na superfície-base (material a adicionar).

Net: apresenta a diferença entre os valores de corte e aterro.

Net Graph: exibe o gráfico que representa o valor da diferença entre as superfícies comparadas no formato de porcentagem do volume total da superfície-base. O vermelho representa o resultado de corte, e o verde, o resultado de aterro.

Cut Factor/Fill Factor: exibe os fatores utilizados no cálculo de compactação/empolamento.

8.6.3 Manchas de corte e aterro

Após efetuar a criação da superfície de volume, será possível elaborar o mapa com as manchas de corte e aterro. Esse tipo de análise é frequentemente utilizado em projetos de infraestrutura para auxiliar na identificação das regiões de corte e aterro nos desenhos dos projetos de terraplenagem.

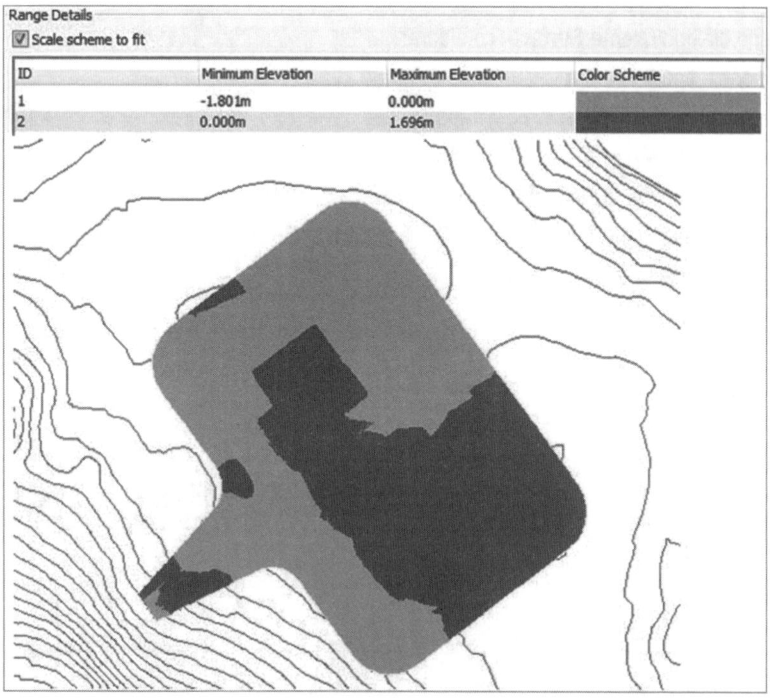

Figura 8.59 Representação de manchas de corte e aterro na superfície projetada.

O mapa com as manchas de corte e aterro será exibido pela elaboração da análise de elevação (*elevation*) e utilizando apenas duas faixas de elevações (*ranges*) sobre o modelo da superfície de volume criado previamente.

O seguinte exemplo mostra como extrair as informações volumétricas do projeto de terraplenagem por meio da ferramenta de **Volumes Dashboard** e os procedimentos para a criação do mapa com as manchas de corte e aterro.

Agora, estude o exemplo a seguir:

1. Abra o arquivo **8-6-3_MAPA_VOLUME.DWG**, disponível no site da Editora Érica.
2. Acesse a ferramenta da ribbon **Analyze → Volumes and Materials → Volumes Dashboard**.
3. Na aba **Volumes Dashboard** da janela **Panorama,** clique no botão (**Add Volume Surface)** para adicionar a superfície de volume existente no desenho.
4. Selecione a superfície **VOLUME** na caixa **Pick Volume Surface** e clique no botão **OK** (Figura 8.60).

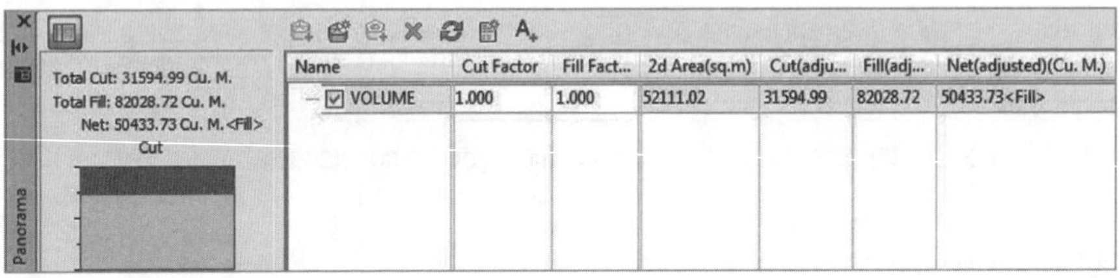

Figura 8.60 Informações volumétricas da superfície de Volume.

5. Na aba **Volumes Dashboard** da janela **Panorama,** clique no botão (**Create New Volume Surface)** para criar uma nova superfície de volume.
6. Na caixa de diálogo **Create Surface,** configure:
   - Selecione o tipo **TIN volume surface** no campo **Type**.
   - Digite o nome **VOLUME-20%** no campo **Name**.
   - Escolha o estilo **MAPA DE ELEVAÇÕES** no campo **Style**.
   - Selecione a superfície **NATURAL** no campo **Base Surface**.
   - Selecione a superfície **TERRAPLENAGEM** no campo **Comparison Surface**.
   - Digite **1.200** no campo **Fill Factor**.
   - Clique no botão **OK**.
7. Clique no botão (**Toggle Net Graph Panel)** para exibir o gráfico dos volumes. Verifique os valores de área, corte e aterro na lista da janela **Panorama** (Figura 8.61).

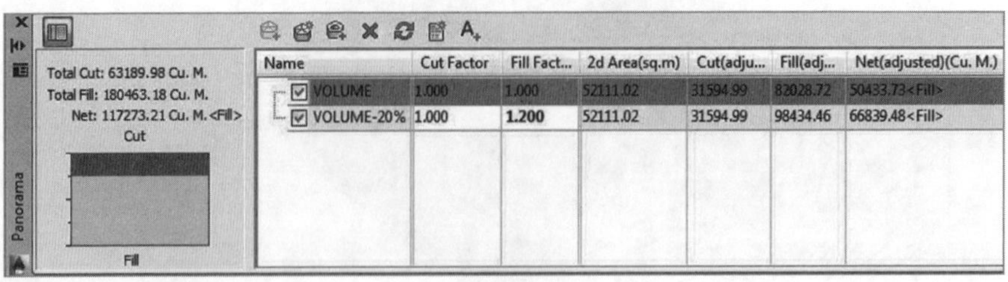

Figura 8.61 Informações volumétricas das superfícies de volume exibida na janela Panorama.

8. Selecione a superfície **VOLUME** na janela **Panorama** e clique no botão (**Add Bounded Volume**) para a extração do volume parcial nas regiões das geometrias existentes no desenho. Selecione a *polyline* **Azul,** que representa a região do talude no lado esquerdo do projeto.
9. Expanda a superfície **VOLUME** para a visualização do volume parcial extraído da geometria selecionada no desenho. Renomeie o volume parcial para **TALUDE ESQUERDO** e verifique os resultados (Figura 8.62).

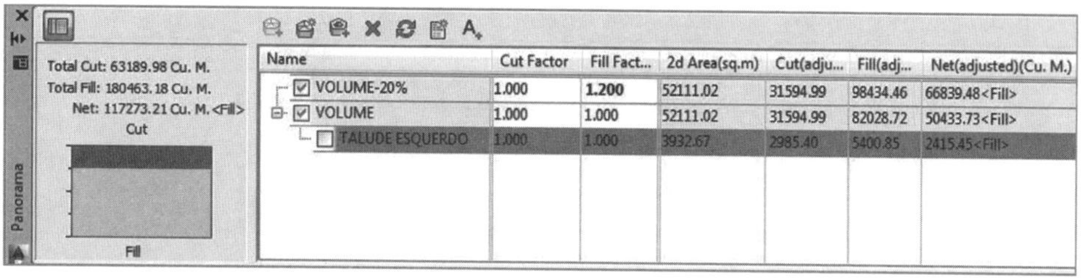

Figura 8.62 Informações volumétricas exibidas na janela Panorama.

10. Diversas composições volumétricas podem ser elaboradas entre as superfícies presentes no desenho, como a extração dos volumes individuais para cada via (**Acesso** e **Secundária**).
11. Visualize o relatório dos volumes através da ferramenta **Generate Cut/Fill Report**.
12. Insira o resumo volumétrico no desenho acessando a ferramenta **(Insert Cut/Fill Summary)**.
13. Selecione a superfície **VOLUME-20%** na área de desenho e acesse a ferramenta da ribbon contextual **TIN volume surface → Modify → Surface Properties**.
14. Na aba **Analysis** da caixa **Surface Properties**, aplique a análise de elevações com duas faixas apenas, conforme exibido na Figura 8.63:
15. No campo **Analisys Type,** selecione o tipo **Elevations**.
    - No quadro **Legend,** selecione o estilo **Elevações**.
    - No quadro **Ranges**, selecione **Number of Ranges** e digite **2**.
    - Clique no botão **(Run Analysis)** para compor as informações das manchas.
    - Digite **-10.000m** no campo **Minimum Elevation** e **0.000m** no campo **Maximum Elevation,** e altere a cor da primeira faixa de elevação que representa a mancha de corte no projeto.
    - Digite **0.000m** no campo **Minimum Elevation e 10.000m** no campo **Maximum Elevation,** e altere a cor da segunda faixa de elevação, que representa a mancha de aterro no projeto.
    - Clique no botão **OK** para concluir.
16. Selecione a superfície **VOLUME-20%** na área de desenho e acesse a ferramenta da ribbon contextual **TIN volume surface → Labels & Tables → Add Legend**.

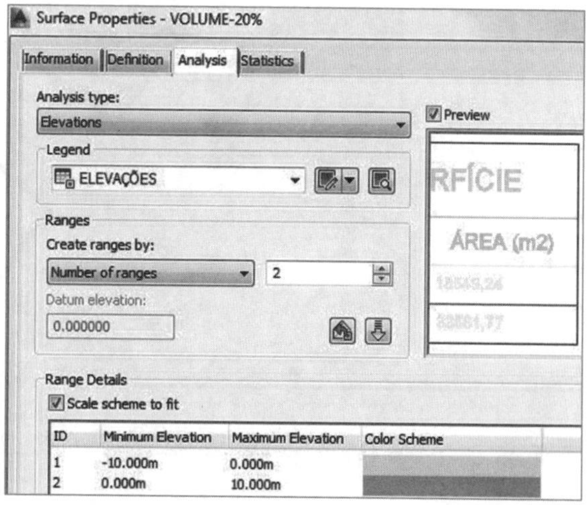

Figura 8.63 Configuração do mapa com as manchas de corte e aterro.

17. Na linha de comando, selecione a opção **Elevation** e, em seguida, **Dynamic**. Insira a tabela de elevações na área de desenho.

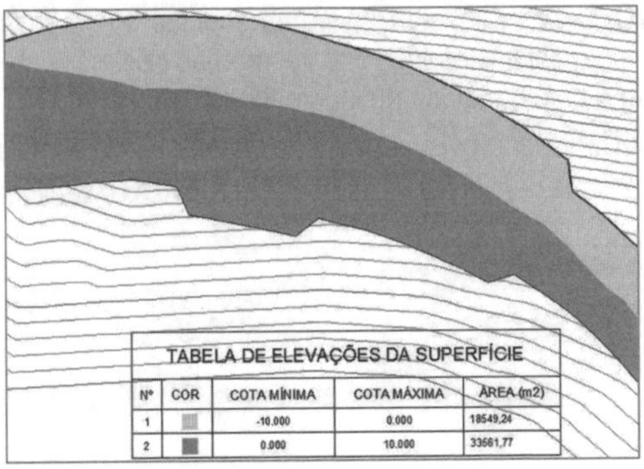

Figura 8.64 Mancha de corte e aterro, e tabela com as suas respectivas áreas.

8.7 Ferramentas para acabamento de superfícies

O acabamento nos modelos de superfícies é uma atividade relacionada à apresentação dos documentos de desenhos dos projetos, em que é possível ocultar ou remover regiões selecionadas dos modelos, unir diversas superfícies para a criação do modelo geral do empreendimento projetado e possibilitar a adição de rótulos informando as cotas ou as inclinações das superfícies.

As principais ferramentas para trabalhar no acabamento das superfícies são: máscaras (*masks*), para ocultar regiões do modelo; *boundaries*, para remover regiões selecionadas da superfície; recurso *Paste Surface*, utilizado na união de modelos de superfícies; e rótulos (*Surface Labels*), exibindo dados informativos sobre as superfícies.

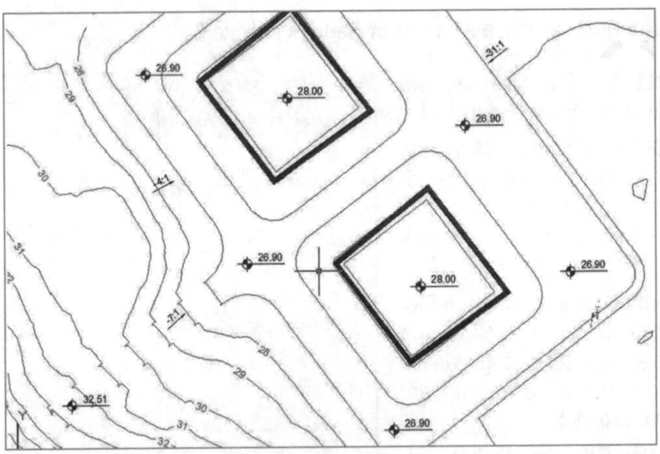

Figura 8.65 Superfícies do terreno existente e do projeto exibidas com máscaras e rótulos.

Os modelos de superfícies finalizados poderão ser exportados para o formato **LandXML**, permitindo o envio e a leitura em equipamentos de campo, ou para a manipulação em outras plataformas de projeto.

É possível, ainda, extrair os pontos dos vértices dos triângulos das superfícies para a elaboração de relatórios ou a criação de arquivos de textos (*ASCII*); assim será possível fornecer os dados dos modelos das superfícies projetadas para locação em campo.

8.7.1 Máscaras de superfícies

As máscaras são utilizadas para ocultar regiões internas (*inside*) ou externas (*outside*) de geometrias fechadas ou superfícies selecionadas na área de desenho. Podem ser utilizadas para ocultar determinadas áreas externas de superfícies grandes, a fim de aumentar o desempenho durante a manipulação dos modelos de superfícies. Em muitos casos, é comum ocultar regiões internas da superfície selecionada, para, dessa forma, exibir outras superfícies na mesma região.

O recurso **Masks** é acessado pela aba **Prospector** da **Toolspace** ao expandir a categoria **Surfaces** (Figura 8.66). Os objetos que podem ser utilizados na definição de máscaras são: *polylines*, *polylines 3D*, *circles*, *ellipses*, *rectangles*, *faces*, figuras *survey*, *feature lines*, segmentos de lotes (*parcel segments*) e até mesmo selecionando superfícies presentes no desenho.

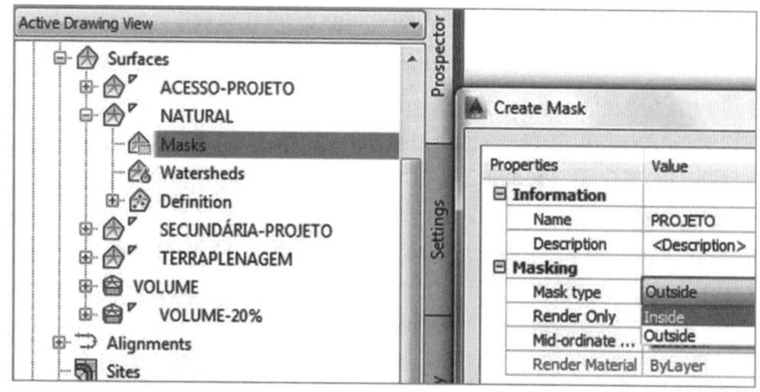

Figura 8.66 Ferramenta de criação de máscaras em superfícies.

Render-Only: opção que permite renderizar uma região determinada do modelo da superfície aplicando um material desejado dentro da área da máscara.

Mid-Ordinate Distance: opção que controla a segmentação dos triângulos nas regiões curvadas das superfícies ao longo do contorno da máscara.

Masks: recurso que não remove ou compromete os dados do modelo da superfície. Dessa forma, apenas a visualização das curvas de nível, dos pontos e da malha (*grid*) será ocultada nas regiões das máscaras.

A proposta do próximo exemplo é mostrar os procedimentos para interromper a exibição das curvas de nível da topografia na região do estudo do empreendimento.

Agora, estude o exemplo a seguir:

1. Abra o arquivo **8-7-1_MÁSCARA_SUPERFÍCIE.DWG**, disponível no site da Editora Érica.
2. Na área de desenho, verifique o comportamento das curvas de nível sobre as superfícies natural e terraplenagem. As curvas de nível dos modelos podem ser exibidas de forma apropriada por meio da ferramenta de máscaras (**Masks**).
3. Pela aba **Prospector** da **Toolspace**, expanda **Surfaces** → **NATURAL**, clique com o botão direito do mouse sobre **Masks** e selecione a opção **Create Mask**.
4. Selecione a superfície **TERRAPLENAGEM** na área de desenho para utilizá-la como limite interno da máscara sobre a superfície natural. Pressione a tecla **Enter** para prosseguir.

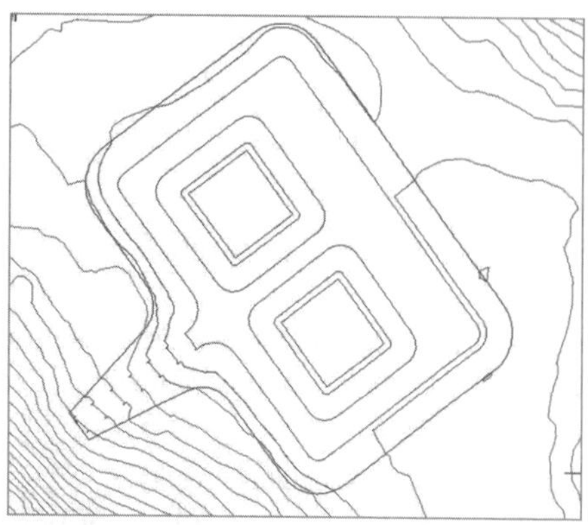

Figura 8.67 Máscara aplicada na superfície topográfica na região da superfície projetada.

5. Na caixa de diálogo **Create Mask,** digite **ESTUDO** no campo **Name**, selecione o tipo **Inside** no campo **Mask Type** e clique no botão **OK** para concluir.
6. Verifique o novo comportamento das curvas de nível na região da superfície terraplenagem. É possível selecionar as duas superfícies para visualização em 3D por meio do recurso **Object Viewer**.

8.7.2 Rótulos de superfícies

Os **Labels** de superfícies são rótulos na forma de textos que podem exibir as informações das elevações das curvas de nível, das cotas pontuais e das declividades. As ferramentas de **Labels** são acessadas pela ribbon **Annotate** ou pela ribbon contextual **Tin Surface → Labels & Tables → Add Labels** (Figura 8.68).

Os tipos de rótulos de superfícies são divididos em:

Slope: exibe a inclinação de um ou dois pontos selecionados na superfície.

Spot Elevation: informa a cota da superfície de determinado ponto sobre o modelo da superfície. A ferramenta **Spot Elevations on Grid** adiciona rótulos de cotas especificando uma malha quadriculada para o posicionamento dos rótulos.

Contour: exibe as elevações de uma (**Contour - Single**) ou várias (**Contour - Multiple**) curvas de nível de regiões selecionadas na superfície. A ferramenta **Contour - Multiple at Interval** adiciona diversos rótulos de cota das curvas de nível ao longo do comprimento delas.

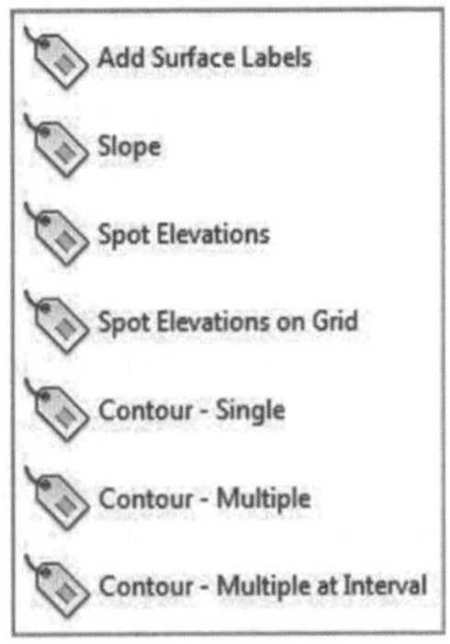

Figura 8.68 Ferramentas de rótulos para superfícies.

Todos os tipos de **Labels** para superfícies e para os demais objetos do projeto desenvolvido no AutoCAD Civil 3D podem ser adicionados por meio da caixa de diálogo **Add Labels**, que permite especificar o tipo de objeto a ser rotulado, além de selecionar os estilos de rótulos desejados para a aplicação nos objetos (Figura 8.69).

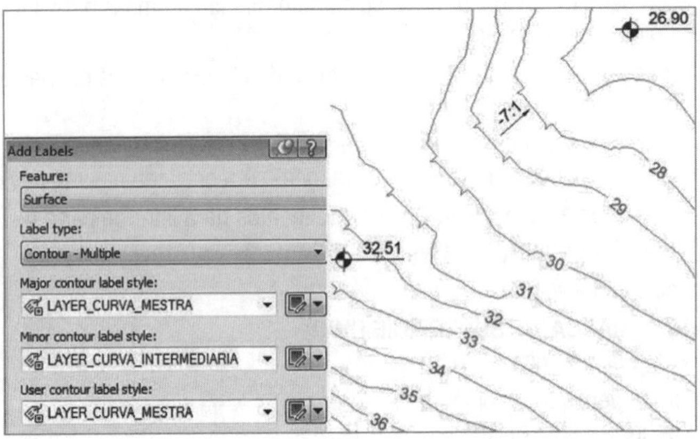

Figura 8.69 Caixa de diálogo Add Labels utilizada na adição de rótulos nos objetos do projeto.

Os procedimentos a seguir descrevem como adicionar os rótulos das elevações nas curvas de nível do modelo topográfico, bem como aplicar os rótulos de piso acabado e inclinação da rampa no modelo da superfície projetada.

Agora, estude o exemplo a seguir:

1. Abra o arquivo **8-7-2_RÓTULOS_SUPERFÍCIE.DWG**, disponível no site da Editora Érica.
2. Selecione a superfície **NATURAL** na área de desenho para acessar a ferramenta da ribbon contextual **Tin Surface → Labels & Tables → Add Labels → Add Surface Labels**.
3. Na caixa de diálogo **Add Labels,** configure:
   - Selecione **Surface** no campo **Feature.**
   - Selecione o tipo **Contour - Multiple** no campo **Label type.**
   - Escolha o estilo de rótulo **LAYER_CURVA_MESTRA** no campo **Major contour label style.**

- Escolha o estilo de rótulo **LAYER_CURVA_INTERMEDIÁRIA** no campo **Minor contour label style**.
- Escolha o estilo de rótulo **LAYER_CURVA_MESTRA** no campo **Use contour label style**.
- Clique no botão **Add**.
- Selecione a superfície **NATURAL** na área de desenho.
- Clique na região da superfície da topografia para inserir os rótulos das cotas nas curvas de nível, conforme exibido na Figura 8.70.

4. Na caixa de diálogo **Add Labels,** configure:
   - Selecione o tipo **Spot Elevation** no campo **Label type** (Figura 8.71).

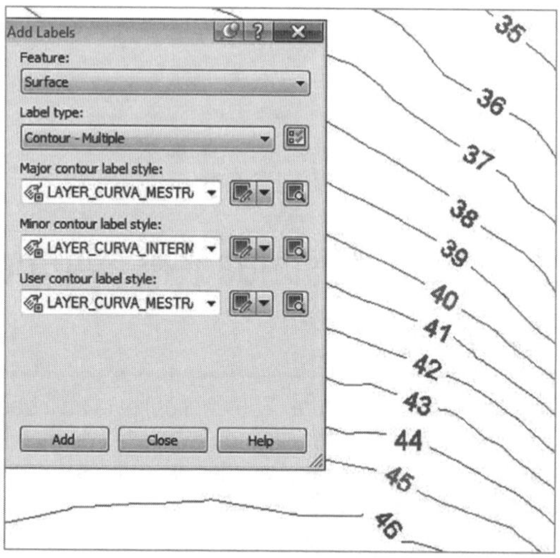

Figura 8.70 Ferramenta de rótulos para múltiplas curvas de nível.

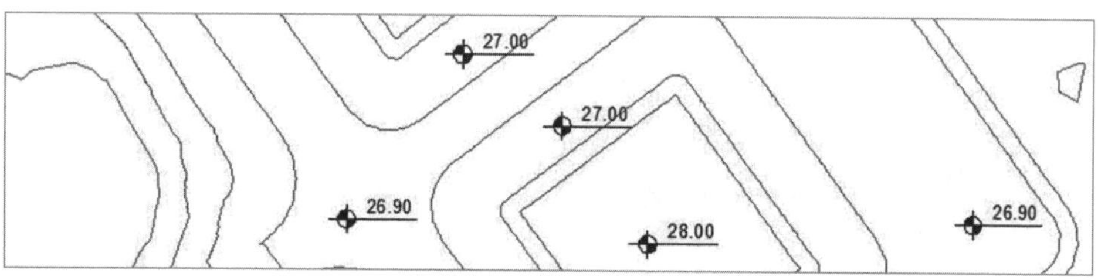

Figura 8.71 Rótulos do tipo Spot Elevation.

- Escolha o estilo de rótulo **PISO ACABADO** no campo **Spot elevation label style**.
- Selecione **PISO ACABADO** no campo **Marker style** para definir estilo de representação do ponto.
- Clique no botão **Add**.
- Selecione a superfície **TERRAPLENAGEM** na área de desenho.
- Clique na região do projeto de terraplenagem para inserir os rótulos das elevações.

5. Na caixa **Add Labels,** selecione o tipo **Slope** e clique no botão **Add**.
6. Selecione a superfície **TERRAPLENAGEM** na área de desenho. Defina o tipo **One-Point** na linha de comando e clique na rampa da superfície projetada.

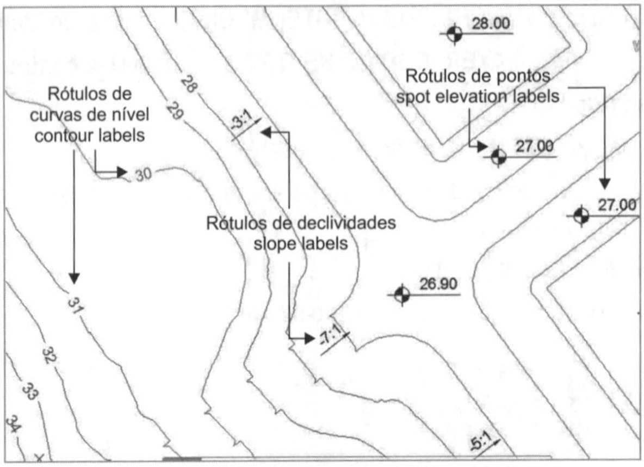

Figura 8.72 Rótulos de curvas de nível, cotas e declividades.

8.8 Importação dos dados de sondagens - Autodesk Geotechnical Module

Os usuários que possuírem o plano de assinatura (*Subscription*) para atualização dos produtos da suíte de infraestrutura da Autodesk poderão contar com o benefício da instalação de módulos com extensões de ferramentas complementares para auxiliar na execução de atividades específicas durante os estudos, as análises e o desenvolvimento dos projetos com o Autodesk AutoCAD Civil 3D.

O *Subscription Center* da Autodesk disponibiliza aos usuários cadastrados a ferramenta **Autodesk Geotechnical Module,** para instalação direta na interface do Autodesk AutoCAD Civil 3D. Esse módulo instala a aba **Geotechnical Module** na ribbon, dispondo de um conjunto de ferramentas utilizadas na importação dos dados de sondagens, no lançamento dos furos de sondagens na planta e no perfil, além da criação e da manipulação dos modelos de superfícies para a representação das camadas geotécnicas.

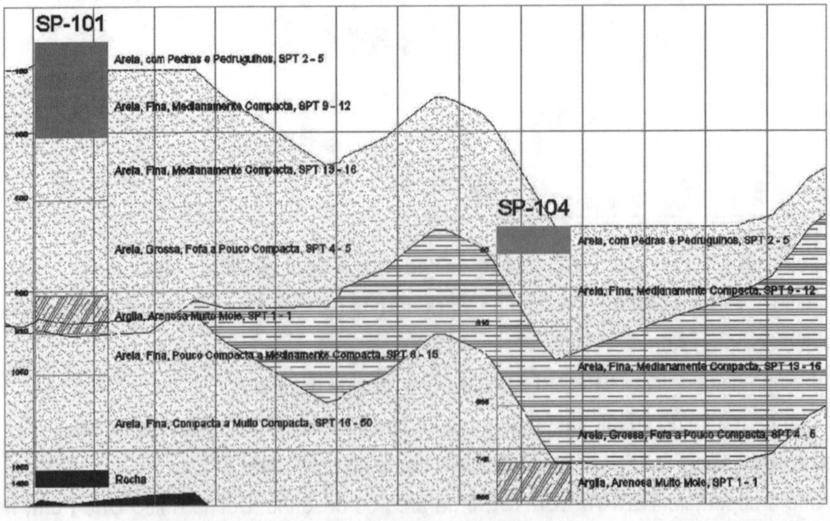

Figura 8.73 Furos de sondagens e camadas geológicas exibidas no perfil longitudinal.

Consulte o manual de usuário do Geotechnical Module para obter informações sobre os recursos e verifique o portal <http://subscription.autodesk.com/> para informações adicionais sobre a conta de Subscription da Autodesk.

O primeiro passo para a utilização desse módulo está na criação do projeto por meio da ferramenta posicionada na ribbon **Geotechnical Module → Data Management → Connect**. Depois da criação do projeto, determinando o nome dele, bem como local, cliente e status, será possível importar os dados dos furos de sondagens com a ferramenta da ribbon **Geotechnical Module → Data Management → Import**.

8.8.1 Furos de sondagens – locations

O módulo **Geotechnical Module** auxilia no processo de importação e manipulação dos furos de sondagens por meio de objetos tridimensionais denominados **locations**, os quais, adicionados ao desenho, poderão ser gerenciados pela ferramenta **Locations Manager,** para auxiliar na criação dos modelos das superfícies das camadas importadas.

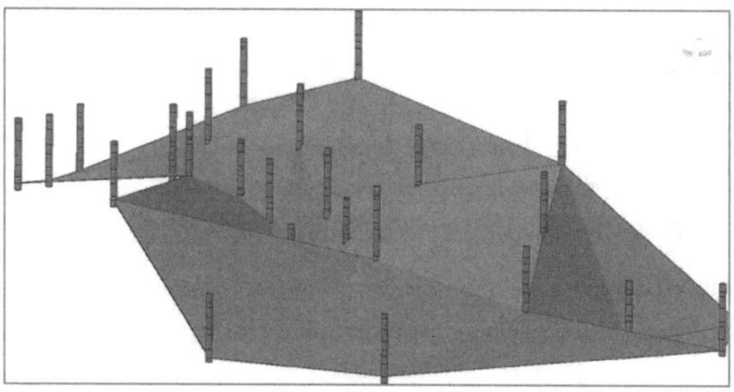

Figura 8.74 Furos de sondagens lançados no modelo.

O gerenciador de furos de sondagens **Location Manager** permite habilitar, visualizar e localizar os furos de sondagens no desenho. A opção **Strip** posiciona os dados do furo de sondagem selecionado na planta (Figura 8.75).

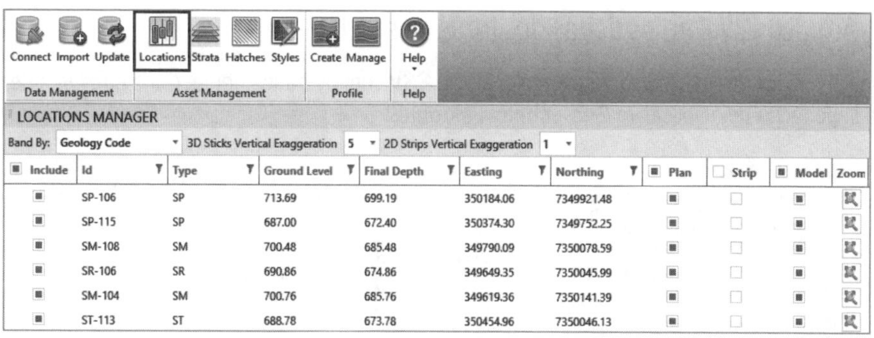

Include	Id	Type	Ground Level	Final Depth	Easting	Northing	Plan	Strip	Model	Zoom
■	SP-106	SP	713.69	699.19	350184.06	7349921.48	■	□	■	
■	SP-115	SP	687.00	672.40	350374.30	7349752.25	■	□	■	
■	SM-108	SM	700.48	685.48	349790.09	7350078.59	■	□	■	
■	SR-106	SR	690.86	674.86	349649.35	7350045.99	■	□	■	
■	SM-104	SM	700.76	685.76	349619.36	7350141.39	■	□	■	
■	ST-113	ST	688.78	673.78	350454.96	7350046.13	■	□	■	

Figura 8.75 Gerenciador dos dados dos furos de sondagens importados.

O recurso presente na ribbon **Geotechnical Module → Asset Management → Styles** controla a representação dos furos de sondagens. Pode-se selecionar um bloco existente no desenho para representar os furos de sondagem na planta e configurar a largura e escala do furo no gráfico do perfil longitudinal.

8.8.2 Dados das sondagens

Para a utilização do aplicativo **Geotechnical Module**, é necessário manipular os arquivos com os dados dos furos de sondagens em formato *CSV*. São dois arquivos utilizados na manipulação dos dados das sondagens: o primeiro contém os dados de locação dos furos, e o segundo, as informações geotécnicas.

8.8.2.1 Arquivo CSV de locação dos furos de sondagens

A Figura 8.76 mostra o arquivo de exemplo *HOLE.CSV* com os dados da locação dos furos de sondagens para importação por meio do aplicativo **Geotechnical Module**.

HOLE.csv - Bloco de notas

```
LocationID,LocationType,Easting,Northing,GroundLevel,FinalDepth,Orientation,Inclination
SM-101,SM,349468.3515,7350078.8771,682.0000,667.0000,,
SM-102,SM,349487.7935,7350032.8118,682.0000,667.0000,,
SM-103,SM,349507.2350,7349986.7465,683.3560,668.3560,,
SM-104,SM,349619.3584,7350141.3918,700.7640,685.7640,,
SR-105,SR,349634.3532,7350093.6933,696.3020,680.3020,,
```

Figura 8.76 Modelo da formatação do arquivo de locação dos furos de sondagens.

A formatação do arquivo de locação dos furos de sondagem deve obedecer à seguinte ordenação em cada linha para cada furo de sondagem:

- nome da sondagem (exemplo SP-101);
- tipo da sondagem (exemplo SP);
- coordenada este;
- coordenada norte;
- cota do terreno;
- cota da profundidade do furo;
- orientação (se houver);
- inclinação (se houver).

8.8.2.2 Arquivo CSV com os dados dos furos de sondagens

A Figura 8.77 mostra o arquivo de exemplo *GEOL.CSV* com os dados geotécnicos dos furos de sondagens para importação pelo aplicativo **Geotechnical Module**.

GEOL.csv - Bloco de notas

```
LocationID,DepthTop,DepthBase,Description,LegCode,GeologyCode,Angularity,Shape,Colour
SM-101,0,1.5,com Pedras e Pedrugulhos,,areia,,,,,,,,,,,,,,,
SM-101,1.5,2.55,Medianamente Compacta,,areia,,,Amarela,,,Fina,,,,,,,,,
SM-101,2.55,4.9,Medianamente Compacta,,areia,,,Cinza,,,Fina,,,,,,,,,
SM-101,4.9,7.9,Fofa a Pouco Compacta,,areia,,,,,,Grossa,,,,,,,,,
SM-101,7.9,8.8,Arenosa Muito Mole,,argila,,,Cinza Clara,,,,,,,,,,,,
SM-101,8.8,11.5,Pouco Compacta a Medinamente Compacta,,areia,,,,,,Fina,,,,,,,,,,
SM-101,11.5,13.9,Compacta a Muito Compacta,,areia,,,Cinza,,,Fina,,,,,,,,,
SM-101,13.9,15,,,rocha,,,,,,,,,,,,,,,
```

Figura 8.77 Modelo da formatação do arquivo de informações dos furos de sondagens.

A formatação do arquivo de informações dos furos de sondagem deve obedecer à seguinte ordenação em cada linha para cada camada do furo de sondagem:

- nome da sondagem (exemplo SP-101);
- profundidade do topo da camada;
- profundidade do fundo da camada;
- descrição da camada;
- código da legenda da camada (se houver);
- código ou nome da camada.

Os demais parâmetros são opcionais e podem ser preenchidos quando houver as informações, como consistência, cor e classificação da camada. Entretanto, o arquivo deve possuir o separador em vírgula para cada parâmetro.

Em alguns casos, é necessário verificar a configuração do separador decimal do sistema operacional para o bom funcionamento do aplicativo. Consulte o *Help* do aplicativo **Geotechnical Module** para informações adicionais sobre a formatação dos arquivos de dados dos furos de sondagens.

O exemplo a seguir mostra como importar os dados dos furos de sondagens por meio dos arquivos *HOLE.CSV* e *GEOL.CSV*, disponíveis no site da Editora Érica, além da manipulação dos dados dos furos para a criação das camadas para representação no perfil longitudinal.

Agora, estude o exemplo a seguir:

1. Abra o arquivo **8-8-3_SONDAGENS.DWG**, disponível no site da Editora Érica.
2. Acesse a ferramenta da ribbon **Geotechnical Module** → **Data Management** → **Connect**.
3. Na caixa **Login** selecione **Geotechnical Module** no campo **Database** e clique em **Login**.
4. Na caixa **Geotechnical Module** clique em **Create** para criar um novo projeto.
5. Na caixa de detalhes do projeto preencha os dados como o nome, categoria e cliente. No campo **Status** selecione a opção **Open** e clique em **Save** (Figura 8.78).

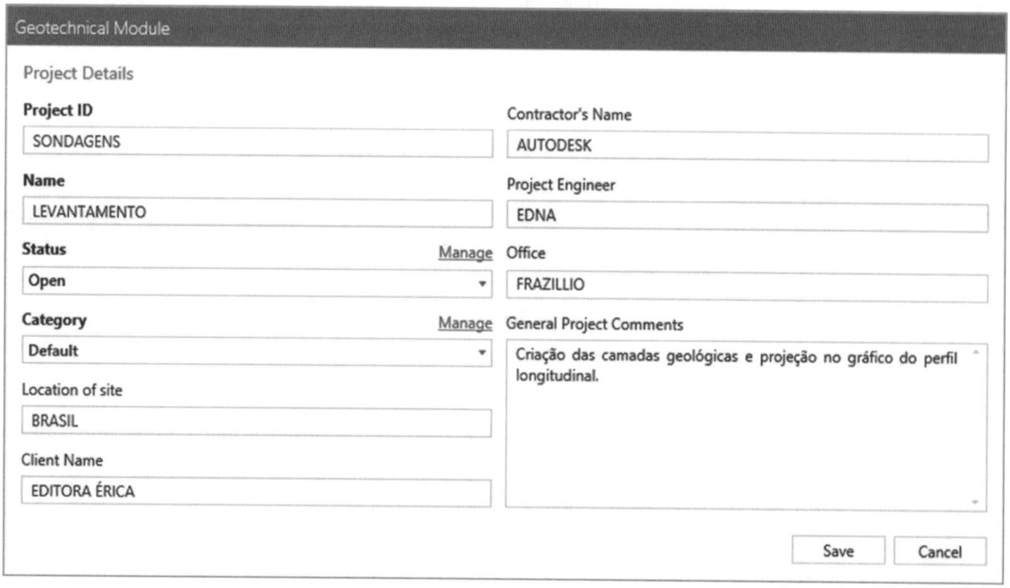

Figura 8.78 Definição do projeto para a importação dos furos de sondagens.

6. Acesse a ferramenta da ribbon **Geotechnical Module → Data Management → Import**.
7. Configure os parâmetros na caixa de diálogo **Geotechnical Module** (Figura 8.79):
   - Selecione a opção **Geotechnical Module 2014/2015** no campo **Mapping**.
   - Clique no botão **Add** e selecione os arquivos **GEOL.CSV** e **HOLE.CSV** disponível no site da Editora Érica.
   - Habilite a opção **Overwrite with empty values** e clique no botão **Next**.
   - Verifique os avisos e opções presentes nas guias enquanto clica em **Next**.
   - Clique no botão **Finish** para concluir a importação dos furos de sondagens.

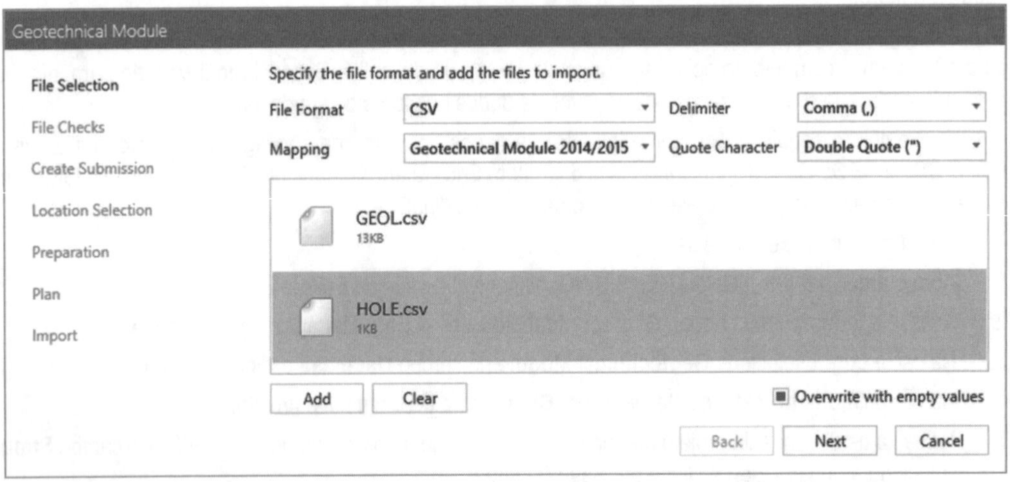

Figura 8.79 Assistente para a importação de dados de furos de sondagens.

8. Os furos de sondagens são exibidos na área de desenho. É possível escolher uma vista isométrica para visualizar os furos de sondagens **boreholes** em 3D.
9. Acesse a ferramenta da ribbon **Geotechnical Module → Asset Management → Locations** para visualizar as informações dos furos de sondagens importados.
10. Habilite os furos de sondagens desejadoa exibidos na coluna **Include** da janela **Locations Manager,** habilite as colunas **Plan** e **Strip** para adicionar informações das sondagens na área de desenho. Feche a janela **Locations Manager**.
11. Acesse a ferramenta da ribbon **Geotechnical Module → Asset Management → Strata**.
12. Na janela **Strata Manager,** configure (Figura 8.80):
    - No campo **Band By** selecione a configuração **Geology Code**.
    - Habilite as opções **Display Top** e **Display Bottom** nas camadas **areia**, **argila** e **rocha** para a criação de suas respectivas superfícies.
    - Aplique **Orbit** para navegar pelos modelos das superfícies.
    - Feche a janela **Strata Manager**.
    - Retorne para a vista em planta.

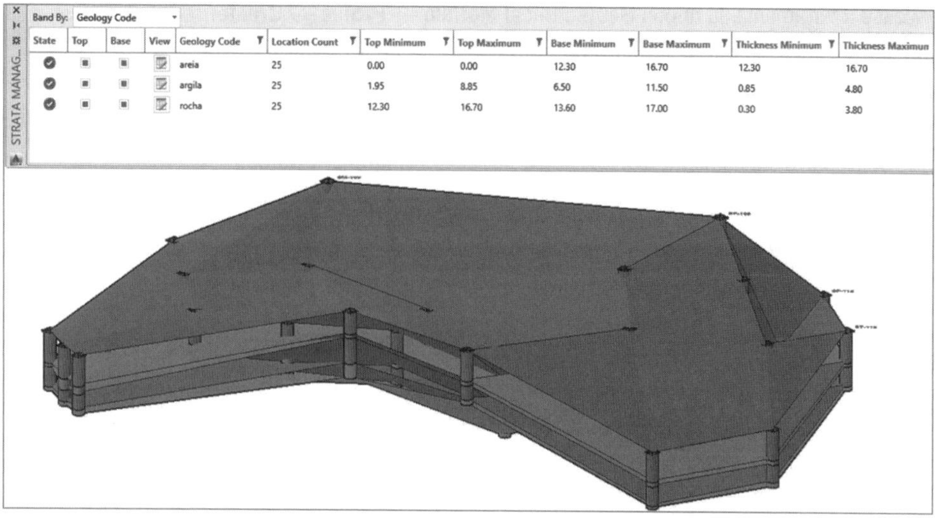

Figura 8.80 Furos de sondagens lançados e as camadas das superfícies criadas.

13. Acesse a ferramenta da ribbon **Geotechnical Module → Asset Management → Hatches**.
14. Na caixa **Geotechnical Hatches,** configure (Figura 8.81):
    - Renomeie o material **SAND** para **areia** no campo **Description** e escolha a hachura e a cor desejadas.
    - Renomeie a camada **CLAY** para **argila** no campo **Description** e escolha a hachura e a cor desejadas.
    - Renomeie a camada **SOLID** para **rocha** no campo **Description** e escolha a hachura e a cor desejadas.
    - Configure a escalas e rotação das hachuras para as camadas nas colunas **Scale** e **Angle**.
    - Clique no botão **Save** para concluir.
    - É possível acessar a caixa **Hatch Manager** posteriormente para efetuar os ajustes nas escalas e nas cores das camadas para padronização dos desenhos.

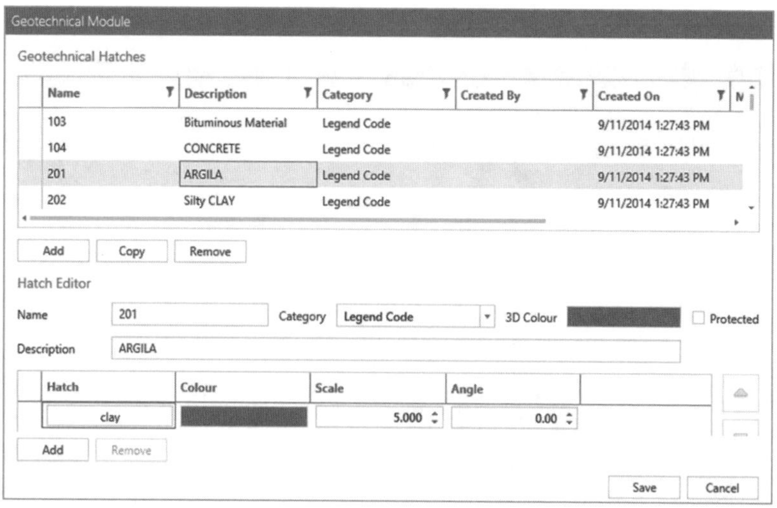

Figura 8.81 Configuração das hachuras para aplicação no perfil longitudinal.

15. Acesse a ferramenta da ribbon **Geotechnical Module → Profile → Create**.
16. Na caixa de diálogo **Setup Profile,** configure (Figura 8.82):
    - Digite **SONDAGENS** no campo **Profile View Name**.
    - Selecione o estilo **PERFIL_20x5** no campo **Style**.
    - Selecione o alinhamento **SONDAGENS** no quadro **Alignment Name**.
    - Clique em **Next**.

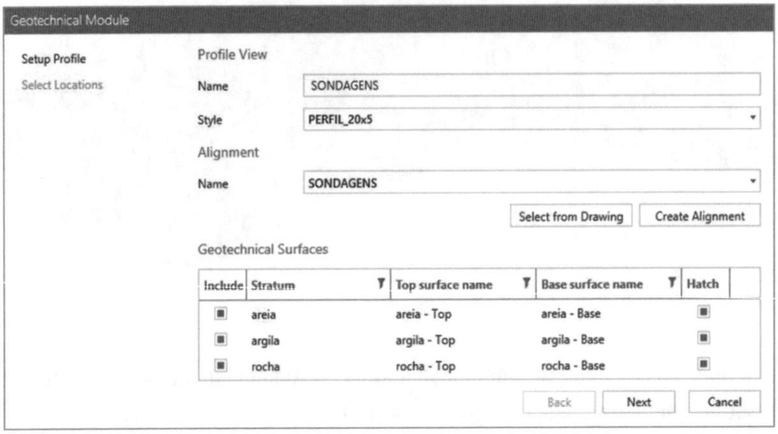

Figura 8.82 Configurações da caixa Setup Profile.

17. Configure a próxima etapa da caixa de diálogo **Select Locations** (Figura 8.83):
    - Selecione a configuração Geology Code no campo Style.
    - Habilite a opção **Buffer** e digite **50,** para definir a distância de captura dos furos de sondagens presentes ao longo do alinhamento.
    - Habilite a opção **Dynamic**.
    - Clique no botão **Finish**.

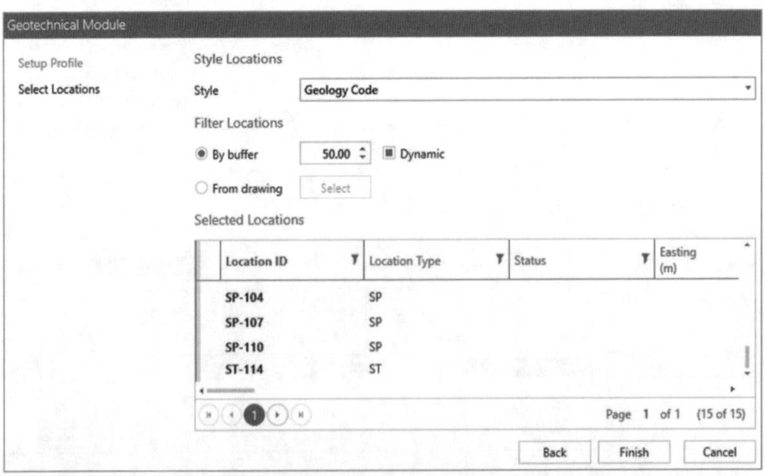

Figura 8.83 Configurações de seleção dos furos de sondagens para aplicação no perfil.

- Clique na área de desenho para posicionar o gráfico do perfil longitudinal com as informações das sondagens (Figura 8.84).

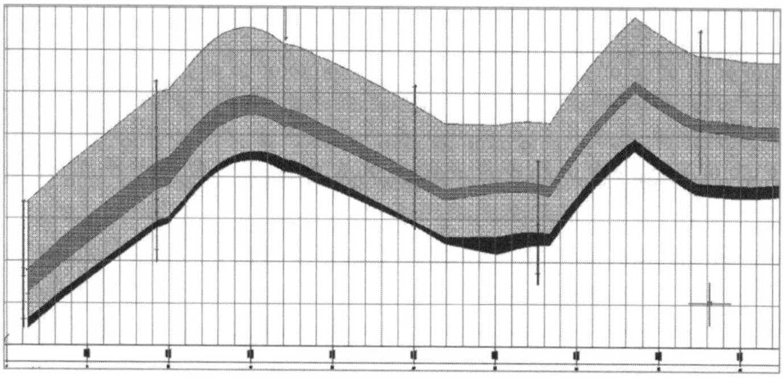

Figura 8.84 Perfil longitudinal com os furos de sondagens e as camadas lançadas.

18. Acesse a ferramenta **Object Viewer** para navegar nas camadas de superfícies.

8.9 Vetorização de imagens – AutoCAD Raster Design

A inserção de imagens em desenhos é uma prática muito comum durante as fases de desenvolvimento de projetos de infraestrutura, utilizadas para melhorar a aparência dos desenhos, ou para obter uma compreensão mais apurada do projeto. Essas imagens são provenientes de diversas fontes, como imagens de satélites e ortofotos. Imagens capturadas por fotografias e até mesmo imagens escaneadas também são adicionadas aos desenhos dos projetos. Contudo, a manipulação de imagens no ambiente do AutoCAD pode ser uma tarefa difícil, visto que o AutoCAD não possui recursos para a edição direta nos dados das imagens.

A solução do AutoCAD Raster Design disponível no pacote da suíte de infraestrutura da Autodesk, e pode ser instalado em qualquer plataforma de AutoCAD, ou seja, é possível trabalhar como o AutoCAD Civil 3D somado com os recursos do Raster Design. Dessa forma, é possível utilizar os recursos para a importação e tratamento dos dados das imagens, criação de arquivos de correlação para o georreferenciamento de imagens, além de permitir realizar a vetorização das geometrias das imagens para objetos vetores do AutoCAD. Um bom exemplo para o uso dos recursos de vetorização é a possibilidade de inserir bases topográficas escaneadas, para assim efetuar a transformação das curvas de nível raster para polilinhas do AutoCAD, além de permitir incorporar as suas respectivas elevações, o que possibilitará a criação do modelo da superfície do terreno.

A ribbon Raster Tools exibe as ferramentas e recursos disponíveis pela instalação do AutoCAD Raster Design (Figura 8.85).

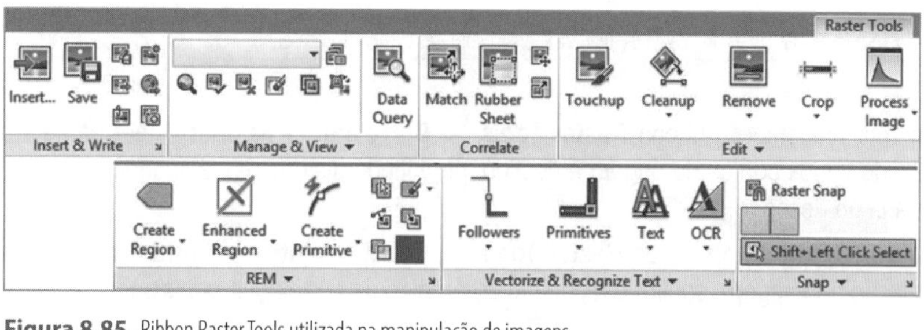

Figura 8.85 Ribbon Raster Tools utilizada na manipulação de imagens.

O exemplo a seguir mostra como importar um arquivo de imagem, criar o arquivo de correlação (*World File*) para o georreferenciamento da imagem, além da ferramenta de vetorização de curvas de nível para a criação da superfície do terreno.

Agora, estude o exemplo a seguir:

1. Inicie o AutoCAD Civil 3D que possua a instalação do AutoCAD Raster Design.
2. Abra o arquivo **8-9-1_IMAGEM_RASTER_DESIGN.DWG**, disponível no site da Editora Érica.
3. Acesse a ferramenta da ribbon **Raster Tools** → **Insert & Write** → **Insert**.
4. Na caixa de diálogo selecione o arquivo de imagem **CURVAS-DE--NIVEL.TIF**, disponível no site da Editora Érica, e clique em **Open**.
5. Na caixa de diálogo **Pick Correlation Source**, verifique os valores de inserção da imagem exibidos no quadro **Correlation Values** informando que a imagem não possui o arquivo de posicionamento da imagem. Clique em **Next** (Figura 8.86).
6. Verifique os valores da caixa **Modify Correlation Values** e clique em **Next**.
7. Na caixa de diálogo **Insertion**, clique no botão **Pick** e posicione a imagem na área de desenho. Configure a rotação e escala para a imagem. Clique em **Finish** para concluir.

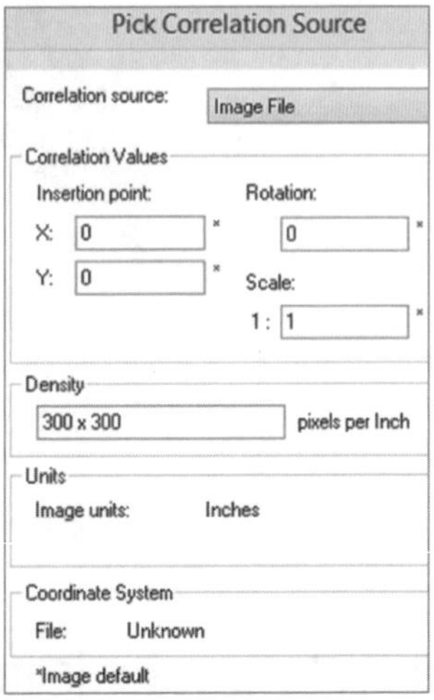

Figura 8.86 Inserção de imagem sem o arquivo de correlação.

8. Selecione a ferramenta da ribbon **Raster Tools** → **Correlate** → **Match** para posicionar a imagem em seu local correto. Essa ferramenta aplica as funções **move** e **scale** na imagem.
9. Selecione um ponto de origem na imagem e determine o seu ponto de destino na geometria existente no desenho; por exemplo, o vértice de uma das linhas de vegetação, ou um dos textos presentes na imagem e desenho. Repita o procedimento para determinar o segundo ponto de origem na imagem para o destino no desenho (Figura 8.87).

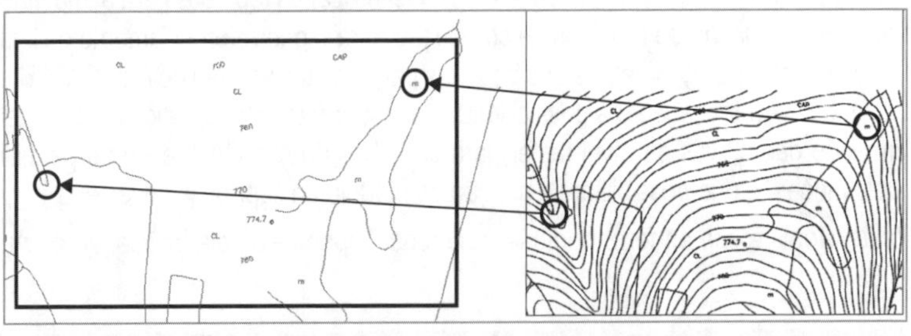

Figura 8.87 Posicionamento da imagem sobre a geometria existente no desenho.

A ferramenta presente na ribbon **Raster Tools** → **Correlate** → **Rubber Sheet** permite posicionar a imagem utilizando vários pontos de origem e destino, permitindo distorções na imagem para acomodá-la na locação desejada no desenho.

10. Selecione a ferramenta da ribbon **Raster Tools** → **Insert & Write** → **World File** para criar o arquivo de correlação da imagem, confirme a criação do arquivo de correlação pressionando **Enter** na linha de

comando. O arquivo de correlação permite georreferenciar a imagem para inserções futuras, ou para o uso da imagem no Autodesk InfraWorks 360. O formato do arquivo de correlação (*World File*) dependerá do formato da imagem, e será criado na mesma pasta, e com o mesmo nome da imagem.

11. Localize e abra o arquivo de correlação criado **CURVAS-DE-NIVEL.TFW** no bloco de notas para verificar as informações de locação da imagem (Figura 8.88).

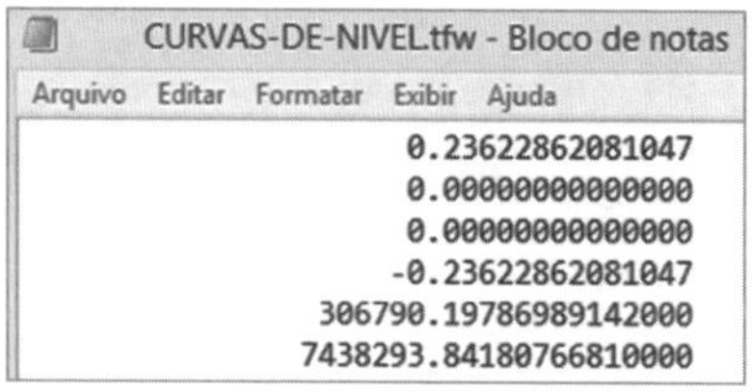
CURVAS-DE-NIVEL.tfw - Bloco de notas
Arquivo Editar Formatar Exibir Ajuda

```
0.23622862081047
0.00000000000000
0.00000000000000
-0.23622862081047
306790.19786989142000
7438293.84180766810000
```

Figura 8.88 Informações de posicionamento da imagem presente no arquivo de correlação.

12. Para validar o arquivo de correlação, é possível remover a imagem inserida no desenho para repetir o procedimento de inserção e verificar o posicionamento automático da imagem no local correto do desenho. Apague a imagem e confirme a sua remoção. Selecione a ferramenta da ribbon **Raster Tools → Insert & Write → Insert**.
13. Na caixa de diálogo selecione o arquivo de imagem **CURVAS-DE-NIVEL.TIF**, disponível no site da Editora Érica, e clique em **Open**.
14. Na caixa de diálogo **Pick Correlation Source**, verifique os valores de inserção da imagem exibidos no quadro **Correlation Values** informando que a imagem não possui o arquivo de posicionamento da imagem. Clique em **Next** e **Finish**.

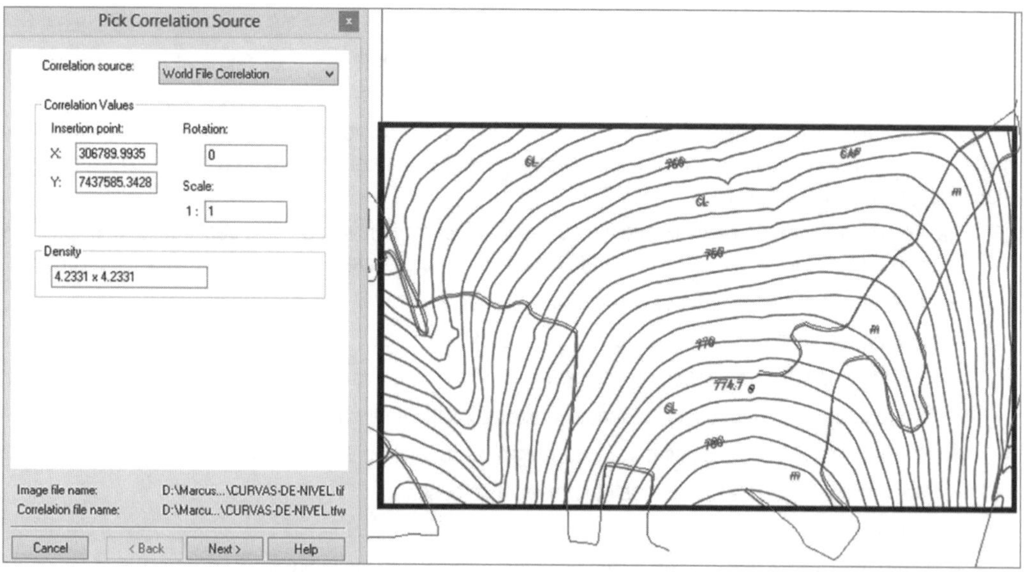

Figura 8.89 Inserção de imagem com o arquivo de correlação.

15. Selecione a ferramenta da ribbon **Raster Tools → Vectorize & Reconize Text → Options – VTools General** Vectorize & Recognize Text ▾ para configurar as opções de vetorização das curvas de nível.

16. Na aba **VTools Follower** da caixa de diálogo **AutoCAD Raster Design Options,** ligue a opção **Pan to decision point,** selecione a opção **Polyline** no campo **Contour creates,** selecione a opção **Prompt** no campo **Elevations.** Digite 2 no quadro **Elevation Interval** para determinar o intervalo das elevações para as curvas de nível vetorizadas e clique no botão **OK** (Figura 8.90).

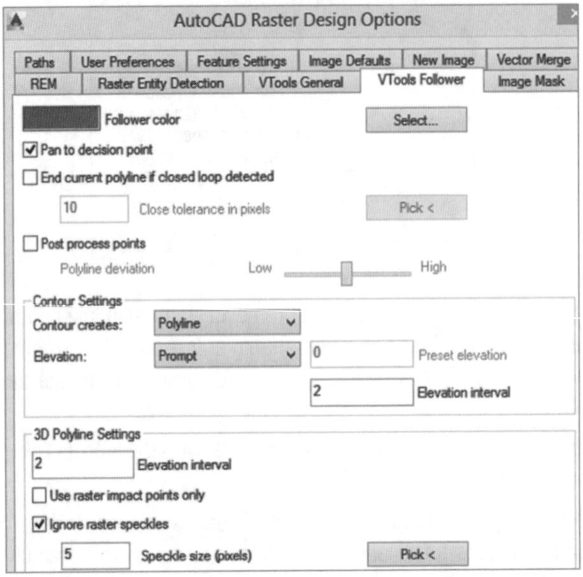

Figura 8.90 Configurações para a vetorização das curvas de nível.

17. Selecione a ferramenta da ribbon **Raster Tools → Vectorize & Recognize Text → Followers → Contour Follower** para vetorizar as curvas de nível da imagem raster.

A ferramenta de vetorização de curvas de nível irá aguardar a intervenção do usuário na ocorrência de dúvidas, como na interseção com outras geometrias presentes na imagem, como os limites de vegetação, malha de coordenadas e rios.

18. Na área de desenho clique na imagem da curva de nível com elevação 760 e verifique as principais ferramentas disponíveis na linha de comando para auxiliar no processo de vetorização das curvas de nível:
    - **Add:** opção para adicionar um novo vértice na curva de nível.
    - **Switch:** opção para trocar a extremidade da curva de nível.
    - **Backup:** opção para desfazer o último vértice criado na curva de nível.
    - **Rollback:** opção para desfazer vários vértices clicando sobre a curva de nível.
    - **Continue:** opção para continuar a vetorização da curva de nível.
    - **Vector:** opção para seguir um objeto presente no desenho.
    - **Close:** opção para fechar a curva de nível.
    - **Join:** opção para unir com uma curva de nível existente no desenho.

19. Pressione **Enter** para concluir a vetorização da curva de nível. Na linha de comando digite **760** para determinar a elevação da curva de nível criada e pressione **Enter** para finalizar.

20. Com o comando ativo clique na curva de nível seguinte e repita os procedimentos verificando as opções disponíveis na linha de comando. Para este exemplo, as opções mais utilizadas são **Rollback** e **Continue** (Figura 8.91).

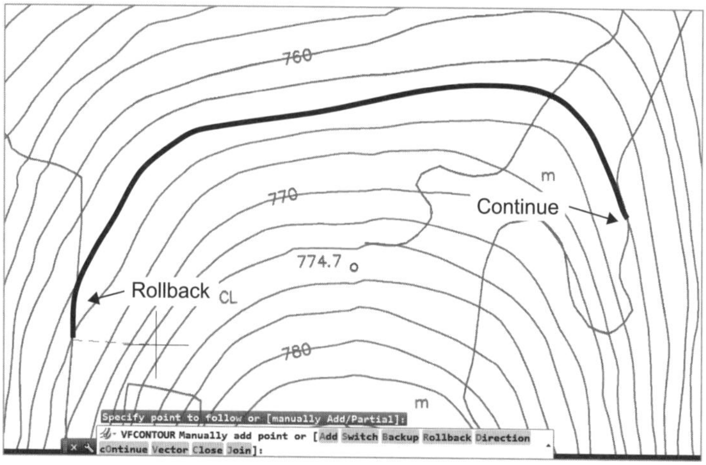

Figura 8.91 Opções de auxílio no processo de vetorização das curvas de nível.

21. Repita o processo para vetorizar todas as curvas de nível da imagem. Pressione a tecla **Enter** ao final de cada curva de nível e digite ou verifique a elevação sugerida na linha de comando.
22. Selecione a ferramenta da ribbon **Home** → **Create Ground Data** → **Surfaces** → **Create Surface** para criar o modelo da superfície utilizando as geometrias das curvas de nível vetorizadas.
23. Na caixa de diálogo **Create Surface**, determine o nome e selecione um estilo. Clique no botão **OK.**
24. Na aba **Prospector** da **Toolspace** expanda **Surfaces** → **Superfície-01** → **Definition**. Clique com o botão direito do mouse sobre **Contours** e selecione a opção **Add.**
25. Na caixa de diálogo **Add Contour Data**, digite **Curvas** no campo **Description** e clique em **OK.**
26. Selecione todas as curvas de nível vetorizadas na área de desenho e pressione a tecla **Enter.**
27. Navegue no modelo da superfície criado com as geometrias das curvas de nível vetorizadas da imagem raster.
28. Feche o arquivo.

8.10 Exercício – volumes de medições

O exercício a seguir mostra os principais recursos para a elaboração dos modelos de superfícies, por meio de curvas de nível, arquivos de pontos, faces 3D e polilinhas 3D, e tem como objetivo utilizar as ferramentas para a elaboração de superfícies que simulam diversas medições mensais para a extração dos volumes de terraplenagem.

Execute estes procedimentos para concluir o exercício:

1. Abra o arquivo **8-10-1_MEDIÇÕES_SUPERFÍCIES.DWG**, disponível no site da Editora Érica.

2. Para corrigir as elevações das curvas de nível azuis presentes no desenho, aplique um duplo clique sobre a ferramenta da **Toolspace → Toolbox → Brasil → Recursos Adicionais → Curvas de nível 2D > 3D**. Sigas as instruções apresentadas na linha de comando.
3. Na região das curvas de nível em azul presentes no desenho, faça uma linha auxiliar atravessando da curva de nível mais baixa (765) para a mais alta (775).

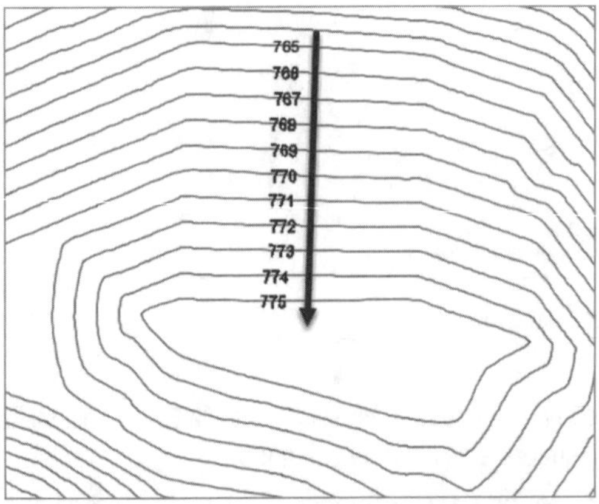

Figura 8.92 Seleção das curvas de nível azuis na área de desenho.

4. Na linha de comando digite **765** para definir a cota inicial e pressione a tecla **Enter**.
5. Na linha de comando digite **1** para definir o intervalo entre as curvas de nível e pressione **Enter**.
6. Verifique as novas elevações das curvas de nível azuis presentes no desenho. Agora com as curvas de nível corrigidas será possível utilizar as *polylines* para criar a superfície do terreno natural.
7. Acesse a ferramenta da ribbon **Home → Create Ground Data → Surfaces → Create Surface**.
8. Na caixa **Create Surface** digite **Terreno Natural** no campo **Name**, selecione um estilo desejado e clique no botão **OK**.
9. Na aba **Prospector** da **Toolspace**, expanda **Surfaces → Terreno Natural → Definition**, clique com o botão direito sobre Contours e selecione a opção **Add**.
10. Na caixa **Add Contour Data** digite **Curvas** no campo **Description** e clique no botão **OK**. Selecione todas as *polylines* que representam as curvas de nível presentes na área de desenho e pressione **Enter** para concluir.
11. Acesse a ferramenta da ribbon **Home → Create Ground Data → Surfaces → Create Surface**.
12. Na caixa **Create Surface** digite **Medição Janeiro** no campo **Name**, selecione um estilo desejado e clique no botão **OK**.
13. Na aba **Prospector** da **Toolspace**, expanda **Surfaces → Terreno Natural → Definition**, clique com o botão direito sobre **Point Files** e selecione a opção **Add**.
14. Na caixa **Add Point File** clique no botão **+ Add Files**, localize o arquivo **Medição-Janeiro.txt** disponível no site da Editora Érica. Selecione o formato **PENZD (comma delimited)** e clique no botão **OK**.

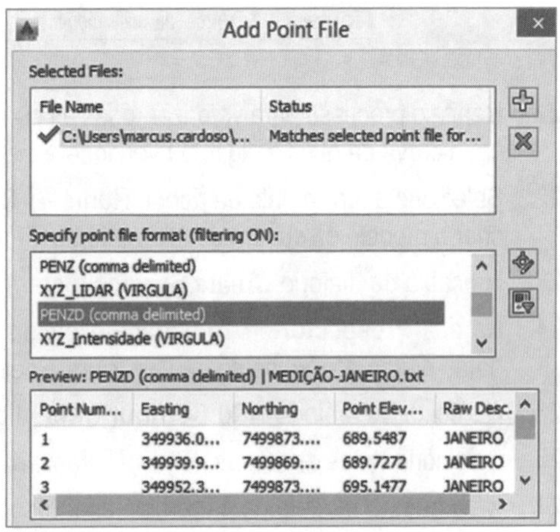

Figura 8.93 Caixa de importação de arquivos de pontos para a superfície.

15. Selecione a superfície **Medição-Janeiro** na área de desenho e selecione a ferramenta da ribbon contextual **Tin Surface → Modify → Surface Properties** para corrigir o excesso de triângulos no modelo da superfície.
16. Na aba **Definition** da caixa **Surface Properties** expanda **Build**. Selecione a opção **Yes** no campo **Use Maximum Angle** e digite **90.00** no campo **Maximum angle between adjacente TIN lines**. Clique no botão **OK** (Figura 8.94).

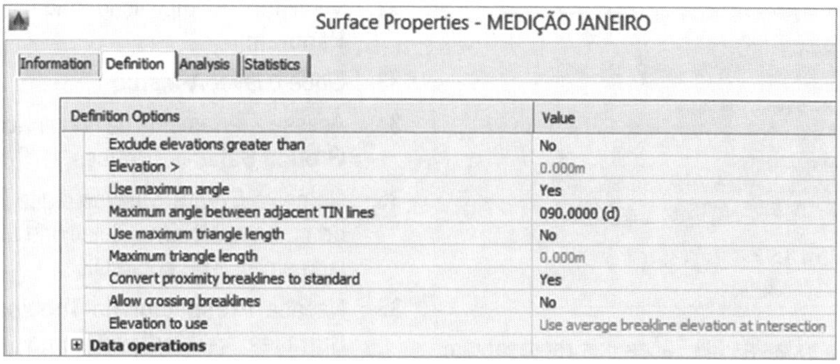

Figura 8.94 Definição de ângulos máximos dos triângulos na superfície.

17. Acesse a ferramenta da ribbon **Analyze** → **Volumes and Materials** → **Volumes Dashboard** para efetuar o cálculo do volume da medição de Janeiro.
18. Na aba **Volumes Dashboard** da janela **Panorama** selecione a ferramenta **Create new volume surface**.
19. Na caixa **Create Surface** digite **Volume Janeiro** no campo **Name**. Selecione a superfície **Terreno Natural** no campo **Base Surface**, selecione a superfície **Medição Janeiro** no campo **Comparison Surface** e clique no botão **OK** (Figura 8.95).

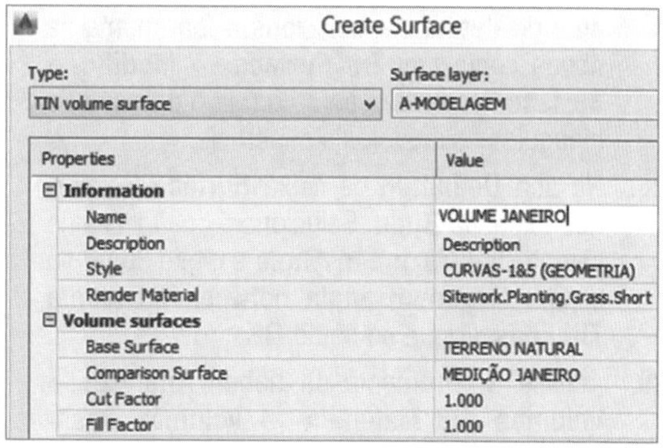

Figura 8.95 Caixa de criação da superfície de volume.

20. Verifique os dados volumétricos na janela **Panorama** (Figura 8.96).

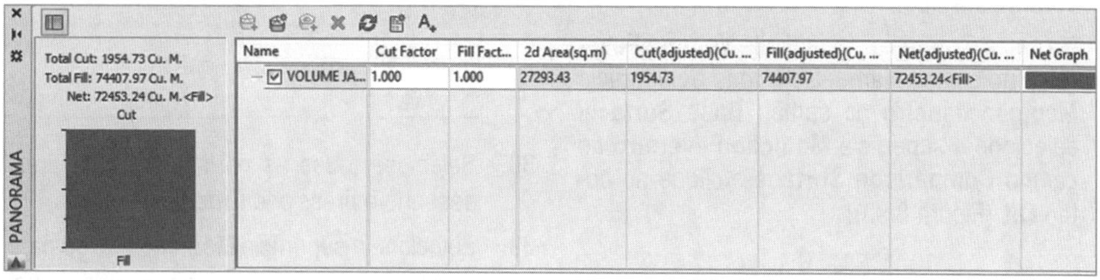

Figura 8.96 Dados volumétricos da superfície de volume.

21. Ligue o *layer* **A-Fevereiro**.
22. Acesse a ferramenta da ribbon **Home** → **Create Ground Data** → **Surfaces** → **Create Surface**.
23. Na caixa **Create Surface** digite **Medição-Fevereiro** no campo **Name**, selecione um estilo desejado e clique no botão **OK**.
24. Na aba **Prospector** da **Toolspace**, expanda **Surfaces** → **Medição-Fevereiro** → **Definition**, clique com o botão direito sobre **Drawing Objects** e selecione a opção **Add**.
25. Na caixa **Add Points From Drawing Objects** selecione o tipo **3D Faces** no campo **Object Type**, digite **Triângulos** no campo **Description** e clique no botão **OK** (Figura 8.97).

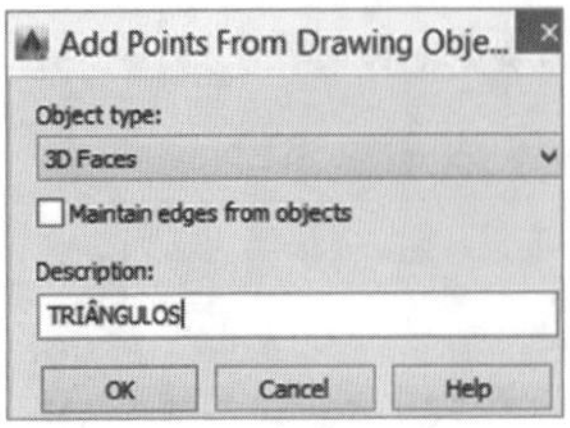

Figura 8.97 Caixa de seleção de objetos de desenhos.

26. Selecione todas as 3D Faces que representam a medição de Fevereiro presentes na área de desenho e pressione **Enter** para concluir.
27. Selecione a superfície **Medição-Fevereiro** na área de desenho e selecione a ferramenta da ribbon contextual **Tin Surface → Modify → Surface Properties** para corrigir o excesso de triângulos no modelo da superfície.
28. Na aba **Definition** da caixa **Surface Properties** expanda **Build**. Selecione a opção **Yes** no campo **Use Maximum Angle** e digite **90.00** no campo **Maximum angle between adjacente TIN lines**. Clique no botão **OK**.
29. Acesse a ferramenta da ribbon **Analyze → Volumes and Materials → Volumes Dashboard** para efetuar o cálculo do volume da medição de Fevereiro.
30. Na aba **Volumes Dashboard** da janela **Panorama** selecione a ferramenta **Create new volume surface**.
31. Na caixa **Create Surface** digite **Volume Fevereiro** no campo **Name**. Selecione a superfície **Medição Janeiro** no campo **Base Surface**, selecione a superfície **Medição Fevereiro** no campo **Comparison Surface** e clique no botão **OK** (Figura 8.98).

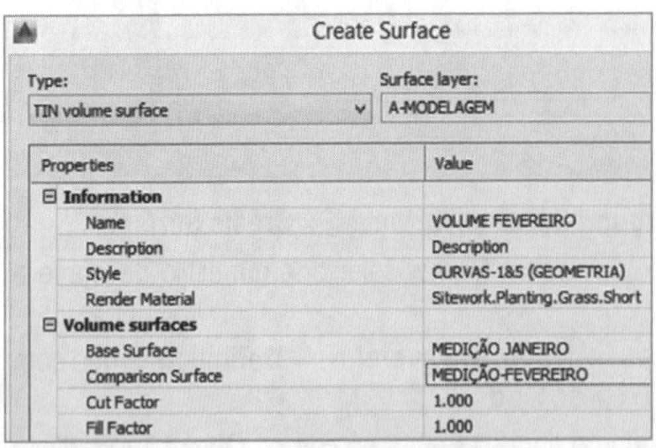

Figura 8.98 Caixa de criação da superfície de volume.

32. Verifique a composição volumétrica na janela **Panorama**.
33. Ligue o *layer* **A-Março**.
34. Acesse a ferramenta da ribbon **Home → Create Ground Data → Surfaces → Create Surface**.
35. Na caixa **Create Surface** digite **Medição-Março** no campo **Name**, selecione um estilo desejado e clique no botão **OK**.
36. Na aba **Prospector** da **Toolspace**, expanda **Surfaces → Medição-Março → Definition**, clique com o botão direito sobre **Braeklines** e selecione a opção **Add.**
37. Na caixa **Add Breaklines** selecione o tipo **Standard** no campo **Object Type**, digite **3D Poly** no campo **Description** e clique no botão **OK**

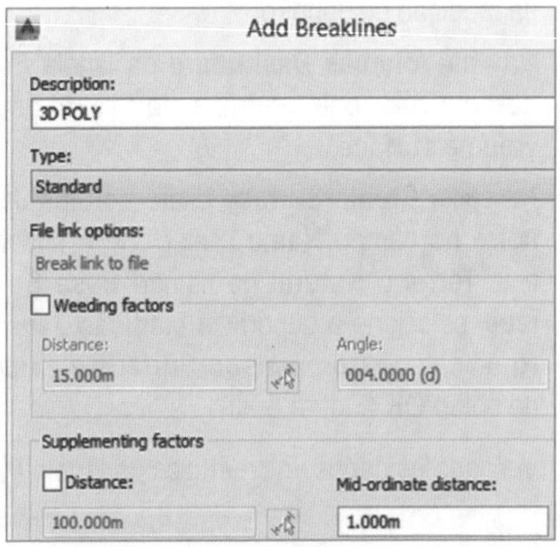

Figura 8.99 Caixa de adição de linhas obrigatórias no modelo da superfície.

38. Selecione todas as polilinhas 3D na área de desenho e pressione **Enter**.
39. Selecione a superfície **Medição-Março** na área de desenho e selecione a ferramenta da ribbon contextual **Tin Surface → Modify → Surface Properties** para corrigir o excesso de triângulos no modelo da superfície.
40. Na aba **Definition** da caixa **Surface Properties** expanda **Build**. Selecione a opção **Yes** no campo **Use Maximum Angle** e digite **90.00** no campo **Maximum angle between adjacente TIN lines**. Clique no botão **OK**.

41. Acesse a ferramenta da ribbon **Analyze → Volumes and Materials → Volumes Dashboard** para efetuar o cálculo do volume da medição de Março.
42. Na aba **Volumes Dashboard** da janela **Panorama** selecione a ferramenta **Create new volume surface**.
43. Na caixa **Create Surface** digite **Volume Março** no campo **Name**. Selecione a superfície **Medição Fevereiro** no campo **Base Surface**, selecione a superfície **Medição Março** no campo **Comparison Surface** e clique no botão **OK**. Figura 8.100.

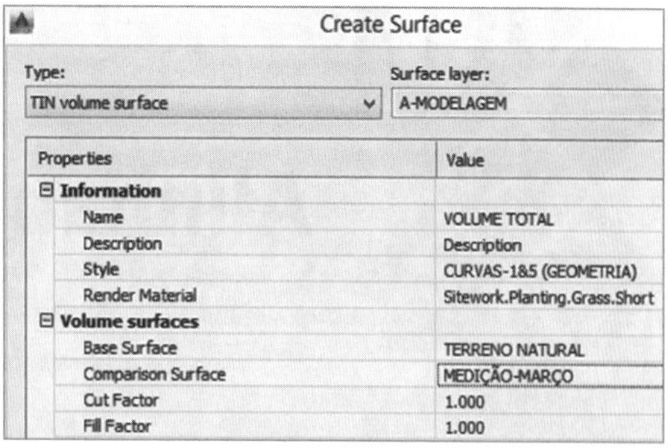

Figura 8.100 Caixa de criação da superfície de volume.

44. Verifique a composição volumétrica na janela **Panorama**.
45. Na aba **Volumes Dashboard** da janela **Panorama** selecione a ferramenta **Create new volume surface** para criar a superfície do volume total.
46. Na caixa **Create Surface** digite **Volume Total** no campo **Name**. Selecione a superfície **Terreno Natural** no campo **Base Surface**, selecione a superfície **Medição Março** no campo **Comparison surface** e clique no botão **OK**.
47. Verifique as composições volumétricas na janela **Panorama**.

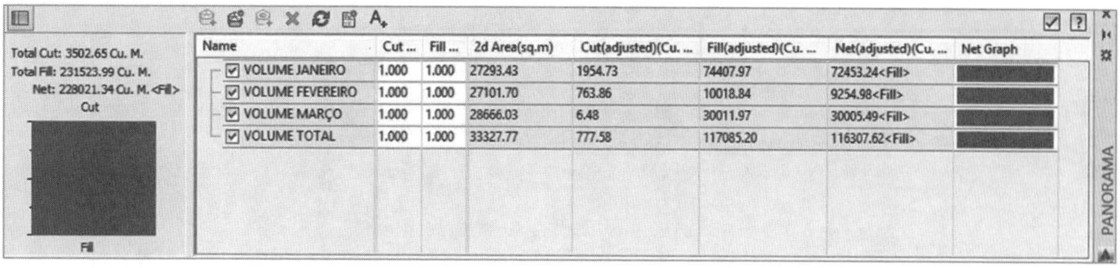

Figura 8.101 Composições volumétricas das medições.

48. Selecione a ferramenta **Generate Cut/Fill Report** na janela **Panorama** para visualizar o relatório de volumes.

Volume Summary							
Name	**Type**	**Cut Factor**	**Fill Factor**	**2d Area** (sq.m)	**Cut** (Cu. M.)	**Fill** (Cu. M.)	**Net** (Cu. M.)
VOLUME JANEIRO	full	1.000	1.000	27293.43	1954.73	74407.97	72453.24<Fill>
VOLUME FEVEREIRO	full	1.000	1.000	27101.70	763.86	10018.84	9254.98<Fill>
VOLUME MARÇO	full	1.000	1.000	28666.03	6.48	30011.97	30005.49<Fill>
VOLUME TOTAL	full	1.000	1.000	33327.77	777.58	117085.20	116307.62<Fill>

Figura 8.102 Relatório de volumes.

9 Alinhamento Horizontal

Os alinhamentos horizontais determinam o caminhamento do traçado geométrico de diversos tipos de elementos pertinentes aos projetos de infraestrutura. É possível especificar o traçado de eixos para sistemas viários, bordos de pistas, eixos de barragens e ensecadeiras, canais, ferrovias, redes de tubulações, entre outros.

No Autodesk AutoCAD Civil 3D, os objetos que caracterizam os alinhamentos horizontais são denominados **alignments** e são formados por combinações tangentes, curvas circulares e curvas espirais; sua representação gráfica é controlada pela configuração de estilos (*Alignment Styles* e *Labels Styles*).

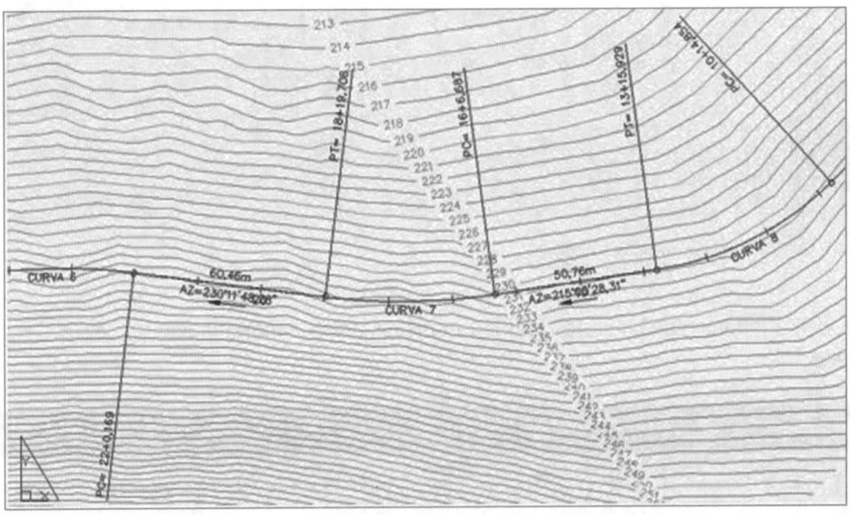

Figura 9.1 Alinhamento horizontal e rótulos de estacas e de pontos notáveis.

Os alinhamentos podem estar correlacionados às normas de projetos viários por meio do recurso **Design Criteria**, que permite verificar os requisitos normativos da geometria com a velocidade aplicada na via. Dessa forma, quando aplicamos as regras de **Design Criteria**, é possível identificar as eventuais irregularidades no traçado no momento de sua concepção.

Os critérios utilizados pelo recurso **Design Criteria** ficam armazenados em arquivos *XML*. É possível efetuar adequações nos valores dos critérios pela ferramenta **Design Criteria Editor**.

9.1 Gerenciamento dos objetos do projeto – sites

O recurso de **Sites** permite organizar e gerenciar os objetos alinhamentos, lotes, grupos de *grading* e *feature lines* presentes no arquivo de desenho. Por meio de **Sites,** é possível controlar a interação entre os objetos presentes no mesmo **Site**.

Dependendo do tipo de projeto, é necessário criar a interação entre os eixos e os lotes para auxiliar no parcelamento do terreno ou, ainda, utilizar os limites dos lotes com os objetos de *grading* pertencentes ao mesmo Site para auxiliar no desenvolvimento de projetos de terraplenagem.

Os alinhamentos elaborados nos desenhos dos projetos podem estar presentes em **Sites** ou simplesmente classificados no grupo **Alignments,** para que não haja interação com os demais objetos do projeto. A aba **Prospector** da **Toolspace** do Autodesk AutoCAD Civil 3D permite acessar os conjuntos de **Sites** e seus respectivos objetos (Figura 9.2).

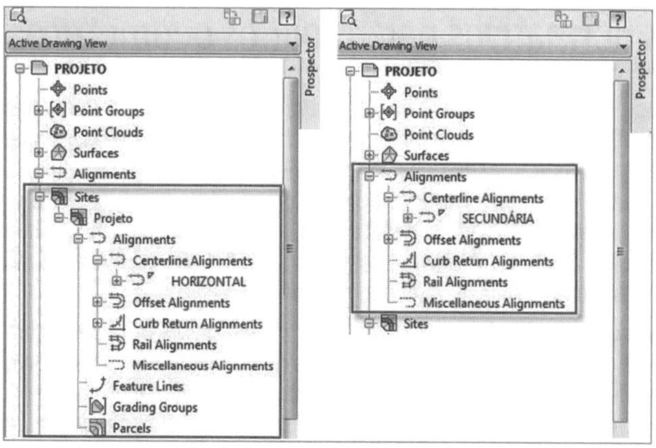

Figura 9.2 Organização dos objetos em Sites.

É possível criar diversos **Sites** para gerenciar e classificar os objetos presentes nos arquivos. Na aba **Prospector** da **Toolspace,** clique com o botão direito do mouse sobre **Sites** e selecione a opção **New**.

Os objetos presentes no desenho também podem ser copiados e relocados entre os **Sites** existentes no arquivo do projeto. Selecione o objeto desejado na área de desenho ou na aba **Prospector**, clique com o botão direito do mouse e selecione **Copy to Site** ou **Move to Site**.

Agora, estude o exemplo a seguir:

1. Inicie o Autodesk AutoCAD Civil 3D.
2. Crie um novo desenho utilizando o arquivo de template **_AutoCAD Civil 3D 2016_BRA (DER).DWT**, fornecido na instalação do pacote *Brazil Content*.
3. Na aba **Prospector** da **Toolspace**, clique com o botão direito do mouse sobre Sites e selecione a opção **New**.
4. Na aba **Information** da caixa de diálogo **Site Properties,** digite **Projeto** no campo **Name**.
5. Clique no botão **OK** para concluir a criação do **Site**.

9.2 Tipos de alinhamentos

Os alinhamentos horizontais podem ser classificados em cinco tipos de categorias para distinção da aplicação do tipo de projeto geométrico e controle de suas funcionalidades:

Centerline Alignments: utilizado para representar os eixos de diversos tipos de projetos, como rodovias, canais, barragens, entre outros. Esse tipo de alinhamento permite aplicar os critérios normativos de projetos viários, como superelevação das pistas.

Offset Alignments: utilizado para representar o traçado geométrico de bordos de vias, canais, acostamentos, baias, entre outras geometrias laterais dos projetos.

Curb Return Alignments: criado nas esquinas dos cruzamentos de vias para auxiliar durante o desenvolvimento de interseções viárias.

Rail Alignments: aplicado em projetos ferroviários. Permite controlar a superelevação transversal por meio do recurso *cant*.

Miscellaneous Alignments: utilizado para representar qualquer tipo de geometria horizontal não listada nas categorias anteriores. Permite representar eixos e estacas de redes de drenagem e esgoto, redes de abastecimento, eixos de canaletas, valetas e demais geometrias horizontais.

9.3 Critérios normativos para projetos geométricos

Os alinhamentos podem estar vinculados aos critérios normativos para projetos rodoviários e ferroviários. O recurso **Design Criteria** vincula a geometria projetada a um arquivo baseado em critérios de padrões para aplicação e verificação nos traçados dos alinhamentos horizontais e verticais. Os arquivos de critérios normativos auxiliam durante o desenvolvimento do projeto geométrico para controle e validação dos padrões de raios mínimos nas curvas, distâncias de visibilidades e superelevações. A ferramenta **Design Check** trabalha agregada ao recurso **Design Criteria** e possibilita a verificação de eventuais violações normativas ao longo do traçado geométrico horizontal e vertical projetados.

A ferramenta **Design Check** informará a existência de eventuais irregularidades nas geometrias projetadas, permitindo a verificação de critérios, como os raios mínimos utilizados nas curvas utilizadas no traçado geométrico horizontal ou a distância de visibilidade segura por meio da velocidade aplicada ao projeto. Quando alguma condição normativa for violada no traçado geométrico, o símbolo de exclamação será exibido no projeto, informando quais condições foram violadas.

A aplicação dos critérios normativos é efetuada pela aba **Design Criteria** durante o processo de criação do alinhamento horizontal, a qual poderá ser acessada posteriormente pela caixa **Alignment Properties**.

As informações dos critérios normativos ficam presentes em um arquivo externo no formato *XML*. É possível criar ou editar os arquivos para atender aos padrões de projetos regionais por meio da ferramenta **Design Criteria Editor**.

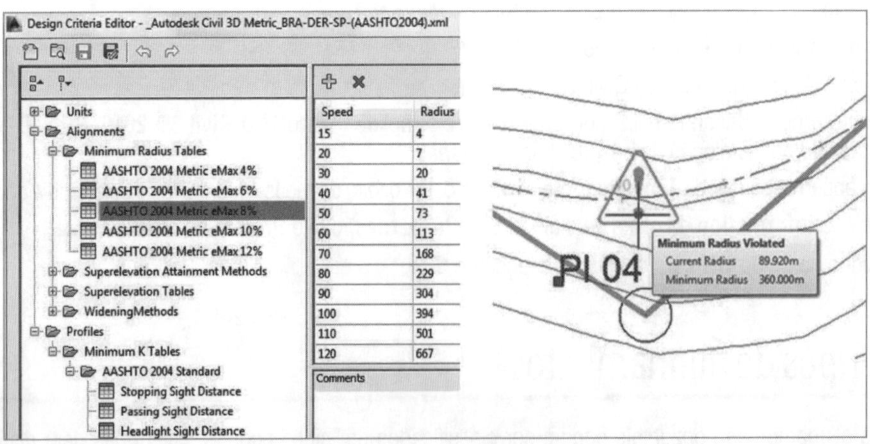

Figura 9.3 Caixa de editor dos critérios normativos e mensagem de violação do raio mínimo.

Agora, estude o exemplo a seguir:

1. Inicie o Autodesk AutoCAD Civil 3D e crie um novo desenho utilizando o arquivo de template **_AutoCAD Civil 3D 2016_BRA (DER).DWT**, fornecido na instalação do pacote *Brazil Content*.
2. Selecione pela ribbon **Modify → Design → Alignment**.
3. Na ribbon contextual **Alignment,** selecione a ferramenta **Modify → Design Criteria Editor**.
4. Na caixa de diálogo **Design Criteria Editor**, clique no botão **Open**.
5. Na caixa de diálogo **Select a Design Criteria File,** localize o arquivo **C:/usuários/all users/autodesk/C3D 2016/enu/Data/Corridor Design Standards/Metric/ _Autodesk Civil 3D Metric_BRA-DER-SP-(AASHTO2004).xml**. Clique no botão **Open**.
6. Verifique os critérios normativos em **Alignments → Minimum Radius Tables** para identificar os valores da tabela de raios mínimos.
7. Verifique os critérios em **Profiles → Minimum K Tables** para identificar os valores normativos para a geometria vertical. É possível editar os valores dos parâmetros e salvar o arquivo de critérios com outro nome para preservar o arquivo original.
8. Clique em **Cancel** para fechar a caixa de diálogo **Design Criteria Editor**.

9.4 Definição de alinhamentos horizontais

Existem diversos métodos para a criação do traçado geométrico horizontal no AutoCAD Civil 3D: utilizar as geometrias existentes no desenho atual ou em desenhos referenciados, como arcos, linhas e *polylines*; definir alinhamentos selecionando os componentes de redes presentes no desenho; importar arquivos de formato *LandXML*; e, ainda, utilizar a barra de ferramentas **Alignment Layout Tools,** que dispõe de diversas ferramentas para a definição e a manipulação de alinhamentos.

Pela ribbon **Home → Create Design → Alignment,** é possível acessar as ferramentas para a elaboração e a manipulação de alinhamentos horizontais.

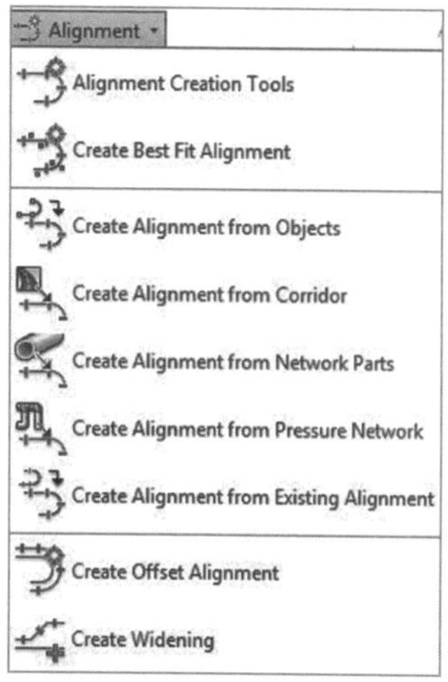

Figura 9.4 Ferramentas para a elaboração de alinhamentos.

Alignment Creation Tools: acessa a barra de ferramentas **Alignment Creation Tools,** que disponibiliza um conjunto de ferramentas utilizadas no desenvolvimento do projeto geométrico horizontal.

Create Best Fit Alignment: ferramenta utilizada na elaboração do traçado horizontal obedecendo a geometrias existentes no desenho.

Create Alignment from Objects: ferramenta de criação do traçado do alinhamento horizontal utilizando geometrias existentes no desenho, com linhas, arcos e *polylines*.

Create Alignment from Corridor: ferramenta que utiliza os objetos *feature lines* presentes nos objetos *corridors* para a construção do alinhamento horizontal.

Create Alignment from Network Parts: ferramenta que permite criar o alinhamento horizontal por meio do caminhamento de redes por gravidade (*pipe networks*) projetadas no desenho.

Create Alignment from Pressure Network: ferramenta que utiliza o traçado de redes pressurizadas (*pressure network*) para a definição do alinhamento horizontal.

Create Alignment from Existing Alignment: ferramenta para criar um novo alinhamento horizontal de trechos de alinhamentos existentes no desenho.

Create Offset Alignment: ferramenta utilizada para a criação de alinhamentos de bordo (*offset alignment*), com base em um alinhamento de *centerline*.

Create Widening: ferramenta que auxilia no desenvolvimento de alargamentos de alinhamentos de bordo, utilizado para a construção de superlarguras e baias.

9.4.1 Criação de alinhamentos por geometrias existentes

Dependendo do tipo ou da fase do projeto, muitas vezes é necessário aproveitar as geometrias existentes nos desenhos para a definição do traçado geométrico horizontal, principalmente durante os projetos de duplicação ou restauração de vias. A ferramenta **Create Alignment from Objects** permite aproveitar as geometrias existentes nos desenhos, como linhas, arcos ou *polylines,* para a definição de alinhamentos horizontais.

Outra característica importante da ferramenta **Create Alignment from Objects** é a possibilidade de utilizar as geometrias presentes em desenhos referenciados com o recurso de *Xref* para a definição do traçado de alinhamentos horizontais. Dessa maneira, é possível trabalhar com diversos desenhos como bases referenciadas para auxiliar durante o fluxo de desenvolvimento dos projetos.

Agora, estude o exemplo a seguir:

1. Abra o arquivo **9-4-1_EIXO_ALTERNATIVA_1.DWG**, disponível no site da Editora Érica.
2. O desenho possui um objeto *polyline* que representa uma alternativa para o projeto de eixo de um eventual traçado geométrico horizontal. Verifique o comportamento do traçado existente no terreno natural no gráfico do perfil longitudinal por meio da ferramenta **Quick Profile**.
3. Selecione pela ribbon **Home → Create Design → Alignment → Create Alignment from Objects**.
4. Selecione a *polyline* existente no desenho e pressione a tecla **Enter**. Na área de desenho, localize a seta presente no meio da *polyline* indicando o sentido do estaqueamento.
5. Pressione **Enter** para aceitar o estaqueamento da esquerda para a direita. Caso a seta apareça da direita para a esquerda, digite **R** (*reverse)* para inverter o sentido do estaqueamento e prosseguir.
6. Na caixa de diálogo **Create Alignment from Objects**, configure:
   - Digite **ALTERNATIVA-01** no campo **Name**.
   - Selecione o tipo **Centerline** no campo **Type**.
   - Especifique uma descrição no campo **Description**.
   - Verifique o valor da estaca inicial no campo **Starting station**.
   - Na aba **General**, verifique o **Site** e os estilos utilizados.
   - Habilite a opção **Add curves between tangents** para adicionar curvas circulares entre as tangentes.
   - Digite **200.00m** no campo **Default radius** para especificar o raio para todas as curvas circulares do alinhamento.
   - Habilite a opção **Erase existing entities** para remover a *polyline* do desenho (Figura 9.5).

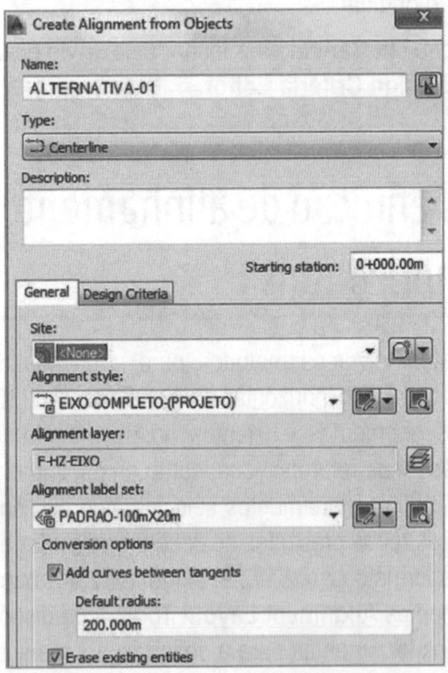

Figura 9.5 Configuração das opções presentes na aba General.

- Na aba **Design Criteria**, digite a velocidade de **80 km/h** no campo **Starting design speed** para determinar a velocidade da via projetada.
- Habilite a opção **Use criteria-based design** para aplicar os critérios normativos.
- Ligue a opção **Use design criteria file** para utilizar o arquivo externo com os critérios normativos.
- Verifique as opções normativas no quadro **Default criteria** e selecione a opção de superelevação **eMax 10%** no campo **Minimum Radius Table**.
- Habilite a opção **Use design check set** para aplicar a verificação dos critérios normativos no alinhamento (Figura 9.6).

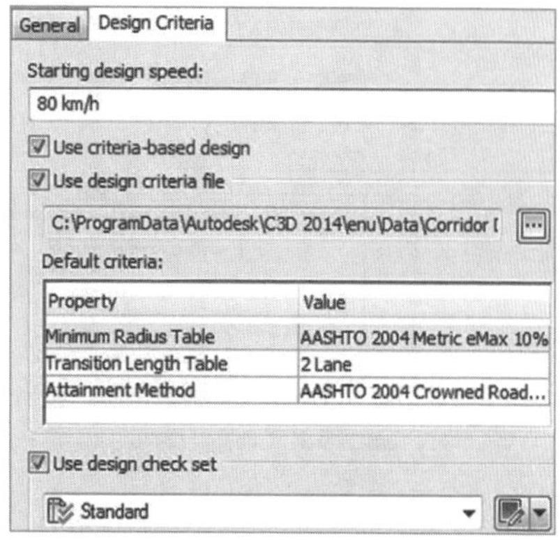

Figura 9.6 Configurações da aba Design Criteria.

- Clique no botão **OK** para concluir.

7. Verifique a presença do alinhamento horizontal criado na área de desenho.
8. Aproxime o cursor do mouse sobre o símbolo de exclamação amarelo (**Design Checks**), exibido nas curvas do alinhamento, e verifique as mensagens informando sobre as violações de raio mínimo utilizado nas curvas do traçado do eixo. É necessário modificar a geometria do traçado horizontal ou diminuir a velocidade aplicada no alinhamento para corrigir essas irregularidades (Figura 9.7).

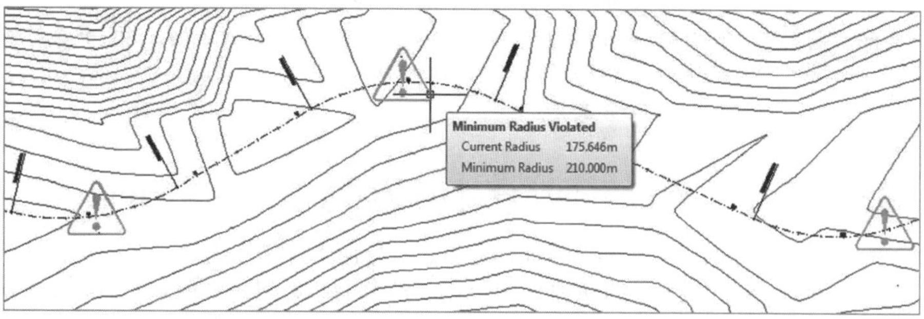

Figura 9.7 Exibição dos critérios geométricos violados no projeto horizontal.

9. Selecione o alinhamento na área de desenho e acesse a ferramenta da ribbon contextual **Alignment → Modify → Alignment Properties**.
10. A aba **Points of Intersection** da caixa **Alignment Properties** permite controlar a exibição das projeções das tangentes aos PIs. Habilite a opção **By change in alignment direction** para exibir as projeções das tangentes conforme a direção do alinhamento.
11. A aba **Constraint Editing** da caixa **Alignment Properties** auxilia no controle do tangenciamento dos componentes geométricos durante as edições no alinhamento. Habilite a opção **Always perform implied tangency constraint swapping,** para manter os elementos geométricos adjacentes sempre tangenciados, e a opção **Lock all parameter constraints,** para travar os parâmetros tangenciais dos elementos geométricos que compõem o alinhamento.
12. Na aba **Design Criteria** da caixa de diálogo **Alignment Properties**, digite a velocidade **70 km/h** no campo **Design Speed**. Clique no botão **Ok** para concluir (Figura 9.8).

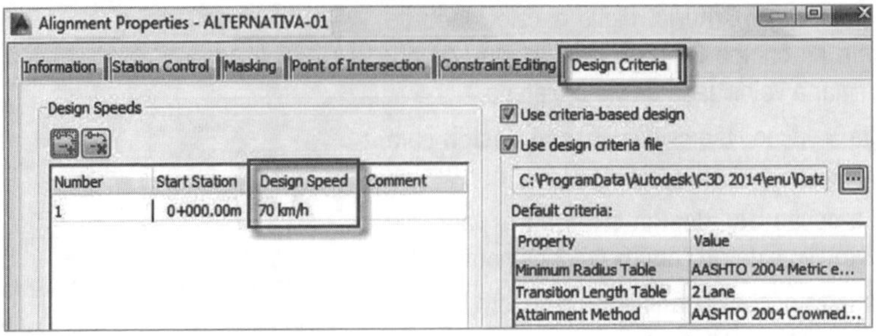

Figura 9.8 Configuração da nova velocidade do projeto.

É possível adicionar trechos com diferentes velocidades para o projeto, determinando as estacas de mudança de velocidade por meio do botão (*Add Design Speed*) no quadro **Design Speeds**.

13. Na área de desenho, verifique o comportamento das mensagens de violações normativas do alinhamento horizontal.
14. Selecione o alinhamento na área de desenho e reposicione os seus *grips* para corrigir a geometria do traçado do alinhamento horizontal.
15. A barra de ferramentas **Alignment Layout Tools** permite manipular os componentes presentes no traçado do alinhamento horizontal. Selecione o alinhamento na área de desenho e acesse a ferramenta da ribbon contextual **Alignment → Modify → Geometry Editor**.
16. Navegue pela barra de ferramentas **Alignment Layout Tools** para verificar os recursos disponíveis para a manipulação do traçado do alinhamento horizontal.
17. Feche o arquivo sem salvar as alterações.

9.4.2 Definição de alinhamentos pela barra de ferramentas

Na maioria dos projetos, determina-se cada ponto de interseção (PI) ao longo do alinhamento e, em seguida, adicionam-se as curvas circulares e de transição. Se, por opção, for escolhido criar alinhamento com curvas, elas serão geradas automaticamente em cada interseção. Os rótulos da geometria dos pontos notáveis podem ser adicionados no início e no término de cada tangente, curva espiral e curva circular.

Pela ribbon **Home → Create Design → Alignment → Alignment Creation Tools,** é possível acessar a barra de ferramentas **Alignment Layout Tools** e utilizar seu conjunto de ferramentas para auxiliar durante o desenvolvimento e a manipulação das geometrias do traçado dos alinhamentos horizontais (Figura 9.9).

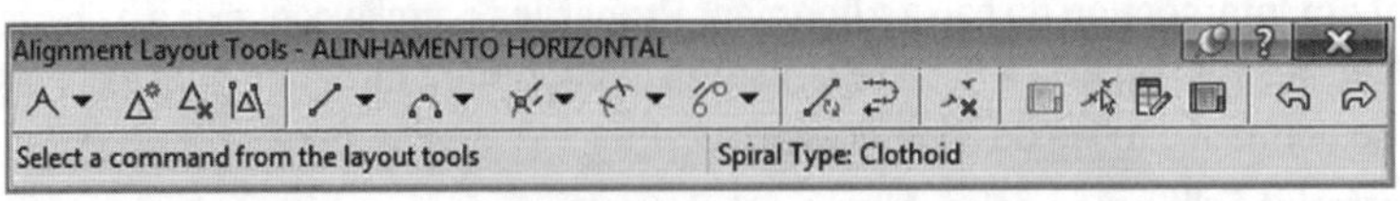

Figura 9.9 Barra de ferramentas Alignment Layout Tools.

É possível utilizar a ferramenta **Tangent-Tangent** para construir o alinhamento e, então, utilizar as demais ferramentas apropriadas para adicionar curvas e tangentes para aperfeiçoar a geometria do alinhamento horizontal.

Tangent-Tangent (No curves): ferramenta para adicionar os PIs consecutivos criando uma sequência de tangentes sem curvas.

Tangent-Tangent (With Curves): ferramenta que permite adicionar PIs consecutivos, além de adição de curvas entre as tangentes.

Ferramenta de acesso à caixa de diálogo **Curve and Spiral Settings,** para a configuração dos parâmetros de curvas circulares e espirais que serão utilizados na criação do alinhamento horizontal por meio do uso da ferramenta **Tangent-Tangent (With Curves)**.

Insert PI: ferramenta que adiciona um PI em um alinhamento.

Delete PI: ferramenta que remove um PI de um alinhamento.

Break-Apart PI: ferramenta que divide um alinhamento determinando seu ponto de quebra.

Conjunto de ferramentas utilizadas para a criação de tangentes, curvas circulares e curvas espirais para a composição da geometria do alinhamento horizontal.

Convert AutoCAD Line and Arc: ferramenta que permite converter objetos linhas e arcos do AutoCAD para entidades de alinhamento do AutoCAD Civil 3D.

Reverse Sub-Entity Direction: ferramenta utilizada para inverter a direção do sentido de estaqueamento de entidades selecionadas.

Delete Sub-Entity: ferramenta para remover uma entidade selecionada do alinhamento.

Pick Sub-Entity: ferramenta que seleciona uma entidade de um alinhamento.

Sub-Entity Editor: acessa a janela **Alignment Layout Parameters,** para a edição dos valores de uma entidade do alinhamento geométrico selecionado (Figura 9.10).

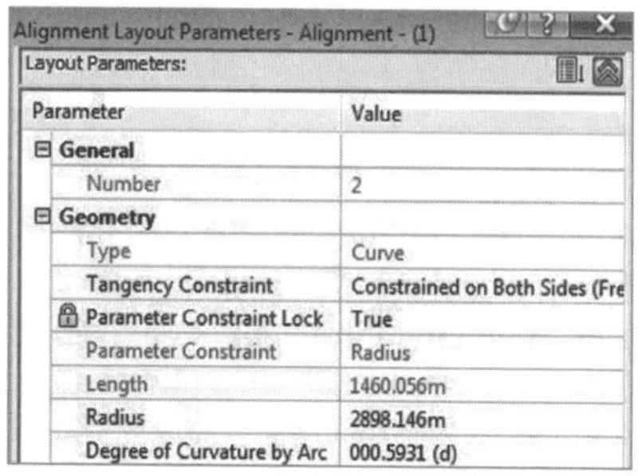

Figura 9.10 Informações exibidas na janela Alignment Layout Parameters.

Alignment Grid View: acessa a janela **Panorama** e exibe a aba **Alignment Entities,** para a visualização e a edição nos parâmetros de todas as entidades presentes no alinhamento horizontal selecionado (Figura 9.11).

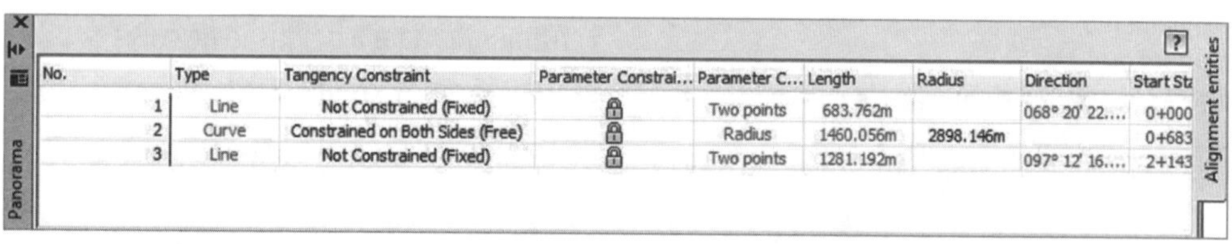

Figura 9.11 Dados geométricos exibidos na aba Alignment Entities da janela Panorama.

9.4.2.1 Ferramentas para a definição de elementos geométricos

Os alinhamentos são compostos por elementos geométricos curvas circulares, curvas espirais e tangentes, e, dependendo da maneira como são criados, podem ser classificados pelos tipos:

Fixed: tipo de elemento de curvas e tangentes fixas com a definição prévia de todos os seus parâmetros. A adição de um elemento no tipo fixo não necessita de outro elemento geométrico para ocorrer.

Floating: tipo de elementos flutuantes que necessitam apenas de uma opção de definição para ocorrer. A inserção de um elemento flutuante ocorre somente selecionando um elemento existente no alinhamento.

Free: tipo de elementos livres que podem ser criados sem a definição de suas propriedades. A adição de um elemento livre deve ser realizada, selecionando dois outros elementos existentes no alinhamento para sua melhor adequação.

Conjunto de ferramentas para a criação de tangentes livres ou fixas por meio da conexão com demais elementos existentes na definição do alinhamento

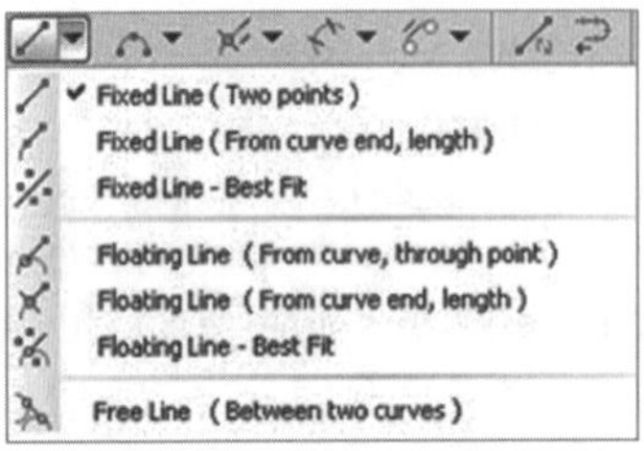

Figura 9.12 Ferramentas para a definição de tangentes.

Fixed Line (Two points): ferramenta para a criação de tangente determinando dois pontos no desenho.

Fixed/Floating Line (From curve end, length): ferramentas para a criação de tangente selecionando o final de uma curva existente no desenho e determinando o valor do seu comprimento.

Floating Line (From curve, through point): ferramenta para a criação de tangente selecionando uma curva e especificando um ponto no desenho.

Free Line (Between two curves): ferramenta para a criação de tangente entre duas curvas presentes no alinhamento.

Ferramentas para a definição de curvas circulares no alinhamento horizontal

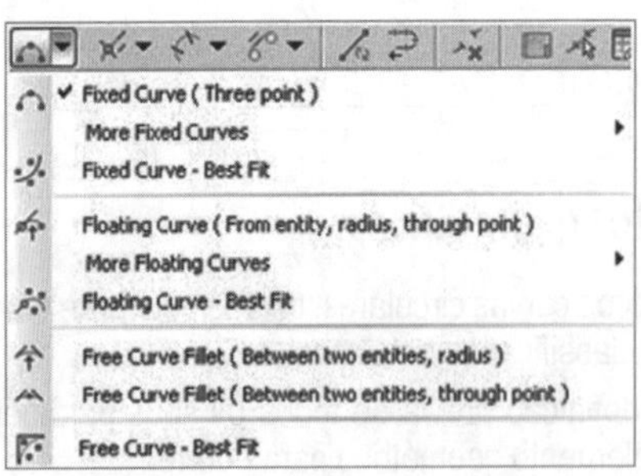

Figura 9.13 Ferramentas para a criação de curvas circulares.

Fixed Curve (Three point): ferramenta para a criação de curva circular determinando três pontos no desenho.

Floating Curve (From entity, radius, through point): ferramenta para a criação de curva circular por meio da seleção de um elemento existente na geometria do alinhamento, determinando o valor do raio e um ponto na área de desenho.

Floating Curve (From entity end, through point): ferramenta para a criação de curva circular selecionando o final de um elemento existente e determinando um ponto no desenho.

Floating Curve (From entity end, radius, length): ferramenta para a criação de curva circular selecionando o final de um elemento existente, determinando o raio e o comprimento da curva.

Floating Curve (From entity, through point, direction at point): ferramenta para a criação de curva circular por meio da seleção de um elemento existente, determinando um ponto no desenho e especificando a direção.

Free Curve Fillet (Between two entities, radius): ferramenta para a criação de curva circular entre dois componentes existentes no alinhamento e determinando o valor do raio.

Free Curve Fillet (Between two entities, through point): ferramenta para a criação de curva entre dois componentes existentes no alinhamento e determinando um ponto no desenho.

Ferramentas para a definição de curvas espirais simples, compostas e reversas no traçado da geometria horizontal

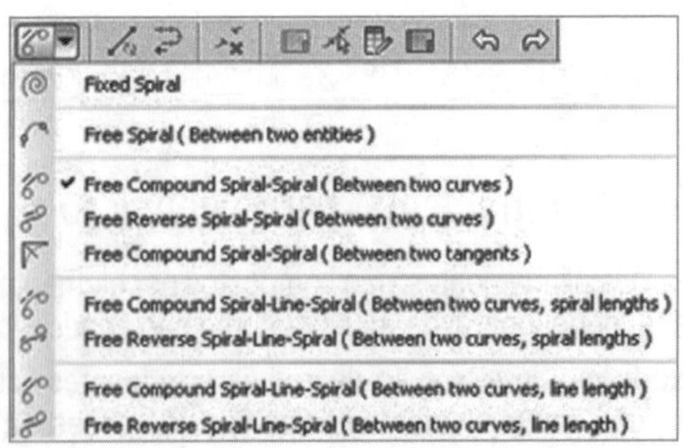

Figura 9.14 Ferramentas de definição de espirais.

Fixed Spiral: ferramenta para a criação de curva espiral, determinando o raio e o comprimento a partir de uma tangente ou curva circular selecionada no alinhamento.

Free Spiral (Between two entities): ferramenta para a criação de curva espiral composta entre duas curvas circulares de raios diferentes selecionadas no alinhamento.

Free Compound/Reverse Spiral-Spiral (Between two curves): ferramenta para a criação de curvas espirais compostas ou reversas entre duas curvas circulares selecionadas no alinhamento.

Free Compound Spiral-Spiral (Between two tangentes): ferramenta para a criação de curvas espirais compostas entre duas tangentes selecionadas no alinhamento.

FreeCompound/ReverseSpiral-Line-Spiral(Between two curves, spiral lengths): ferramenta para a criação de curvas espirais compostas entre duas curvas circulares do alinhamento e definindo o seu comprimento.

Free Compound/Reverse Spiral-Line-Spiral (Between two curves, line length): ferramenta para a criação de curvas espirais compostas entre duas curvas circulares selecionadas no alinhamento e definindo o comprimento da tangente.

Em alguns casos, são fornecidas as coordenadas dos PIs para a locação do traçado geométrico horizontal. O seguinte exemplo mostra como utilizar a barra de ferramentas **Alignment Layout Tools** para projetar os PIs entre as tangentes, além da adição automática de curvas circulares entre as tangentes para a definição da geometria horizontal da ALTERNATIVA-02.

Agora, estude o exemplo a seguir:

1. Abra o arquivo **9-4-2_EIXO-ALTERNATIVA_2.DWG**, disponível no site da Editora Érica.
2. Selecione pela ribbon **Home → Create Design → Alignment → Alignment Creation Tools**.
3. Na caixa de diálogo **Create Alignment - Layout,** configure (Figura 9.15):
    - Digite **ALTERNATIVA-02** no campo **Name**.
    - Selecione o tipo **Centerline** no campo **Type**.
    - Na aba **General**, selecione o **Site** e os estilos utilizados.
    - Na aba **Design Criteria**, digite a velocidade de **70 km/h** no campo **Starting design speed**.
    - Habilite a opção **Use criteria-based design** para aplicar os critérios normativos.
    - Ligue a opção **Use design criteria file** para utilizar o arquivo externo com os critérios normativos.
    - Verifique as opções normativas no quadro **Default criteria** e selecione a opção de superelevação **AASHTO 2001 eMax 10%** no campo **Minimum Radius Table**.
    - Habilite a opção **Use design check set** para aplicar a verificação dos critérios normativos no alinhamento.
    - Clique no botão **OK** para concluir.

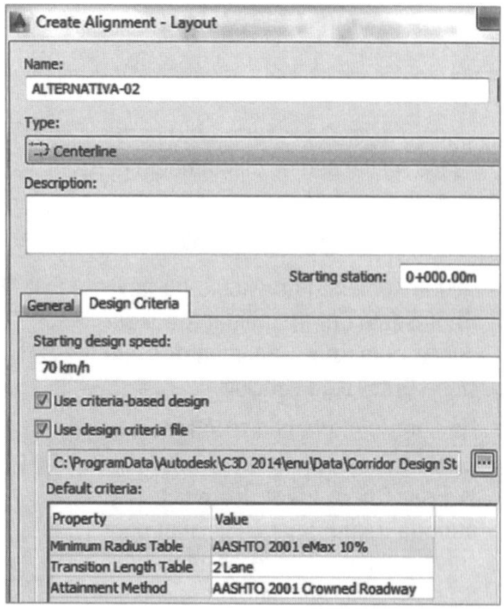

Figura 9.15 Configuração dos critérios normativos na aba Design Criteria.

4. Selecione a ferramenta **Tangent-Tangent (With curves)** na barra de ferramentas **Alignment Layout Tools**.

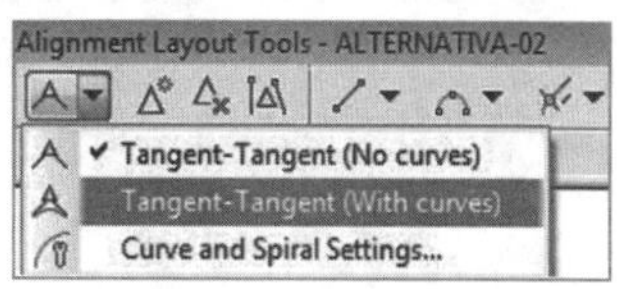

Figura 9.16 Acesso à ferramenta Tangent-Tangent (With curves).

5. Na área de desenho, clique nos círculos que representam os PIs no sentido da esquerda para a direita. Pressione a tecla **Enter** para finalizar.
6. Na barra de ferramentas **Alignment Layout Tools**, selecione a ferramenta **Alignment Grid View** para visualizar as informações dos elementos geométricos do alinhamento.
7. A aba **Alignment entities** da janela **Panorama** exibe as informações dos componentes

presentes na definição do alinhamento horizontal. Observe na coluna *Radius* que as curvas circulares utilizam o raio mínimo estabelecido pelos critérios normativos (coluna *Minimum Radius)* (Figura 9.17).

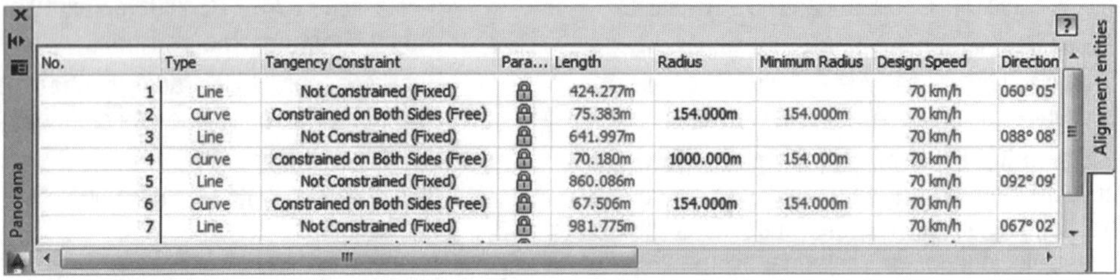

No.	Type	Tangency Constraint	Para...	Length	Radius	Minimum Radius	Design Speed	Direction
1	Line	Not Constrained (Fixed)		424.277m			70 km/h	060° 05'
2	Curve	Constrained on Both Sides (Free)		75.383m	154.000m	154.000m	70 km/h	
3	Line	Not Constrained (Fixed)		641.997m			70 km/h	088° 08'
4	Curve	Constrained on Both Sides (Free)		70.180m	1000.000m	154.000m	70 km/h	
5	Line	Not Constrained (Fixed)		860.086m			70 km/h	092° 09'
6	Curve	Constrained on Both Sides (Free)		67.506m	154.000m	154.000m	70 km/h	
7	Line	Not Constrained (Fixed)		981.775m			70 km/h	067° 02'

Figura 9.17 Informações dos dados geométricos exibidos na aba Alignment entities da janela Panorama.

8. Ligue o *layer* **A-Feature_Line** para exibição da locação dos PIs remanescentes que devem ser adicionados no traçado do alinhamento horizontal.
9. Na barra de ferramentas **Alignment Layout Tools**, selecione a ferramenta (**Insert PI**) para adicionar o PI no alinhamento horizontal.
10. Clique no centro do círculo do novo PI presente entre a primeira e a segunda curva no alinhamento. Pressione **Enter** para concluir.
11. Na barra de ferramentas **Alignment Layout Tools**, selecione a ferramenta **Free Curve Fillet (Between two entities, radius)** para adicionar uma curva horizontal entre as tangentes do novo PI e configurar o valor do raio (Figura 9.18).

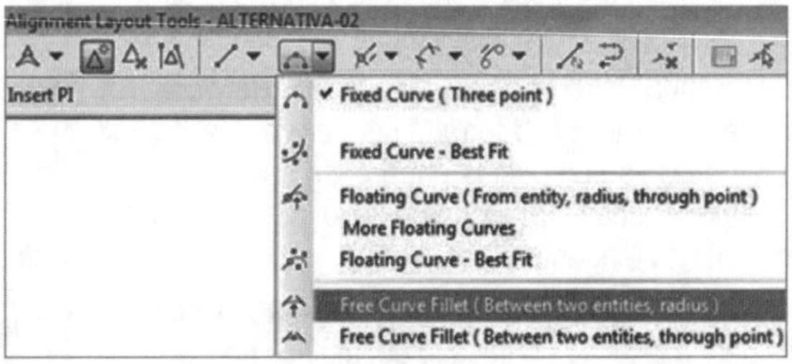

Figura 9.18 Ferramenta para a adição de curva circular entre dois elementos do alinhamento.

12. Na área de desenho, clique na tangente esquerda do novo PI (**First Entity**) e, depois, na tangente direita do PI (**Next Entity**).
13. Na linha de comando, confirme a opção **Lessthan180** para a definição do ângulo da curva.
14. Na linha de comando, digite o raio de **1000.00m** e pressione **Enter** para concluir.
15. Na área de desenho, verifique a composição da curva circular adicionada no alinhamento horizontal (Figura 9.19).

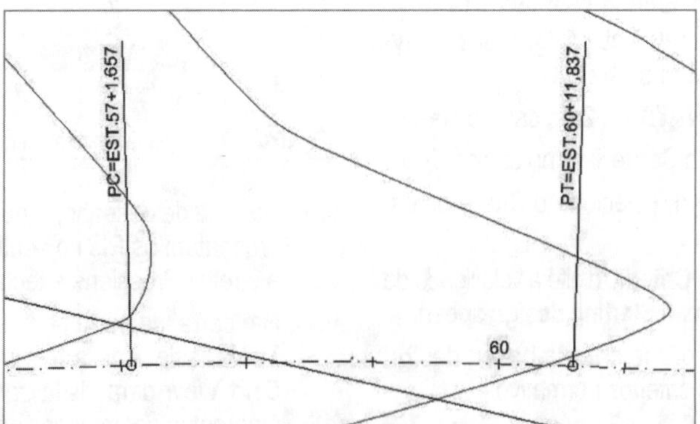

Figura 9.19 Definição da curva circular entre as tangentes do alinhamento horizontal.

16. Na barra de ferramentas **Alignment Layout Tools**, selecione a ferramenta **Floating Curve (From entity end, radius, length)** para adicionar uma curva no último PI do alinhamento e determinar os valores para o raio e o desenvolvimento (Figura 9.20).

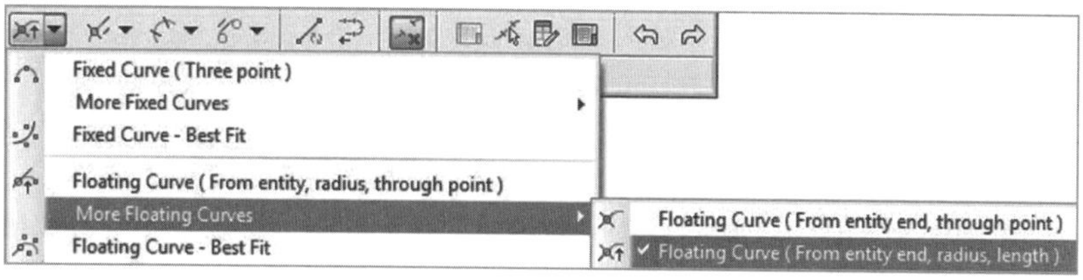

Figura 9.20 Ferramenta para a criação de curva circular tangencial a um elemento da geometria horizontal.

17. Selecione a última tangente do alinhamento horizontal na área de desenho.
18. Na linha de comando, confirme a opção **Clockwise** para definir a direção da curva no sentido horário ao alinhamento. Pressione **Enter**.
19. Na linha de comando, determine o raio (*Radius*) com **154.00m** e o desenvolvimento (*Length*) com **144.543m**. Pressione a tecla **Enter** para concluir.
20. Na barra de ferramentas **Alignment Layout Tools**, selecione a ferramenta **Fixed Line (From entity end, length)** para adicionar uma tangente na última curva do alinhamento e determinar o valor do comprimento (Figura 9.21).

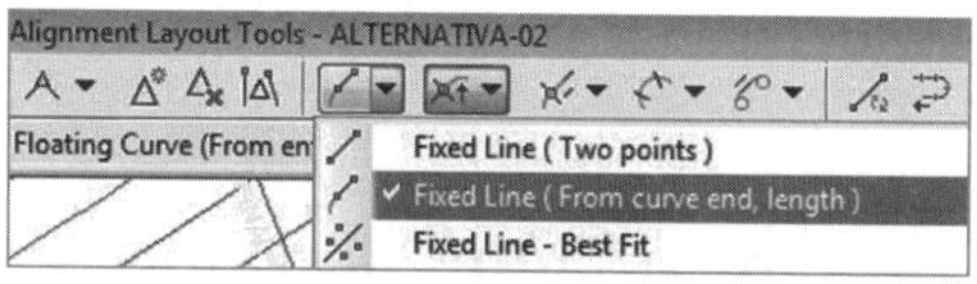

Figura 9.21 Ferramenta para a criação de tangente conectada a um elemento da geometria.

21. Selecione a última curva do alinhamento horizontal na área de desenho.
22. Na linha de comando, digite **303.904m** para especificar o comprimento (*Length*) da tangente. Pressione **Enter** para finalizar (Figura 9.22).

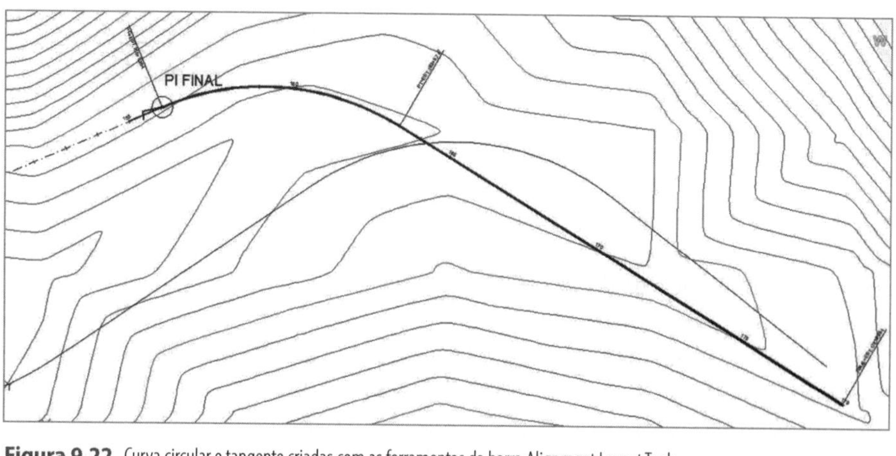

Figura 9.22 Curva circular e tangente criadas com as ferramentas da barra Alignment Layout Tools.

23. Verifique os novos elementos geométricos presentes no alinhamento horizontal.
24. Feche o arquivo sem salvar as alterações.

O desenvolvimento de geometrias complexas para o traçado geométrico horizontal pode depender de diversos fatores que englobam o tipo de projeto, como a necessidade de elaborar sequências de curvas compostas e reversas para eventuais desvios de edificações ou estruturas existentes, ou simplesmente para atender aos critérios geométricos exigidos no projeto.

Agora, estude o exemplo a seguir:

1. Abra o arquivo **9-4-3_EIXO-DESVIOS.DWG**, disponível no site da Editora Érica.
2. Selecione o alinhamento na área de desenho e acesse a ferramenta da ribbon contextual **Alignment → Modify → Geometry Editor**.
3. Na barra de ferramentas **Alignment Layout Tools**, selecione a ferramenta **Free Reverse Spiral-Curve--Spiral-Spiral-Curve-Spiral (Between two tangents)**.
4. Na área de desenho, selecione as duas tangentes iniciais do alinhamento.
5. Na linha de comando, confirme os valores propostos para a elaboração da curva reversa. Pressione a tecla **Enter** para confirmar.
6. Na área de desenho, clique no final da primeira tangente do alinhamento e pressione a tecla **Enter**.
7. Na barra de ferramentas **Alignment Layout Tools**, selecione a ferramenta **Free Compound Spiral--Spiral (Between two tangents)** para criar duas curvas espirais compostas.
8. Na área de desenho, selecione as duas últimas tangentes do alinhamento.
9. Pressione a tecla **Enter** para confirmar os valores exibidos na linha de comando.
10. Verifique a composição da nova geometria do alinhamento na área de desenho.
11. Feche o arquivo.

9.5 Manipulação de alinhamentos horizontais

Os alinhamentos podem ser editados por meio do reposicionamento de seus *grips* na área de desenho, e, à medida que as edições são efetuadas, seus rótulos e o perfil longitudinal são atualizados automaticamente. Apesar de não fornecer grande precisão, esse método proverá respostas rápidas durante a elaboração de estudos e alternativas dos projetos.

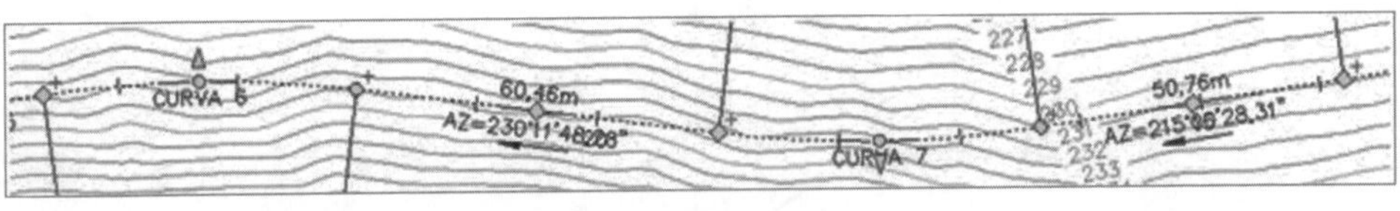

Figura 9.23 Grips de tangentes e curvas para o reposicionamento da geometria do alinhamento.

Grip Circular: recurso que altera os parâmetros de uma curva. É possível alterar o raio movendo o ponto central, arrastando o ponto ou o ponto de tangência de uma curva anexa. Esse *grip* é utilizado somente em curvas e círculos, e sempre afeta o valor do raio da curva.

Grip Quadrado: recurso para mover livremente um ponto de uma tangente, curva ou o ponto de centro de um círculo. Em uma curva ou círculo, mover esse *grip* não afeta o valor do raio da entidade pertencente ao *grip*; entretanto, poderá afetar o valor do raio de outras entidades conectadas.

Grip Triangular: recurso que altera o local onde os dois pontos de conexão das tangentes se encontram. Esse *grip* é orientado sempre pelo ponto da parte superior, em direção ao eixo Y do sistema de coordenadas World.

A ribbon contextual **Alignment** oferece diversas ferramentas para a manipulação de alinhamentos horizontais quando o alinhamento estiver selecionado na área de desenho (Figura 9.24). O painel **Modify** permite inverter o sentido do estaqueamento (Reverse Direction), mover ou copiar o alinhamento selecionado para outro site.

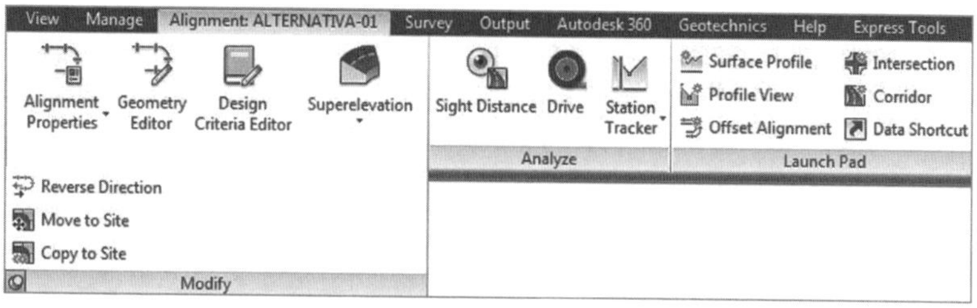

Figura 9.24 Ferramentas dispostas na ribbon contextual Alignment.

Alignment Properties: ferramenta de acesso à caixa de propriedades do alinhamento selecionado na área de desenho.

Geometry Editor: ferramenta que exibe a barra de ferramentas **Alignment Layout Tools** para edição na geometria do alinhamento horizontal.

Design Criteria Editor: ferramenta de acesso à caixa de edição dos critérios geométricos normativos.

Superelevation: ferramenta que exibe o assistente para a configuração dos parâmetros de superelevação do projeto geométrico.

O painel **Analyze** da ribbon contextual **Alignment** disponibiliza as ferramentas para a elaboração de análises no projeto geométrico horizontal, em que é possível efetuar análises de visibilidade na geometria projetada por meio da ferramenta **Sight Distance**, navegar ao longo do traçado horizontal com a ferramenta **Drive** e controlar a exibição das linhas orientativas no gráfico do perfil longitudinal pela ferramenta **Station Tracker**.

9.5.1 Alinhamentos de bordos e superlarguras

Projetos de rodovias requerem a definição de alinhamentos auxiliares nos bordos das pistas. Esses tipos de alinhamento auxiliam nos trechos de mudança de linha-base do traçado, encaixes para as alças de acesso e ramos. Os alinhamentos de bordos (*offsets*) devem pertencer a um alinhamento de eixo (*centerline*). A ferramenta da ribbon contextual **Alignment → Launch Pad → Offset Alignment** permite definir os alinhamentos de bordos (Figura 9.25).

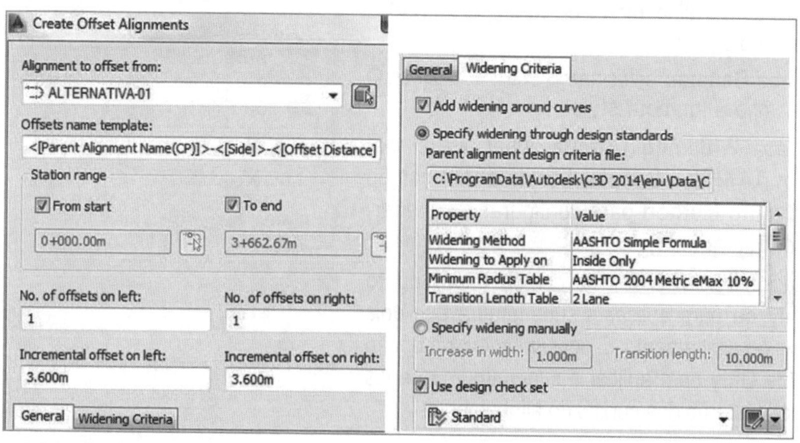

Figura 9.25 Caixa Create Offset Alignments para a definição de alinhamentos de bordos.

Os alinhamentos de bordos utilizam o recurso de **Widening** para a criação de alargamentos de pistas, e a projeção das superlarguras é feita por meio da função normativa **Widening Criteria**.

A combinação entre as ferramentas **Offset Alignment** e **Widening** permitirá a criação de geometrias auxiliares para a representação de superlarguras, baias, praças de pedágios, *tapers*, entre outras estruturas. É possível alterar a geometria dos alinhamentos de bordos por seus *grips* ou pela caixa de propriedades para configurar a distância do afastamento e manipular os valores e os parâmetros de suas transições.

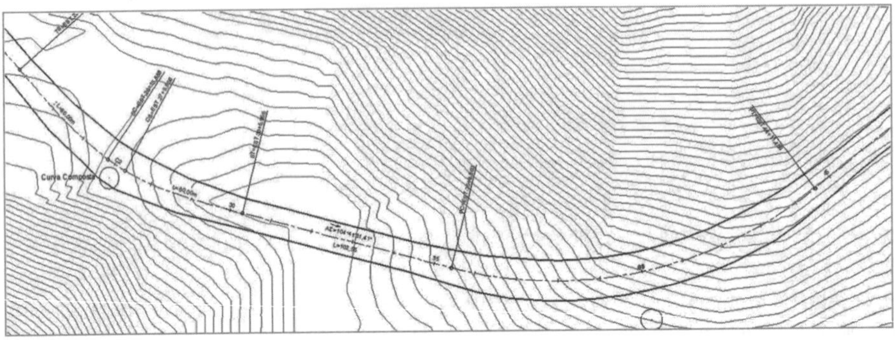

Figura 9.26 Alinhamentos de offset criados ao longo do alinhamento principal.

Agora, estude o exemplo a seguir:

1. Abra o arquivo **9-5-1_ALINHAMENTO_BORDO.DWG**, disponível no site da Editora Érica.
2. Selecione o alinhamento **ALTERNATIVA-02** na área de desenho e acesse a ferramenta da ribbon contextual **Alignment → Launch Pad → Offset Alignment**.
3. Na caixa de diálogo Create Offset Alignments, configure (Figura 9.27):
   - Verifique o valor da quantidade de alinhamento de bordos para o lado esquerdo (**No. of offsets on left**) e para o lado direito (**No. of offset on right**).
   - Digite **3.600m** a fim de definir a largura do afastamento para o alinhamento de bordo para os lados esquerdo e direito.
   - Na aba **General,** selecione o estilo **PARALELO** no campo **Alignment style**.
   - Na aba **Widening Criteria,** selecione o método **AASHTO Simple Formula** no campo **Widening Method** para configurar a superlargura (Figura 9.28).
   - Selecione **Both Sides** no campo **Widening to Apply on** para aplicar a superlargura nos dois lados do alinhamento. É possível utilizar a opção **Inside Only** para aplicar a superlargura apenas no lado interno das curvas do alinhamento.

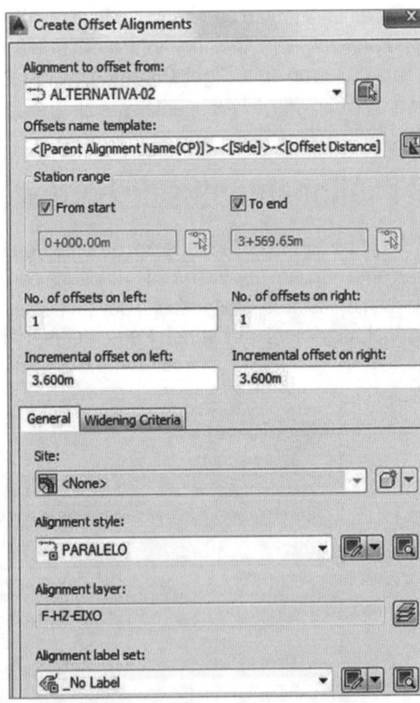

Figura 9.27 Configuração dos parâmetros de definição dos alinhamentos de bordos.

   - Selecione a opção AASHTO 2004 **Metric eMax 10%** no campo **Minimum Radius Table**.

◆ Clique no botão **OK**.

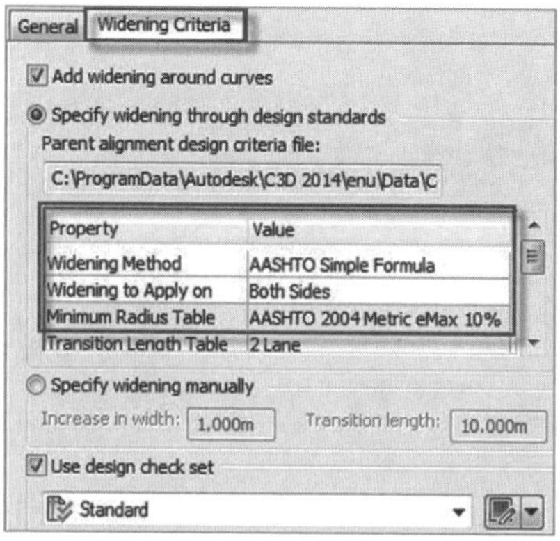

Figura 9.28 Configuração dos parâmetros de superlargura.

4. Verifique os alinhamentos de bordo definidos com a superlargura na área de desenho (Figura 9.29).

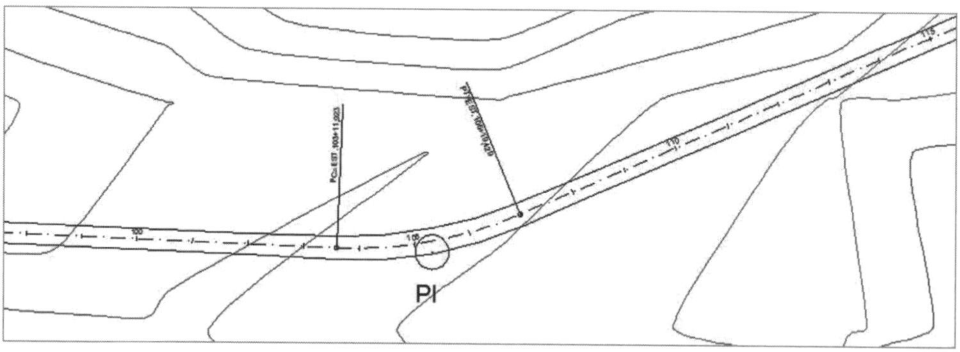

Figura 9.29 Alinhamentos de bordos com a superlargura aplicada.

5. Feche o arquivo.

9.6 Rótulos e tabelas de alinhamentos

Os rótulos são aplicados nos alinhamentos para transcrever as informações geométricas no projeto do traçado horizontal. Por meio dos rótulos, indicam-se as direções das tangentes, como o azimute e o rumo, ou informam-se as características geométricas das curvas, como o raio e o desenvolvimento presentes no alinhamento.

Com os estilos de rótulos de alinhamentos (*alignment label styles*), é possível controlar quais informações serão exibidas nos componentes do alinhamento horizontal. Os rótulos de alinhamentos trabalham com o recurso de *tags*, que permite controlar as informações exibidas antes e depois da aplicação das tabelas de alinhamentos (Figura 9.30).

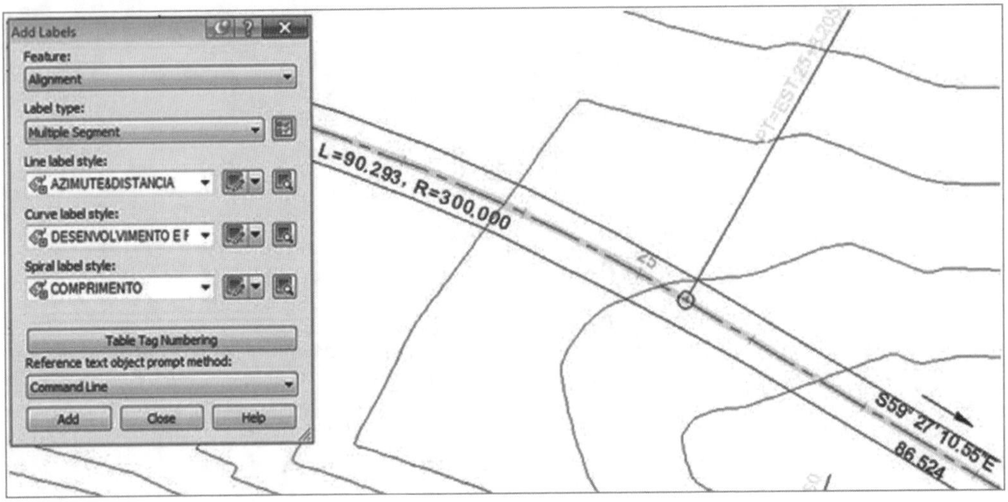

Figura 9.30 Rótulos de alinhamentos horizontais.

As informações geométricas do alinhamento horizontal também podem ser apresentadas em tabelas. É possível adicionar tabelas para tangentes, curvas circulares e espirais presentes no alinhamento. Assim como os rótulos, as informações exibidas nas tabelas são controladas pela configuração de estilos de *Alignment Table Styles*.

TABELA DE CURVAS DO ALINHAMENTO										
CURVAS	AC	R (m)	T (m)	D (m)	PC	PT	PONTO	PC	PI	PT
C3	72°29'01,62"	200,000	146,603	253,016	6+19,771	19+12,787	N E	77,5217 106,7816	134,5265 241,8473	22,8806 336,8605
C4	5°00'57,54"	115,000	5,037	10,068	26+15,888	27+5,956	N E	-82,4243 433,2949	-91,0498 433,8177	-87,7795 441,8164
C5	52°24'44,14"	200,000	98,439	182,953	35+8,503	44+11,456	N E	-133,9243 597,3377	-158,8907 692,5578	-98,6653 770,4236

Figura 9.31 Tabela com as informações das curvas circulares do alinhamento horizontal.

É possível adicionar os rótulos e as tabelas nos alinhamentos pela ribbon Annotate ou pela aba **Labels & Tables** da ribbon contextual **Alignment,** quando um alinhamento estiver selecionado na área de desenho (Figura 9.32).

As tabelas de dados geométricos do alinhamento podem ser criadas somente após a adição dos rótulos nos elementos do alinhamento horizontal.

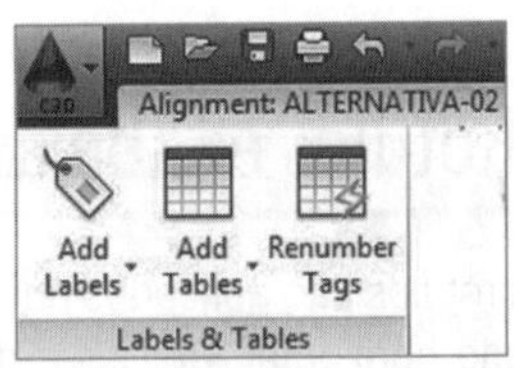

Figura 9.32 Ferramentas de rótulos e tabelas.

É possível renumerar as curvas e as tangentes do alinhamento na presença de inconsistências na numeração sequencial das curvas por meio da ferramenta da ribbon contextual **Alignment → Labels & Tables → Renumber Tags**.

Durante o processo da renumeração dos componentes, recomenda-se digitar **S** na linha de comando para acessar a caixa de diálogo **Table Tag Numbering** e controlar a sequência da numeração para os componentes do alinhamento horizontal.

A ferramenta **Renumber Tags** controla a numeração dos *tags* dos componentes geométricos do alinhamento horizontal. Após configurar a sequência numérica pela caixa **Table Tag Numbering**, é necessário selecionar individualmente cada um dos rótulos (*tags*) dos componentes presentes ao longo do alinhamento horizontal.

Agora, estude o exemplo a seguir:

1. Abra o arquivo **9-6-1_RÓTULOS_ALINHAMENTO.DWG**, disponível no site da Editora Érica.
2. Selecione o alinhamento **ALTERNATIVA-02** na área de desenho e acesse a ferramenta da ribbon contextual **Alignment → Labels & Tables → Add Labels → Add Multiple Segment**. Essa ferramenta aplica rótulos em todos os elementos do traçado geométrico horizontal: curvas circulares, espirais e tangentes.
3. Clique no alinhamento **ALTERNATIVA-02** na área de desenho para adicionar os rótulos.
4. Verifique os rótulos aplicados no alinhamento horizontal. É possível reposicionar os rótulos por intermédio de seus *grips,* para evitar a sobreposição das informações no desenho. Agora, com os rótulos inseridos, é possível criar a tabela com as informações geométricas das curvas circulares do alinhamento horizontal (Figura 9.33).

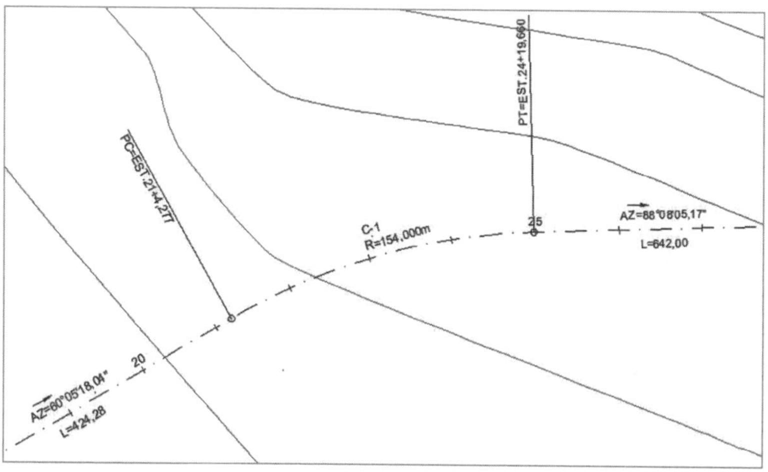

Figura 9.33 Rótulos aplicados no alinhamento horizontal.

5. Selecione o alinhamento **ALTERNATIVA-02** na área de desenho e acesse a ferramenta da ribbon contextual **Alignment → Labels & Tables → Add Tables → Add Curve** para criar a tabela com as informações geométricas das curvas circulares do alinhamento.
6. Na caixa de diálogo **Table Creation**, verifique o estilo selecionado e habilite todos os estilos da coluna **Apply** presentes no quadro **Select by label or style**. Clique no botão **OK** (Figura 9.34).

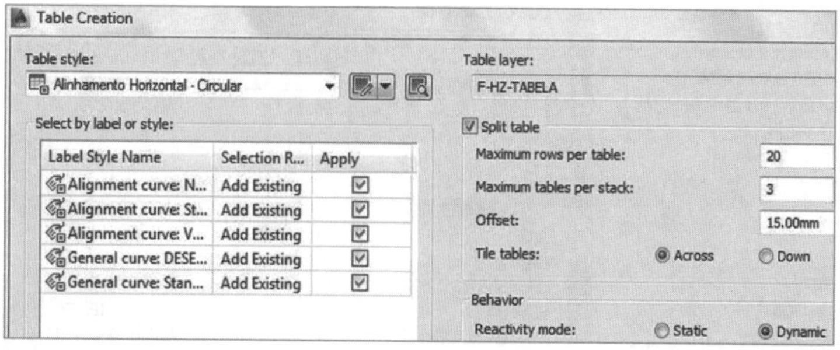

Figura 9.34 Configuração da caixa de diálogo Table Creation.

7. Clique na área de desenho para posicionar a tabela de curvas circulares (Figura 9.35).

TABELA DE CURVAS DO ALINHAMENTO										
CURVAS	AC	R (m)	T (m)	D (m)	PC	PT	PONTO	PC	PI	PT
C-1	28°02'47,14"	154,000	38,463	75,383	21+4,277	24+19,660	N E	7432249,7346 321127,3312	7432268,9146 321160,6705	7432270,1666 321199,1130
C-2	25°06'56,16"	154,000	34,304	67,506	103+11,923	106+19,429	N E	7432258,5308 322770,4122	7432257,2404 322804,6919	7432270,6219 322836,2783
C-3	4°01'15,75"	1000,000	35,105	70,180	57+1,657	60+11,837	N E	7432291,0627 321840,7694	7432292,2053 321875,8554	7432290,8847 321910,9352
C-4	53°46'38,27"	154,000	78,090	144,543	156+1,204	163+5,747	N E	7432653,5975 323740,2757	7432684,0593 323812,1796	7432644,0533 323879,2438

Figura 9.35 Tabela de curvas circulares presentes no alinhamento horizontal.

8. Altere a geometria do alinhamento horizontal reposicionando os seus *grips* na área de desenho. Em seguida, verifique o comportamento dos rótulos e das informações exibidas na tabela de curvas.

9. Feche o arquivo.

9.7 Relatórios de alinhamentos horizontais

A elaboração de relatórios é uma das atividades importantes durante o fluxo de desenvolvimento dos projetos, cujas informações são extraídas para a documentação do projeto e posteriormente utilizadas na construção do empreendimento projetado.

Os relatórios são acessados pela aba **Toolbox** da **Toolspace** do AutoCAD Civil 3D e podem ser gravados em diversos formatos de arquivos, como *HTML*, *PDF*, *DOC* e *XLS*. É possível gerar relatórios de diversos objetos presentes no projeto, como alinhamentos horizontais e verticais, lotes, tubulações e notas de serviço (Figura 9.36).

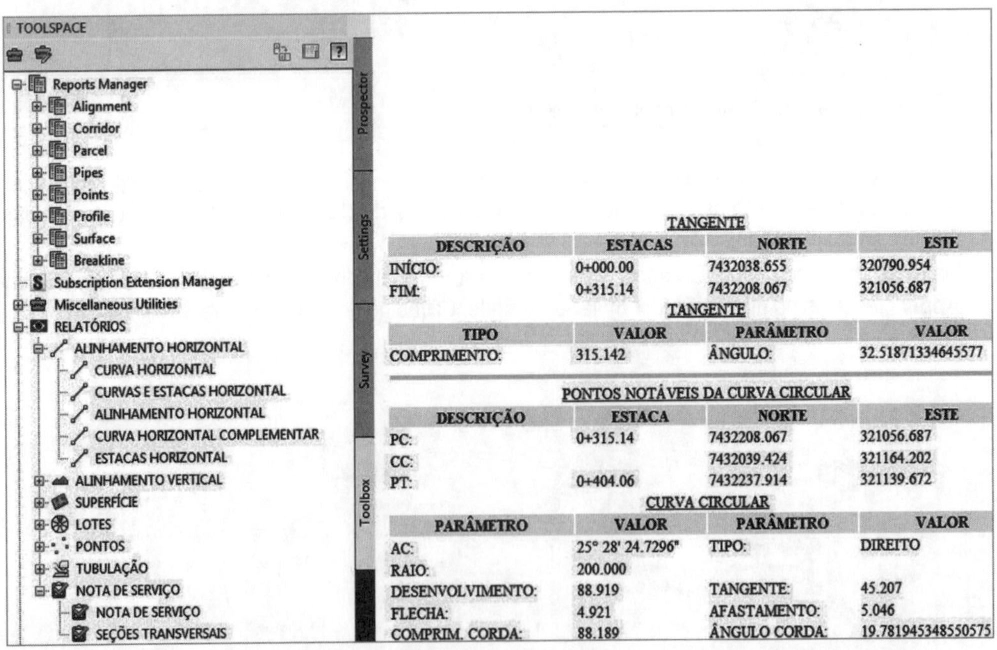

Figura 9.36 Aba Toolbox da Toolspace para acesso aos modelos de relatórios.

A categoria **Reports Manager** presente na aba **Toolbox** da **Toolspace** exibe os modelos de relatórios disponíveis em inglês. Já a categoria **Relatórios** apresenta os modelos de relatórios em português, quando instalado o pacote *Brazil Content*.

Agora, estude o exemplo a seguir:

1. Abra o arquivo **9-7-1_RELATÓRIOS_ALINHAMENTO.DWG**, disponível no site da Editora Érica.
2. Selecione **Toolspace → Toolbox → Reports Manager → Alignment**, clique com o botão direito do mouse sobre o relatório **Alignment Design Criteria Verification** e selecione a opção **Execute** (Figura 9.37).

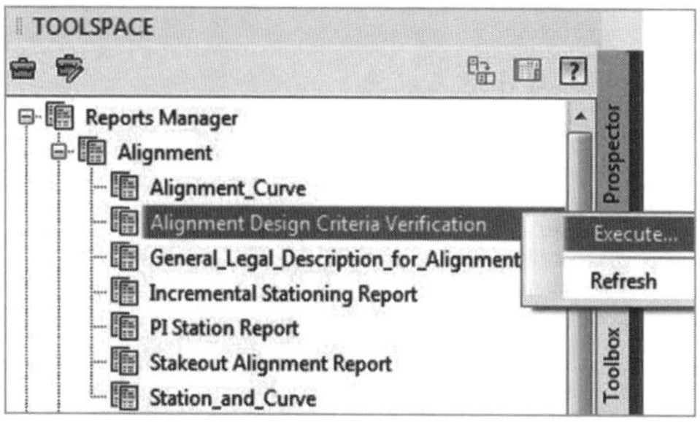

Figura 9.37 Relatório de verificação dos critérios geométricos dos alinhamentos.

3. Na caixa de diálogo **Create Reports - Alignment Design Criteria Verification Report**, selecione os alinhamentos **ALTERNATIVA-01** e **ALTERNATIVA-02**.

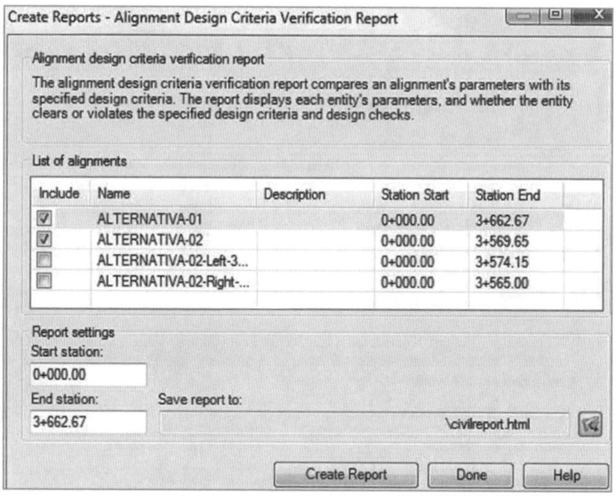

Figura 9.38 Caixa de seleção dos alinhamentos para a criação de relatórios.

4. Clique no botão e especifique o formato de saída do relatório, o local e o nome para o relatório de verificação dos critérios normativos. Clique em **Create Report**.
5. O relatório será exibido no aplicativo apropriado, de acordo com o formato do arquivo de saída (Figura 9.39).

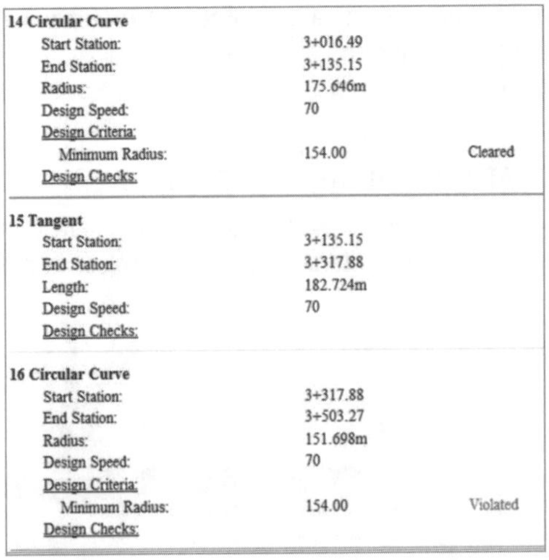

14 Circular Curve

Start Station:	3+016.49	
End Station:	3+135.15	
Radius:	175.646m	
Design Speed:	70	
Design Criteria:		
Minimum Radius:	154.00	Cleared
Design Checks:		

15 Tangent

Start Station:	3+135.15	
End Station:	3+317.88	
Length:	182.724m	
Design Speed:	70	
Design Checks:		

16 Circular Curve

Start Station:	3+317.88	
End Station:	3+503.27	
Radius:	151.698m	
Design Speed:	70	
Design Criteria:		
Minimum Radius:	154.00	Violated
Design Checks:		

Figura 9.39 Relatório de verificação dos critérios geométricos criados no formato HTML.

6. Selecione **Toolspace → Toolbox → Relatórios → Alinhamento Horizontal**, clique com o botão direito do mouse sobre o relatório **Alinhamento Horizontal** e selecione a opção **Execute**.
7. Na caixa de diálogo **Alinhamento Horizontal**, selecione os alinhamentos **ALTERNATIVA-01** e **ALTERNATIVA-02**. Clique no botão ... para determinar o local e o nome do arquivo *XLS* do relatório. Clique em **Criar Relatório** (Figura 9.40).

Figura 9.40 Caixa de diálogo para a criação do relatório de alinhamentos horizontais.

8. Verifique as informações do relatório criado e feche o arquivo (Figura 9.41).

Alinhamento: ALTERNATIVA-02

CURVA Nº		COORDENADAS PI	AZIMUTE	COORDENADAS			ESTACA	
				CC	TE ou PC	ET ou PT	INICIAL/TE/PC	ET/PT/FIM
INÍCIO	Y	7432038.1629163						
	X	320759.5698387					0+0.000	
1	Y	7432268.9146415	60°05'18.3"	7432116.2481495	7432249.7346294	7432270.1665531		
	X	321160.6705471		321204.1254487	321127.3311802	321199.1129581	21+4.277	24+19.660
2	Y	7432653.5974926	88°08'05.17"	7431291.5925181	7432291.0626708	7432290.8847436		
	X	323740.2757278		321873.3180692	321840.7694284	321910.9351935	57+1.657	60+11.837
3	Y	7432292.2052780	92°09'20.91"	7432412.4217951	7432258.5307923	7432270.6218538		
	X	321875.8554340		322776.2051997	322770.4121625	322836.2782940	103+11.923	106+19.429
4	Y	7432257.2403742	67°02'24.75"	7432511.7975514	7432653.5974926	7432644.0532741		
	X	322804.6918901		323800.3488221	323740.2757278	323879.2438397	156+1.204	163+5.747
FIM	Y	7432488.3616415	120°49'03.2"					
	X	324140.2376265						178+9.651

Alinhamento: ALTERNATIVA-01

CURVA Nº		COORDENADAS PI	AZIMUTE	COORDENADAS			ESTACA	
				CC	TE ou PC	ET ou PT	INICIAL/TE/PC	ET/PT/FIM
INÍCIO	Y	7432038.6546246						
	X	320790.9542309					0+0.000	
1	Y	7432232.3692530	57°28'52.63"	7432039.4240074	7432208.0671901	7432237.9139574		
	X	321094.8062430		321164.2021334	321056.6871255	321139.6717490	15+15.142	20+4.062

Figura 9.41 Relatório com as informações dos alinhamentos horizontais.

9.8 Exercício – Manipulação do traçado geométrico horizontal

O exercício a seguir mostra como manipular o projeto do traçado geométrico horizontal para adequá-lo aos critérios geométricos normativos para a velocidade de 80 km/h. Nesse projeto, identificou-se a necessidade da criação de um desvio forçando a adição de uma curva composta ao longo do traçado. O cliente solicitou o desenho com a nova geometria proposta, além do relatório contendo as informações do traçado.

Execute os seguintes procedimentos para concluir o exercício:

1. Abra o arquivo **9-8-1_PROJETO-HORIZONTAL.DWG**, disponível no site da Editora Érica.
2. Selecione o alinhamento na área de desenho e acesse a ferramenta da ribbon contextual **Alignment → Modify → Alignment Properties**.
3. Na aba **Design Criteria** da caixa **Alignment Properties**, altere a velocidade do projeto para **80 km/h** no campo **Design Speed**. Clique no botão **OK** (Figura 9.42).

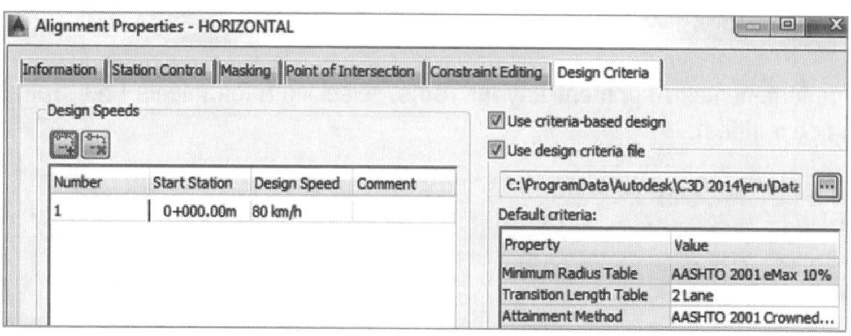

Figura 9.42 Alteração da velocidade do projeto para adequação do traçado geométrico horizontal.

4. Observe as curvas circulares informando violações geométricas na área de desenho.
5. Selecione o alinhamento na área de desenho e acesse a ferramenta da ribbon contextual **Alignment → Modify → Geometry Editor** para corrigir os raios das curvas para adequação ao critério normativo.

6. Na barra de ferramentas **Alignment Layout Tools,** selecione a ferramenta (**Alignment Grid View**).
7. Na aba **Alignment Entities** da janela **Panorama**, identifique as curvas circulares do traçado e altere para o valor solicitado pela norma; digite **210.000m** na coluna **Radius.**

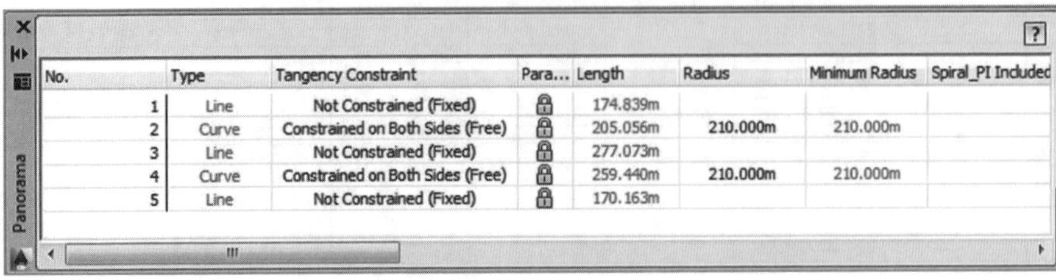

No.	Type	Tangency Constraint	Para...	Length	Radius	Minimum Radius	Spiral_PI Included
1	Line	Not Constrained (Fixed)		174.839m			
2	Curve	Constrained on Both Sides (Free)		205.056m	210.000m	210.000m	
3	Line	Not Constrained (Fixed)		277.073m			
4	Curve	Constrained on Both Sides (Free)		259.440m	210.000m	210.000m	
5	Line	Not Constrained (Fixed)		170.163m			

Figura 9.43 Definição dos valores para os raios das curvas circulares.

8. Na barra de ferramentas **Alignment Layout Tools**, selecione a ferramenta (**Insert PI**).
9. Clique no centro do círculo com a descrição **Curva Composta** para posicionar o novo PI no alinhamento. Pressione a tecla **Enter** para atualizar os rótulos do alinhamento.

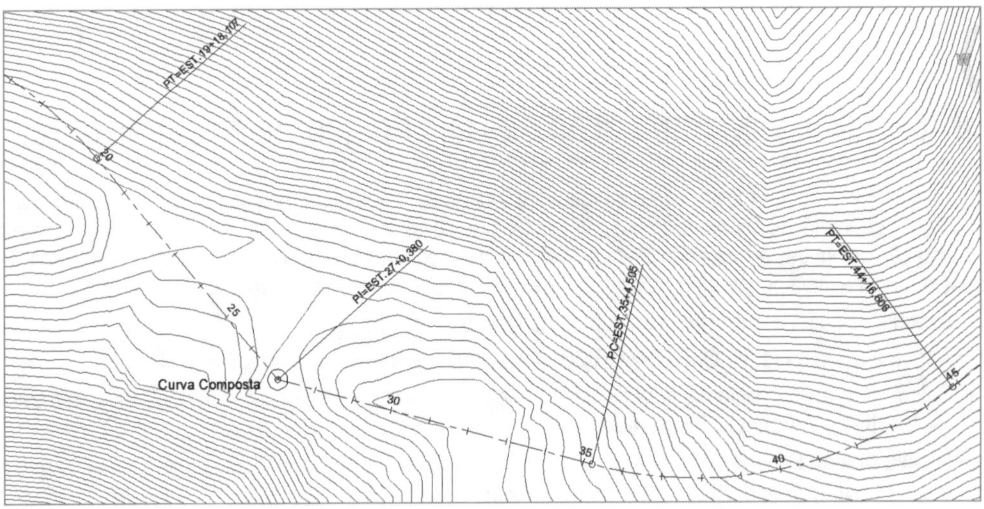

Figura 9.44 PI adicionado no traçado geométrico horizontal.

10. Na barra de ferramentas **Alignment Layout Tools**, selecione a ferramenta **Free Spiral-Curve-Spiral (Between two entities)**.

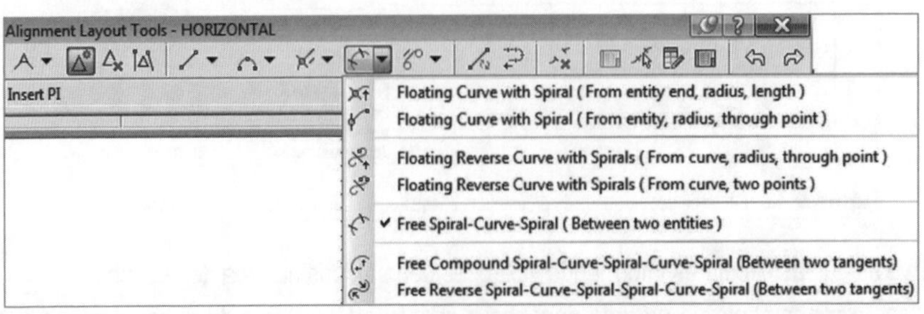

Figura 9.45 Ferramenta de criação de curva espiral-circular-espiral entre dois componentes existentes no alinhamento.

11. Selecione as tangentes anterior e posterior do PI presente na área de desenho.
12. Na linha de comando, pressione **Enter** para confirmar a opção **Lessthan180** e determinar o método angular da curva.
13. Na linha de comando, pressione **Enter** para confirmar o raio de **210.00m** para a curva circular.
14. Na linha de comando, pressione **Enter** para confirmar o comprimento de **70.00m** para a curva espiral de entrada (*spiral in length*).
15. Na linha de comando, pressione **Enter** para confirmar o comprimento de **70.00m** para a curva espiral de saída (*spiral out length*).
16. Pressione a tecla **Enter** para concluir a criação da curva composta.

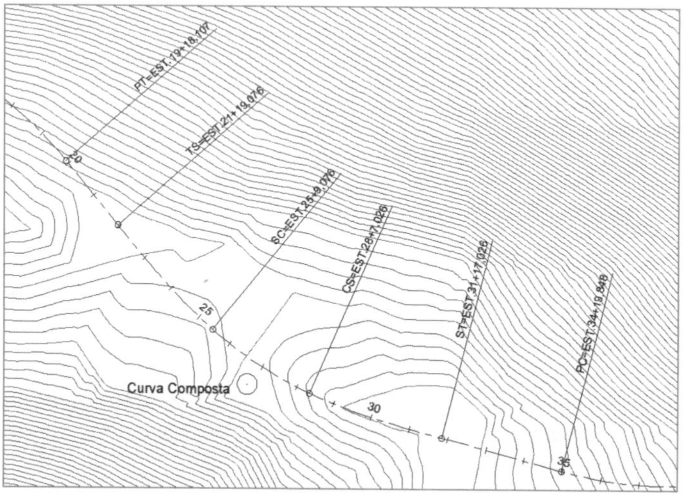

Figura 9.46 Curva composta por espiral-circular-espiral adicionada no alinhamento.

17. Selecione o alinhamento na área de desenho e acesse a ferramenta da ribbon contextual **Alignment → Labels & Tables → Add Labels → Multiple Segment**.
18. Selecione o alinhamento na área de desenho para posicionar os rótulos.

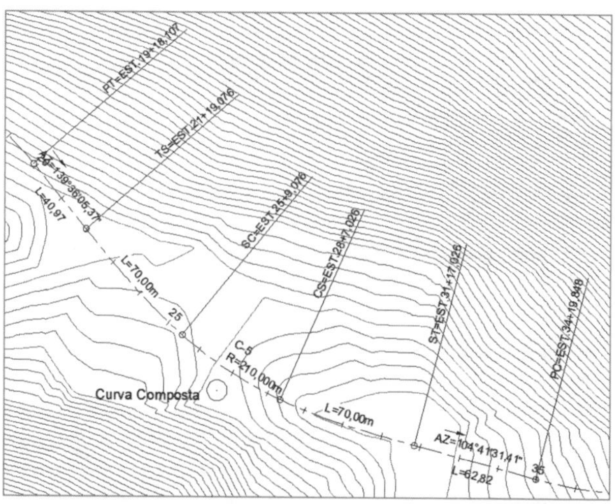

Figura 9.47 Rótulos posicionados no alinhamento geométrico horizontal.

19. Selecione o alinhamento na área de desenho e acesse a ferramenta da ribbon contextual **Alignment → Labels & Tables → Add Tables → Add Curve**.
20. Na caixa de diálogo **Table Creation** habilite todos os estilos de rótulos na coluna **Apply** do quadro **Select by label or style**. Clique no botão **OK** (Figura 9.48).
21. Posicione a tabela de curvas circulares na área de desenho e identifique as informações geométricas (Figura 9.49).

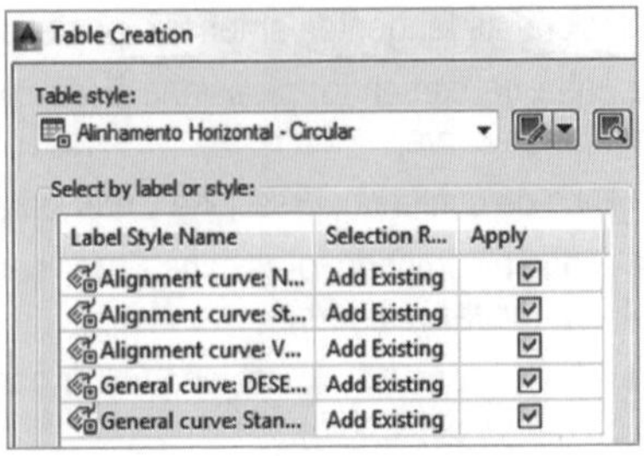

Figura 9.48 Seleção dos estilos de rótulos utilizados nas curvas circulares do alinhamento.

TABELA DE CURVAS DO ALINHAMENTO										
CURVAS	AC	R (m)	T (m)	D (m)	PC	PT	PONTO	PC	PI	PT
C-3	72°29'01,62"	210,000	153,933	265,667	6+12,440	19+18,107	N E	74,6714 100,0283	134,5265 241,8473	17,2983 341,6111
C-4	52°24'44,14"	210,000	103,361	192,101	34+19,848	44+11,949	N E	-132,6759 592,5766	-158,8907 692,5578	-95,6540 774,3169
C-5	15°48'39,03"	210,000	29,160	57,950	25+9,076	28+7,026	N E	-64,5473 416,3599	-91,0498 433,8177	-95,2841 465,2697

Figura 9.49 Tabela de dados geométricos das curvas circulares presentes no alinhamento horizontal.

22. Na **Toolspace,** acesse a aba **Toolbox → Relatórios → Alinhamento Horizontal**. Clique com o botão direito do mouse sobre o relatório **Curvas e Estacas Horizontal,** e selecione a opção **Execute**.
23. Na caixa de diálogo **Export to XML Report**, clique no botão **OK**.
24. Na caixa de diálogo **Save As,** determine o nome, o local e o formato para arquivo do relatório de saída, e clique no botão **Save**.
25. Verifique as informações das curvas do traçado geométrico horizontal projetado.

PONTOS NOTÁVEIS DA ESPIRAL

DESCRIÇÃO	ESTACA	NORTE	ESTE
TE:	0+439.08	-13.902	368.163
EPI:		-49.493	398.452
EC:	0+509.08	-64.547	416.360

CURVA ESPIRAL: clothoid

PARÂMETRO	VALOR	PARÂMETRO	VALOR
COMPRIMENTO:	70.000	TI:	46.735
RAIO:	210.000	TC:	23.395
ÂNGULO ESPIRAL:	09° 32' 57.4677"	P:	0.971
XC:	69.806	K:	34.968
YC:	3.881	A:	121.244
COMPRIM. CORDA:	69.914	ÂNGULO CORDA:	313.5808577137503

PONTOS NOTÁVEIS DA CURVA CIRCULAR

DESCRIÇÃO	ESTACA	NORTE	ESTE
EC:	0+509.08	-64.547	416.360
CC:		96.199	551.492
CE:	0+567.03	-95.284	465.270

CURVA CIRCULAR

PARÂMETRO	VALOR	PARÂMETRO	VALOR
AC:	15° 48' 39.0254"	TIPO:	ESQUERDO
RAIO:	210.000		
DESENVOLVIMENTO:	57.950	TANGENTE:	29.160
FLECHA:	1.996	AFASTAMENTO:	2.015
COMPRIM. CORDA:	57.766	ÂNGULO CORDA:	327.85322466115383

Figura 9.50 Relatório com as informações das curvas presentes no projeto do alinhamento horizontal.

10

Perfil Longitudinal do Terreno

Os perfis são utilizados para visualizar o terreno ao longo do alinhamento horizontal. Quando o alinhamento horizontal ou a superfície sofrem alterações, o perfil exibe os resultados dessas alterações automaticamente. Todos os componentes exibidos no gráfico do perfil são controlados por meio da configuração de estilos dos objetos de **Profile** e **Profile View**.

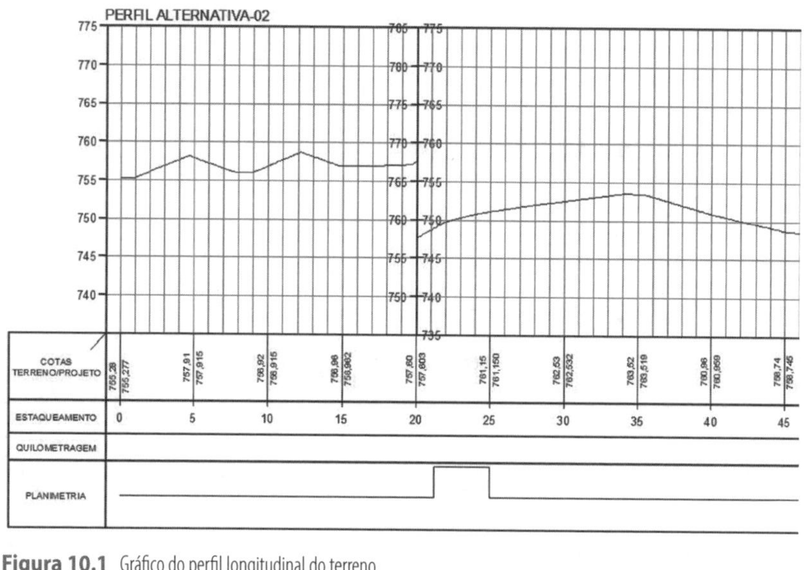

Figura 10.1 Gráfico do perfil longitudinal do terreno.

O perfil longitudinal exibe as informações das elevações do terreno ao longo do traçado do alinhamento horizontal selecionado. Ele é composto pelo gráfico do perfil (*Profile View*), com os perfis de superfícies e greides projetados (*Profiles*), e o conjunto de informações apresentadas no rodapé do gráfico do perfil (*Band Set*).

É possível criar vários gráficos de perfis longitudinais de um mesmo alinhamento ou exibir diversas superfícies em um único gráfico para representar as camadas de solos presentes ao longo do alinhamento horizontal.

10.1 Informações do rodapé do perfil longitudinal

As informações da superfície topográfica e os dados do projeto podem ser controlados no rodapé do gráfico por meio do recurso de **Data Bands**. É possível configurar os estilos de *band sets* para a exibição das cotas do terreno e do projeto, das estacas e dos quilômetros, para as informações planimétricas do alinhamento, os dados da superelevação e as informações de redes projetadas.

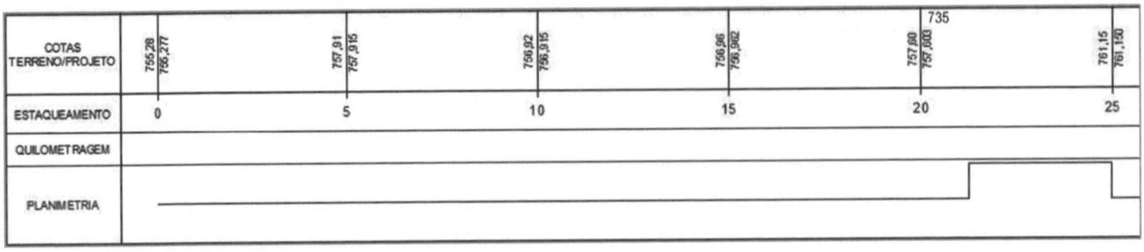

Figura 10.2 Informações exibidas no rodapé do gráfico do perfil longitudinal (Data Bands).

As informações dos rodapés são adicionadas durante o processo de criação do gráfico do perfil longitudinal e podem ser controladas por meio da aba **Bands** da caixa de diálogo **Profile View Properties** do gráfico do perfil selecionado (Figura 10.3). Dessa forma, as informações pertinentes para cada tipo de projeto poderão ser exibidas no desenho.

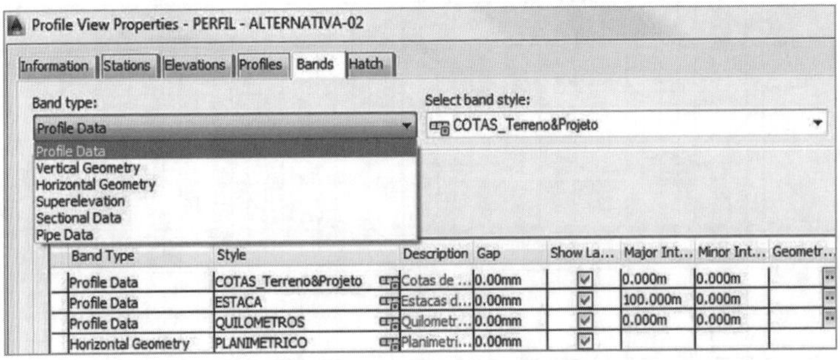

Figura 10.3 Aba Bands da caixa Profile View Properties para a configuração das informações no rodapé do perfil.

10.2 Definição das informações exibidas no gráfico do perfil

A ferramenta presente na ribbon **Home → Create Design → Profile → Create Surface Profile** acessa a caixa de diálogo **Create Profile from Surface**, que possibilita selecionar o alinhamento desejado e a região das estacas para a criação do gráfico do perfil longitudinal. Essa caixa permite, ainda, selecionar quais superfícies serão exibidas no gráfico do perfil, além da projeção de superfícies, especificando o valor do afastamento, pela opção *Sample offsets* (Figura 10.4).

Draw in profile view: botão que aciona a caixa de diálogo **Create Profile View** utilizada no processo de criação do gráfico do perfil longitudinal.

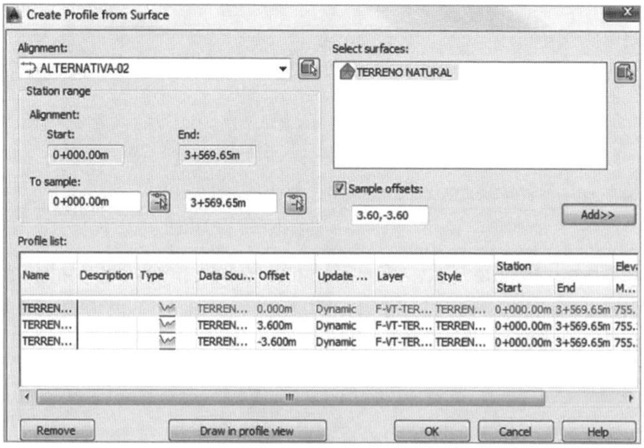

Figura 10.4 Caixa de definição das informações que serão exibidas no gráfico do perfil longitudinal.

Sample offsets: ferramenta que permite determinar a distância de afastamento do eixo do alinhamento horizontal para a criação do perfil deslocado de superfícies presentes no desenho. Valores negativos digitados no quadro *Sample offsets* criarão o perfil deslocado do lado esquerdo do alinhamento, e valores positivos criarão o perfil deslocado do lado direito do eixo do alinhamento horizontal.

Add: botão que adiciona as configurações estabelecidas na lista do campo *Profile list*.

10.3 Criação do gráfico do perfil longitudinal

A caixa de diálogo **Create Profile View** possui um assistente com diversas abas para auxiliar passo a passo durante o processo de criação dos perfis longitudinais de superfícies topográficas ou de superfícies que representam as camadas geológicas. Depois de pronto, é possível acessar todas as configurações do perfil pela caixa de propriedades **Profile View Properties**.

A caixa **Create Profile View – General** permite definir o nome para o gráfico do perfil, selecionar seu estilo de representação e habilitar a função **Show offset profiles by vertically stacking profile view** para criar vários gráficos de perfis simultaneamente (Figura 10.5).

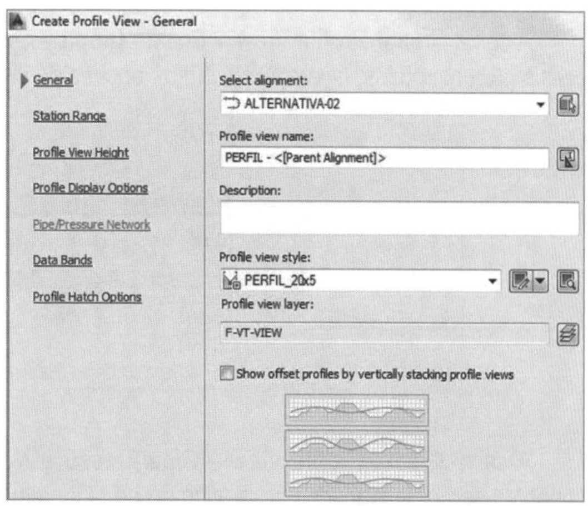

Figura 10.5 Opções da aba General.

Em **Create Profile View – Station Range,** podem-se determinar as estacas inicial e final do alinhamento para a representação no gráfico do **Profile View** (Figura 10.6).

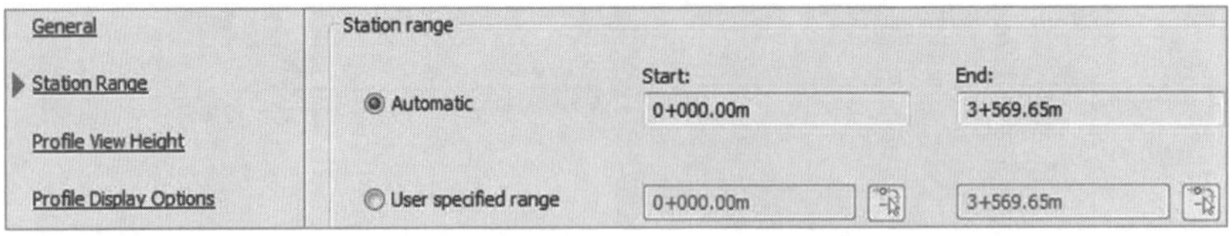

Figura 10.6 Controle das estacas que serão exibidas no gráfico do perfil longitudinal.

As opções da caixa **Create Profile View – Profile View Height** permitem configurar a altura do gráfico do perfil por meio das cotas do terreno. A opção **Split profile view** auxilia na criação de articulações dos perfis ao longo do gráfico do perfil longitudinal (Figura 10.7).

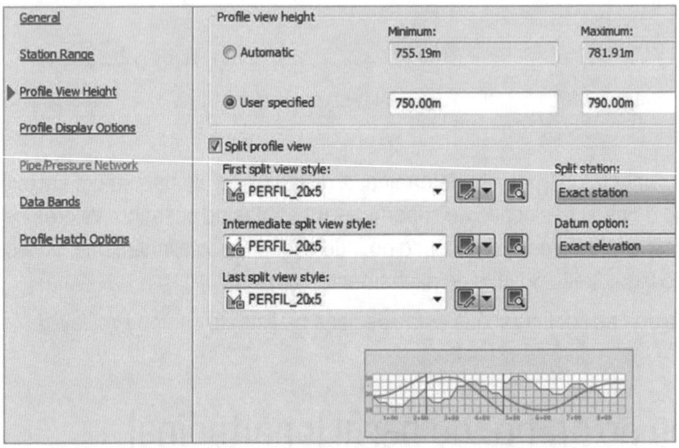

Figura 10.7 Configurações de controle da altura do gráfico do perfil longitudinal.

A caixa **Create Profile View – Profile Display Options** disponibiliza opções de estilos para os perfis, estilos para os rótulos, *layers*, entre outras opções de visualização do **Profile View** (Figura 10.8).

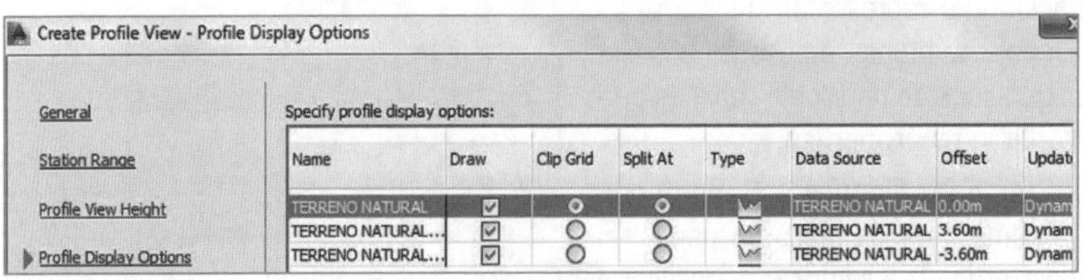

Figura 10.8 Controle de estilos de representações dos perfis.

A caixa **Create Profile View – Pipe/Pressure Network** permite selecionar quais redes e seus componentes serão desenhados no gráfico do perfil longitudinal. Essa opção será habilitada quando o desenho possuir projetos de redes de tubulações (Figura 10.9).

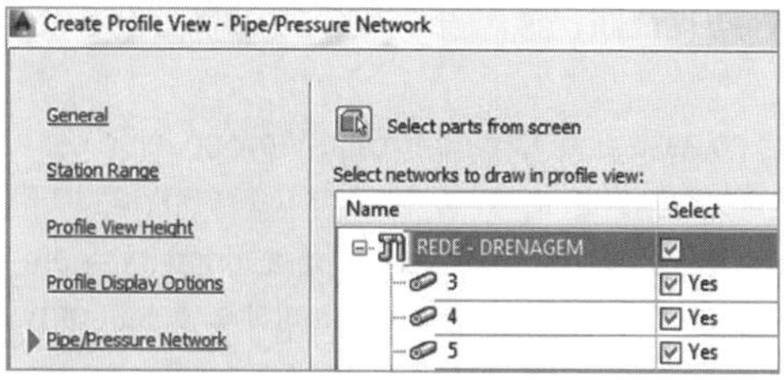

Figura 10.9 Escolha dos dispositivos das redes de tubulações que serão exibidas no gráfico do perfil.

A caixa **Create Profile View – Data Bands** auxilia na configuração das informações apresentadas no rodapé do gráfico do perfil longitudinal (Figura 10.10).

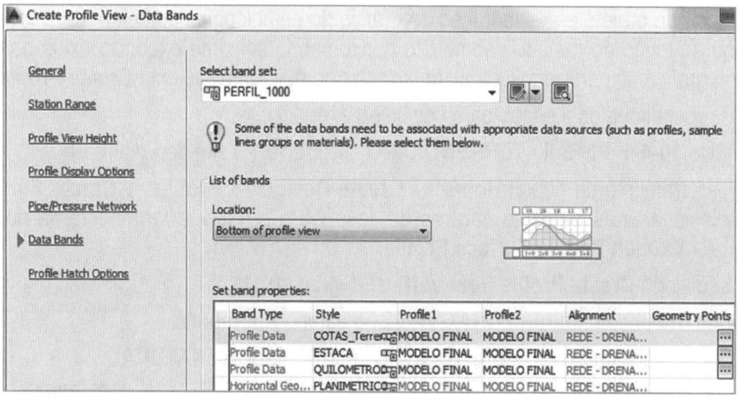

Figura 10.10 Configurações das informações exibidas no rodapé do gráfico do perfil longitudinal.

Na caixa **Create Profile View – Profile Hatch Options** é possível aplicar as pinturas nas regiões de corte e aterro ao longo do perfil longitudinal. Essas opções serão válidas após a definição do projeto do traçado geométrico vertical (Figura 10.11).

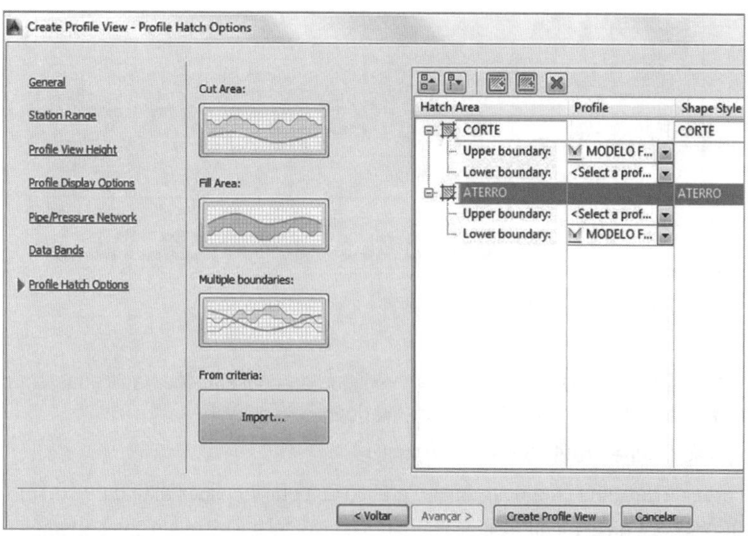

Figura 10.11 Opções para aplicação de pinturas nas áreas de corte e aterro no gráfico do perfil.

O botão **Create Profile View** conclui o assistente para a inserção do gráfico do perfil longitudinal na área de desenho.

Todas as opções exibidas no assistente **Create Profile View** poderão ser acessadas posteriormente para eventuais ajustes, por meio da caixa de propriedades do gráfico do perfil longitudinal **Profile View Properties**.

O gráfico do perfil longitudinal é criado no desenho para, primeiramente, exibir as camadas de superfícies presentes ao longo do traçado do alinhamento horizontal e, posteriormente, servir como base para o desenvolvimento do projeto do traçado geométrico vertical.

10.4 Exercício – elaboração do perfil longitudinal do terreno

A próxima fase do projeto é a elaboração do gráfico do perfil longitudinal para a exibição do comportamento do terreno ao longo do traçado geométrico horizontal. O seguinte exercício exibe os procedimentos para a criação do gráfico do perfil longitudinal do terreno por meio do assistente **Create Profile View.**

Execute os procedimentos a seguir para concluir o exercício:

1. Abra o arquivo **10-4-1_PERFIL_TERRENO.DWG**, disponível no site da Editora Érica.
2. Selecione a ferramenta da ribbon **Home → Create Design → Profile → Create Surface Profile**. É possível selecionar o alinhamento na área de desenho e acessar a ferramenta da ribbon contextual **Alignment → Launch Pad → Surface Profile.**
3. Na caixa de diálogo **Create Profile from vertical** (Figura 10.11)
   - Selecione o alinhamento **ALTERNATIVA-02** no campo **Alignment**.
   - No quadro **Select surfaces,** selecione a superfície **TERRENO NATURAL**.
   - Clique no botão **Add>>** para adicionar as informações na lista do quadro **Profile list.**
   - Clique no botão **Draw in Profile View** para acessar o assistente de criação do gráfico do perfil longitudinal.

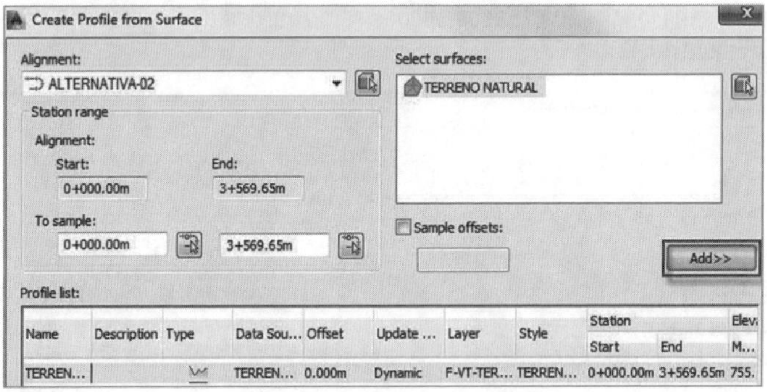

Figura 10.12 Caixa Create Profile From Surface.

4. Na caixa do assistente **Create Profile View**, verifique as configurações aplicadas em cada aba para representação do gráfico do perfil. Clique em **Avançar**.
5. Clique no botão **Create Profile View** para concluir.
6. Clique na área de desenho para posicionar o gráfico do perfil longitudinal (Figura 10.13).
7. Reposicione os *grips* da geometria do alinhamento horizontal e verifique o comportamento do terreno no gráfico do perfil longitudinal.

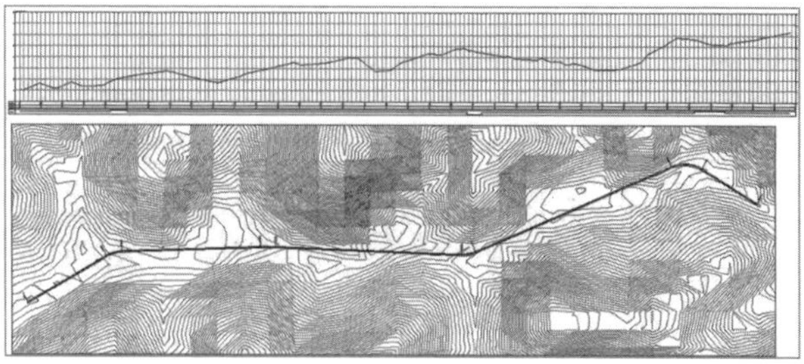

Figura 10.13 Alinhamento horizontal e gráfico do perfil longitudinal do terreno.

8. Selecione o gráfico do perfil longitudinal e acesse a ferramenta da ribbon contextual **Profile View → Modify View → Profile View Properties**.
9. Na caixa de diálogo **Profile View Properties**, navegue nas abas para verificar as configurações do gráfico do perfil longitudinal. Na aba **Bands,** encontram-se as configurações dos dados apresentados no rodapé do perfil. Selecione a terceira linha contendo o estilo **Quilômetros** e clique no botão **Remove (X)**.
10. Na aba **Information** da caixa **Profile View Properties**, selecione o estilo **Perfil_20x5** no quadro **Object Style** e selecione a ferramenta **Edit Current Selection**.
11. Na aba **Graph** da caixa de diálogo **Profile View Style**, altere o valor do quadro **Vertical Exaggeration** para **2.000** e, assim, reduza o exagero vertical no gráfico do perfil longitudinal. Clique no botão **OK**.
12. Clique em **OK** na caixa **Profile View Properties** para aplicar as configurações.
13. Na área de desenho, verifique o comportamento do exagero vertical do gráfico do perfil e identifique o novo arranjo do rodapé (Figura 10.14).

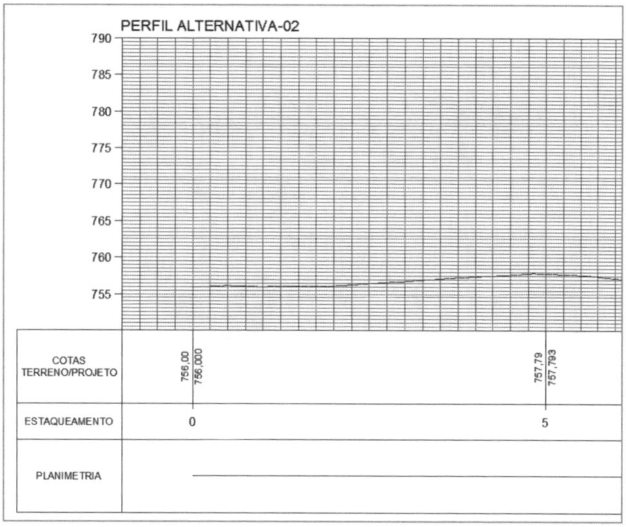

Figura 10.14 Gráfico do perfil longitudinal com o novo exagero vertical.

14. Selecione o gráfico do perfil longitudinal e acesse a ferramenta da ribbon contextual **Profile View → Analyze → Station Tracker → Current Viewport**.
15. Passe o cursor do mouse sobre o alinhamento horizontal para exibir sua posição correspondente no gráfico do perfil longitudinal.
16. Passe o cursor do mouse sobre o gráfico do perfil para exibir a posição no alinhamento horizontal.
17. Feche o arquivo.

11 Alinhamento Vertical

Com as ferramentas **Profile Layout Tools,** é possível representar o perfil do greide projetado no gráfico do perfil longitudinal e lançar manualmente o traçado geométrico vertical no gráfico ou especificar os valores para as estacas e as elevações (Figura 11.1).O objeto **layout profile** representa o traçado geométrico vertical proposto ao longo de um alinhamento e é aplicado em projetos lineares, como rodovias, ferrovias, canais, ensecadeiras, entre outros componentes de projetos de infraestrutura.

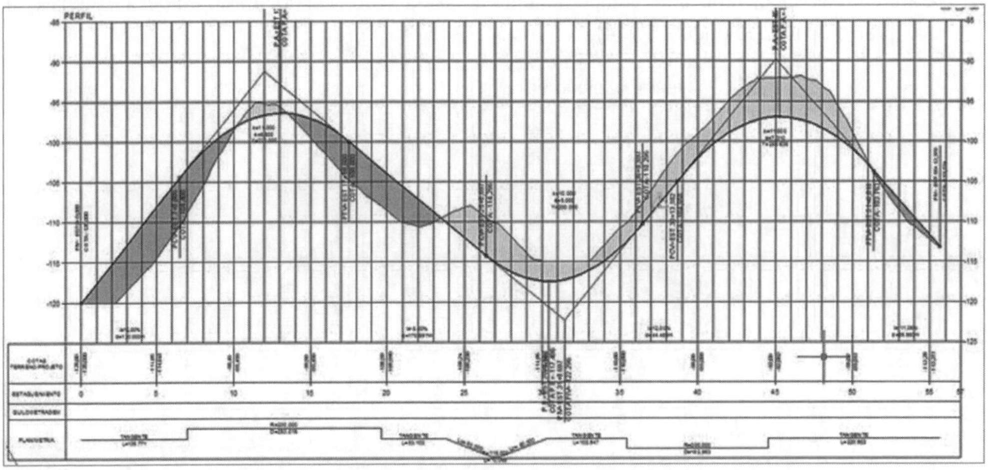

Figura 11.1 Gráfico do perfil longitudinal com o alinhamento vertical projetado.

Os recursos de **layout profile** auxiliam durante o processo de definição, cálculo, análises, revisão e documentação do projeto geométrico vertical. Em muitos casos, utiliza-se o perfil do terreno natural como referência para a elaboração do projeto do alinhamento vertical, para projetar as rampas e as curvas do greide vertical o mais próximo possível do terreno natural ou para a acomodação do traçado vertical em geometrias existentes, muito comum em projetos de duplicação ou restauração de vias, ou, ainda, para balancear os volumes de corte e aterro do projeto.

É possível importar um arquivo de texto contendo as informações geométricas verticais para a criação do alinhamento vertical pela ferramenta **Create Profile From File**.

Assim como o alinhamento horizontal, o projeto do alinhamento vertical também pode ser associado ao arquivo de critérios normativos (*Design Criteria*), para a execução de análises e validação do projeto geométrico.

11.1 Definições para o traçado geométrico vertical

A definição do perfil do projeto proposto é basicamente efetuada selecionando pontos que representam as interseções verticais (PIVs), que são conectadas utilizando tangentes com ou sem curvas. Se for selecionada a opção de tangentes com curvas, é possível configurar valores-padrão para criar automaticamente as curvas quando se inserem os pontos das PIVs. Os parâmetros das curvas e as demais propriedades poderão ser editados posteriormente para melhorar a precisão do projeto geométrico vertical (Figura 11.2).

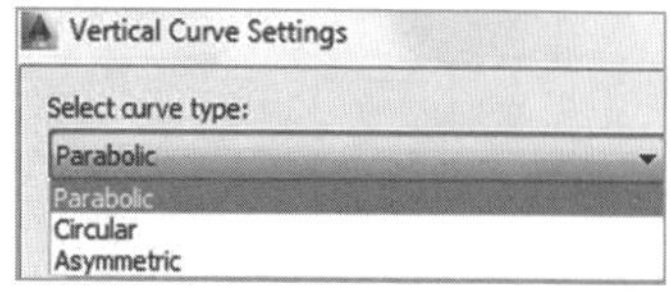

Figura 11.2 Tipos de curvas verticais.

Existem três tipos de fórmulas para a aplicação das curvas verticais no projeto geométrico vertical:

Parábola: tipo de curva que utiliza os parâmetros de comprimento horizontal ou o valor do *K* para a definição da curva.

Circular: tipo de curva determinado pelo desenvolvimento ou pelo raio na definição da curva vertical.

Assimétrica: tipo de curva que a segmenta em duas parábolas e utiliza os comprimentos separados para as parábolas de entrada e de saída, fornecendo maior flexibilidade geométrica, apesar de seu uso pouco frequente.

As curvas verticais ainda podem ser classificadas em (Figura 11.3):

Crest curves: são as curvas convexas, criadas na parte superior do traçado geométrico vertical.

Sag curves: são as curvas côncavas, definidas na parte inferior do alinhamento vertical.

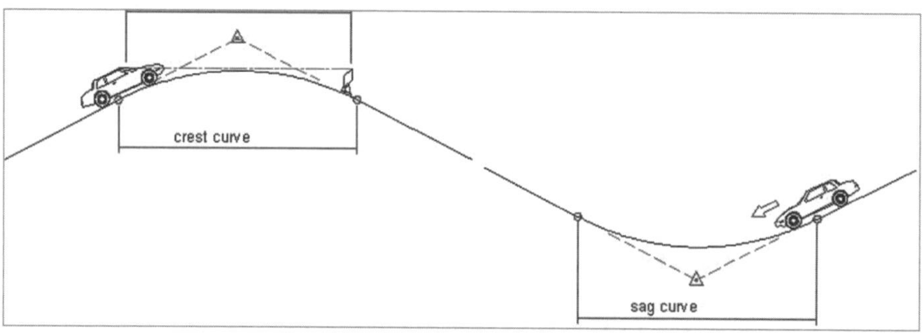

Figura 11.3 Curvas côncavas e convexas.

11.2 Critérios normativos

Os critérios normativos de **Design Criteria,** aplicados ao projeto geométrico, auxiliam na identificação de eventuais violações normativas de conforto e segurança ao longo do traçado geométrico horizontal e vertical durante o desenvolvimento de projetos para rodovias e ferrovias.

A ferramenta **Design Check** informa a existência de eventuais irregularidades nas geometrias projetadas, permitindo a verificação de critérios como a distância de visibilidade ou de frenagem segura por meio da velocidade aplicada ao projeto.

Pode-se selecionar a classe da via e determinar quais os tipos de veículos serão suportados na via projetada por meio da ferramenta **Design Check** aplicada ao traçado da geometria vertical. Dessa forma, também é possível identificar as violações de rampas máximas permitidas, em virtude do tipo de veículo que passará pela via projetada.

Os critérios normativos poderão ser criados e configurados pela **Toolspace → Settings → Profile → Design Checks**.

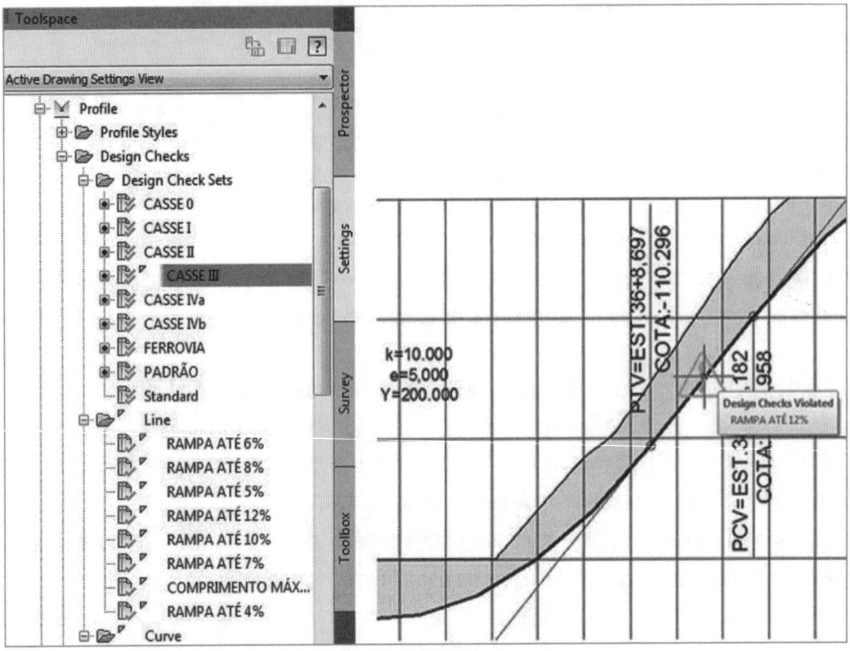

Figura 11.4 Classes de vias para a aplicação dos critérios normativos para a verificação de rampas.

O seguinte exemplo mostra como acessar os critérios normativos de traçado geométrico vertical.

Agora, estude o exemplo a seguir:

1. Crie um novo desenho e utilize o arquivo de template **_AutoCAD Civil 3D 2016_BRA (DER).DWT**, fornecido na instalação do pacote *Brazil Content*.
2. Acesse a **Toolspace → Settings → Profile → Design Checks → Design Check Sets**. Clique com o botão direito do mouse sobre **CLASSE IVb** e selecione a opção **Edit**.
3. Verifique os critérios de rampas configurados na aba **Design Checks** da caixa **Profile Design Check Set**. Clique no botão **OK** para concluir.
4. Acesse **Toolspace → Settings → Profile → Design Checks → Line**. Clique com o botão direito do mouse sobre o critério **RAMPA ATÉ 10%** e selecione a opção **Edit**.
5. Verifique a fórmula do critério na caixa **Edit Design Check**. Clique no botão **OK**.
6. Feche o arquivo.

11.3 Ferramentas para a definição da geometria vertical

A barra de ferramentas **Profile Layout Tools** é disponibilizada após a confirmação da criação do alinhamento vertical (Figura 11.5). A metodologia para criar o projeto do traçado geométrico vertical é muito parecida com o processo utilizado no desenvolvimento do traçado horizontal. As ferramentas dessa barra permitem controlar o posicionamento dos PIVs e os comandos para a criação de tangentes e curvas verticais.

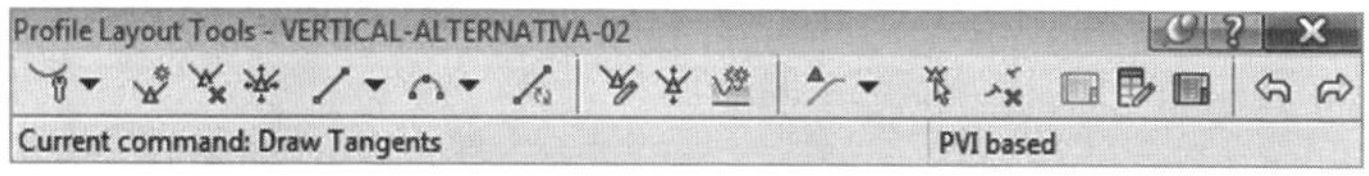

Figura 11.5 Barra de ferramenta para a definição do projeto geométrico vertical.

Draw Tangents Without Curves: ferramenta para criar as rampas verticais determinando os PIVs; as curvas entre essas rampas não são adicionadas.

Draw Tangents With Curves: ferramenta que cria as rampas verticais determinando os PIVs; as curvas verticais são criadas automaticamente entre as rampas.

Curve Settings: ferramenta de acesso à caixa de diálogo **Vertical Curve Settings** para configurar os parâmetros das curvas que serão criadas automaticamente na utilização do comando **Draw Tangents With Curves**.

Insert PVI: ferramenta para adicionar um PIV no traçado do alinhamento vertical.

Delete PVI: ferramenta que remove um PIV do alinhamento vertical.

Move PVI: ferramenta utilizada para reposicionar um PIV existente no traçado.

Tangents: conjunto de ferramentas para a definição de rampas (Figura 11.6).
Vertical Curves: conjunto de ferramentas para a criação de curvas verticais no projeto do traçado geométrico (Figura 11.7).

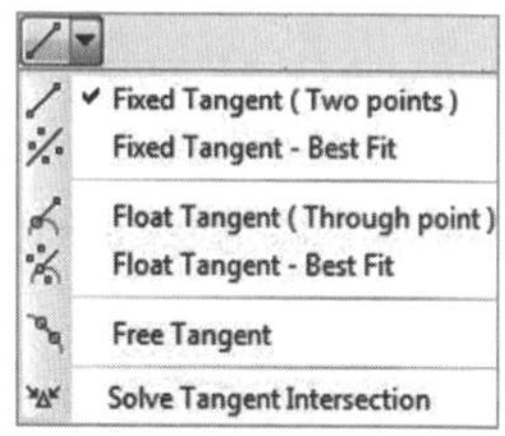

Figura 11.6 Ferramentas para a definição de rampas.

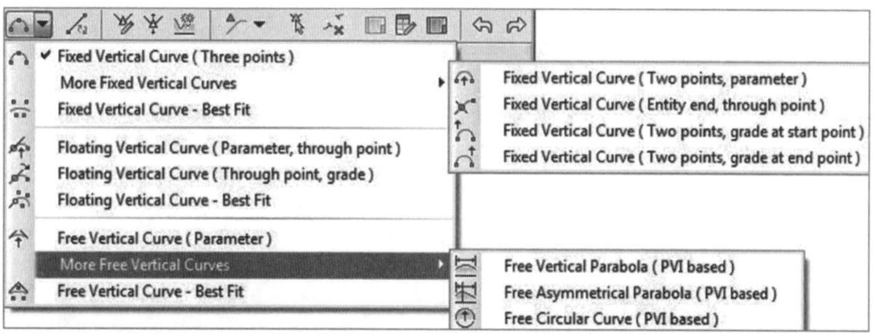

Figura 11.7 Ferramentas de adição de curvas verticais.

Convert Line to Spline: ferramenta utilizada para converter linhas e *splines* do AutoCAD para elementos do alinhamento vertical.

Insert PVIs - Tabular: ferramenta de acesso à caixa de diálogo **Insert PVIs**. Permite a criação de PIVs no alinhamento vertical determinando valores de estacas e elevações (Figura 11.8). O valor do campo *Station* deverá ser inserido em metros progressivos; por exemplo, para a estaca 2+10.00m, digite 50.000 metros.

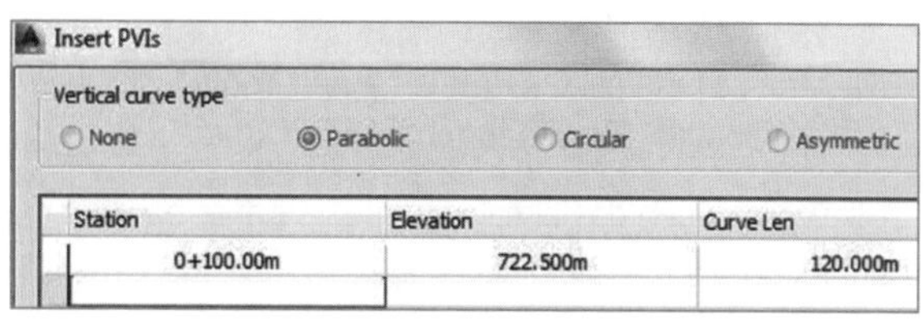

Figura 11.8 Caixa de definição de PIVs e curvas verticais no alinhamento vertical.

Raise/Lower PVIs: ferramenta que determina novos valores para as elevações do alinhamento vertical, elevando ou rebaixando todo o traçado projetado.

Copy Profile: ferramenta que possibilita copiar todo o projeto vertical ou partes dele.

PVI Based: ferramenta utilizada para exibir as informações de PIV na caixa de diálogo **Layout Parameter.**

Entity Based: ferramenta utilizada para exibir as informações de entidades na caixa de diálogo **Layout Parameter**.

Select PVI: ferramenta para selecionar um PIV quando a opção **PVI Based** estiver acionada.

Select Entity: ferramenta para selecionar um componente do traçado vertical quando a opção **Entity Based** estiver acionada.

Delete Entity: ferramenta para a remoção de um componente presente no alinhamento vertical.

Profile Layout Parameters: ferramenta que acessa a caixa de diálogo **Profile Layout Parameter** para visualizar ou modificar os valores dos PIVs da geometria vertical projetada.

Profile Grid View: ferramenta utilizada para exibir a janela **Panorama** com as propriedades dos PIVs.

Undo: ferramenta utilizada para desfazer o último comando da barra de ferramentas **Profile Layout Tools.**

Redo: ferramenta utilizada para refazer a última ação desfeita da barra de ferramentas **Profile Layout Tools**.

O seguinte exemplo ilustra os passos para a definição do alinhamento geométrico vertical utilizando a ferramenta de criação dos PIVs e adicionando automaticamente as curvas verticais no projeto. Agora, estude o exemplo a seguir:

1. Abra o arquivo **11-3-1_PERFIL_PROJETO.DWG**, disponível no site da Editora Érica.
2. Selecione a ferramenta da ribbon **Home → Create Design → Profile → Profile Creation Tools**. É possível selecionar o alinhamento na área de desenho e acessar a ferramenta da ribbon contextual **Alignment → Launch Pad → Profile Creation Tools**.
3. Selecione o gráfico do perfil longitudinal na área de desenho.
4. Na aba **Design Criteria** da caixa de diálogo **Create Profile - Draw New**, configure (Figura 11.9):
   - Habilite a opção **Use criteria-based design**.
   - Desligue a opção **Use design criteria file**.
   - Habilite a opção **Use design check set** e selecione a **CLASSE III**.
   - Clique no botão **OK**.

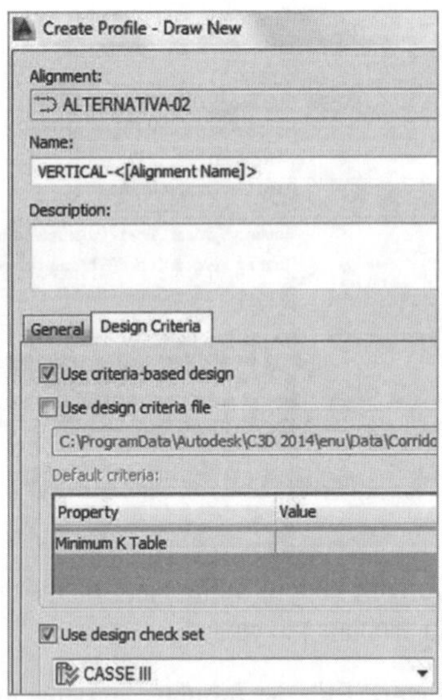

Figura 11.9 Aba Design Criteria para aplicação dos critérios normativos no traçado vertical.

5. Na barra de ferramentas **Profile Layout Tools,** selecione a ferramenta **Draw Tangents With Curves**.
6. Clique no centro dos círculos para posicionar os PIVs da estaca 0+0.00 até o último PIV da direita no gráfico do perfil longitudinal (Figura 11.10). Pressione a tecla **Enter** para concluir.

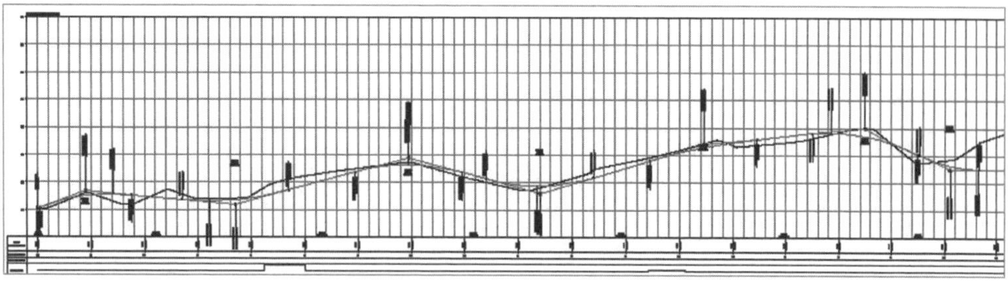

Figura 11.10 Projeto do traçado geométrico vertical.

7. Na barra de ferramentas **Profile Layout Tools,** selecione a ferramenta (**Insert PVIs - Tabular)** para adicionar um PIV e uma curva vertical no projeto do alinhamento vertical.
8. Na caixa de diálogo Insert PVIs (Figura 11.11):
   - Habilite a opção **Parabolic** para adicionar uma curva parábola.
   - Digite **2040.00m** no campo **Station** para definir o PIV na estaca 102+0.00.
   - Digite **774.500m** no campo **Elevation** para determinar a cota do PIV.
   - Digite **200.000m** no campo **Curve Len** para especificar o comprimento da curva vertical.
   - Clique no botão **OK** para criar o PIV.

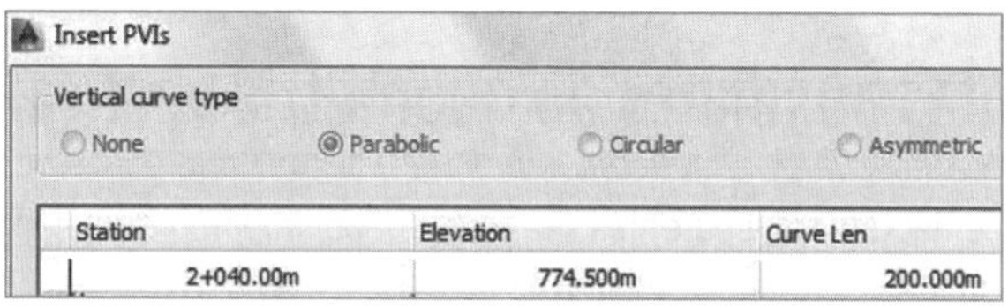

Figura 11.11 Configuração do novo PIV e curva vertical.

9. Selecione o gráfico do perfil longitudinal na área de desenho e acesse a ferramenta da ribbon contextual **Profile View → Modify View → Profile View Properties** para atualizar as cotas do projeto vertical e adicionar as pinturas nas áreas de corte e aterro.
10. Na aba **Bands** da caixa de diálogo **Profile View Properties,** selecione o perfil **VERTICAL-ALTERNATIVA-02** nos campos da coluna **Profile2** (Figura 11.12).

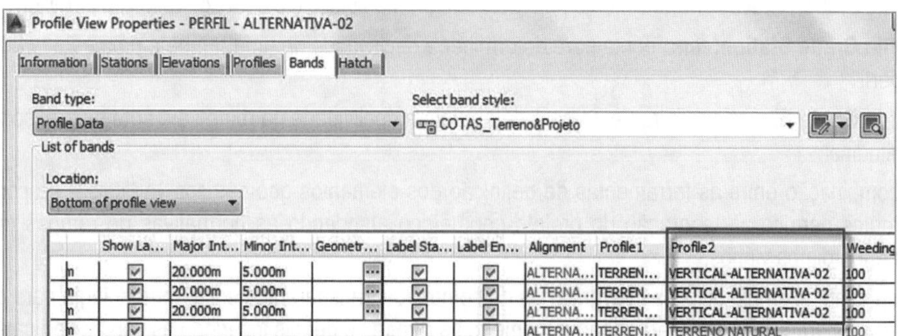

Figura 11.12 Configuração das informações do rodapé do perfil longitudinal.

11. Na aba **Hatch** da caixa de diálogo **Profile View Properties,** clique nos botões **Cut Area** e **Fill Area** para adicionar as pinturas de corte e aterro no gráfico do perfil longitudinal. Clique no botão **OK** para concluir.

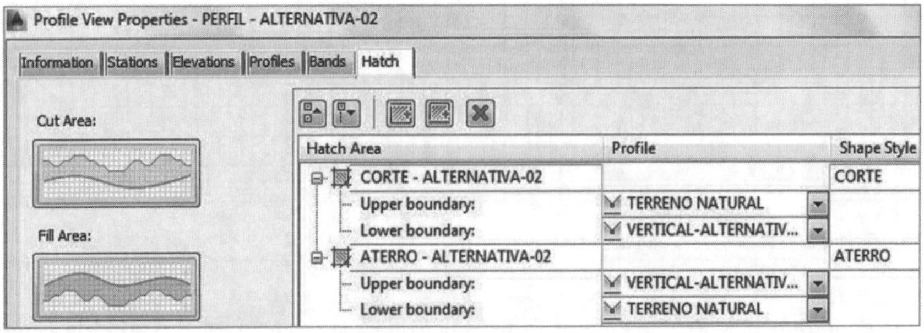

Figura 11.13 Aplicação das pinturas nas áreas de corte e aterro do perfil longitudinal.

É possível controlar a aparência das pinturas nas áreas de corte e aterro exibidas no gráfico do perfil longitudinal. A configuração dessas pinturas é efetuada por meio dos estilos de **Shape Styles**, localizados em **Toolspace → Settings → General → Multipurpose Styles → Shape Styles.**

12. Verifique as cotas atualizadas no rodapé e a criação das pinturas de corte e aterro no gráfico do perfil.
13. Feche o arquivo.

11.4 Ferramentas auxiliares de geometria vertical

As ferramentas de comandos transparentes (*transparent commands*) fornecem a precisão desejada na definição dos elementos que incorporam a geometria do traçado vertical (Figura 11.14). Pode-se projetar o traçado geométrico vertical determinando a inclinação de uma rampa até uma estaca ou cota desejada.

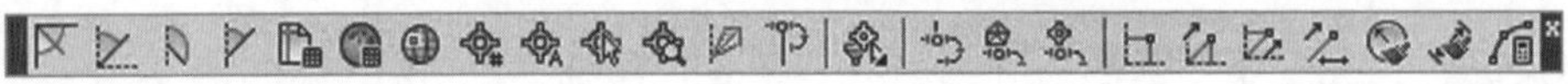

Figura 11.14 Barra de comandos transparentes.

Após selecionar um comando da barra de ferramentas **Profile Layout Tools**, será possível utilizar os comandos transparentes para escolher o ponto de partida no gráfico do perfil e determinar:

- **Profile Station Elevation:** ferramenta para selecionar uma estaca e a cota no gráfico do perfil longitudinal.
- **Profile Grade Station:** ferramenta para determinar a declividade de uma rampa e uma estaca no gráfico do perfil.
- **Profile Grade Elevation:** ferramenta para determinar a declividade da rampa e a cota no gráfico do perfil longitudinal.

A combinação entre as ferramentas de definição dos elementos geométricos verticais e os comandos transparentes permite a elaboração do projeto geométrico atendendo às normativas de rampas máximas exigidas em projetos viários.

O seguinte exemplo utiliza as ferramentas de comandos transparentes como metodologia para definir o projeto do alinhamento vertical, adicionando primeiro as rampas e depois inserindo as curvas verticais.

Agora, estude o exemplo a seguir:

Características do projeto do alinhamento vertical:

- velocidade do projeto: 80 km/h;
- classe da via: IVb (4b);
- rampa máxima: 10%.

1. Abra o arquivo **11-4-1_ PERFIL_VERTICAL.DWG**, disponível no site da Editora Érica.
2. Verifique a velocidade estabelecida no projeto geométrico horizontal. Selecione o alinhamento horizontal na área de desenho e acesse a ferramenta da ribbon contextual **Alignment** → **Modify** → **Alignment Properties**.
3. Na aba **Design Criteria** da caixa **Alignment Properties**, corrija a velocidade para **80 km/h** no campo **Design Speed**. Clique no botão **OK**.
4. Selecione o alinhamento vertical e acesse a ferramenta da ribbon contextual **Profile** → **Modify Profile** → **Geometry Editor**.
5. Selecione a ferramenta **Draw Tangents** da barra de ferramentas **Profile Layout Tools** (Figura 11.15).

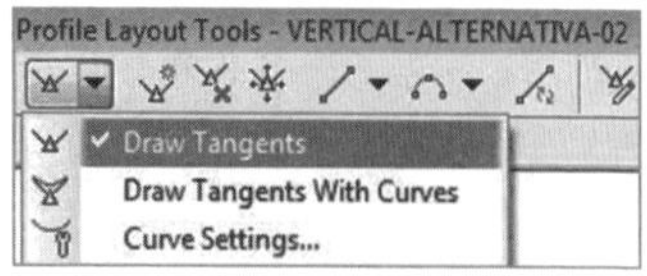

Figura 11.15 Ferramenta para a criação de rampas.

6. Clique no centro do círculo do último PIV criado no gráfico do perfil longitudinal.
7. Selecione a ferramenta (**Profile Grade Elevation)** na barra de comandos transparentes.
8. Selecione o gráfico do perfil longitudinal.
9. Na linha de comando, digite **7** para determinar a inclinação da rampa e pressione **Enter**.
10. Digite **780.000m** na linha de comando para determinar a cota do PI e pressione **Enter**.
11. Pressione a tecla **Esc** (apenas uma vez) para sair do comando transparente.
12. Selecione a ferramenta (**Profile Station Elevation)** na barra de comandos transparentes.
13. Na linha de comando digite **3305.000m** para definir a estaca 165+5.00 e pressione **Enter**.
14. Digite **775.500m** para definir a cota e pressione a tecla **Enter**.
15. Digite **3569.651m** na linha de comando para definir a estaca 178+9.651 e pressione a tecla **Enter**.
16. Digite a cota **781.466m** na linha de comando e pressionar **Enter**.
17. Pressione **Enter** mais duas vezes para sair do comando transparente e finalizar a construção das rampas do traçado geométrico vertical.
18. Na barra de ferramentas **Profile Layout Tools** selecione **Free Vertical Parabola (PVI based).**

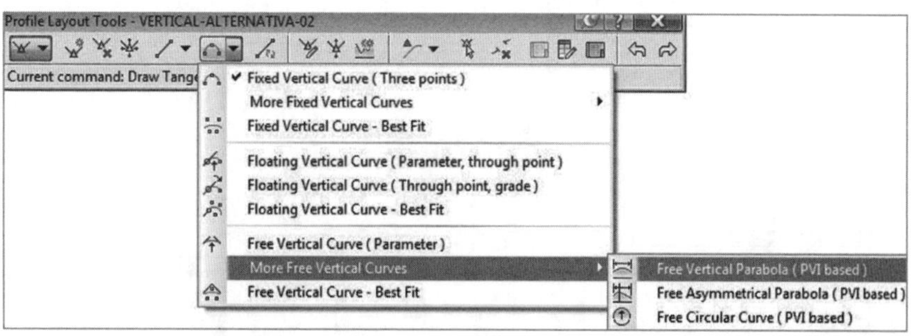

Figura 11.16 Acesso à ferramenta de criação de curvas parábolas.

19. Clique próximo do PIV da estaca **140+15.00**.
20. Digite **200.000m** na linha de comando para determinar o comprimento da curva parábola. Pressione **Enter**.
21. Clique próximo do PIV da estaca **152+3.571**. Digite **200.000m** e pressione **Enter** para adicionar a curva vertical.
22. Clique próximo do PIV da estaca **165+5.000**, selecione a opção **K** na linha de comando e digite **50.000m**. Pressione **Enter** duas vezes para concluir.

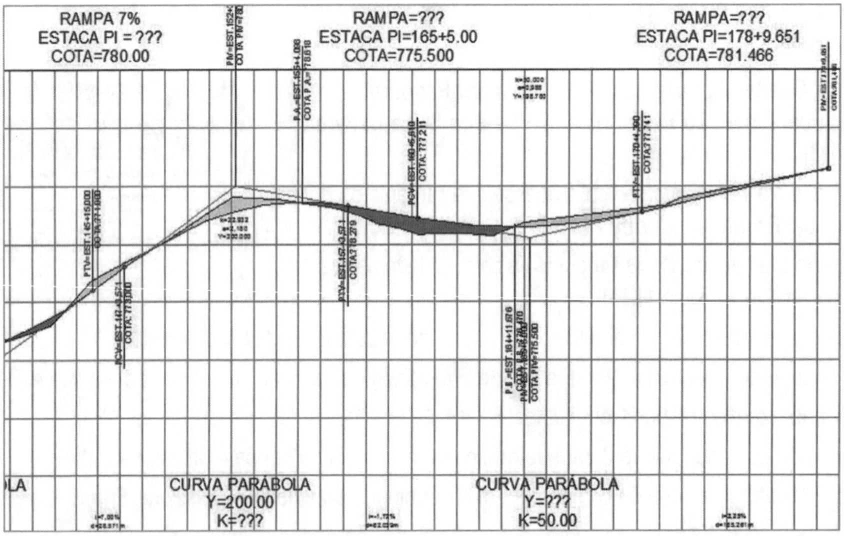

Figura 11.17 Composição do traçado geométrico vertical.

23. Verifique o traçado geométrico vertical construído no gráfico do perfil e feche o arquivo.

11.5 Controle dos dados e aparência do perfil longitudinal

Após definir o projeto do traçado geométrico vertical, será necessário acessar a aba **Bands** da caixa de propriedades do gráfico do perfil (*Profile View Properties*) para atualizar as cotas do projeto vertical exibidas no rodapé do perfil longitudinal (Figura 11.18).

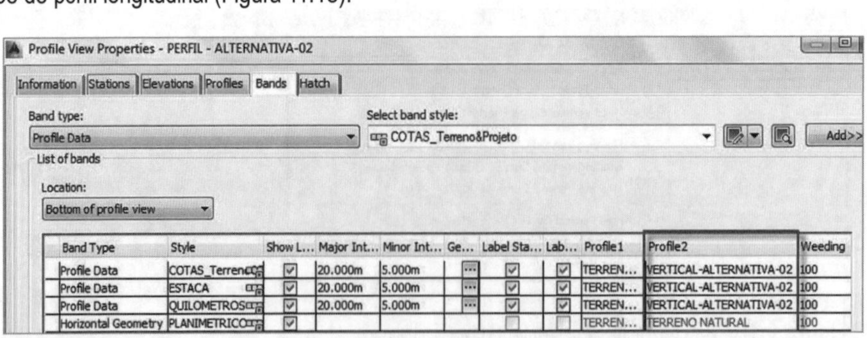

Figura 11.18 Configuração para atualizar as cotas do projeto vertical exibidas no rodapé do gráfico do perfil.

A aba **Hatch** da caixa de diálogo **Profile View Properties** permite adicionar as pinturas nas áreas de corte e aterro do perfil longitudinal. Os botões **Cut Area** e **Fill Area** adicionam as pinturas de corte e aterro no gráfico do perfil; a coluna **Shape Style** auxilia na escolha do estilo da pintura que será aplicado no perfil longitudinal (Figura 11.19).

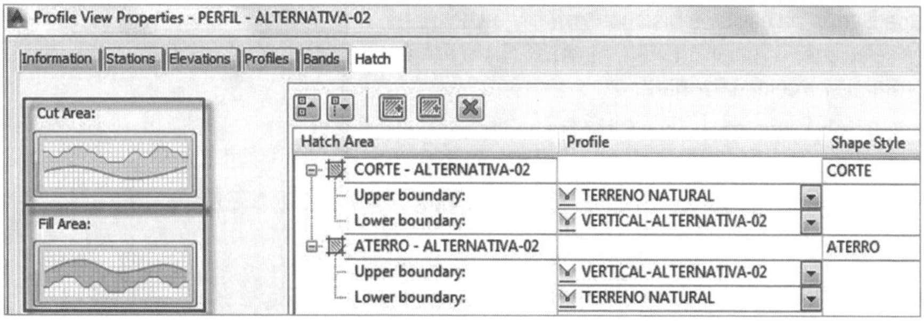

Figura 11.19 Configuração das pinturas nas áreas de corte e aterro do gráfico do perfil.

A aba **Information** da caixa de diálogo **Profile View Properties** possibilita a escolha do estilo do gráfico do perfil e redefinir o nome do perfil.

Pela aba **Stations,** é possível controlar os trechos entre as estacas que serão exibidas no gráfico do perfil longitudinal.

Por meio da aba **Profiles,** é possível selecionar os estilos para a representação dos perfis das superfícies que serão exibidas no gráfico do perfil longitudinal, cuja altura pode ser controlada para acomodar os perfis nas folhas dos desenhos do projeto.

A aba **Elevations** da caixa **Profile View Properties** permite criar as articulações ao longo do perfil longitudinal. Essa ferramenta é muito útil durante o processo de documentação dos desenhos de plantas e perfis dos projetos de infraestrutura.

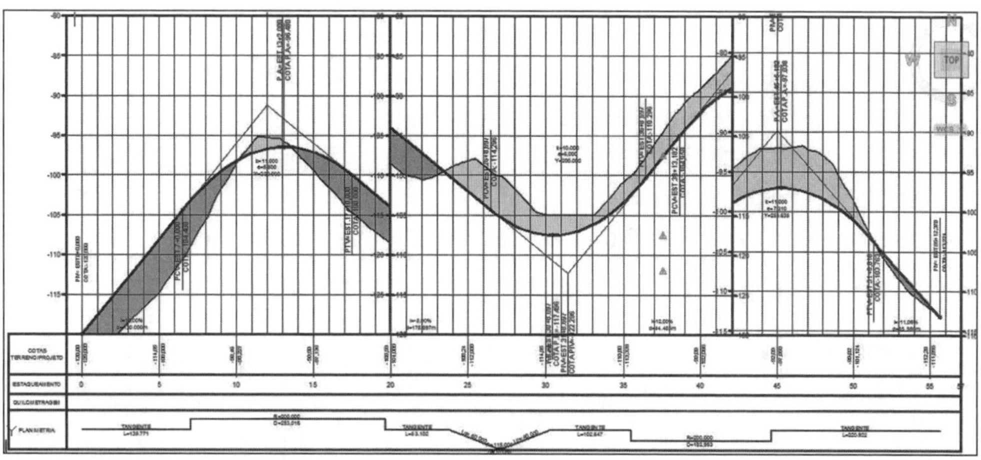

Figura 11.20 Gráfico do perfil longitudinal com articulações de elevações.

Os próximos procedimentos mostram as principais ferramentas da caixa de propriedades do gráfico do perfil longitudinal, para manipular os dados que serão exibidos no rodapé do gráfico, além de controlar a sua aparência.

Agora, estude o exemplo a seguir:

1. Abra o arquivo **11-5-1_ PROPRIEDADES_VERTICAL.DWG**, disponível no site da Editora Érica.
2. Selecione o alinhamento vertical e acesse a ferramenta da ribbon contextual **Profile View → Modify View → Profile View Properties**.
3. Na aba **Bands** na caixa de diálogo **Profile View Properties,** selecione o perfil **VERTICAL-ALTERNATIVA-02** nos campos da coluna **Profile2**.
4. Na aba **Hatch,** clique nos botões **Cut Area** e **Fill Area** para adicionar as pinturas de corte e aterro no perfil longitudinal.
5. Configure as articulações do perfil na aba **Elevations**:
   - Habilite a opção **User specified height**.
   - Selecione a opção **Split profile view**.
   - Ative a opção **Manual** (Figura 11.21).
   - Altere a elevação da primeira articulação pata a cota **745.000m** no campo **Adjusted Datum** do quadro **Split Profile View Data**.

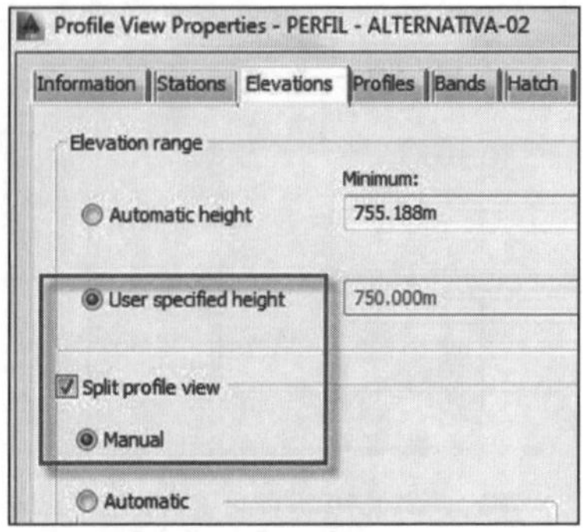

Figura 11.21 Opções de configuração das articulações do perfil.

   - Clique no botão (**Add New Split Station)** no quadro **Split Profile View Data**.
   - Na linha de comando, determine a primeira articulação na estaca **1800.000m** e cota **752.000m.** Pressione **Enter**.
   - Clique no botão (**Add New Split Station)** no quadro **Split Profile View Data** para definir a última articulação no perfil longitudinal.
   - Na linha de comando, determine a articulação na estaca **2900.00m** e cota **760.000m**. Pressione **Enter** (Figura 11.22).

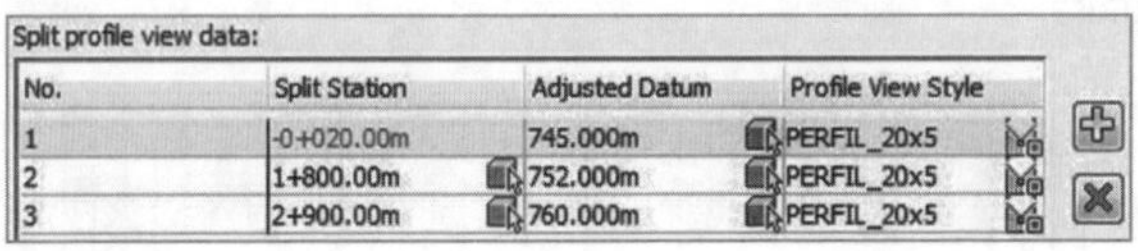

Split profile view data:

No.	Split Station	Adjusted Datum	Profile View Style
1	-0+020.00m	745.000m	PERFIL_20x5
2	1+800.00m	752.000m	PERFIL_20x5
3	2+900.00m	760.000m	PERFIL_20x5

Figura 11.22 Configuração das articulações do perfil longitudinal.

   - Clique no botão **OK** para concluir.
6. Verifique o comportamento do gráfico do perfil longitudinal e feche o arquivo (Figura 11.23).

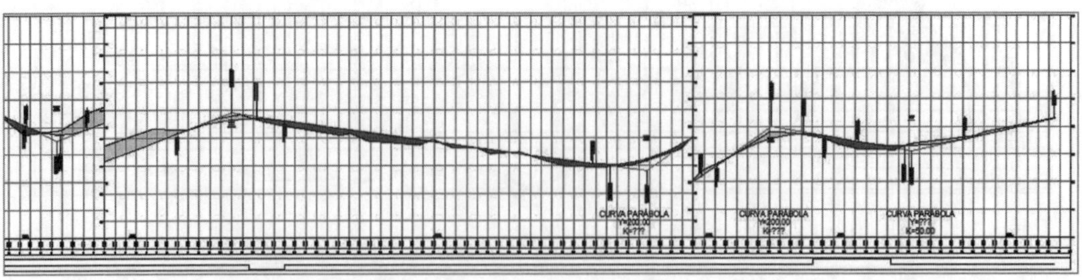

Figura 11.23 Articulações no perfil longitudinal.

11.6 Análises e relatórios do projeto geométrico

Analisar a geometria projetada é uma atividade eficiente utilizada para identificar algumas características normativas de visibilidade ao longo do traçado geométrico. A ferramenta **Sight Distance** permite localizar eventuais violações de distâncias mínimas seguras para ratificar prováveis pontos cegos no projeto da via. Essas características auxiliarão na definição dos parâmetros para a elaboração do projeto de sinalização (Figura 11.24).

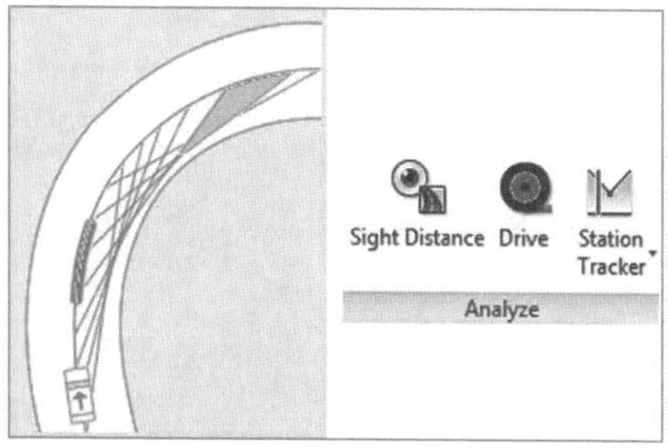

Figura 11.24 Ferramenta Sight Distance para a análise de visibilidade da geometria projetada.

Durante o processo de execução da análise de visibilidade do projeto geométrico, o assistente **Sight Distance Check** permitirá a extração do relatório com os dados analisados da geometria projetada.

```
                              Sight Distance Check
                              --------------------
2013-05-13   18:51:25

Unit:

Eye Path: Alignment:  ALTERNATIVA-02      Profile:    VERTICAL-ALTERNATIVA-02

Eye Offset:     0                   Eye Height:     1.15
Object Offset:  0                   Object Height:  0.6

Surfaces:
 TERRENO NATURAL

Station          Actual sight distance      Minimum sight distance      Obstruction point                            Violated?
---------------  -----------------------    -----------------------     -----------------------------------------   --------
0+000.00m        61.179m                    500.000m                    (320813.7556m,7432066.5637m,756.8740m)      Yes
0+020.00m        54.370m                    500.000m                    (320825.5750m,7432072.3697m,757.3708m)      Yes
0+040.00m        45.775m                    500.000m                    (320835.6285m,7432077.6641m,757.8072m)      Yes
0+060.00m        480.482m                   500.000m                    (321250.0939m,7432264.4308m,761.6416m)      Yes
0+080.00m        496.920m                   500.000m                    (321286.4490m,7432271.9018m,762.3267m)      Yes
0+100.00m        500.000m                   500.000m                                                                NO
0+120.00m        500.000m                   500.000m                                                                NO
0+140.00m        500.000m                   500.000m                                                                NO
0+160.00m        500.000m                   500.000m                                                                NO
0+180.00m        500.000m                   500.000m                                                                NO
```

Figura 11.25 Relatório com as informações da análise de visibilidade da geometria projetada.

O seguinte exemplo ilustra os procedimentos para a execução da análise de visibilidade na geometria proposta e para a criação do relatório em formato *TXT*, contendo as informações dessa análise.

Agora, estude o exemplo a seguir:

1. Abra o arquivo **11-6-1_ ANÁLISE_GEOMETRIA.DWG**, disponível no site da Editora Érica.
2. Selecione a ferramenta da ribbon **Analyse → Design → Visibility Check → Check Sight Distance**.
3. Na aba **General** da caixa de diálogo **Sight Distance Check,** configure (Figura 11.26):
   - Selecione o alinhamento **ALTERNATIVA-02** no campo **Alignment**.
   - Selecione o perfil **VERTICAL-ALTERNATIVA-02** no campo **Profile**.
   - Configure o intervalo de verificação para **20.000m** no campo **Check interval**.
   - Verifique a existência da superfície **TERRENO NATURAL** no quadro **Select surfaces to check against**.
   - Clique em **Next**.

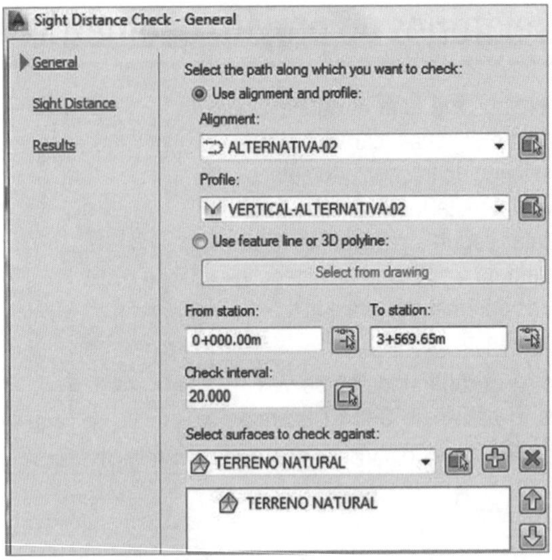

Figura 11.26 Configurações para a execução da análise de visibilidade na geometria projetada.

4. Na aba **Sight Distance** da caixa de diálogo **Sight Distance Check**, configure:
   - Especifique a distância de **500.00m** no campo **Minimum sight distance** para determinar a distância mínima de visibilidade.
   - Digite **1.150m** no campo **Eye height** para configurar a altura de visão.
   - Determine a altura do alvo em **0.600m** no campo **Target height**.
   - Clique em **Next**.
5. Na aba **Results** da caixa de diálogo **Sight Distance check**, configure:
   - Selecione *layers* diferentes para cada um dos componentes de visibilidade (*visible*) e obstrução (*obstructed*) por meio do quadro **Select items you want to draw in the model** (Figura 11.27).

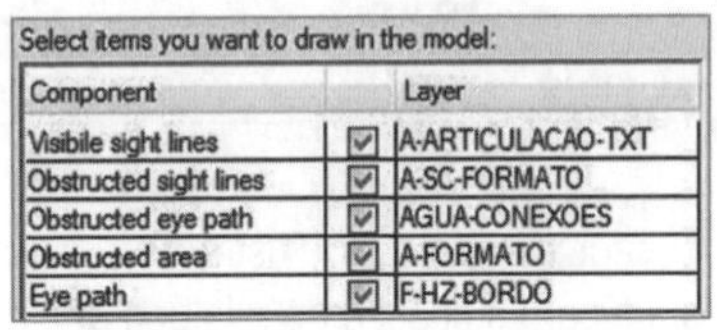
Select items you want to draw in the model:

Component		Layer
Visibile sight lines	☑	A-ARTICULACAO-TXT
Obstructed sight lines	☑	A-SC-FORMATO
Obstructed eye path	☑	AGUA-CONEXOES
Obstructed area	☑	A-FORMATO
Eye path	☑	F-HZ-BORDO

Figura 11.27 Escolha de *layer* com diferentes cores para facilitar na interpretação da análise.

Visible sight lines: opção para a exibição das linhas das regiões visíveis.

Obstructed sight lines: opção para a representação das regiões obstruídas.

Obscured eye path: opção para a exibição do percurso de visão obstruído.

Obstructed area: opção que exibe as áreas obstruídas na geometria projetada.

Eye path: opção para a exibição do percurso de visão.

   - Habilite a opção **Create sight analysis report**.
   - Determine o nome e o local para o relatório da análise de visibilidade do projeto.
   - Clique no botão **Finish**.

6. Verifique o resultado da análise de visibilidade ao longo da geometria horizontal presente na área de desenho (Figura 11.28).

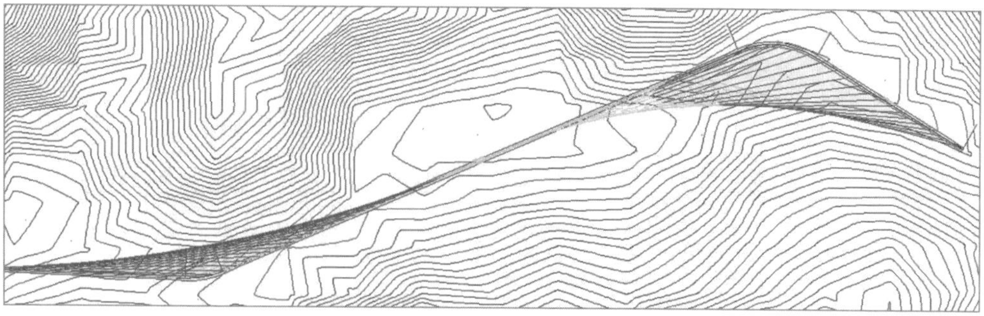

Figura 11.28 Resultado da análise de visibilidade.

7. Localize o arquivo *TXT* criado durante a execução da análise para visualizar as informações.

11.7 Exercício – projeto do traçado geométrico vertical

A elaboração do traçado geométrico vertical sinaliza a próxima etapa do projeto, na qual são definidas as elevações para o posicionamento do greide projetado, que, para esse projeto, é identificado como as cotas da parte inferior das camadas estruturais que compõem a via urbana. A definição do alinhamento vertical também afeta diretamente a composição volumétrica do projeto, que será calculada posteriormente.

Características do projeto do alinhamento vertical:

- corrigir a elevação da superfície do terreno natural;
- velocidade do projeto: 80 km/h;
- classe da via: IVb (4b);
- rampa máxima: 10%;
- PIV inicial na cota do terreno;
- adição de um PIV na estaca 20+0.00, na cota 692.000m e curva vertical de 100.000m;
- exibição das pinturas de corte e aterro, e definição de articulações no perfil

Execute os procedimentos a seguir para concluir o exercício:

1. Abra o arquivo **11-7-1_PROJETO_VERTICAL.DWG**, disponível no site da Editora Érica, o qual contém a descrição das características do projeto e as fases para a construção do traçado geométrico vertical descritas na parte superior do gráfico do perfil longitudinal.
2. Verifique as cotas arbitrárias do modelo da superfície.
3. Selecione a superfície na área de desenho e acesse a ferramenta da ribbon contextual **Tin Surface → Modify → Edit Surface → Raise/Lower Surface** para elevar o modelo da superfície do terreno.
4. Digite **800.00m** na linha de comando para somar o valor na elevação existente da superfície. Pressione a tecla **Enter** para concluir.
5. Observe as novas elevações da superfície exibidas na planta e no gráfico do perfil longitudinal (Figura 11.29).
6. Selecione o alinhamento horizontal na área de desenho e acesse a ribbon contextual **Alignment → Modify → Alignment Properties** para verificar a velocidade aplicada ao projeto.
7. Na aba **Design Criteria** da caixa **Alignment Properties**, altere a velocidade para **80 km/h** na coluna **Design Speed**. Clique no botão **OK** (Figura 11.30).

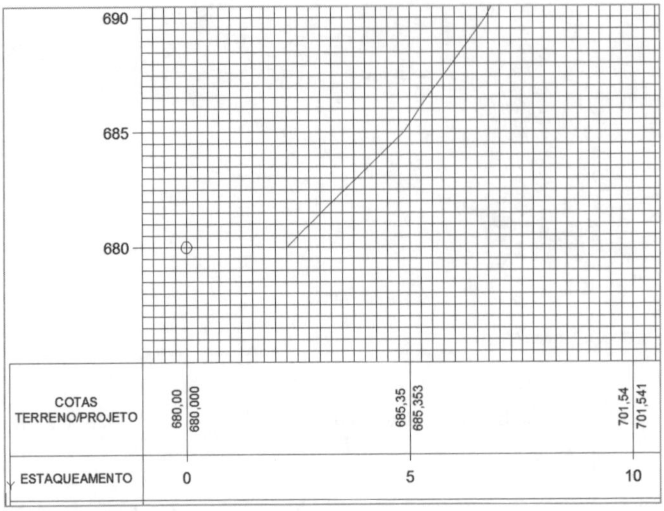

Figura 11.29 Elevações corrigidas da superfície e exibidas no gráfico do perfil longitudinal.

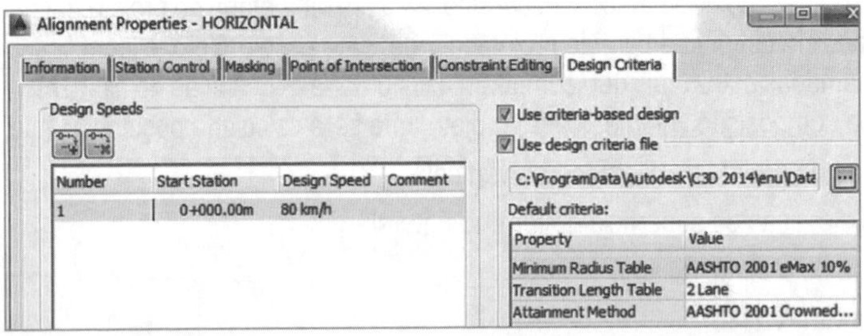

Figura 11.30 Configuração da nova velocidade do projeto.

8. Acesse a ferramenta da ribbon **Home → Create Design → Profile → Profile Creation Tools**. Selecione o gráfico do perfil longitudinal presente na área de desenho.
9. Na aba **General** da caixa **Create Profile - Draw New,** digite **VERTICAL** no campo **Name** e verifique os estilos selecionados para o perfil.
10. Na **aba Design Criteria** da caixa de diálogo **Create Profile - Draw New**, configure (Figura 11.31):
    - Habilite a opção **Use criteria-based design** para aplicar os critérios geométricos.
    - Desmarque a opção **Use design criteria file** para não utilizar o arquivo externo.
    - Habilite a opção **Use design check set** para informar eventuais violações geométricas no projeto vertical.
    - Selecione o critério **CLASSE IVb**.
    - Clique no botão **OK**.
11. Na barra de ferramentas **Profile Layout Tools,** selecione a ferramenta **Draw Tangents** (Figura 11.32).

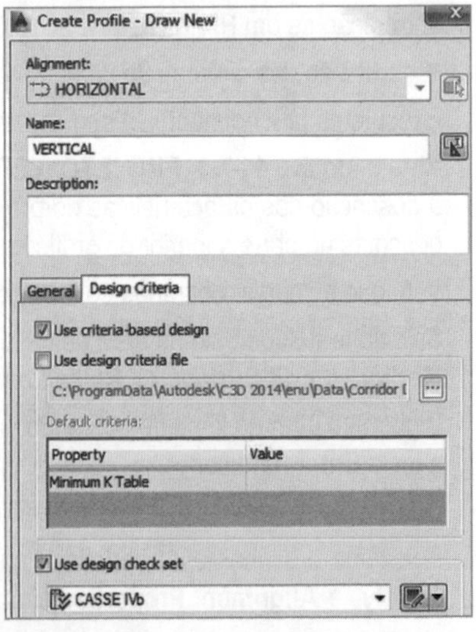

Figura 11.31 Configurações para o projeto do alinhamento vertical.

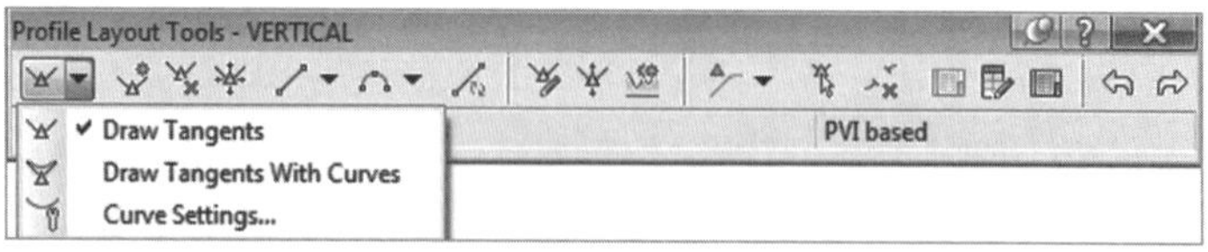

Figura 11.32 Acesso à ferramenta de criação de rampas verticais da barra Profile Layout Tools.

12. No gráfico do perfil longitudinal, clique no centro do círculo presente na estaca **0+0.00** posicionado sobre a cota do terreno natural.

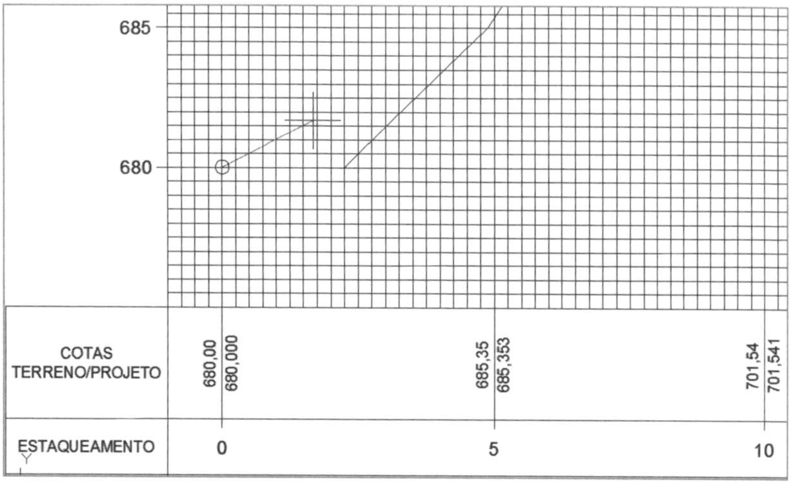

Figura 11.33 Ponto de origem do projeto do alinhamento vertical.

13. Na barra de comandos transparentes, acesse a ferramenta (**Profile Grade Station)** e selecione o gráfico do perfil longitudinal.

14. Na linha de comando, digite **10** para definir a inclinação (*grade*) de 10% para a primeira rampa do projeto vertical. Pressione a tecla **Enter**.

15. Na linha de comando, digite **240.000m** para definir a estaca (*station*) 12+0.00 como o término da primeira rampa do projeto vertical (Figura 11.34). Pressione a tecla **Enter**.

16. Para a próxima rampa do projeto, digite a inclinação (*grade*) de **-5%** até a estaca (*station*) **600.000m** (30+0.00). Pressione **Enter** (Figura 11.35).

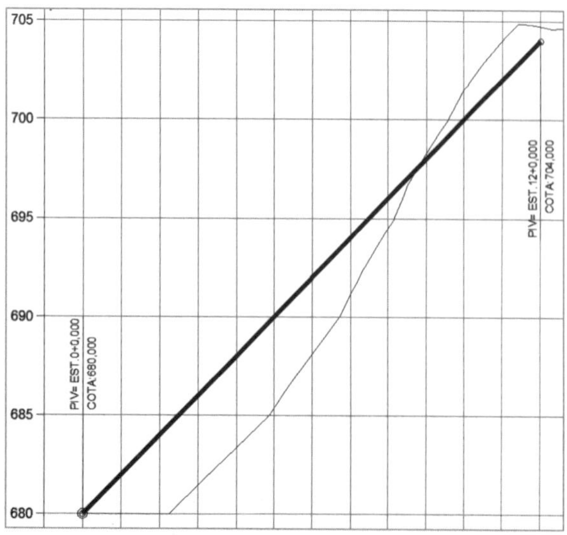

Figura 11.34 Definição da primeira rampa do projeto do alinhamento vertical.

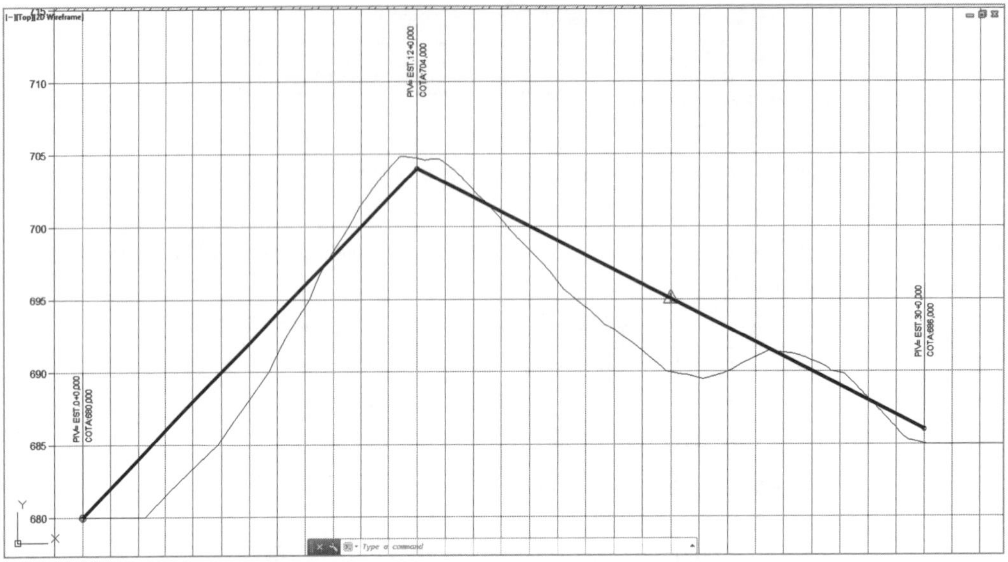

Figura 11.35 Definição da segunda rampa do projeto vertical.

17. Para a próxima rampa, digite a inclinação (*grade*) de **8%** até a estaca (*station*) **940.000m** (47+0.00). Pressione a tecla **Enter** (Figura 11.36).

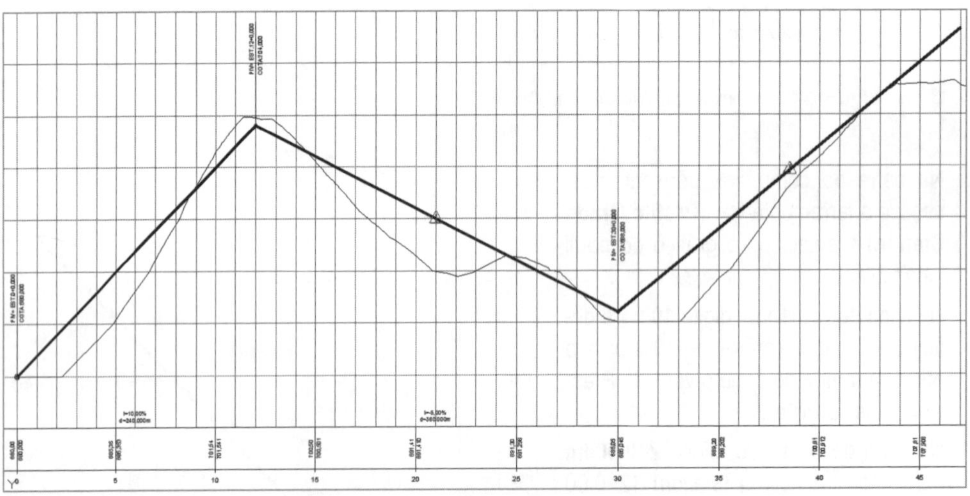

Figura 11.36 Construção da terceira rampa do projeto.

18. O último ponto, assim como o ponto inicial, deverá ser posicionado na última estaca do projeto sobre a cota do terreno natural. Pressione a tecla **Esc** apenas uma vez para cancelar o comando transparente. Clique no final do terreno e pressione a tecla **Enter** para concluir o traçado das rampas verticais do projeto.

19. Verifique a composição final do traçado geométrico vertical e as mensagens informativas sobre as violações dos critérios geométricos (Figura 11.37).

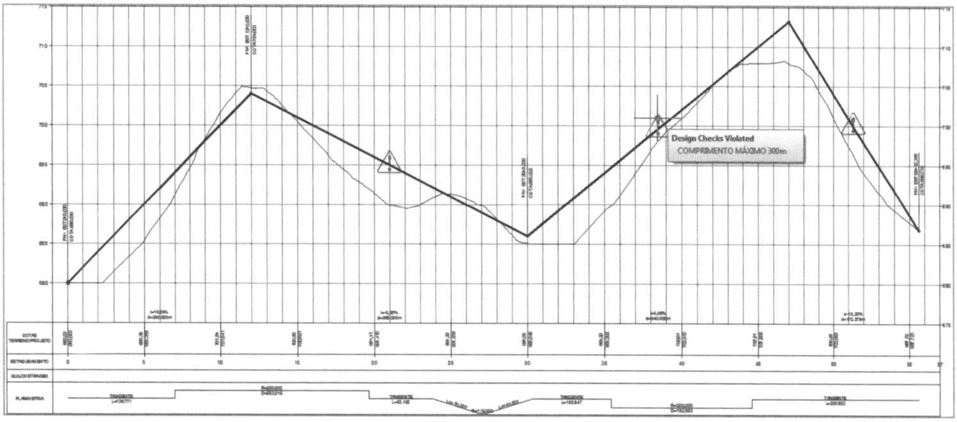

Figura 11.37 Composição final das rampas do projeto do alinhamento vertical.

20. Na barra de ferramentas **Profile Layout Tools**, selecione a ferramenta **Free Vertical Parabola (PVI based)** para adicionar as curvas verticais entre as rampas do projeto (Figura 11.38).

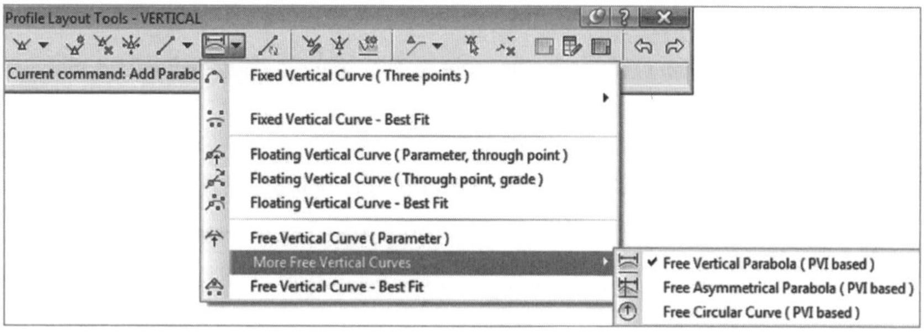

Figura 11.38 Ferramenta para a definição de curvas verticais no projeto.

21. Na área de desenho, clique próximo ao primeiro PIV do projeto posicionado no gráfico do perfil.
22. Na linha de comando, digite **200.000m** para definir o comprimento da curva (*curve length*). Pressione a tecla **Enter** para confirmar (Figura 11.39).

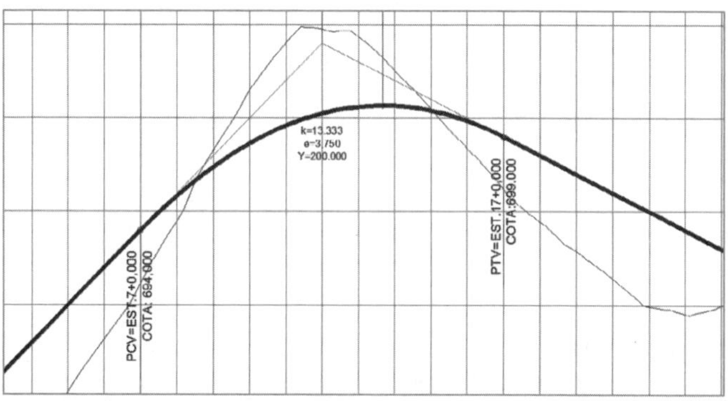

Figura 11.39 Curva vertical adicionada no primeiro PIV do traçado vertical.

23. Na área de desenho, clique próximo ao segundo PIV, digite **200.000m** para definir o comprimento da curva vertical e pressione a tecla **Enter**.

24. Na área de desenho, clique próximo ao último PIV, digite **200.000m** para o comprimento da curva vertical e pressione a tecla **Enter** duas vezes, para finalizar a construção das curvas verticais no projeto (Figura 11.40).

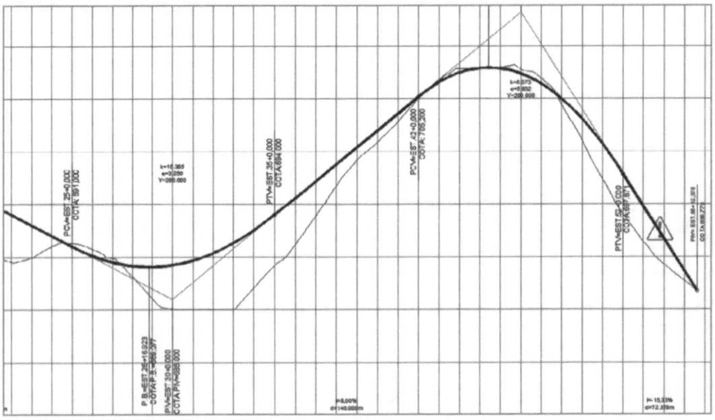

Figura 11.40 Curvas verticais criadas no projeto do traçado geométrico vertical.

25. Na barra de ferramentas **Profile Layout Tools,** acesse a ferramenta (**Profile Grid View)** para corrigir os dados geométricos do projeto do alinhamento vertical.

26. Na aba Profile **Entities** da janela **Panorama**, verifique os valores geométricos do projeto vertical. Altere o valor da última rampa para **-10.00%** no campo **Grade Out** (Figura 11.41).

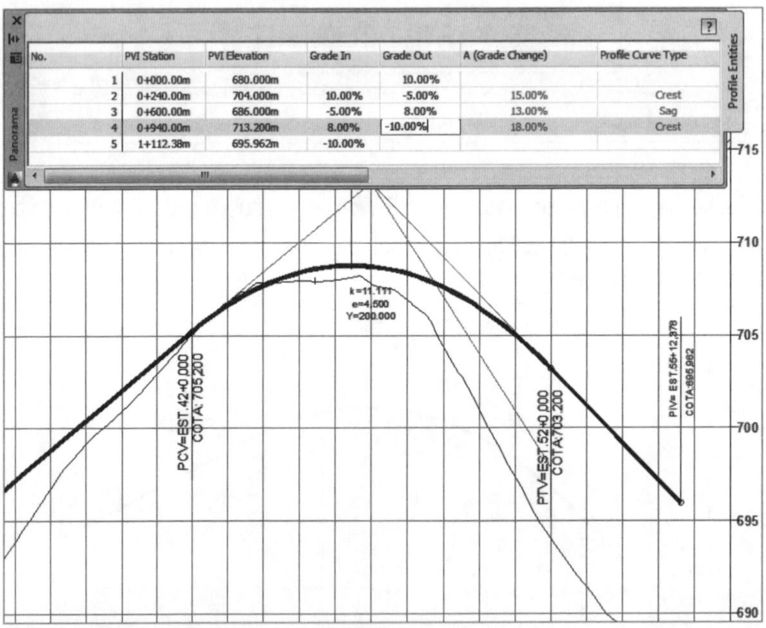

Figura 11.41 Rampa corrigida para atender aos critérios geométricos normativos da classe do projeto.

27. Na barra de ferramentas **Profile Layout Tools,** selecione a ferramenta (**Insert PVIs Tabular)** para criar um novo PIV com curva vertical no projeto geométrico.
28. Na caixa de diálogo **Insert PVIs**, configure (Figura 11.42):
    - Habilite a opção **Parabolic** para a criação de curva vertical parábola.
    - No campo **Station,** digite **400.00m** para representar a estaca 20+0.00.
    - No campo **Elevation,** digite a cota **692.000m** para posicionar o PIV.
    - No campo **Curve Len,** digite **100.000m** para definir o comprimento da curva vertical.
    - Clique no botão **OK**.

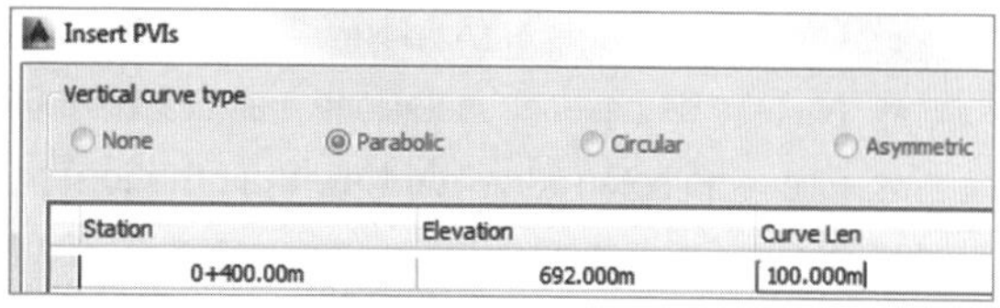

Figura 11.42 Configuração do novo PIV com curva vertical.

29. Observe o novo PIV e a curva vertical adicionados no projeto geométrico vertical.
30. Selecione o gráfico do perfil longitudinal na área de desenho e acesse a ferramenta da ribbon contextual **Profile View → Modify View → Profile View Properties**.
31. Na aba **Bands** da caixa **Profile View Properties,** selecione o perfil **VERTICAL** nos campos da coluna **Profile2** (Figura 11.43).

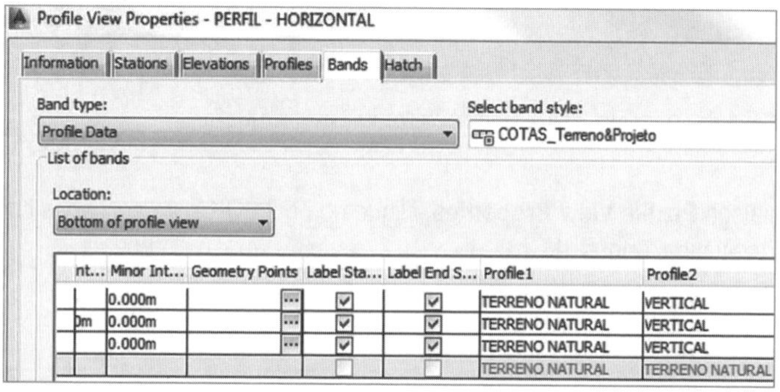

Figura 11.43 Configuração para a exibição das cotas do traçado geométrico vertical projetado.

32. Na aba **Hatch** da caixa **Profile View Properties,** clique nos botões **Cut Area** e **Fill Area** para adicionar as pinturas de corte e aterro no gráfico do perfil longitudinal (Figura 11.44).

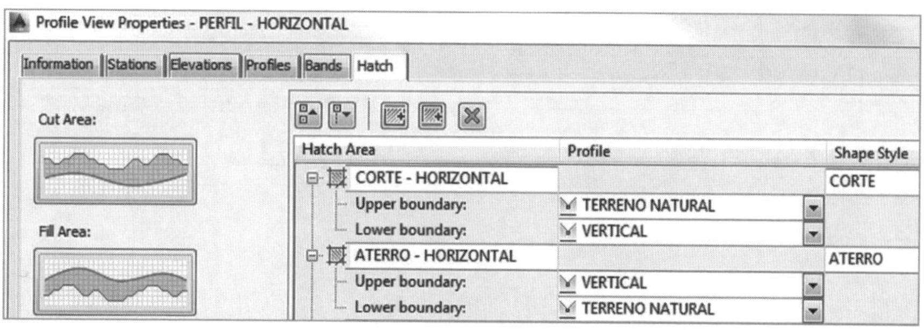

Figura 11.44 Configuração para a aplicação das pinturas de corte e aterro no gráfico do perfil.

33. Na aba **Elevations** da caixa **Profile View Properties,** para adicionar articulações no gráfico do perfil longitudinal, configure (Figura 11.45):
   - Habilite a opção **User specified height**.
   - Selecione a opção **Split profile view**.
   - Habilite a opção **Manual**.
   - Clique no botão (**Add New Split Station)** para adicionar uma articulação no perfil.
   - Na área de desenho, selecione a estaca **20+0.00** e a cota **682.000m**. Pressione **Enter**.
   - Clique no botão (**Add New Split Station)** para adicionar uma nova articulação.
   - Na área de desenho, selecione a estaca **43+0.00** e a cota **687.000m**. Pressione **Enter**.

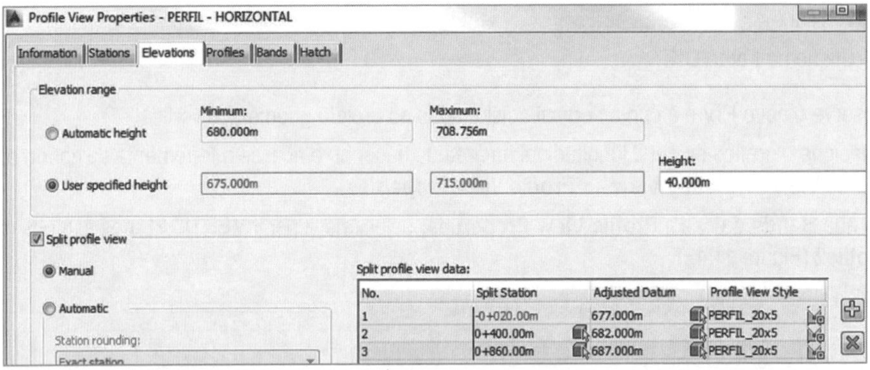

Figura 11.45 Configurações para a criação de articulações do perfil longitudinal.

34. Na caixa de diálogo **Profile View Properties,** clique no botão **OK** para aplicar as configurações no gráfico do perfil longitudinal (Figura 11.46).

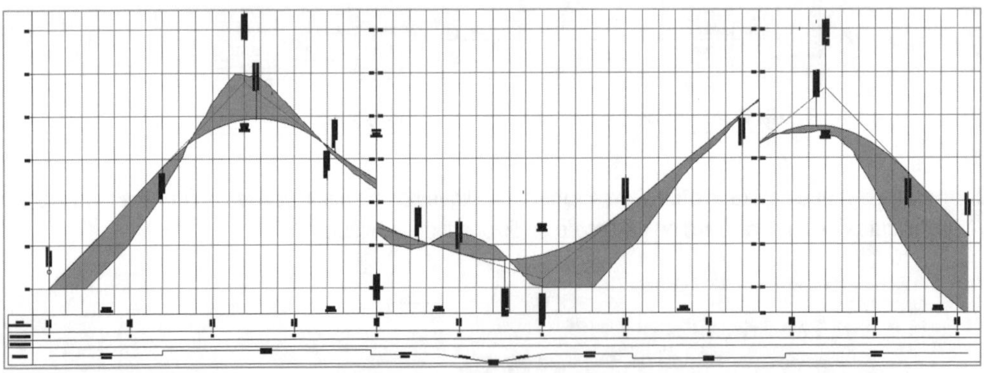

Figura 11.46 Configuração final do gráfico do perfil longitudinal.

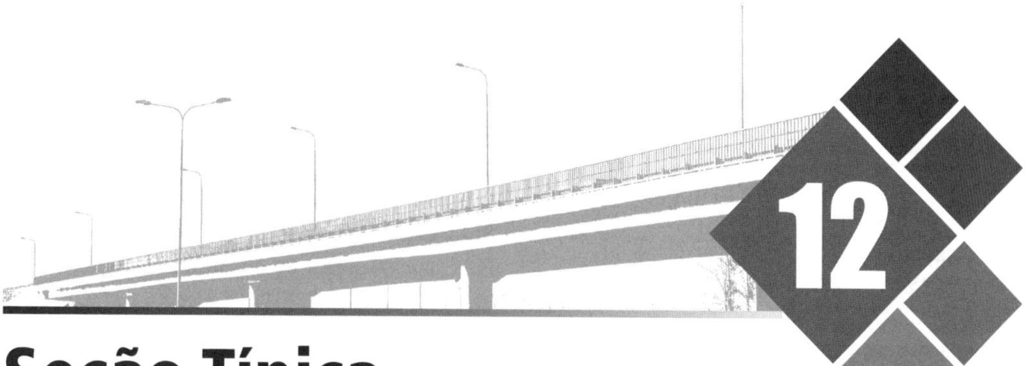

Seção Típica Transversal – Assembly

O objeto **assembly** é constituído por um conjunto de componentes com características transversais específicas para o desenvolvimento de projetos de rodovias, canais, ferrovias, ensecadeiras e demais objetos de projetos lineares de infraestrutura (Figura 12.1).

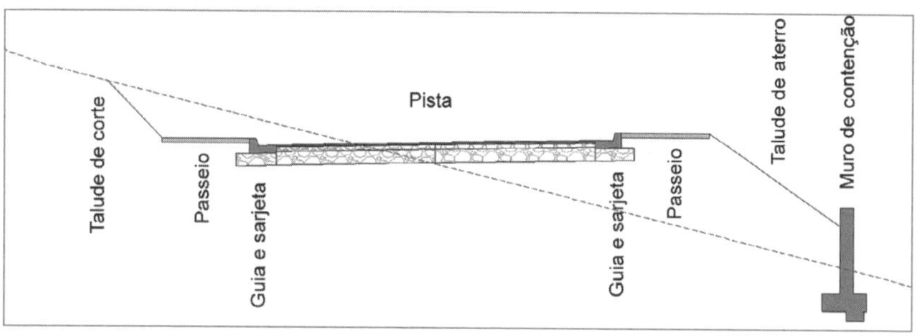

Figura 12.1 Seção típica transversal para via urbana com muro.

Os **assemblies** representam a seção típica transversal do projeto, em que são adicionadas diversas estruturas disponíveis no catálogo de **subassemblies** do AutoCAD Civil 3D, como pistas, guias, passeios e taludes. É possível criar estruturas complexas para atender aos critérios geométricos estabelecidos para cada tipo de projeto (Figura 12.2).

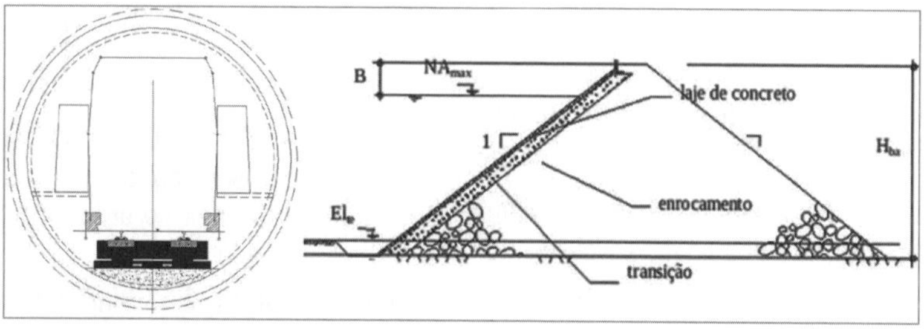

Figura 12.2 Seções típicas transversais de projetos de infraestrutura.

As seções típicas transversais caracterizadas pelos **assemblies** são aplicadas ao longo do alinhamento horizontal obedecendo às cotas definidas no alinhamento vertical e são utilizadas na construção tridimensional do modelo de projetos lineares.

12.1 Catálogo de subassemblies

Os **assemblies** são criados definindo uma linha-base e, em seguida, adicionando os objetos que representam os componentes estruturais do projeto, os quais são denominados **subassemblies**. O AutoCAD Civil 3D disponibiliza diversos componentes de projetos lineares que estão organizados em categorias e acessados por meio do navegador do catálogo de **subassemblies.**

O catálogo de **subassemblies** está estruturado nas seguintes categorias:

Assemblies: categoria que possui diversos exemplos de *assemblies* montados.

Bridge and Rail: categoria que contém exemplos de *subassemblies* para seção em ponte e ferrovia simples.

Conditional Subassemblies: categoria que fornece *subassemblies* com critérios condicionais para corte e aterro.

Daylight: categoria que fornece diversos *subassemblies* com critérios de taludes para o projeto.

Lanes: categoria que contém os componentes de *subassemblies* para as pistas do projeto.

Basic Subassemblies: categoria que disponibiliza os *subassemblies* básicos utilizados para aprendizado ou em situações de condições simples do projeto.

Channel and Trench Pipes: categoria com *subassemblies* utilizados no desenvolvimento de projetos de canalização ou drenagem.

Curb and Gutters: categoria que fornece os componentes de *subassemblies* para projetos de urbanização, como guias, sarjetas e passeios.

Generic Subassembly Catalog: categoria de componentes de subassemblies que podem ser utilizados em diversos tipos de projetos de infraestrutura.

Median Subassemblies: categoria de *subassemblies* para a criação de canteiro central de projetos lineares.

Rehab: categoria que disponibiliza diversos componentes para projetos de reconstrução urbana.

Shoulders: categoria de *subassemblies* com modelos de acostamentos.

Retaining Wall: categoria que fornece vários *subassemblies* de estruturas para projetos de muros de contenção.

Depois de selecionar a categoria de **subassembly** desejada, pode-se escolher um dos componentes de **subassemblies** presentes no catálogo e arrastá-lo por meio do ícone diretamente para um **assembly** existente na área de desenho. A seguir, alguns dos **subassemblies** de pistas presentes na categoria **Lanes** do catálogo.

CrownedLane: *subassembly* de pista coroada que permite controlar separadamente a inclinação da camada de sub-base.

GenericPavementStructure: *subassembly* de pista com estruturas genéricas de camadas de pavimentos.

LaneBrokenBack: *subassembly* de pista que possibilita dividir as pistas de rolamento e controlar as suas inclinações transversais individualmente.

LaneFromTaperedMedian1: *subassembly* de pista que insere faixas de rolamento adicionais externas orientadas a alinhamentos de bordos.

LaneFromTaperedMedian2: *subassembly* de pista que insere faixas de rolamento adicionais externas a partir de um alinhamento definido como o bordo de um canteiro.

LaneSuperLayerVaryingWidth: *subassembly* de pista interna com várias camadas estruturais de diferentes larguras e preparada para aplicar a superelevação.

LaneInsideSuperMultiLayer: *subassembly* de pista interna com camadas estruturais cuja inclinação transversal da camada inferior pode ser controlada separadamente da inclinação da pista. Esse componente permite aplicar a superelevação.

LaneOutsideSuperLayerVaryingWidth: *subassembly* de pista externa com camadas estruturais de diferentes larguras e preparada para aplicar a superelevação.

LaneOutsideSuperMultiLayer: *subassembly* de pista externa com camadas estruturais cuja inclinação transversal da camada inferior pode ser controlada separadamente da inclinação da pista. Esse componente permite aplicar a superelevação.

LaneOutsideSuperWithWidening: *subassembly* de pista externa que adiciona uma faixa de rolamento aplicando os parâmetros de superelevação e de superlargura.

12.2 Tool Palettes de subassemblies

A **Tool Palettes** do Autodesk AutoCAD Civil 3D também disponibiliza os componentes de **subassemblies** para a utilização nos projetos. As mesmas categorias presentes no catálogo estão disponíveis e organizadas por abas dentro da **Tool Palettes**.

A Figura 12.3 exibe a aba **Lanes** com os componentes de pistas; a aba **Daylight** apresenta os componentes para taludes; e a aba **Trech Pipes** apresenta seus componentes para canalização e drenagem. É possível criar diversas abas na **Tool Palettes** para personalizar a biblioteca de *assemblies* mais utilizados nos projetos.

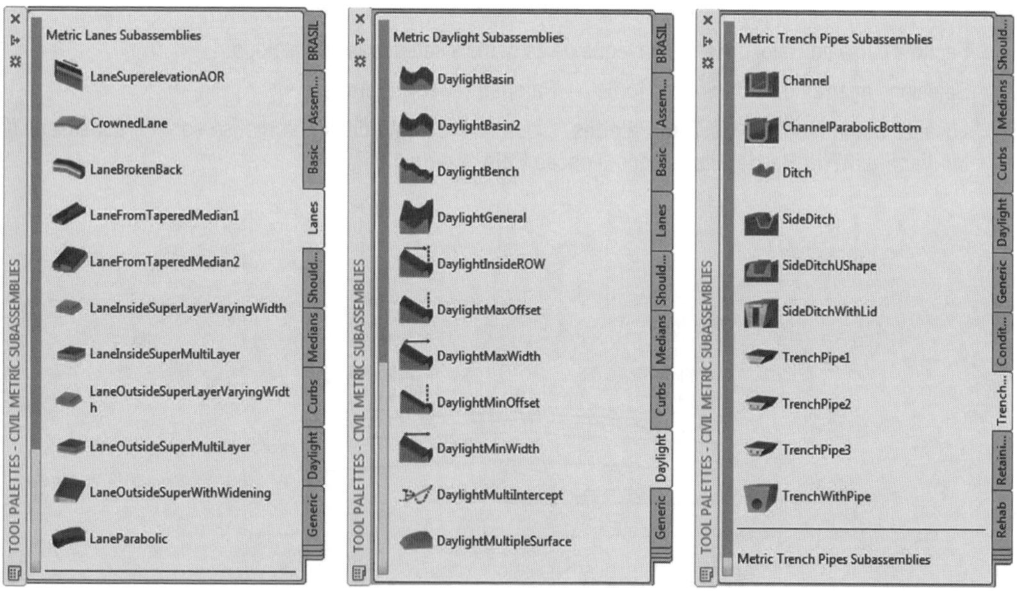

Figura 12.3 Componentes de subassemblies presentes nas abas da Tool Palettes.

O seguinte exemplo mostra como acessar e navegar nas categorias de *subassemblies* presentes no catálogo e na **Tool Palettes** do Autodesk AutoCAD Civil 3D.

Agora, estude o exemplo a seguir:

1. Inicie o Autodesk AutoCAD Civil 3D.
2. Selecione a ferramenta da ribbon **Home → Palettes → Content Browser** para acessar o catálogo de *subassemblies*.
3. Selecione o catálogo **Corridor Modeling Catalogs (Metric, .NET)** no navegador Autodesk Content Browser para ativar os componentes de *subassemblies* com o sistema métrico.
4. Acesse a categoria **Lanes** e localize o *subassembly* **LaneSuperelevationAOR**. Clique com o botão direito do mouse sobre a pista e selecione a opção **Help**.
5. Na caixa de diálogo **Help**, verifique os parâmetros do *subassembly* da pista selecionada. O parâmetro **Width** configura a largura da pista e as opções de **Outside Lane SE % Slope** determinam a inclinação transversal da pista (Figura 12.4).

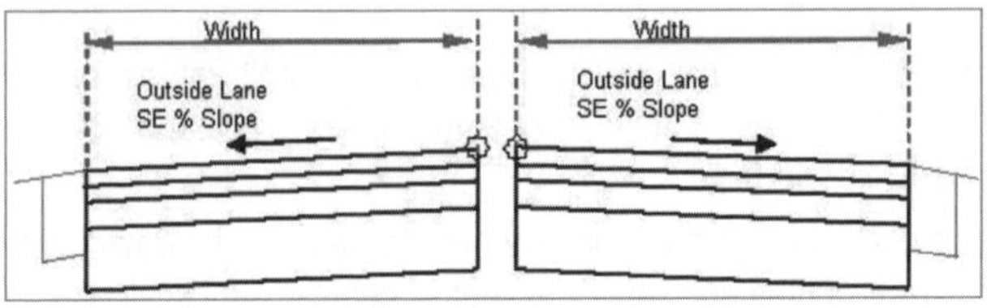

Figura 12.4 Parâmetros do Subassembly LaneSuperelevationAOR.

6. Feche a caixa de diálogo **Help** e navegue pelas demais categorias do catálogo.
7. Selecione a ferramenta da ribbon **Home → Palettes → Tool Palettes**.
8. Localize a aba **Medians** da **Tool Palettes**, clique com o botão direito do mouse sobre o *subassembly* **MedianFlushWithBarrier** e selecione a opção **Help** (Figura 12.5).

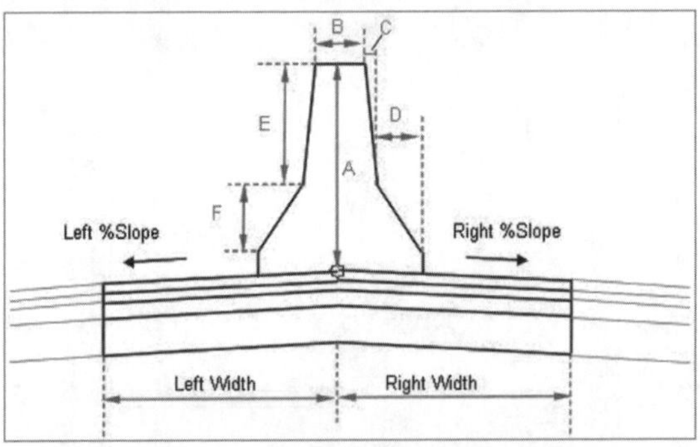

Figura 12.5 Parâmetros do componente MedianFlushWithBarrier.

9. Verifique os parâmetros do componente de canteiro com barreira e feche o arquivo.

12.3 Principais subassemblies

Tabela 12.1 Subassemblies para projeto urbano

Imagem	Nome	Descrição	Referência
	BasicSidewalk	Cria um passeio simples retangular com afastamento nas laterais.	Não possui alvos.
	BasicLane	Pista simples sem camadas, apenas com parâmetros de largura e espessura.	Não possui alvos nem superelevação.
	BasicShoulder	Acostamento simples sem camadas.	Não possui alvos.
	BasicCurb	Guia simples retangular.	Não possui alvos.
	BasicGuardrail	Estrutura simples de guardrail.	Não possui alvos.
	BasicBarrier	Simples divisão de pista que pode ter seu tamanho e forma definidos.	Não possui alvos.
	BasicCurbAndGutter	Guia e sarjeta simples com controle de altura e largura.	Não possui alvos.
	LaneParabolic	Pavimento parabólico em camadas.	Alvos de largura e cota, camadas de pavimentos.
	BasicLaneTransition	Pavimento simples, com definição de parâmetros por meio de *targets*.	Superelevação, alvos de largura e cota.
	BasicSideSlopeCut-Ditch	Vala opcional no talude que obedece a critérios de inclinação, preenchimento e corte.	Alvo de superfície e cota.
	TrenchPipe 1	Valas trapezoidais com até três camadas de materiais.	Alvo de superfície e cota.
	TrenchPipe 2	Vala trapezoidal para acomodação de redes com definição de profundidade da vala e recobrimento mínimo.	Alvo de superfície e cota, nome e espessuras de materiais.
	TrenchPipe 3	Similar ao *TrenchPipe 2*, porém com duas superfícies distintas com declividades distintas.	Alvo de superfície e cota, nome e espessuras de materiais.
	TrenchWithPipe	Estrutura drenante com uma tubulação interna cuja profundidade pode ser definida.	Alvo de cota.
	UrbanCurbAndGutter-General	Guia e sarjeta-padrão com entrada de parâmetros dimensionais e de camadas.	Camadas de pavimentos.
	UrbanCurbAndGutter-Valley1	Guia e sarjeta com sua base regularizada.	Camadas de pavimentos.

Tabela 12.1 Subassemblies para projeto urbano (cont.)

Imagem	Nome	Descrição	Referência
	UrbanCurbAndGutter-Valley2	Guia e sarjeta com sua base inclinada.	Camadas de pavimentos.
	UrbanCurbAndGutter-Valley3	Guia e sarjeta com sua base inclinada sob a sarjeta e plana sob a guia.	Camadas de pavimentos.
	UrbanSidewalk	Cria um passeio de concreto com possíveis declividades e laterais.	Alvo de largura.

Tabela 12.2 - Generic Subassemblies - projetos de infraestrutura

Imagem	Nome	Descrição	Referência
	ConditionalCutOrFill	*Subassembly* especial que aplica critérios diferenciados nas condições de corte ou aterro.	Alvo de superfície.
	LinkMulti	Cria um *subassembly* definindo uma geometria livre.	Definição de *point*, link e *shape*.
	LinkOffsetAndSlope	Cria um link do ponto selecionado até um afastamento determinado do eixo com uma inclinação.	Alvos de largura e cota, definição de *point*, link e *shape*, opção de omissão da linha de *offset*, superelevação.
	LinkOffsetOnSurface	Cria um link do ponto selecionado até uma superfície-alvo, determinando a inclinação e o afastamento do eixo.	Alvos de largura e superfície, definição de *point*, link e *shape*, opção de omissão da linha de *offset*.
	LinkslopeAndVertical-Defection	Cria um link do ponto selecionado até uma direção vertical ao longo de uma inclinação.	Alvo de largura, definição de *point*, link e *shape*, opção de omissão da linha de *offset*.
	LinkslopesBetween-Points	Cria links entre o ponto selecionado e um ponto marcado (*marked point*).	Definição de *point*, link e *shape*.
	LinkslopeToElevation	Cria um link do ponto selecionado até uma cota, definindo a inclinação.	Superelevação, alvo de cota, opção de omissão da linha de *offset*, definição de *point*, link e *shape*.
	LinkslopeToSurface	Cria um link do ponto selecionado até uma superfície-alvo, determinando a inclinação.	Superelevação, alvo de superfície, opção de omissão da linha de *offset*, definição de *point*, link e *shape*.
	LinkToMarkedPoint	Cria links entre o ponto selecionado e um *marked point*.	Opção de omissão da linha de *offset*, definição de *point*, link e *shape*.

Tabela 12.2 - Generic Subassemblies - projetos de infraestrutura (cont.)

Imagem	Nome	Descrição	Referência
	LinkVertical	Cria links entre o ponto selecionado até uma deflexão vertical ou um perfil.	Alvo de cota, definição de *point*, link e *shape*, opção de omissão da linha de *offset*.
	LinkWidthAndSlope	Cria um link do ponto selecionado determinando uma largura e uma inclinação.	Alvos de largura e cota, definição de *point*, link e *shape*, opção de omissão da linha de *offset*, superelevação.
	MarkPoint	Cria um ponto que poderá ser utilizado com alvo para outros *subassemblies*.	Definição de *point*, link e *shape*, opção de omissão da linha de *offset*.

12.4 Subassemblies especiais

O *subassembly* **ConditionalCutOrFill** permite controlar a aplicação de diversas geometrias condicionais por meio da diferença de altura da *baseline* do projeto com uma superfície desejada para corte e aterro (Figura 12.6).

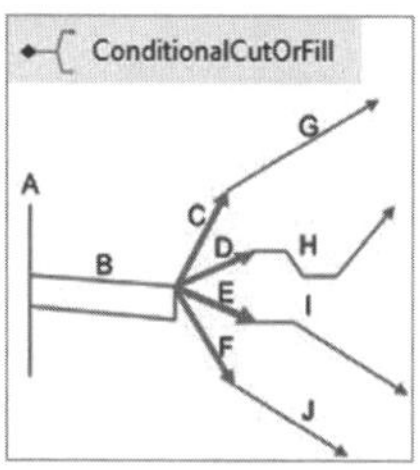

Figura 12.6 Exemplo de condições para controle dos taludes de corte e aterro.

O *subassembly* **StrippingPavement** fornece parâmetros para aplicar uma camada ao longo de uma superfície desejada após o ponto de contato do talude com a superfície. Esse *subassembly* pode ser utilizado em projetos de duplicação ou reconstrução de vias (Figura 12.7).

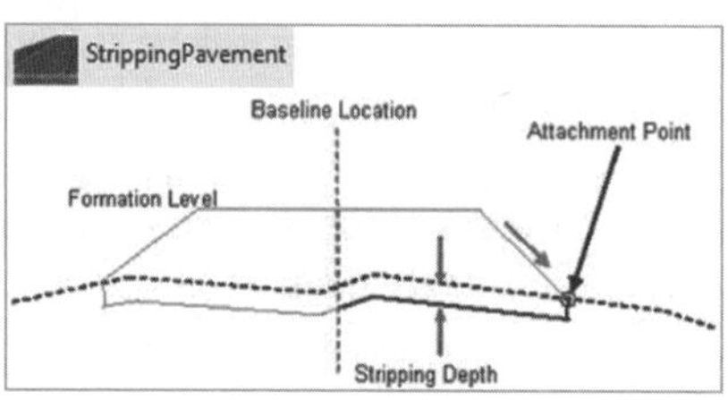

Figura 12.7 Simulação para compor camadas de estruturas de pavimentos.

O *subassembly* para **StrippingTopSoil** possibilita a configuração de parâmetros para simular a camada de limpeza ou a camada de remoção de vegetação na região do projeto (Figura 12.8).

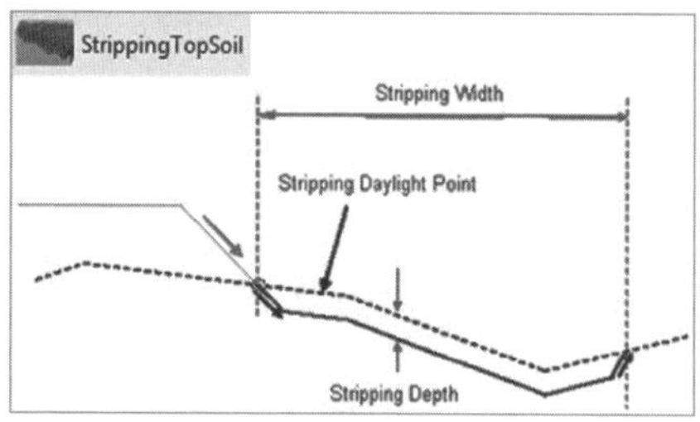

Figura 12.8 Simulação para caracterizar a camada de limpeza.

O *subassembly* **DaylightMultipleSurface** trabalha com várias superfícies para a aplicação de taludes e bermas, e pode ser utilizado para cálculo dos volumes das camadas geológicas quando presentes no projeto (Figura 12.9).

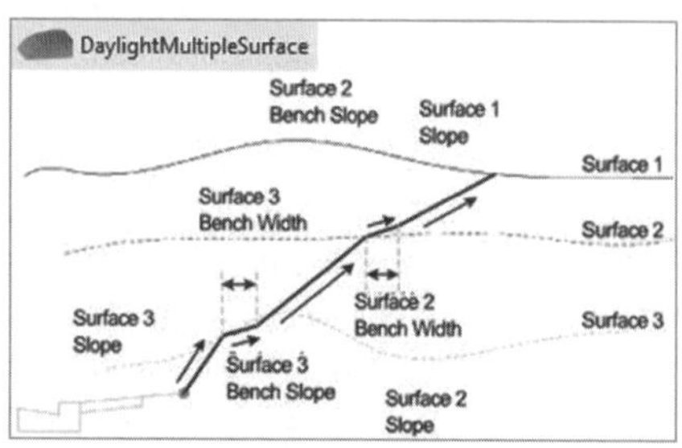

Figura 12.9 Situação de talude em corte entre várias camadas de superfícies.

O *subassembly* **LinkMulti** é utilizado para elaborar geometrias livres para a aplicação em diversos tipos de projetos de infraestrutura. Os parâmetros desse *subassembly* permitem construir componentes para representação de estruturas como barreiras, galerias, valetas, entre outras. O parâmetro **dW** determina a distância horizontal, e o parâmetro **dZ** configura o valor da distância vertical (Figura 12.10).

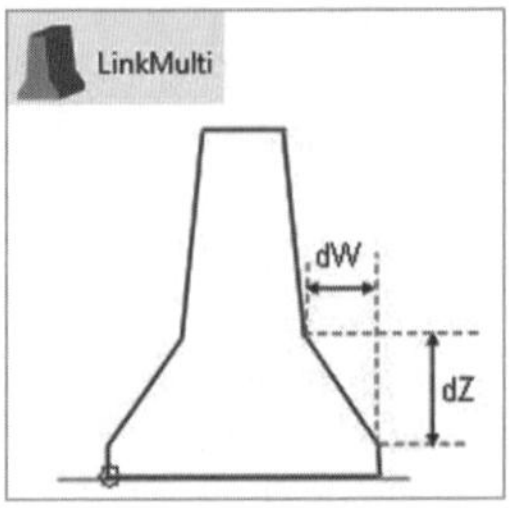

Figura 12.10 Subassembly LinkMulti para projetos de infraestrutura.

12.5 Propriedades dos subassemblies e dos assemblies

Os objetos **subassemblies** trabalham de forma parametrizada. Assim, quando uma de suas propriedades for alterada, por exemplo, a largura de uma pista, essa modificação será refletida nos demais objetos que compõem o modelo do projeto e os gráficos das seções transversais serão atualizados, assim como as tabelas de volumes presentes no desenho (Figura 12.11).

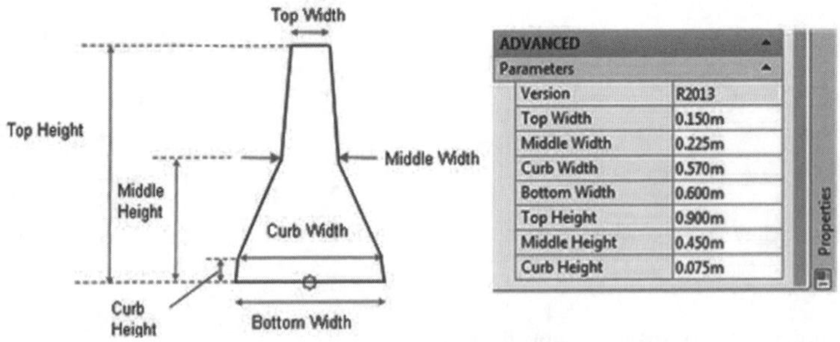

Figura 12.11 Parâmetros do subassembly exibidos na janela Properties.

Os valores dos parâmetros poderão ser configurados por meio da caixa de propriedades do **assembly** ou do **subassembly**, e, dependendo do tipo do componente, seus parâmetros possuirão características específicas, como larguras, inclinações e parâmetros para superelevação. Os *subassemblies* **DaylightBench** e **DaylightGeneral** permitem configurar os parâmetros para a definição de taludes de corte e aterro com bermas ou baquetas (Figura 12.12).

A caixa de propriedades dos *assemblies* (**Assembly Properties**) permite configurar as características como o nome e o estilo do *assembly* selecionado. A aba **Construction** exibe a estrutura dos componentes de *subassemblies* conectados no *assembly*. O quadro **InputValues** de um componente *subassembly* selecionado possibilita alterar os valores geométricos e os demais parâmetros construtivos dos componentes (Figura 12.13).

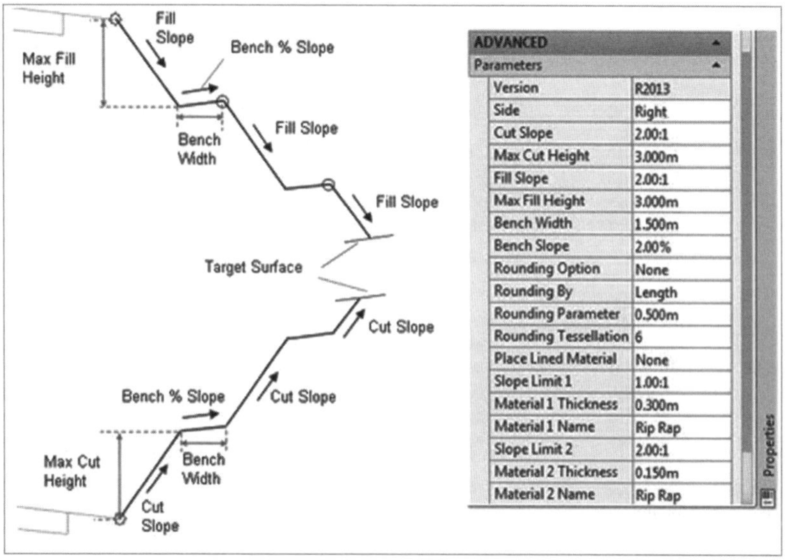

Figura 12.12 Parâmetros do subassembly DaylightBench para a composição de taludes com bermas.

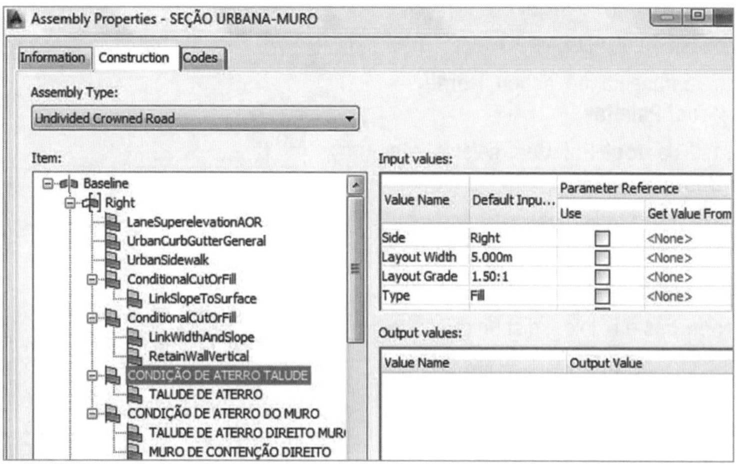

Figura 12.13 Caixa de propriedades do assembly.

É possível editar os nomes dos componentes de *subassemblies* conectados ao *assembly* por meio da aba **Construction** da caixa de diálogo **Assembly Properties**. Esse procedimento é opcional, não afeta a geometria do *assembly* e pode ser utilizado apenas para melhorar a identificação dos componentes.

A aba **Codes** da caixa de diálogo **Assembly Properties** permite substituir o estilo dos códigos que controlam a representação das linhas (links), pontos (*points*) e áreas (*shapes*) presentes nos componentes de *subassemblies* do *assembly* selecionado (Figura 12.14).

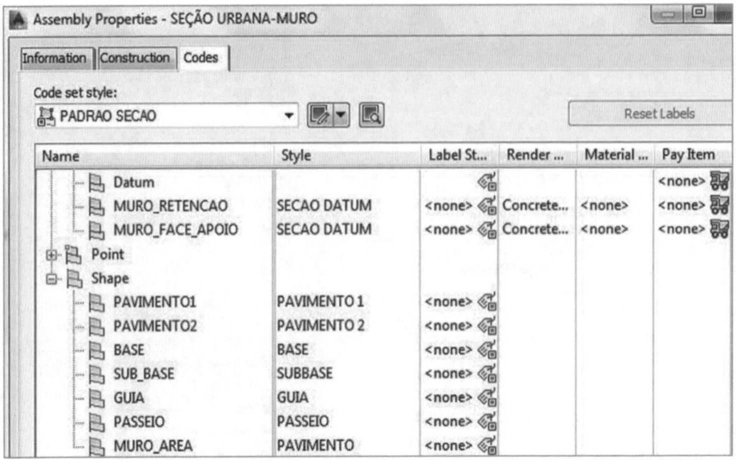

Figura 12.14 Códigos presentes na definição do assembly.

O acesso aos parâmetros dos *subassemblies* também poderá ser efetuado pela janela de propriedades do AutoCAD.

Agora, estude o exemplo a seguir:

1. Inicie o Autodesk AutoCAD Civil 3D.
2. Selecione a ferramenta da ribbon **Home → Palettes → Tool Palettes**.
3. Na aba **Brasil** da **Tool Palettes**, selecione o **Assembly Básico**.
4. Clique na área de desenho para posicionar o *assembly*.
5. Aplique um duplo clique no **subassembly** da pista direita presente no *assembly*.
6. A janela **Properties** é exibida, disponibilizando os parâmetros para a configuração do componente da pista direita selecionada.
7. Altere o valor do campo **Width** para **7.000m** e pressione a tecla **Enter** para confirmar.
8. Verificar o comportamento da geometria da pista direita na área de desenho.
9. Selecione a eixo do **assembly** na área de desenho.
10. Selecione a ferramenta da ribbon contextual **Assembly → Modify Assembly → Assembly Properties**.
11. Na aba **Construction** da caixa de diálogo **Assembly Properties**, selecione o componente **Left → LaneSuperelevationAOR**.
12. Altere o valor do campo **Width** para **7.000m** e clique no botão **OK** para concluir.

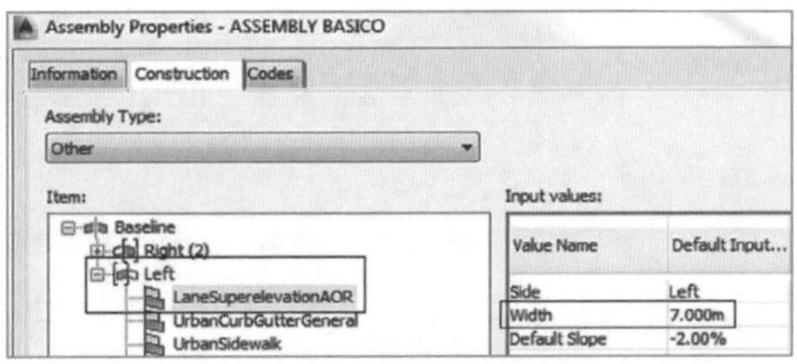

Figura 12.15 Configuração da largura da pista esquerda do assembly.

13. Verifique a nova geometria da pista esquerda do *assembly* na área de desenho.

12.6 Ferramentas para assemblies e subassemblies

A ribbon contextual **Assembly** é exibida quando um **assembly** for selecionado na área de desenho, por meio da qual é possível acessar as ferramentas para a manipulação do **assembly** e de seus componentes de **subassemblies** (Figura 12.16).

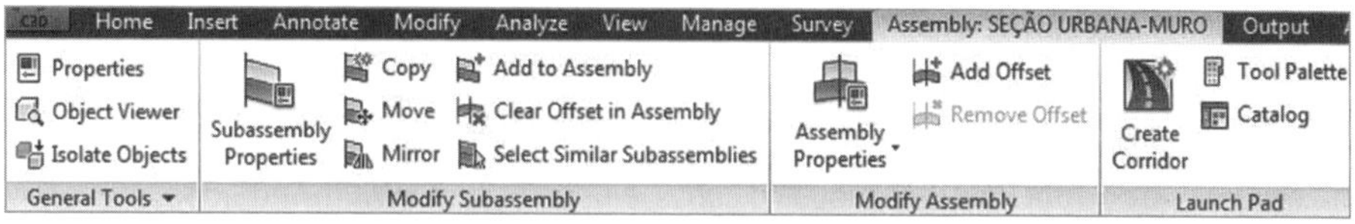

Figura 12.16 Ferramentas da ribbon contextual Assembly.

Subassembly Properties: ferramenta de acesso à caixa de propriedades do componente *subassembly* para configuração de seus parâmetros geométricos.

Copy: ferramenta que permite copiar um componente de *subassembly*.

Move: ferramenta que auxilia no reposicionamento do *subassembly* selecionado.

Mirror: ferramenta que espelha os componentes selecionados para o mesmo *assembly* ou para outro presente no desenho.

Add to Assembly: ferramenta para adicionar um componente de *subassembly* selecionado a um *assembly* existente no desenho.

Clear Offset in Assembly: ferramenta que conecta um *subassembly* que estiver desconectado a um *assembly*.

Select Similar Subassemblies: ferramenta que seleciona todos os *subassemblies* semelhantes ao *subassembly* selecionado no desenho.

Assembly Properties: ferramenta para acionar a caixa de propriedades do *assembly*, permitindo a configuração dos parâmetros dos *subassemblies* presentes no conjunto do *assembly*.

Add Offset: ferramenta que adiciona nova linha-base no *assembly*.

Remove Offset: ferramenta para retirar o *assembly offset* do grupo do *assembly*.

Create Corridor: ferramenta para a construção do modelo do corredor do projeto.

Tool Palletes: ferramenta que acessa a biblioteca de *subassemblies* presentes na **Tool Palettes**.

Catalog: ferramenta do navegador **Content Browser** para acesso à biblioteca dos componentes de *subassemblies*.

O seguinte exemplo ilustra os procedimentos para a elaboração de uma seção típica transversal de uma via urbana. Esse projeto tem como característica utilizar os componentes de *subassemblies* presentes na aba **Generic** da **Tool Palettes** para representar a camada superior das estruturas da via e configurar os taludes com bermas por meio do **Subassembly Daylight General** presente na aba **Daylight** da **Tool Palettes**.

Características do projeto transversal da via urbana com bermas:

- **Largura da pista:** 3.600m; inclinação da pista: 2%; adicionar guia e sarjeta – passeio: 2.00m.
- **Talude de corte:** 1.0:1; talude de aterro: 1.5:1; altura máxima dos taludes: 8.000m.
- **Largura das bermas:** 4.000m; inclinação das bermas: 10%.

Agora, estude o exemplo a seguir:

1. Abra o arquivo **12-6-1_ SEÇÃO_TALUDES.DWG**, disponível no site da Editora Érica.
2. Selecione a ferramenta da ribbon **Home → Create Design → Assembly → Create Assembly**.
3. Na caixa de diálogo **Create Assembly,** digite **SEÇÃO URBANA-TALUDES** no campo **Name**. No campo **Assembly Type,** selecione o tipo **Undivided Crowned Road**. No **campo Code set style,** selecione **PADRAO SECAO**. Clique no botão **OK** (Figura 12.17).

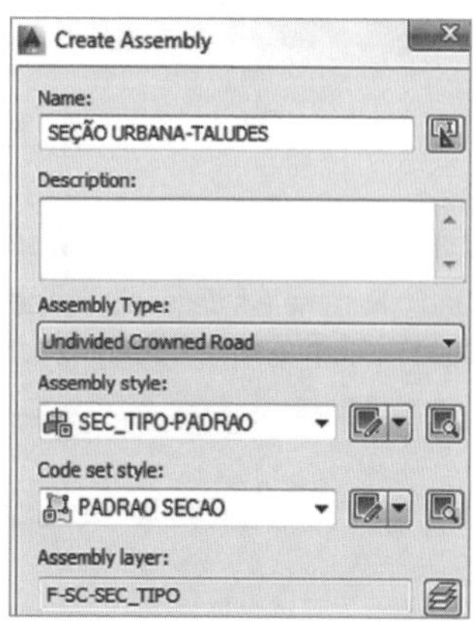

Figura 12.17 Configuração de nome e estilos para o assembly.

4. Aplique **Zoom** na região do quadro à esquerda do perfil longitudinal e clique na área de desenho para posicionar a *baseline* do *assembly*.
5. Acesse a ferramenta da ribbon **Home → Palettes → Tool Palettes**.
6. Na aba **Generic** da **Tool Palettes,** clique no *subassembly* **(LinkWidthAndSlope)**.

   Na janela **Properties** (Figura 12.18):

   - Selecione o lado **Left** no campo **Side** para definir a pista do lado esquerdo do eixo.
   - Digite **3.600m** no campo **Width** para definir a largura da pista esquerda.
   - Selecione a opção **Left Inside Lane** no campo **Use Superelevation Slope**.
   - Digite **-2.00%** no campo **Slope**.
   - Clique no eixo da *baseline* para posicionar o componente.

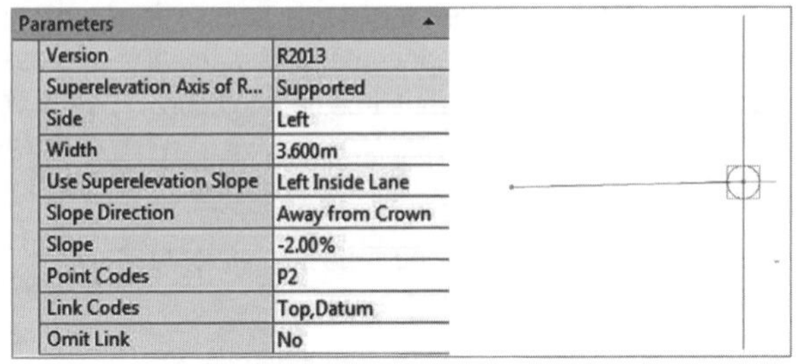

Figura 12.18 Configuração da pista esquerda.

7. Na aba **Generic** da **Tool Palettes,** clique no *subassembly* **(LinkWidthAndSlope)**.

   Na janela **Properties** (Figura 12.19):

   - Selecione o lado **Left** no campo **Side** para definir a sarjeta para o lado esquerdo.
   - Digite **0.45m** no campo **Width** para definir a largura da sarjeta.
   - Digite **-10.00%** no campo **Slope**.
   - Clique no componente da pista esquerda para posicionar a sarjeta.

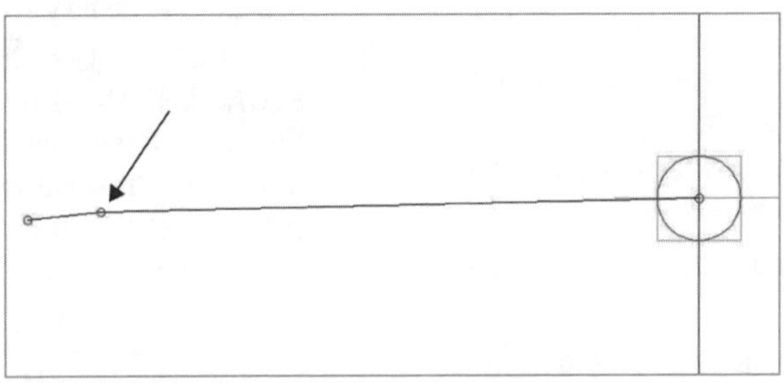

Figura 12.19 Subassemblies Generic para representação da pista e sarjeta esquerda.

8. Na aba **Generic** da **Tool Palettes,** selecione **(LinkVertical)**.

No quadro Parameters da janela **Properties,** digite **0.150m** no campo **Vertical Deflection** para definir a altura da guia. Clique no componente da sarjeta para posicionar a lateral da guia.

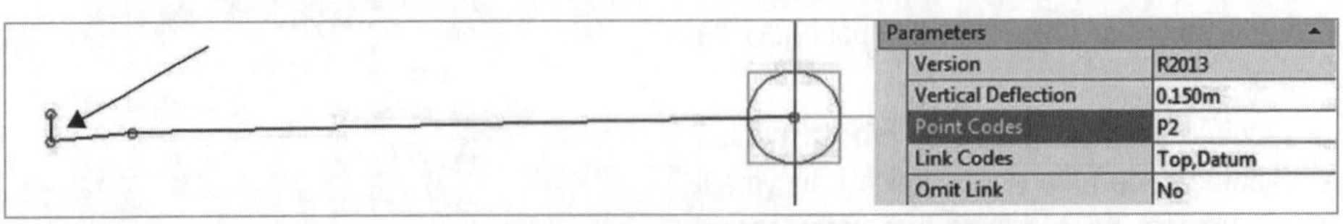

Figura 12.20 Posicionamento do componente para representar a lateral da guia.

9. Na aba **Generic** da **Tool Palettes,** clique no *subassembly* **(LinkWidthAndSlope)**.

   No quadro **Parameters** da janela **Properties**:

   - Selecione o lado **Left** no campo **Side**.
   - Digite **0.100m** no campo **Width** para definir a largura da guia esquerda.
   - Digite **0.00%** no campo **Slope**.
   - Clique no conector superior da guia para posicionar o componente.

10. Na aba **Generic** da **Tool Palettes** selecione **(LinkWidthAndSlope)**.

    No quadro **Parameters** da janela **Properties** (Figura 12.21):

    - Selecione o lado **Left** no campo **Side**.
    - Digite **2.000m** no campo **Width** para definir a largura do passeio esquerdo.
    - Digite **0.00%** no campo **Slope**.
    - Clique no conector da guia para posicionar o passeio.

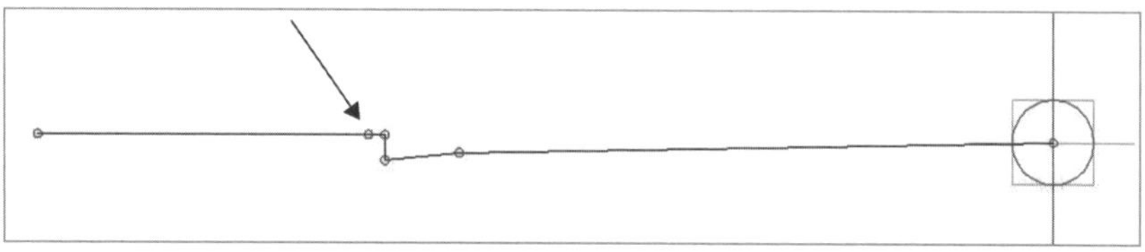

Figura 12.21 Posicionamento dos componentes esquerdos do projeto da via.

O procedimento usual seria espelhar os componentes do lado esquerdo para o lado direito (ribbon contextual **Assembly → Modify Subassembly → Mirror).** Entretanto, o próximo passo mostra como podem ser construídos os componentes da pista, da guia, da sarjeta e do passeio utilizando apenas um único *subassembly*.

11. Na aba **Generic** da **Tool Palettes,** selecione o *subassembly* **(LinkMulti)**.

    No quadro **Parameters** da janela **Properties** (Figura 12.22):

    - Selecione o lado **Right** no campo **Side**.
    - Digite **5** no campo **No. of Links** para definir a quantidade segmentos que serão criados para representar os mesmos componentes criados no lado esquerdo da seção.
    - Digite **3.600m** no campo **dW1** para configurar a largura da pista direita.
    - Digite **-0.072m** no campo **dZ1** para definir a inclinação da pista direita.
    - Digite **0.450m** no campo **dW2** para determinar a largura da sarjeta.
    - Digite **-0.045m** no campo **dZ2** para configurar a inclinação da sarjeta.
    - Digite **0.000m** no campo **dW3** para a guia.
    - Digite **0.150m** no campo **dZ3** para determinar a altura da guia.
    - Digite **0.100m** no campo **dW4** para configurar a largura da guia.
    - Digite **0.000m** no campo **dZ4** para definir a inclinação do topo da guia.
    - Digite **2.000m** no campo **dW5**para especificar a largura do passeio.
    - Digite **0.000m** no campo **dZ5** para configurar a inclinação do passeio.
    - Clique no eixo da *baseline* para posicionar o componente.

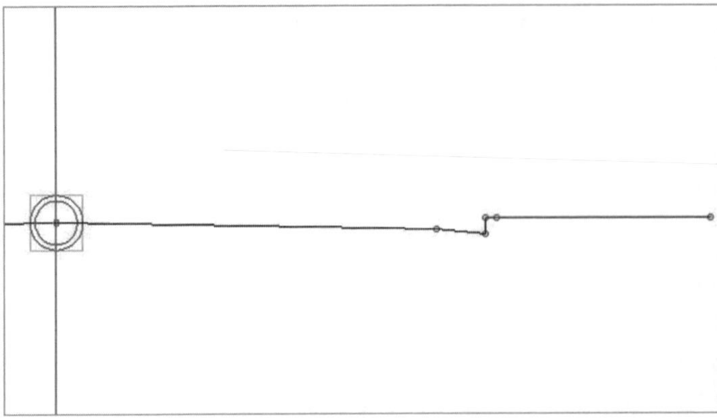

Parameters	
Version	R2013
Side	Right
No. of Links	5
Link Codes	Top,Datum
Point Codes	MultiLink_Point
Shape Codes	MultiLink
dW1	3.600m
dZ1	-0.072m
dW2	0.450m
dZ2	-0.045m
dW3	0.000m
dZ3	0.150m
dW4	0.100m
dZ4	0.000m
dW5	2.000m
dZ5	0.000m

Figura 12.22 LinkMulti utilizado na criação de estruturas transversais para projetos de infraestrutura.

12. Na aba **Daylight** da **Tool Palettes,** selecione o *subassembly* (**DaylightGeneral**).

    No quadro **Parameters** da janela **Properties,** configure os parâmetros para definir os taludes com bermas de corte e aterro para os dois lados da seção (Figura 12.23).

Side	Right
Daylight Link	Include Dayl
Cut Test Point Link	3
Cut 1 Width	8.000m
Cut 1 Slope	1.00:1
Cut 2 Width	4.000m
Cut 2 Slope	-10.00:1
Cut 3 Width	8.000m
Cut 3 Slope	1.00:1
Cut 4 Width	4.000m
Cut 4 Slope	-10.00:1
Cut 5 Width	0.000m
Cut 5 Slope	Horizontal
Cut 6 Width	0.000m
Cut 6 Slope	Horizontal
Cut 7 Width	0.000m
Cut 7 Slope	Horizontal
Cut 8 Width	0.000m
Cut 8 Slope	Horizontal
Flat Cut Slope	1.00:1
Flat Cut Max Height	8.000m
Medium Cut Slope	1.00:1
Medium Cut Max Height	8.000m
Steep Cut Slope	1.00:1
Fill 1 Width	12.000m
Fill 1 Slope	-1.50:1
Fill 2 Width	4.000m
Fill 2 Slope	10.00:1
Fill 3 Width	0.000m
Fill 3 Slope	Horizontal
Flat Fill Slope	1.50:1
Flat Fill Max Height	12.000m
Medium Fill Slope	1.50:1
Medium Fill Max Height	12.000m
Steep Fill Slope	1.50:1

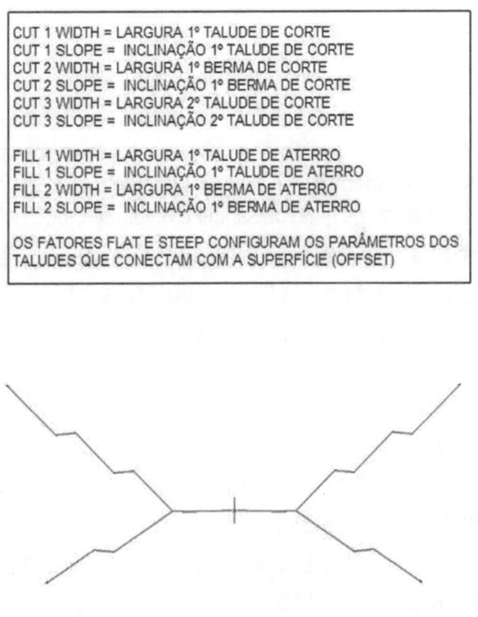

Figura 12.23 Configuração de taludes de corte e aterro com bermas.

13. Selecione o *subassembly* do talude na área de desenho e acesse a ferramenta da ribbon contextual **Subassembly → Modify Subassembly → Mirror**.

14. Clique no final do passeio esquerdo para espelhar o *subassembly* do talude com bermas no lado esquerdo da seção (Figura 12.23).

12.6.1 Recurso de assembly offset

O recurso **Assemblies Offset** auxilia na elaboração de seções transversais com estruturas compostas, em que é possível o acréscimo de diversos eixos (*baselines*) ao eixo de um *assembly* existente no desenho (Figura 12.24). Para cada eixo de **assembly offset** adicionado no *assembly*, é possível inserir componentes de *subassemblies* diferenciados para atender às geometrias transversais solicitadas nos projetos.

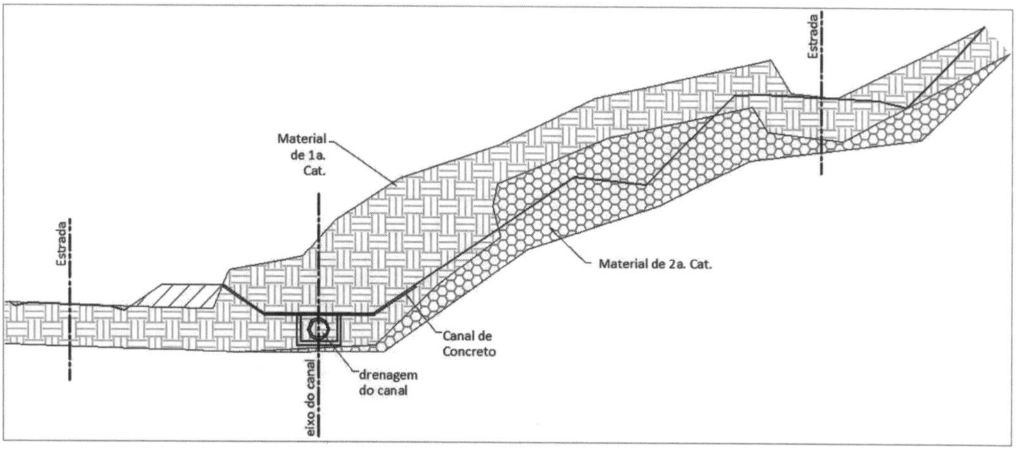

Figura 12.24 Modelo de seção típica transversal composta.

A composição de **assembly offset** pode ser utilizada em projetos de rodovias ou ferrovias que contenham uma canalização central ou com uma estrada de serviço lateral. Enquanto o *assembly* principal obedece à geometria de um alinhamento horizontal selecionado, o **assembly offset** percorre a geometria de outros alinhamentos simultaneamente durante a construção do modelo do corredor projetado.

Agora, estude o exemplo a seguir:

1. Inicie o Autodesk AutoCAD Civil 3D. Selecione a ferramenta da ribbon **Home → Palettes → Tool Palettes**.
2. Na aba **Brasil** da **Tool Palettes**, clique em **Assembly Básico**.
3. Clique na área de desenho para posicionar o *assembly*.
4. Selecione a *baseline* do *assembly* posicionado na área de desenho. Acesse a ferramenta da ribbon contextual **Assembly → Modify Assembly → Add Offset**.
5. Adicione a nova *baseline* na área de desenho próximo ao *assembly* principal.
6. Adicione *subassemblies* na *baseline* do *assembly offset* criado no desenho.

12.7 Gerenciamento de assemblies

Os principais *assemblies* utilizados constantemente nos projetos podem ser adicionados nas abas da **Tool Palettes** (Figura 12.25). Dessa forma, é possível organizar e gerenciar as bibliotecas dos *assemblies* mais utilizados para a aplicação em projetos futuros.

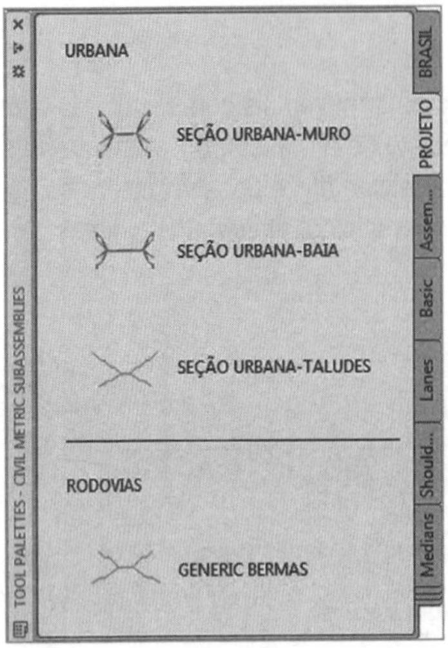

Figura 12.25 Aba da Tool Palettes personalizada com assemblies.

Com o botão direito do mouse sobre a **Tool Palettes,** é possível criar novas abas (**New Palette**). Os *assemblies* devem ser adicionados nas abas da *Tool Palettes* arrastando apenas a *baseline* do *assembly* desejado. É possível organizar e classificar os *assemblies* adicionados nas abas da **Tool Palettes** por meio das ferramentas **Add Text** e **Add Separator**, acessadas com o botão direito do mouse sobre a área da aba da **Tool Palettes** desejada.

A organização da biblioteca dos *assemblies* na **Tool Palettes** tem o objetivo de auxiliar a redução de criação repetitiva de estruturas de *assemblies* idênticos ou que são frequentemente utilizados nos projetos.

A sequência a seguir mostra como montar um novo *assembly* com as pistas alargadas de 10 metros para representar uma seção típica transversal de uma baia. Entretanto, são utilizados os componentes do *assembly* da via existente no desenho e os *assemblies* na **Tool Palettes** são organizados, a fim de serem usados em projetos futuros.

Agora, estude o exemplo a seguir:

1. Abra o arquivo **12-7-1_MANIPULAÇÃO_ASSEMBLIES.DWG**, disponível no site da Editora Érica.
2. Selecione a ferramenta da ribbon **Home → Create Design → Assembly → Create Assembly**.
3. Na caixa de diálogo **Create Assembly,** digite **SEÇÃO URBANA-BAIA,** no campo **Name**. No campo **Assembly Type,** selecione o tipo **Undivided Crowned Road**. No campo **Code set style,** selecione **PADRAO SECAO**. Clique no botão **OK** (Figura 12.26).

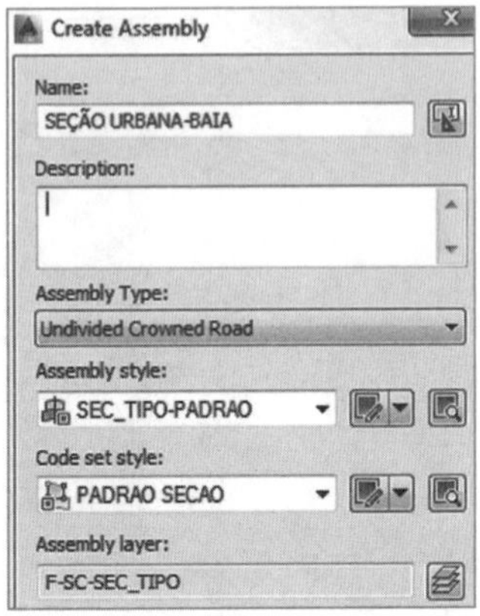

Figura 12.26 Configuração inicial do assembly da baia.

4. Aplique **Zoom** na região do quadro à esquerda do perfil longitudinal e clique na área de desenho para posicionar a *baseline* do *assembly*.
5. Selecione todos os componentes do lado esquerdo do *assembly* **SEÇÃO URBANA-TALUDES**, **exceto** a *baseline* em vermelho e amarelo.
6. Selecione a ferramenta da ribbon contextual **Subassemblies → Modify Subassembly → Copy**.
7. Clique na *baseline* do *assembly* **SEÇÃO URBANA-BAIA** para posicionar os componentes selecionados.
8. Selecione o *subassembly* da pista esquerda copiada no *assembly* **SEÇÃO URBANA-BAIA**. Acesse o quadro **Parameters** da janela **Properties** e altere o valor da pista para **10.000m** no campo **Width** (Figura 12.27).

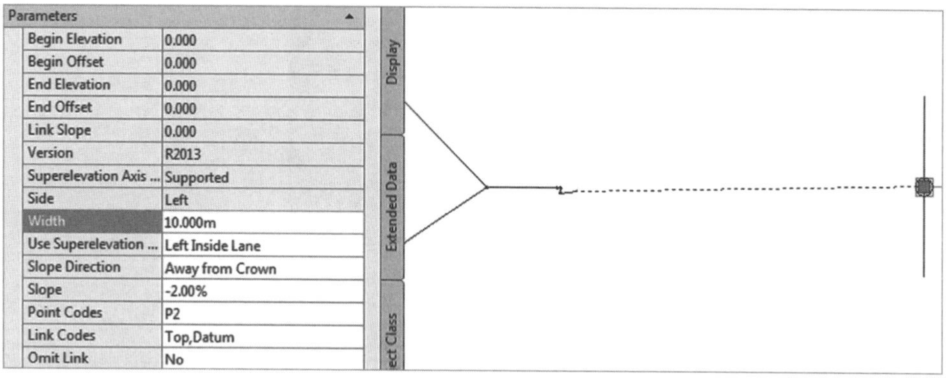

Figura 12.27 Configuração da nova largura da pista.

9. Selecione todos os componentes do lado esquerdo da **SEÇÃO URBANA-BAIA**, exceto a *baseline* vermelha.
10. Selecione a ferramenta da ribbon contextual **Subassemblies → Modify Subassembly → Mirror**. Clique na *baseline* do *assembly* para espelhar os componentes para o lado esquerdo da seção (Figura 12.28).

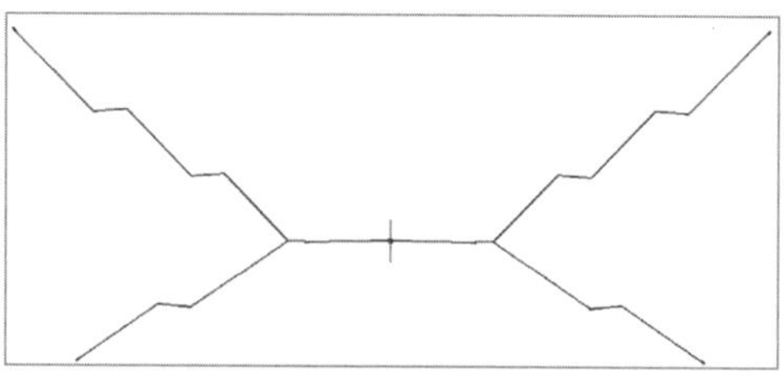

Figura 12.28 Composição final da seção típica da baia.

11. Acesse a ferramenta da ribbon **Home → Palettes → Tool Palettes**.
12. Clique com o botão direito do mouse sobre uma das abas da **Tool Palettes** e selecione a opção **New Palette**. Renomeie a aba criada para **PROJETO**.
13. Na área de desenho, selecione a *baseline* do *assembly* **SEÇÃO URBANA-BAIA e** selecione apenas o eixo vermelho da *baseline*.
14. Selecione novamente o eixo da *baseline* mantendo pressionado o botão **esquerdo** do mouse. Selecione apenas a geometria da *baseline*; **não** selecione os *grips*.
15. Arraste o eixo da *baseline* selecionada e solte na aba **PROJETO** criada na **Tool Palettes** (Figura 12.29).

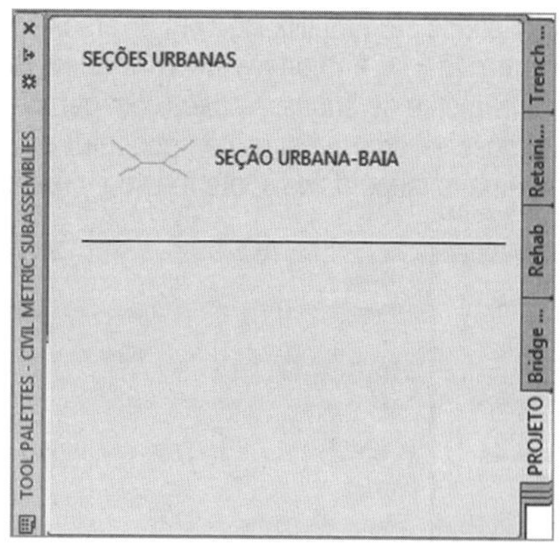

Figura 12.29 Assembly da baia adicionado à aba da Tool Palettes.

16. Repita os procedimentos para adicionar o *assembly* **SEÇÃO URBANA-TALUDES** na aba **PROJETO** da **Tool Palettes**.
17. Clique com o botão direito do mouse sobre a área da aba **PROJETO** e selecione a opção **Add Text,** para adicionar o texto.
18. Clique com o botão direito do mouse sobre a área da aba **PROJETO** e selecione a opção **Add Separator,** para adicionar o separador.
19. É possível reposicionar os textos os e separadores criados para organizar a biblioteca de *assemblies* presentes na aba **PROJETO** criada na **Tool Palettes**.

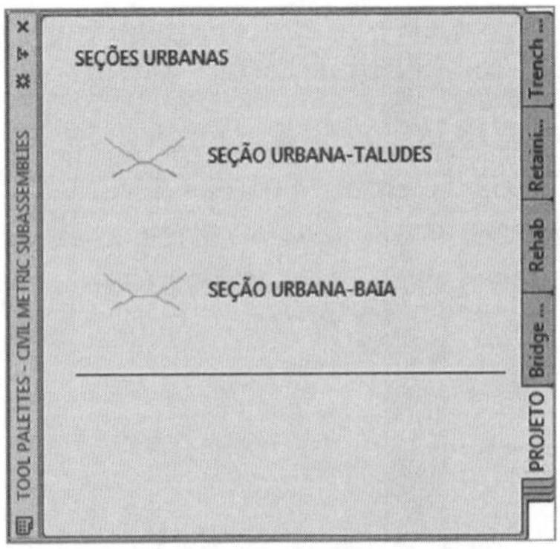

Figura 12.30 Composição final dos assemblies posicionados na Tool Palettes.

12.8 Programação de subassemblies

O aplicativo **Autodesk Subassembly Composer** permite programar *subassemblies* com parâmetros personalizados para a utilização em diversos tipos de projetos de infraestrutura elaborados no AutoCAD Civil 3D (Figura 12.31). A interface do **Autodesk Subassembly Composer** auxilia os profissionais da área no desenvolvimento de *subassemblies* com características específicas que, muitas vezes, são exigidas nos projetos. É possível programar os componentes obedecendo aos critérios de superelevação e cotas, acompanhar a geometria de superfícies e, até mesmo, criar parâmetros para caracterizar camadas de materiais.

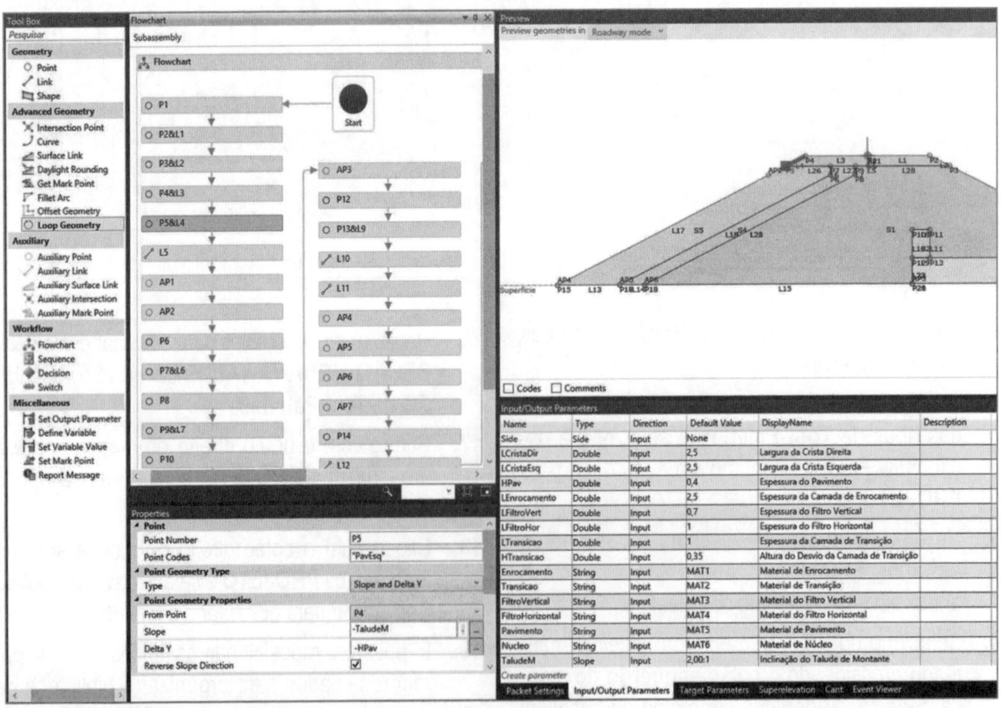

Figura 12.31 Interface do Autodesk Subassembly Composer.

O *Autodesk Subassembly Composer* grava arquivos na extensão *PKT* que podem ser importados para o AutoCAD Civil 3D e utilizados na elaboração de projetos.

A interface do *Autodesk Subassembly Composer* é distribuída em painéis na forma de janelas, permitindo aos usuários personalizar seu *layout* conforme desejado. O arranjo de sua interface-padrão é constituído por:

Tool Box: painel que apresenta as ferramentas para a construção das geometrias dos *subassemblies*, como *points*, links e *shapes*. Para utilizar as ferramentas do painel **Tool Box,** basta arrastá-las para o painel **Flowchart**.

Flowchart: painel para a organização da sequência lógica da construção dos componentes do *subassembly* na forma de fluxograma.

Properties: painel de controle das propriedades geométricas dos componentes presentes no *subassembly*.

Preview: painel para a exibição da prévia da composição do *subassembly* configurado.

Input/Output Parameters: painel de criação e configuração de parâmetros para aplicação no *subassembly*.

12.8.1 Ferramentas geométricas e principais parâmetros

O painel **Tool Box** exibe as ferramentas geométricas organizadas nas categorias *Geometry*, *Advanced Geometry*, *Auxiliary*, *Workflow* e *Miscellaneous* (Figura 12.32).

Point: ferramenta utilizada para determinar os vértices para as geometrias dos subassemblies. É possível conectar os pontos adicionando manual ou automaticamente os links entre eles. O painel **Properties** permite alterar o tipo do critério geométrico do ponto e exibe as propriedades do ponto selecionado no painel **Flowchart.**

O campo **Point Number** do painel **Properties** de um ponto selecionado permite determinar o número do ponto, assim como é possível especificar os nomes dos códigos para o ponto no campo **Point Codes**. O campo **Type** permite selecionar o tipo de ponto (Figura 12.33).

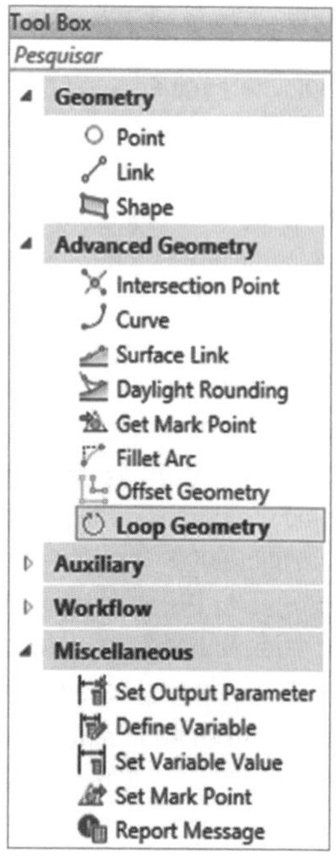

Figura 12.32 Disposição das ferramentas da Tool Box.

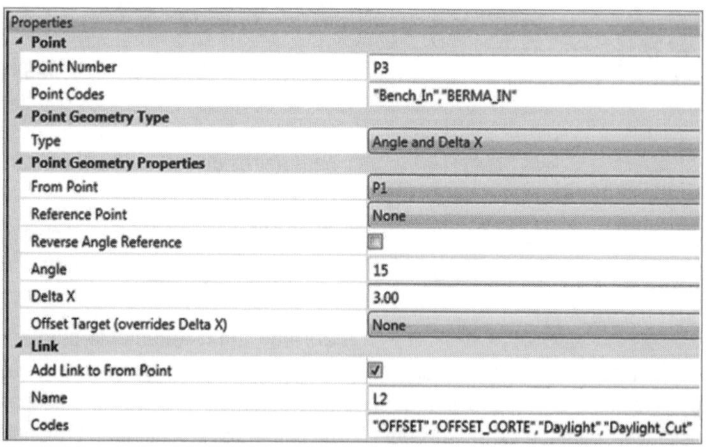

Figura 12.33 Opções de ponto presentes no painel Properties.

No campo **Point Geometry Properties,** pode-se selecionar o ponto de origem em **From Point**, além de determinar os valores como inclinações e afastamentos para a locação dos pontos, dependendo do tipo selecionado. O campo **Link** permite criar automaticamente a linha de conexão com os pontos.

Angle and Delta X: ferramenta que adiciona um ponto, determinando o ângulo e a distância de afastamento em X de outro ponto existente na geometria.

Angle and Delta Y: ferramenta para adicionar um ponto, determinando o ângulo e a diferença de altura em Y de outro ponto existente na geometria.

Angle and Distance: ferramenta para adicionar um ponto, determinando o ângulo e a distância de outro ponto existente na geometria.

Delta X and Delta Y: ferramenta que adiciona um ponto, determinando a distância de afastamento em X e a diferença de altura em Y de outro ponto existente na geometria.

Delta X on Surface: ferramenta para adicionar um ponto em uma superfície como alvo (*surface target*), determinando a distância de afastamento em X.

Interpolate Point: ferramenta que adiciona um ponto, determinando uma distância e interpolando entre os pontos de origem e de destino.

Slope and Delta X: ferramenta para adicionar um ponto, determinando uma inclinação e a distância de afastamento em X de outro ponto existente na geometria.

Slope and Delta Y: ferramenta para adicionar um ponto, determinando uma inclinação e a diferença de altura em Y de outro ponto existente na geometria (Figura 12.34).

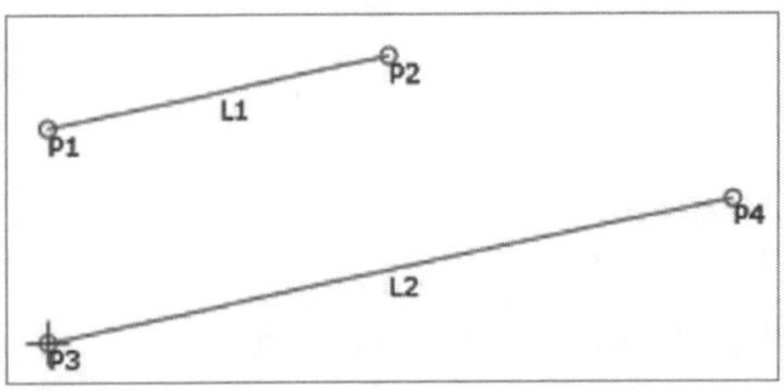

Figura 12.34 Ferramenta de criação de ponto por inclinação de altura.

Slope to Surface: ferramenta para adicionar um ponto em uma superfície como alvo (*surface target*), determinando a inclinação partindo de outro ponto existente na geometria.

Link: ferramenta utilizada para conectar os pontos definidos na geometria do *assembly* (Figura 12.35).

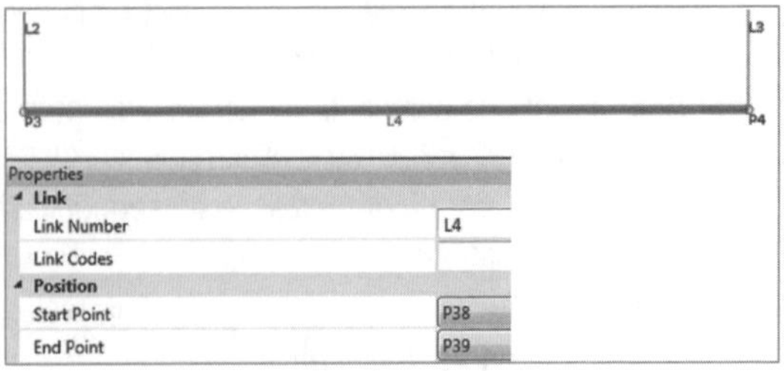

Figura 12.35 Propriedades de Link.

Shape: ferramenta utilizada para criar áreas transversais fechadas, selecionando os links presentes na geometria. Permite a definição de materiais para a extração de valores volumétricos dos *subassemblies* aplicados no AutoCAD Civil 3D (Figura 12.36).

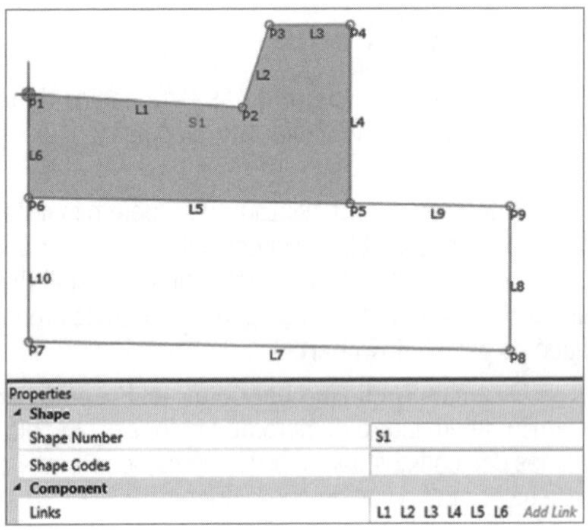

Figura 12.36 Propriedades de Shape.

Intersection Point: ferramenta para adicionar ponto na interseção entre dois elementos presentes na geometria do *subassembly*. É possível determinar os parâmetros de inclinação entre pontos e links para a projeção do novo ponto.

Curve: ferramenta para adicionar uma curva, um círculo ou uma parábola, determinando os pontos inicial, de centro e final (Figura 12.37).

Surface Link: ferramenta para adicionar link sobre uma superfície (*target surface*), especificando seus afastamentos. É possível acompanhar a geometria da superfície e controlar a profundidade para o posicionamento do link.

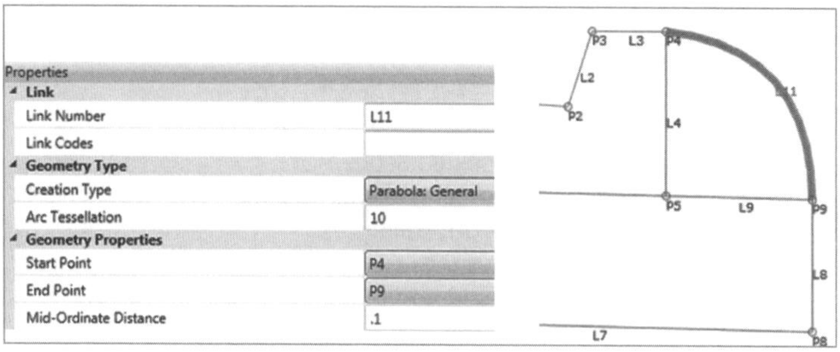

Figura 12.37 Parâmetros da ferramenta Curve.

Daylight Rounding Link: ferramenta que adiciona um link de arco ou parábola para simulação do arredondamento dos taludes.

Get Mark Point: ferramenta para adicionar um ponto marcador sobre a geometria ou próximo dela. O ponto marcador permite a conexão de links.

Fillet Arc: ferramenta para adicionar um arco acomodado na interseção entre dois links existentes na geometria.

Offset Geometry: ferramenta que permite efetuar uma cópia paralela de um link desejado.

Loop Geometry: ferramenta utilizada para criar repetições selecionando uma sequência de geometrias.

Auxiliary: categoria que possibilita a criação de pontos e links auxiliares, e que não serão incluídos na geometria do *subassembly* final, mas que poderão ser utilizados para criar ou conectar outros elementos da geometria.

Sequence: ferramenta para criar conjuntos de elementos de geometria organizados na forma de subclasses no fluxograma construtivo do *subassembly* (Figura 12.38).

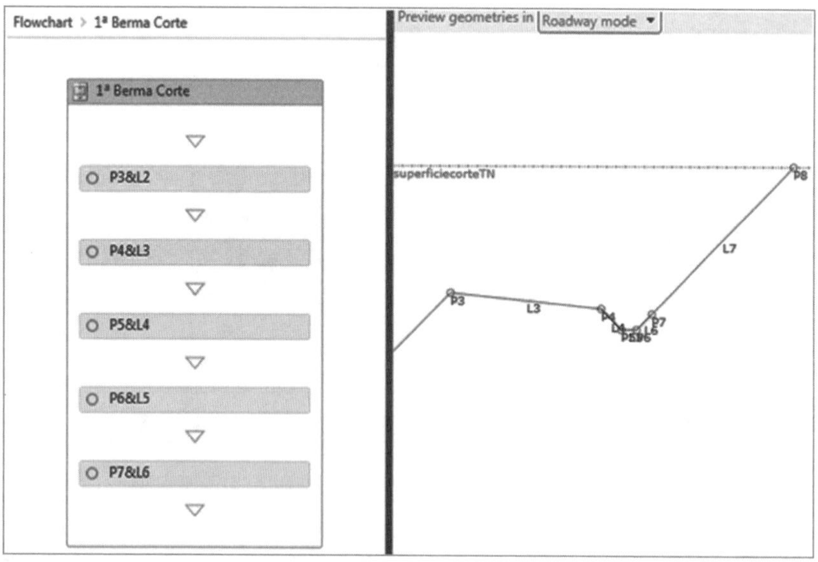

Figura 12.38 Ferramenta Sequence para agrupar geometrias.

Decision: ferramenta que permite estabelecer duas opções para a sequência construtiva do *subassembly* no fluxograma, as quais dependem de condições específicas estabelecidas para a geometria (Figura 12.39).

Switch: ferramenta que permite criar até 11 opções de sequências construtivas do *subassembly* no fluxograma, as quais dependem do resultado de expressões específicas. As condições utilizadas para a ferramenta **Switch** poderão ser *strings* ou *enumeration* (Figura 12.40).

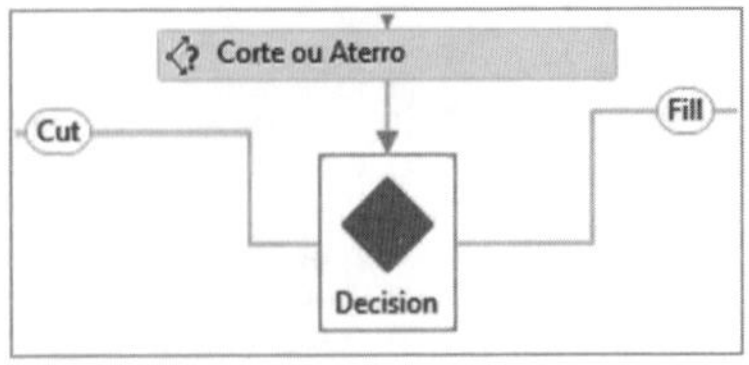

Figura 12.39 Ferramenta Decision.

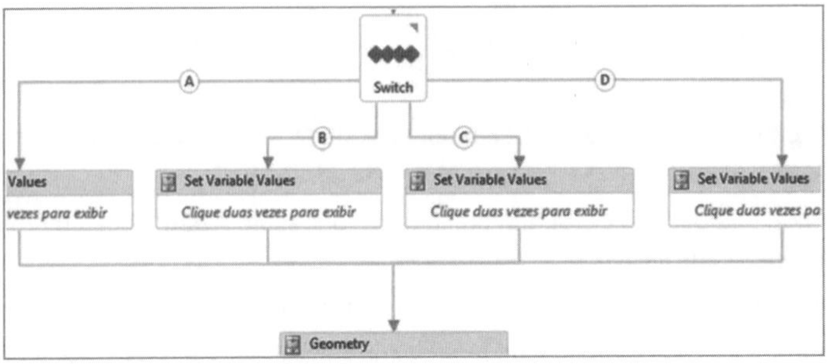

Figura 12.40 Ferramenta Switch aplicada com diversas variáveis.

Input/Output Parameters: aba que permite a definição de parâmetros de entrada e saída para a utilização na definição dos critérios da geometria do *subassembly*. Esses parâmetros podem ser utilizados na definição dos elementos de geometria do *subassembly*, acessando o painel **Properties** do elemento selecionado. É possível, ainda, utilizá-los na definição da sequência do fluxograma, como nas ferramentas **Decision** e **Switch**.

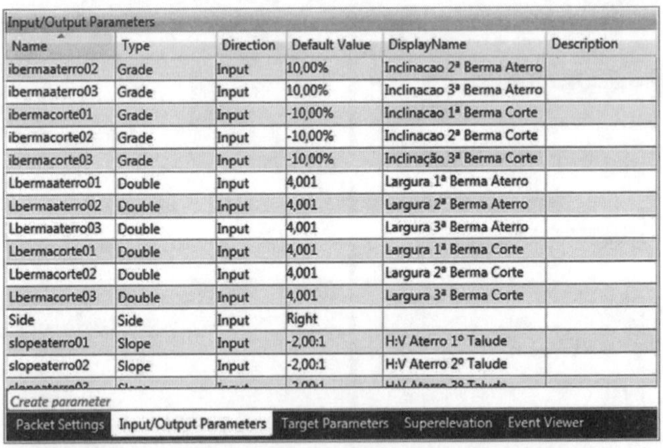

Input/Output Parameters

Name	Type	Direction	Default Value	DisplayName	Description
ibermaaterro02	Grade	Input	10,00%	Inclinacao 2ª Berma Aterro	
ibermaaterro03	Grade	Input	10,00%	Inclinacao 3ª Berma Aterro	
ibermacorte01	Grade	Input	-10,00%	Inclinacao 1ª Berma Corte	
ibermacorte02	Grade	Input	-10,00%	Inclinacao 2ª Berma Corte	
ibermacorte03	Grade	Input	-10,00%	Inclinação 3ª Berma Corte	
Lbermaaterro01	Double	Input	4,001	Largura 1ª Berma Aterro	
Lbermaaterro02	Double	Input	4,001	Largura 2ª Berma Aterro	
Lbermaaterro03	Double	Input	4,001	Largura 3ª Berma Aterro	
Lbermacorte01	Double	Input	4,001	Largura 1ª Berma Corte	
Lbermacorte02	Double	Input	4,001	Largura 2ª Berma Corte	
Lbermacorte03	Double	Input	4,001	Largura 3ª Berma Corte	
Side	Side	Input	Right		
slopeaterro01	Slope	Input	-2,00:1	H:V Aterro 1º Talude	
slopeaterro02	Slope	Input	-2,00:1	H:V Aterro 2º Talude	

Create parameter

Packet Settings | Input/Output Parameters | Target Parameters | Superelevation | Event Viewer

Figura 12.41 Configuração de parâmetros para controle das geometrias do subassembly.

Target Parameters: aba *que* define parâmetros de alvos (*target*) para os elementos presentes na geometria do *subassembly*, os quais podem ser utilizados na definição dos elementos de geometria do *subassembly*, acessando a janela **Properties** do elemento selecionado.

Superelevation Parameters: aba que define os parâmetros de superelevação, que podem ser utilizados na definição dos elementos de geometria do *subassembly* (Figura 12.42).

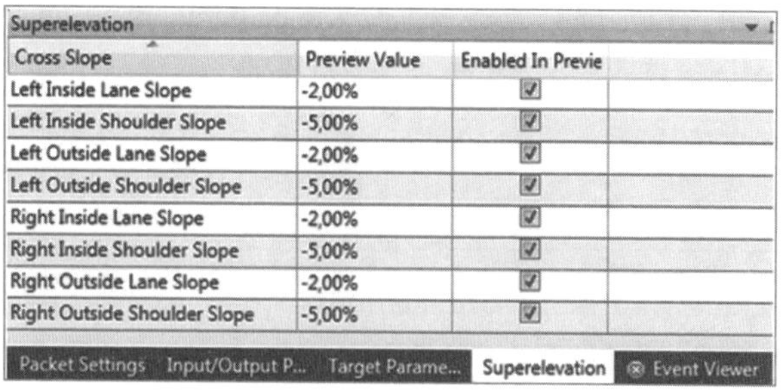

Figura 12.42 Configuração de parâmetros para superelevação.

O recurso **Expressions** permite criar fórmulas matemáticas, convertendo informações de posição, inclinações e elevações. O resultado das fórmulas pode ser utilizado como uma propriedade dos elementos da geometria do *subassembly*. A caixa de diálogo **Editor de Expressão** é acessada ao clicar no botão **Expression** ou no **Condition** da janela de propriedades dos elementos geométricos (Figura 12.43).

É possível adicionar fórmulas, variáveis, parâmetros e demais funções matemáticas no campo **Expression** ou na caixa de diálogo **Editor de Expressão**.

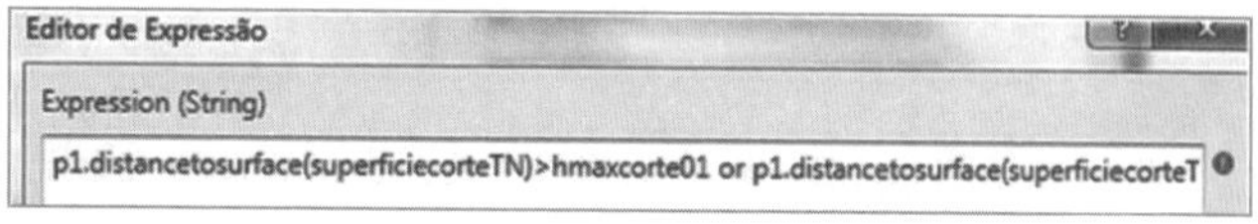

Figura 12.43 Caixa do editor de expressão.

O símbolo vermelho de exclamação ●, exibido no lado direito da caixa de diálogo **Editor de Expressão,** informa que a expressão contém erros.

Veja alguns exemplos de expressões:

AP10.Y<P1.Y: verifica se o valor de **Y** do ponto auxiliar **AP10** é menor que o valor de **Y** do ponto **P1**.

P1.DistanceToSurface(NOME DA SUPERFÍCIE)>8: verifica se a distância vertical entre o ponto **P1** e a superfície é maior que **8**.

L1.Slope: retorna a inclinação calculada para o link **L1**.

P2.Y-P3.Y: calcula o valor da diferença de altura entre os pontos **P2** e **P3**.

A seguinte sequência mostra os procedimentos para definir os parâmetros geométricos transversais para a composição dos elementos estruturais de uma seção urbana, utilizando o aplicativo Autodesk Subassembly Composer para determinar as geometrias da pista, sarjeta, guia, passeio, talude e muro.

Agora, estude o exemplo a seguir:

1. Inicie o Autodesk Subassemby Composer.
2. Crie um novo *subassembly* pelo menu **File** → **New**. Grave o arquivo com o nome **MURO.PKT.**
3. No painel **Packet Settings**, em Subassembly, digite MURO no campo Subassembly **Name,** para definir o nome que será exibido na **Tool Palettes** do AutoCAD Civil 3D. Digite uma descrição no campo **Description**. No campo **Image**, clique no botão **...** e selecione o arquivo **MURO.JPG**, disponível no site da Editora Érica.

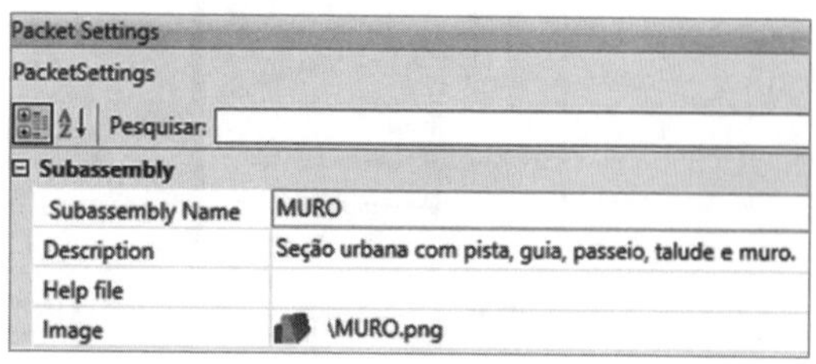

Figura 12.44 Definição do nome e escolha da imagem para o Subassembly.

4. No painel **Input/Output Parameters**, clique na linha **Create parameter** e defina os parâmetros e variáveis para a construção das geometrias transversais do projeto.

Input/Output Parameters

Name	Type	Direction	Default Value	DisplayName	Description
Side	Side	Input	None		
LPISTA	Double	Input	3,6	Largura da Pista	
GUIA	String	Input	GUIA	Material da Guia e Sarjeta	
PISTA	String	Input	PISTA	Material da Pista	
PASSEIO	String	Input	PASSEIO	Material do Passeio	
MURO	String	Input	MURO	Material do Muro	
LMURO	Double	Input	0,3	Largura do Muro	
LTALUDE	Double	Input	3	Largura Máxima do Talude	
TALUDEATERRO	Slope	Input	1,50:1	Inclinação do Talude de Aterro	
TALUDECORTE	Slope	Input	1,00:1	Inclinação do Talude de Corte	
CXPASSEIO	Double	Input	0,1	Profundidade do Passeio	
IPASSEIO	Grade	Input	0,00%	Inclinação do Passeio	
LPASSEIO	Double	Input	2	Largura do Passeio	
ISARJETA	Grade	Input	-10,00%	Inclinação da Sarjeta	
LSARJETA	Double	Input	0,45	Largura da Sarjeta	
IPISTA	Grade	Input	-2,00%	Inclinação da Pista	
CXPAV	Double	Input	0,3	Profundidade da Caixa de Pavimento	

Create parameter

Packet Settings | Input/Output Parameters | Target Parameters | Superelevation | Cant | Event Viewer

Figura 12.45 Parâmetros e das variáveis para a construção das geometrias do projeto.

5. No painel **Target Parameters**, clique na linha **Create parameter** e defina os parâmetros **Superficie** com o tipo **Surface**, e **Superlargura** com o tipo **Offset** (Figura 12.46).

Target Parameters

Name	Type	Preview Value	DisplayName	Enabled In Previe
SUPERLARGURA	Offset	5	Superlargura	☑
SUPERFICIE	Surface	-5	Superfície	☑

Create parameter

Packet Settings | Input/Output Parameters | Target Parameters | Superelevation | Cant | Event Viewer

Figura 12.46 Parâmetros de superfície para aplicação de taludes e superlargura para a pista.

6. No painel **Superelevation** verifique os valores padrões para aplicação da superelevação exibidos na coluna **Preview Value**.
7. Na categoria **Geometry** da **Tool Box**, arraste a ferramenta **Point** para a janela **Flowchart** (Figura 12.47).

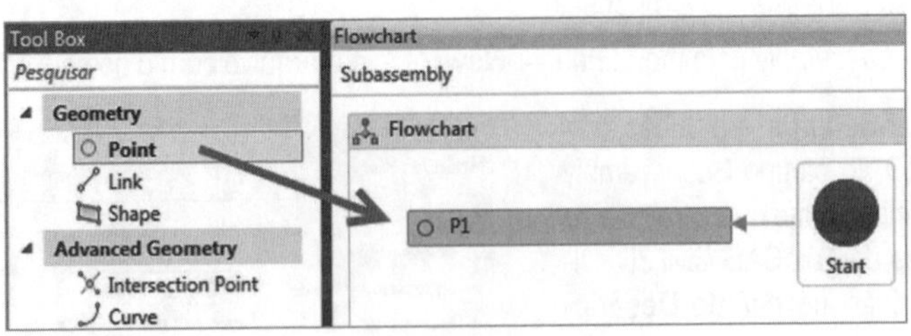

Figura 12.47 Aplicação do ponto inicial na sequência do fluxograma.

8. Selecione o ponto **P1** criado no painel **Flowchart** e configure os parâmetros no painel **Properties** (Figura 12.48):
   - Digite **"Eixo"** no campo **Point Codes**.
   - Selecione **Delta X and Delta Y** no campo **Type**.
   - Selecione **Origin** no campo **From Point**.

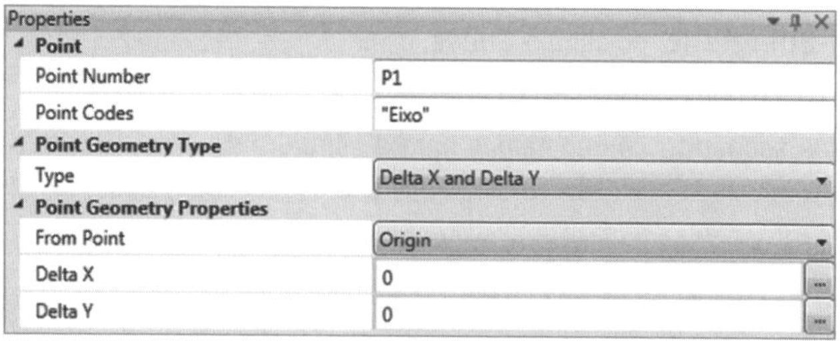

Figura 12.48 Configuração do ponto inicial posicionado na origem do Subassembly.

9. Na categoria **Geometry** da **Tool Box**, arraste a ferramenta **Point** para a janela **Flowchart** para definir a crista do lado direito do dique (Figura 12.49).

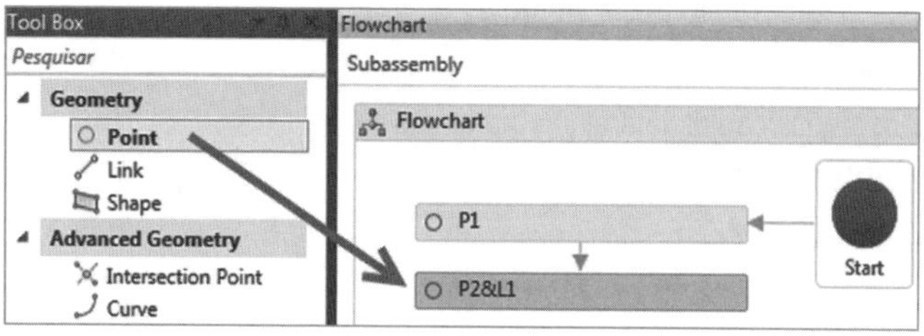

Figura 12.49 Aplicação do novo ponto de conexão com o ponto anterior.

10. Selecione o ponto **P2&L1** criado no painel **Flowchart** e configure os parâmetros no painel **Properties** (Figura 12.50):
    - Digite "**Pistasuperiorexterna**" no campo **Point Codes**.
    - Selecione **Slope and Delta Y** no campo **Type**.
    - Selecione **P1** no campo **From Point**.
    - Digite o parâmetro **IPISTA** no campo **Slope** para definir a inclinação da pista.
    - Digite o parâmetro **LPISTA** no campo **Delta X** para definir a largura da pista.
    - Selecione o parâmetro **SUPERLARGURA** no campo **Offset Target (overrides Delta X)**. Essa configuração permitirá efetuar variações na largura da pista quando necessário.

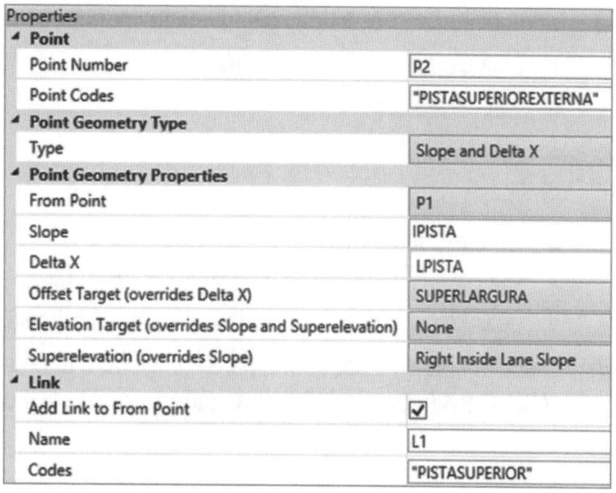

Figura 12.50 Configuração do ponto P2 e criação da linha L1.

- Selecione a opção **Right Inside Lane Slope** no campo **Superelevation (overrides Slope)** para determinar o critério de superelevação.
- Habilite a opção **Add Link to From Point** para adicionar automaticamente a linha de conexão do ponto P1 ao P2.
- Digite **L1** no campo **Name**.
- Digite "**PISTASUPERIOR**" no campo **Codes**.

11. Grave o arquivo com o nome **MURO.PKT.**
12. Execute a próxima sequência de geometrias para a estrutura da pista. É possível consultar o arquivo **_MURO.PKT** para visualizar a sequência construtiva do *subassembly* deste exemplo.
13. Ponto **P3&L2** para a definição da lateral externa da pista:
    - *Point* Codes: **"PISTALATERALEXTERNA".**
    - *Type:* Delta x and Delta Y.
    - *From Point:* P2.
    - *Delta* X*:* 0.
    - *Delta* Y*:* -CXPAV.
    - Habilite a opção **Add Link to From Point.**
    - *Codes:* **"PISTAEXTERNA".**
14. Ponto **P4&L3** para a definição da lateral interna da pista:
    - *Point Codes:* **"PISTALATERALINTERNA".**
    - *Type:* Delta x and Delta Y.
    - *From Point:* P1.
    - *Delta* X: 0.
    - *Delta* Y: -CXPAV.
    - Habilite a opção **Add Link to From Point.**
    - *Codes:* **"PISTAINTERNA".**
15. Linha (link*)* **L4** para a definição da pista inferior:
    - *Link Codes:* **"PISTAINFERIOR".**
    - *Start Point:* P4.
    - *End Point:* P3.
16. *Shape* S1 para a definição do material da pista:
    - *Shape Codes:* PISTA.
    - Selecione o botão **Select Shape in Preview** e clique na área interna da estrutura da pista. As linhas de links selecionadas exibidas no campo **Links** são L1, L2, L3 e L4 (Figura 12.51).
17. Execute a próxima sequência para configurar a geometria da sarjeta e guia. É possível consultar o arquivo **_MURO.PKT** para visualizar a sequência construtiva do *subassembly* deste exemplo.

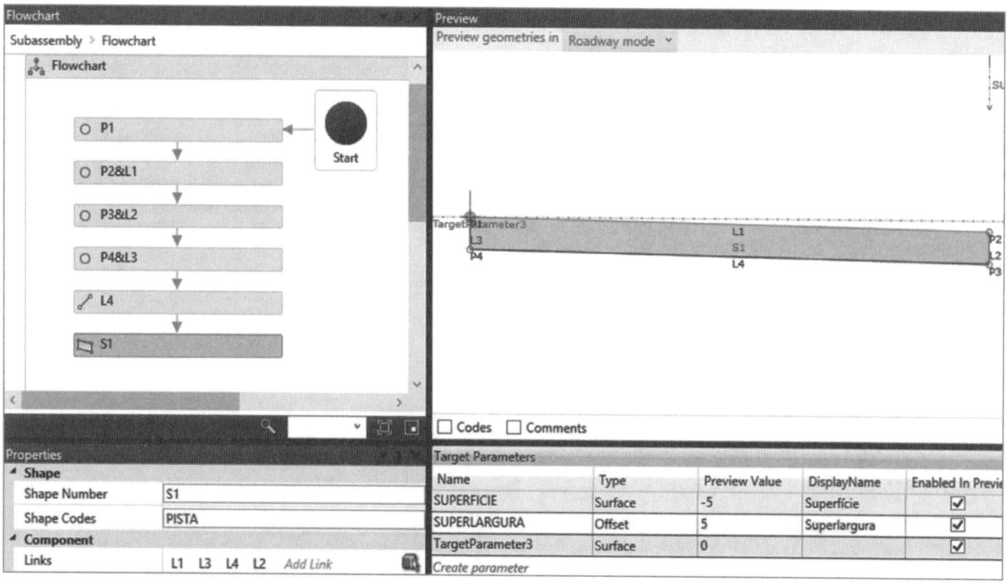

Figura 12.51 Composição da geometria transversal da pista.

18. Ponto **P5&L5** para a definição da linha na face superior da sarjeta (Figura 12.52):

- *Point Codes:* **"SARJETASUPERIOR".**
- *Type: Slope and Delta X.*
- *From Point:* P2.
- *Slope:* ISARJETA.
- *Delta* X: LSARJETA.
- Habilite a opção **Add Link to From Point.**
- *Codes:* **"SARJETASUPERIOR".**

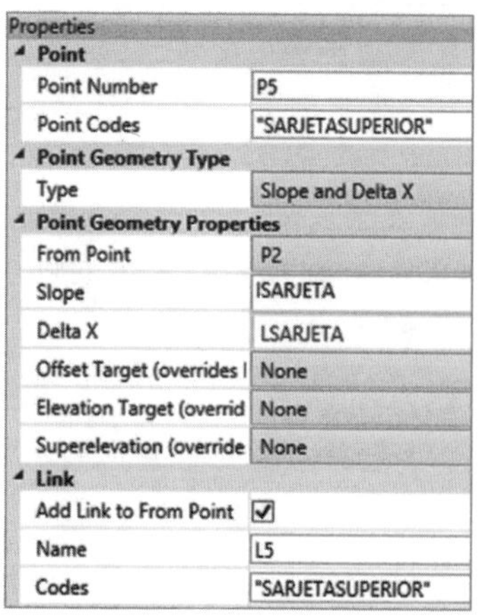

Figura 12.52 Configuração da linha superior da sarjeta.

19. Ponto **P6&L6** para a definição da linha na face lateral interna da guia:

- *Point Codes:* **"GUIAINTERNA"**.
- *Type: Delta X and Delta Y.*
- *From Point:* P5.
- *Delta* X: 0.
- *Delta* Y: 0.15.
- Habilite a opção **Add Link to From Point.**
- *Codes:* **"GUIAINTERNA".**

20. Ponto **P7&L7** para a definição da linha na face superior da guia:

- *Point Codes:* **"GUIASUPERIOR".**
- *Type: Delta X and Delta Y.*
- *From Point:* P5.
- *Delta* X: 0.
- *Delta* Y: 0.15.
- Habilite a opção **Add Link to From Point.**
- *Codes:* **"GUIASUPERIOR".**

21. Ponto **P8&L8** para a definição da linha na face lateral externa da guia (Figura 12.53):

- *Point Codes:* **"GUIAEXTERNA".**
- *Type: Delta X and Delta Y.*
- *From Point:* P7.
- *Delta* X: 0.

- *Delta* Y: -(p7.y-p3.y). Define a diferença de altura entre os pontos P7 e P3.
- Habilite a opção **Add Link to From Point.**
- *Codes:* **"GUIAEXTERNA".**

22. Linha (link*)* **L9** para a definição linha inferior da guia:
    - *Link Codes:* **"GUIAINFERIOR".**
    - *Start Point:* P8.
    - *End Point:* P3.

23. Shape **S2** para a definição do material da guia:
    - *Shape Codes:* GUIA.
    - Selecione o botão **Select Shape in Preview** e clique na área interna da estrutura da guia. As linhas de **links** selecionadas exibidas no campo **Links** são L2, L9, L8, L7, L6 e L5 (Figura 12.54).

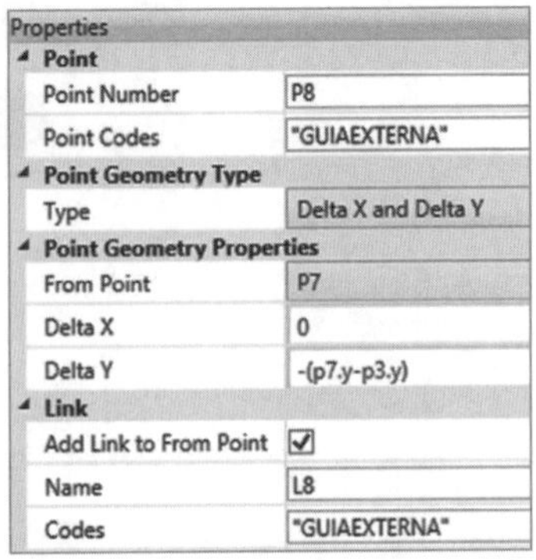

Figura 12.53 Configuração da profundidade da guia.

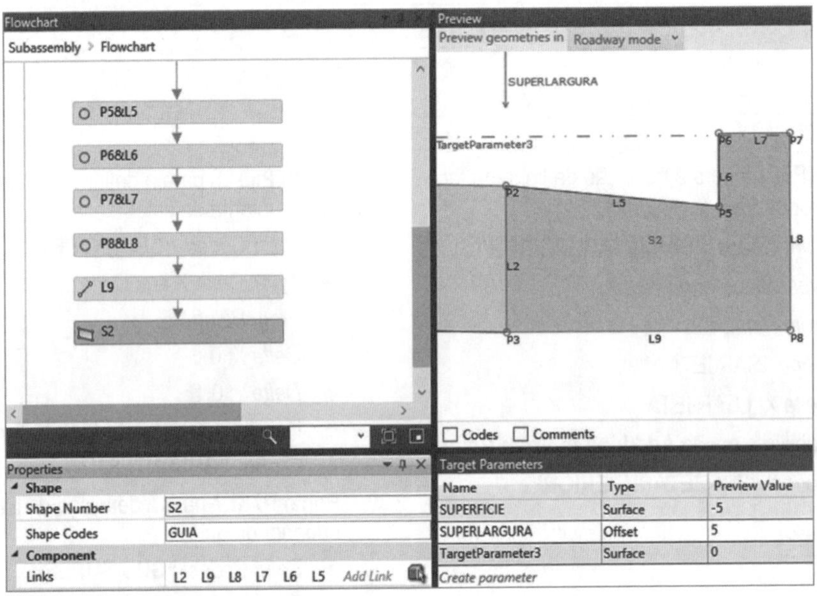

Figura 12.54 Composição da geometria transversal da guia.

24. Execute a próxima sequência para configurar a geometria transversal do passeio. É possível consultar o arquivo _**MURO.PKT** para visualizar a sequência construtiva do *subassembly* deste exemplo.

25. Ponto **P9&L10** para a definição da linha na face superior do passeio:
    - *Point Codes:* **"PASSEIOSUPERIOR".**
    - *Type: Slope and Delta X.*
    - *From Point:* P7.
    - *Slope:* IPASSEIO
    - *Delta X:* LPASSEIO.
    - Habilite a opção **Add Link to From Point.**
    - *Codes:* **"PASSEIOSUPERIOR".**

26. Ponto **P10&L11** para a definição da linha da lateral externa do passeio:
   - *Point Codes:* **"PASSEIOLATERAL".**
   - *Type: Delta X and Delta Y.*
   - *From Point:* P9.
   - *Delta* X: 0.
   - *Delta* Y: -CXPASSEIO.
   - Habilite a opção **Add Link to From Point.**
   - *Codes*: **"PASSEIOLATERAL".**
27. Ponto **P11&L12** para a definição da linha na face inferior do passeio:
   - *Point Codes:* **"PASSEIOINFERIOR".**
   - *Type: Slope and Delta X.*
   - *From Point:* P10.
   - *Slope:* -L10.SLOPE. Aplica a mesma inclinação da linha superior do passeio, Link L10.
   - *Delta* X: -LPASSEIO.
   - Habilite a opção **Add Link to From Point.**
   - *Codes:* **"PASSEIOINFERIOR".**
28. Linha (link*)* **L13** para a definição linha da face interna do passeio:
   - *Link Codes:* **"PASSEIOINTERNO".**
   - *Start Point:* P11.
   - *End Point:* P7.
29. *Shape* **S3** para a definição do material do passeio:
   - *Shape Codes:* PASSEIO.
   - Selecione o botão **Select Shape in Preview** e clique na área interna da estrutura do passeio. As linhas de **links** selecionadas exibidas no campo **Links** são L10, L11, L12, e L13 (Figura 12.55).

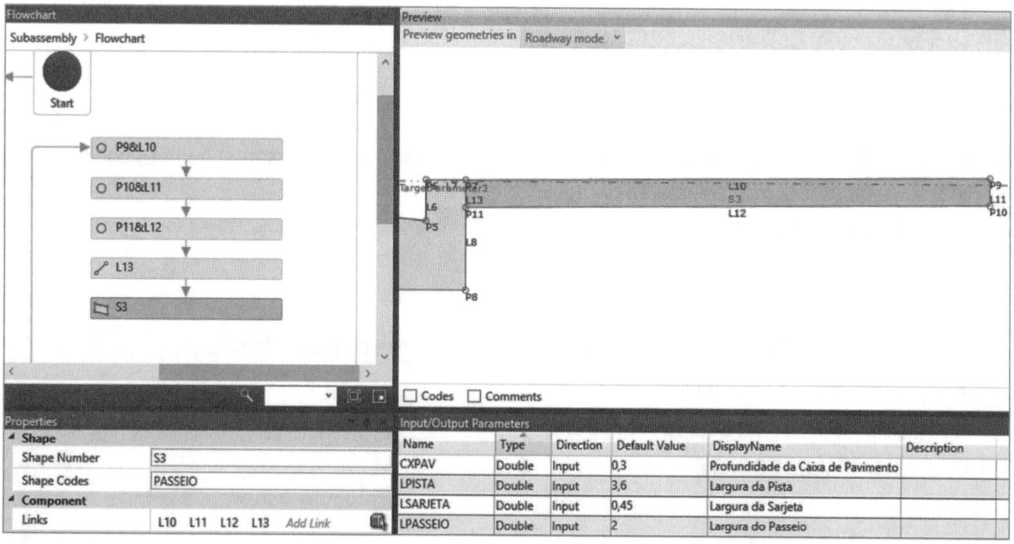

Figura 12.55 Composição da geometria transversal do passeio.

30. *Decision* para configurar a condicional entre o corte e o aterro (Figura 12.56):

- *Condition:* P9.DISTANCETOSURFACE(SUPERFICIE)<0.00.
- *False Label:* ATERRO.
- *True Label:* CORTE.

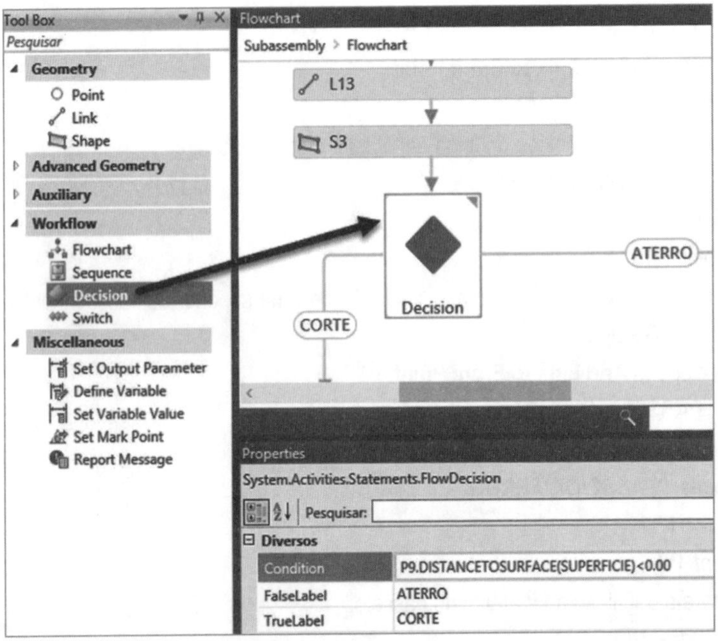

Figura 12.56 Condicional para determinar a mudança entre corte e aterro.

31. *Decision* para configurar a condicional entre o talude e o muro, posicionar na ligação da saída **CORTE:**

- *Condition:* P9.DISTANCETOSURFACE(SUPERFICIE)^2>LTALUDE^2.
- *False Label:* TALUDE.
- *True Label:* MURO.

32. Ponto **P12&L14** para a definição da linha do talude de corte até encontrar a superfície, posicionar na ligação da saída **TALUDE** (Figura 12.57):

- *Point Codes:* **"TALUDECORTE"**.
- *Type: slope to Surface.*
- *From Point:* P9.
- *Slope:* TALUDECORTE. Parâmetro criado para a inclinação do talude de corte.
- *Surface Target:* SUPERFICIE.
- Habilite a opção **Add Link to From Point.**
- *Codes:* **"TALUDECORTE".**

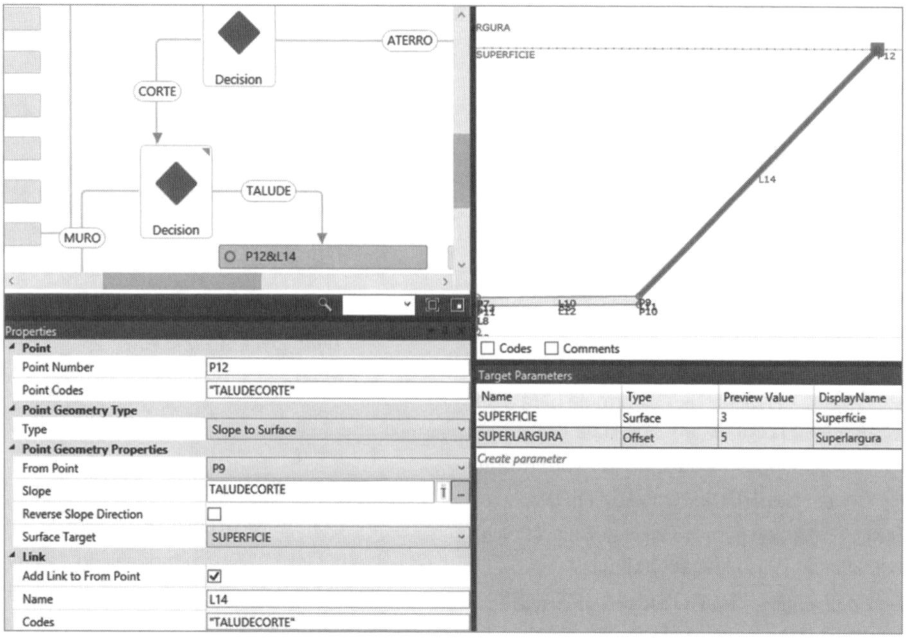

Figura 12.57 Linha de talude de corte junto com as condicionais para a decisão entre corte e aterro, talude e muro.

33. Ponto **P13&L15** para a definição da linha do talude que antecede a estrutura do muro, posicionar na ligação da saída **MURO:**
    - *Point Codes:* **"TALUDEMURO".**
    - *Type: Slope and Delta X.*
    - *From Point:* P9.
    - *Slope:* TALUDECORTE. Parâmetro criado para a inclinação do talude de corte.
    - *Delta* X: LTALUDE. Parâmetro criado para o comprimento máximo do talude.
    - Habilite a opção **Add Link to From Point.**
    - *Codes:* **"TALUDEMURO".**
34. Sequence para agrupar os parâmetros geométricos do muro de corte. Aplique um duplo clique para entrar no grupo e renomeie para **MURO CORTE.**
35. Ponto **P15&L17** para a definição da linha da face interna na estrutura do muro, posicionar dentro do grupo da sequência **MURO CORTE**:
    - *Point Codes:* **"MUROINFERIORINTERNA".**
    - *Type: Delta X on Surface.*
    - *From Point:* P13.
    - *Delta* X: 0.
    - *Surface Target:* SUPERFICIE.
    - Habilite a opção **Add Link to From Point.**
    - *Codes:* **"MUROINFERIORINTERNA".**
36. Ponto **P16&L18** para a definição da linha da face superior interna da estrutura do muro:
    - *Point Codes:* **"MUROSUPERIORINTERNA".**
    - *Type:* Delta X and Delta Y.
    - *From Point:* P15.
    - *Delta* X: 0.
    - *Delta* Y: LMURO. Parâmetro criado para a largura da estrutura do muro.
    - Habilite a opção **Add Link to From Point.**
    - *Codes:* **"MUROSUPERIORINTERNA".**
37. Ponto **P17&L19** para a definição da linha da face superior da estrutura do muro:
    - *Point Codes:* **"MUROSUPERIOR".**
    - *Type: Delta X and Delta Y.*
    - *From Point:* P16.
    - *Delta* X: LMURO. Parâmetro criado para a largura da estrutura do muro.
    - *Delta* Y: 0.
    - Habilite a opção **Add Link to From Point.**
    - *Codes:* **"MUROSUPERIOR".**
38. Ponto **P18&L20** para a definição da linha da face superior externa da estrutura do muro:
    - *Point Codes:* **"MUROSUPERIOREXTERNA".**
    - *Type: Delta X on Surface.*

- *From Point:* P17.
- *Delta* X: 0.
- *Surface Target:* SUPERFICIE.
- Habilite a opção **Add Link to From Point.**
- *Codes:* **"MUROSUPERIOREXTERNA".**

39. Ponto **P19&L21** para a definição da linha da face inferior externa da estrutura do muro:
    - *Point Codes:* **"MUROINFERIOREXTERNA".**
    - *Type: Delta X and Delta Y.*
    - *From Point:* P18.
    - *Delta* X:0.
    - *Delta* Y: -(P15.Y-P13.Y). Fórmula para a obtenção do comprimento da linha L17.
    - Habilite a opção **Add Link to From Point.**
    - *Codes:* **"MUROINFERIOREXTERNA".**
40. Ponto **P20&L22** para a definição da linha da face superior da fundação do muro:
    - *Point Codes:* **"MUROBASESUPERIOR".**
    - *Type: Delta X and Delta Y.*
    - *From Point:* P19.
    - *Delta* X: LMURO.
    - *Delta* Y: 0.
    - Habilite a opção **Add Link to From Point.**
    - *Codes:* **"MUROBASESUPERIOR".**
41. Ponto **P21&L23** para a definição da linha da face externa da fundação do muro:
    - *Point Codes:* **"MUROBASEEXTERNA".**
    - *Type: Delta X and Delta Y.*
    - *From Point:* P20.
    - *Delta* X: 0.
    - *Delta* Y: -LMURO.
    - Habilite a opção **Add Link to From Point.**
    - *Codes:* **"MUROBASEEXTERNA".**
42. Ponto **P22&L24** para a definição da linha da face inferior da fundação do muro:
    - *Point Codes:* **"MUROBASEINFERIOR".**
    - *Type: Delta X and Delta Y.*
    - *From Point:* P21.
    - *Delta* X: P13.X-P20.X-LMURO.
    - *Delta* Y:0.
    - Habilite a opção **Add Link to From Point.**
    - *Codes:* **"MUROBASEINFERIOR".**
43. Linha (link*)* **L25** para a definição da face externa da fundação do muro:
    - *Link Codes:* **"MUROBASEINTERNA".**
    - *Start Point:* P22.
    - *End Point:* P13.
44. Shape **S4** para a definição do material do muro:
    - *Shape Codes:* **MURO.**
    - Selecione o botão **Select Shape in Preview** e clique na área interna da estrutura do muro. As linhas de links selecionadas exibidas no campo **Links** são L17, L18, L19, L20, L21, L22, L23, L24 e L25 (Figura 12.58).

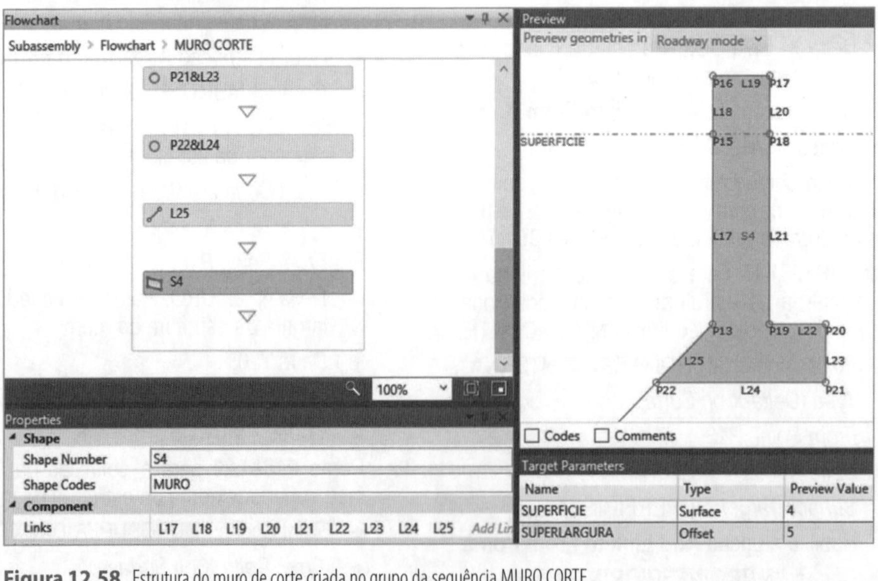

Figura 12.58 Estrutura do muro de corte criada no grupo da sequência MURO CORTE.

45. *Decision* para configurar a condicional entre o talude e o muro, posicionar na ligação da saída ATERRO (Figura 12.59):

- *Condition:* P9.DISTANCETOSURFACE(SUPERFICIE)^2>LTALUDE^2.
- *False Label:* TALUDE.
- *True Label:* MURO.

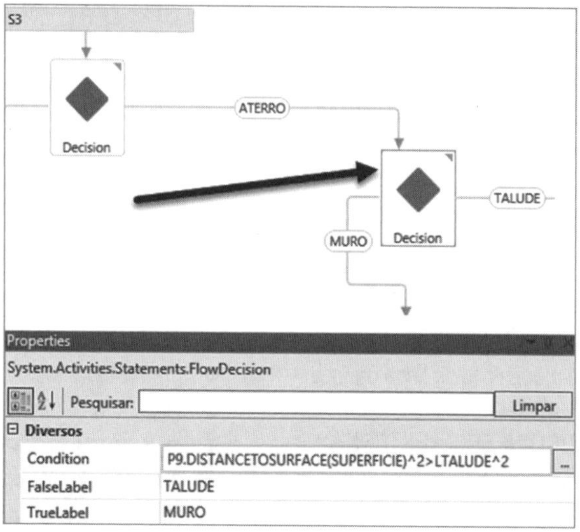

Figura 12.59 Condicional para controlar a aplicação de talude ou muro na condição de aterro.

46. Ponto **P14&L16** para a definição da linha do talude de aterro até encontrar a superfície, posicionar na ligação da saída **TALUDE:**

- *Point Codes:* **"TALUDEATERRO"**.
- *Type: Slope to Surface.*
- *From Point:* P9.
- *Slope:* TALUDEATERRO. Parâmetro criado para a inclinação do talude de aterro.
- *Surface Target:* SUPERFICIE.
- Habilite a opção **Add Link to From Point.**
- *Codes:* **"TALUDEATERRO".**

47. Ponto **P23&L26** para a definição da linha do talude que antecede a estrutura do muro, posicionar na ligação da saída **MURO:**

- *Point Codes:* **"TALUDEMURO".**
- *Type: Slope and Delta X.*
- *From Point:* P9.
- *Slope:* -TALUDEATERRO. Parâmetro criado para a inclinação do talude de aterro.
- *Delta* X: LTALUDE. Parâmetro criado para o comprimento máximo do talude.
- Habilite a opção **Add Link to From Point.**
- *Codes:* **"TALUDEMURO"**.

48. Sequence para agrupar os parâmetros geométricos do muro de aterro. Aplique um duplo clique para entrar no grupo e renomeie para **MURO ATERRO.**

49. Ponto **P24&L27** para a definição da linha da face interna a estrutura do muro, posicionar dentro do grupo da sequência **MUROATERRO:**

- *Point Codes:* **"MUROSUPERIORINTERNA"**.
- *Type: Delta X and Delta Y.*
- *From Point:* P23.
- *Delta* X: 0.
- *Delta* Y: LMURO. Parâmetro criado para a largura da estrutura do muro.
- Habilite a opção **Add Link to From Point.**
- *Codes:* **"MUROSUPERIORINTERNA".**

50. Ponto **P25&L28** para a definição da linha da face superior da estrutura do muro:

- *Point Codes:* **"MUROSUPERIOR".**
- *Type: Delta X and Delta Y.*

- *From Point:* P24.
- *Delta* X: LMURO. Parâmetro criado para a largura da estrutura do muro.
- *Delta* Y: 0.
- Habilite a opção **Add Link to From Point.**
- *Codes:* **"MUROSUPERIOR".**

51. Ponto **P26&L29** para a definição da linha da face superior externa da estrutura do muro:
    - *Point Codes:* **"MUROSUPERIOREXTERNA".**
    - *Type: Delta X on Surface.*
    - *From Point:* P25.
    - *Delta* X: 0.
    - *Surface Target:* SUPERFICIE.
    - Habilite a opção **Add Link to From Point.**
    - *Codes:* **"MUROSUPERIOREXTERNA".**
52. Ponto **P27&L30** para a definição da linha da face inferior externa da estrutura do muro:
    - *Point Codes:* **"MUROINFERIOREXTERNA ".**
    - Type: *Delta X and Delta Y.*
    - *From Point:* P26.
    - *Delta* X: 0.
    - *Delta* Y: LMURO. Parâmetro criado para a largura da estrutura do muro.
    - Habilite a opção **Add Link to From Point.**
    - *Codes:* **"MUROINFERIOREXTERNA".**
53. Ponto **P28&L31** para a definição da linha da superior direita da fundação do muro:
    - *Point Codes:* **"MUROBASESUPERIORDI-REITA".**
    - *Type: Delta X and Delta Y.*
    - *From Point:* P27.
    - *Delta* X: LMURO. Parâmetro criado para a largura da estrutura do muro.
    - *Delta* Y: 0.
    - Habilite a opção **Add Link to From Point.**
    - *Codes:* **"MUROBASESUPERIORDIREITA".**
54. Ponto **P29&L32** para a definição da linha da face externa da fundação do muro:
    - *Point Codes:* **"MUROBASEEXTERNA".**
    - *Type: Delta X and Delta Y.*
    - *From Point:* P28.
    - *Delta* X: 0.
    - *Delta* Y: LMURO. Parâmetro criado para a largura da estrutura do muro.
    - Habilite a opção **Add Link to From Point.**
    - *Codes:* **"MUROBASEEXTERNA".**
55. Ponto **P30&L33** para a definição da linha da face inferior da fundação do muro:
    - *Point Codes:* **"MUROBASEINFERIOR".**
    - *Type: Delta X and Delta Y.*
    - *From Point:* P29.
    - *Delta* X: -LMURO*3.
    - *Delta* Y: 0.
    - Habilite a opção **Add Link to From Point.**
    - *Codes:* **"MUROBASEINFERIOR".**
56. Ponto **P31&L34** para a definição da linha da face interna da fundação do muro:
    - *Point Codes:* **"MUROBASEINTERNA".**
    - *Type: Delta X and Delta Y.*
    - *From Point:* P30.
    - *Delta* X: 0.
    - *Delta* Y: LMURO. Parâmetro criado para a largura da estrutura do muro.
    - Habilite a opção **Add Link to From Point.**
    - *Codes:* **"MUROBASEINTERNA".**
57. Ponto **P32&L35** para a definição da linha da superior esquerda da fundação do muro:
    - *Point Codes:* **"MUROBASESUPERIRES-QUERDA ".**
    - *Type: Delta X and Delta Y.*
    - *From Point:* P31.
    - Delta X: LMURO. Parâmetro criado para a largura da estrutura do muro.
    - *Delta* Y: 0.
    - Habilite a opção **Add Link to From Point.**
    - *Codes:* **"MUROBASESUPERIRESQUERDA".**
58. Linha (link) **L36** para a definição da face inferior interna da estrutura do muro:
    - *Link Codes:* **"MUROINFERIORINTERNA".**
    - *Start Point:* P32.
    - *End Point:* P23.
59. Shape **S5** para a definição do material do muro:
    - *Shape Codes:* **MURO.**
    - Selecione o botão **Select Shape in Preview** e clique na área interna da estrutura do muro. As linhas de **links** selecionadas exibidas no campo **Links** são L27, L28, L29, L30, L31, L32, L33, L34, L35 e L36 (Figura 12.60).

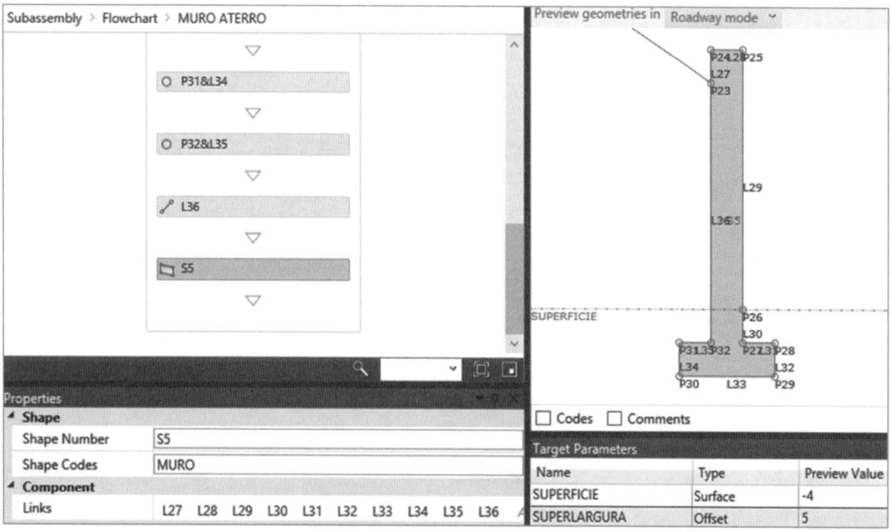

Figura 12.60 Estrutura do muro de aterro criada no grupo da sequência MURO ATERRO.

60. A estrutura final do fluxograma da construção do **subassembly** presente no painel **Flowchart**, deverá ficar conforme exibido na Figura 12.61:

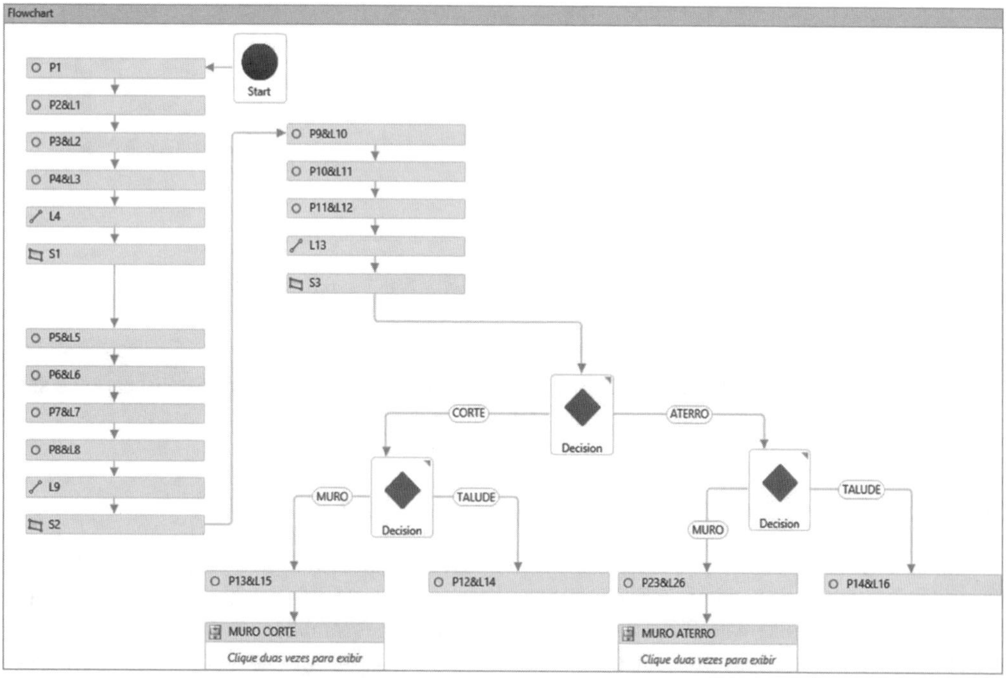

Figura 12.61 Estrutura da construção do Subassembly configurada no painel Flowchart.

61. A composição geométrica das estruturas do *subassembly* pode ser visualizada no painel **Preview**, conforme ilustrado na Figura 12.62:

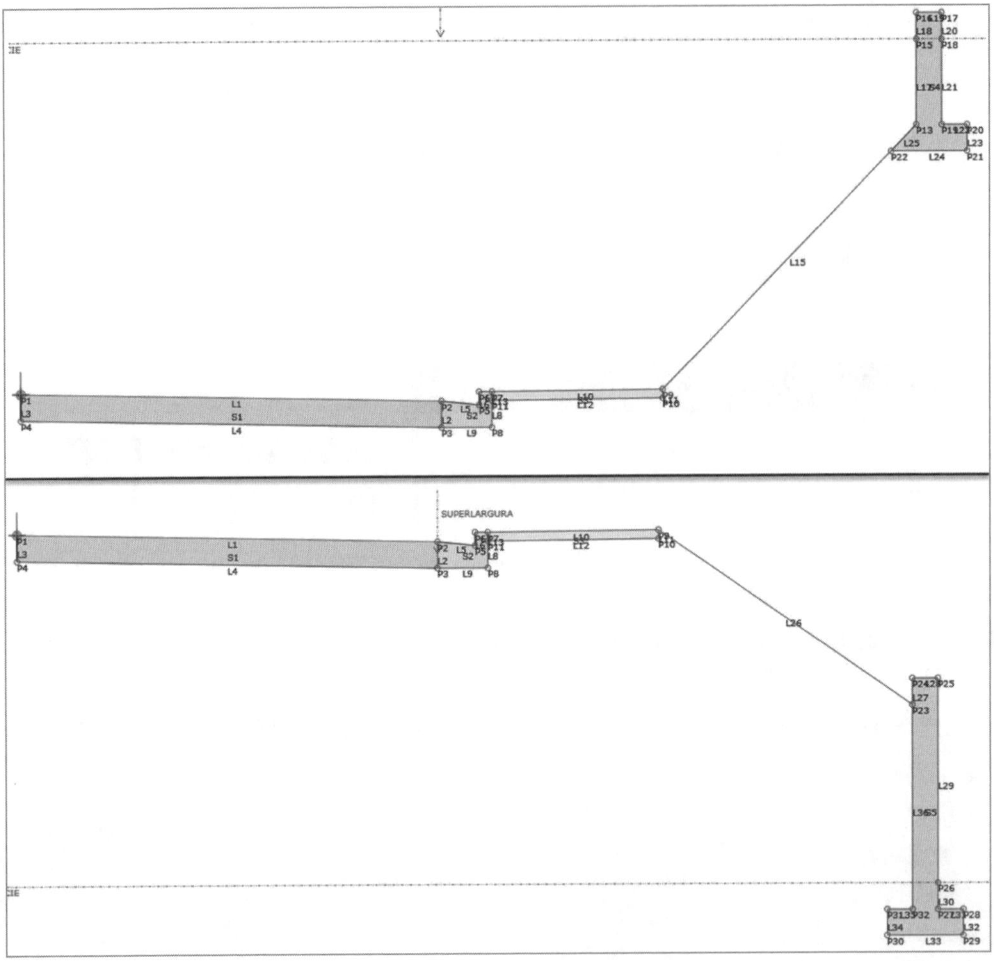

Figura 12.62 Composição das estruturas do Subassembly exibidas no painel Preview.

62. Grave o arquivo com o nome **MURO.PKT**.
63. É possível consultar o arquivo **_MURO.PKT**, disponível no site da Editora Érica, para visualizar a sequência construtiva do *subassembly* completo deste exemplo.

12.8.2 Importação de subassembly para a Tool Palettes

Os *subassemblies* desenvolvidos no Autodesk Subassembly *Composer* poderão ser importados por meio de arquivos de formato *PKT*. Dessa forma, será possível importar diversas geometrias transversais necessárias no desenvolvimento de projetos de infraestrutura, como pontes, diques e barragens, túneis, muros, entre outras. A importação dos *subassemblies* personalizados é feita diretamente para a **Tool Palettes** do Autodesk AutoCAD Civil 3D com a ferramenta localizada na ribbon **Insert → Import → Import Subassemblies**.

O seguinte exemplo mostra os procedimentos para a importação do *subassembly* com as estruturas transversais de uma via urbana com muro, desenvolvida no aplicativo Autodesk Subassembly Composer.

Agora, estude o exemplo a seguir:

1. Inicie o Autodesk AutoCAD Civil 3D.
2. Crie um novo desenho e utilize o arquivo de template_**AutoCAD Civil 3D 2016_BRA (DER).DWT**, fornecido na instalação do pacote *Brazil Content*.
3. Acesse a ferramenta da ribbon **Home → Palettes → Tool Palettes**.
4. Selecione a ferramenta da ribbon **Insert → Import → Import Subassemblies**.
5. Na caixa de diálogo **Import Subassemblies,** clique no botão [ícone] e localize o arquivo _**MURO. PKT**, disponível no site da Editora Érica.
6. No quadro **Import To** da caixa **Import Subassemblies**, habilite a opção **Tool Palette** e localize a opção **Create New Palette** na lista.
7. Na caixa de diálogo **New Tool Palette,** digite **MUJRO** no quadro **Name** e clique no botão OK (Figura 12.63).
8. Clique no botão **OK** na caixa **Import Subassemblies** para iniciar a importação do dique.

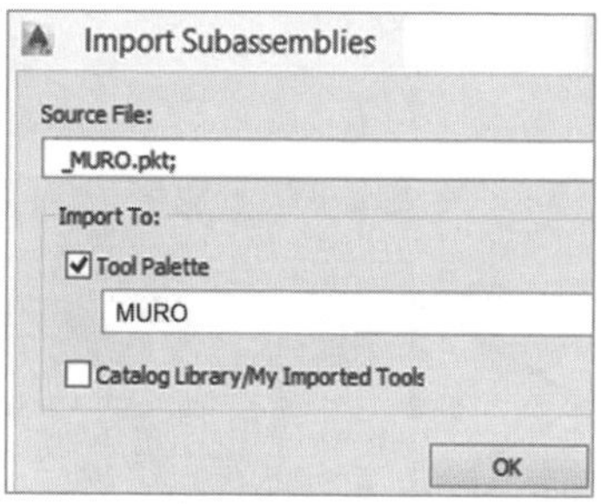

Figura 12.63 Caixa de importação de subassemblies.

9. Verifique a criação da aba **MURO** na **Tool Palettes** com o *subassembly* importado (Figura 12.64).

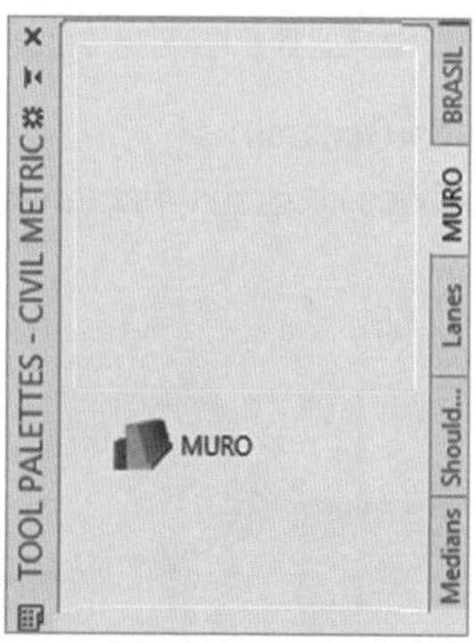

Figura 12.64 Subassembly importado para a Tool Palettes.

10. Selecione a ferramenta da ribbon **Home → Create Design → Assembly → Create Assembly**.
11. Na caixa de diálogo **Create Assembly,** digite **MURO** no campo **Name** e selecione o estilo **Sec_Tipo-Padrao** no campo **Assembly Style**. Selecione o estilo **PADRAO SECAO** no campo **Code Set Style** e clique no botão **OK**.
12. Posicione o eixo da *baseline* do *assembly* na área de desenho.
13. Selecione o *subassembly* **MURO** presente na aba **PROJETO** da **Tool Palettes**.
14. Verifique os parâmetros do *assembly* do dique exibidos na janela **Properties** (Figura 12.65).

Parameters	
Largura da Pista	3.600m
Material da Guia e Sarjeta	GUIA
Material da Pista	PISTA
Material do Passeio	PASSEIO
Material do Muro	MURO
Largura do Muro	0.300m
Largura Máxima do Talude	3.000m
Inclinação do Talude de Aterro	1.50:1
Inclinação do Talude de Corte	1.00:1
Profundidade do Passeio	0.100m
Inclinação do Passeio	1.00%
Largura do Passeio	2.000m
Inclinação da Sarjeta	-10.00%
Largura da Sarjeta	0.450m
Inclinação da Pista	-2.00%
Profundidade da Caixa de Pavimento	0.300m

Figura 12.65 Parâmetros geométricos do subassembly do dique.

15. Clique na *baseline* do *assembly* posicionado no desenho para adicionar o *subassembly* do muro. Pressione **Enter** para finalizar.
16. Verifique a geometria do *subassembly* do muro posicionado na área de desenho. Agora, o *assembly* do dique pode ser utilizado no desenvolvimento do modelo do projeto (*corridor*).
17. Feche o arquivo.

12.9 Exercício – projeto transversal da via urbana com muro

O seguinte exercício ilustra os procedimentos para a construção de uma seção típica transversal para uma via urbana. Esse projeto tem como característica limitar a largura máxima de 3 metros para os taludes de corte e aterro do projeto transversal.

Características do projeto transversal da via urbana com muro:

- Largura da pista: 3.600m; Inclinação da pista: 2%; Adicionar guia e sarjeta - passeio: 2.000m.
- Talude de corte: 1,0:1; Talude de aterro: 1,5:1; Largura máxima dos taludes: 3.000m.
- Adicionar muro de contenção nos taludes que excederem 3 metros de largura.

Execute os procedimentos a seguir para concluir o exercício:

1. Abra o arquivo **12-9-1_ PROJETO_TRANSVERSAL.DWG**, disponível no site da Editora Érica.
2. Selecione a ferramenta da ribbon **Home → Create Design → Assembly → Create Assembly**.
3. Na caixa de diálogo **Create Assembly,** digite **SEÇÃO URBANA-MURO** no campo **Name**. No campo **Assembly Type,** selecione o tipo **Undivided Crowned Road**. No campo **Code set style,** selecione **PADRAO SECAO**. Clique no botão **OK** (Figura 12.66).
4. Aplique **Zoom** na região do quadro à esquerda do perfil longitudinal e clique na área de desenho para posicionar a *baseline* do *assembly.*
5. Acesse a ferramenta da ribbon **Home → Palettes → Tool Palettes**.
6. Na aba **Lanes** da **Tool Palettes,** clique no *subassembly* (**Lane SuperelevationAOR**).
7. No quadro **Parameters** da janela **Properties** (Figura 12.67):
   - Defina a pista para o lado direito (*Right)* no campo **Side**.
   - Defina o valor da largura da pista para **3.600m** no campo **Width**.
   - Digite a inclinação de **-2.00%** no campo **Default Slope**.
   - Selecione o parâmetro **Right Lane Inside** no campo **Use Superelevation**.
   - Clique no eixo da *baseline* do *assembly* posicionado na área de desenho.

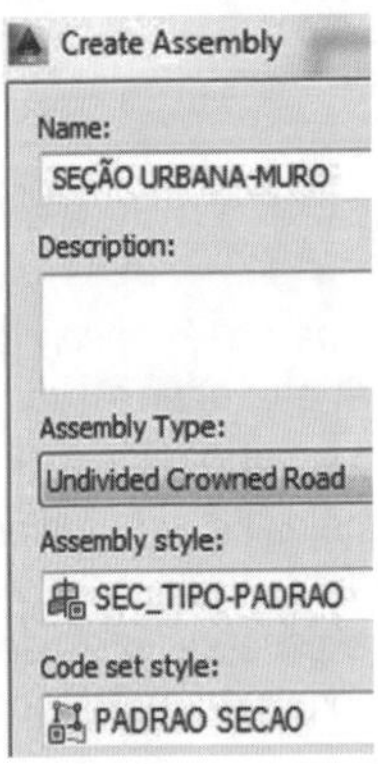

Figura 12.66 Configurações do assembly.

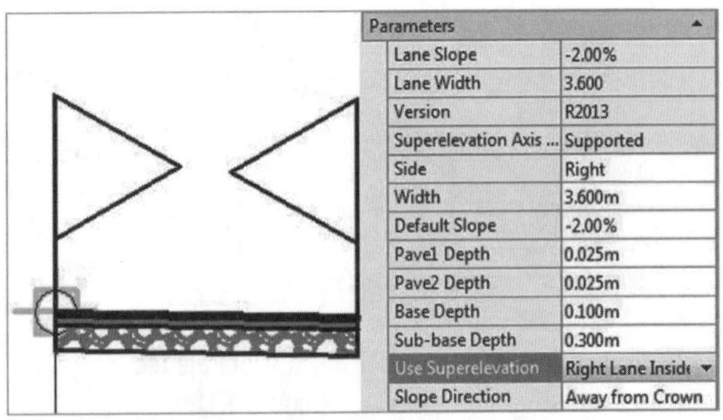

Figura 12.67 Configurações dos parâmetros para a pista direita.

8. Na aba **Curbs** da **Tool Palettes,** clique em (**UrbanCurbGutterGeneral**).
   - Verifique os valores dos parâmetros da guia e da sarjeta exibidos no quadro **Parameters** da janela **Properties**.
   - Clique no círculo marcador superior direito da pista (Figura 12.68).

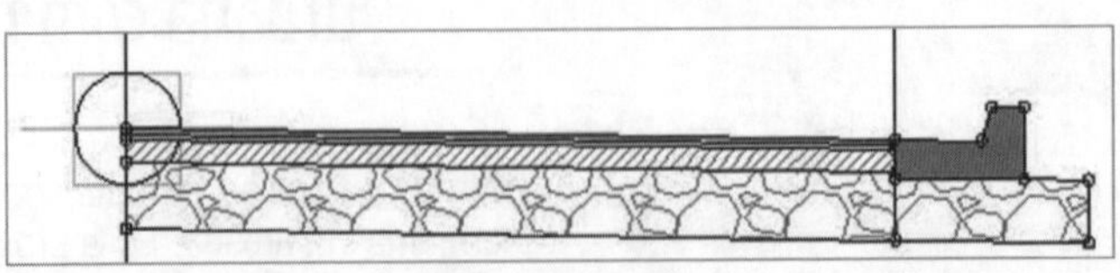

Figura 12.68 Composição da pista com a guia e sarjeta direita.

9. Na aba **Curbs** da **Tool Palettes,** clique em (**Urban Sidewalk**).
   - No quadro **Parameters** da janela **Properties,** digite **2.000m** no campo **Sidewalk Width**.
   - Digite **0.00%** no campo **Slope**.
   - Adicione o componente no final da guia direita (Figura 12.69).

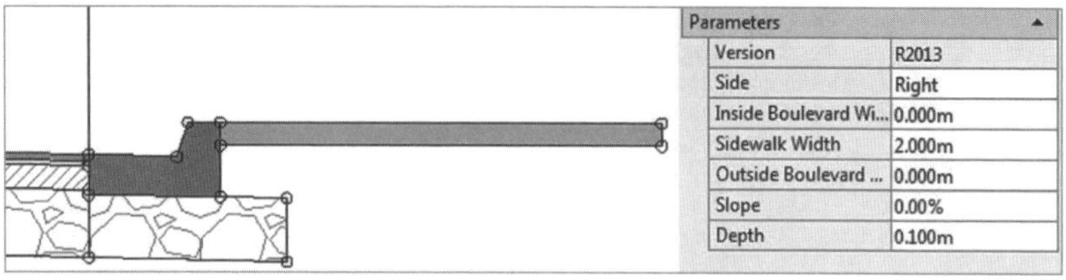

Figura 12.69 Parâmetros do passeio direito.

10. Na aba **Conditional** da **Tool Palettes,** selecione (**ConditionalCutOrFill**) para definir os parâmetros condicionais do talude de corte.
    - No quadro **Parameters** da janela **Properties,** digite **5.000m** no campo **Layout Width** para configurar a representação do componente condicional na área de desenho. Esse parâmetro não tem efeito geométrico no projeto.
    - Digite **1.00:1** no campo **Layout Grade** para configurar a representação da inclinação do componente condicional na área de desenho. Esse parâmetro não tem efeito geométrico no projeto.
    - Selecione a opção **Cut** no campo **Type**.
    - Digite **0.000m** no campo **Minimum Distance**.
    - Digite **3.000m** no campo **Maximum Distance**.
    - Adicione o componente no final do passeio direito (Figura 12.70).

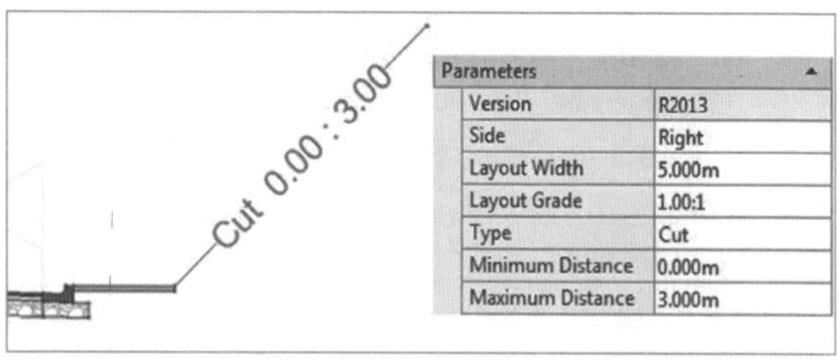

Figura 12.70 Condicional para o talude de corte até 3 metros.

11. Na aba **Generic** da **Tool Palettes,** clique em **(LinkslopeToSurface)** para definir o talude de corte para o lado direito do projeto.
    - No quadro **Parameters** da janela **Properties,** digite **1.00:1** no campo **Slope**.
    - Selecione a condição **Cut Only** no campo **Add Link In**.
    - Adicione o componente no final do *subassembly* condicional.
12. Na aba **Conditional** da **Tool Palettes,** selecione (**ConditionalCutOrFill**) para definir o parâmetro condicional para o talude até o muro de corte.
    - No quadro **Parameters** da janela **Properties,** digite **4.000m** no campo **Layout Width** para configurar a representação do componente condicional na área de desenho. Esse parâmetro não tem efeito geométrico no projeto.
    - Digite **0.50:1** no campo **Layout Grade** para configurar a representação da inclinação do componente condicional na área de desenho. Esse parâmetro não tem efeito geométrico no projeto.
    - Selecione a opção **Cut** no campo **Type**.
    - Digite **3.000m** no campo **Minimum Distance**.
    - Digite **20.000m** no campo **Maximum Distance**.
    - Adicione o componente no final do passeio direito (Figura 12.71).

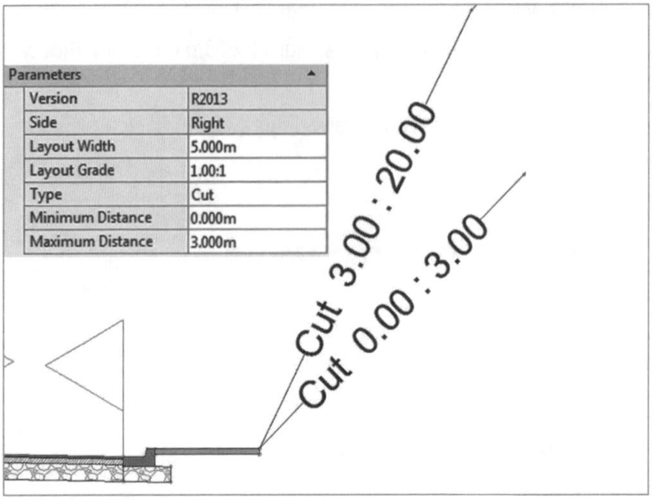

Figura 12.71 Condicional para o talude de corte acima de 3 metros.

13. Na aba **Generic** da **Tool Palettes,** clique em **(LinkWidthAndSlope)** para configurar o talude de corte que antecede o muro.
    - No quadro **Parameters** da janela **Properties,** digite **3.000m** no campo **Width**.
    - Digite **1:1** no campo **Slope**.
    - Adicione o componente no último *subassembly* condicional criado.
14. Na aba **Retaining Walls** da **Tool Palettes,** selecione **(RetainWallVertical)** para adicionar o muro direito na situação de corte acima de 3 metros.
    - Aceite os parâmetros geométricos do *subassembly* do muro exibidos no quadro **Parameters** da janela **Properties**.
    - Adicione o muro no *subassembly* do talude de corte criado anteriormente (Figura 12.72).

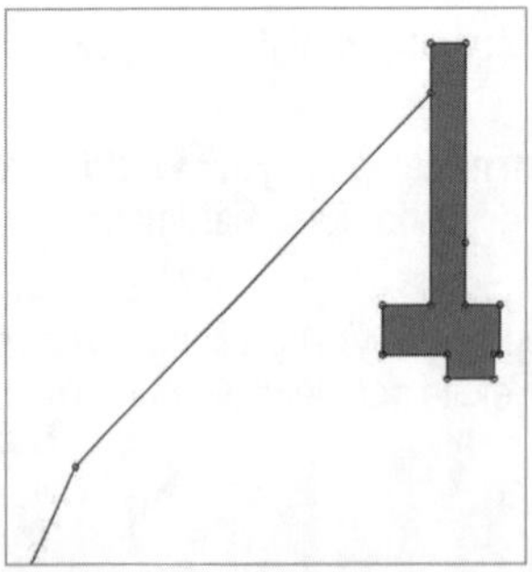

Figura 12.72 Componente do muro aplicado após o talude de corte acima de 3.00m.

15. Na aba **Conditional** da **Tool Palettes,** selecione (**ConditionalCutOrFill**) para definir o parâmetro condicional para o talude de aterro.
    - No quadro **Parameters** da janela **Properties,** digite **5.000m** no campo **Layout Width** para configurar a representação do componente condicional na área de desenho. Esse parâmetro não tem efeito geométrico no projeto.
    - Digite **1.50:1** no campo **Layout Grade** para configurar a representação da inclinação do componente condicional na área de desenho. Esse parâmetro não tem efeito geométrico no projeto.
    - Selecione a opção **Fill** no campo **Type**.
    - Digite **0.000m** no campo **Minimum Distance**.
    - Digite **2.000m** no campo **Maximum Distance**. Como a inclinação do talude de aterro é de 1.50:1, então a diferença máxima da altura do projeto com o terreno (**Maximum Distance**) não poderá exceder 2 metros.
    - Adicione o componente sobre o final do passeio direito (Figura 12.73).
16. Na aba **Generic** da **Tool Palettes,** clique em **(LinkslopeToSurface)** para definir o talude de aterro para o lado direito do projeto.
    - No quadro **Parameters** da janela **Properties,** digite **-1.50:1** no campo **Slope**. O valor será exibido em -66.67%.

- Selecione a condição **Fill Only** no campo **Add Link In**.
- Adicione o componente no final do *subassembly* condicional do aterro.

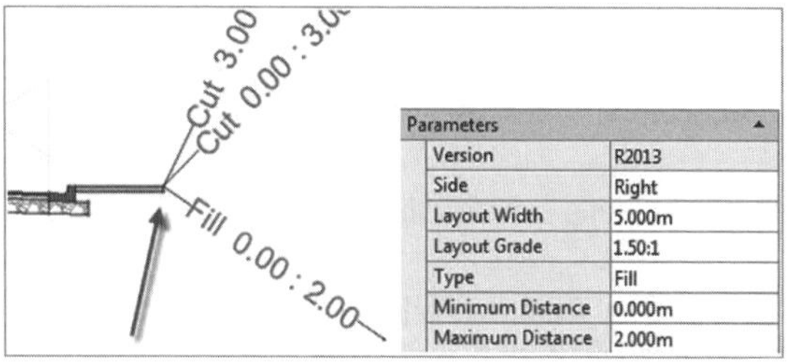

Figura 12.73 Condicional para o talude de aterro até 3 metros de largura.

17. Na aba **Conditional** da **Tool Palettes,** selecione (**ConditionalCutOrFill**) para definir o parâmetro condicional para o talude até o muro de aterro.
    - No quadro **Parameters** da janela **Properties,** digite **4.000m** no campo **Layout Width** para configurar a representação do componente condicional na área de desenho. Esse parâmetro não tem efeito geométrico no projeto.
    - Digite **0.50:1** no campo **Layout Grade** para configurar a representação da inclinação do componente condicional na área de desenho. Esse parâmetro não tem efeito geométrico no projeto.
    - Selecione a opção **Fill** no campo **Type**.
    - Digite **2.000m** no campo **Minimum Distance**.
    - Digite **20.000m** no campo **Maximum Distance**.
    - Adicione o componente sobre o final do passeio direito (Figura 12.74).

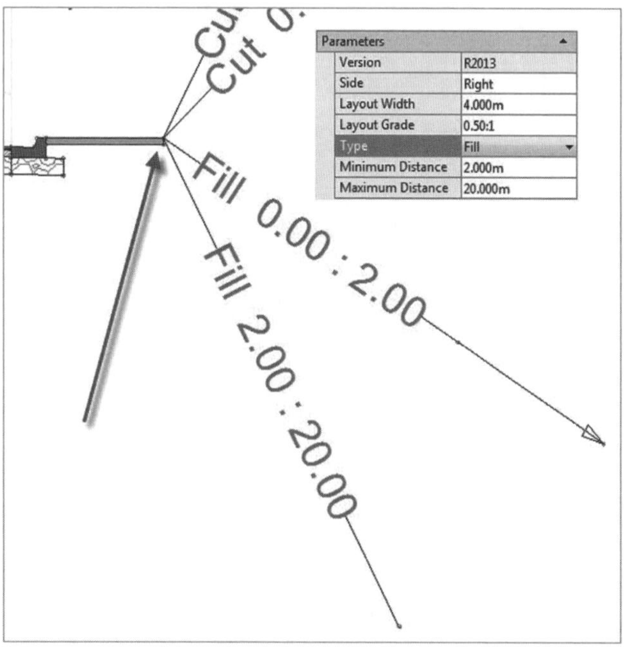

Figura 12.74 Condicional para o talude de aterro acima de 3 metros de largura.

18. Na aba **Generic** da **Tool Palettes,** clique em **(LinkWidthAndSlope)** para configurar o talude de aterro que antecede o muro.
    - No quadro **Parameters** da janela **Properties,** digite **3.000m** no campo **Width**.
    - Digite **-1.50:1** no campo **Slope**. O valor será exibido como -66.67%.
    - Adicione o componente no último *subassembly* condicional criado.
19. Na aba **Retaining Walls** da **Tool Palettes,** selecione **(RetainWallVertical)** para adicionar o muro direito na situação de aterro acima de 3 metros.
    - Aceite os parâmetros geométricos do muro exibidos no quadro **Parameters** da janela **Properties**.
    - Adicione o muro no *subassembly* do talude de aterro criado anteriormente (Figura 12.75).
20. Selecione todos os componentes de *subassemblies* criados para o lado direito da seção, **exceto** o eixo da *baseline* do *assembly* exibida em vermelho e amarelo.
21. Selecione a ferramenta da ribbon contextual **Assembly** → **Modify Subassembly** → **Mirror** para espelhar os componentes criados para o lado esquerdo da seção.
22. Clique no eixo da *baseline* (Figura 12.76).

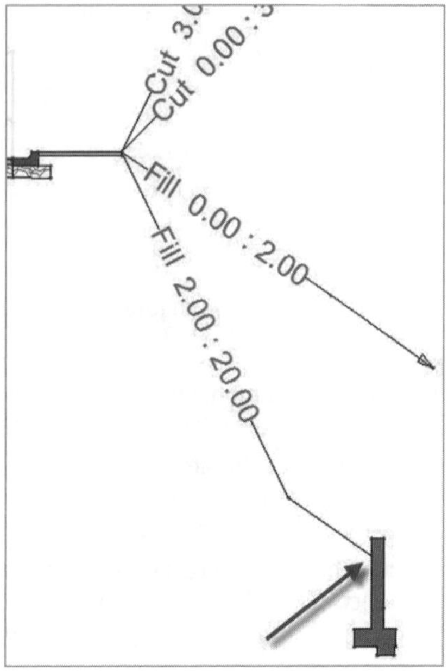

Figura 12.75 Muro configurado para o talude de aterro que exceder 3 metros de largura.

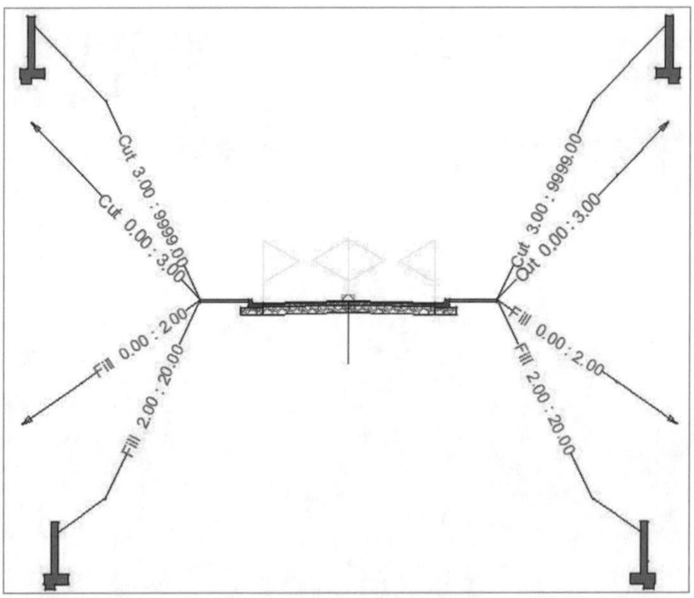

Figura 12.76 Seção típica para via urbana com muro de contenção.

23. Arraste a *baseline* do *assembly* criado para a aba da **Tool Palettes**.

13

Modelo do Projeto

O modelo para projetos lineares de infraestrutura é caracterizado pela aplicação da seção típica transversal ao longo da extensão do traçado do alinhamento geométrico horizontal, bem como obedece às cotas definidas no traçado do alinhamento geométrico vertical.

A composição entre esses três objetos (*alignment*, *profile* e *assembly*) define um novo tipo de objeto, denominado **corridor** (corredor) no Autodesk AutoCAD Civil 3D. Dessa forma, é possível desenvolver diversos tipos de projetos de infraestrutura, como sistemas viários, ferrovias, canais, ensecadeiras, barragens, entre outros (Figura 13.1).

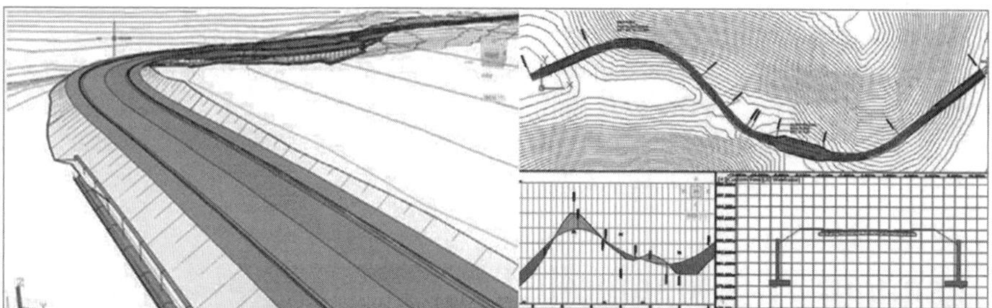

Figura 13.1 Modelo de corredor viário.

O projeto do corredor corresponde aos modelos tridimensional e interativo do projeto, uma vez que aplicam os parâmetros e as geometrias definidos no alinhamento horizontal, o perfil vertical e a seção típica transversal. Esse modelo dinâmico fornece resultados rápidos durante as fases de estudos, elaboração, análises, revisões e documentação dos projetos.

Os objetos associados para a construção do modelo do corredor são:

Alinhamento: o corredor utiliza um ou vários alinhamentos horizontais como linha-base.

Perfil: o alinhamento vertical fornece dados das elevações para a construção do modelo do corredor.

Assembly: definido pela geometria e pelos parâmetros da seção típica transversal aplicada ao longo do corredor.

Subassembly: cada um dos componentes presentes no *assembly* utilizado no modelo do corredor, como pistas, guias, passeios e critérios para a inclinação dos taludes e bermas.

Superfície: uma superfície será solicitada durante a construção do corredor e servirá como alvo (*target*) para a aplicação de taludes e muros.

13.1 Configurações transversais dos corredores – code set styles

A representação do corredor é controlada por **code** ou **code set style** (Figura 13.2). Dessa forma, é possível criar configurações para representar o modelo do corredor com aparência técnica para a documentação do projeto ou, ainda, elaborar configurações para a apresentação realística do modelo do projeto.

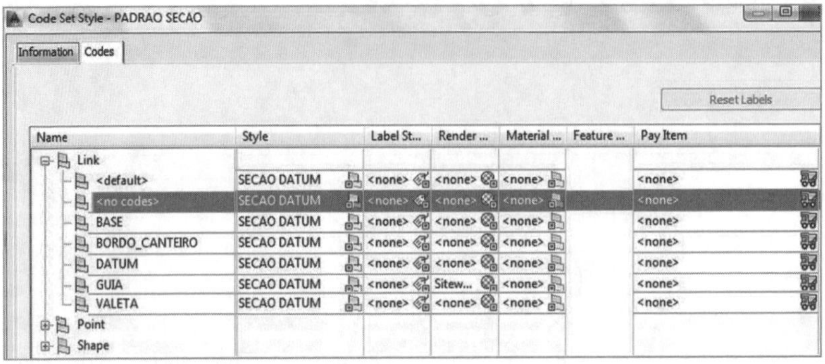

Figura 13.2 Estilo de code set para a representação dos componentes do corredor.

Os tipos de códigos controlados pela configuração dos estilos de **code set** são:

Link: linhas transversais presentes no modelo do corredor, permitindo a aplicação de rótulos, material para renderização e aplicação de pinturas nas vistas em planta, perfil ou seção transversal. É possível utilizar o recurso de *pay item* para associar os links com uma lista de composição de preços para a extração automatizada de quantitativos.

Point: pontos presentes em cada vértice da geometria do *assembly* que, na maioria das vezes, não serão visualizados na vista em planta. Entretanto, é possível adicionar um rótulo e associar *feature lines* e *pay item* para quantitativos.

Shape: são as áreas fechadas existentes na composição dos *assemblies* utilizados no modelo do corredor, como as áreas de pavimento, base, passeio, entre outras.

13.2 Configurações longitudinais dos corredores – *feature lines*

As *feature lines* são as linhas longitudinais que percorrem o modelo e unem cada um dos pontos (*point codes*) dos vértices dos *assemblies* aplicados ao longo do corredor. Pode-se controlar a representação desses objetos *feature lines* por meio da configuração de seus estilos.

Figura 13.3 As *feature lines* representam as linhas longitudinais presentes no modelo do corredor.

As *feature lines* também podem ser configuradas nos estilos de *code set*. Assim, é possível configurar as linhas longitudinais que representam os bordos de pistas, guias, passeios, valetas e demais estruturas dos componentes presentes no modelo do corredor.

A coluna *Pay Item ID* permite identificar cada item presente no estilo de *code set* ao seu respectivo código proveniente de uma tabela de composição de componentes do projeto. Dessa forma, é possível extrair a quantificação do projeto utilizando os recursos de *Quantity Takeoff (QTO)*.

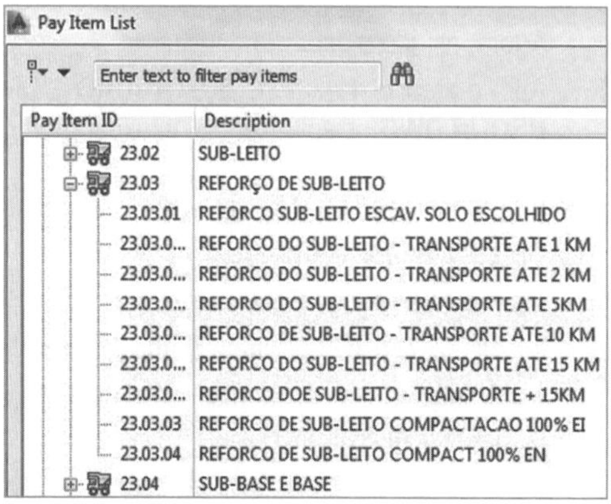

Figura 13.4 Estrutura da lista de quantificação do projeto.

O seguinte exemplo mostra como acessar o estilo de *code set* para verificar as configurações existentes no arquivo.

Agora, estude o exemplo a seguir:

1. Abra o arquivo **13-2-1_CONFIGURAÇÃO_CORREDOR.DWG**, disponível no site da Editora Érica.
2. Na **Toolspace**, acesse a aba **Settings** → **General** → **Multipurpose Styles** → **Code Set Styles**, clique com o botão direito do mouse sobre o estilo **Planta** e selecione a opção **Edit**.
3. Verifique as configurações existentes na aba **Codes** da caixa de diálogo **Code Set Style**:
   - Pode-se adicionar uma breve descrição para cada um dos componentes por meio da coluna **Description**, como nomenclaturas para os links, ou adicionar uma numeração para os pontos (*points*). Assim, é possível extrair essas informações para compor diversos rótulos para a exibição no modelo do corredor, nas seções transversais e nas tabelas dos projetos.
   - A coluna **Style** auxilia na escolha dos estilos para representar os objetos que serão exibidos no sentido transversal do modelo do corredor. É usual configurar estilos de **Code Sets** que exibam essas representações durante a construção do corredor; entretanto, é necessário configurar alguns estilos diferenciados para ocultar essas representações na etapa de documentação do projeto.
   - A coluna **Label Style** permite adicionar os rótulos nos componentes do corredor, principalmente durante a representação das seções transversais do projeto.
   - Dependendo da finalidade do projeto, é usual representar as pinturas nas pistas, nos acostamentos, nos passeios e nos taludes especificando os estilos na coluna **Material Area Fill Style**.
   - Para a fase de apresentação do projeto, é possível elaborar representações renderizadas aplicando diversos tipos de materiais na coluna **Render Material**. Para utilizar esse recurso, é necessário importar previamente os materiais desejados por meio do recurso **Materials Browser** do AutoCAD.
   - A coluna **Feature Line Style** especifica os estilos para a representação das linhas longitudinais que unem os pontos dos *assemblies* ao longo do corredor. Observe que esse recurso está habilitado apenas para os pontos do estilo de **code set**, pois eles servem de orientação para a construção das *feature lines* no projeto.
4. Feche a caixa de diálogo **Code Set Style**.
5. Acesse as configurações dos demais estilos de *code set styles* presentes no desenho.

13.3 Construção do modelo do corredor

A construção do modelo do corredor é iniciada pela ferramenta da ribbon **Home** → **Create Design** → **Corridor**, na qual a caixa de diálogo **Create Corridor** é exibida para a definição do nome do corredor, a seleção do alinhamento horizontal e o perfil do projeto vertical, além da escolha do *assembly* que será utilizado como a seção típica transversal e da definição da superfície em que será o aplicados os taludes do projeto no campo ***Target Surface***.

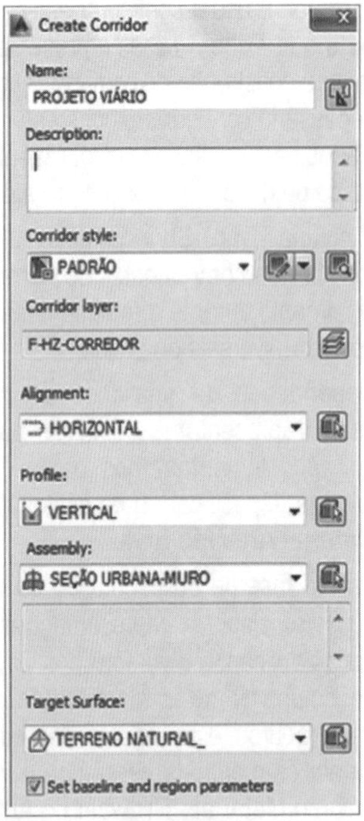

Figura 13.5 Caixa de diálogo Create Corridor.

A opção **Set baseline and region parameters** acessa a caixa de diálogo **Baseline and Regions Parameters** para auxiliar na configuração dos parâmetros construtivos do modelo do corredor projetado.

Os parâmetros construtivos do modelo do corredor são determinados por:

Baseline: seleciona o eixo do alinhamento horizontal em que são aplicados os parâmetros e os objetos construtivos do corredor. É possível adicionar vários eixos de *baselines* na construção do corredor.

Regions: parâmetro para a configuração dos trechos que definem os intervalos de estacas em que são aplicados os *assemblies* ao longo do corredor. É possível adicionar inúmeras regiões no mesmo modelo do corredor e aplicar *assemblies* diferenciados para cada região.

Frequencies: parâmetro que controla o intervalo em que os *assemblies* são aplicados ao longo do corredor. Quanto menor é o valor da frequência, mais preciso e carregado fica o modelo do corredor.

Target: parâmetro que permite selecionar os alvos de superfícies para a criação dos taludes, além de determinar os alvos para alargamentos e inclinações transversais para o modelo do corredor.

A seguinte sequência tem como objetivo elaborar o modelo de um corredor simples utilizando as geometrias do traçado horizontal, vertical e transversal presentes no desenho do projeto.

Agora, estude o exemplo a seguir:

1. Abra o arquivo **13-3-1_ CONSTRUÇÃO_CORREDOR.DWG**, disponível no site da Editora Érica.
2. Selecione a ferramenta da ribbon **Home → Create Design → Corridor**.
3. Na caixa de diálogo **Create Corridor**:
   - Digite **VIÁRIO** no campo **Name**.
   - Selecione o alinhamento **HORIZONTAL** no campo **Alignment**.
   - Selecione o perfil **VERTICAL** no campo **Profile**.
   - Selecione a **SEÇÃO URBANA-MURO** no campo **Assembly**.
   - Selecione a superfície **TERRENO NATURAL_** no campo **Target Surface** para definir alvo para os taludes.
   - Habilite a opção **Set baseline and regions parameters**.
   - Clique no botão **OK**.
4. Na caixa de diálogo Baseline and Region Parameters, clique no botão Set all Frequencies para definir os intervalos para a aplicação dos *assemblies* ao longo do traçado geométrico.
5. Na caixa **Frequency to Apply Assemblies,** determine o intervalo de **20.000m** para as tangentes e **5.000m** para todas as curvas. Clique no botão **OK** (Figura 13.6).
6. Na caixa de diálogo **Baseline and Region Parameters,** clique no botão **OK**.
7. Clique na opção **Rebuid the Corridor** na caixa **Corridor Properties** para concluir.

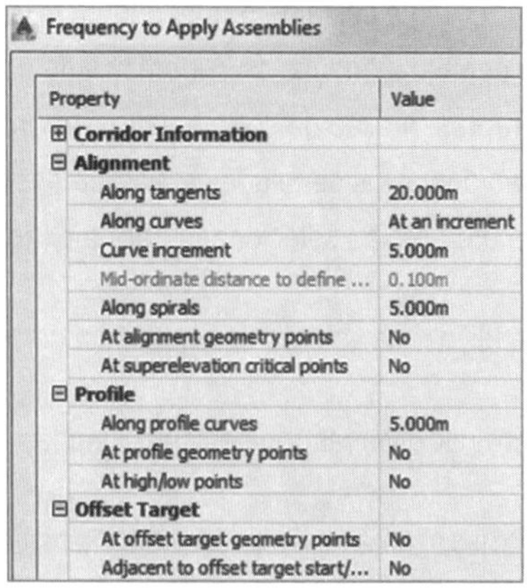

Frequency to Apply Assemblies

Property	Value
⊞ **Corridor Information**	
⊟ **Alignment**	
Along tangents	20.000m
Along curves	At an increment
Curve increment	5.000m
Mid-ordinate distance to define ...	0.100m
Along spirals	5.000m
At alignment geometry points	No
At superelevation critical points	No
⊟ **Profile**	
Along profile curves	5.000m
At profile geometry points	No
At high/low points	No
⊟ **Offset Target**	
At offset target geometry points	No
Adjacent to offset target start/...	No

Figura 13.6 Configuração da frequência para a aplicação de assembly no corredor.

8. Na área de desenho, verifique o modelo do corredor criado.

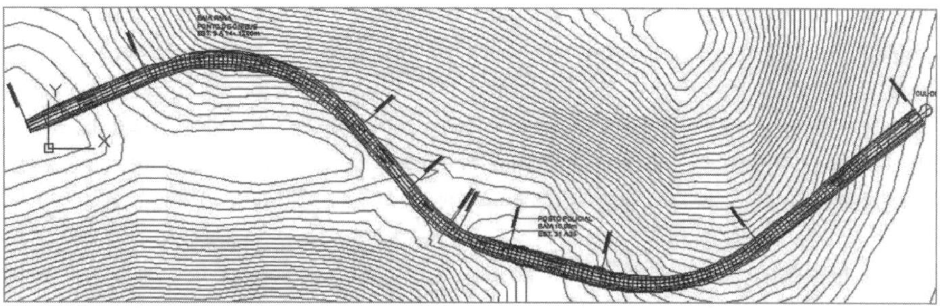

Figura 13.7 Modelo do projeto viário representado como objeto corredor.

13.4 Ferramentas para a manipulação de corredores

A ribbon contextual **Corridor** é exibida quando o modelo do corredor estiver selecionado na área de desenho e fornece diversas ferramentas para a manipulação do corredor e suas regiões (Figura 13.8). É possível efetuar edições no modelo, definir os parâmetros de superelevação e elaborar a análise de visibilidade no corredor projetado.

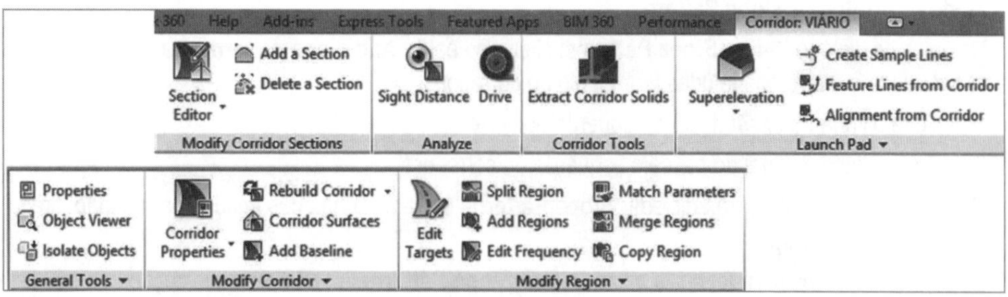

Figura 13.8 A ribbon contextual Corridor exibe as ferramentas de manipulação do corredor.

Corridor Properties: ferramenta de acesso à caixa de propriedades do corredor.

Corridor Surfaces: ferramenta que permite a criação de superfícies do projeto do corredor.

Slope Patterns: ferramenta para a representação de corte e aterro nos taludes do corredor.

Edit Target: ferramenta para a edição dos alvos de taludes e alargamentos do corredor.

Split Region: ferramenta que divide uma região selecionada para a criação de novos trechos de regiões no modelo do corredor.

Edit Frequency: ferramenta para modificar os valores da frequência de aplicação dos *assemblies* na região selecionada do corredor.

Merge Regions: ferramenta para agrupar diversas regiões selecionadas no corredor para a criação de uma única região no modelo.

Isolate Region: ferramenta que permite isolar uma região selecionada no modelo do corredor, ocultando as demais.

Hide Regions: ferramenta utilizada para ocultar diversas regiões selecionadas no modelo do corredor.

Section Editor: ferramenta que acessa as ferramentas **View/Edit Corridor Section** para a manipulação das seções presentes no projeto do corredor.

Add/Delete a Section: ferramenta que adiciona ou remove uma seção de *assembly* no corredor.

Sight Distance: ferramenta utilizada para executar análise de visibilidade ao longo do modelo do corredor projetado.

Drive: ferramenta de acesso à interface da ribbon **Drive,** que disponibiliza diversas ferramentas de navegação no modelo do corredor.

Extract Corridor Solids: ferramenta que permite a extração de objetos sólidos das estruturas presentes no modelo do corredor. Pode-se exportar as estruturas do corredor para arquivos externos e, dessa forma, abrir essas geometrias em soluções que trabalham com o planejamento da construção, como o Autodesk Navisworks.

Superelevation: ferramenta para auxiliar na elaboração do cálculo da superelevação no projeto do corredor viário.

O seguinte exemplo mostra como manipular o modelo do corredor para alterar a sua representação no desenho, além da navegação por meio do modelo utilizando os recursos da ferramenta **Drive**.

Agora, estude o exemplo a seguir:

1. Abra o arquivo **13-4-1_APARÊNCIA_CORREDOR.DWG**, disponível no site da Editora Érica.
2. Selecione o corredor na área de desenho e acesse a ferramenta da ribbon contextual **Corridor → Modify Corridor → Edit Code Set Styles**.
3. Na caixa de diálogo **Edit Code Sets,** selecione o estilo **Planta** no campo **Code Set Styles** e clique no botão **OK**.
4. Verifique a nova representação do corredor na área de desenho.
5. Selecione o corredor na área de desenho e acesse a ferramenta da ribbon contextual **Corridor → Modify Corridor → Slope Patterns**.
6. Na caixa de diálogo **Define Slope Patterns,** clique no botão **Add slope pattern** para criar a representação de corte e aterro nos taludes do modelo do corredor.
7. Selecione a linha do *offset* do lado esquerdo do corredor.
8. Selecione a linha do final do passeio esquerdo do corredor.
9. Repita o procedimento para adicionar **Slope Patterns** entre as linhas dos taludes para o lado direito do corredor (Figura 13.9).
10. Clique no botão **OK** para fechar a caixa **Define Slope Patterns** e verifique a indicação nos taludes de corte e aterro presentes no corredor.

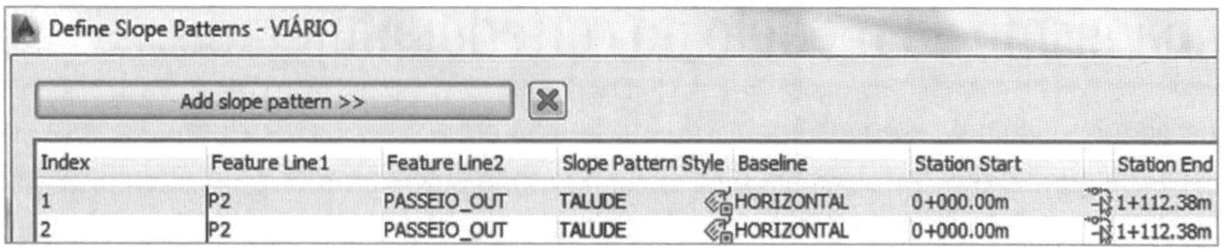

Figura 13.9 Caixa Define Slope Patterns para a criação da representação dos taludes no corredor.

11. Selecione o corredor e acesse a ferramenta da ribbon contextual **Corridor** → **Analyze** → **Drive** para navegar ao longo do modelo do corredor.
12. Na área de desenho, selecione uma das *feature lines* longitudinais exibidas ao longo do modelo do corredor, por exemplo, uma das linhas da guia ou do passeio.
13. É comum encontrar algumas *feature lines* sobrepostas na vista em planta, como o topo e o fundo de guias e passeios. Na caixa de diálogo **Select a Feature Line,** escolha a *feature line* desejada e clique no botão **OK** para prosseguir.
14. Na ribbon contextual **Drive,** regule os parâmetros de visibilidade nos painéis **Eye** e **Target**, escolha a velocidade de navegação no quadro **Speed** e clique no botão **Play** para iniciar a navegação percorrendo o modelo do corredor (Figura 13.10).

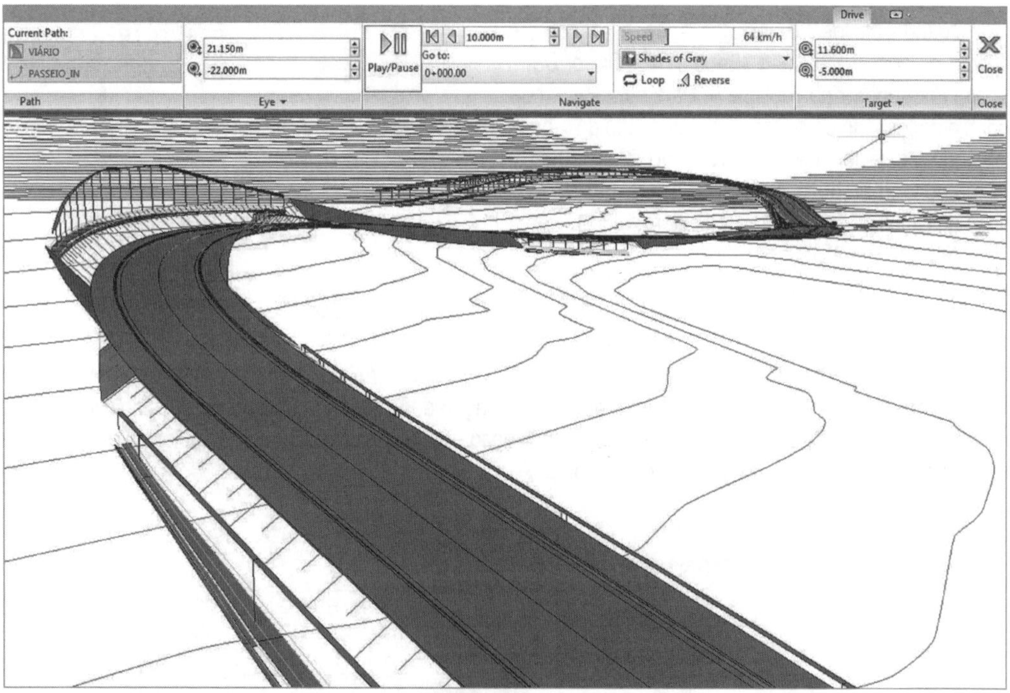

Figura 13.10 Ferramenta Drive para navegação ao longo do modelo do corredor.

15. Acesse o botão **Loop** para aplicar uma navegação contínua.
16. Clique no botão **Reverse** para inverter o sentido de navegação.
17. Clique no botão **Close** da ribbon **Drive** para retornar à área de desenho.

13.5 Dinamismo do modelo do corredor projetado

Ao longo do processo de desenvolvimento do modelo do projeto ou, ainda, durante a fase de revisões, é necessário utilizar algumas das ferramentas de edição no modelo do corredor para atender às necessidades solicitadas para cada projeto, o qual pode possuir características exclusivas, como a definição de baias e alargamentos, *cul-de-sacs*, interseções, obras de arte, entre outras características, dependendo do tipo ou da finalidade do projeto.

A principal edição nos modelos de corredores é feita ao manipular diretamente a geometria dos objetos utilizados na construção do corredor, da superfície (*target surface*), do alinhamento (*alignment*), do perfil do alinhamento vertical (*profile*) e da seção típica transversal (*assembly*).

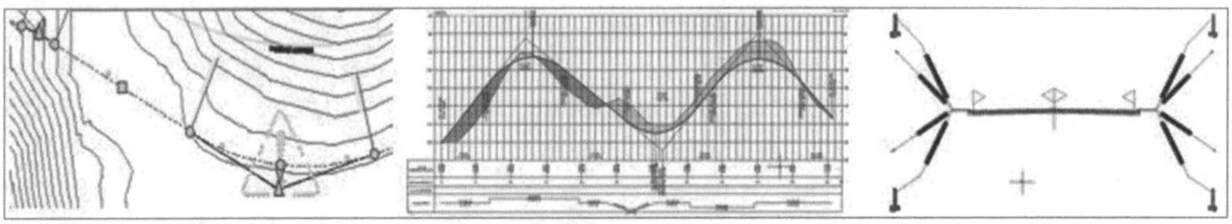

Figura 13.11 Alinhamento, perfil e seção típica utilizados na construção de corredores.

Quando um desses objetos sofre alterações, o modelo do corredor exibe o símbolo (*Out-of-Date*) na aba **Prospector** da Toolspace. Para atualizar o corredor, é necessário clicar com o botão direito do mouse sobre ele e selecionar a opção **Rebuild,** para atualizar o corredor, ou **Rebuid Automatic,** para deixá-lo no modo de atualização automático (Figura 13.12).

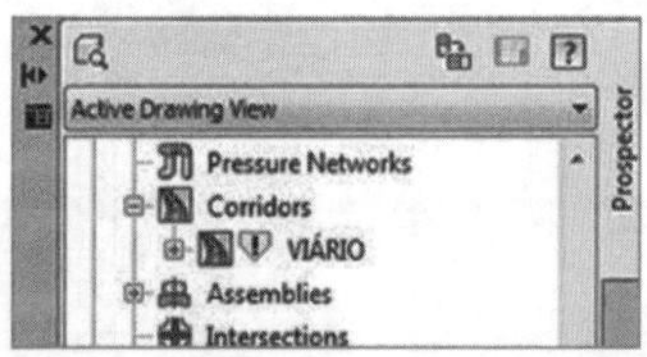

Figura 13.12 Informativo de corredor (Out-of-Date).

13.6 Configuração dos parâmetros do corredor

A aba **Parameters** da caixa de diálogo **Corridor Properties** permite manipular as regiões do modelo do corredor, em que é possível alterar a frequência de aplicação das seções, adicionar ou substituir *assemblies* e controlar os alvos (*target*) de superfície para a aplicação dos taludes ou, ainda, manipular os alvos laterais (*offsets*) para a construção de baias e interseções.

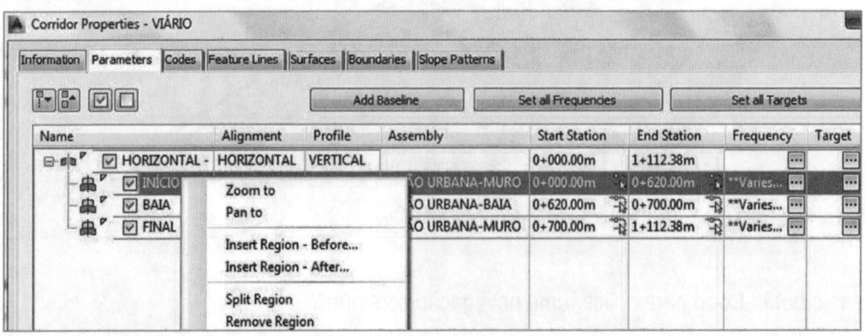

Figura 13.13 Aba Parameters da caixa de diálogo Corridor Properties.

Com o botão direito do mouse sobre uma das regiões presentes na construção do modelo do corredor, é possível acessar as ferramentas de gerenciamento dos trechos das regiões do modelo do projeto.

Insert Region - Before: ferramenta que possibilita criar uma nova região nas estacas anteriores da região selecionada.

Insert Region - After: ferramenta para adicionar uma nova região nas estacas posteriores ao trecho da região selecionada.

Split Region: ferramenta utilizada para dividir a região selecionada do corredor.

Na aba **Parameters** da caixa **Corridor Properties**, a coluna **Start Station** exibe os valores das estacas do início da região, e a coluna **End Station** exibe as estacas finais de cada região do corredor.

Na parte inferior da aba **Parameters** está localizado o quadro **Lock Regions** To, que permite travar as regiões obtendo a geometria do alinhamento com a opção **Geometry Locking** ou travar as regiões pelos valores das estacas iniciais e finais das regiões utilizando a opção **Station Locking** (Figura 13.14).

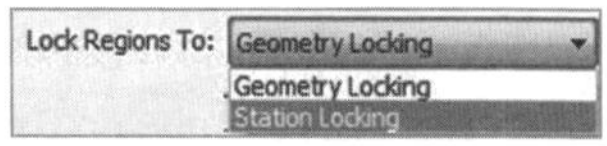

Figura 13.14 Ferramenta do quadro Lock Regions To.

O seguinte exemplo tem como objetivo definir regiões ao longo do modelo do corredor para representar um posto policial no desenho do projeto. É necessário utilizar o *assembly* da SEÇÃO URBANA-MURO entre as estacas 31+0.000 (620.000m) e 35+0.000 (700.000m).

Agora, estude o exemplo a seguir:

1. Abra o arquivo **13-6-1_ REGIÕES_CORREDOR.DWG**, disponível no site da Editora Érica.
2. Selecione o corredor na área de desenho e acesse a ferramenta da ribbon contextual **Corridor → Modify Corridor → Corridor Properties**.
3. Na aba **Parameters** da caixa de diálogo **Corridor Properties**:
   - Renomeie a única região existente para **Início**.
   - Altere o valor da estaca final da região **Início** para 31+0.00, digite **620.000m** no campo **End Station** da região.
   - Clique com o botão direito do mouse sobre a região **Início** e selecione a opção **Insert Region - After** para criar uma nova região após o trecho da região selecionada.
   - Na caixa de diálogo **Create Corridor Region**, digite **BAIA** no campo **Name**, selecione o *assembly* **SEÇÃO URBANA-BAIA** e clique no botão **OK** (Figura 13.15).

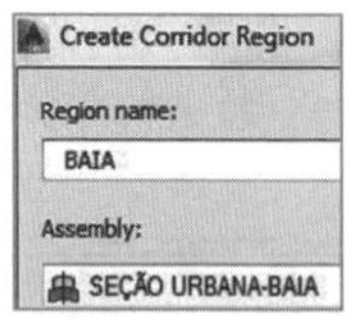

Figura 13.15 Caixa para criação da nova região do corredor.

   - Na nova região criada, **BAIA**, altere o valor da estaca no campo **End Station** para **700** (estaca 35+0.000m).

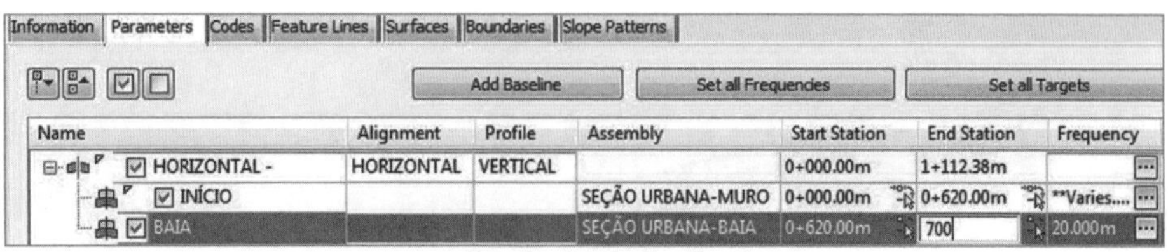

Figura 13.16 Nova região criada para representar o trecho de baia no corredor.

   - Clique com o botão direito do mouse sobre a região **Baia** e selecione a opção **Insert Region - After** para criar uma nova região.

- Na caixa de diálogo **Create Corridor Region**, digite **Final** no campo **Name**, selecione o *assembly* **SEÇÃO URBANA-MURO** e clique no botão **OK**.
- Clique no botão **Set all Frequencies** para configurar os intervalos de aplicação dos *assemblies* ao longo do corredor.
- Na caixa de diálogo **Frequency to Apply Assemblies 20.000m** para as tangentes no campo **Along tangents**. Digite **5.000m** para todas as curvas (**Along curves**, **Alongspirals** e **Alongprofile curves**). Clique no botão **OK** (Figura 13.17).
- Clique no botão **Set all Targets** para selecionar a superfície de alvo para os taludes.
- Na caixa de diálogo **Target Mapping**, clique no campo **<Click here to set all>** para definir a superfície **TERRENO NATURAL**como alvo para todos os campos de **Target Surface**. Clique no botão **OK** (Figura 13.18).

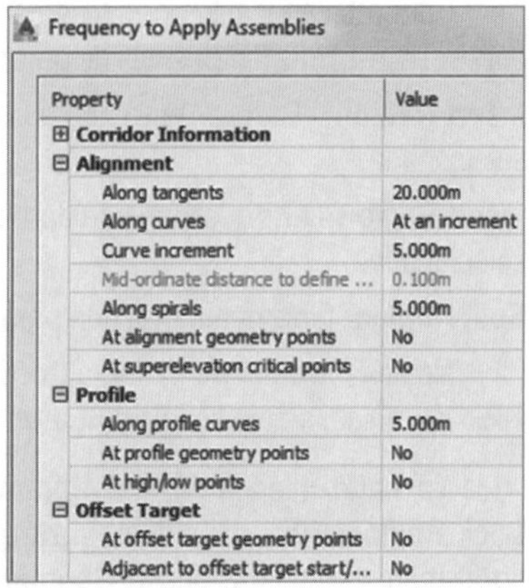

Figura 13.17 Configuração dos intervalos para aplicação de assemblies.

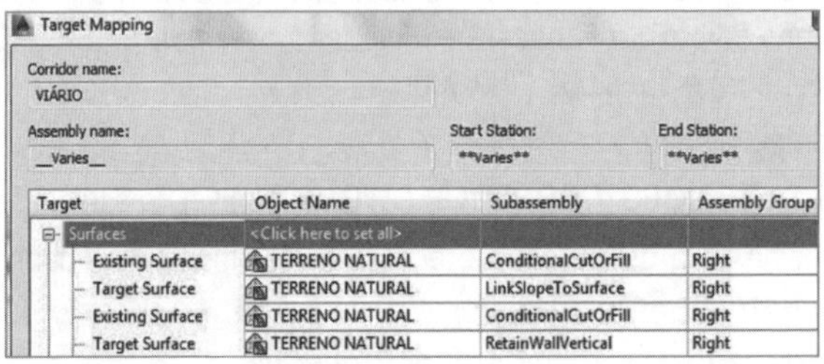

Figura 13.18 Caixa Target Mapping para a seleção da superfície de aplicação dos taludes.

4. Clique no botão **OK** para fechar a caixa de diálogo **Corridor Properties** e aplicar as novas regiões no modelo do corredor.

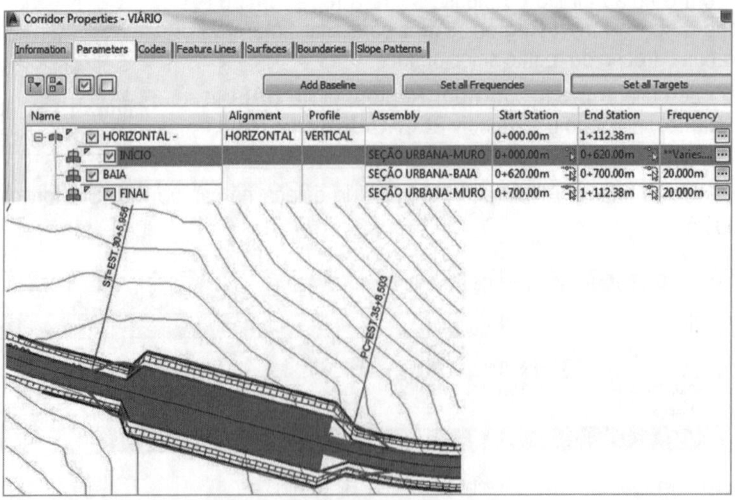

Figura 13.19 Configuração final das regiões do corredor.

5. Verifique as regiões criadas na área de desenho e a presença da região da baia.

13.7 Recursos para targets de corredores

O recurso de **targets** é uma das principais ferramentas para a manipulação de corredores elaborados no Autodesk AutoCAD Civil 3D. Esse poderoso recurso permite acomodar a geometria lateral dos corredores ao encontro de objetos selecionados no desenho do projeto (Figura 13.20). Dessa forma, é possível construir modelos complexos de corredores com maior precisão e liberdade no desenvolvimento de projetos que possuam diversas geometrias irregulares, como interseções, rotatórias, acessos, baias, praças de pedágio, *cul-de-sac*, entre outros.

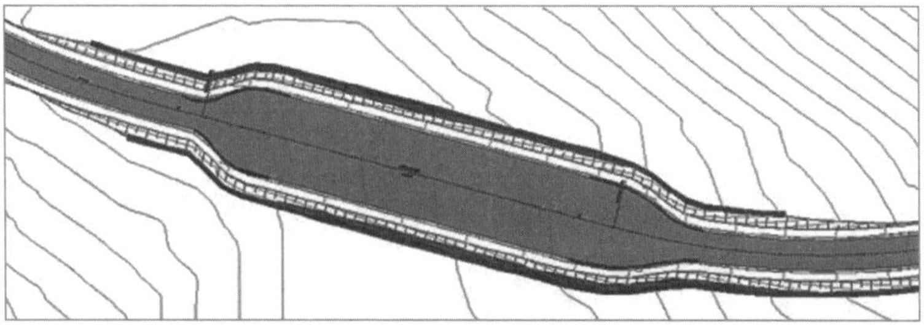

Figura 13.20 Controle das transições entre as regiões com o recurso de targets.

A caixa de diálogo **Target Mapping** exibe as ferramentas de manipulação dos alvos para (Figura 13.21):

Surfaces: seleciona as superfícies para a aplicação de taludes, bermas e muros.

Width or Offset Targets: permite a definição de alinhamentos, *polylines* e *feature lines* como base para a acomodação de pistas, passeios e demais estruturas presentes na seção do *assembly* utilizado no corredor.

Slope or Elevation Targets: permite a seleção de perfis, *polylines 3D* e *feature lines* para a acomodação da inclinação lateral das estruturas presentes dos *assemblies* utilizados no modelo do corredor.

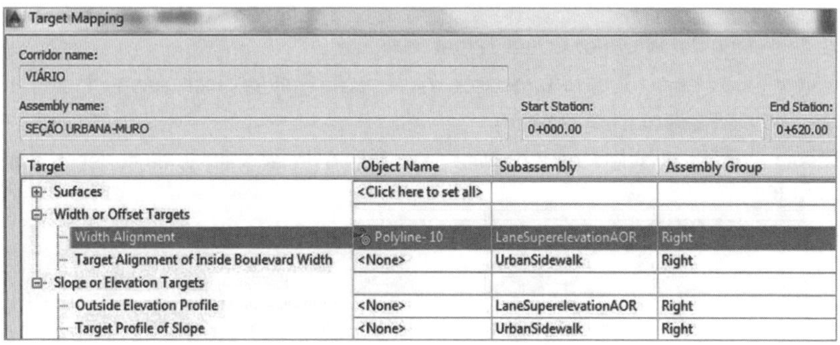

Figura 13.21 Caixa Target Mapping para controle de alvos no modelo do corredor.

As regiões criadas ao longo do modelo, muitas vezes, devem ser tratadas para acomodar as transições entre as diferenças das geometrias das seções aplicadas, como neste exemplo, que possui uma mudança na largura da pista de 3.600m para 10.000m. A seguinte sequência mostra como manipular as transições entre as regiões do modelo do corredor utilizando os recursos de *targets* para acompanhar as geometrias das *polylines* presentes no desenho.

Agora, estude o exemplo a seguir:

1. Abra o arquivo **13-7-1_ TRANSIÇÕES_CORREDOR.DWG**, disponível no site da Editora Érica.
2. Selecione o corredor na área de desenho e acesse a ferramenta da ribbon contextual **Corridor → Modify Corridor → Corridor Properties**.

3. Na aba **Parameters** da caixa de diálogo **Corridor Properties**, selecione a linha da região **Início** e clique no botão ... da coluna **Target** (Figura 13.22).

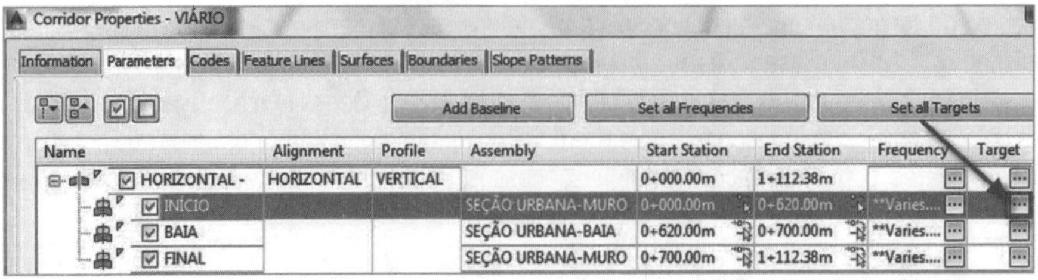

Figura 13.22 Acesso à ferramenta Targets da aba Parameters da caixa Corridor Properties.

4. Na caixa de diálogo **Target Mapping,** clique no campo **<None>** do subassembly **Lane Super elevation AOR** do lado direito (*Right*) da categoria **Width or Offset Targets**, no campo **Width Alignment**.

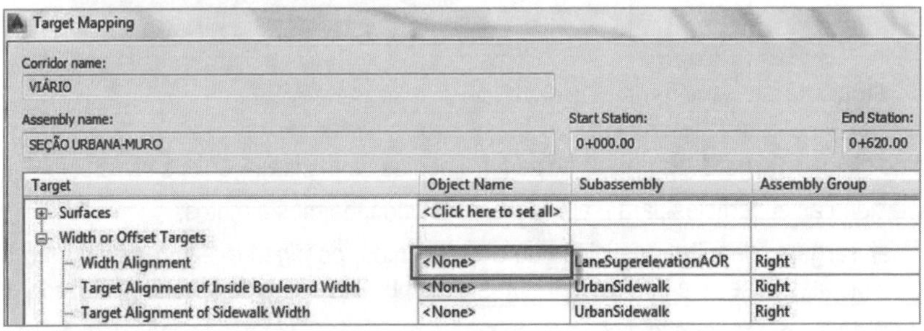

Figura 13.23 Caixa Target Mapping para a configuração dos targets.

5. Na caixa de diálogo **Set Width or Offset Target** configure:
   - No campo **Select Object Type to Target,** selecione a opção **Feature Lines, survey figures and polylines.**
   - Clique no botão **Select from drawing.**
   - Na área de desenho, selecione a *polyline* na transição do lado direito do corredor, confirme com a tecla **Enter.**
   - Clique no botão **OK** para fechar a caixa **Set Width or Offset Target.**

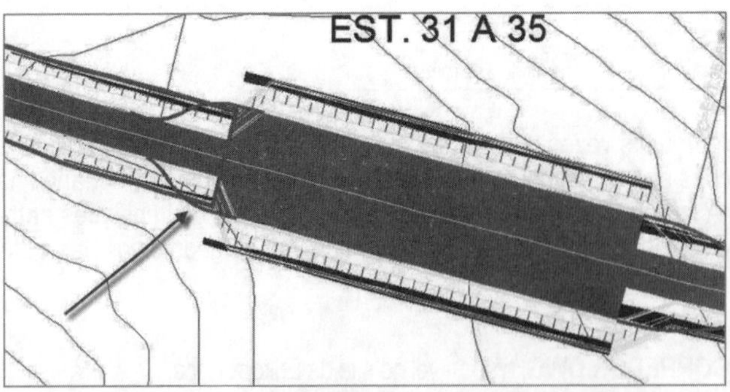

Figura 13.24 Seleção das polylines da transição entre as regiões do corredor.

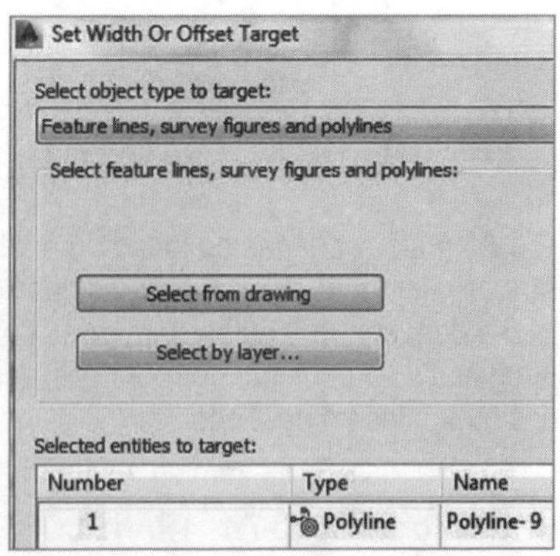

Figura 13.25 Caixa de configuração dos targets.

6. Na caixa de diálogo **Target Mapping,** repita os passos anteriores e selecione a *polyline* do lado esquerdo para acomodar a pista do *subassembly* **Lane Superelevation AOR** do grupo **Left** (Figura 13.26).

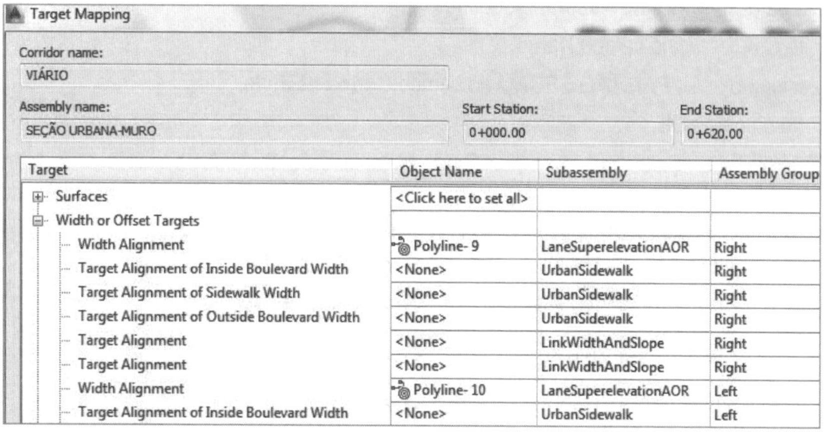

Figura 13.26 Configuração dos targets das transições.

7. Clique no botão **OK** para fechar a caixa **Target Mapping**.
8. Na aba **Parameter** da caixa de diálogo **Corridor Properties**, clique em **OK** e **Rebuild** para concluir a transição de entrada na baia.
9. Repita os procedimentos para definir a transição de saída da baia para a região **final** do modelo do corredor (Figura 13.27).

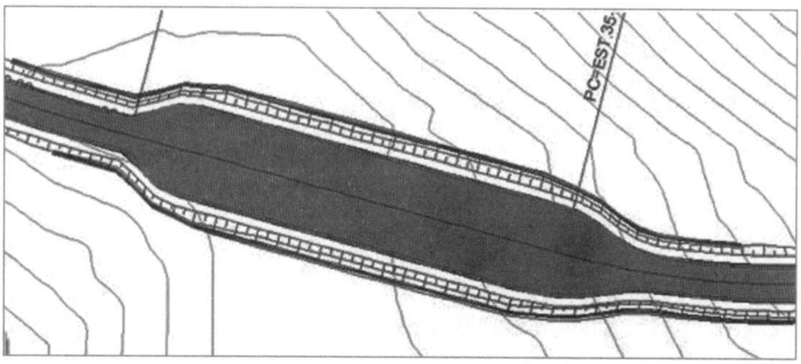

Figura 13.27 Configuração final dos targets da transição na região da baia.

É possível manipular as frequências de aplicação dos *assemblies* nas transições por meio da ferramenta **Frequency** da aba **Parameters** da caixa **Corridor Properties**, ou adicionar *assemblies* diretamente no modelo do corredor por meio da ferramenta **Add a Section** da ribbon contextual **Corridor**.

Além dos alargamentos laterais de pistas, acostamentos e passeios, pode-se utilizar o recurso de *target offset* para acomodar diversos componentes dos *subassemblies* nas geometrias presentes no desenho. O seguinte exercício utiliza umas das metodologias possíveis para construir o dispositivo de *cul-de-sac* no projeto. O desenho do exemplo contém um alinhamento horizontal auxiliar de nome *Cul-de-sac* e seu respectivo perfil vertical definido, no qual será necessário desenvolver um novo *assembly* para percorrer essas geometrias e complementar o projeto do corredor viário.

Agora, estude o exemplo a seguir:

1. Abra o arquivo **13-7-2_** *Cul-de-sac***_CORREDOR.DWG**, disponível no site da Editora Érica.

2. Crie um novo *assembly* pela ferramenta da ribbon **Home → Create Design → Assembly → Create Assembly**.
3. Na caixa de diálogo **Create Assembly**, defina:
   - Digite *Cul-de-sac* no campo **Name**.
   - Selecione o estilo **PADRAO SECAO** no campo **Code Set Style**.
   - Clique no botão **OK**.
   - Clique na área de desenho para posicionar a *baseline* do *assembly* próximo aos *assemblies* existentes no desenho.
4. Selecione a pista esquerda do *assembly* **SEÇÃO URBANA-MURO**. Utilize a ferramenta **Copy** da ribbon para copiar a pista para o *assembly Cul-de-sac*. Altere a inclinação da pista para **0.00%** no campo **Default Slope**, quadro Parameters da janela **Properties** (Figura 13.28).

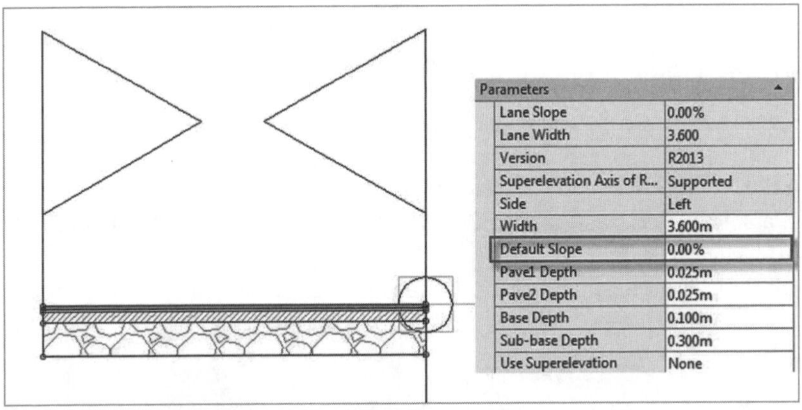

Figura 13.28 Configuração da declividade da pista esquerda do assembly para o *cul-de-sac*.

5. Selecione a guia, a sarjeta, o passeio e todos os componentes dos taludes e dos muros presentes no lado direito do *assembly* **SEÇÃO URBANA-MURO**. Utilize a ferramenta **Copy** da ribbon para copiar os componentes selecionados para o lado direito do *assembly cul-de-sac* (Figura 13.29).
6. Selecione o corredor na área de desenho e acesse a ferramenta da ribbon contextual **Corridor → Modify Corridor → Corridor Properties**.
7. Na aba **Parameters** da caixa de diálogo **Corridor Properties**:
   - Clique no botão **Add Baseline**.
   - Na caixa de diálogo **Create Corridor Baseline**, digite *cul-de-sac* no campo **Baseline name**, selecione o alinhamento *Cul-de-sac* e clique no botão **OK** (Figura 13.30).
   - Na aba **Parameters,** selecione o perfil **VERTICAL CUL-DE-SAC** no campo **Profile**.

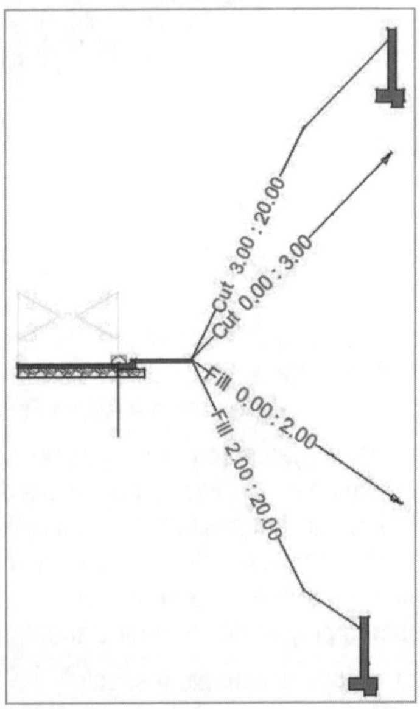

Figura 13.29 Configuração final do assembly *Cul-de-sac*.

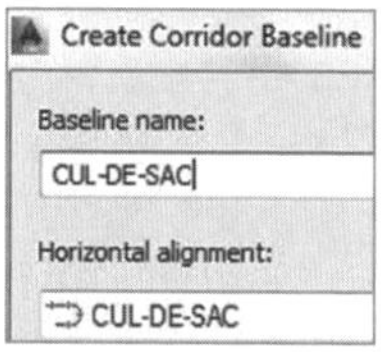

Figura 13.30 Caixa de adição do alinhamento *cul-de-sac*.

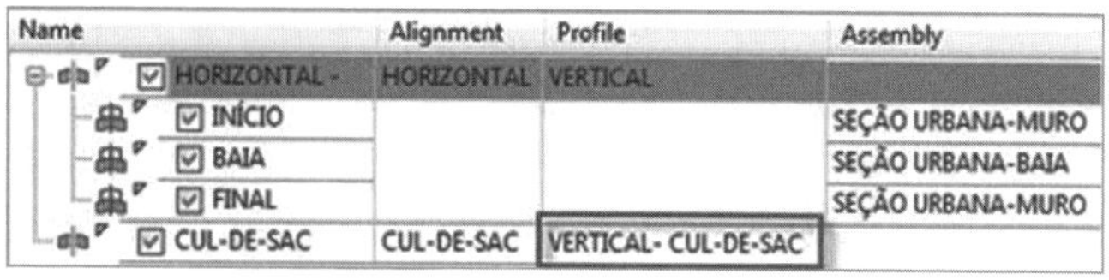

Figura 13.31 Seleção do perfil longitudinal.

- Clique com o botão direito do mouse sobre a *baseline cul-de-sac* e selecione a opção **Add Region**.
- Na caixa **Create Corridor Region**, digite *cul-de-sac* no campo **Region name**, selecione o *assembly cul-de-sac* e clique no botão **OK**.

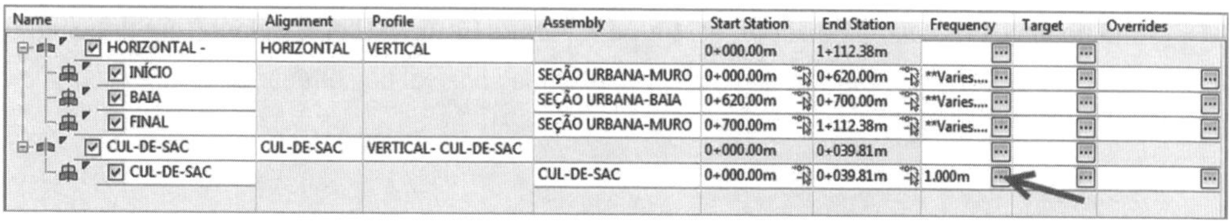

Figura 13.32 Acesso à ferramenta Frequency para controle dos intervalos de aplicação dos assemblies no corredor.

- Clique no botão ... da coluna **Frequency** da região criada para configurar a aplicação dos *assemblies* a cada **1.000m** nas tangentes e nas curvas por meio da caixa de diálogo **Frequency to Apply Assemblies**. Clique no botão **OK** (Figura 13.33).
- Clique no botão ... da coluna **Target** da região criada para configurar os alvos.
- Na caixa de diálogo **Target Mapping,** selecione a superfície **TERRENO NATURAL** para os alvos de **Target → Surfaces**.
- Clique no campo **<None>** do *subassembly* **Lane Super elevation AOR** do lado esquerdo (*Left*) da categoria **Width or Offset Targets,** no campo **Width Alignment.**

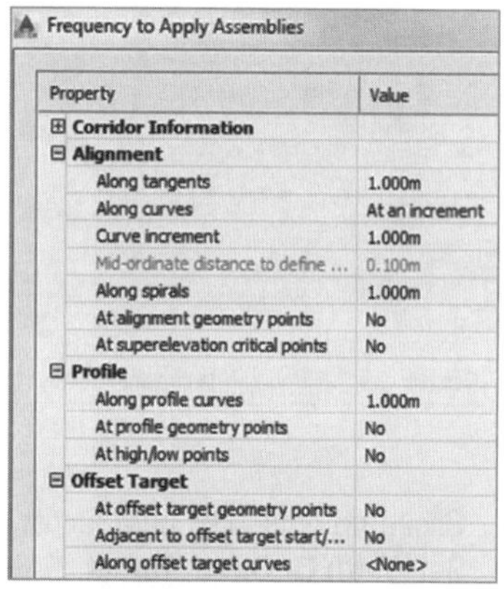

Figura 13.33 Configuração da distância de aplicação dos assemblies.

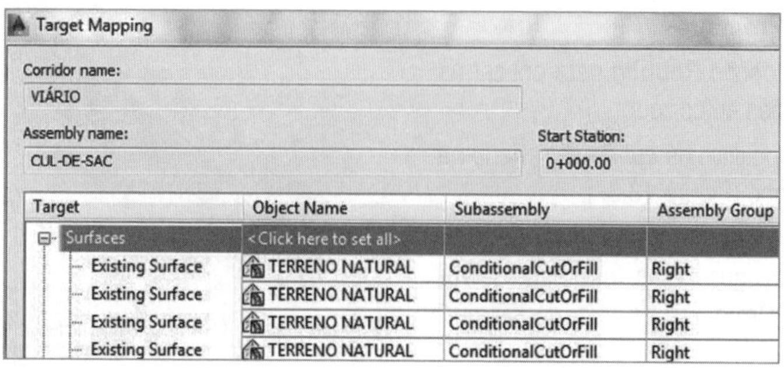

Figura 13.34 Configuração dos targets de superfícies para a criação dos taludes.

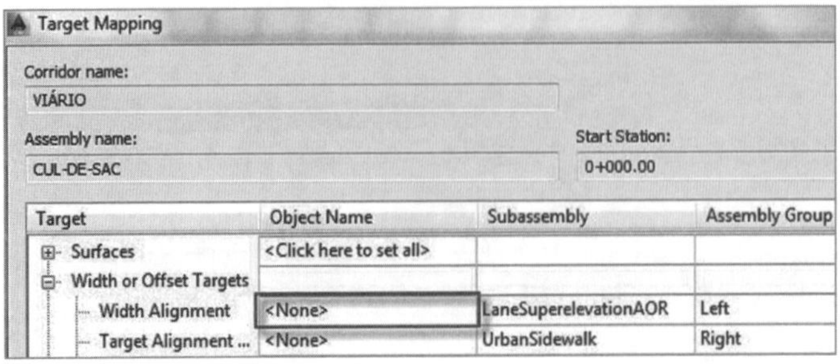

Figura 13.35 Configuração dos targets do *Cul-de-sac*.

- Na caixa de diálogo **Set Width Or Offset Target,** selecione a opção **Feature Lines, survey figures and polylines** no campo **Select objects type to target**. Clique no botão **Select from drawing**.
- Selecione a **Polyline** presente no centro do *cul-de-sac* no final do corredor e confirme com a tecla **Enter** para prosseguir.

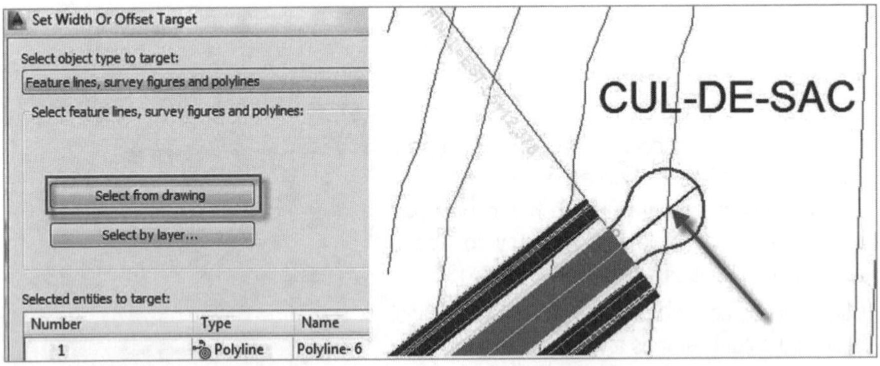

Figura 13.36 Seleção da polyline com alvo da pista para a criação da região do *cul-de-sac*.

- Clique no botão **OK** para fechar a caixa **Set Width Or Offset Target**.
- Clique no botão **OK** para fechar a caixa **Target Mapping**.
- Clique no botão **OK** para fechar a caixa **Corridor Properties**.
- Clique na opção **Rebuild** para aplicar as modificações no corredor.

8. Verifique o dispositivo de *cul-de-sac* criado na área de desenho (Figura 13.37).
9. Selecione o modelo do corredor na área de desenho e navegue pelas ferramentas **Object Viewer** e **Drive**.

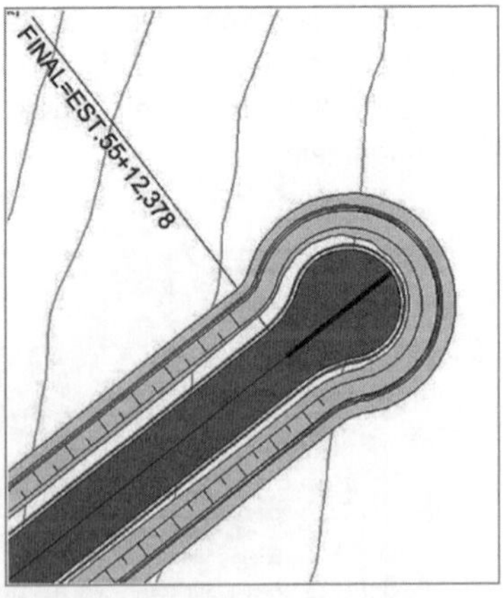

Figura 13.37 Configuração final da região do *cul-de-sac*.

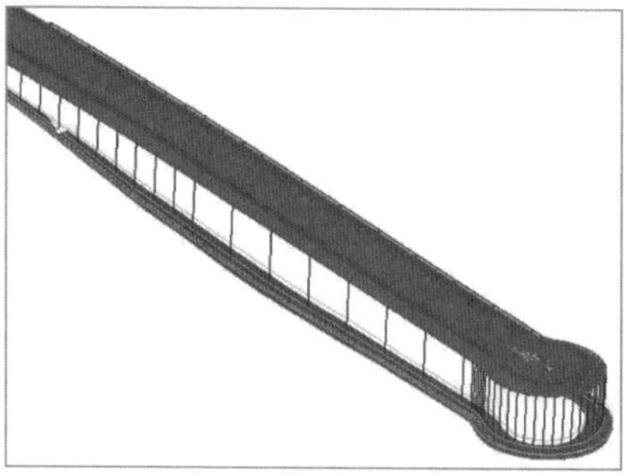

Figura 13.38 Vista da região do *cul-de-sac* no modelo do corredor.

13.8 Manipulação dos parâmetros transversais do corredor

Habitualmente, os projetos lineares apresentam diversas geometrias transversais ao longo de seu traçado geométrico, como diferenças nas larguras das pistas e dos acostamentos, bem como diferentes inclinações para os taludes, dependendo do tipo de material empregado. Essa característica proporciona um grande número de *assemblies* nos desenhos dos projetos. Para reduzir essa quantidade de *assemblies*, é possível utilizar os recursos **Section Editor** para editar diretamente os parâmetros transversais nos trechos desejados no modelo do corredor projetado.

A ferramenta **View/Edit Corridor Section,** acessada pela ribbon contextual **Corridor → Modify Corridor Sections → Section Editor**, habilita a interface do **Section Editor** utilizada para efetuar alterações em uma ou diversas seções diretamente sobre o modelo do corredor, sem a necessidade de criar um novo *assembly* ou modificar o existente no desenho (Figura 13.39).

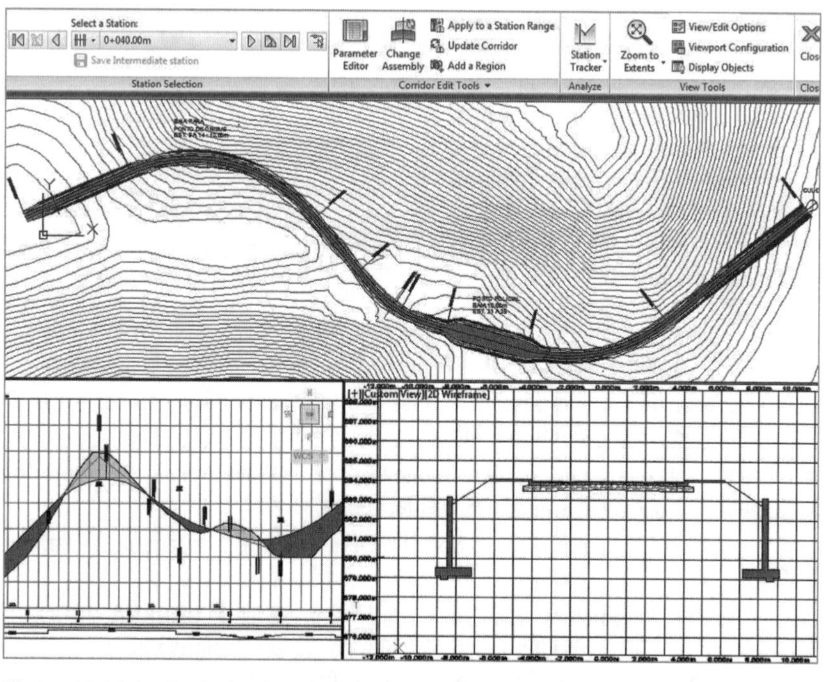

Figura 13.39 Interface do editor de seções transversais do modelo do corredor.

A interface da ribbon **Section Editor** disponibiliza diversas ferramentas para a configuração das vistas de *viewports*, a navegação entre as seções do corredor e a substituição do *assembly* utilizado no modelo (Figura 13.40).

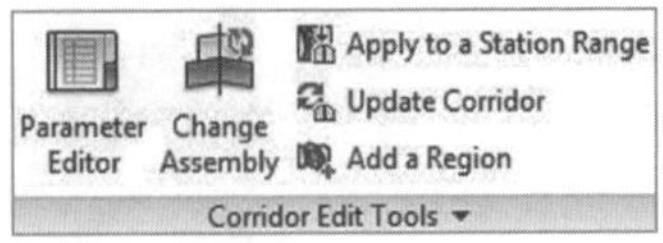

Figura 13.40 Ferramentas do editor de seções.

Change Assembly: ferramenta que permite a substituição do *assembly* utilizado no modelo do corredor.

Update Corridor: ferramenta utilizada para atualizar o modelo do corredor aplicando as novas configurações.

Add a Region: ferramenta que auxilia na definição de uma nova região no corredor selecionando um *assembly* diferente ao novo trecho criado.

Apply to a Station Range: ferramenta que possibilita aplicar as novas configurações ao longo de um intervalo de estacas desejadas no corredor.

Parameter Editor: ferramenta para acesso da janela **Corridor Parameters,** que permite a alteração dos valores e dos parâmetros utilizados no modelo do corredor. Dessa forma, é possível efetuar edições em estacas específicas do modelo (Figura 13.41).

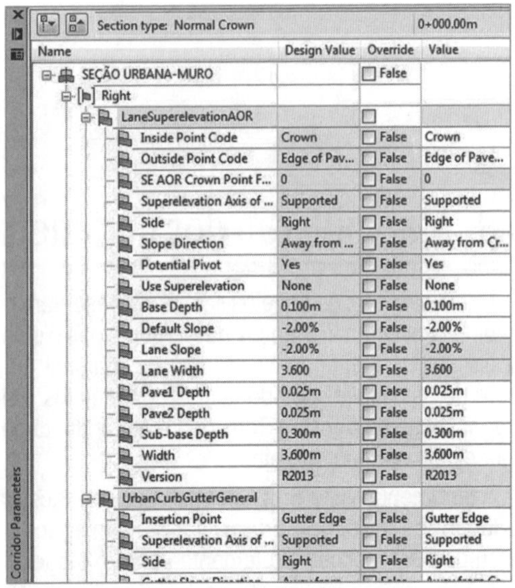

Figura 13.41 Janela Corridor Parameters para a edição na geometria transversal do corredor.

Apply to a Station Range: ferramenta utilizada para aplicar os valores dos parâmetros configurados em uma seção ao longo de um trecho específico de estacas no modelo do corredor (Figura 13.42).

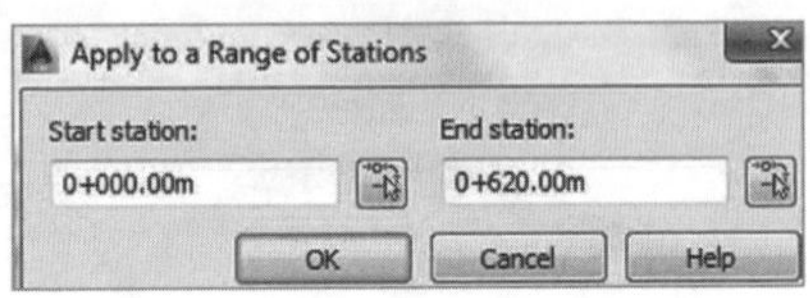

Figura 13.42 Caixa de aplicação das edições nas seções.

O seguinte exemplo tem o objetivo de desenvolver um alargamento de 12 metros para a pista esquerda entre as estacas 9+0.00 e14+0.00. Esse trecho será utilizado para representar a baia para uma eventual parada de ônibus. Não será necessário desenvolver um novo *assembly* para a região, visto que a metodologia foi escolhida por meio da manipulação dos parâmetros transversais utilizando os recursos do **Section Editor**.

Agora, estude o exemplo a seguir:

1. Abra o arquivo **13-8-1_ SEÇÕES_CORREDOR.DWG**, disponível no site da Editora Érica.
2. Selecione o corredor na área de desenho e acesse a ferramenta da ribbon contextual **Corridor → Modify Corridor Sections → Section Editor**.
3. Selecione a ferramenta da ribbon contextual **Section Editor → View Tools → Viewport Configuration** para configurar a exibição de três *viewports*: planta, perfil e seção.
4. Selecione a estaca **0+180.00m** no campo **Select a Station** e acione a ferramenta **Parameter Editor** (Figura 13.43).
5. Na janela **Corridor Parameters,** localize o parâmetro **SEÇÃO URBANA-MURO → Left → LaneSuperelevation AOR → Width**. Digite **12.000m** no campo **DesignValue** para configurar a nova largura da pista esquerda para a estaca selecionada (Figura 13.44).

Figura 13.43 Seleção da estaca e acesso à ferramenta Parameter Editor.

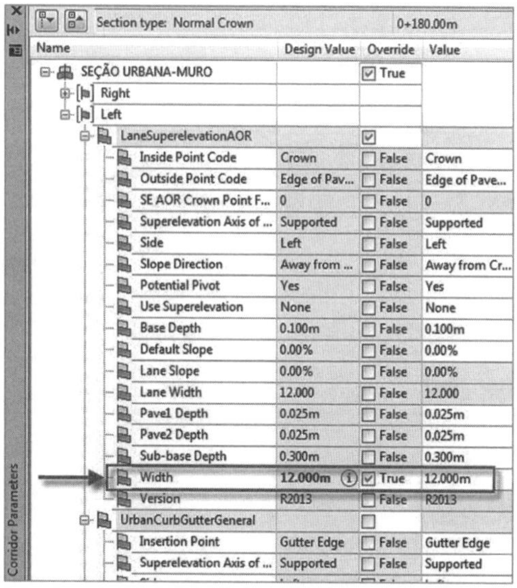

Figura 13.44 Alteração da largura da pista esquerda (Width).

6. Verifique o comportamento do modelo do corredor nas vistas da planta e na seção transversal na interface do **Section Editor**.

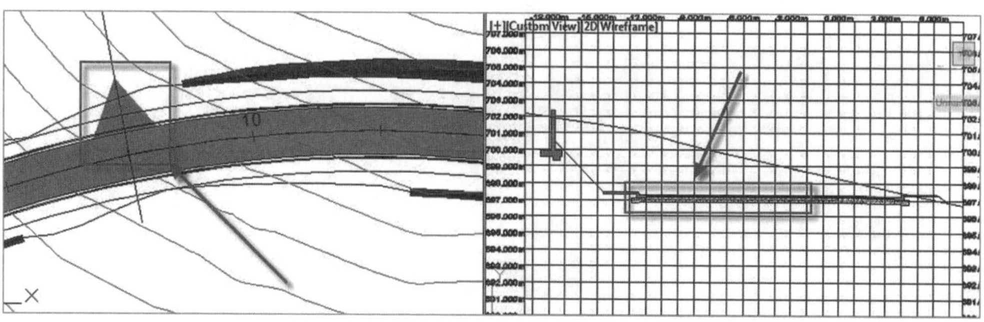

Figura 13.45 Largura da pista esquerda alterada para 12 metros.

7. Selecione a ferramenta da ribbon **Section Editor → Corridor Edit Tools → Apply to a Station Range**- para aplicar o alargamento da pista até a estaca 14+0.00.
8. Na caixa de diálogo **Apply to a Station Range,** digite **280.00m** (estaca 14+0.00) no campo **End station** e clique no botão **OK** (Figura 13.46).

9. Selecione a ferramenta da ribbon **Section Editor** → **Corridor Edit Tools** → **Update Corridor** para atualizar o modelo do corredor (Figura 13.47).
10. Verifique a presença da nova baia criada na pista esquerda do modelo.
11. Clique no botão **Close** para fechar a interface da ribbon **Section Editor**.

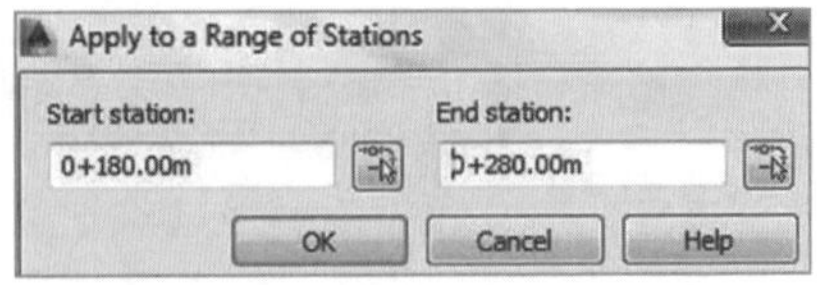

Figura 13.46 Aplicação da alteração da largura da pista da estaca 9+0.00 a 14+0.00.

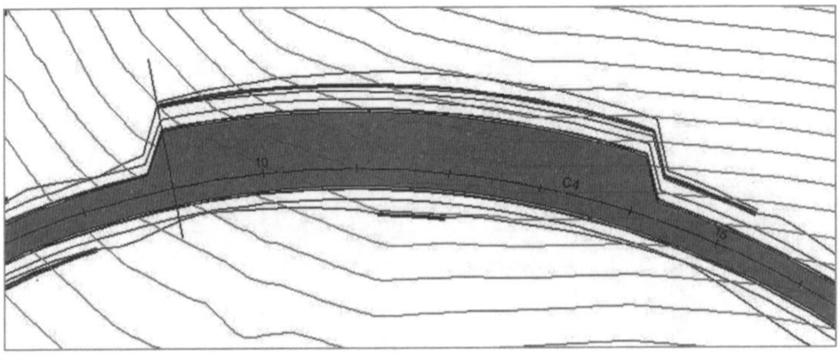

Figura 13.47 Criação do alargamento da pista esquerda para a representação da baia.

13.9 Interseção de vias

Os projetos viários são compostos por inúmeras interseções e rotatórias ao longo de sua extensão. Esses dispositivos costumam consumir muita carga horária durante o seu desenvolvimento, já que os projetistas têm de calcular com precisão onde se encontram os encaixes da geometria horizontal, além de projetar as elevações na geometria vertical.

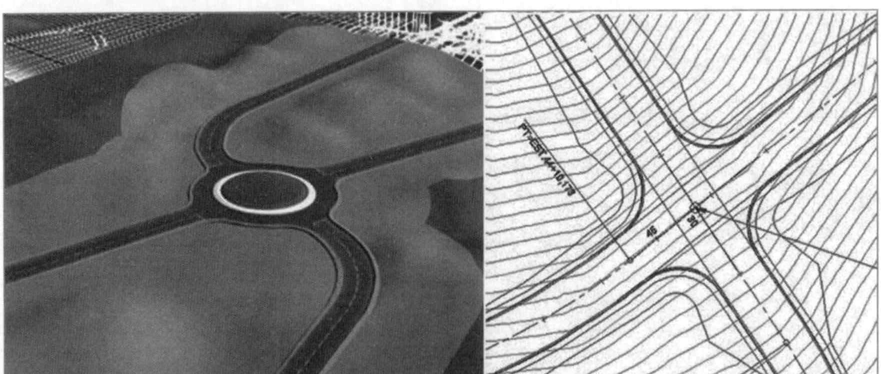

Figura 13.48 Rotatória (roundabout) e interseção viária.

As ferramentas **Intersection** e **Roundabout** do Autodesk AutoCAD Civil 3D permitem automatizar as tarefas desgastantes de projetar os dispositivos de rotatórias e interseções presentes na maioria dos projetos de sistemas viários. O assistente para a criação de interseção auxilia o usuário durante o processo de construção do modelo do corredor nas regiões de interseções viárias.

13.9.1 Resumo do processo

O processo para a elaboração do projeto de interseções entre os corredores inicia-se após a definição dos alinhamentos horizontais e verticais e do desenvolvimento dos *assemblies*. A sequência do processo pode ser descrita em:

1. Definir os alinhamentos horizontais e verticais das vias principais e secundárias.
2. Criar os alinhamentos horizontais e verticais das esquinas dos cruzamentos entre as vias. É possível criar a geometria das esquinas com as ferramentas do AutoCAD e, depois, transformá-las em objetos *alignments*.
3. Definir os pontos baixos nos perfis dos alinhamentos das esquinas das interseções para definir o escoamento da drenagem.
4. Criar os *assemblies* para as vias principais e definir *assemblies* específicos para cada tipo de interseção, bem como inserir os *subassemblies* de transição ou *assemblies offset* para atingir os alinhamentos das esquinas das interseções (Figura 13.49).
5. Criar o modelo do corredor definindo o eixo das *baselines* e das regiões para cada quadrante do projeto da interseção (Figura 13.50).

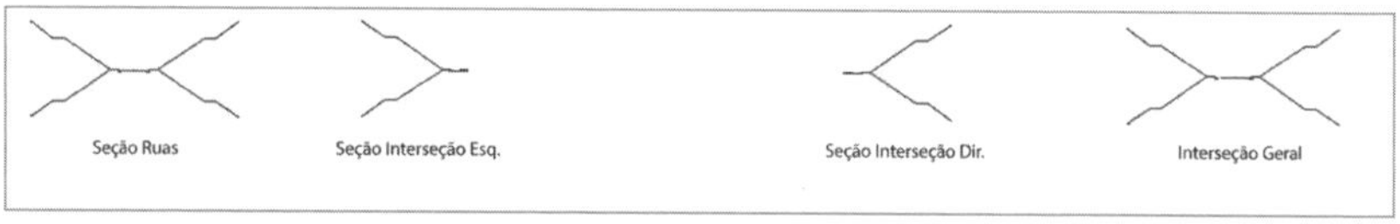

Figura 13.49 Modelos de assemblies para interseções.

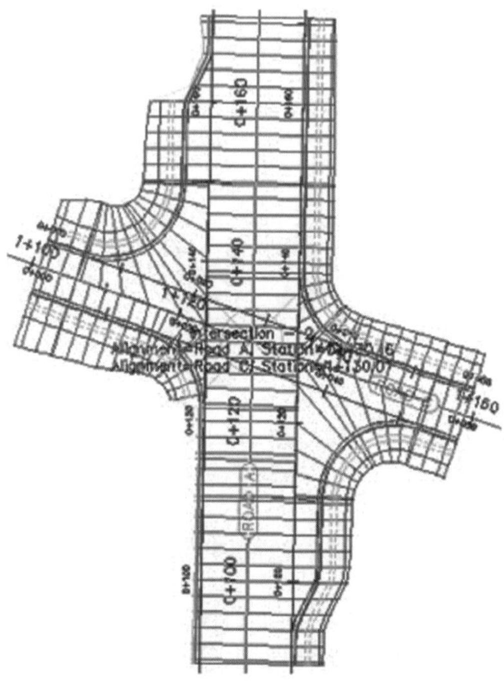

Figura 13.50 Modelo de interseção com alargamento nas pistas.

13.9.2 Assistente para a criação de interseção

O objeto **intersection** é formado pela soma dos objetos alinhamentos, perfis e *assemblies* presentes no projeto, podendo interagir diretamente nos objetos corredores, *subassemblies* e superfícies. A criação do objeto **intersection** é efetuada pelo assistente **Create Intersection,** selecionando o ponto de encontro entre dois alinhamentos existentes no projeto (Figura 13.51).

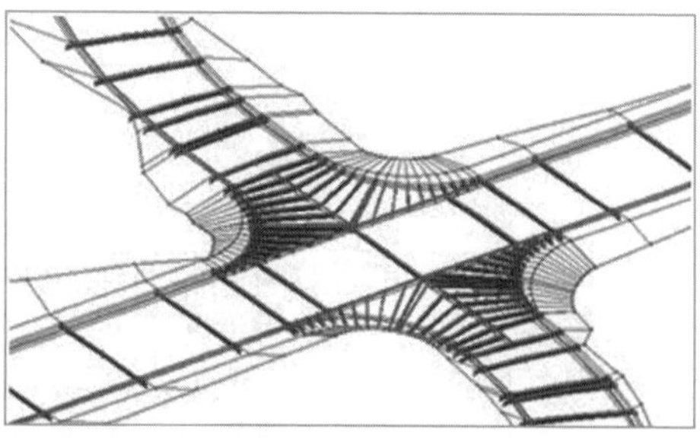

Figura 13.51 Modelo de interseção desenvolvida com o assistente Create Intersection.

Para utilizar a ferramenta **Create Intersection**, é necessário determinar o ponto de interseção entre os dois alinhamentos horizontais existentes no desenho e selecionar o alinhamento principal (*Primary Road Alignment*) e o alinhamento secundário (*Secondary Road Alignment*).

O assistente **Create Intersection** facilita o processo para a criação de interseções no Autodesk AutoCAD Civil 3D e está dividido em três páginas distintas: *General*, *Geometry Details* e *Corridor Regions*.

A página **General** do assistente de criação de interseção permite determinar o nome e a descrição da interseção, selecionar o *layer* e os estilos de marcador e rótulo (*label*) para a interseção (Figura 13.52).

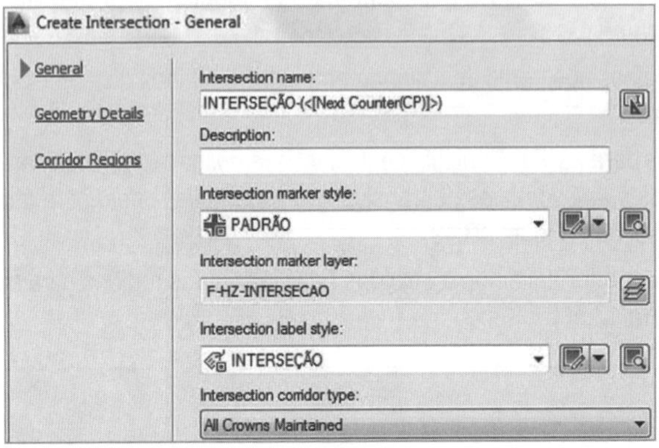

Figura 13.52 Página General do Assistente Create Intersection.

O campo **Intersection corridor type:** permite selecionar as seguintes opções de interseção:

Primary Road Crown Maintained: essa opção mantém a cota do alinhamento vertical da via principal na região da interseção, ajustando o perfil do alinhamento vertical da via secundária nos bordos da via principal (Figura 13.53).

All Crowns Maintained: opção que ajusta as cotas dos bordos das vias sem alterar o alinhamento vertical da via principal. O ajuste é efetuado por meio do perfil dos alinhamentos das esquinas (curb *returns*), conforme Figura 13.54.

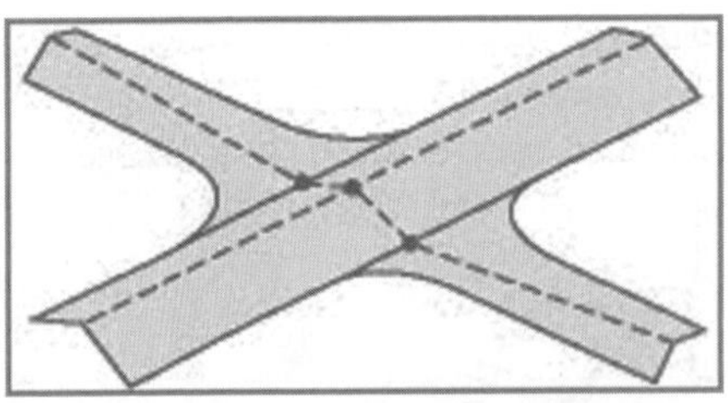

Figura 13.53 Interseção tipo Primary Road Crown Maintained.

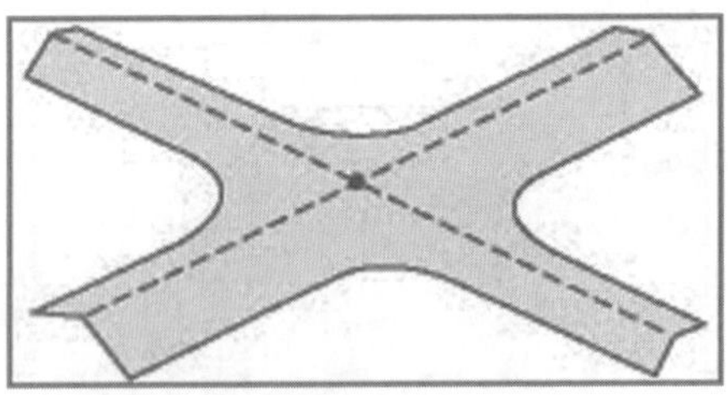

Figura 13.54 Interseção tipo All Crowns Maintained.

A página **Geometry Details** do assistente **Create Intersection** auxilia na configuração dos parâmetros geométricos para a construção do projeto da interseção (Figura 13.55).

Intersecting alignments: campo que possibilita definir a ordem prioritária entre os alinhamentos horizontais selecionados na definição da interseção. A prioridade (*Priority 1*) define o alinhamento vertical que permanecerá com sua cota mantida no perfil longitudinal.

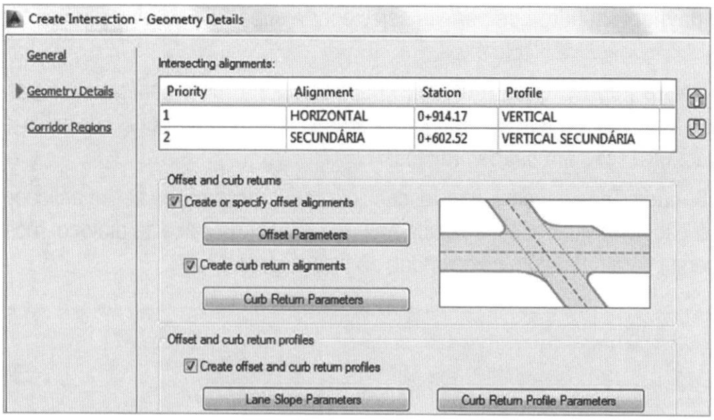

Figura 13.55 Página Geometry Detail do assistente Create Intersection.

Create or specify offset alignments: quadro que habilita a criação automática dos alinhamentos auxiliares durante o processo de criação da interseção, os quais são utilizados como alvos nas esquinas e nas regiões internas da interseção.

Offset Parameters: ferramenta que permite visualizar e editar os parâmetros dos alinhamentos auxiliares da interseção por meio da caixa de diálogo **Intersection Offset Parameters.**

Curb Return Parameters: ferramenta que acessa os parâmetros das esquinas na região da interseção, em queé possível definir os valores para os raios e a adição de transições de entrada e saída nas esquinas das interseções.

Lane Slope Parameters: ferramenta utilizada para configurar os parâmetros das inclinações transversais para a acomodação dos perfis dos alinhamentos auxiliares.

Curb Return Profile Parameters: ferramenta de controle dos parâmetros de encaixes dos perfis verticais em cada um dos quadrantes da interseção.

A página **Corridor Regions** da caixa de diálogo **Create Intersection** auxilia na escolha da superfície que serve como alvo para a criação dos taludes na região da interseção, além de selecionar os *assemblies* aplicados nas regiões de interseções do projeto (Figura 13.56).

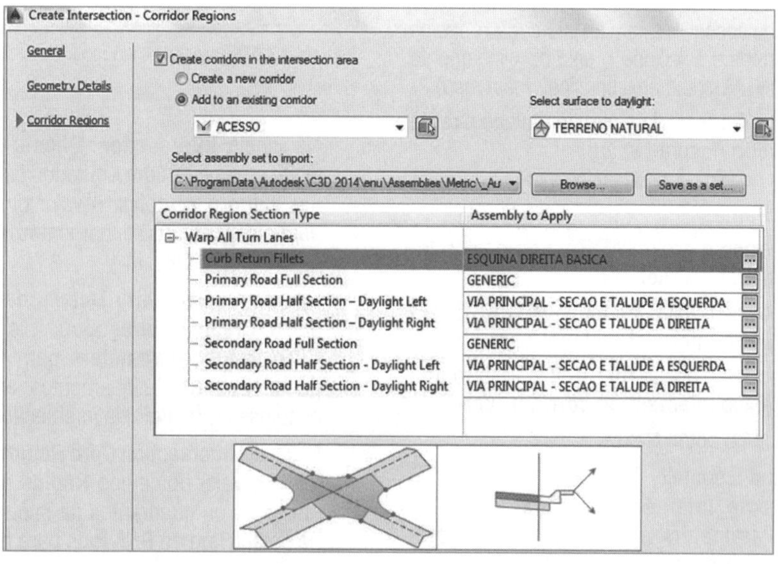

Figura 13.56 Página Corridor Regions do assistente Create Intersection.

Select surface to daylight: quadro que permite selecionar a superfície de alvo para os taludes na região da interseção.

Select assembly set to import: quadro utilizado para selecionar uma configuração para a aplicação dos assemblies na região da interseção (*assembly set*). Essa configuração pode ser salva em um arquivo de extensão *XML* para a utilização em outros projetos.

Corridor Region Section Type: quadro para especificar quais *assemblies* serão aplicados em cada região do projeto da interseção. Uma ilustração é exibida na parte inferior da caixa de diálogo, mostrando como deve ser a seção transversal para cada item selecionado na lista (Figura 13.57).

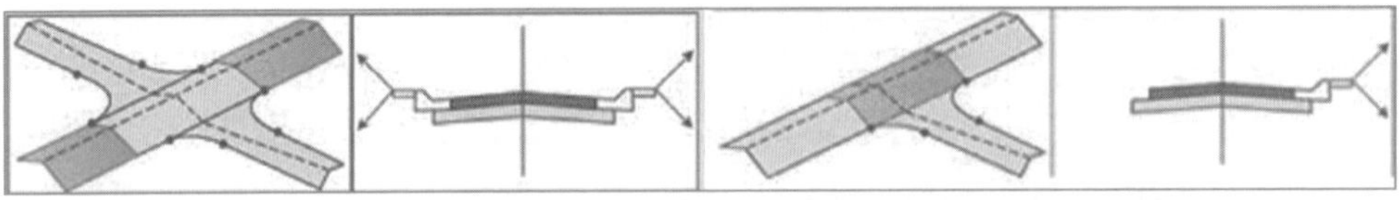

Figura 13.57 Tipos de assemblies utilizados na criação da interseção.

O seguinte exemplo exibe os procedimentos para a criação de uma interseção entre vias urbanas utilizando a assistente **Create Intersection**. O arquivo do exercício possui a superfície topográfica, os alinhamentos horizontais da interseção e seus respectivos perfis projetados, além dos *assemblies* que serão utilizados na construção da interseção e dos corredores.

Agora, estude o exemplo a seguir:

1. Abra o arquivo **13-9-2_INTERSEÇÃO_CORREDOR.DWG**, disponível no site da Editora Érica.
2. Selecione a ferramenta da ribbon **Home → Create Design→ Intersections → Create Intersection**.
3. Na área de desenho, clique na interseção entre os alinhamentos e selecione o eixo do alinhamento **HORIZONTAL** como eixo principal (*main road*).
4. Na página **General** da caixa de diálogo **Create Intersection** (Figura 13.58):
   - Digite **INTERSEÇÃO** no campo **Intersection name**.
   - Selecione o estilo **PADRÃO** no campo **Intersection marker style**.
   - Selecione o estilo de rótulo **INTERSEÇÃO** no campo **Intersection label style**.
   - Selecione a opção **All Crowns Maintained** no campo **Intersection corridor type**.
   - Clique no botão **Next>**.
5. Na página Geometry Details da caixa de diálogo **Create Intersection**, clique no botão **Offset Parameters** para configurar os parâmetros dos alinhamentos auxiliares do modelo da interseção.

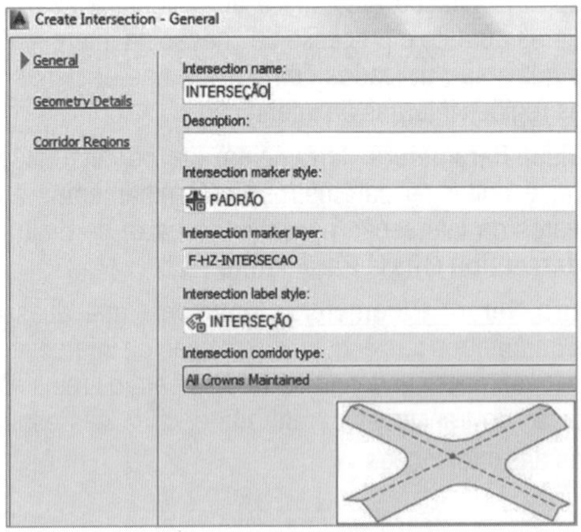

Figura 13.58 Configuração da página General da caixa Create Intersection.

6. Na janela **Intersection Offsets Parameters,** digite o valor **7.000m** em todos os campos **Offset Value** para definir o valor do afastamento para a criação dos alinhamentos auxiliares. Clique no botão **OK**.
7. Na página **Geometry Details** da caixa de diálogo **Create Intersection,** clique no botão **Curb Return Parameters** para configurar os parâmetros dos alinhamentos auxiliares das esquinas no modelo da interseção.
8. Na janela **Intersection Curb Return Parameters,** altere o valor do campo **Radius** para **15.000m** em todos os quadrantes da interseção. Clique no botão **Next** ou **Previous** para navegar pelos quadrantes.

9. Na parte superior da janela **Intersection Curb Return Parameters,** é possível configurar os parâmetros para a adição de um alargamento de entrada nas esquinas por meio da opção **Widen turn lane for incoming road** ou alargar a pista na saída das esquinas com a opção **Widen turn lane for outgoing road**. Observe imagens de exemplos exibidas na parte inferior da janela (Figura 13.60).

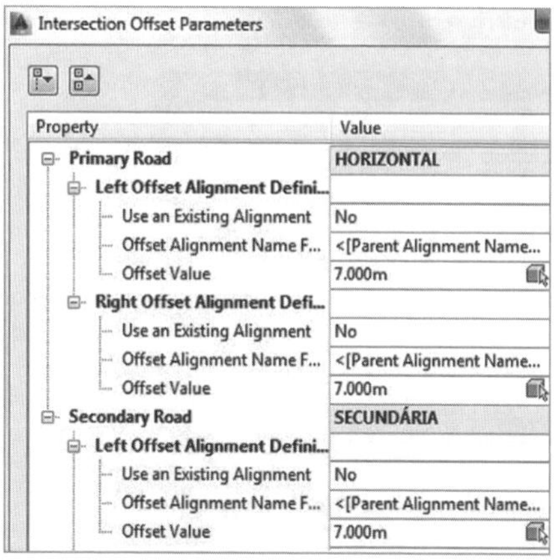

Figura 13.59 Criação de alinhamentos auxiliares afastados a 7.00 metros dos eixos.

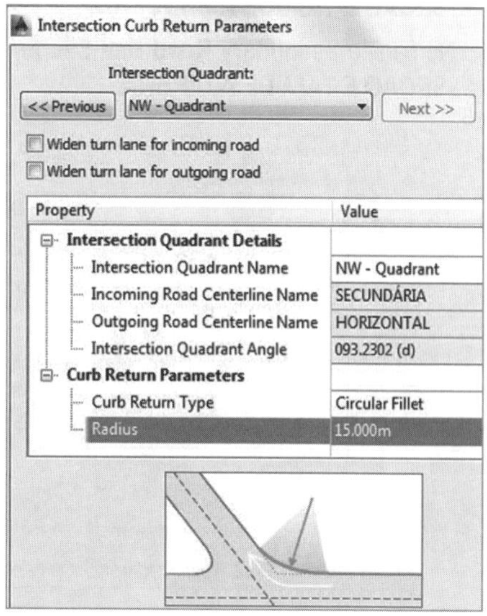

Figura 13.60 Configuração dos raios dos alinhamentos para as esquinas da interseção.

10. Clique no botão **OK** para concluir.
11. Na página **Geometry Details** da caixa de diálogo **Create Intersection**, clique no botão **Next >** para continuar.
12. Na página **Corridor Regions** da caixa de diálogo **Create Intersection**, habilite as opções **Create corridor in the intersection area** e **Add to an existing corridor**, e selecione o corredor **ACESSO** e a superfície **TERRENO NATURAL** no quadro **Select surface to daylight** (Figura 13.61).

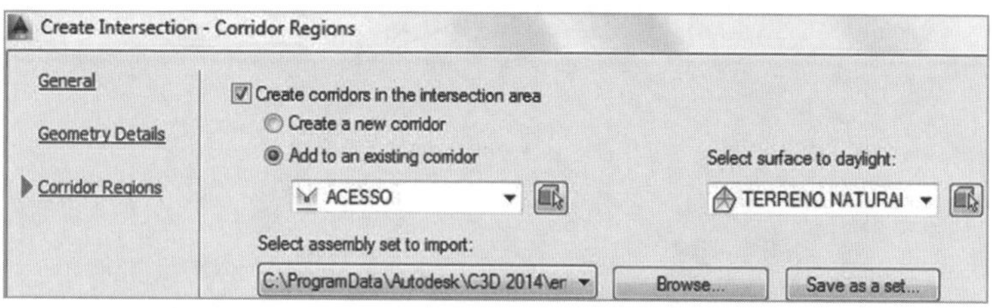

Figura 13.61 Parâmetros de criação do corredor e aplicação de taludes na região da interseção.

13. Selecione os seguintes *assemblies* para a criação do corredor na interseção (Figura 13.62):
    - No campo **Curb Return Fillets,** selecione o *assembly* **ESQUINA DIREITA BASICA**.
    - No campo **Primary Road Full Section,** selecione o *assembly* **GENERIC**.
    - No campo **Primary Road Half Section-Daylight Left,** selecione o *assembly* **VIA PRINCIPAL-SECAO E TALUDE A ESQUERDA**.

- No campo **Primary Road Half Section-Daylight Right,** selecione o *assembly* **VIA PRINCIPAL-SECAO E TALUDE A DIREITA**.
- No campo **Secondary Road Full Section,** selecione o *assembly* **GENERIC**.
- No campo **Secondary Road Half Section-Daylight Left,** selecione o *assembly* **VIA PRINCIPAL--SECAO E TALUDE A ESQUERDA**.
- No campo **Secondary Road Half Section-Daylight Right,** selecione o *assembly* **VIA PRINCIPAL--SECAO E TALUDE A DIREITA**.

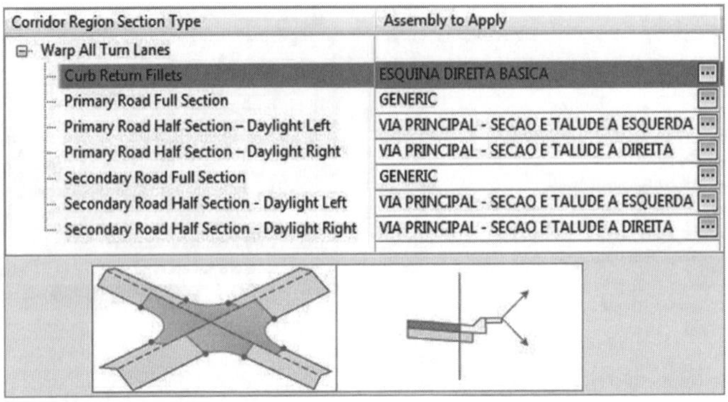

Figura 13.62 Configuração dos Assemblies para a construção do corredor na região da interseção.

14. Clique no botão **Create Intersection**.
15. Verifique a construção do modelo da interseção na área de desenho.

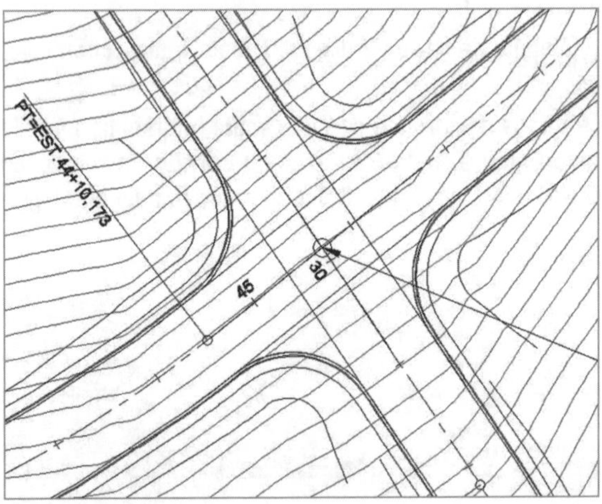

Figura 13.63 Corredor criado na região da interseção.

16. Os taludes da região da interseção não se acomodaram com os taludes existentes no corredor da via **SECUNDÁRIA**, que ocorreu em razão da criação de PIVs no projeto vertical dessa via. Após o processo de criação da interseção, selecione o corredor e aplique a ferramenta **Rebuild Corridor** para corrigir essa irregularidade. É possível identificar o corredor na aba **Prospector** da **Toolspace**, clicar com o botão direito do mouse sobre o corredor **SECUNDÁRIA** e selecionar a ferramenta **Rebuild** (Figura 13.64).

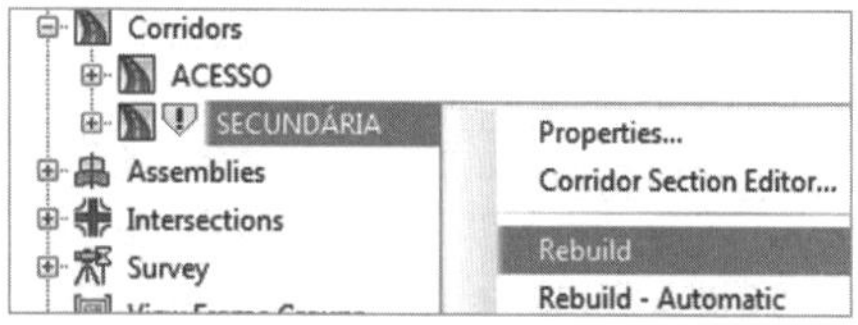

Figura 13.64 Atualização do corredor da via SECUNDÁRIA na aba Prospector da Toolspace.

17. Selecione o corredor **ACESSO** na área de desenho e acesse a ferramenta da ribbon contextual **Corridor → Modify Corridor → Corridor Properties**.
18. Acesse a aba **Parameters** da caixa de diálogo **Corridor Properties** para verificar a nova composição das regiões do modelo do corredor **ACESSO** (Figura 13.65).

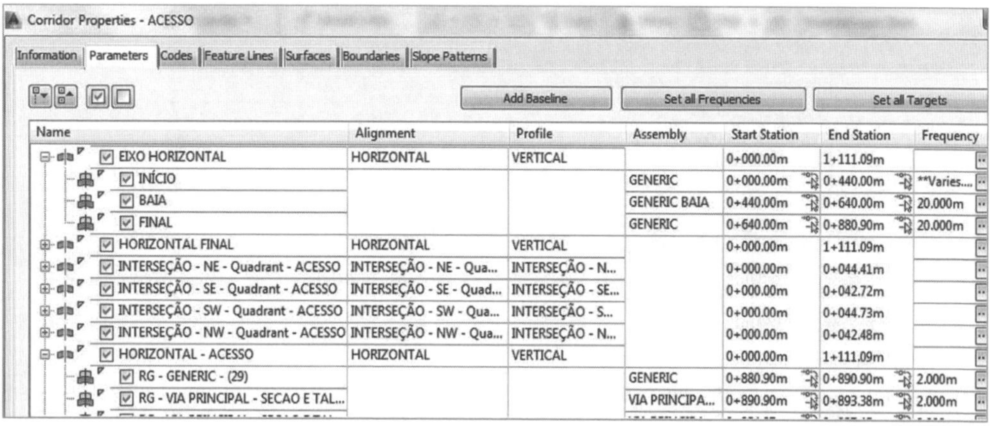

Figura 13.65 Baselines e regiões adicionadas automaticamente durante a criação da interseção no corredor.

13.9.3 Manipulação de interseções

As edições no modelo de interseção podem ser efetuadas selecionando o marcador de interseção na área de desenho para que seja exibida a aba **Intersection** na ribbon. Quando selecionado o modelo do corredor da região da interseção, a ribbon contextual exibe as abas **Intersection** e **Corridor** com os comandos de edição e recriação do modelo da interseção (Figura 13.66).

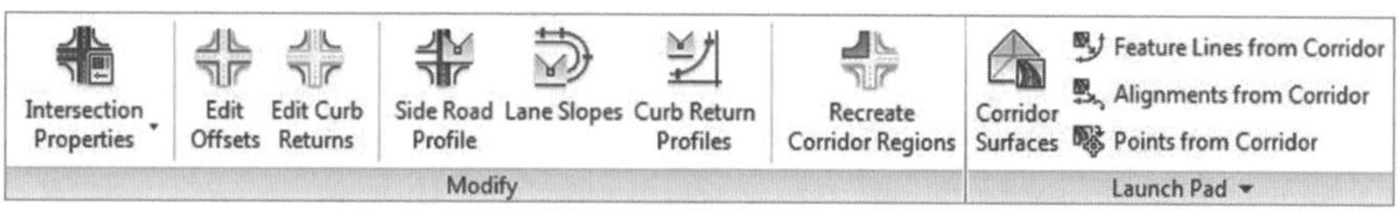

Figura 13.66 Ferramentas para a manipulação de interseções exibidas na ribbon contextual Intersection.

A opção **Intersection Properties** da ribbon exibe a caixa de propriedades do objeto interseção. A aba **Intersection Details** da caixa de diálogo **Intersection Properties** permite a alteração do projeto do perfil dos alinhamentos e a visualização dos quadrantes do modelo da interseção.

As principais ferramentas da ribbon contextual, **Intersection** são:

Edit Offset: ferramenta de acesso à caixa **Intersection Offset Parameters** utilizada para efetuar alterações nas configurações dos alinhamentos auxiliares da interseção.

Edit Curb Returns: ferramenta de acesso à janela **Intersection Curb Return Parameters** para a edição nos alinhamentos auxiliares das esquinas no modelo da interseção.

Side Road Profile: ferramenta que exibe a janela **Secondary Road Profile Rules** para editar fatores de declividades para a acomodação dos perfis dos alinhamentos auxiliares do modelo da interseção.

Lane Slopes: ferramenta para abrir a janela **Intersection Lane Slope Parameters,** que permite a configuração das declividades transversais nas vias na região da interseção.

Curb Return Profiles: ferramenta que exibe a janela **Intersection Curb Return Profile Parameters** e possibilita alterações nos perfis dos alinhamentos auxiliares das esquinas e de seus ajustes.

Recreate Corridor Regions: ferramenta para habilitar a janela **Intersection Corridor Regions** utilizada para executar a substituição da superfície de alvo para os taludes (*target*), a criação ou a seleção do modelo do corredor além da alteração do conjunto de *assemblies* para a aplicação no modelo da interseção.

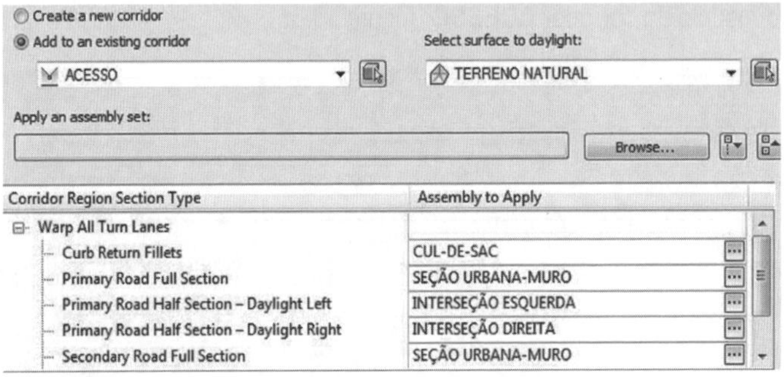

Figura 13.67 Ferramenta Recreate Corridor Regions para a alteração dos assemblies utilizados na interseção.

As ferramentas presentes no painel **Launch Pad** possibilitam a criação da superfície do modelo do corredor, a extração de objetos *feature lines* e a criação de alinhamentos, pontos, perfis, contornos (*boundaries*) e *polylines* do modelo do corredor da interseção selecionada.

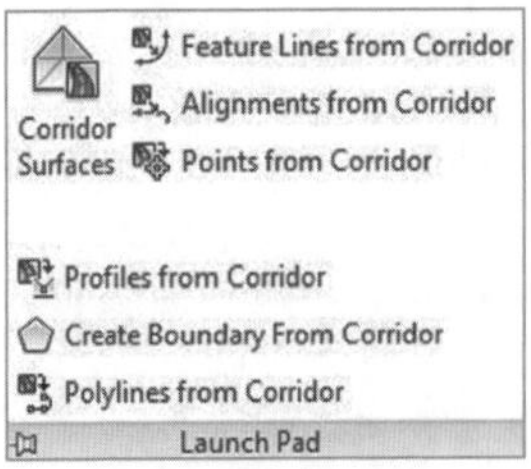

Figura 13.68 Ferramentas do painel Launch Pad.

Os próximos procedimentos mostram como acessar as ferramentas para a manipulação de interseções existentes no desenho do projeto viário.

Agora, estude o exemplo a seguir:

1. Abra o arquivo **13-9-3_FERRAMENTAS_INTERSEÇÃO.DWG**, disponível no site da Editora Érica.
2. Selecione o corredor **ACESSO** na área de desenho e acesse a ferramenta da ribbon contextual **Intersection → Modify → Intersection Properties**.
3. Na aba **Intersection Details** da caixa **Intersection Properties**, verifique as informações dos alinhamentos e seus quadrantes. Clique no botão **OK**.
4. Verifique as demais ferramentas para interseção presentes na ribbon contextual **Intersection**.
5. Selecione a ferramenta da ribbon contextual **Intersection → Modify → Recreate Corridor Regions**.
6. Na janela **Intersection Corridor Region**, selecione a superfície **TERRENO NATURAL** no quadro **Select Surface to Daylight** e clique no botão **Browse**.
7. Na caixa **Select Assembly Set File,** selecione o arquivo **INTERSEÇÃO.XML**, disponível no site da Editora Érica,e clique no botão **Open**.
8. Na janela **Intersection Corridor Region**, verifique a substituição dos *assemblies* e clique no botão **Recreate.**
9. Verifique o comportamento do corredor na região da interseção.

13.9.4 Ferramentas para rotatórias

A elaboração de dispositivos de rotatórias também exige uma grande demanda de tempo no fluxo dos projetos de sistema viários, sendo necessários a criação de alinhamentos laterais auxiliares e o cálculo do greide projetado para a acomodação das estruturas de pistas, guias e passeios, além da definição dos pontos baixos para a drenagem das águas pluviais (Figura 13.69).

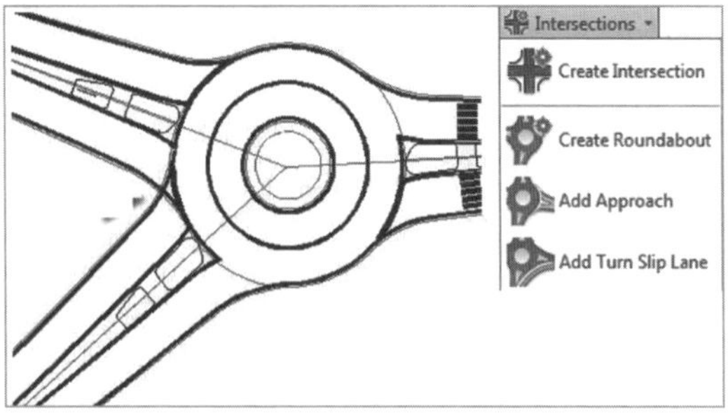

Figura 13.69 Rotária e sinalização horizontal criadas com a ferramenta Create Roundabout.

A ferramenta **Create Roundabout** auxilia no desenvolvimento de projetos de rotatórias, permitindo, também, o posicionamento da sinalização horizontal. Entretanto,a ferramenta **Roundabout** não cria o modelo tridimensional do corredor da rotatória; em vez disso, é criada apenas a geometria plana do trecho de rotatória, dinamicamente correlacionada aos alinhamentos horizontais presentes na região da rotatória.

A ferramenta da ribbon **Home → Create Design → Intersections → Add Approach** permite a adição de acessos a uma rotatória criada no projeto.

A ferramenta da ribbon **Home → Create Design → Intersections → Add Turn Slip Lane** auxilia na elaboração de alças de acessos a uma rotatória criada no desenho do projeto (Figura 13.70).

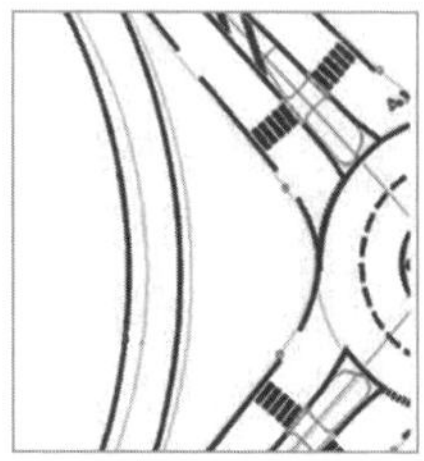

Figura 13.70 Turn Slip Lane para alças de acesso.

O seguinte exemplo mostra como acessar o assistente **Create Roundabout** para a criação de uma rotatória simples entre os alinhamentos existentes no desenho.

Agora, estude o exemplo a seguir:

1. Abra o arquivo **13-9-4_FERRAMENTA_ROTATÓRIA.DWG**, disponível no site da Editora Érica.
2. Selecione a ferramenta da ribbon **Home → Intersections → Create Roundabout**.
3. Clique na interseção entre os alinhamentos presentes na área de desenho. Selecione os três alinhamentos na área de desenho e pressione a tecla **Enter**.
4. Na caixa **Create Roundabout - Circulatory Road** (Figura 13.71):
   - No quadro **Predefined parameters to import**, selecione a opção **Rg=20,** configurada com os parâmetros para o raio externo de 20 metros.
   - No quadro **Alignment style,** selecione o estilo **PARALELO**.
   - No quadro **Alignment name prefix,** digite **ROTATÓRIA**.
   - No quadro **Alignment label set,** selecione o estilo **_No Label**.
   - Clique no botão **Next**.

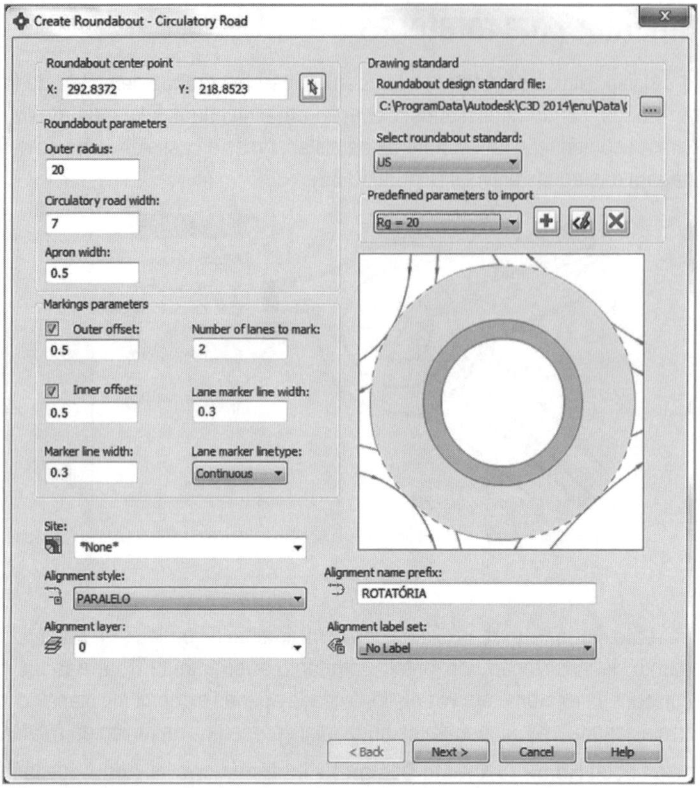

Figura 13.71 Configuração dos parâmetros da rotatória.

5. Na caixa **Create Roundabout - Approach Road**:
   - Selecione a configuração **Rg=20** no quadro **Predefined parameters to import**.
   - No quadro **Alignment style,** selecione o estilo **PARALELO**.
   - No quadro **Alignment label set,** selecione o estilo **_No Label**.
   - Clique no botão **Apply to All** para aplicar as configurações em todos os quadrantes.
   - Clique no botão **Next**.
6. Na caixa **Create Roundabout - Islands**:
   - Selecione a configuração **Rg=20** no quadro **Predefined parameters to import**.
   - Clique no botão **Apply to All** para aplicar as configurações em todos os quadrantes.
   - Clique no botão **Next**.
7. Verifique as configurações dos parâmetros de sinalização presentes na caixa **Create Roundabout - Makings and Signs**. Clique no botão **Finish** para concluir.
8. Verifique a rotatória criada na área de desenho (Figura 13.72).

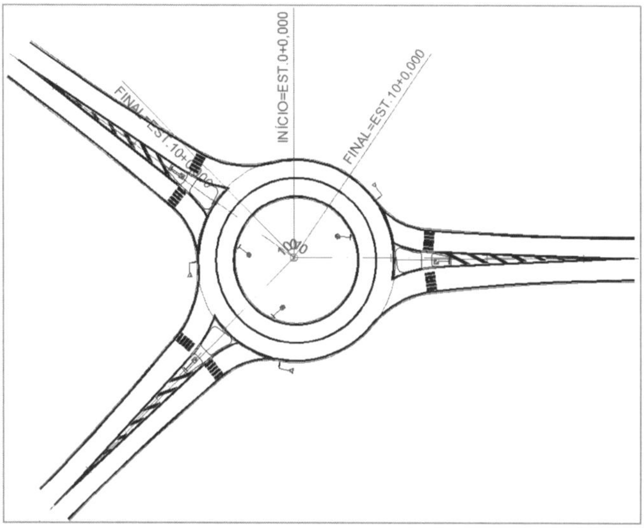

Figura 13.72 Rotatória concluída com o assistente Create Roundabout.

9. Selecione os alinhamentos dos eixos da rotatória e reposicione seus *grips* na área de desenho para verificar o comportamento da rotatória projetada no desenho.

13.10 Superfícies do modelo do corredor

As superfícies de corredores são criadas para representar os modelos *TIN* projetados, como o modelo da superfície de terraplenagem, plataforma ou piso acabado. Assim como em outras superfícies, é possível controlar a aparência da superfície do corredor pela configuração de estilos.

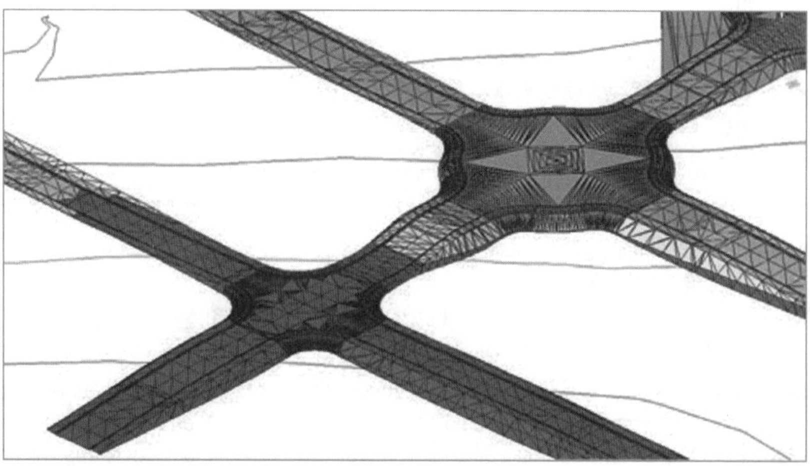

Figura 13.73 Superfície do corredor viário.

As superfícies do corredor permanecem correlacionadas com o modelo do corredor e podem ser atualizadas sempre que o corredor sofrer alterações. É possível efetuar ajustes manuais nas superfícies do corredor para o acabamento e a finalização da superfície projetada, como adição de pontos baixos para drenagem ou definição de linhas de *breaklines* para banquetas ou valetas.

Pode-se exportar a superfície do corredor diretamente para os formatos *LandXML* e *DEM* para a leitura em outros aplicativos ou, ainda, exportar para o arquivo de formato *IMX*, permitindo a leitura na solução Autodesk Infraworks para a elaboração do modelo conceitual proposto, exportar para o formato *HEC-RAS* para análises hidrológicas e, também, exportar os modelos de superfícies para a leitura no Autodesk 3ds Max Design para a elaboração de animações e imagens realísticas do projeto.

A superfície do corredor é criada por meio da aba **Surface** da caixa de diálogo **Corridor Properties**, em que é possível escolher os tipos de dados (*Data type*) e códigos (*Specify code*) disponíveis no modelo do corredor.

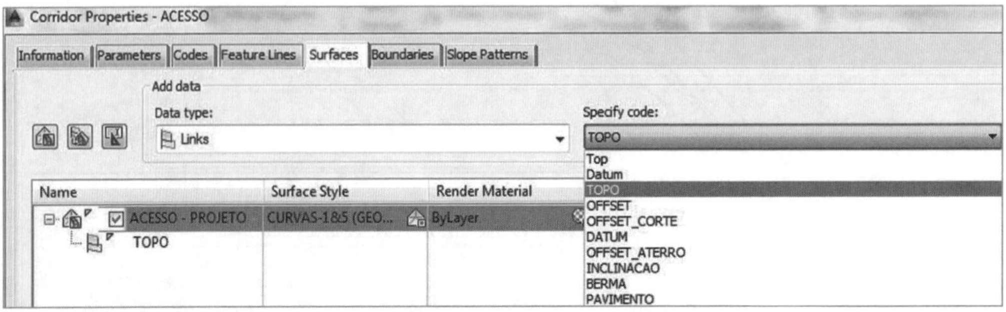

Figura 13.74 Aba Surfaces da caixa Corridor Properties para a criação da superfície do projeto.

A ferramenta (**Create a Corridor Surface**) cria uma nova superfície do corredor.

O quadro **Data type** permite selecionar qual o tipo de informação a ser utilizado na criação da superfície do corredor, que poderá ser entre links (as linhas transversais) e *feature lines* (representam as linhas longitudinais presentes no modelo do corredor).

A lista do quadro **Specify code** exibe quais códigos podem ser empregados na construção da superfície do corredor. **Top** (ou **TOPO**) utiliza as faces superiores do modelo do corredor para a definição da triangulação da nova superfície, caracterizando a superfície da plataforma ou do piso acabado do projeto, e **Datum** triangula os dados da parte inferior do modelo do corredor, criando, assim, o modelo da superfície de terraplenagem do projeto (Figura 13.75).

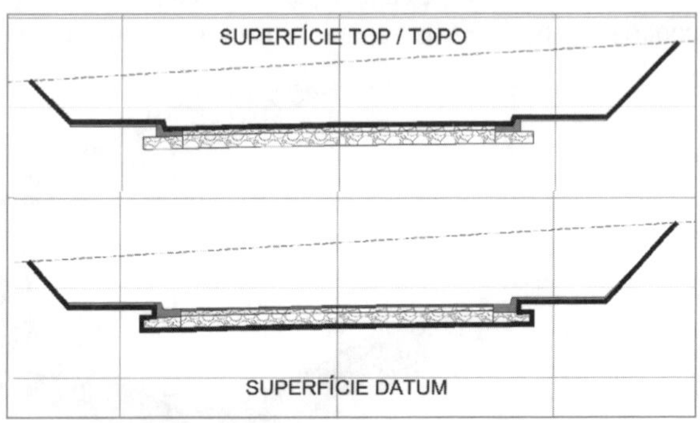

Figura 13.75 Opões de códigos para a criação da superfície do corredor.

A opção **Add as breakline** força os triângulos da superfície a obedecer todos os pontos dos links, inclusive das regiões verticais do modelo do corredor, como as faces de guias e muros.

A aba **Boundaries** da caixa de diálogo **Corridor Properties** permite limitar os triângulos da superfície do corredor. Com o botão direito do mouse sobre o nome da superfície do corredor, é possível selecionar a ferramenta **Corridor extents as outer boundary** para eliminar automaticamente todos os triângulos posicionados na região externa do modelo do corredor.

Dependendo dos códigos (*codes*) e das *feature lines* disponíveis no modelo do corredor, é possível criar as superfícies de estruturas específicas do corredor, como as superfícies de pavimento, base, passeio, entre outras.

Com as superfícies topográfica e do corredor construídas, é possível acessar as informações volumétricas pelo recurso **Volumes Dashboard** para efetuar análises e estudos nos volumes de corte e aterro do projeto.

A seguinte sequência exibe os procedimentos para a criação da superfície de terraplenagem do projeto do corredor, cujo objetivo é extrair os dados volumétricos para analisar a viabilidade do projeto.

Agora, estude o exemplo a seguir:

1. Abra o arquivo **13-10-1_ SUPERFÍCIE_CORREDOR.DWG**, disponível no site da Editora Érica.
2. Selecione o modelo do corredor na área de desenho e acesse a ferramenta da ribbon contextual **Corridor → Modify Corridor → Corridor Properties**.
3. Na aba **Surfaces** da caixa de diálogo **Corridor Properties** (Figura 13.76):
   - Clique no botão (**Create a Corridor Surface**) para criar a superfície do corredor.
   - Renomeie a superfície criada para **VIÁRIO-TERRAPLENAGEM**no campo **Name**.
   - Substitua o estilo da superfície para **Triângulos e Curvas** no campo **Surface Style**.
   - Selecione o código **DATUM** no campo **Specify code** e clique no botão **+**.
   - Habilite a opção **Add as Breakline**.
   - Marque a opção **Top Links** no campo **Overhang Correction**.

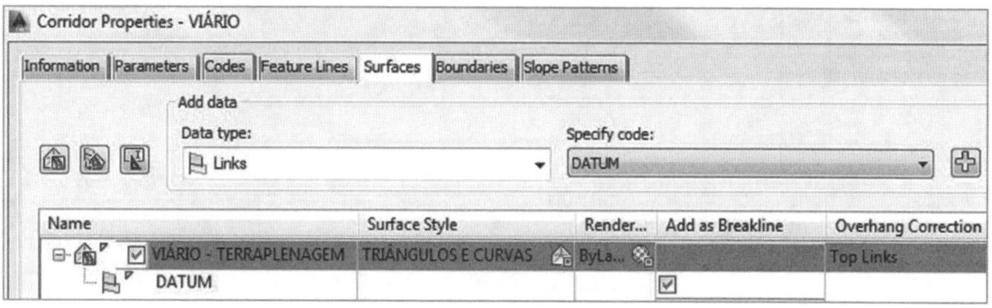

Figura 13.76 Aba Surfaces da caixa Corridor Properties para a definição da superfície do corredor.

4. Configure na aba **Boundaries** da caixa de diálogo **Corridor Properties**:
   - Clique com o botão direito do mouse sobre o nome da superfície **VIÁRIO-TERRAPLENAGEM** e selecione a opção **Corridor extents as outer boundary** (Figura 13.77).

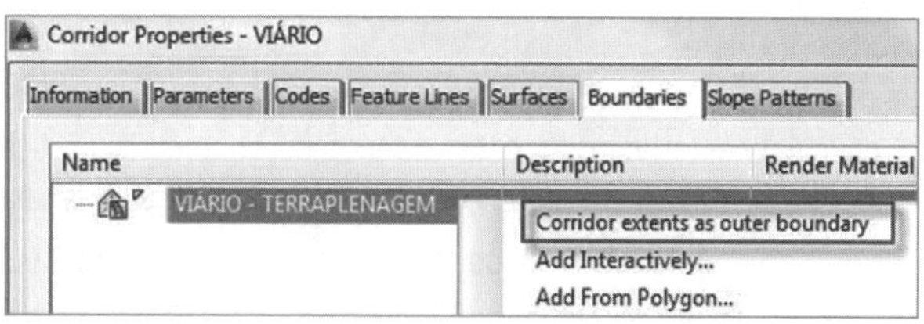

Figura 13.77 Definição do limite dos triângulos na superfície do corredor.

   - Clique no botão **OK** para fechar a caixa **Corridor Properties**.
   - Clique na opção **Rebuild the Corridor** para concluir.
5. Verifique a presença dos triângulos da superfície do corredor projetado na área de desenho.
6. Selecione a ferramenta da ribbon **Analyze → Volumes and Materials → Volumes Dashboard** para analisar o volume de terraplenagem do projeto.

7. Na aba **Volume Dashboard** da janela **Panorama,** clique no botão (**Create a New Volume Surface)** para criar a superfície de volume do projeto.
8. Na caixa de diálogo **Create Surface** (Figura 13.78):
   - Digite o nome **VOLUME** no campo **Name**.
   - Selecione o estilo **MAPA DE ELEVAÇÕES** no campo **Style**.
   - Selecione a superfície **TERRENO NATURAL** no campo **Base Surface**.
   - Escolha a superfície **VIÁRIO-TERRAPLENAGEM** no campo **Comparison Surface**.
   - Clique no botão **OK** para concluir.

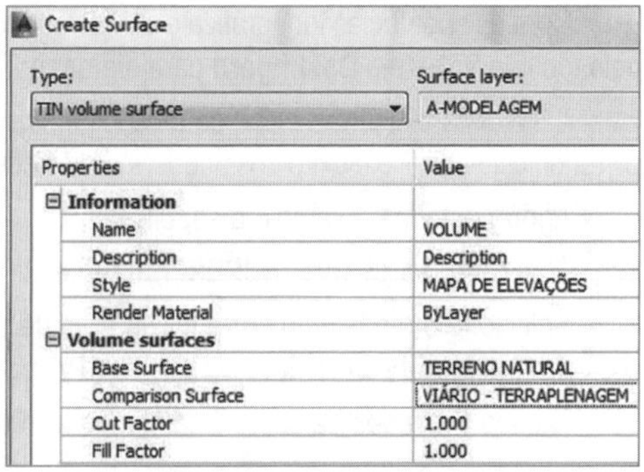

Figura 13.78 Definição da superfície de volume.

9. Verifique as informações volumétricas na janela **Volumes Dashboard** e a presença da superfície **VOLUME** na área de desenho (Figura 13.79).

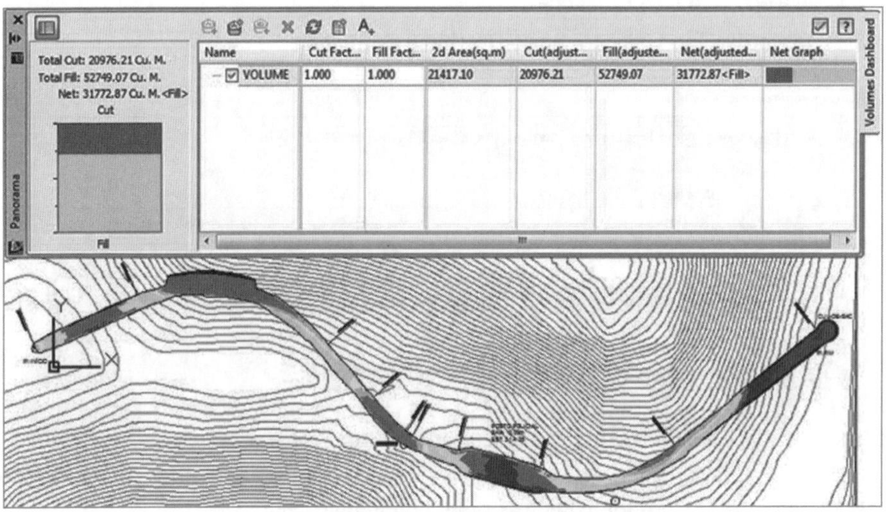

Figura 13.79 Informações volumétricas da superfície de volume criada no desenho.

10. Para efetuar o balanço de corte e aterro do projeto, é necessário alterar qualquer uma das geometrias que compõem o projeto, principalmente editar as cotas do traçado geométrico vertical. Em seguida, atualize os corredores e as superfícies para obter a nova composição volumétrica na janela **Volumes Dashboard**.
11. Crie o relatório de volume do projeto por meio da ferramenta (**Generate Cut/Fill Report**).
12. Adicione as informações volumétricas na área de desenho com a ferramenta (**Insert Cut/Fill Summary**).

Name	Type	Cut Factor	Fill Factor	2d Area (sq.m)	Cut (Cu. M.)	Fill (Cu. M.)	Net (Cu. M.)
VOLUME	full	1.000	1.000	22343.81	20512.68	56309.51	35796.82<Fill>
				2d Area (sq.m)	Cut (Cu. M.)	Fill (Cu. M.)	Net (Cu. M.)
Total				22343.81	20512.68	56309.51	35796.82<Fill>
* Value adjusted by cut or fill factor other than 1.0							

Figura 13.80 Relatório volumétrico extraído do projeto.

13.11 Extração de sólidos da geometria do modelo do corredor

Alguns tipos de projetos de infraestrutura carecem da apresentação de suas estruturas por meio de objetos sólidos do AutoCAD, para efeitos de visualização ou elaboração de análises. Apesar de o AutoCAD Civil 3D não trabalhar com modelos sólidos, é possível utilizar a ferramenta **Extract Corridor Solids** para criar sólidos, usando as geometrias fechadas presentes no modelo do corredor (Figura 13.81).

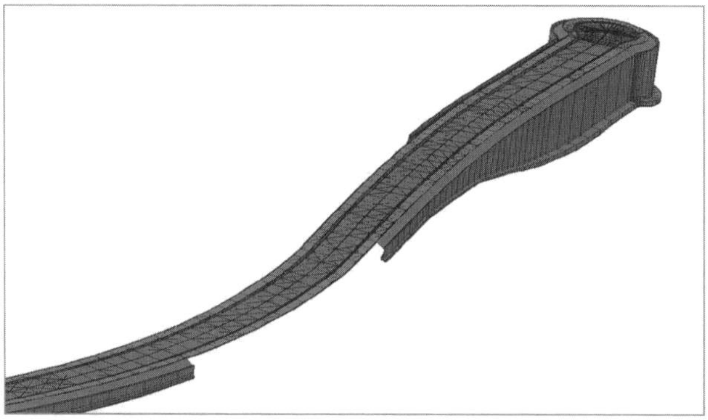

Figura 13.81 Sólidos criados sobre a geometria do modelo do corredor.

A ferramenta de extração de objetos sólidos da geometria do modelo do corredor pode ser acessada por meio da ribbon contextual **Corridor → Corridor Tools → Extract Corridor Solids** quando um modelo de corredor estiver selecionado, ou ainda pela ribbon **Modify → Design → Corridor → Corridor Tools → Extract Corridor Solids** (Figura 13.82).

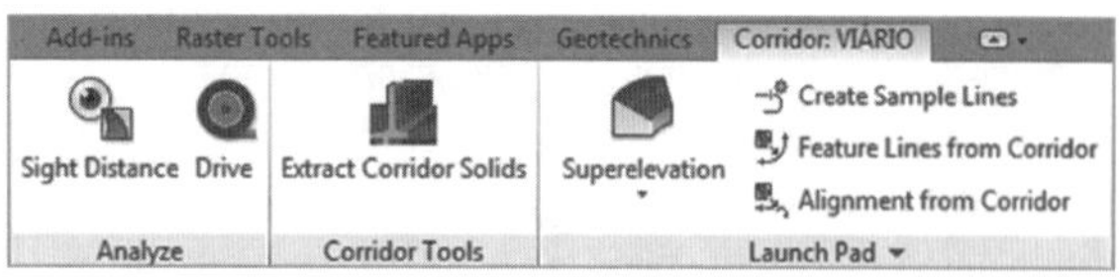

Figura 13.82 Ferramenta Extract Corridor Solids presente na aba Corridor Tools da ribbon Corridor.

A ferramenta **Extract Corridor Solids** acessa o assistente **Create Solids From Corridor**, para auxiliar na criação de sólidos obedecendo à geometria do modelo do corredor. A aba **Region Option** permite selecionar o modelo do corredor desejado e especificar quais regiões ou *baselines* são utilizadas como orientação para a definição dos sólidos. É possível controlar as cores e o nome para os *layers* dos sólidos extraídos (Figura 13.83).

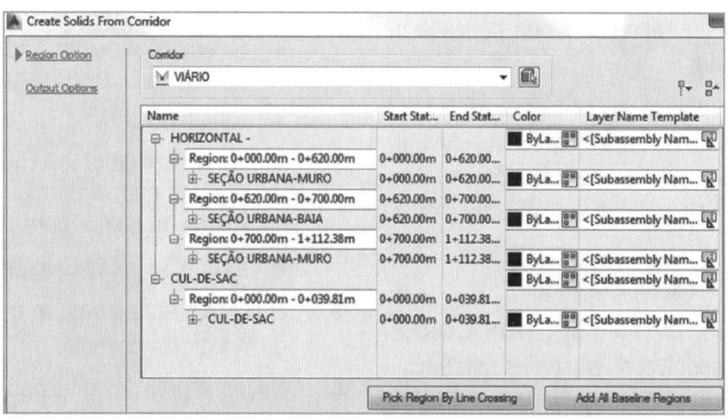

Figura 13.83 Aba Region Option da caixa de criação de sólidos.

A aba **Output Options** permite selecionar o tipo de objetos a serem criados no processo de extração de sólidos, além da possibilidade de criação dos sólidos no arquivo de desenho atual com a opção **Insert Into Current Drawing**, ou exportar os sólidos para um novo arquivo de desenho por meio da opção **Add to a New Drawing** (Figura 13.84).

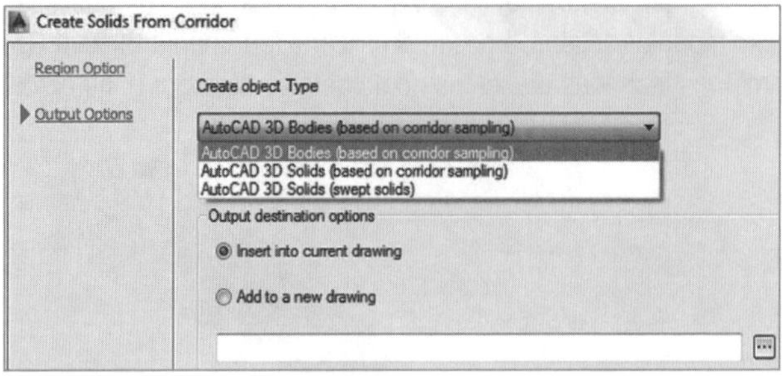

Figura 13.84 Aba Output Options com as opções de criação de sólidos do corredor.

As opções de tipos de objetos presentes no quadro **Create Object Type** são:

AutoCAD 3D Bodies (based on corridor sampling): tipo de objeto *bodies* do AutoCAD, em que a geometria de áreas transversais fechadas do modelo do corredor é utilizada. Entretanto, os objetos bodies possuem algumas restrições de uso no AutoCAD, mas podem ser utilizados em outros programas de engenharia civil.

AutoCAD 3D Solids (based on corridor sampling): tipo de objeto sólido do AutoCAD, em que a geometria de áreas transversais fechadas do modelo do corredor é utilizada. Diferentemente do tipo bodies, os objetos sólidos podem ser manipulados para a representação do projeto e apresentam as propriedades de massa e volume.

AutoCAD 3D Solids (swept solids): tipo de objeto sólido do AutoCAD, em que a geometria transversal é aplicada ao longo dos pontos da geometria do corredor. Esse tipo não apresenta boa precisão na construção dos sólidos.

A seguinte sequência ilustra os procedimentos para a extração de sólidos presentes no desenho,utilizando a geometria do modelo do corredor. Entretanto, os sólidos devem ser criados em um novo arquivo de desenho.

Agora, estude o exemplo a seguir:

1. Abra o arquivo **13-11-1_ SÓLIDOS_CORREDOR.DWG**, disponível no site da Editora Érica.
2. Selecione o modelo do corredor na área de desenho e acesse a ferramenta da ribbon contextual **Corridor→Corridor Tools→ Extract Corridor Solids**.
3. Na aba **Region Option** da caixa de diálogo **Create solids From Corridor:**
   - Selecione o corredor **VIÁRIO** no quadro **Corridor**.
   - Clique no botão **Add All Baseline Regions** para selecionar todos os eixos e as regiões presentes no corredor.
   - Escolha as cores desejadas na coluna **Color**.
   - Configure o nome dos *layers* na **coluna Layer Name** Template.
   - Clique no botão **Next**.
4. Na aba **Output Option** da caixa de diálogo **Create solids From Corridor:**
   - Selecione o tipo **AutoCAD 3D Solids (based on corridor sampling)** no quadro **Create Object Type**.
   - Selecione a opção **Add to a New Drawing** no campo **Output Destination Options**.
   - Clique no botão...
   - Na caixa **Select the Output File**, determine o nome e local para o novo arquivo *DWG*. Clique no botão **Save**.
   - Clique no botão **Create Solids**.
5. Localize e abra o arquivo criado com os sólidos do modelo do corredor.
6. Navegue pelo desenho para visualizar as estruturas do projeto viário provenientes da geometria do corredor (Figura 13.85).

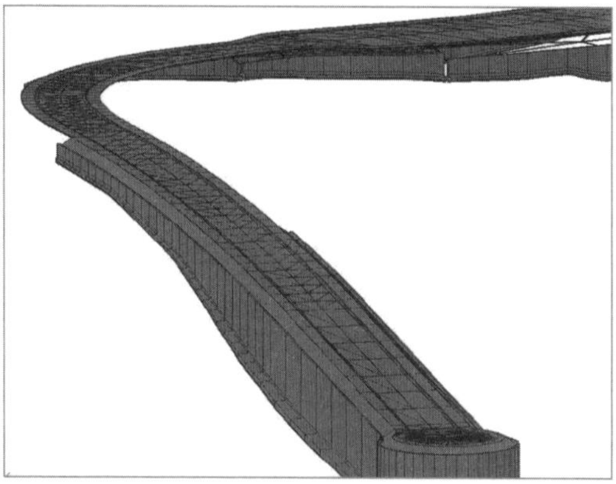

Figura 13.85 Sólidos extraídos das geometrias presentes nas estruturas do corredor.

13.12 Modelos de pontes no projeto viário – bridge modeler

Muitos projetos de obras lineares utilizam composições diferenciadas, conhecidas como obras de arte, para assim representar as estruturas de pontes e túneis ao longo da extensão do projeto. Os *assemblies* nativos do AutoCAD Civil 3D fornecidos para representar trechos de pontes e até mesmo os *subassemblies* desenvolvidos no **Autodesk Subassembly Composer** não permitem o controle absoluto sobre os elementos que compõem as estruturas das obras de arte projetadas.

O aplicativo **Bridge Modeler,** disponível no portal *Subscription* da Autodesk, fornece as ferramentas para auxiliar na configuração e no processo de criação das estruturas que constituem as pontes projetadas. Por meio desse aplicativo**,** é possível posicionar as estruturas de lajes, vigas, pilares e encontros selecionando uma região desejada no modelo do corredor projetado.

Como parte de um fluxo apropriado durante o processo de desenvolvimento do projeto, é possível instalar o aplicativo ***Bridge Modeling REX*** no Autodesk Revit Structure, e, dessa forma, aproveitar as estruturas criadas no AutoCAD Civil 3D para a definição do projeto estrutural.

O **Bridge Modeler** auxilia no desenvolvimento do modelo tridimensional da ponte, criando objetos sólidos para representar as estruturas que formam esse modelo. É possível projetar as estruturas da ponte no gráfico do perfil longitudinal pela ferramenta da ribbon **Home → Profile & Section Views → Profile View → Project Objects To Profile View** (Figura 13.86).

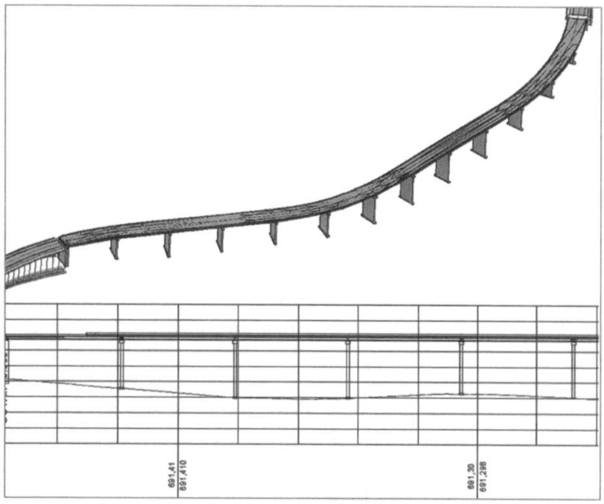

Figura 13.86 Vistas do modelo da ponte projetada.

As ferramentas do aplicativo **Bridge Modeler** estão disponíveis na ribbon de mesmo nome após a sua instalação e estão organizadas em (Figura 13.87):

Figura 13.87 Ferramentas disponíveis pelo aplicativo Bridge Modeler.

Bridge Concrete box girder: ferramenta para auxiliar na elaboração de modelos de pontes de concreto com viga em caixa. O assistente **Bridge definition – Concrete box girder** é exibido apresentando as ferramentas para a configuração das superestruturas do modelo da ponte.

Bridge Concrete slab: ferramenta para a definição de modelos de pontes com lajes de concreto. O assistente **Bridge definition – Concrete slab** exibe as ferramentas para a configuração e a construção das superestruturas do modelo da ponte.

Bridge Concrete slab with girder: ferramenta para o desenvolvimento de modelos de pontes com lajes e vigas de concreto. Apresenta o assistente **Bridge definition – Concrete slab with girder** para auxiliar na configuração das superestruturas modelo da ponte projetada (Figura 13.88).

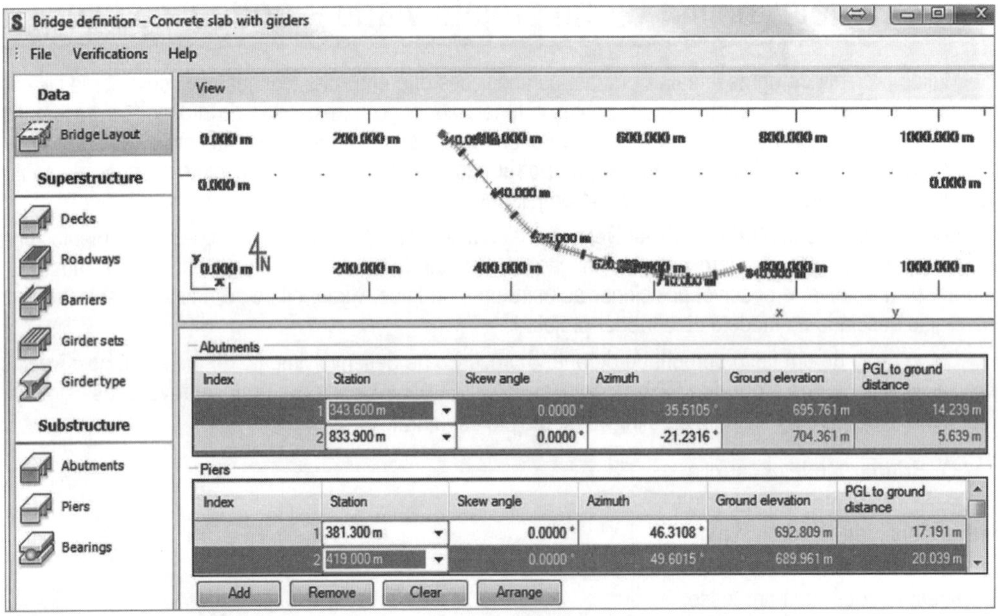

Figura 13.88 Interface do assistente Bridge definition para a configuração dos componentes do modelo da ponte.

Bridges - Extract Bridge Strings: ferramenta que permite a extração das superestruturas que formam o modelo da ponte e que auxilia na definição de alinhamentos, aproveitando as geometrias das estruturas selecionadas. A caixa de diálogo **Extract Bridge Strings** auxilia no processo de extração dos componentes do modelo da ponte.

Para criar modelos de pontes, é necessário possuir ao menos um modelo de corredor definido no desenho e a região do trecho de ponte previamente estabelecida. Depois de selecionar uma das ferramentas, a caixa de diálogo **Corridor definition form** é exibida para auxiliar na configuração dos parâmetros e da região do corredor existente no desenho (Figura 13.89).

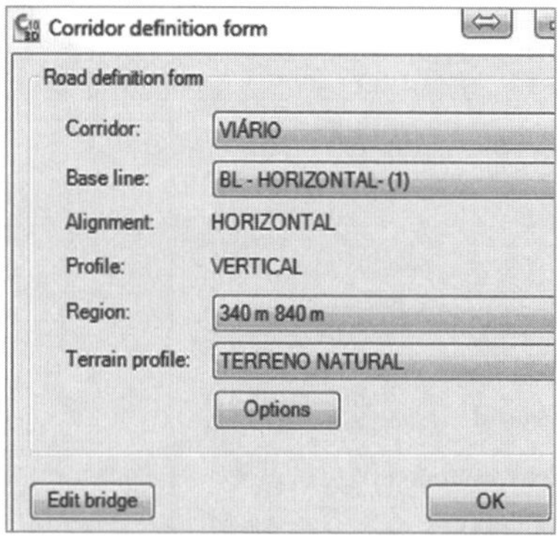

Figura 13.89 Caixa para a seleção do corredor e da região desejada para a criação do modelo da ponte.

Os assistentes das caixas **Bridge definition** auxiliam no processo de configuração das superestruturas e subestruturas que compõem o modelo da ponte projetada. As abas desse assistente estão organizadas em:

Bridge layout: permite configurar o arranjo das subestruturas da ponte. É possível adicionar, remover e reposicionar os encontros, os pilares e os dispositivos de amortecimento no modelo da ponte projetada.

Decks: utilizada para configurar os parâmetros para o tabuleiro/plataforma do modelo da ponte. Pode-se escolher o tipo de apoio do tabuleiro no campo **Haunch Type** e definir os valores de sua geometria (Figura 12.90).

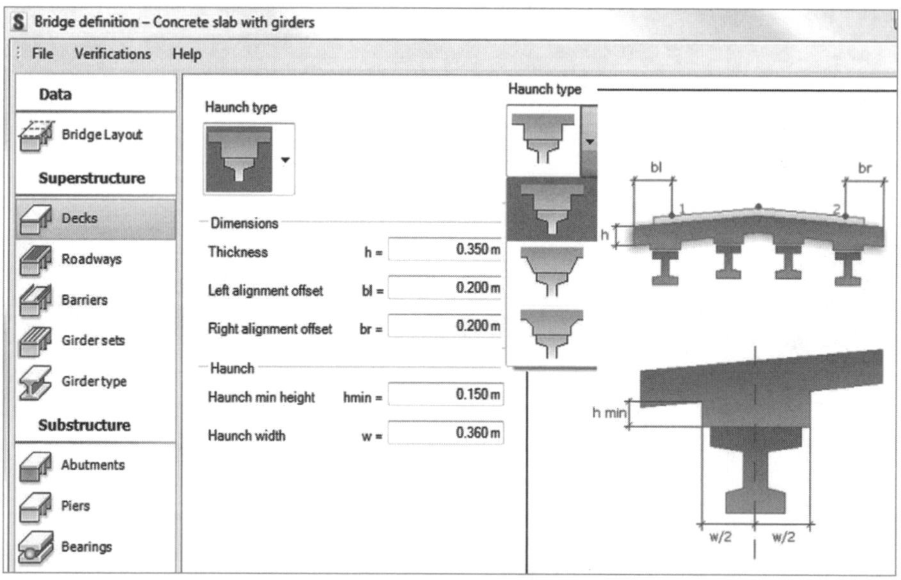

Figura 13.90 Aba Decks do assistente para a configuração do tabuleiro da ponte.

Roadways: aba do assistente que possibilita configurar os parâmetros da via que será aplicada sobre as estruturas da ponte (Figura 13.91).

Barriers: utilizada na configuração das barreiras laterais na região da ponte. É possível selecionar entre os tipos de barreiras: inclinada ou vertical, além de controlar os seus valores dimensionais (Figura 13.92).

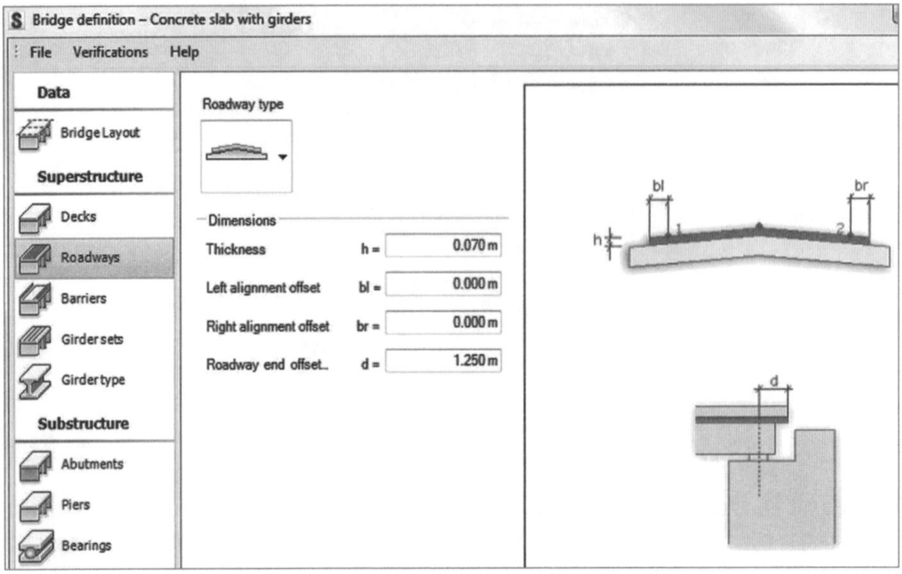

Figura 13.91 Aba Roadways do assistente para a configuração da via.

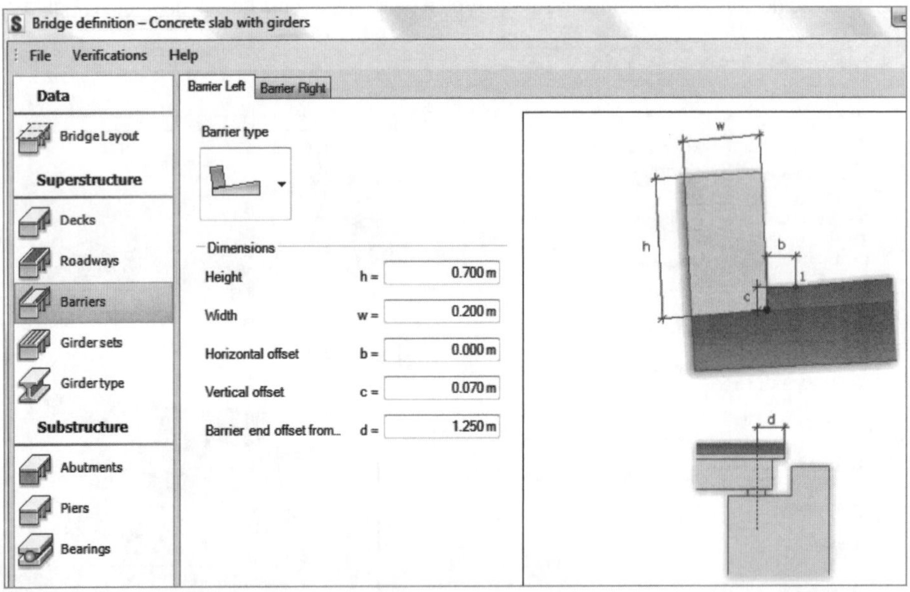

Figura 13.92 Aba Barriers do assistente para a configuração das barreiras na região da ponte.

Girder sets: permite configurar os parâmetros e o posicionamento das vigas longitudinais do modelo da ponte. Pode-se controlar o formato de distribuição e espaçamento das vias, além dos valores de posicionamento sobre as vigas transversais (Figura 13.93).

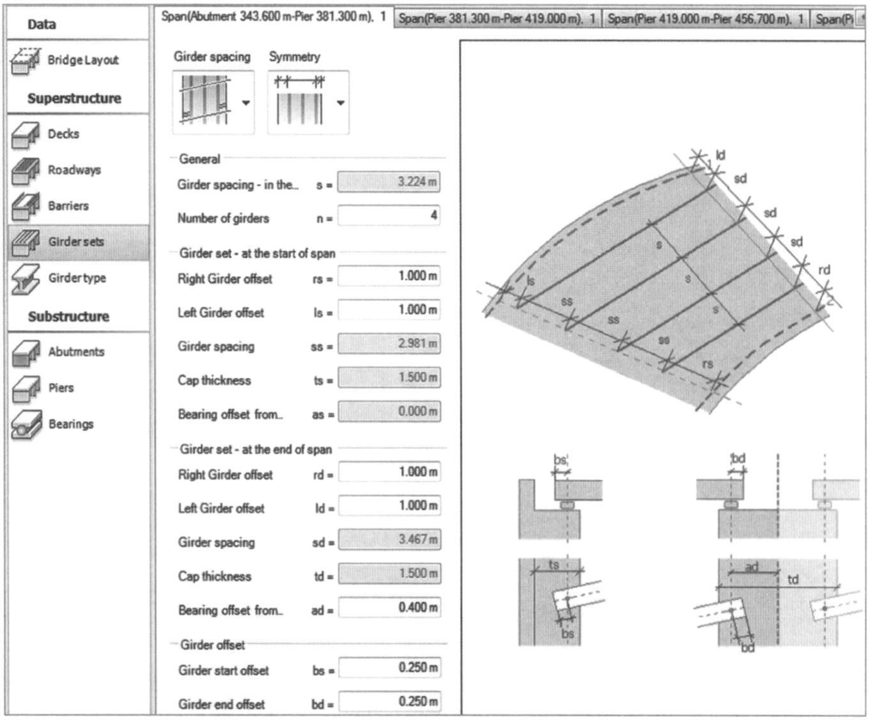

Figura 13.93 Aba Girder sets para a configuração das vigas longitudinais da ponte.

Girder type: utilizada para controlar os parâmetros geométricos das vigas longitudinais aplicadas na construção do modelo da ponte. É possível escolher o tipo de viga e configurar os seus valores geométricos (Figura 13.94).

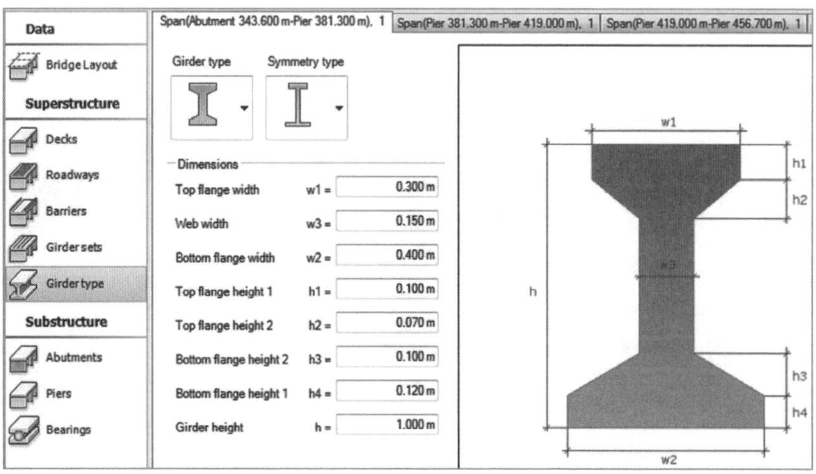

Figura 13.94 Aba Girder type para o controle dos parâmetros geométricos das vigas longitudinais da ponte.

Abutments: utilizada para configurar os parâmetros das estruturas dos pilares dos encontros do modelo da ponte. É possível escolher os tipos de pilares e controlar os valores dimensionais para cada encontro listado nas guias superiores (Figura 13.95).

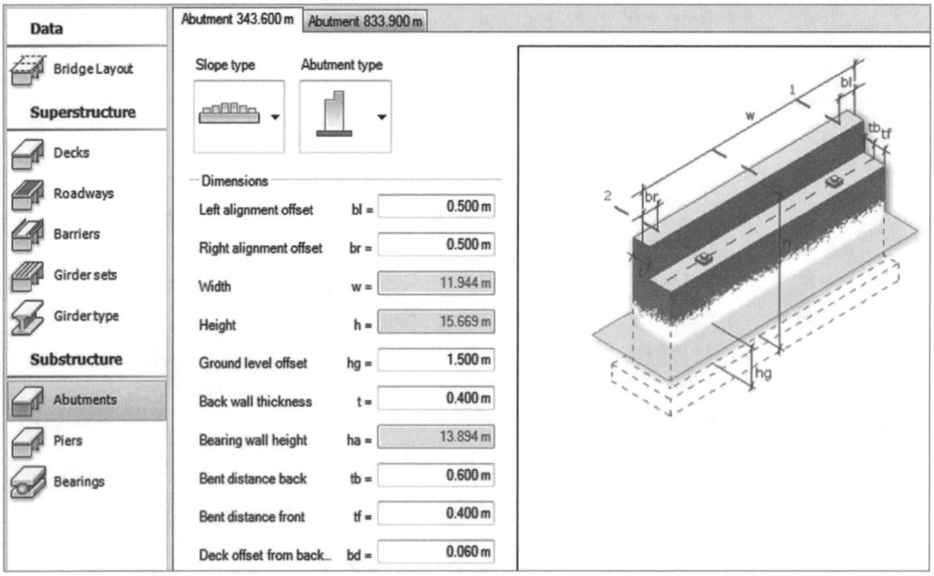

Figura 13.95 Aba Abutments para a configuração dos pilares nos encontros da ponte.

Piers: utilizada para configurar os valores das estruturas dos pilares do modelo da ponte. As guias superiores possibilitam controlar os valores geométricos e o tipo para cada um dos pilares intermediários da composição da ponte (Figura 13.98).

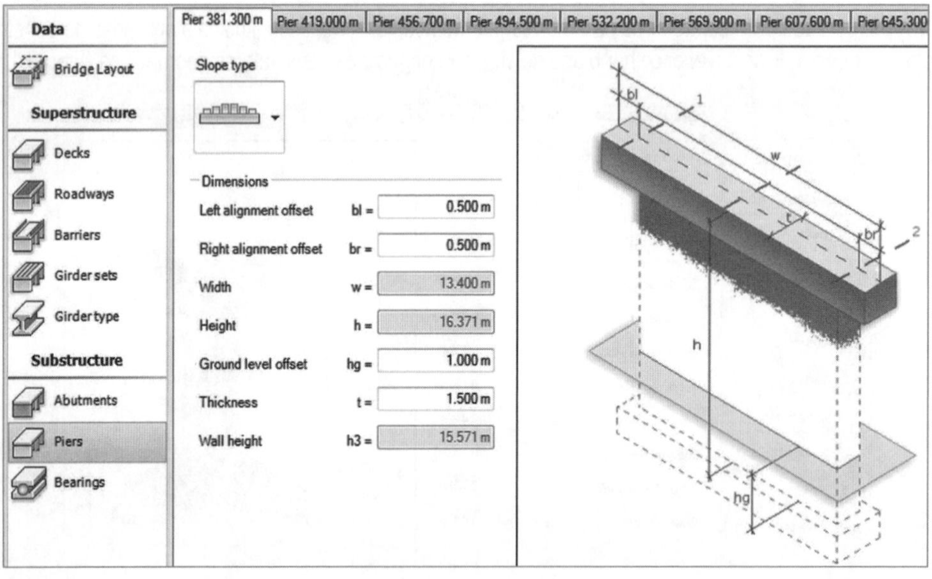

Figura 13.96 Aba Piers para a configuração dos pilares intermediários das pontes.

Bearings: auxilia na configuração dos dispositivos de apoio presentes nos pilares do modelo da ponte (Figura 13.97).

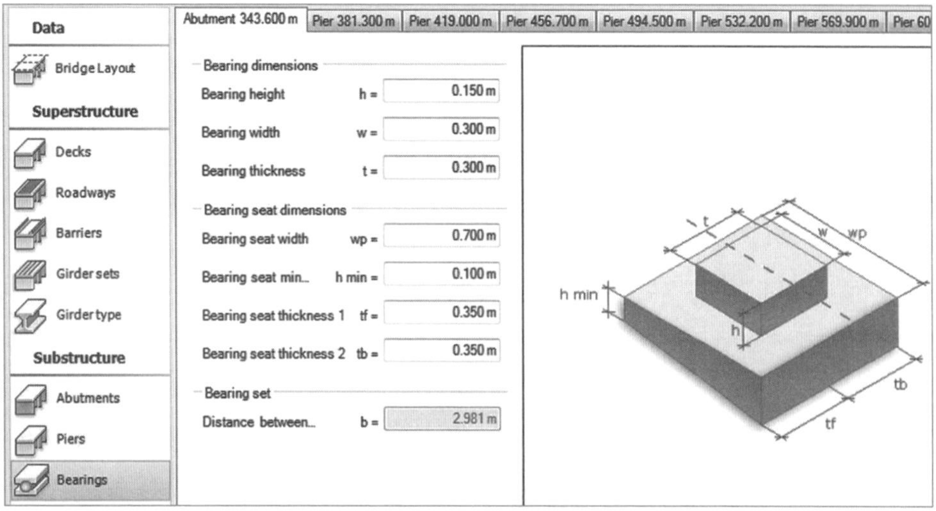

Figura 13.97 Aba Bearings do assistente para o dimensionamento dos dispositivos de apoio dos pilares da ponte.

O seguinte exemplo mostra os procedimentos para a criação de uma ponte simples na região central do projeto do corredor existente no desenho, entre as estacas 17+0,00 e42+0,00. O assistente **Bridge definition** é utilizado para auxiliar na construção do modelo da ponte de concreto com vigas.

Agora, estude o exemplo a seguir:

1. Abra o arquivo **13-12-1_ PONTE_CORREDOR. DWG**, disponível no site da Editora Érica.
2. Na área de desenho, identifique o trecho do corredor em que será construída a ponte. Observe as condições da região central do corredor e o traçado geométrico vertical definido no perfil longitudinal.
3. Selecione a ferramenta da ribbon **Bridge Modeler → Bridge Modeler → Bridge Concrete slab with girders**.

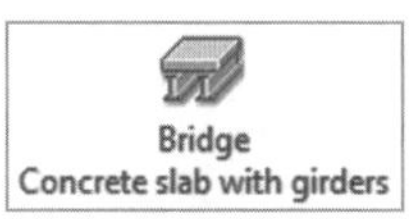

Figura 13.98 Ferramenta para a criação da ponte de concreto.

4. Na caixa de diálogo **Corridor definition form,** selecione o corredor **VIÁRIO** no campo **Corridor**. Selecione a região **340m 840m** no campo **Region**. Clique no botão **OK** (Figura 13.99).

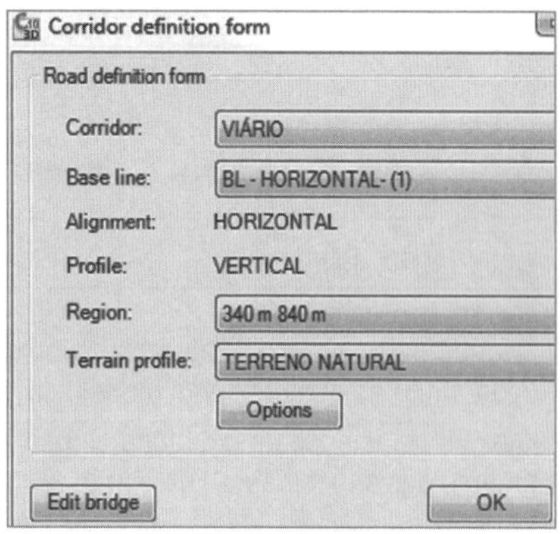

Figura 13.99 Caixa de seleção da região do corredor para a construção do modelo da ponte.

5. Na aba **Bridge layout** da caixa de diálogo **Bridge definition - Concrete slab with girders**:
   - Selecione os pilares de número **1** a **12** exibidos no quadro **Piers** e clique no botão **Remove** para removê-los da definição da ponte (Figura 13.100).
   - Verifique os pilares restantes no quadro **View**.
   - Clique no botão **Arrange** para redistribuir os pilares ao longo do trecho e verifique a nova composição dos pilares no quadro **View** (Figura 13.101).

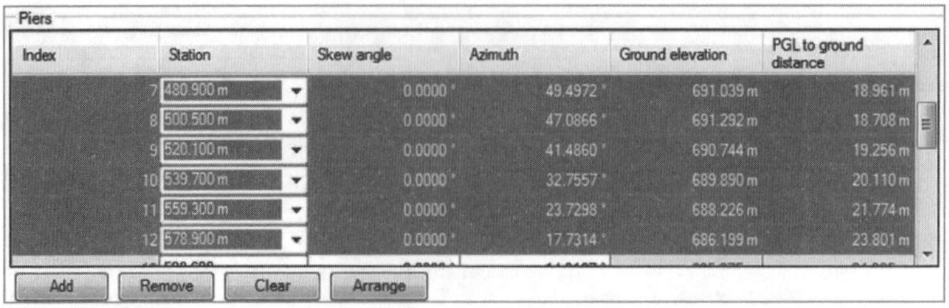

Figura 13.100 Remoção dos pilares no quadro Piers da aba Bridge layout do assistente.

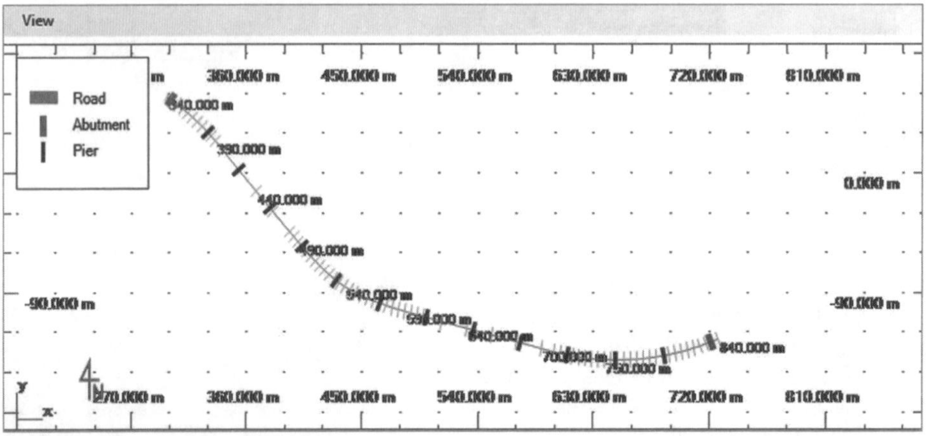

Figura 13.101 Pilares redistribuídos na extensão do trecho do projeto exibidos no quadro View.

6. Navegue pelas abas da categoria **Superstructure** para identificar as características geométricas das superestruturas que definemo modelo da ponte.
7. Navegue pelas abas da categoria **Substructure** para observar os parâmetros geométricos e o posicionamento das subestruturas da ponte.
8. Clique no botão **OK** para concluir. Aguarde o término do processamento e verifique a composição das estruturas da ponte na área de desenho.

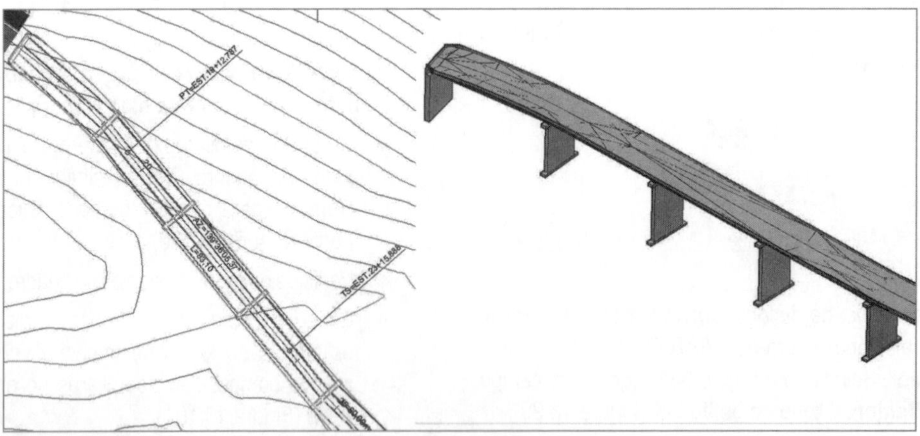

Figura 13.102 Modelo da ponte criado com o aplicativo Bridge Modeler.

9. Selecione a ferramenta da ribbon **Home → Profile View → Project Object To Profile View** para projetar as estruturas do modelo da ponte no gráfico do perfil longitudinal.
10. Selecione todas as estruturas do modelo da ponte na área de desenho e pressione a tecla **Enter**.
11. Selecione o gráfico do perfil longitudinal presente no desenho.
12. Na caixa de diálogo **Project Objects To Profile View**, verifique as estruturas selecionadas e suas respectivas elevações na coluna **Elevation Value**. Clique no botão **OK**.

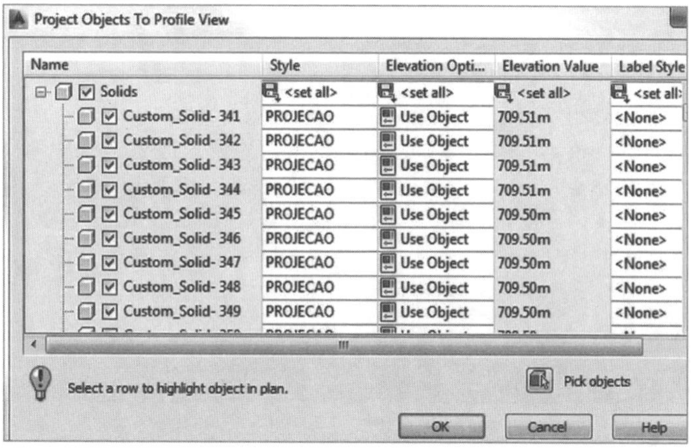

Figura 13.103 Estruturas exibidas na caixa de projeção de objetos no gráfico do perfil longitudinal.

13. Observe as estruturas da ponte projetadas no gráfico do perfil longitudinal:

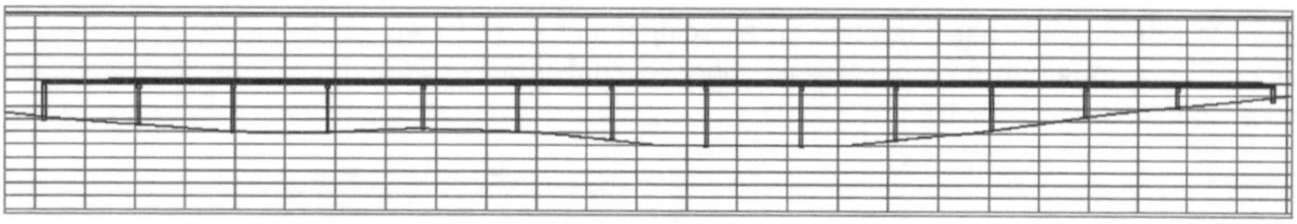

Figura 13.104 Estruturas do modelo da ponte projetadas no gráfico do perfil longitudinal.

14. Feche o arquivo.

13.13 Aplicativo Autodesk Vehicle Tracking

O aplicativo **Vehicle Tracking**, uma vez adquirido e instalado no AutoCAD Civil 3D, irá permitir executar estudos e análises de giro de veículos sobre projetos viários, ferroviários e de aeroportos, auxiliando também na elaboração de projetos para parques de estacionamentos, além de disponibilizar diversas ferramentas para o desenvolvimento de projetos complexos de rotatórias viárias (Figura 13.105).

Além das ferramentas de projeto e análises, podemos contar com uma ampla biblioteca padronizada de veículos terrestres, como veículos leves, caminhões e carretas, ônibus e veículos de serviços, além de aeronaves, e ainda adicionar blocos de novos veículos para complementar a biblioteca. O aplicativo **Vehicle Tracking** possibilita extrair relatórios com informações dos projetos, além de permitir a elaboração de vídeos com animações tridimensionais dos veículos, passando sobre as geometrias dos projetos.

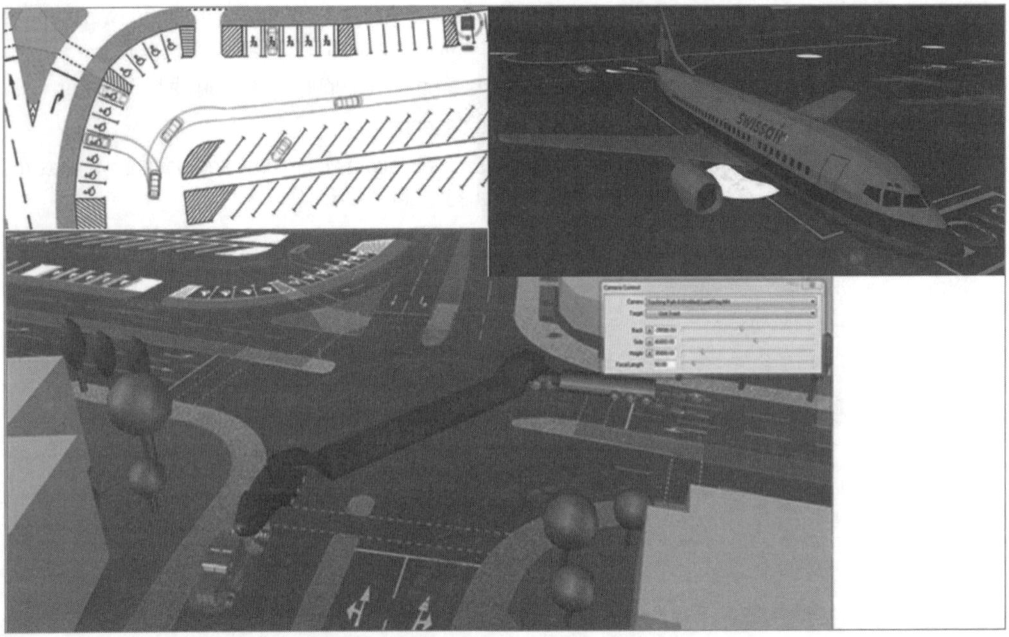

Figura 13.105 Projetos e estudos elaborados no aplicativo Vehicle Tracking.

13.13.1 Ferramentas para projetos de estacionamentos

O painel **Estacionamento** da ribbon **Vehicke Tracking** oferece um conjunto de ferramentas utilizado na elaboração de projetos para parques de estacionamentos. Por meio do **Explorador de Padrões de Parques de Estacionamentos**, podemos escolher ou configurar o padrão de distribuição de vagas desejado para o projeto (Figura 13.106).

Figura 13.106 Conjunto de ferramentas para projetos de parques de estacionamentos.

Agora, estude o exemplo a seguir:

1. Abra o arquivo **13-13-1_ EXEMPLO_ESTACIONAMENTO.DWG**, disponível no site da Editora Érica.
2. Selecione a ferramenta da ribbon **Vehicle Tracking → Estacionamento → Explorador de Padrões de Parques de Estacionamento**.
3. Na caixa de diálogo Explorador de Padrões de Parques de Estacionamento, aplique um duplo clique sobre o padrão **US Parking Standards → ITE Guideline for Parking Facility Location and Design**. Na caixa **Vehicle Tracking**, clique no botão **Sim** para prosseguir.
4. Na caixa **Nome do Standard de Estacionamento**, digite **Padrão** e clique no botão **OK** (Figura 13.107).

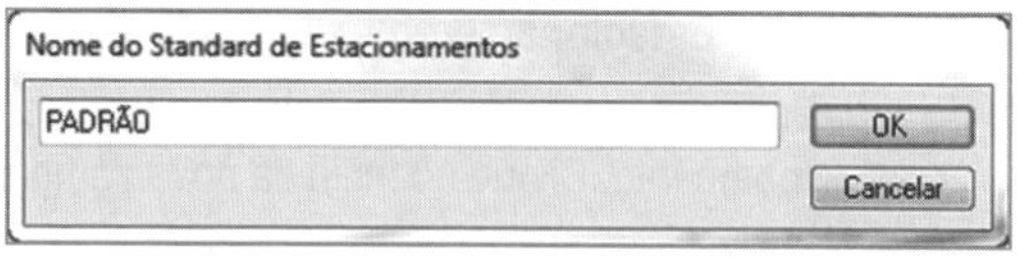

Figura 13.107 Definição do padrão de estacionamentos.

5. Na caixa de diálogo **Definição do Desenho**, mude para a aba **Superfícies**. Selecione a superfície **Terreno Natural** no campo **Superfície Existente**, selecione a superfície **Estacionamento** no campo **Superfície Final**. Marque a opção **Plano de projeto** para a superfície final e clique no botão **OK**, como mostra a Figura 13.108.

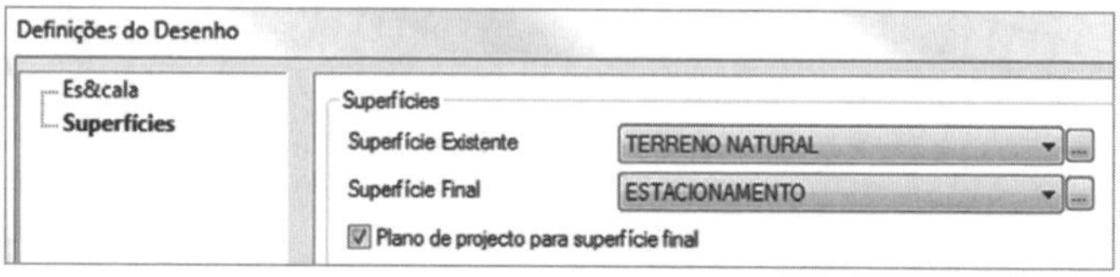

Figura 13.108 Configuração das opções para o projeto de estacionamentos.

6. Verifique ou configure as opções para o projeto do estacionamento na caixa de diálogo **Propriedades da Linha de Estacionamento** exibida na lateral da área de desenho (Figura 13.109).
7. Selecione a ferramenta da ribbon **Vehicle Tracking → Estacionamento → Linha Nova**.
8. Na área de desenho, clique nos pontos das extremidades da linha indicada com os textos **Início** e **Final**. Pressione a tecla **Enter** para concluir.
9. Será necessário indicar os lados para aplicação das vagas de estacionamento, uma seta de orientação é exibida no desenho. Clique no meio das vagas para aplicar as vagas para os dois lados da linha do estacionamento (Figura 13.110).

Figura 13.109 Caixa de propriedades das linhas de estacionamentos.

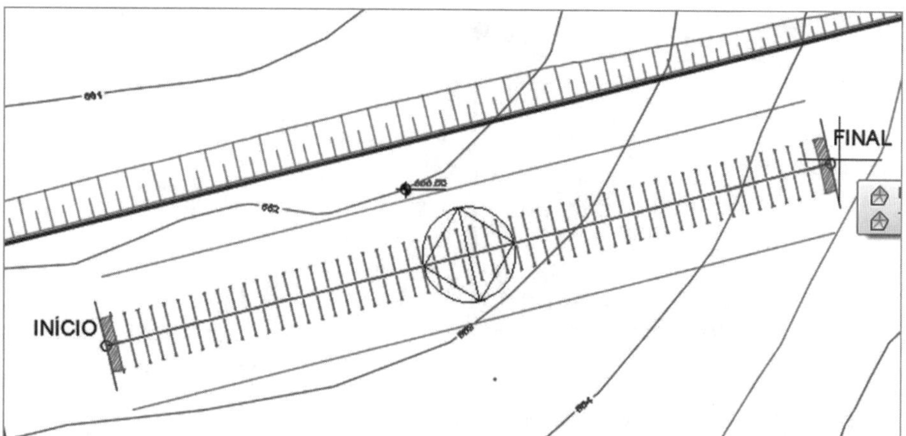

Figura 13.110 Posicionamento das vagas de estacionamento.

10. Selecione a ferramenta da ribbon **Vehicle Tracking → Estacionamento → Linha Paralela.**
11. Na área de desenho, selecione o conjunto de vagas criadas anteriormente e desloque o cursor do mouse para posicionar o novo conjunto de vagas do estacionamento. Clique no meio da nova composição para aplicar as vagas para os dois lados (Figura 13.111).
12. Repita os passos anteriores para criar novas vagas paralelas.

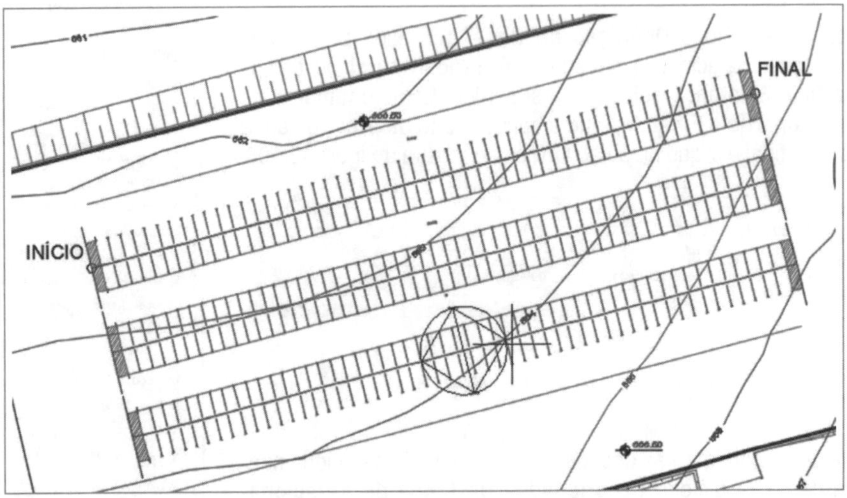

Figura 13.111 Criação de vagas paralelas.

13. Selecione a ferramenta da ribbon **Vehicle Tracking → Estacionamento → Criar Via de Acesso** para definir uma via de acesso entre o conjunto de vagas criado anteriormente.
14. Na área de desenho, defina o eixo da via de acesso do meio das linhas azuis externas do conjunto de vagas. Na caixa de diálogo **Propriedades da Via de Acesso de Estacionamento**, clique no botão **OK**, como na Figura 13.112.

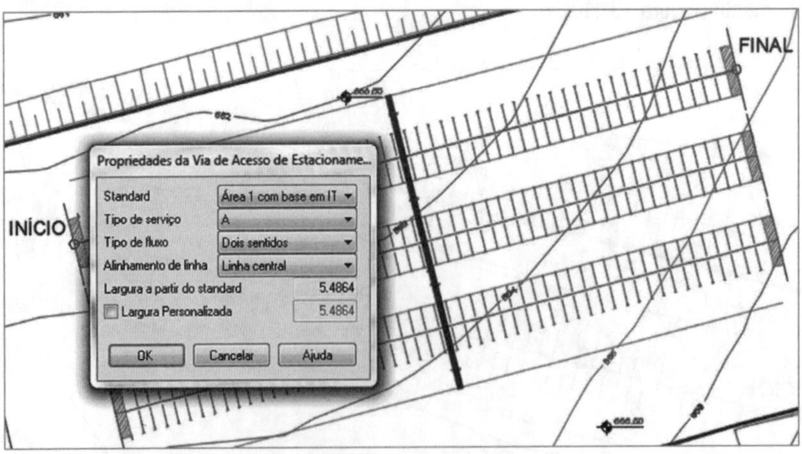

Figura 13.112 Definição da via de acesso entre as vagas.

15. Verifique a composição final das vagas criadas com a via de acesso entre elas e feche o arquivo.

13.13.2 Ferramentas para projetos de rotatórias

O painel **Junctions** da ribbon **Vehicle Tracking** disponibiliza diversas ferramentas para auxiliar na elaboração de projetos de rotatórias viárias. Por meio do **Explorador de Padrões de Intercepção**, podemos escolher ou configurar o padrão de rotatória desejado para o projeto, como mostra a Figura 13.113.

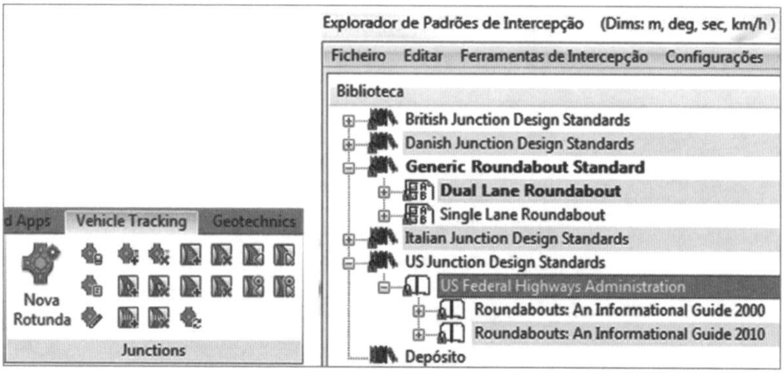

Figura 13.113 Ferramentas para projetos de rotatórias.

Agora, estude o exemplo a seguir:

1. Abra o arquivo **13-13-2_ EXEMPLO_ROTATÓRIA.DWG**, disponível no site da Editora Érica.
2. Selecione a ferramenta da ribbon **Vehicle Tracking** → **Junctions** → **Explorador de Padrões de Intercepção**.
3. Na caixa de diálogo Explorador de Padrões de Intercepção, selecione o padrão **US Junction Design Standards** → **US Federal Highways Administration** → **Roundabouts: An Informational Guide 2000** → **Guideline for Parking Facility Location aFHWA 2000: Urban Single Lane Roundabout**, clique no botão **Prossiga** (Figura 13.114).

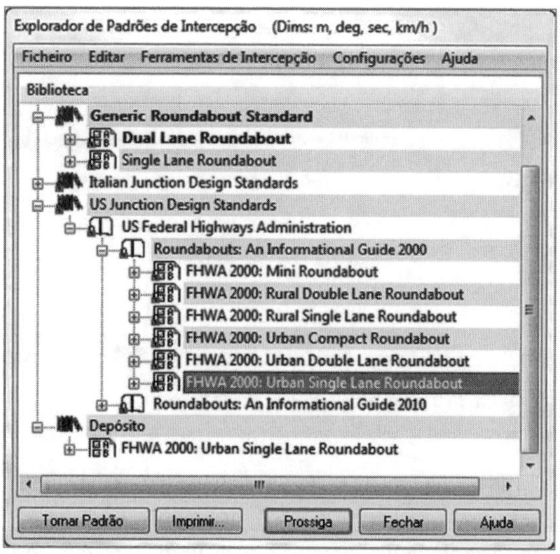

Figura 13.114 Interface do explorador para a seleção do padrão de rotatória.

4. Na aba **Superfícies** da caixa de diálogo **Definições do Desenho**, selecione a superfície **Terreno Natural** no campo **Superfície Existente**. Na aba **Corredor**, marque a opção **Sobrepor Corredor em Superfície** e clique no botão **OK** (Figura 13.115).

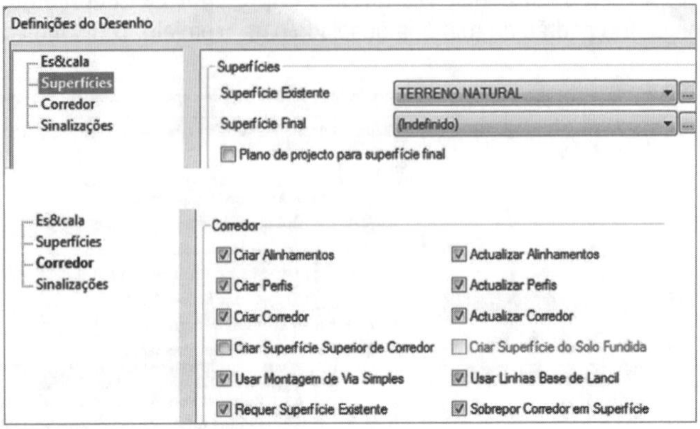

Figura 13.115 Caixa de diálogo Definições do Desenho.

5. Verifique as configurações e determine o nome da rotatória na caixa de diálogo **Nova Intercepção** e clique no botão **OK**, como na Figura 13.116.

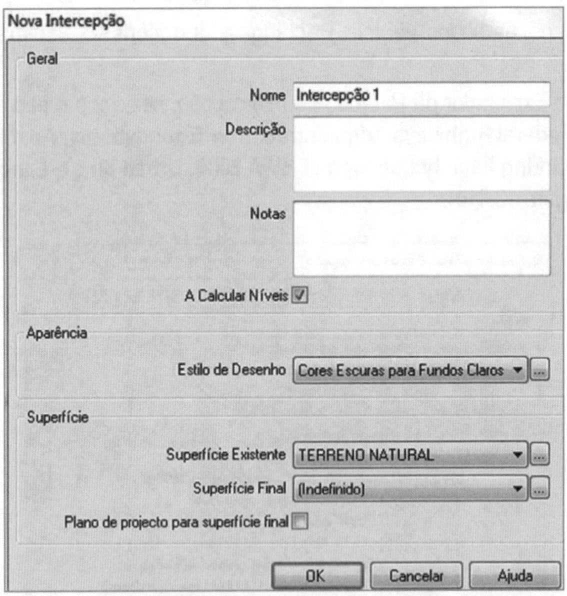

Figura 13.116 Caixa de configurações gerais para a rotatória.

6. Na área de desenho, clique na interseção entre os alinhamentos existentes.
7. Selecione um dos alinhamentos na área de desenho. Verifique o perfil utilizado para obtenção das cotas na região da rotatória na caixa **Nova Via**, escolha o perfil **Vertical** no quadro **Tirar Elevação de:** e clique no botão **OK**, como mostra a Figura 13.117.

8. Repita o passo anterior selecionando os demais alinhamentos que completam o quadrante da rotatória, e escolha sempre os perfis do traçado geométrico vertical na caixa de diálogo **Nova Via**. Pressione a tecla **Enter** para concluir o projeto da rotatória.
9. Navegue no modelo tridimensional do corredor da rotatória criada no desenho e observe as informações analíticas presentes nos quadros laterais (Figura 13.118).
10. Pode-se editar a rotatória por meio dos grips diretamente na área de desenho, ou pela ferramenta da ribbon **Vehicle Tracking → Junctions → Editar Rotunda**, selecione a rotatória e verifique as opções presentes na caixa **Propriedades de Intercepção** (Figura 13.119).

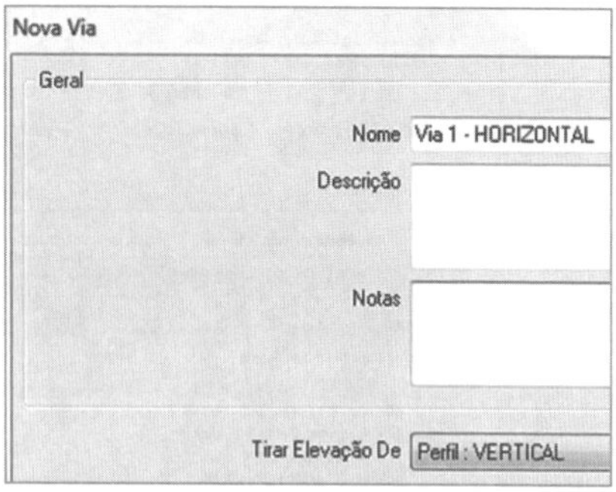

Figura 13.117 Caixa para a seleção do traçado geométrico vertical.

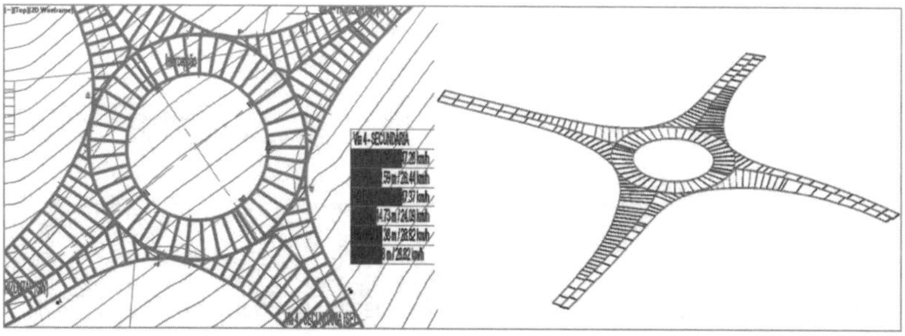

Figura 13.118 Modelo da rotatória criado no desenho.

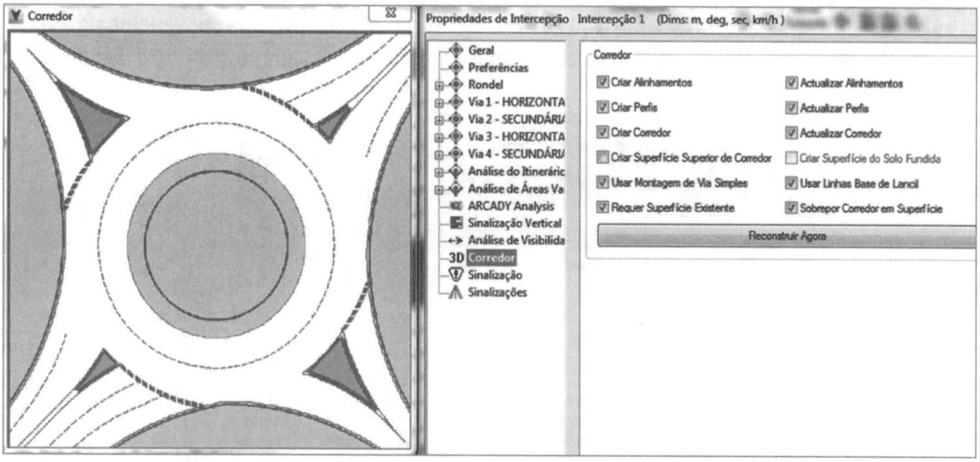

Figura 13.119 Caixa de propriedades para edição no modelo da rotatória.

13.13.3 Ferramentas para análise de giro de veículos

O painel **Áreas varridas** da ribbon **Vehicle Tracking** oferece inúmeras ferramentas para auxiliar na elaboração de análises de giro de veículos sobre as geometrias projetadas no AutoCAD Civil 3D. Com o **Explorador de Biblioteca de Veículos** podemos escolher ou configurar o padrão de veículos desejado para o projeto (Figura 13.120).

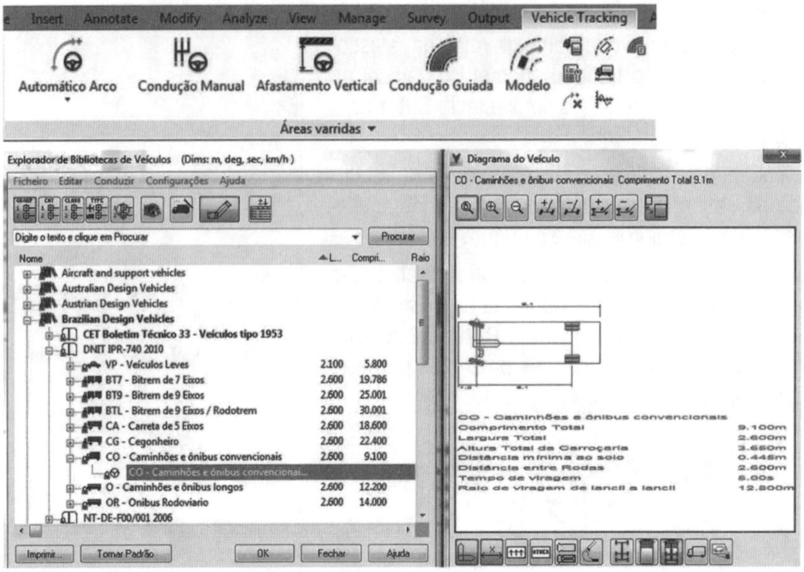

Figura 13.120 Ferramentas de análise de giro de veículos.

Agora, estude o exemplo a seguir:

1. Abra o arquivo **13-13-3_ EXEMPLO_VEÍCULOS.DWG**, disponível no site da Editora Érica.
2. Selecione a ferramenta da ribbon **Vehicle Tracking → Áreas varridas → Explorador de Biblioteca de Veículos**.
3. Na caixa de diálogo **Explorador de Biblioteca de Veículos**, aplique um duplo clique sobre o padrão **Brazilian Design Vehicles → DNIT IPR-740 2010 → CO - Caminhões e ônibus convencionais**, clique no botão **Prossiga**, clique no botão **Sim** para confirmar o veículo selecionado como padrão (Figura 13.121).

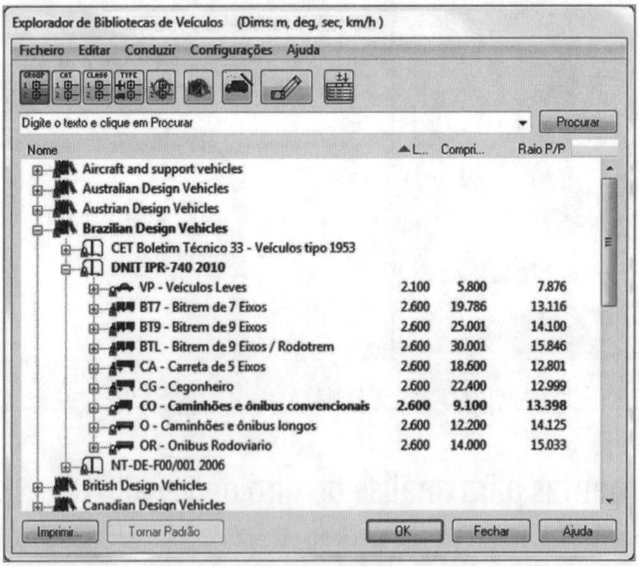

Figura 13.121 Caixa de seleção do modelo de veículo.

4. Na área de desenho clique sobre o projeto da rotatória para definir o caminhamento do veículo selecionado. Pressione a tecla **Enter** para concluir (Figura 13.122).

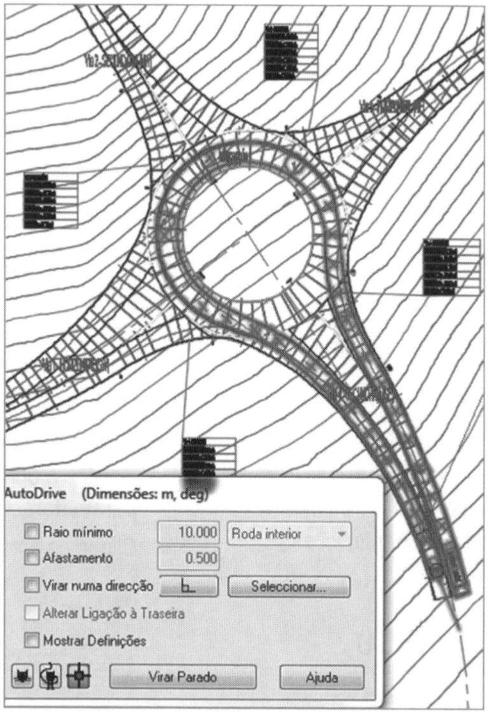

Figura 13.122 Definição do caminhamento do veículo.

5. Selecione a ferramenta da ribbon **Vehicle Tracking** → **Rever** → **Animar**.
6. Na caixa **Animação Vehicle Tracking** habilite nos botões **Animação 3D** e **Câmara Fly-By**.
7. Na caixa de diálogo **Controlo Camera**, navegue entre as opções disponíveis para visualizar a animação do veículo (Figura 13.123).

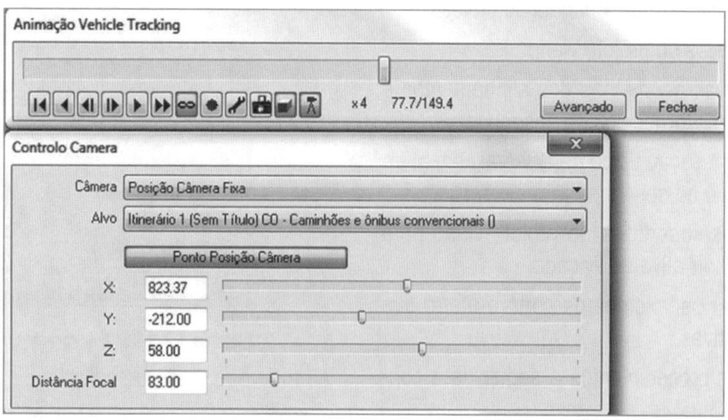

Figura 13.123 Ferramentas de posicionamento da câmera e alvos para animação.

8. Na caixa **Animação Vehicle Tracking** clique no botão **Reproduzir** para iniciar a animação (Figura 13.124).

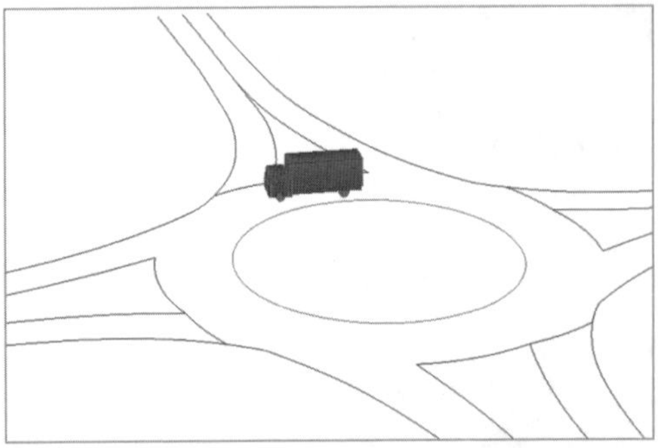

Figura 13.124 Vista da animação do veículo sobre a geometria projetada.

9. Reproduza os passos anteriores para posicionar novos veículos e criar novas animações.

13.14 Exercício – estudo de alternativas para o projeto viário

O cenário do seguinte exercício é desenvolver os projetos das três alternativas de traçado geométrico presentes no desenho e, assim, elaborar as análises volumétricas necessárias para a escolha da alternativa mais econômica de terraplenagem do projeto.

Características do projeto viário:

- Utilizar as geometrias dos alinhamentos e dos perfis fornecidos no desenho.
- Utilizar a seção típica transversal com muro existente no desenho.
- Criar as superfícies do projeto viário para cada alternativa de traçado.
- Calcular os volumes de corte e aterro das alternativas.

Execute os procedimentos a seguir para concluir o exercício:

1. Abra o arquivo **13-14-1_ PROJETO_CORREDOR.DWG**, disponível no site da Editora Érica.
2. Selecione a ferramenta da ribbon **Home → Create Design → Corridor**.
3. Na caixa de diálogo **Create Corridor**, para o projeto da alternativa 1 (Figura 13.125):
   - Digite **ALTERNATIVA-01** no campo **Name**.
   - Selecione o estilo **PADRÃO** no campo **Corridor style**.
   - Selecione o alinhamento **ALTERNATIVA-01** no campo **Alignment**.
   - Selecione o perfil **VERTICAL-ALTERNATIVA-01** no campo **Profile**.
   - Selecione **SEÇÃO URBANA-MURO** no campo **Assembly**.
   - Selecione a superfície **TERRENO NATURAL** no campo **Target Surface**.
   - Habilite a opção **Set baseline and region parameters**.
   - Clique no botão **OK**.

Figura 13.125 Configuração do modelo viário da alternativa 1.

4. Na caixa de diálogo **Baseline and Regions Parameters**:

- Clique no botão **Set all Frequencies**.
- Na caixa de diálogo **Frequency to Apply Assemblies,** digite o intervalo de **5.000m** nos campos **Along curve**, **Along spirals** e **Along profile curves** para controlar a frequência de aplicação de *assemblies* nas curvas. Clique no botão **OK** (Figura 13.126).

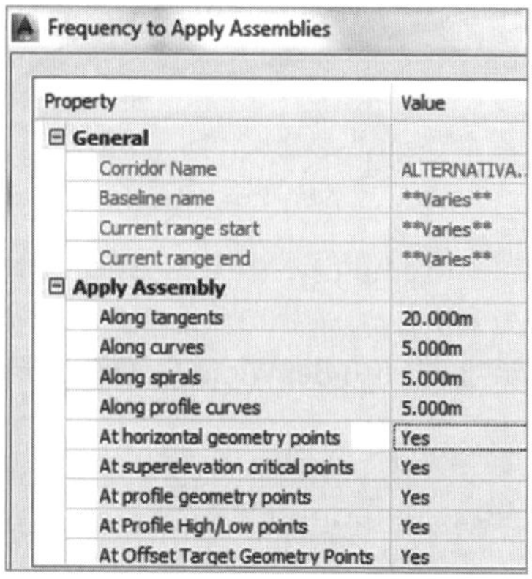

Figura 13.126 Configuração para a aplicação dos assemblies ao longo do traçado geométrico.

- Na caixa **Baseline and Region Parameters,** clique no botão **Set all Targets**.
- Na caixa **Target Mapping,** selecione a superfície **TERRENO NATURAL** em todos os campos da categoria **Surfaces**.
- Clique no campo **<None>** do componente **Lane SuperelevationAOR** do grupo **Left** da categoria **Width Or Offset Targets**.

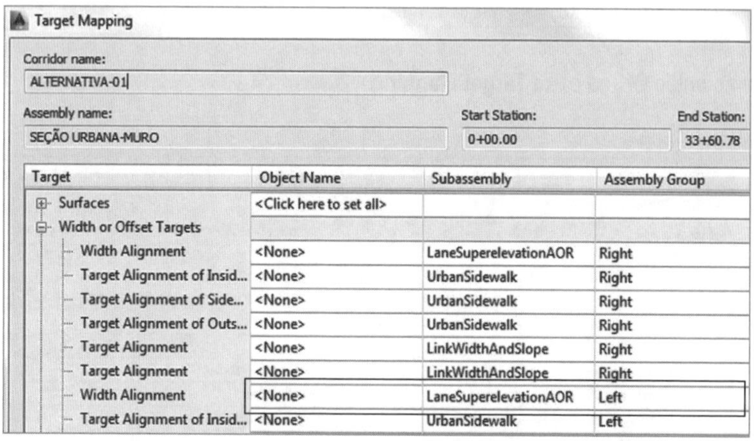

Figura 13.127 Alvos de Width Alignment para a criação de alargamentos no modelo do corredor.

- Na caixa de diálogo **Set Width Or Offset Target**, selecione a opção **Feature Lines, survey figures and polylines** no campo **Select object type to target**. Clique no botão **Select from drawing**.
- Na área de desenho, selecione a **Polyline** presente no lado esquerdo do alinhamento **ALTERNATIVA-01** e pressione **Enter** (Figura 13.128).

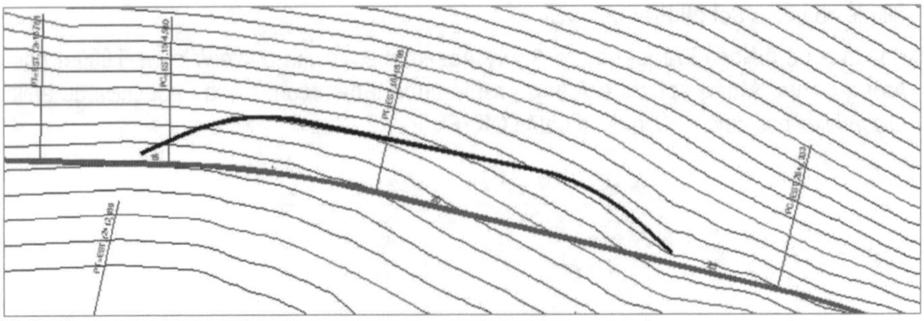

Figura 13.128 Polyline para alargamento da pista na região da baia.

- Clique no botão **OK** na caixa de diálogo **Set Width Or Offset Target**.

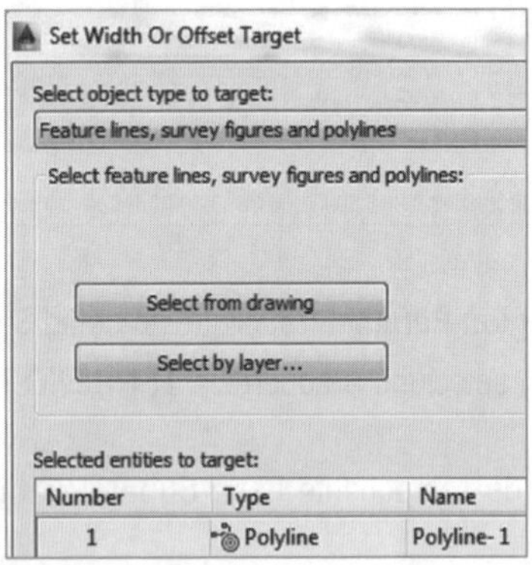

Figura 13.129 Configurações para o alvo de alargamento da pista para a representação da baia.

- Clique no botão **OK** na caixa **Target Mapping**.

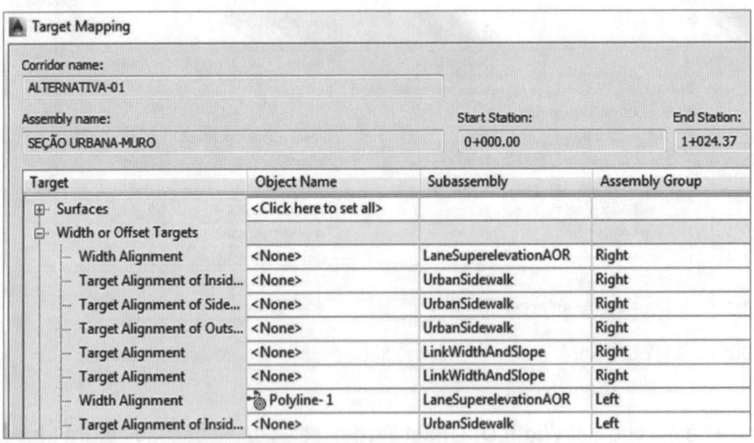

Figura 13.130 Polyline-1 definida como alvo para o alargamento da pista.

- Clique no botão **OK** na caixa de diálogo **Baseline and Region Parameters** (Figura 13.131).

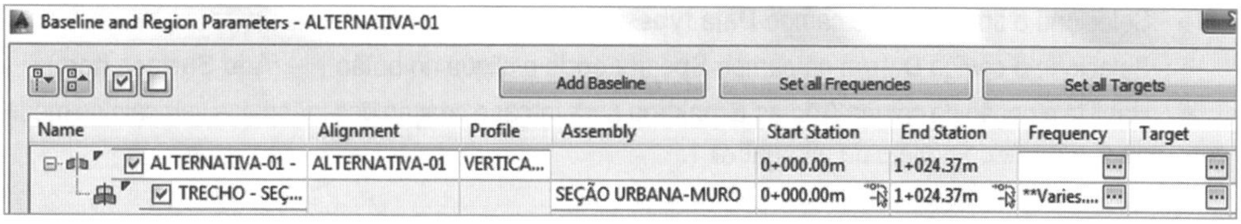

Figura 13.131 Configuração do corredor para a alternativa 1.

- Clique no botão **Rebuild the Corridor** na caixa **Corridor Properties - Rebuild** para concluir.

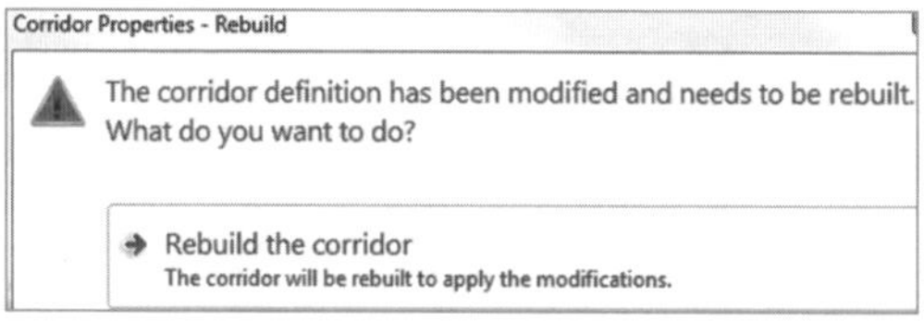

Figura 13.132 Caixa de confirmação para a criação do modelo do corredor para a alternativa 1.

5. Verifique o modelo do corredor criado na área de desenho que representa o projeto viário da alternativa 1.

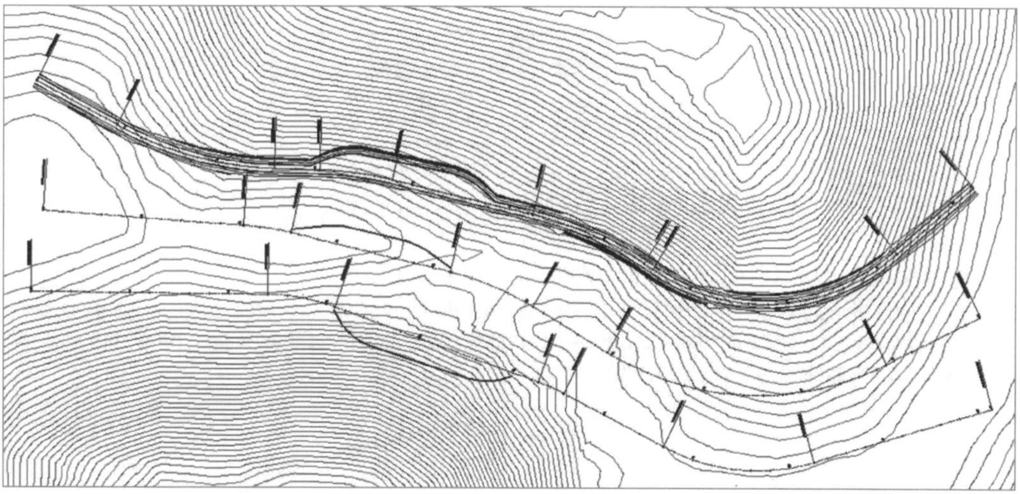

Figura 13.133 Modelo do projeto viário da alternativa 1.

6. Selecione o corredor na área de desenho e acesse as ferramentas **Object Viewer** e **Drive** para navegar no modelo do projeto da alternativa 1.
7. Selecione o corredor **ALTERNATIVA-01** na área de desenho e acesse a ferramenta da ribbon contextual **Corridor → Modify Corridor → Corridor Surfaces**.
8. Na caixa de diálogo **Corridor Surfaces** (Figura 13.134):
   - Na aba **Surfaces**, clique no botão **(Create a Corridor Surface)** para criar a superfície do corredor.
   - Verifique o nome da superfície e substitua o estilo para **CURVAS-1&5 (GEOMETRIA)** na coluna **Surface Style**.

- Selecione o tipo **Links** no campo **Data types**.
- Selecione o código **Datum** no campo **Specify code** e clique no botão (**Add Surface Item**).
- Habilite a opção da coluna **Add as Breakline** para forçar a criação dos triângulos verticais no modelo da superfície do projeto da alternativa 1.

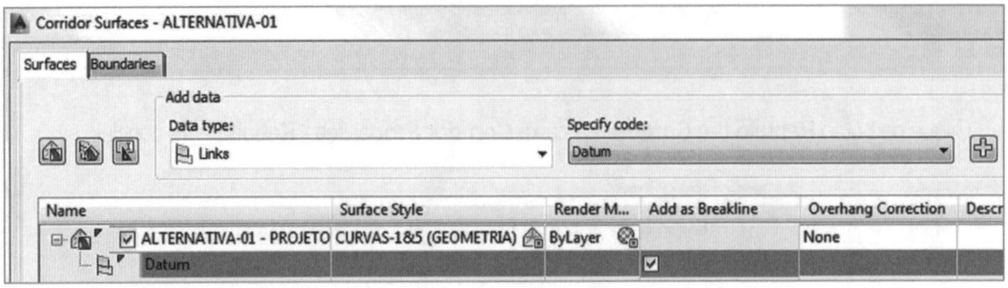

Figura 13.134 Configurações para a criação da superfície do corredor para o projeto da alternativa 1.

- Na aba **Boundaries**, clique com o botão direito do mouse sobre a superfície **ALTERNATIVA-01 - PROJETO** e selecione a opção **Corridor extents as outer boundary** para limitar os triângulos da superfície no contorno externo do modelo do corredor (Figura 13.135).

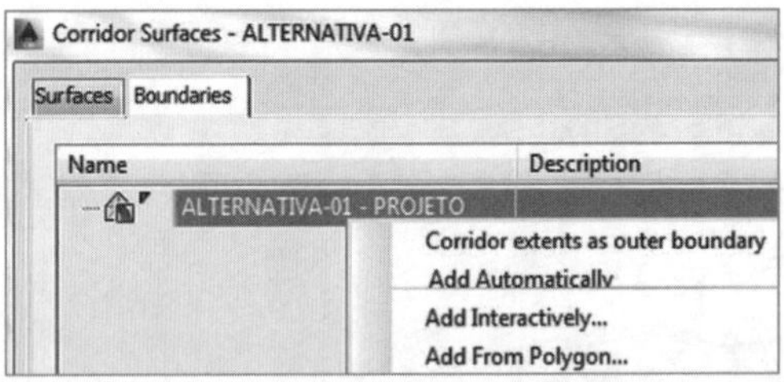

Figura 13.135 Opções para limitar os triângulos externos da superfície do projeto.

- Clique no botão **OK** e confirme no botão **Rebuild the Corridor**.

9. Selecione as curvas de nível da superfície do projeto da alternativa 1 na área de desenho e acesse a ferramenta da ribbon contextual **Corridor** → **General Tools** → **Object Viewer** para navegar no modelo da superfície projetada (Figura 13.136).

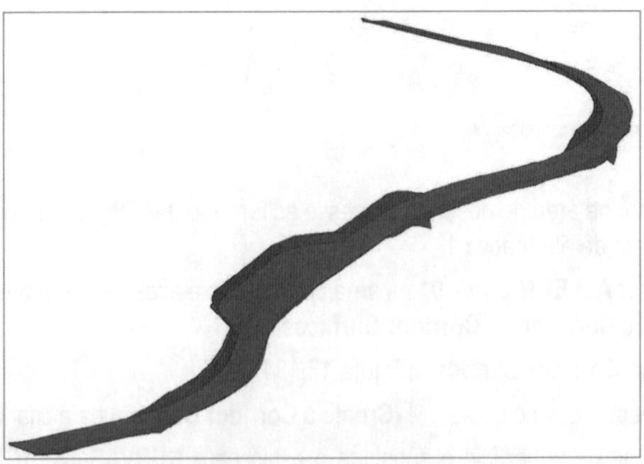

Figura 13.136 Modelo da superfície do projeto viário da alternativa 1.

10. Repita os procedimentos para criar o corredor da alternativa 2.
11. Selecione a ferramenta da ribbon **Home → Create Design → Corridor**.
12. Na caixa de diálogo **Create Corridor** para o projeto da alternativa 2 (Figura 13.137):
    - Digite **ALTERNATIVA-02** no campo **Name**.
    - Selecione o estilo **PADRÃO** no campo **Corridor style**.
    - Selecione o alinhamento **ALTERNATIVA-02** no campo **Alignment**.
    - Selecione o perfil **VERTICAL-ALTERNATIVA-02** no campo **Profile**.
    - Selecione **SEÇÃO URBANA-MURO** no campo **Assembly**.
    - Selecione a superfície **TERRENO NATURAL** no campo **Target Surface**.
    - Habilite a opção **Set baseline and region parameters**.
    - Clique no botão **OK**.
13. Na caixa de diálogo **Baseline and Regions Parameters**:
    - Clique no botão **Set all Frequencies**.
    - Na caixa de diálogo **Frequency to Apply Assemblies,** digite o intervalo de **5.000m** nos campos **Along curve**, **Along spirals** e **Along profile curves** para controlar a frequência de aplicação de *assemblies* nas curvas. Clique no botão **OK**.
    - Na caixa **Baseline and Region Parameters,** clique no botão **Set all Targets**.
    - Na caixa **Target Mapping,** selecione a superfície **TERRENO NATURAL** em todos os campos da categoria **Surfaces**.
    - Clique no campo **<None>** do componente **LaneSuperelevation AOR** do grupo **Left** da categoria **Width Or Offset Targets**.
    - Na caixa de diálogo **Set Width Or Offset Target**, selecione a opção **Feature Lines, survey figures and polylines** no campo **Select object type to target**. Clique no botão **Select from drawing**.
    - Na área de desenho, selecione a **Polyline** presente no lado esquerdo do alinhamento **ALTERNATIVA-02** e pressione **Enter**.
    - Clique no botão **OK** na caixa de diálogo **Set Width Or Offset Target**.
    - Clique no botão **OK** na caixa **Target Mapping** (Figura 13.138).

Figura 13.137 Configuração para a construção do corredor para a alternativa 2.

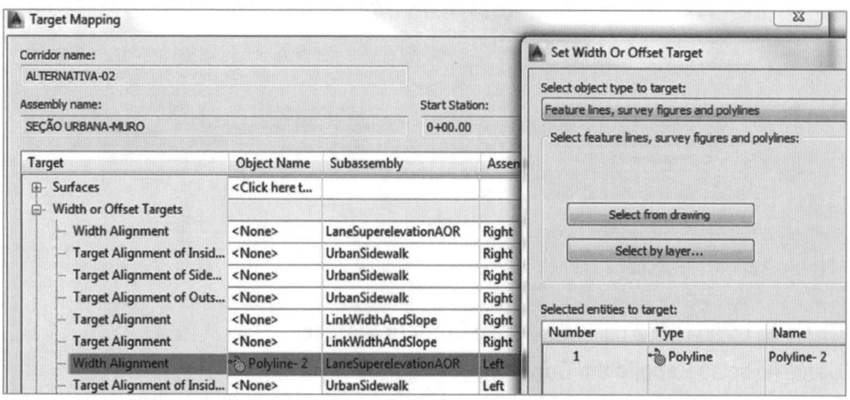

Figura 13.138 Configuração do alargamento da pista para a região da baia do projeto da alternativa 2.

- Clique no botão **OK** na caixa de diálogo **Baseline and Region Parameters**.

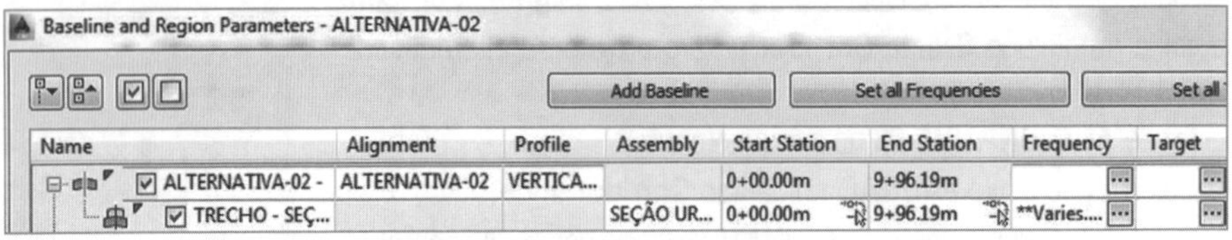

Figura 13.139 Configuração da região do modelo do corredor da alternativa 2.

- Clique no botão **Rebuild the Corridor** para concluir a construção do projeto da alternativa 2 e verifique o modelo do corredor presente na área de desenho.

14. Selecione o corredor **ALTERNATIVA-02** na área de desenho e acesse a ferramenta da ribbon contextual **Corridor → Modify Corridor → Corridor Surfaces**.
15. Na caixa de diálogo **Corridor Surfaces** (Figura 13.140):
    - Na aba **Surfaces**, clique no botão **(Create a Corridor Surface)** para criar a superfície do corredor.
    - Verifique o nome da superfície e substitua o estilo para **CURVAS-1&5 (GEOMETRIA)** na coluna **Surface style**.
    - Selecione o tipo **Links** no campo **Data types**.
    - Selecione o código **Datum** no campo **Specify code** e clique no botão **(Add Surface Item)**.
    - Habilite a opção da coluna **Add as Breakline** para forçar a criação dos triângulos verticais no modelo da superfície do projeto da alternativa 2.
    - Na aba **Boundaries**, clique com o botão direito do mouse sobre a superfície **ALTERNATIVA-02 - PROJETO** e selecione a opção **Corridor extents as outer boundary** para limitar os triângulos da superfície no contorno externo do modelo do corredor.

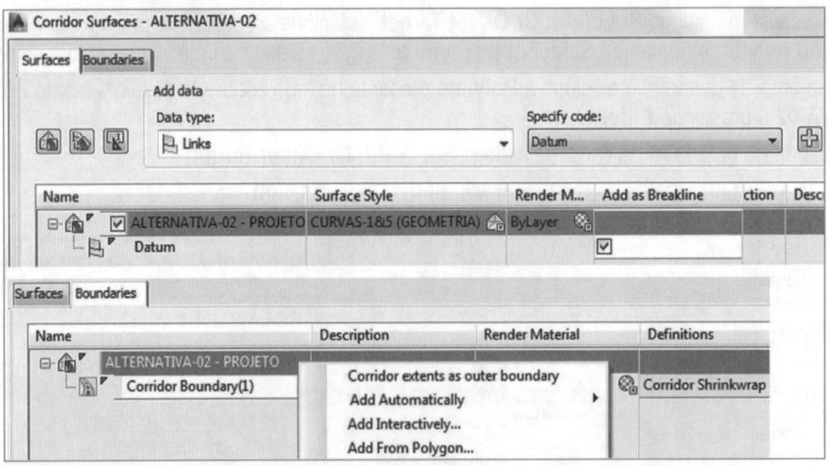

Figura 13.140 Opções para a construção da superfície do projeto da alternativa 2.

- Clique no botão **OK** na caixa de diálogo **Corridor Surfaces**.
- Clique no botão **Rebuild the Corridor**.

16. Verifique o modelo do corredor e da superfície projetada na área de desenho (Figura 13.141).

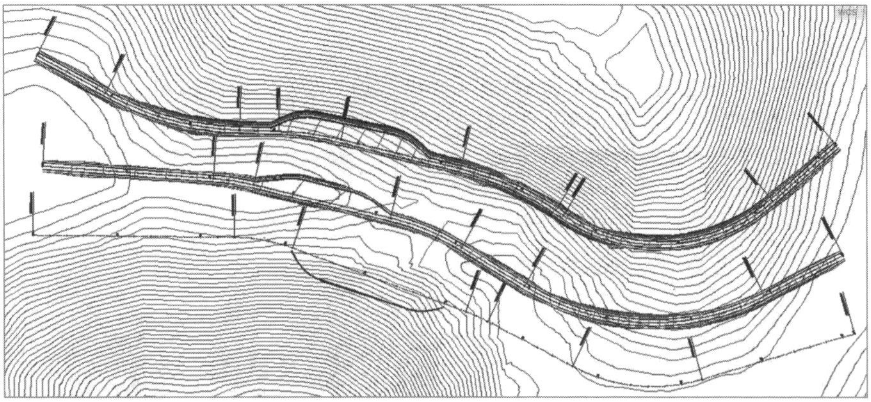

Figura 13.141 Modelos dos corredores projetados das alternativas 1 e 2.

17. Repita os procedimentos para criar o corredor da alternativa 3.
18. Selecione a ferramenta da ribbon **Home → Create Design → Corridor**.
19. Na caixa de diálogo **Create Corridor,** para o projeto da alternativa 3 (Figura 13.142):

Figura 13.142 Configurações para o corredor da alternativa 3.

- Digite **ALTERNATIVA-03** no campo **Name**.
- Selecione o estilo **PADRÃO** no campo **Corridor style**.
- Selecione o alinhamento **ALTERNATIVA-03** no campo **Alignment**.
- Selecione o perfil **VERTICAL-ALTERNATIVA-03** no campo **Profile**.
- Selecione **SEÇÃO URBANA-MURO** no campo **Assembly**.
- Selecione a superfície **TERRENO NATURAL** no campo **Target Surface**.
- Habilite a opção **Set baseline and region parameters**.
- Clique no botão **OK**.

20. Na caixa de diálogo **Baseline and Regions Parameters** (Figura 13.143):
    - Clique no botão **Set all Frequencies**.
    - Na caixa de diálogo **Frequency to Apply Assemblies** digite o intervalo de **5.000m** nos campos **Along curve**, **Along spirals** e **Along profile curves** para controlar a frequência de aplicação de *assemblies* nas curvas. Clique no botão **OK**.
    - Na caixa **Baseline and Region Parameters,** clique no botão **Set all Targets**.
    - Na caixa **Target Mapping,** selecione a superfície **TERRENO NATURAL** em todos os campos da categoria **Surfaces**.

- Clique no campo **<None>** do componente **LaneSuperelevationAOR** do grupo **Right** da categoria **Width Or Offset Targets**.
- Na caixa de diálogo **Set Width Or Offset Target**, selecione a opção **Feature Lines, survey figures and polylines** no campo **Select object type to target**. Clique no botão **Select from drawing**.
- Na área de desenho, selecione a *polyline* presente no lado direito do alinhamento **ALTERNATIVA-03** e pressione **Enter**.
- Clique no botão **OK** na caixa de diálogo **Set Width Or Offset Target**.
- Clique no botão **OK** na caixa **Target Mapping**.

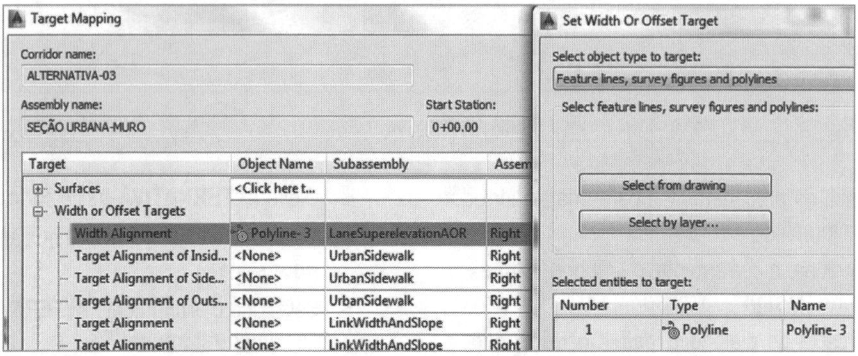

Figura 13.143 Configuração do alargamento da pista para a região da baia do projeto da alternativa 3.

- Clique no botão **OK** na caixa de diálogo **Baseline and Region Parameters**.
- Clique no botão **Rebuild the Corridor** para concluir a construção do projeto da alternativa 3 e verifique o modelo do corredor presente na área de desenho.

21. Selecione o corredor **ALTERNATIVA-03** na área de desenho e acesse a ferramenta da ribbon contextual **Corridor → Modify Corridor → Corridor Surfaces**.
22. Configure na caixa de diálogo **Corridor Surfaces**.

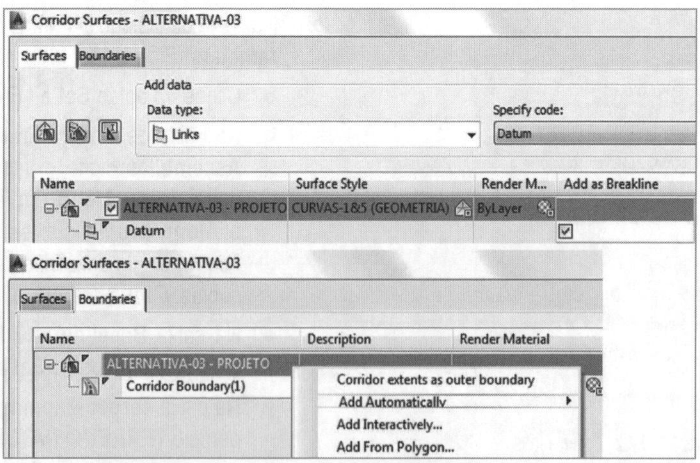

Figura 13.144 Configurações para a criação da superfície do projeto da alternativa 3.

- Na aba **Surfaces**, clique no botão (**Create a Corridor Surface**) para criar a superfície do corredor.
- Verifique o nome da superfície e substitua o estilo para **CURVAS-1&5 (GEOMETRIA)** na coluna **Surface Style**.
- Selecione o tipo **Links** no campo **Data types**.
- Selecione o código **Datum** no campo **Specify code** e clique no botão (**Add Surface Item**).
- Habilite a opção da coluna **Add as Breakline** para forçar a criação dos triângulos verticais no modelo da superfície do projeto da alternativa 3.
- Na aba **Boundaries**, clique com o botão direito do mouse sobre a superfície **ALTERNATIVA-03 - PROJETO** e selecione a opção **Corridor extents as outer boundary** para limitar os triângulos da superfície no contorno externo do modelo do corredor.
- Clique no botão **OK** na caixa de diálogo **Corridor Surfaces**.
- Clique no botão **Rebuild the Corridor**.

23. Verifique os modelos dos corredores e das superfícies presentes na área de desenho.

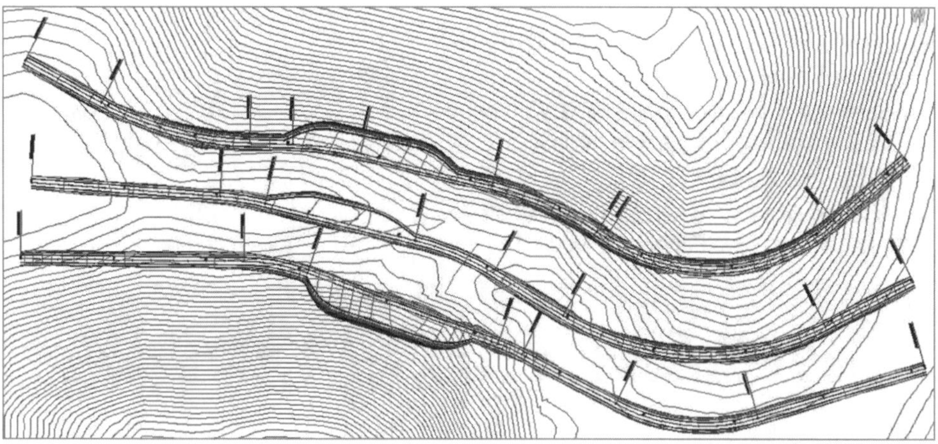

Figura 13.145 Configuração final dos modelos dos corredores e superfícies criados.

24. Selecione a ferramenta da ribbon **Analyse → Volumes and Materials → Volumes Dashboard** para analisar as composições volumétricas das alternativas projetadas.
25. Na aba **Volumes Dashboard** da janela **Panorama**, clique no botão (**Create a New Volume Surface**).
26. Na caixa de diálogo **Create Surface** (Figura 13.146):
    - Digite **VOLUME-ALTERNATIVA-01** no campo **Name**.
    - Selecione o estilo **MAPA DE ELEVAÇÕES** no campo **Style**.
    - Selecione a superfície **TERRENO NATURAL** no campo **Base Surface**.
    - Selecione a superfície **ALTERNATIVA-01-PROJETO** no campo **Comparison Surface**.
    - Clique no botão **OK**.

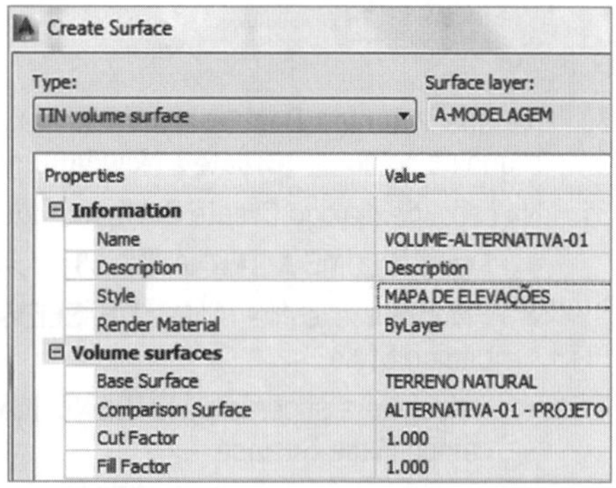

Figura 13.146 Configuração para a superfície de volume do projeto da alternativa 1.

27. Verifique as informações volumétricas do projeto da alternativa 1 exibidas na janela **Panorama** (Figura 13.147).

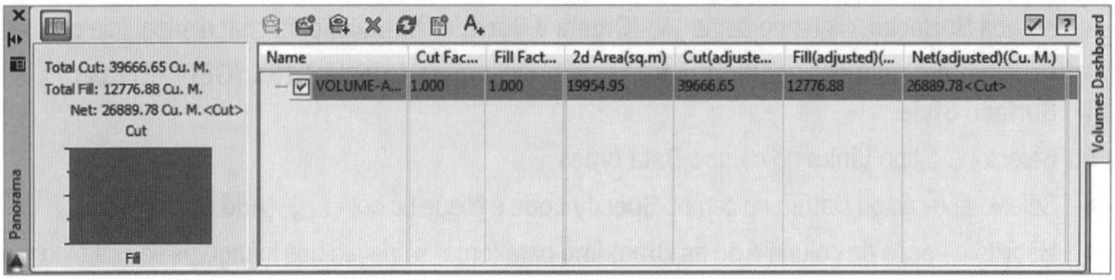

Figura 13.147 Informações volumétricas exibidas na aba Volumes Dashboard da janela Panorama.

28. Na aba **Volumes Dashboard** da janela **Panorama**, clique no botão (**Create a New Volume Surface**).
    - Na caixa de diálogo **Create Surface** (Figura 13.148):
    - Digite **VOLUME-ALTERNATIVA-02** no campo **Name**.
    - Selecione o estilo **MAPA DE ELEVAÇÕES** no campo **Style**.
    - Selecione a superfície **TERRENO NATURAL** no campo **Base Surface**.
    - Selecione a superfície **ALTERNATIVA-02-PROJETO** no campo **Comparison Surface**.
    - Clique no botão **OK**.
29. Verifique as informações volumétricas nas alternativas exibidas na janela **Panorama** (Figura 13.149).

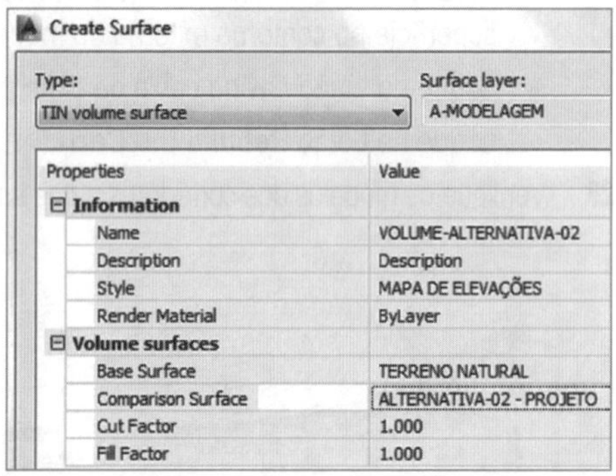

Figura 13.148 Configuração para a superfície de volume do projeto da alternativa 2.

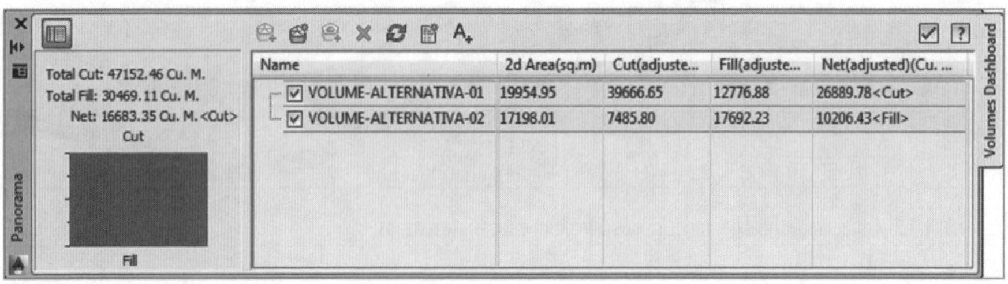

Figura 13.149 Informações volumétricas das alternativas 1 e 2.

30. Na aba **Volumes Dashboard** da janela **Panorama**, clique no botão (**Create a New Volume Surface**).
31. Na caixa de diálogo **Create Surface** (Figura 13.150):
    - Digite **VOLUME-ALTERNATIVA-03** no campo **Name**.
    - Selecione o estilo **MAPA DE ELEVAÇÕES** no campo **Style**.
    - Selecione a superfície **TERRENO NATURAL** no campo **Base Surface**.
    - Selecione a superfície **ALTERNATIVA-03-PROJETO** no campo **Comparison Surface**.
    - Clique no botão **OK**.
32. Verifique as informações volumétricas das alternativas exibidas na janela **Panorama** (Figura 13.151).

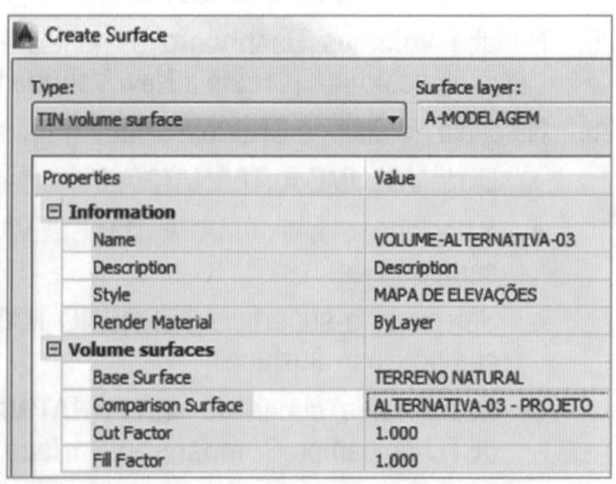

Figura 13.150 Configuração para a superfície de volume do projeto da alternativa 3.

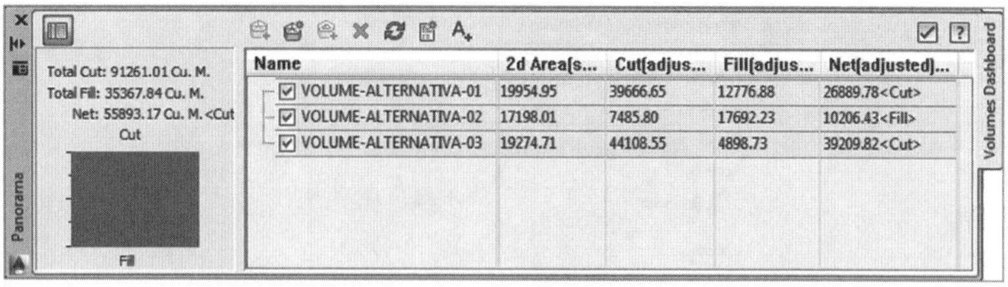

Figura 13.151 Informações volumétricas das três alternativas projetadas.

33. Na aba **Volumes Dashboard** da janela **Panorama**, clique no botão (**Generate Cut/Fill Report**) para exibir o relatório volumétrico das alternativas projetadas.

Cut/Fill Report

Generated: 2013-09-14 01:31:33

By user: marcus.cardoso

Volume Summary

Name	Type	Cut Factor	Fill Factor	2d Area (sq.m)	Cut (Cu. M.)	Fill (Cu. M.)	Net (Cu. M.)
VOLUME-ALTERNATIVA-01	full	1.000	1.000	19954.95	39666.65	12776.88	26889.78<Cut>
VOLUME-ALTERNATIVA-02	full	1.000	1.000	17198.01	7485.80	17692.23	10206.43<Fill>
VOLUME-ALTERNATIVA-03	full	1.000	1.000	19274.71	44108.55	4898.73	39209.82<Cut>

Totals

	2d Area (sq.m)	Cut (Cu. M.)	Fill (Cu. M.)	Net (Cu. M.)
Total	56427.67	91261.01	35367.84	55893.17<Cut>

* Value adjusted by cut or fill factor other than 1.0

Figura 13.152 Relatório volumétrico das alternativas projetadas.

34. Selecione a superfície da alternativa desejada e acesse a ferramenta da ribbon contextual **TIN volume surface → Modify → Surface Properties**.

35. Na aba **Analysis** da caixa de diálogo **Surface Properties**, digite **2** no quadro **Create Ranges By** e clique no botão (**Run Analysis**).

36. No quadro **Range Details**, regule o valor das faixas de elevações nas **colunas Minimum Elevation** e **Maximum Elevation**. Escolha as cores desejadas para corte e aterro na coluna **Color Scheme** (Figura 13.153).

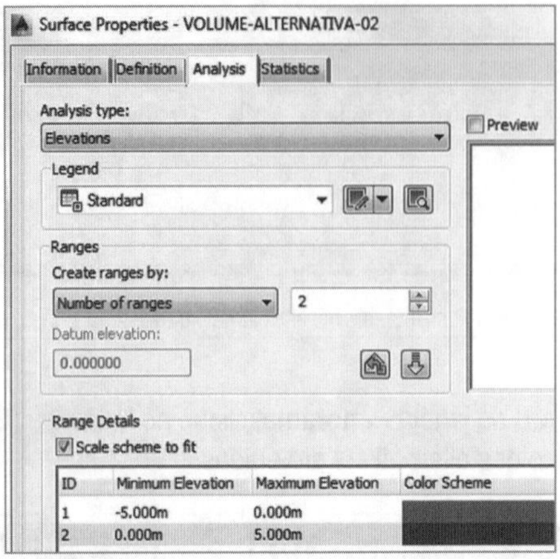

Figura 13.153 Opções para a configuração do mapa de manchas de corte e aterro do projeto.

37. Clique no botão **OK** e observe as manchas de corte e aterro na alternativa escolhida do projeto exibidas na área de desenho.

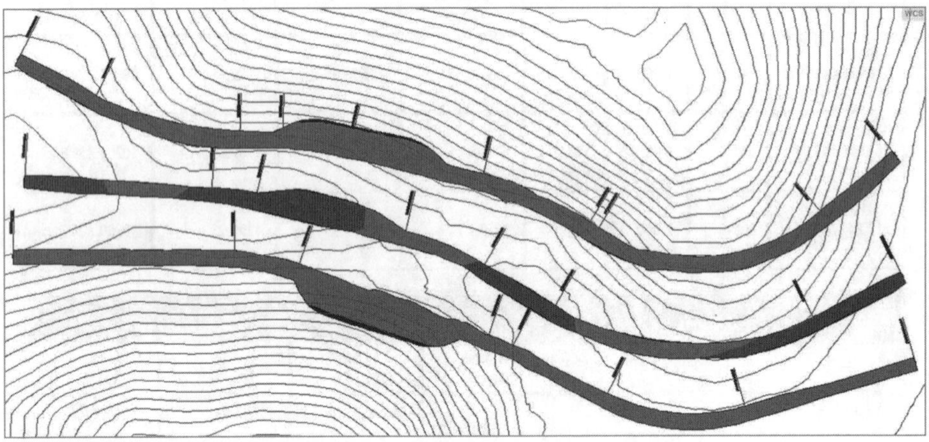

Figura 13.154 Mapa com as manchas de corte e aterro da alternativa 2 do projeto viário.

14 Seções Transversais do Projeto

As seções transversais são utilizadas no fluxo dos projetos de infraestrutura para verificar as condições e as características do terreno topográfico, além de permitirem a representação e a análise do comportamento do modelo de projetos lineares ao longo de sua extensão.

A extração dos volumes por estacas também é um dos atributos fornecidos pelas seções transversais nos projetos de infraestrutura. É possível configurar os gráficos das seções transversais (*section views*) por meio dos estilos, para exibir as informações da topografia e do projeto, além dos rótulos com os dados de notas de serviço.

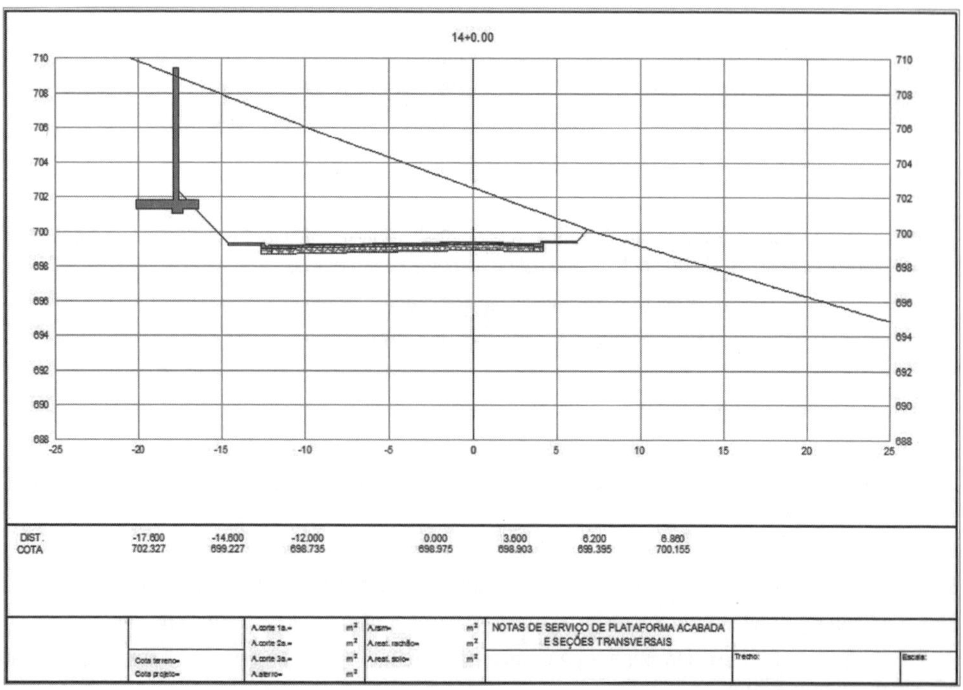

Figura 14.1 Seção transversal do projeto viário.

Os gráficos das seções transversais exibem de forma dinâmica as informações resultantes dos modelos da superfície topográfica, da superfície projetada e do modelo do corredor projetado Não é possível modificar o projeto diretamente no gráfico das seções transversais; é possível apenas controlar a representação dessas informações presentes nos modelos.

Dessa forma, para alterar as informações dos modelos exibidos nos gráficos das seções transversais, é necessário manipular diretamente os elementos construtivos dos modelos das superfícies e dos corredores, por exemplo, os traçados geométricos e os *assemblies*.

14.1 Definição das seções transversais – sample lines

As **sample lines** são as linhas que representam a localização das seções na vista em planta para, posteriormente, representá-las pelos gráficos das seções transversais. É possível controlar o posicionamento e o comprimento das seções transversais por meio das configurações dos grupos de *sample lines*.

A caixa de diálogo **Create Sample Line Group** permite a seleção de estilos para representar as linhas e os rótulos para as *sample lines* na vista em planta, além de possibilitar a escolha dos estilos de representação dos dados dos modelos de superfícies e corredores presentes no projeto.

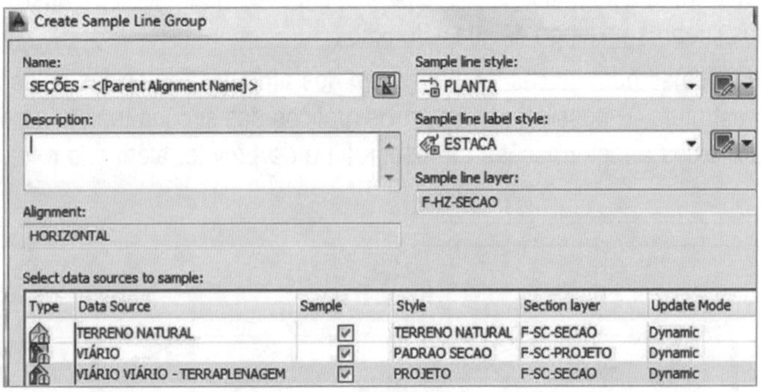

Figura 14.2 Caixa de diálogo Create Sample Line Group.

A barra de ferramentas **Sample Line Tools** exibe os recursos para a definição e a manipulação das *samples lines* ao longo da extensão do alinhamento horizontal ou do corredor projetado.

Figura 14.3 Barra de Ferramentas Sample Line Tools.

Os grupos de *sample lines* (*sample line group*) podem ser criados utilizando as ferramentas disponíveis na barra **Sample Line Tools**:

- **At a Station:** ferramenta de criação de *sample lines* por seleção de estacas.
- **By Range of Stations:** ferramenta que determina um intervalo entre as estacas desejadas.
- **Select a Existing Polyline:** ferramenta que permite selecionar uma *polyline* existente no desenho.
- **Pick Points on a Screen:** ferramenta para selecionar manualmente os pontos iniciais e finais para a criação das **sample lines**.
- **From Corridor Stations:** ferramenta para a criação de *sample lines* para todas as estacas ao longo do corredor, as quais são controladas pela frequência de aplicação dos *assemblies* no modelo do corredor.

14.1.1 Criação de sample lines por estacas – by station range

Ao selecionar a ferramenta **By Range Of Stations,** presente na barra de ferramentas **Sample Line Tools**, a caixa de diálogo **Create Sample Lines - By Station Range** será exibida para auxiliar na automatização do processo de criação das *sample lines* ao longo de um alinhamento horizontal selecionado, e seus parâmetros e suas propriedades são definidos por (Figura 14.4):

General: propriedade que exibe o nome do alinhamento horizontal.

Station Range: propriedade que determina as estacas inicial e final do alinhamento para a criação das *sample lines.*

Left Swath Width: propriedade utilizada para configurar a largura da *sample line* para o lado esquerdo do alinhamento. O campo **Snap to an alignment** permite prolongar ou limitar o tamanho da *sample line* sobre a geometria de um alinhamento desejado. O campo **Width** controla a largura da *sample line.*

Right Swath Width: propriedade utilizada para configurar a largura da *sample line* para o lado direito do alinhamento. O campo **Snap to an alignment** permite prolongar ou limitar o tamanho da *sample line* sobre a geometria de um alinhamento desejado. O campo **Width** controla a largura da *sample line.*

Sampling Increments: propriedade que controla a distância de aplicação de cada *sample line* ao longo do alinhamento. Normalmente, essa distância é configurada para cada 20 metros nos projetos.

Additional Sample Controls: propriedade que controla a aplicação de sample lines adicionais, como no início e no final do alinhamento, os pontos notáveis e a mudança de superelevação ao longo do alinhamento horizontal (Figura 14.5).

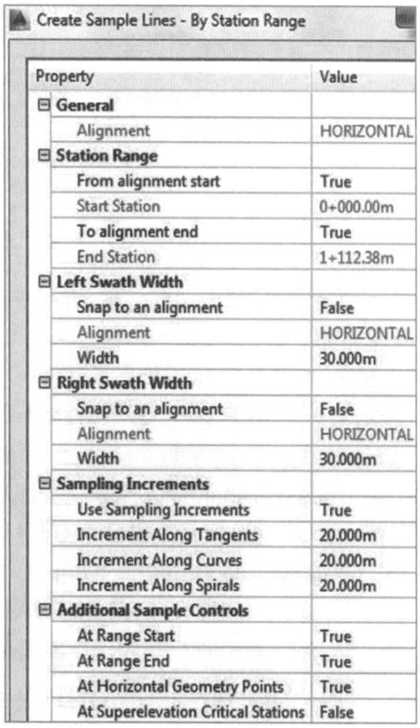
Create Sample Lines - By Station Range

Property	Value
⊟ General	
Alignment	HORIZONTAL
⊟ Station Range	
From alignment start	True
Start Station	0+000.00m
To alignment end	True
End Station	1+112.38m
⊟ Left Swath Width	
Snap to an alignment	False
Alignment	HORIZONTAL
Width	30.000m
⊟ Right Swath Width	
Snap to an alignment	False
Alignment	HORIZONTAL
Width	30.000m
⊟ Sampling Increments	
Use Sampling Increments	True
Increment Along Tangents	20.000m
Increment Along Curves	20.000m
Increment Along Spirals	20.000m
⊟ Additional Sample Controls	
At Range Start	True
At Range End	True
At Horizontal Geometry Points	True
At Superelevation Critical Stations	False

Figura 14.4 Configurações para a criação automatizada de sample lines.

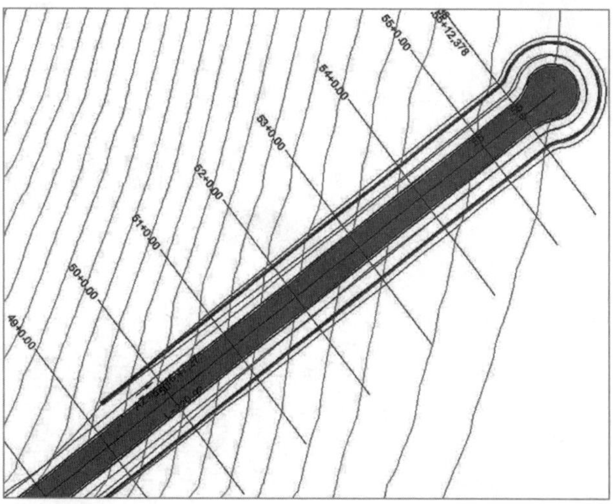

Figura 14.5 Grupo de sample lines aplicadas no alinhamento horizontal do corredor.

As configurações dos parâmetros das *sample lines* podem ser alteradas posteriormente por meio da caixa de diálogo **Sample Line Group Properties**.

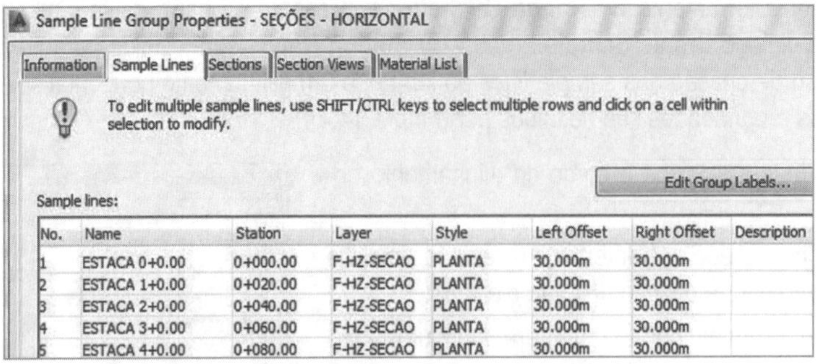

Figura 14.6 Caixa Sample Line Group Properties para controle das sample lines.

O seguinte exemplo ilustra os procedimentos para a definição das *sample lines* no intervalo de 20 metros ao longo do projeto.

Agora, estude o exemplo a seguir:

1. Abra o arquivo **14-1-1_ DEFINIÇÃO_SEÇÕES.DWG**, disponível no site da Editora Érica.
2. Selecione a ferramenta da ribbon **Home → Profile & Section Views → Sample Lines**.
3. Selecione o alinhamento **HORIZONTAL** na área de desenho ou pressione a tecla **Enter** para acessar a caixa de diálogo **Select Alignment** e clique no botão **OK**.
4. Na caixa de diálogo **Create Sample Line Groups**:
   - Selecione o estilo **TERRENO NATURAL** para a superfície **TERRENO NATURAL** no campo **Style**.
   - Selecione o estilo **PADRAO SECAO** para o corredor **VIÁRIO** no campo **Style**.
   - Selecione o estilo **PROJETO** para a superfície VIÁRIO **VIÁRIO - TERRAPLENAGEM** no campo **Style**.
   - Clique no botão **OK**.
5. Na barra de ferramentas **Sample Line Tools,** selecione a ferramenta (*By Range of Stations*).
6. Na caixa de diálogo **Create Sample Lines - By Station Range**, determine os valores de **20.000m** para **Sampling Increments** e **30.000m** para a largura do lado esquerdo e direito das *sample lines*. Clique no botão **OK** (Figura 14.7).

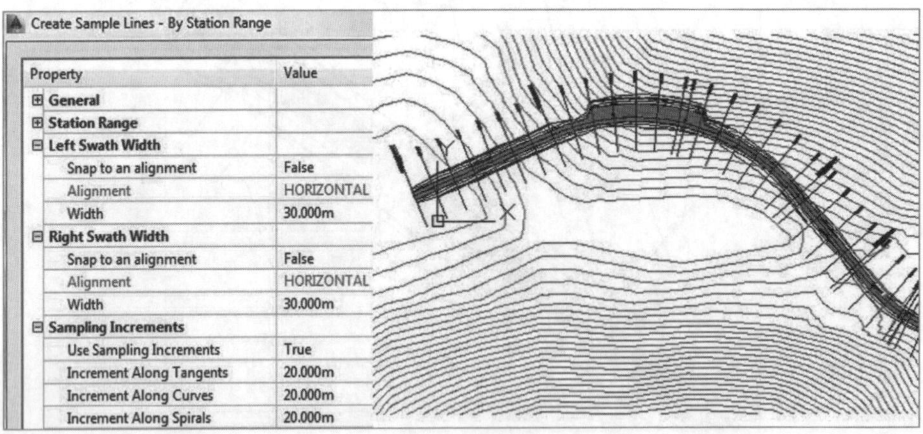

Figura 14.7 Configuração final das sample lines.

7. Pressione a tecla **Enter** para finalizar e criar as *sample lines* na área de desenho.
8. É possível reposicionar as *sample lines* diretamente no desenho por meio de seus *grips* ou da caixa **Sample Line Group Properties**.
9. Selecione uma *sample line* no desenho e acesse a ferramenta da ribbon contextual **Sample Line → Modify → Group Properties**.
10. Na aba **Sample Lines** da caixa **Sample Line Group Properties**, identifique a lista de *sample lines*, seus nomes, estacas e tamanhos (*Left/Right Offset*). Clique no botão **OK**.
11. Selecione uma *sample line* no desenho e acesse a ferramenta da ribbon contextual **Sample Line → Modify → Sample More Sources**.
12. A caixa de diálogo Selection Sorces permite adicionar *(Add)* ou remover *(Remove)* modelos de corredores e superfícies disponíveis no quadro **Available Sources** na definição das *sample lines* para exibição nos gráficos das seções transversais. Clique no botão **OK**.
13. A substituição ou remontagem das *sample lines* existentes pode ser feita aplicando novamente a ferramenta da ribbon **Home → Profile & Section Views → Sample Lines**.
14. Selecione o alinhamento horizontal na área de desenho ou pressione **Enter** para selecioná-lo na lista da caixa **Select Alignment**.
15. Na barra de ferramentas **Sample Line Tools,** selecione a ferramenta **By Range of Stations**. Na caixa **Create Sample Line,** altere os valores dos campos **Sampling Increment** para **10.000m** e clique no botão **OK**.
16. Na caixa **Create Sample Lines By Range of Stations - Resolve Duplicates**, habilite a opção **Delete Existing List** para apagar as *sample lines* existentes e substituir pelas novas. Clique no botão **OK**.
17. Na área de desenho, pressione a tecla **Enter** para concluir.
18. Verifique o novo arranjo das *sample lines* no desenho.
19. Feche o arquivo.

14.2 Gráficos das seções transversais – section views

As **section views** são objetos que representam os gráficos das seções transversais dos projetos, e a configuração de seus estilos (*section view styles*) possibilita personalizar os gráficos das seções para a representação dos modelos de superfícies e corredores na vista transversal. A criação das vistas das seções transversais só será possível após a definição dos grupos de *sample lines*.

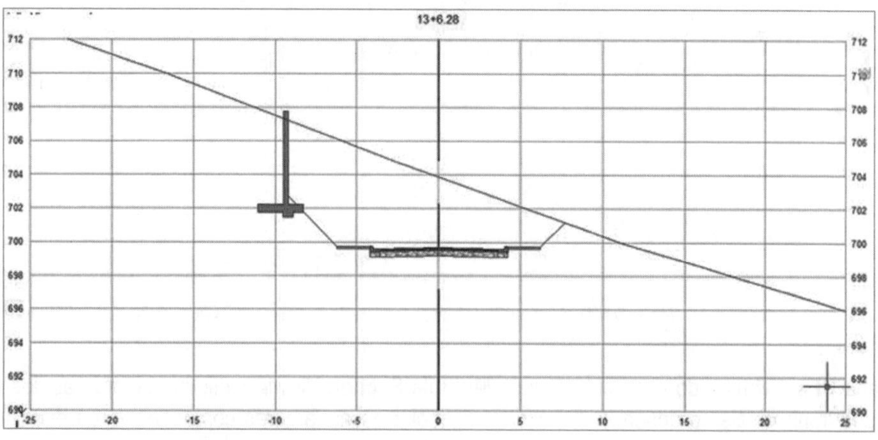

Figura 14.8 Gráfico da seção transversal do projeto.

A criação das seções transversais é efetuada por meio do assistente acionado pela ribbon **Home → Profile & Section Views → Section Views → Create Multiple Views**, que, por suas abas, auxilia durante o processo de arranjo e distribuição dos gráficos das seções no desenho. A aba **General** permite selecionar o alinhamento e o grupo de *sample lines*, além da definição do intervalo de estacas, do nome e do estilo para as seções transversais.

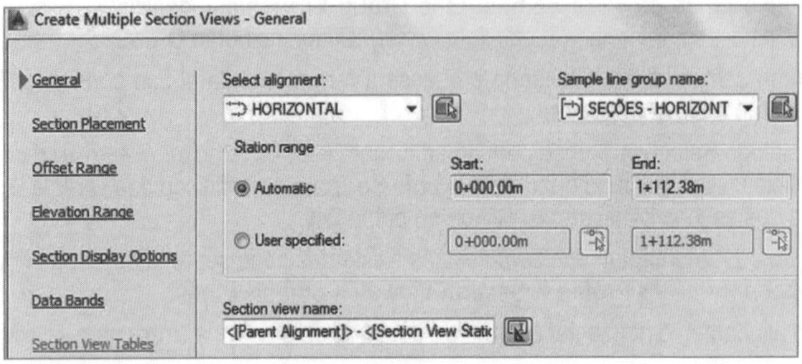

Figura 14.9 Aba General do assistente Create Multiple Section Views.

A aba **Section Placement** do assistente auxilia na criação das folhas com as seções transversais para a documentação do projeto. A ferramenta **Production** permite a utilização das seções inseridas no desenho (*Model Space*) para a criação das folhas de seções transversais utilizando os *layouts* (*Paper Space*) do AutoCAD. Esse recurso requer a definição prévia de arquivos de templates montados com os formatos e os carimbos definidos em suas abas de *layouts*.

A opção **Draft** posiciona as seções transversais na área de desenho. Os estilos de **Group Plot Style** permitem configurar a disposição das seções inseridas no desenho. Por meio desses estilos, é possível controlar os espaçamentos horizontais e verticais entre as seções transversais.

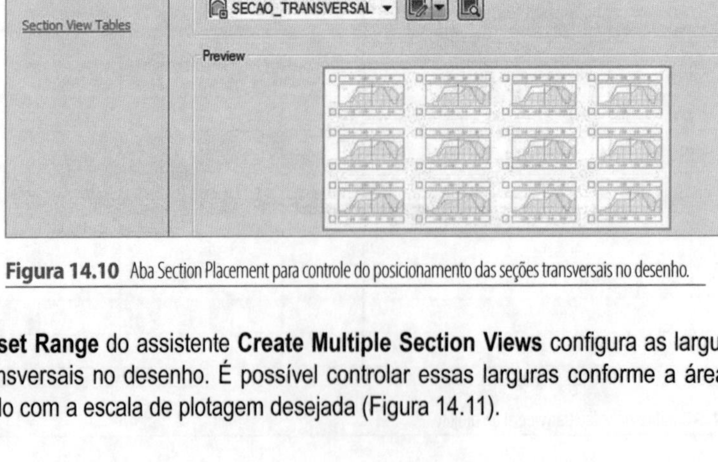

Figura 14.10 Aba Section Placement para controle do posicionamento das seções transversais no desenho.

A aba **Offset Range** do assistente **Create Multiple Section Views** configura as larguras dos gráficos das seções transversais no desenho. É possível controlar essas larguras conforme a área disponível das folhas, de acordo com a escala de plotagem desejada (Figura 14.11).

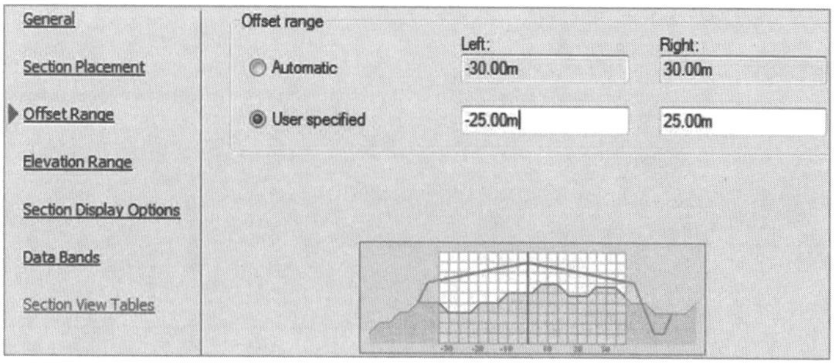

Figura 14.11 Aba Offset Range para a configuração das larguras dos gráficos das seções transversais.

A aba **Elevation Range** do assistente auxilia na configuração da altura dos gráficos das seções transversais. Dependendo do tipo de projeto, é necessário controlar a altura das seções para a acomodação nas folhas dos desenhos.

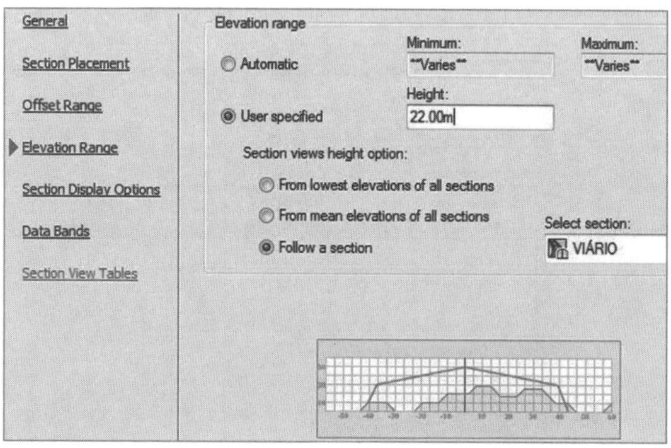

Figura 14.12 Aba Elevation Range do assistente para controle das alturas das seções transversais.

A aba **Section Display Options** do assistente **Create Multiple Section Views** permite selecionar os estilos para a representação dos rótulos e das seções dos modelos de superfície e corredores, exibidos nos gráficos das seções transversais.

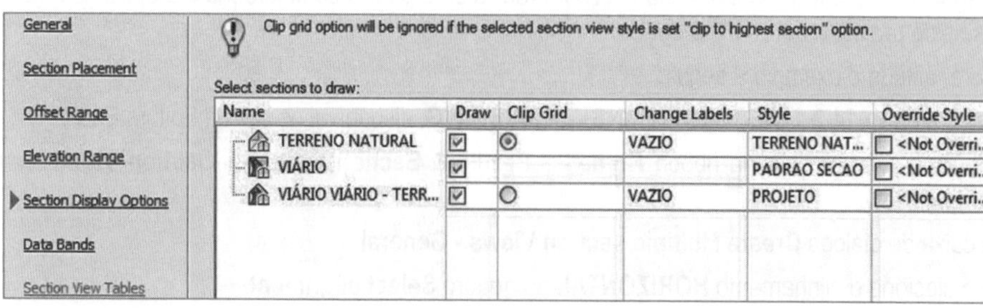

Figura 14.13 Opções de representação das seções presentes na aba Section Display Options do assistente.

A aba **Data Bands** do assistente configura os rótulos para a exibição no rodapé das seções transversais, para a qual é possível configurar diversas representações; em alguns casos, é possível apresentar as informações de notas de serviço configurando os estilos de **Band Set**.

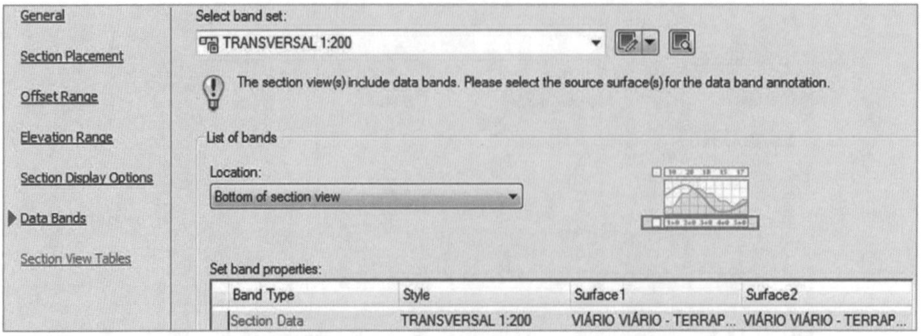

Figura 14.14 Aba Data Band para configurar as informações exibidas nos rodapés das seções transversais.

A aba **Section View Table** do assistente **Create Multiple Section Views** permite a adição das tabelas com as áreas e os volumes em cada seção transversal. A utilização dessa ferramenta requer a definição prévia do cálculo do volume por estacas do projeto por meio do recurso **Compute Materials**.

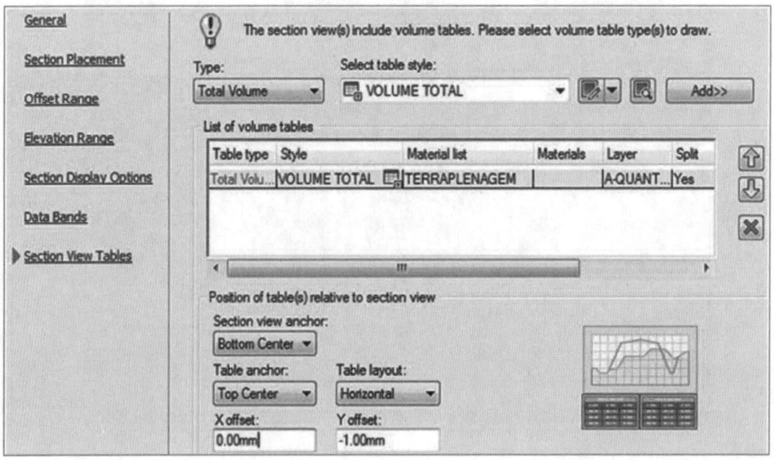

Figura 14.15 Aba Section View Tables do assistente para a configuração de tabelas de volumes nas seções.

A seguinte sequência mostra como acessar o assistente para a configuração e a aplicação das seções transversais do projeto na área de desenho.

Agora, estude o exemplo a seguir:

1. Abra o arquivo **14-2-1_SEÇÕES_TRANSVERSAIS.DWG**, disponível no site da Editora Érica.
2. Selecione a ferramenta da ribbon **Home → Profile & Section Views → Section Views → Create Multiple Views**.
3. Na caixa de diálogo **Create Multiple section Views - General**:
   - Selecione o alinhamento **HORIZONTAL** no quadro **Select alignment**.
   - Selecione o grupo de *sample lines* **SEÇÕES-ALINHAMENTO** no campo **Sample line group name**.
   - Habilite a opção **Automatic** no quadro **Station range** para selecionar todas as estacas do alinhamento.
   - Selecione o estilo **SECAO_200** no campo **Section view style**.
   - Clique no botão **Next**.

4. Na caixa de diálogo **Create Multiple section Views - Section Placement** (Figura 14.16):
   - Habilite a opção **Draft - Place sections in a grid in model space** para posicionar os gráficos das seções transversais na área de desenho.
   - Selecione o estilo **SECAO_TRANSVERSAL** no quadro **Group Plot Style**.
   - Clique no botão **Next**.

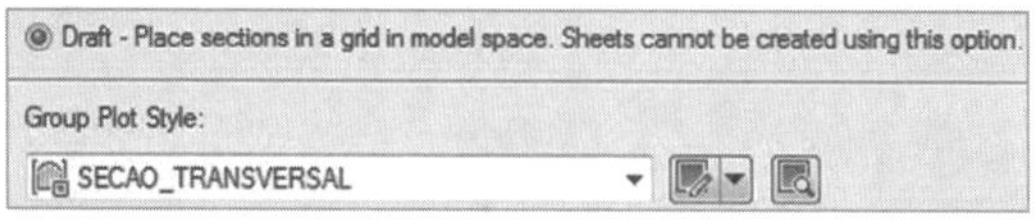

Figura 14.16 Opção de posicionamento das seções na área de desenho.

5. Na caixa de diálogo **Create Multiple section Views - Offset Range** (Figura 14.17):
   - Habilite a opção **User specified** e digite **-25.00m** no quadro **Left** e **25.00m** no quadro **Right** para definir as larguras dos gráficos das seções transversais.
   - Clique no botão **Next**.

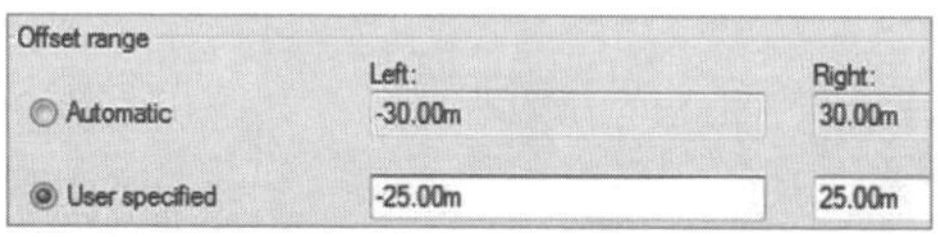

Figura 14.17 Configuração das larguras das seções transversais.

6. Na caixa de diálogo **Create Multiple section Views - Elevation Range** (Figura 14.18):
   - Habilite a opção **User specified** e digite **22.00m** no quadro **Height** para definir a altura dos gráficos das seções transversais.
   - Habilite a opção **Follow a section**.
   - Selecione a seção do corredor **VIÁRIO** no quadro **Select section** para orientar as seções através do corredor projetado.
   - Clique no botão **Next**.

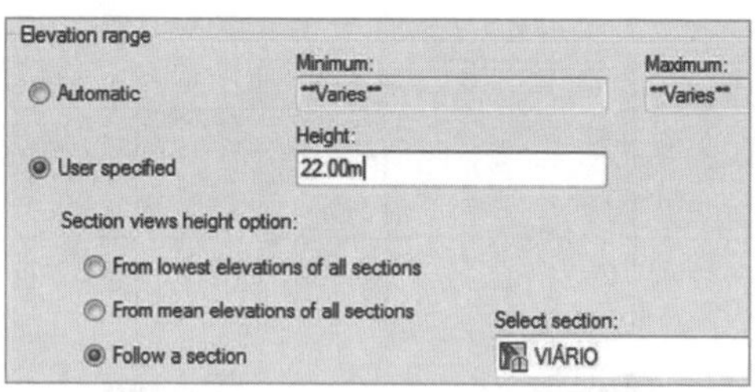

Figura 14.18 Configurações para a altura das seções transversais.

7. Na caixa de diálogo **Create Multiple section Views - Section Display Options**:
   - Verifique os estilos selecionados para as superfícies e o corredor.
   - Clique no botão **Next**.
8. Na caixa de diálogo **Create Multiple section Views - Data Bands**:
   - Selecione o estilo **Transversal 1:200** no quadro **Select Band Set** para determinar a configuração das informações exibidas no rodapé dos gráficos das seções transversais.

- No campo **Location,** selecione a opção **Bottom of Section View**.
- Clique no botão **Create Section Views**.
- Posicione as seções transversais na área de desenho.

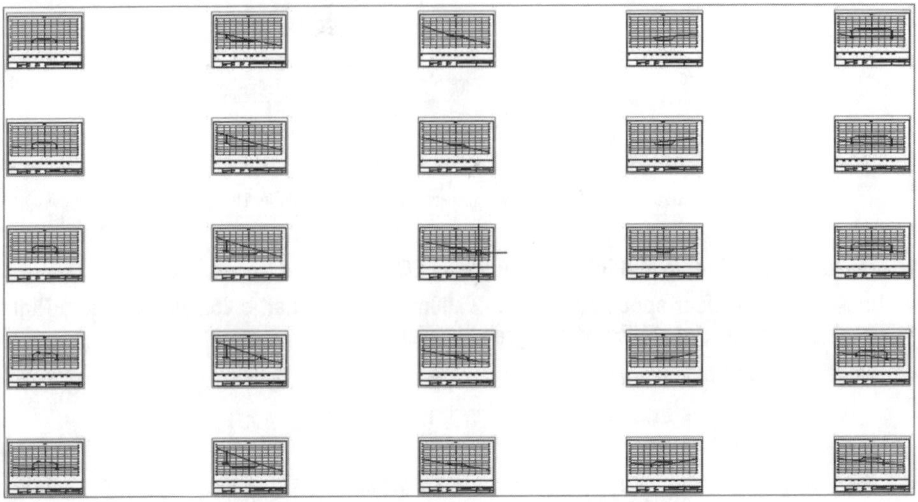

Figura 14.19 Posicionamento das seções transversais no desenho.

14.3 Superelevação

A ferramenta **Superelevation** auxilia na elaboração do cálculo das inclinações transversais dos modelos de corredores construídos para projetos de rodovias e vias urbanas. Já a ferramenta **Cant** possui os parâmetros transversais específicos para o desenvolvimento de projetos ferroviários. As superelevações têm a finalidade de agir contra a força centrífuga nas curvas, permitindo uma dirigibilidade segura dos veículos ao longo das curvas.

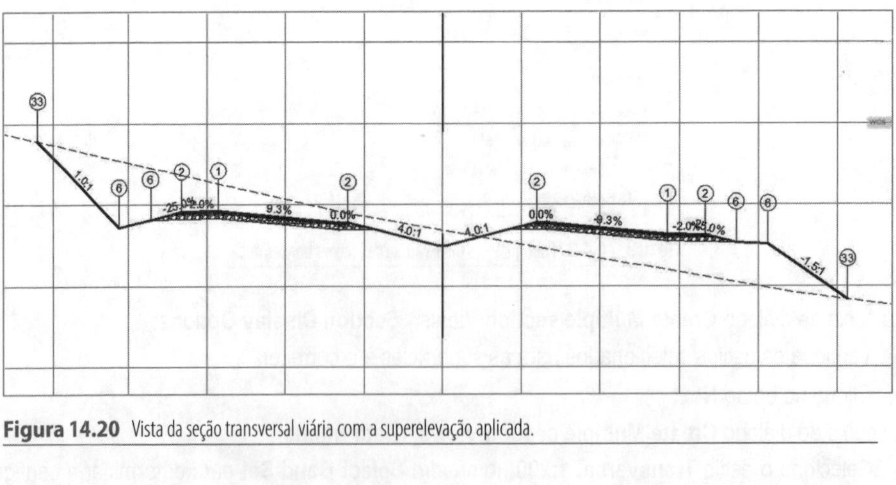

Figura 14.20 Vista da seção transversal viária com a superelevação aplicada.

As ferramentas **Calculate Superelevation** e **Calculate Cant** auxiliam no processo de elaboração dos cálculos para aplicação das superelevações nos projetos. Esses assistentes guiam passo a passo a configuração dos parâmetros, a definição da aplicabilidade do projeto e a seleção de critérios normativos. Os assistentes para a configuração dos parâmetros de superelevação podem ser acessados pela ribbon contextual **Alignment** ou pela ribbon **Corridor** → **Launch Pad** → **Superelevation**.

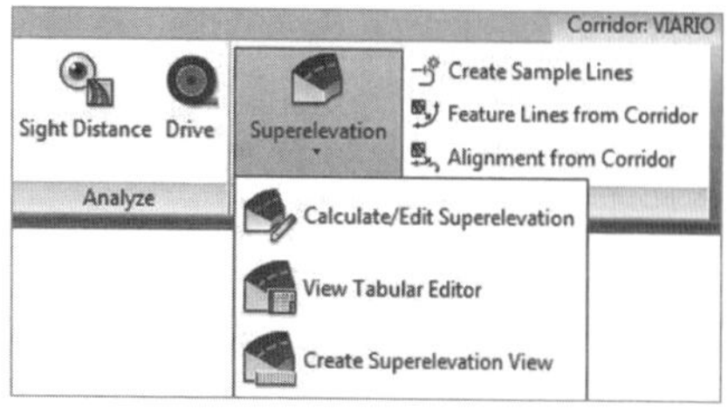

Figura 14.21 Acesso às ferramentas de superelevação.

A caixa de diálogo **Calculate Superelevation - Roadway Type** permite selecionar o tipo de via projetada; simples ou duplicada, coroada ou planar, além da definição do método de aplicação do giro da superelevação nas vias por meio do quadro **Pivot Method** (Figura 14.22).

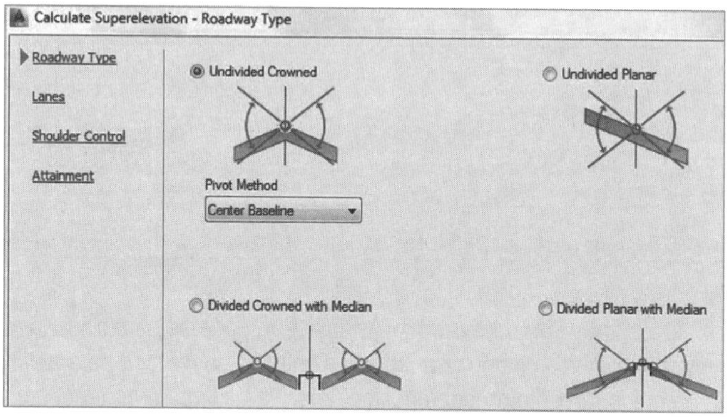

Figura 14.22 Seleção do tipo de via e métodos de aplicação da superelevação.

A caixa de diálogo **Calculate Superelevation - Lanes** controla o número de pistas, além dos parâmetros de largura e inclinação transversal para os trechos de tangentes do projeto.

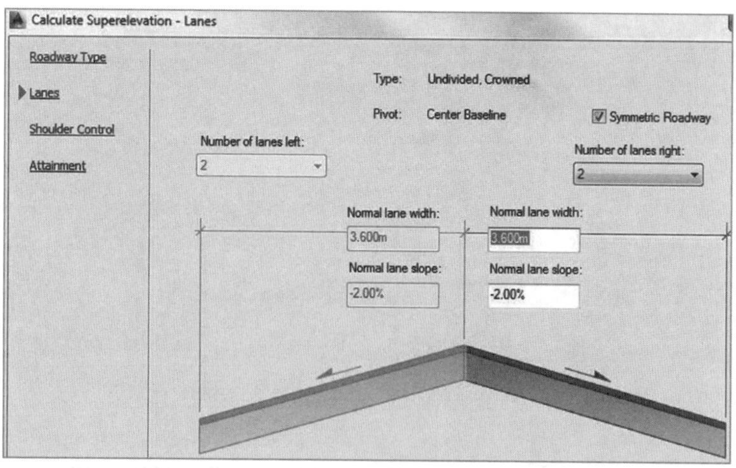

Figura 14.23 Configuração da largura da pista nas tangentes e números de pistas.

A caixa de diálogo **Calculate superelevation - Shoulder Control** auxilia na configuração dos parâmetros da superelevação para os acostamentos presentes nas vias projetadas. As opções do quadro **Shoulder Slope Treatment** controlam a direção da inclinação dos acostamentos nas regiões de superelevação.

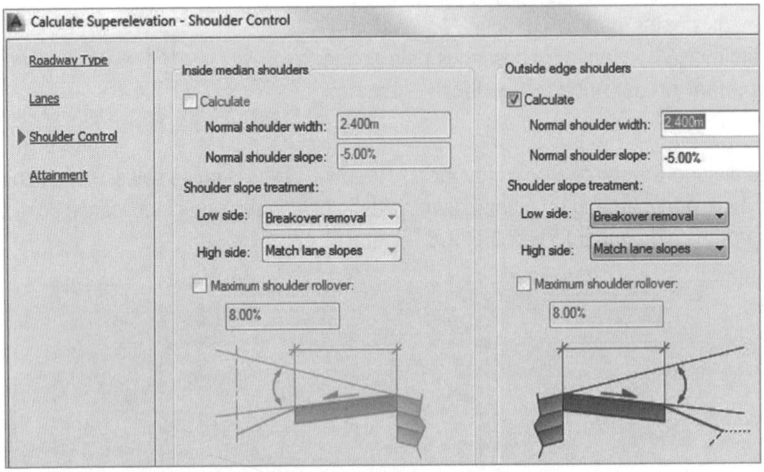

Figura 14.24 Opções de configuração da superelevação para os acostamentos.

Por meio da caixa **Calculate Superelevation - Attainment,** pode-se especificar a metodologia utilizada no cálculo da superelevação, como o critério normativo e a seleção do método para a aplicação da transição, bem como configurar o comportamento da sobreposição entre as curvas e as tangentes existentes na geometria do projeto.

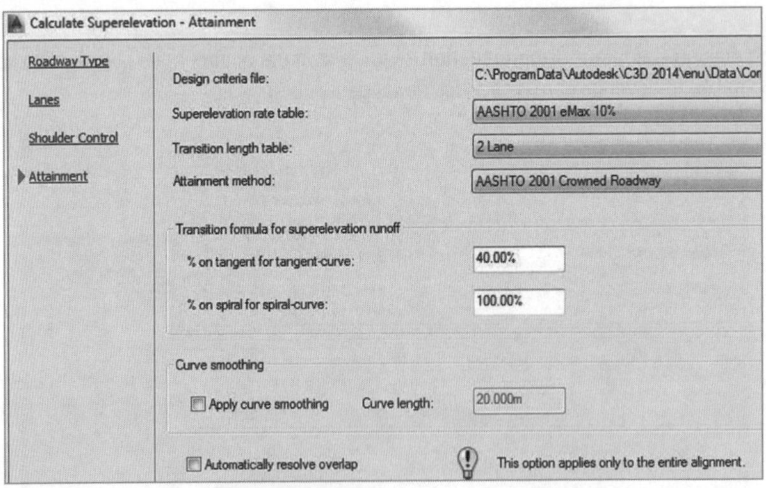

Figura 14.25 Opções de seleção do arquivo normativo para a aplicação da superelevação.

Para o cálculo da superelevação de projetos de ferrovias, pode-se acessar a caixa de diálogo **Calculate Cant - Railway Type** para determinar o método de giro do pivô e especificar a largura da bitola do projeto.

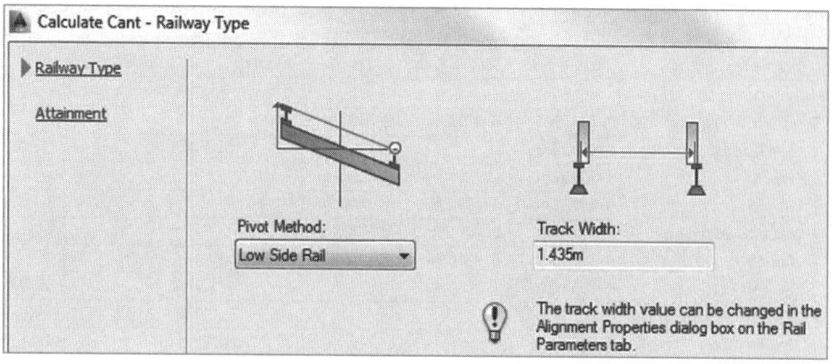

Figura 14.26 Assistente para a configuração dos parâmetros transversais para projetos de ferrovias.

A caixa **Calculate Cant - Attainment** permite especificar os parâmetros de equilíbrio, os critérios normativos e os métodos para a transição e a sobreposição das superelevações para as ferrovias projetadas.

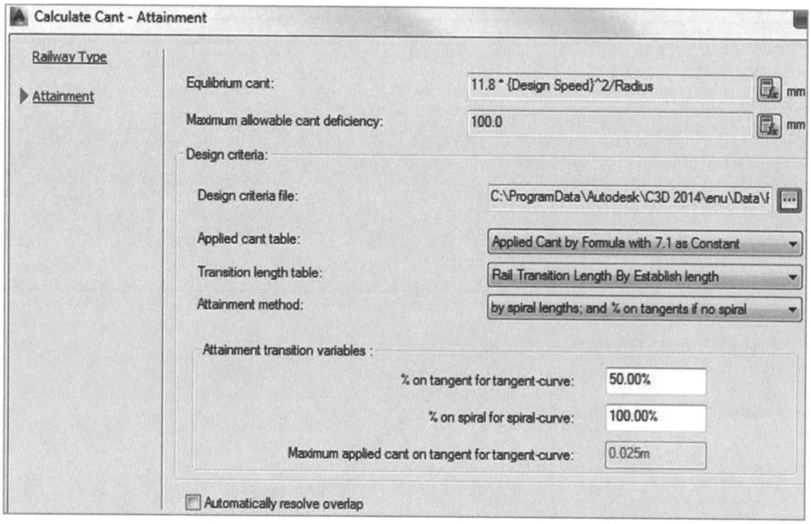

Figura 14.27 Opções de critérios normativos para a aplicação da superelevação em projetos de ferrovias.

É possível efetuar ajustes nos dados das superelevações calculadas nos projetos por meio da aba **Superelevation Tabular Editor** da janela **Panorama,** acessada pela ribbon contextual **Corridor** → **Launch Pad** → **Superelevation** → **View Tabular Editor** (Figura 14.28).

A aba **Superelevation Tabular Editor** permite efetuar ajustes precisos nos valores calculados para as superelevações do projeto, as colunas **Outside** controlam os valores para as pistas (*lanes*) e acostamentos (*shoulder*) externos e as colunas **Inside** manipulam os valores para as pistas e os acostamentos internos do projeto.

O gráfico das superelevações para as rodovias (*superelevation view*) e para as ferrovias (*cant view*) também pode ser posicionado nos desenhos dos projetos, para a visualização nos dados das superelevações projetadas e a edição nos valores por meio de seus *grips* (Figura 14.29).

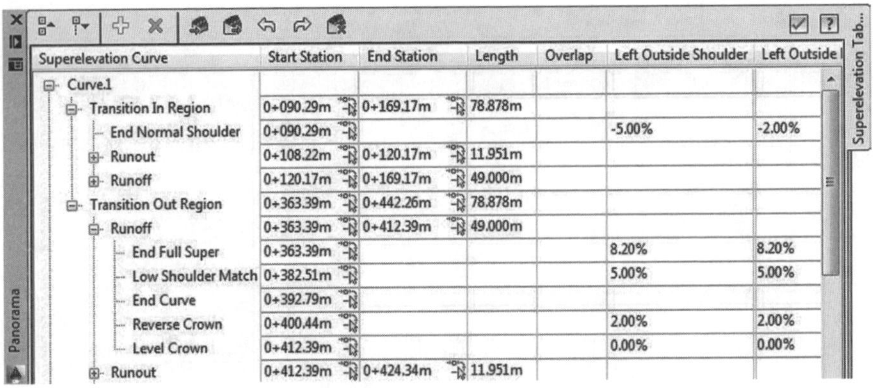

Figura 14.28 Aba Superelevation Tabular Editor para ajustes nos valores calculados da superelevação.

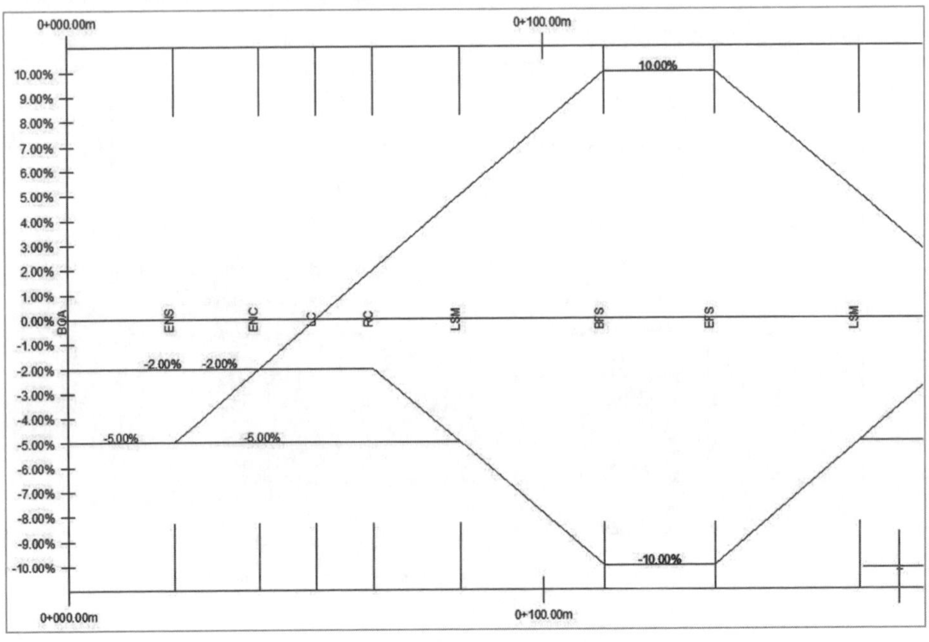

Figura 14.29 Gráfico de superelevação (superelevation view) do projeto viário.

14.4 Exercício – criação das seções transversais do projeto viário

Para calcular a superelevação nas vias projetadas, é necessário especificar a categoria do alinhamento e determinar o uso de superelevação nas pistas e nos acostamentos presentes nos *assemblies*. O resultado da superelevação calculada pode ser ajustado na forma tabular e visualizado nos gráficos das seções transversais.

O seguinte exercício ilustra os procedimentos para a configuração e o cálculo das superelevações, além da criação do gráfico com as informações das superelevações calculadas na via projetada.

Execute os procedimentos a seguir para concluir o exercício:

1. Abra o arquivo **14-4-1_PROJETO_SUPERELEVAÇÃO.DWG**, disponível no site da Editora Érica.
2. Selecione a ferramenta da ribbon **Home** → **Profile & Section Views** → **Sample Lines**.
3. Selecione o alinhamento **HORIZONTAL** na área de desenho ou pressione a tecla **Enter** para acessar a caixa de diálogo **Select Alignment**, selecione o alinhamento **HORIZONTAL** e clique no botão **OK**.
4. No quadro **Select Data Sources to Sample** da caixa de diálogo **Create Sample Line Groups** (Figura 14.30):
   - Selecione o estilo **TERRENO NATURAL** para a superfície **TERRENO NATURAL** no campo **STYLE**.
   - Selecione o estilo **PADRAO SECAO** para o corredor **VIÁRIO** no campo **Style**.
   - Selecione o estilo **INVISIVEL** para a superfície **VIÁRIO VIÁRIO - TERRAPLENAGEM** no campo **Style**.
   - Clique no botão **OK**.

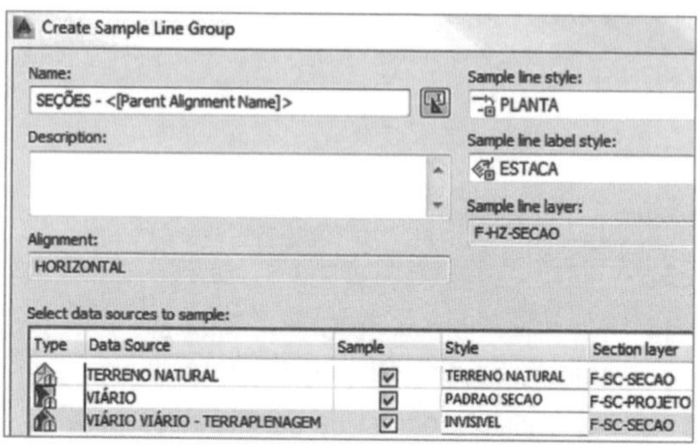

Figura 14.30 Configurações para a representação das linhas das sample lines.

5. Na barra de ferramentas **Sample Line Tools,** selecione a ferramenta (**By Range of Stations**).
6. Na caixa de diálogo **Create Sample Lines - By Station Range**, determine os valores de **20.000m** para **Sampling Increments** e **30.000m** para a largura do lado esquerdo e direito das *sample lines*. Clique no botão **OK** (Figura 14.31).

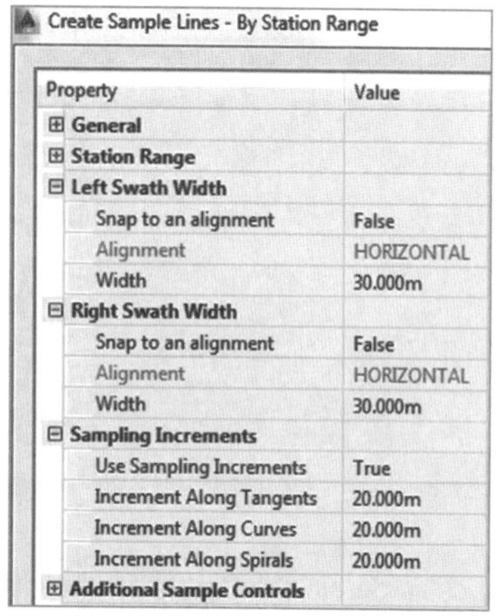

Figura 14.31 Configurações dos intervalos das sample lines.

7. Pressione a tecla **Enter** para aplicar os rótulos das *sample lines* e concluir.
8. Feche a barra de ferramentas **Sample Line Tools** e observe as linhas das *sample lines* criadas ao longo do projeto viário.
9. Selecione a ferramenta da ribbon **Home** → **Profile & Section Views** → **Section Views** → **Create Multiple Views**.
10. Na caixa de diálogo **Create Multiple section Views - General** (Figura 14.32):
    - Selecione o alinhamento **HORIZONTAL** no quadro **Select alignment**.
    - Selecione o grupo de *sample lines* **SEÇÕES - HORIZONTAL** no campo **Sample line group name**.
    - Habilite a opção **Automatic** no quadro **Station range** para selecionar todas as estacas do alinhamento.
    - Selecione o estilo **SECAO_200** no campo **Section view style**.
    - Clique no botão **Next**.

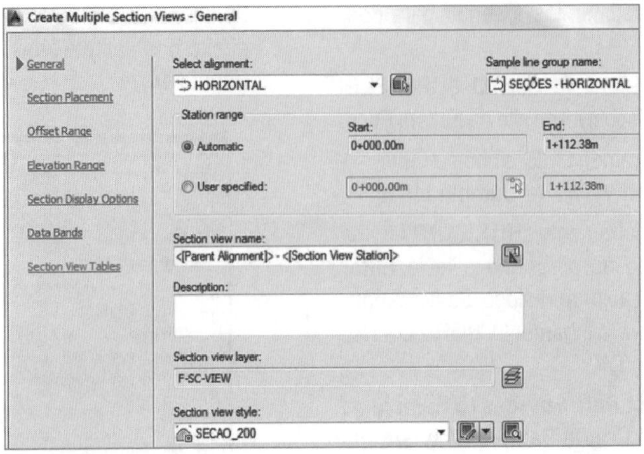

Figura 14.32 Opções de estilos de representação dos gráficos das seções transversais.

11. Na caixa de diálogo **Create Multiple section Views - Section Placement**:
    - Habilite a opção **Draft - Place Sections in a Grid in Model Space** para posicionar os gráficos das seções transversais na área de desenho.
    - Selecione o estilo **SECAO_TRANSVERSAL** no quadro **Group Plot Style**.
    - Clique no botão **Next**.
12. Na caixa de diálogo **Create Multiple section Views - Offset Range** (Figura 14.33):
    - Habilite a opção **User spec ified**.
    - Digite **-25.00m** no quadro **Left** e **25.00m** no quadro **Right**, para definir as larguras dos gráficos das seções transversais.
    - Clique no botão **Next**.

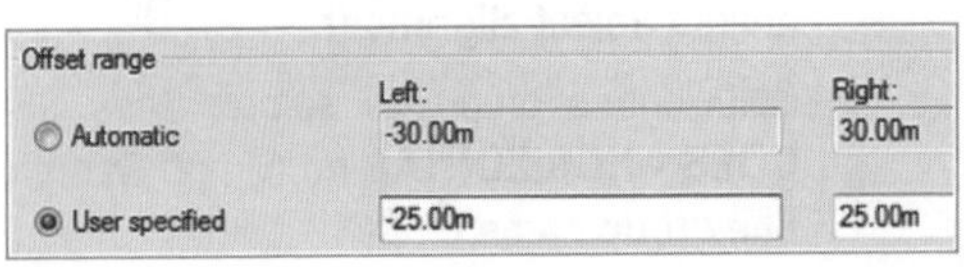

Figura 14.33 Configuração das larguras dos gráficos das seções transversais.

13. Na caixa de diálogo **Create Multiple section Views - Elevation Range** (Figura 14.34):
    - Habilite a opção **User specified** e digite **22.00m** no quadro **Height** para definir a altura dos gráficos das seções transversais.
    - Marque a opção **Follow a section**.
    - Selecione a seção do corredor **VIÁRIO** no quadro **Select section** para orientar as seções por meio do corredor projetado.
    - Clique no botão **Next**.

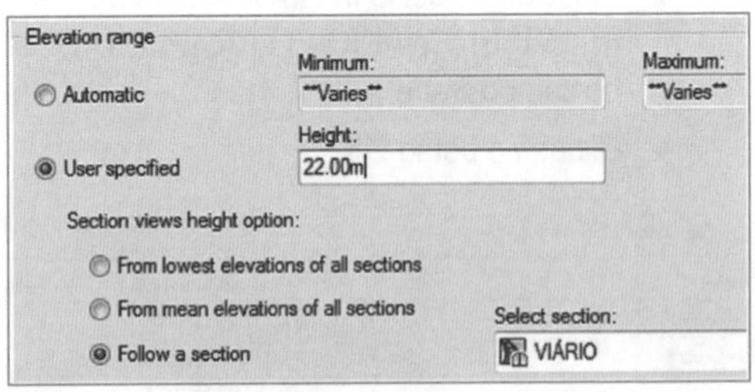

Figura 14.34 Configuração da altura dos gráficos das seções transversais.

14. Na caixa de diálogo **Create Multiple section Views - Section Display Options**:
    - Verifique os estilos selecionados para as superfícies e o corredor.
    - Clique no botão **Next**.
15. Na caixa de diálogo **Create Multiple section Views - Data Bands** (Figura 14.35):
    - Selecione o estilo **TRANSVERSAL 1:200** no quadro **Select band set** para determinar a configuração das informações exibidas no rodapé dos gráficos das seções transversais.
    - No campo **Location,** selecione a opção **Bottom of section view**.
    - Clique no botão **Create Section Views**.

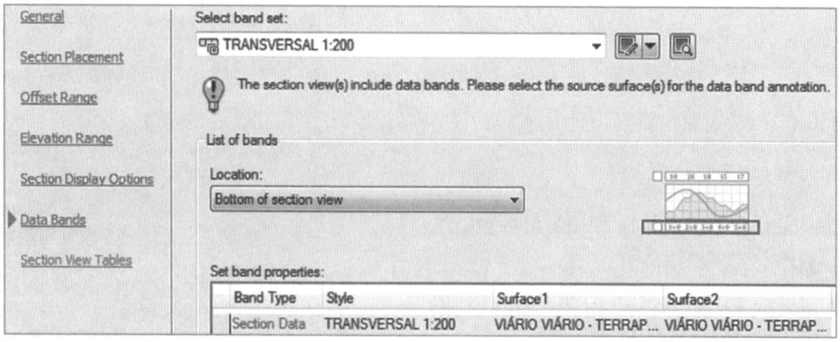

Figura 14.35 Opções para a configuração das informações apresentadas no rodapé das seções transversais.

16. Posicione as seções transversais na área de desenho.
17. Selecione a pista direita dos *assemblies* **SEÇÃO URBANA-BAIA e SEÇÃO URBANA-MURO**.
18. Com os *subassemblies* das pistas selecionados, acesse o quadro **Parameters** da janela **Properties** (Ctrl+1) para configurar o parâmetro de aplicação da superelevação.
19. No campo **Use Superelevation, quadro Parameters** da janela **Properties**, selecione a opção **Right Lane Inside** para as pistas direitas dos *assemblies*.
20. Selecione a pista esquerda dos *assemblies* **SEÇÃO URBANA-BAIA** e **SEÇÃO URBANA-MURO** e repita o procedimento para selecionar a opção **Left Lane Inside** no campo **Use Superelevation,** quadro **Parameters** da janela **Properties** (Figura 14.36).

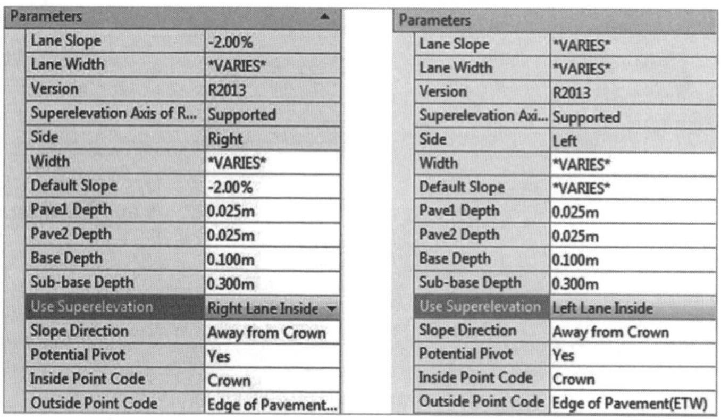

Figura 14.36 Configuração dos parâmetros de superelevação para as pistas.

21. Selecione o corredor na área de desenho e acesse a ferramenta da ribbon contextual **Corridor → Launch Pad → Superelevation → Calculate/Edit Superelevation**.
22. Pressione a tecla **Enter** para abrir a caixa de diálogo **Select an alignment**, selecione o alinhamento **HORIZONTAL** e clique no botão **OK** (Figura 14.37).
23. Na caixa **Edit Superelevation - No Data Exists**, selecione a opção **Calculate superelevation now** (Figura 14.38).

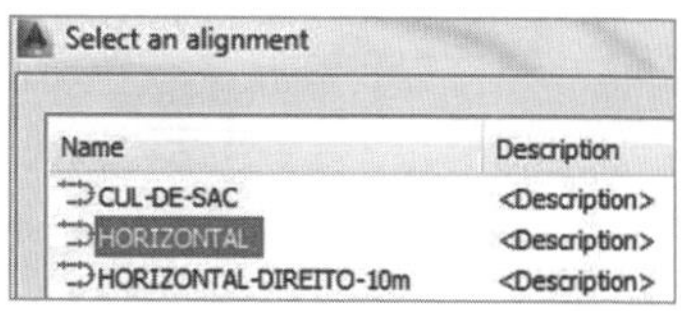

Figura 14.37 Caixa de seleção do alinhamento horizontal.

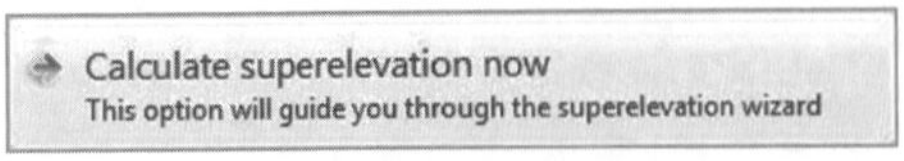

Figura 14.38 Opção para efetuar o cálculo da superelevação.

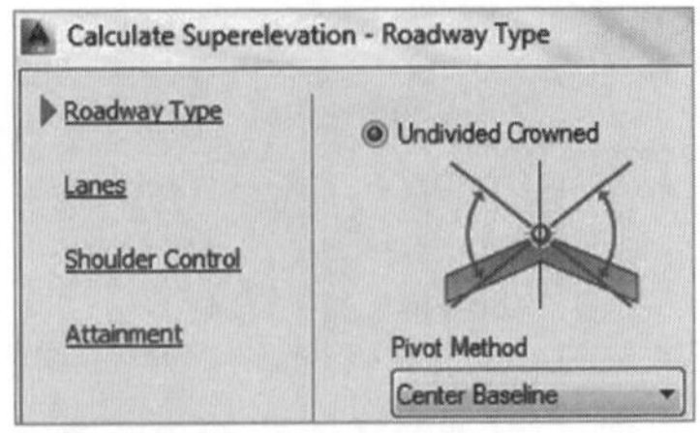

Figura 14.39 Configuração do tipo de via para o cálculo da superelevação.

24. Na caixa de diálogo **Calculate Superelevation - Roadway Type** (Figura 14.39):
    - Ative a opção **Undivided Crowned** para determinar como via coroada simples.
    - Selecione **Center Baseline** no campo **Pivot Method** para determinar o eixo da via, como o pivô de giro para a superelevação.
    - Clique no botão **Next**.
25. Na caixa de diálogo **Calculate Superelevation - Lanes** (Figura 14.40):
    - Digite **3.600m** no quadro **Normal lane width** para determinar a largura da pista.
    - Digite **-2.00%** no campo **Normal lane slope** para especificar a inclinação transversal da pista nas tangentes.
    - Clique no botão **Next**.
26. Na caixa de diálogo **Calculate Superelevation - Shoulder Control** verifique os parâmetros para acostamento no quadro **Outside edge shoulders** e clique em **Next** (Figura 14.41).

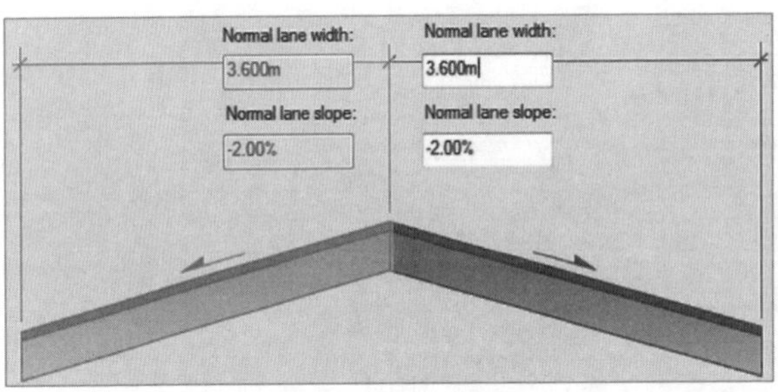

Figura 14.40 Opções de controle da inclinação transversal nas tangentes.

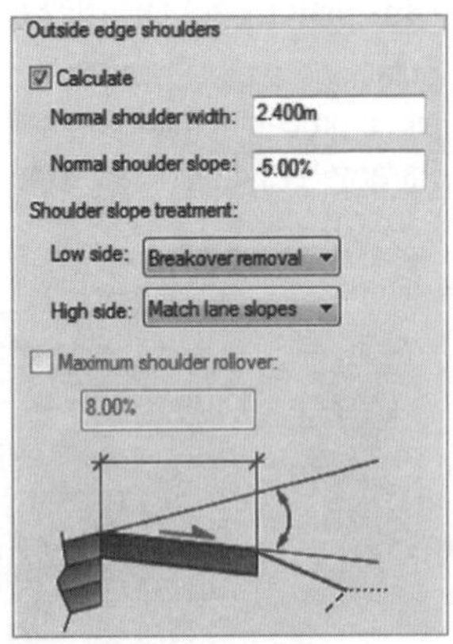

Figura 14.41 Opções para controle da superelevação nos acostamentos.

27. Na caixa de diálogo **Calculate Superelevation - Lanes** (Figura 14.42):
    - Selecione a opção **AASHTO 2001 eMax 10%** no campo **Superelevation rate table** para determinar a inclinação máxima para o cálculo das superelevações da via projetada.
    - Verifique os demais parâmetros e clique no botão **Finish**.

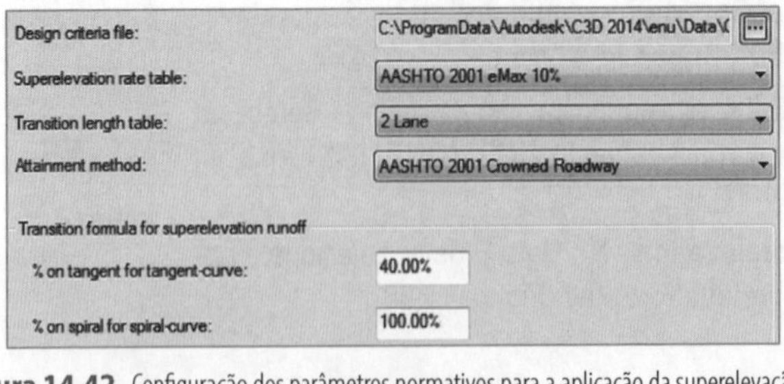

Figura 14.42 Configuração dos parâmetros normativos para a aplicação da superelevação.

28. Analise os valores calculados para as superelevações do projeto por meio da aba **Superelevation Tabular Editor** da janela **Panorama.**

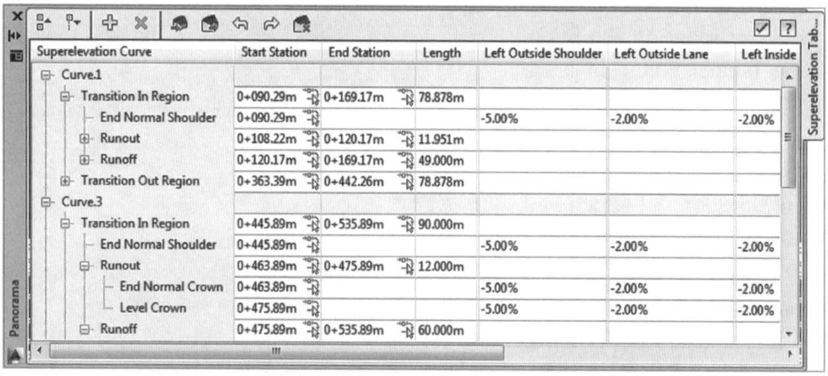

Figura 14.43 Dados das superelevações calculadas para o projeto viário.

29. Os dados da superelevação calculada estão diretamente relacionados ao traçado do alinhamento horizontal e ao modelo do corredor. Verifique a existência do símbolo de exclamação no corredor VIÁRIO. É necessário atualizar o corredor para aplicar os parâmetros de superelevação e atualizar as seções transversais do projeto.

30. Selecione o corredor na área de desenho e acesse a ferramenta da ribbon contextual **Corridor → Modify Corridor → Rebuild Corridor**.

31. Verifique o comportamento dos gráficos das seções transversais presentes na área de desenho.

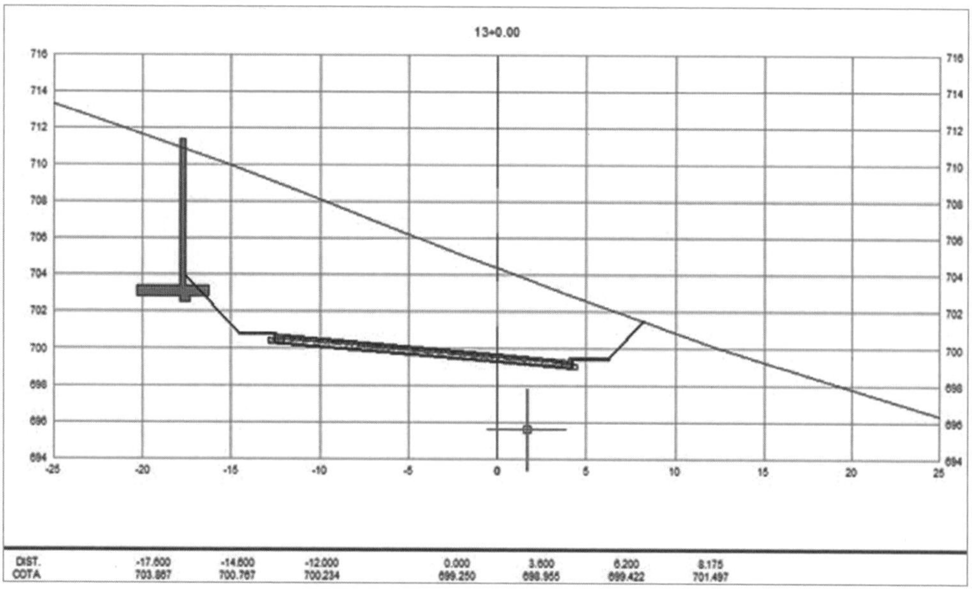

Figura 14.44 Aplicação da superelevação nos gráficos das seções transversais.

32. Selecione o corredor na área de desenho e acesse a ferramenta da ribbon contextual **Corridor → Launch Pad → Superelevation → View Tabular Editor**.

33. Pressione a tecla **Enter** e selecione o alinhamento **HORIZONTAL** na caixa de diálogo **Select an alignment**. Clique no botão **OK**.
34. Verifique e ajuste os dados das superelevações calculadas na aba **Superelevation Tabular Editor** da janela **Properties**.
35. Selecione o corredor na área de desenho e acesse a ferramenta da ribbon contextual **Corridor** → **Launch Pad** → **Superelevation** → **Create Superelevation View**.
36. Pressione a tecla **Enter** para selecionar o alinhamento **HORIZONTAL** na caixa de diálogo **Select an alignment** e clique no botão **OK**.
37. Na caixa de diálogo **Create Superelevation View**, verifique as configurações e selecione os estilos desejados. Clique no botão **OK** (Figura 14.45).

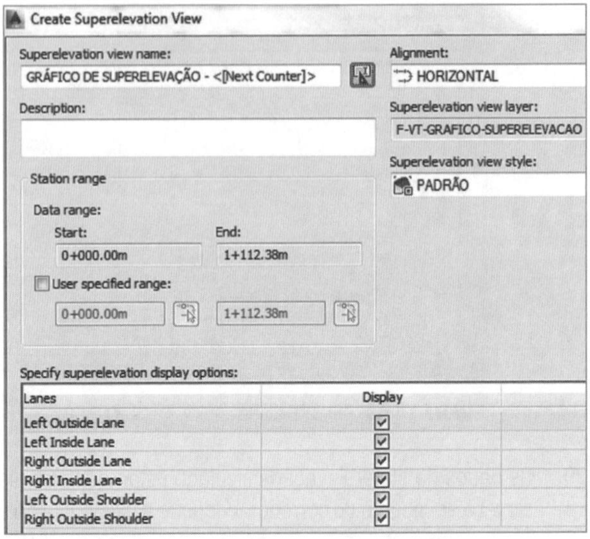

Figura 14.45 Caixa de configuração do gráfico de superelevação.

38. Posicione o gráfico das superelevações na área de desenho.
39. Selecione o gráfico de superelevação na área de desenho e remaneje seus *grips* para configurar as informações das superelevações da via projetada.

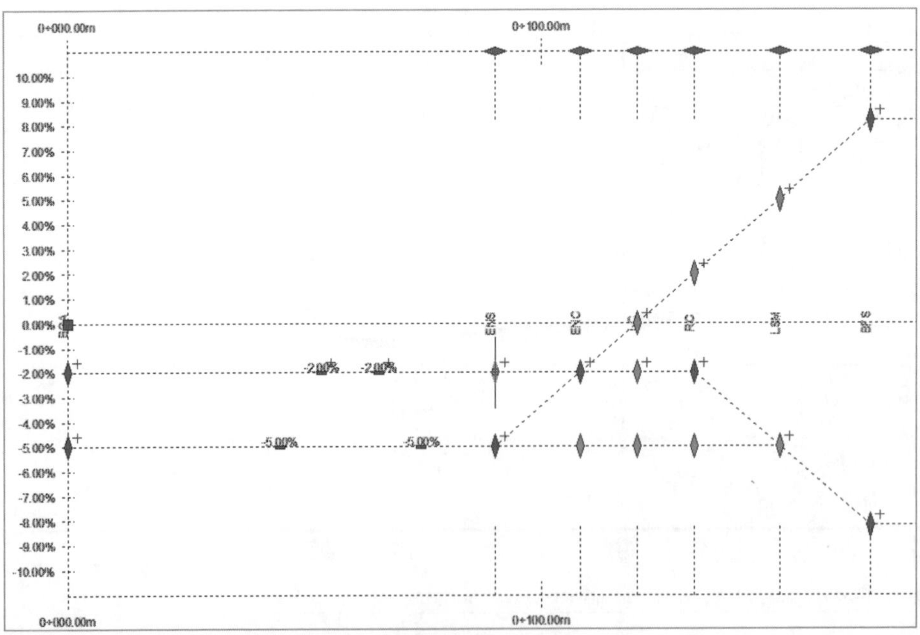

Figura 14.46 Grips para remanejamento dos valores da superelevação calculada no projeto.

15 Volume do Projeto

Os dados volumétricos são calculados e extraídos de forma automatizada, correspondendo às geometrias dos modelos de superfícies e corredores projetados nos desenhos. Por meio dos recursos da ferramenta **Compute Material** da ribbon **Analyze**, é possível criar e gerenciar diversas listas de materiais (*material lists*) e obter inúmeras composições volumétricas de camadas de materiais, terraplenagem e estruturas de projetos de infraestrutura, como camadas de pavimentos, guias e passeios.

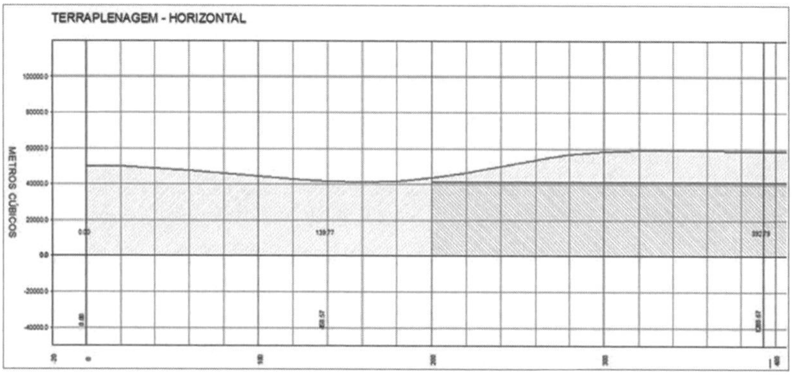

Figura 15.1 Gráfico do diagrama de massa do projeto.

Após calcular os volumes de terraplenagem e materiais com a ferramenta **Compute Material**, é possível visualizar os dados volumétricos pela criação de tabelas diretamente na área de desenho, pela extração de relatórios para arquivos externos, pela indicação das áreas de corte e aterro nas seções transversais e pela criação do gráfico com o diagrama de massa do projeto (*mass haul*).

VOLUME DE MURO DO EIXO HORIZONTAL			
ESTACA	ÁREA (m^2)	VOLUME (m^3)	VOLUME ACUMULADO (m^3)
0+0.00	0.00	0.00	0.00
1+0.00	1.92	19.16	19.16
2+0.00	3.80	57.20	76.36
3+0.00	4.64	84.41	160.77
4+0.00	4.72	93.56	254.33
5+0.00	4.65	93.71	348.04
6+0.00	3.75	84.04	432.08
6+19.77	2.70	63.80	495.88
7+0.00	2.69	0.62	496.50

VOLUME DE PAVIMENTO DO EIXO HORIZONTAL			
ESTACA	ÁREA (m^2)	VOLUME (m^3)	VOLUME ACUMULADO (m^3)
0+0.00	0.18	0.00	0.00
1+0.00	0.18	3.60	3.60
2+0.00	0.18	3.60	7.20
3+0.00	0.18	3.60	10.80
4+0.00	0.18	3.60	14.40
5+0.00	0.18	3.60	18.00
6+0.00	0.18	3.60	21.60
6+19.77	0.18	3.56	25.16
7+0.00	0.18	0.04	25.20

Figura 15.2 Tabelas com as informações de materiais presentes nas estruturas do projeto.

15.1 Cálculo dos dados volumétricos do projeto

A extração dos dados volumétricos é efetuada pela caixa de diálogo **Compute Materials**, utilizada na criação das listas de materiais. As informações dos volumes são obtidas pelo grupo *sample lines*, que calcula as áreas das geometrias do modelo do corredor e das superfícies apresentadas em cada seção transversal do projeto.

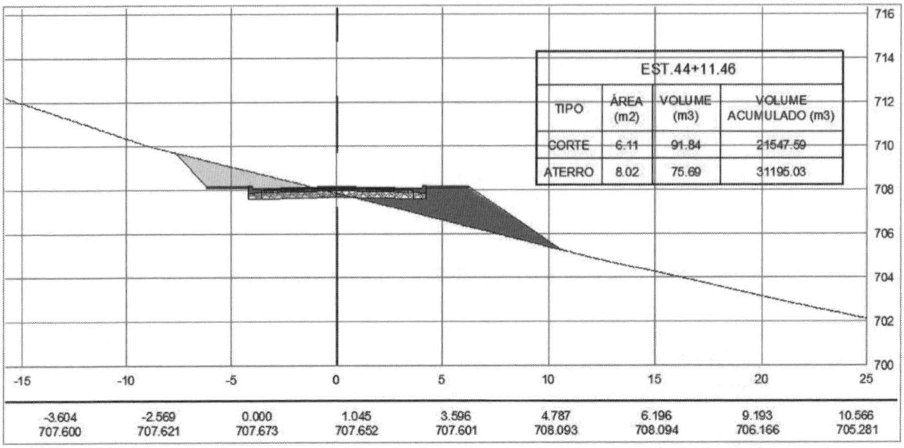

Figura 15.3 Seção transversal com a tabela exibindo as informações volumétricas.

O cálculo do volume de terraplenagem é efetuado comparando a superfície topográfica à superfície projetada. Essa comparação extrai as áreas de corte e aterro em cada uma das seções transversais para compor os dados volumétricos acumulados ao longo das estacas do projeto do corredor (Figura 15.4).

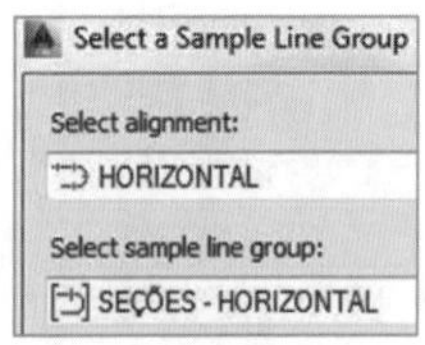

Figura 15.4 Caixa de seleção do alinhamento e do grupo de sample line.

A caixa de diálogo **Compute Materials** permite selecionar as superfícies e as estruturas utilizadas na extração dos valores volumétricos do projeto. O quadro **Quantity takeoff criteria** exibe os critérios para o cálculo do corte e aterro. É possível controlar os parâmetros de compactação/empolamento do solo por meio dos fatores (*fill factor* e *cut factor*), conforme Figura 15.5.

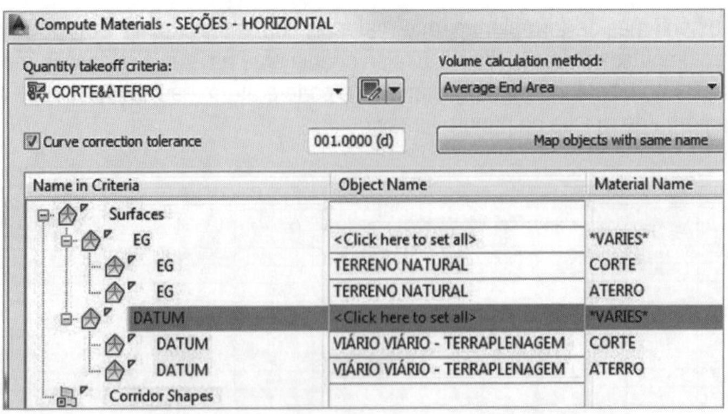

Figura 15.5 Caixa Compute Materials para a composição volumétrica do projeto.

O quadro **Volume Calculation Method** permite escolher o método para o cálculo dos volumes:

Average end area: método que soma a área dos materiais presentes em uma seção à área dos materiais da próxima seção. Essa somatória é dividida por dois e o resultado é multiplicado pela distância entre as seções.

Prismoidal: método similar ao anterior, entretanto adiciona uma seção transversal entre as seções do projeto para obter os valores volumétricos.

Composite: método que projeta polígonos entre as *sample lines* utilizadas para criar as seções transversais; o volume é adquirido pela somatória entre as sucessivas estacas. Não permite calcular volumes de materiais provenientes da geometria do corredor (*corridor shapes*).

Os critérios para a extração dos dados volumétricos presentes na caixa de diálogo **Compute Materials** são:

Existing Ground (EG): critério para a escolha da superfície topográfica.

Datum: critério de seleção de superfície projetada, terraplenagem, acabada etc.

Corridor Shapes: critério para a escolha de estruturas presentes no modelo do corredor, como passeios, pavimentos, entre outros materiais provenientes da geometria dos *assemblies*.

É possível gerenciar as listas de materiais por meio da caixa de diálogo **Edit Material List**, para o controle das composições volumétricas de todas as estruturas do modelo do corredor, e dos volumes de terraplenagem obtidos pela comparação entre as superfícies da topografia e do projeto.

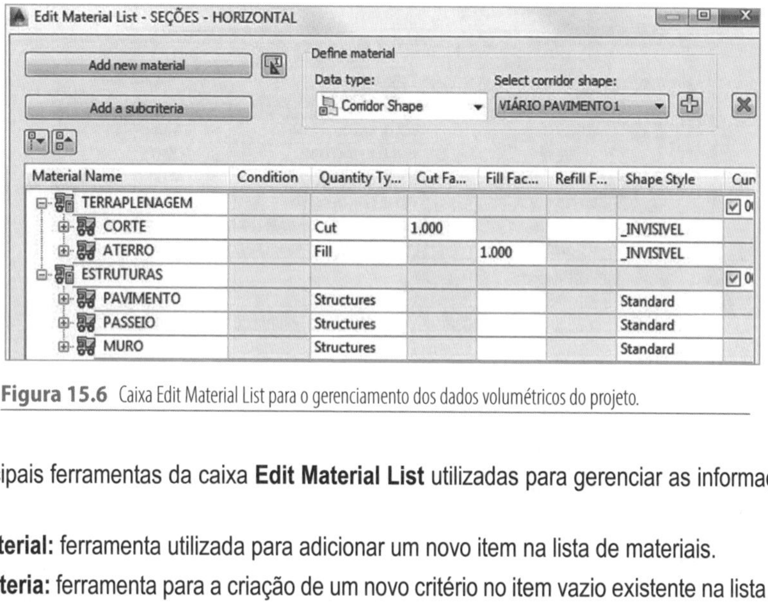

Figura 15.6 Caixa Edit Material List para o gerenciamento dos dados volumétricos do projeto.

As principais ferramentas da caixa **Edit Material List** utilizadas para gerenciar as informações volumétricas são:

Add new material: ferramenta utilizada para adicionar um novo item na lista de materiais.

Add a subcriteria: ferramenta para a criação de um novo critério no item vazio existente na lista de materiais.

Define material: quadro que exibe as ferramentas para a escolha do tipo de dado extraído durante a composição volumétrica, podendo ser proveniente das estruturas presentes no modelo do corredor (*corridor shape*) ou de camadas de superfícies presentes no desenho do projeto (*surface*).

Import Another Criteria: ferramenta para a criação de novos critérios por meio da importação de modelos de critérios previamente configurados.

Condition: coluna para controle das superfícies utilizadas nas condições de corte ou aterro.

Quantity Type: coluna que permite selecionar o tipo de informação volumétrica, podendo ser **Structures** para as estruturas presentes na geometria dos *assemblies*, **Cut and Refill** para a condição de corte e reaterro, **Earthworks** para terraplenagem, **Cut** para a condição de corte e **Fill** para aterro.

Cut Factor: coluna para a configuração do fator de multiplicação do valor obtido para o corte.

Fill Factor: coluna para a configuração do fator de multiplicação do valor obtido do aterro.

Refill Factor: coluna para a aplicação do fator de multiplicação do valor extraído para o reaterro.

Shape Style: coluna que permite selecionar um estilo de pintura (*shape*) para exibir as áreas de corte, aterro ou estruturas aplicadas nos gráficos das seções transversais do projeto.

Curve Tolerance: controla o valor da tolerância de curvatura. Esse fator não é exibido no método *prismoidal*.

O seguinte exemplo mostra os passos para calcular o volume de terraplenagem e configurar a lista de material para a extração dos volumes que compõem as estruturas presentes no modelo do corredor projetado.

Agora, estude o exemplo a seguir:

1. Abra o arquivo **15-1-1_EXTRAÇÃO_VOLUME.DWG**, disponível no site da Editora Érica.
2. Selecione a ferramenta da ribbon **Analyze → Volumes and Materials → Compute Materials**.
3. Na caixa de diálogo **Select a Sample Line Group,** selecione o alinhamento **HORIZONTAL** e o grupo de *sample lines* **SEÇÕES - HORIZONTAL**. Clique no botão **OK**.
4. Na caixa de diálogo **Compute Materials**:

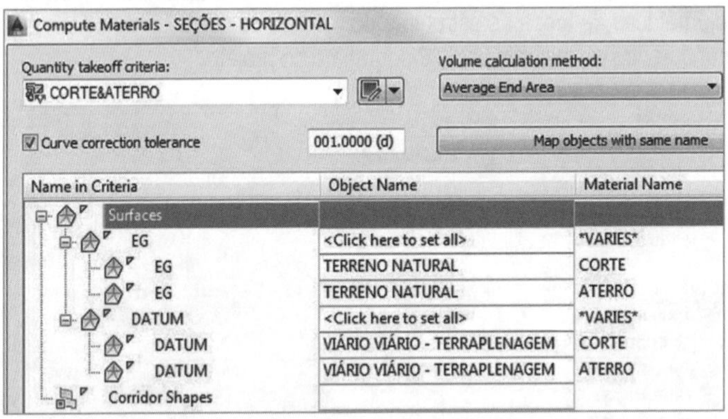

Figura 15.7 Configuração das superfícies para extração do volume de terraplenagem.

- Selecione o critério **CORTE&ATERRO** no quadro **Quantity takeoff criteria**.
- Selecione a superfície **TERRENO NATURAL** nos campos **EG** do quadro **Name in Criteria**.
- Selecione a superfície do projeto **VIÁRIO VIÁRIO - TERRAPLENAGEM** nos campos **Datum** da lista **Name in Criteria**.
- Clique no botão **OK**.

5. Selecione novamente a ferramenta da ribbon **Analyze → Volumes and Materials → Compute Materials** para configurar a extração dos volumes de materiais das estruturas presentes no modelo do corredor projetado.
6. Na caixa de **diálogo Select a Sample Line Group,** selecione o alinhamento **HORIZONTAL** e o grupo de *sample lines* **SEÇÕES - HORIZONTAL**. Clique no botão **OK**.
7. Na caixa de diálogo **Edit Material List**:

- No campo **Material Name,** renomeie a lista de material existente para **Terraplenagem**.
- Clique no botão **Import another criteria** para importar os critérios de materiais para as estruturas do modelo do corredor.

8. Na caixa de diálogo **Select a Quantity Takeoff Criteria,** selecione o critério **MATERIAIS** e clique no botão **OK** (Figura 15.8).

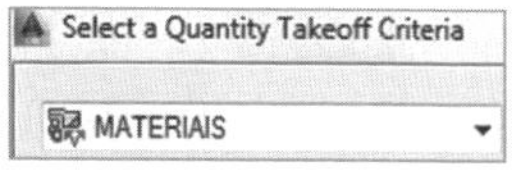

Figura 15.8 Critério para as estruturas do corredor.

9. Na caixa de diálogo **Compute Materials** (Figura 15.9):
   - Selecione o material **VIÁRIO PAVIMENTO1** no campo **PAVIMENTO**.
   - Selecione o material **VIÁRIO PASSEIO** no campo **PASSEIO**.
   - Clique no botão **OK**.

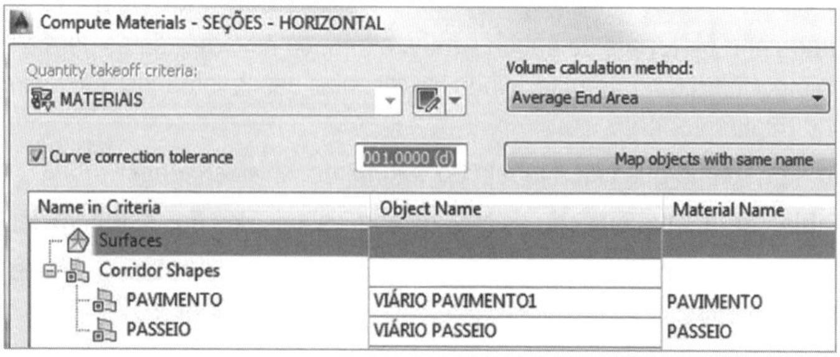

Figura 15.9 Configuração para extração dos materiais de pavimento e passeio.

10. Configure na caixa de diálogo **Edit Material List** (Figura 15.10):
    - Renomeie a LISTA MATERIAL-04 para **ESTRUTURAS** no campo **Material Name**.
    - Clique no botão **Add new material** para adicionar um novo material.
    - Renomeie o material criado para **MURO** no campo **Material Name**.

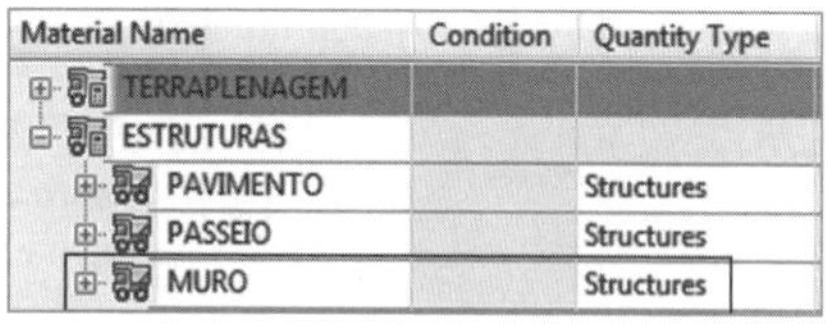

Figura 15.10 Configuração para extração do volume de muro.

   - Selecione o tipo **Structures** na coluna **Quantity Type** do material **MURO**.
   - Selecione o tipo de estrutura **Corridor Shape** no quadro **Data type** (Figura 15.11).
   - Selecione o material **VIÁRIO MURO_AREA** no campo **Select corridor shape**.
   - Clique no botão ⊞ para adicionar o material na lista de material **MURO** criada anteriormente.

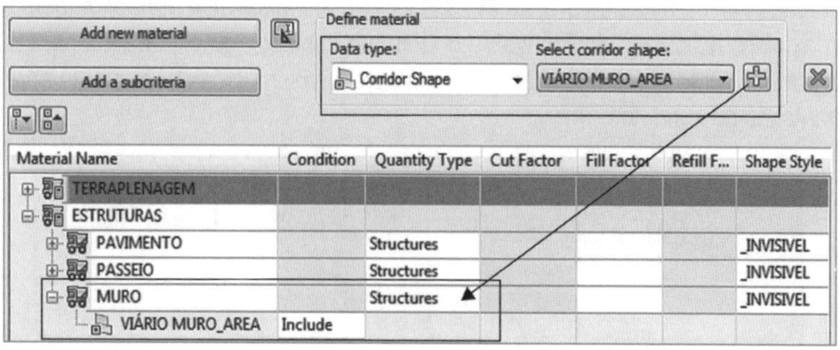

Figura 15.11 Configuração final dos volumes de terraplenagem e das estruturas do corredor projetado.

11. Na caixa **Edit Material List,** clique no botão **OK** para concluir.

Nesse momento, os volumes de corte e aterro de terraplenagem do projeto, assim como os volumes dos componentes de pavimento, passeio e muro presentes no modelo do projeto viário, já estão processados. A próxima etapa do fluxo do projeto é a apresentação das informações volumétricas do projeto na forma de tabelas e relatórios.

15.2 Apresentação das informações volumétricas

O painel **Volumes and Materials** da ribbon **Analyze** fornece as ferramentas para a extração e o cálculo dos volumes do projeto, bem como permite, ainda, apresentar essas informações volumétricas em tabelas inseridas no desenho (Figura 15.12):

Total Volume Table: ferramenta que cria a tabela do volume de terraplenagem.

Material Volume Table: ferramenta que cria as tabelas com os volumes das estruturas do projeto.

Volume Report: ferramenta que permite apresentar as informações volumétricas por meio de saídas externas na forma de relatórios.

Grading Volume Tools: ferramenta que acessa a barra de ferramentas do volume geométrico desenvolvido com as ferramentas de grading utilizada em projetos de terraplenagem.

Compute Materials: ferramenta para o cálculo da volumetria de projetos lineares, utilizando as sample lines definidas ao longo do traçado do alinhamento horizontal.

Mass Haul: ferramenta utilizada na elaboração do diagrama de massa do projeto.

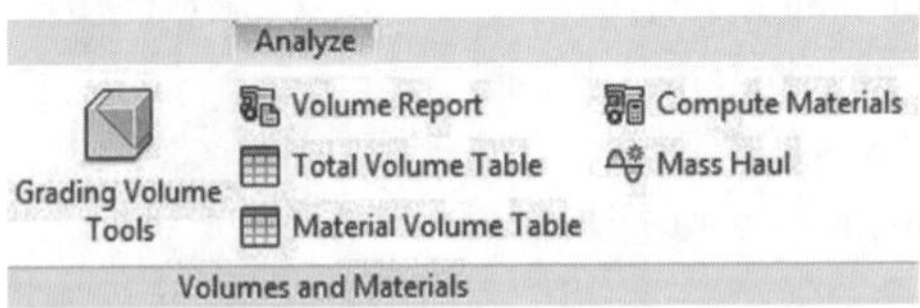

Figura 15.12 Ferramentas para a criação de relatórios e tabelas de volumes.

Uma vez calculados, os dados volumétricos podem ser apresentados no formato de relatórios por meio da ferramenta **Volume Report**. É possível utilizar os modelos de relatórios de volumes disponíveis para apresentar as informações volumétricas do projeto (*Massa.XSL*, *Materiais.XSL* e *Terraplenagem.XSL*). Os relatórios criados são exibidos no navegador da *web* e podem ser copiados ou exportados para os aplicativos de edição de texto, possibilitando a padronização das informações volumétricas usualmente apresentadas como parte da documentação dos projetos.

	Tipo	Área	Volume	Acumulado
		m^2	m^3	m^3
Estaca: 0+040.000				
	PAVIMENTO	0.18	3.60	7.20
	PASSEIO	0.40	8.00	16.00
	MURO	3.17	47.01	62.27
Estaca: 0+060.000				
	PAVIMENTO	0.18	3.60	10.80
	PASSEIO	0.40	8.00	24.00
	MURO	3.81	69.84	132.12

Figura 15.13 Modelo de relatório de materiais.

As tabelas de volumes de terraplenagem e de materiais podem ser inseridas diretamente no desenho com o uso das ferramentas **Total Volume Table** e **Material Volume Table**. É possível personalizar as tabelas de volumes por meio das configurações dos estilos de tabela.

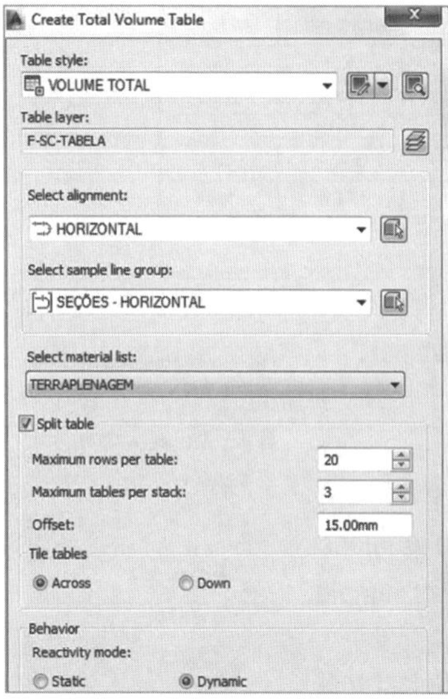

VOLUME TOTAL						
Estaca	Área de Corte (m²)	Área de Aterro (m²)	Volume de Corte (m³)	Volume de Aterro (m³)	Volum. Corte Acum. (m³)	Volum Aterro Acum. (m³)
0+0,00	4,25	0,01	0.00	0,00	0,00	0,00
1+0,00	0,00	27,02	42.53	270,25	42,53	270,25
2+0,00	0,00	65,38	0.00	923,94	42,53	1194,20
3+0,00	0,00	77,89	0.00	1432,70	42,53	2626,90
4+0,00	0,00	79,71	0.00	1576,08	42,53	4202,98
5+0,00	0,00	78,54	0.00	1582,49	42,53	5785,47
6+0,00	0,00	63,69	0.00	1422,25	42,53	7207,72
7+0,00	0,00	45,17	0.00	1088,64	42,53	8296,36
8+0,00	0,00	16,41	0.00	613,25	42,53	8909,60
9+0,00	45,11	0,01	468.76	163,00	511,28	9072,60
10+0,00	104,69	0,00	1553.33	0,13	2064,61	9072,74
11+0,00	151,91	0,60	2654.34	5,75	4718,95	9078,49
12+0,00	164,82	0,55	3274.49	11,04	7993,44	9089,53
13+0,00	156,65	0,00	3327.77	5,29	11321,21	9094,82
14+0,00	120,67	0,00	2880.30	0,00	14201,51	9094,82
15+0,00	33,39	0,00	1596.40	0,01	15797,91	9094,82
16+0,00	14,79	2,71	489.50	26,28	16287,40	9121,10
17+0,00	4,35	6,85	194.71	92,77	16482,12	9213,87

Figura 15.14 Ferramenta de criação da tabela do volume total de terraplenagem.

A exibição dos dados volumétricos do projeto por meio de tabelas e relatórios é uma atividade efetiva no fluxo dos projetos de infraestrutura. Os procedimentos do próximo exercício apresentam as principais ferramentas utilizadas na apresentação das informações volumétricas do projeto.

Agora, estude o exemplo a seguir:

1. Abra o arquivo **15-2-1_TABELAS_VOLUME.DWG**, disponível no site da Editora Érica.
2. Selecione a ferramenta da ribbon **Analyze → Volumes and Materials → Total Volume Table** .
3. Na caixa de diálogo **Create Total Volume Table** (Figura 15.15):
   - Selecione o estilo **VOLUME TOTAL** no campo **Table style**.
   - Selecione o alinhamento **HORIZONTAL** no campo **Select alignment**.
   - Selecione o grupo **SEÇÕES - HORIZONTAL** no campo **Select sample line group**.
   - Selecione a lista de material **TERRAPLENAGEM** no campo **Select material list**.
   - Desabilite a opção **Split table** para não segmentar a tabela de volumes.
   - Habilite a opção **Dynamic** para atualizar os dados volumétricos da tabela na ocorrência de revisões no projeto viário.
   - Clique no botão **OK**.

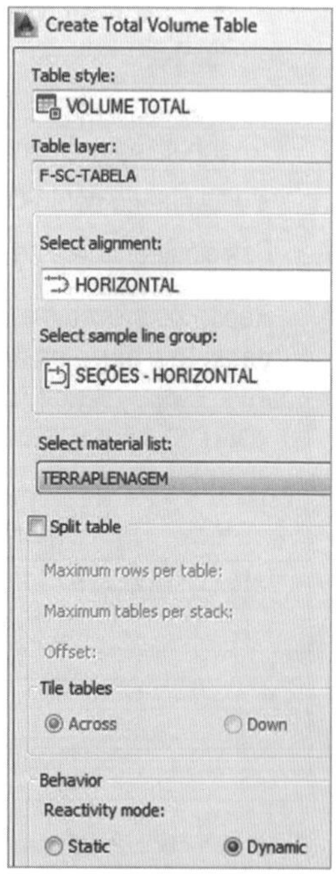

Figura 15.15 Configuração da tabela dos volumes de terraplenagem.

4. Posicione a tabela na área de desenho e verifique as informações volumétricas.

VOLUME TOTAL							
Estaca	Área de Corte (m²)	Área de Aterro (m²)	Volume de Corte (m³)	Volume de Aterro (m³)	Volum. Corte Acum. (m³)	Volum Aterro Acum. (m³)	Volume Líquido (m³)
0+0,00	4,25	0,01	0.00	0,00	0,00	0,00	0,00
1+0,00	0,00	27,02	42.53	270,25	42,53	270,25	-227,73
2+0,00	0,00	65,38	0.00	923,94	42,53	1194,20	-1151,67
3+0,00	0,00	77,89	0.00	1432,70	42,53	2626,90	-2584,37
4+0,00	0,00	79,71	0.00	1576,08	42,53	4202,98	-4160,45

Figura 15.16 Tabela do volume de terraplenagem posicionada no desenho.

5. Selecione a ferramenta da ribbon **Analyze → Volumes and Materials → Material Volume Table** ▦.
6. Na caixa de diálogo **Create Material Volume Table**:
   - Selecione o estilo **VOLUME MATERIAL** no campo **Table style**.
   - Selecione o alinhamento **HORIZONTAL** no campo **Select alignment**.
   - Selecione o grupo **SEÇÕES - HORIZONTAL** no campo **Select sample line group**.
   - Selecione a lista de material **ESTRUTURAS** no campo **Select material list**.
   - Selecione o material **PAVIMENTO** no campo **Select a material**.
   - Desabilite a opção **Split table** para não segmentar a tabela de volumes.
   - Habilite a opção **Dynamic** para atualizar os dados volumétricos da tabela na ocorrência de revisões no projeto viário.
   - Clique no botão **OK**.
7. Posicione a tabela de volume do pavimento na área de desenho.

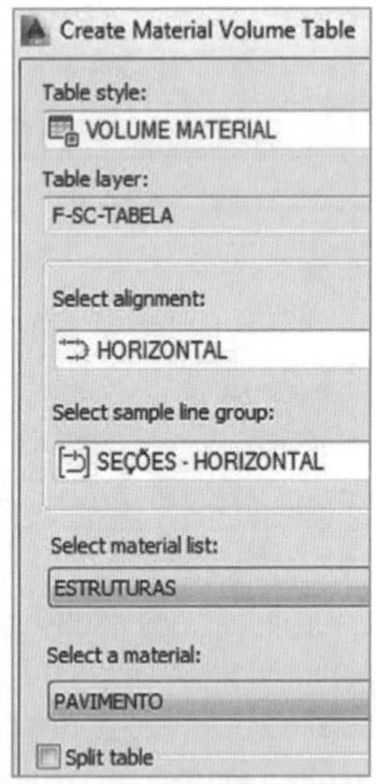

Figura 15.17 Configuração para a tabela de materiais.

8. Repita os procedimentos da ferramenta **Material Volume Table** para inserir as tabelas de volumes de **passeio** e **muro** na área de desenho.

VOLUME DE PASSEIO DO EIXO HORIZONTAL			
ESTACA	ÁREA (m²)	VOLUME (m³)	VOLUME ACUMULADO (m³)
0+0.00	0.40	0.00	0.00
1+0.00	0.40	8.00	8.00
2+0.00	0.40	8.00	16.00
3+0.00	0.40	8.00	24.00
4+0.00	0.40	8.00	32.00
5+0.00	0.40	8.00	40.00
6+0.00	0.40	8.00	48.00
7+0.00	0.40	8.00	56.00
8+0.00	0.40	8.00	64.00

VOLUME DE MURO DO EIXO HORIZONTAL			
ESTACA	ÁREA (m²)	VOLUME (m³)	VOLUME ACUMULADO (m³)
0+0.00	0.00	0.00	0.00
1+0.00	1.53	15.26	15.26
2+0.00	3.17	47.01	62.27
3+0.00	3.81	69.84	132.12
4+0.00	3.90	77.12	209.24
5+0.00	3.83	77.30	286.54
6+0.00	3.15	69.75	356.29
7+0.00	2.24	53.86	410.15
8+0.00	0.00	22.21	432.36

Figura 15.18 Tabelas de materiais exibindo os volumes de passeio e muro do projeto.

9. Selecione a ferramenta da ribbon **Analyze → Volumes and Materials → Volume Report** ▦ para criar o relatório do volume de terraplenagem do projeto.

10. Na caixa de diálogo **Report Quantities** (Figura 15.19):

- Selecione o alinhamento **HORIZONTAL** no campo **Select alignment**.
- Selecione o grupo **SEÇÕES - HORIZONTAL** no campo **Select sample line group**.
- Selecione a lista de material **TERRAPLENAGEM** no campo **Select material list**.
- Clique no botão do campo **Select a style sheet** para selecionar o padrão de relatório **TERRAPLENAGEM.xsl**, fornecido durante a instalação do pacote *Brazil Content*.
- Clique no botão **OK**.
- Clique no botão **Sim** para exibir o relatório de volumes.

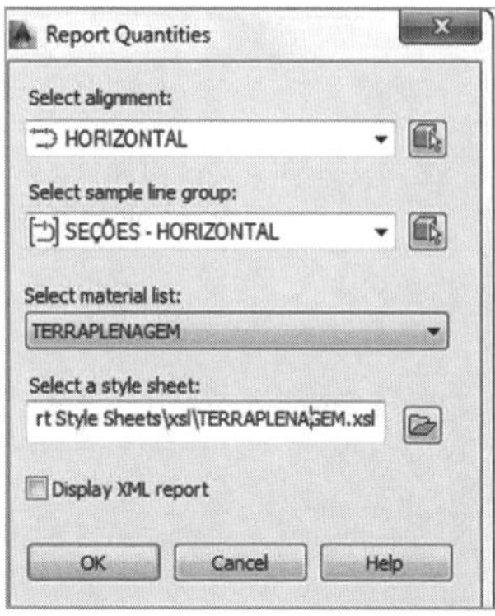

Relatório de Volumes

Alinhamento: HORIZONTAL
Grupo de Seções: SEÇÕES - HORIZONTAL
Estaca Inicial: 0+000.000
Estaca Final: 1+112.378

Estaca	Área de Corte (m²)	Volume de Corte (m³)	Vol. Reuso (m³)	Área de Aterro (m²)	Volume Aterro (m³)	Vol. Acum. Corte (m³)	Vol. Reuso Acum. (m³)	Vol. Acum. Aterro (m³)	Dif. Vol. Acum. (m³)
0+000.000	4.25	0.00	0.00	0.00	0.00	0.00	0.00	0.00	0.00
0+020.000	0.00	42.53	42.53	27.02	270.25	42.53	42.53	270.25	-227.73
0+040.000	0.00	0.00	0.00	65.38	923.94	42.53	42.53	1194.20	-1151.67
0+060.000	0.00	0.00	0.00	77.89	1432.70	42.53	42.53	2626.90	-2584.37
0+080.000	0.00	0.00	0.00	79.71	1576.08	42.53	42.53	4202.98	-4160.45
0+100.000	0.00	0.00	0.00	78.54	1582.49	42.53	42.53	5785.47	-5742.94
0+120.000	0.00	0.00	0.00	63.69	1422.25	42.53	42.53	7207.72	-7165.19
0+140.000	0.00	0.00	0.00	45.17	1088.64	42.53	42.53	8296.35	-8253.83

Figura 15.19 Configuração e exibição do relatório dos volumes de terraplenagem.

Os relatórios criados podem ser exportados para o formato *TXT*, e seus dados, copiados para os aplicativos de edição de texto para a formatação e a personalização das informações volumétricas.

11. Selecione a ferramenta da ribbon **Analyze** → **Volumes and Materials** → **Volume Report** para criar o relatório do volume de materiais do projeto.

12. Na caixa de diálogo **Report Quantities**:

- Selecione o alinhamento **HORIZONTAL** no campo **Select alignment**.
- Selecione o grupo **SEÇÕES - HORIZONTAL** no campo **Select sample line group**.
- Selecione a lista de material **ESTRUTURAS** no campo **Select material list**.
- Clique no botão do campo **Select a style sheet** para selecionar o padrão de relatório **MATERIAIS.xsl**, fornecido durante a instalação do pacote *Brazil Content*.
- Clique no botão **OK**.
- Clique no botão **Sim** para exibir o relatório.

	Tipo	Área	Volume	Acumulado
		m²	m³	m³
Estaca: 0+000.000				
	PAVIMENTO	0.18	0.00	0.00
	PASSEIO	0.40	0.00	0.00
	MURO	0.00	0.00	0.00
Estaca: 0+020.000				
	PAVIMENTO	0.18	3.60	3.60
	PASSEIO	0.40	8.00	8.00
	MURO	1.53	15.26	15.26

Figura 15.20 Relatório de materiais com as informações volumétricas das estruturas do projeto.

15.3 Manipulação do volume de terraplenagem no projeto

A ferramenta **Mass Haul** auxilia na exibição das informações volumétricas por meio da representação do diagrama de massa do projeto de terraplenagem. Seu assistente **Create Mass Haul Diagram** permite prever a distância de transporte sem custo (*Free haul distance*) e estipular a capacidade para as áreas de depósito de material excedente (*Dump Site*) e de empréstimo de material (*Borrow Pit*) ao longo das estacas do projeto.

A aba **Balancing Options** do assistente **Create Mass Haul Diagram** permite o posicionamento de áreas de empréstimo e de bota-fora no projeto. Assim, é possível prever a movimentação dos materiais na extensão do projeto, possibilitando a elaboração de análises e estudos de alternativas para viabilizar o transporte dos materiais ao longo do projeto.

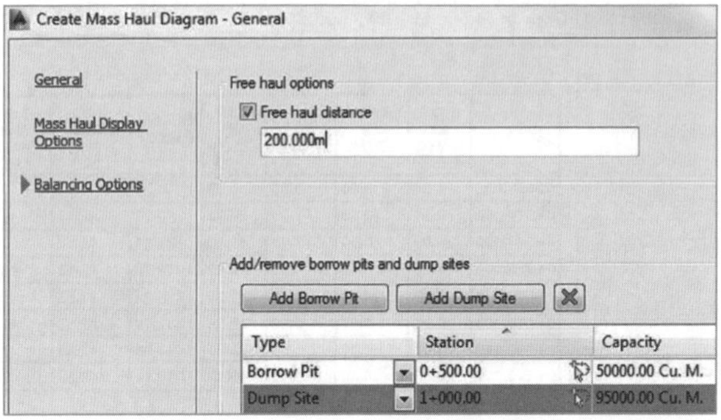

Figura 15.21 Opções de balanço do volume do projeto presentes na aba Balancing Options.

15.4 Exercício – balanço volumétrico para o projeto viário

O seguinte exemplo ilustra os passos para a representação do gráfico do diagrama de massa do projeto. Nesse exercício, é definida a distância sem custo de transporte para 500 metros, além da locação de uma área de empréstimo de material com capacidade para 26 mil m^3.

Execute os procedimentos a seguir para concluir o exercício:

1. Abra o arquivo **15-4-1_DIAGRAMA_VOLUME.DWG**, disponível no site da Editora Érica.
2. Selecione a ferramenta da ribbon **Analyze → Volumes and Materials → Mass Haul** .
3. Na aba **General** da caixa de diálogo **Create Mass Haul Diagram** (Figura 15.22):
   - Selecione o alinhamento **HORIZONTAL** no campo **Select alignment**.
   - Selecione o grupo **SEÇÕES - HORIZONTAL** no campo **Select sample line group**.
   - Selecione o estilo **PADRÃO** no campo **Mass haul view style**.
   - Clique no botão **Next**.

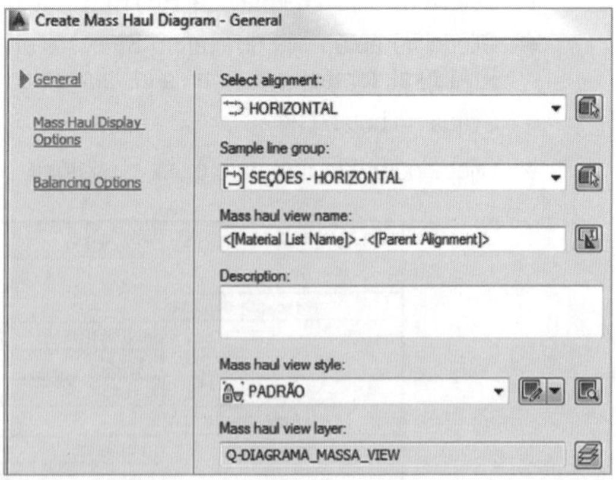

Figura 15.22 Opções de estilos de representação do gráfico do diagrama de massa.

4. Na aba **Mass Haul Display Options** da caixa **Create Mass Haul Diagram** (Figura 15.23):
   - Selecione a lista de material **TERRAPLENAGEM** no campo **Material list**.
   - Selecione o material **Total Volume** no campo **Choose a material to display as mass haul line**.
   - Selecione o estilo **PADRÃO** no campo **Mass haul line style**.
   - Clique no botão **Next**.
   - Habilite a opção **Free haul distance** e digite **200.000m** no quadro para configurar a distância sem custo de transporte de material.
   - Clique no botão **Create Diagram**.
5. Na aba **Balancing Options** da caixa de diálogo **Create Mass Haul Diagram**.

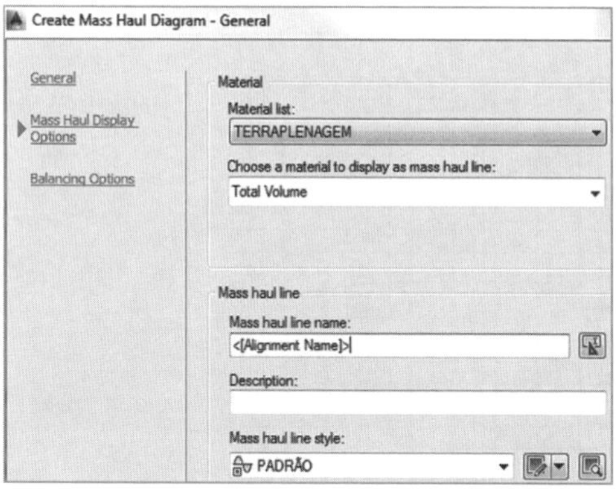

Figura 15.23 Opções de seleção da lista de material e representação do volume.

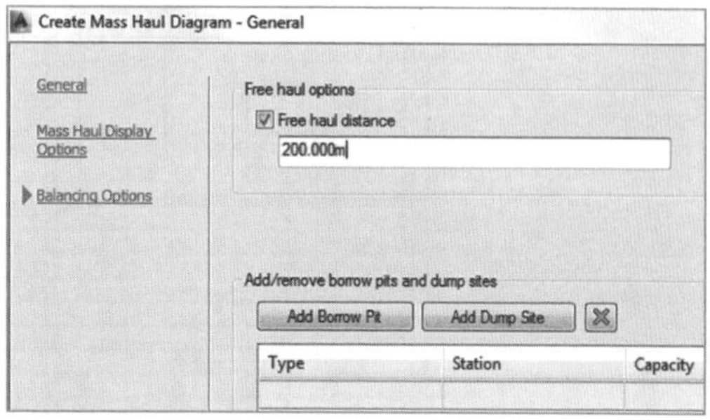

Figura 15.24 Configuração da distância sem custo de transporte do material.

6. Posicione o gráfico do diagrama de massa na área de desenho.

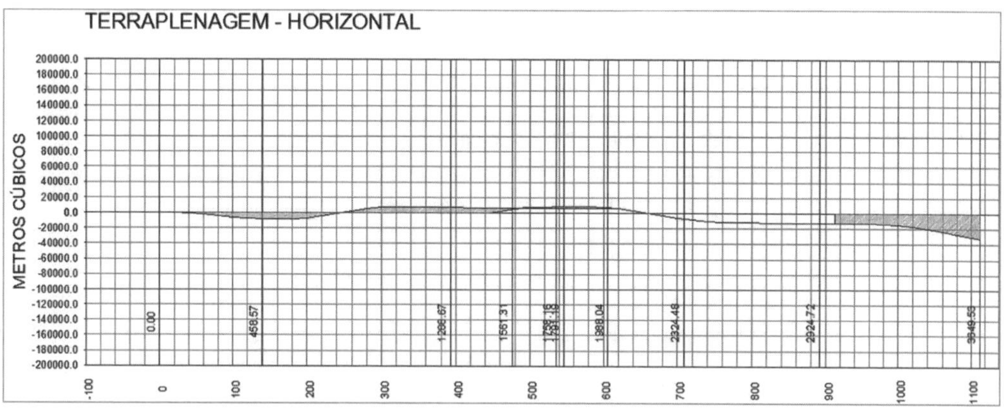

Figura 15.25 Gráfico do diagrama de massa do projeto.

7. Selecione o gráfico do diagrama de massa presente na área de desenho e acesse a ferramenta da ribbon contextual **Mass Haul View → Modify → Balancing Options**.
8. Na aba **Balancing Options** da caixa de diálogo **Mass Haul Line Properties** (Figura 15.26):
   - Altere o valor do quadro **Free haul distance** para **500.00**.

- Clique no botão **Add Borrow Pit** para adicionar uma área de empréstimo de material.
- Digite **800.00** no campo **Station** para definir a área de empréstimo na estaca 40+0.00.
- Digite **26000.00** no campo **Capacity** para configurar a capacidade da área de empréstimo.
- Clique no botão **OK**.

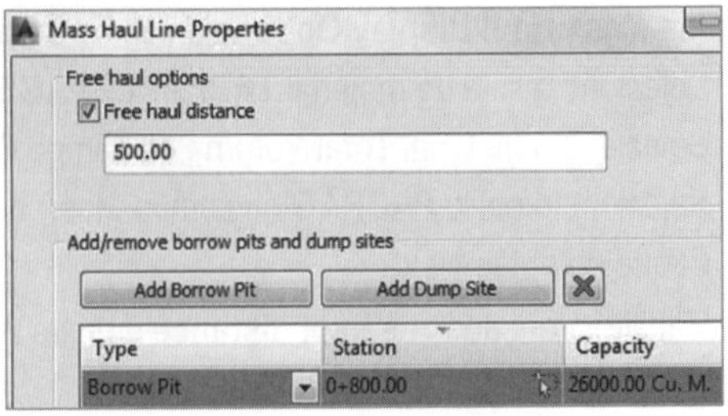

Figura 15.26 Configuração para a adição da área de empréstimo de material.

9. Verifique o novo comportamento dos dados volumétricos no gráfico do diagrama de massa do projeto após o acréscimo da área de empréstimo.

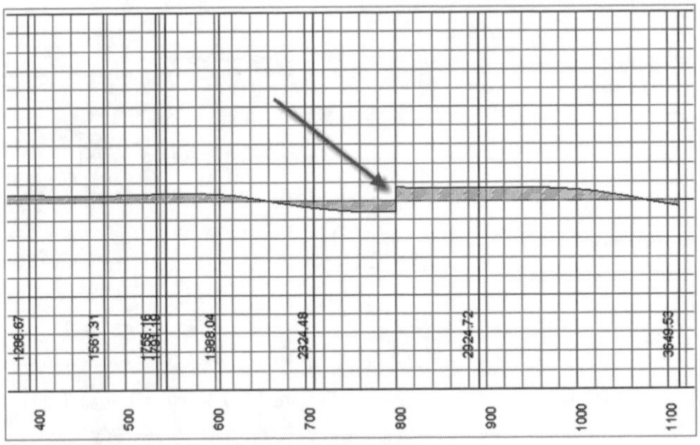

Figura 15.27 Área de empréstimo adicionada no gráfico do diagrama de massa.

10. Selecione o gráfico do diagrama de massa presente na área de desenho e acesse a ferramenta da ribbon contextual **Mass Haul View → Modify → Balancing Options**.
11. Na aba **Balancing Options** da caixa de diálogo **Mass Haul Line Properties**, altere o tipo para **Dump Site** no campo **Type** e modifique os valores da capacidade e da distância sem custo de transporte para verificar e controlar o comportamento do diagrama de massa presente no desenho. Clique no botão **OK**.

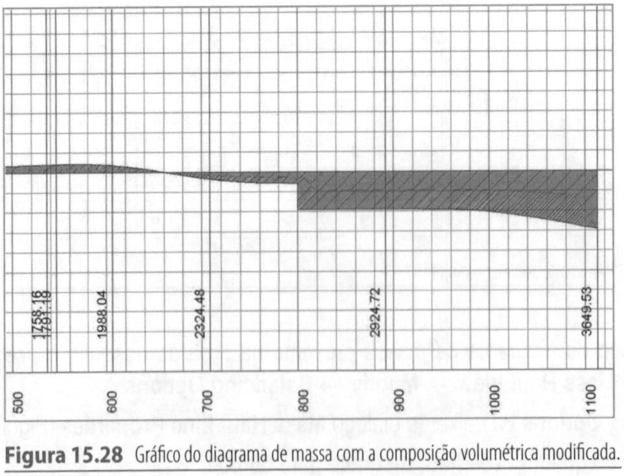

Figura 15.28 Gráfico do diagrama de massa com a composição volumétrica modificada.

Manipulação de Lotes

Os objetos **parcels** do Autodesk AutoCAD Civil 3D são utilizados para a definição e a manipulação de lotes. Além de representar o parcelamento do terreno, podem ser utilizados para representar as demais particularidades que possuam perímetro fechado, como faixas de domínio, bacias de contenção, distribuição de vagas de estacionamento, entre outras características para projetos de infraestrutura.

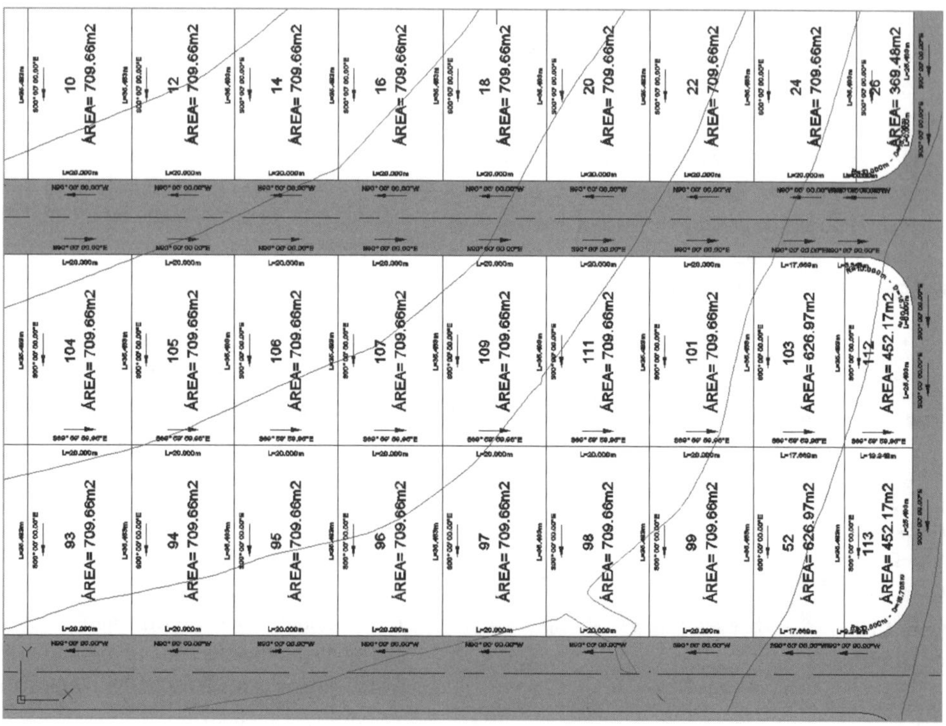

Figura 16.1 Modelo de distribuição de lotes.

O processo para a elaboração de loteamentos pode ser iniciado utilizando os objetos existentes no desenho, convertendo-os nos lotes das quadras principais ou da área geral do empreendimento, e, posteriormente, utilizando os recursos da barra de ferramentas **Parcel Layout Tools** para desenvolver o projeto de subdivisão dos lotes no terreno.

Os **parcels** são objetos paramétricos e devem estar alocados em um site. É possível acessá-los pela aba **Prospector** juntamente com suas propriedades e criá-los utilizando objetos existentes no desenho, como *polylines* definidas em fases de estudos preliminares do projeto.

16.1 Definições iniciais

A ferramenta da ribbon **Home → Create Design → Parcel → Create Parcel From Objects** permite utilizar as geometrias de linhas, arcos e *polylines* existentes no desenho para a criação de lotes. Essa ferramenta permite a seleção de geometrias referenciadas (*XREF*) presentes no desenho.

A ferramenta da ribbon **Home → Create Design → Parcel → Create Right of Way** auxilia na criação de afastamentos ao longo de alinhamentos presentes no mesmo site do projeto. Dessa forma, é possível definir as geometrias de alinhamentos prediais ou separar as áreas para o sistema viário do projeto.

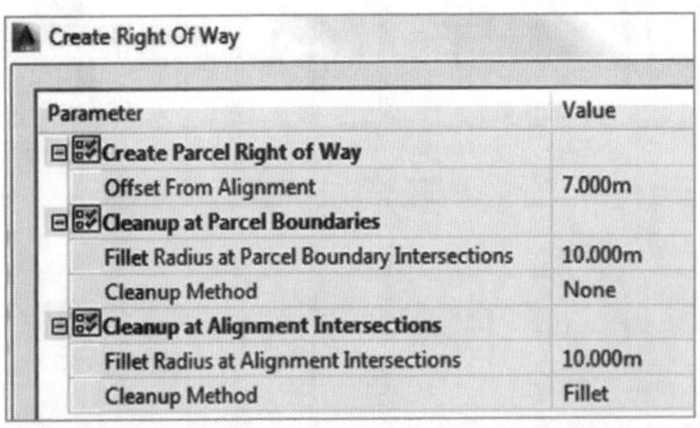

Figura 16.2 Caixa Create Right of Way para a configuração da largura do sistema viário.

A caixa de diálogo **Create Right of Way** oferece os seguintes parâmetros:

Create Parcel Right of Way: parâmetro utilizado para criar os afastamentos laterais nos eixos para a representação da largura total ou parcial do sistema viário; também é possível representar faixas de domínio ou áreas não edificantes. O campo **Offset From Alignment** controla o valor dos afastamentos laterais.

Cleanup at Parcel Boundaries: parâmetro para controlar os raios aplicados nas esquinas presentes nas extremidades do viário com o limite do empreendimento. O campo **Fillet Radius at Parcel Boundary Intersections** ajusta o valor do raio nas extremidades, e o campo **Cleanup Method** seleciona o método de ajuste nas esquinas, que poderá ser chanfrado (*Chamfer*) ou circular (*Fillet*).

Cleanup at Alignment Intersections: parâmetro de aplicação e controle das esquinas nas interseções entre os alinhamentos. O campo **Fillet Radius at Parcel Alignment Intersections** ajusta o valor do raio nas esquinas, e o campo **Cleanup Method** seleciona o método de ajuste nas esquinas, que poderá ser chanfrado (*Chamfer*) ou circular (*Fillet*).

A primeira fase da criação de lotes pode ser iniciada convertendo a geometria da área total do empreendimento no primeiro lote do projeto; entretanto, a presença de alinhamentos horizontais no mesmo site dos lotes define automaticamente as quadras entre os alinhamentos. O seguinte exemplo apresenta essa característica e aproveita a geometria dos alinhamentos existente no desenho para definir a área do sistema viário do projeto.

Agora, estude o exemplo a seguir:

1. Abra o arquivo **16-1-1_OBJETOS_LOTES.DWG**, disponível no site da Editora Érica.
2. Na aba **Prospector** da **Toolspace**, verifique a existência de quatro alinhamentos posicionados dentro do site **Loteamento**. Os lotes projetados serão alocados no mesmo site dos alinhamentos para que ocorra a interação entre os objetos (Figura 16.3).

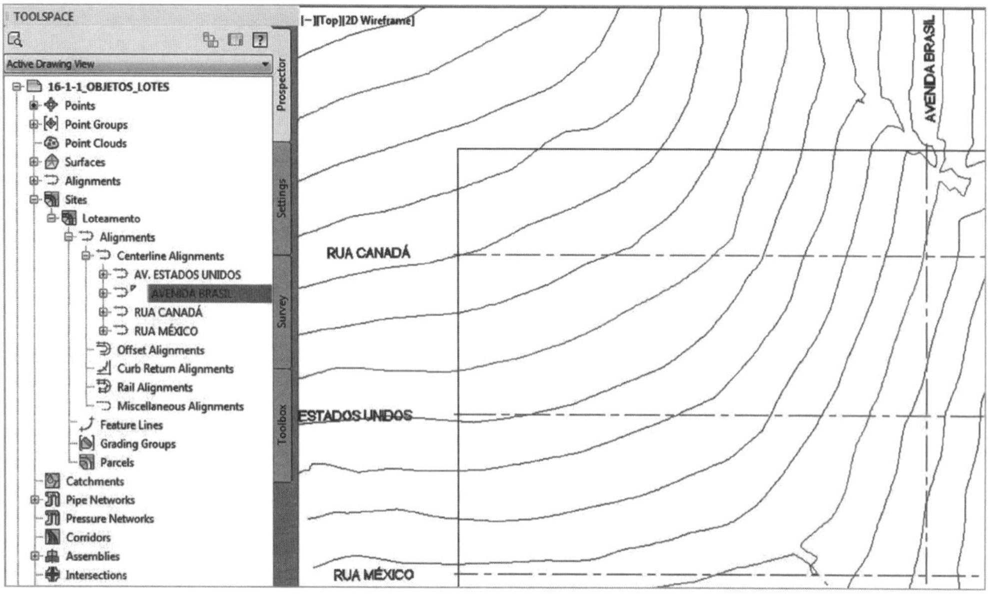

Figura 16.3 Alinhamentos alocados no site Loteamento.

3. Selecione a ferramenta da ribbon **Home → Create Design → Parcel → Create Parcel From Objects**.
4. Na área de desenho, selecione a *polyline* que representa o limite do projeto. Pressione a teclar **Enter** para continuar.
5. Na caixa de diálogo **Create Parcels - From Objects** (Figura 16.4):
   - Selecione o site **Loteamento**.
   - Selecione o estilo **LOTE** no campo **Parcel style** para determinar o estilo de representação dos lotes.
   - Selecione o estilo **NOME - AREA** no campo **Area label style** para especificar a representação dos rótulos das áreas dos lotes.
   - Escolha o estilo **RUMO - DISTANCIA** no campo **Line segment label style** para representar os rótulos dos segmentos das linhas dos lotes.
   - Selecione o estilo **RAIO - DESENVOLVIMENTO** no campo **Curve segment label style** para definir os rótulos dos segmentos de curvas dos lotes.
   - Habilite a opção **Automatically add segment labels** para adicionar os rótulos nos segmentos dos lotes.
   - Habilite o quadro **Erase existing entities** para remover a geometria da *polyline* selecionada no desenho.
   - Clique no botão **OK** para concluir.
6. Verifique a criação dos lotes das quadras na área de desenho (Figura 16.5).

Figura 16.4 Configuração para a representação dos rótulos das quadras.

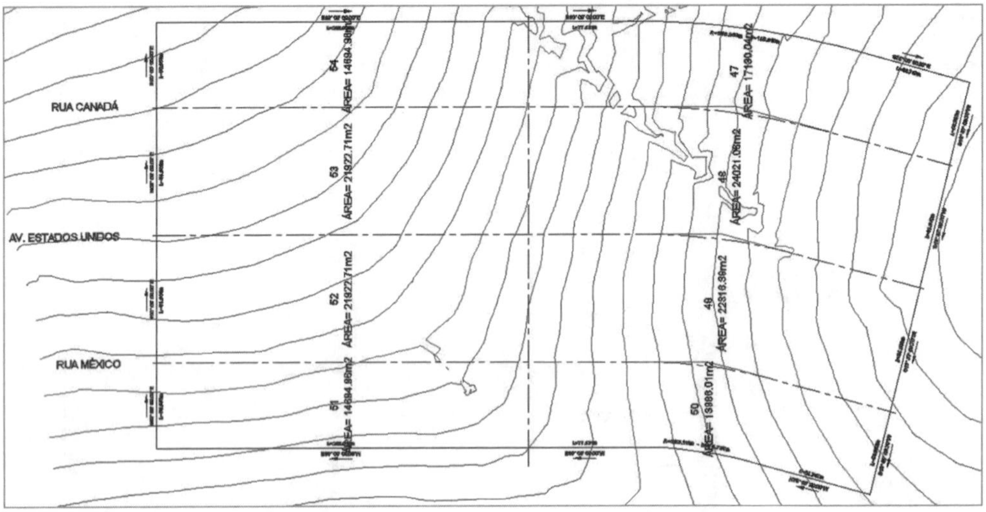

Figura 16.5 Quadras distribuídas na área do empreendimento.

7. Selecione a ferramenta da ribbon **Home → Create Design → Parcel → Create Right of Way**.
8. Selecione todos os rótulos das quadras presentes na área de desenho e pressione a tecla **Enter**.
9. Configure os parâmetros do sistema viário na caixa de diálogo **Create Right of Way** (Figura 16.6):
   - Digite **7.000m** no campo **Offset From Alignment** para determinar o afastamento dos lotes em relação ao alinhamento.
   - Selecione a opção **None** no campo **Cleanup Method** para desativar o recurso de adição de um raio entre os cruzamentos de lotes com os alinhamentos.
   - Digite **10.000m** no campo **Fillet Radius at Alignment Intersections** para especificar o valor dos raios nas esquinas dos cruzamentos entre os alinhamentos.
   - Clique no botão **OK** para concluir.

Create Right Of Way

Parameter	Value
Create Parcel Right of Way	
Offset From Alignment	7.000m
Cleanup at Parcel Boundaries	
Fillet Radius at Parcel Boundary Intersections	10.000m
Cleanup Method	None
Cleanup at Alignment Intersections	
Fillet Radius at Alignment Intersections	10.000m
Cleanup Method	Fillet

Figura 16.6 Configurações da largura e dos raios nas esquinas do sistema viário.

10. Verifique a presença das áreas do sistema viário na área de desenho. A ferramenta **Right of Way** cria objetos *parcels* nas regiões dos alinhamentos, permitindo a extração das áreas do sistema viário do projeto (Figura 16.7).

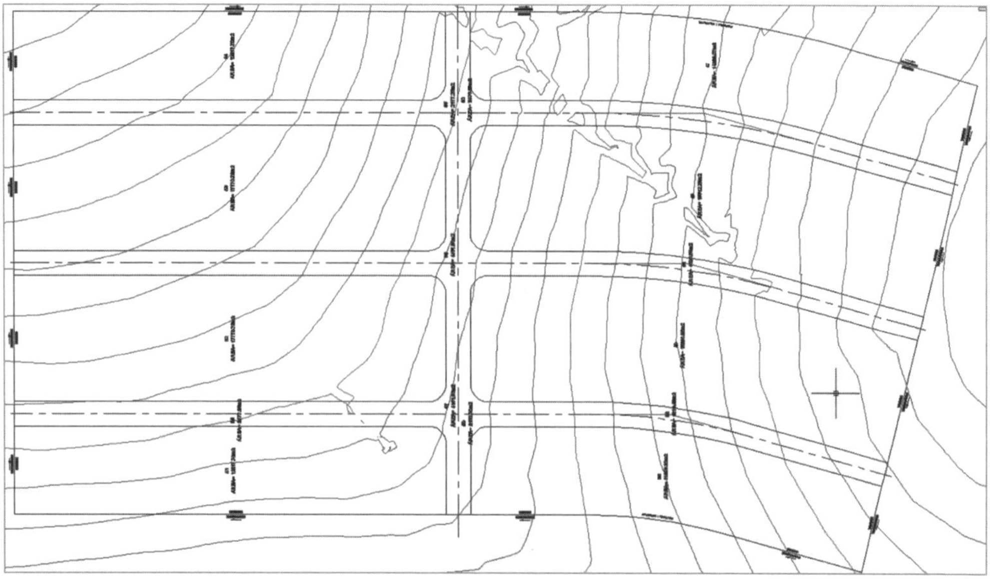

Figura 16.7 Faixa do sistema viário criada no desenho.

11. Selecione todos os lotes do viário na área de desenho e acesse a ferramenta da ribbon contextual **Parcels → General Tools → Properties**.
12. Na janela **Properties,** selecione o estilo **VIÁRIO** no campo **Style**.

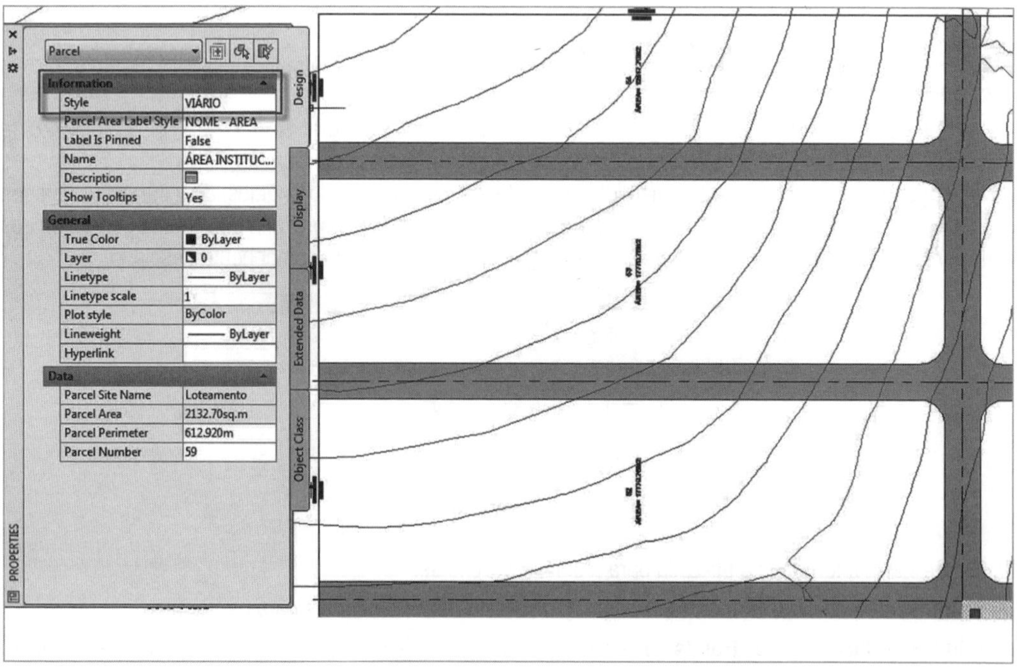

Figura 16.8 Substituição do estilo do sistema viário.

13. Selecione os dois lotes das quadras superiores e altere o estilo para **ÁREA VERDE** na janela **Properties**.
14. Selecione os dois lotes das quadras inferiores e altere o estilo para **ÁREA INSTITUCIONAL** na janela **Properties**.

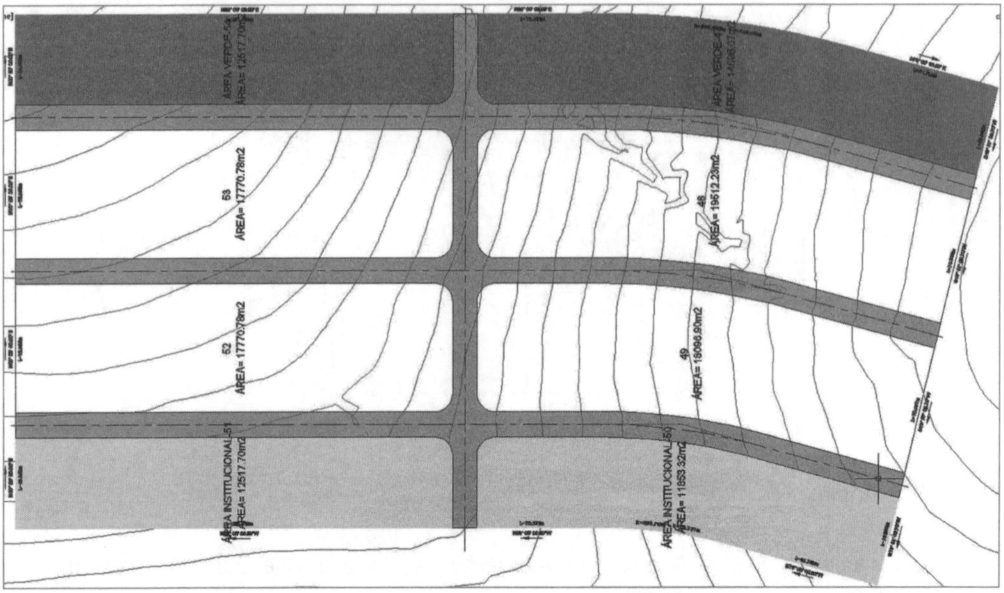

Figura 16.9 Configuração final dos estilos para o sistema viário, área verde e institucional.

16.2 Distribuição automática de lotes

A barra de ferramentas **Parcel Layout Tools** é utilizada durante as etapas de criação e manipulação de lotes no desenvolvimento de projetos de loteamentos. Suas ferramentas auxiliam na elaboração dos segmentos de tangentes e curvas dos lotes e na distribuição de lotes especificando ângulos, direções ou projetando livremente os segmentos no projeto. É possível inserir ou remover os pontos de interseção na geometria dos lotes, agrupar e desagrupar lotes, além de acessar as propriedades de um componente desejado.

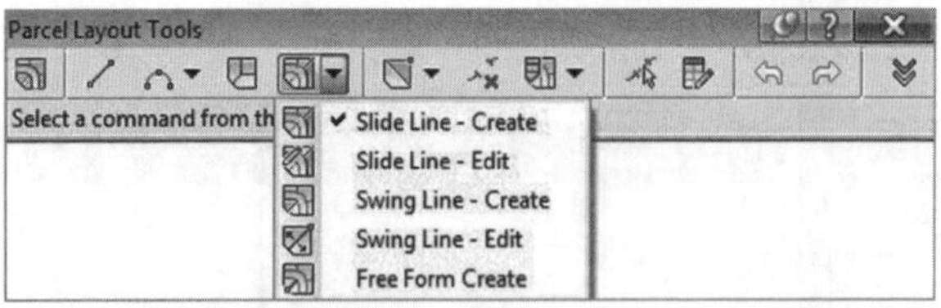

Figura 16.10 Barra de ferramentas Parcel Layout Tools.

Create Parcel: ferramenta utilizada para a definição de lotes.

Add Fixed Line – Two Points: ferramenta que permite definir tangentes para os lotes.

Add Fixed Curve – Three Points: ferramenta para a criação de curvas, definindo três pontos no desenho.

Add Fixed Curve – Two Points and Radius: ferramenta utilizada para definir segmentos de curvas, especificando dois pontos na área de desenho e o raio.

Draw Tangent – Tangent With No Curves: ferramenta para criar segmentos contínuos de tangentes na definição dos lotes do projeto.

Slide Line – Create: ferramenta que possibilita a criação de uma linha de lote, determinando um ângulo em relação ao limite frontal do loteamento.

Swing Line – Create: ferramenta para criar uma linha de lote, definindo um ponto fixo no lado oposto do limite frontal do loteamento.

Free Form – Create: ferramenta que cria uma linha de lote livremente ou especificando um ângulo ou um azimute, ou perpendicularmente a um lote existente.

Insert PI: ferramenta para adicionar de PIs na geometria dos lotes presentes no desenho.

Delete PI: ferramenta para remover PIs existentes na geometria dos lotes.

Break Apart a PI: ferramenta para manipular os pontos dos vértices das geometrias dos lotes.

Delete Sub-Entity: ferramenta utilizada para remover segmentos da definição dos lotes.

Parcel Union: ferramenta para agrupar dois lotes adjacentes.

Dissolve Parcel Union: ferramenta que restaura os lotes agrupados.

É possível expandir a barra de ferramentas **Parcel Layout Tools** para acessar os parâmetros de distribuição automática dos lotes, por meio da escolha dos métodos e da configuração dos valores geométricos (Figuras 16.11 e 16.12).

Minimum Area: parâmetro que determina a área mínima para os lotes.

Minimum Frontage: parâmetro para a definição do comprimento mínimo da frente dos lotes.

Use Minimum Frontage at Offset: ativa ou desativa o uso do parâmetro de recuo frontal.

Frontage Offset: parâmetro que regula o valor do recuo frontal para os novos lotes.

Minimum Width: parâmetro para especificar o valor da largura mínima para os lotes.

Minimum Depth: parâmetro para determinar a profundidade mínima dos lotes.

Use Maximum Depth: ativa ou desativa o uso do parâmetro de profundidade máxima.

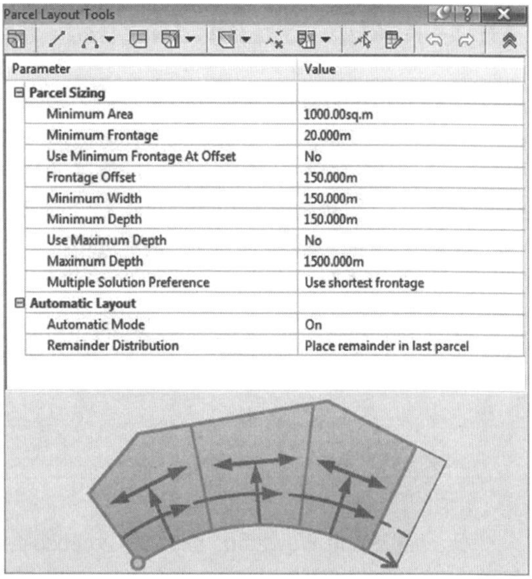

Figura 16.11 Ferramentas para subdivisão de lotes.

Maximum Depth: parâmetro de configuração da profundidade máxima para os lotes.

Multiple Solution Preference: opções de distribuição dos lotes; utilize a frente mais curta ou a menor área.

Automatic Mode: parâmetro que habilita a distribuição automática de lotes.

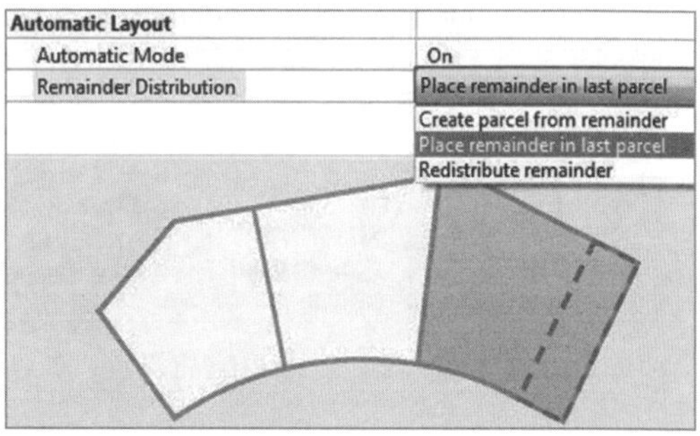

Figura 16.12 Opções para distribuição automática de lotes.

Remainder Distribution: parâmetro que controla o método de distribuição dos lotes.

Create Parcel from emainder: parâmetro que permite criar um novo lote utilizando a área remanescente da quadra selecionada.

Place Remainder in Last Parcel: parâmetro utilizado para adiciona a área remanescente no último lote.

Redistribute Remainder: parâmetro para redistribuir a área remanescente ao longo dos novos lotes.

16.3 Recursos e ferramentas para a manipulação de lotes

Diversas ferramentas estão disponíveis para efetuar a manipulação dos lotes durante o desenvolvimento dos projetos. A ribbon contextual **Segment** é exibida quando selecionamos um segmento do lote, já a ribbon contextual **Parcel** exibe seu conjunto de ferramentas quando um objeto lote for selecionado na área de desenho.

O recurso **Edit Geometry** expande a ribbon de mesmo nome para a exibição das ferramentas para a manipulação da geometria horizontal dos segmentos dos lotes. É possível adicionar ou remover PIs, acomodar curvas, cortar e estender os segmentos dos lotes presentes no desenho.

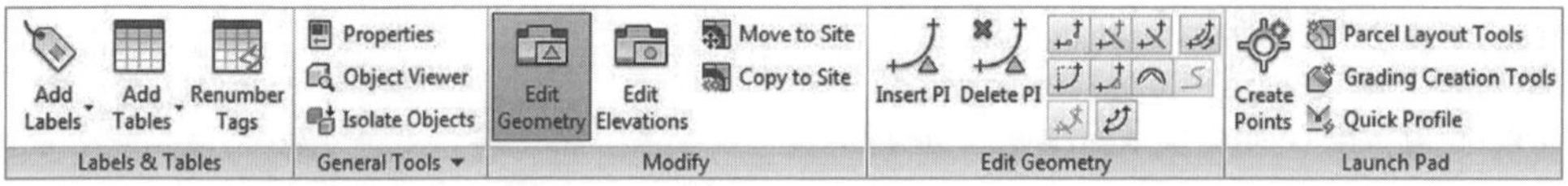

Figura 16.13 Ferramentas para a manipulação da geometria horizontal dos lotes.

O recurso **Edit Elevations** expande a ribbon de mesmo nome para a exibição das ferramentas para a manipulação da geometria vertical dos segmentos dos lotes. É possível adicionar ou remover PIVs, manipular as cotas dos vértices dos segmentos e acomodar os vértices sobre uma superfície desejada.

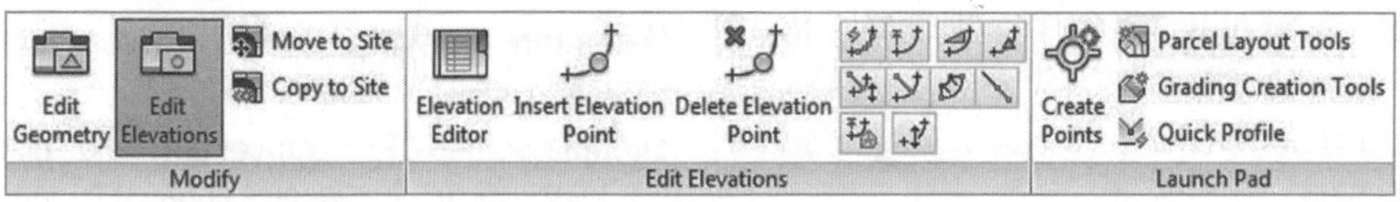

Figura 16.14 Ferramentas para a manipulação da geometria vertical dos lotes.

Por meio da ribbon contextual **Parcel**, é possível acessar a caixa de propriedades do lote selecionado, manipular suas elevações e geometrias, adicionar rótulos e renumerar os lotes presentes no desenho do projeto.

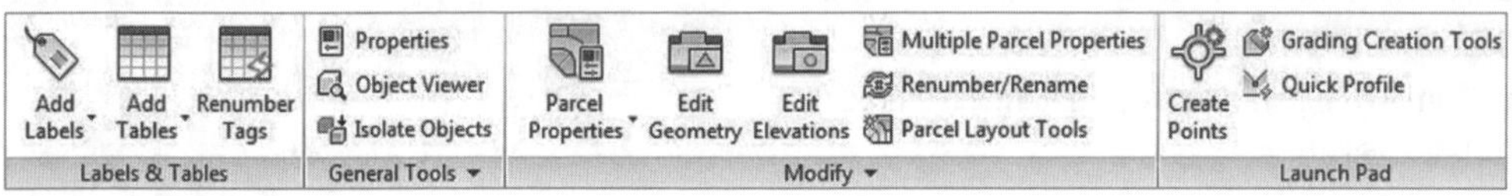

Figura 16.15 Ferramentas para a manipulação dos lotes.

Os segmentos dos lotes podem ser utilizados como base para a criação de modelos de superfícies projetadas, bem como para a aplicação dos taludes de corte e aterro por meio dos recursos de *grading*.

16.4 Tabelas e relatórios de lotes

Durante o processo de distribuição e manipulação dos lotes, os novos lotes criados interferem na numeração sequencial dos lotes projetados. A ferramenta da ribbon contextual **Parcel → Modify → Renumber/Rename** acessa a caixa de diálogo **Renumber/Rename Parcels** utilizada na tarefe da renumeração lógica dos lotes (Figura 16.16).

A caixa de diálogo **Renumber/Rename Parcels** permite controlar a numeração dos lotes criados no desenho. O campo **Starting number** configura o valor da numeração inicial dos lotes e o campo **Increment value** controla o valor do incremento para a renumeração dos lotes. A opção **Use name** template **in parcel style** utiliza o padrão de nomenclatura configurado no estilo de representação do lote (*parcel style*).

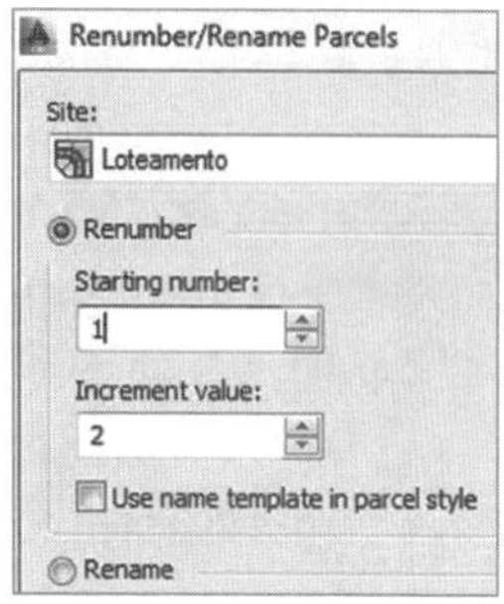

Figura 16.16 Caixa de renumeração dos lotes.

A renumeração dos lotes é efetuada desenhando uma linha auxiliar sobre os lotes desejados para determinar o caminhamento da nova numeração na área de desenho.

As tabelas de áreas dos lotes são apresentadas nos desenhos para informar as áreas presentes no projeto de loteamento. Além das tabelas de áreas, é possível adicionar as tabelas com as informações geométricas dos segmentos de linhas e curvas que compõem os lotes projetados (Figura 16.17).

ÁREA DOS LOTES		
Nº LOTE	ÁREA (m2)	PERÍMETRO (m)
55	2177.26	625.650
56	4151.93	1179.418
57	4151.93	1179.418
58	2177.26	625.650
59	2132.70	612.920
60	4219.48	1198.723
61	4509.83	1281.391
62	2433.97	696.996

TABELA DOS SEGMENTOS DOS LOTES			
Nº SEGMENTO	COMPRIMENTO (m) DESENVOLVIMENTO (m)	RUMO DO SEGMENTO	RAIO DA CURVA (m)
L-88	7.00	S13° 57' 09.70"W	
L-89	70.94	S13° 57' 09.70"W	
L-90	7.00	S13° 57' 09.70"W	
L-91	7.00	S13° 57' 09.70"W	
L-92	70.34	S13° 57' 09.70"W	
L-93	7.00	S13° 57' 09.70"W	
L-94	7.00	S13° 57' 09.70"W	
L-95	49.96	S13° 57' 09.70"W	

Figura 16.17 Tabelas de área dos lotes e de dados das geometrias presentes nos lotes.

A aba **Toolbox** da **Toolspace** permite acesso aos modelos de relatórios de lotes (*parcels*), muito utilizados no processo de documentação complementar nos projetos de loteamento. É possível salvar os relatórios dos lotes em diversos formatos de arquivos para leitura e personalização em aplicativos de edição de textos.

LOTE	m2	ha	Perímetro (m)
1	709.659	0.071	110.966
2	709.659	0.071	110.966
3	709.659	0.071	110.966
4	709.659	0.071	110.966
5	709.659	0.071	110.966
6	709.659	0.071	110.966

Figura 16.18 Aba Toolbox para acesso aos relatórios para a documentação dos projetos.

16.5 Exercício – distribuição dos lotes

Após determinar as geometrias das quadras e as áreas do sistema viário, a próxima etapa do projeto de loteamento é a distribuição dos lotes nas quadras presentes no desenho. O seguinte exercício utiliza os recursos da barra de ferramenta **Parcel Layout Tools** para efetuar essa distribuição, além da criação da tabela e do relatório de áreas dos lotes projetados.

Execute os procedimentos a seguir para concluir o exercício:

1. Abra o arquivo **16-5-1_DIVISÃO_LOTES.DWG**, disponível no site da Editora Érica.
2. Selecione pela ribbon **Home → Create Design → Parcel → Parcel Creation Tools**.
3. Expanda a barra de ferramentas **Parce Layout Tools** e configure os parâmetros (Figura 16.19):
   - Digite **300.00sq.m** no campo **Minimum Area**.
   - Digite **20.000m** no campo **Minimum Frontage**.
   - Selecione a opção **No** no campo **Use Minimum Frontage at Offset**.
   - Digite **20.000m** no quadro **Frontage Offset**.
   - Digite **0.000m** nos campos **Minimum Width** e **Minimum Depth**.
   - Selecione **No** no quadro **Use Maximum Depth**.
   - Selecione **Use shortest frontage** no campo **Multiple Solution Preference**.
   - Selecionar a opção **On** no quadro **Automatic Mode**.
   - Selecionar a ferramenta **Create parcel from remainder** no campo **Remainder Distribution**.

Parcel Layout Tools

Parameter	Value
⊟ Parcel Sizing	
Minimum Area	300.00sq.m
Minimum Frontage	20.000m
Use Minimum Frontage At Offset	No
Frontage Offset	20.000m
Minimum Width	0.000m
Minimum Depth	0.000m
Use Maximum Depth	No
Maximum Depth	1500.000m
Multiple Solution Preference	Use shortest frontage
⊟ Automatic Layout	
Automatic Mode	On
Remainder Distribution	Create parcel from remainder

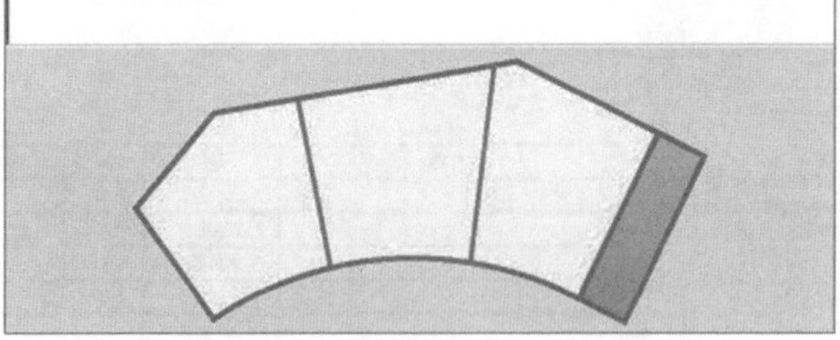

Figura 16.19 Configuração dos parâmetros para a distribuição dos lotes.

4. Na barra de ferramentas **Parcel Layout Tools**, selecione a ferramenta **Slide Line - Create** para distribuir os lotes.
5. Na caixa de diálogo **Create Parcels - Layout,** verifique as configurações de estilos e clique no botão **OK**.
6. Selecione o **Lote 53** na área de desenho.
7. Passe o cursor do mouse lentamente no sentido horário sobre a geometria do lote 53 (Figura 16.20).

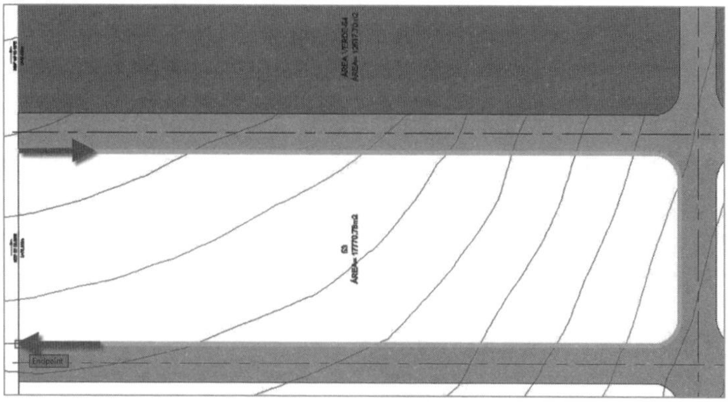

Figura 16.20 Identificação da frente dos lotes.

8. Digite **90** na linha de comando para definir o ângulo de rotação dos lotes em relação à frente da quadra selecionada.
9. Uma prévia da distribuição é exibida em vermelho na área de desenho. Pressione a tecla **Enter** para aceitar a configuração de distribuição dos lotes.

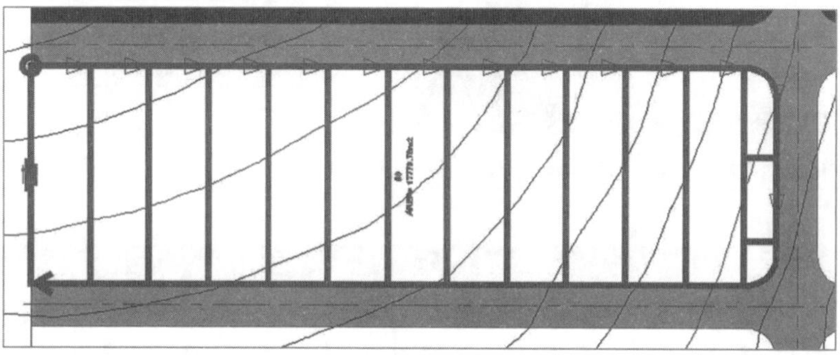

Figura 16.21 Pré-visualização da distribuição dos lotes.

10. Pressionar a tecla **Esc** para finalizar a distribuição dos lotes.

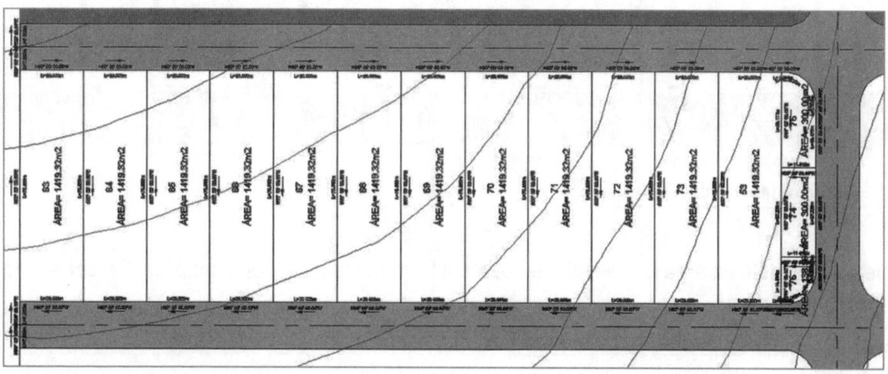

Figura 16.22 Lotes distribuídos na quadra selecionada.

11. Remova os segmentos horizontais dos lotes das esquinas e verifique a somatória das áreas no **Lote 76** (Figura 16.23).
12. Na barra de ferramentas **Parcel Layout Tools**, selecione a ferramenta **Add Fixed Line - Two Points** para dividir todos os lotes presentes na quadra.
13. Na caixa de diálogo **Create Parcels - Layout**, verifique as configurações de estilos e clique no botão **OK** (Figura 16.24).
14. Na área de desenho, determine os dois pontos para a criação do segmento atravessando todos os lotes da quadra. Pressione a tecla **Enter** para finalizar o comando (Figura 16.25).

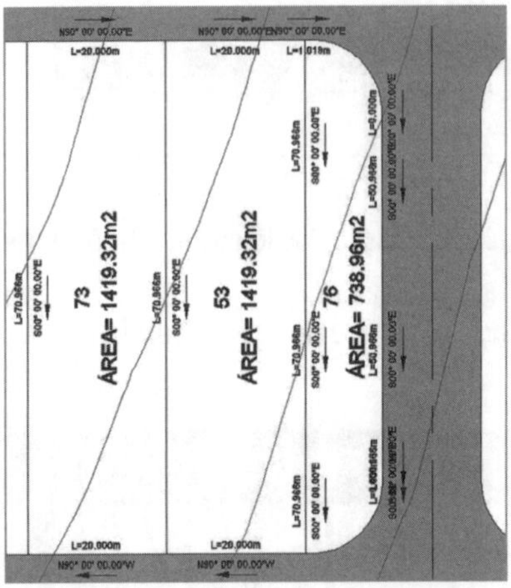

Figura 16.23 Somatória das áreas dos lotes da esquina.

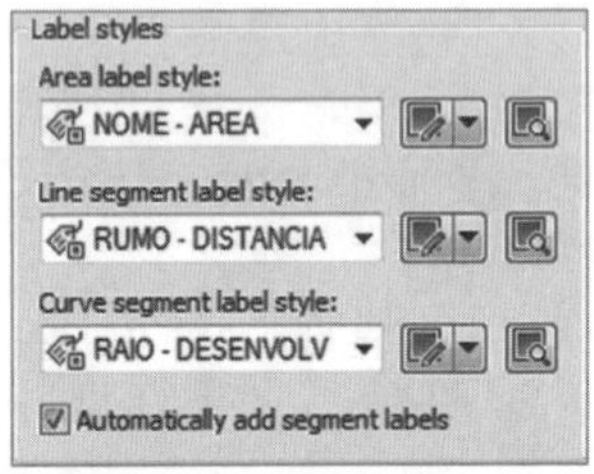

Figura 16.24 Estilos de rótulos para os segmentos dos lotes.

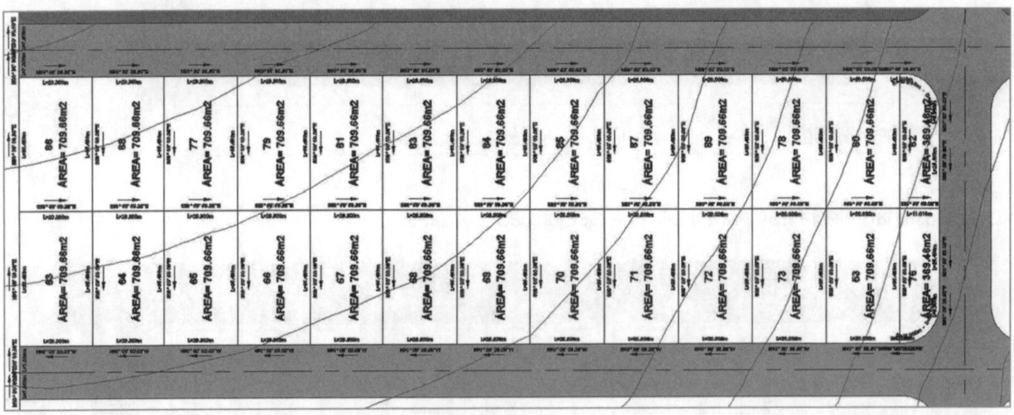

Figura 16.25 Divisão dos lotes da quadra.

15. Selecione um lote na área de desenho e acesse a ferramenta da ribbon contextual **Parcel → Modify → Renumber/Rename**.
16. Na caixa de diálogo **Renumber/Rename Parcels**, configure os seguintes parâmetros:
    - Selecione o **Site Loteamento**.
    - Habilite a opção **Renumber**.

- Digite **1** no campo **Starting number** para definir o número inicial da sequência.
- Digite **2** no quadro **Increment value** para determinar o valor do incremento da numeração.
- Clique no botão **OK**.

17. Clique na área de desenho sobre os lotes superiores da quadra para definir o caminho sequencial da numeração dos lotes.

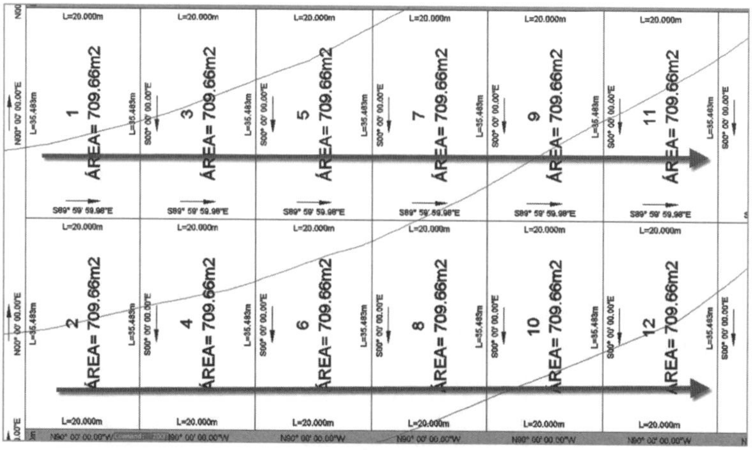

Figura 16.26 Exibição da sequência para a renumeração dos lotes.

18. Repita os procedimentos para renumerar os lotes inferiores da mesma quadra, adotando a numeração par. Inicie no número **2** e aplique o incremento de **2**.

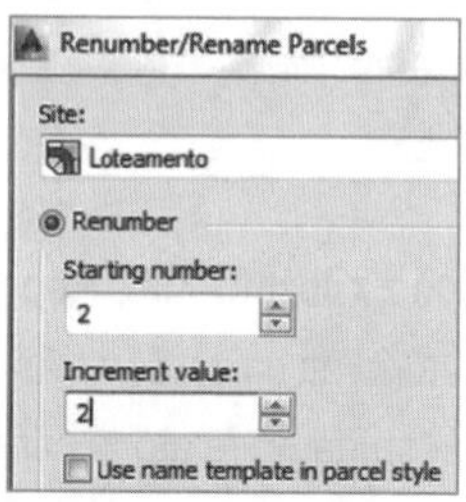

Figura 16.27 Configuração da numeração para os lotes.

19. Selecione um lote na área de desenho e acesse a ferramenta da ribbon contextual **Parcel** → **Labels & Tables** → **Add Tables** → **Add Area**.

20. Na caixa de diálogo **Table Creation,** selecione o estilo **AREA DOS LOTES** no campo **Table style**, clique no botão **Pick-On-Screen** para selecionar os lotes na área de desenho, clique no botão **OK** e insira a tabela de áreas no desenho (Figura 16.28).

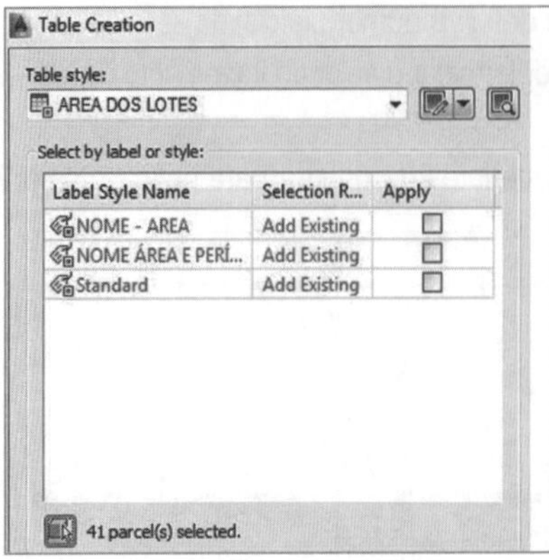

ÁREA DOS LOTES		
Nº LOTE	ÁREA (m²)	PERÍMETRO (m)
1	709.66	110.966
2	709.66	110.966
3	709.66	110.966
4	709.66	110.966
5	709.66	110.966
6	709.66	110.966
7	709.66	110.966
8	709.66	110.966

Figura 16.28 Tabela de áreas dos lotes.

21. Acesse a aba **Toolbox** da **Toolspace**, selecione **Relatórios → Lotes,** clique com o botão direito do mouse sobre o relatório **ÁREA DOS LOTES** e selecione a opção **Execute**.

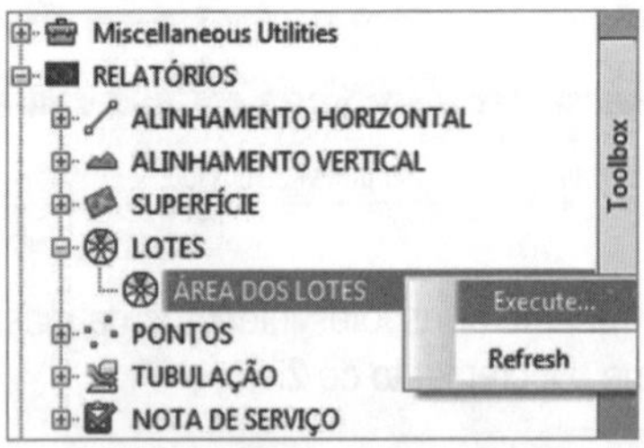

Figura 16.29 Modelos de relatório presentes na aba Toolbox.

22. Clique no botão **OK** na caixa de diálogo **Export to XML Report**.
23. Especifique o local e nome para o relatório na caixa **Save As** e clique no botão **Save**.
24. Verifique as informações no arquivo de saída do relatório criado.

Report Date: 30/08/2013 16:04:32 **Prepared by:** MARCUS CARDOSO

LOTE	m²	ha	Perímetro (m)
2	709.659	0.071	110.966
4	709.659	0.071	110.966
6	709.659	0.071	110.966

Figura 16.30 Relatório de áreas dos lotes.

17 Terraplenagem

A grande parte dos elementos projetados em empreendimentos de infraestrutura exige a construção de nivelamentos para platôs, cálculos de taludes e banquetas, composições para barragens e diques, plantas de mineração, lagoas de tratamento de esgotos e demais nivelamentos que utilizam terraplenagens.

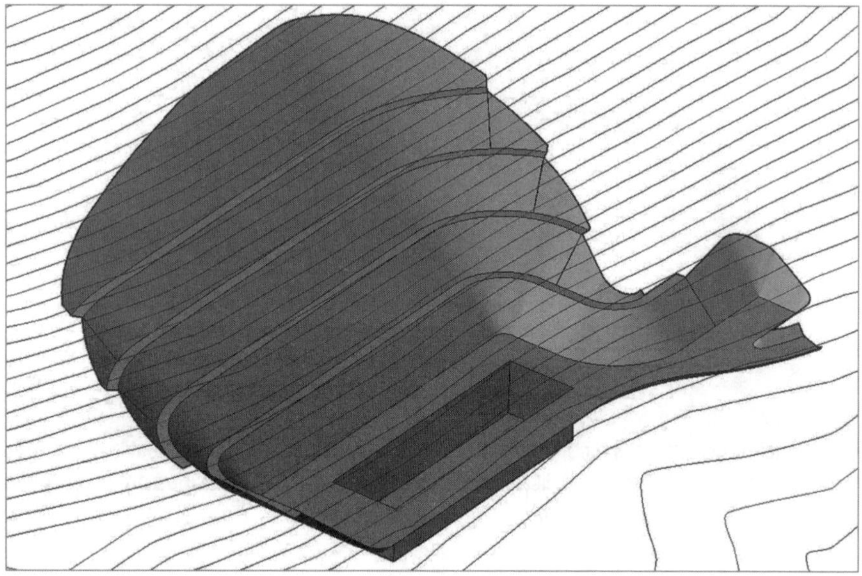

Figura 17.1 Modelo de projeto de escavação para casa de força.

O recurso de **grading** auxilia na elaboração de projetos de terraplenagem em geral. Suas ferramentas utilizam critérios personalizados para a definição de taludes e diversos tipos de nivelamentos. Os objetos de *grading* podem estar associados diretamente na construção de modelos de superfícies para a extração e o balanço dos volumes de corte e aterro dos projetos.

17.1 Objetos grading

Assim como outros objetos, o objeto *grading* possui seu próprio conjunto de parâmetros e configurações. A criação de *grading* é efetuada selecionando uma linha-base no desenho, geralmente *polylines* ou *feature lines* contendo elevações, para determinar, então, parâmetros e alvos de projeção para a construção de taludes, banquetas e platôs. Os objetos *grading* são definidos em grupos (*grading groups*) e alocados em sites.

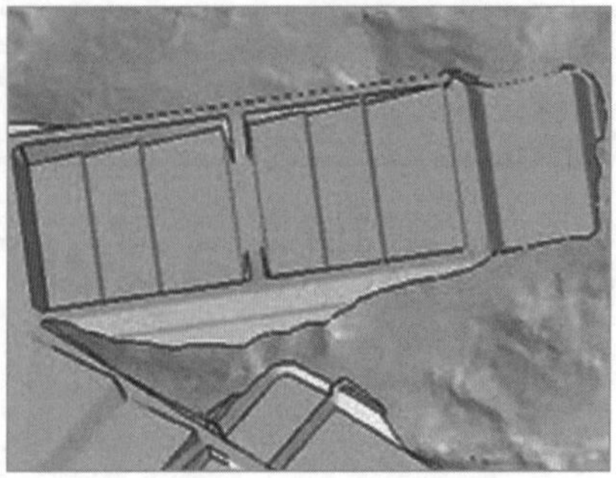

Figura 17.2 Modelo de nivelamentos de platôs.

Um objeto *grading* consiste tipicamente em uma linha-base, um alvo (*target*), as linhas de projeção e sua face lateral. Uma linha base pode ser uma *feature line*, uma *polyline* ou uma linha de lote (*lot line*). O alvo (*target*) pode ser uma superfície, uma distância, uma elevação ou uma diferença de altura.

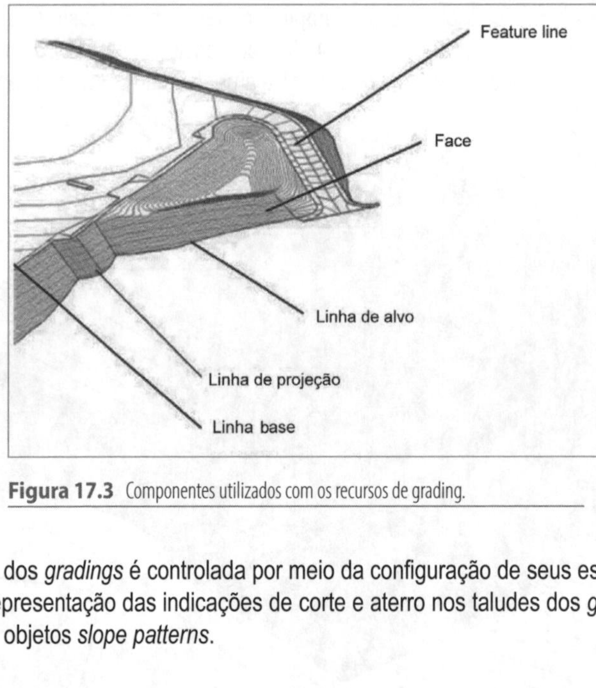

Figura 17.3 Componentes utilizados com os recursos de grading.

A representação dos *gradings* é controlada por meio da configuração de seus estilos (*grading styles*). É possível controlar a representação das indicações de corte e aterro nos taludes dos *gradings* pela configuração de estilos para os objetos *slope patterns*.

17.2 Grupos de grading

Os **grading groups** são conjuntos de *gradings* agrupados e podem ser utilizados na construção de modelos de superfície para a representação de projetos de terraplenagem. A superfície pode permanecer dinamicamente conectada ao grupo de *grading* e sofre atualização quando os objetos do grupo de *grading* sofrem alterações (Figura 14.4).

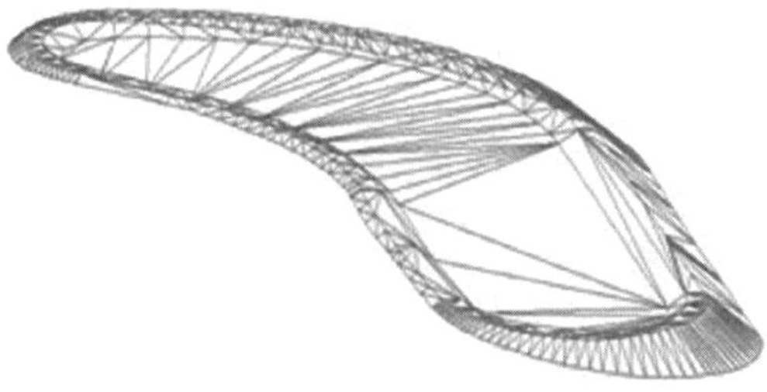

Figura 17.4 Superfície criada através de grupo de grading.

Os grupos de *grading* são criados e gerenciados por meio do recurso de sites. É possível definir diversos grupos de *grading* alocados no mesmo site ou em diferentes sites. Cada grupo de *grading* poderá possuir apenas uma superfície com uma composição volumétrica.

Em projetos complexos que necessitem de diversos grupos de *grading*, mas apenas uma composição volumétrica, é possível desenvolver diversos grupos de *grading* extraindo suas respectivas superfícies, as quais podem ser agrupadas em uma única superfície para a visualização geral da implantação do empreendimento e para a extração do volume total do projeto.

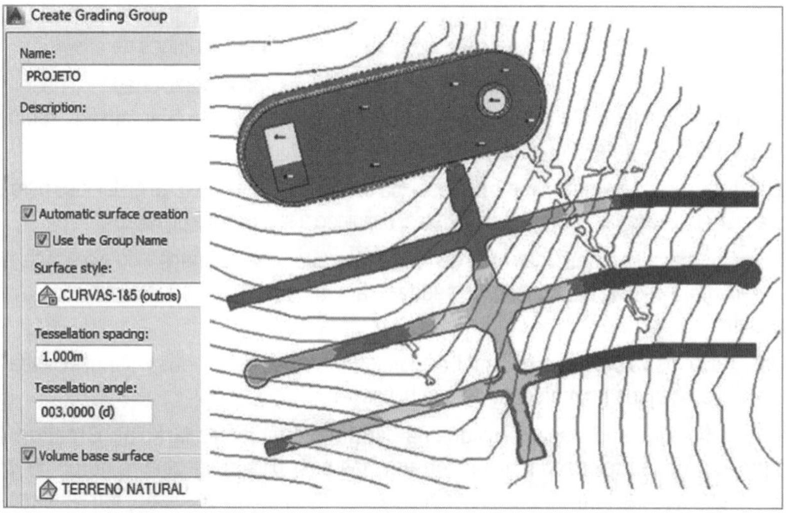

Figura 17.5 Configuração do grupo de grading para a construção da superfície do projeto de terraplenagem.

A caixa de diálogo **Create Grading Group** auxilia durante a criação e a configuração de grupos de *grading*. A opção **Automatic Surface Creation** permite criar automaticamente a superfície do grupo de *grading*. O quadro **Volume Base Surface** seleciona a superfície desejada para a extração dos volumes de corte e aterro projetados no grupo de *grading*.

17.3 Critérios e ferramentas de grading

Critérios de *grading* (*Grading Criteria*) são conjuntos de parâmetros de projeção que definem o comportamento da linha de projeção (*feature line*) criada durante o processo. Esses parâmetros utilizam os objetos selecionados para a projeção de taludes, rampas e bermas sobre uma superfície ou para determinar diferença de altura, cota específica ou, ainda, largura e inclinação para formação do *grading*.

Os critérios de *grading* são definidos por meio da aba **Criteria** da caixa de diálogo **Grading Criteria** e armazenados em conjuntos denominados **Grading Criteria Sets** alocados na aba **Settings** da **Toolspace**.

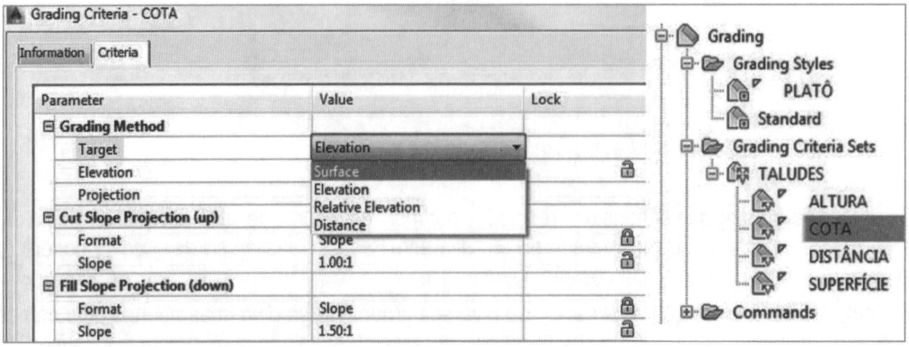

Figura 17.6 Opções para definição dos critérios de grading.

Surface: critério que utiliza uma superfície com alvo combinada à inclinação para a definição dos taludes de corte e aterro. Possibilita a criação de taludes de corte e aterro, projetando as linhas de *offset*.

Relative Elevation: critério que utiliza a diferença de altura da linha-base selecionada no desenho, e a projeção pode ser determinada especificando uma largura ou inclinação. Permite criar taludes, rampas e banquetas, definindo uma diferença entre as cotas de partida e de projeção.

Elevation: critério de projeção que utiliza uma cota desejada combinada às inclinações de taludes para corte e aterro. É utilizado para a criação de taludes, rampas e banquetas, definindo a sua cota de projeção.

Distance: critério que permite determinar uma distância lateral e uma inclinação ou diferença de altura para a projeção de *gradings*. Possibilita a criação de taludes, rampas e banquetas, determinando a distância horizontal e a inclinação.

Lock: opção para travar os valores e os parâmetros configurados nos estilos dos critérios. Dessa forma, esses parâmetros não são solicitados no momento de sua utilização.

Os critérios elaborados são disponibilizados na barra de ferramentas **Grading Creation Tools** para a aplicação nos projetos de terraplenagem, cujas ferramentas possibilitam escolher o grupo de *grading*, especificar a superfície que servirá com alvo, selecionar o critério de *grading* desejado, ferramentas para criação e edição de *gradings*, além do recurso **Grading Volume Tools,** para a execução do balanço volumétrico do projeto.

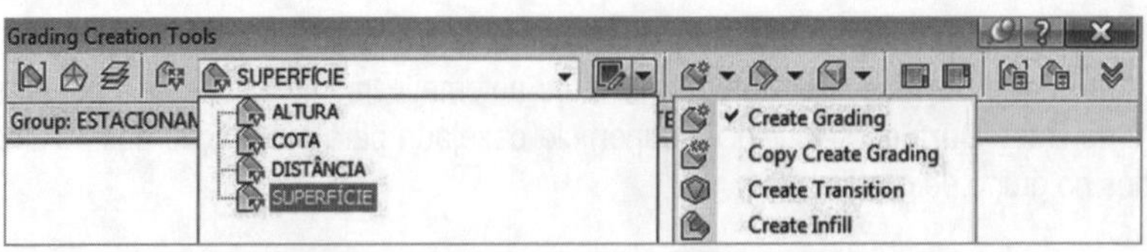

Figura 17.7 Barra de ferramentas Grading Creation Tools para a aplicação de gradings.

 Create Grading: aplica o critério selecionado para a criação do *grading*.

 **Create Transition:** cria a transição entre *gradings* existentes no desenho.

Create Infill: aplica o preenchimento entre áreas fechadas para a criação de platôs.

Edit Grading: edita os parâmetros geométricos de um *grading* projetado no desenho.

Grading volume Tools: acessa a barra de ferramentas para análise e balanço dos volumes de terraplenagem do projeto.

O seguinte exemplo mostra os procedimentos para a criação de um platô simples posicionado na cota 666.50m, além da projeção dos taludes de corte e aterro até a superfície da topografia. Dessa forma, representa o projeto do platô para o estacionamento do empreendimento.

Agora, estude o exemplo a seguir:

1. Abra o arquivo **17-3-1_PLATÔ_GRADING.DWG**, disponível no site da Editora Érica.
2. Na aba **Prospector** da **Toolspace**, clique com o botão direito do mouse sobre **Sites** e selecione a opção **New**.
3. Na aba **Information** da caixa de diálogo **Site Properties**, digite **ESTACIONAMENTO** no campo **Name** e clique no botão **OK** para criar o novo site para o projeto do estacionamento.

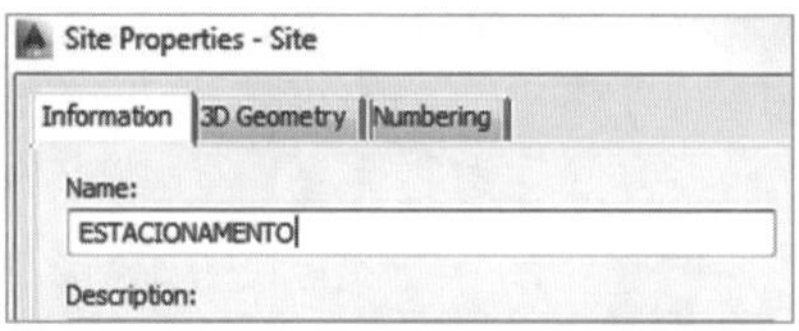

Figura 17.8 Definição do site para o projeto do platô do estacionamento.

4. Selecione a ferramenta da ribbon **Home → Create Design → Grading → Create Grading Group**.
5. Na caixa de diálogo **Create Grading Group,** configure os parâmetros (Figura 17.9):
   - Digite **ESTACIONAMENTO** no campo **Name**.
   - Habilite a opção **Automatic surface creation** para criar a superfície do grupo de *grading*.
   - Habilite o quadro **Use the Group Name** para definir o nome da superfície.
   - Habilite a opção **Volume base surface** e selecione a superfície **TERRENO NATURAL** como base para o cálculo volumétrico.
   - Clique no botão **OK**.
   - Confirme a criação da superfície do projeto na caixa **Create Surface**.

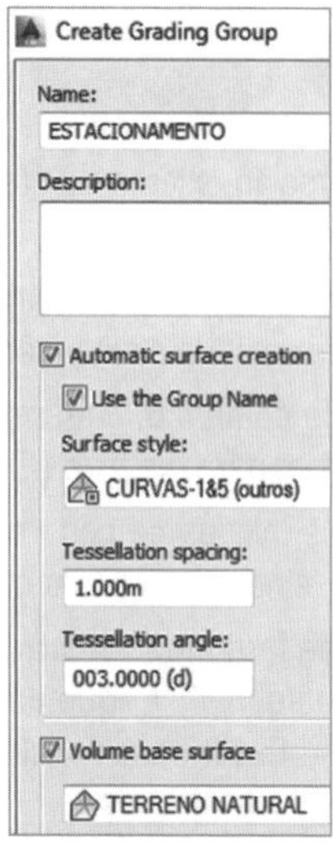

Figura 17.9 Definição do grupo de grading.

6. Selecione a ferramenta da ribbon **Home → Create Design → Grading → Grading Creation Tools**.
7. Na barra de ferramentas **Grading Creation Tools**, verifique o nome do grupo selecionado e da superfície de alvo. Selecione o critério **SUPERFÍCIE** e aplique a ferramenta (*Create Grading*).

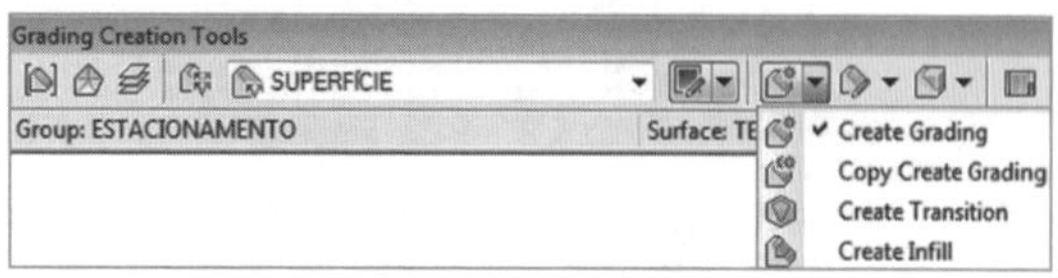

Figura 17.10 Acesso à ferramenta de criação de taludes de corte e aterro.

8. Na área de desenho, selecione a *polyline* azul do limite do projeto, posicionada na cota 666.50m.
9. As ferramentas de *grading* trabalham com objetos *feature lines*; então, quando uma *polyline* é selecionada para a projeção de taludes, é necessário convertê-la em *feature line* para prosseguir com o processo. Na caixa de diálogo **Create Feature lines** (Figura 17.11):

- Selecione o site **ESTACIONAMENTO**.
- Habilite a opção **Name** e digite **ESTACIONAMENTO** no quadro para determinar o nome da *feature line*.
- Habilite o quadro **Erase existing entities** para remover a *polyline* selecionada.
- Clique no botão **OK**.

10. Clique na região externa da área do projeto para definir o lado de aplicação dos taludes.
11. Pressione a tecla **Enter** na linha de comando para confirmar a aplicação dos taludes em toda a extensão da *feature line* do platô do estacionamento.
12. Na linha de comando, confirme a inclinação do talude de corte (*Cut Slope*) em **1:1** e, para o aterro (*Fill Slope*), de **1.5:1**. Pressione a tecla **Enter**.
13. Verifique os taludes de corte e aterro projetados na superfície topográfica; entretanto, é necessário criar o platô interno na área do projeto.
14. Na barra de ferramentas **Grading Creation Tools,** selecione a ferramenta (*Create Infill*). Clique na região interna do platô do estacionamento e pressione **Enter** para concluir (Figura 17.12).

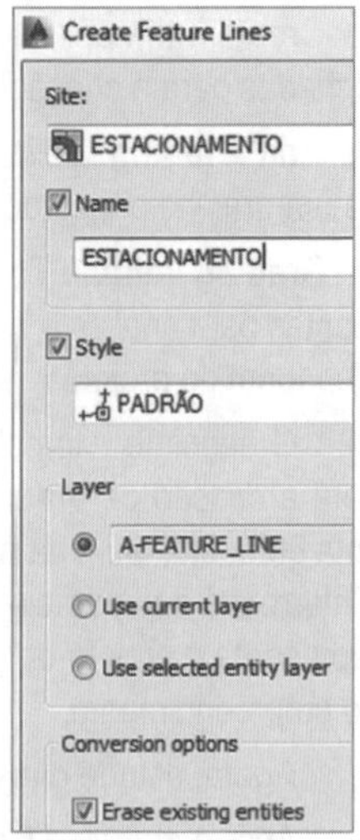

Figura 17.11 Criação da *feature line* por meio da geometria da polyline selecionada.

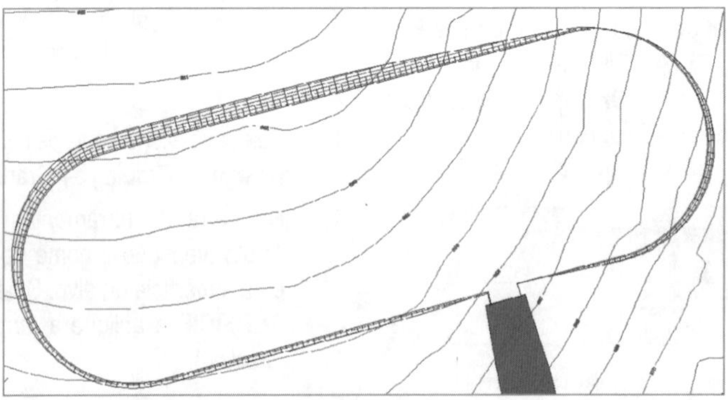

Figura 17.12 Platô do estacionamento projetado sobre a superfície da topografia.

15. Crie uma *polyline* na região do projeto e aplique a ferramenta **Quick Profile** para verificar o perfil do platô do estacionamento projetado com *grading*.
16. Selecione as curvas de nível da superfície **ESTACIONAMENTO** e ative a ferramenta da ribbon contextual **Tin Surface → General Tools → Object Viewer** para navegar pelo modelo da superfície projetada.

17.4 Balanço dos volumes de terraplenagem

Um dos principais benefícios durante a utilização dos recursos de *grading* está na habilidade de calcular os volumes de forma rápida e precisa. A barra de ferramentas **Grading Volume Tools** disponibiliza ferramentas essenciais para a obtenção dos dados volumétricos dos projetos de terraplenagem que utilizam esses recursos de *grading*.

Durante o processo de desenvolvimento de projetos de terraplenagem, é possível alterar os dados volumétricos por meio da ferramenta (*Raise the Grading Group*) para elevar a cota de partida do projeto, essencialmente a *feature line* utilizada na projeção dos taludes de *grading*, e a ferramenta (*Lower the Grading Group*) para rebaixar a cota da *feature line* utilizada como base para o grupo de *grading*. Dessa forma, a atividade para balanço do volume de corte e aterro do projeto de terraplenagem é executada.

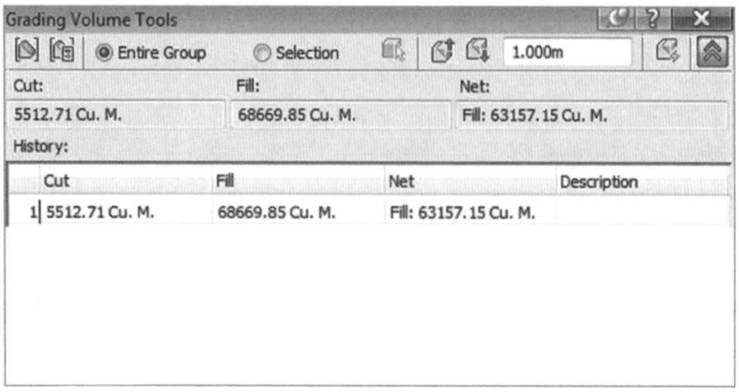

Figura 17.13 Barra de ferramentas Grading Volume Tools para a execução do balanço volumétrico.

O recurso (*Automatically Raise/Lower to Balance the Volumes*) executa o balanço automático do volume do projeto e tem como objetivo anular a diferença (*Net*) entre os volumes de corte (*Cut*) e aterro (*Fill*). Essa poderosa ferramenta reposiciona a *feature line* utilizada na definição dos taludes a uma elevação exata para que a diferença entre corte e aterro exibida no campo **Net** seja a menor possível.

O quadro **History** da barra de ferramentas armazena o histórico de operações realizadas durante o processo de balanceamento dos volumes de terraplenagem dos projetos.

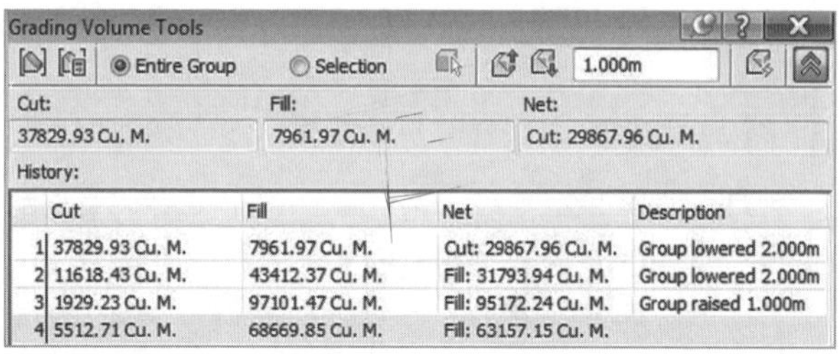

Figura 17.14 Quadro do histórico de operações volumétricas realizadas no projeto de terraplenagem.

A seguinte sequência exibe os procedimentos para a extração das informações volumétricas, além dos passos para a elaboração do balanço no volume de terraplenagem do platô projetado para o estacionamento.

Agora, estude o exemplo a seguir:

1. Abra o arquivo **17-4-1_VOLUME_GRADING.DWG**, disponível no site da Editora Érica.
2. Selecione a ferramenta da ribbon **Analyze** → **Volumes and Materials** → **Grading Volume Tools**.
3. Na barra de ferramentas **Grading Volume Tools,** habilite a opção **Entire Group**, clique no botão (**Expand the Grading Volume Tool**) e identifique os valores volumétricos do projeto de terraplenagem do estacionamento (Figura 17.15).
4. Selecione a ferramenta da ribbon **Annotate** → **Labels & Tables** → **Add Labels** → **Surface** → **Spot Elevation**.

Figura 17.15 Informações volumétricas do projeto de terraplenagem do estacionamento.

5. Selecione a superfície **ESTACIONAMENTO** e clique em vários pontos no platô do estacionamento para posicionar os rótulos de cotas.
6. Na barra de ferramentas, clique no botão (*Lower the Grading Group*) para rebaixar a cota do platô do estacionamento e iniciar o estudo volumétrico do projeto.
7. Verifique a nova composição volumétrica do projeto e as cotas exibidas nos rótulos da superfície do estacionamento.

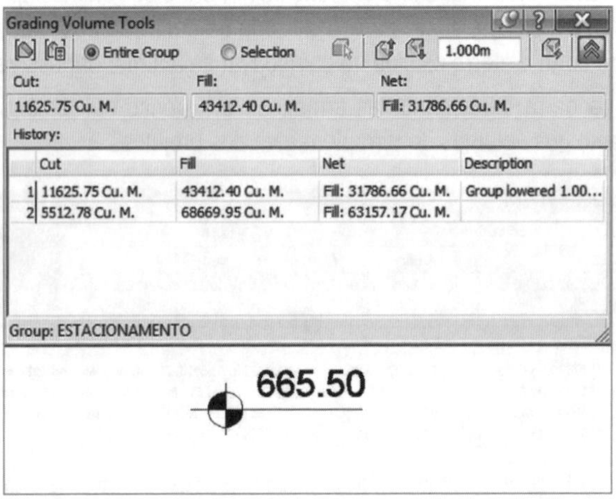

Figura 17.16 Histórico dos valores volumétricos exibidos na barra de ferramentas.

8. Na barra de ferramentas, clique no botão *(Automatically Raise/Lower to Balance the Volumes)* para efetuar o balanço volumétrico automático para o projeto.
9. Na caixa de diálogo **Auto-Balance Volumes**, digite **0.00** (m²) no quadro **Required volume** e clique no botão **OK** (Figura 17.17).
10. Na barra de ferramentas, observe a nova composição volumétrica do projeto.
11. Na área de desenho, observe a nova projeção dos taludes de corte e aterro, além dos valores das cotas do platô exibidos nos rótulos da superfície do estacionamento (Figura 17.18).

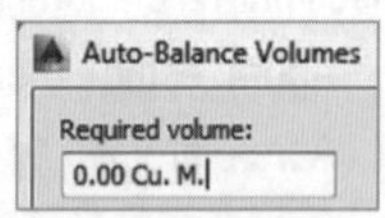

Figura 17.17 Caixa para a obtenção do volume desejado.

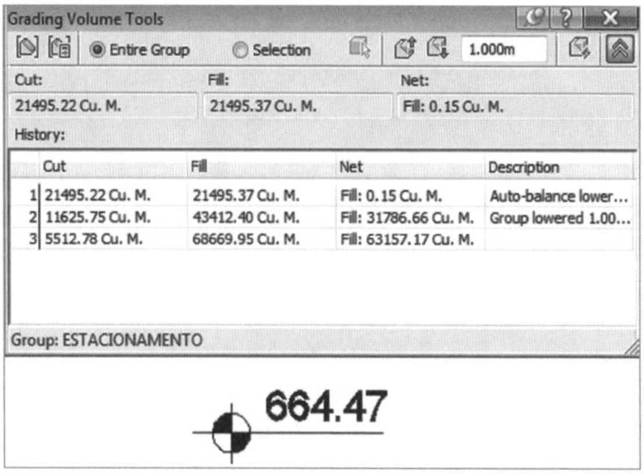

Figura 17.18 Histórico volumétrico do processo de balanço do projeto.

17.5 *Feature lines*

Os objetos **features lines** são linhas especiais do Autodesk AutoCAD Civil 3D e podem ser semelhantes às *polylines* ou *polylines 3D* do AutoCAD, com o diferencial de possuírem elevações em cada um de seus vértices e, assim, controlar as elevações de seus vértices e suas inclinações das rampas durante o processo de sua criação ou edição. Dessa forma, é possível obedecer aos critérios geométricos horizontais e verticais exigidos em projetos de terraplenagem.

Dependendo de seu uso, as *feature lines* podem se tornar a principal ferramenta para projetos de terraplenagem, pois possibilitam a definição precisa de geometrias tridimensionais para a representação de grande parte dos projetos que envolvem movimentação de terra, como platôs para plantas e galpões industriais, patamarização de lotes, áreas de lagoas de tratamento, camadas de projetos de aterro sanitário, mineração, barragens, entre outros.

É possível criar *features lines* desenhando diretamente na área de desenho e determinando as elevações dos vértices digitando a cota, coletando a cota de uma superfície ou determinando declividades com a ferramenta da ribbon **Home → Create Design → Feature Line → Create Feature Line** (Figura 17.19).

Um recurso poderoso de *feature line* é a possibilidade de adicionar suas geometrias como *breaklines* nos modelos de superfícies presentes nos desenho e, assim, complementar a triangulação de superfícies topográficas ou, ainda, desenvolver modelos complexos de superfícies propostas nos projetos.

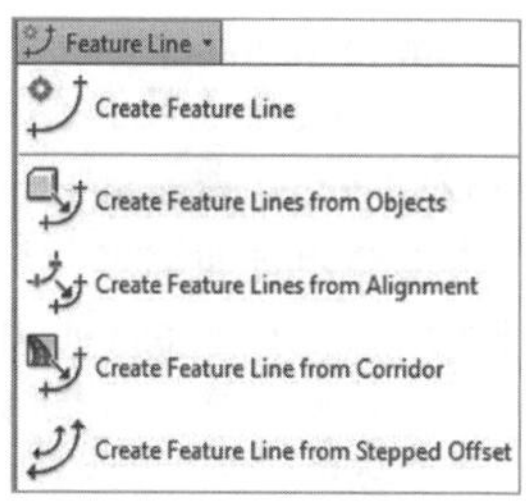

Figura 17.19 Ferramentas para a criação de *feature lines*.

A ribbon contextual *Feature line* é exibida quando uma *feature line* estiver selecionada na área de desenho. Nela, é possível utilizar os recursos para manipulação nas geometrias de *feature lines* presentes no desenho. O botão **Edit Elevation** exibe as ferramentas para a manipulação das cotas dos vértices da *feature line,* e o recurso **Edit Geometry** disponibiliza as ferramentas para edição na geometria horizontal das *feature lines* selecionadas no desenho.

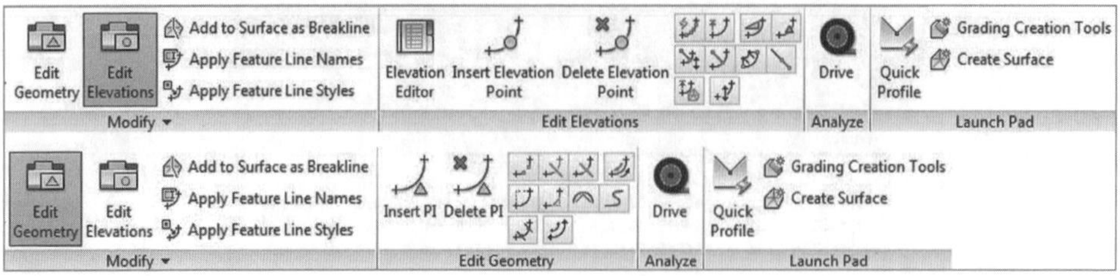

Figura 17.20 Ferramentas para a manipulação de *feature lines*.

Objetos do AutoCAD existentes no desenho, como *polylines*, linhas ou arcos, podem ser transformados em *features lines* com a ferramenta **Create Feature Line From Objects**. Esse recurso facilita a criação de geometrias tridimensionais nos projetos; em seguida, é possível determinar ou alterar as elevações dos vértices das *features lines* por meio das ferramentas **Grading Elevation Editor** da janela **Panorama.**

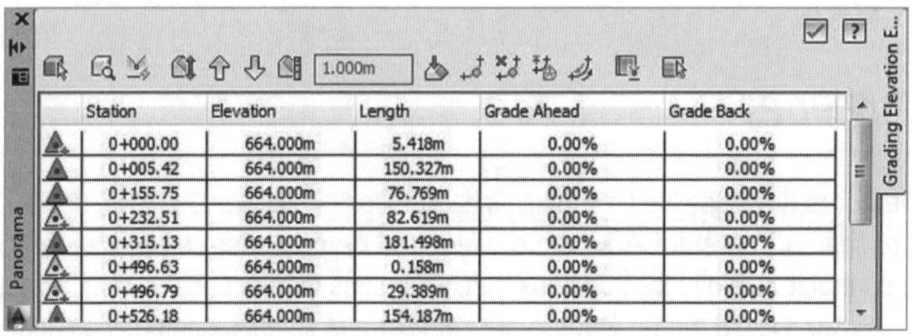

Station	Elevation	Length	Grade Ahead	Grade Back
0+000.00	664.000m	5.418m	0.00%	0.00%
0+005.42	664.000m	150.327m	0.00%	0.00%
0+155.75	664.000m	76.769m	0.00%	0.00%
0+232.51	664.000m	82.619m	0.00%	0.00%
0+315.13	664.000m	181.498m	0.00%	0.00%
0+496.63	664.000m	0.158m	0.00%	0.00%
0+496.79	664.000m	29.389m	0.00%	0.00%
0+526.18	664.000m	154.187m	0.00%	0.00%

Figura 17.21 Janela Grading Elevation Editor para edição na geometria vertical da *Feature line*.

As ferramentas da janela **Grading Elevation Editor** são divididas em:

Select a Feature Line: ferramenta para selecionar uma *feature line*, um *parcel* ou uma figura de *survey*.

Zoom To: ferramenta para a execução de *zoom* em vértice selecionado da *feature line*.

Quick Profile: ferramenta para a criação de perfis temporários utilizados em estudos.

Raise/Lower: ferramenta que habilita o quadro para a adição de um valor para elevar ou rebaixar as cotas dos vértices da *feature line*.

Raise/Lower Incrementally: ferramenta que permite elevar ou rebaixar as cotas dos vértices da *feature line* por meio de um valor digitado em seu quadro.

Set Incremente: quadro para a inserção do valor de incremento para elevar ou rebaixar as cotas dos vértices da *feature line*.

Flatten Grade or Elevations: ferramenta que permite nivelar todas as cotas dos vértices da *feature line*.

Insert Elevation Point: ferramenta que adiciona um ponto com cota na *feature line*.

Delete Elevation Point: ferramenta que remove um ponto ou vértice com cota da geometria vertical da *feature line*.

Elevations From Surface: ferramenta que permite substituir as elevações dos vértices da *feature line* coletando as cotas de uma superfície desejada.

Reverse The Direction: ferramenta para inverter o sentido do estaqueamento da *feature line*.

Unselect All Rows: ferramenta que desmarca os vértices selecionados na janela **Panorama**.

17.6 Exercício – projeto do platô do estacionamento

A sequência do seguinte exercício mostra os passos para a definição do platô para um eventual estacionamento para o empreendimento. O projeto inicia-se definindo um site e um grupo de *grading* para a criação do platô do estacionamento; é utilizada uma *polyline* posicionada na cota 666.50m para a projeção dos taludes de corte e aterro até a superfície do terreno natural.

Execute os procedimentos a seguir para concluir o exercício:

1. Abra o arquivo **17-6-1_PROJETO_GRADING.DWG**, disponível no site da Editora Érica.
2. Na aba **Prospector** da **Toolspace**, clique com o botão direito do mouse sobre **Sites** e selecione a opção **New**.
3. Na aba **Information** da caixa de diálogo **Site Properties**, digite **ESTACIONAMENTO** no campo **Name** e clique no botão **OK** para criar o novo site para o projeto do estacionamento.
4. Selecione a ferramenta da ribbon **Home → Create Design → Grading → Create Grading Group**.
5. Na caixa de diálogo **Create Grading Group,** configure os parâmetros:

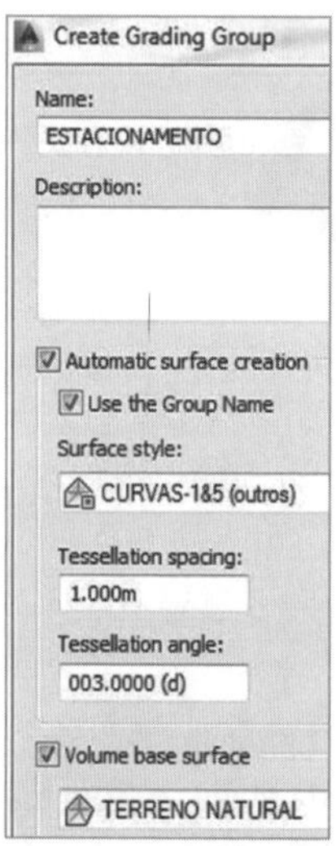

Figura 17.22 Definição do grupo de grading.

- Digite **ESTACIONAMENTO** no campo **Name**.
- Habilite a opção **Automatic Surface Creation** para criar a superfície do grupo de *grading*.
- Habilite o quadro **Use the Group Name** para definir o nome da superfície.
- Habilite a opção **Volume Base Surface** e selecione a superfície **TERRENO NATURAL** como base para o cálculo volumétrico.
- Clique no botão **OK**.
- Confirme a criação da superfície do projeto na caixa **Create Surface**.

6. Selecione a ferramenta da ribbon **Home → Create Design → Grading → Grading Creation Tools**.
7. Na barra de ferramentas **Grading Creation Tools**, verifique o nome do grupo selecionado e a da superfície de alvo. Selecione o critério **Superfície** e aplique a ferramenta (*Create Grading*).
8. Na área de desenho, selecione a *polyline* azul do limite do projeto, a qual está posicionada na cota 666.50m.
9. As ferramentas de *grading* trabalham com objetos *feature lines;* então, quando uma *polyline* é selecionada para a projeção de taludes, é necessário convertê-la em *feature line* para prosseguir com o processo. Na caixa de diálogo **Create Feature Lines.**

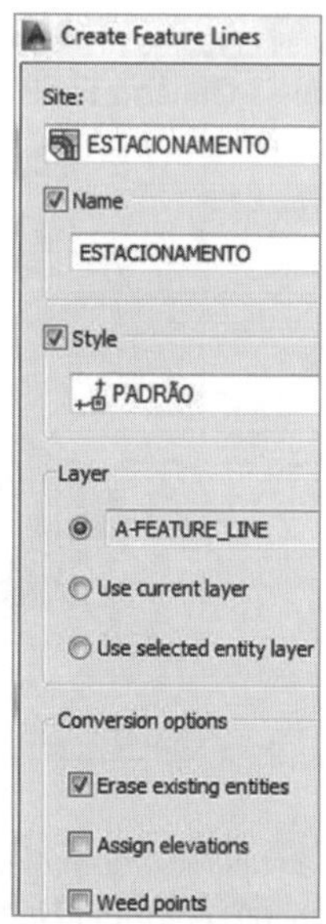

Figura 17.23 Criação de *feature line* por meio da geometria da polyline selecionada.

- No campo **Site**, *selecione* **ESTACIONAMENTO**.
- Habilite a opção **Name** e, no quadro, digite **ESTACIONAMENTO** para determinar o nome da *feature line*.
- Habilite o quadro **Erase existing entities** para remover a *polyline* selecionada.
- Clique no botão **OK**.

10. Clique na região externa da área do projeto para definir o lado de aplicação dos taludes.
11. Na linha de comando, digite a opção **No** para criar os taludes apenas na região desejada do projeto. Não serão projetado taludes na rampa de acesso ao estacionamento localizada entre os pontos 1 e 2.
12. Na área de desenho, determine o início dos taludes a partir do centro do **Ponto 1**. Pressione **Enter** para confirmar a estaca exibida na linha de comando.
13. Selecione o centro do **Ponto 2** como o final do trecho de aplicação dos taludes. Pressione a tecla **Enter** para confirmar a estaca exibida na linha de comando. Observe a seta verde informando a direção (Figura 17.24).
14. Na linha de comando, confirme a inclinação do talude de corte (*Cut Slope*) em **1:1** e, do aterro (*Fill Slope*), em **1.5:1**. Pressione a tecla **Enter**.

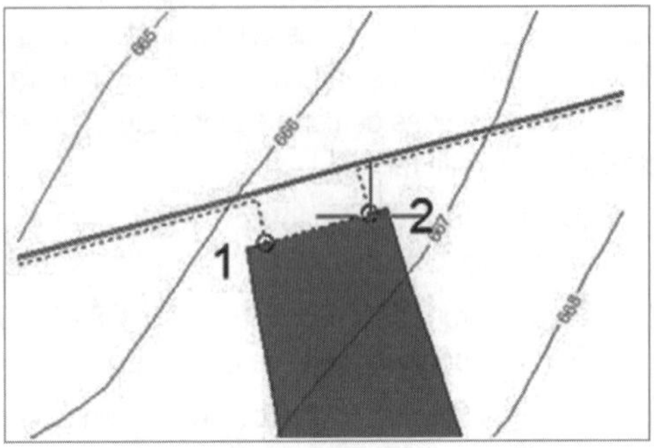

Figura 17.24 Definição do trecho de aplicação dos taludes.

15. Verifique os taludes de corte e aterro projetados na superfície topográfica. Entretanto, é necessário criar o platô interno na área do projeto.
16. Na barra de ferramentas **Grading Creation Tools,** selecione a ferramenta (*Create Infill*). Clique na região interna do platô do estacionamento e pressione **Enter** para concluir.
17. Crie uma *polyline* na região do projeto e aplique a ferramenta **Quick Profile** para verificar o perfil do platô do estacionamento projetado com *grading*.
18. Selecione as curvas de nível da superfície do **estacionamento** e ative a ferramenta da ribbon contextual **Tin Surface** → **General Tools** → **Object Viewer** para navegar no modelo da superfície projetada.

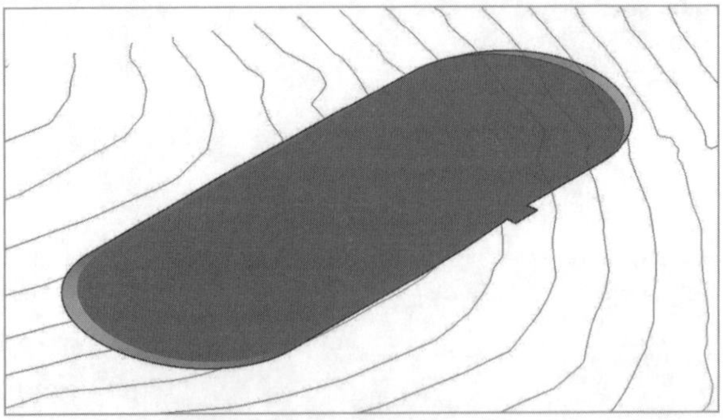
Figura 17.25 Platô do estacionamento projetado com as ferramentas de grading.

19. Selecione a superfície do projeto **Estacionamento** para adicionar os rótulos de cotas. Acesse a ferramenta da ribbon contextual **Tin Surface** → **Labels & Tables** → **Add Labels** → **Spot Elevations**. Clique na região da superfície do projeto para posicionar os rótulos (Figura 17.26).

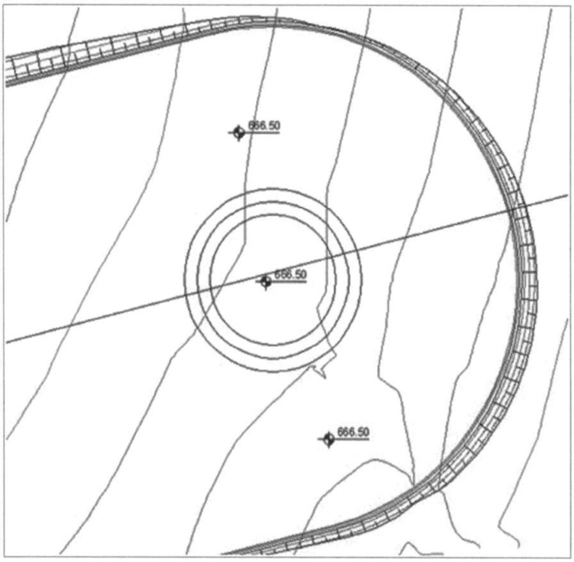

Figura 17.26 Rótulos de cotas posicionados sobre a superfície do platô projetado.

Um projeto de infraestrutura é considerado adequado quando os seus valores volumétricos de terraplenagem permanecerem balanceados. A seguinte sequência ilustra como acessar os dados volumétricos do projeto viário presente no desenho, para complementar os volumes de terraplenagem do projeto do estacionamento.

Considerando que o volume do projeto viário é de aproximadamente 14.800 m³ de aterro, é necessário acessar a barra de ferramentas **Grading Volume Tools** para adequar os volumes de corte e aterro do projeto do estacionamento, a fim de que possa receber o material excedente do projeto viário.

Execute os procedimentos a seguir para prosseguir com o exercício (Figura 17.27):

20. Selecione a ferramenta da ribbon **Analyze → Volumes and Materials → Volumes Dashboard**.

21. Na aba **Volumes Dashboard** da janela **Panorama**, clique no botão **Create New Volume Surface** para criar a superfície de volume do projeto.

22. Na caixa de diálogo **Create Surface**:
- Digite **VOLUME VIÁRIO** no campo **Name**.
- Selecione a superfície **TERRENO NATURAL** no campo **Base Surface**.
- Selecione a superfície **PROJETO VIÁRIO** no campo **Comparison Surface**.
- Clique no botão **OK**.

23. Verifique as informações volumétricas da aba **Volumes Dashboard** da janela **Panorama**. Observe a coluna **Net** informando o valor de aterro (*Fill*) excedente do projeto viário (Figura 17.28).

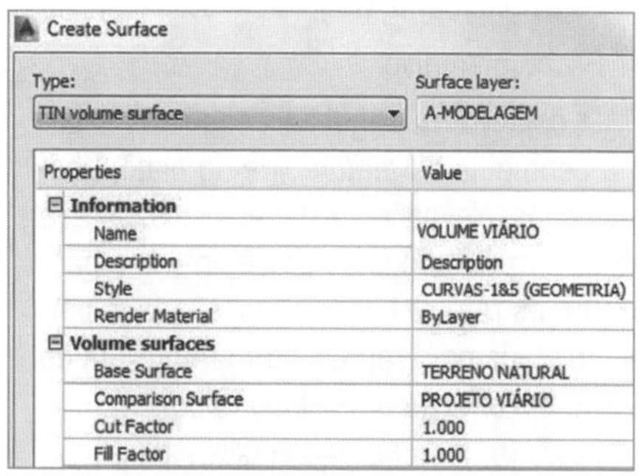

Figura 17.27 Definição da superfície de volume do projeto viário.

24. Selecione o recurso da ribbon **Analyze → Volumes and Materials → Grading Volume Tools**. Observe o volume de aterro exibido no projeto do estacionamento.

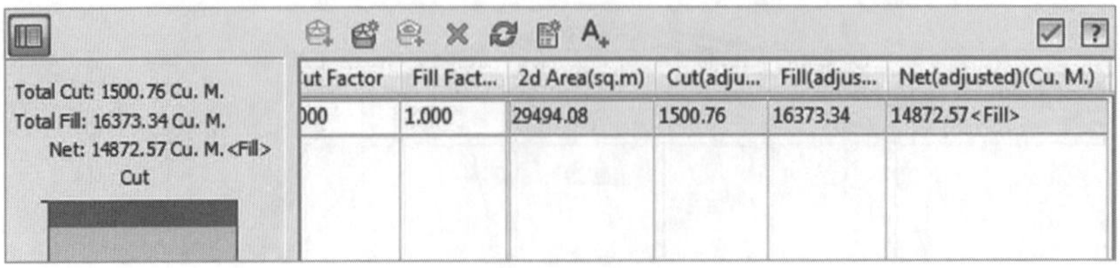

Figura 17.28 Informações volumétricas do projeto viário.

25. Na barra de ferramentas **Grading Volume Tools**, digite **2.500m** no quadro e clique no botão (*Lower the Grading Group*) para rebaixar a cota do platô do estacionamento.

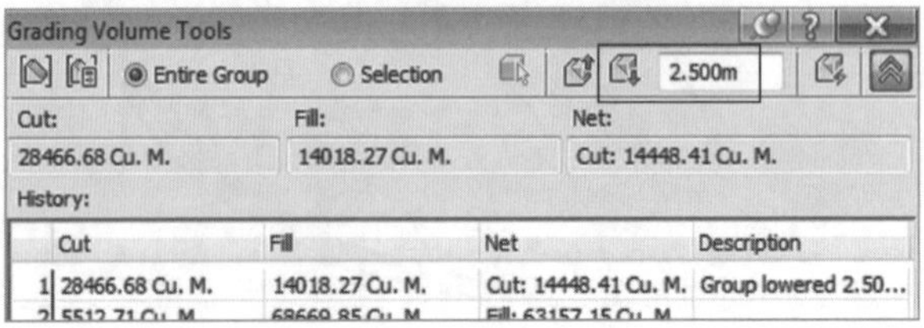

Figura 17.29 Composições volumétricas do projeto do platô do estacionamento.

26. A barra de ferramentas **Grading Volume Tools** exibe a nova composição volumétrica de corte para atender ao volume do projeto viário.
27. O platô do projeto do estacionamento foi posicionado na cota **664.00** para atender à condição de corte.
28. Verifique as cotas exibidas nos rótulos posicionados na superfície do platô do estacionamento (Figura 17.30).
29. Feche o arquivo.

O objetivo da seguinte sequência é definir a geometria da *feature line* do platô, obedecendo às elevações estabelecidas para o projeto. São ilustrados os procedimentos para adicionar as *feature lines* no modelo da superfície projetada para representar uma valeta de drenagem e uma área de *playground*.

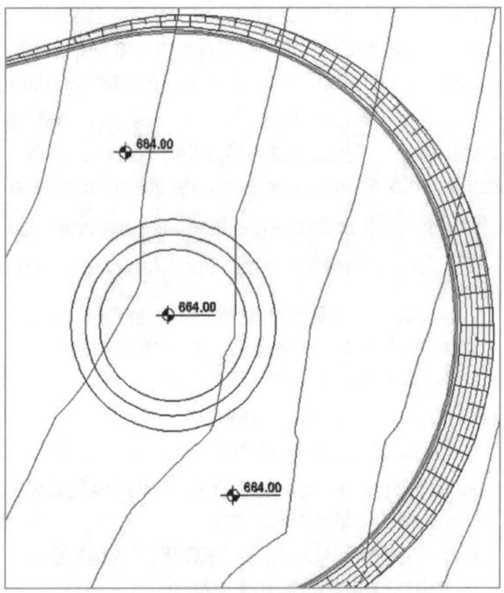

Figura 17.30 Rótulos com as novas cotas do platô do estacionamento após o balanço volumétrico.

Execute os procedimentos a seguir para concluir o exercício:

1. Abra o arquivo **17-6-2_FEATURES_GRADING.DWG**, disponível no site da Editora Érica.
2. Selecione a *feature line* do platô do **estacionamento** e acesse a ferramenta da ribbon contextual **Feature Line → Modify → Edit Elevations**.
3. Na ribbon expandida, selecione a ferramenta do painel **Edit Elevations → Set Grade/Slope Between Points** .

4. Na área de desenho, clique próximo ao vértice do ponto **D**. Digite a cota **664.00** na linha de comando e pressione a tecla **Enter**.
5. Na área de desenho, clique próximo ao vértice do ponto **C**. Digite **-1** na linha de comando para definir a inclinação do trecho e pressione Enter.
6. Com a ferramenta ativa, selecione novamente a *feature line* do platô do **estacionamento**.
7. Clique próximo ao vértice do ponto **A**. Digite a cota **664.00** na linha de comando e pressione a tecla **Enter**.
8. Clique próximo ao vértice do ponto **B**. Digite **-1** na linha de comando e pressione **Enter** duas vezes para concluir.

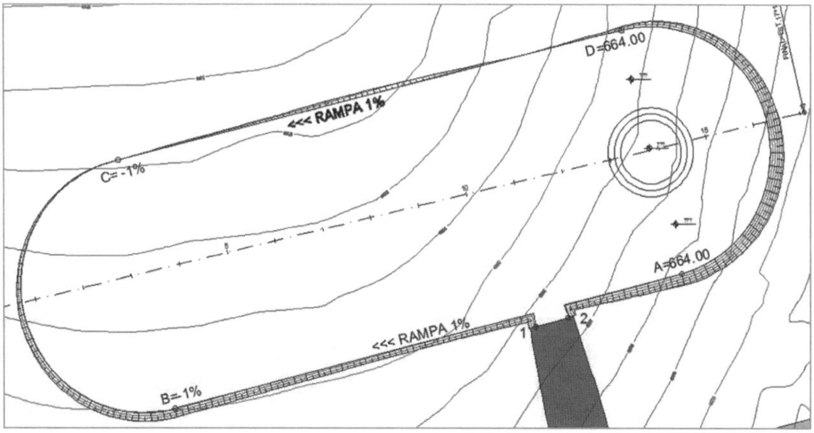

Figura 17.31 Definição da rampa de 1% na *feature line* do estacionamento.

9. Selecione a *feature line* do platô do **estacionamento** e acesse a ferramenta da ribbon contextual *Feature line* → **Modify** → **Edit Geometry**.
10. Na ribbon expandida, selecione a ferramenta do painel **Edit Geometry** → **Create Feature Line from Stepped Offset** para definir a geometria da valeta de drenagem.
11. Na linha de comando, digite **0.500m** para especificar o afastamento da lateral da valeta.
12. Clique no lado interno do platô do projeto para definir o lado de criação da lateral da valeta.
13. Digite **0.000m** na linha de comando para definir a diferença de elevação para a lateral da valeta e pressione **Enter**.
14. Selecione a *feature line* da **valeta** criada e acesse a ferramenta da ribbon expandida **Edit Geometry** → **Delete PI**.
15. Clique nos vértices dos **PIs** da rampa de acesso para removê-los.

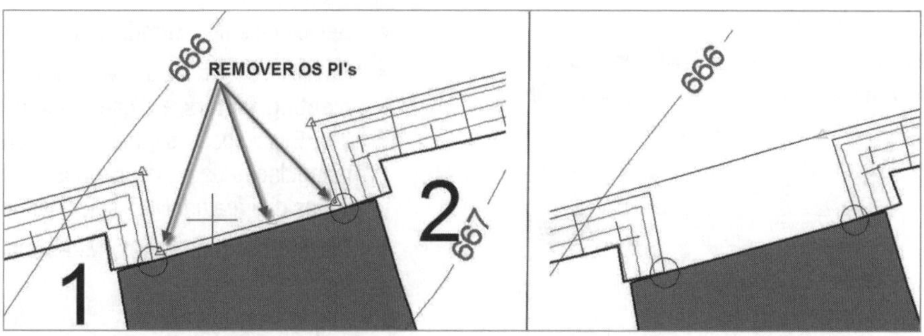

Figura 17.32 Remoção dos vértices excedentes na rampa de acesso do estacionamento.

16. Selecione a *feature line* da **valeta** criada anteriormente e acesse a ferramenta da ribbon expandida no painel **Edit Geometry → Create Feature Line From Stepped Offset** para complementar a da valeta de drenagem.
17. Na linha de comando, digite **0.200m** para definir o afastamento do fundo da valeta trapezoidal e pressione a tecla **Enter**.
18. Clique na região interna do projeto para definir o lado. Digite **-0.200m** para definir a diferença de elevação do fundo da valeta trapezoidal. Pressione a tecla **Enter** para concluir.
19. Com a ferramenta ativa, selecione a linha do fundo da valeta e clique no lado interno do projeto.
20. Digite **0.200m** na linha de comando para definir a diferença de elevação do fundo da valeta para a lateral interna. Pressione a tecla **Enter** duas vezes para finalizar.

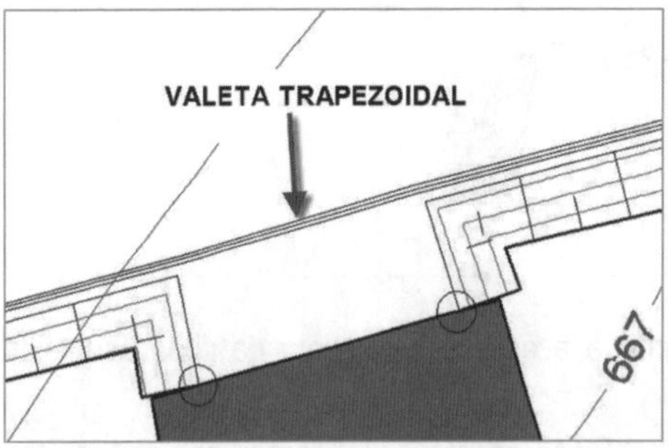

Figura 17.33 *Feature lines* criadas para a representação da valeta de drenagem superficial.

21. Selecione as três *feature lines* criadas para a valeta trapezoidal e acesse a ferramenta da ribbon contextual **Feature Lines → Modify → Add to Surface as Breakline** para incorporar a geometria da valeta na superfície projetada do estacionamento.
22. Selecione a superfície **ESTACIONAMENTO** na caixa **Select Surface** e clique no botão **OK**.

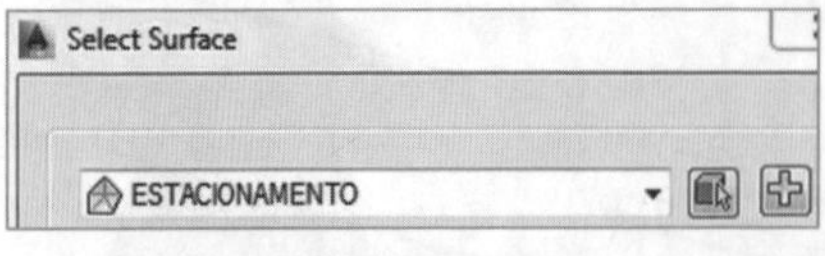

Figura 17.34 Caixa para a seleção da superfície de aplicação das *breaklines*.

23. Configure na caixa de diálogo **Add Breaklines**:

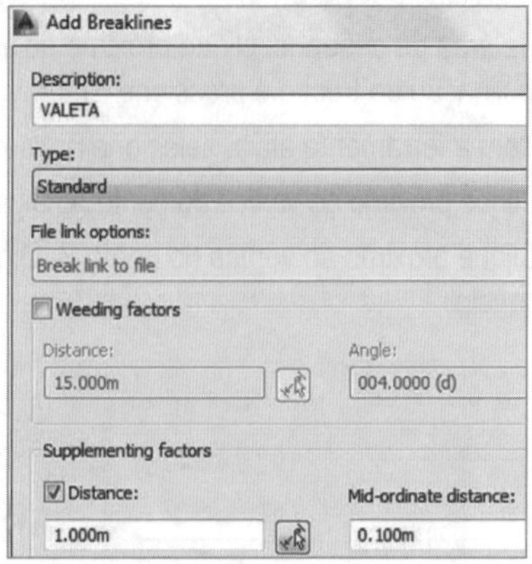

Figura 17.35 Configuração para a definição de *breaklines* na superfície do projeto.

- Digite **VALETA** no campo **Description**.
- Selecione o tipo **Standard** no campo **Type**.
- Habilite a opção **Distance** do campo **Supplementing factors** e digite **1.000m** no quadro. Essa opção segmenta os vértices da triangulação da superfície nas regiões curvadas das *feature lines* selecionadas.
- Digite **0.100m** no campo **Mid-ordinate distance**.
- Clique no botão **OK**.

24. Selecione a superfície **ESTACIONAMENTO** na área de desenho e acesse a ferramenta da ribbon contextual **Surface → Modify → Add Data → Breaklines** para adicionar as geometrias circulares do *playground* no modelo da superfície.
25. Na caixa de diálogo **Add Breaklines**:
    - Digite **PLAYGROUND** no campo **Description**.
    - Selecione o tipo **Standard** no campo **Type**.
    - Habilite a opção Distance do campo **Supplementing factors** e digite **1.000m** no quadro. Essa opção segmenta os vértices da triangulação da superfície nas regiões curvadas das *feature lines* selecionadas.
    - Digite **0.100m** no campo **Mid-ordinate distance**.
    - Clique no botão **OK**.

26. Selecione os círculos da geometria do **playground** na área de desenho e pressione a tecla **Enter** para concluir.

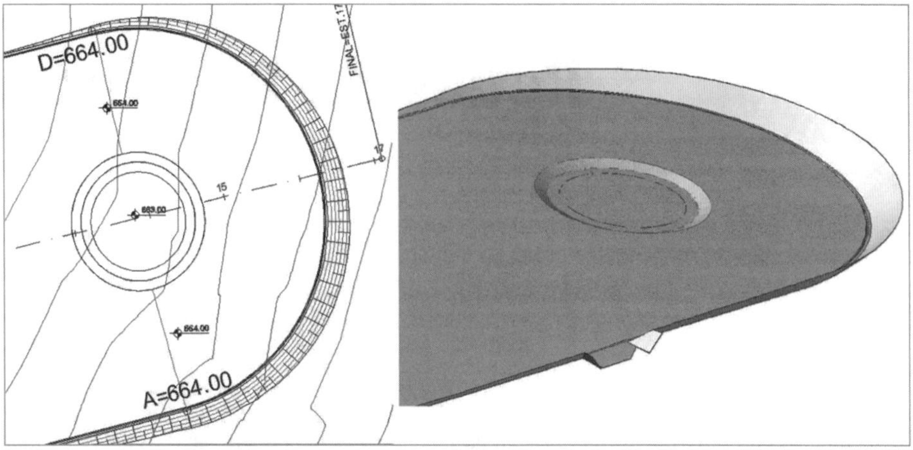

Figura 17.36 Adição dos círculos na triangulação da superfície do projeto do estacionamento.

27. Verifique o comportamento dos rótulos das cotas na área de desenho.

28. Selecione a superfície do projeto do estacionamento e acesse a ferramenta da ribbon contextual **Tin Surface → General Tools → Object Viewer**.

29. É possível aplicar a ferramenta **Grade/Slope Between Points** nas *feature lines* da valeta para controlar suas declividades.

30. Observe os novos valores da tabela de volume e o comportamento das seções transversais do projeto.

VOLUME TOTAL							
Estaca	Área de Corte (m²)	Área de Aterro (m²)	Volume de Corte (m³)	Volume de Aterro (m³)	Volum. Corte Acum. (m³)	Volum Aterro Acum. (m³)	Volume Líquido (m³)
0+0,00	0,00	0,00	0.00	0,00	0,00	0,00	0,00
1+0,00	102,84	0,00	1028.39	0,00	1028,39	0,00	1028,39
2+0,00	160,64	0,00	2634.76	0,00	3663,14	0,00	3663,14
3+0,00	167,52	0,00	3281.55	0,00	6944,70	0,00	6944,70
4+0,00	145,25	0,68	3127.66	6,81	10072,35	6,81	10065,54
5+0,00	122,68	3,44	2679.25	41,20	12751,60	48,01	12703,59
6+0,00	101,07	6,17	2237.48	96,11	14989,08	144,12	14844,96
7+0,00	83,44	14,35	1845.09	205,23	16834,18	349,35	16484,83

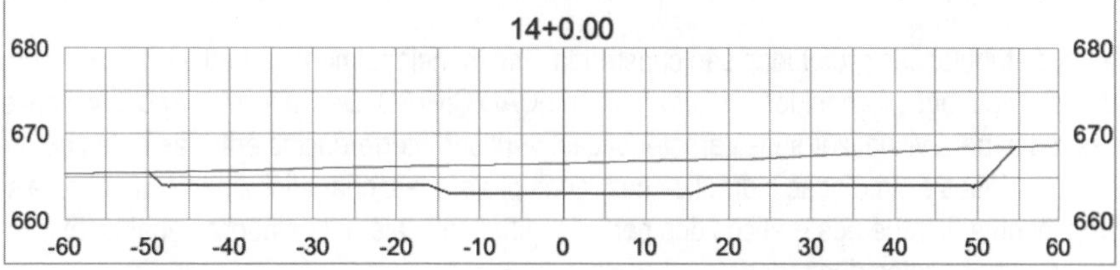

Figura 17.37 Tabela de composição volumétrica e gráfico de seção transversal atualizadas.

18

Redes de Tubulações

As ferramentas de **pipe networks** auxiliam na elaboração de modelos para sistemas de redes por gravidade, como drenagem de águas pluviais e esgotamento sanitário. Já as ferramentas de **pressure networks** permitem o desenvolvimento de projetos para sistemas pressurizados, como as redes de abastecimento de água.

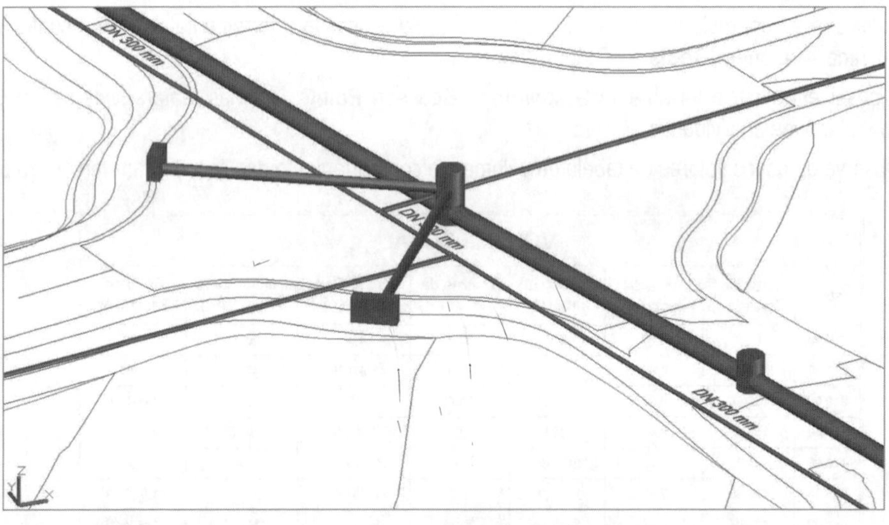

Figura 18.1 Redes de infraestrutura.

As redes de tubulações projetadas são construídas tridimensionalmente, obedecendo aos componentes selecionados dos catálogos fornecidos no Autodesk AutoCAD Civil 3D. Dessa forma, é possível navegar pelos modelos das redes para visualizar suas características, verificar interferências entre as redes de drenagem e esgoto, efetuar análises e simulação hidráulica nas redes projetadas, criar alinhamentos horizontais para projetar os componentes da rede nos gráficos dos perfis longitudinais, além de elaborar tabelas, extrair relatórios e quantificar os componentes das redes.

É possível utilizar as geometrias de AutoCAD existentes no desenho, como linhas, arcos, *polylines* e *feature lines* na definição do traçado das redes projetadas. Uma *polyline* utilizada para estudar o comportamento do terreno, por meio da ferramenta **Quick Profile**, pode ser utilizada na definição do traçado das redes de tubulações, fornecendo maior produtividade no fluxo do projeto.

As redes de tubulações projetadas também podem ser representadas nos gráficos de perfis longitudinais, inclusive no próprio perfil temporário (*Quick Profile*), e nas vistas das seções transversais. Tabelas dos componentes das redes também podem ser criadas no desenho ou, ainda, exportar os dados das redes em relatórios externos para a documentação ou para aplicativos de análises e simulação dos sistemas projetados.

18.1 Catálogo de componentes

As redes de tubulações são caracterizadas pelas configurações das listas, contendo as especificações para os componentes da rede por meio do recurso **Parts Lists**. Essas configurações fornecem os parâmetros geométricos e representativos para os componentes selecionados dos catálogos.

O catálogo disponível para a construção de redes por gravidade **Pipe Network Catalog** disponibiliza dois tipos de componentes: *pipes*, para diversos tipos de tubos; e *structures*, com estruturas para poços de visita, caixas e bocas de bueiro. É possível desenvolver novos componentes personalizados por meio do recurso **Part Builder**, para adição no catálogo de **pipe network**.

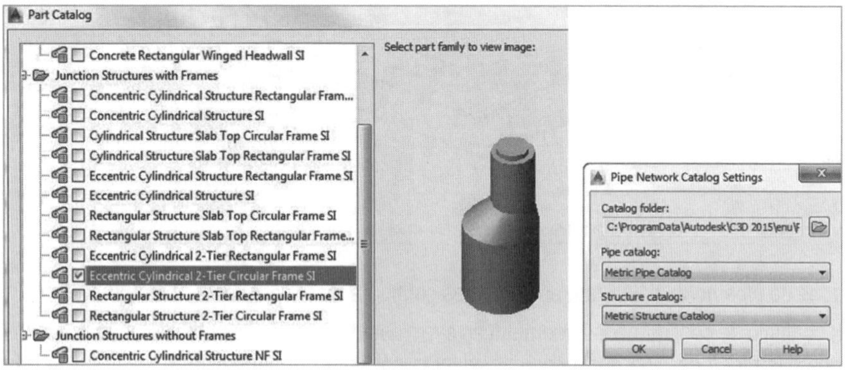

Figura 18.2 Catálogo de componentes para redes por gravidade.

O catálogo fornecido com o sistema métrico **Pressure Network Catalog,** utilizado na elaboração de redes pressurizadas, contém três tipos de componentes: *pressure pipes*, para tubos de ferro dúctil; *fittings*, para as conexões com curvas e tês; e *appurtenances*, para equipamentos posicionados ao longo da rede, como as válvulas. É possível importar componentes de redes pressurizadas de catálogos criados em base *SQLite*.

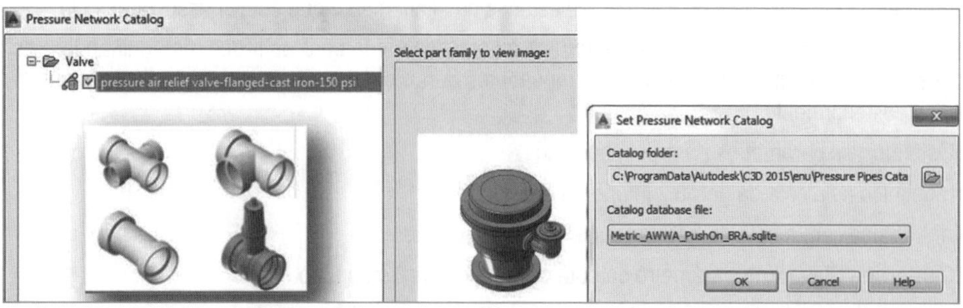

Figura 18.3 Catálogo de componentes para redes pressurizadas.

18.2 Redes com sistema por gravidade – pipe networks

As ferramentas de *pipe network* auxiliam na elaboração de redes com sistema por gravidade, frequentemente utilizados em projetos de esgotamento sanitário e drenagem de águas pluviais. As características de redes de *pipe network* definem o relacionamento entre os componentes presentes na malha das redes, em que os nós são representados pelas estruturas *(structures)*, como caixas e poços de visita, e os links são representados pelos tubos *(pipes)*.

A representação dos componentes das redes de **pipe network** é controlada por meio da configuração dos estilos para as estruturas e os tubos, além dos estilos de seus rótulos, e, assim, representar os componentes das redes nas vistas de plantas, perfis longitudinais e seções transversais. Esses estilos, juntamente aos parâmetros geométricos *(part rules)*, são controlados por meio da configuração de *parts lists*.

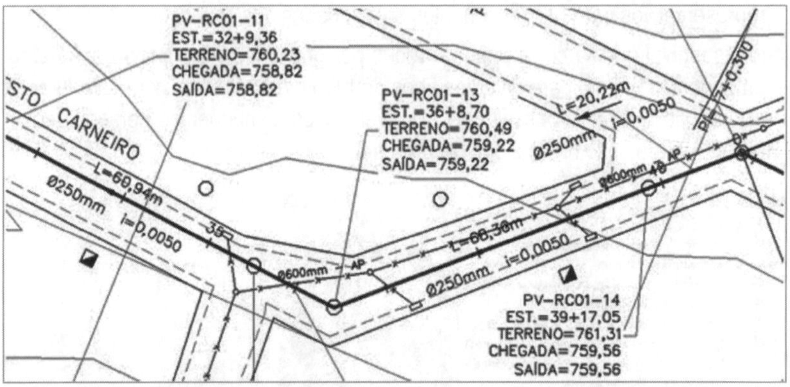

Figura 18.4 Redes de esgotamento sanitário e drenagem de águas pluviais.

As redes de *pipe network* utilizam as seguintes configurações e objetos:

Parts List: conjunto de configurações geométricas e representativas para os tubos e as estruturas que podem ser utilizados nas redes de *pipe network*. É possível trocar entre as *parts lists* ou modificar a *part list* atual, adicionando ou removendo componentes.

Surface: quando uma rede estiver configurada para referenciar uma superfície, os dados da elevação da superfície são utilizados para determinar o tamanho vertical e a disposição dos componentes da rede. O tamanho e a disposição dos componentes são calculados utilizando os dados da superfície e determinando critérios individualmente para os componentes.

Alignment: uma rede pode herdar os dados de estaqueamento de um alinhamento associado. Os rótulos dos componentes da rede extraem os valores das estacas do alinhamento que estiver associado a ela.

Labels: é possível configurar a adição de rótulos automaticamente para as redes, determinando o estilo de rótulo a ser aplicado em todos os tubos e componentes durante o processo de criação da rede ou adicionar os rótulos posteriormente.

Os principais parâmetros para os tubos são:

Invert: definido pela cota da geratriz inferior interna do tubo.

Crown: trabalha com a cota da geratriz superior interna do tubo.

Pipe Centerline Elevation: parâmetro da cota da linha de centro do tubo.

Cover or Depth: refere-se ao parâmetro da profundidade de recobrimento do tubo ou à parte externa mais elevada de um tubo.

Slope: parâmetro de declividade do tubo, a qual é definida pela diferença entre as cotas de chegada e saída do tubo pelo seu comprimento horizontal. A inclinação geralmente é representada em porcentagem ou metro por metro (m/m). É possível configurar a representação dos rótulos da tubulação através dos estilos.

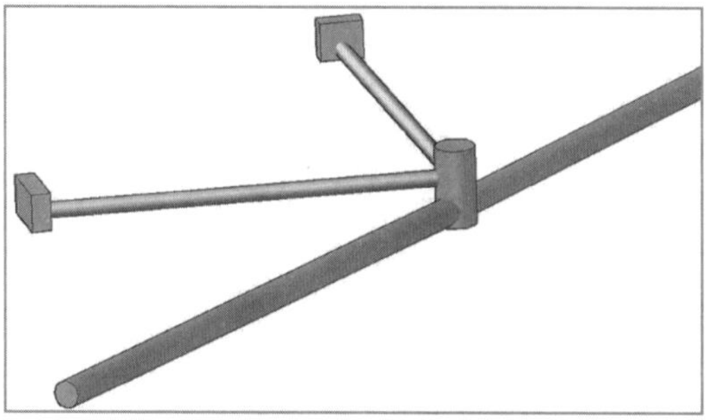

Figura 18.5 Componentes de rede com sistema por gravidade.

Os parâmetros que definem as características das estruturas são:

Rim: parâmetro da cota do topo de dispositivo, poço de visita, caixa, boca de bueiro, entre outros.

Frame: parâmetro da tampa de bueiro ou grade de um dispositivo de drenagem ou de esgoto. A elevação do topo de *frame*, tampão ou grade geralmente coincide com a elevação *Rim*.

Cover: parâmetro do acesso superior da cobertura de um bueiro, utilizado para inspeção de um bueiro. Seu formato geralmente é circular, mas também pode ser retangular. O parâmetro **Cover** está colocado em um *frame* e geralmente é construído de alvenaria.

Grate: parâmetro da abertura superior de um dispositivo que geralmente contém diversas aberturas para permitir a entrada da água na estrutura. Também denominada grelha, está locada no *frame* e geralmente é construída com ferro fundido. Pode ser de várias formas, mas geralmente é circular.

Sump and Sump Depth: parâmetro para a configuração da área inferior ou da câmara dentro de uma junção de estrutura. A área da *sump* muitas vezes é utilizada como um reservatório para o dispositivo. **Sump depth** é a distância inferior interna da estrutura até a parte inferior do tubo conectado a ela e pode variar de acordo com os requisitos do projeto. Bueiros geralmente não possuem *sump depth*.

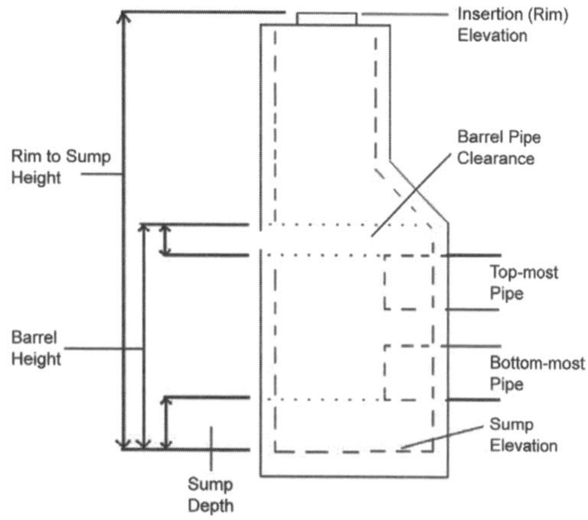

Figura 18.6 Exibição dos parâmetros de estruturas de redes.

18.3 Parts lists de redes por gravidade

Por meio do recurso de *parts list*, é possível importar e configurar os componentes do catálogo **Pipe Network Catalog**, controlar os estilos utilizados na visualização de cada um dos componentes da rede (*styles*), determinar qual conjunto de critérios geométricos é aplicado ao projeto (*rules*), selecionar o tipo de material para a renderização dos componentes (*render material*) e, ainda, configurar os itens para a extração de quantitativos do projeto (*pay item*). Essas configurações podem ser efetuadas pelas abas **Pipes** e **Structures** da caixa de diálogo **Network Parts List** (Figura 18.7).

As abas **Pipes** e **Structures** da caixa de diálogo **Network Parts List** permitem adicionar e configurar diversos componentes de tubos e dispositivos para as redes. É possível criar inúmeras configurações distintas de *parts list* para diversas condições ou características de redes projetadas (Figura 18.8).

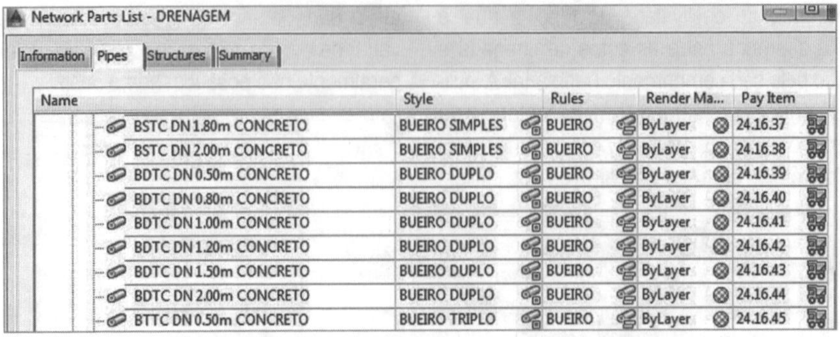

Figura 18.7 Configurações de part list para tubos da rede.

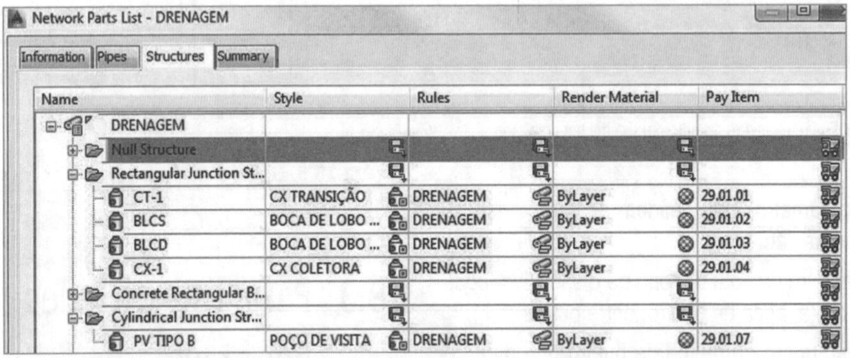

Figura 18.8 Configurações de part list para as estruturas da rede.

Por abranger diversas configurações para a aplicação nos projetos de redes, recomenda-se o armazenamento das *parts lists* nos arquivos de template para a utilização em projetos futuros.

18.4 Critérios geométricos – part rules

Com as ferramentas de *part rules* para os componentes da rede, é possível aumentar o nível de automação do desenho por meio de regras criadas para atender a requisitos e normas do projeto. Os critérios de *part rules* permitem montar os componentes da rede de acordo com algumas regras geométricas para posicionamento e dimensionamento de seus componentes, esses critérios geométricos podem ser estabelecidos na caixa de diálogo **Pipe Rule Set**.

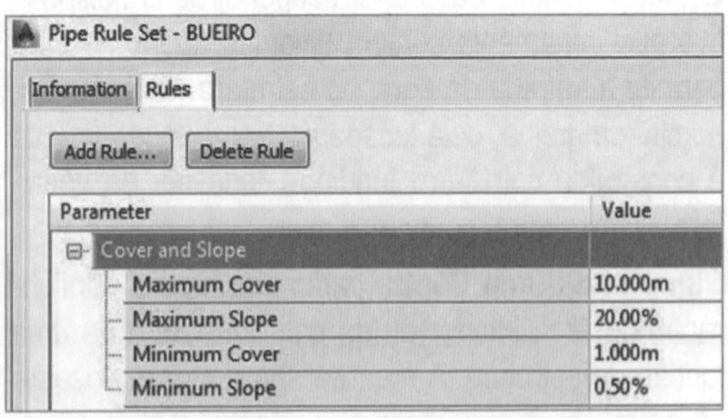

Figura 18.9 Configurações geométricas para tubos.

É possível verificar se existe algum tipo de violação nas características geométricas dos componentes presentes nas redes projetadas. Os critérios de *part rules* auxiliam no projeto de sistemas por gravidade, em que o posicionamento dos componentes determina o sentido e a velocidade.

Os *part rules* controlam as propriedades geométricas que influenciam no comportamento, na criação e na edição dos componentes de redes *pipe network*. É possível personalizar regras que atendam às normas das companhias ou outros critérios específicos para o projeto.

Os objetos de *pipe network* utilizam as regras de part rules para:

- determinar as cotas dos tubos e as estruturas, quando esses forem criados;
- determinar como será feita a conexão com as estruturas;
- informar sobre os critérios violados após a elaboração das redes.

Pode haver casos em que não seja possível criar redes que satisfaçam todas as solicitações dos critérios para o posicionamento dos componentes. Entretanto, isso não impede o processo de criação ou edição dos componentes que violam os critérios. Quando há violações dos critérios nas redes, seus componentes apresentam ícones de advertência e mensagens informativas exibidas na aba **Prospector** da **Toolspace**.

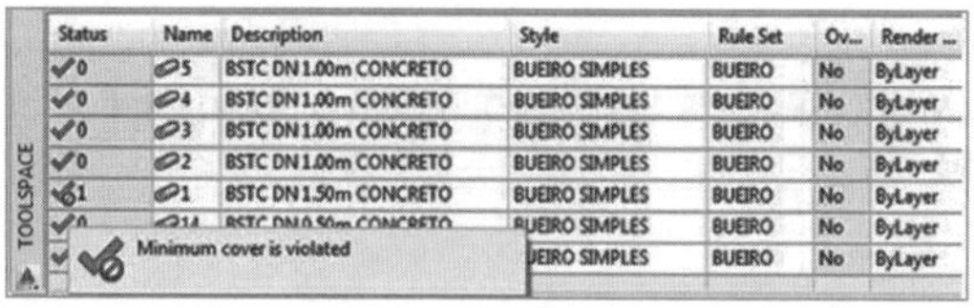

Figura 18.10 Critério geométrico violado exibido na Toolspace.

Os parâmetros geométricos para os tubos **pipe rules** controlam como as cotas dos tubos são calculadas durante o processo de definição das redes, e são classificados em (Figura 18.11):

Minimum Slope: controla a declividade mínima para o tubo.

Maximum Slope: especifica a declividade máxima para o tubo.

Minimum Cover: determina o valor do recobrimento mínimo do tubo até a superfície desejada.

Maximum Cover: especifica o valor do recobrimento máximo do tubo até a superfície selecionada.

Maximum Pipe Length: determina o valor do comprimento máximo do tubo.

Minimum Pipe Length: controla o comprimento mínimo do tubo.

Match Location: define o ponto de conexão do tubo.

Drop Value: determina o valor da diferença da cota de saída de um tubo em relação à cota da chegada do tubo em um dispositivo.

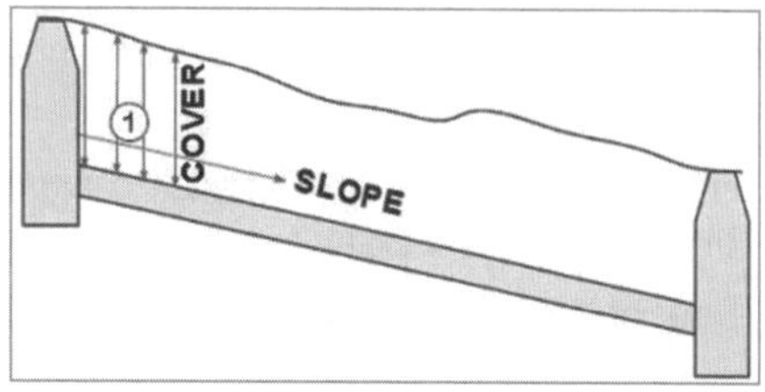

Figura 18.11 Parâmetros geométricos para os tubos.

Os parâmetros **Structure Rules** controlam como a elevação da profundidade de um dispositivo é calculada durante o processo de elaboração das redes (Figura 18.12):

Maximum Pipe Diameter or Width: controla o diâmetro ou a largura máxima dos tubos que podem se conectar ao dispositivo.

Drop Reference Location: determina o ponto de referência de posicionamento dos tubos no dispositivo, na geratriz inferior e superior, e no eixo.

Drop Value: configura o valor da diferença da cota de saída de um tubo em relação à chegada de um tubo dentro de um dispositivo. Com esse parâmetro, é possível identificar o uso de tubo de queda ou degrau nos dispositivos.

Maximum Drop Value: determina o valor máximo para o critério **Drop Value**.

Sump Depth: controla a profundidade entre o fundo da estrutura e a geratriz inferior do tubo conectado ao dispositivo. Esse critério pode ser utilizado para determinar um reservatório no fundo dos dispositivos, a fim de reduzir a vazão na rede projetada.

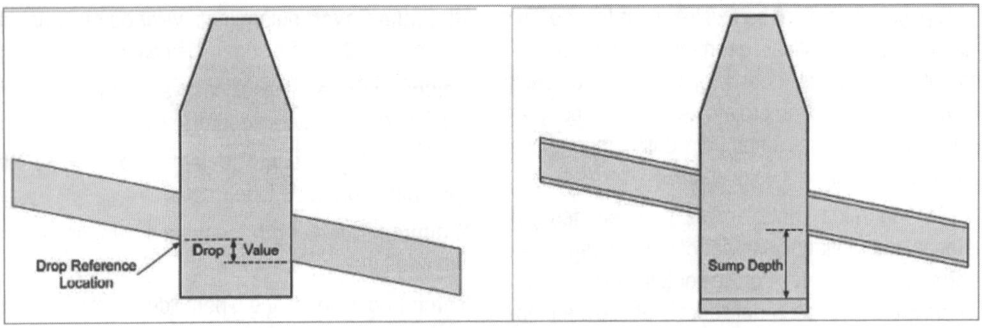

Figura 18.12 Parâmetros geométricos para as estruturas.

A seguinte sequência mostra os procedimentos para selecionar o catálogo com os componentes da rede em sistema métrico, acessar as configurações da *parts list* presente no arquivo de template e verificar seu conjunto de parâmetros estabeleciodos para projetos de redes de drenagem.

Agora, estude o exemplo a seguir:

1. Inicie um novo desenho utilizando o arquivo de template **_AutoCAD Civil 3D 2015_BRA (DER-SP).DWT**, fornecido na instalação do pacote *Brazil Content*.
2. Selecione a ferramenta da ribbon **Home → Create Design → Set Pipe Network Catalog**.

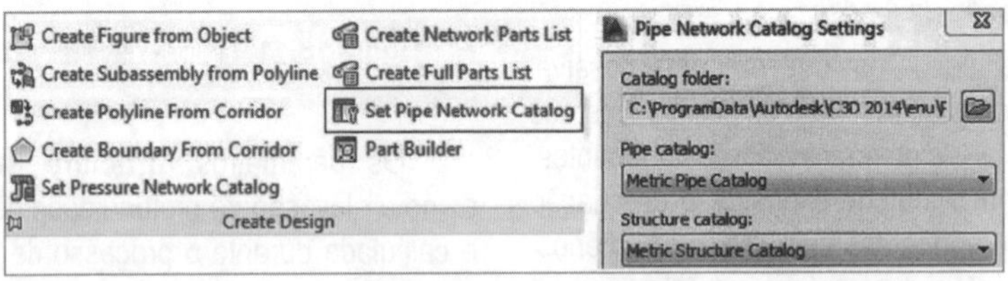

Figura 18.13 Acesso ao catálogo de redes com sistema por gravidade.

3. Na caixa de diálogo **Pipe Network Catalog Settings**, selecione o catálogo **Metric Pipe Catalog** para os tubos e, então, o catálogo **Metric Structure Catalog** para os dispositivos da rede. Clique no botão **OK** para concluir.
4. Na aba **Settings** da **Toolspace**, expanda **Pipe Network → Parts Lists**, clique com o botão direito do mouse sobre **DRENAGEM** e selecione a opção **Edit**.

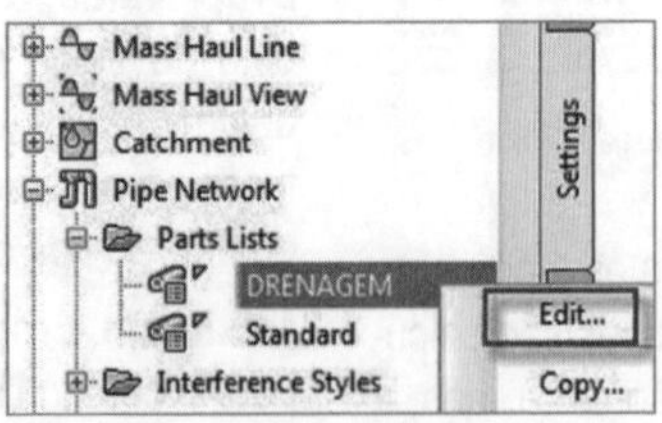

Figura 18.14 Acesso às configurações gerais de redes por gravidade.

5. Na aba **Pipes** da caixa de diálogo **Network Parts List**, expanda o item **Concrete Pipe SI** para verificar as configurações. Clique no botão da coluna **Rules** para acessar as configurações dos parâmetros geométricos dos tubos (Figura 18.15).

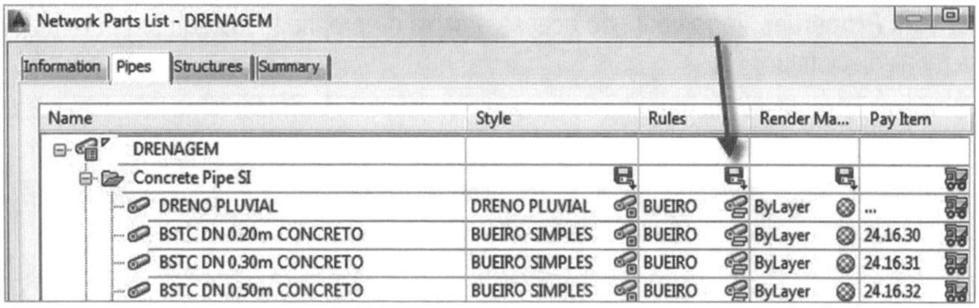

Figura 18.15 Acesso aos parâmetros geométricos dos tubos.

6. Na caixa **Pipe Rule Set,** selecione a ferramenta (*Edit Current Selection*) para acessar os parâmetros geométricos configurados para os tubos.

7. Na aba **Rules** da caixa de diálogo **Pipe Sule Set,** verifique as configurações de declividades e recobrimentos presentes no quadro **Parameters** (Figura 18.16).
8. Clique no botão **OK**.
9. Repita os procedimentos para acessar os parâmetros geométricos dos dispositivos por meio da edição do critério **DRENAGEM** presentes na aba **Structures** da caixa **Network Parts List**.

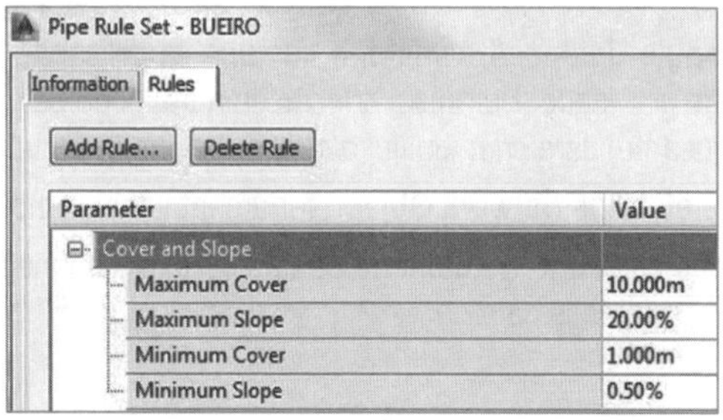

Figura 18.16 Parâmetros geométricos dos tubos.

18.5 Ferramenta para a criação de redes por gravidade

As redes de esgoto e drenagem podem ser projetadas utilizando o processo de seleção de linhas, arcos ou *polylines* existentes no desenho. Esse processo pode ser útil para automatizar a criação de sistemas que já possuam o caminhamento das redes elaboradas em fases de estudos preliminares. Essa ferramenta está disponível na ribbon **Home → Create Design → Pipe Network → Create Pipe Network From Object** (Figura 18.17).

A barra de ferramentas **Network Layout Tools** é o principal recurso para projetar os dispositivos das redes diretamente no desenho. É possível definir o tipo de dispositivo e o diâmetro do tubo desejado, a seleção do fluxo de escoamento de cada trecho da rede, a escolha da superfície e o alinhamento de referência. A barra de ferramentas **Network Layout Tools** é acessada pela ribbon **Home → Create Design → Pipe Network → Pipe Network Creation Tools** (Figura 18.18).

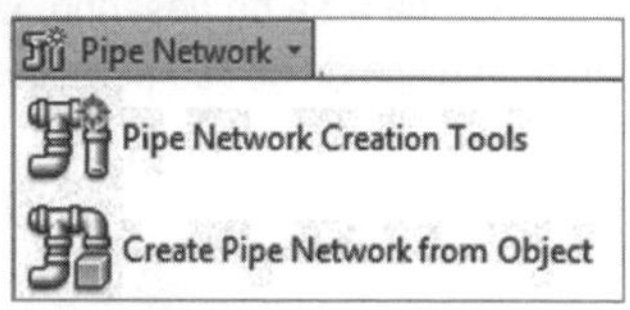

Figura 18.17 Ferramentas para a criação de redes por gravidade.

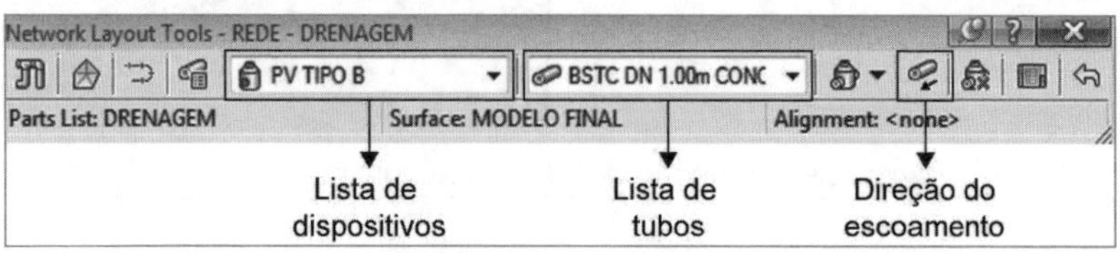

Figura 18.18 Barra de ferramentas para a definição de redes.

Pipe Network Properties: ferramenta de acesso à caixa de propriedades da rede para alterar as configurações da rede selecionada.

Select Surface: ferramenta que permite selecionar uma superfície presente no desenho para referenciar as elevações dos dispositivos da rede.

Select Alignment: ferramenta que seleciona um alinhamento para referenciar o estaqueamento da rede.

Parts List: ferramenta para seleção dos critérios de projeto para aplicação na rede.

Structure List (lista de dispositivos): ferramenta utilizada para selecionar o tipo e o tamanho do dispositivo a ser criado. Essa lista exibe os dispositivos especificados na *parts list* selecionada.

Pipes List (lista de tubos): ferramenta utilizada para selecionar o tipo e o diâmetro do tubo a ser projetado. Essa lista exibe os tubos especificados na *parts list* selecionada.

Draw Pipes and Structures: ferramentas para determinar os métodos de criação da rede. É possível adicionar tubos, dispositivos ou dispositivos interligados com tubos.

Toggle Upslope/Downslope: ferramenta utilizada para controlar a inclinação dos tubos criados por sistema de gravidade. Durante a criação da rede, pode-se determinar a direção do escoamento dos tubos (montante/jusante) para criar um fluxo contínuo na rede projetada.

Delete Pipe Network Object: ferramenta para remover um componente da rede.

Pipe Network Vistas: ferramenta que exibe a janela **Panorama** para verificação e análise dos componentes projetados na rede.

18.6 Ferramentas para a manipulação de redes

A barra de ferramentas **Network Layout Tools** também pode ser utilizada durante a fase de revisão das redes projetadas para adicionar ou remover trechos da rede e substituir a superfície ou o alinhamento de referência, além da possibilidade de substituição da *parts list* atual por outra contendo diferentes componentes e parâmetros.

18.6.1 Edição nos componentes por meio dos grips

Arrastar os *grips* de uma *pipe network* pode ser um método eficiente para reposicionar os componentes de uma rede na área de desenho. Quando um componente da rede é selecionado, seus *grips* são exibidos informando o tipo de edição permitida.

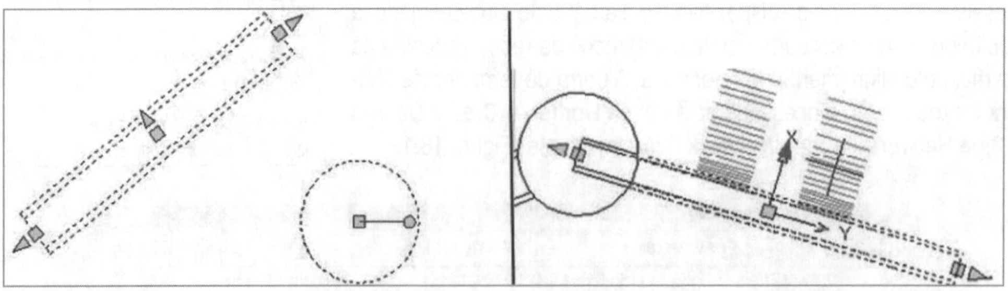

Figura 18.19 Manipulação dos grips da rede para reposicionamento dos componentes da rede.

Como o tamanho da estrutura é determinado pela quantidade e pela localização dos tubos conectados a ela, é necessário alterar o tamanho de uma estrutura sempre que se conectar, remover ou mover um tubo conectado. É possível alterar o tamanho de qualquer estrutura selecionada em planta ou no perfil, mas não é possível alterar o tamanho de uma estrutura na seção transversal (*section view*).

18.6.2 Marcador de conexão – connection markers

Ao mover o cursor sobre um componente, um marcador de conexão circular é exibido, indicando a localização correta para a conexão. Quando o indicador do marcador de conexão aparecer, basta clicar para anexar o tubo na criação ou na edição dos componentes da rede.

O marcador de conexão quadrado, ao mover o cursor sobre uma tubulação, permite a conexão com uma das extremidades da tubulação.

O marcador de conexão dividido é exibido quando é preciso conectar um tubo em outro tubo existente. Quando essa conexão é criada, o tubo que sofreu a conexão é convertido em dois tubos na área de desenho e na aba **Prospector** da **Toolspace**.

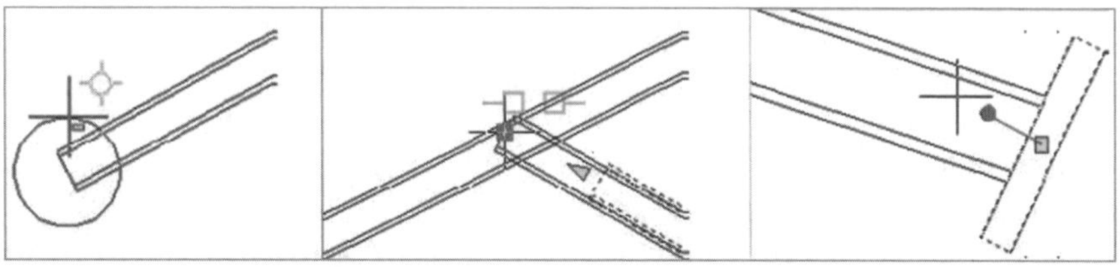

Figura 18.20 Connection markers para a conexão dos componentes da rede.

18.6.3 Propriedades dos componentes da rede

É possível editar as propriedades dos componentes das redes de *pipe network* por meio da aba **Part Properties** das caixas de diálogo **Pipe Properties** ou **Structure Properties**. Esse método fornece o controle preciso sobre os componentes durante a fase de revisão das redes projetadas. A caixa de propriedades dos componentes pode ser acessada pela ribbon contextual **Pipe Networks → Modify → Pipe Properties ou Structure Properties** quando um componente da rede for selecionado no desenho.

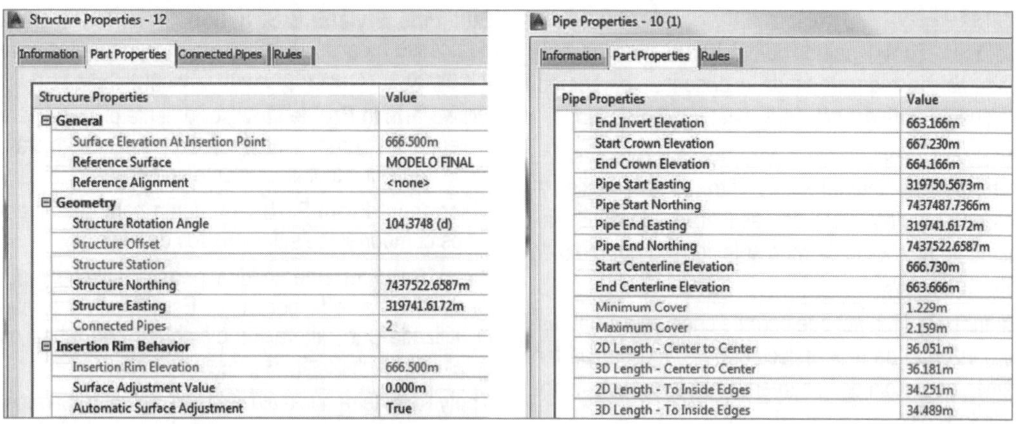

Structure Properties - 12

Information | Part Properties | Connected Pipes | Rules

Structure Properties	Value
⊟ General	
Surface Elevation At Insertion Point	666.500m
Reference Surface	MODELO FINAL
Reference Alignment	<none>
⊟ Geometry	
Structure Rotation Angle	104.3748 (d)
Structure Offset	
Structure Station	
Structure Northing	7437522.6587m
Structure Easting	319741.6172m
Connected Pipes	2
⊟ Insertion Rim Behavior	
Insertion Rim Elevation	666.500m
Surface Adjustment Value	0.000m
Automatic Surface Adjustment	True

Pipe Properties - 10 (1)

Information | Part Properties | Rules

Pipe Properties	Value
End Invert Elevation	663.166m
Start Crown Elevation	667.230m
End Crown Elevation	664.166m
Pipe Start Easting	319750.5673m
Pipe Start Northing	7437487.7366m
Pipe End Easting	319741.6172m
Pipe End Northing	7437522.6587m
Start Centerline Elevation	666.730m
End Centerline Elevation	663.666m
Minimum Cover	1.229m
Maximum Cover	2.159m
2D Length - Center to Center	36.051m
3D Length - Center to Center	36.181m
2D Length - To Inside Edges	34.251m
3D Length - To Inside Edges	34.489m

Figura 18.21 Caixa de propriedades de tubos e dispositivos da rede.

18.6.4 Ribbon contextual Pipe Networks

A ribbon contextual **Pipe Networks** exibe diversas ferramentas para a manipulação dos componentes da rede. É possível adicionar rótulos, criar tabelas, conectar ou desconectar componentes, efetuar análises na rede e criar o alinhamento horizontal para a visualização dos componentes no gráfico do perfil longitudinal do caminhamento da rede.

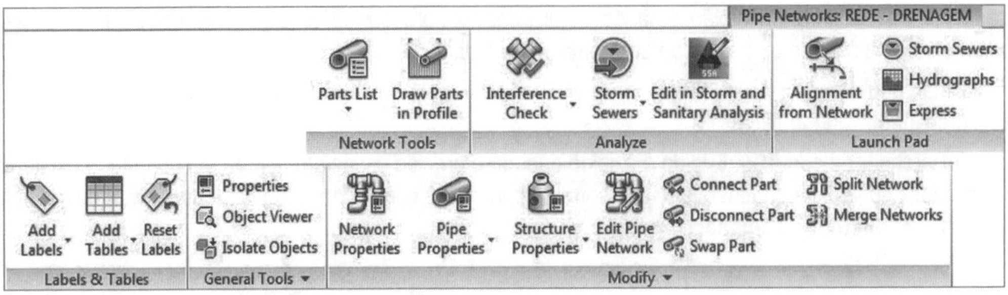

Figura 18.22 Ferramentas para a manipulação dos componentes da rede projetada.

Labels & Tables: painel que permite acesso aos comandos de adição de rótulos nos componentes da rede e criação de tabelas de tubos e estruturas presentes nas redes do projeto.

General Tools: painel que possibilita acesso à janela de propriedades de um componente selecionado, abrir a janela da ferramenta **Object Viewer** para visualizar os componentes em 3D e, ainda, isolar os componentes na rede no desenho para fácil visualização.

Modify: painel que permite acessar as propriedades da rede inteira e de um único tubo ou dispositivo da rede, habilitar a barra de ferramentas **Network Layout Tools** e conectar, desconectar ou substituir componentes da rede.

Network Tools: painel que possibilita acessar as *parts list* da rede projetada e desenhar os componentes da rede em um perfil existente no desenho.

Analyze: painel utilizado para acessar o recurso de verificação de interferências entre as redes existentes no desenho, além dos aplicativos de dimensionamento hidráulico da rede selecionada por meio do **Storm Sewers**.

Launch Pad: painel que permite criar um alinhamento horizontal da rede selecionada e acessar as ferramentas de dimensionamento hidráulico e estudos hidrológicos.

18.6.5 Principais ferramentas de manipulação de redes

Network Properties: ferramenta de acesso à caixa de diálogo de propriedades da rede para alteração das principais configurações da rede selecionada.

Edit Network: ferramenta de abertura da barra de ferramentas **Network Layout Tools** para remover ou adicionar componentes na rede selecionada.

Pipe Properties/Structure Properties: ferramentas de acesso à caixa de propriedades do tubo ou do dispositivo selecionado para alteração nos valores do componente e nos estilos e critérios de projeto.

Edit Pipe Style/Edit Structure Style: ferramentas de acesso à caixa de estilos dos componentes para alteração em suas representações gráficas.

Draw Parts in Profile View: ferramenta utilizada para projeção dos componentes selecionados em um gráfico de perfil longitudinal existente no desenho.

Disconnect From Part: ferramenta para desconectar os componentes selecionados da rede.

Swap Part: ferramenta que permite substituir um dispositivo da rede por outro. Esse recurso é muito utilizado para alterar os diâmetros dos tubos ou substituir os dispositivos presentes nas redes.

Apply Rule: ferramenta utilizada para aplicar os parâmetros geométricos nos componentes da rede selecionada.

Add Label: ferramenta para adicionar os rótulos nos componentes selecionados da rede.

18.6.6 Projeção dos componentes da rede no perfil longitudinal

Após projetar as redes na vista em planta, é possível transcrever essas informações para o gráfico do perfil longitudinal ou da vista da seção transversal. Ao lançar os componentes da rede no gráfico do perfil, é possível avaliar as características verticais das redes projetadas. Os ajustes dos rótulos e a aparência dos componentes são personalizáveis por meio de seus estilos para facilitar a visualização das regiões de interesse para cada tipo de projeto. Dessa forma, as informações exibidas no rodapé do perfil podem ser diferenciadas entre projetos de redes de esgoto e drenagem.

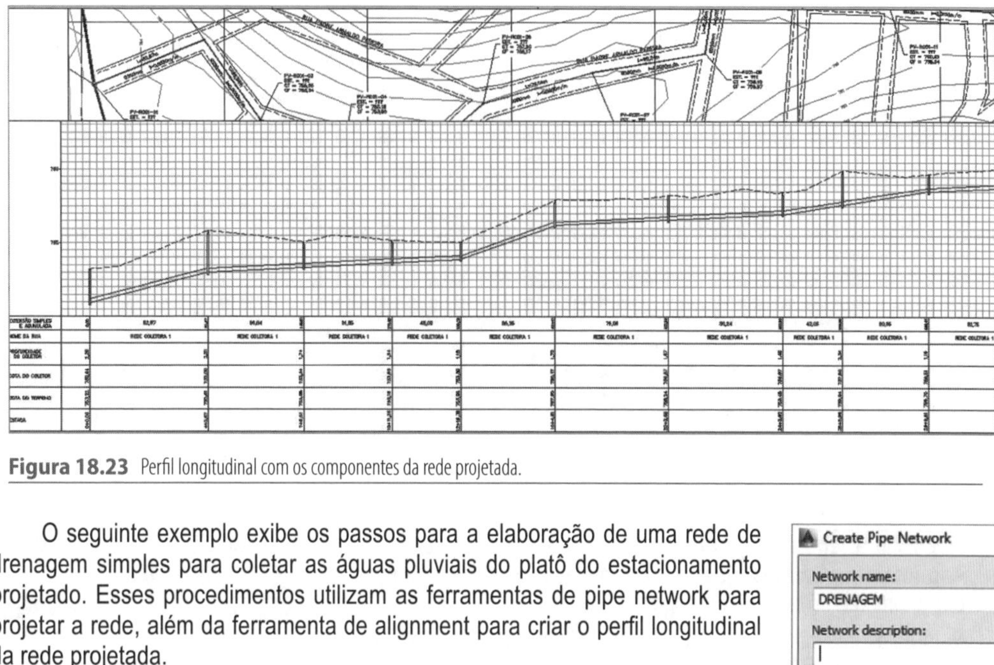

Figura 18.23 Perfil longitudinal com os componentes da rede projetada.

O seguinte exemplo exibe os passos para a elaboração de uma rede de drenagem simples para coletar as águas pluviais do platô do estacionamento projetado. Esses procedimentos utilizam as ferramentas de pipe network para projetar a rede, além da ferramenta de alignment para criar o perfil longitudinal da rede projetada.

Agora, estude o exemplo a seguir:

1. Abra o arquivo **18-6-1_REDE_URBANA.DWG**, disponível no site da Editora Érica.
2. Selecione a ferramenta da ribbon **Home → Create Design → Pipe Network → Pipe Network Creation Tools**.
3. Na caixa de diálogo **Create Pipe Network** (Figura 18.24):
   - Digite **DRENAGEM** no campo **Name**.
   - Selecione a configuração **DRENAGEM** no campo **Network parts list**.
   - Selecione a superfície **MODELO FINAL** no campo **Surface name**.
   - Selecione o estilo de rótulo **ESTRUTURAS** no campo **Structure label style**.
   - Selecione o estilo **DECLIVIDADE E COMPRIMENTO** no campo **Pipe label style**.
   - Clique no botão **OK**.

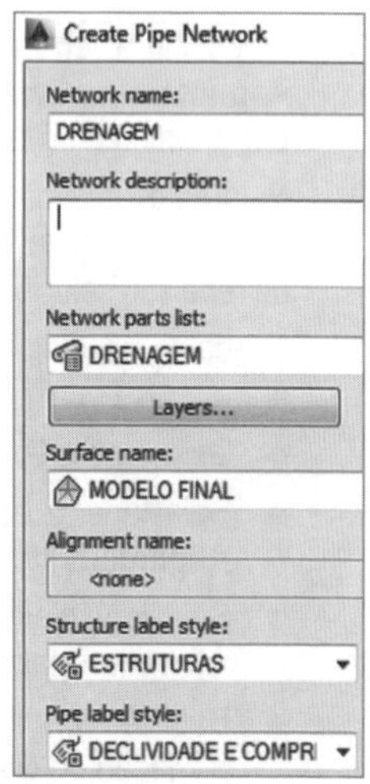

Figura 18.24 Configurações de representação da rede de drenagem.

4. Na barra de ferramentas **Network Layout Tools**, verifique o nome da *part list* e da superfície. Selecione o dispositivo **PV TIPO B** no quadro de estruturas e o bueiro **BSTC DN 1.00m CONCRETO** no quadro de tubos.
5. Verifique o sentido de escoamento para a rede projetada no botão *(Toogle Upslope/Downslope)*. Clique na ferramenta **Pipes and Structures** (Figura 18.25).

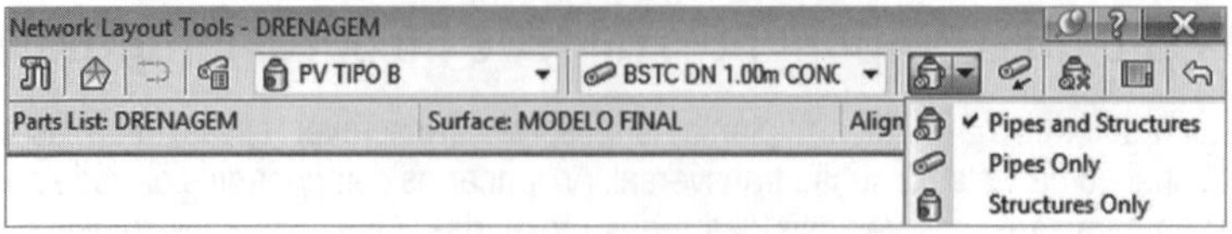

Figura 18.25 Configuração dos dispositivos para o projeto da rede de drenagem.

6. Na área de desenho, clique nos círculos **PV-1** a **PV-4** para posicionar os dispositivos da rede e pressione a tecla **Enter**.
7. Selecione os rótulos dos dispositivos e reposicione-os no desenho por meio de seus *grips*.

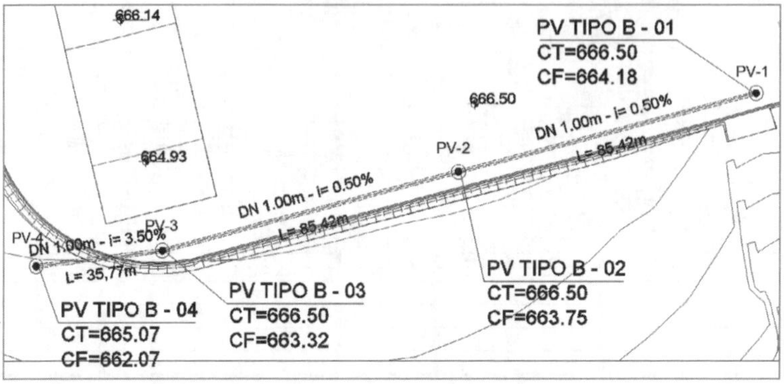

Figura 18.26 Rede de drenagem projetada na área de desenho.

8. Selecione a ferramenta da ribbon **Home → Create Design → Alignment → Create Alignment From Network Parts** para criar o alinhamento da rede de drenagem.
9. Na área de desenho, selecione o primeiro dispositivo, PV-01, e o último dispositivo da rede, PV-04. Observe que todos os componentes da rede são selecionados; pressione a tecla **Enter** para confirmar.
10. Na caixa de diálogo **Create Alignment - From Pipe Network** (Figura 18.27):
    - Selecione o tipo **Miscellaneous** no campo **Type**.
    - Selecione o estilo de alinhamento **PARALELO** no campo **Alignment style**.
    - Selecione o estilo de rótulo **PADRÃO-100m × 20m** no campo **Alignment label style**.
    - Habilite a opção **Create profile and profile view** para ativar a criação do gráfico do perfil longitudinal da rede projetada.
    - Clique no botão **OK**.

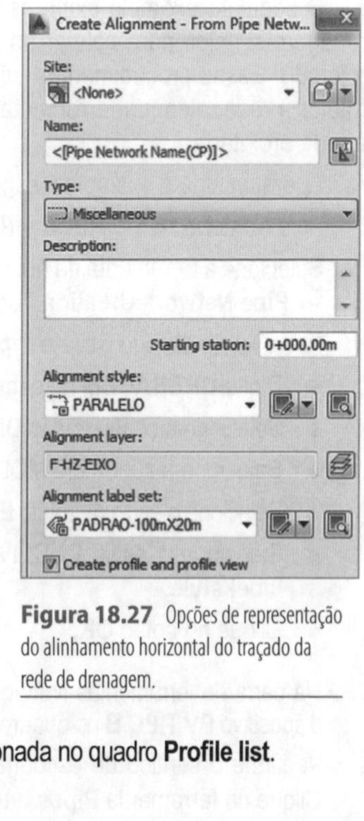

Figura 18.27 Opções de representação do alinhamento horizontal do traçado da rede de drenagem.

11. Na caixa de diálogo **Create Profile From Surface** (Figura 18.28):
    - Selecione o alinhamento **DRENAGEM** no campo **Alignment**.
    - Selecione a superfície **MODELO FINAL** no quadro **Select surfaces**.
    - Clique no botão **Add>>** para adicionar o perfil da superfície selecionada no quadro **Profile list**.
    - Clique no botão **Draw in profile view**.

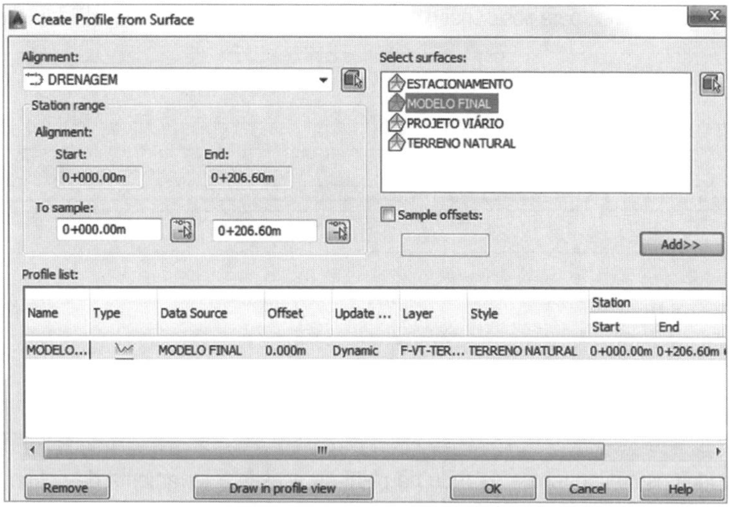

Figura 18.28 Configuração das informações exibidas no gráfico do perfil longitudinal.

12. Na caixa de diálogo **Create Profile View - General**, selecione o estilo **PERFIL_BUEIRO** no campo **Profile view style** e clique no botão **Avançar.**

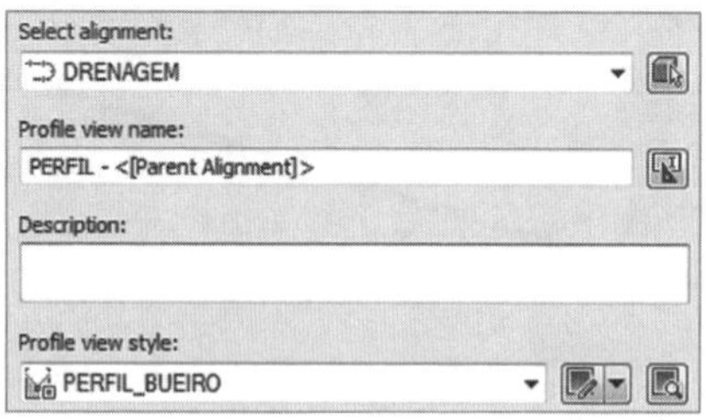

Figura 18.29 Opções de representação do perfil longitudinal da rede.

13. Clique no botão **Avançar** até a caixa de diálogo **Create Profile View - Data Bands**. Selecione o estilo **DRENAGEM** no campo **Select band set**, verifique as configurações exibidas no quadro **Set band properties** e clique no botão **Create Profile View.**

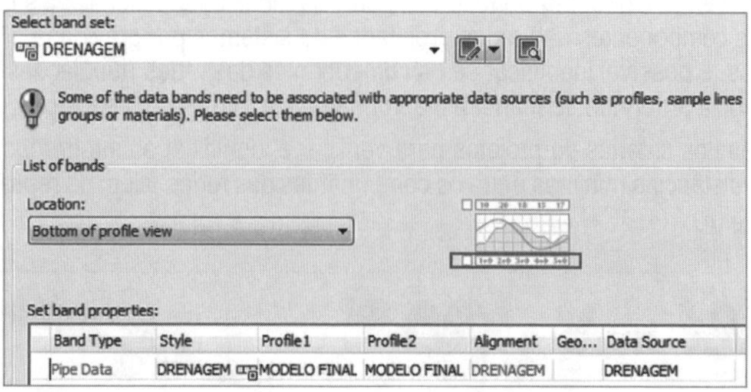

Figura 18.30 Configuração das informações no rodapé do gráfico do perfil longitudinal.

14. Clique na área de desenho para posicionar o gráfico do perfil longitudinal da rede de drenagem.

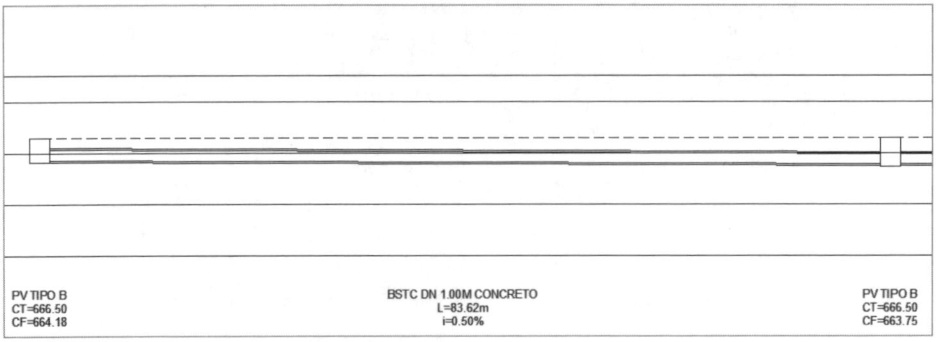

Figura 18.31 Gráfico do perfil longitudinal do terreno com a rede de drenagem projetada.

15. Selecione todos os componentes da rede na planta e acesse a ferramenta da ribbon contextual **Pipe Networks → General Tools → Object Viewer**.

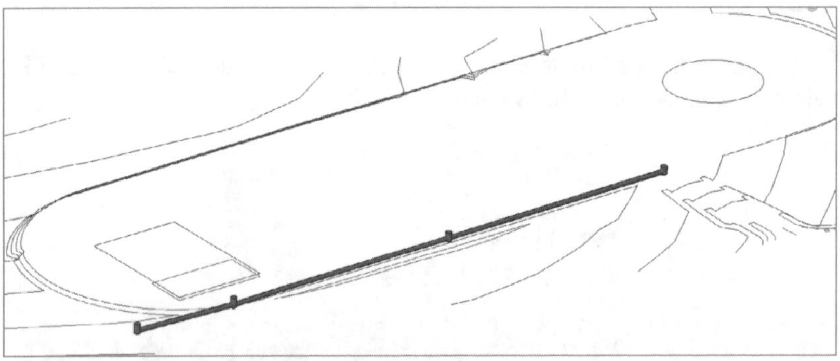

Figura 18.32 Modelo da rede de drenagem projetada no desenho.

16. Feche o arquivo.

18.7 Verificação de interferências entre redes

O recurso **Interference Checking** permite comparar os modelos tridimensionais das redes para identificar conflitos entre os componentes das redes projetadas de sistemas por gravidade. Por meio desse verificador de interferências, é possível identificar se os componentes das redes (tubulações e dispositivos) estão fisicamente colidindo ou interferindo de maneira inapropriada, conforme os critérios predefinidos nos projetos.

As configurações dos critérios de projetos para verificar e identificar as interferências nas redes abrangem as definições de distâncias mínimas entre os componentes das redes, além da representação gráfica das interferências em 2D e 3D.

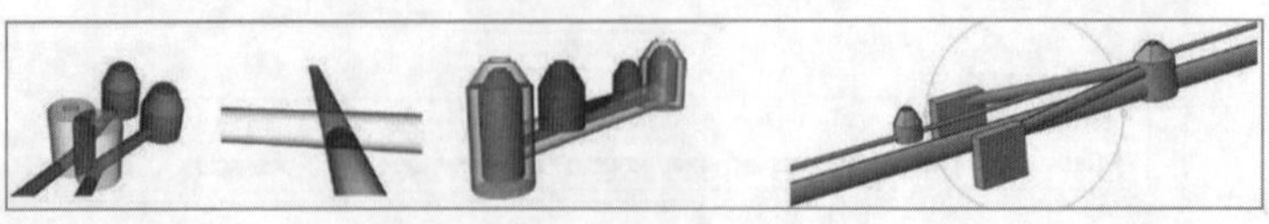

Figura 18.33 Exemplos de interferências entre os componentes das redes projetadas.

18.7.1 Verificação de interferências por proximidade

O processo de verificação de interferências entre as redes do projeto, muitas vezes, pode ser considerado uma interferência nas redes. Embora haja a colisão direta entre os dispositivos das redes, existem normativas que indicam a distância mínima que os tubos das redes de esgoto, drenagem e abastecimento devem permanecer afastados.

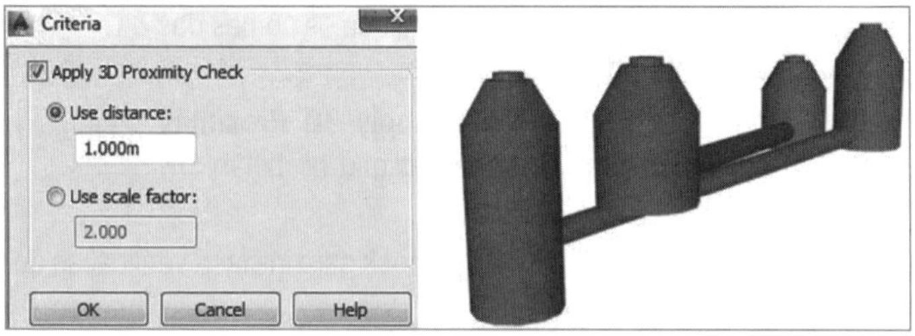

Figura 18.34 Opções de verificação por proximidade entre os componentes das redes.

As opções de verificação por proximidade tridimensional (*proximity checking criteria*) permitem identificar interferências entre os componentes das redes que estiverem dentro da distância mínima estabelecida. Esse recurso trabalha apenas com as redes de sistema por gravidade *pipe networks*.

18.7.2 Resultados da verificação de interferências

Os resultados da verificação de interferências entre as redes são exibidos na aba **Prospector** da **Toolspace**, na lista de interferências do campo **Interference Checks**. É possível identificar as interferências na lista e, com o botão direito do mouse, selecionar a opção **Zoom To** para localizá-la na área de desenho.

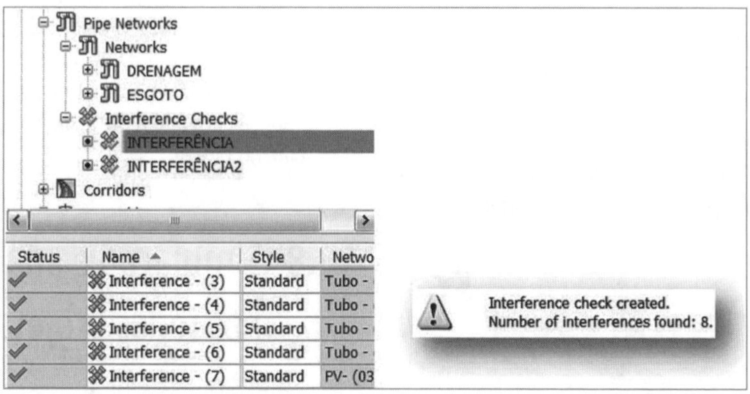

Figura 18.35 Lista das interferências identificadas nas redes projetadas.

O seguinte exemplo exibe os procedimentos para identificar as eventuais interferências entre as redes de drenagem e de esgoto projetadas no desenho. Além da colisão física, deve ser respeitada, ainda, uma proximidade mínima de 1 metro entre os componentes das redes.

Agora, estude o exemplo a seguir:

1. Abra o arquivo **18-7-1_INTERFERÊNCIAS_REDES.DWG**, disponível no site da Editora Érica.
2. Selecione um componente da rede de drenagem presente no desenho e acesse a ferramenta da ribbon contextual **Pipe Networks → Analyze → Interference Check → Create Interference Check**.
3. Na área de desenho, selecione um componente da rede de esgoto.
4. Na caixa de diálogo **Create Interference Check,** verifique os nomes das redes e clique no botão **3D proximity check criteria**.
5. Na caixa de diálogo **Criteria,** habilite a opção **Apply 3D Proximity Check**, digite **1.000m** no quadro **Use Distance** e clique no botão **OK** (Figura 18.36).

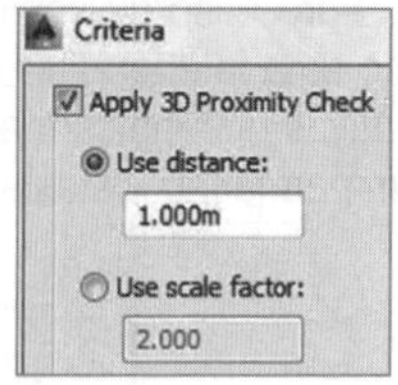

Figura 18.36 Configuração da verificação por proximidade.

6. Clique no botão **OK** na caixa **Create Interference Check** para iniciar a verificação de interferências entre as redes selecionadas (Figura 18.37).

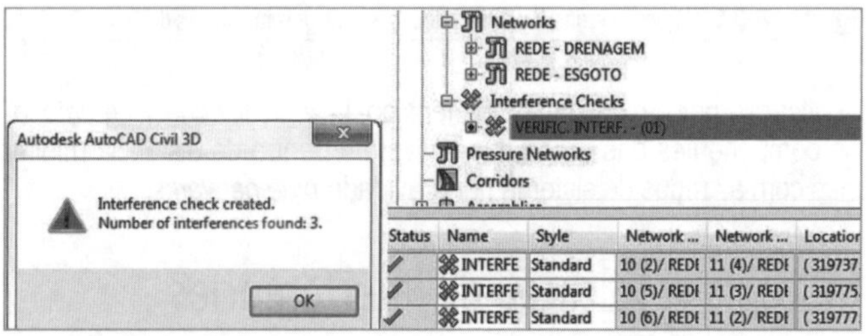

Figura 18.37 Resultado da verificação de interferências entre as redes projetadas.

7. Clique no botão **OK** da caixa de diálogo informativa.
8. Na **Toolspace**, localize as informações das interferências na aba **Prospector → Pipe Networks → Interference Checks**.
9. Selecione os componentes das redes identificados na verificação e ative a ferramenta **Object Viewer** para visualizar as interferências.

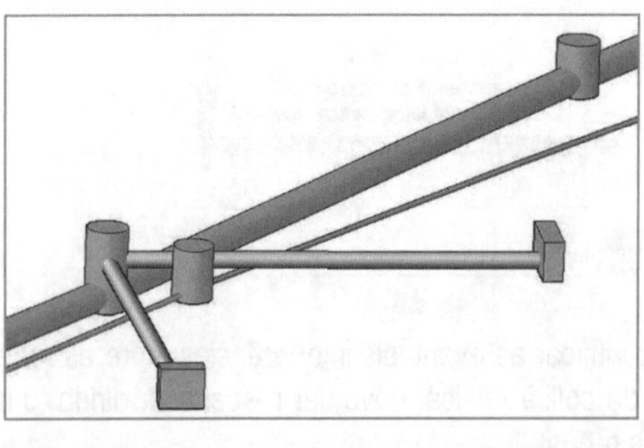

Figura 18.38 Interferências entre os componentes das redes.

10. É necessário revisar o posicionamento dos dispositivos e alterar as declividades das tubulações das redes projetadas para eliminar as colisões ou as proximidades indesejadas.
11. Após revisar os parâmetros das redes, pode-se verificar novamente a existência de interferências no projeto.

18.8 Simulação e análises nas redes projetadas

Os modelos das redes projetadas poderão ser exportados para aplicativos de análises e simulação, dessa forma será possível verificar o seu dimensionamento e simular o fluxo hidráulico das redes e seus componentes.

Os aplicativos **Hydraflow Storm Sewers** e **Hydraflow Express** auxiliam nas atividades de dimensionamento dos componentes das redes projetadas, o recurso **Hydraflow Hydrographs** disponibiliza ferramentas para o desenvolvimento de estudos hidrológicos.

A solução **Autodesk Storm and Sanitary Analysis (SSA)** permite elaborar diversos tipos de análise e simulação das redes projetadas (Figura 18.40). É possível selecionar os métodos e os tipos de análises, adicionar as áreas de bacias hidrográficas, abastecer as informações de índices pluviométricos, adicionar dispositivos na rede, visualizar a malha da rede nas vistas em planta e perfil longitudinal, bem como extrair relatórios personalizados com as informações da rede dimensionada.

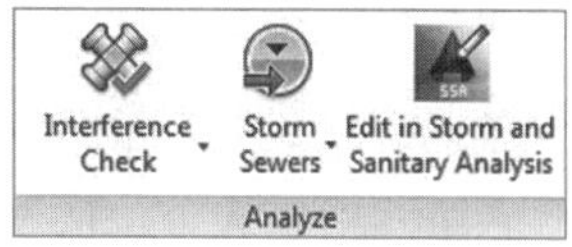

Figura 18.39 Aplicativos para a elaboração de análises e simulações nas redes projetadas.

Após efetuar as análises e as simulações nas redes por meio dos recursos do aplicativo SSA, é possível exportar o modelo da rede de volta para o Autodesk AutoCAD Civil 3D, para finalização e acabamento do projeto.

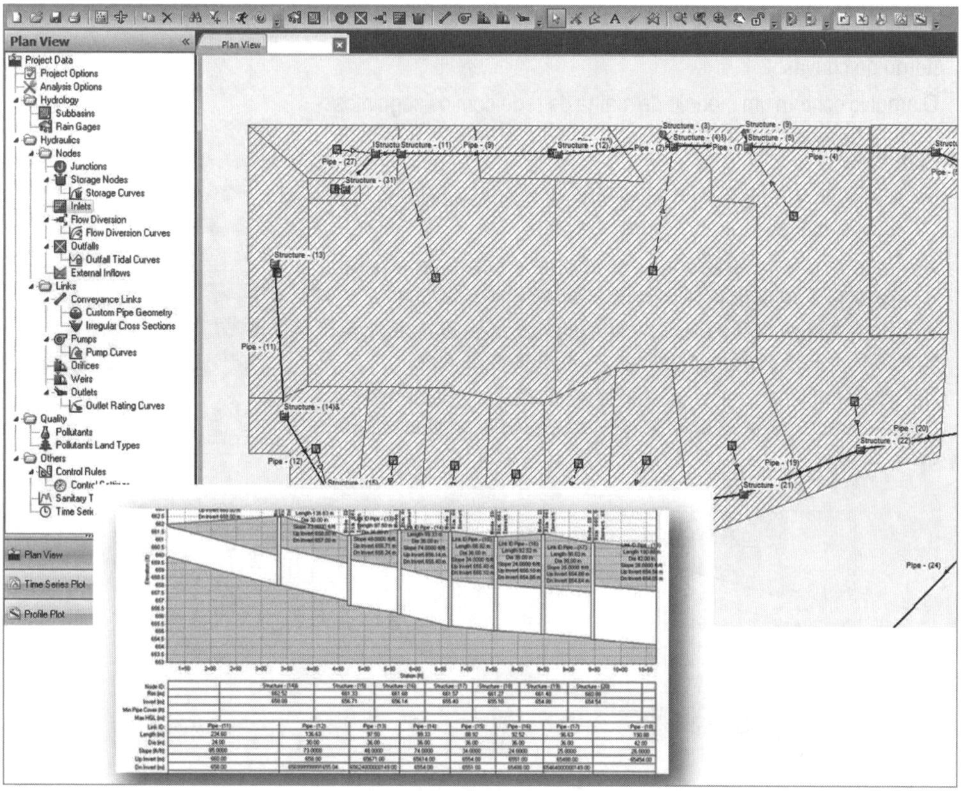

Figura 18.40 Interface do Storm and Sanitary Analysis (SSA).

O seguinte exemplo tem como objetivo navegar pela interface do *SSA* e apresentar os principais parâmetros para efetuar a simulação em um modelo simples de rede de drenagem.

Agora, estude o exemplo a seguir:

1. Inicie o aplicativo através do menu **Iniciar** → **Todos os Programas** → **Autodesk** → **Autodesk Storm and Sanitary Analysis**.
2. Clique no botão (*Open*) e localize o arquivo **18-8-2_ANÁLISE_REDES.SPF**, disponível no site da Editora Érica.

3. As configurações de unidades, métodos hidrológicos, fluxo hidráulico e parâmetros de infiltração são controladas pela ferramenta (*Project Options*).
4. A ferramenta (*Analysis Options*) controla o período de tempo da simulação das redes projetadas (Figura 18.41).
5. Na categoria **Hydrology** da janela **Plan View,** é possível acessar:

Subbasins: ferramenta para a manipulação de bacias, com o valor de suas respectivas áreas e demais parâmetros para a elaboração das análises, como o valor do tempo de concentração (*TOC*) e o número da curva (*Curve Number*).

Rain Gages: ferramenta utilizada para configurar os dados pluviométricos para eventos de chuvas, como estipular o período de retorno de chuvas.

6. O arquivo contém um modelo de malha de rede com os seguintes objetos hidráulicos alocados na categoria **Hidraulics** da janela **Plan View**:
   - Na pasta **Nodes,** é possível acessar os dispositivos (*Junctions*), que formam os nós da rede.
   - Na pasta Links, estão alocados os tubos (*Conveyance Links*), que conectam os dispositivos presentes na malha da rede.
7. Selecione a aba **Profile Plot** na parte inferior da janela para configurar a vista do perfil longitudinal de um trecho da rede.
8. Na vista em planta, selecione os dispositivos para determinar o trecho da rede que será exibido na vista do perfil longitudinal (Figura 18.42).

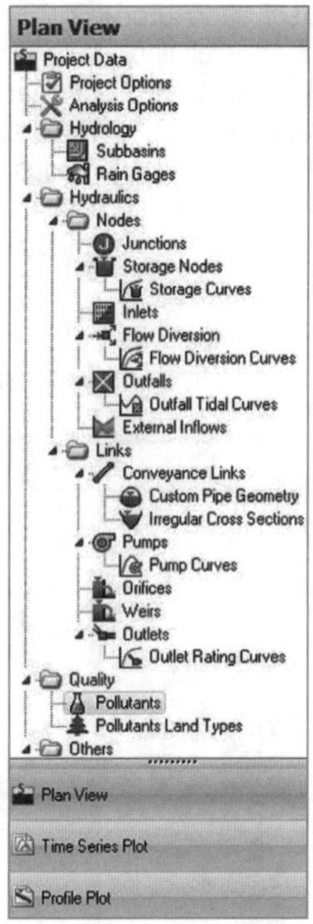

Figura 18.41 Barra lateral com as ferramentas de configuração e manipulação de redes.

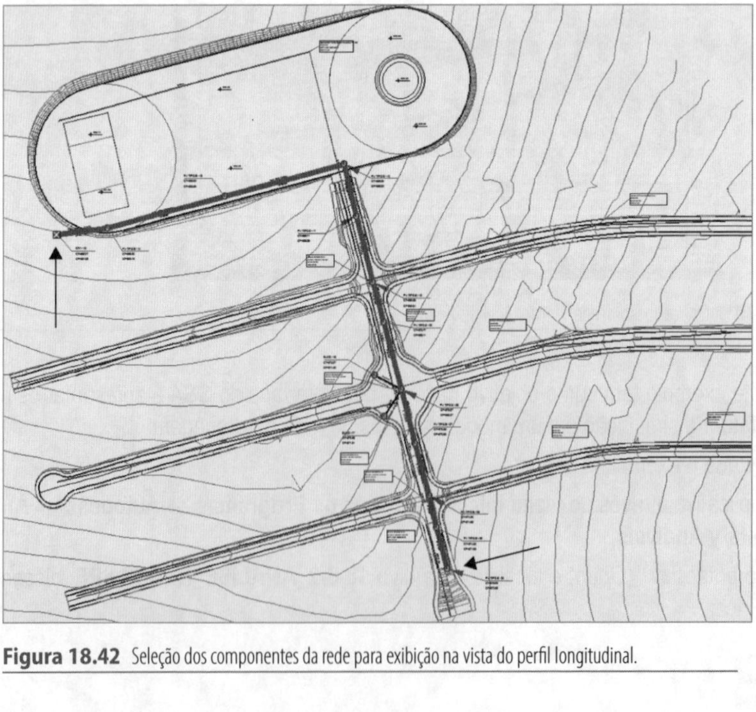

Figura 18.42 Seleção dos componentes da rede para exibição na vista do perfil longitudinal.

9. Na janela **Profile Plot,** clique no botão **Show Plot** para exibir o perfil do trecho selecionado.

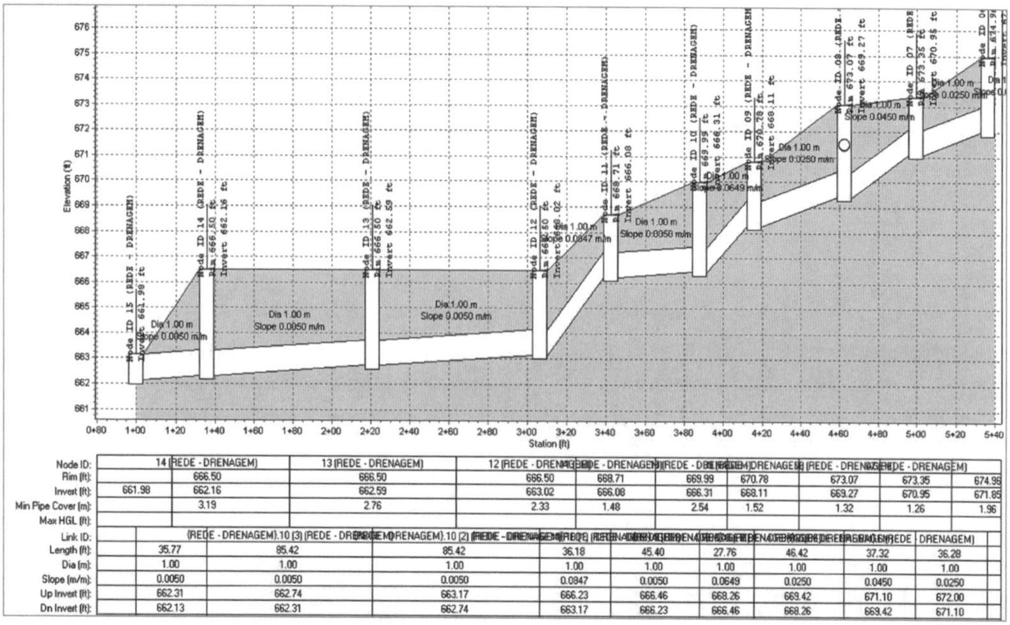

Figura 18.43 Vista do perfil longitudinal do trecho selecionado da rede.

10. No menu principal, selecione a ferramenta (*Perform Analysis*).
11. A caixa de diálogo **Perform Analysis** é exibida informando os resultados da análise. É possível salvar os resultados em arquivos de textos por meio da opção **Save Analysis Results**. Clique no botão **OK** (Figura 18.44).
12. Selecione a ferramenta do menu **Output** → **Output Animation** para executar a simulação da rede.
13. Na caixa **Output Animation,** aumente a barra de velocidade do tempo da simulação e clique no botão *(Play)*, conforme Figura 18.45.

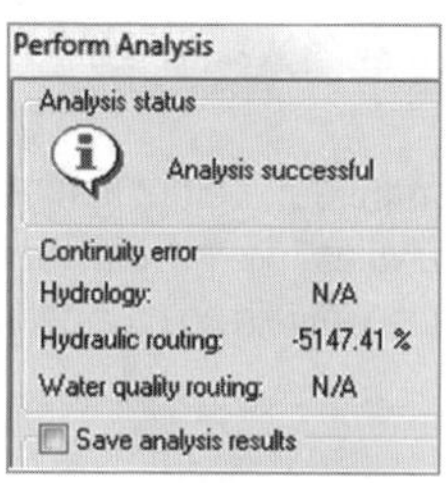

Figura 18.44 Finalização do processamento da análise.

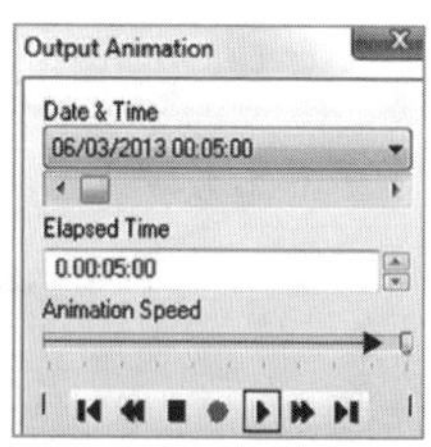

Figura 18.45 Caixa para efetuar a simulação na rede projetada.

14. Verifique o comportamento da tubulação na vista do perfil durante a execução da simulação na rede projetada (Figura 18.46).

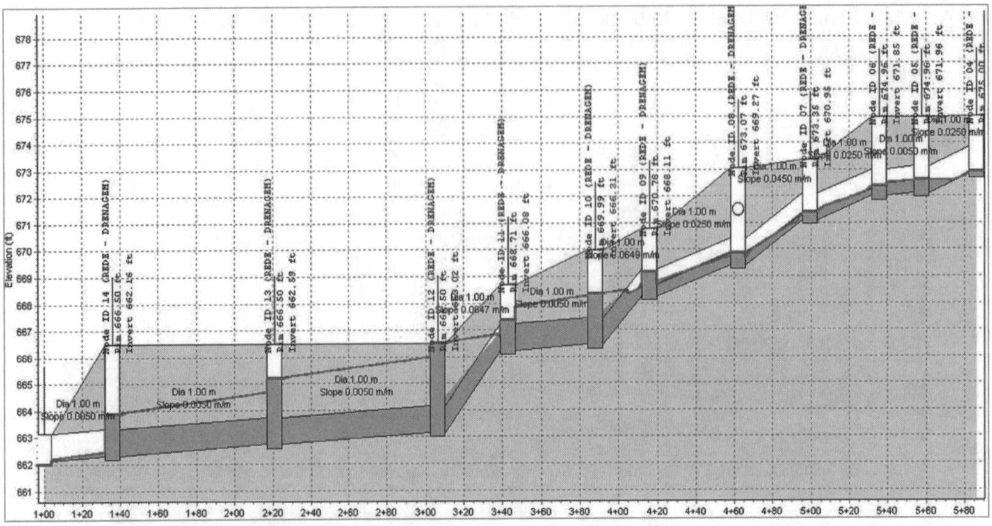

Figura 18.46 Linha hidráulica exibida na vista do perfil durante a execução da simulação na rede.

18.9 Redes pressurizadas – pressure networks

Os recursos de **pressure networks** auxiliam no desenvolvimento de projetos para redes pressurizadas, direcionados para redes de abastecimento de água. É possível projetar as redes na vista em planta e no gráfico do perfil longitudinal. Essa metodologia possibilita efetuar eventuais ajustes nas elevações dos componentes para adequação vertical.

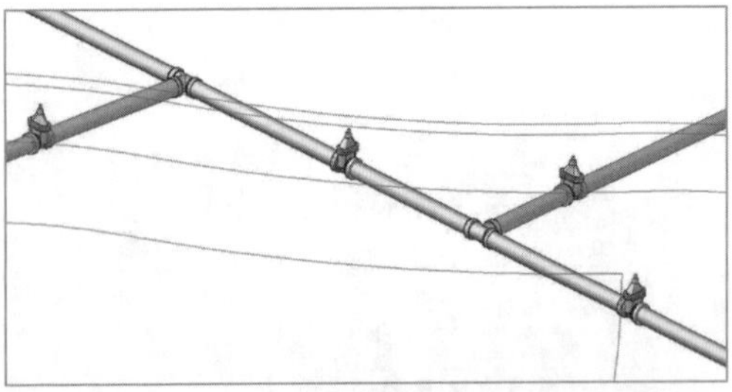

Figura 18.47 Vista da tubulação e dispositivos de redes pressurizadas.

O processo para a definição de redes pressurizadas é semelhante ao utilizado nas redes por gravidade. É necessário preparar as especificações dos componentes do catálogo e as configurações de estilos para a representação dos componentes nas vistas de planta e perfil.

As redes pressurizadas possuem três tipos de componentes:

Pressure Pipes: componentes de tubos com diâmetros, material e classes.

Fittings: componentes das conexões de curvas, joelhos, tês, reduções e demais tipos quando disponíveis no catálogo de rede pressurizada.

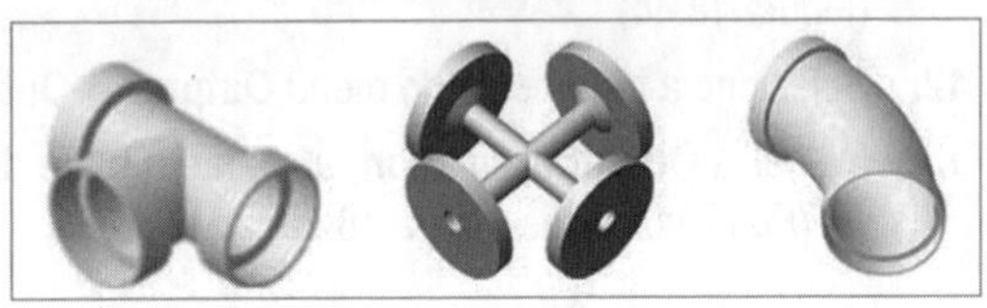

Figura 18.48 Tipos de conexões.

Appurtenances: componentes dos equipamentos, como válvulas de gaveta, ventosas, junções etc., quando disponíveis no catálogo de rede pressurizada.

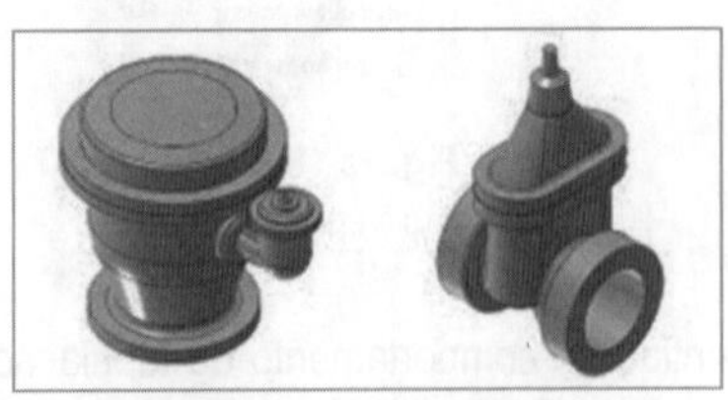

Figura 18.49 Tipos de equipamentos.

18.10 Parts lists de redes pressurizadas

As *parts lists* de redes pressurizadas permitem importar e especificar os componentes do **Pressure Network Catalog**, controlar os estilos utilizados na visualização de cada um dos componentes da rede (*Styles*), especificar o material para a renderização dos componentes (*Render Material*) e configurar os itens para a extração de quantificação das redes (*Pay Item*). Essas configurações podem ser efetuadas por meio das abas **Pressure Pipes**, **Fittings** e **Appurtenances** da caixa de diálogo **Pressure Network Parts List**.

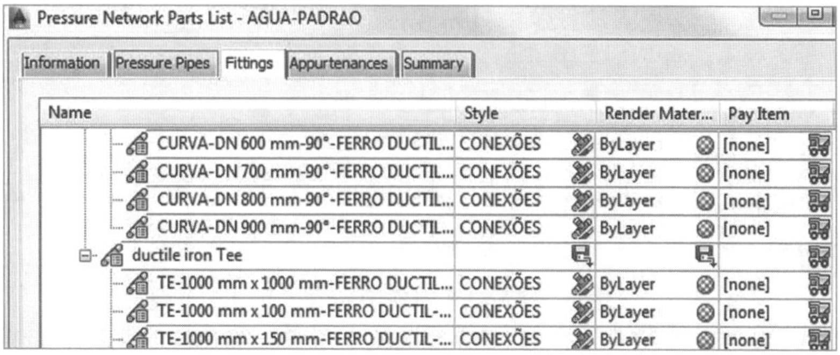

Figura 18.50 Caixa de configuração dos componentes de redes pressurizadas.

Os componentes de tubos, conexões e equipamentos provenientes do catálogo (*SQLite*) podem ser gerenciados pelo aplicativo **Content Catalog Editor**, acessado pelo menu **Iniciar** → **Todos os Programas** → **Autodesk** → **Autodesk AutoCAD Civil 3D** → **Content Catalog Editor**.

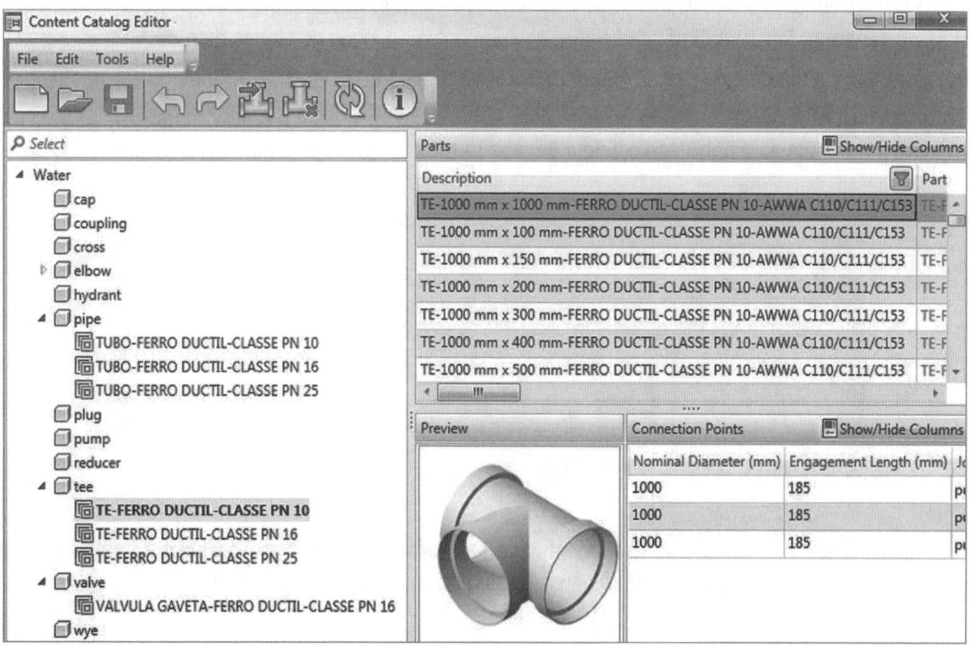

Figura 18.51 Interface do gerenciador do conteúdo do catálogo para os componentes de redes pressurizadas.

18.11 Criação e manipulação de redes pressurizadas

A ribbon contextual **Pressure Network Plan Layout** é exibida durante o processo de elaboração do projeto da rede pressurizada, dispondo de ferramentas para a escolha das referências de superfície e alinhamento, para a exibição do compasso orientativo e para a adição de tubos e peças.

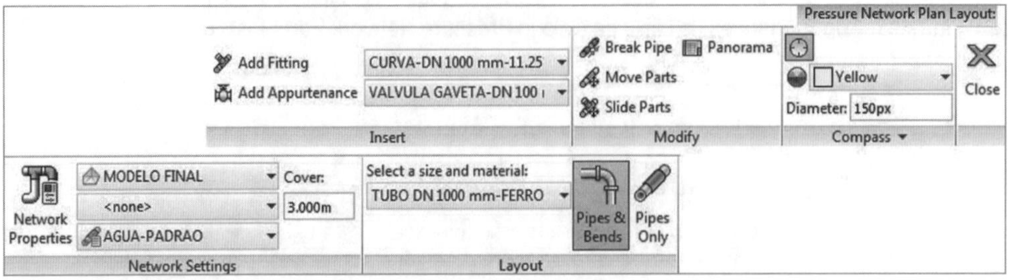

Figura 18.52 Ferramentas de criação e manipulação de redes pressurizadas.

Network Properties: ferramenta de acesso à caixa de propriedades da rede para modificação de nomes, referências e parâmetros da rede projetada.

Cover: ferramenta para controle do valor do recobrimento da rede pressurizada.

Pipes & Bends: ferramenta para definir o caminhamento da rede adicionando tubos e conexões automaticamente.

Pipes Only: ferramenta para adicionar tubos.

Add Fitting: ferramenta para a adição de conexões nos tubos presentes na rede.

Add Appurtenance: ferramenta para adicionar equipamentos ao longo dos tubos da rede.

Panorama: ferramenta de exibição da janela **Panorama** com as abas **Pressure Pipes**, **Fittings** e **Appurtenances**, para a verificação e a edição nos componentes da rede projetada (Figura 18.53).

Compass: ferramenta para habilitar e configurar o compasso orientativo de auxílio no direcionamento da rede projetada na vista em planta.

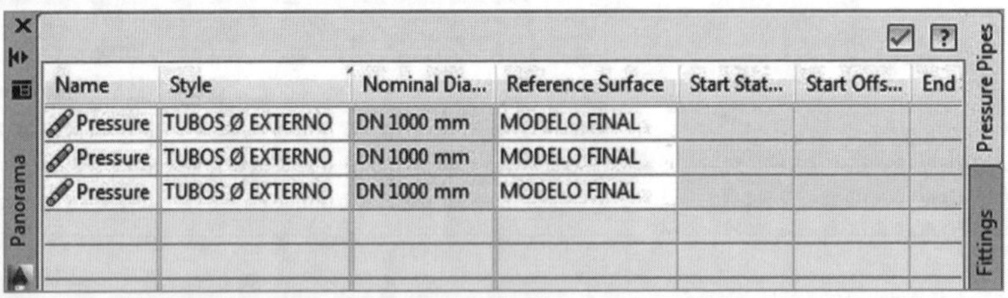

Figura 18.53 Componentes da rede exibidos na janela Panorama.

O seguinte exemplo acessa as ferrramentas de *pressure networks* para o desenvolvimento do traçado do projeto da rede de abastecimento na região do platô do estacionamento projetado.

Agora, estude o exemplo a seguir:

1. Abra o arquivo **18-11-1_REDE_PRESSURE.DWG**, disponível no site da Editora Érica.

2. Selecione a ferramenta da ribbon **Home → Create Design → Pipe Network → Pressure Network Creation Tools**.
3. Na caixa de diálogo **Create Pressure Pipe Network** (Figura 18.54):
   - Digite **ÁGUA** no campo **Network name**.
   - Selecione a configuração **AGUA-PADRAO** no campo **Parts List**.
   - Selecione a superfície **MODELO FINAL** no campo **Surface name**.
   - Selecione o estilo **TUBOS** no campo **Pressure Pipe Label Style**.
   - Selecione o estilo **CONEXÕES** no campo **Fitting Label Style**.
   - Selecione o estilo **EQUIPAMENTOS** no campo **Appurtenance Label Style**.
   - Clique no botão **OK**.

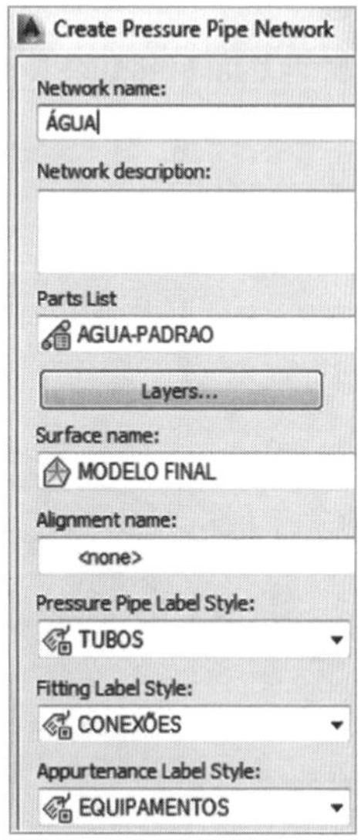

Figura 18.54 Configuração dos estilos para a rede de abastecimento.

4. Na ribbon **contextual Pressure Network Plan Layout** (Figura 18.55):
   - Digite **1.000m** no quadro **Cover,** para determinar o recobrimento da rede.
   - Selecione o **TUBO DN 300 mm-FERRO DUCTIL** no quadro **Select a size and material**.
   - Selecione a conexão **TE-300 mm x 300 mm-FERRO DUCTIL** no quadro **Add Fitting**.
   - Selecione o equipamento **VALVULA GAVETA DN 300 mm-FERRO DUCTIL** no quadro **Add Appurtenance**.
   - Habilite a ferramenta **Pipes & Bends**.

Figura 18.55 Seleção dos componentes para a elaboração do projeto da rede de abastecimento.

5. Na área de desenho, projete o caminhamento da rede ao longo da *polyline* existente; inicie na interseção com a rede de abastecimento pública. Pressione a tecla **Enter** para concluir.

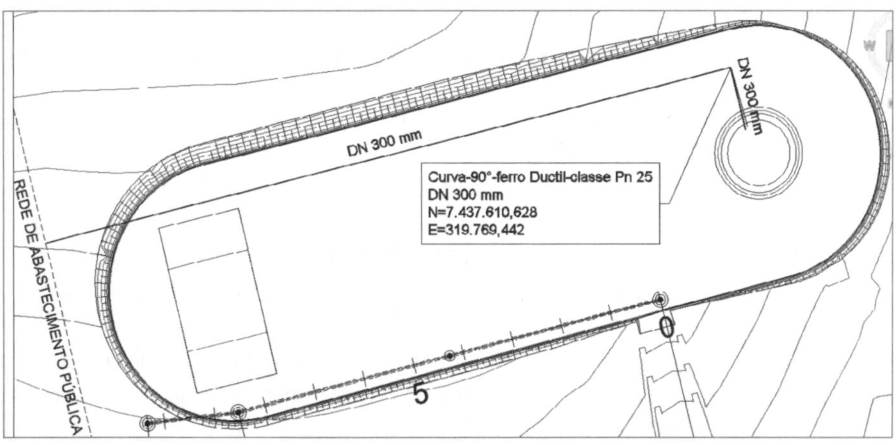

Figura 18.56 Traçado da rede de abastecimento posicionada no desenho.

6. Selecione todos os componentes das redes presentes no desenho e acesse a ferramenta da ribbon contextual **Pressure Networks → General Tools → Object Viewer**.
7. Feche o arquivo.

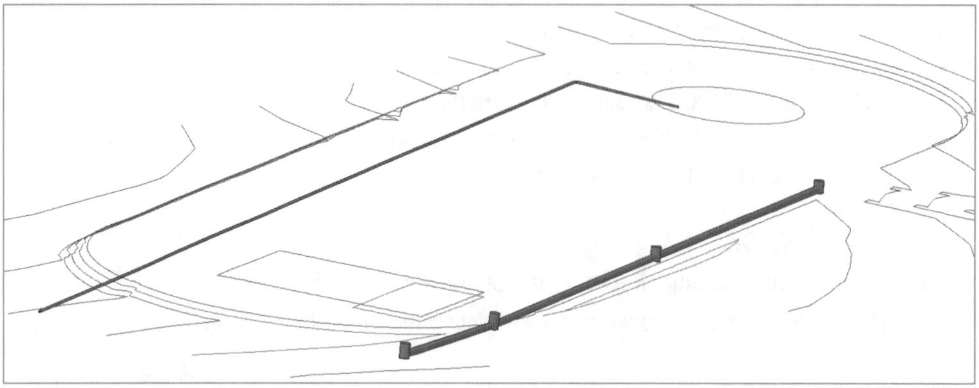

Figura 18.57 Redes projetadas no desenho.

18.12 Edições e análises na rede pressurizada

A ribbon contextual **Pressure Networks** é exibida quando um componente da rede pressurizada está selecionado na área de desenho e permite acessar as propriedades da rede e de seus componentes, gerenciar as especificações das *parts lists*, executar análises e criar o alinhamento horizontal para a projeção dos componentes da rede no gráfico do perfil longitudinal.

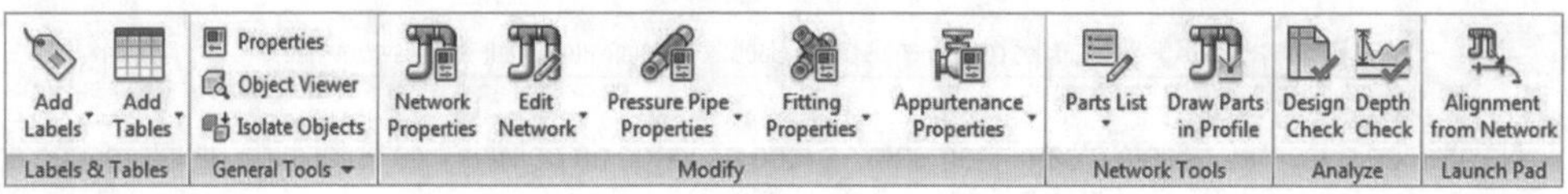

Figura 18.58 Ferramentas de edições e análises de redes pressurizadas.

Add Labels: ferramenta para adicionar os rótulos em tubos, conexões e equipamentos presentes na rede selecionada.

Network Properties: ferramenta de acesso à caixa de diálogo **Pressure Pipe Network Properties** para controle das propriedades da rede selecionada.

Edit Network: ferramenta que habilita a ribbon contextual **Pressure Network Plan Layout** para edições na rede na vista em planta.

Pressure Pipe Properties: ferramenta que acessa a caixa de propriedades de um tubo selecionado.

Fitting Properties: ferramenta para a exibição da caixa de propriedades de uma conexão selecionada da rede.

Appurtenance Properties: ferramenta que abre a caixa de propriedades de um equipamento selecionado.

Parts List: ferramenta que permite gerenciar as especificações dos componentes da rede e seleciona o catálogo de rede pressurizada desejado.

Alignment from Network: ferramenta utilizada para criar o alinhamento horizontal de trechos selecionados da rede; possibilita a criação do gráfico do perfil longitudinal e exibe os componentes da rede.

As conexões e os equipamentos podem ser selecionados no desenho para reposicionamento, rotação e adição de tubos por meio de seus *grips*. Dessa forma, é possível prover a continuidade necessária para o fluxo na rede projetada.

O painel **Analyze** da ribbon contextual **Pressure Networks** disponibiliza os recursos **Design Check** e **Depth Check** para analisar os componentes da rede, com a finalidade de identificar eventuais violações geométricas no projeto.

Design Check: ferramenta que verifica e identifica eventuais violações de parâmetros geométricos nos componentes ao longo da rede projetada: violação de ângulo de deflexão, diâmetro, conexões abertas, raio de curvatura. As violações identificadas são exibidas com o símbolo de exclamação sobre os componentes da rede, informando o parâmetro violado.

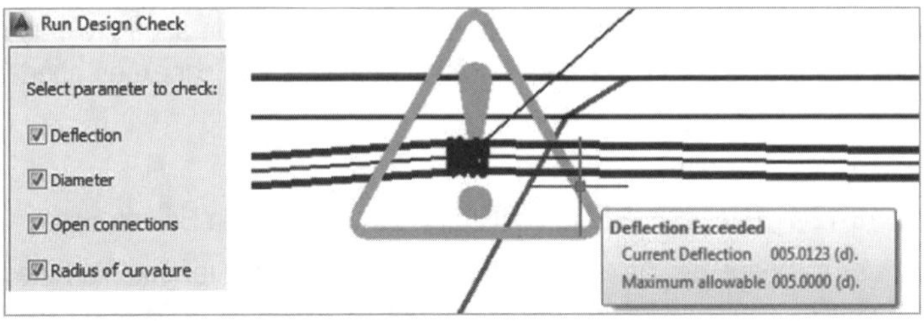

Figura 18.59 Ferramenta de verificação de critérios geométricos da rede pressurizada.

Depth Check: ferramenta que verifica e identifica eventuais violações nos valores de recobrimento mínimo e máximo ao longo da rede. Os trechos com violação da faixa de recobrimento são indicados com o símbolo de exclamação no desenho.

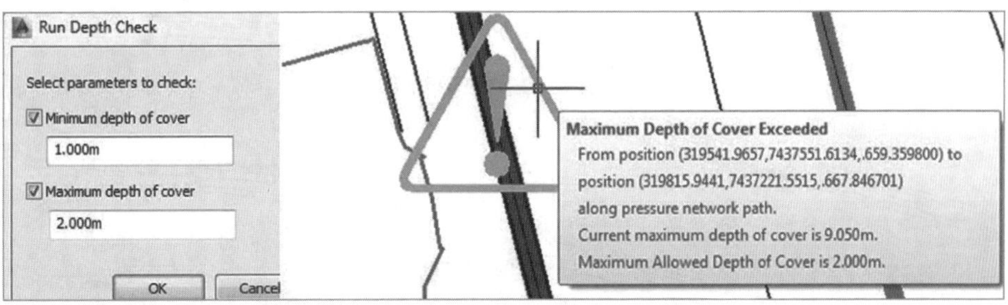

Figura 18.60 Ferramenta de verificação de profundidade da rede pressurizada.

Além das ferramentas para a manipulação das redes na vista em planta, é possível efetuar ajustes nas elevações dos componentes da rede projetada diretamente no gráfico do perfil longitudinal, por meio da ribbon contextual **Pressure Network Profile Layout**.

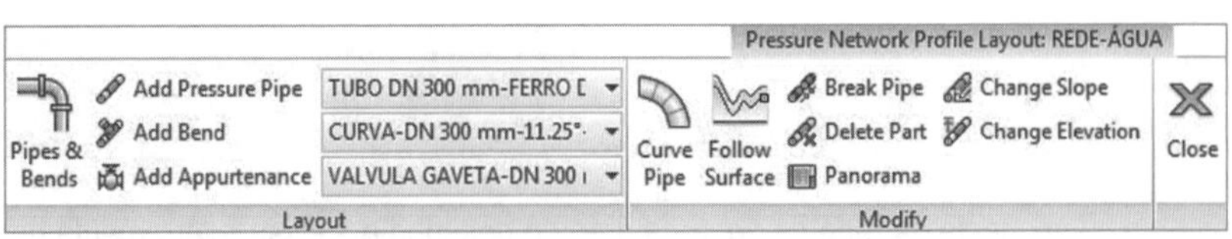

Figura 18.61 Ferramentas de manipulação da rede pressurizada na vista do perfil longitudinal.

Follow Surface: ferramenta que permite utilizar a superfíce como orientação para reposicionar as elevações dos componentes da rede projetada.

Curve Pipe: ferramenta para converter um tubo em curva na vista do perfil longitudinal.

Break Pipe: ferramenta para segmentar um tubo selecionado na vista do perfil.

Delete Part: ferramenta para remover um componente na vista do perfil.

Panorama: ferramenta que abre janela **Panorama** para acesso às propriedades dos componentes da rede projetada.

Change Slope: ferramenta que permite alterar a declividade de componentes selecionados na vista do perfil longitudinal.

Change Elevation: ferramenta utilizada para alterar as elevações de componentes selecionados, reposicionando-os no gráfico do perfil longitudinal.

O seguinte exercício exibe os procedimentos para analisar a rede de água projetada e identificar possíveis irregularidades geométricas; válvulas podem ser adicionadas nas conexões abertas localizadas nas extremidades da rede.

Agora, estude o exemplo a seguir:

1. Abra o arquivo **18-12-1_ANÁLISE_REDE.DWG**, disponível no site da Editora Érica.
2. Selecione todos os componentes da rede na área de desenho com a ferramenta **Select Similar**. Acesse a ferramenta da ribbon contextual **Pressure Networks → Analyze → Design Check** para executar a análise na geometria da rede projetada.
3. Na caixa de diálogo **Run Design Check,** habilite todas as opções e clique no botão **OK**.
4. Verifique a quantidade de violações na linha de comando, aplique **zoom** para localizar o símbolo de exclamação na área de desenho, informando o local e a descrição das violações na geometria da rede.

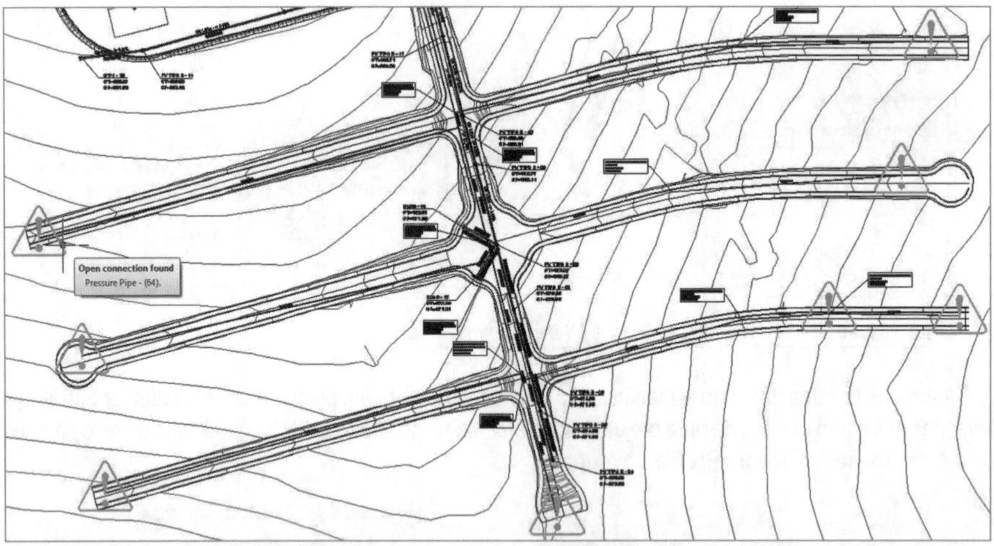

Figura 18.62 Violações geométricas na rede de água projetada.

5. Selecione um componente da rede de água na área do desenho e acesse a ferramenta da ribbon contextual **Pressure Networks → Modify → Edit Network → Plan Layout Tools**.
6. Na ribbon contextual **Pressure Network Plan Layout Tools**, selecione o equipamento **VALVULA GAVETA DN 300 mm-FERRO DUCTIL** e clique no botão **Add Appurtenance**.

7. Adicione o equipamento **VALVULA GAVETA DN 300mm-FERRO DUCTIL** em todas as extremidades dos tubos para corrigir a violação de tubulação aberta (*Open Connection Found*).
8. Adicione válvulas e conexões nos cruzamentos de vias para completar o projeto de rede de água.
9. Aplique a ferramenta **Depth Check** para localizar eventuais irregularidades entre profundidades de **1 2 metros** no caminhamento da rede projetada.

18.13 Exercício – Projeto da rede de drenagem urbana

Os procedimentos do seguinte exercício ilustram um dos métodos utilizados para a elaboração do projeto de uma rede de drenagem urbana, além da representação de seus componentes no gráfico do perfil longitudinal. Neste exercício, é utilizada a *polyline* vermelha presente no arquivo para orientar o caminhamento da rede projetada.

Execute os procedimentos a seguir para concluir o exercício:

1. Abra o arquivo **18-13-1_REDE_DRENAGEM.DWG**, disponível no site da Editora Érica.
2. Crie o perfil temporário com a ferramenta **Quick Profile** utilizando a *polyline* **vermelha** presente no desenho para verificar o comportamento do terreno.
3. Selecione a ferramenta da ribbon **Home → Create Design → Pipe Network → Pipe Network Creation Tools**.
4. Na caixa de diálogo **Create Pipe Network** (Figura 18.63):
   - Digite **REDE-DRENAGEM** no campo **Network name**.
   - Selecione a **part list DRENAGEM no campo Network parts list**.
   - Selecione a superfície **MODELO FINAL no campo Surface name**.
   - Escolha o estilo **Estruturas** no campo **Structure Label Style**.
   - Selecione o estilo **DECLIVIDADE E COMPRIMENTO** no quadro **Pipe label style**.
   - Clique no botão **OK**.
5. Selecione os componentes da rede na barra de ferramentas **Network Layout Tools – REDE-DRENAGEM** (Figura 18.64):
   - Selecione o dispositivo **PV TIPO B**.
   - Selecione o tubo **BSTC DN 1.00m CONCRETO**.
   - Verifique o sentido de escoamento no botão . A rede é projetada de montante para jusante.
   - Selecione a ferramenta **Pipes and Structures**.

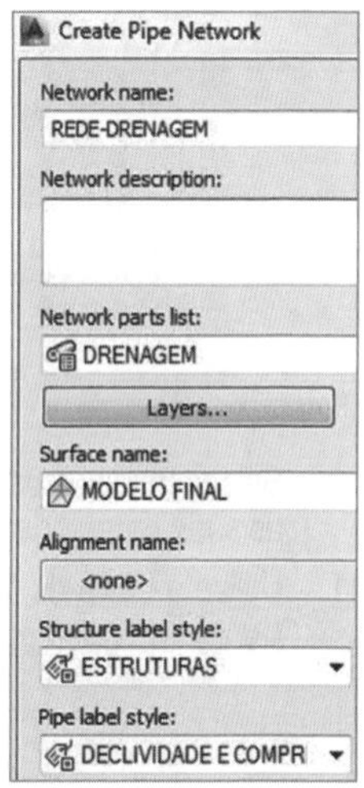

Figura 18.63 Configuração para a definição da rede de drenagem.

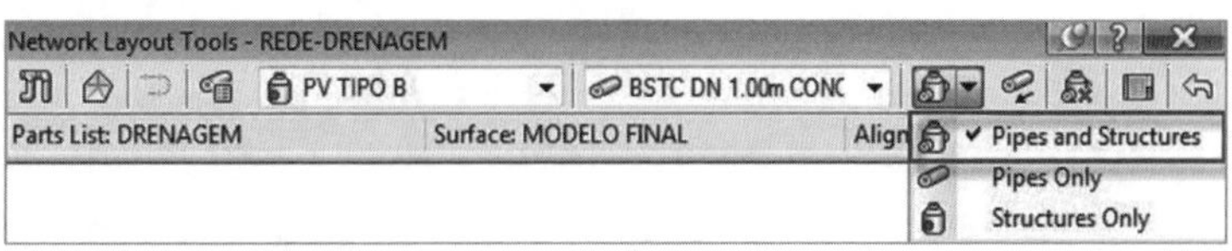

Figura 18.64 Configuração dos componentes na barra de ferramentas.

6. Clique em todos os vértices da *polyline* vermelha, existente no desenho para posicionar os dispositivos e definir o caminhamento da rede de drenagem.

7. Arraste os *grips* dos rótulos dos dispositivos (PVs) para reposicionar os rótulos.

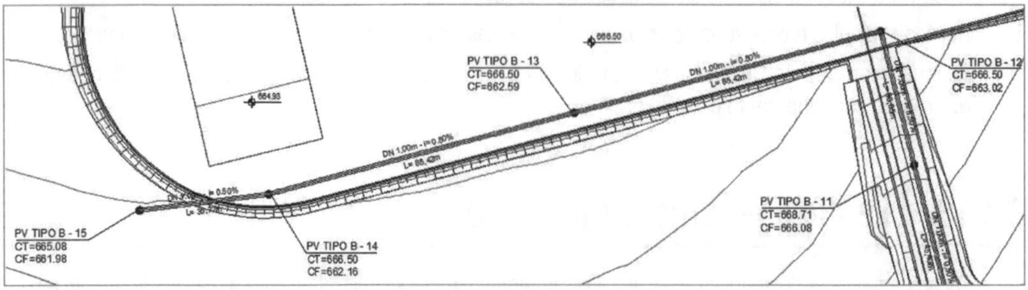

Figura 18.65 Caminhamento da rede de drenagem projetada no desenho.

8. O último **PV** deve ser substituído para representar o dispositivo de lançamento da rede projetada. Selecione o **PV** e acesse a ferramenta da ribbon contextual **Pipe Networks** → **Modify** → **Swap Part**.
9. Na caixa de diálogo **Swap Part Size,** selecione o dispositivo **CT-1** e clique no botão **OK** para substituir o PV. Verifique o comportamento do dispositivo e de seu rótulo na área de desenho.

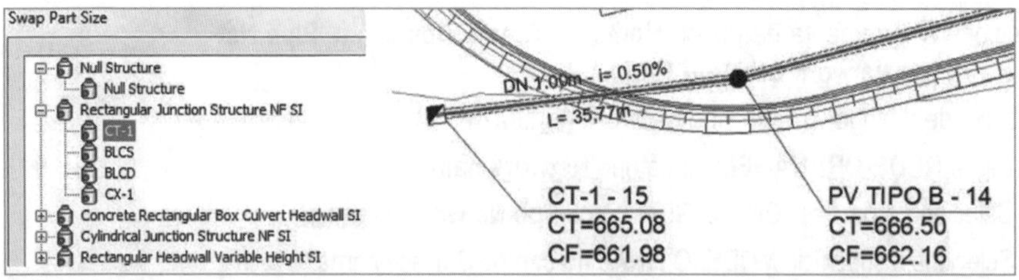

Figura 18.66 Substituição do PV de jusante para caixa.

10. Selecione diversos componentes da rede projetada e acesse a ferramenta **Object Viewer** para visualizar as suas características.
11. Utilize a barra de ferramentas **Network Layout Tools** para adicionar as duas bocas de lobo ligadas no **PV** central da rotatória.

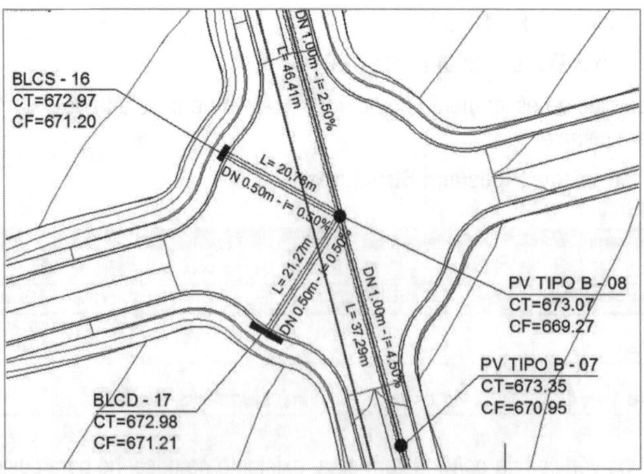

Figura 18.67 Adição de dispositivos para ligação com a rede principal.

12. Adicione diversos dispositivos e tubos nas demais ruas do projeto. Para exibir novamente a barra de ferramentas **Network Layout Tools**, selecione qualquer componente da rede na área de desenho e acesse a ferramenta **Edit Pipe Network** da ribbon contextual.
13. Selecione qualquer componente da rede na área de desenho e acesse a ferramenta da ribbon contextual **Pipe Network → Launch Pad → Alignment From Network** para criar o alinhamento horizontal da rede projetada.
14. Na área de desenho, selecione o primeiro e o último dispositivos da rede para definir o trecho no qual será criado o alinhamento horizontal. Pressione **Enter** para concluir.
15. Na caixa de diálogo **Create Alignment From Pipe Network**, selecione o estilo **_No Label** no campo **Alignment label set**, habilite a opção **Create profile and profile view,** para criar o perfil longitudinal da rede projetada, e clique no botão **OK**.
16. Adicione a superfície **MODELO FINAL** no campo **Profile list** da caixa de diálogo **Create Profile From Surface** e clique no botão **Draw in Profile View** (Figura 18.69).

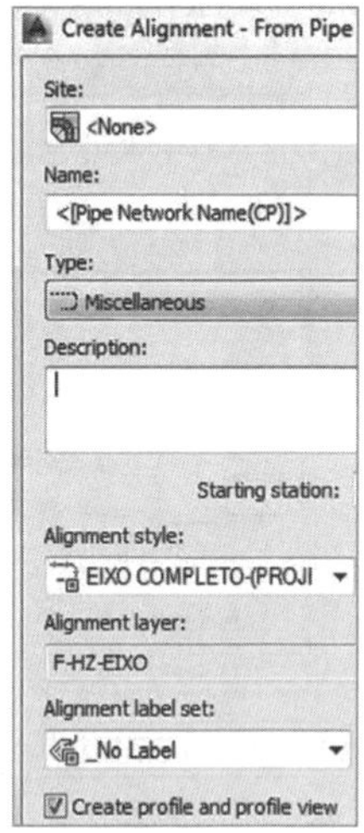

Figura 18.68 Definição do alinhamento horizontal sobre a rede projetada.

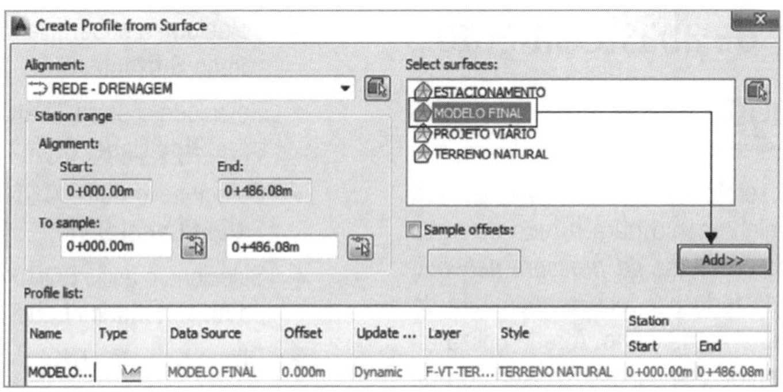

Figura 18.69 Adição da superfície MODELO FINAL na configuração do gráfico do perfil longitudinal.

17. Na aba **General** da caixa de diálogo **Create Profile View,** selecione o estilo **PERFIL_BUEIRO** no campo **Profile VIEW STYLE** e clique em **Avançar**.
18. Na aba **Data Bands** da caixa de diálogo **Create Profile View,** selecione o estilo **DRENAGEM** no campo **Select band set** e clique em **Create Profile View**.

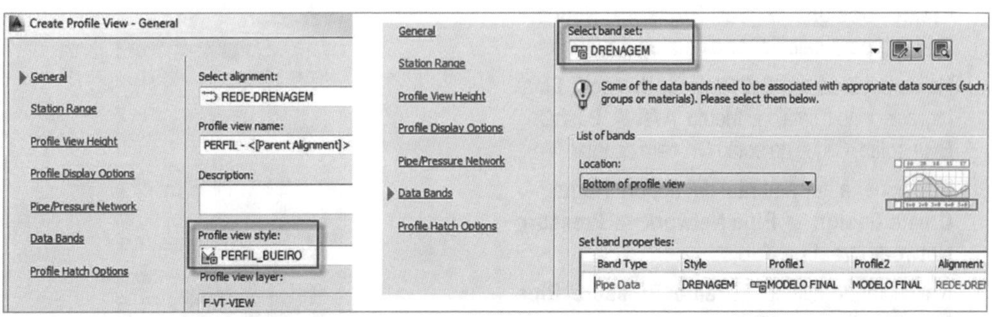

Figura 18.70 Configuração de exibição dos componentes da rede no gráfico do perfil.

19. Posicione o gráfico do perfil longitudinal na área de desenho.

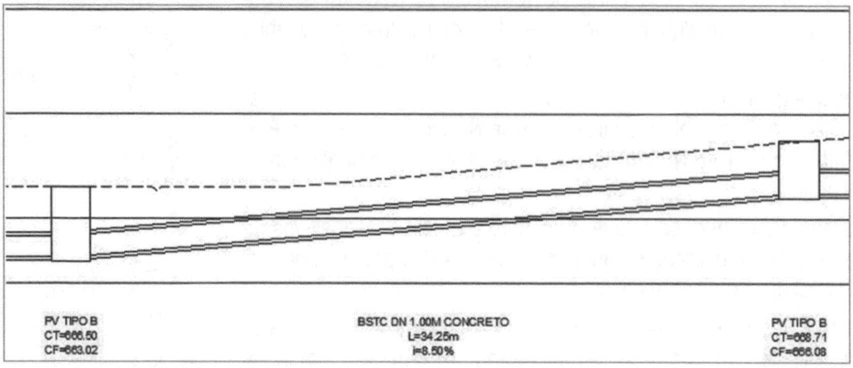

Figura 18.71 Gráfico do perfil longitudinal com os componentes da rede de drenagem projetada.

18.14 Exercício – projeto da rede de abastecimento de água

O seguinte exercício mostra os passos para a definição do caminhamento para a rede de água projetada utilizando o recurso de *pressure network*. O caminhamento da rede obedece à geometria da *polyline* azul presente no desenho. A rede utiliza alguns dos componentes disponíveis do catálogo de redes pressurizadas.

Execute os procedimentos a seguir para concluir o exercício:

1. Abra o arquivo **18-14-1_REDE_ÁGUA.DWG**, disponível no site da Editora Érica.
2. Selecione a ferramenta da ribbon **Home → Create Design → Set Pressure Network Catalog** para selecionar o catálogo métrico.
3. Na caixa de diálogo **Set Pressure Network Catalog**, selecione o catálogo **Metric_AWWA_PushOn_BRA.sqlite**. Clique no botão **OK** para concluir.
4. Selecione a ferramenta da ribbon **Home → Create Design → Pipe Network → Pressure Network Creation Tools.**
5. Na caixa de diálogo **Create Pressure Pipe Network** (Figura 18,72):
   - Digite **REDE-ÁGUA** no campo **Network name.**
   - Selecione a **Parts List** de nome **AGUA-PADRAO**.
   - Selecione a superfície **MODELO FINAL** no campo **Surface name.**
   - Selecione o estilo **TUBOS** no campo **Pressure Pipe Label Style.**
   - Selecione o estilo **CONEXÕES** no quadro **Fitting Label Style.**
   - Selecione o estilo **EQUIPAMENTOS** no campo **Appurtenance Label Style.**
   - Clique no botão **OK.**

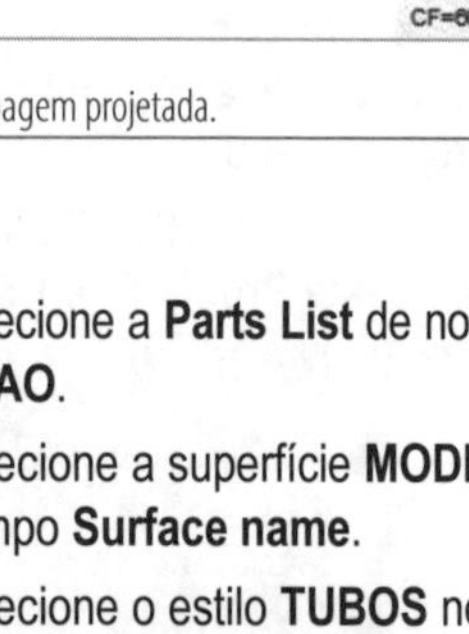

Figura 18.72 Configuração dos estilos para a rede de água.

6. Na ribbon contextual **Pressure Network Plan Layout** (Figura 18.73):
   - Digite **1.000m** no quadro **Cover** para determinar o recobrimento para a rede.
   - Selecione o **TUBO DN 300 mm-FERRO DUCTIL** no quadro **Select a size and material**.
   - Escolha a conexão **TE-300 mm x 300 mm-FERRO DUCTIL** no quadro **Add Fitting**.
   - Selecione a **VALVULA GAVETA-DN 300 mm-FERRO DUCTIL** no quadro **Add Appurtenance**.
   - Clique no botão **Pipes & Bends**.

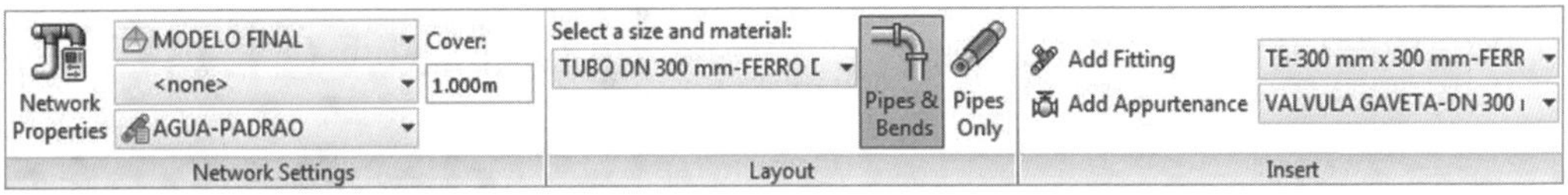

Figura 18.73 Definição dos componentes da rede de água.

7. Projete a rede de água sobre os vértices da *polyline* azul, existente no desenho, e verifique a presença do compasso para auxiliar nos ângulos das conexões.
8. Pressione a tecla **Enter** para concluir.
9. Reposicione os rótulos das conexões da rede por meio de seus *grips*.
10. Na ribbon contextual **Pressure Network Plan Layout**, selecione a conexão **TE-300 mm x 300 mm-FERRO DUCTIL** e clique no botão **Add Fitting**.
11. Na área de desenho, clique nos cruzamentos viários sobre o traçado da rede de água projetada para posicionar a conexão em tê (Figura 18.74).
12. Aplique **zoom** na região, selecione o **tê** inserido na rede e verifique a necessidade de reposicionamento ou inversão da peça por meio dos *grips* azuis.
13. Após a adequação da posição e a inversão do **tê** selecionado no desenho, clique no *grip* com sinal **+** para visualizar o compasso e adicionar um tubo no trecho na direção da rua (Figura 18.75).

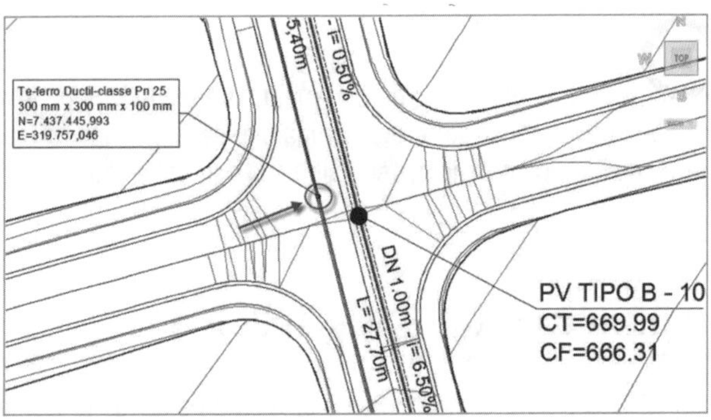

Figura 18.74 Posicionamento da conexão em tê.

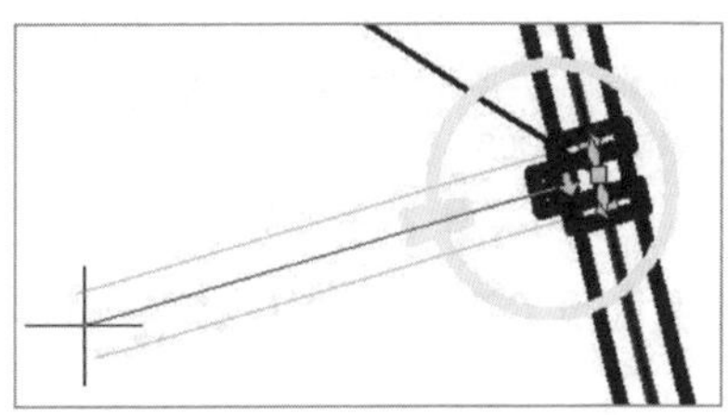

Figura 18.75 Complementação da rede de água por meio dos grips das conexões.

14. Repita os procedimentos para adicionar as conexões em **tê** nos cruzamentos e completar o projeto da rede de água em todas as ruas do empreendimento.
15. Reposicione os rótulos das conexões movendo seus *grips*.
16. Feche a ribbon contextual **Pressure Network Plan Layout** com o botão **Close**.
17. É possível selecionar os componentes da rede de água projetada para navegação por meio da ferramenta **Object Viewer**.

19 Colaboração e Quantificação do Projeto

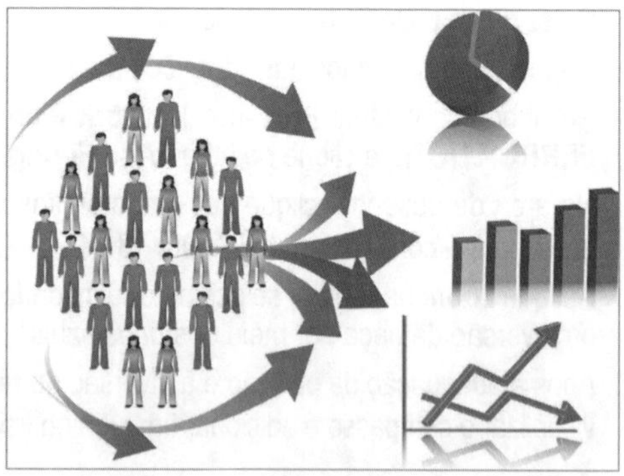

Figura 19.1 Colaboração e quantificação do projeto.

O compartilhamento inadequado de informações é, sem dúvida, o principal desafio durante o ciclo de desenvolvimento de projetos de infraestrutura e as desgastantes alterações nos projetos (que eventualmente ocorrem desde as fases preliminares) até as etapas de extração de quantitativos e documentação. Muitas vezes, pode prejudicar o bom fluxo das atividades entre as equipes das diversas disciplinas envolvidas no processo; ocorrências como erros e incoerências nos projetos e até mesmo a perda de informações são observadas em muitos processos implantados em empresas de engenharia.

A demanda atual está exigindo cada vez mais que as empresas de engenharia desenvolvam projetos mais eficientes, sustentáveis e colaborativos. Elaborar projetos de forma compartilhada é a maneira mais eficiente para integrar as equipes envolvidas em todo o ciclo do projeto, sem falhas na comunicação ou perda de informações.

19.1 Compartilhamento do projeto – data shortcuts

As funcionalidades de **data shortcuts** são utilizadas para compartilhar os objetos e os dados presentes nos arquivos de desenho por meio das equipes envolvidas no projeto. É possível compartilhar esses dados em pastas presentes em um ambiente de rede. O recurso de **data shortcuts** compartilha os principais objetos elaborados no Autodesk AutoCAD Civil 3D, como superfícies, alinhamentos e seus perfis, redes de tubulações e folhas de articulação dos desenhos (*View Frame Groups*).

As ferramentas **Data Shortcuts** podem ser acessadas pela **Prospector** da ***Toolspace*** ou pela ribbon **Manage → Data Shortcuts**.

Após determinar a localização das pastas em que serão postados os arquivos dos projetos, é possível localizar os objetos compartilhados para referenciá-los, clicando com o botão direito do mouse sobre um item desejado (Figura 19.2).

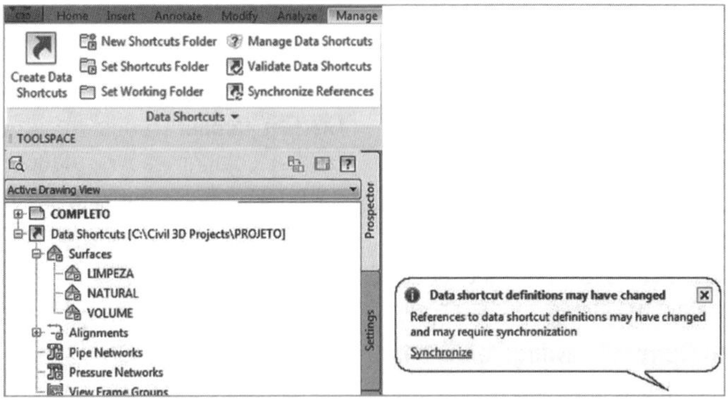

Figura 19.2 Ferramentas do recurso Data Shortcuts para compartilhamentos dos objetos do projeto.

Na ocorrência de modificações nos objetos compartilhados do projeto, os membros da equipe são notificados pelo balão informativo na parte inferior direita da interface, solicitando a sincronização dos dados para a atualização dos objetos do projeto.

19.2 Modelo de fluxo compartilhado

O fluxo recomendado é, primeiramente, compartilhar o modelo da superfície da topografia entre as equipes do projeto; em seguida, a equipe de traçado geométrico pode compartilhar o projeto ou diferentes alternativas estudadas para geometrias horizontal e vertical. Dessa forma, as equipes das disciplinas seguintes de drenagem, sinalização e pavimentação podem trabalhar de forma integrada, utilizando os modelos criados e compartilhados pelas equipes anteriores. O principal benefício desse processo é a comunicação das revisões nos objetos entre as equipes do projeto.

Os dados dos objetos do projeto são armazenados em arquivos no formato *XML* e podem ser organizados em uma estruturação de pastas em uma rede para compartilhamento com as equipes envolvidas nos projetos. Esses arquivos *XML* contêm as informações dos objetos presentes nos desenhos dos projetos, além de possuírem tamanhos reduzidos e permitirem maior desempenho no desenvolvimento de projetos de grande porte.

19.3 Ferramentas Data Shortcuts

As ferramentas disponíveis **Data Shortcuts** para a manipulação e o gerenciamento dos objetos compartilhados estão organizadas em:

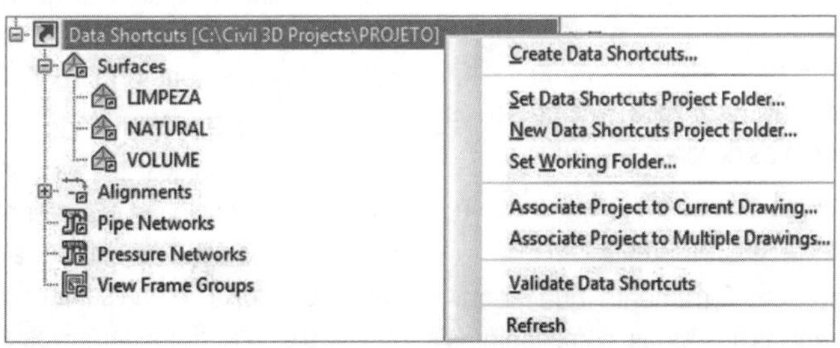

Figura 19.3 Ferramentas Data Shortcuts presentes na aba Prospector da Toolspace.

Set Working Folder: ferramenta que permite apontar a pasta raiz para a criação das pastas de projetos compartilhados.

New Data Shortcuts Project Folder: ferramenta utilizada para criar a pasta de armazenamento e acessar os dados do projeto compartilhado.

Create Data Shortcuts: ferramenta que efetua o compartilhamento dos objetos do desenho aberto para a pasta criada para o projeto compartilhado.

Associate Project to Current Drawing: ferramenta que permite associar o desenho aberto a uma pasta de projeto com *data shortcuts*. Pode ser utilizada durante o recebimento de arquivos de terceiros que fazem parte do mesmo projeto.

Associate Project to Multiple Drawings: ferramenta que possibilita a associação de vários arquivos de desenho ao projeto em andamento, principalmente na ocorrência de recebimento de desenhos externos.

Set Data Shortcuts Project Folder: ferramenta utilizada para selecionar uma pasta de projeto previamente definida.

Validate Data Shortcuts: ferramenta para verificar a ocorrência de quebra nas referências dos objetos compartilhados do projeto, como alteração de nomes de arquivos ou realocação das pastas do projeto.

Quando selecionamos uma superfície que pertence ao projeto compartilhado por meio da aba **Prospector** ou diretamente no desenho, algumas ferramentas de *data shortcuts* são exibidas na aba **Modify** da ribbon contextual **Tin Surface**:

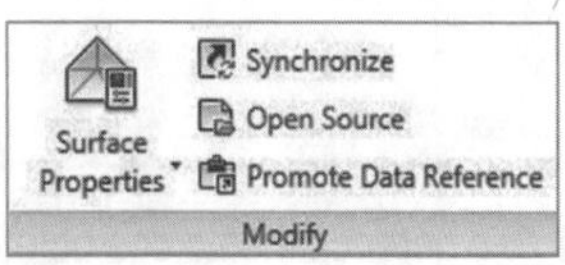

Figura 19.4 Ferramentas de data shortcuts presentes na ribbon Tin Surface.

Syncronize: ferramenta utilizada para sincronizar os objetos referenciados com os desenhos de origem.

Open Source: ferramenta que abre o arquivo de origem no qual estão os objetos referenciados.

Promote Data Reference: ferramenta que permite converter as referências inseridas como objetos independentes quando os objetos dos arquivos de origem forem modificados; as referências não serão atualizadas automaticamente.

A manipulação de referências externas (*XREF*) também pode trazer diversos benefícios para a colaboração de dados dos projetos entre os profissionais, em que é possível compartilhar objetos pontos, lotes e corredores elaborados no AutoCAD Civil 3D, além de objetos do AutoCAD, como blocos, *polylines* e imagens.

19.4 Extração de quantitativos do projeto (QTO)

O recurso **Quantity Takeoff** utiliza o gerenciador **QTO,** que permite extrair as informações de quantidades dos objetos do projeto. Suas ferramentas atribuem itens de um conjunto de códigos que são referenciados aos objetos presentes nos projetos, selecionando-os individualmente no desenho ou de forma automatizada, utilizando as configurações das *parts lists*, para a quantificação das redes de tubulações, e dos *code sets*, para a quantificação das estruturas do modelo do corredor.

Figura 19.5 Ferramentas para a quantificação do projeto.

O painel **QTO** da aba **Analyse** da ribbon exibe as ferramentas do gerenciador **QTO Manager**. As informações dos itens podem ser importadas de arquivos externos com a extensão *CSV* ou, ainda, pode-se criar um arquivo no formato *XML* para as categorias dos itens (Figura 19.6).

A coluna **Pay Item ID** do gerenciador **QTO Manager** exibe os códigos dos itens importados do arquivo *CSV*. Esse arquivo deve conter a composição dos elementos e dos serviços utilizados durante o desenvolvimento do projeto, e que servem como base para a execução da obra. Esses arquivos são conhecidos como tabela de preço unitário (TPU), conforme Figura 19.7.

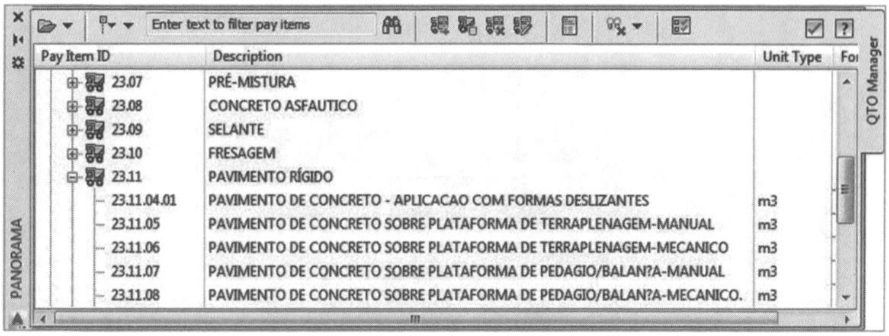

Figura 19.6 Itens presentes no gerenciador de quantitativos.

Assign Pay Item: ferramenta para adicionar o item selecionado no gerenciador a um objeto linear na área de desenho. É possível selecionar objetos do AutoCAD na quantificação dos itens do projeto.

Assign Pay Item to a Closed Area: ferramenta que adiciona o item selecionado no gerenciador a um objeto fechado no desenho.

Removes Pay Items: ferramenta utilizada para remover os itens associados aos objetos.

Edit Pay Items: ferramenta que permite editar os itens associados aos objetos.

Execute Takeoff Command: ferramenta que inicia o processo de extração de quantidades do projeto, habilitando a caixa de diálogo **Compute Quantity Takeoff**.

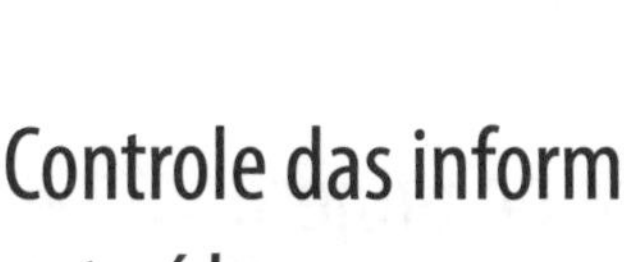

Figura 19.7 Ferramentas de filtros de exibição dos objetos codificados no desenho.

19.5 Controle das informações extraídas

A caixa de diálogo **Compute Quantity Takeoff** auxilia na configuração de parâmetros para a execução da extração dos quantitativos do projeto. É possível selecionar entre os modelos de quantitativos, selecionar os objetos diretamente no desenho ou especificar um grupo de desenho para a extração de quantidades, efetuar a extração apenas em um intervalo de estacas de um alinhamento selecionado e utilizar todos os objetos do desenho no processo de quantificação.

Report Type: quadro que exibe as opções de escolha do tipo de relatório, resumido (*Summary*) ou detalhado (*Detailed*).

Report Extents: quadro que define a forma de seleção de objetos para a extração de quantidades. A opção **Drawing** utiliza todos os objetos presentes no desenho atual, **Sheet** extrai as quantidades apenas de folhas de desenho e **Selection Set** permite selecionar, na área de desenho, os objetos desejados para a extração.

Limit Extents to Alignment Station Range: opção que restringe a extração apenas a objetos relacionados de um alinhamento selecionado, possibilitando determinar o trecho desejado entre as estacas.

Report Output: quadro que controla a saída do relatório; a opção **Report Select Pay Item Only** elabora o relatório apenas dos itens selecionados no gerenciador.

O botão **Compute** inicia o processo de quantificação do projeto e exibe a caixa de diálogo **Quantity Takeoff Report,** para a visualização dos resultados e a escolha dos modelos de exibição das informações, conforme mostra a Figura 19.8.

A caixa de diálogo **Quantity Takeoff Report** exibe a prévia do relatório com as quantidades extraídas do projeto e permite a escolha dos formatos de relatórios disponíveis. O botão **Draw** adiciona os dados extraídos do projeto na área de desenho como objeto **Mtext**; a opção **Save As** possibilita salvar os dados extraídos para um arquivo de texto (*TXT*), de acordo com a Figura 19.9.

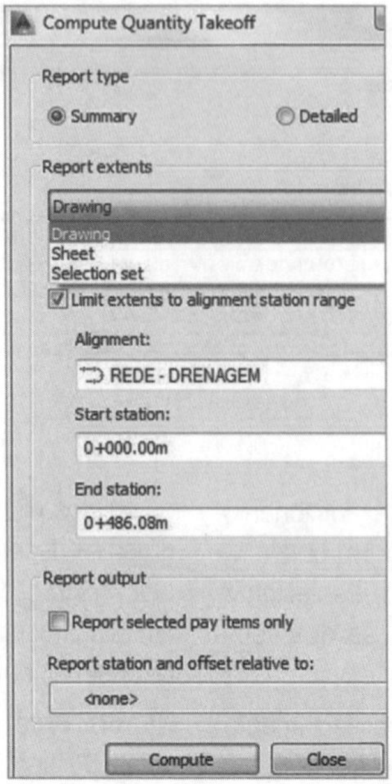

Figura 19.8 Caixa Compute Quantity Takeoff para a definição dos parâmetros da quantificação.

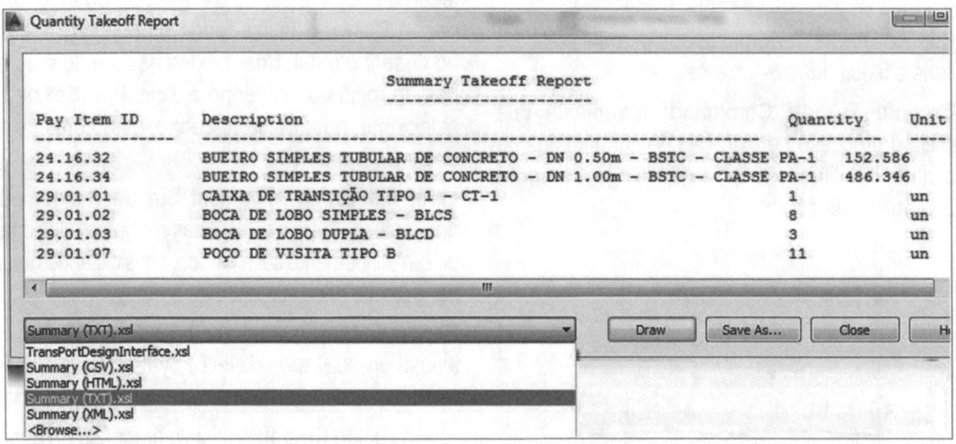

Figura 19.9 Caixa de seleção dos modelos de exibição das quantidades extraídas do projeto.

19.6 Exercício – colaboração dos objetos do projeto

O seguinte exercício mostra a situação de uma empresa que elabora projetos de redes de infraestrutura. Durante o levantamento de seu processo atual, foi constatado que a equipe que executa a quantificação dos projetos da empresa deseja aprimorar o processo atual de extração manual de quantitativos para os projetos de drenagem e abastecimento de água. O projeto em questão sofre alterações constantes, as quais implicam a solicitação dos novos desenhos revisados para levantar novamente todas as quantidades em cada um dos desenhos do projeto.

Este exercício mostra como compartilhar o modelo da superfície final e da rede de drenagem projetada para automatizar o processo de quantificação do projeto.

Execute os procedimentos a seguir para concluir o exercício:

Procedimentos para compartilhar os objetos do projeto

1. Abra o arquivo **19-6-1_PROJETO_COLABORAÇÃO.DWG**, disponível no site da Editora Érica.
2. Selecione a ferramenta da ribbon **Manage → Data Shortcuts → Set Working Folder**.
3. Na caixa de diálogo **Working folder**, selecione uma pasta na rede para compartilhar o projeto. Exemplo **C:\Civil 3D Projects**. Clique no botão **OK**.
4. Selecione a ferramenta da ribbon **Manage → Data Shortcuts → New Shortcuts Folder**.
5. Na caixa de diálogo **New Data Shortcut Folder,** digite **QUANTITATIVOS** no campo **Name**. Clique no botão **OK** para concluir (Figura 19.10).
6. Na aba **Prospector** da **Toolspace**, clique com o botão direito sobre **Data Shortcuts** e selecione a opção **Associate Project to Current Drawing**.
7. Verifique o nome da pasta do projeto na caixa de diálogo **Associate Project to Current Drawing** e clique no botão **OK** (Figura 19.11).

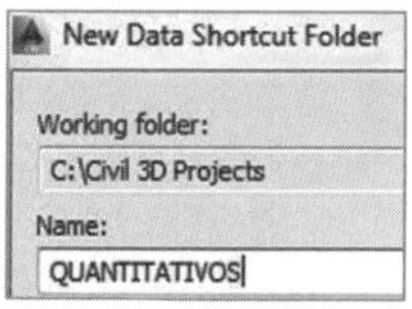

Figura 19.10 Criação da pasta para o projeto compartilhado.

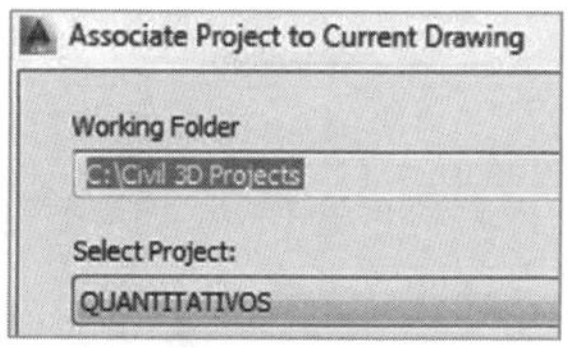

Figura 19.11 Associação do desenho aberto com a pasta do projeto.

8. Salve o arquivo de desenho e selecione a ferramenta da ribbon **Manage → Data Shortcuts → Create Data Shortcuts**.
9. Na caixa de diálogo **Create Data Shortcuts,** selecione a surface **MODELO FINAL**, o alignment **REDE - DRENAGEM** e a *pipe network* **REDE - DRENAGEM**. Clique no botão **OK** (Figura 19.12).

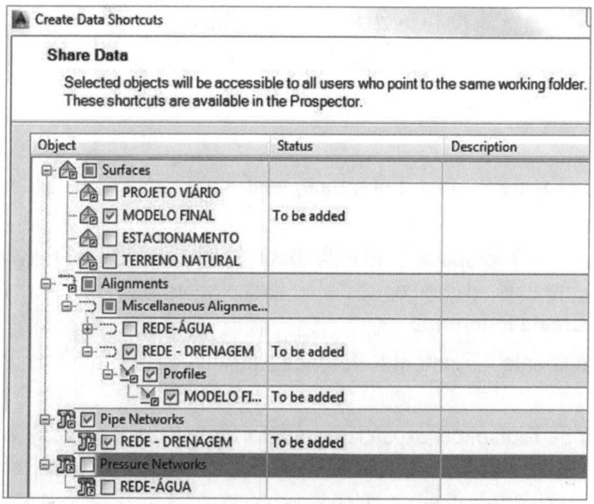

Figura 19.12 Seleção dos objetos para compartilhamento na pasta do projeto.

10. Verifique a existência dos objetos selecionados na pasta compartilhada na categoria **Data Shortcuts** da aba **Prospector**.

Procedimentos para importação dos dados do projeto

11. Inicie um novo desenho utilizando o arquivo de template **_AutoCAD Civil 3D 2016_BRA (DER).DWG**, fornecido na instalação do pacote *Brazil Content*.
12. Salve o arquivo com o nome **19-Quantidades.DWG** na pasta do projeto.
13. Selecione a ferramenta da ribbon **Manage** → **Data Shortcuts** → **Set Working Folder**.
14. Na caixa de diálogo **Working folder**, localize a pasta do projeto compartilhado. Exemplo **C:\Civil 3D Projects**. Clique no botão **OK**.
15. Selecione a ferramenta da ribbon **Manage** → **Data Shortcuts** → **Set Shortcuts Folder**.
16. Na caixa de diálogo **Set Data Shortcut Folder,** selecione a pasta do projeto **QUANTITATIVOS** e clique no botão **OK** (Figura 19.13).

Figura 19.13 Escolha da pasta do projeto compartilhado.

17. Na aba **Prospector** da **Toolspace**, expanda **Data Shortcuts [Quantitativos]** → **Surfaces**, clique com o botão direito sobre a superfície **Modelo Final** e selecione a opção **Create Reference** (Figura 19.14).

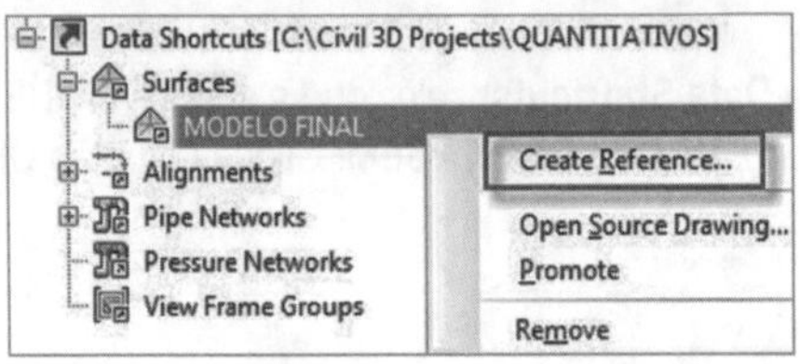

Figura 19.14 Referenciando os objetos da pasta do projeto ao desenho atual.

18. Na caixa de diálogo **Create Surface Reference,** verifique o nome e o estilo da superfície e clique no botão **OK**.
19. Na aba **Prospector** da **Toolspace**, expanda **Data Shortcuts [Quantitativos]** → **Alignments** → **Miscellaneous Alignments**, clique com o botão direito sobre o alinhamento **REDE - DRENAGEM** e selecione a opção **Create Reference**.
20. Na caixa de diálogo **Create Alignment Reference,** verifique o nome e o estilo do alinhamento e clique no botão **OK**.
21. Na aba **Prospector** da **Toolspace**, expanda **Data Shortcuts [Quantitativos]** → **Pipe Networks**, clique com o botão direito sobre **REDE - DRENAGEM** e selecione a opção **Create Reference**.
22. Na caixa de diálogo **Create Pipe Network Reference,** verifique nome, *parts list* e estilos. Clique no botão **OK**.
23. Aplique **zoom** para identificar os objetos importados da pasta do projeto compartilhado (Figura 19.15).

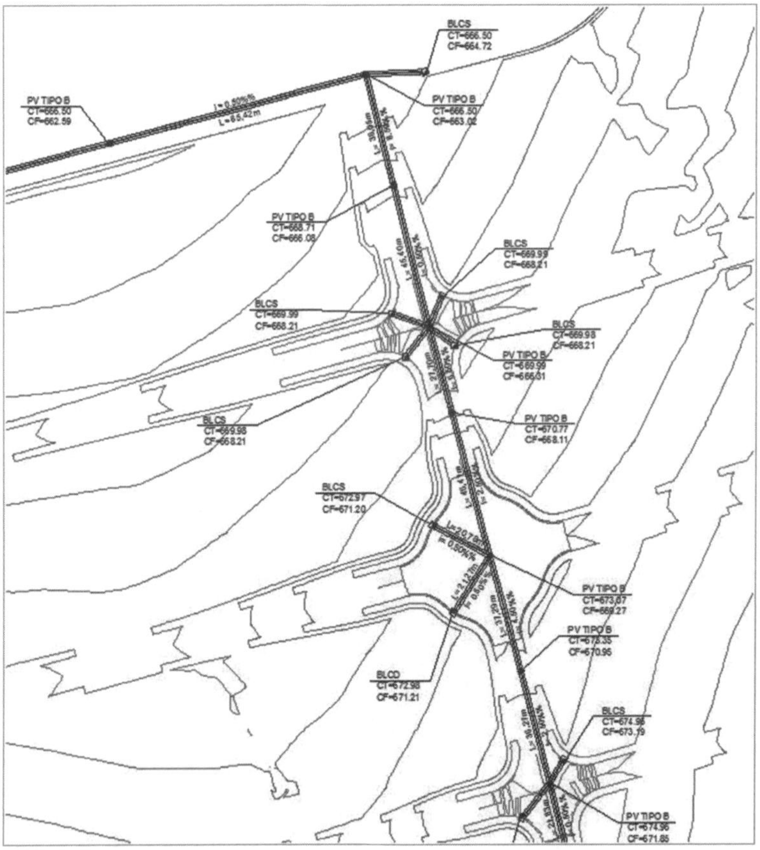

Figura 19.15 Objetos importados e referenciados com a pasta do projeto compartilhado.

Os objetos importados estão compartilhados na pasta do projeto. Caso haja eventuais revisões nos objetos originais, a notificação é exibida informando a ocorrência, e, por meio da opção **Synchronize,** é possível atualizar os dados do projeto compartilhado (Figura 19.16).

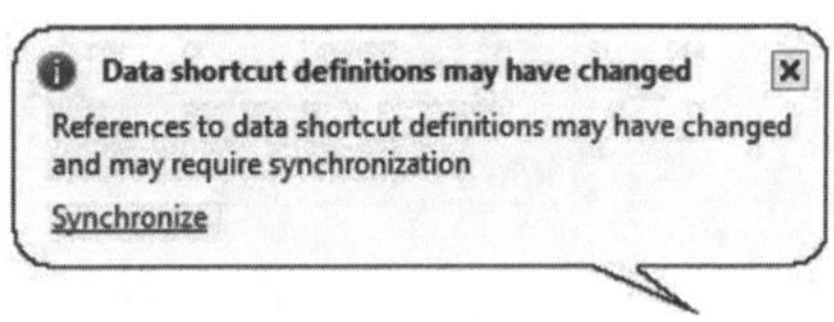

Figura 19.16 Mensagem informativa sobre o estado dos objetos do projeto compartilhado.

19.7 Exercício – quantificação do projeto

A quantificação das redes projetadas marca a próxima etapa do processo, com o objetivo de eliminar as inconsistências de informações no fluxo da empresa durante as desgastantes revisões. Este exercício simula como extrair o quantitativo das redes de drenagem e de abastecimento projetadas e compartilhadas na pasta do projeto.

Execute os procedimentos a seguir para concluir o exercício:

1. Abra o arquivo **19-7-1_PROJETO_QUANTIFICAÇÃO.DWG**, disponível no site da Editora Érica.

Verificação da pasta do projeto compartilhado

2. Selecione a ferramenta da ribbon **Manage → Data Shortcuts → Set Working Folder**.
3. Na caixa de diálogo **Working folder**, selecione a pasta do projeto compartilhado. Exemplo: **C:\Civil 3D Projects**. Clique no botão **OK**.
4. Selecione a ferramenta da ribbon **Manage → Data Shortcuts → Set Shortcuts Folder**.
5. Na caixa de diálogo **Set Data Shortcut Folder,** selecione a pasta do projeto **QUANTITATIVOS** e clique no botão **OK**.
6. Na aba **Prospector** da **Toolspace**, clique com o botão direito sobre **Data Shortcuts** e selecione a opção **Associate Project to Current Drawing**.
7. Verifique o nome da pasta do projeto **QUANTITATIVOS** na caixa de diálogo **Associate Project to Current Drawing** e clique no botão **OK**.

Importação do projeto da rede de água (XREF)

8. Selecione a ferramenta da ribbon **Insert → Reference → Attach**.
9. Na caixa de diálogo **Select Reference File,** selecione o arquivo **19-7-2_Referência- Rede_ Água.DWG**, disponível no site da Editora Érica. Clique no botão **Open**.
10. Insira o arquivo do projeto da rede de água na coordenada **0,0,0** com escala de **1.000m** e rotação de **0º**.

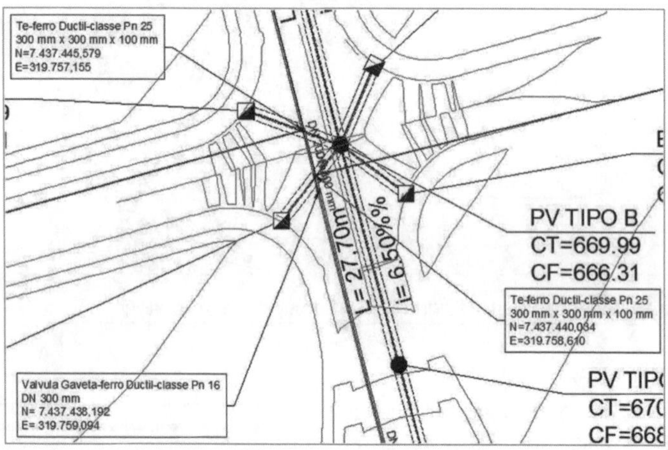

Figura 19.17 Redes de drenagem e abastecimento referenciadas no desenho.

11. Selecione a ferramenta da ribbon **Analyze → QTO → QTO Manager**.
12. Na aba **QTO Manager** da janela **Panorama,** selecione **Open Pay Item File** (Figura 19.18).
13. Na caixa de diálogo **Open Pay Item File,** selecione os arquivos de composição (Figura 19.19):
    - **TPU-DER_SP(BRA)-AGUA.csv**, disponível no site da Editora Érica, no campo **Pay Item File**. Dependendo das configurações regionais do sistema operacional, é necessário selecionar o arquivo **PV-TPU-DER_SP(BRA) -AGUA.csv**, disponível no site da Editora Érica.

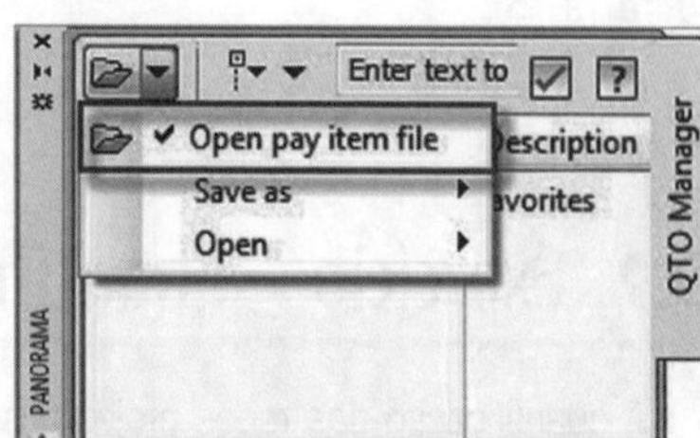

Figura 19.18 Aba QTO Manager.

- **TPU-DER_SP(BRA).xml**, disponível no site da Editora Érica, no campo **Pay Item Categorization File**.
- Clique no botão **OK**.

14. Verifique os itens importados com as informações da composição dos componentes e dos serviços do projeto na janela **QTO Manager** (Figura 19.20).
15. Selecione a ferramenta (*Execute Takeoff Command*) para configurar a extração e o relatório de quantitativos do projeto.

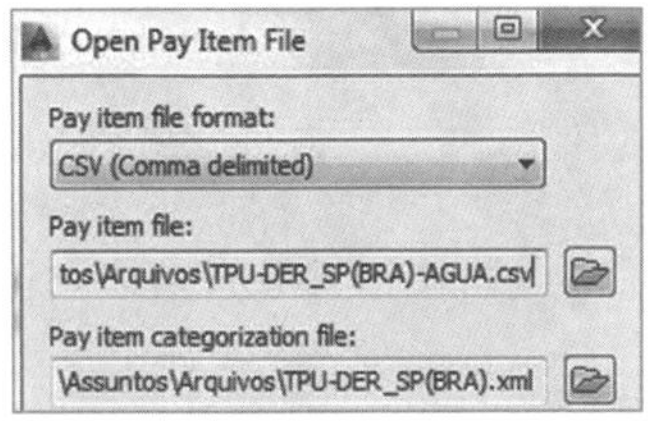

Figura 19.19 Seleção dos arquivos de composição do quantitativo.

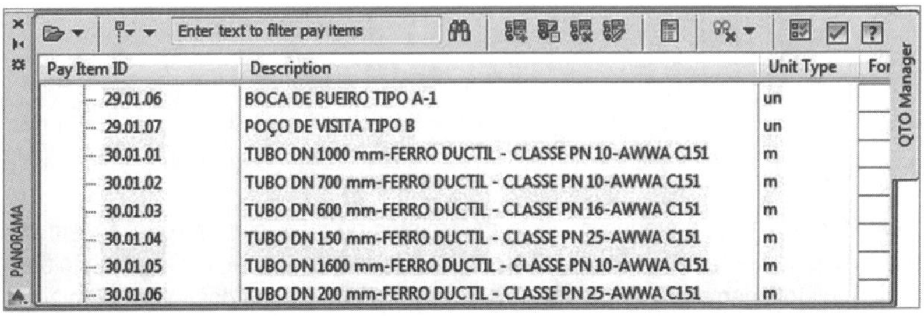

Figura 19.20 Itens importados da tabela de composição de quantitativos.

16. Na caixa de diálogo **Compute Quantity Takeoff,** selecione o tipo **Summary** no campo **Report Type** e clique no botão **Compute**.
17. Na caixa de diálogo **Quantity Takeoff Report** (Figura 19.21):
    - Selecione o formato **Summary_BRA (TXT).xsl** ou **Summary (TXT).xsl**.
    - Clique no botão **Draw** para inserir os dados na área de desenho.

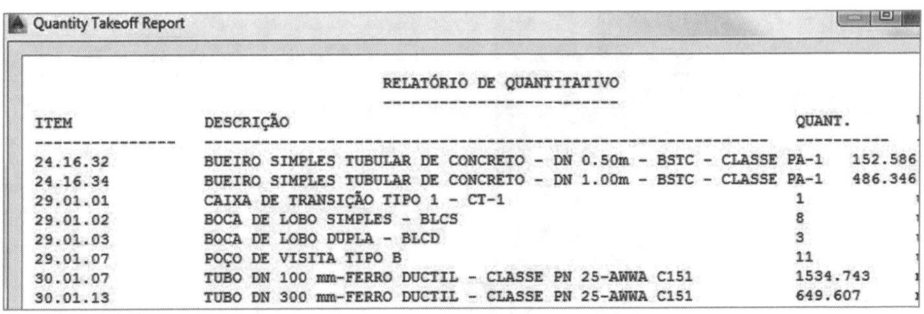

Figura 19.21 Quantitativos extraídos e exibidos na caixa Quantity Takeoff Report.

18. É possível exportar as quantidades para o formato *TXT* pro meio do botão **Save As**.
19. Clique no botão **Close** para fechar a caixa de diálogo **Quantity Takeoff Report**.
20. Clique no botão **Close** para fechar a caixa de diálogo **Compute Quantity Takeoff**.
21. Verifique os dados com as quantidades do projeto inseridas na área de desenho.

20 Documentação do Projeto

A documentação é uma das etapas no ciclo de projetos de infraestrutura que podem consumir carga horária excessiva. As ferramentas **Plan Production Tools** auxiliam no processo de extração dos desenhos da documentação do projeto e permitem automatizar as tarefas de elaboração das folhas de plantas, perfis e seções transversais de projetos lineares. A ferramenta **Plan Production** trabalha em conjunto com o gerenciador de folhas *Sheet Set Manager* do AutoCAD, utilizado como o gerenciador de folhas ou caderno de desenhos.

A elaboração de relatórios também é uma atividade importante na fase de documentação do projeto. É possível utilizar os modelos de relatórios disponíveis na aba **Toolbox** da **Toolspace** para criar relatórios com os dados dos objetos presentes nos projetos.

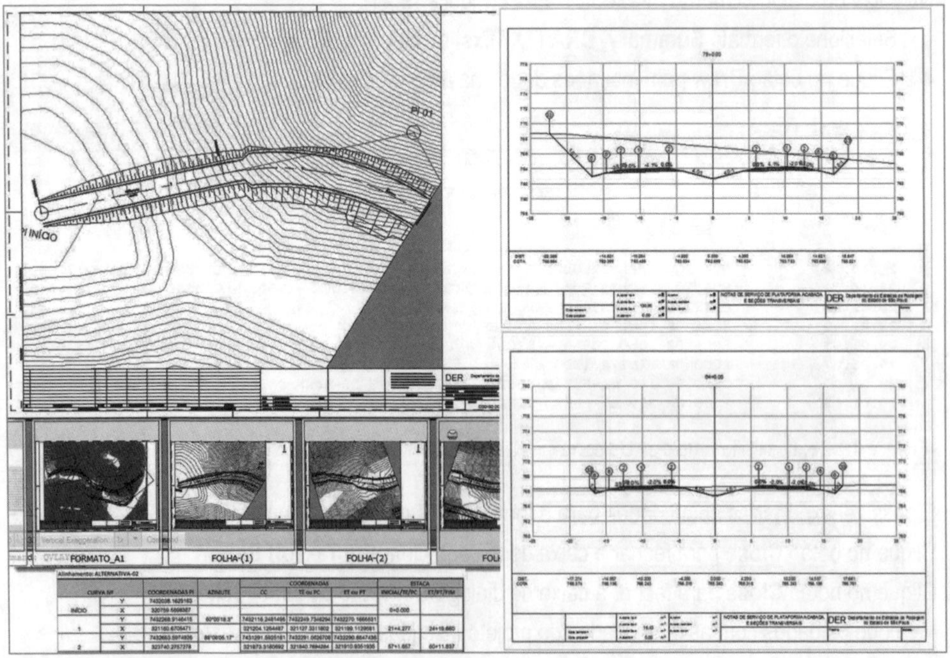

Figura 20.1 Modelos de documentação do projeto.

20.1 Produção de folhas do projeto – plan production

As ferramentas de criação automatizada de folhas do projeto estão disponíveis pela ribbon **Output → Plan Production.** A ferramenta **Create View Frames** efetua a articulação de folhas dos projetos; é possível elaborar conjuntos de articulações para cada alinhamento horizontal projetado no desenho. A ferramenta **Create Sheets** cria os desenhos das folhas nas abas de *layouts* e possibilita a elaboração de desenhos referenciados para a documentação do projeto. Já a ferramenta **Create Section Sheets** efetua a montagem das folhas das seções transversais (Figura 20.2).

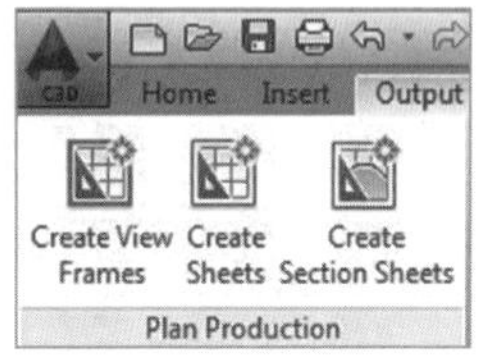

Figura 20.2 Ferramentas de documentação dos desenhos do projeto.

Para utilizar o recurso de **plan production**, é necessário configurar um arquivo template (*DWT)* contendo em seus *layouts* os formatos-padrão inseridos e suas *viewports* configuradas com as escalas mais utilizadas nos projetos para representações em planta, perfil e seção transversal. É possível configurar as representações para planta e perfil na mesma folha do desenho.

A instalação do pacote *Brazil Content* fornece um arquivo de modelo para a utilização no processo de criação das folhas do projeto. Esse modelo pode servir como base para a criação de diversos modelos para atender aos diversos padrões de folhas nacionais. O arquivo de template para o recurso de **plan production** precisa conter as configurações dos *layouts* com as folhas e os carimbos inseridos, com os diversos padrões de tamanhos, como os formatos A1, A2, A3 etc. Além das *viewports* devidamente configuradas com todas as possíveis escalas de plotagem para planta, perfil e seção transversal, outro detalhe importante é configurar o tipo de utilização da *viewport* (*plan, profile* ou *section*) pelo campo **Type** da janela **Properties** da *viewport* selecionada no *layout.* O tamanho da viewport também é importante, pois determina o tamanho e a área das articulações na área de desenho, em virtude da escala de plotagem escolhida.

Para conhecer detalhes sobre a configuração do template para a produção de folhas dos projetos, clique no botão **New** e selecione o arquivo **Civil 3D 2016_BRA Planta Perfil e Seção.dwt**, fornecido durante a instalação do pacote *Brazil Content* e locado na pasta **Plan Production** do sistema de templates. Navegue pelos *layouts* do template, identifique os blocos dos formatos de folhas e verifique as configurações presentes nas *viewports.*

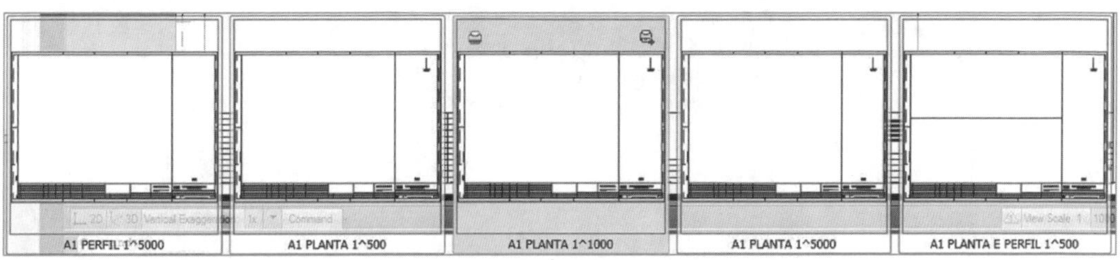

Figura 20.3 Folhas de *layouts* configuradas no arquivo DWT utilizado no processo de documentação do projeto.

20.2 Articulação de folhas – view frames

O processo de criação de folhas do projeto se restringe a duas etapas: a primeira, para a criação das articulações das folhas por meio dos objetos *view frames*; a segunda, em que as folhas do projeto devem ser criadas com o comando **Create Sheets**. O grupo de *view frames* utiliza os *layouts* configurados no arquivo *DWT* aplicando a escala da viewport para a articulação das folhas do projeto (Figura 20.4).

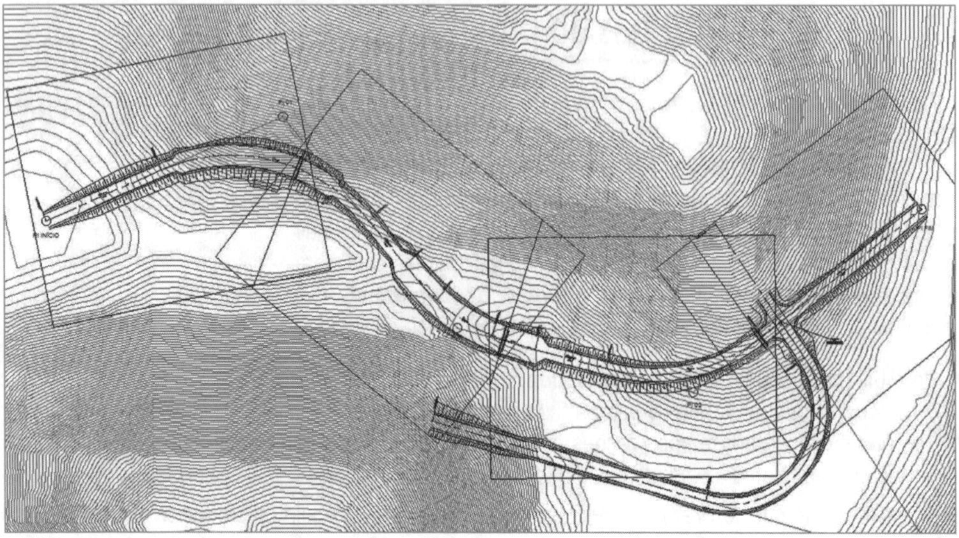

Figura 20.4 Grupo de view frames com a articulação das folhas do projeto.

O assistente **Create View Frames** exibe as abas para a configuração das folhas de articulação durante o processo de criação dos desenhos do projeto. Por meio dele é possível selecionar o alinhamento-base para exibição em planta, configurar a exibição do perfil longitudinal e definir o posicionamento das linhas de articulação (projeto, Figura 20.4), conforme apresenta a Figura 20.5.

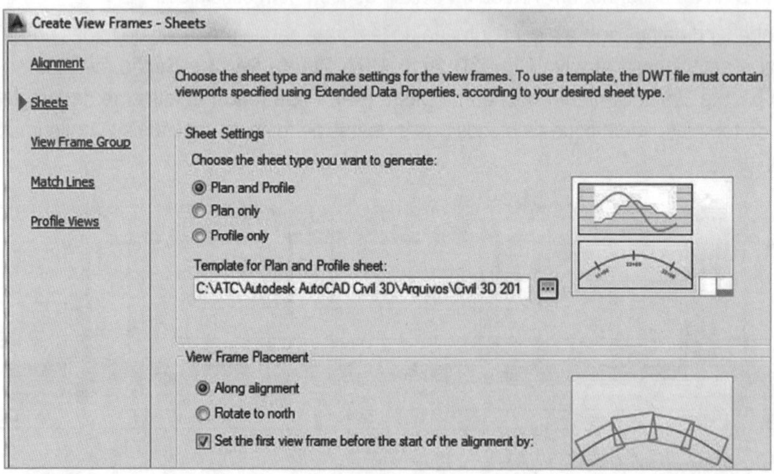

Figura 20.5 Configuração do arranjo das folhas presentes na aba Sheets do assistente.

Os objetos **match lines** representam as linhas de articulação posicionadas entre as folhas. É possível inserir rótulos personalizados com a indicação do número sequencial das folhas (Figura 20.6).

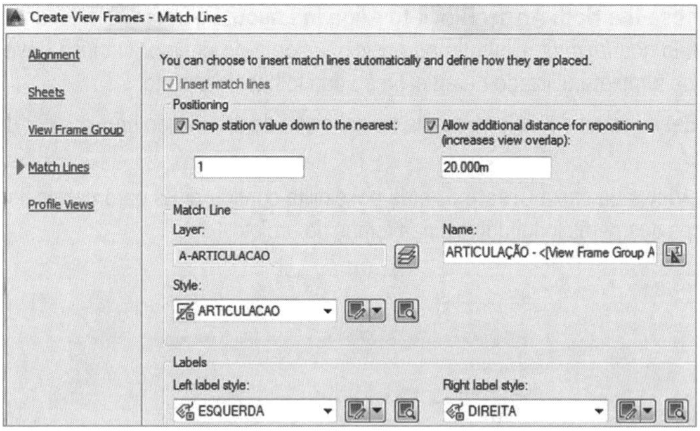

Figura 20.6 Configuração do posicionamento das linhas de articulação nas folhas.

20.3 Folhas de desenhos do projeto – create sheets

A próxima etapa do processo é marcada pela criação das folhas da documentação do projeto e efetuada por meio do assistente **Create Sheets,** que disponibiliza os parâmetros para a elaboração passo a passo das folhas do projeto.

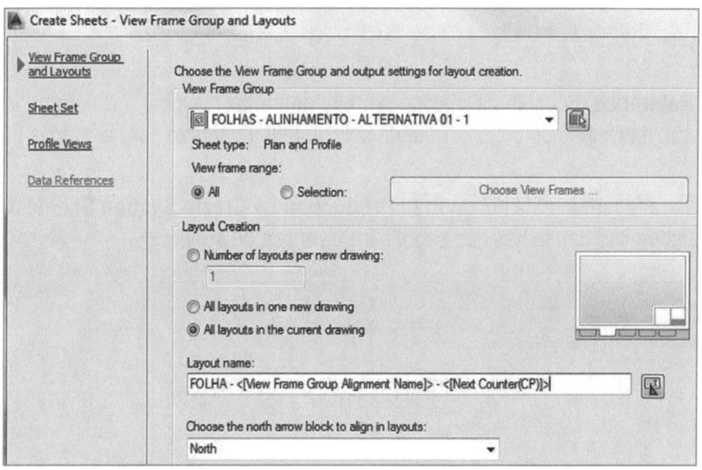

Figura 20.7 Assistente de criação das folhas de documentação do projeto.

O quadro **Layout Creation** da aba **View Frame Groups and Layouts** permite configurar:

- **Number of Layouts per New Drawing:** determina a quantidade de folhas de *layouts* por desenho.
- **All Layouts in One New Drawing:** cria um novo arquivo de desenho com todas as folhas de *layouts*. Essa opção insere o desenho atual no novo arquivo como referência externa (*XREF*).
- **All Layouts in the Current Drawing:** adiciona as folhas do projeto nos *layouts* do desenho atual.

O campo **Layout Name** especifica o nome para os *layouts* das folhas do projeto.

O quadro **Choose the Noth Arrow Block to Align in Layouts** permite selecionar o bloco de indicação do norte para inseri-lo nos *layouts,* alinhado ao posicionamento do projeto. O bloco deve estar inserido nos *layouts* do arquivo de template utilizado na articulação das folhas do projeto.

A aba **Sheet Set** da caixa de diálogo auxilia na definição do arquivo do gerenciador de folhas do projeto, **Sheet Set Manager**.

A aba **Profile Views** da caixa **Create Sheets** possibilita configurar os parâmetros de exibição e posicionamento dos gráficos dos perfis longitudinais nas folhas do projeto.

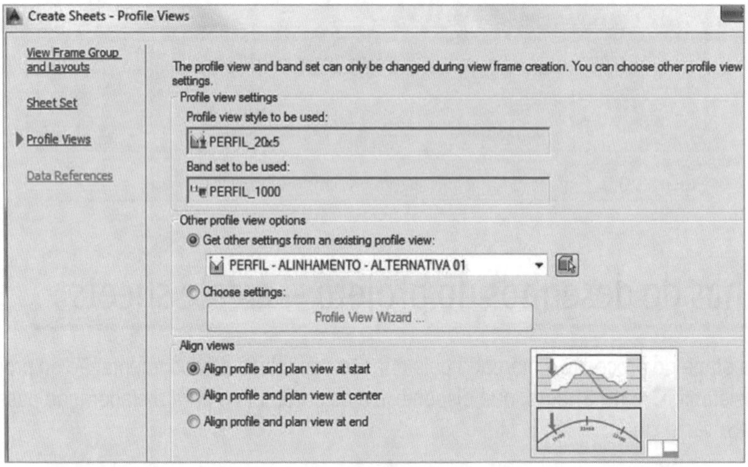

Figura 20.8 Opções de criação dos gráficos dos perfis longitudinais nas folhas de documentação do projeto.

A aba **Data Reference** da caixa de diálogo permite determinar o local e o nome dos arquivos criados para a documentação das folhas do projeto, quando selecionado o recurso para a criação de novos desenhos referenciados.

Pode-se utilizar a ferramenta da ribbon **Plan Production → Create Section Sheets** para auxiliar durante o processo de elaboração das folhas das seções transversais do projeto.

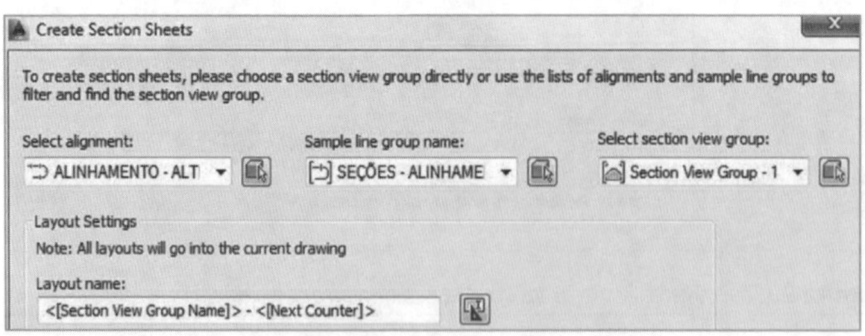

Figura 20.9 Caixa de criação das folhas de seções transversais do projeto.

20.4 Relatórios do projeto

Os relatórios são elaborados na etapa de documentação dos projetos de infraestrutura, e, dependendo das características e da complexidade do projeto, sua finalização pode levar muito tempo. É possível utilizar os modelos de relatórios disponíveis na aba **Toolbox** da **Toolspace** para extrair vários tipos de relatórios de diversos objetos presentes nos desenhos dos projetos.

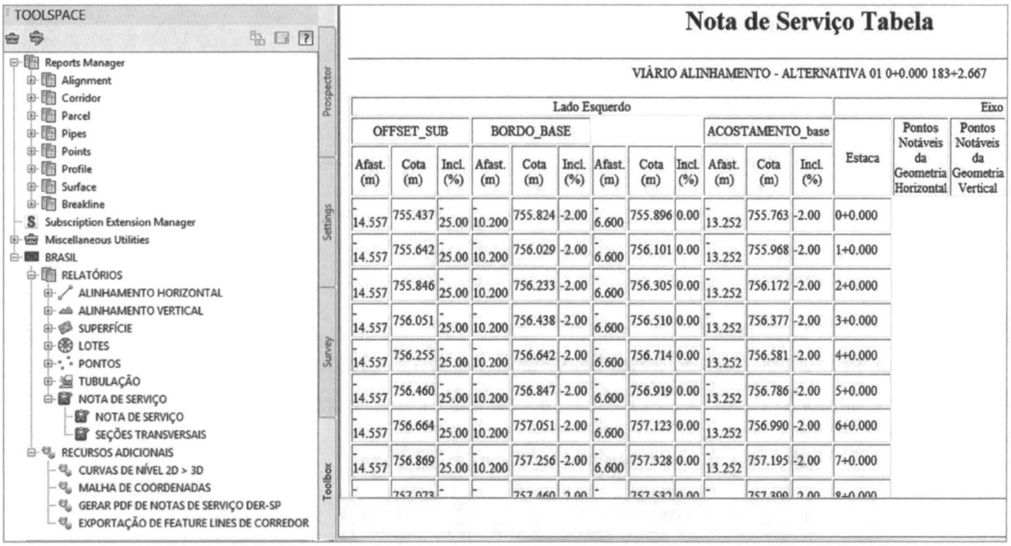

Figura 20.10 Modelos de relatórios presentes na aba Toolbox da Toolspace.

Os relatórios disponíveis na aba **Toolbox** estão organizados e classificados pelos tipos de objetos. A categoria **Reports Manager** contém diversos modelos de relatórios em inglês. A categoria **Relatórios** é exibida quando o pacote *Brazil Content* é instalado, no qual estão alocados os modelos de relatórios em português para alinhamento horizontal e vertical, superfície, pontos, lotes, tubulação e notas de serviço.

Os relatórios criam arquivos de saída e podem ser exportados para leitura e personalização em aplicativos de edição de textos. É possível exportar os relatórios para os formatos de arquivos *HTML*, *PDF*, *XLS*, *DOC* e *TXT*.

A princípio, o recurso **Volumes Dashboard**, apresentado anteriormente, possibilita a exportação do relatório volumétrico de projetos não lineares de terraplenagem. Entretanto, as informações volumétricas também podem ser extraídas pela aba **Toolbox**, desde que especificados os eixos de alinhamentos e configuradas as sample lines para a obtenção da somatória das áreas das seções.

20.5 Exercício – articulação das folhas do projeto

O seguinte exercício exibe os passos para a definição das articulações das folhas do projeto viário presente no desenho. O objetivo do exemplo é articular o projeto com desenhos com a representação de planta e perfil em cada folha, prevendo a escala 1:1000.

Execute os procedimentos a seguir para concluir o exercício:

1. Abra o arquivo **20-5-1_ARTICULAÇÃO_FOLHAS.DWG**, disponível no site da Editora Érica.
2. Selecione a ferramenta da ribbon **Output** → **Plan Production** → **Create View Frames**.
3. Na aba **Alignment** da caixa de diálogo **Create View Frames**, selecione o **ALINHAMENTO - ALTERNATIVA 01** e clique no botão **Next**.
4. Na aba **Sheets** da caixa de diálogo **Create View Frames** (Figura 20.11):

- Habilite a opção **Plan and Profile** no quadro **Sheet Settings**.
- Clique no botão **...** do quadro Template **for Plan and Profile Sheet** para selecionar o arquivo de template configurado com os *layouts* das folhas.

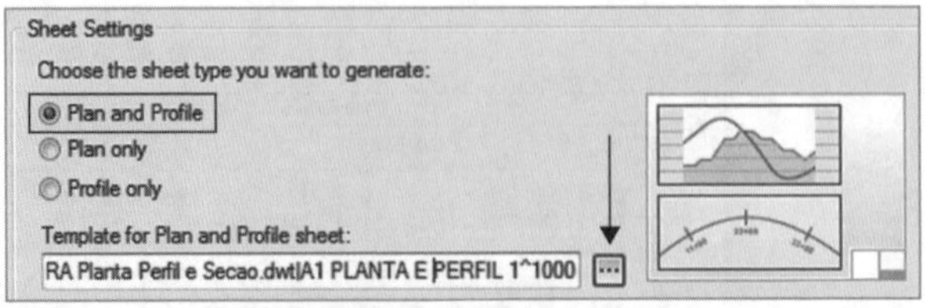

Figura 20.11 Seleção do arquivo de template.

5. Na caixa **Select Layout as Sheet** Template, localize o arquivo de template na pasta do sistema **...\Template\Plan Production\Civil 3D 2016_BRA Planta Perfil e Seção.dwt**.
6. Selecione o *layout* **A1 PLANTA E PERFIL 1^1000** na lista e clique no botão **OK.**

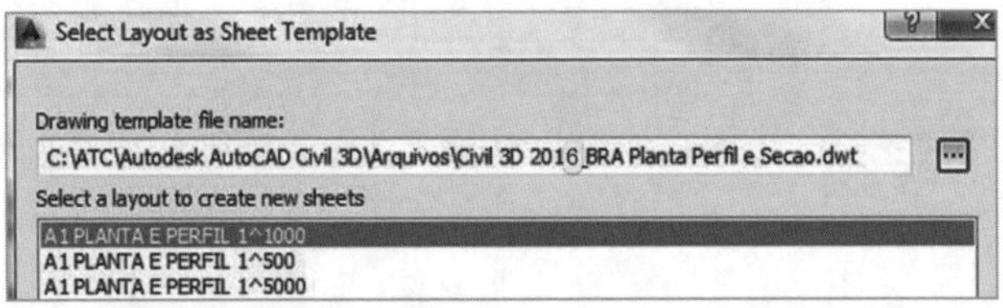

Figura 20.12 Seleção da escala do desenho.

7. Na aba **Sheets** da caixa de diálogo **Create View Frames**, habilite a opção **Along alignment** no quadro **View Frame Placement** para determinar o alinhamento das folhas e clique em **Next.**

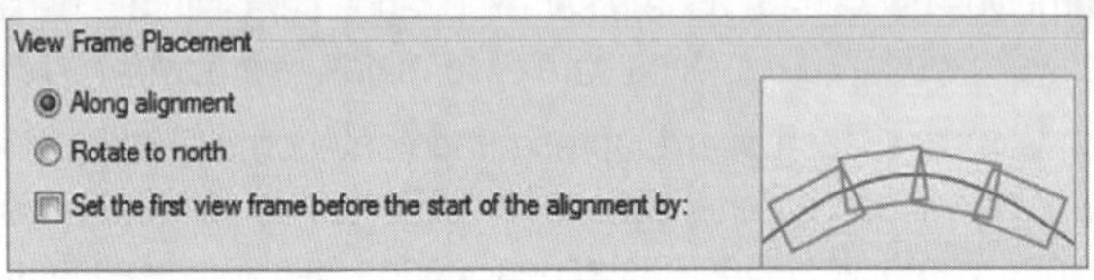

Figura 20.13 Opções de alinhamento das folhas do projeto.

8. Na aba **View Frame Group** da caixa de diálogo **Create View Frames**, digite **FOLHAS** no campo **Name** e clique em **Next.**

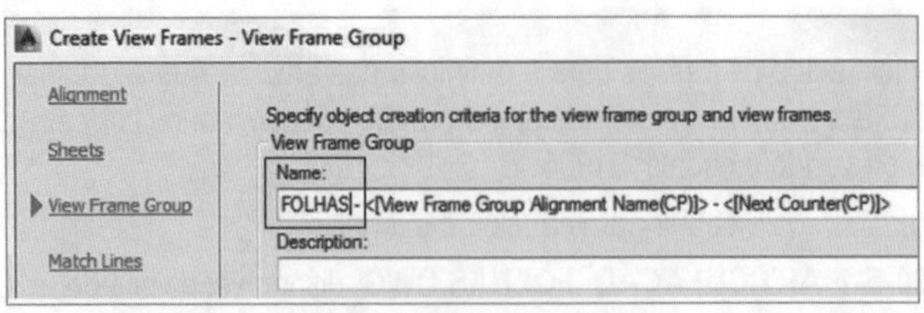

Figura 20.14 Configuração do nome do grupo de view frames.

9. Verifique as configurações das linhas de articulação (*match lines*) na aba **Match Lines** da caixa de diálogo **Create View Frames** e clique no botão **Next**.

10. Observe os estilos para o gráfico do perfil (*Profile View Style*) e para o rodapé do perfil (*Band Set Style*) na aba **Profile Views** da caixa de diálogo **Create View Frames,** e clique no botão **Create View Frames** para iniciar o processo de articulação das folhas do projeto.

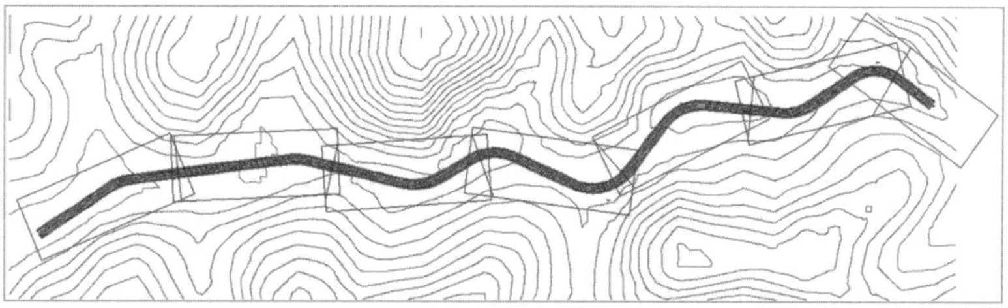

Figura 20.15 Posicionamento das folhas.

11. Na área de desenho, aplique **zoom** para verificar a criação das linhas de articulações das folhas e o posicionamento de seus rótulos.

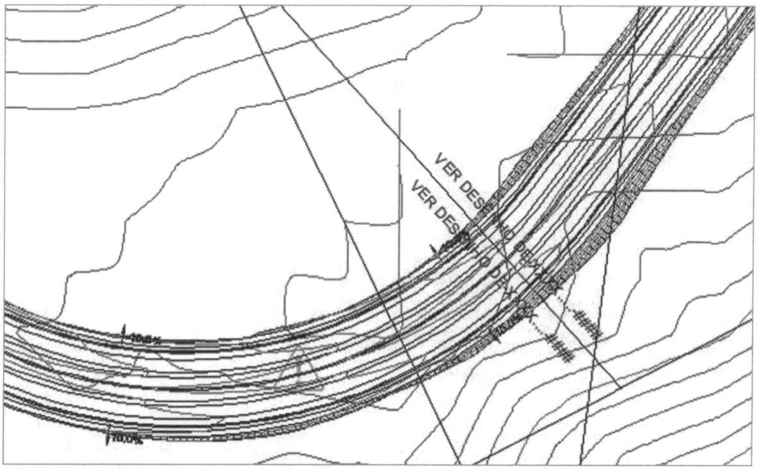

Figura 20.16 Posicionamento das linhas de articulação (match lines).

20.6 Exercício – produção dos desenhos do projeto

O seguinte exercício mostra como utilizar o desenho com as articulações das folhas previamente definidas para a elaboração das folhas de desenhos da documentação do projeto. O processo utiliza o assistente **Create Sheets** para estabelecer as configurações para representar a planta e o perfil em cada folha do projeto.

Execute os procedimentos a seguir para concluir o exercício:

1. Abra o arquivo **20-6-1_FOLHAS_PROJETO.DWG**, disponível no site da Editora Érica.
2. Selecione a ferramenta da ribbon **Output → Plan Production → Create Sheets**.
3. Na aba **View Frame Groups and Layouts** da caixa de diálogo **Create Sheets b:**
    - Selecione o grupo **FOLHAS - ALINHAMENTO - ALTERNATIVA 01** no quadro **View Frame Group**.
    - Habilite a opção **All layouts in the current drawing** no quadro **Layout Creation**.
    - Selecione o bloco **North**.
    - Clique no botão **Next**.

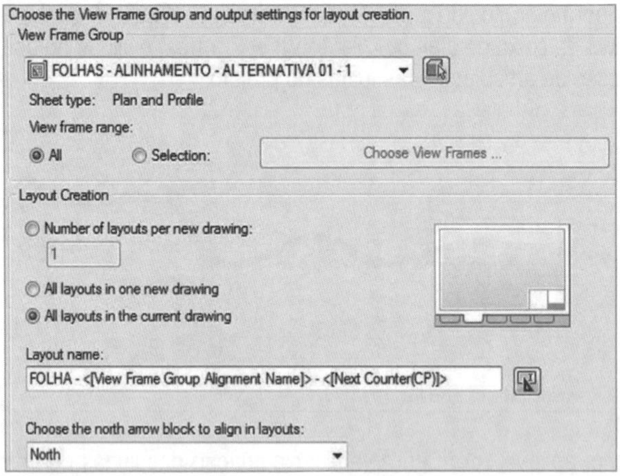

Figura 20.17 Opções de criação dos desenhos do assistente Create Sheets.

4. Verifique as configurações na aba **Sheet Set** da caixa **Create Sheets** e clique no botão **Next**.
5. Na aba **Profile Views** da caixa de diálogo **Create Sheets**:
   - Habilite a opção **Align Profile And Plan View at Start** no quadro **Align Views**.
   - Clique no botão **Create Sheets**.
6. Confirme a solicitação para salvar o arquivo e finalizar o processo.
7. Posicione os gráficos dos perfis longitudinais na área de desenho.
8. Verifique a criação dos *layouts* com as folhas de planta e perfil do projeto. Selecione uma das folhas dos *layouts* criados para visualizar a configuração da folha (Figura 20.18).
9. Na aba **Settings** da **Toolspace**, clique com o botão direito do mouse sobre o nome do arquivo aberto e selecione a opção **Edit Drawing Settings**.

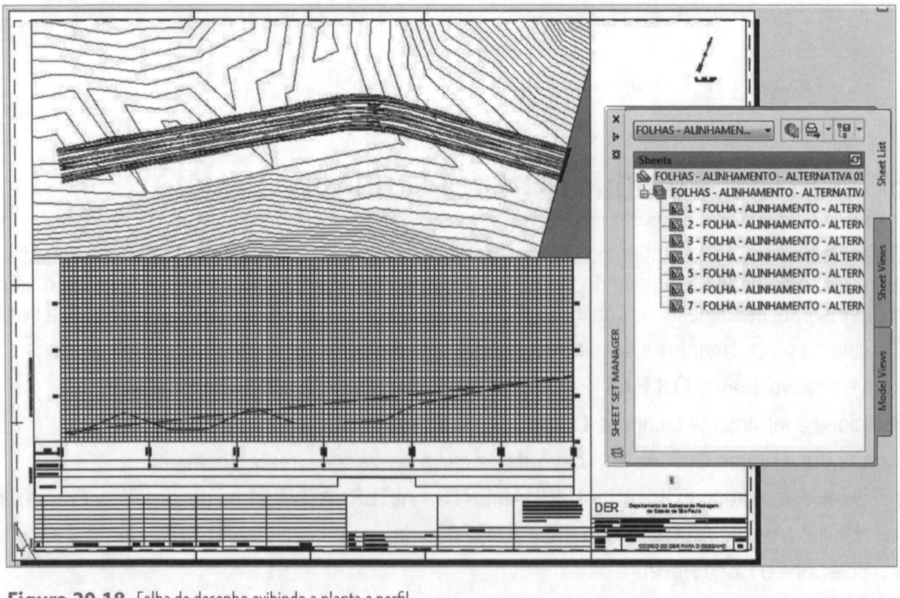

Figura 20.18 Folha de desenho exibindo a planta e perfil.

10. Na aba **Information** da caixa de diálogo **Edit Drawing Settings,** selecione o sistema de coordenadas **SIRGAS2000.UTM-23S**. Clique no botão **OK**.
11. Selecione uma das folhas de *layout* criadas anteriormente e acesse a ferramenta da ribbon contextual **Layout Tools → Map Viewport → Reference System** para adicionar a representação da malha de coordenadas na *viewport* da planta.
12. Na caixa de diálogo **Create Reference System,** confirme as opções de escala e precisão para o espaçamento da malha. Verifique o sistema de coordenadas e clique no botão **OK.**

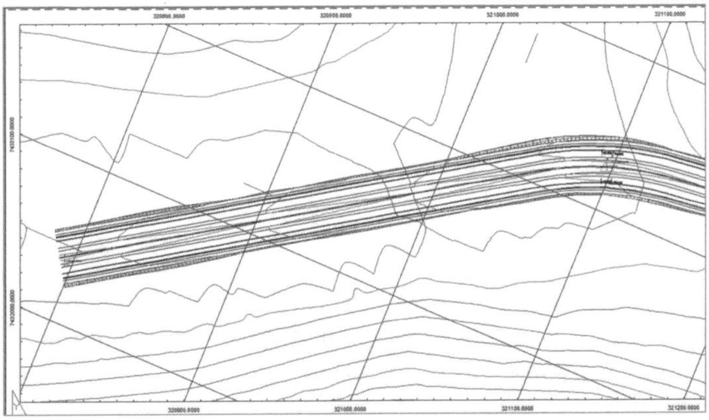

Figura 20.19 Malha de coordenadas posicionadas na viewport da planta.

13. Ative a viewport da planta aplicando um duplo clique e selecione a ferramenta da ribbon **Geolocation → Online Map → Map Aerial** para visualizar o mapa bing sobre o plano de fundo do desenho.

20.7 Exercício – criação de relatórios do projeto

Como uma etapa da documentação do projeto, o seguinte exercício mostra os procedimentos para acessar a aba **Toolbox** e elaborar os relatórios com as informações de perfil vertical, alinhamento horizontal projetado e notas de serviço.

Execute os procedimentos a seguir para concluir o exercício:

1. Abra o arquivo **20-7-1_RELATÓRIOS_PROJETO.DWG**, disponível no site da Editora Érica.
2. Selecione a aba **Toolbox** da **Toolspace**.
3. Expanda a categoria **Reports Manager → Profile**, clique com o botão direito do mouse sobre o relatório **Vertical Curve Report** e selecione a opção **Execute**.
4. Na caixa de diálogo **Create Reports - Vertical Curve Report**, selecione o alinhamento vertical na lista e clique no botão **Create Report** (Figura 20.20).
5. Expanda a categoria **Relatórios → Alinhamento horizontal**, clique com o botão direito do mouse sobre o relatório **Estacas Horizontal** e selecione a opção **Execute**.

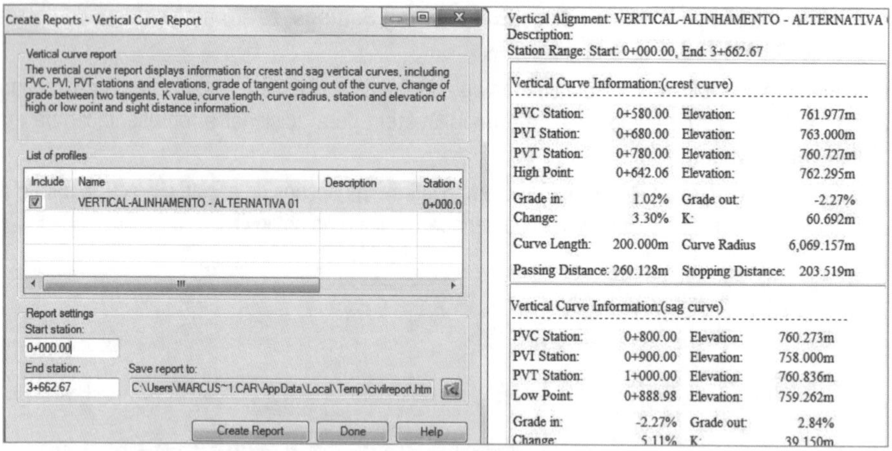

Figura 20.20 Relatório de verificação da geometria vertical do projeto.

6. Na caixa de diálogo **Horizontal por Estaca**, selecione o alinhamento horizontal na lista, determine o local e o nome do arquivo do relatório e clique no botão **Criar Relatório** (Figura 20.21).
7. Expanda a categoria **Relatórios** → **Nota de Serviço**, clique com o botão direito do mouse sobre o relatório **Nota de Serviço** e selecione a opção **Execute**.
8. Na caixa de diálogo **Nota de ServiçoTabela** (Figura 20.22):
   - Selecione o link **DATUM** no quadro **Selecione o corridor link**.
   - Clique no botão [+] para adicionar o Link.
   - Selecione o alinhamento na lista.
   - Determine o nome, o local e o formato para o arquivo do relatório.
   - Clique no botão **Criar Relatório**.

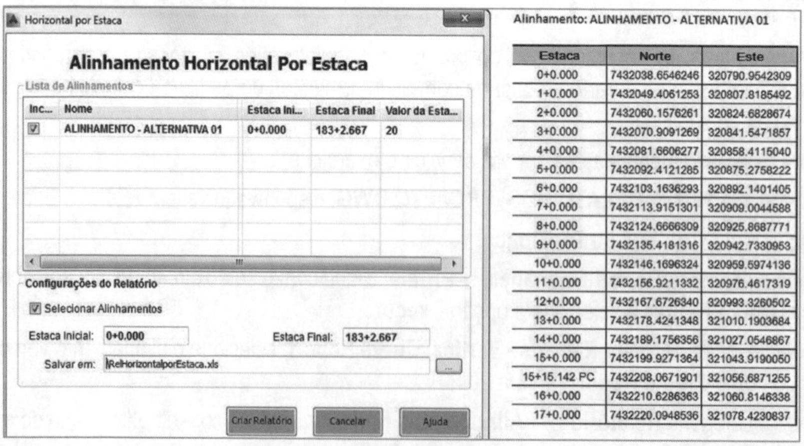

Figura 20.21 Relatório de estacas do alinhamento horizontal.

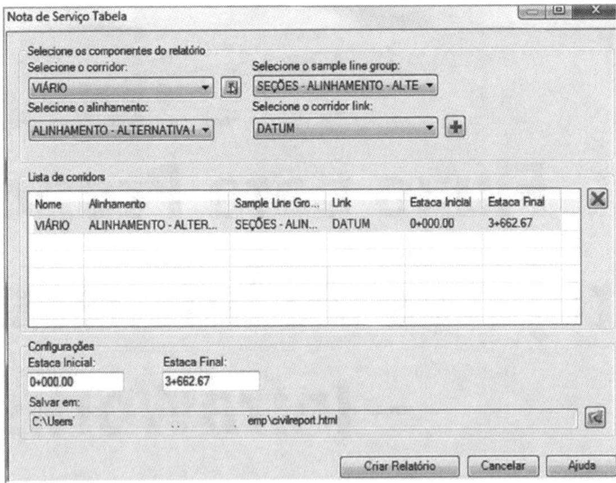

Nota de Serviço Tabela

VIÁRIO ALINHAMENTO - ALTERNATIVA 01 0+0.000 183+2.667

Lado Esquerdo																		
OFFSET			JUNTA			BORDO_SUB-BASE						OFFSET_SUB			VALETA_LEM			Estaca
Afast. (m)	Cota (m)	Incl. (%)	Afast. (m)	Cota (m)	Incl. (%)	Afast. (m)	Cota (m)	Incl. (%)	Afast. (m)	Cota (m)	Incl. (%)	Afast. (m)	Cota (m)	Incl. (%)	Afast. (m)	Cota (m)	Incl. (%)	
-17.672	756.052	100.00	-16.557	754.937	-25.00	-10.200	755.524	-2.00	-6.600	755.596	0.00	-14.557	755.437	-2.00	-0.300	754.621	0.00	0+0.000
-17.777	756.362	100.00	-16.557	755.142	-25.00	-10.200	755.729	-2.00	-6.600	755.801	0.00	-14.557	755.642	-2.00	-0.300	754.826	0.00	1+0.000
-18.303	757.092	100.00	-16.557	755.346	-25.00	-10.200	755.933	-2.00	-6.600	756.005	0.00	-14.557	755.846	-2.00	-0.300	755.030	0.00	2+0.000
-18.752	757.746	100.00	-16.557	755.551	-25.00	-10.200	756.138	-2.00	-6.600	756.210	0.00	-14.557	756.051	-2.00	-0.300	755.235	0.00	3+0.000
-18.528	757.727	100.00	-16.557	755.755	-25.00	-10.200	756.342	-2.00	-6.600	756.414	0.00	-14.557	756.255	-2.00	-0.300	755.439	0.00	4+0.000
-17.440	756.843	100.00	-16.557	755.960	-25.00	-10.200	756.547	-2.00	-6.600	756.619	0.00	-14.557	756.460	-2.00	-0.300	755.644	0.00	5+0.000
-16.637	756.245	100.00	-16.557	756.164	-25.00	-10.200	756.751	-2.00	-6.600	756.823	0.00	-14.557	756.664	-2.00	-0.300	755.848	0.00	6+0.000
-17.621	756.059	-66.67	-16.557	756.769	-5.00	-10.200	756.956	-2.00	-6.600	757.028	0.00	-14.557	756.869	-2.00	-0.300	756.053	0.00	7+0.000
-16.708	756.724	100.00	-16.557	756.573	-25.00	-10.200	757.160	-2.00	-6.600	757.232	0.00	-14.557	757.073	-2.00	-0.300	756.257	0.00	8+0.000

Figura 20.22 Relatório de notas de serviço do projeto.

9. Execute os demais modelos de relatórios para extrair e analisar as informações do projeto.

21 Fluxo para Propostas e Projetos de Infraestrutura – InfraWorks 360 e AutoCAD Civil 3D

A elaboração de estudos e propostas para os projetos de infraestrutura geralmente passa por uma provação severa, principalmente quando a necessidade está na apresentação dos projetos propostos sem o excesso de características e informações técnicas; essa dificuldade pode afetar na conquista de novos projetos. Por outro lado, como se deve proceder para apresentar propostas de projetos de infraestrutura, com aspectos agradáveis e tridimensionais sem demandar muitas horas nessa etapa inicial do processo? Ou, ainda, como utilizar as informações geradas na fase de conquista para serem reaproveitadas nas etapas de projetos? Devemos levar em consideração o fato de que o retorno financeiro não ocorre na etapa de conquista, e sim nas etapas de entrega do produto final, que nesse caso se trata do próprio projeto?

Figura 21.1 Relatório de notas de serviço do projeto.

A resposta pode estar na utilização de um fluxo inteligente e integrado, que permita a elaboração de propostas com apresentações realísticas por meio da construção do modelo conceitual do empreendimento proposto, e que, por sua vez, pode ser aproveitado no desenvolvimento do projeto e sua documentação.

O principal benefício oferecido pelo Autodesk InfraWorks 360 está na elaboração e manipulação do modelo conceitual do empreendimento proposto. Um relacionamento inteligente é estabelecido entre seus objetos, como terrenos, vias e tubulações, permitindo respostas rápidas durante as etapas de estudos, viabilidades e propostas para os empreendimentos projetados.

Os estudos e propostas elaborados também poderão ser fruto de colaboração entre os profissionais envolvidos no projeto, inclusive compartilhados com o cliente para visualização e sua aprovação por meio da solução do Autodesk InfraWorks 360.

21.1 Visão geral do Autodesk InfraWorks 360

O Autodesk InfraWorks é uma solução desenvolvida para auxiliar os profissionais de engenharia, arquitetura e GIS no processo de elaboração de estudos, alternativas e propostas para diversos tipos de projetos de infraestrutura. Por meio de sua interface intuitiva, o Autodesk InfraWorks 360 permite desenvolver propostas para projetos, como projetos de transportes, terraplenagem e saneamento; dessa forma, podemos estabelecer um ciclo eficiente entre as etapas de planejamento e de desenvolvimento do projeto proposto.

O InfraWorks 360 utiliza diversos serviços de nuvem para colaborar com os cenários propostos entre os membros envolvidos com o empreendimento, fornecendo maior integração entre as equipes e comunicação aprimorada das informações do projeto.

Diversos formatos de dados podem ser importados para o Autodesk InfraWorks 360, principalmente para representar as condições existentes da região do projeto. Pode-se importar arquivos de imagens, desenhos do AutoCAD, modelos tridimensionais, modelos do Autodesk Revit, arquivos de levantamentos de campo executados por escaneamento a laser conhecidos por *point clouds* ou nuvem de pontos, dados geoespaciais e dados provenientes de banco de dados.

O Autodesk InfraWorks 360 trabalha e armazena os seus dados no formato de arquivo com a extensão Sqlite, em que todos os arquivos do modelo conceitual, como imagens, geometrias e dados são armazenados em uma estrutura de pastas criadas automaticamente no momento de gravação do arquivo.

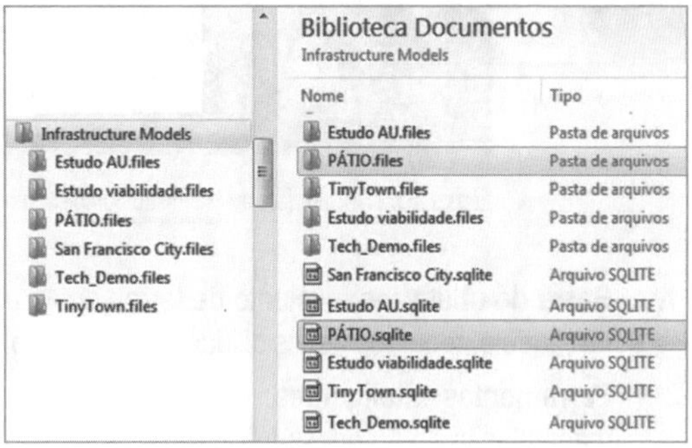

Figura 21.2 Estrutura de pastas dos arquivos que formam o modelo conceitual do InfraWorks 360.

21.2 Interface do usuário

O conceito moderno da interface do usuário intuitiva provê aos usuários uma maior compreensão do fluxo de trabalho, organizada para fornecer maior produtividade no desenvolvimento das atividades no ambiente do Autodesk InfraWorks 360, como a tela de início e a distribuição das ferramentas na área do modelo.

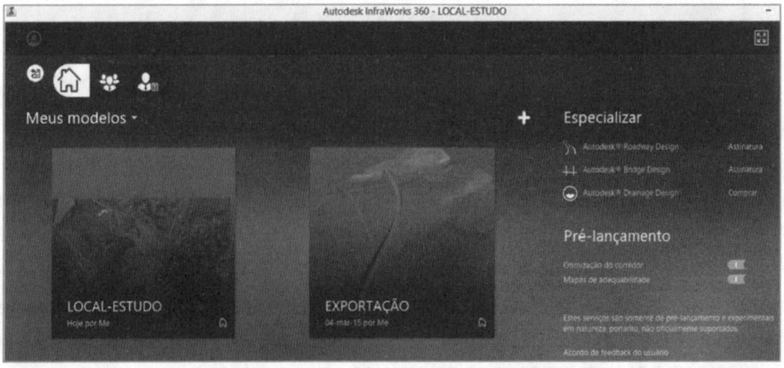

Figura 21.3 Tela de início do Autodesk InfraWorks 360.

A interface do Autodesk InfraWorks 360 está organizada de maneira intuitiva e apropriada para a elaboração de diversos tipos de estudos e alternativas de propostas, principalmente para projetos de infraestrutura. As ferramentas posicionadas na barra superior, denominada barra de utilitários, assim como o conjunto de ícones conhecidos como ferramentas inteligentes, irão fornecer uma experiência agradável e produtiva durante o desenvolvimento das atividades.

Figura 21.4 Interface do usuário do Autodesk InfraWorks.

1. **Barra de utilitários:** conjunto de ferramentas utilizadas para o acesso rápido às propostas elaboradas no modelo, recursos de visibilidade, navegação e seleção de objetos.
2. **Ferramentas inteligentes:** conjunto de ferramentas de acesso aos principais recursos de criação e manipulação do Autodesk InfraWorks.
3. **Ferramentas de comandos**: exibe os subconjuntos de ferramentas inteligentes destinadas às etapas de elaboração, análises, edições e apresentações de propostas manipuladas no modelo.
4. **ViewCube:** ferramenta de auxílio à navegação no modelo, permite acessar diversas vistas predefinidas, como as vistas padrões e isométricas.

21.3 Principais ferramentas

A paleta de **Origens de Dados** acessada por meio das ferramentas de criação e gerenciamento do modelo fornece diversos recursos para a importação de fonte de dados para a construção da base para o modelo conceitual. É possível importar modelos de terrenos provenientes do AutoCAD Civil 3D, dados cadastrais em formato GIS, além de possibilitar a importação de modelos tridimensionais criados no AutoCAD, Revit, Skechup, entre outros (Figura 21.5).

A paleta de estilos permite configurar os parâmetros de representação dos objetos tridimensionais presentes no Autodesk InfraWorks, e é possível compor as estruturas transversais para a representação de rodovias e ferrovias, controlar a exibição de tubulações, áreas de coberturas, materiais para as fachadas das edificações, além de permitir organizar a biblioteca de modelos 3D.

As ferramentas de criação presentes no grupo de ferramentas de criação, gerenciamento e análises do modelo fornecem diversas opções de criação de objetos do InfraWorks para auxiliar na composição do modelo conceitual proposto para diversos tipos de projetos de infraestrutura.

É possível utilizar as ferramentas dessa categoria para a criação de ruas, estradas e ferrovias, barreiras e muros, rios e lagos, árvores, tubulações, edificações, além da biblioteca de modelos tridimensionais presentes na ferramenta **Mobiliário urbano**. A ferramenta **Opacidade da superfície** aplicar o fator de 50% de transparência na superfície do terreno, e a ferramenta **Estrutura de arame** exibe o modelo no modo *wireframe* (Figura 21.7).

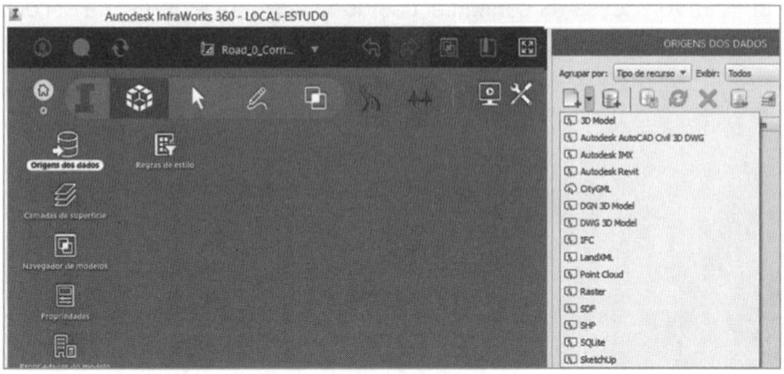

Figura 21.5 Paleta de origens de dados utilizada para a importação dos dados para o modelo.

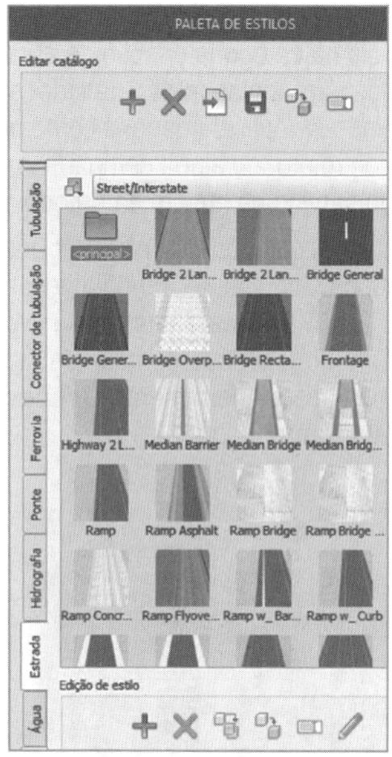

Figura 21.6 Paleta de estilos para o controle da representação dos objetos.

A categoria de análise disponibiliza as ferramentas para a elaboração de análises sobre o modelo conceitual, em que podemos criar análises no modelo do terreno, edificações, sistema viário, entre outras. Nessa categoria, é possível controlar o horário desejado para o modelo para a análise de projeção de sombras sobre os componentes presentes no modelo, além das ferramentas de medição das distâncias sobre o modelo conceitual (Figura 21.8).

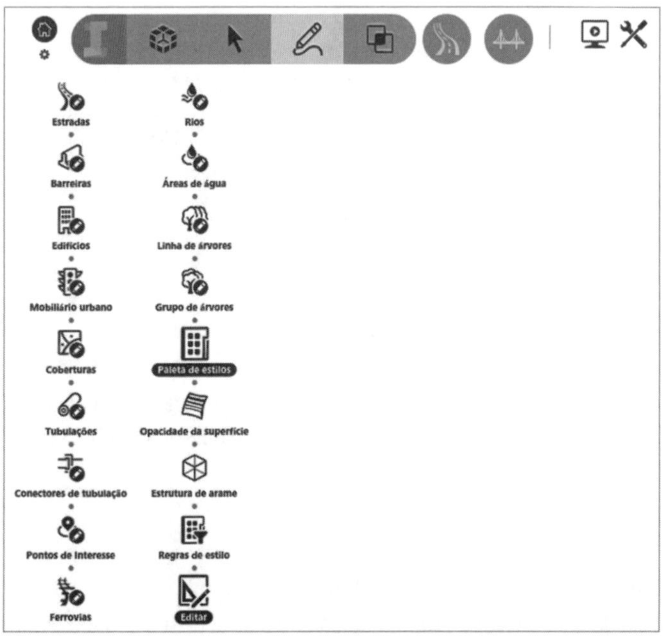

Figura 21.7 Paleta de estilos para o controle da representação dos objetos.

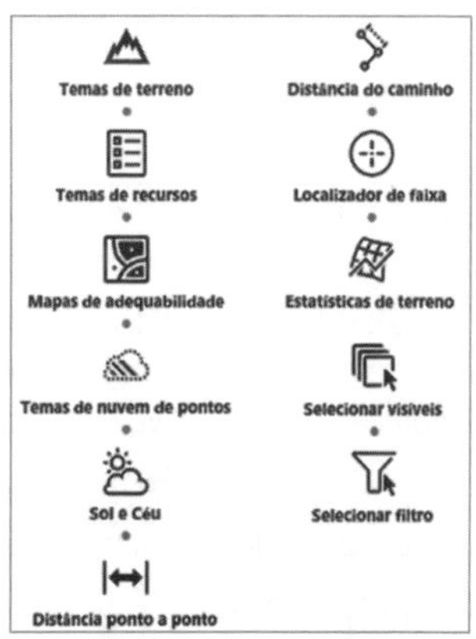

Figura 21.8 Ferramentas da categoria de análises.

A criação de animações e imagens renderizadas pode ser efetuada por meio das ferramentas disponíveis na categoria criação de apresentações. A ferramenta **Criador** do **Storyboard** oferece diversos recursos para a elaboração de vídeos para a apresentação das propostas desenvolvidas no Autodesk InfraWorks. Pode-se aplicar imagens como marca-d'água e criar diversos cenários para a colaboração entre os membros do projeto, ou ainda compartilhar com os clientes como forma de apresentação do modelo proposto por meio do serviço de nuvem da Autodesk (Figura 21.9).

A categoria **Configurações e utilitários** dispõe de diversas ferramentas de configurações para o modelo conceitual, como a possibilidade de exportar o modelo proposto para a leitura em outra solução como o 3ds Max para a criação de animações realísticas do empreendimento, ou ainda exportar o modelo para o formato *IMX*, que permite a sua leitura no Autodesk Civil 3D para o desenvolvimento do projeto e sua documentação. A ferramenta **Opções do aplicativo** acessa as configurações do InfraWorks e permite a escolha do idioma (Figura 21.10).

Figura 21.9 Ferramentas da categoria de apresentação do modelo.

Figura 21.10 Ferramentas da categoria de configuração.

21.4 Exercício – elaboração do modelo proposto

O exercício ilustra os procedimentos para a importação dos dados para a criação das condições existentes na região do entorno do empreendimento proposto, além das principais ferramentas do InfraWorks para a elaboração da alternativa para o projeto e a sua leitura no AutoCAD Civil 3D.

Execute os procedimentos a seguir para concluir o exercício:

1. Inicie o Autodesk InfraWorks 360.
2. Na tela de início, clique em **+ Criar ou abrir um modelo → Novo**.
3. Na página **Configurações** da caixa de diálogo **Novo modelo** determine o local para gravar os arquivos do modelo. Digite **Estudo** no campo **Nome** (Figura 21.11).

4. Clique em **Configurações avançadas** na caixa de diálogo **Novo Modelo** para configurar o sistema de coordenadas. No quadro UCS, clique em e localize o sistema de coordenadas **SIRGAS2000.UTM-23S**. Determine o mesmo sistema de coordenadas para o quadro **Banco de dados** e clique no botão **OK** (Figura 21.12).

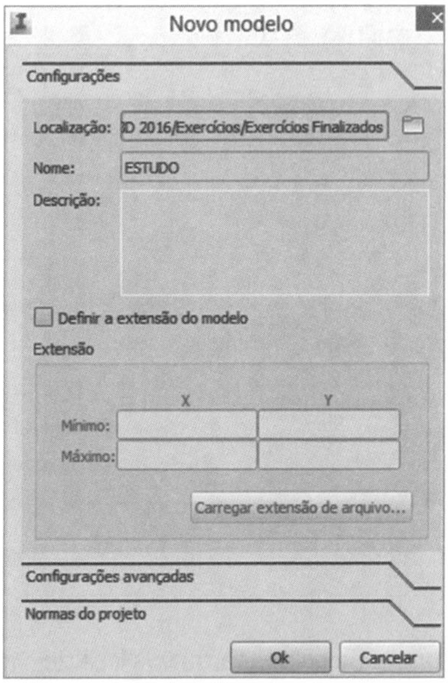

Figura 21.11 Configuração da pasta e nome para o modelo.

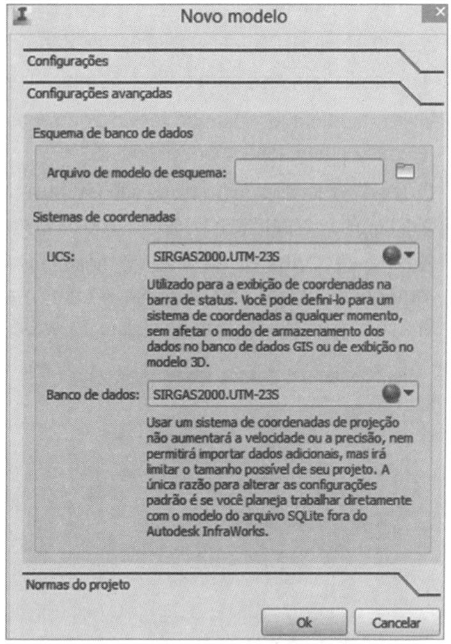

Figura 21.12 Configuração da pasta e nome para o modelo.

5. Na paleta **Origens de dados** selecione a ferramenta **Autodesk IMX** para importar a superfície do terreno proveniente do AutoCAD Civil 3D (Figura 21.13).
6. Na caixa **Selecionar arquivos** localize o arquivo **Superfície.IMX**, disponível no site da Editora Érica, e clique em **Abrir**.
7. Na paleta **Origens de dados** selecione o item da superfície importada presente na lista e selecione a ferramenta **Configurar origem de dados** (Figura 21.14).

Figura 21.14 Ferramenta para a configuração dos dados importados.

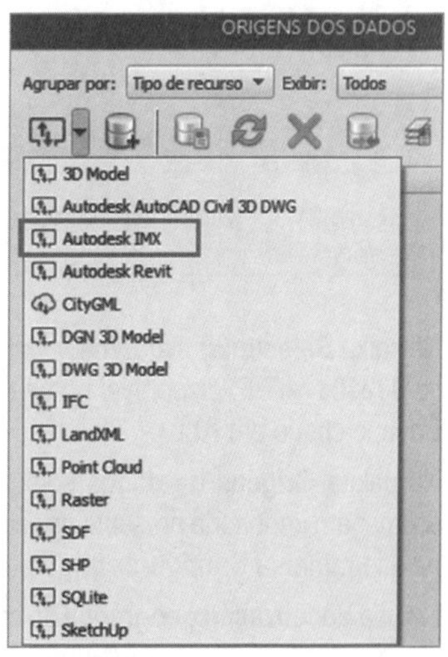

Figura 21.13 Ferramenta de importação de arquivos IMX.

8. Na aba **Localização geográfica** da caixa de diálogo **Configuração de origem de dados**, verifique o sistema de coordenadas selecionado e clique no botão **Fechar e atualizar**.

9. É possível navegar no modelo do terreno importado por meio dos botões do mouse:
   - Botão esquerdo do mouse para orbitar sobre o modelo.
   - Botão direito do mouse para aplicar **Pan**.
   - Scroll do mouse para aplicar **Zoom**.
10. Utilize também as setas do teclado para aperfeiçoar a navegação sobre o modelo.
11. O ícone localizado acima do cubo de navegação permite voltar para a vista inicial do modelo.
12. Na paleta **Origens de dados**, selecione a ferramenta **Raster** para importar o arquivo da imagem georreferenciada da região do estudo.

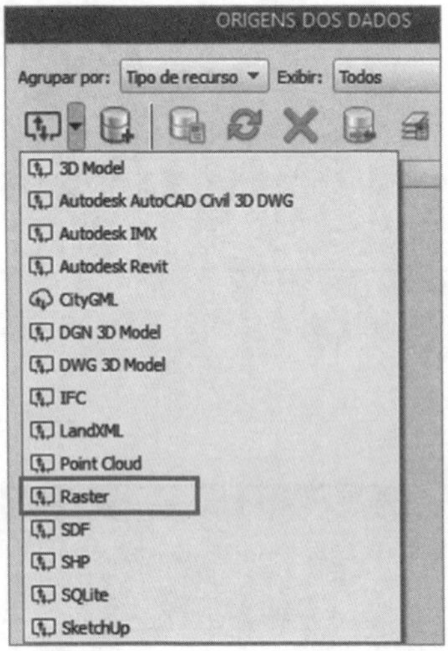

Figura 21.15 Ferramenta de importação de arquivos de imagens.

13. Na caixa **Selecionar arquivos**, localize o arquivo **082101_4.TIF**, disponível no site da Editora Érica, e clique em **Abrir**.
14. Na paleta **Origens de dados** selecione o item da imagem importada presente na lista e selecione a ferramenta **Configurar origem de dados**.
15. Na aba **Localização geográfica** da caixa de diálogo **Configuração de origem de dados**, selecione o sistema de coordenadas **SIRGAS2000.UTM-23S** e clique no botão **Fechar e atualizar**.
16. Navegue no modelo para ver a composição do modelo do terreno com a aplicação da imagem.
17. Na paleta **Origens de dados** selecione a ferramenta **SDF** para importar o arquivo da área da represa na região do estudo.

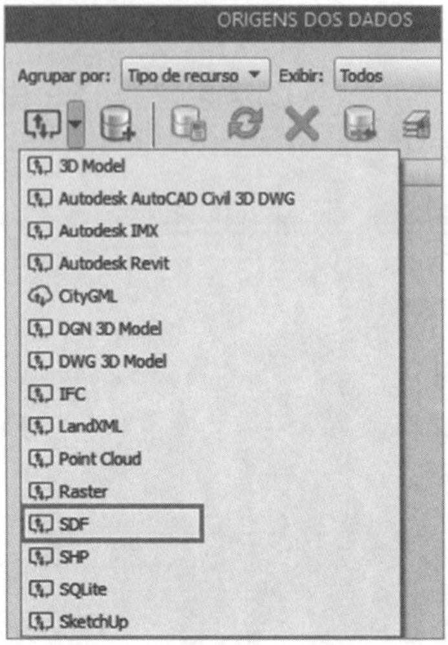

Figura 21.16 Ferramenta de importação de arquivos GIS.

18. Na caixa **Selecionar arquivos** localize o arquivo **ORIGINAL-REPRESA.SDF**, disponível no site da Editora Érica, e clique em **Abrir**.
19. Na paleta **Origens de dados** selecione o item da represa importada presente na lista e selecione a ferramenta **Configurar origem de dados**.
20. Na aba **Localização geográfica** da caixa de diálogo **Configuração de origem de dados**, selecione o sistema de coordenadas **SIRGAS2000.UTM-23S**, na aba **Origem** selecione a opção **Modelar polilinhas** no quadro **Opções de modelagem de polilinhas**; essa opção acomodará a geometria da represa exatamente sobre a elevação do terreno. Selecione o tipo Áreas de água no campo **Tipo** e clique no botão **Fechar e atualizar** (Figura 21.17).
21. Navegue no modelo para ver a composição do modelo do terreno, agora com a imagem e a represa. Verifique o comportamento da represa.
22. Na paleta **Origens de dados**, selecione a ferramenta **SDF** para importar o arquivo das edificações presentes no entorno do projeto.
23. Na caixa **Selecionar arquivos**, localize o arquivo **ORIGINAL-EDIFICAÇÕES.SDF**, disponível no site da Editora Érica, e clique em **Abrir**.

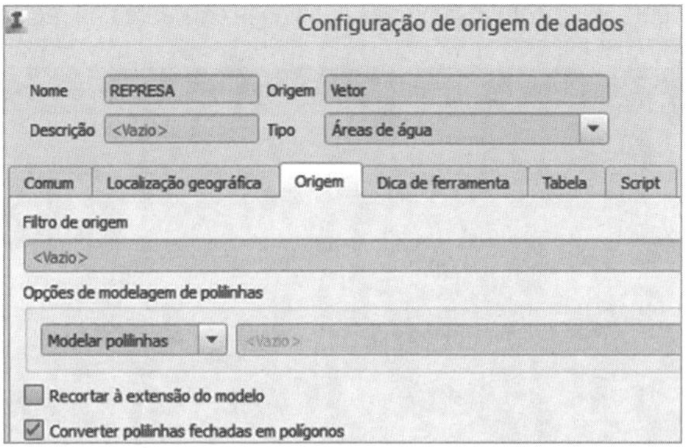

Figura 21.17 Opções de configuração dos dados importados.

24. Na paleta **Origens de dados**, selecione o item da represa importada presente na lista e selecione a ferramenta **Configurar origem de dados**.

25. Na aba **Localização geográfica** da caixa de diálogo **Configuração de origem de dados**, selecione o sistema de coordenadas **SIRGAS2000.UTM-23S**, na aba **Origem** selecione a opção **Modelar polilinhas** no quadro **Opções de modelagem de polilinhas**; essa opção irá acomodar as geometrias das edificações sobre a elevação do terreno. Selecione o tipo **Edifícios** no campo **Tipo** (Figura 21.18).

26. Na aba **Comum** da caixa de diálogo **Configuração de origem de dados**, configure:

- No quadro **Altura do telhado** digite a expressão **Area2D (Geom)/30m** para configurar a altura para cada edificação conforme a área 2D.
- No quadro **Inclinação do telhado** digite **15**.
- No quadro **Estilo da regra** selecione a opção **randomFacadeStyle()**, para a escolha aleatória de fachadas para cada edificação importada para o modelo.
- Clique no botão **Fechar e atualizar**.

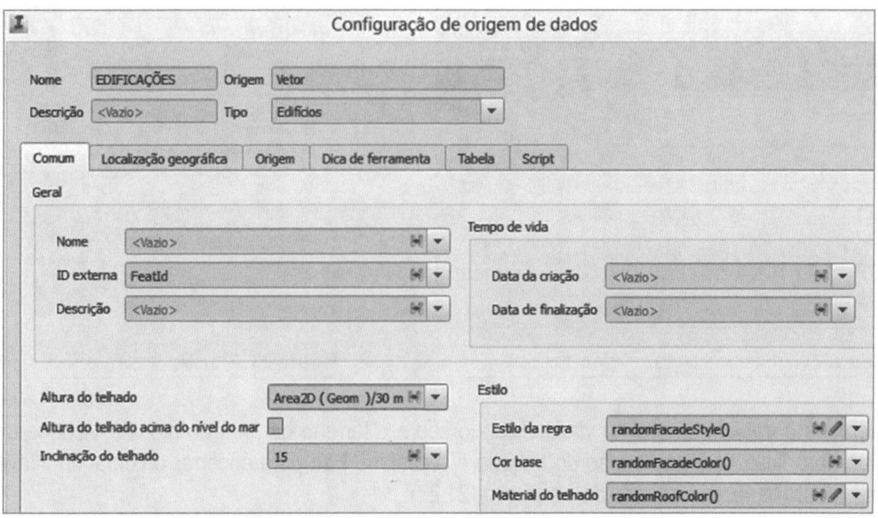

Figura 21.18 Configuração para as geometrias das edificações importadas para o modelo.

27. Navegue no modelo para ver a composição das condições existentes na região do projeto.

Figura 21.19 Modelo com as características existentes configuradas.

28. Crie a proposta **ALTERNATIVA_01** por meio da ferramenta **Criar nova proposta** (Figura 21.20).

29. Selecione a ferramenta **Estradas** presente na categoria de criação.

30. Na paleta **Selecionar o estilo de desenho** selecione o estilo na figura, Street Sidewalk with Lamps.

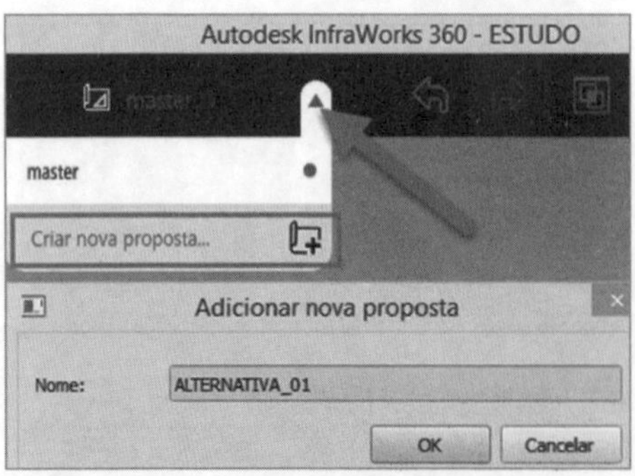

Figura 21.20 Ferramenta para a criação de propostas.

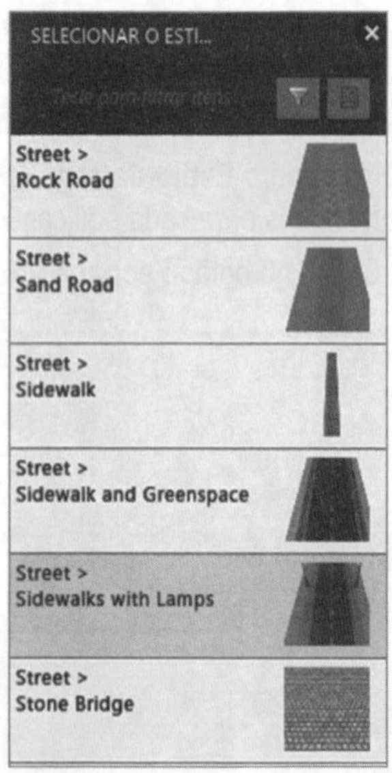

Figura 21.21 Estilos de vias disponíveis na paleta.

31. Determine o traçado do projeto viário clicando sobre o terreno na área do modelo. Aplique um duplo clique para finalizar a construção do traçado e pressione **Esc** para encerrar o comando. Navegue no modelo para verificar o traçado da via (Figura 21.22).

32. Selecione a via projetada no modelo e regule o caminhamento do traçado movimentando os seus grips dos pontos notáveis.

33. Habilite a ferramenta **Paleta de estilos** para substituir o estilo da via projetada.
34. Na aba **Estrada** da **Paleta de estilos**, segure com o mouse o estilo **Bridge** e arraste-o até o projeto da via criada anteriormente no modelo e verifique o comportamento dela (Figura 21.23).

Figura 21.22 Estilos de vias disponíveis na paleta.

Figura 21.23 Novo estilo aplicado ao projeto da via.

35. Selecione a ferramenta **Rodovias** presente na categoria **Projetar rodovias**, selecione um estilo na paleta e crie o traçado da rodovia no modelo. Controle os valores das curvas circulares e espirais antes de finalizar.
36. A paleta da via projetada exibe os dados da geometria do projeto quando a via for selecionada no modelo; pode-se controlar o comportamento dos taludes da via por meio da ferramenta **Método de nivelamento** (Figura 21.24).
37. Selecione a ferramenta **Visualizar perfil** presente na categoria **Revisar e modificar os projetos de rodovias**. Selecione a via projetada e verifique o gráfico do perfil longitudinal. É possível regular as rampas e as elevações por meio dos grips dos pontos notáveis; permite também a adição de novos PIs com o botão direito do mouse (Figura 21.25).

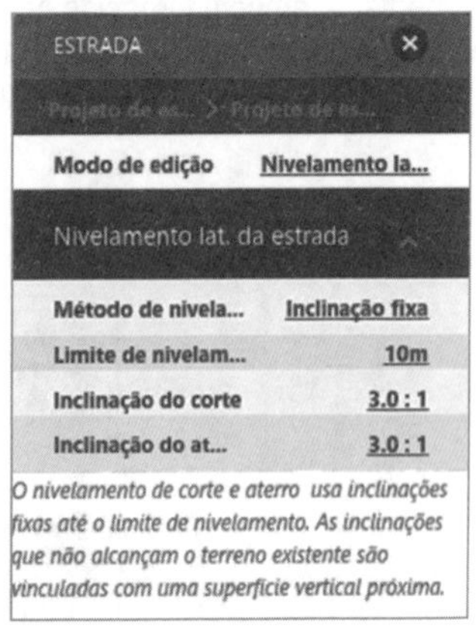

Figura 21.24 Métodos de controle dos taludes da via projetada.

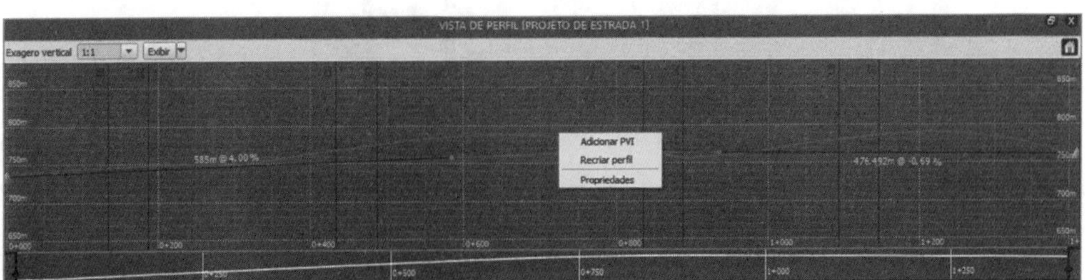

Figura 21.25 Gráfico do perfil longitudinal para o controle do traçado vertical da via projetada.

38. Finalize o entorno do projeto proposto adicionando edifícios, áreas de cobertura, tubulações, árvores e demais componentes da ferramenta **Mobiliário urbano**.

39. Exporte o projeto para leitura no Autodesk AutoCAD Civil 3D, por meio da ferramenta **Exportar IMX** presente na categoria **Configurações e utilitários**.
40. Na caixa de diálogo **Exportar IMX** selecione a opção **Utilizar todo o modelo** e verifique o sistema de coordenadas. Defina o local e nome para o arquivo no quadro **Arquivos de destino**.
41. Na caixa de diálogo escolha a pasta de destino do arquivo e defina o nome **ALTERNATIVA-01.IMX**. Clique no botão **Salvar** para concluir.
42. Inicie o Autodesk AutoCAD Civil 3D para importar a alternativa proposta elaborada no Autodesk InfraWorks. Crie um novo desenho e utilize o arquivo de template **_AutoCAD Civil 3D 2016_BRA (DER).DWT**, fornecido na instalação do pacote *Brazil Content.*
43. Selecione a ferramenta da ribbon **Insert → InfraWorks 360 → Open InfraWorks 360 Model** (Figura 21.26).

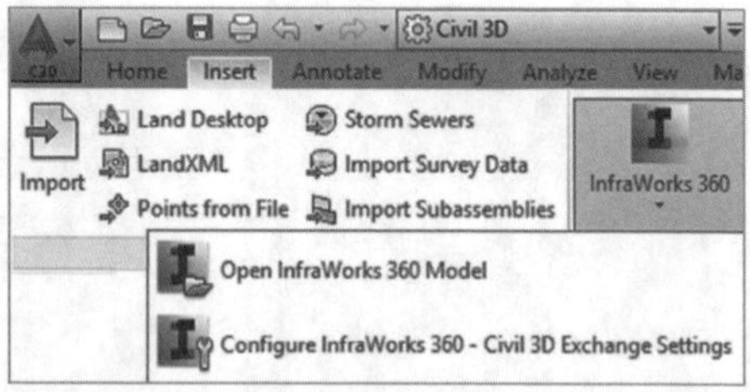

Figura 21.26 Acesso à ferramenta de importação de modelos do InfraWorks 360.

44. Na caixa de diálogo **Open InfraWorks 360 Model** localize o arquivo **ALTERNATIVA-01.IMX** criado anteriormente, e também fornecido no site da Editora Érica. Para manter o fluxo do projeto adequado, recomenda-se abrir o arquivo Estudo.sqlite criado no InfraWorks 360. Clique no botão **Select a Coordinate System** e selecione o sistema **SIRGAS2000.UTM-23S**. Clique em **Open Model**.

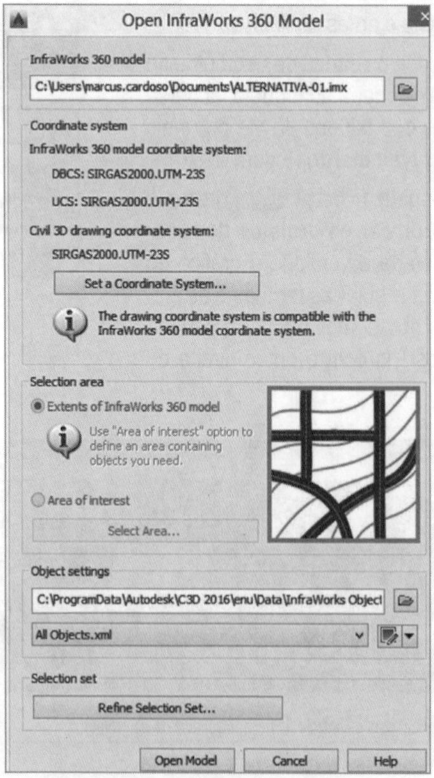

Figura 21.27 Caixa de importação de modelos do InfraWorks 360.

45. Verifique as superfícies e o alinhamento importado na área de desenho e disponíveis na aba **Prospector** da **Toolspace**.

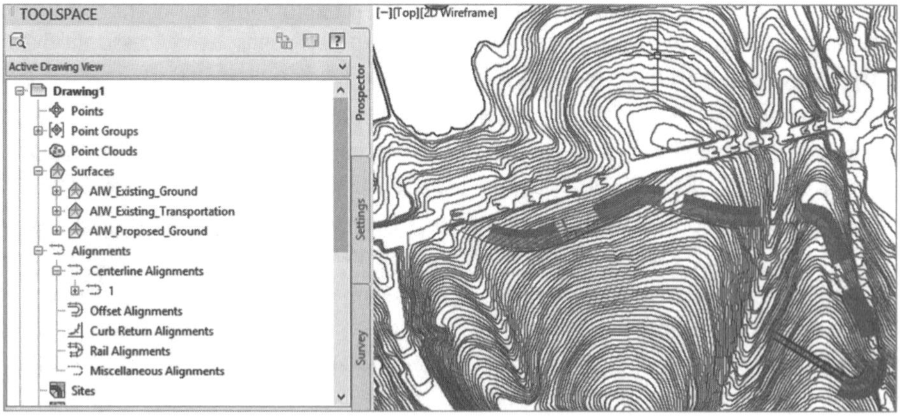

Figura 21.28 Superfícies e alinhamento importados do InfraWorks 360.

46. Agora os dados importados podem ser utilizados no desenvolvimento do projeto viário por meio da construção do modelo do corredor, para a extração das informações volumétricas, quantitativos, seções transversais e demais dados para a documentação do projeto.

Bibliografia

AUTODESK Knowledge Network. **AutoCAD Civil 3D Learning & Explore**. Disponível em: <http://knowledge.autodesk.com/support/autocad-civil-3d/learn-explore#?sort=score>. Acesso em: 5 mai. 2015.

______. **AUTODESK AutoCAD Civil 3D – Troubleshooting**. Disponível em: <http://knowledge.autodesk.com/support/autocad-civil-3d/troubleshooting#?sort=score>. Acesso em: 7 mai. 2015.

______. **Autodesk Subassembly Composer Help**. Disponível em: <http://help.autodesk.com/view/CIV3D/2016/ENU/?guid=GUID-C569F4E7-D548-410E-B7D6-942A927FFD0B>. Acesso em: 1 mai. 2015.

______. **Autodesk AutoCAD Civil 3D – Getting Started**. Disponível em: <http://knowledge.autodesk.com/support/autocad-civil-3d/getting-started#?sort=score>. Acesso em: 10 mai. 2015.

______. **Autodesk AutoCAD Civil 3D 2016 Help**. Disponível em: <http://help.autodesk.com/view/CIV3D/2016/ENU/>. Acesso em: 9 abr. 2015.

______. **Autodesk Infrastructure Design Suite**. Disponível em: <http://www.autodesk.com.br/suites/infrastructure-design-suite/overview>. Acesso em: 9 mai. 2015.

______. **Autodesk AutoCAD Civil 3D 2016 – Workflows**. Disponível em: <http://knowledge.autodesk.com/support/autocad-civil-3d/learn-explore/caas/CloudHelp/cloudhelp/2016/ENU/Civil3D-UserGuide/files/GUID-793C8849-DFAC-4AAE-8440-57F59AAA352F-htm.html?v=2016>. Acesso em: 18 abr. 2015.

______. **Autodesk AutoCAD Civil 3D 2016 – AutoCAD Civil 3D Tutorials**. Disponível em: <http://knowledge.autodesk.com/support/autocad-civil-3d/learn-explore/caas/CloudHelp/cloudhelp/2016/ENU/Civil3D-Tutorials/files/GUID-B6CF98F9-FF6F-4FF5-8022-60EB21A611A7-htm.html?v=2016>. Acesso em: 2 mai. 2015.

CARDOSO, M. C. FRAZILLIO, E. **Autodesk AutoCAD Civil 3D 2014**: conceitos e aplicações. São Paulo: Érica, 2013.

SOETHE, P. CAZARINI, E. **Autodesk Infra Brasil Blog**: blog sobre as soluções de infraestrutura da Autodesk. Disponível em: <http://civil3dbr.typepad.com/>. Acesso em: 10 mai. 2015.

Marcas registradas